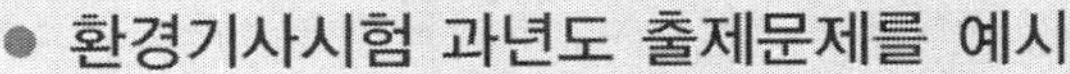

- 환경기사시험 과년도 출제문제를 예시
- 법, 시행령, 시행규칙을 동시 나열
- 학생 및 수험생 위주로 편집

제4판

환경관계법규

서 경 수

지오북스

PREFACE

갈수록 복잡해지는 환경문제에 대처하기 위하여 관련법규의 이해와 숙지는 필수적이라 할 수 있지만 그에 따라 규제법 또한 해마다 바뀌기에 법의 완전한 숙지 및 활용은 사실상 불가능한 것이 현실이다.

그러기에 환경기사를 준비하는 학생이나 수험생들이 심리적 부담을 느낄 수밖에 없으며 또한 지도하는 교수들의 입장에서도 한 학기에 강의를 끝내기에는 너무 분량이 많아 걱정일 수밖에 없다.

본인은 학생들의 수업과 수험에 있어 가급적 부담을 덜어주고자 출제 빈도가 잦은 관련법 위주로 이 책을 편집하였다. 때문에 이 책에는 모든 법이 수록되어 있지는 않다. 그러나 여러 해 강의한 경험을 토대로 환경기사 취득과 사회 현장에서 사용빈도가 높고 유용하다고 생각되는 법조항을 최대한 발췌, 정리하였기에 공부를 하는데 전혀 부족함이 없을 것으로 생각한다. 또한 법을 공부하면서 바로 해당 출제문제를 풀어볼 수 있도록 하여 법공부의 따분함을 다소간 덜어주는 것에도 주안점을 두었다.

본 교재의 특징은 아래와 같다.

1) 환경기사시험 과년도 출제문제를 예시하였으며
2) 학생 및 수험생 위주로 편집하였고
3) 법, 시행령, 시행규칙을 동시에 나열하였다.
4) 분량이 많거나 조항 및 해당 사항이 적은 내용은 과감히 생략하였으며
5) 별표에 있는 서식 및 양식도 생략하였다.

아무튼 이 책으로 인해, 학생과 수험생에게는 합격의 영광이, 강의하시는 교수님들에게는 유용한 수업교재가 되기를 희망하며 차후, 관련법의 개정에 따라 지속적인 수정을 약속한다.

★ 중요도가 낮거나 내용이 너무 많아서 생략된 부분은 법제처 검색 요망

前 세명대학교 바이오 환경공학과 서경수 씀

CONTENTS

PART 01 물환경보전법

PART 02 대기환경보전법

PART 03 폐기물관리법

PART

01

물환경보전법

제정 1990.08.01. 법률 제4260호
타법개정 2020.05.26. 법률 제17326호

[시행령]
제정 1991.01.28. 대통령령 제13258호
일부개정 2019.10.15. 대통령령 제30126호

[시행규칙]
제정 1991.02.02. 총리령 제376호
일부개정 2019.10.17. 환경부령 제829호

CONTENTS

제1장 총칙

제1조(목적) 이 법은 수질오염으로 인한 국민건강 및 환경상의 위해(危害)를 예방하고 하천·호소(湖沼) 등 공공수역의 물환경을 적정하게 관리·보전함으로써 국민이 그 혜택을 널리 향유할 수 있도록 함과 동시에 미래의 세대에게 물려줄 수 있도록 함을 목적으로 한다. [개정 2017.1.17.]

영 **제1조(목적)** 이 영은 「물환경보전법」에서 위임된 사항과 그 시행에 필요한 사항을 규정함을 목적으로 한다.

규칙 **제1조(목적)** 이 규칙은 「물환경보전법」 및 같은 법 시행령에서 위임된 사항과 그 시행에 관하여 필요한 사항을 규정함을 목적으로 한다.

제2조(정의) 이 법에서 사용하는 용어의 뜻은 다음과 같다. ✓실전문제

1. "물환경"이란 사람의 생활과 생물의 생육에 관계되는 물의 질(이하 "수질"이라 한다) 및 공공수역의 모든 생물과 이들을 둘러싸고 있는 비생물적인 것을 포함한 수생태계(水生態系, 이하 "수생태계"라 한다)를 총칭하여 말한다.

1의2. "점오염원"(點汚染源)이란 폐수배출시설, 하수발생시설, 축사 등으로서 관거(管渠)·수로 등을 통하여 일정한 지점으로 수질오염물질을 배출하는 배출원을 말한다.

2. "비점오염원"(非點汚染源)이란 도시, 도로, 농지, 산지, 공사장 등으로서 불특정 장소에서 불특정하게 수질오염물질을 배출하는 배출원을 말한다.
3. "기타수질오염원"이란 점오염원 및 비점오염원으로 관리되지 아니하는 수질오염물질을 배출하는 시설 또는 장소로서 환경부령으로 정하는 것을 말한다.
4. "폐수"란 물에 액체성 또는 고체성의 수질오염물질이 섞여 있어 그대로는 사용할 수 없는 물을 말한다.

4의2. "폐수관로"란 폐수를 사업장에서 제17호의 공공폐수처리시설로 유입시키기 위하여 제48조 제1항에 따라 공공폐수처리시설을 설치·운영하는 자가 설치·관리하는 관로와 그 부속시설을 말한다.

5. "강우유출수"(降雨流出水)란 비점오염원의 수질오염물질이 섞여 유출되는 빗물 또는 눈 녹은 물 등을 말한다.
6. "불투수면"(不透水面)이란 빗물 또는 눈 녹은 물 등이 지하로 스며들 수 없게 하는 아스팔트·콘크리트 등으로 포장된 도로, 주차장, 보도 등을 말한다.
7. "수질오염물질"이란 수질오염의 요인이 되는 물질로서 환경부령으로 정하는 것을 말한다.
8. "특정수질유해물질"이란 사람의 건강, 재산이나 동식물의 생육(生育)에 직접 또는 간접으로 위

해를 줄 우려가 있는 수질오염물질로서 환경부령으로 정하는 것을 말한다.

9. "공공수역"이란 하천, 호소, 항만, 연안해역, 그 밖에 공공용으로 사용되는 수역과 이에 접속하여 공공용으로 사용되는 환경부령으로 정하는 수로를 말한다.
10. "폐수배출시설"이란 수질오염물질을 배출하는 시설물, 기계, 기구, 그 밖의 물체로서 환경부령으로 정하는 것을 말한다. 다만, 「해양환경관리법」 제2조제16호 및 제17호에 따른 선박 및 해양시설은 제외한다.
11. "폐수무방류배출시설"이란 폐수배출시설에서 발생하는 폐수를 해당 사업장에서 수질오염방지시설을 이용하여 처리하거나 동일 폐수배출시설에 재이용하는 등 공공수역으로 배출하지 아니하는 폐수배출시설을 말한다.
12. "수질오염방지시설"이란 점오염원, 비점오염원 및 기타수질오염원으로부터 배출되는 수질오염물질을 제거하거나 감소하게 하는 시설로서 환경부령으로 정하는 것을 말한다.
13. "비점오염저감시설"이란 수질오염방지시설 중 비점오염원으로부터 배출되는 수질오염물질을 제거하거나 감소하게 하는 시설로서 환경부령으로 정하는 것을 말한다.
14. "호소"란 다음 각 목의 어느 하나에 해당하는 지역으로서 만수위(滿水位)[댐의 경우에는 계획홍수위(計劃洪水位)를 말한다] 구역 안의 물과 토지를 말한다.
    가. 댐 · 보(洑) 또는 둑(「사방사업법」에 따른 사방시설은 제외한다) 등을 쌓아 하천 또는 계곡에 흐르는 물을 가두어 놓은 곳
    나. 하천에 흐르는 물이 자연적으로 가두어진 곳
    다. 화산활동 등으로 인하여 함몰된 지역에 물이 가두어진 곳
15. "수면관리자"란 다른 법령에 따라 호소를 관리하는 자를 말한다. 이 경우 동일한 호소를 관리하는 자가 둘 이상인 경우에는 「하천법」에 따른 하천관리청 외의 자가 수면관리자가 된다.

15의2. "수생태계 건강성"이란 수생태계를 구성하고 있는 요소 중 환경부령으로 정하는 물리적 · 화학적 · 생물적 요소들이 훼손되지 아니하고 각각 온전한 기능을 발휘할 수 있는 상태를 말한다.

16. "상수원호소"란 「수도법」 제7조에 따라 지정된 상수원보호구역(이하 "상수원보호"이라 한다) 및 「환경정책기본법」 제38조에 따라 지정된 수질보전을 위한 특별대책지역(이하 "특별대책지역"이라 한다) 밖에 있는 호소 중 호소의 내부 또는 외부에 「수도법」 제3조제17호에 따른 취수시설(이하 "취수시설"이라 한다)을 설치하여 그 호소의 물을 먹는 물로 사용하는 호소로서 환경부장관이 정하여 고시한 것을 말한다.
17. "공공폐수처리시설"이란 공공폐수처리구역의 폐수를 처리하여 공공수역에 배출하기 위한 처리시설과 이를 보완하는 시설을 말한다.
18. "공공폐수처리구역"이란 폐수를 공공폐수처리시설에 유입하여 처리할 수 있는 지역으로서 제49조제3항에 따라 환경부장관이 지정한 구역을 말한다.
19. "물놀이형 수경(水景)시설"이란 수돗물, 지하수 등을 인위적으로 저장 및 순환하여 이용하는 분수, 연못, 폭포, 실개천 등의 인공시설물 중 일반인에게 개방되어 이용자의 신체와 직접 접촉

하여 물놀이를 하도록 설치하는 시설을 말한다. 다만, 다음 각 목의 시설은 제외한다.

가. 「관광진흥법」 제5조제2항 또는 제4항에 따라 유원시설업의 허가를 받거나 신고를 한 자가 설치한 물놀이형 유기시설(遊技施設) 또는 유기기구(遊技機具)

나. 「체육시설의 설치 · 이용에 관한 법률」 제3조에 따른 체육시설 중 수영장

다. 환경부령으로 정하는 바에 따라 물놀이 시설이 아니라는 것을 알리는 표지판과 울타리를 설치하거나 물놀이를 할 수 없도록 관리인을 두는 경우

실전문제 **다음 용어의 뜻으로 틀린 것은?**

① 폐수 : 물에 액체성 또는 고체성의 수질오염물질이 섞여 있어 그대로 사용할 수 없는 물을 말한다.
② 수질오염물질 : 수질오염의 요인이 되는 물질로서 환경부령으로 정하는 것을 말한다.
③ 불투수층 : 빗물 또는 눈 녹은 물 등이 지하로 스며들 수 없게 하는 아스팔트, 콘크리트 등으로 포장된 도로, 주차장, 보도 등을 말한다.
❹ 강우유출수 : 점오염원 및 비점오염원의 수질오염물질이 섞여 유출되는 빗물 또는 눈 녹은 물 등을 말한다.

실전문제 **물환경보전법에 사용하는 용어의 뜻으로 틀린 것은?**

① "점오염원이라 함은 폐수배출시설, 하수발생시설, 축사 등으로서 관거 · 수로 등을 통하여 일정한 지점으로 수질오염물질을 배출하는 배출원을 말한다.
❷ "공공수역"이라 함은 하천, 호소, 항만, 연안해역 그 밖에 공공용으로 사용되는 환경부령이 정하는 수역을 말한다.
③ "폐수"라 함은 물에 액체성 또는 고체성의 수질오염 물질이 섞여 있어 그대로는 사용 할 수 없는 물을 말한다.
④ "폐수무방류배출시설" 이라 함은 폐수배출시설에서 발생하는 폐수를 해당 사업장에서 수질오염방지 시설을 이용하여 처리하거나 동일 배출시설에 재이용하는 등 공공수역으로 배출하지 아니하는 폐수배출시설을 말한다.

규칙 제2조(기타 수질오염원) 「물환경보전법」(이하 "법"이라 한다) 제2조제3호에 따른 기타 수질오염원은 별표 1과 같다. ✓실전문제

실전문제 **복합물류터미널 시설로 화물의 운송, 보관, 하역과 관련된 작업을 하는 시설의 기타 수질오염원 규모 기준으로 옳은 것은?**

① 면적이 10만㎡ 이상일 것
❷ 면적이 20만㎡ 이상일 것
③ 면적이 30만㎡ 이상일 것
④ 면적이 50만㎡ 이상일 것

규칙 제3조(수질오염물질) 법 제2조제7호에 따른 수질오염물질은 별표 2와 같다.

규칙 제4조(특정수질유해물질) 법 제2조제8호에 따른 특정수질유해물질은 별표3과 같다.

[규칙 별표1]

[별표 1] [개정 2015.6.16.]

기타수질오염원(제2조 관련)

시설구분	대상	규모
1. 수산물 양식시설	가. 「내수면어업법」 제6조에 따른 가두리 양식어장	면허대상 모두
	나. 「내수면어업법」 제6조 또는 제11조에 따른 양만장(養鰻場) 또는 일반양어장	수조면적의 합계가 500㎡ 이상일 것
	다. 「수산업법」 제41조제3항제2호에 따른 육상해수양식어업 중 수조식양식어업시설	수조면적의 합계가 500㎡ 이상일 것
2. 골프장	「체육시설의 설치 · 이용에 관한 법률 시행령」 별표 1에 따른 골프장	면적이 3만㎡ 이상이거나 3홀 이상일 것(법 제53조제1항에 따라 비점오염원으로 설치 신고대상인 골프장은 제외한다)
3. 운수장비 정비 또는 폐차장 시설	가. 동력으로 움직이는 모든 기계류 · 기구류 · 장비류의 정비를 목적으로 사용하는 시설	면적이 200㎡ 이상(검사장 면적을 포함한다)일 것
	나. 자동차 폐차장시설	면적이 1천 500㎡ 이상일 것
4. 농축수산물 단순가공시설	가. 조류의 알을 물세척만 하는 시설	물사용량이 1일 5㎥ 이상[「하수도법」 제2조제9호 및 제13호에 따른 공공하수처리시설 및 개인하수처리시설(이하 이 호에서 "공공하수처리시설 및 개인하수처리시설"이라 한다)에 유입하는 경우에는 1일 20㎥ 이상]일 것
	나. 1차 농산물을 물세척만 하는 시설	물사용량이 1일 5㎥ 이상(공공하수처리시설 및 개인하수처리시설에 유입하는 경우에는 1일 20㎥ 이상)일 것

	다. 농산물의 보관 · 수송 등을 위하여 소금으로 절임만 하는 시설	용량이 10㎥ 이상(공공하수처리시설 및 개인하수처리시설에 유입하는 경우에는 1일 20㎥ 이상)일 것
	라. 고정된 배수관을 통하여 바다로 직접 배출하는 시설(양식어민이 직접 양식한 굴의 껍질을 제거하고 물세척을 하는 시설을 포함한다)로서 해조류 · 갑각류 · 조개류를 채취한 상태 그대로 물세척만 하거나 삶은 제품을 구입하여 물세척만 하는 시설	물사용량이 1일 5㎥ 이상(농축 수산물 단순가공시설이 바다에 붙어 있는 경우에는 물사용량이 1일 20㎥ 이상)일 것
5. 사진 처리 또는 X-Ray 시설	가. 무인자동식 현상 · 인화 · 정착시설	1대 이상일 것
	나. 한국표준산업분류 733사진촬영 및 처리업의 사진처리시설(X-Ray시설을 포함한다) 중에서 폐수를 전량 위탁처리하는 시설	1대 이상일 것
6. 금은판매점의 세공시설이나 안경점	가. 금은판매점의 세공시설(「국토의 계획 및 이용에 관한 법률 시행령」 제30조에 따른 준주거지역 및 상업지역에서 금은을 세공하여 금은판매점에 제공하는 시설을 포함한다)에서 발생되는 폐수를 전량 위탁처리하는 시설	폐수발생량이 1일 0.01㎥ 이상일 것
	나. 안경점에서 렌즈를 제작하는 시설(하수종말처리시설로 유입 · 처리하지 아니하는 경우만 해당한다)	1대 이상일 것
7. 복합물류터미널 시설	화물의 운송, 보관, 하역과 관련된 작업을 하는 시설	면적이 20만㎡ 이상일 것

[비고]

1. 제1호나목 및 다목에 해당되는 시설 중 증발과 누수로 인하여 줄어드는 물을 보충하여 양식하는 양식장, 축제식양식장 및 전복양식장은 제외한다.
2. 「환경영향평가법 시행령」 별표 3 제1호아목에 해당되어 비점오염원 설치신고 대상이 되는 사업은 기타수질오염원 신고 대상에서 제외한다.

[규칙 별표2] [2016.05.20.]

수질오염물질(제3조 관련)

1. 구리와 그 화합물
2. 납과 그 화합물
3. 니켈과 그 화합물
4. 총 대장균군
5. 망간과 그 화합물
6. 바륨화합물
7. 부유물질
8. 브롬화합물
9. 비소와 그 화합물
10. 산과 알칼리류
11. 색소
12. 세제류
13. 셀레늄과 그 화합물
14. 수은과 그 화합물
15. 시안화합물
16. 아연과 그 화합물
17. 염소화합물
18. 유기물질
19. 유기용제류
20. 유류(동 · 식물성을 포함한다)
21. 인화합물
22. 주석과 그 화합물
23. 질소화합물
24. 철과 그 화합물
25. 카드뮴과 그 화합물
26. 크롬과 그 화합물
27. 불소화합물
28. 페놀류
29. 페놀
30. 펜타클로로페놀
31. 황과 그 화합물
32. 유기인 화합물
33. 6가크롬 화합물
34. 테트라클로로에틸렌
35. 트리클로로에틸렌
36. 폴리클로리네이티드바이페닐
37. 벤젠
38. 사염화탄소
39. 디클로로메탄
40. 1, 1-디클로로에틸렌
41. 1, 2-디클로로에탄
42. 클로로포름
43. 생태독성물질(물벼룩에 대한 독성을 나타내는 물질만 해당한다)
44. 1,4-다이옥산
45. 디에틸헥실프탈레이트(DEHP)
46. 염화비닐
47. 아크릴로니트릴
48. 브로모포름
49. 퍼클로레이트
50. 아크릴아미드
51. 나프탈렌
52. 폼알데하이드
53. 에피클로로하이드린
54. 톨루엔
55. 자일렌

[규칙 별표3] [개정 2016.05.20.]

특정수질유해물질(제4조 관련)

1. 구리와 그 화합물
2. 납과 그 화합물
3. 비소와 그 화합물
4. 수은과 그 화합물
5. 시안화합물
6. 유기인 화합물
7. 6가크롬 화합물
8. 카드뮴과 그 화합물
9. 테트라클로로에틸렌
10. 트리클로로에틸렌
11. 폴리클로리네이티드바이페닐
12. 셀레늄과 그 화합물
13. 벤젠
14. 사염화탄소
15. 디클로로메탄
16. 1, 1-디클로로에틸렌
17. 1, 2-디클로로에탄
18. 클로로포름
19. 1,4-다이옥산
20. 디에틸헥실프탈레이트(DEHP)
21. 염화비닐
22. 아크릴로니트릴
23. 브로모포름
24. 아크릴아미드
25. 나프탈렌
26. 폼알데하이드
27. 에피클로로하이드린
28. 페놀
29. 펜타클로로페놀
30. 스티렌
31. 비스(2-에틸헥실)아디페이트
32. 안티몬

규칙 **제5조(공공수역)** 법 제2조제9호에서 "환경부령으로 정하는 수로"란 다음 각 호의 수로를 말한다. [개정 2014.7.17.]

1. 지하수로
2. 농업용 수로
3. 하수관로
4. 운하

규칙 **제6조(폐수배출시설)** 법 제2조제10호에 따른 폐수배출시설은 폐수를 배출하는 공정단위별 시설로서 별표 4와 같다. * 생략으로 인한 법제처 참조

규칙 **제7조(수질오염방지시설)** 법 제2조제12호에 따른 수질오염방지시설은 별표 5와 같다.

✓실전문제

[규칙 별표5]

수질오염방지시설(제7조 관련)

1. 물리적 처리시설

가. 스크린 나. 분쇄기 다. 침사(沈砂)시설 라. 유수분리시설 마. 유량조정시설(집수조) 바. 혼합시설 사. 응집시설	아. 침전시설 자. 부상시설 차. 여과시설 카. 탈수시설 타. 건조시설 파. 증류시설 하. 농축시설

2. 화학적 처리시설

가. 화학적 처리시설 나. 중화시설 다. 흡착시설 라. 살균시설 마. 이온교환시설	바. 소각시설 사. 산화시설 아. 환원시설 자. 침전물 개량시설

3. 생물학적 처리시설

가. 살수여과상 나. 폭기(瀑氣)시설 다. 산화시설(산화조(酸化槽) 또는 산화지(酸化池)를 말한다.)	라. 혐기성 · 호기성 소화시설 마. 접촉조 바. 안정조 사. 돈사톱밥발효시설

4. 제1호부터 3호까지의 시설과 같거나 그 이상의 방지효율을 가진 시설로서 환경부장관이 인정하는 시설
5. 별표 6에 따른 비점오염저감시설

[비고]
제1호 다목부터 마목까지의 시설은 해당 시설의 유입되는 수질오염물질을 더 이상 처리하지 아니하고 직접 최종방류구에 유입시키거나 최종방류구를 거치지 아니하고 배출하는 경우에는 이를 수질오염방지시설로 보지 아니한다. 다만, 그 시설이 최종처리시설인 경우에는 수질오염방지시설로 본다.

실전문제 다음의 수질오염방지시설 중 화학적 처리시설에 해당되는 것은?

① 접촉조
❷ 살균시설
③ 안정조
④ 폭기시설

규칙 제8조(비점오염저감시설) 법 제2조제13호에 따른 비점오염저감시설은 별표 6과 같다.
[개정 2014.1.29.] ✓실전문제

[규칙 별표6]

비점오염저감시설(제8조 관련)

1. 다음 각 목의 구분에 따른 시설
   가. 자연형 시설
      1) 저류시설 : 강우유출수를 저류(貯留)하여 침전 등에 의하여 비점오염물질을 줄이는 시설로 저류지 · 연못 등을 포함한다.
      2) 인공습지 : 침전, 여과, 흡착, 미생물 분해, 식생 식물에 의한 정화 등 자연상태의 습지가 보유하고 있는 정화능력을 인위적으로 향상시켜 비점오염물질을 줄이는 시설을 말한다.
      3) 침투시설 : 강우유출수를 지하로 침투시켜 토양의 여과 · 흡착 작용에 따라 비점오염물질을 줄이는 시설로서 유공(有孔)포장, 침투조, 침투저류지, 침투도랑 등을 포함한다.
      4) 식생형 시설 : 토양의 여과 · 흡착 및 식물의 흡착(吸着)작용으로 비점오염물질을 줄임과 동시에, 동 · 식물 서식공간을 제공하면서 녹지경관으로 기능하는 시설로서 식생여과대와 식생수로 등을 포함한다.
   나. 장치형 시설
      1) 여과형 시설 : 강우유출수를 집수조 등에서 모은 후 모래 · 토양 등의 여과재(濾過材)를 통하여 걸러 비점오염물질을 줄이는 시설을 말한다.
      2) 와류(渦流)형 시설 : 중앙회전로의 움직임으로 와류가 형성되어 기름 · 그리스(grease) 등 부유성(浮游性) 물질은 상부로 부상시키고, 침전가능한 토사, 협잡물(挾雜物)은 하부로 침전 · 분리시켜 비점오염물질을 줄이는 시설을 말한다.
      3) 스크린형 시설 : 망의 여과 · 분리 작용으로 비교적 큰 부유물이나 쓰레기 등을 제거하는 시설로서 주로 전(前) 처리에 사용하는 시설을 말한다.
      4) 응집 · 침전 처리형 시설 : 응집제(應集劑)를 사용하여 비점오염물질을 응집한 후, 침강시설에서 고형물질을 침전 · 분리시키는 방법으로 부유물질을 제거하는 시설을 말한다.
      5) 생물학적 처리형 시설 : 전처리시설에서 토사 및 협잡물 등을 제거한 후 미생물에 의하여 콜로이드(colloid)성, 용존성(溶存性) 유기물질을 제거하는 시설을 말한다.

2. 위 제1호의 시설과 같거나 그 이상의 저감효율을 갖는 시설로서 환경부장관이 인정하여 고시하는 시설

실전문제 **다음의 비점오염원저감시설 중 자연형시설에 해당되는 것은?**

① 생물학적 처리형시설　② 여과시설
❸ 침투시설　④ 와류시설

실전문제 **자연형 비점오염저감시설의 종류가 아닌 것은?**

❶ 여과형시설　② 인공습지
③ 침투시설　④ 식생형시설

규칙 **제8조의2(수생태계 구성요소)** 법 제2조제15호의2에서 "환경부령으로 정하는 물리적 · 화학적 · 생물적 요소"란 다음 각 호의 요소를 말한다.

1. 부착돌말
2. 저서성(底棲性) 대형 무척추동물
3. 어류
4. 수변식생(水邊植生)
5. 서식 및 수변환경 [본조신설 2018.1.17.] [종전 제8조의2는 제8조의3으로 이동]

규칙 **제8조의 3(물놀이형 수경시설에서 제외되는 시설)** 다음 각 호에 모두 해당하는 시설은 법 제2조제19호다목에 따라 물놀이형 수경(水景)시설에서 제외한다.

1. 해당 시설과 인접하여 사람들이 잘 볼 수 있는 곳에 다음 각 목의 사항을 모두 포함한 표지판을 설치한 시설
   가. 물놀이가 금지됨을 알리는 표시 및 안내문
   나. 해당 시설의 관리자명 및 관리자의 연락처
2. 울타리를 설치하거나 해당 시설의 운영시간에 관리인을 두어 일반인의 출입을 통제하는 시설 [본조신설 2017.1.19.] [제8조의2에서 이동]

제3조(책무) ① 국가와 지방자치단체는 물환경의 오염이나 훼손을 사전에 억제하고 오염되거나 훼손된 물환경을 적정하게 보전할 수 있는 시책을 마련하여 하천 · 호소 등 공공수역의 물환경을 적정하게 관리 · 보전함으로써 모든 국민이 건강하고 쾌적한 환경에서 생활할 수 있도록 하여야 한다. [개정 2017.1.17.]

② 모든 국민은 일상생활이나 사업활동에서 수질오염물질의 발생을 줄이고, 국가 또는 지방자치단체가 추진하는 물환경 보전을 위한 시책에 적극 참여하고 협력하여야 한다.

제4조(수질오염물질의 총량관리) ① 환경부장관은 다음 각 호의 어느 하나에 해당하는 지역에 대해서는 제22조제2항에 따른 수계영향권별(水系影響圈別)로 배출되는 수질오염물질을 총량으로 관리할 수 있다. 다만, 「금강수계 물관리 및 주민지원 등에 관한 법률」, 「낙동강수계 물관리 및 주민지원 등에 관한 법률」, 「영산강 · 섬진강수계 물관리 및 주민지원 등에 관한 법률」 및 「한강수계 상수원수질개선 및 주민지원 등에 관한 법률」(이하 "4대강수계법"이라 한다)을 적용받는 지역의 경우에는 4대강수계법의 해당 규정에서 정하는 바에 따르고, 「해양환경관리법」에 따라 오염총량 규제가 실시되는 지역의 경우에는 「해양환경관리법」의 해당 규정에서 정하는 바에 따른다.

1. 제10조의2제2항 및 제3항에 따라 물환경의 목표기준 달성 여부를 평가한 결과 그 기준을 달성 · 유지하지 못한다고 인정되는 수계의 유역에 속하는 지역

2. 수질오염으로 주민의 건강ㆍ재산이나 수생태계에 중대한 위해를 가져올 우려가 있다고 인정되는 수계의 유역에 속하는 지역

② 환경부장관은 제1항에 따라 수질오염물질을 총량으로 관리할 지역을 대통령령으로 정하는 바에 따라 지정하여 고시한다.

영 **제2조(오염총량관리지역 지정ㆍ고시)** ① 환경부장관은 「물환경보전법」(이하 "법"이라 한다) 제4조제2항에 따라 수질오염물질을 총량으로 관리할 지역(이하 "오염총량관리지역"이라 한다)을 지정하여 고시할 경우에는 다음 각 호의 사항을 포함하여야 한다.

1. 수질오염물질을 총량으로 관리할 수계(水界)와 그 수계에 영향을 주는 유역
2. 오염총량관리의 목표가 되는 수질(이하 "오염총량목표수질"이라 한다)을 설정하여야 하는 수계구간과 그 수계구간에 영향을 주는 유역(이하 "총량관리 단위유역"이라 한다)

② 환경부장관은 제1항에 따라 오염총량관리지역을 지정ㆍ고시하려면 미리 관계지방자치단체의 장과 협의하여야 한다.

제4조의2(오염총량목표수질의 고시ㆍ공고 및 오염총량관리기본방침의 수립) ① 환경부장관은 제4조제2항에 따라 지정ㆍ고시된 지역(이하 "오염총량관리지역"이라 한다)의 수계 이용 상황 및 수질상태 등을 고려하여 대통령령으로 정하는 바에 따라 수계구간별로 오염총량관리의 목표가 되는 수질(이하 "오염총량목표수질"이라 한다)을 정하여 고시하여야 한다. 다만, 환경부장관이 정하여 고시하는 특별시ㆍ광역시ㆍ특별자치시ㆍ도ㆍ특별자치도(이하 "시ㆍ드"라 한다) 경계지점의 오염총량목표수질을 달성하기 위하여 관할 특별시장ㆍ광역시장ㆍ특별자치시장ㆍ도지사ㆍ특별자치도지사(이하 "시ㆍ도지사"라 한다)가 대통령령으로 정하는 바에 따라 환경부장관의 승인을 받아 그 시ㆍ도 관할구역의 수계구간별 오염총량목표수질을 공고하는 지역의 경우에는 그러하지 아니하다.

규칙 **제9조(오염총량목표수질의 승인신청)** 특별시장ㆍ광역시장ㆍ특별자치시장ㆍ도지사ㆍ특별자치도지사(이하 "시ㆍ도지사"라 한다)가 「물환경보전법 시행령」(이하 "영"이라 한다) 제3조제3항에 따라 관할구역의 수계구간별 오염총량목표수질의 승인을 받으려는 경우에는 수계구간별 오염총량목표수질을 적은 서류에 영 제3조제3항 각 호의 사항에 관한 분석자료를 첨부하여 환경부장관에게 제출하여야 한다. [개정 2017.1.19.]

규칙 **제10조(총량관리 단위유역 수질 측정방법)** 영 제3조제7항에 따른 총량관리 단위유역 하단지점의 수질 측정방법은 별표 7과 같다. ✓실전문제

[규칙 별표7]

총량관리 단위유역의 수질 측정방법(제10조 관련)

1. 목표수질지점에 대한 수질 측정은 기본방침 및 「환경분야 시험 · 검사 등에 관한 법률」 제6조제1항제5호에 따른 환경오염공정시험기준에 따른다.
2. 목표수질지점별로 연간 30회 이상 측정하여야 한다.
3. 제2호에 따른 수질 측정 주기는 8일 간격으로 일정하여야 한다. 다만, 홍수, 결빙, 갈수(渴水) 등으로 채수(採水)가 불가능한 특정 기간에는 그 측정 주기를 늘리거나 줄일 수 있다.
4. 제1호부터 제3호까지에 따른 수질 측정 결과를 토대로 다음과 같이 평균수질을 산정하여 해당 목표수질지점의 수질변동을 확인한다.

   가. 평균수질 $= e^{\left(\text{변환평균수질}+\frac{\text{변환분산}}{2}\right)}$

   나. 변환평균수질 $= \dfrac{\ln(\text{측정수질})+\ln(\text{측정수질})+\cdots}{\text{측정횟수}}$

   다. 변환분산 $= \dfrac{\{\ln(\text{측정수질})-\text{변환평균수질}\}^2+\cdots}{\text{측정횟수}-1}$

[비고]
측정수질은 산정 시점으로부터 과거 3년간 측정한 것으로 하며, 그 단위는 리터당 밀리그램(㎎/L)으로 표시한다.

실전문제 **총량관리 단위 유역의 수질 측정방법 중 측정수질에 관한 내용으로 옳은 것은?**

① 산정 시점으로부터 과거 1년간 측정한 것으로 하며, 그 단위는 mg/L으로 표시한다.
② 산정 시점으로부터 과거 2년간 측정한 것으로 하며, 그 단위는 mg/L으로 표시한다.
❸ 산정 시점으로부터 과거 3년간 측정한 것으로 하며, 그 단위는 mg/L으로 표시한다.
④ 산정 시점으로부터 과거 5년간 측정한 것으로 하며, 그 단위는 mg/L으로 표시한다.

실전문제 **총량관리 단위유역의 수질 측정방법 기준으로 옳은 것은?**

① 목표수질지점별로 연간 10회 이상 측정하여야 한다.
② 목표수질지점별로 연간 20회 이상 측정하여야 한다.
③ 목표수질지점별 수질 측정 주기는 15일 간격으로 일정해야 한다. 다만, 홍수, 결빙, 갈수 등으로 채수가 불가능한 특정 기간에는 그 측정 주기를 늘리거나 줄일 수 있다.
❹ 목표수질지점별 수질 측정 주기는 8일 간격으로 일정해야 한다. 다만, 홍수, 결빙, 갈수 등으로 채수가 불가능한 특정 기간에는 그 측정 주기를 늘리거나 줄일 수 있다.

② 환경부장관은 오염총량목표수질을 달성 · 유지하기 위하여 관계 시 · 도지사 및 관계 기관과의 협의를 거쳐 대통령령으로 정하는 사항을 포함하는 오염총량관리에 관한 기본방침(이하 "오염총량관리기본방침"이라 한다)을 수립하여 관계 시 · 도지사에게 통보하여야 한다.

영 **제4조(오염총량관리기본방침)** 법 제4조의2제2항에 따른 오염총량관리기본방침에는 다음 각 호의 사항이 포함되어야 한다. ✓실전문제

1. 오염총량관리의 목표
2. 오염총량관리의 대상 수질오염물질 종류
3. 오염원의 조사 및 오염부하량 산정방법
4. 법 제4조의3에 따른 오염총량관리기본계획의 주체, 내용, 방법 및 시한
5. 법 제4조의4에 따른 오염총량관리시행계획의 내용 및 방법

실전문제 **오염총량관리기본방침에 포함되어야 하는 사항과 가장 거리가 먼 것은?**

① 오염원의 조사 및 오염부하량 산정방법
❷ 오염부하량 총량 및 저감계획
③ 오염총량관리의 대상 수질오염물질 종류
④ 오염총량관리의 목표

제4조의3(오염총량관리기본계획의 수립 등) ① 오염총량관리지역을 관할하는 시·도지사는 오염총량관리기본방침에 따라 다음 각 호의 사항을 포함하는 기본계획(이하 "오염총량관리기본계획"이라 한다)을 수립하여 환경부령으로 정하는 바에 따라 환경부장관의 승인을 받아야 한다. 오염총량관리기본계획 중 대통령령으로 정하는 중요한 사항을 변경하는 경우에도 또한 같다.

1. 해당 지역 개발계획의 내용
2. 지방자치단체별·수계구간별 오염부하량(汚染負荷量)의 할당
3. 관할 지역에서 배출되는 오염부하량의 총량 및 저감계획
4. 해당 지역 개발계획으로 인하여 추가로 배출되는 오염부하량 및 그 저감계획

② 오염총량관리기본계획의 승인기준은 환경부령으로 정한다.

영 **제5조(오염총량관리기본계획 변경승인 대상)** 법 제4조의3제1항 각 호 외의 부분 후단에서 "대통령령이 정하는 중요한 사항"이란 법 제4조의3제1항제2호 및 제4호의 사항을 말한다.

규칙 **제11조(오염총량관리기본계획 승인신청 및 승인기준)** ① 시·도지사는 법 제4조의3제1항에 따라 오염총량관리기본계획(이하 "오염총량관리기본계획"이라 한다)의 승인을 받으려는 경우에는 오염총량관리기본계획안에 다음 각 호의 서류를 첨부하여 환경부장관에게 제출하여야 한다. ✓실전문제

1. 유역환경의 조사·분석 자료
2. 오염원의 자연증감에 관한 분석 자료

3. 지역개발에 관한 과거와 장래의 계획에 관한 자료
4. 오염부하량의 산정에 사용한 자료
5. 오염부하량의 저감계획을 수립하는 데에 사용한 자료

실전문제 시 · 도지사가 오염총량관리기본계획의 승인을 받으려는 경우 오염총량관리기본계획안에 첨부하여 환경부장관에게 제출하여야 하는 서류와 가장 거리가 먼 것은?

① 유역환경의 조사 · 분석 자료
② 오염부하량의 저감계획을 수립하는 데에 사용한 자료
❸ 오염총량목표수질을 수립하는 데에 사용한 자료
④ 오염부하량의 산정에 사용한 자료

규칙 제11조 ② 법 제4조의3제2항에 따른 오염총량관리기본계획의 승인기준은 다음 각 호와 같다.

1. 오염부하량이 적정하게 산정되어 있을 것
2. 오염부하량의 저감계획이 오염총량목표수질을 달성할 수 있을 것
3. 영 제4조제4호에 따라 오염총량관리기본계획을 수립하여야 하는 연도를 기준으로 10년 단위로 수립되어 있을 것

③ 제1항에 따라 오염총량관리기본계획의 승인을 신청받은 환경부장관은 신청을 받은 날부터 7일 이내에 국립환경과학원장에게 검토를 요청하여야 한다.

④ 제3항에 따라 검토요청을 받은 국립환경과학원장은 검토를 요청받은 날부터 60일 이내에 그 의견을 통보하여야 한다. 다만, 제5항에 따라 자료의 제출을 요구하거나 그 밖에 특별한 사정이 있는 경우에는 60일의 범위에서 그 기간을 연장할 수 있다.

⑤ 국립환경과학원장은 오염총량관리기본계획을 검토하기 위하여 필요한 경우에는 시 · 도지사, 시장 · 군수에게 관련 자료를 제출하도록 요구할 수 있다.

제4조의4(오염총량관리시행계획의 수립 · 시행 등) ① 오염총량관리지역 중 오염총량목표수질이 환경부령으로 정하는 바에 따라 달성 · 유지되지 아니하는 지역을 관할하는 특별시장 · 광역시장 · 특별자치시장 · 특별자치도지사 · 시장 · 군수(광역시의 군수는 제외한다. 이하 이 조에서 같다)는 오염총량관리기본계획에 따라 시행계획(이하 "오염총량관리시행계획"이라 한다)을 수립하여 대통령령으로 정하는 바에 따라 환경부장관 또는 시 · 도지사의 승인을 받은 후 이를 시행하여야 한다. 오염총량관리시행계획 중 대통령령으로 정하는 중요한 사항을 변경하는 경우에도 또한 같다.

영 6조(오염총량관리시행계획 승인 등) ① 특별시장 · 광역시장 · 특별자치시장 · 특별자치도지사는 법 제4조의4제1항에 따라 다음 각 호의 사항이 포함된 오염총량관리시행계획(이하 "오염총량관리시행계획"이라 한다)을 수립하여 환경부장관의 승인을 받아야 한다. [개정 2014.1.28.] ✓실전문제

1. 오염총량관리시행계획 대상 유역의 현황
2. 오염원 현황 및 예측
3. 연차별 지역 개발계획으로 인하여 추가로 배출되는 오염부하량 및 해당 개발계획의 세부 내용
4. 연차별 오염부하량 삭감 목표 및 구체적 삭감 방안
5. 법 제4조의5에 따른 오염부하량 할당 시설별 삭감량 및 그 이행 시기
6. 수질예측 산정자료 및 이행 모니터링 계획

② 시장 · 군수(광역시의 군수는 제외한다. 이하 이 조 및 제12조에서 같다)는제1항 각 호의 사항이 포함된 오염총량관리시행계획을 수립하여 도지사의 승인을 받아야 한다. [개정 2012.1.17.]

③ 도지사가 제2항에 따라 계획을 승인할 때에는 미리 환경부장관과 협의하여야 한다. [신설 2012.1.17.]

④ 제1항부터 제3항까지의 규정에 따른 승인절차와 기준 등에 관하여 필요한 사항은 환경부령으로 정한다. [개정 2012.1.17.]

실전문제 **오염총량관리시행계획에 포함되어야 하는 사항과 가장 거리가 먼 것은?**

① 오염원 현황 및 예측
❷ 오염도 조사 및 오염부하량 산정방법
③ 연차별 오염부하량 삭감목표 및 구체적 삭감 방안
④ 수질 예측 산정자료 및 이행 모니터링 계획

규칙 제12조(오염총량관리시행계획의 수립지역) ① 환경부장관은 제11조에 따라 오염총량관리기본계획의 승인을 한 후 다음 각 호의 어느 하나에 해당하는 지역이 있는 경우에는 지체 없이 법 제4조의4에 따른 오염총량관리시행계획(이하 "오염총량관리시행계획"이라 한다)을 수립하여야 하는 특별시장 · 광역시장 · 특별자치시장 · 특별자치도지사 또는 시장 · 군수(이하 "오염총량관리시행 지방자치단체장"이라 한다)에게 오염총량관리시행계획을 수립하여 승인을 받을 것을 알려야 한다. [개정 2017.1.19.]

1. 오염총량관리기본계획 승인 당시 별표 7에 따라 측정한 수질이 영 제2조 제1항제2호에 따른 총량관리 단위유역(이하 "총량관리단위유역"이라 한다)의 오염총량목표

수질보다 나쁜 지역

2. 오염총량관리기본계획 승인 이후 별표 7에 따라 측정한 수질이 2년간 연속 총량관리 단위유역의 오염총량목표수질보다 나쁜 지역

② 제1항에 따라 통보받은 오염총량관리시행 지방자치단체장이 둘 이상인 경우에는 각각 해당 지역에 대한 오염총량관리시행계획을 수립하여야 한다.

영 **제7조(오염총량관리시행계획 변경승인 대상)** 법 제4조의4제1항 후단에서 "대통령령이 정하는 중요한 사항을 변경하는 경우"란 다음 각 호를 말한다.

1. 제6조제1항제3호에 따른 연차별 오염부하량의 증가
2. 제6조제1항제4호에 따른 연차별 오염부하량 삭감 목표의 감
3. 제6조제1항제5호에 따른 오염부하량 할당시설별 삭감량 및 이행시기의 변경

규칙 **제13조(오염총량관리시행계획 승인절차 · 기준 등)** ① 제12조제1항 각 호에 해당되어 오염총량관리시행계획을 수립하여야 하는 오염총량관리시행지방자치단체장은 제12조제1항에 따른 통보일부터 1년 이내에 오염총량관리시행계획을 수립하여 유역환경청장이나 지방환경청장 또는 도지사에게 승인을 신청하여야 한다.

② 제1항에 따른 신청을 받은 유역환경청장이나 지방환경청장 또는 도지사는 다음 각 호의 기준에 맞으면 오염총량관리시행계획을 승인하여야 한다.

1. 오염총량관리기본계획에서 정하고 있는 오염부하량의 저감계획에 따라 오염원별로 오염부하량이 적정하게 할당되어 있을 것
2. 오염총량관리기본계획에서 정하고 있는 오염부하량의 저감계획에 따라 오염원별로 오염부하량을 줄이는 시기가 적정하게 지정되어 있을 것
3. 오염총량관리시행계획의 종기(終期)가 오염총량관리기본계획과 같을 것
4. 그 밖에 오염총량관리기본계획에서 정하고 있는 사항이 적정하게 반영되어 있을 것

③ 오염총량관리시행계획의 검토절차에 관하여는 제11조제3항부터 제5항까지의 규정을 준용한다. 이 경우 "오염총량관리기본계획"은 "오염총량관리시행계획"으로, "환경부장관"은 "유역환경청장이나 지방환경청장 또는 도지사"로 본다.

④ 도지사는 제2항에 따라 오염총량관리시행계획을 승인한 경우에는 승인을 한 날부터 14일 이내에 유역환경청장이나 지방환경청장에게 그 오염총량관리시행계획 사본 1부를 제출하여야 한다.

② 제1항에 따라 오염총량관리시행계획을 시행하는 특별시장 · 광역시장 · 특별자치시장 · 특별자치도지사 · 시장 · 군수(이하 "오염총량관리시행 지방자치단체장"이라 한다)는 환경부령으로 정하는 바에 따라 오염총량관리시행계획에 대한 전년도의 이행사항을 평가하는 보고서를

작성하여 지방환경관서의 장에게 제출하여야 한다. 이 경우 시장 · 군수는 관할 도지사를 거쳐 제출하여야 한다.

규칙 제14조(오염총량관리시행계획의 이해평가) ①오염총량관리시행 지방자치단체장은 법 제4조의4제2항에 따라 오염총량관리시행계획에 대한 전년도의 이행사항을 환경부장관이 고시하는 바에 따라 평가하고, 그 보고서를 매년 5월 31일까지 유역환경청장이나 지방환경청장에게 제출하여야 한다. [개정 2012.1.19.]

② 오염총량관리시행계획의 이행평가보고서의 검토절차에 관하여는 제11즈제3항부 터 제5항까지의 규정을 준용한다. 이 경우 "오염총량관리기본계획"은 "오염총량관리시행계획의 이행평가보고서"로, "환경부장관"은 "유역환경청장이나 지방환경청장"으로 본다.

규칙 제15조(오염부하량 할당 또는 배출량 지정의 방법 등) ① 유역환경청장이나 지방환경청장은 제13조제2항에 따라 오염총량관리시행계획을 승인하거나 같은 조 제4항에 따라 오염총량관리시행계획을 제출받은 날부터 30일 이내에 오염총량관리시행계획에서 정하는 바에 따라 영 제8조에 따른 시설에 대하여 별지 제1호 서식에 따라 오염부하량을 할당하거나 배출량을 지정하여야 한다. 다만, 오염총량관리시행계획이 승인된 후에 설치하는 시설은 오염총량관리시행계획에 따라 설치에 관한 허가 · 인가 · 승인 · 신고 등을 할 때에 오염부하량을 할당하거나 배출량을 지정하여야 한다.

② 제1항에 따라 오염부하량을 할당하거나 배출량을 지정받은 자(이하 '오염할당사업자 등"이라 한다)는 할당된 오염부하량 또는 지정된 배출량의 이행시기 60일 전까지 다음 각 호의 자료를 유역환경청장이나 지방환경청장에게 제출하여야 한다.

1. 별표 8의 기준에 따라 산정한 최종방류구별 배출량 명세
2. 할당된 오염부하량 또는 지정된 배출량을 준수하기 위한 시설개선 경세 및 측정기기 부착 명세

③ 유역환경청장이나 지방환경청장은 제2항에 따라 제출된 자료를 검토한 결과 수질오염물질 배출량이 제1항에 따라 통보한 할당 오염부하량을 초과할 것으로 인정되는 자에게는 할당된 오염부하량을 준수할 수 있도록 별표 9의 기준에 따라 최종방류구별로 배출량을 추가로 지정하고 별지 제2호서식에 따라 이를 통보하여야 한다.

③ 지방환경관서의 장은 제2항에 따라 받은 보고서를 검토한 후 오염총량관리시행계획의 원활한 이행을 위하여 필요하다고 인정되는 경우에는 오염총량관리시행 지방자치단체장에게 필요한 조치나 대책을 수립 · 시행하도록 요구할 수 있다. 이 경우 그 오염총량관리시행 지방자치단체장은 특별한 사유가 없으면 이에 따라야 한다. [전문개정 2013.7.30.]

[규칙 별표8]

최종방류구별 배출량 산정 기준(제15조제2항제1호 관련)

오염부하량 할당대상자는 최종방류구별로 배출수의 수질을 일정한 주기로 30회 이상 측정한 자료를 이용하여 할당된 오염부하량을 준수하기 위한 최종방류구별 배출량을 다음과 같이 산정한다.

○ 최종방류구별 배출량 $= \frac{\text{할당 오염부하량}}{\text{기준배출수질}} \times 10^6$

가. 수질 측정 결과가 대수정규분포를 따를 경우에는 다음과 같이 산정한다.

○ 기준배출수질 = e(변환평균 + 1.645 × 변환표준편차)

• $\text{변환평균} = \frac{\ln(\text{배출수수질}) + \ln(\text{배출수수질}) + \cdot \cdot \cdot}{\text{측정횟수}}$

• $\text{변환표준편차} = \sqrt{\frac{\{(\ln(\text{배출수수질}) - \text{변환평균}\}^2 + \cdot \cdot}{\text{측정횟수} - 1}}$

나. 수질 측정 결과가 대수정규분포를 따르지 않을 경우에는 다음과 같이 산정한다.

○기준배출수질 = (1−b)×Xa+b×X(a+1)로 산정한다.

• a는 1+0.95×(측정횟수−1)의 정수부분, b는 1+0.95×(측정횟수−1)의 소수부분을 말한다.
• X1, X2, X3, …, Xa, …, Xn은 배출수 수질을 오름차순으로 서열화한 값을 말한다.
• Xa는 측정자료를 오름차순으로 서열화한 값 중 a번째 배출수 수질을 말한다.
• X(a+1)은 측정자료를 오름차순으로 서열화한 값 중 (a+1)번째 배출수 수질을 말한다.

[비고]
1. 최종방류구별 배출량의 단위는 1일당 리터(L/일)로 한다.
2. 기준배출수질의 단위는 리터당 밀리그램(mg/L)으로 한다.
3. 할당 오염부하량은 제23조제2항에 따라 최종방류구별로 할당된 오염부하량을 말하며, 그 단위는 1일당 킬로그램(kg/일)으로 한다.

[규칙 별표9]

배출량 추가지정 기준(제15조제3항 관련)

추가 지정 배출량(L/일) = (할당 오염부하량/실측평균수질) × 10^6

[비고]
1. 실측평균수질은 유역환경청장이나 지방환경청장이 측정한 수질을 평균하여 산정한 수질로서 그 단위는 리터당 밀리그램(mg/L)으로 한다.
2. 할당 오염부하량은 제15조제1항에 따라 최종방류구별로 할당된 오염부하량을 말하며, 그 단위는 1일당 킬로그램(kg/일)으로 한다.

제4조의5(시설별 오염부하량의 할당 등) ① 환경부장관은 오염총량목표수질을 달성 · 유지하기 위하여 필요하다고 인정되는 경우에는 다음 각 호의 어느 하나의 기준을 적용받는 시설 중 대통령령으로 정하는 시설에 대하여 환경부령으로 정하는 바에 따라 최종방류구별 · 단위기간별로 오염부하량을 할당하거나 배출량을 지정할 수 있다. 이 경우 환경부장관은 관할 오염총량관리시

행 지방자치단체장과 미리 협의하여야 한다.
1. 제12조제3항에 따른 방류수 수질기준
2. 제32조에 따른 배출허용기준
3. 「하수도법」 제7조에 따른 방류수수질기준
4. 「가축분뇨의 관리 및 이용에 관한 법률」 제13조에 따른 방류수수질기준

② 오염총량관리시행 지방자치단체장은 오염총량목표수질을 달성 · 유지하기 위하여 필요하다고 인정되는 경우에는 제1항 각 호의 어느 하나의 기준을 적용받는 시설로서 제1항에 따른 대통령령으로 정하는 시설을 제외한 시설 중 환경부령으로 정하는 시설에 대하여 환경부령으로 정하는 바에 따라 최종방류구별 · 단위기간별로 오염부하량을 할당하거나 배출량을 지정할 수 있다.

영 제8조(오염부하량 할당시설 등) 법 제4조의5제1항 각 호 외의 부분 전단에서 "대통령령으로 정하는 시설"이란 다음 각 호의 시설을 말한다.
1. 공공폐수처리시설
2. 「하수도법」 제2조제9호에 따른 공공하수처리시설(이하 "공공하수처리시설"이라 한다) 및 같은 법 제2조제11호에 따른 분뇨처리시설
3. 공공처리시설

규칙 제16조(지방자치단체의 오염부하량 할당 또는 배출량 지정의 대상 · 방법 등)

① 법 제4조의5제2항에 따라 오염총량관리시행 지방자치단체장은 오염총량목표 수질을 달성 · 유지하기 위하여 필요하다고 인정하면 다음 각 호의 어느 하나에 해당하는 시설에 대하여 오염부하량을 할당하거나 배출량을 지정할 수 있다.
1. 오수 또는 폐수를 1일 200㎥ 이상으로 배출하거나 방류하는 시설로서 오염총량관리시행계획에서 정하는 시설
2. 제1호에 해당하지 아니하는 시설 중 오염총량목표수질을 달성하기 위하여 오염부하량의 할당이나 배출량의 지정이 필요하다고 인정되는 시설로서 오염총량관리시행계획에서 정하는 시설

② 제1항에 따른 오염부하량 할당이나 배출량 지정에 관하여는 제15조를 준용한다. 이 경우 "유역환경청장이나 지방환경청장"은 "오염총량관리시행 지방자치단체장"으로 본다.

③ 환경부장관 또는 오염총량관리시행 지방자치단체장은 제1항 또는 제2항에 따라 오염부하량을 할당하거나 배출량을 지정하는 경우에는 미리 이해관계자의 의견을 들어야 하고, 이해관계자가 그 내용을 알 수 있도록 필요한 조치를 하여야 한다.

④ 제1항 또는 제2항에 따라 오염부하량을 할당받거나 배출량을 지정받은 시설을 설치 · 운영하는 자(이하 "오염할당사업자등"이라 한다)는 대통령령으로 정하는 바에 따라 오염부하량 및 배출량을 측정할 수 있는 기기를 부착 · 가동하고 그 측정 결과를 사실대로

기록하여 보존하여야 한다. 다만, 제38조의3에 따른 측정기기부착사업자등의 경우에는 그러하지 아니하다.

제4조의6(초과배출자에 대한 조치명령 등) ① 환경부장관 또는 오염총량관리시행 지방자치단체장은 제4조의5제1항 또는 제2항에 따라 할당된 오염부하량 또는 지정된 배출량(이하 "할당오염부하량등"이라 한다)을 초과하여 배출하는 자에게 수질오염방지시설의 개선 등 필요한 조치를 명할 수 있다.

② 제1항에 따라 조치명령을 받은 자는 환경부령으로 정하는 바에 따라 개선계획서를 환경부장관 또는 오염총량관리시행 지방자치단체장에게 제출한 후 제1항에 따른 조치명령을 이행하여야 한다.

③ 제2항에 따른 조치명령 이행의 보고 및 확인에 관하여는 제45조를 준용한다. 이 경우 "제38조의4제2항, 제39조, 제40조, 제42조 또는 제44조에 따른 개선명령 · 조업정지명령 · 사용중지명령 또는 폐쇄명령"은 "제4조의6제1항에 따른 조치명령"으로, "환경부장관"은 "환경부장관 또는 오염총량관리시행 지방자치단체장"으로 본다.

④ 환경부장관 또는 오염총량관리시행 지방자치단체장은 제1항에 따른 조치명령을 받은 자가 그 명령을 이행하지 아니하거나 이행기간 내에 이행을 하였으나 검사 결과 할당오염부하량등을 계속 초과하는 경우에는 그 시설의 전부 또는 일부에 대하여 6개월 이내의 기간을 정하여 조업정지를 명하거나 시설의 폐쇄를 명할 수 있다. 다만, 수질오염방지시설을 개선하는 등의 조치를 하더라도 할당오염부하량등 이하로 내려갈 가능성이 없다고 인정되는 경우로서 환경부령으로 정하는 경우에는 시설의 폐쇄를 명하여야 한다.

⑤ 제4항에 따른 조업정지를 갈음하는 과징금 처분에 관하여는 제43조를 준용한다. 이 경우 "환경부장관"은 "환경부장관 또는 오염총량관리시행 지방자치단체장"으로, "사업자"는 "오염할당사업자등"으로, "제42조"는 "제4조의6제4항"으로, "국세 체납처분의 예"는 "국세 또는 지방세 체납처분의 예"로 본다. [전문개정 2013.7.30.]

규칙 **제17조(조치명령 등)** ① 유역환경청장이나 지방환경청장 또는 오염총량관리시행지방자치단체장이 법 제4조의6제1항에 따라 조치명령을 하려는 경우에는 오염부하량과 배출량을 초과한 정도, 조치 명령의 내용, 명령이행 시 고려하여야 할 사항, 이행기간 등을 적은 서면으로 하여야 한다.

② 제1항에 따른 조치명령의 이행기간은 시설의 개선 또는 설치기간 등을 고려하여 1년의 범위에서 정하여야 한다.

③ 제1항에 따라 조치명령을 받은 자는 명령을 받은 날부터 60일 이내에 개선계획서를 작성하여 유역환경청장이나 지방환경청장 또는 오염총량관리시행 지방자치단체장에게 제출하고 그 개선계획서에 따라 명령을 이행하되, 천재지변이나 그 밖에 부득이하다고

인정되는 사유로 제2항에 따른 조치명령의 이행기간 이내에 이행할 수 없는 경우에는 그 기간이 끝나기 전에 유역환경청장이나 지방환경청장 또는 오염총량관리시행 지방자치단체장에게 6개월의 범위에서 이행기간의 연장을 신청할 수 있다. [개정 2017.1.19.]

④ 법 제4조의6제1항에 따른 조치명령, 같은 조 제4항에 따른 조업정지 또는 폐쇄명령을 받은 자는 그 명령을 이행한 때에는 지체 없이 별지 제3호서식의 이행보고서를 유역환경청장이나 지방환경청장 또는 오염총량관리시행 지방자치단체장에게 제출하여야 한다.

⑤ 유역환경청장이나 지방환경청장 또는 오염총량관리시행 지방자치단체장은 제4항에 따른 이행보고서를 받으면 관계 공무원에게 지체 없이 명령의 이행상태 또는 조치완료 상태를 확인하게 하고, 필요하다고 인정하면 시료를 채취하여 다음 각 호의 검사기관에 수질검사를 의뢰하여야 한다. [개정 2012.1.19.]

1. 국립환경과학원 및 그 소속기관
2. 광역시 및 도의 보건환경연구원
3. 「한국환경공단법」에 따른 한국환경공단(이하 "한국환경공단"이라 한다) 및 그 소속 사업소
4. 그 밖에 환경부장관이 인정하는 검사기관

규칙 **제18조(오염할당사업자등에 대한 과징금 부과기준 등)** ① 법 제4조의6제5항에 따른 과징금의 부과기준은 다음 각 호와 같다.

1. 과징금은 제105조에 따른 행정처분 기준에 따른 조업정지일수에 1일당 부과금액과 사업장 규모별 부과계수를 각각 곱하여 산정할 것
2. 제1호에 따른 1일당 부과금액은 300만원으로 하고, 사업장(오수를 배출하는 시설을 포함한다. 이하 이 조에서 같다) 규모별 부과계수는 영 별표 13에 따른 제1종사업장은 2.0, 제2종사업장은 1.5, 제3종사업장은 1.0, 제4종사업장은 0.7, 제5종사업장은 0.4로 할 것. 다만, 영 제8조 각 호의 시설에 대한 부과계수는 2.0으로 한다.

② 법 제4조의6제4항에 따른 조업정지명령을 위반하여 별표 22제2호가목8)나)에 따라 조업정지처분을 받은 경우에는 법 제4조의6제5항에도 불구하고 조업정지를 명하여야 한다.

③ 법 제4조의6제5항에 따른 과징금의 납부기한은 과징금납부통지서의 발급일부터 30일로 하고, 과징금의 납부통지는 별지 제4호서식에 따른다.

제4조의7(오염총량초과과징금) ① 환경부장관 또는 오염총량관리시행 지방자치단체장은 할당오염부하량등을 초과하여 배출한 자로부터 과징금(이하 "오염총량초과과징금"이라 한다)을 부과 · 징수한다. [개정 2017.1.17.]

영 **제9조(오염부하량 또는 배출량 측정기기)** ① 법 제4조의5제4항에 따라 오염부하량을 할당받거나 배출량을 지정받은 시설을 설치 · 운영하는 자(이하 "오염할당사업자등"이라 한

다)는 다음 각 호의 측정기기를 부착하여야 한다.

1. 법 제4조의5제1항 또는 제2항에 따라 할당된 수질오염물질을 자동으로 측정할 수 있는 기기
2. 배출량을 자동으로 측정할 수 있는 적산유량계
3. 제37조에 따른 수질원격감시체계 관제센터에 측정결과를 자동으로 전송할 수 있는 기기

② 오염할당사업자등은 법 제4조의5제1항 및 제2항에 따른 오염부하량 또는 배출량의 준수기간 90일 전까지 제1항에 따른 측정기기를 부착하여 수질오염물질의 배출량 등을 측정하고 그 측정결과를 2년간 보존하여야 한다.

③ 제1항에 따른 측정기기의 종류 및 부착방법과 제2항에 따른 측정결과의 기록방법 및 보존방법 등은 환경부장관이 정하여 고시한다.

영 **제10조(오염총량초과과징금 산정의 방법과 기준)** ① 법 제4조의7제1항에 따른 오염총량초과과징금(이하 "오염총량초과과징금"이라 한다)의 초과배출이익에 초과율별 · 위반횟수별 · 지역별 부과계수를 각각 곱하여 산정하되, 구체적인 산정방법과 기준은 별표 1과 같다.

② 제1항에 따른 위반횟수는 최근 2년간 법 제4조의6제1항 및 제4항에 따른 조치명령, 조업정지명령 또는 폐쇄명령을 받은 횟수로 하며, 사업장별로 산정한다.

영 **제11조(오염총량초과과징금의 납부통지)** ① 제10조에 따라 산정한 오염총량 초과과징금의 납부통지는 부과 사유가 발생한 날부터 60일 이내에 하여야 한다.

② 제1항에 따른 오염총량초과과징금의 납부통지는 부과 대상 수질오염물질량, 부과 금액, 납부기간, 납부장소, 그 밖에 필요한 사항을 적어 서면으로 하여야 한다. 이 경우 오염총량초과과징금의 납부기간은 납부통지서를 발급한 날부터 30일까지로 한다.

규칙 **제19조(오염총량초과과징금 납부통지 등)** ① 유역환경청장 · 지방환경청장 또는 오염총량관리시행 지방자치단체장은 영 제11조제1항에 따라 오염총량초과과징금의 납부통지를 하려면 별지 제4호서식에 따른 납부통지서에 별지 제5호서식의 오염총량초과과징금 산정명세서를 첨부하여 납부 대상자에게 통지하여야 한다.

② 영 제12조제1항에 따라 오염총량초과과징금의 조정을 신청하려는 자는 별지 제6호서식의 오염총량초과부과금 조정신청서에 영 제13조제1항 각 호의 사항을 증명하는 서류 1부를 첨부하여 유역환경청장 · 지방환경청장 또는 오염총량관리시행 지방자치단체장에게 제출하여야 한다.

③ 영 제13조제4항에 따른 오염총량초과과징금 조정부과 및 환급에 관한 통지는 별지 제7호서식에 따른다.

④ 영 제14조제1항에 따라 오염총량초과과징금의 징수유예 및 분할납부를 신청하려는

자는 별지 제8호서식의 오염총량초과과징금 징수유예 및 분할납부 신청서에 영 제14조제1항 각 호의 어느 하나에 해당하는 사유를 증명하는 서류 1부를 첨부하여 유역환경청장 · 지방환경청장 또는 오염총량관리시행 지방자치단체장에게 제출하여야 한다.

[영 별표1]

오염총량초과과징금 산정 방법 및 기준(제10조제1항 관련)

1. 오염총량초과과징금의 산정방법

오염총량초과부과금 = 초과배출이익 × 초과율별 부과계수 × 지역별 부과계수 × 위반횟수별 부과계수 − 감액 대상 배출부과금 및 과징금

[비고]
감액 대상 배출부과금 및 과징금은 법 제4조의7제3항에 따른 배출부과금과 과징금을 말한다.

2. 초과배출이익의 산정방법
   가. 초과배출이익이란 수질오염물질을 초과배출함으로써 지출하지 아니하게 된 수질오염물질 처리 비용을 말하며 산정방법은 다음과 같다

초과배출이익 = 초과오염배출량 × 연도별 부과금 단가

   나. 초과오염배출량이란 법 제4조의5제1항 전단에 따라 할당된 오염부하량(이하 "할당오염부하량"이라 한다)이나 지정된 배출량(이하 "지정배출량"이라 한다)을 초과하여 배출되는 수질오염물질의 양을 말하며, 산정방법은 다음과 같다.

초과오염배출량 = 일일초과오염배출량 × 배출기간

      1) 일일초과오염배출량
         가) 일일초과오염배출량은 다음의 방법에 따라 산정한 값 중 큰 값을 kg으로 표시한 양으로 한다.

일일초과오염배출량 = 일일유량 × 배출농도 × 10^{-6} − 할당오염부하량 일일초과오염배출량 = (일일유량 − 지정배출량) × 배출농도 × 10^{-6}

[비고]
1. 일일초과오염배출량의 단위는 킬로그램(kg)으로 하되, 소수점 이하 첫째 자리까지 계산한다.
2. 일일유량은 법 제4조의6에 따른 조치명령 등의 원인이 되는 배출오염물질을 채취하였을 때의 오수 및 폐수유량(이하 "측정유량"이라 한다)으로 계산한 오수 및 폐수총량을 말한다.
3. 배출농도는 법 제4조의6에 따른 조치명령 등의 원인이 되는 배출오염물질을 채취하였을 때의 배출농도를 말하며, 배출농도의 단위는 리터당 밀리그램(㎎/L)으로 한다.
4. 할당오염부하량과 지정배출량의 단위는 1일당 킬로그램(kg/일)과 1일당 리터(L/일)로 한다.

         나) 일일유량의 산정방법은 다음과 같다.

일일유량 = 측정유량 × 조업시간

[비고]
1. 일일유량의 단위는 리터(L)로 한다.
2. 측정유량의 단위는 분당 리터(L/min)로 한다.
3. 일일조업시간은 측정하기 전 최근 조업한 30일간의 오수 및 폐수 배출시설의 조업시간 평균치로서 분으로 표시한다.

다) 측정유량과 배출농도는 「환경분야 시험 · 검사 등에 관한 법률」 제6조에 따른 환경오염공정시험기준에 따라 산정한다. 다만, 측정유량의 산정이 불가능하거나 실제 유량과 뚜렷한 차이가 있다고 인정될 경우에는 다음 중 어느 하나의 방법에 따라 산정한다.

(1) 적산유량계에 의한 산정

(2) 적산유량계에 의한 방법이 적합하지 아니하다고 인정될 경우에는 방지시설 운영일지 상의 시료채취일 직전 최근 조업한 30일간의 평균유량에 의한 산정. 이 경우 갑작스런 폭우로 인하여 측정유량 증가가 있는 경우 등 비정상적인 조업일은 제외하고 30일을 산정할 수 있다.

(3) (1)이나 (2)의 방법이 적합하지 아니하다고 인정되는 경우에는 해당 사업장의 용수사용량(수돗물 · 공업용수 · 지하수 · 하천수 또는 해수 등 해당 사업장에서 사용하는 모든 용수를 포함한다)에서 생활용수량 · 제품함유량, 그 밖에 오수 및 폐수가 발생하지 아니한 용수량을 빼는 방법에 의한 산정

2) 배출기간

가) 배출시설과 방지시설이 다음 중 어느 하나에 해당하는 경우에는 수질오염물질을 배출하기 시작한 날부터 그 행위를 중단한 날

(1) 방지시설을 가동하지 아니하거나 방지시설을 거치지 아니하고 수질오염물질을 배출하거나, 처리약품을 투입하지 아니하고 수질오염물질을 배출하는 경우

(2) 비밀배출구로 수질오염물질을 배출하는 경우

나) 위 가)에 해당하지 아니할 경우에는 할당오염부하량이나 지정배출량을 초과하여 배출하기 시작한 날(배출하기 시작한 날을 알 수 없을 경우에는 초과 여부를 검사한 날을 말한다)부터 법 제4조의6제1항 또는 법 제4조의6제4항에 따른 조치명령, 조업정지명령, 폐쇄명령(이하 "조치명령등"이라 한다)의 이행완료 예정일

다. 연도별 부과금 단가는 다음과 같다.

연도	수질오염물질 1kg당 연도별 부과금 단가
2004	3,000원
2005	3,300원
2006	3,600원
2007	4,000원
2008	4,400원
2009	4,800원
2010	5,300원
2011	5,800원

[비고]

2012년 이후에는 2011년도 부과금 단가에 연도별 부과금 산정지수를 곱한 값으로 하며, 연도별 부과금 산정지수는 전년도 부과금 산정지수에 환경부장관이 매년 고시하는 가격변동지수를 곱하여 산출한다. 이 경우 2011년도 부과금 산정지수는 1로 한다.

3. 초과율별 부과계수

초과율	20% 미만	20% 이상 40% 미만	40% 이상 60% 미만	60% 이상 80% 미만	80% 이상 100% 미만	100% 이상 200% 미만	200% 이상 300% 미만	300% 이상 400% 미만	400% 이상
부과계수	1.0	1.5	2.0	2.5	3.0	3.5	4.0	4.5	5.0

[비고]
초과율은 법 제4조의5제1항에 따른 할당오염부하량에 대한 일일초과배출량의 백분율을 말한다.

4. 지역별 부과계수

목표수질	등급	Ia	Ib	II	III	IV	V	VI
	BOD	1 이하	1 초과 2 이하	2 초과 3 이하	3 초과 5 이하	5 초과 8 이하	8 초과 10 이하	10 초과
부과계수		1.6	1.5	1.4	1.3	1.2	1.1	1.0

[비고]
목표수질은 법 제4조의2제1항에 따른 고시 또는 공고된 해당 유역의 목표수질을 말한다.

5. 위반횟수별 부과계수

1일 오수 · 폐수 배출량 규모(㎥)	위반횟수별 부과 계수
10,000 이상	• 최초의 위반행위 : 1.8 • 두 번째 이후의 위반행위: 그 위반행위 직전의 부과계수에 1.5를 곱한 값
7,000 이상 10,000 미만	• 최초의 위반행위 : 1.7 • 두 번째 이후의 위반행위: 그 위반행위 직전의 부과계수에 1.5를 곱한 값
4,000 이상 7,000 미만	• 최초의 위반행위 : 1.6 • 두 번째 이후의 위반행위: 그 위반행위 직전의 부과계수에 1.5를 곱한 값
2,000 이상 4,000 미만	• 최초의 위반행위 : 1.5 • 두 번째 이후의 위반행위: 그 위반행위 직전의 부과계수에 1.5를 곱한 값
700 이상 2,000 미만	• 최초의 위반행위 : 1.4 • 두 번째 이후의 위반행위: 그 위반행위 직전의 부과계수에 1.4를 곱한 값
200 이상 700 미만	• 최초의 위반행위 : 1.3 • 두 번째 이후의 위반행위: 그 위반행위 직전의 부과계수에 1.3을 곱한 값
50 이상 200 미만	• 최초의 위반행위 : 1.2 • 두 번째 이후의 위반행위: 그 위반행위 직전의 부과계수에 1.2를 곱한 값
50 미만	• 최초의 위반행위 : 1.1 • 두 번째 이후의 위반행위: 그 위반행위 직전의 부과계수에 1.1를 곱한 값

영 **제12조(오염총량초과과징금의 조정 신청)** ① 제11조에 따라 오염총량초과과징금 납부통지를 받은 자는 그 납부통지를 받은 날부터 30일 이내에 환경부장관이나 오염총량관리시행계획을 시행하는 특별시장 · 광역시장 · 특별자치시장 · 특별자치도지사 · 시장 · 군수(이하 "오염총량관리시행 지방자치단체장"이라 한다)에게 오염총량초과과징금 조정을 신청할 수 있다. [개정 2014.1.28.]

② 환경부장관이나 오염총량관리시행 지방자치단체장은 제1항에 따른 신청이 있으면 신청을 받은 날부터 30일 이내에 그 처리결과를 신청인에게 알리고, 제13조제1항 각 호의 어느 하나에 해당하는 경우에는 오염총량초과과징금을 다시 산정하여 조정하고, 그 차액을 다시 부과하거나 환급하여야 한다.

③ 제1항에 따른 조정신청은 오염총량초과과징금의 납부기한에 영향을 미치지 아니한다.

영 **제13조(오염총량초과과징금의 조정)** ① 환경부장관이나 오염총량관리시행 지방자치단체장은 다음 각 호의 어느 하나의 경우에는 오염총량초과과징금을 조정하여야 한다.

1. 법 제4조의6제1항 또는 제4항에 따른 조치명령, 조업정지명령 또는 폐쇄명령의 이행완료 예정일까지 이행이 완료되지 아니하거나 그 전에 이행이 완료되어 오염총량초과과징금 산정의 기초가 되는 수질오염물질의 배출기간이 달라지게 된 경우
2. 오염총량초과과징금을 부과한 후 해당 시설의 개선 등으로 수질오염물질의 배출량이 처음에 측정한 배출량과 달라진 경우
3. 오염총량초과과징금 산정이 잘못된 경우

② 환경부장관 또는 오염총량관리시행 지방자치단체의 장은 제1항에 따라 오염총량초과과징금을 조정하는 경우에는 다음 각 호의 구분에 따라 오염총량초과 과징금을 다시 산정하여야 한다.

1. 제1항제1호에 해당하는 경우: 그 이행완료 예정일과 실제 이행완료일 사이의 일수를 계산하여 수질오염물질 배출기간을 다시 산정할 것
2. 제1항제2호에 해당하는 경우: 해당 시설을 다시 점검한 날 이후의 기간에만 다시 측정한 수질오염물질을 기초로 수질오염물질 배출량을 다시 산정할 것

③ 환경부장관 또는 오염총량관리시행 지방자치단체의 장은 제2항에 따라 산정한 오염총량초과과징금이 이미 납부한 금액과 차이가 있는 경우에는 그 차액을 다시 부과하거나 환급하도록 한다. 다만, 제1항제1호에 따라 배출기간을 조정한 경우에는 조치명령, 조업정지명령 또는 폐쇄명령의 이행 여부를 확인한 날부터 30일 이내에 다시 산정한 오염총량초과과징금을 부과하거나 환급하여야 한다.

④ 환경부장관 또는 오염총량관리시행 지방자치단체의 장은 제3항에 따라 오염총량초과과징금을 조정하여 차액을 다시 부과하거나 환급하려는 경우에는 그 금액, 사유, 납부 또는 환급 장소와 그 밖에 필요한 사항을 서면으로 납부의무자에게 알려야 한다.

② 오염총량초과과징금은 초과배출이익(오염물질을 초과 배출하여 지출하지 아니하게 된 오염물질의 처리비용을 말한다)에 초과율별 부과계수, 지역별 부과계수 및 위반횟수별 부과계수를 각각 곱하여 산정한다. [개정 2017.1.17.]

③ 제2항에 따른 부과계수와 오염총량초과과징금의 산정 등에 필요한 사항은 대통령령으로 정한다.

④ 제1항에 따라 오염총량초과과징금을 부과하는 경우 제41조에 따른 배출부과금 또는 「환경범죄 등의 단속 및 가중처벌에 관한 법률」 제12조에 따른 과징금(수질 부분에 부과된 과징금만 해당한다)이 부과된 경우에는 그에 해당하는 금액을 감액한다.

⑤ 오염총량초과과징금의 납부 · 징수 등에 관하여는 제41조제4항부터 제8항까지의 규정을 준용한다. 이 경우 "환경부장관"은 "환경부장관 또는 오염총량관리시행 지방자치단체장"으로, "배출부과금"은"오염총량초과과징금"으로 본다. [개정 2017.1.17.]

영 **제14조(오염총량초과과징금의 징수유예 · 분할납부 및 징수절차)** ① 오염총량초과과징금의 납부의무자는 다음 각 호의 어느 하나에 해당하는 사유가 있는 경우에는 환경부장관이나 오염총량관리시행 지방자치단체장에게 오염총량초과과징금의 징수유예 또는 분할납부를 신청할 수 있다.

1. 천재지변이나 그 밖의 재해를 입어 사업자의 재산에 심각한 손실이 발생한 경우
2. 사업에 뚜렷한 손실을 입어 사업이 중대한 위기에 처한 경우
3. 제1호 또는 제2호에 준하는 사정이 있는 경우

② 제1항에 따른 신청을 받은 환경부장관이나 오염총량관리시행 지방자치단체장은 제1항 각 호에 해당하는 사유로 오염총량초과과징금을 납부할 수없다고 인정되는 경우에는 오염총량초과과징금의 징수를 유예하거나 분할 납부를 하게 할 수 있다. 이 경우 징수유예의 기간은 유예한 날의 다음 날부터 1년 이내로 하며, 징수유예기간 중의 분할납부 횟수는 6회 이내로 한다.

③ 환경부장관이나 오염총량관리시행 지방자치단체장은 제2항에 따라 오염총량초과과징금의 징수유예를 받거나 분할납부를 하는 자가 내야 할 부과금액이 그 납부의무자의 자본금 또는 출자총액(개인사업자의 경우에는 자산총액)을 2배 이상 초과하는 경우로서 제1항 각 호에 정한 사유가 계속되어 1년 이내에도 납부할 수 없다고 인정되는 경우에는 제2항에도 불구하고 징수유예 기간을 징수유예한 날의 다음 날부터 3년 이내로 하고, 징수유예기간 중의 분할납부 횟수는 12회 이내로 한다.

④ 환경부장관이나 오염총량관리시행 지방자치단체장은 제2항이나 제3항에 따라 징수유예를 하는 경우에는 징수유예를 받은 자에게 징수유예금액에 상당하는 담보를 제공하거나 그 밖에 담보의 보전에 필요한 조치를 하도록 명할 수 있다.

⑤ 환경부장관이나 오염총량관리시행 지방자치단체장은 오염총량초과과징금 납부의무자가 다음 각 호의 어느 하나에 해당하는 경우에는 그 징수유예를 취소하고 체납금액을 징수할 수 있다.

1. 체납금액을 납부기한까지 내지 아니한 경우
2. 담보의 변경이나 그 밖에 담보의 보전에 필요한 환경부장관 또는 오염총량관리시행 지방자치단체장의 명령에 따르지 아니한 경우
3. 재산상황이나 그 밖의 사정이 변화되어 징수유예가 필요 없다고 인정되는 경우

⑥ 오염총량초과과징금의 부과 · 징수 · 환급, 징수유예 및 분할납부에 관하여 필요한 사항은 환경부령으로 정한다.

제4조의8(오염총량관리지역 지방자치단체에 대한 지원 및 불이행에 대한 제재 등)

① 국가는 오염총량관리시행계획을 수립 · 시행하는 지방자치단체에 오염총량관리에 필요한 비용의 일부를 지원할 수 있다.

② 관계 행정기관의 장은 제4조의3제1항제2호에 따라 지방자치단체별 · 수계구간별로 할당된 오염부하량을 초과하거나 특별한 사유 없이 오염총량관리기본계획 또는 오염총량관리시행계획을 수립 · 시행하지 아니하는 지방자치단체의 관할구역에서는 다음 각 호의 사항에 대해서는 승인 · 허가 등을 하여서는 아니 된다.

1. 「도시개발법」 제2조제1항제2호에 따른 도시개발사업의 시행
2. 「산업입지 및 개발에 관한 법률」 제2조제8호에 따른 산업단지의 개발
3. 「관광진흥법」 제2조제6호 및 제7호에 따른 관광지 및 관광단지의 개발
4. 대통령령으로 정하는 규모 이상의 건축물 등 시설물의 설치

③ 환경부장관 또는 관계 중앙행정기관의 장은 관계 행정기관의 장이 제2항을 위반하거나 오염총량관리시행 지방자치단체장이 제4조의4제3항에 따른 요구를 특별한 사유 없이 이행하지 아니하는 경우에는 재정적 지원의 중단이나 삭감, 그 밖에 필요한 조치를 할 수 있다.

영 제15조(오염총량관리기본계획 등을 수립 · 시행하지 아니한 지방자치단체에 대한 제재) 법 제4조의8제2항제4호에서 "대통령령으로 정하는 규모 이상의 건축물 등 시설물"이란 다음 각 호의 어느 하나에 해당하는 시설물의 사업계획 면적이 「환경영향평가법 시행령」 별표 4에 따른 해당 지역별 사업계획 면적 이상인 시설물을 말한다. [개정 2014.1.28.]

1. 별표 13의 사업장의 규모별 구분에 따른 제1종부터 제3종까지의 사업장
2. 「수도권정비계획법 시행령」 제3조 각 호의 시설물

제4조의9(오염총량관리를 위한 기관 간 협조 및 조사 · 연구반의 운영 등)

① 환경부장관은 오염총량관리의 시행에 필요한 자료를 효율적으로 활용하기 위한 정보체계를 구축하기 위하여 관계 중앙행정기관, 지방자치단체, 「공공기관의 운영에 관한 법률」 제4조에 따른 공공기관 등 관계 기관의 장에게 필요한 자료를 제출하도록 요청할 수 있다. 이 경우 관계 기관의 장은 특별한 사유가 없으면 이에 따라야 한다.

② 환경부장관은 오염총량관리 대상 오염물질 및 수계구간별 오염총량목표수질의 조정, 오염총량관리의 시행 등에 관한 검토 · 조사 및 연구를 위하여 환경부령으로 정하는 바에 따라 관계 전문가 등으로 조사 · 연구반을 구성 · 운영할 수 있다. [전문개정 2013.7.30.]

규칙 **제20조(오염총량관리 조사 · 연구반)** ① 법 제4조의9제2항에 따른 오염총량관리 조사 · 연구반(이하 "조사 · 연구반"이라 한다)은 국립환경과학원에 둔다.

② 조사 · 연구반의 반원은 국립환경과학원장이 추천하는 국립환경과학원 소속의 공무원과 물환경 관련 전문가로 구성한다. 〈개정 2018.1.17.〉

③ 조사 · 연구반은 다음 각 호의 업무를 수행한다.

1. 법 제4조의2제1항에 따른 오염총량목표수질에 대한 검토 · 연구
2. 법 제4조의2제2항에 따른 오염총량관리기본방침에 대한 검토 · 연구
3. 오염총량관리기본계획에 대한 검토
4. 오염총량관리시행계획에 대한 검토
5. 법 제4조의4제2항에 따른 오염총량관리시행계획에 대한 전년도의 이행사항 평가 보고서 검토
6. 오염총량목표수질 설정을 위하여 필요한 수계특성에 대한 조사 · 연구
7. 오염총량관리제도의 시행과 관련한 제도 및 기술적 사항에 대한 검토 · 연구
8. 제1호부터 제7호까지의 업무를 수행하기 위한 정보체계의 구축 및 운영

실전문제 **오염총량관리 조사 · 연구반을 두는 곳은?**

① 한국환경공단　　❷ 국립환경과학원
③ 유역 · 지방환경청　　④ 시 · 도보건환경연구원

제5조(물환경종합정보망의 구축 · 운영 등) ① 환경부장관은 제9조에 따른 수질의 상시측정(常時測定) 결과, 제9조의3에 따른 수생태계 현황 조사 및 수생태계 건강성 평가 결과, 제23조에 따른 오염원 조사 결과, 폐수배출시설에서 발생하는 폐수의 오염도 및 배출량, 그 밖에 환경부령으로 정하는 정보에 국민이 쉽게 접근할 수 있도록 국가 물환경종합정보망을 구축 · 운영하여야 한다. [개정 2017.1.17.]

규칙 **제21조(제공하는 정보의 종류)** ① 법 제5조제1항에서 "환경부령으로 정하는 정보"란 다음 각 호의 정보를 말한다.

1. 하천관리청이 하천관리를 위하여 조사한 물환경에 관한 정보
2. 수면관리자가 수면관리 차원에서 조사한 물환경에 관한 정보

② 환경부장관은 관계 행정기관 및 「공공기관의 운영에 관한 법률」 제4조에 따른 공공기관 등에 대하여 제1항에 따른 전산망의 구축 · 운영에 필요한 자료의 제공을 요청할 수 있다. 이 경우 요청을 받은 기관의 장은 특별한 사유가 없으면 그 요청에 따라야 한다.

③ 시 · 도지사는 관할구역의 물환경 정보에 대하여 지역 물환경종합정보망을 구축 · 운영할 수 있다. 이 경우 시 · 도지사는 환경부장관과 협의하여 지역 물환경종합정보망을 국가 물환경종합정보망과 연계할 수 있다. [신설 2017.1.17.][전문개정 2013.7.30.]

제6조(민간의 물환경 보전활동에 대한 지원) ① 국가와 지방자치단체는 지역주민이나 민간단체의 자발적인 물환경 보전활동이나 그 오염 또는 훼손 감시활동을 지원할 수 있다.

② 지방자치단체는 제1항에 따른 민간단체의 설립 또는 운영에 필요한 비용의 전부 또는 일부를 지원할 수 있다. 이 경우 지원 기준 및 대상 등 지원에 필요한 사항은 조례로 정한다. [제목개정 2017.1.17.]

제6조의2(물환경 연구 · 조사 활동에 대한 지원) 국가 또는 지방자치단체는 기업, 대학, 민간단체, 정부출연연구기관 및 국공립연구기관 등에서 실시하는 물환경에 대한 연구 · 조사 활동을 지원할 수 있다. [개정 2017.1.17.][전문개정 2013.7.30.][제목개정 2017.1.17.]

제7조(친환경상품에 대한 지원) 정부는 물을 절약하거나 세제 등의 합성화합물 사용을 줄이거나 그 밖에 수질오염물질의 발생을 줄여 하천 · 호소 등의 수질오염을 예방할 수 있는 제품의 생산자 · 판매자 또는 소비자에게 보조금 등을 지원하거나 기술개발 및 관련 산업을 진흥하기 위한 시책을 마련할 수 있다. [전문개정 2013.7.30.]

제8조(다른 법률과의 관계) ① 물환경 보전에 관하여 다른 법률로 정한 경우를 제외하고는 이 법에서 정하는 바에 따른다.

② 물환경 보전에 관하여 다른 법률을 제정하거나 개정하는 경우에는 이 법에 부합되도록 하여야 한다.

제2장 공공수역의 물환경 보전

제1절 총칙

제9조(수질의 상시측정 등) ① 환경부장관은 하천 · 호소, 그 밖에 환경부령으로 정하는 공공수역(이하 "하천 · 호소등"이라 한다)의 전국적인 수질 현황을 파악하기 위하여 측정망(測定網)을 설치하여 수질오염도(水質汚染度)를 상시측정하여야 하며, 수질오염물질의 지정 및 수질의 관리 등을 위한 조사를 전국적으로 하여야 한다. [개정 2016.12.27.]

규칙 제22조(국립환경과학원장이 설치 · 운영하는 측정망의 종류 등) 국립환경과학원장, 유역환경청장, 지방환경청장이 법 제9조 제1항에 따라 설치할 수 있는 측정망은 다음 각 호와 같다. ✓실전문제

1. 비점오염원에서 배출되는 비점오염물질 측정망
2. 법 제4조제1항에 따른 수질오염물질의 총량관리를 위한 측정망
3. 영 제8조 각 호의 시설 등 대규모 오염원의 하류지점 측정망
4. 법 제21조에 따른 수질오염경보를 위한 측정망
5. 법 제22조제2항에 따른 대권역 · 중권역을 관리하기 위한 측정망
6. 공공수역 유해물질 측정망
7. 퇴적물 측정망
8. 생물 측정망
9. 그 밖에 국립환경과학원장이 필요하다고 인정하여 설치 · 운영하는 측정망

실전문제 **국립환경과학원장이 설치 · 운영하는 측정망의 종류에 해당되지 않는 것은?**

① 비점오염원에서 배출되는 비점오염물질측정망
② 공공수역 유해물질 측정망
③ 퇴적물 측정망
❹ 도심하천 측정망

② 삭제

③ 시 · 도지사, 「지방자치법」 제175조에 따른 인구 50만 이상 대도시(이하 "대도시"라 한다)의 장 또는 수면관리자는 관할구역의 수질 현황을 파악하기 위하여 측정망을 설치하여 수질오염도를 상시측정하거나, 수질의 관리를 위한 조사를 할 수 있다. 이 경우 그 상시측정 또는 조사 결과를 환경부장관에게 보고하여야 한다.

④ 제1항 및 제3항에 따른 상시측정, 조사에 필요한 사항은 환경부령으로 정한다.

규칙 제23조(시 · 도지사가 설치 · 운영하는 측정망의 종류 등) ① 시 · 도지사, 「지방자치법」 제175조에 따른 인구 50만 이상 대도시(이하 "대도시"라 한다)의 장 또는 수면관리자가 법 제9조제3항 전단에 따라 설치할 수 있는 측정망은 다음 각 호와 같다.

1. 법 제22조제2항에 따른 소권역을 관리하기 위한 측정망
2. 도심하천 측정망
3. 그 밖에 유역환경청장이나 지방환경청장과 협의하여 설치 · 운영하는 측정망

② 시 · 도지사, 대도시의 장 또는 수면관리자는 법 제9조제3항 전단에 따라 수질오염도를 상시측정하거나 수질의 관리 등을 위한 조사를 한 경우에는 그 결과를 다음 각 호의 구분에 따른 기간까지 환경부장관에게 보고하여야 한다.

1. 수질오염도 : 측정일이 속하는 달의 다음 달 10일 이내
2. 수생태계 현황 : 조사 종료일부터 3개월 이내

③ 제1항 및 제2항에서 규정한 사항 외에 상시측정, 조사의 대상 및 방법 등에 관하여 필요한 사항은 환경부장관이 정한다.

실전문제 시 · 도지사가 측정망을 이용하여 수질오염도를 상시 측정하거나 수생태계 현황을 조사한 경우에 그 조사결과를 몇 일 이내에 환경부장관에게 보고하여야 하는가?

① 수질오염도 : 측정일이 속하는 달의 다음달 5일 이내,
수생태계 현황 : 조사 종료일부터 1개월 이내
② 수질오염도 : 측정일이 속하는 달의 다음달 5일 이내,
수생태계 현황 : 조사 종료일부터 3개월 이내
③ 수질오염도 : 측정일이 속하는 달의 다음달 10일 이내,
수생태계 현황 : 조사 종료일부터 1개월 이내
❹ 수질오염도 : 측정일이 속하는 달의 다음달 10일 이내,
수생태계 현황 : 조사 종료일부터 3개월 이내

규칙 제24조(측정망 설치계획의 내용 · 고시 등) ① 법 제9조의2제1항 전단, 같은 조 제2항 전단 및 같은 조 제4항 전단에 따른 측정망 설치계획(이하 "측정망 설치계획"이라 한다)에 포함되어야 하는 내용은 다음 각 호와 같다.

1. 측정망 설치시기
2. 측정망 배치도
3. 측정망을 설치할 토지 또는 건축물의 위치 및 면적
4. 측정망 운영기관
5. 측정자료의 확인방법

② 환경부장관, 시・도지사 또는 대도시의 장은 법 제9조의2제1항・제3항 또는 제5항에 따라 측정망 설치계획을 결정하거나 승인한 경우(변경하거나 변경승인한 경우를 포함한다)에는 측정망 설치를 시작하는 날의 90일 전까지 그 측정망 설치계획을 고시하여야 한다.

③ 삭제 [2018.01.17]

제9조의2(측정망 설치계획의 결정・고시 등) ① 환경부장관은 제9조제1항에 따라 측정망을 설치하려는 경우에는 측정망 설치계획을 결정하여 고시하여야 한다. 이를 변경하려는 경우에도 같다.

② 시・도지사, 대도시의 장은 제9조제3항 전단에 따라 측정망을 설치하려는 경우에는 측정망 설치계획을 수립하여 환경부장관의 승인을 받아야 한다. 이를 변경하는 경우에도 같다.

③ 시・도지사 또는 대도시의 장은 제2항에 따라 측정망 설치계획을 승인 또는 변경승인 받은 경우에는 측정망 설치계획을 결정하여 고시하여야 한다.

④ 수면관리자는 제9조제3항 전단에 따라 측정망을 설치하려는 경우에는 측정망 설치계획을 수립하여 환경부장관의 승인을 받아야 한다. 이를 변경하려는 경우에도 같다.

⑤ 환경부장관은 제4항에 따라 수면관리자가 수립한 측정망 설치계획을 승인하거나 변경승인하는 경우에는 그 측정망 설치계획을 고시하여야 한다.

⑥ 환경부장관, 시・도지사 또는 대도시의 장이 제1항 또는 제3항에 따라 측정망 설치계획을 결정・고시한 경우에는 다음 각 호의 허가를 받은 것으로 본다.

1. 「하천법」 제30조에 따른 하천공사 등의 허가, 같은 법 제33조에 따른 하천의 점용허가 및 같은 법 제50조에 따른 하천수의 사용허가
2. 「도로법」 제61조에 따른 도로의 점용 허가
3. 「공유수면 관리 및 매립에 관한 법률」 제8조에 따른 공유수면의 점용・사용허가

⑦ 환경부장관, 시・도지사 또는 대도시의 장은 측정망 설치계획에 제6항 각 호의 어느 하나에 해당하는 허가사항이 포함되어 있는 경우에는 측정망 설치계획을 결정하기 전에 해당 관계 기관의 장과 미리 협의하여야 한다.

⑧ 제1항・제2항 및 제4항에 따른 측정망 설치계획에 포함되어야 하는 내용과 측정망 설치계획의 고시에 필요한 사항은 환경부령으로 정한다.

제9조의3(수생태계 현황 조사 및 건강성 평가) ① 환경부장관은 수생태계 보전을 위한 계획 수립, 개발사업으로 인한 수생태계의 변화 예측 등을 위하여 수생태계의 현황을 전국적으로 조사하여야 한다.

② 시・도지사 또는 대도시의 장은 수생태계 실태 파악 등을 위하여 필요한 경우 관할구역의 수생태계 현황을 조사할 수 있다. 이 경우 시・도지사 또는 대도시의 장은 조사 결과를 환경부장관에게 보고하여야 한다.

규칙 **제24조의2(수생태계 현황 조사)** ① 법 제9조의3제1항 · 제2항에 따른 수생태계현황 조사의 방법은 현지조사를 원칙으로 하며, 통계자료나 문헌 등을 통한 간접조사를 병행할 수 있다.

② 시 · 도지사 또는 대도시의 장은 법 제9조의3제2항 전단에 따라 수생태계 현황을 조사한 경우에는 조사 종료일부터 3개월 이내에 해당 수생태계에 서식하는 생물종 및 개체 수 등이 포함된 조사 결과를 환경부장관에게 보고하여야 한다.

③ 환경부장관은 제1항 및 제2항에 따른 조사 결과를 바탕으로 수생태계 건강성을 평가하고, 그 결과를 공개하여야 한다.

규칙 **제24조의3(수생태계 건강성 평가)** ① 국립환경과학원장은 법 제9조의3제3항에 따라 제8조의2 각 호의 항목을 대상으로 수생태계 건강성을 평가하여야 한다. 이 경우 생물종의 다양성 및 물리적 환경 등을 종합적으로 고려하여 평가하여야 한다.

② 제1항에 따른 수생태계 건강성의 평가 방법에 관한 세부 사항은 국립환경과학원장이 정하여 고시한다.

③ 국립환경과학원장은 제1항에 따라 수생태계 건강성을 평가한 경우에는 법 제5조 제1항에 따른 국가 물환경종합정보망(이하 "국가 물환경종합정보망"이라 한다)에 그 결과를 공개하여야 한다. [본조신설 2017.6.26]

제9조의4(수생태계 현황 조사계획의 수립 · 고시) ① 환경부장관은 제9조의3제1항에 따라 수생태계의 현황을 조사하려는 경우에는 수생태계 현황 조사계획을 수립하여 고시하여야 한다. 이를 변경하려는 경우에도 같다.

② 시 · 도지사 또는 대도시의 장은 제9조의3제2항에 따라 수생태계의 현황을 조사하려는 경우에는 수생태계 현황 조사계획을 수립하여 환경부장관의 승인을 받아야 한다. 이를 변경하려는 경우에도 같다.

③ 환경부장관은 제2항에 따라 수생태계 현황 조사계획을 승인 또는 변경승인하는 경우에는 이를 고시하여야 한다.

④ 환경부장관, 시 · 도지사 또는 대도시의 장은 「하천법」 제2조제2호의 하천구역의 수생태계 현황을 조사하기 위한 계획을 수립하려는 경우에는 국토교통부장관과 협의하여야 한다.

⑤ 제1항 및 제2항에 따른 수생태계 현황 조사계획에 포함되어야 하는 내용과 제1항 및 제3항에 따른 수생태계 현황 조사계획의 고시에 필요한 사항은 환경부령으로 정한다.

규칙 **제24조의4(수생태계 현황 조사계획의 수립 · 고시 등)** ① 법 제9조의4제1항 전단 및 같은 조 제2항 전단에 따른 수생태계 현황 조사계획(이하 "수생태계 현황 조사계획"이라 한다)에 포함되어야 하는 내용은 다음 각 호와 같다.

1. 조사 시기
2. 조사 지점
3. 조사 항목

② 환경부장관은 법 제9조의4제1항 또는 제2항에 따라 수생태계 현황 조사계획을 수립하거나 승인한 경우(변경하거나 변경승인한 경우를 포함한다)에는 수생태계 현황 조사를 실시하는 날의 90일 전까지 수생태계 현황 조사계획을 고시하여야 한다.

[본조신설 2018.1.17]

제10조(타인의 토지에의 출입 등) ① 환경부장관, 시·도지사, 대도시의 장 또는 수면관리자는 제9조에 따른 수질의 상시측정 등 또는 제9조의3에 따른 수생태계 현황 조사를 위하여 필요한 경우에는 소속 공무원 또는 조사자로 하여금 타인의 토지에 출입하게 할 수 있으며, 특히 필요한 경우에는 그 토지의 나무, 흙, 돌 또는 그 밖의 장애물을 변경하거나 제거하게 할 수 있다. 이 경우 토지의 소유자 또는 점유자는 정당한 사유 없이 이를 방해하거나 거부할 수 없다.

② 제1항에 따라 타인의 토지에 출입하는 경우에는 출입하려는 날의 3일 전까지 해당 토지의 소유자 또는 점유자에게 통지하여야 하며, 장애물을 변경·제거하려는 경우에는 토지 소유자 또는 점유자의 동의를 받아야 한다.

③ 토지의 소유자 또는 점유자의 부재나 주소불명 등으로 제2항에 따른 통지를 하거나 동의를 받을 수 없는 경우에는 관할 특별자치시장·특별자치도지사·시장·군수·구청장(자치구의 구청장을 말한다. 이하 같다)에게 그 사실을 통지하여야 한다. 다만, 행정청이 아닌 수면관리자는 관할 특별자치시장·특별자치도지사·시장·군수·구청장의 허가를 받아야 한다.

④ 해뜨기 전 또는 해진 후에는 해당 토지의 소유자 또는 점유자의 승낙 없이 택지 또는 담으로 둘러싸인 타인의 토지에 출입할 수 없다.

⑤ 제1항에 따라 타인의 토지에 출입하려는 사람은 환경부령으로 정하는 바에 따라 그 권한을 표시하는 증표를 지니고 이를 관계인에게 내보여야 한다.

규칙 **제24조의5(타인 토지에의 출입 등)** 법 제10조제1항에 따라 타인의 토지에 출입하려는 사람은 별지 제8호의2서식에 따른 증표를 지니고 이를 관계인에게 내보여야 한다.

제10조의2(물환경목표기준 결정 및 평가) ① 환경부장관은 하천·호소등의 이용목적, 물환경 현황 및 수생태계 건강성, 오염원의 현황 및 전망 등을 고려하여 제22조에 따른 수계영향권별 및 제28조제1항에 따른 조사·측정 대상이 되는 호소별 물환경 목표기준(이하 "물환경목표기준"이라 한다)을 결정하여 고시하여야 한다. [개정 2017.1.17.]

② 환경부장관은 다음 각 호에 해당하는 사항을 평가하여 그 결과를 공개하여야 한다.

1. 물환경목표기준의 달성 여부

2. 하천 · 호소등의 수질오염으로 사람이나 생태계에 피해가 우려되는 경우에 그 위해성에 대한 평가

③ 제1항 및 제2항에 따른 물환경목표기준의 결정 · 고시, 물환경목표기준 달성 여부의 평가 및 평가 결과의 공개 등에 필요한 방법과 절차 등은 환경부령으로 정한다.

규칙 **제25조(물환경 목표기준의 결정 · 평가 · 공개 등)** ① 환경부장관은 법 제10조의2제1항에 따라 물환경 목표기준을 결정 · 고시하려는 경우에는 미리 관계 시 · 도지사의 의견을 들어야 한다. [개정 2018.1.17.]

② 환경부장관은 법 제10조의2제2항에 따라 다음 각 호의 결과를 토대로 하여 매년 3월 31일까지 전년도의 목표기준 달성 여부 등을 평가하여야 한다. [개정 2018.1.17.]

1. 법 제9조에 따른 수질오염도 상시측정 및 수질 조사 결과
2. 법 제9조의3에 따른 수생태계 현황 조사 결과

③ 환경부장관은 제2항에 따른 목표기준 등을 평가한 경우에는 그 결과를 관보에 싣고, 국가 물환경종합정보망에 게시하여야 한다. [개정 2018.1.17.]

④ 제1항부터 제3항까지의 규정 외에 목표기준의 달성 여부 등에 대한 평가방법과 평가절차에 관하여 필요한 사항은 환경부장관이 정하여 고시한다.

제10조의3 삭제 [2016.01.27.]

영 제16조 삭제 [2017.01.17.]
영 제17조 삭제 [2017.01.17.]
영 제18조 삭제 [2017.01.17.]
영 제19조 삭제 [2017.01.17.]
영 제20조 삭제 [2017.01.17.]

제11조 삭제 [2016.1.27.]

제12조(공공시설의 설치 · 관리 등) ① 환경부장관은 공공수역의 수질오염을 방지하기 위하여 특히 필요하다고 인정할 때에는 시 · 도지사, 시장 · 군수 · 구청장(자치구의 구청장을 말한다. 이하 같다)으로 하여금 관할구역의 하수관로, 제48조제1항에 따른 폐수종말처리시설(이하 "폐수종말처리시설"이라 한다), 「하수도법」 제2조제9호에 따른 공공하수처리시설(이하 "공공하수처리시설"이라 한다) 또는 「폐기물관리법」 제2조제8호의 폐기물처리시설(이하 "폐기물처리시설"이라 한다) 등의 설치 · 정비 등을 하게 할 수 있다.

② 환경부장관은 폐수종말처리시설에서 배출되는 물의 수질이 제3항의 방류수 수질기준을 초과하

는 경우에는 해당 시설을 설치 · 운영하는 자에게 그 시설의 개선 등 필요한 조치를 하게 할 수 있다.

③ 폐수종말처리시설에서 배출되는 물의 수질기준(이하 "방류수 수질기준"이라 한다)은 관계 중앙행정기관의 장과의 협의를 거쳐 환경부령으로 정하고, 공공하수처리시설 또는 폐기물처리시설에서 배출되는 물의 수질기준은 「하수도법」 또는 「폐기물관리법」에 따른다.

규칙 제26조(공공폐수처리시설의 방류수 수질기준) 법 제12조제3항에 따른 공공 폐수처리시설에서 배출되는 물의 수질기준(이하 "공공폐수처리시설의 방류수 수질기준"이라 한다)은 별표 10과 같다. [개정 2017.1.19.]

[규칙 별표 10]

폐수종말처리시설의 방류수 수질기준(제26조 관련)

1. 방류수 수질기준

구 분	적용기간 및 수질기준 (mg/L)			
	2013.1.1. 이후			
	Ⅰ지역	Ⅱ지역	Ⅲ지역	Ⅳ지역
BOD	10(10)이하	10(10)이하	10(10)이하	10(10)이하
COD	20(40)이하	20(40)이하	40(40)이하	40(40)이하
부유물질	10(10)이하	10(10)이하	10(10)이하	10(10)이하
총질소	20(20)이하	20(20)이하	20(20)이하	20(20)이하
총인	0.2(0.2)이하	0.3(0.3)이하	0.5(0.5)이하	2(2)이하
총대장균 군 수 (개/mL)	3,000(3,000)	3,000(3,000)	3,000(3,000)	3,000(3,000)
생태독성 (TU)	1(1)이하	1(1)이하	1(1)이하	1(1)이하

[비고]

1. 산업단지 및 농공단지 폐수종말처리시설의 페놀류 등 수질오염물질의 방류수 수질기준은 위 표에도 불구하고 해당 처리시설에서 처리할 수 있는 수질오염물질 항목으로 한정하여 별표 13 제2호나목의 표 중 특례지역에 적용되는 배출허용기준의 범위에서 해당 처리시설 설치사업시행자의 요청에 따라 환경부장관이 정하여 고시한다.
2. 적용기간에 따른 수질기준란의 ( )는 농공단지 폐수종말처리시설의 방류수 수질기준을 말한다.
3. 생태독성 항목의 방류수 수질기준은 물벼룩에 대한 급성독성시험기준을 말한다.
4. 생태독성 방류수 수질기준 초과의 경우 그 원인이 오직 염(산의 음이온과 염기의 양이온에 의해 만들어지는 화합물을 말한다. 이하 같다) 성분 때문이라고 증명된 때에는 그 방류수를 법 제2조제9호의 공공수역 중 항만 또는 연안해역에 방류하는 경우에 한정하여 생태독성 방류수 수질기준을 초과하지 아니하는 것으로 본다.

5. 제4호에 따른 생태독성 방류수 수질기준 초과원인이 오직 염 성분 때문이라는 증명에 필요한 구비서류, 절차 · 방법 등에 관하여 필요한 사항은 국립환경과학원장이 정하여 고시한다.

2. 적용대상 지역

구 분	범 위
Ⅰ지역	가. 「수도법」 제7조에 따라 지정 · 공고된 상수원보호구역 나. 「환경정책기본법」 제22조제1항에 따라 지정 · 고시된 특별대책지역 중 수질보전 특별대책지역으로 지정 · 고시된 지역 다. 「한강수계 상수원수질개선 및 주민지원 등에 관한 법률」 제4조 제1항, 「낙동강수계 물관리 및 주민지원 등에 관한 법률」 제4조제1항, 「금강수계 물관리 및 주민지원 등에 관한 법률」 제4조제1항 및 「영산강 · 섬진강수계 물관리 및 주민지원 등에 관한 법률」 제4조제1항에 따라 각각 지정 · 고시된 수변구역 라. 「새만금사업 촉진을 위한 특별법」 제2조제1호에 따른 새만금사업지역으로 유입되는 하천이 있는 지역으로서 환경부장관이 정하여 고시하는 지역
Ⅱ지역	법 제22조제2항에 따라 고시된 중권역 중 화학적 산소요구량(COD) 또는 총인(T-P)의 수치가 법 제24조제2항제1호에 따른 목표기준을 초과하였거나 초과할 우려가 현저한 지역으로서 환경부장관이 정하여 고시하는 지역
Ⅲ지역	법 제22조제2항에 따라 고시된 중권역 중 한강 · 금강 · 낙동강 · 영산강 · 섬진강 수계에 포함되는 지역으로서 환경부장관이 정하여 고시하는 지역(Ⅰ지역 및 Ⅱ지역을 제외한다)
Ⅳ지역	Ⅰ지역, Ⅱ지역 및 Ⅲ지역을 제외한 지역

제12조(공공시설의 설치 · 관리 등) ① 환경부장관은 공공수역의 수질오염을 방지하기 위하여 특히 필요하다고 인정할 때에는 시 · 도지사, 시장 · 군수 · 구청장으로 하여금 관할구역의 하수관로, 공공폐수처리시설, 「하수도법」 제2조제9호에 따른 공공하수처리시설(이하 "공공하수처리시설"이라 한다) 또는 「폐기물관리법」 제2조제8호의 폐기물처리시설(이하 "폐기물처리시설"이라 한다) 등의 설치 · 정비 등을 하게 할 수 있다. [개정 2016.1.27.]

② 환경부장관은 공공폐수처리시설에서 배출되는 물의 수질이 제3항의 방류수 수질기준을 초과하는 경우에는 해당 시설을 설치 · 운영하는 자에게 그 시설의 개선 등 필요한 조치를 하게 할 수 있다. [개정 2016.1.27.]

③ 공공폐수처리시설에서 배출되는 물의 수질기준(이하 "방류수 수질기준"이라 한다)은 관계 중앙행정기관의 장과의 협의를 거쳐 환경부령으로 정하고, 공공하수처리시설 또는 폐기물처리시설에서 배출되는 물의 수질기준은 「하수도법」 또는 「폐기물관리법」에 따른다.

제13조(국토계획에의 반영) 시 · 도지사, 시장 또는 군수는 「국토기본법」에 따라 도종합계획 또는 시 · 군종합계획을 작성할 때에는 대통령령으로 정하는 바에 따라 공공수역의 수질오염을 방지하기 위하여 제22조제1항에 따른 관리대책 및 공공하수처리시설, 「하수도법」 제2조제10호의

분뇨처리시설(이하 "분뇨처리시설"이라 한다) 등의 설치계획을 해당 종합계획에 반영하여야 한다. [전문개정 2013.7.30.]

영 **제21조(국토계획에의 반영사항)** 법 제13조에 따라 시·도지사 또는 시장·군수가 도종합계획 또는 시군종합계획을 작성할 경우에는 다음 각 호의 시설에 대한 설치계획을 반영해야 한다. [개정 2017.1.17.]

1. 공공폐수처리시설
2. 공공하수처리시설
3. 「하수도법」 제2조제11호에 따른 분뇨처리시설
4. 「가축분뇨의 관리 및 이용에 관한 법률」 제2조제9호에 따른 공공처리시설

제14조(도시·군기본계획에의 반영) 특별시장·광역시장·특별자치시장·특별자치도지사·시장 또는 군수는 「국토의 계획 및 이용에 관한 법률」 제18조에 따라 도시·군기본계획을 수립할 때에는 제13조에 따른 도종합계획, 「지역 개발 및 지원에 관한 법률」 제7조에 따른 지역개발계획에 포함된 공공하수처리시설·분뇨처리시설 등의 설치계획을 종합하여 해당 도시·군기본계획에 반영하여야 한다. [개정 2019.11.26.]

제15조(배출 등의 금지) ① 누구든지 정당한 사유 없이 다음 각 호의 어느 하나에 해당하는 행위를 하여서는 아니 된다. [개정 2014.3.24.]

1. 공공수역에 특정수질유해물질, 「폐기물관리법」에 따른 지정폐기물, 「석유 및 석유대체연료 사업법」에 따른 석유제품·가짜석유제품·석유대체연료 및 원유(석유가스는 제외한다. 이하 "유류"라 한다), 「화학물질관리법」에 따른 유독물질(이하 "유독물"이라 한다), 「농약관리법」에 따른 농약(이하 "농약"이라 한다)을 누출·유출하거나 버리는 행위
2. 공공수역에 분뇨, 가축분뇨, 동물의 사체, 폐기물(「폐기물관리법」에 따른 지정폐기물 은 제외한다) 또는 오니(汚泥)를 버리는 행위
3. 하천·호소에서 자동차를 세차하는 행위
4. 공공수역에 환경부령으로 정하는 기준 이상의 토사(土砂)를 유출하거나 버리는 행위

② 제1항제1호·제2호 또는 제4호의 행위로 인하여 공공수역이 오염되거나 오염될 우려가 있는 경우에는 그 행위자, 행위자가 소속된 법인 및 그 행위자의 사업주(이하 "행위자등"이라 한다)는 해당 물질을 제거하는 등 환경부령으로 정하는 바에 따라 오염을 방지·제거하기 위한 조치(이하 "방제조치"라 한다)를 하여야 한다.

③ 시·도지사는 제2항에 따라 행위자등이 방제조치를 하지 아니하는 경우에는 그 행위자등에게 방제조치의 이행을 명할 수 있다.

④ 시·도지사는 다음 각 호의 어느 하나의 경우에는 해당 방제조치의 대집행(代執行)을 하거나

시장 · 군수 · 구청장으로 하여금 대집행을 하도록 할 수 있다.

1. 방제조치만으로는 수질오염의 방지 또는 제거가 곤란하다고 인정되는 경우
2. 제3항에 따른 방제조치 명령을 받은 자가 그 명령을 이행하지 아니하는 경우
3. 제3항에 따른 방제조치 명령을 받은 자가 이행한 방제조치만으로는 수질오염의 방지 또는 제거가 곤란하다고 인정되는 경우
4. 긴급한 방제조치가 필요한 경우로서 행위자등이 신속히 방제조치를 할 수 없는 경우

⑤ 시장 · 군수 · 구청장은 제4항에 따른 대집행을 하는 경우에는 「한국환경공단법」에 따른 한국환경공단(이하 "한국환경공단"이라 한다)에 지원을 요청할 수 있다.

⑥ 한국환경공단이 제5항의 요청에 따른 지원을 하려는 경우에는 그 지원 내용을 미리 시장 · 군수 · 구청장과 협의하여야 한다.

⑦ 시장 · 군수 · 구청장은 한국환경공단이 제5항의 요청에 따른 지원을 마쳤을 때에는 환경부령으로 정하는 바에 따라 그 지원에 든 비용을 지급하여야 한다.

⑧ 제4항에 따른 대집행에 관하여는 「행정대집행법」에서 정하는 바에 따른다. 이 경우 제3항에 따른 시 · 도지사의 명령은 시장 · 군수 · 구청장의 명령(시 · 도지사가 대집행하는 경우는 제외한다)으로 본다. [전문개정 2013.7.30.]

규칙 **제26조의2(토사 유출 등의 기준)** ① 법 제15조제1항제4호에서 "환경부령으로 정하는 기준"이란 다음 각 호의 어느 하나에 해당하는 토사량을 말한다. 이 경우 토사는 육상에서 행해지는 「건설산업기본법」 제2조제4호에 따른 건설공사로 인한 토사로서 누적강우량이 20mm 미만일 경우에 유출되거나 버려지는 토사로 한다.

1. 1천kg 이상의 토사량(「하수도법」제2조제4호에 따른 공공하수도의 하수관로, 폭 5m 이하의 배수로 또는 폭 5m 이하의 소하천에 유출하거나 버리는 경우에 한한다)
2. 토사 유입 후의 부유물질 농도에서 토사 유입 전의 부유물질 농도를 뺀 값이 리터당 100mg 이상이 되게 하는 토사량(하천 · 호소에 유출하거나 버리는 경우에 한한다)

② 제1항에 따른 누적강우량 및 토사량의 구체적인 산정방법 등에 관한 사항은 환경부장관이 정하여 고시한다.

제16조(수질오염사고의 신고) 유류, 유독물, 농약 또는 특정수질유해물질을 운송 또는 보관 중인 자가 해당 물질로 인하여 수질을 오염시킨 때에는 지체 없이 지방환경관서, 시 · 도 또는 시 · 군 · 구(자치구를 말한다) 등 관계 행정기관에 신고하여야 한다. [전문개정 2013.7.30.]

제16조의2(방사성물질 등의 유입 여부 조사) ① 환경부장관은 하천 · 호소 등에 대하여 「원 자력안전법」 제2조제5호 및 제18호에 따른 방사성물질 및 방사성폐기물의 유 입 여부를 조사하여야 한다.

② 환경부장관은 제1항에 따른 조사에 필요하면 행정기관, 지방자치단체, 그 밖의 관계 기관의 장에게 협조를 요청할 수 있다. 이 경우 요청을 받은 자는 정당한 사유가 없으면 이에 따라야 한다.
③ 제1항에 따른 조사 절차 · 방법 등에 필요한 사항은 환경부령으로 정한다.

제16조의3(수질오염방제센터의 운영) ① 환경부장관은 공공수역의 수질오염사고에 신속하고 효과적으로 대응하기 위하여 수질오염방제센터(이하 "방제센터"라 한다)를 운영하여야 한다. 이 경우 환경부장관은 대통령령으로 정하는 바에 따라 한국환경공단에 방제센터의 운영을 대행하게 할 수 있다.
② 방제센터는 다음 각 호의 사업을 수행한다. ✓실전문제
1. 공공수역의 수질오염사고 감시
2. 제15조제6항에 따른 방제조치의 지원
3. 수질오염사고에 대비한 장비, 자재, 약품 등의 비치 및 보관을 위한 시설의 설치 · 운영
4. 수질오염 방제기술 관련 교육 · 훈련, 연구개발 및 홍보
5. 그 밖에 수질오염사고 발생 시 수질오염물질의 수거 · 처리
③ 환경부장관은 예산의 범위에서 대행에 필요한 예산을 지원할 수 있다.

실전문제 **수질오염방제센터에서 수행하는 사업과 가장 거리가 먼 것은?**

① 수질오염 수역 수계 · 호소 등의 관리 우선순위 및 관리 대책
❷ 수질오염사고에 대비한 장비, 자재, 약품 등의 비치 및 보관을 위한 시설의 설치 운영
③ 수질오염 방제기술 관련 교육 · 훈련, 연구개발 및 홍보
④ 공공수역의 수질오염사고 감시

영 제21조의2 (수질오염방제센터 사업운영계획서의 제출 등) ①「한국환경공단법」에 따른 한국환경공단은 법 제16조의3제1항에 따라 수질오염방제센터(이하 "방제센터"라 한다)의 운영을 대행하게 되는 경우에는 다음 연도 방제센터 사업운영계획서를 매년 12월 15일까지 환경부장관에게 제출하고 그 승인을 받아야 한다.
② 제1항에 따른 방제센터 사업운영계획서에는 다음 각 호의 사항이 포함되어야 한다.
1. 법 제16조의3제2항 각 호의 사업 수행에 관한 사항
2. 법 제16조의3제2항 각 호의 사업 수행에 필요한 예산에 관한 사항
3. 법 제16조의4에 따른 수질오염방제정보시스템의 구축 · 운영에 관한 사항
③ 「한국환경공단법」에 따른 한국환경공단은 방제센터의 운영을 대행하는 경우 해당 연도의 방제센터 운영결과보고서를 다음 연도 1월 31일까지 환경부장관에게 제출하여야 한다. [본조신설 2014.1.28.]

제16조의4(수질오염방제정보시스템의 구축 · 운영) 방제센터는 전국 하천 · 호소의 수질 정보를 실시간으로 수집 · 분석 · 관리하고 수질오염사고 발생 시 신속히 관계 행정기관에 알릴 수 있는 수질오염방제정보시스템을 구축 · 운영할 수 있다. [개정 2017.1.17.]

제17조(상수원의 수질보전을 위한 통행제한) ① 전복(顚覆), 추락 등의 사고 발생 시 상수원을 오염시킬 우려가 있는 물질을 수송하는 자동차를 운행하는 자는 다음 각 호의 어느 하나에 해당하는 지역 또는 그 지역에 인접한 지역 중에서 제4항에 따라 환경부령으로 정하는 도로 · 구간을 통행할 수 없다.

1. 상수원보호구역
2. 특별대책지역
3. 「한강수계 상수원수질개선 및 주민지원 등에 관한 법률」 제4조, 「낙동강수계 물관리 및 주민지원 등에 관한 법률」 제4조, 「금강수계 물관리 및 주민지원 등에 관한 법률」 제4조 및 「영산강 · 섬진강수계 물관리 및 주민지원 등에 관한 법률」 제4조에 따라 각각 지정 · 고시된 수변구역
4. 상수원에 중대한 오염을 일으킬 수 있어 환경부령으로 정하는 지역

규칙 **제27조(상수원의 수질보전을 위한 통행제한 지역 및 도로 · 구간 등)** ① 법 제17조제1항제4호에서 "환경부령으로 정하는 지역"이란 다음 각 호의 지역을 말한다.

1. 상수원 호소
2. 영 제31조제1항제5호에 따른 상수원보호구역으로 지정되지 아니한 지역중 상수원 취수시설이 있는 지역

② 법 제17조제4항에 따른 통행할 수 없는 도로 · 구간(이하 "통행제한 도로 · 구간"이라 한다)은 별표 11과 같다.

③ 법 제17조제4항에 따라 다음 각 호의 어느 하나에 해당하는 자동차는 법 제17조제2항 각 호의 어느 하나에 해당하는 물질을 수송하는 경우라도 통행제한 도로 · 구간을 통행할 수 있다.

1. 군용자동차
2. 통행제한 도로 · 구간의 인접지역 주민이 그 지역에서 사용하기 위한 농약을 운반하는 자동차
3. 통행제한 도로 · 구간의 진입 지점을 관할하는 시장 · 군수 · 구청장(자치구의 구청장을 말한다. 이하 같다)으로부터 발급받은 별지 제9호서식의 통행증을 그 앞쪽 유리에 붙인 자동차

④ 제3항제3호에 따른 통행증을 발급받으려는 자는 별지 제10호서식의 통행증 발급신청서를 해당 시장 · 군수 · 구청장에게 제출하여야 한다.

② 제1항 각 호 외의 부분에서 "상수원을 오염시킬 우려가 있는 물질"은 다음 각 호의 어느 하나에 해당하는 물질로 한다.
1. 특정수질유해물질
2. 유류
3. 유독물
4. 「폐기물관리법」 제2조제4호에 따른 지정폐기물(액체상태의 폐기물 및 환경부령으로 정하는 폐기물로 한정한다)
5. 「농약관리법」 제2조제1호 및 제3호에 따른 농약 및 원제(原劑)
6. 「원자력안전법」 제2조제5호 및 제18호에 따른 방사성물질 및 방사성폐기물
7. 그 밖에 대통령령으로 정하는 물질

③ 경찰청장은 제1항에 따른 자동차의 통행제한을 위하여 필요하다고 인정할 때에는 다음 각 호에 해당하는 조치를 하여야 한다.
1. 자동차 통행제한 표지판의 설치
2. 통행제한 위반 자동차의 단속

④ 제1항에 따른 통행할 수 없는 도로 · 구간 및 자동차 등 필요한 사항은 환경부장관이 경찰청장과 협의하여 환경부령으로 정한다.

제18조(공공수역의 점용 및 매립 등에 따른 수질오염 방지) ① 공공수역에 대한 점용 또는 매립을 허가하거나 인가하려는 행정기관은 공공수역의 수질오염을 방지하기 위하여 필요한 조건을 붙일 수 있다.

② 제1항에 따른 조건의 내용, 수질오염 방지방법 등에 관하여 필요한 사항은 대통령령으로 정한다. [전문개정 2013.7.30.]

영 제22조(공공수역의 수질오염방지 조건의 내용) 법 제18조제1항에 따라 공공수역의 수질오염방지를 위하여 붙이는 조건에는 다음 각 호의 내용이 포함되어야 한다.
1. 폐기물은 「폐기물관리법」 제13조에 따라 처리할 것
2. 공공수역을 폐기물로 매립하려는 경우에는 「폐기물관리법」 제13조에 따른 폐기물처리의 기준 및 방법에 적합하도록 처리한 후 매립할 것

제19조(특정 농작물의 경작 권고 등) ① 시 · 도지사 또는 대도시의 장은 공공수역의 물환경보전을 위하여 필요하다고 인정하는 경우에는 하천 · 호소 구역에서 농작물을 경작하는 사람에게 경작대상 농작물의 종류 및 경작방식의 변경과 휴경(休耕) 등을 권고할 수 있다.

② 시 · 도지사 또는 대도시의 장은 제1항에 따른 권고에 따라 농작물을 경작하거나 휴경함으로 인하여 경작자가 입은 손실에 대해서는 대통령령으로 정하는 바에 따라 보상할 수 있다.

실전문제 **공공수역의 물환경 보전을 위하여 특정농작물의 경작 권고를 할 수 있는 자는?**

① 대통령
② 유역 · 지방환경청장
③ 환경부장관
❹ 시 · 도지사

영 **제23조(특정 농작물의 경작 권고 등에 따른 손실보상)** 시 · 도지사 또는 「지방자치법」 제175조에 따른 인구 50만 이상 대도시(이하 "대도시"라 한다)의 장은 법 제19조제2항에 따라 경작자가 입은 손실을 보상하는 경우에는 농지면적, 농작물의 종류 및 단위면적당 소득 등을 고려하여 환경부장관이 정하여 고시하는 기준에 따라 보상 금액을 산정하여야 한다.

제19조의2(물환경 보전조치 권고) ① 환경부장관은 제9조에 따른 측정 · 조사 결과 방치할 경우 하천 · 호소등의 물환경에 중대한 위해를 끼칠 우려가 있다고 판단될 때에는 공공수역을 관리하는 자(수면관리자, 「하천법」 제8조에 따른 하천관리청 및 특별자치시장 · 특별자치도지사 · 시장 · 군수 · 구청장을 말하며, 이하 "공공수역관리자"라 한다)에게 물환경 보전을 위하여 필요한 조치를 할 것을 권고할 수 있다. [개정 2016.1.27.]

영 **제24조(물환경 보전조치의 기준 등)** 환경부장관은 법 제19조의2제1항에 따라 공공수역을 관리하는 자(수면관리자, 「하천법」 제8조에 따른 하천관리청 및 특별자치시장 · 특별자치도지사 · 시장 · 군수 · 구청장을 말한다)에게 물환경의 보전을 위하여 필요한 조치를 권고하려는 경우에는 다음 각 호의사항을 포함하여야 한다 ✓실전문제

1. 물환경을 보전하기 위한 목표에 관한 사항
2. 물환경을 보전하기 위한 구체적인 방법
3. 물환경의 보전에 필요한 재원의 마련에 관한 사항
4. 그 밖에 물환경의 보전에 필요한 사항

실전문제 **환경부장관이 공공수역을 관리하는 자에게 물환경보전을 위해 필요한 조치를 권고하려는 경우 포함되어야 할 사항과 거리가 먼 것은?**

① 물환경을 보전하기 위한 목표에 관한 사항
❷ 물환경에 미치는 중대한 위해에 관한 사항
③ 물환경을 보전하기 위한 구체적인 방법
④ 물환경의 보전에 필요한 재원의 마련에 관한 사항

② 환경부장관은 제1항에 따른 권고를 이행하는 데 드는 비용의 일부를 예산의 범위에서 지원할 수 있다.

③ 환경부장관은 제1항에 따른 권고를 이행하기 위하여 필요하다고 인정하는 경우에는 조치를 권고받은 자로 하여금 환경부령으로 정하는 관계 전문기관에 자문하게 할 수 있다.

규칙 **제27조의2(관계 전문기관)** 법 제19조의2제3항에서 "환경부령으로 정하는 관계전문기관"이란 다음 각 호의 기관을 말한다.

1. 국립환경과학원
2. 한국환경공단
3. 하천 · 호소 등의 물환경의 보전과 관련하여 전문성이 있다고 환경부장관이 인정하는 기관

제19조의3(수변생태구역의 매수 · 조성) ① 환경부장관은 하천 · 호소등의 물환경 보전을 위하여 필요하다고 인정할 때에는 대통령령으로 정하는 기준에 해당하는 수변습지 및 수변토지(이하 "수변생태구역"이라 한다)를 매수하거나 환경부령으로 정하는 바에 따라 생태적으로 조성 · 관리할 수 있다. [개정 2017.1.17.] ✓실전문제

영 **제25조(수변생태구역 매수 등의 기준 등)** ① 환경부장관은 법 제19조의3제1항에 따라 다음 각 호 모두에 해당하는 수변습지 및 수변토지(이하 "수변생태구역"이라한다)를 매수하거나 생태적으로 조성 · 관리할 수 있다. [개정 2010.3.9.]

1. 하천 · 호소(湖沼), 그 밖에 환경부령으로 정하는 공공수역(이하 "하천 · 호소등"이라 한다)의 경계부터 1km 이내의 지역일 것. 다만, 「산림보호법」 제7조에 따른 산림보호구역과 「산림자원의 조성 및 관리에 관한 법률」 제47조에 따른 시험림은 매수 또는 조성 · 관리대상에서 제외하고, 같은 법 제2조제1호에 따른 산림은 조성 · 관리대상에서 제외한다.
2. 다음 각 목의 어느 하나에 해당하는 경우로서 수변생태구역을 매수하거나 생태적으로 조성 · 관리할 필요가 있을 것
   가. 상수원을 보호하기 위하여 수변의 토지를 생태적으로 관리할 필요가 있는 경우
   나. 보호가치가 있는 수생물(水生物) 등을 보전하거나 복원하기 위하여 해당 하천 · 호소등 수변을 체계적으로 관리할 필요가 있는 경우
   다. 비점오염물질(非點汚染物質) 등을 관리하기 위하여 반드시 수변의 토지를 관리할 필요가 있는 경우

② 시 · 도지사 또는 대도시의 장은 다음 각 호의 어느 하나에 해당하는 경우에는 법 제19조의3제2항에 따라 수변생태구역을 매수하거나 생태적으로 조성 · 관리할 수 있다.

1. 법 제19조의2에 따라 물환경 보전조치를 이행하기 위하여 해당 공공수역 주변의 토지를 매수하거나 조성 · 관리할 필요가 있다고 환경부장관이 인정한 경우
2. 법 제56조에 따라 수립된 시행계획 중 비점오염저감시설의 설치 · 운영 등 수질오염물질의 저감계획을 이행하기 위하여 필요한 경우

영 **제26조(매수가격의 산정과 매수의 방법 · 절차 등)** ① 법 제19조의3제1항 및 제2항에 따라 환경부장관이나 시 · 도지사 또는 대도시의 장이 매수하려는 수변생태구역에 있는 토지 또는 그 토지에 정착된 시설(이하 "토지등"이라 한다)의 소유자는 환경부령으로 정하는 바에 따라 환경부장관이나 시 · 도지사 또는 대도시의 장에게 토지등의 매수를 신청할 수 있다.

② 환경부장관이나 시 · 도지사 또는 대도시의 장은 제1항에 따라 매수신청을 받으면 환경부장관이나 시 · 도지사 또는 대도시의 장이 고시 또는 공고하는 매수의 우선순위에 따라 매수 여부를 결정하고, 결정한 내용(해당 토지를 매수하기로 결정한 경우에는 결정한 내용과 제3항에 따라 산정한 매수가격)을 해당 토지등의 소유자에게 알려야 한다.

③ 제2항에 따른 토지등의 매수가격은 「부동산 가격공시에 관한 법률」에 따른 공시지가를 기준으로 그 토지의 위치, 형상, 환경 및 이용 상황 등을 고려하여 평가한 금액으로 하되, 「감정평가 및 감정평가사에 관한 법률」 제2조제4호에 따른 감정평가업자 2명 이상이 평가한 금액을 산술평균한 금액으로 한다.

규칙 **제28조(수변생태구역 매수신청)** ① 영 제26조에 따라 토지등의 매수신청을 하려는 자는 별지 제11호서식의 신청서에 다음 각 호의 서류를 첨부하여 환경부장관, 시 · 도지사 또는 대도시의 장에게 제출하여야 한다.

1. 입목등록원부 또는 입목등기부(해당하는 경우에 한한다)
2. 오수 · 폐수발생량을 증명하는 서류
3. 대리인의 경우 그 권한을 증명하는 서류

② 제1항에 따른 신청서를 받은 담당 공무원은 「전자정부법」 제36조제1항에 따른 행정정보의 공동이용을 통하여 다음 각 호의 행정정보를 확인하여야 한다. 다만, 제1호의 경우 신청인이 확인에 동의하지 아니하는 경우에는 해당 서류를 제출하도록 하여야 한다.

1. 토지소유자의 주민등록표 초본
2. 토지등기부 등본, 건축물등기부 등본
3. 토지대장, 임야대장, 건축물대장(건축물 현황도를 포함한다)
4. 토지이용계획 확인서
5. 지적도

② 시 · 도지사 또는 대도시의 장은 관할구역의 상수원을 보호하기 위하여 불가피한 경우로서 대통령령으로 정하는 경우에는 제1항의 기준에 따라 수변생태구역을 매수하거나 환경부령으로 정

하는 바에 따라 생태적으로 조성 · 관리할 수 있다. [개정 2017.1.17.]

③「하천법」 제2조제2호에 따른 하천구역에 해당하는 토지는 제1항 또는 제2항에 따른 매수대상 토지에서 제외한다.

④ 환경부장관은 제1항에 따른 매수 또는 조성의 대상이 되는 토지를 선정할 때에는 미리 관계 중앙행정기관의 장 및 관할 지방자치단체의 장과 협의하여야 한다.

⑤ 제1항 및 제2항에 따라 토지를 매수하는 경우 매수대상 토지의 선정기준, 매수가격의 산정 및 매수의 방법 · 절차 등에 관한 사항은 대통령령으로 정한다.

실전문제 **다음은 수변생태구역의 매수 · 조성 등에 관한 내용이다. ( ) 안에 내용으로 옳은 것은?**

> 환경부장관은 하천, 호소 등의 물환경 보전을 위하여 필요하다고 인정하는 때에는 (㉠)으로 정하는 기준에 해당하는 수변생태구역을 매수하거나 (㉡)으로 정하는 바에 따라 생태적으로 조성, 관리할 수 있다.

① ㉠ 환경부령 ㉡ 대통령령
❷ ㉠ 대통령령 ㉡ 환경부령
③ ㉠ 환경부령 ㉡ 국무총리령
④ ㉠ 국무총리령 ㉡ 환경부령

제19조의4(배출시설 등에 대한 기후변화 취약성 조사 및 권고) ① 환경부장관은 폐수배출시설, 비점오염저감시설, 공공폐수처리시설을 대상으로 기후변화에 대한 시설의 취약성 등을 조사하고, 조사 결과 기후변화에 취약한 시설에 대해 시설 개선 등을 권고할 수 있다.

② 제1항에 따른 조사에 필요한 조사 항목 · 방법 및 절차 등은 환경부령으로 정한다.

③ 환경부장관은 제1항에 따른 권고를 이행하는 폐수배출시설, 비점오염저감시설, 공공폐수처리시설에 대하여 예산의 범위에서 필요한 비용 또는 경비의 일부를 지원할 수 있다.

규칙 **제28조의2(기후변화 취약성 조사)** ① 법 제19조의4제1항에 따라 환경부장관은 폐수배출시설, 비점오염저감시설 및 공공폐수처리시설을 대상으로 10년마다 기후변화에 대한 시설의 취약성 등의 조사(이하 "취약성등 조사"라 한다)를 실시하여야 한다. [개정 2017.1.19.]
✓실전문제

실전문제 **환경부장관이 폐수배출시설, 비점오염저감시설 및 폐수종말처리시설을 대상으로 조사하는 기후변화에 대한 시설의 취약성 조사 주기는?**

① 3년
② 5년
③ 7년
❹ 10년

제20조(낚시행위의 제한) ① 특별자치시장 · 특별자치도지사 · 시장 · 군수 · 구청장은 하천(「하천법」 제7조제2항 및 제3항에 따른 국가하천 및 지방하천은 제외한다) · 호소의 이용목적 및 수질상황 등을 고려하여 대통령령으로 정하는 바에 따라 낚시금지구역 또는 낚시제한구역을 지정할 수 있다. 이 경우 수면관리자와 협의하여야 한다.

② 제1항에 따른 낚시제한구역에서 낚시행위를 하려는 사람은 낚시의 방법, 시기 등 환경부령으로 정하는 사항을 준수하여야 한다. 이 경우 환경부장관이 환경부령을 정할 때에는 해양수산부장관과 협의하여야 한다.

> **규칙** **제30조(낚시제한구역에서의 제한사항)** 법 제20조제2항 전단에서 "환경부령으로 정하는 사항"이란 다음 각 호의 사항을 말한다.

③ 특별자치시장 · 특별자치도지사 · 시장 · 군수 · 구청장은 제1항에 따른 낚시제한구역 및 그 주변지역의 오염 방지를 위한 쓰레기 수거 등의 비용에 충당하기 위하여 낚시제한구역에서 낚시행위를 하려는 사람으로부터 조례로 정하는 바에 따라 수수료를 징수할 수 있다.

제21조(수질오염 경보제) ① 환경부장관 또는 시 · 도지사는 수질오염으로 하천 · 호소의 물의 이용에 중대한 피해를 가져올 우려가 있거나 주민의 건강 · 재산이나 동식물의 생육에 중대한 위해를 가져올 우려가 있다고 인정될 때에는 해당 하천 · 호소에 대하여 수질오염 경보를 발령할 수 있다. [개정 2013.7.30.]

② 환경부장관은 수질오염 경보에 따른 조치 등에 필요한 사업비를 예산의 범위에서 지수 있다. [개정 2013.7.30.]

③ 수질오염 경보의 종류와 경보종류별 발령대상, 발령주체, 대상 항목, 발령기준, 경보단계, 경보단계별 조치사항 및 해제기준 등에 관하여 필요한 사항은 대통령령으로 정한다.

> **영** **제28조(수질오염경보)** ① 법 제21조제5항에 따른 수질오염경보의 종류는 다음 각 호와 같다.
>
> 1. 조류경보(藻類警報)
> 2. 수질오염감시경보
>
> ② 수질오염경보의 종류별 발령 대상, 발령 주체 및 대상항목은 별표 2와 같다.
>
> ③ 수질오염경보의 종류별 경보단계 및 그 단계별 발령 · 해제기준은 별표 3과 같다. ✓실전문제
>
> ④ 수질오염경보의 종류별 · 경보단계별 조치사항은 별표 4와 같다. ✓실전문제

실전문제 **수질오염감시경보의 발령, 해제 기준에 관한 내용으로 옳은 것은?**

① 생물감시장비 중, 물벼룩감시장비가 경보기준을 초과하는 것은 한쪽 시험조에서 15분 이상 지속되는 경우를 말함
② 생물감시장비 중, 물벼룩감시장비가 경보기준을 초과하는 것은 한쪽 시험조에서 30분 이상 지속되는 경우를 말함
③ 생물감시장비 중, 물벼룩감시장비가 경보기준을 초과하는 것은 양쪽 모든 시험조에서 15분 이상 지속되는 경우를 말함
❹ 생물감시장비 중, 물벼룩감시장비가 경보기준을 초과하는 것은 양쪽 모든 시험조에서 30분 이상 지속되는 경우를 말함

실전문제 **수질오염경보(조류경보) 발령 단계 중 조류경보시, 취수장 · 정수장 관리자의 조치사항은?**

① 주 2회 이상 시료채취 · 분석
❷ 정수의 독소분석 실시
③ 발령기관에 대한 시험분석결과의 신속한 통보
④ 취수구 및 조류가 심한 지역에 대한 방어막 설치 등 저류 제거 조치 실시

제21조의2(오염된 공공수역에서의 행위제한) ① 환경부장관은 하천 · 호소등이 오염되어 수산물의 채취 · 포획이나 물놀이, 그 밖에 대통령령으로 정하는 행위를 할 경우 사람의 건강이나 생활에 미치는 피해가 크다고 인정할 때에는 해당 하천 · 호소등에서 그 행위를 금지 · 제한하거나 자제하도록 안내하는 등 환경부령으로 정하는 조치를 할 것을 시 · 도지사에게 권고할 수 있다.
② 제1항에 따라 권고를 받은 시 · 도지사는 특별한 사유가 없으면 권고에 따른 조치를 하여야 한다.
③ 제1항에 따른 권고를 할 수 있는 오염된 하천 · 호소등의 선정기준과 그 밖에 필요한 사항은 대통령령으로 정한다.

영 **제29조(오염된 공공수역에서의 행위제한)** ① 법 제21조의2제1항에서 "대통령령으로 정하는 행위"란 다음 각 호의 어느 하나에 해당하는 행위를 말한다.
1. 해당 하천 · 호소등의 물을 마시거 나 취사용으로 사용하는 행위
2. 해당 하천 · 호소등의 어패류 등 수생물을 잡아 먹는 행위
3. 해당 하천 · 호소등의 물을 농업용으로 대는 행위

② 법 제21조의2제1항에 따라 행위제한을 권고할 수 있는 하천 · 호소등의 선정기준은 다음 각 호와 같다.
1. 법 제22조제2항에 따라 환경부장관이 고시한 수계영향권별 목표수질을 초과하여 용수의 목적에 지장을 줄 우려가 있는 경우

2. 제1호 외에 별표 5의 기준을 초과하여 사람의 건강이나 생활에 미치는 영향이 큰 경우

③ 환경부장관은 법 제21조의2제2항에 따라 시 · 도지사가 조치를 하였음에도 불구하고 제2항에 따른 기준을 초과하는 경우에는 법 제21조의2제3항에 따른 조치를 할 수 있다. [개정 2018.06.12]

[영 별표5]

물놀이 등의 행위제한 권고기준(제29조제2항 관련)

대상 행위	항목	기준
수영 등 물놀이	대장균	500(개체수/100mL) 이상
어패류 등 섭취	어패류 체내 총 수은(Hg)	0.3(mg/kg) 이상

[비고]
조사지점, 측정주기, 분석방법 등 사람의 건강이나 생활에 영향을 미치는 정도를 판단할 수 있는 세부기준은 환경부장관이 정하여 고시한다.

제21조의3(상수원의 수질개선을 위한 특별조치) ① 환경부장관은 상수원의 수질오염이 다음 각 호의 어느 하나에 해당하는 경우에는 수질오염을 발생시키는 오염원에 대하여 오염물질의 배출금지 등 특별조치를 명할 수 있다.

1. 상수원의 수질오염으로 먹는 물 수질관리기준(「수도법」 제26조에 따른 수질기준을 말한다)의 충족이 어려울 것으로 예상되는 경우
2. 제1호의 수질관리기준에서 정하고 있지 아니한 오염물질로 인하여 주민의 건강에 중대한 위해를 가져올 우려가 있다고 인정되는 경우

② 제1항에 따른 특별조치의 절차, 내용 및 기준 등에 필요한 사항은 대통령령으로 정한다.

③ 환경부장관은 제1항에 따른 특별조치를 이행하는 데 드는 비용의 일부를 예산의 범위에서 지원할 수 있다. [본조신설 2010.3.22.]

영 **제29조의2(상수원의 수질개선을 위한 특별조치의 절차 및 내용 등)** ① 환경부장관은 법 제21조의3제1항에 따른 특별조치(이하 이 조에서 "특별조치"라 한다)를 명할 필요가 있다고 인정하면 시 · 도지사, 유역환경청장 또는 지방환경청장(이하 "시 · 도지사등"이라 한다)에게 해당 상수원의 오염현황, 향후 예상되는 오염 증가추세 및 대응계획 등에 관한 자료를 제출하게 할 수 있다.

제21조의4(완충저류시설의 설치 · 관리) ① 「국토의 계획 및 이용에 관한 법률」 제36조제1항에 따른 공업지역 중 환경부령으로 정하는 지역 또는 「산업입지 및 개발에 관한 법률」 제2조제8호에 따른 산업

단지 중 환경부령으로 정하는 단지의 소재지를 관할하는 특별시장·광역시장·특별자치시장·특별자치도지사·시장·군수(광역시의 군수는 제외한다)는 그 공업지역 또는 산업단지에서 배출되는 오수·폐수 등을 일시적으로 담아둘 수 있는 완충저류시설(緩衝貯留施設)을 설치·운영하여야 한다.

② 제1항에 따라 완충저류시설을 설치·운영하여야 하는 지방자치단체의 장은 추진일정 및 설치장소 등 환경부령으로 정하는 사항을 포함한 완충저류시설 설치·운영계획을 수립하여 환경부장관과 협의하여야 한다. 환경부령으로 정하는 중요 사항을 변경하려는 경우에도 또한 같다.

③ 환경부장관은 예산의 범위에서 완충저류시설의 설치·운영에 필요한 비용의 전부 또는 일부를 지원할 수 있다.

④ 완충저류시설의 용량 산정 기준 등 완충저류시설의 설치기준 및 운영에 관하여 필요한 사항은 환경부령으로 정한다.

규칙 **제30조의2(오염된 공공수역에서의 행위제한)** 유역환경청장 또는 지방환경청장은 법 제21조의2제1항에 따라 해당 하천·호소 등에서 제한되는 행위 및 제한 기간에 대하여 현수막을 설치하거나 관할 구역의 읍·면·동 게시판 또는 일간신문에 공고하는 등의 방법으로 알리도록 시·도지사에게 권고할 수 있다.

규칙 **제30조의3(완충저류시설의 설치대상)** 법 제21조의4제1항에서 "환경부령으로 정하는 지역"과 "환경부령으로 정하는 단지"란 다음 각 호의 공업지역(「국토의 계획 및 이용에 관한 법률」 제36조제1항에 따른 공업지역을 말한다. 이하 같다) 또는 산업단지(「산업입지 및 개발에 관한 법률」 제2조제8호에 따른 산업단지를 말한다. 이하 같다)를 말한다.

1. 면적이 150만m^2 이상인 공업지역 또는 산업단지
2. 특정수질유해물질이 포함된 폐수를 1일 200ton 이상 배출하는 공업지역 또는 산업단지
3. 폐수배출량이 1일 5천ton 이상인 경우로서 다음 각 목의 어느 하나에 해당하는 지역에 위치한 공업지역 또는 산업단지
   가. 영 제32조 각 호의 어느 하나에 해당하는 배출시설의 설치제한 지역
   나. 한강, 낙동강, 금강, 영산강·섬진강·탐진강 본류(本流)의 경계(「하천법」 제2조제2호의 하천구역의 경계를 말한다)로부터 1km 이내에 해당하는 지역
   다. 한강, 낙동강, 금강, 영산강·섬진강·탐진강 본류에 직접 유입되는 지류(支流)(「하천법」 제7조제1항에 따른 국가하천 또는 지방하천에 한정한다)의 경계(「하천법」 제2조제2호의 하천구역의 경계를 말한다)로 부터 500m 이내에 해당하는 지역
4. 「화학물질관리법」 제2조제7호의 유해화학물질의 연간 제조·보관·저장·사용량이 1천ton 이상이거나 면적 1m^2당 2kg 이상인 공업지역 또는 산업단지

규칙 **제30조의4(완충저류시설의 설치·운영계획 등)** ① 법 제21조의4제2항 전단에서 "환경부

령으로 정하는 사항"이란 다음 각 호와 같다.(각 호는 법제처 참조)

② 법 제21조의4제2항 후단에서 "환경부령으로 정하는 중요 사항"이란 다음 각 호의 사항을 말한다. (각 호는 법제처 참조)

③ 환경부장관은 법 제21조의4제2항에 따라 완충저류시설의 설치 · 운영계획에 대하여 협의하는 경우에는 미리 한국환경공단에 기술적 사항을 검토하게 할 수 있다.

규칙 **제30조의5(완충저류시설의 설치 · 운영기준)** 법 제21조의4제4항에 따른 완충저류시설의 설치 · 운영기준은 별표 12의2와 같다.

제21조의5(조류에 의한 피해 예방) ① 환경부장관은 조류(藻類)의 발생 등으로 인하여 하 천 · 호소 등의 물환경에 중대한 영향을 미친다고 인정하는 경우에는 제21조의3에 따라 수질오염을 발생시키는 오염원에 대하여 특별조치를 명할 수 있으며, 조류의 발생 등으로 인한 피해를 예방하기 위한 조치를 공공수역관리자 또는 관계 중앙행정기관의 장에게 요청하거나 하천 · 호소등을 수원(水源)으로 하는 취수시설 또는 정수시설의 관리자에게 명할 수 있다.

② 제1항에 따라 요청 또는 명령을 받은 자는 특별한 사유가 없으면 이에 따라야 한다.

③ 제1항에 따른 조치의 내용 등 조치에 필요한 사항은 대통령령으로 정한다.

④ 환경부장관은 예산의 범위에서 제1항에 따른 조치에 필요한 비용의 일부를 지원할 수 있다.

영 **제29조의3(조류에 의한 피해 예방 조치)** 환경부장관은 법 제21조의5제1항에 따라 조류(藻類)의 발생 등으로 인한 피해를 예방하기 위하여 다음 각 호의 조치를 요청하거나 명할 수 있다.

1. 댐, 보 또는 저수지 등의 방류조치
2. 조류제거시설의 설치, 조류제거물질의 살포 등 조류제거를 위한 조치
3. 취수장 · 정수장의 조류 유입의 차단조치 또는 정수처리 강화 조치
4. 방류수 수질 개선을 위한 처리 강화 등 조류의 발생을 예방하기 위한 조치

영 **제29조의4(환경생태유량의 산정 등)** ① 환경부장관은 법 제22조의3제1항 및 제3항에 따라 수생태계 건강성 유지를 위하여 필요한 최소한의 유량(이하 “환경생태유량”이라 한다)을 정하기 위하여 하천, 「소하천정비법」 제2조제1호에 따른 소하천, 그 밖의 건천화(乾川化) 된 지류(支流) 또는 지천(支川)의 대표지점(이하 “대표지점”이라 한다)을 정할 때에는 다음 각 호의 사항을 고려하여야 한다.

1. 법 제9조의3제1항에 따른 수생태계 현황 조사를 정기적으로 할 수 있는 지점
2. 대표어종 선정이 가능한 지점
3. 건천 또는 건천화로 인하여 수생태계 건강성이 현저히 훼손된 지점

4. 그 밖에 환경부장관이 수생태계 건강성 유지를 위하여 환경생태유량의 확보가 필요하다고 인정하는 지점

② 환경부장관은 제1항에 따라 정한 대표지점에 대한 환경생태유량을 산정할 때에는 다음 각 호의 사항을 검토하여야 한다.

1. 하천 현황 조사항목 및 조사주기
2. 대표어종 선정기준 및 방법
3. 그 밖에 환경부장관이 환경생태유량의 산정에 필요하다고 인정하여 고시하는 사항

③ 환경부장관은 제2항에 따라 환경생태유량을 산정할 때에는 미리 관계 행정기관의 장과 협의하여야 한다.

영 **제29조의5(국가 물환경관리기본계획의 수립절차 등)** ① 환경부장관은 법 제23조의2제1항 또는 제3항에 따른 국가 물환경관리기본계획의 수립 또는 변경을 위하여 필요한 경우에는 관계 중앙행정기관의 장 또는 시·도지사에게 자료의 제출을 요청할 수 있다. 이 경우 자료 제출을 요청받은 관계 중앙행정기관의 장 또는 시·도지사는 특별한 사유가 없는 한 이에 협조하여야 한다.

② 환경부장관은 법 제23조의2제1항 또는 제3항에 따라 국가 물환경관리기본계획을 수립하거나 변경하려는 경우에는 관계 중앙행정기관의 장과 협의를 거친 후 「환경정책기본법」 제58조제1항에 따른 중앙환경정책위원회의 심의를 거쳐야 한다.

③ 관계 중앙행정기관의 장은 법 제23조의2제5항에 따라 환경부장관으로부터 국가 물환경관리기본계획의 수립 또는 변경 내용을 통보받은 경우에는 통보받은 국가 물환경관리기본계획의 원활한 시행을 위하여 노력하여야 한다. [본조신설 2018.1.16.] [종전 제29조의5는 제29조의6으로 이동]

영 **제29조의6(수생태계 복원계획의 내용 등)** ① 법 제27조의2제1항에 따른 수생태계 복원계획(이하 "복원계획"이라 한다)에는 다음 각 호의 사항이 포함되어야 한다.

1. 복원계획의 목표 및 추진 방향
2. 수질 현황 또는 수생태계의 훼손 현황
3. 수생태계 복원에 영향을 미치는 관련 계획과의 연계성
4. 수생태계 복원사업(이하 이 조에서 "복원사업"이라 한다)의 사업별 우선순위 및 연도별 추진계획
5. 복원사업의 소요비용 및 재원조달계획

② 법 제27조의2제5항에 따른 시행계획에는 다음 각 호의 사항이 포함되어야 한다.

1. 복원사업의 대상 지역 및 해당 복원사업을 통한 수질·수생태계의 복원 목표
2. 수생태계 복원에 영향을 미치는 관련 사업의 연계성

3. 복원사업 대상 지역의 오염원 분포 및 수질 · 수생태계 현황에 관한 사항
4. 복원사업의 기본설계 및 실시설계에 관한 사항
5. 복원사업의 분야별 · 연차별 사업비 및 그 산출근거
6. 복원사업에 대한 모니터링 및 사후관리에 관한 사항
7. 복원사업으로 인한 수질 · 수생태계의 개선 효과[본조신설 2017.1.17.] [제29조의5에서 이동, 종전 제29조의6은 제29조의7로 이동]

영 제29조의7(복원계획의 승인 등) ① 시 · 도지사 또는 시장 · 군수 · 구청장은 법 제27조의2제4항 전단에 따라 복원계획에 대한 승인을 받으려는 경우에는 해당 복원계획의 시행 전년도 4월 30일까지 복원계획안을 작성하여 환경부장관에게 제출하여야 한다.

② 법 제27조의2제4항 후단에서 "대통령령으로 정하는 중요 사항"이란 제29조의6제1항제4호 또는 제5호의 사항을 말한다.

③ 시 · 도지사 또는 시장 · 군수 · 구청장은 법 제27조의2제4항 후단에 따라 복원계획에 대한 변경승인을 받으려는 경우에는 변경내용이 반영된 복원계획안을 작성하여 환경부장관에게 제출하여야 한다.

④ 환경부장관은 제1항 및 제3항에 따른 복원계획안 또는 법 제27조의2제5항에 따른 시행계획을 검토하기 위하여 필요한 경우에는 시 · 도지사 또는 시장 · 군수 · 구청장에게 필요한 자료를 제출하도록 요청할 수 있다.

⑤ 환경부장관은 제1항 및 제3항에 따른 복원계획안 또는 법 제27조의2제5항에 시행계획을 검토하기 위하여 필요한 경우에는 「한국환경공단법」에 따른 한국환경공단에 기술적 사항을 검토하게 할 수 있다. [본조신설 2017.1.17.] [제29조의6에서 이동]

제2절 국가 및 수계 영향권별 물환경보전

제22조(국가 및 수계영향권별 물환경 관리) ① 환경부장관 또는 지방자치단체의 장은 제23조의2 및 제24조부터 제26조까지의 규정에 따른 국가 물환경관리기본계획 및 수계영향권별 물환경관리계획에 따라 물환경 현황 및 수생태계 건강성을 파악하고 적절한 관리대책을 마련하여야 한다. [개정 2017.1.17.]

② 환경부장관은 면적 · 지형 등 하천유역의 특성을 고려하여 환경부령으로 정하는 기준에 따라 제1항에 따른 수계영향권을 대권역, 중권역, 소권역으로 구분하여 고시하여야 한다.

규칙 제31조(수계영향권 구분기준) 법 제22조제2항에 따른 "환경부령으로 정하는 기준"이란

다음 각 호의 기준을 말한다. [개정 2014.1.29.]

1. 대권역은 한강, 낙동강, 금강, 영산강·섬진강을 기준으로 수계영향권별 관리의 효율성을 고려하여 구분한다.
2. 중권역은 규모가 큰 자연하천이 공공수역으로 합류하는 지점의 상류 집수구역을 기준으로 환경자료의 수집 및 관리, 유역의 수질오염물질 총량관리, 이수(利水) 및 치수의 측면을 고려하여 구분한다.
3. 소권역은 개별 하천의 오염에 영향을 미칠 수 있는 상류 집수구역을 기준으로 환경자료의 수집 및 수질관리 측면을 고려하여 리·동 등 행정구역의 경계에 따라 구분한다.

제22조의2(수생태계 연속성 조사 등) ① 환경부장관은 공공수역의 상류와 하류 간 또는 공공수역과 수변지역 간에 물, 토양 등 물질의 순환이 원활하고 생물의 이동이 자연스러운 상태(이하 이 조에서 "수생태계 연속성"이라 한다)의 단절·훼손 여부 등을 파악하기 위하여 수생태계 연속성 조사를 실시할 수 있다.

② 환경부장관은 수생태계 연속성 조사 결과 수생태계 연속성이 단절되거나 훼손되었을 경우에는 관계 중앙행정기관의 장과 협의하여 수생태계 연속성의 확보에 필요한 조치를 하여야 한다. 이 경우 관계 기관의 장 또는 관련 시설의 관리자 등에게 수생태계 연속성의 확보를 위한 협조를 요청할 수 있다.

③ 수생태계 연속성 조사의 방법·절차, 수생태계 연속성 단절·훼손의 기준, 수생태계 연속성 확보의 우선순위 결정 절차, 수생태계 연속성의 확보에 필요한 조치 및 협조 요청 등에 관한 사항은 환경부령으로 정한다.

규칙 **제31조의2(수생태계 연속성 조사 방법 등)** ① 국립환경과학원장은 법 제22조의2제1항에 따른 수생태계 연속성 조사(이하 "수생태계 연속성 조사"라 한다)를 실시할 때에는 다음 각 호의 사항을 고려하여야 한다.

1. 댐, 보(洑), 저수지 등이 공공수역의 상류와 하류 간 수생태계 연속성에 미치는 영향
2. 하도(河道), 하안(河岸), 홍수터(홍수 때 저수로를 넘쳐 흐르는 부분을 말한다. 이하 같다) 및 제방 등이 공공수역과 수변지역 간 수생태계 연속성에 미치는 영향

② 수생태계 연속성 조사 방법은 현지조사를 원칙으로 하되, 필요한 경우에는 통계자료나 문헌 등을 통한 간접조사를 병행할 수 있다.

③ 제1항 및 제2항에서 규정한 사항 외에 수생태계 연속성 조사의 방법 및 절차에 관하여 필요한 사항은 국립환경과학원장이 정한다. [본조신설 2018.1.17.]

규칙 **제31조의3(수생태계 연속성 단절·훼손의 기준)** ① 법 제22조의2제2항 전단에 따라 수생태계 연속성의 단절 또는 훼손 여부를 판단하는 기준은 다음 각 호와 같다.

1. 수생태계 연속성 단절
   가. 댐, 보, 저수지 등의 인공 구조물로 인하여 물질의 순환 또는 생물의 이동이 불가능한 경우
   나. 하도, 하안, 홍수터 및 제방과 그 주변에서 물질의 순환 또는 생물의 이동이 불가능한 경우
2. 수생태계 연속성 훼손
   가. 댐, 보 및 저수지 등의 인공 구조물로 인하여 물질의 순환 또는 생물의 이동이 제한되는 경우
   나. 하도, 하안, 홍수터 및 제방과 그 주변에서 물질의 순환 또는 생물의 이동이 제한되는 경우

② 제1항 각 호에 따른 수생태계 연속성 단절 · 훼손의 세부적인 기준은 국립환경과학원장이 정한다.[본조신설 2018.1.17]

규칙 **제31조의4(수생태계 연속성 확보에 필요한 조치 등)** ① 환경부장관은 법 제22조의2제2항 전단에 따라 단절 또는 훼손된 수생태계의 연속성을 확보하려는 경우에는 다음 각 호의 사항을 고려하여 수생태계 연속성 확보의 우선 순위를 결정하여야 한다.

1. 법정 보호종 또는 회유성(回遊性) 어종의 존재여부
2. 하천 상 · 하류의 수생태계 건강성
3. 하천의 수질 및 건천화(乾川化) 여부

② 환경부장관은 법 제22조의2제2항 및 이 조 제1항에 따라 수생태계 연속성의 확보를 위하여 다음 각 호의 조치를 하거나 관계 기관의 장 또는 관련 시설의 관리자 등에게 해당 조치에 관한 협조를 요청할 수 있다.

1. 댐, 보 및 저수지의 개선 또는 철거
2. 어도(魚道)의 설치 또는 개선
3. 하도의 복원, 홍수터의 복원 · 관리, 제방 개선, 저류지 설치
4. 그 밖에 수생태계 연속성의 확보를 위하여 환경부장관이 필요하다고 인정하는 조치

[본조신설 2018.1.17]

제22조의3(환경생태유량의 확보) ① 환경부장관은 수생태계 건강성 유지를 위하여 필요한 최소한의 유량(이하 이 조에서 "환경생태유량"이라 한다)의 확보를 위하여 하천의 대표지점에 대한 환경생태유량을 국토교통부장관과 공동으로 정하여 고시할 수 있다.

② 국토교통부장관은 「하천법」 제51조제1항에 따라 하천유지유량을 정하는 경우 환경생태유량을 고려하여야 한다.

③ 환경부장관은 「소하천정비법」 제2조제1호의 소하천(이하 이 조에서 "소하천"이라 한다), 그

밖의 건천화(乾川化)된 지류(支流) 또는 지천(支川)의 대표 지점에 대한 환경생태유량을 정하여 고시할 수 있다.

④ 환경부장관은 하천 또는 소하천 등의 유량이 환경생태유량에 현저히 미달하는 경우에는 관계 기관의 장 등에게 환경생태유량의 확보를 위한 협조를 요청할 수 있다.

⑤ 환경생태유량의 산정에 필요한 사항은 대통령령으로 정한다.

제23조(오염원 조사) 환경부장관 및 시 · 도지사는 환경부령으로 정하는 바에 따라 수계영향권별로 오염원의 종류, 수질오염물질 발생량 등을 정기적으로 조사하여야 한다.

규칙 **제32조(오염원 등의 조사방법)** ① 법 제23조에 따라 시 · 도지사는 매년 관할구역의 오염원 종류, 수질오염물질 발생량 등을 조사하여야 한다.

② 그 밖에 오염원 등에 대한 조사내용 · 방법 및 절차 등에 관하여 필요한 사항은 환경부장관이 정한다.

제23조의2(국가 물환경관리기본계획의 수립) ① 환경부장관은 공공수역의 물환경을 관리 · 보전하기 위하여 대통령령으로 정하는 바에 따라 국가 물환경관리기본계획을 10년마다 수립하여야 한다.

② 제1항에 따른 국가 물환경관리기본계획(이하 "국가 물환경관리기본계획"이라 한다)에는 다음 각 호의 사항이 포함되어야 한다.

1. 물환경의 변화 추이 및 물환경목표기준
2. 전국적인 물환경 오염원의 변화 및 장기 전망
3. 물환경 관리 · 보전에 관한 정책방향
4. 「저탄소 녹색성장 기본법」 제2조제12호의 기후변화에 대한 물환경 관리대책
5. 그 밖에 환경부령으로 정하는 사항

규칙 **제32조의2(국가 물환경관리기본계획의 포함 사항)** 법 제23조의2제2항제5호에서 "환경부령으로 정하는 사항"이란 다음 각 호의 사항을 말한다.

1. 직전에 수립한 법 제23조의2제1항에 따른 국가 물환경관리기본계획의 추진실적 및 평가
2. 물환경 관리 관련 경제 · 사회 · 기술 변화 및 전망
3. 국가 물환경 관리 연구 및 기술개발계획
4. 물환경 관리 · 보전을 위한 투자계획[본조신설 2018.1.17]

③ 환경부장관은 국가 물환경관리기본계획이 수립된 날부터 5년이 지나거나 국가 물환경관리기본계획의 변경이 필요하다고 인정하는 경우에는 그 타당성을 검토하여 국가 물환경관리기본계획을 변경할 수 있다.

④ 환경부장관은 국가 물환경관리기본계획을 수립하거나 변경하려는 경우에는 관계 중앙행정기관의 장과 협의하여야 한다.
⑤ 환경부장관은 국가 물환경관리기본계획이 수립되거나 변경되는 경우에는 이를 관계 중앙행정기관의 장에게 알려야 한다.

제24조(대권역 물환경관리계획의 수립) ① 유역환경청장은 국가 물환경관리기본계획에 따라 제22조제2항에 따른 대권역별로 대권역 물환경관리계획(이하 "대권역계획"이라 한다)을 10년마다 수립하여야 한다.
② 대권역계획에는 다음 각 호의 사항이 포함되어야 한다. ✓실전문제
1. 물환경의 변화 추이 및 물환경목표기준
2. 상수원 및 물 이용현황
3. 점오염원, 비점오염원 및 기타수질오염원의 분포현황
4. 점오염원, 비점오염원 및 기타수질오염원에서 배출되는 수질오염물질의 양
5. 수질오염 예방 및 저감 대책
6. 물환경 보전조치의 추진방향
7. 「저탄소 녹색성장 기본법」 제2조제12호에 따른 기후변화에 대한 적응대책
8. 그 밖에 환경부령으로 정하는 사항

규칙 **제32조의3(대권역 물환경관리계획의 포함 사항)** 법 제24조제2항제8호에서 "환경부령으로 정하는 사항"이란 다음 각 호의 사항을 말한다.
1. 직전에 수립한 법 제24조제1항에 따른 대권역 물환경관리계획의 추진실적 및 평가
2. 중점관리가 필요한 관할 중권역 현황[본조신설 2018.1.17]

③ 유역환경청장은 대권역계획을 수립할 때에는 관계 시ㆍ도지사 및 4대강수계법에 따른 관계 수계관리위원회와 협의하여야 한다. 대권역계획을 변경할 때에도 또한 같다.
④ 유역환경청장은 대권역계획을 수립하였을 때에는 관계 시ㆍ도지사에게 통보하여야 한다.
⑤ 유역환경청장은 대권역계획이 수립된 날부터 5년이 지나거나 대권역계획의 변경이 필요하다고 인정할 때에는 그 타당성을 검토하여 변경할 수 있다. [개정 2017.1.17.]

실전문제 **대권역 물환경 보전계획에 포함되어야 하는 사항과 거리가 먼 것은?**

① 상수원 및 물 이용 현황
❷ 점오염원, 비점오염원 및 기타 수질오염원별 수질오염저감시설 현황
③ 점오염원, 비점오염원 및 기타 수질오염원의 분포 현황
④ 점오염원, 비점오염원 및 기타 수질오염원에서 배출되는 수질오염물질의 양

실전문제 환경부장관이 10년마다 수립하는 대권역 물환경 보전을 위한 기본계획에 포함되는 사항과 가장 거리가 먼 것은?

① 상수원 및 물 이용 현황
② 수질오염 예방 및 저감 대책
③ 물환경 보전조치의 추진 방향
❹ 수질오염저감시설의 분포 현황

제25조(중권역 물환경관리계획의 수립) ① 지방환경관서의 장은 다음 각 호의 어느 하나에 해당하는 경우에는 대권역계획에 따라 제22조제2항에 따른 중권역별로 중권역 물환경관리계획(이하 "중권역계획"이라 한다)을 수립하여야 한다. [개정 2017.1.17.]

1. 관할 중권역이 물환경목표기준에 미달하는 경우
2. 4대강수계법에 따른 관계 수계관리위원회에서 중권역의 물환경 관리 · 보전을 위하여 중 권역계획의 수립을 요구하는 경우
3. 그 밖에 환경부령으로 정하는 경우

규칙 **제32조의4(중권역 물환경관리계획의 수립)** 법 제25조제1항제3호에서 "환경부령으로 정하는 경우"이란 다음 각 호의 경우를 말한다.

1. 관할 중권역이 물환경 목표기준에 미달할 것으로 우려되는 경우
2. 그 밖에 물환경 및 물이용의 목적이 변화하여 중권역계획의 수립이 필요하다고 유역환경청장 또는 지방환경청장이 인정하는 경우[본조신설 2018.1.17]

② 지방환경관서의 장은 관할 중권역의 물환경목표기준 달성에 인접한 상류지역의 중권역이 영향을 미치는 경우에는 해당 중권역을 관할하는 지방환경관서의 장과 협의를 거쳐 관할 중권역 및 인접한 상류지역의 중권역을 대상으로 하는 중권역계획을 수립할 수 있다.
③ 지방환경관서의 장은 중권역계획을 수립하려는 경우에는 관계 시 · 도지사와 협의하여야 한다. 중권역계획을 변경하려는 경우에도 또한 같다. [개정 2017.1.17.]
④ 지방환경관서의 장은 중권역계획을 수립하였을 때에는 관계 시 · 도지사에게 통보하여야 한다. [개정 2017.1.17.]

제26조(소권역 물환경관리계획의 수립) ① 특별자치시장 · 특별자치도지사 · 시장 · 군수 · 구청장은 대권역계획 및 중권역계획에 따라 제22조제2항에 따른 소권역별로 소권역 물환경관리계획(이하 "소권역계획"이라 한다)을 수립할 수 있으며, 해당 소권역이 포함된 중권역에 대한 중권역계획이 수립되지 아니한 경우에는 관할 지방환경관서의 장과 협의하여 소권역계획을 수립할 수 있다.

② 시장 · 군수 · 구청장은 제1항에 따라 소권역계획을 수립한 경우에는 시 · 도지사의 승인을 받아야 한다. 이 경우 시 · 도지사는 소권역계획의 승인에 관하여 관할 지방환경관서의 장과 협의하여야 한다.

제27조(환경부장관 또는 시 · 도지사의 소권역계획 수립) ① 환경부장관 또는 시 · 도지사는 제26조에도 불구하고 다음 각 호의 구분에 따라 관계 특별자치시장 · 특별자치도지사 · 시장 · 군수 · 구청장의 의견을 들어 소권역계획을 수립할 수 있다.

1. 소권역계획 수립 대상 지역이 같은 시 · 도의 관할구역 내의 둘 이상의 시 · 군 · 구에 걸쳐있는 경우: 환경부장관 또는 시 · 도지사가 수립
2. 소권역계획 수립 대상 지역이 둘 이상의 시 · 도에 걸쳐있는 경우: 환경부장관 또는 둘 이상의 시 · 도지사가 공동으로 협의하여 수립
3. 그 밖에 환경부장관 또는 시 · 도지사가 소권역계획의 수립이 필요하다고 인정하는 경우: 환경부장관 또는 시 · 도지사가 수립

② 시 · 도지사는 제1항에 따라 소권역계획을 수립하려는 경우에는 환경부장관과 협의하여야 한다.

③ 시 · 도지사 및 시장 · 군수 · 구청장은 환경부장관 또는 시 · 도지사가 수립한 소권역계획을 성실히 이행하여야 한다.

제27조의2(수생태계 복원계획의 수립 등) ① 환경부장관, 시 · 도지사 또는 시장 · 군수 · 구청장은 제9조 또는 제9조의3에 따른 측정 · 조사 결과 수질 개선이 필요한 지역 또는 수생태계 훼손 정도가 상당하여 수생태계의 복원이 필요한 지역을 대상으로 수생태계 복원계획(이하 "복원계획"이라 한다)을 수립하여 시행할 수 있다.

② 환경부장관은 제1항의 지역 가운데 복원계획의 수립이 반드시 필요하다고 인정하는 경우에 시 · 도지사 또는 시장 · 군수 · 구청장에게 복원계획을 수립하여 시행하도록 명할 수 있다.

③ 환경부장관은 복원계획을 수립하거나 변경하려는 경우에는 관계 중앙행정기관의 장 및 관할 지방자치단체의 장과 협의하여야 한다.

④ 시 · 도지사, 시장 · 군수 · 구청장은 해당 관할구역의 복원계획을 수립하려는 경우에는 대통령령으로 정하는 바에 따라 환경부장관의 승인을 받아야 한다. 대통령령으로 정하는 중요 사항을 변경하려는 경우에도 또한 같다.

제3절 호소의 물환경 보전

제28조(정기적 조사 · 측정 및 분석) ① 환경부장관 및 시 · 도지사는 호소의 물환경 보전을 위하여

대통령령으로 정하는 호소와 그 호소에 유입하는 물의 이용상황, 물환경 현황 및 수생태계 건강성, 수질오염원의 분포상황 및 수질오염물질 발생량 등을 대통령령으로 정하는 바에 따라 정기적으로 조사·측정 및 분석하여야 한다. [개정 2017.1.17.]

② 환경부장관 및 시·도지사는 제1항에 따른 조사·측정 및 분석 결과에 따라 물환경 현황 및 수생태계 건강성에 대한 수계별 지도를 제작하고, 변화추이 등을 분석한 결과를 작성하여 그 지도 및 결과를 국민에게 공개하여야 한다.

영 **제30조(호소수 이용 상황 등의 조사·측정 등)** ① 환경부장관은 법 제28조에 따라 다음 각 호의 어느 하나에 해당하는 호소로서 물환경을 보전할 필요가 있는 호소를 지정·고시하고, 그 호소의 물환경을 정기적으로 조사·측정 및 분석하여야 한다. ✓실전문제

1. 1일 30만 ton 이상의 원수(原水)를 취수하는 호소
2. 동식물의 서식지·도래지이거나 생물다양성이 풍부하여 특별히 보전할 필요가 있다고 인정되는 호소
3. 수질오염이 심하여 특별한 관리가 필요하다고 인정되는 호소

② 시·도지사는 제1항에 따라 환경부장관이 지정·고시하는 호소 외의 호소로서 만수위(滿水位)일 때의 면적이 50만 m² 이상인 호소의 물환경 등을 정기적으로 조사·측정하여야 한다.

③ 제1항과 제2항에 따라 조사·측정 및 분석하여야 하는 내용은 다음 각 호와 같다.

1. 호소의 생성연도, 유역면적, 저수량 등 호소의 관리에 필요한 기초자료
2. 호소수의 이용 목적, 취수장의 위치, 취수량 등 호소수의 이용 상황
3. 수질오염도, 오염원의 분포 현황, 수질오염물질의 발생·처리 및 유입 현황
4. 호소의 생물다양성 및 생태계 등 수생태계 현황

④ 환경부장관 또는 시·도지사는 제3항 각 호의 사항을 다음 각 호의 구분에 따라 조사·측정 및 분석해야 한다. 다만, 호소의 물환경 보전을 위하여 필요한 경우에는 매년 조사·측정 및 분석할 수 있다.

1. 제3항제1호 및 제2호의 사항 : 3년마다 1회
2. 제3항제3호의 사항 : 5년마다 1회
3. 제3항제4호의 사항
   가. 제1항에 따라 환경부장관이 조사·측정 및 분석하는 경우 : 3년마다 1회
   나. 제2항에 따라 시·도지사가 조사·측정 및 분석하는 경우 : 5년마다 1회

⑤ 시·도지사는 제2항에 따른 조사·측정 및 분석 결과를 다음 해 2월 말까지 환경부장관에게 제출해야 한다.

실전문제 **환경부장관이 물환경을 보전할 필요가 있다고 지정, 고시하고 물환경을 정기적으로 조사,측정하여야 하는 호소의 기준으로 틀린 것은?**

① 1일 30만ton 이상의 원수를 취수하는 호소
❷ 만수위일 때 면적이 50만 ㎡ 이상인 호소
③ 수질오염이 심하여 특별한 관리가 필요하다고 인정되는 호소
④ 동 · 식물의 서식지, 도래지이거나 생물다양성이 풍부하여 특별히 보전할 필요가 있다고 인정되는 호소

실전문제 **호소수 이용 상황 등의 조사 및 측정에 관한 내용으로 ( )에 옳은 것은?**

> 시 · 도지사는 환경부장관이 지정 · 고시하는 호소 외의 호소로서 만수위일때의 면적이 ( ) 이상인 호소의 물환경 등을 정기적으로 조사 · 측정하여야 한다.

① 10만 ㎡ ② 20만㎡
③ 30만㎡ ❹ 50만 ㎡

제30조(양식업 면허의 제한) 관계 행정기관의 장은 상수원호소에 대해서는 「양식산업발전법」 제10조제1항제7호에 따른 내수면양식업 중 가두리식 양식장을 설치하는 양식업에 대한 면허를 하여서는 아니 된다. [전문개정 2013.7.30.]

제31조(호소 안의 쓰레기 수거 · 처리) ① 수면관리자는 호소 안의 쓰레기를 수거하고, 해당 호소를 관할하는 특별자치시장 · 특별자치도지사 · 시장 · 군수 · 구청장은 수거된 쓰레기를 운반 · 처리하여야 한다.

② 수면관리자 및 특별자치시장 · 특별자치도지사 · 시장 · 군수 · 구청장은 제1항에 따른 쓰레기의 운반 · 처리 주체 및 쓰레기의 운반 · 처리에 드는 비용의 분담을 위한 협약을 체결하여야 한다.

③ 수면관리자 및 특별자치시장 · 특별자치도지사 · 시장 · 군수 · 구청장은 제2항에 따른 협약이 체결되지 아니하는 경우에는 환경부장관에게 조정을 신청할 수 있다. 이 경우 환경부장관의 조정이 있으면 제2항에 따른 협약이 체결된 것으로 본다.

④ 제3항에 따른 조정의 신청절차에 관하여 필요한 사항은 환경부령으로 정한다.

제31조의2(중점관리저수지의 지정 등) ① 환경부장관은 관계 중앙행정기관의 장과 협의를 거쳐 다음 각 호의 어느 하나에 해당하는 저수지를 중점관리저수지로 지정하고, 저수지관리자와 그 저수지의 소재지를 관할하는 시 · 도지사로 하여금 해당 저수지가 생활용수 및 관광 · 레저의

기능을 갖추도록 그 수질을 관리하게 할 수 있다.
1. 총저수용량이 1천만m³ 이상인 저수지 ✓실전문제
2. 오염 정도가 대통령령으로 정하는 기준을 초과하는 저수지
3. 환경부장관이 상수원 등 해당 수계의 수질보전을 위하여 필요하다고 인정하는 경우

② 환경부장관은 제1항에 따른 중점관리저수지의 지정사유가 없어진 경우에는 그 지정을 해제할 수 있다.

③ 제1항 및 제2항에 따른 중점관리저수지의 지정 및 지정해제에 필요한 사항은 환경부령으로 정한다. [본조신설 2012.2.1.]

실전문제 중점관이 저수지의 지정기준으로 옳은 것은?

① 총저수 용량이 1백만m³ 이상인 저수지
❷ 총저수 용량이 1천만m³ 이상인 저수지
③ 총저수 용량이 1백만m² 이상인 저수지
④ 총저수 용량이 1천만m² 이상인 저수지

영 **제30조의2(중점관리저수지의 지정기준)** 법 제31조의2제1항제2호에서 "대통령령으로 정하는 기준"이란 다음 각 호의 구분에 따른 기준을 말한다.
1. 농업용 저수지: 「환경정책기본법 시행령」 별표 1 제3호나목(2)에 따른 호소의 생활환경 기준 중 약간 나쁨(Ⅳ) 등급
2. 그 밖의 저수지: 「환경정책기본법 시행령」 별표 1 제3호나목(2)에 따른 호소의 생활환경 기준 중 보통(Ⅲ) 등급 [본조신설 2012.7.5.]

규칙 **제33조의2(중점관리저수지의 지정 및 해제)** ① 환경부장관이 법 제31조의2제1항에 따라 중점관리저수지를 지정하려는 경우에는 다음 각 호의 사항이 포함된 지정계획을 수립하여 관계중앙행정기관의 장과 협의하여야 한다.
1. 대상저수지의 위치, 시설관리자, 저수용량, 오염도
2. 중점관리저수지 지정의 목적 및 필요성
3. 그 밖에 중점관리저수지의 지정에 필요하다고 판단되는 사항

② 환경부장관은 중점관리저수지를 지정한 경우에는 중점관리저수지의 관리자와 그 저수지의 소재지를 관할하는 시 · 도지사에게 그 사실을 통보하여야 한다.

③ 법 제31조의2제1항제2호에 따라 중점관리저수지로 지정된 경우에는 오염 정도가 영 제30조의2에 따른 기준 이하로 2년 이상 계속하여 유지되는 경우에 한하여 그 지정을 해제할 수 있다. [본조신설 2012.8.2.] ✓실전문제

실전문제 중점관리저수지(농업용의 경우)의 해제조건에 대한 설명으로 옳은 것은?

① 호소의 생활환경기준 중, 약간 나쁨 등급 기준 이하로 1년 이상 계속 유지하는 경우
❷ 호소의 생활환경기준 중, 약간 나쁨 등급 기준 이하로 2년 이상 계속 유지하는 경우
③ 호소의 생활환경기준 중, 보통 등급 기준 이하로 1년 이상 계속 유지하는 경우
④ 호소의 생활환경기준 중, 보통 등급 기준 이하로 2년 이상 계속 유지하는 경우

제31조의3(중점관리저수지의 수질 개선 등) ① 환경부장관은 중점관리저수지의 관리자와 그 저수지의 소재지를 관할하는 시 · 도지사로 하여금 중점관리저수지의 수질 오염 방지 및 수질 개선에 관한 대책을 세우고 이를 추진하게 하여야 한다.

② 중점관리저수지의 소재지를 관할하는 시 · 도지사는 중점관리저수지에 대한 수질 오염 방지활동 실적과 수질 개선 계획의 추진결과에 대한 보고서를 작성하여 매년 환경부장관에게 제출하여야 한다.

③ 환경부장관은 예산의 범위에서 중점관리저수지의 관리와 수질 개선에 드는 비용의 전부 또는 일부를 지원할 수 있다. [본조신설 2012.2.1.]

규칙 제33조의3(수질 오염 방지 등에 관한 대책의 수립 등) ① 법 제31조의3제1항에 따라 중점관리저수지의 관리자와 그 저수지의 소재지를 관할하는 시 · 도지사는 중점관리저수지의 지정을 통보받은 날부터 1년 이내에 다음 각 호의 사항이 포함된 중점관리저수지의 수질 오염 방지 및 수질 개선에 관한 대책을 수립하여 환경부장관에게 제출하여야 한다. 이 경우 중점관리저수지의 관리자와 그 저수지의 소재지를 관할하는 시 · 도지사는 공동으로 대책을 수립하여 제출할 수 있다. ✓실전문제

1. 중점관리저수지의 설치목적, 이용현황 및 오염현황
2. 중점관리저수지의 경계로부터 반경 2km 이내의 거주인구 등 일반현황
3. 중점관리저수지의 수질 관리목표
4. 중점관리저수지의 수질 오염 예방 및 수질 개선방안
5. 그 밖에 중점관리저수지의 적정관리를 위하여 필요한 사항

② 제1항에 따라 대책을 제출받은 환경부장관은 관계 전문기관 등의 검토를 거쳐 3개월 이내에 대책의 적합 여부를 통보하여야 하며, 필요한 경우에는 수질 오염 방지 및 수질 개선에 관한 대책의 수정 · 보완을 요구할 수 있다.

③ 법 제31조의3제2항에 따른 중점관리저수지에 대한 수질 오염 방지활동 실적과 수질 개선 계획의 추진결과에 대한 보고서는 매년 12월말을 기준으로 작성하여 다음연도 2월말까지 제출하여야 한다. [본조신설 2012.8.2.]

실전문제 **다음은 중점관리저수지의 관리자와 그 저수지의 소재지를 관할하는 시 · 도지사가 수립하는 중점관리저수지의 수질오염방지 및 수질개선에 관한 대책에 포함되어야 하는 사항이다. (　)안의 내용으로 옳은 것은?**

중점관리저수지의 경계로부터 반경 (　　) 의 거주 인구 등 일반현황

① 500m 이내　　② 1km 이내
❸ 2km 이내　　④ 5km 이내

제3장 점오염원의 관리

제1절 산업폐수의 배출규제

제32조(배출허용기준) ① 폐수배출시설(이하 "배출시설"이라 한다)에서 배출되는 수질오염물질의 배출허용기준은 환경부령으로 정한다.

규칙 제34조(배출허용기준) 법 제32조제1항에 따른 수질오염물질의 배출허용기준은 별표 13과 같다. ✓실전문제

② 환경부장관은 제1항에 따른 환경부령을 정할 때에는 관계 중앙행정기관의 장과 협의하여야 한다.
③ 시 · 도(해당 관할구역 중 대도시는 제외한다. 이하 이 조에서 같다) 또는 대도시는 「환경정책기본법」 제12조제3항에 따른 지역환경기준을 유지하기가 곤란하다고 인정할 때에는 조례로 제1항의 배출허용기준보다 엄격한 배출허용기준을 정할 수 있다. 다만, 제74조제1항에 따라 제33조 · 제37조 · 제39조 및 제41조부터 제43조까지의 규정에 따른 환경부장관의 권한이 시 · 도지사 또는 대도시의 장에게 위임된 경우로 한정한다.
④ 시 · 도지사 또는 대도시의 장은 제3항에 따른 배출허용기준이 설정 · 변경된 경우에는 지체 없이 환경부장관에게 보고하고 이해관계자가 알 수 있도록 필요한 조치를 하여야 한다.
⑤ 환경부장관은 특별대책지역의 수질오염을 방지하기 위하여 필요하다고 인정할 때에는 해당 지역에 설치된 배출시설에 대하여 제1항의 기준보다 엄격한 배출허용기준을 정할 수 있고, 해당 지역에 새로 설치되는 배출시설에 대하여 특별배출허용기준을 정할 수 있다.
⑥ 제3항에 따른 배출허용기준이 적용되는 시 · 도 또는 대도시 안에 해당 기준이 적용되지 아니하는 지역이 있는 경우에는 그 지역에 설치되었거나 설치되는 배출시설에 대해서도 제3항에 따른 배출허용기준을 적용한다.
⑦ 다음 각 호의 어느 하나에 해당하는 배출시설에 대해서는 제1항부터 제6항까지의 규정을 적용하지 아니한다.
1. 제33조제1항 단서 및 같은 조 제2항에 따라 설치되는 폐수무방류배출시설
2. 환경부령으로 정하는 배출시설 중 폐수를 전량(全量) 재이용하거나 전량 위탁처리하여 공공수역으로 폐수를 방류하지 아니하는 배출시설

⑧ 환경부장관은 공공폐수처리시설 또는 공공하수처리시설에 배수설비를 통하여 폐수를 전량 유입하는 배출시설에 대해서는 그 공공폐수처리시설 또는 공공하수처리시설에서 적정하게 처리할 수 있는 항목에 한정하여 제1항에도 불구하고 따로 배출허용기준을 정하여 고시할 수 있다.

[규칙 별표13]

수질오염물질의 배출허용기준(제34조 관련)

1. 지역구분 적용에 대한 공통기준
   가. 제2호 각 목 및 비고의 지역구분란의 청정지역, 가지역, 나지역 및 특례지역은 다음과 같다.
      1) 청정지역 : 「환경정책기본법 시행령」 별표 1 제3호에 따른 물환경 환경기준(이하 "물환경 환경기준"이라 한다) 매우 좋음(Ⅰa)등급 정도의 수질을 보전하여야 한다고 인정되는 수역의 수질에 영향을 미치는 지역으로서 환경부장관이 정하여 고시하는 지역
      2) 가지역 : 물환경 환경기준 좋음(Ⅰb), 약간 좋음(Ⅱ)등급 정도의 수질을 보전하여야 한다고 인정되는 수역의 수질에 영향을 미치는 지역으로서 환경부장관이 정하여 고시하는 지역
      3) 나지역 : 물환경 환경기준 보통(Ⅲ), 약간 나쁨(Ⅳ), 나쁨(Ⅴ) 등급 정도의 수질을 보전하여야 한다고 인정되는 수역의 수질에 영향을 미치는 지역으로서 환경부장관이 정하여 고시하는 지역
      4) 특례지역 : 환경부장관이 법 제49조제3항에 따른 공동처리구역으로 지정하는 지역 및 시장 · 군수가 「산업입지 및 개발에 관한 법률」 제8조에 따라 지정하는 농공단지
   나. 「자연공원법」 제2조제1호에 따른 자연공원의 공원구역 및 「수도법」 제7조에 따라 지정 · 공고된 상수원보호구역은 제2호에 따른 항목별 배출허용기준을 적용할 때에는 청정지역으로 본다.
   다. 정상가동 중인 공공하수처리시설에 배수설비를 연결하여 처리하고 있는 폐수배출시설에 제2호에 따른 항목별 배출허용기준(같은 호 나목의 항목은 해당 공공하수처리시설에서 처리하는 수질오염물질 항목만 해당한다)을 적용할 때에는 나지역의 기준을 적용한다.

2. 항목별 배출허용기준
   가. 생물화학적산소요구량 · 화학적산소요구량 · 부유물질량

대상 규모 / 항목 / 지역구분	1일 폐수배출량 2000㎥ 이상			1일 폐수배출량 2000㎥ 미만		
	생물화학적 산소요구량 (mg/L)	화학적 산소요구량 (mg/L)	부유 물질량 (mg/L)	생물화학적 산소요구량 (mg/L)	화학적 산소요구량 (mg/L)	부유 물질량 (mg/L)
청정지역	30 이하	40 이하	30 이하	40 이하	50 이하	40 이하
가지역	60 이하	70 이하	60 이하	80 이하	90 이하	80 이하
나지역	80 이하	90 이하	80 이하	120 이하	130 이하	120 이하
특례지역	30 이하	40 이하	30 이하	30 이하	40 이하	30 이하

[비고]
1. 하수처리구역에서 「하수도법」 제28조에 따라 공공하수도관리청의 허가를 받아 폐수를 공공하수도에 유입시키지 아니하고 공공수역으로 배출하는 폐수배출시설 및 「하수도법」 제27조제1항을 위반하여 배수설비를 설치하지 아니하고 폐수를 공공수역으로 배출하는 사업장에 대한 배출허용기준은 공공하수처리시설의 방류수 수질기준을 적용한다.
2. 「국토의 계획 및 이용에 관한 법률」 제6조제2호에 따른 관리지역에서의 같은 법 시행령 별표 20 제1호차목 및 별표 27 제2호타목(별표 20 제1호차목에 따른 공장만 해당한다)에 따른 공장에 대한 배출허용기준은 특례지역의 기준을 적용한다.

나. 페놀류 등 수질오염물질 (2017년 1월 1일부터 적용되는 기준)

항 목 (지역 구분)		청정 지역	가 지역	나 지역	특례 지역
수온이온농도		5.8 ~ 8.6	5.8 ~ 8.6	5.8 ~ 8.6	5.8 ~ 8.6
노말헥산추출물질 함유량	광유류(mg/L)	1 이하	5 이하	5 이하	5 이하
	동식물유지류(mg/L)	5 이하	30 이하	30 이하	30 이하
페놀류함유량(mg/L)		1 이하	3 이하	3 이하	5 이하
페놀(mg/L)		0.1 이하	1 이하	1 이하	1 이하
펜타클로로페놀(mg/L)		0.001 이하	0.01 이하	0.01 이하	0.01 이하
시안함유량(mg/L)		0.2 이하	1 이하	1 이하	1 이하
크롬함유량(mg/L)		0.5 이하	2 이하	2 이하	2 이하
용해성철함유량(mg/L)		2 이하	10 이하	10 이하	10 이하
아연함유량(mg/L)		1 이하	5 이하	5 이하	5 이하
구리(동)함유량(mg/L)		1 이하	3 이하	3 이하	3 이하
카드뮴함유량(mg/L)		0.02 이하	0.1 이하	0.1 이하	0.1 이하
수은함유량(mg/L)		0.001 이하	0.005 이하	0.005 이하	0.005 이하
유기인함유량(mg/L)		0.2 이하	1 이하	1 이하	1 이하
비소함유량(mg/L)		0.05 이하	0.25 이하	0.25 이하	0.25 이하
납함유량(mg/L)		0.1 이하	0.5 이하	0.5 이하	0.5 이하
6가크롬함유량(mg/L)		0.1 이하	0.5 이하	0.5 이하	0.5 이하
용해성망간함유량(mg/L)		2 이하	10 이하	10 이하	10 이하
플로오르(불소)함유량(mg/L)		3 이하	15 이하	15 이하	15 이하
PCB함유량(mg/L)		불검출	0.003 이하	0.003 이하	0.003 이하
총대장균군(群)(총대장균군수)(㎖)		100 이하	3,000 이하	3,000 이하	3,000 이하
색도(도)		200 이하	300 이하	400 이하	400 이하
온도(℃)		40 이하	40 이하	40 이하	40 이하
총질소(mg/L)		30 이하	60 이하	60 이하	60 이하
총인(mg/L)		4 이하	8 이하	8 이하	8 이하
트리클로로에틸렌(mg/L)		0.06 이하	0.3 이하	0.3 이하	0.3 이하
테트라클로로에틸렌(mg/L)		0.02 이하	0.1 이하	0.1 이하	0.1 이하
음이온계면활성제(mg/L)		3 이하	5 이하	5 이하	5 이하

벤젠(mg/L)	0.01 이하	0.1 이하	0.1 이하	0.1 이하
디클로로메탄(mg/L)	0.02 이하	0.2 이하	0.2 이하	0.2 이하
생태독성(TU)	1 이하	2 이하	2 이하	2 이하
셀레늄함유량(mg/L)	0.1 이하	1 이하	1 이하	1 이하
사염화탄소(mg/L)	0.004 이하	0.04 이하	0.04 이하	0.08 이하
1,1-디클로로에틸렌(mg/L)	0.03 이하	0.3 이하	0.3 이하	0.6 이하
1,2-디클로로에탄(mg/L)	0.03 이하	0.3 이하	0.3 이하	0.3 이하
클로로포름(mg/L)	0.08 이하	0.8 이하	0.8 이하	0.8 이하
니켈(mg/L)	0.1 이하	3.0 이하	3.0 이하	3.0 이하
바륨(mg/L)	1.0 이하	10.0이하	10.0 이하	10.0 이하
1,4-다이옥산(mg/L)	0.05 이하	4.0 이하	4.0 이하	4.0 이하
디에틸헥실프탈레이트(DEHP)(mg/L)	0.02 이하	0.2 이하	0.2 이하	0.8 이하
염화비닐(mg/L)	0.01 이하	0.5 이하	0.5 이하	1.0 이하
아크릴로니트릴(mg/L)	0.01 이하	0.2 이하	0.2 이하	1.0 이하
브로모포름(mg/L)	0.03 이하	0.3 이하	0.3 이하	0.3 이하
나프탈렌(mg/L)	0.05 이하	0.5 이하	0.5 이하	0.5 이하
폼알데하이드(mg/L)	0.5 이하	5.0 이하	5.0 이하	5.0 이하
에피클로로하이드린(mg/L)	0.03 이하	0.3 이하	0.3 이하	0.3 이하
톨루엔(mg/L)	0.7 이하	7.0 이하	7.0 이하	7.0 이하
자일렌(mg/L)	0.5 이하	5.0 이하	5.0 이하	5.0 이하

[비고]

1. 색도항목의 배출허용기준은 별표 4 제2호18)의 섬유염색 및 가공시설, 같은 호19)의 기타 섬유제품 제조시설 및 같은 호 23)의 펄프 · 종이 및 종이제품(색소첨가 제품만 해당한다) 제조시설에만 적용한다.
2. 생태독성 배출허용기준은 물벼룩에 대한 급성독성시험을 기준으로 하며, 별표 4 제2호의 3), 12), 14), 17)부터 20)까지, 23), 26), 27), 30), 31), 33)부터 40)까지, 46), 48)부터 50)까지, 54), 55), 57)부터 60)까지, 63), 67), 74), 75) 및 80)에 해당되는 폐수배출시설에만 적용한다. 다만, 해당 사업장에서 배출되는 폐수를 모두 폐수종말처리시설 또는 「하수도법」 제2조제9호에 따른 공공하수처리시설에 유입시키는 폐수배출시설에는 적용하지 아니한다.
3. 생태독성 배출허용기준 초과의 경우 그 원인이 오직 염(산의 음이온과 염기의 양이온에 의해 만들어지는 화합물을 말한다. 이하 같다) 성분 때문으로 증명된 때에는 그 폐수를 다음 각 목의 어느 하나에 해당하는 방법으로 방류하는 경우에 한정하여 생태독성 배출허용기준을 초과하지 아니한 것으로 본다.
   가. 공공수역 중 항만 · 연안해역에 방류하는 경우
   나. 공공수역 중 항만 · 연안해역을 제외한 곳으로 방류하는 경우(2010년 12월 31일까지 설치허가 또는 변경허가를 받거나 설치신고 또는 변경신고를 한 폐수배출시설로 한정한다)
4. 제3호에 따른 생태독성 배출허용기준 초과원인이 오직 염 성분 때문이라는 증명에 필요한 첨부서류, 절차 · 방법 등에 관하여 필요한 사항은 국립환경과학원장이 정하여 고시한다.
5. 특례지역 내 폐수배출시설에서 발생한 폐수를 폐수종말처리시설에 유입하지 아니하고 직접방류할 경우에는 해당 지역 구분에 따른 배출허용기준을 적용한다.

실전문제 1일 폐수배출량이 2,000㎥ 미만인 규모의 지역별, 항목별 배출허용기준이 틀린 것은?

	BOD(mg/L)	COD(mg/L)	SS(mg/L)
❶ 청정지역	30 이하	40 이하	30 이하
② 가지역	80 이하	90 이하	80 이하
③ 나지역	120 이하	130 이하	120 이하
④ 특례지역	30 이하	40 이하	30 이하

실전문제 수질오염물질의 배출허용기준 중 틀린 것은?

① 1일 폐수배출량이 2,000㎥ 이상인 경우 BOD기준은 청정지역과 가지역은 각각 30mg/L 이하, 60mg/L이하이다.
② 1일 폐수배출량이 2,000㎥ 이상인 경우 COD기준은 청정지역과 가지역은 각각 40mg/L 이하, 70mg/L이하이다.
③ 1일 폐수배출량이 2,000㎥ 미만인 경우 BOD기준은 청정지역과 가지역은 각각 40mg/L 이하, 80mg/L이하이다.
❹ 1일 폐수배출량이 2,000㎥ 미만인 경우 COD기준은 청정지역과 가지역은 각각 40mg/L 이하, 90mg/L이하이다.

규칙 제35조(배출허용기준을 적용하지 아니하는 폐수배출시설) 법 제32조제7항제2호에 따른 "환경부령으로 정하는 배출시설"이란 영 제33조제2호 및 제3호에 따라 수질오염방지시설 설치가 면제되는 폐수배출시설을 말한다.

제33조(배출시설의 설치 허가 및 신고) ① 배출시설을 설치하려는 자는 대통령령으로 정하는 바에 따라 환경부장관의 허가를 받거나 환경부장관에게 신고하여야 한다. 다만, 제7항에 따라 폐수무방류배출시설을 설치하려는 자는 환경부장관의 허가를 받아야 한다.

영 제31조(설치허가 및 신고 대상 폐수배출시설의 범위 등) ① 법 제33조제1항 본문에 따라 설치허가를 받아야 하는 폐수배출시설(이하 "배출시설"이라 한다)은 다음 각 호와 같다. [개정 2014.11.24.]

1. 특정수질유해물질이 환경부령으로 정하는 기준 이상으로 배출되는 배출시설
2. 「환경정책기본법」 제38조에 따른 특별대책지역(이하 "특별대책지역"이라 한다)에 설치하는 배출시설
3. 법 제33조제8항에 따라 환경부장관이 고시하는 배출시설 설치제한지역에 설치하는

배출시설

4. 「수도법」 제7조에 따른 상수원보호구역(이하 "상수원보호구역"이라 한다)에 설치하거나 그 경계구역으로부터 상류로 유하거리(流下距離) 10km 이내에 설치하는 배출시설
5. 상수원보호구역이 지정되지 아니한 지역 중 상수원 취수시설이 있는 지역의 경우에는 취수시설로부터 상류로 유하거리 15km 이내에 설치하는 배출시설
6. 법 제33조제1항 본문에 따른 설치신고를 한 배출시설로서 원료 · 부원료 · 제조공법 등이 변경되어 특정수질유해물질이 제1호에 따른 기준 이상으로 새로 배출되는 배출시설

규칙 제35조의2(특정수질유해물질 폐수배출시설 적용기준) 영 제31조 제1항제1호에서 "환경부령으로 정하는 기준"이란 별표 13의2에 따른 기준을 말한다.

[규칙 별표13의2]

특정수질유해물질 폐수배출시설 적용기준(제35조의2 관련)

물질명	기준농도(mg/L)
구리와 그 화합물	0.1
납과 그 화합물	0.01
비소와 그 화합물	0.01
수은과 그 화합물	0.001
시안화합물	0.01
유기인 화합물	0.0005
6가크롬 화합물	0.05
카드뮴과 그 화합물	0.005
테트라클로로에틸렌	0.01
트리클로로에틸렌	0.03
폴리클로리네이티드바이페닐	0.0005
셀레늄과 그 화합물	0.01
벤젠	0.01
사염화탄소	0.002
디클로로메탄	0.02
1,1-디클로로에틸렌	0.03
1,2-디클로로에탄	0.03
클로로포름	0.08

1,4-다이옥산	0.05
디에틸헥실프탈레이트(DEHP)	0.008
염화비닐	0.005
아크릴로니트릴	0.005
브로모포름	0.03
페놀	0.1
펜타클로로페놀	0.001

영 제31조 ② 법 제33조제1항 본문에 따라 배출시설의 설치신고를 하여야 하는 경우는 다음 각 호와 같다.

1. 제1항에 따른 설치허가 대상 배출시설 외의 배출시설을 설치하는 경우
2. 제1항 각 호에 해당하는 배출시설 중 폐수를 전량 위탁처리하는 경우로서 위탁받은 폐수를 처리하는 시설이 제1항제2호부터 제5호까지의 규정에서 정하는 지역 또는 구역 밖에 있는 경우
3. 제1항제2호부터 제5호까지에 해당하는 배출시설 중 특정수질유해물질이 제1항제1호에 따른 기준 이상으로 배출되지 아니하는 배출시설로서 배출되는 폐수를 전량 공공폐수처리시설 또는 공공하수처리시설에 유입시키는 경우

③ 배출시설의 설치허가를 받은 자가 법 제33조제2항 본문에 따라 배출시설의 변경허가를 받아야 하는 경우는 다음 각 호와 같다. ✓실전문제

1. 폐수배출량이 허가 당시보다 100분의 50(특정수질유해물질이 제1항제1호에 따른 기준 이상으로 배출되는 배출시설의 경우에는 100분의 30) 이상 또는 1일 700㎥ 이상 증가하는 경우
2. 법 제32조에 따른 배출허용기준(이하 "배출허용기준"이라 한다)을 초과하는 새로운 수질오염물질이 발생되어 배출시설 또는 법 제35조제1항에 따른 수질오염방지시설(이하 "방지시설"이라 한다)의 개선이 필요한 경우
3. 법 제33조제1항 단서에 따라 허가를 받은 폐수무방류배출시설로서 제7항제2호에 따른 고체상태의 폐기물로 처리하는 방법에 대한 변경이 필요한 경우

실전문제 **다음은 배출시설의 설치허가를 받은 자가 배출시설의 변경허가를 받아야 하는 경우에 대한 기준이다. ( )안의 내용으로 맞는 것은?**

> 폐수배출량이 허가 당시보다 100분의 50(특정수질유해물질이 배출되는 시설의 경우에는 100분의30) 이상 또는 ( ) 이상 증가하는 경우

① 1일 500㎥ ② 1일 600㎥
❸ 1일 700㎥ ④ 1일 800㎥

영 제31조 ④ 제3항에도 불구하고 다음 각 호의 모두에 해당하는 경우에는 변경신고로 제3항에 따른 변경허가를 갈음할 수 있다.

1. 법 제35조제4항에 따른 공동방지시설(이하 "공동방지시설"이라 한다)의 대표자 또는 공공폐수처리시설의 운영자와 폐수의 처리 및 그 비용 부담에 관한 협의를 한 경우
2. 폐수처리능력 또는 처리용량을 초과하지 아니하는 범위에서 배출시설을 변경한 경우

⑤ 법 제33조제1항 또는 제2항에 따라 배출시설의 설치허가 · 변경허가를 받거나 설치신고를 하려는 자는 배출시설 설치허가 · 변경허가신청서 또는 배출시설 설치신고서에 다음 각 호의 서류를 첨부하여 환경부장관에게 제출(「전자정부법」 제2조제10호에 따른 정보통신망에 의한 제출을 포함한다)하여야 한다.

1. 배출시설의 위치도 및 폐수배출공정흐름도
2. 원료(용수를 포함한다)의 사용명세 및 제품의 생산량과 발생할 것으로 예측되는 수질오염물질의 내역서
3. 방지시설의 설치명세서와 그 도면. 다만, 설치신고를 하는 경우에는 도면을 배치도로 갈음할 수 있다.
4. 배출시설 설치허가증(변경허가를 받는 경우에만 제출한다)

⑥ 환경부장관은 배출시설 설치허가를 한 경우 또는 배출시설설치신고서를 수리한 경우(법 제33조제5항에 따라 신고를 수리한 것으로 보는 경우를 포함한다)에는 배출시설 설치허가증 또는 배출시설 설치신고증명서를 신청인에게 발급해야 한다. 다만, 배출시설의 설치변경을 허가한 경우에는 이미 발급한 허가증에 변경허가사항을 적는다.

⑦ 법 제33조제11항제3호에서 "대통령령으로 정하는 시설"이란 다음 각 호와 같고, "대통령령으로 정하는 기준"이란 별표 6과 같다.

1. 폐수무방류배출시설에서 발생되는 폐수가 다른 배출시설에서 발생되는 폐수와 섞이지 아니하도록 하는 분리 · 집수시설(集水施設)
2. 폐수 중 수질오염물질을 고체상태의 폐기물로 처리하는 방지시설
3. 시설의 고장, 사고 등으로 폐수가 유출 · 누출되거나 빗물 등에 의하여 폐수가 공공수역으로 배출되지 아니하도록 하는 차단 · 저류(貯留)시설

규칙 제36조(폐수배출시설 설치허가신청서 등의 서식) 영 제31조제5항에 따른 폐수배출시설 설치허가신청서 또는 폐수배출시설 설치신고서는 별지 제12호서식에 따르고, 폐수배출시설 변경허가신청서는 별지 제13호서식에 따르며, 영 제31조 제6항 본문에 따른 폐수배출시설 설치허가증 또는 배출시설 설치신고증명서는 별지 제14호서식에 따른다.

영 제31조 ⑥ 환경부장관은 배출시설 설치허가를 한 경우 또는 배출시설설치신고서를 수리한 경우에는 배출시설설치허가증 또는 배출시설 설치신고증명서를 신청인에게 발급하여야 한다. 다만, 배출시설의 설치변경을 허가한 경우에는 이미 발급한 허가증에 변경허가사항을 적는다.

⑦ 법 제33조제9항제3호에서 "대통령령이 정하는 시설"이란 다음 각 호와 같고, "대통령령이 정하는 기준"이란 별표 6과 같다.

1. 폐수무방류배출시설에서 발생되는 폐수가 다른 배출시설에서 발생되는 폐수와 섞이지 아니하도록 하는 분리 · 집수시설(集水施設)
2. 폐수 중 수질오염물질을 고체상태의 폐기물로 처리하는 방지시설
3. 시설의 고장, 사고 등으로 폐수가 유출 · 누출되거나 빗물 등에 의하여 폐수가 공공수역으로 배출되지 아니하도록 하는 차단 · 저류(貯留)시설

규칙 제37조(폐수무방류배출시설 설치허가신청 시의 제출서류 등) ① 법 제33조제1항 단서에 따라 폐수무방류배출시설의 설치허가를 받으려는 자는 별지 제12호서식의 폐수배출시설 설치허가신청서에 다음의 서류를 첨부하여 시 · 도지사에게 제출하여야 한다.

1. 영 제31조제5항제1호부터 제3호까지의 서류
2. 영 제31조제7항 각 호의 시설 설치계획서 및 그 도면
3. 영 별표 6에 따른 세부설치기준 이행계획서 및 그 도면

② 법 제33조제2항 본문 및 영 제31조제3항에 따라 폐수무방류배출시설의 변경허가를 받으려는 자는 법 제34조제1항에 따라 별지 제13호서식의 폐수배출시설 변경허가신청서에 폐수배출시설 설치허가증과 변경내용을 증명하는 서류를 첨부하여 시 · 도지사에게 제출하여야 한다.

② 제1항에 따라 허가를 받은 자가 허가받은 사항 중 대통령령으로 정하는 중요한 사항을 변경하려는 경우에는 변경허가를 받아야 한다. 다만, 그 밖의 사항 중 환경부령으로 정하는 사항을 변경하려는 경우 또는 환경부령으로 정하는 사항을 변경한 경우에는 변경신고를 하여야 한다.

규칙 **제38조(폐수배출시설의 변경신고 등)** ① 법 제33조제2항 단서 및 같은 조 제3항에서 "환경부령으로 정하는 사항을 변경하려는 경우"란 다음 각 호와 같다. [개정 2014.1.29.]

1. 폐수배출량이 신고 당시보다 100분의 50이상 증가하는 경우(법 제33조제2항에 따라 변경허가를 받아야 하는 경우는 제외한다)
2. 폐수배출량이 증가하거나 감소하여 영 별표 13의 사업장 종류가 변경되는 경우
3. 폐수배출시설에서 새로운 수질오염물질이 배출되는 경우(법 제33조제2항에 따라 변경허가를 받아야 하는 경우는 제외한다)
4. 폐수배출시설에 설치된 수질오염방지시설의 폐수처리방법 및 처리공정을 변경하는 경우
5. 법 제35조제1항 단서에 따라 수질오염방지시설을 설치하지 아니한 폐수배출시설에 수질오염방지시설을 새로 설치하는 경우
6. 폐수배출시설 또는 수질오염방지시설의 일부를 폐쇄하는 경우
7. 영 제31조제4항에 따라 변경신고를 갈음할 수 있는 사항을 변경하는 경우

② 법 제33조제2항 단서 및 같은 조 제3항에서 "환경부령으로 정하는 사항을 변경한 경우"란 다음 각 호와 같다. [개정 2014.1.29.]

1. 사업장의 대표자나 명칭이 변경되는 경우
2. 사업장의 소재지가 변경되는 경우(허가관청, 신고관청 및 폐수배출시설이 같고, 입지를 제한하는 규정을 위반하지 아니하는 경우에만 해당한다)
3. 폐수배출시설이나 수질오염방지시설을 임대하는 경우
4. 영 제33조제2호에 해당하는 경우로서 폐수를 위탁받는 자를 변경하는 경우

4의2. 폐수배출시설 또는 수질오염방지시설의 전부를 폐쇄하는 경우

5. 제1항 각 호 및 제1호부터 제4호까지의 규정 외에 허가증 또는 신고증명서에 적힌 허가사항이나 신고사항을 변경하는 경우(영 별표 13에 따른 사업장 종류를 변경하지 아니하는 범위에서 폐수배출량을 변경하는 경우 및 폐수배출공정흐름도를 변경하는 경우는 제외한다)

③ 제1항 및 제2항에 따라 변경신고를 하려는 자는 별지 제13호서식의 폐수배출시설 변경신고서에 폐수배출시설 설치허가증 또는 설치신고증명서와 변경내용을 증명하는 서류를 첨부하여 시·도지사에게 제출하여야 한다. 다만, 제2항제1호에 해당하는 경우에는 변경한 날부터 2개월 이내에, 제2항제2호, 제3호, 제4호, 제4호의2 및 제5호에 해당하는 경우에는 변경한 날부터 30일 이내에 이를 제출하여야 한다. [개정 2016.5.20.]

③ 제1항에 따라 신고를 한 자가 신고한 사항 중 환경부령으로 정하는 사항을 변경하려는 경우 또는 환경부령으로 정하는 사항을 변경한 경우에는 환경부령으로 정하는 바에 따라 변경신고를 하여야 한다.

④ 제1항부터 제3항까지의 규정에 따라 허가 · 변경허가를 받으려 하거나 신고 · 변경신고를 하려는 자가 제35조제1항 단서에 해당하는 경우와 같은 조 제4항에 따른 공동방지시설을 설치 또는 변경하려는 경우에는 환경부령으로 정하는 서류를 제출하여야 한다.

⑤ 환경부장관은 상수원보호구역의 상류지역, 특별대책지역 및 그 상류지역, 취수시설이 있는 지역 및 그 상류지역의 배출시설로부터 배출되는 수질오염물질로 인하여 환경기준을 유지하기 곤란하거나 주민의 건강 · 재산이나 동식물의 생육에 중대한 위해를 가져올 우려가 있다고 인정되는 경우에는 관할 시 · 도지사의 의견을 듣고 관계 중앙행정기관의 장과 협의하여 배출시설의 설치(변경을 포함한다)를 제한할 수 있다.

⑥ 제5항에 따라 배출시설의 설치를 제한할 수 있는 지역의 범위는 대통령령으로 정하고, 환경부장관은 지역별 제한대상 시설을 고시하여야 한다.

영 **제32조(배출시설 설치제한 지역)** 법 제33조제8항에 따라 배출시설의 설치를 제한할 수 있는 지역의 범위는 다음 각 호와 같다.

1. 취수시설이 있는 지역
2. 「환경정책기본법」 제 38조에 따라 수질보전을 위해 지정 · 고시한 특별대책지역
3. 「수도법」 제7조의2제1항에 따라 공장의 설립이 제한되는 지역(제31조제1항제1호에 따른 배출시설의 경우만 해당한다)
4. 제1호부터 제3호까지에 해당하는 지역의 상류지역 중 배출시설이 상수원의 수질에 미치는 영향 등을 고려하여 환경부장관이 고시하는 지역(제31조제1항제1호에 따른 배출시설의 경우만 해당한다)

⑦ 제5항 및 제6항에도 불구하고 환경부령으로 정하는 특정수질유해물질을 배출하는 배출시설의 경우 배출시설의 설치제한지역에서 폐수무방류배출시설로 하여 이를 설치할 수 있다.

규칙 **제39조(폐수무방류배출시설의 설치가 가능한 특정수질유해물질)** 법 제33조제7항에서 "환경부령으로 정하는 특정수질유해물질"이란 다음 각 호의 물질을 말한다.

1. 구리 및 그 화합물
2. 디클로로메탄
3. 1, 1-디클로로에틸렌

⑧ 제7항에 따라 배출시설의 설치제한지역에서 폐수무방류배출시설을 설치할 수 있는 지역 및 시설은 환경부장관이 정하여 고시한다.

⑨ 제1항 및 제2항에 따른 허가 또는 변경허가의 기준은 다음 각 호와 같다.

1. 배출시설에서 배출되는 오염물질을 제32조에 따른 배출허용기준 이하로 처리할 수 있을 것

2. 다른 법령에 따른 배출시설의 설치제한에 관한 규정에 위반되지 아니할 것
3. 폐수무방류배출시설을 설치하는 경우에는 폐수가 공공수역으로 유출 · 누출되지 아니하도록 대통령령으로 정하는 시설 전부를 대통령령으로 정하는 기준에 따라 설치할 것

제33조의2(다른 법률에 따른 변경신고의 의제) ① 제33조제2항 단서 및 같은 조 제3따라 변경신고를 한 경우에는 그 배출시설에 관련된 다음 각 호의 변경신고를 한것으로 본다. 다만, 변경신고의 사항이 사업장의 명칭 또는 대표자가 변경되는 경우로 한정한다.
1. 「토양환경보전법」제12조 제1항후단에 따른 특정토양오염관리대상시설의 변경신고
2. 「대기환경보전법」 제44조제2항에 따른 배출시설의 변경신고

② 제1항에 따른 변경신고의 의제를 받고자 하는 자는 변경신고의 신청을 하는 때에 해당 법률에서 정하는 관련 서류를 함께 제출하여야 한다.

③ 제1항에 따라 변경신고를 접수하는 행정기관의 장은 변경신고를 처리한 때에는 지체 없이 제1항 각 호의 변경신고 소관 행정기관의 장에게 그 내용을 통보하여야 한다.

④ 제1항에 따라 변경신고를 한 것으로 보는 경우에는 관계 법률에 따라 부과되는 수수료를 면제한다.

제34조(폐수무방류배출시설의 설치허가) ① 제33조제1항 단서 및 같은 조 제2항에 따라 폐수무방류배출시설의 설치허가 또는 변경허가를 받으려는 자는 폐수무방류배출시설 설치계획서 등 환경부령으로 정하는 서류를 환경부장관에게 제출하여야 한다.

② 환경부장관은 제1항에 따른 허가신청을 받았을 때에는 폐수무방류배출시설 및 폐수를 배출하지 아니하고 처리할 수 있는 수질오염방지시설 등의 적정 여부에 대하여 환경부령으로 정하는 관계 전문기관의 의견을 들어야 한다. [전문개정 2013.7.30.]

제35조(방지시설의 설치 · 설치면제 및 면제자 준수사항 등) ① 제33조제1항부터 제3항까지의 규정에 따라 허가 · 변경허가를 받은 자 또는 신고 · 변경신고를 한 자(이하 "사업자"라 한다)가 해당 배출시설을 설치하거나 변경할 때에는 그 배출시설로부터 배출되는 수질오염물질이 제32조에 따른 배출허용기준 이하로 배출되게 하기 위한 수질오염방지시설(폐수무방류배출시설의 경우에는 폐수를 배출하지 아니하고 처리할 수 있는 수질오염방지시설을 말한다. 이하 같다)을 설치하여야 한다. 다만, 대통령령으로 정하는 기준에 해당하는 배출시설(폐수무방류배출시설은 제외한다)의 경우에는 그러하지 아니하다.

② 제1항 단서에 따라 수질오염방지시설(이하 "방지시설"이라 한다)을 설치하지 아니하고 배출시설을 사용하는 자는 폐수의 처리, 보관방법 등 배출시설의 관리에 관하여 환경부령으로 정하는 사항(이하 이 조에서 "준수사항"이라 한다)을 지켜야 한다.

③ 환경부장관은 제1항 단서에 따라 방지시설을 설치하지 아니하고 배출시설을 설치 · 운영하는 자가 준수사항을 위반하였을 때에는 제33조제1항부터 제3항까지의 규정에 따른 허가 · 변경허

가를 취소하거나 배출시설의 폐쇄, 배출시설의 전부 · 일부에 대한 개선 또는 6개월 이내의 조업 정지를 명할 수 있다.

④ 사업자는 배출시설(폐수무방류배출시설은 제외한다)로부터 배출되는 수질오염물질의 공동처리를 위한 공동방지시설(이하 "공동방지시설"이라 한다)을 설치할 수 있다. 이 경우 각 사업자는 사업장별로 해당 수질오염물질에 대한 방지시설을 설치한 것으로 본다.

⑤ 사업자는 공동방지시설을 설치 · 운영할 때에는 해당 시설의 운영기구를 설치하고 대표자를 두어야 한다.

⑥ 그 밖에 공동방지시설의 설치 · 운영에 필요한 사항은 환경부령으로 정한다.

영 **제33조(방지시설설치의 면제기준)** 법 제35조제1항 단서에서 "대통령령으로 정하는 기준에 해당하는 배출시설(폐수무방류배출시설을 제외한다)의 경우"란 다음 각 호의 어느 하나에 해당하는 경우를 말한다.

1. 배출시설의 기능 및 공정상 수질오염물질이 항상 배출허용기준 이하로 배출되는 경우
2. 법 제62조에 따라 폐수처리업의 등록을 한 자(이하 "폐수처리업자"라 한다) 또는 환경부장관이 인정하여 고시하는 관계 전문기관에 환경부령으로 정하는 폐수를 전량 위탁처리하는 경우
3. 폐수를 전량 재이용하는 등 방지시설을 설치하지 아니하고도 수질오염물질을 적정하게 처리할 수 있는 경우로서 환경부령으로 정하는 경우

규칙 **제41조(위탁처리대상 폐수)** 영 제33조제2호에서 "환경부령으로 정하는 폐수"란 다음 각 호의 폐수를 말한다. [개정 2012.1.19.]

1. 1일 50m³ 미만(법 제33조제5항 및 제6항에 따라 폐수배출시설의 설치를 제한할 수 있는 지역에서는 20m³ 미만)으로 배출되는 폐수. 다만, 「산업집적 활성화 및 공장설립에 관한 법률」 제2조제6호에 따른 아파트형공장에서 고정된 관망을 이용하여 이송처리하는 경우에는 폐수량의 제한을 받지 아니하고 위탁처리할 수 있다.
2. 사업장에 있는 폐수배출시설에서 배출되는 폐수 중 다른 폐수와 그 성상(性狀)이 달라 수질오염방지시설에 유입될 경우 적정한 처리가 어려운 폐수로서 1일 50m³ 미만(법 제33조제5항 및 제6항에 따라 폐수배출시설의 설치를 제한할 수 있는 지역에서는 20m³ 미만)으로 배출되는 폐수
3. 「해양환경관리법」 제23조제1항과 같은 법 시행규칙 별표 6에 따른 폐수로서 같은 법 시행규칙 제14조에 따라 지정된 폐기물배출해역에 배출할 수 있는 폐수
4. 수질오염방지시설의 개선이나 보수 등과 관련하여 배출되는 폐수로서 시 · 도지사와 사전 협의된 기간에만 배출되는 폐수

5. 그 밖에 환경부장관이 위탁처리 대상으로 하는 것이 적합하다고 인정하는 폐수

규칙 **제42조(수질오염방지시설 설치 외의 방법을 이용한 수질오염물질의 처리)** 영 제33조제3호에서 "환경부령으로 정하는 경우"란 다음 각 호의 어느 하나에 해당하는 경우를 말한다. [개정 2012.1.19.]

1. 폐수를 제조공정에서 순환하여 재이용하는 시설로서 폐수 등의 수질오염물질을 차단된 공정 밖으로 배출하지 아니하고도 적정한 처리가 가능하다고 인정되는 경우. 다만, 시설이나 공정의 특성에 따라 더 이상의 재이용이 불가능한 폐수가 부득이하게 공정 밖으로 배출되는 경우에는 법 제62조에 따라 폐수처리업의 등록을 한 자 또는 환경부장관이 정하여 고시하는 관계전문기관(이하 "폐수처리업자등"이라 한다)에 위탁처리하여야 한다.
2. 「해양환경관리법」 제70조에 따른 폐기물해양배출업의 등록을 하고 같은 법 시행규칙 제14조에 따라 배출해역을 지정받은 해역에 배출하는 경우 또는 폐기물해양배출업의 등록을 하고 배출해역을 지정받은 자에게 제41조제3호에 따른 폐수를 위탁처리하는 경우
3. 폐수배출시설에서 발생되는 수질오염물질의 성상이 「폐기물관리법」 제2조제4호에 따른 지정폐기물에 해당되어 「폐기물관리법」 제29조에 따라 지정폐기물처리시설을 설치 · 운영하는 자 등에게 위탁처리하는 경우
4. 폐수의 성상 및 폐수에 함유된 물질의 특성상 폐수를 제품 또는 제품의 원료로 사용하거나 다른 폐수의 처리 또는 연구의 목적 등으로 사용하는 경우

규칙 **제43조(수질오염방지시설의 설치가 면제되는 경우의 제출서류)** 법 제35조제1항 단서에 따라 수질오염방지시설의 설치가 면제되는 경우에는 법 제33조제4항에 따라 다음 각 호의 구분에 따른 서류를 제출하여야 한다.

1. 영 제33조제1호에 해당되는 경우
   가. 해당 폐수배출시설의 기능 및 공정의 특성과 사용되는 원료 · 부원료의 특성에 관한 설명자료
   나. 폐수배출시설에서 배출되는 수질오염물질이 항상 배출허용기준 이하로 배출되는 사실을 증명하는 객관적인 문헌이나 그 밖의 시험분석자료
2. 영 제33조제2호에 해당되는 경우
   가. 위탁처리할 폐수의 종류 · 양 및 수질오염물질별 농도에 대한 예측서
   나. 위탁처리할 폐수의 성상별 저장시설의 설치계획 및 그 도면
   다. 폐수처리업자등과 체결한 위탁처리계약서
3. 영 제33조제3호 및 제42조에 해당되는 경우

가. 제42조제1호에 해당하는 경우 : 해당 폐수배출시설에 사용되는 물과 액체물질의 양, 그 재이용량에 관한 서류 및 재이용 공정도. 다만, 폐수를 재이용한 후 배출하는 경우에는 배출주기별 농도 · 양 및 처리방법에 관한 서류와 폐수처리업자등과 체결한 위탁계약서를 추가로 제출한다.
나. 제42조제2호에 해당하는 경우 : 「해양환경관리법」 제70조와 같은 법 시행규칙 제14조에 따른 폐기물해양배출업등록증 · 폐기물배출해역지정서 또는 폐기물해양배출업의 등록을 하고 폐기물배출해역을 지정받은 자와 체결한 위탁처리계약서
다. 제42조제3호에 해당하는 경우 : 「폐기물관리법」 제25조제3항에 따라 폐기물처리업허가를 받은 자와 체결한 위탁처리계약서
라. 제42조제4호에 해당하는 경우 : 제품, 제품의 원료, 다른 폐수의 처리 또는 연구의 목적 등으로 사용하는 경우에는 그 사용용도 · 사용처 및 해당 폐수배출시설에서 배출되는 수질오염물질의 농도 · 양 등에 관한 서류
마. 가목부터 라목까지의 경우 : 그 밖에 처리방법을 증명할 수 있는 객관적인 자료

규칙 **제44조(수질오염방지시설의 설치가 면제되는 자의 준수사항)** 법 제35조제1항 단서에 따라 수질오염방지시설의 설치가 면제되는 자가 법 제35조제2항에 따라 준수하여야 할 사항은 별표 14와 같다.

[규칙 별표14]

방지시설의 설치가 면제되는 자의 준수사항(제44조 관련)

1. 영 제33조제1호에 해당하는 자의 경우
방지시설을 설치하지 아니한 폐수배출시설의 공정을 변경하거나 사용원료 · 부원료 등을 바꾸면 배출허용기준을 초과할 우려가 있다고 판단되는 경우에는 변경 전에 폐수배출시설 변경허가를 받거나 또는 변경신고를 하고 방지시설을 설치하여야 한다.

2. 영 제33조제2호에 해당하는 자의 경우
가. 발생된 폐수는 폐수처리업자등에게 위탁처리하여야 한다.
나. 폐수위탁은 제41조에 따라 위탁처리할 수 있는 폐수로 한정한다.
다. 사업장에서 발생되는 위탁처리할 폐수의 일일최대발생량을 기준으로 5일분 이상을 성상별로 보관할 수 있도록 저장시설을 설치하고 그 양을 알아볼 수 있는 계측기(간이측정자 · 눈금 등)를 부착하여야 한다. 다만, 발생된 폐수를 이송저장하지 아니하고 폐수배출시설에서 직접 위탁할 수 있을 경우에는 별도로 보관시설을 설치하지 아니하여도 된다.
라. 폐수성상이 서로 다른 폐수를 혼합 보관하여서는 아니 되고, 출판 · 인쇄, 자동식사진처리, X-Ray시설에서 위탁처리하는 현상액, 정착액 및 세척액은 각각 분리수거하여 보관하여야 하며, 18리터 이상의 합성수지용기의 윗부분과 양측면에 가로 10cm, 세로 4cm 크기의 바탕에 현상액은 황색바탕에 검정색

으로 '현상폐수'라고 적고, 정착액은 녹색바탕에 검정색으로 '정착폐수'라고 적어야 한다. 다만, 소규모 자동식 사진처리시설에서 배출되는 세척액의 수질오염물질 농도가 폐수종말처리시설의 방류수 수질기준 이하인 경우에는 위탁처리하지 아니할 수 있다.

마. 폐수수탁처리업자와 폐수인계 · 인수를 하는 경우에는 별지 제44호서식에 따른 폐수(위)수탁확인서를 작성하여 서로 기명날인한 후 1년간 보존하여야 한다.

바. 사업장에 폐수수탁처리계약서를 갖추어 두어야 한다.

사. 폐수수탁처리업의 등록을 한 자가 휴업, 폐업 또는 행정처분에 따른 영업의 일시정지 등을 통보를 받은 경우에는 새로 폐수수탁처리업의 등록을 한 자에게 폐수를 위탁하여 처리하는 등 적절한 대책을 마련하여야 한다.

아. 매년 다음 해 1월 10일까지 위탁처리폐수에 대한 폐수성상별 위탁물량 및 폐수수탁처리업소 등에 관한 사항을 관할 행정기관의 장에게 보고하여야 한다.

3. 영 제33조제3호에 해당하는 자의 경우

가. 폐수(폐수처리업자등에게 위탁처리하는 폐수, 지정된 배출해역에 폐기물해양배출업등록자가 배출하는 폐수 및 지정폐기물처리시설을 설치 · 운영하는 자 등에게 위탁처리하는 폐수는 제외 한다)가 외부로 배출되지 아니하도록 하여야 한다. 다만, 제42조제4호에 해당하는 용도로 사용하기 위하여 부득이하게 사업장 외부에서 사용하려는 경우[영 제79조제2호에 따른 폐수 재이용업의 등록을 한 자(이하 "폐수재이용업자"라 한다)에게 위탁처리하는 경우는 제외한다]에는 사전에 시 · 도지사의 확인 을 받아 외부로 반출할 수 있다.

나. 시설의 고장이나 수리 등으로 폐수가 외부로 배출되는 경우와 공정 중에 순환 재이용하다가 재이용에 적합하지 아니하다고 판단되어 폐수 등 액상오염물질을 외부로 배출하는 경우에는 지체 없이 영 제40조제1항제2호에 따른 개선계획서를 제출하고 개선하거나 폐수처리업자에게 위탁처리하여야 한다.

다. 매년 다음 해 1월 10일까지 폐수처리상황 등의 실적을 관할 행정기관의 장에게 보고하여야 한다.

라. 폐기물해양배출업의 등록을 한 자 또는 지정폐기물처리업자와 폐수를 인계인수하는 경우로서 제42조제2호 또는 제3호에 따라 위탁처리하는 경우에는 폐기물인계서를 작성하여 서로 기명날인한 후 1년간 보존하여야 한다.

마. 제42조제2호 또는 제3호에 따라 위탁처리하는 경우에는 폐수배출시설에 폐수수탁처리계약서를 갖추어 두어야 한다.

바. 가목 단서에 따라 폐수를 사업장 외부로 반출하는 경우로서 폐수재이용업자에게 위탁하는 경우에는 제2호 마목 및 바목의 규정을 준용하고, 그 외의 경우에는 반출일자별로 반출처, 반출폐수량 등을 기록한 기록부를 작성하여 1년간 보존하여야 한다.

제36조(권리 · 의무의 승계) ① 다음 각 호의 어느 하나에 해당하는 자는 종전 사업자의 허가 · 변경허가 · 신고 또는 변경신고에 따른 종전 사업자의 권리 · 의무를 승계한다.

1. 사업자가 사망한 경우 그 상속인
2. 사업자가 그 배출시설 및 방지시설을 양도한 경우 그 양수인
3. 법인인 사업자가 다른 법인과 합병한 경우 합병 후 존속하는 법인이나 합병으로 설립되는 법인

② 다음 각 호의 어느 하나에 해당하는 절차에 따라 사업자의 배출시설 및 방지시설을 인수한 자는 허가 · 변경허가 또는 신고 · 변경신고에 따른 종전 사업자의 권리 · 의무를 승계한다.

1. 「민사집행법」에 따른 경매
2. 「채무자 회생 및 파산에 관한 법률」에 따른 환가(換價)
3. 「국세징수법」, 「관세법」 또는 「지방세징수법」에 따른 압류재산의 매각
4. 그 밖에 제1호부터 제3호까지의 규정 중 어느 하나에 준하는 절차

③ 배출시설 및 방지시설을 임대차하는 경우 임차인은 제38조, 제38조의2부터 제38조의5까지, 제39조부터 제41조까지, 제42조(허가취소의 경우는 제외한다), 제43조, 제46조, 제47조 및 제68조제1항제1호를 적용할 때에는 사업자로 본다.

제37조(배출시설 등의 가동시작 신고) ① 사업자는 배출시설 또는 방지시설의 설치를 완료하거나 배출시설의 변경(변경신고를 하고 변경을 하는 경우에는 대통령령으로 정하는 변경의 경우로 한정한다)을 완료하여 그 배출시설 및 방지시설을 가동하려면 환경부령으로 정하는 바에 따라 미리 환경부장관에게 가동시작 신고를 하여야 한다. 신고한 가동시작일을 변경할 때에는 환경부령으로 정하는 바에 따라 변경신고를 하여야 한다.

영 **제34조(변경신고에 따른 가동시작 신고의 대상)** 법 제37조제1항 전단에서 "대통령령이 정하는 변경의 경우"란 다음 각 호의 어느 하나에 해당하는 경우를 말한다.

1. 폐수배출량이 신고 당시보다 100분의 50 이상 증가하는 경우
2. 배출시설에서 배출허용기준을 초과하는 새로운 수질오염물질이 발생되어 배출시설 또는 방지시설의 개선이 필요한 경우
3. 배출시설에 설치된 방지시설의 폐수처리방법을 변경하는 경우
4. 법 제35조제1항 단서에 따라 방지시설을 설치하지 아니한 배출시설에 방지시설을 새로 설치하는 경우

② 제1항에 따른 가동시작 신고를 한 사업자는 환경부령으로 정하는 기간 이내에 배출시설(폐수무방류배출시설은 제외한다)에서 배출되는 수질오염물질이 제32조에 따른 배출허용기준 이하로 처리될 수 있도록 방지시설을 운영하여야 한다. 이 경우 환경부령으로 정하는 기간에는 제39조부터 제41조까지의 규정을 적용하지 아니한다.

규칙 **제46조(가동시작의 신고)** 사업자가 법 제37조제1항 전단에 따라 가동시작의 신고를 하려는 경우에는 별지 제16호서식의 가동시작신고서에 폐수배출시설 설치허가증 또는 설치신고증명서 원본을 첨부하여 시·도지사에게 제출하여야 하며, 법 제37조제1항 후단에 따라 신고된 가동시작일을 변경하려는 경우에는 별지 제17호서식의 가동시작일 변경신고서를 제출하여야 한다. 다만, 영 제33조제2호 또는 제42조제2호·제3호에 따라 폐수를 전량 위탁처리하는 사업자는 가동시작신고를 하지 아니할 수 있다.

규칙 제47조(시운전 기간 등) ① 법 제37조제2항 전단에서 "환경부령으로 정하는 기간"이란 다음 각 호의 구분에 따른 기간을 말한다. [개정 2014.1.29.]

1. 폐수처리방법이 생물화학적 처리방법인 경우 : 가동시작일부터 50일. 다만, 가동시작일이 11월 1일부터 다음 연도 1월 31일까지에 해당하는 경우에는 가동시작일부터 70일로 한다.
2. 폐수처리방법이 물리적 또는 화학적 처리방법인 경우:가동시작일부터 30일

② 법 제37조제1항에 따른 가동시작신고(가동시작일의 변경신고를 포함한다)를 받은 시·도지사는 제1항에 따른 기간이 지난 날부터 15일 이내에 폐수배출시설 및 수질오염방지시설의 가동상태를 점검하고, 수질오염물질을 채취한 후 다음 각 호의 어느 하나에 해당하는 검사기관에 오염도검사를 하도록 하여 배출허용기준의 준수 여부를 확인하도록 하여야 한다. 다만, 영 제33조제2호 또는 제3호에 해당되는 경우 또는 폐수무방류배출시설에 대하여는 오염도검사 절차를 생략할 수 있다.

1. 국립환경과학원 및 그 소속기관
2. 특별시·광역시 및 도의 보건환경연구원
3. 유역환경청 및 지방환경청
4. 한국환경공단 및 그 소속 사업소
5. 「국가표준기본법」 제23조에 따라 인정된 수질 분야의 검사기관 중 환경부장관이 정하여 고시하는 기관
6. 그 밖에 환경부장관이 정하여 고시하는 수질검사기관

③ 제2항에 따른 오염도검사의 결과를 통보받은 시·도지사는 그 검사 결과가 배출허용기준을 초과하는 경우에는 법 제39조에 따른 개선명령을 하여야 한다.

제38조(배출시설 및 방지시설의 운영) ① 사업자(제33조제1항 단서 또는 같은 조 제2항에 따라 폐수무방류배출시설의 설치허가 또는 변경허가를 받은 사업자는 제외한다) 또는 방지시설을 운영하는 자(제35조제5항에 따른 공동방지시설 운영기구의 대표자를 포함한다. 이하 같다)는 다음 각 호의 어느 하나에 해당하는 행위를 하여서는 아니 된다.

1. 배출시설에서 배출되는 수질오염물질을 방지시설에 유입하지 아니하고 배출하거나 방유입하지 아니하고 배출할 수 있는 시설을 설치하는 행위
2. 방지시설에 유입되는 수질오염물질을 최종 방류구를 거치지 아니하고 배출하거나 최종방류구를 거치지 아니하고 배출할 수 있는 시설을 설치하는 행위
3. 배출시설에서 배출되는 수질오염물질에 공정(工程) 중 배출되지 아니하는 물 또는 공중 배출되는 오염되지 아니한 물을 섞어 처리하거나 제32조에 따른 배출허용기준을 초과하는 수질오염물질이 방지시설의 최종 방류구를 통과하기 전에 오염도를 낮추기 위하 여 물을 섞어 배출하는 행위. 다만, 환경부장관이 환경부령으로 정하는 바에 따라 희석하 여야만 수질오

염물질을 처리할 수 있다고 인정하는 경우와 그 밖에 환경부령으로 정하는 제외한다.
4. 그 밖에 배출시설 및 방지시설을 정당한 사유 없이 정상적으로 가동하지 아니하여 제32조에 따른 배출허용기준을 초과한 수질오염물질을 배출하는 행위

규칙 제48조(수질오염물질 희석처리의 인정 등) ① 시 · 도지사가 법 제38조제1항제3호 단서에 따라 희석하여야만 수질오염물질의 처리가 가능하다고 인정할 수 있는 경우는 다음 각 호의 어느 하나에 해당하여 수질오염방지공법상 희석하여야만 수질오염물질의 처리가 가능한 경우를 말한다.
1. 폐수의 염분이나 유기물의 농도가 높아 원래의 상태로는 생물화학적 처리가 어려운 경우
2. 폭발의 위험 등이 있어 원래의 상태로는 화학적 처리가 어려운 경우

② 제1항에 따른 희석처리의 인정을 받으려는 자가 영 제31조제5항에 따른 신청서 또는 신고서를 제출할 때에는 이를 증명하는 다음 각 호의 자료를 첨부하여 시 · 도지사에게 제출하여야 한다.
1. 처리하려는 폐수의 농도 및 특성
2. 희석처리의 불가피성 3. 희석배율 및 희석량

③ 시 · 도지사는 제2항에 따른 자료를 검토한 결과 희석처리가 타당한 것으로 인정되는 경우에는 폐수배출시설 설치허가증 또는 폐수배출시설 설치신고증명서 뒤 쪽에 희석대상 폐수의 폐수배출시설, 발생량, 희석배율 및 희석량 등을 적어야 한다.

② 제33조제1항 단서 또는 같은 조 제2항에 따라 폐수무방류배출시설의 설치허가 또는 변경허가를 받은 사업자는 다음 각 호의 어느 하나에 해당하는 행위를 하여서는 아니 된다.
1. 폐수무방류배출시설에서 배출되는 폐수를 사업장 밖으로 반출하거나 공공수역으로 배출하거나 배출할 수 있는 시설을 설치하는 행위
2. 폐수무방류배출시설에서 배출되는 폐수를 오수 또는 다른 배출시설에서 배출되는 폐수 와 혼합하여 처리하거나 처리할 수 있는 시설을 설치하는 행위
3. 폐수무방류배출시설에서 배출되는 폐수를 재이용하는 경우 동일한 폐수무방류배출시설에서 재이용하지 아니하고 다른 배출시설에서 재이용하거나 화장실 용수, 조경용수 또는 소방용수 등으로 사용하는 행위

③ 사업자 또는 방지시설을 운영하는 자는 조업을 할 때에는 환경부령으로 정하는 바에 따라 그 배출시설 및 방지시설의 운영에 관한 상황을 사실대로 기록하여 보존하여야 한다.

규칙 제49조(폐수배출시설 및 수질오염방지시설의 운영기록 보존) ① 법 제38조제3항에 따라 사업자 또는 수질오염방지시설을 운영하는 자(공동방지시설의 대표자를 포함한다. 이하 같다)는 폐수배출시설 및 수질오염방지시설의 가동시간, 폐수배출량, 약품투입량, 시설

관리 및 운영자, 그 밖에 시설운영에 관한 중요사항을 운영일지(이하 "운영일지"라 한다)에 매일 기록하고, 최종 기록일부터 1년간 보존하여야 한다. 다만, 폐수무방류배출시설의 경우에는 운영일지를 3년간 보존하여야 한다.

② 운영일지는 별지 제18호서식에 따른다. 다만, 다음 각 호의 어느 하나에 해당하는 경우에는 그 해당 호의 서식에 따른다.

1. 폐수무방류배출시설을 설치한 사업자 : 별지 제19호서식
2. 영 제33조제2호 및 제3호에 따라 폐수를 처리하는 사업자 : 별지 제20호 서식
3. 법 제62조에 따른 폐수처리업의 등록을 한 사업자 : 별지 제21호 서식

③ 사업자 또는 수질오염방지시설을 운영하는 자는 운영일지를 테이프, 디스켓 등 전산방법으로 기록하여 보존할 수 있다.

제38조의2(측정기기의 부착 등) ① 다음 각 호의 어느 하나에 해당하는 자는 배출되는 수질오염물질이 제32조에 따른 배출허용기준, 제12조제3항 또는 「하수도법」 제7조에 따른 방류수 수질기준에 맞는지를 확인하기 위하여 적산전력계, 적산유량계, 수질자동측정기기 등 대통령령으로 정하는 기기(이하 "측정기기"라 한다)를 부착하여야 한다.

1. 대통령령으로 정하는 폐수배출량 이상의 사업장을 운영하는 사업자. 다만, 제33조제1항 단서 또는 같은 조 제2항에 따른 폐수무방류배출시설의 설치허가 또는 변경허가를 받은 사업자는 제외한다.
2. 대통령령으로 정하는 처리용량 이상의 방지시설(공동방지시설을 포함한다)을 운영하는 자
3. 대통령령으로 정하는 처리용량 이상의 공공폐수처리시설 또는 공공하수처리시설을 운영하는 자
4. 제62조제3항에 따른 폐수처리업자 중 폐수의 처리용량 또는 처리수의 배출형태가 대통령령으로 정하는 기준에 해당하는 폐수처리시설을 운영하는 자. 다만, 제62조제2항제2호에 따른 폐수 재이용업만 영위하는 자는 제외한다.

영 제35조(측정기기 부착의 대상 · 방법 · 시기 등) ① 법 제38조의2제1항에 따라 측정기기를 부착하여야 하는 사업장 · 방지시설(공동방지시설을 포함한다) · 공공폐수처리시설 · 공공하수처리시설(이하 "측정기기부착사업장등"이라 한다)의 폐수배출량 또는 처리용량과 부착하여야 하는 측정기기의 종류는 별표 7과 같다.

② 법 제38조의2제1항에 따라 측정기기를 부착하여야 하는 자(이하 "측정기기부착사업자등"이라 한다)는 다음 각 호의 구분에 따른 기한 내에 별표 8에 따른 방법으로 해당 측정기기를 부착하여야 한다.

1. 공공폐수처리시설을 설치 · 운영하는 자: 법 제48조제1항에 따른 공공폐수처리시설의 설치 완료 전. 다만, 처리용량이 증가하여 측정기기부착사업장등이 된 경우에

는 다음 연도 9월말까지 측정기기를 부착하여야 한다.

2. 공공하수처리시설을 운영하는 자: 「하수도법」 제15조에 따른 공공하수도의 사용공고 전. 다만, 처리용량이 증가하여 측정기기부착사업장등이 된 경우에는 공공하수도의 사용공고를 한 날부터 9개월 이내에 측정기기를 부착하여야 한다.
3. 제1호 및 제2호에 해당하지 아니하는 자: 적산전력계 및 적산유량계는 법 제37조에 따른 가동시작 신고 전, 수질자동측정기기 및 부대시설은 법 제37조에 따른 가동시작 신고를 한 후 2개월 이내. 다만, 폐수배출량이 증가하여 측정기기부착사업장등이 된 경우에는 법 제33조제2항 및 제3항에 따른 변경허가 또는 변경신고일부터 9개월 이내에 수질자동측정기기 및 부대시설을 부착하여야 한다.

③ 측정기기부착사업자등은 제2항에 따라 측정기기를 부착한 때에는 지체 없이 그 사실을 시·도지사등에게 알려야 한다. 이 경우 시·도지사등은 부착된 측정기기가 「환경분야 시험·검사 등에 관한 법률」 제6조에 따른 환경오염공정시험기준에 따라 적합하게 설치되었는지를 확인하여야 한다.

④ 시·도지사등은 제3항에 따라 측정기기가 적합하게 설치되었는지를 확인한 날부터 6개월이 지난 후에 그 측정기기에서 제37조에 따른 수질원격감시체계 관제센터에 자동으로 전송되는 자료(이하 "자동측정자료"라 한다)를 다음 각 호의 어느 하나에 해당하는 행정자료로 활용할 수 있다. 다만, 측정기기의 고의 조작, 고장, 천둥·전자파 등의 돌발현상, 전산망의 이상(異常) 등으로 자동측정자료에 이상이 있는 경우에는 이를 대체하는 자료(이하 "대체자동측정자료"라 한다)를 만들어 활용할 수 있다.

1. 다음 각 목에 따른 오염총량초과과징금의 산정자료
   가. 제10조에 따른 오염총량초과과징금
   나. 「금강수계 물관리 및 주민지원 등에 관한 법률」 제13조에 따른 오염총량초과과징금
   다. 「낙동강수계 물관리 및 주민지원 등에 관한 법률」 제13조에 따른 오염총량초과과징금
   라. 「영산강·섬진강수계 물관리 및 주민지원 등에 관한 법률」 제13조에 따른 오염총량초과과징금
   마. 「한강수계 상수원수질개선 및 주민지원 등에 관한 법률」 제8조의5에 따른 오염총량초과과징금
2. 법 제12조제3항에 따른 공공폐수처리시설의 방류수 수질기준 초과 여부의 확인자료
3. 법 제32조에 따른 배출허용기준 초과 여부의 확인자료
4. 법 제41조에 따른 배출부과금의 산정자료
5. 「하수도법」 제7조에 따른 공공하수처리시설의 방류수 수질기준 초과 여부의 확인자료

⑤ 제3항에 따른 확인절차와 확인방법, 제4항에 따른 행정자료의 구체적인 활용방법, 비정상적인 자동측정자료의 종류 · 선정방법 · 처리방법, 대체자동측정자료의 생성방법 등에 관하여는 환경부장관이 정하여 고시한다.

② 환경부장관 또는 시 · 도지사는 제1항에 따라 측정기기를 부착하여야 하는 자가 「중소기업기본법」 제2조에 따른 중소기업인 경우에는 사업자의 측정기기 부착 및 운영에 필요한 비용의 일부를 지원할 수 있다.

③ 제1항에 따라 부착하여야 하는 측정기기의 부착방법 및 부착시기와 그 밖에 측정기기의 부착에 필요한 사항은 대통령령으로 정한다.

④ 제1항에 따라 측정기기를 부착한 자(이하 "측정기기부착사업자등"이라 한다)는 제38조의6에 따라 등록을 한 자(이하 "측정기기 관리대행업자"라 한다)에게 측정기기의 관리업무를 대행하게 할 수 있다. 다만, 측정기기 관리대행업자가 수질오염방지시설(공동방지시설을 포함한다), 공공폐수처리시설 또는 공공하수처리시설을 수탁받아 운영하고 있는 경우에는 해당 시설의 측정기기의 관리업무를 대행하게 할 수 없다.

제38조의3(측정기기부착사업자등의 금지행위 및 운영 · 관리기준) ① 누구든지 다음 각 호의 어느 하나에 해당하는 행위를 하여서는 아니 된다. [개정 2016.1.27.]

1. 고의로 측정기기를 작동하지 아니하게 하거나 정상적인 측정이 이루어지지 아니하도록 하는 행위
2. 부식, 마모, 고장 또는 훼손으로 정상적인 작동을 하지 아니하는 측정기기를 정당한 사유 없이 방치하는 행
3. 측정 결과를 누락시키거나 거짓으로 측정 결과를 작성하는 행위
4. 측정기기 관리대행업자에게 측정값을 조작하게 하는 등 측정 · 분석 결과에 영향을 미칠 수 있는 행위

② 측정기기부착사업자등 및 측정기기 관리대행업자는 해당 측정기기로 측정한 결과의 신뢰도와 정확도를 지속적으로 유지할 수 있도록 환경부령으로 정하는 측정기기의 운영 · 관리기준을 지켜야 한다. [개정 2016.1.27.][전문개정 2013.7.30.]

규칙 **제50조(측정기기의 운영 · 관리기준)** 법 제38조의3제2항에 따른 측정기기의 운영 · 관리기준은 다음 각 호와 같다.

제38조의4(측정기기부착사업자등에 대한 조치명령 및 조업정지명령) ① 환경부장관은 제38조의3 제2항에 따른 운영 · 관리기준을 준수하지 아니하는 자에게 대통령령으로 정하는 바에 따라 기간을 정하여 측정기기가 기준에 맞게 운영 · 관리되도록 필요한 조치를 할 것을 명할 수 있다.

② 환경부장관은 제1항에 따른 조치명령을 이행하지 아니하는 자에게 6개월 이내의 기간을 정하여 해당 배출시설 등의 전부 또는 일부에 대한 조업정지를 명할 수 있다.

영 제36조(측정기기와 관련하여 조치명령을 받은 자의 개선기간 등) ① 환경부장관은 법 제38조의4제1항에 따른 조치명령을 하는 경우에는 6개월의 범위에서 개선기간을 정하여야 한다.

② 환경부장관은 법 제38조의4제1항에 따른 조치명령을 받은 자가 천재지변이나 그 밖의 부득이한 사유로 개선기간 이내에 조치를 끝낼 수 없는 경우에는 조치명령을 받은 자의 신청을 받아 6개월의 범위에서 개선기간을 연장할 수 있다.

제38조의5(측정기기부착사업자등에 대한 지원 및 보고 · 검사의 면제 등) ① 환경부장관은 측정 자료를 관리 · 분석하기 위하여 측정기기부착사업자등이 부착한 측정기기와 연결하여 그 측정 결과를 전산처리할 수 있는 전산망을 운영할 수 있다. ✓실전문제

영 제37조(수질원격감시체계 관제센터의 설치 · 운영) ① 환경부장관은 법 제38조의5제1항에 따른 전산망을 운영하기 위하여 「한국환경공단법」에 따른 한국환경공단에 수질원격감시체계 관제센터(이하 "관제센터"라 한다)를 설치 · 운영할 수 있다. 이 경우 환경부장관은 전산처리된 결과를 대통령령으로 정하는 바에 따라 인터넷 홈페이지를 등을 통하여 공개할 수 있다.

② 관제센터의 기능 · 운영 및 자동측정자료의 관리 등에 관하여 필요한 사항은 환경부장관이 정하여 고시한다.

실전문제 환경부장관이 수질 등의 측정 자료를 관리 · 분석하기 위하여 측정기기 부착사업자 등이 부착한 측정기기와 연결, 그 측정 결과를 전산 처리할 수 있는 전산망 운영을 위한 수질원격감시체계 관제센터를 설치 · 운영할 수 있는 곳은?

① 국립환경과학원 ② 유역환경청
❸ 한국환경공단 ④ 시 · 도 보건환경연구원

② 환경부장관은 측정기기부착사업자등이 측정기기를 정상적으로 설치 · 유지 · 관리할 수 있도록 기술지원 등을 할 수 있다. 이 경우 환경부장관은 제74조제2항에 따라 권한을 위탁받은 관계 전문기관의 직원으로 하여금 측정기기부착사업자등의 해당 시설 또는 사업장 등에 출입하여 측정기기를 적정하게 관리하기 위하여 필요한 수질오염물질을 채취하거나 관계 서류 · 시설 · 장비 등을 검사하게 할 수 있다.

③ 제2항 후단에 따라 출입 · 검사를 하려는 관계 전문기관의 직원은 그 권한을 나타내는 증표를 지니고 이를 관계인에게 보여주어야 한다.
④ 환경부장관은 측정기기부착사업자등에 대해서는 측정기기에서 측정되는 항목에 관하여 대통령령으로 정하는 바에 따라 제68조에 따른 보고 또는 검사를 면제할 수 있다.

영 **제38조(측정기기부착사업장등의 보고 · 검사의 면제)** 환경부장관은 제35조제4항에 따라 자동측정자료를 행정자료로 활용할 수 있는 경우에는 법 제38조의5제4항에 따라 다음 각 호의 사항을 확인하기 위한 보고 또는 검사를 면제할 수 있다.
1. 법 제12조제3항에 따른 공공폐수처리시설의 방류수 수질기준 초과 여부
2. 법 제32조에 따른 배출허용기준 초과 여부

제38조의6(측정기기 관리대행업의 등록 등) ① 측정기기의 관리업무를 대행하려는 자는 대통령령으로 정하는 시설 · 장비 및 기술인력 등의 요건을 갖추어 환경부장관에게 등록하여야 한다. 등록한 사항 중 대통령령으로 정하는 중요 사항을 변경하려는 경우에도 또한 같다.
② 환경부장관은 측정기기 관리대행업을 등록하였을 때에는 환경부령으로 정하는 바에 따라 등록증을 발급하여야 한다.
③ 제1항에 따른 등록의 절차 등 등록에 필요한 사항은 환경부령으로 정한다.

영 **제38조의2(측정기기 관리대행업의 등록기준 등)** ① 법 제38조의6제1항 전단에 따라 측정기기의 관리업무를 대행하려는 자가 갖추어야 하는 시설 · 장비 및 기술인력의 기준은 별표 8의2와 같다.
② 법 제38조의6제1항 후단에서 "대통령령으로 정하는 중요 사항"이란 다음 각 호의 사항을 말한다.
1. 상호 · 명칭 또는 대표자의 성명
2. 사무실 또는 실험실 소재지
3. 별표 8의2의 기준에 따라 등록된 기술인력의 현황

[영 별표8의2]

측정기기 관리대행업의 시설 · 장비 및 기술인력의 기준(제38조의2제1항 관련)

구분	기준
1. 시설 및 장비	가. 실험실을 갖출 것 나. 다음의 항목을 「환경분야 시험 · 검사 등에 관한 법률」 제6조제1항에 따른 환경오염공정시험기준에 따라 측정 · 분석할 수 있는 측정기기 또는 장비를 항목별로 각각 1대 이상 갖출 것

	1) 수소이온농도(pH) 2) 화학적산소요구량(COD) 3) 부유물질(SS) 4) 총질소(T-N) 5) 총인(T-P)
2. 기술인력	다음 각 목의 기술인력을 각각 갖출 것 가. 다음의 어느 하나에 해당하는 사람 1명 이상 1) 수질분야의 환경측정분석사 또는 수질환경분야의 기사 이상의 자격을 가진 사람 2) 수질환경산업기사 자격을 가진 사람으로서 해당 분야의 관련 업무를 3년 이상 수행한 사람 나. 다음의 어느 하나에 해당하는 사람 2명 이상 1) 환경분야, 화공분야, 기계분야, 전기분야, 전자분야 기사 이상의 자격을 가진 사람 2) 환경분야, 화공분야, 기계분야, 전기분야, 전자분야 산업기사 자격을 가진 사람으로서 해당 분야의 관련 업무를 3년 이상 수행한 사람 3) 수질자동측정기기 운영 · 관리 업무를 5년 이상 수행한 사람

[비고]

1. 위 표 제1호나목의 측정기기 또는 장비가 같은 목 1)부터 5)까지의 항목 중 둘 이상의 항목을 동시에 측정 · 분석할 수 있는 경우에는 해당 항목을 측정 · 분석할 수 있는 측정기기 또는 장비를 갖춘 것으로 본다.
2. 「환경분야 시험 · 검사 등에 관한 법률」 제16조에 따른 수질 분야의 측정대행업자와 위 표 제1호나목1)부터 5)까지의 어느 하나에 해당하는 항목에 대하여 측정대행계약을 체결한 경우 그 계약기간 중에는 해당 항목을 측정 · 분석할 수 있는 측정기기 또는 장비를 갖춘 것으로 보며, 위 표 제1호나목1)부터 5)까지의 항목 전부에 대하여 측정대행계약을 체결한 경우 그 계약기간 중에는 위 표 제1호의 시설 및 장비를 갖춘 것으로 본다.
3. 위 표 제1호나목의 측정기기 또는 장비에 대하여 공동사용계약 또는 임차계약을 체결한 경우 그 계약기간 중에는 해당 측정 · 분석 항목에 대한 장비를 갖춘 것으로 본다. 다만, 임차계약을 체결한 경우에는 해당 측정기기 또는 장비를 측정기기의 관리대행업 용도로 한정하여 사용해야 한다.
4. 위 표 제2호의 자격은 「국가기술자격법」 제2조제1호에 따른 국가기술자격 또는 「환경분야 시험 · 검사 등에 관한 법률」 제19조제1항에 따른 환경측정분석사 자격으로 한다.
5. 기술인력 1명이 2종 이상의 기술자격을 가지고 있는 경우에는 1종의 기술자격만을 가진 것으로 본다.
6. 「환경분야 시험 · 검사 등에 관한 법률」 제16조에 따른 수질 분야의 측정대행업자, 「기업활동 규제완화에 관한 특별조치법」 제40조제1항에 따라 지정 된 수질환경관리대행기관 또는 「하수도법」 제19조의2에 따른 공공하수도 관리대행업자가 측정기기 관리대행업의 등록을 하려는 경우에는 공통되는 기술인력은 중복하여 갖추지 않을 수 있다.

제38조의7(결격사유) 다음 각 호의 어느 하나에 해당하는 자는 측정기기 관리대행업의 등록을 할 수 없다.

1. 피성년후견인 또는 피한정후견인
2. 파산선고를 받고 복권되지 아니한 자
3. 이 법을 위반하여 징역 이상의 실형을 선고받고 그 집행이 끝나거나(집행이 끝난 것으로 보는 경우를 포함한다) 집행을 받지 아니하기로 확정된 날부터 2년이 지나지 아니한 자
4. 제38조의9에 따라 등록이 취소(이 조 제1호 또는 제2호에 해당하여 등록이 취소된 경우는 제외한다)된 후 2년이 지나지 아니한 자
5. 임원 중 제1호부터 제4호까지의 어느 하나에 해당하는 사람이 있는 법인

제38조의8(측정기기 관리대행업자의 준수사항 등) ① 측정기기 관리대행업자는 다음 각 호의 어느 하나에 해당하는 행위를 하여서는 아니 된다.

1. 등록증을 다른 자에게 대여하거나 대행받은 측정기기의 관리업무를 다른 자에게 대행하도록 하는 행위
2. 등록된 기술인력이 아닌 사람에게 측정기기의 관리업무를 하게 하는 행위
3. 그 밖에 측정기기의 관리대행업무에 관하여 환경부령으로 정하는 준수사항을 위반하는 행위

② 측정기기 관리대행업자는 기술인력으로 종사하는 사람이 환경부령으로 정하는 교육기관에서 실시하는 교육을 받도록 하여야 한다.

③ 제2항에 따른 교육의 내용 등 교육에 필요한 사항은 환경부령으로 정한다.

제38조의9(등록의 취소 등) ① 환경부장관은 측정기기 관리대행업자가 다음 각 호의 어느 하나에 해당하는 경우에는 등록을 취소하거나 6개월 이내의 기간을 정하여 업무의 전부 또는 일부의 정지를 명할 수 있다. 다만, 제1호부터 제3호까지에 해당하는 경우에는 등록을 취소하여야 한다.

1. 거짓이나 그 밖의 부정한 방법으로 등록을 한 경우
2. 업무정지 기간 중에 측정기기 관리대행업무를 한 경우
3. 제38조의7에 따른 결격사유에 해당하는 경우. 다만, 제38조의7제5호에 따른 결격사유에 해당하는 경우로서 그 사유가 발생한 날부터 2개월 이내에 그 사유가 없어진 경우에는 그러하지 아니하다.
4. 고의 또는 중대한 과실로 측정기기의 관리대행업무를 부실하게 한 경우
5. 제38조의6제1항 전단에 따른 등록요건을 충족하지 못하게 된 경우
6. 제38조의6제1항 후단에 따른 변경등록을 하지 아니한 경우
7. 제38조의8제1항에 따른 준수사항을 위반한 경우

② 제1항에 따른 행정처분의 세부 기준 및 그 밖에 필요한 사항은 환경부령으로 정한다.

제38조의10(관리대행능력의 평가 및 공시) ① 환경부장관은 측정기기부착사업자등이 측정기기 관리대행업자를 적정하게 선정할 수 있도록 하기 위하여 측정기기 관리대행업자의 신청이 있는 경우 측정기기 관리대행업자의 관리대행 실적 및 행정처분 현황 등에 따라 관리대행능력을 평가하여 공시하여야 한다.

② 제1항에 따른 평가를 받으려는 측정기기 관리대행업자는 환경부령으로 정하는 바에 따라 전년도 측정기기 관리대행 실적, 기술인력 · 장비 보유현황, 기술인력의 교육 이수현황 및 그 밖에 환경부령으로 정하는 사항을 환경부장관에게 제출하여야 한다.

③ 제1항 및 제2항에 따른 측정기기 관리대행능력의 평가방법, 제출 자료, 공시 절차 등 평가 및 공시에 필요한 사항은 환경부령으로 정한다.

제39조(배출허용기준을 초과한 사업자에 대한 개선명령) 환경부장관은 제37조제1항에 따른 신고를 한 후 조업 중인 배출시설(폐수무방류배출시설은 제외한다)에서 배출되는 수질오염물질의 정도가 제32조에 따른 배출허용기준을 초과한다고 인정할 때에는 대통령령으로 정하는 바에 따라 기간을 정하여 사업자(제35조제5항에 따른 공동방지시설 운영기구의 대표자를 포함한다)에게 그 수질오염물질의 정도가 배출허용기준 이하로 내려가도록 필요한 조치를 할 것(이하 "개선명령"이라 한다)을 명할 수 있다. [전문개정 2013.7.30.]

영 **제39조(개선기간 등)** ① 환경부장관은 법 제39조에 따라 개선명령을 할 때에는 개선에 필요한 조치 또는 시설설치 기간 등을 고려하여 1년의 범위에서 개선기간을 정하여야 한다.

② 법 제39조에 따른 개선명령을 받은 자는 천재지변이나 그 밖의 부득이한 사유로 개선기간에 개선명령의 이행을 마칠 수 없는 경우에는 그 기간이 끝나기 전에 환경부장관에게 6개월의 범위에서 개선기간의 연장을 신청할 수 있다.

규칙 **제51조(개선명령 등)** ① 시 · 도지사, 유역환경청장 또는 지방환경청장(이하 "시 · 도지사 등"이라 한다)은 법 제38조의4제1항에 따른 조치명령을 하는 경우에는 그 명령에 위반의 내용, 조치기간, 조치사항, 조치 시 고려하여야 할 사항 등에 관한 내용을 적은 서면으로 하여야 한다.

규칙 **제52조(조치명령 또는 개선명령을 받지 아니한 사업자등의 개선계획서의 제출 등)** ① 영 제40조제1항 본문에 따라 개선계획서를 제출하려는 사업자등은 별지 제22호서식에 따른 개선계획서에 세부 개선명세서 1부를 첨부하여 유역환경청장 · 지방환경청장 또는 시 · 도지사에게 제출하여야 한다.

② 제1항에 따른 개선계획서의 제출시기는 다음 각 호의 구분에 따른 기한으로 한다.

1. 영 제40조제1항제1호의 경우 : 응급조치를 한 때부터 24시간 이내
2. 영 제40조제1항제2호가목의 경우 : 폐수배출시설 · 수질오염방지시설 또는 측정기기(이하 "폐수배출시설등"이라 한다)의 개선 · 변경 또는 보수작업을 시작하기 24시간 이전
3. 영 제40조제1항제2호나목 또는 다목의 경우 : 폐수배출시설등을 적정하게 운영할 수 없는 때부터 48시간 이내

규칙 **제52조의2(조치명령 또는 개선명령을 받지 아니한 사업자등의 개선사유서의 제출 등)** ① 영 제40조제1항 단서에서 "환경부령으로 정하는 경미한 사항"이란 별표 14의2와 같다.

② 영 제40조제1항 단서에 따라 개선사유서를 제출하려는 사업자등은 별지 제23호의2서식에 따른 개선사유서에 별표 14의2에 따른 경미한 개선사유를 증명할 수 있는 서류

1부를 첨부하여 한국환경공단 이사장에게 제출하여야 한다.

③ 한국환경공단은 제2항에 따라 제출된 개선사유서 검토결과 개선계획서를 제출하여야 하거나, 제출 자료를 보완하여야 할 필요가 있다고 판단될 경우에는 3일내에 그 결과를 당사자에게 통보하여야 한다. [본조신설 2012.1.19.]

규칙 제52조의3(측정기기 관리대행업 등록의 신청) ① 법 제38조의6제1항 전단에 따라 측정기기 관리대행업을 등록하려는 자는 별지 제23호의3서식의 측정기기 관리대행업 등록 신청서(전자문서로 된 신청서를 포함한다)에 다음 각 호의 서류를 첨부하여 사무실 소재지를 관할하는 유역환경청장 또는 지방환경청장에게 제출하여야 한다.

규칙 제52조의4(측정기기 관리대행업자의 준수사항) 법 제38조의8제1항제3호에서 "환경부령으로 정하는 준수사항"이란 다음 각 호의 사항을 말한다.

규칙 제52조의5(측정기기 관리대행업자의 행정처분의 기준 등) ① 법 제38조의9제1항에 따른 행정처분의 기준은 별표 14의3과 같다.

규칙 제52조의6(관리대행능력의 평가방법 등) ① 측정기기 관리대행업자는 법 제38조의10제1항에 따라 측정기기 관리대행능력의 평가를 받으려는 경우에는 별지 제23호의7서식의 측정기기 관리대행능력 평가 신청서에 다음 각 호의 서류를 첨부하여 사무실 소재지를 관할하는 유역환경청장 또는 지방환경청장에게 제출하여야 한다.

제40조(조업정지명령) 환경부장관은 제39조에 따라 개선명령을 받은 자가 개선명령을 이행하지 아니하거나 기간 이내에 이행은 하였으나 검사 결과가 제32조에 따른 배출허용기준을 계속 초과할 때에는 해당 배출시설의 전부 또는 일부에 대한 조업정지를 명할 수 있다.

제41조(배출부과금) ① 환경부장관은 수질오염물질로 인한 수질오염 및 수생태계 훼손을 방지하거나 감소시키기 위하여 수질오염물질을 배출하는 사업자(폐수종말처리시설, 공공하수처리시설 중 환경부령으로 정하는 시설을 운영하는 자를 포함한다) 또는 제33조제1항부터 제3항까지의 규정에 따른 허가 · 변경허가를 받지 아니하거나 신고 · 변경신고를 하지 아니하고 배출시설을 설치하거나 변경한 자에게 배출부과금을 부과 · 징수한다. 이 경우 배출부과금은 다음 각 호와 같이 구분하여 부과하되, 그 산정방법과 산정기준 등에 관하여 필요한 사항은 대통령령으로 정한다.

1. 기본배출부과금

가. 배출시설(폐수무방류배출시설은 제외한다)에서 배출되는 폐수 중 수질오염물질이 제32

조에 따른 배출허용기준 이하로 배출되나 방류수 수질기준을 초과하는 경우
나. 폐수종말처리시설 또는 공공하수처리시설에서 배출되는 폐수 중 수질오염물질이 방류수 수질기준을 초과하는 경우
2. 초과배출부과금 ✓실전문제
가. 수질오염물질이 제32조에 따른 배출허용기준을 초과하여 배출되는 경우
나. 수질오염물질이 공공수역에 배출되는 경우(폐수무방류배출시설로 한정한다)

영 **제41조(기본배출부과금 산정의 기준 및 방법)** ① 법 제41조제1항제1호가목 및 나목에 따른 기본배출부과금(이하 "기본배출부과금"이라 한다)은 수질오염물질 배출량과 배출농도를 기준으로 다음의 계산식에 따라 산출한 금액으로 한다.

기준 이내 배출량 × 수질오염물질 1kg당 부과금액 × 연도별 부과금산정지수 × 사업장별 부과계수 × 지역별 부과계수 × 방류수수질기준초과율별 부과계수

② 제1항에 따른 기준 이내 배출량은 다음 각 호의 구분에 따른 배출량으로 한다.
1. 법 제41조제1항제1호가목의 경우: 배출허용기준의 범위에서 법 제12조제3항에 따른 공공폐수처리시설의 방류수 수질기준을 초과한 배출량
2. 법 제41조제1항제1호나목의 경우: 법 제12조제3항에 따른 공공폐수처리시설의 방류수 수질기준을 초과한 배출량

③ 기본배출부과금의 산정에 필요한 수질오염물질 1kg당 부과금액에 관하여는 제45조제5항을 준용하고, 연도별 부과금산정지수에 관하여는 제49조제1항을 준용하며, 사업장별 부과계수는 별표 9, 지역별 부과계수는 별표 10, 방류수수질 기준초과율별 부과계수는 별표 11과 같다.

④ 공동방지시설의 기본배출부과금은 사업장별로 제1항부터 제3항까지의 규정에 따라 산정한 금액을 더한 금액으로 한다.

⑤ 법 제38조의2에 따라 측정기기를 부착하고 관제센터에 자동측정자료를 전송하는 측정기기부착사업장등의 경우에는 제1항에 따른 수질오염물질 배출량과 배출농도를 다음 각 호의 구분에 따른 자료로 산정한다. [개정 2010.2.18.]
1. 자동측정자료가 정상적으로 측정 · 전송된 경우: 「환경분야 시험 · 검사 등에 관한 법률」 제6조에 따른 환경오염공정시험기준에 따라 산정된 3시간 자료(이하 "3시간 평균치"라 한다)
2. 자동측정자료가 정상적으로 측정 · 전송되지 아니한 경우
가. 법 제38조의4에 따른 조치명령 기간 중이거나 제40조에 따른 개선계획서(측정기기의 개선계획서만 해당한다)에 명시된 개선기간 중인 경우: 자동측정자료가 정상적으로 측정 · 전송된 최근 3개월 간의 3시간 평균치를 산술평균한 값. 다만, 정상적인 자동측정자료가 3개월 미만 분밖에 없는 경우에는 활용할 수 있는

기간의 3시간 평균치를 산술평균한 값으로 산정한다.

나. 법 제39조에 따른 개선명령 기간 중이거나 제40조에 따른 개선계획서(배출시설 또는 방지시설의 개선계획서만 해당한다)에 명시된 개선기간 중인 경우: 개선명령 기간 또는 개선기간 중에 자동측정자료가 정상적으로 측정 · 전송된 최근 3개월 간의 3시간 평균치를 산술평균한 값. 다만, 정상적인 자동측정자료가 없는 경우에는 개선명령에 명시된 수질오염물질의 배출량 및 배출농도나 제40조제1항에 따른 개선계획서 제출 시에 제40조제3항에 따라 채취하여 검사한 수질오염물질의 배출량 및 배출농도로 산정한다.

[영 별표9]

사업장별 부과계수(제41조제3항 관련)

사업장 규모	제1종사업장 (단위: ㎥/일)					제2종 사업장	제3종 사업장	제4종 사업장
	10,000 이상	8,000 이상 10,000 미만	6,000 이상 8,000 미만	4,000 이상 6,000 미만	2,000 이상 4,000 미만			
부과 계수	1.8	1.7	1.6	1.5	1.4	1.3	1.2	1.1

[비고]

1. 사업장의 규모별 구분은 [영 별표 13]에 따른다.
2. 공공하수처리시설과 폐수종말처리시설의 부과계수는 폐수배출량에 따라 적용한다.

[영 별표10]

지역별 부과계수(제41조제3항 관련)

청정지역 및 가 지역	나 지역 및 특례지역
1.5	1

[비고]

청정지역 및 가 지역, 나 지역 및 특례지역의 구분에 대하여는 환경부령으로 정한다.

[영 별표11]

방류수수질기준초과율별 부과계수(제41조제3항 관련)

초과율	10% 미만	10% 이상 20% 미만	20% 이상 30% 미만	30% 이상 40% 미만	40% 이상 50% 미만
부과계수	1	1.2	1.4	1.6	1.8
초과율	50% 이상 60% 미만	60% 이상 70% 미만	70% 이상 80% 미만	80% 이상 90% 미만	90% 이상 100% 까지
부과계수	2.0	2.2	2.4	2.6	2.8

[비고]
1. 방류수수질기준초과율 = (배출농도 − 방류수수질기준) ÷ (배출허용기준 − 방류수수질기준) × 100
2. 분모의 값이 방류수수질기준보다 작을 경우와 폐수종말처리시설인 경우에는 방류수수질기준을 분모의 값으로 한다.
3. 제1호의 배출허용기준은 공공하수처리시설의 하수처리구역에 있는 배출시설에 대하여 환경부장관이 따로 배출허용기준을 정하여 고시하는 경우에도 그 배출허용기준을 적용하지 아니하고, 환경부령으로 정하는 배출허용기준을 적용한다.

영 **제42조(기본배출부과금의 부과 대상 수질오염물질의 종류)** 기본배출부과금의 부과대상이 되는 수질오염물질의 종류는 다음 각 호와 같다.

1. 유기물질
2. 부유물질

영 **제43조(기본배출부과금의 부과기간 등)** 기본배출부과금은 반기별로 부과하되, 부과기준일과 부과기간은 별표 12와 같다.

[영 별표12]

기본부과금의 부과기준일 및 부과기간(제43조 관련)

반기별	부과기준일	부과기간
상반기	매년 6월 30일	1월 1일부터 6월 30일까지
하반기	매년 12월 31일	7월 1일부터 12월 31일까지

[비고]
부과기간 중에 배출시설 설치허가를 받거나 신고를 한 사업자의 부과기간은 최초 가동일부터 그 부과기간의 종료일까지로 한다.

영 **제44조(기준 이내 배출량의 산정 등)** ① 환경부장관은 제41조제1항에 따른 기준이내 배출량을 확인하기 위하여 필요한 경우에는 법 제68조제1항에 따라 해당 사업자에게 부과기간의 완료일부터 30일 이내에 다음 각 호의 자료를 제출(「전자정부법」 제2조제10호에 따른 정보통신망에 의한 제출을 포함한다)하게 할 수 있다. [개정 2010.5.4.]

1. 기본배출부과금의 부과기간 동안 실제 배출한 기준 이내 배출량(이하 "확정배출량"이라 한다)에 관한 자료
2. 공동방지시설에 폐수를 유입하는 사업자별 수질오염물질 배출량에 관한 자료(공동방지시설을 설치・운영하고 있는 사업자의 경우만 제출한다)

② 확정배출량은 다음 각 호의 방법에 따라 산정한다.

1. 확정배출량은 부과기간의 일일평균 기준 이내 배출량에 부과기간 중의 실제조업일수를 곱하여 산정한 양을 kg 단위로 표시한 양으로 한다.
2. 제1호에 따른 일일평균 기준 이내 배출량은 법 제46조에 따른 수질오염물질 측정결과를 기준으로 다음 각 목의 방법에 따라 산정한다.
   가. 일일평균 기준 이내 배출량은 일일평균배출량에서, 방류수수질기준농도에 일일평균유량을 곱하여 산정된 배출량을 뺀 나머지 양으로 한다.
   나. 일일평균배출량은 배출구별로 법 제46조에 따라 측정된 각각의 일일오염 물질배출량을 합산한 후 이를 수질오염물질 측정횟수로 나누어 산정한다. 다만, 부과기간에 법 제68조에 따른 검사결과를 통보받은 경우에는 법제46조에 따른 수질오염물질 측정결과에 따라 산정된 일일평균배출량과 통보받은 일일오염물질배출량을 합산한 후, 검사횟수에 1을 더한 값으로 나누어 산정한다.
   다. 일일오염물질배출량은 측정 당시의 배출농도에 그 날의 폐수총량(이하 "일일유량"이라 한다)을 곱하여 산정하고, 일일유량의 산정에 관하여는 제47조제4항을 준용하되, 공공하수처리시설의 경우에는 그 운영자가 하수처리구역에서 유입되는 별표 13에 따른 제1종부터 제4종까지의 사업장의 폐수량을 측정하는 경우에는 측정폐수량으로 하고, 측정하지 아니하는 경우에는 별표 13에 따른 제1종부터 제4종까지의 사업장이 법 제33조제1항부터 제3항까지의 규정에 따른 배출시설 설치허가・변경허가를 신청하거나 신고・변경신고를 할 때에 제출한 자료, 법 제38조제3항에 따른 배출시설 및 방지시설 운영기록부 및 법 제68조에 따른 검사결과 등을 기초로 산정하여 제출하는 자료로 한다. ✓실전문제
   라. 일일평균유량의 산정에 관하여는 나목에 따른 산정방법을 준용한다.
3. 측정기기부착사업장등의 확정배출량은 부과기간의 3시간 평균치(대체자동측정자료와 제41조제5항제2호 각 목에 따른 자료를 포함한다. 이하 이 조와 제47조에서 같다)가 방류수수질기준을 초과한 그 3시간의 방류수수질기준 초과농도(법 제41조제1항제1호가목의 경우에는 배출허용기준농도 이하 방류수수질기준 초과농도를 말한다)에 해당 3시간의 평균배출유량을 곱하여 산정한다.

③ 제1항에 따라 제출하는 자료의 종류 및 작성방법 등에 관하여 필요한 사항은 환경부령으로 정한다.

[영 별표13]

사업장의 규모별 구분(제44조제2항 관련)

종류	배출규모
제1종 사업장	1일 폐수배출량이 2,000㎥ 이상인 사업장
제2종 사업장	1일 폐수배출량이 700㎥ 이상, 2,000㎥ 미만인 사업장
제3종 사업장	1일 폐수배출량이 200㎥ 이상, 700㎥ 미만인 사업장
제4종 사업장	1일 폐수배출량이 50㎥ 이상, 200㎥ 미만인 사업장
제5종 사업장	위 제1종부터 제4종까지의 사업장에 해당하지 아니하는 배출시설

[비고]

1. 사업장의 규모별 구분은 1년 중 가장 많이 배출한 날을 기준으로 정한다.
2. 폐수배출량은 그 사업장의 용수사용량(수돗물 · 공업용수 · 지하수 · 하천수 및 해수 등 그 사업장에서 사용하는 모든 물을 포함한다)을 기준으로 다음 산식에 따라 산정한다. 다만, 생산 공정에 사용되는 물이나 방지시설의 최종 방류구에 방류되기 전에 일정 관로를 통하여 생산 공정에 재이용되는 물은 제외하되, 희석수, 생활용수, 간접냉각수, 사업장 내 청소용 물, 원료야적장 침출수 등을 방지시설에 유입하여 처리하는 물은 포함한다.
   폐수배출량 = 용수사용량 – (생활용수량+간접냉각수량+보일러용수량+제품함유수량+공정 중 증발량+그 밖의 방류구로 배출되지 아니한다고 인정되는 물의 양)+공정 중 발생량
3. 최초 배출시설 설치허가시의 폐수배출량은 사업계획에 따른 예상용수사용량을 기준으로 산정한다.

실전문제 1일 폐수배출량이 800㎥인 사업장의 규모 구분으로 옳은 것은?

❶ 제2종 사업장　　② 제3종 사업장
③ 제4종 사업장　　④ 제5종 사업장

실전문제 다음 중 초과부과금 산정기준으로 적용되는 수질오염물질 1kg당 부과금액이 가장 높은 것은?

① 카드뮴 및 그 화합물　　② 6가크롬 화합물
③ 납 및 그 화합물　　❹ 수은 및 그 화합물

영 제45조(초과배출부과금의 산정기준 및 산정방법) ①법 제41조제1항제2호에 따른 초과배출부과금(이하 "초과배출부과금"이라 한다)은 수질오염물질 배출량 및 배출농도를 기준으로 다음 계산식에 따라 산출한 금액에 제3항 각 호의 구분에 따른 금액을 더한 금액으로

한다. 다만, 법 제41조제1항제2호가목에 따른 초과배출부과금을 부과하는 경우로서 배출허용기준을 경미하게 초과하여 법 제39조에 따른 개선명령을 받지 아니한 측정기기부착사업자등에게 부과하는 경우 또는 제40조제1항제2호에 따라 개선계획서를 제출하고 개선하는 사업자에게 부과하는 경우에는 배출허용기준초과율별 부과계수와 위반횟수별 부과계수를 적용하지 아니하고, 제3항제1호의 금액을 더하지 아니한다. [개정 2010.2.18.]

기준초과배출량 × 수질오염물질 1kg당 부과금액 × 연도별 부과금산정지수 × 지역별 부과계수 × 배출허용기준초과율별 부과계수(법 제41조제1항제2호 나목의 경우에는 유출계수 · 누출계수) × 배출허용기준 위반횟수별 부과계수

② 40조제1항제1호에 따라 개선계획서를 제출하고 개선한 사업자에 대하여 제1항에 따른 산정기준을 적용함에 있어서는 법 제39조에 따른 개선명령을 받은 것으로 본다.

③ 초과배출부과금을 산출하기 위하여 제1항의 산식에 따라 산출한 금액에 더하는 금액은 다음 각 호와 같다.

1. 법 제41조제1항제2호가목에 따른 초과배출부과금은 별표 13에 따른 제1종사업장은 400만원, 제2종사업장은 300만원, 제3종사업장은 200만원, 제4종사업장은 100만원, 제5종사업장은 50만원으로 한다.
2. 법 제41조제1항제2호나목에 따른 초과배출부과금은 500만원으로 한다.

④ 제1항의 산식에 따른 기준초과배출량은 다음 각 호의 구분에 따른 배출량으로 한다.

1. 법 제41조제1항제2호가목의 경우: 배출허용기준을 초과한 양
2. 법 제41조제1항제2호나목의 경우: 수질오염물질을 배출한 양

⑤ 제1항과 제4항에 따른 초과배출부과금 산정에 필요한 수질오염물질 1kg당 부과금액, 배출허용기준초과율별 부과계수, 유출 · 누출계수 및 지역별 부과계수는 별표 14와 같다.

⑥ 공동방지시설에 대한 초과배출부과금은 사업장별로 제1항부터 제4항까지의 규정에 따라 산정하여 더한 금액으로 한다.

⑦ 측정기기부착사업장등에 대한 초과배출부과금 산정을 위한 수질오염물질 배출량과 배출농도에 관하여는 제41조제5항을 준용한다.

[영 별표14]

초과부과금의 산정기준(제45조제5항 관련)

(금액단위: 원)

구분 / 수질오염물질		수질오염물질 1kg당 부과금액	배출허용기준초과율별 부과계수								지역별 부과계수		
			20% 미만	20% 이상 40% 미만	40% 이상 80% 미만	80% 이상 100% 미만	100% 이상 200% 미만	200% 이상 300% 미만	300% 이상 400% 미만	400% 이상	청정지역 및 가 지역	나 지역	특례 지역
유기물질		250	3.0	4.0	4.5	5.0	5.5	6.0	6.5	7.0	2	1.5	1
부유물질		250	3.0	4.0	4.5	5.0	5.5	6.0	6.5	7.0	2	1.5	1
총 질소		500	3.0	4.0	4.5	5.0	5.5	6.0	6.5	7.0	2	1.5	1
총 인		500	3.0	4.0	4.5	5.0	5.5	6.0	6.5	7.0	2	1.5	1
크롬 및 그 화합물		75,000	3.0	4.0	4.5	5.0	5.5	6.0	6.5	7.0	2	1.5	1
망간 및 그 화합물		30,000	3.0	4.0	4.5	5.0	5.5	6.0	6.5	7.0	2	1.5	1
아연 및 그 화합물		30,000	3.0	4.0	4.5	5.0	5.5	6.0	6.5	7.0	2	1.5	1
특정유해물질	페놀류	150,000	3.0	4.0	4.5	5.0	5.5	6.0	6.5	7.0	2	1.5	1
	시안화합물	150,000	3.0	4.0	4.5	5.0	5.5	6.0	6.5	7.0	2	1.5	1
	구리 및 그 화합물	50,000	3.0	4.0	4.5	5.0	5.5	6.0	6.5	7.0	2	1.5	1
	카드뮴 및 그 화합물	500,000	3.0	4.0	4.5	5.0	5.5	6.0	6.5	7.0	2	1.5	1
	수은 및 그 화합물	1,250,000	3.0	4.0	4.5	5.0	5.5	6.0	6.5	7.0	2	1.5	1
	유기인화합물	150,000	3.0	4.0	4.5	5.0	5.5	6.0	6.5	7.0	2	1.5	1
	비소 및 그 화합물	100,000	3.0	4.0	4.5	5.0	5.5	6.0	6.5	7.0	2	1.5	1
	납 및 그 화합물	150,000	3.0	4.0	4.5	5.0	5.5	6.0	6.5	7.0	2	1.5	1
	6가크롬화합물	300,000	3.0	4.0	4.5	5.0	5.5	6.0	6.5	7.0	2	1.5	1
	폴리염화비페닐	1,250,000	3.0	4.0	4.5	5.0	5.5	6.0	6.5	7.0	2	1.5	1
	트리클로로에틸렌	300,000	3.0	4.0	4.5	5.0	5.5	6.0	6.5	7.0	2	1.5	1
	테트라클로로에틸렌	300,000	3.0	4.0	4.5	5.0	5.5	6.0	6.5	7.0	2	1.5	1

[비고]

1. 배출허용기준초과율 = (배출농도−배출허용기준농도)÷배출허용기준농도×100
2. 유기물질의 오염측정 단위는 생물화학적 산소요구량과 화학적 산소요구량을 말하며, 그 중 높은 수치의 배출농도를 산정기준으로 한다.
3. 희석하여 배출하는 경우 배출허용기준초과율별 부과계수의 산정 시 배출허용기준초과율의 적용은 희석수를 제외한 폐수의 배출농도를 기준으로 한다.
4. 폐수무방류배출시설의 유출·누출계수는 배출허용기준초과율별 부과계수 400% 이상, 지역별 부과계수는 청정지역 및 가 지역을 적용한다.

영 제46조(초과배출부과금 부과 대상 수질오염물질의 종류) 초과배출부과금의 부과대상이 되는 수질오염물질의 종류는 다음 각 호와 같다. ✓실전문제

1. 유기물질 2. 부유물질 3. 카드뮴 및 그 화합물 4. 시안화합물
5. 유기인화합물 6. 납 및 그 화합물 7. 6가크롬화합물 8. 비소 및 그 화합물
9. 수은 및 그 화합물 10. 폴리염화비페닐[polychlorinated biphenyl]
11. 구리 및 그 화합물 12. 크롬 및 그 화합물 13. 페놀류
14. 트리클로로에틸렌 15. 테트라클로로에틸렌 16. 망간 및 그 화합물
17. 아연 및 그 화합물 18. 총 질소 19. 총 인

실전문제 초과배출부과금 부과대상 수질오염물질의 종류가 아닌 것은?

① 구리 및 그 화합물 ② 아연 및 그 화합물
❸ 벤젠류 ④ 유기인 화합물

영 제46조의2(과징금의 부과기준) ① 법 제43조제1항에 따른 과징금의 부과기준은 별표 14의2와 같다. ✓실전문제

② 법 제43조제3항에 따른 과징금의 납부기한은 과징금납부통지서의 발급일부터 30일로 하고, 과징금의 납부통지는 환경부령으로 정하는 바에 따른다.

[영 별표14의2]

과징금의 부과기준(제46조의2제1항 관련)

과징금 금액은 다음과 같이 산정한다.

과징금 금액 = 조업정지일수 × 1일당 부과금액(300만원) × 사업장 규모별 부과계수

[비고]
1. 조업정지일수는 법 제71조에 따른 행정처분의 기준에 따른다.
2. 사업장 규모별 부과계수는 별표 13에 따른 사업장의 규모별로 다음 표와 같다.

종 류	부과계수
제1종 사업장	2.0
제2종 사업장	1.5
제3종 사업장	1.0
제4종 사업장	0.7
제5종 사업장	0.4

실전문제 **오염할당사업자 등에 대한 과징금 부과기준에서 사업장 규모별 부과계수로 옳은 것은?**

① 제1종 사업장 3.0
② 제2종 사업장 2.0
❸ 제3종 사업장 1.0
④ 제4종 사업장 0.5

영 제47조(배출시설에 대한 기준초과배출량의 산정) ① 제45조제1항에 따른 기준초과배출량(폐수무방류배출시설에서 배출되는 경우는 제외한다)

[영 별표15] ✓실전문제

일일기준초과배출량 및 일일유량 산정방법(제47조제4항 관련)

1. 일일기준초과배출량의 산정 방법

일일기준초과배출량 = 일일유량 × 배출허용기준 초과농도 × 10^{-6}

[비고]
1. 배출허용기준 초과농도는 다음 각 목과 같다
   가. 법 제41조제1항제2호가목의 경우: 배출농도 – 배출허용기준농도
   나. 법 제41조제1항제2호나목의 경우: 배출농도

2. 특정수질유해물질의 배출허용기준 초과 일일오염물질배출량은 소수점 이하 넷째 자리까지 계산하고, 그 밖의 수질오염물질은 소수점 이하 첫째 자리까지 계산한다.
3. 배출농도의 단위는 리터당 밀리그램(mg/L)으로 한다.

2. 일일유량의 산정 방법

일일유량 = 측정유량 × 일일조업시간

[비고]
1. 측정유량의 단위는 분당 리터(L/min)로 한다.
2. 일일조업시간은 측정하기 전 최근 조업한 30일간의 배출시설 조업시간의 평균치로서 분으로 표시한다.

실전문제 **일일기준초과 배출량 및 일일유량 산정방법에 관한 내용으로 옳지 않은 것은?**

① 배출농도의 단위는 리터당 밀리그램(mg/L)으로 한다.
② 특정수질유해물질의 배출허용기준 초과일일오염 물질배출량은 소수점 이하 넷째 자리까지 계산한다.
❸ 일일유량 산정을 위한 측정유량의 단위는 ㎥/min으로 한다.
④ 일일유량 산정을 위한 일일조업시간은 측정하기 전 최근 조업한 30일간의 배출시설 조업시간의 평균치로서 분(min)으로 표시한다.

영 **제48조(폐수무방류배출시설에 대한 기준초과배출량의 산정)** ① 제45조제1항에 따른 기준초과배출량(폐수무방류배출시설에서 배출되는 경우만 해당한다)은 법 제38조제2항을 위반하여 수질오염물질이 배출되기 시작한 날(배출되기 시작한 날을 알 수 없을 경우에는 수질오염물질 채취일을 말한다)부터 그 행위를 중지한 날까지 폐수무방류배출시설에서 유출 · 누출로 배출되는 수질오염물질의 양으로 하되, 일일 기준초과배출량에 배출기간의 일수를 곱하여 산정한다.

② 제1항에 따른 일일기준초과배출량은 배출오염물질 채취일 당시의 수질오염물질 배출농도에 측정유량에 따라 계산한 일일유량을 곱하여 산정한 양을 kg 단위로 표시한 양으로 한다.

③ 제1항과 제2항에 따른 배출기간과 일일기준초과배출량 및 일일유량의 산정에 관하여는 제47조제3항 및 제4항을 준용한다.

영 **제49조(연도별 부과금산정지수 및 위반횟수별 부과계수)** ① 제45조제1항에 따른 연도별 부과금산정지수는 전년도 부과금산정지수에 전년도 물가상승률 등을 고려하여 환경부장관이 매년 고시하는 가격변동지수를 곱하여 산출한다.

② 제45조제1항에 따른 위반횟수별 부과계수는 별표 16과 같다.

[영 별표16]

위반횟수별 부과계수(제49조제2항 관련)

1. 위반횟수별 부과계수 적용의 일반기준
   가. 위반횟수는 사업장별로 제46조에 따른 초과배출부과금 부과 대상 수질오염물질을 배출(법 제41조제1항제2호가목의 경우에는 배출허용기준을 초과하여 배출한 경우를 말한다)함으로써 법 제39조 · 제40조 · 제42조 또는 법 제44조에 따른 개선명령 · 조업정지명령 · 허가취소 · 사용중지명령 또는 폐쇄명령(이하 "개선명령등"이라 한다)을 받은 경우 그 위반행위의 횟수로 하되, 그 부과금 부과의 원인이 되는 위반행위를 한 날을 기준으로 최근 2년간의 위반행위를 한 횟수로 한다.
   나. 둘 이상의 위반행위로 하나의 개선명령등을 받은 경우에는 하나의 위반행위로 보되, 그 위반일은 가장 최근에 위반한 날을 기준으로 한다.

2. 사업장의 종류별 구분에 따른 위반횟수별 부과계수

<table>
<tr><th>종류</th><th colspan="5">위반횟수별 부과계수</th></tr>
<tr><td rowspan="4">제1종
사업장</td><td colspan="5">• 처음 위반한 경우</td></tr>
<tr><td>사업장 규모</td><td>2,000㎥/일 이상
4,000㎥/일 미만</td><td>4,000㎥/일 이상
7,000㎥/일 미만</td><td>7,000㎥/일 이상
10,000㎥/일 미만</td><td>10,000㎥/일
이상</td></tr>
<tr><td>부과계수</td><td>1.5</td><td>1.6</td><td>1.7</td><td>1.8</td></tr>
<tr><td colspan="5">• 다음 위반부터는 그 위반 직전의 부과계수에 1.5를 곱한 것으로 한다.</td></tr>
<tr><td>제2종
사업장</td><td colspan="5">• 처음 위반의 경우: 1.4
• 다음 위반부터는 그 위반 직전의 부과계수에 1.4를 곱한 것으로 한다.</td></tr>
<tr><td>제3종
사업장</td><td colspan="5">• 처음 위반의 경우: 1.3
• 다음 위반부터는 그 위반 직전의 부과계수에 1.3을 곱한 것으로 한다.</td></tr>
<tr><td>제4종
사업장</td><td colspan="5">• 처음 위반의 경우: 1.2
• 다음 위반부터는 그 위반 직전의 부과계수에 1.2를 곱한 것으로 한다.</td></tr>
<tr><td>제5종
사업장</td><td colspan="5">• 처음 위반의 경우: 1.1
• 다음 위반부터는 그 위반 직전의 부과계수에 1.1을 곱한 것으로 한다.</td></tr>
</table>

[비고]
사업장의 규모별 구분은 별표 13에 따른다.

3. 폐수무방류배출시설에 대한 위반횟수별 부과계수
   처음 위반한 경우 1.8로 하고, 다음 위반부터는 그 위반직전의 부과계수에 1.5를 곱한 것으로 한다.

영 제50조(기준이내배출량의 조정) 환경부장관은 제44조제1항에 따른 자료를 제출하지 아니한 경우나 확정배출량이 유사한 규모의 다른 사업장과 뚜렷한 차이가 나는 등 제출한 자료의 내용이 부적합하다고 인정되는 경우에는 다음 각 호와 같이 기준 이내 배출량을 조정할 수 있다.

1. 사업자가 제44조제1항에 따른 확정배출량에 관한 자료를 제출하지 아니한 경우에는 법 제68조에 따른 검사 당시의 배출농도와 일일유량으로 배출한 것으로 보고 다음 각 목에 따라 수질오염물질 배출량(이하 "검사배출량"이라 한다)을 산정하되, 검사배출량의 100분의 120에 해당하는 배출량을 기준이내배출량으로 산정한다.
   가. 검사 시의 배출농도와 일일유량을 곱하여 일일검사배출량을 산정한다.
   나. 가목에 따라 산정한 일일검사배출량을 합산한 값을 검사횟수로 나누어 일일 평균 검사배출량을 산정한다.
   다. 일일평균 검사배출량에서 방류수수질기준 이하의 배출량을 뺀 나머지 양에 조업일수를 곱하여 검사배출량을 산정한다.
2. 사업자가 제44조제1항에 따라 제출한 확정배출량이 검사배출량보다 100분의 20 이상 적은 경우에는 검사배출량의 100분의 120에 해당하는 배출량을 기준 이내배출량으로 산정한다.

영 **제51조(기준이내배출량의 조정을 위한 자료제출 요청 등)** ① 환경부장관은 제50조에 따른 기준이내배출량을 조정할 필요가 있는 경우에는 법 제68조제1항에 따라 사업자에게 관련 자료를 제출하게 할 수 있다.

② 환경부장관은 제44조제1항에 따라 사업자가 제출하는 수질오염물질 배출량 등에 관한 사항을 확인하거나 제50조에 따른 기준이내배출량을 조정하기 위하여 환경부령으로 정하는 바에 따라 오염도검사를 하거나 환경부령으로 정하는 검사기관에 오염도검사를 의뢰하여야 한다.

규칙 **제53조(기본배출부과금 부과대상 공공하수처리시설)** 법 제41조제1항 각 호 외의 부분 전단에서 "공공하수처리시설 중 환경부령으로 정하는 시설"이란 영 별표 13에 따른 제1종부터 제4종까지의 사업장의 폐수를 유입하여 처리하는 공공하수처리시설을 말한다.

규칙 **제54조(기본부과금의 산정을 위한 자료제출 등)** ① 영 제44조제1항제1호에 따른 확정배출량에 관한 자료를 제출하려는 자는 별지 제24호서식의 확정배출량 명세서에 다음 각 호의 서류를 1부씩 첨부하여 관할 시 · 도지사등에게 제출하여야 한다. 다만, 영 제35조제1항에 따른 측정기기부착사업장등은 시 · 도지사 등이 전산으로 확정배출량을 확인할 수 있는 경우에는 확정배출량에 관한 자료를 제출하지 아니할 수 있다.

1. 배출구별 수질오염물질의 측정기록 사본
2. 조업일지 등 조업일수를 확인할 수 있는 서류 사본
3. 확정배출량이 영 제50조제1호에 따른 검사배출량보다 100분의 20 이상 적은 경우에는 이를 증명할 수 있는 서류
4. 사업장별 오염물질 배출명세(공동방지시설의 경우에만 제출한다)

② 제1항에 따른 확정배출량명세서는 배출구별로 작성한다.

규칙 **제55조(수질오염물질 배출량 등의 확인을 위한 오염도검사 등)** ① 시·도지사등은 영 제51조제2항에 따라 분기별로 1회 이상 오염도검사를 실시하거나 제47조 제2항 각 호의 어느 하나의 검사기관에 오염도검사를 의뢰하여야 한다. 다만, 다음 각 호의 어느 하나에 해당되는 경우에는 2개월마다 1회 이상 오염도 검사를 실시하여야 한다.

1. 해당 부과기간 직전에 확정배출량에 관한 자료를 제출하지 않은 경우
2. 영 제50조에 따라 해당 부과기간 직전 부과기간의 기준 이내 배출량이 조정된 경우

② 제1항에 따라 의뢰한 오염도검사의 결과를 통보받은 시·도지사등은 통보를 받은 날부터 10일 이내에 사업자등에게 검사결과 중 배출농도와 일일유량에 관한 사항을 알려야 한다.

② 제1항에 따라 배출부과금을 부과할 때에는 다음 각 호의 사항을 고려하여야 한다.

1. 제32조에 따른 배출허용기준 초과 여부
2. 배출되는 수질오염물질의 종류
3. 수질오염물질의 배출기간
4. 수질오염물질의 배출량
5. 제46조에 따른 자가측정 여부
6. 그 밖에 수질환경의 오염 또는 개선과 관련되는 사항으로서 환경부령으로 정하는 사항

규칙 **제56조(배출부과금의 부과시의 고려사항)** 법 제41조제2항제6호에서 "그 밖에 수질환경의 오염 또는 개선과 관련되는 사항으로서 환경부령으로 정하는 사항"이란 다음 각 호의 사항을 말한다. [개정 2017.1.19.]

1. 공공폐수처리시설의 방류수 수질기준의 초과 여부에 관한 사항
2. 배출수역의 환경기준 및 오염도에 관한 사항

실전문제 **배출부과금을 부과할 때 고려하여야 하는 사항으로 틀린 것은?**

① 배출허용기준 초과여부
② 자가측정여부
❸ 수질오염물질 처리비용
④ 배출되는 수질오염물질의 종류

③ 제1항의 배출부과금은 방류수 수질기준 이하로 배출하는 사업자(폐수무방류배출시설을 운영하는 사업자는 제외한다. 이하 이 항에서 같다)에 대해서는 부과하지 아니하며, 대통령령으로

정하는 양 이하의 수질오염물질을 배출하는 사업자 및 다른 법률에 따라 수질오염물질의 처리비용을 부담한 사업자에 대해서는 배출부과금을 감면할 수 있다. 이 경우 다른 법률에 따라 처리비용을 부담한 사업자에 대한 배출부과금의 감면은 그 부담한 처리비용의 금액 이내로 한정한다.

영 **제52조(배출부과금의 감면 등)** ① 법 제41조제3항 전단에서 "대통령령으로 정하는 양 이하의 수질오염물질을 배출하는 사업자"란 다음 각 호와 같다.

1. 별표 13에 따른 제5종사업장의 사업자
2. 공공폐수처리시설에 폐수를 유입하는 사업자
3. 공공하수처리시설에 폐수를 유입하는 사업자
4. 해당 부과기간의 시작일 전 6개월 이상 방류수수질기준을 초과하는 수질오염물질을 배출하지 아니한 사업자
5. 최종방류구에 방류하기 전 배출시설에서 배출하는 폐수를 재이용하는 사업자

② 법 제41조제3항에 따른 감면의 대상은 기본배출부과금으로 하고, 그 감면의 범위는 다음 각 호와 같다.

1. 제1항제1호부터 제3호 중에 해당되는 사업자: 기본배출부과금면제
2. 제1항제4호에 해당하는 사업자: 방류수수질기준을 초과하지 아니하고 수질오염물질을 배출한 기간별로 다음 각 목의 구분에 따른 감면율을 적용하여 해당 부과기간에 부과되는 기본배출부과금을 감경
   가. 6개월 이상 1년 내: 100분의 20
   나. 1년 이상 2년 내: 100분의 30
   다. 2년 이상 3년 내: 100분의 40
   라. 3년 이상: 100분의 50
3. 제1항제5호에 해당되는 사업자: 다음 각 목의 구분에 따른 폐수 재이용률별 감면율을 적용하여 해당 부과기간에 부과되는 기본배출부과금을 감경
   가. 재이용률이 10% 이상 30% 미만인 경우: 100분의 20
   나. 재이용률이 30% 이상 60% 미만인 경우: 100분의 50
   다. 재이용률이 60% 이상 90% 미만인 경우: 100분의 80
   라. 재이용률이 90% 이상인 경우: 100분의 90

③ 법 제41조제3항에 따라 기본배출부과금의 감면을 받으려는 사업자는 환경부령으로 정하는 바에 따라 부과기간이 끝나는 달의 다음 달 말일까지 자신이 감면대상임을 증명할 수 있는 자료를 제출하여야 한다. 다만, 제2항제1호 또는 제2호에 해당하는 사업자의 경우에는 그 자료를 제출하지 아니할 수 있다.

실전문제 폐수배출시설에 대한 배출부과금을 부과하는 경우, 배출부과금 부과기간의 시작일 전 6개월 이상 방류수 수질기준을 초과하는 수질오염물질을 배출하지 아니한 사업자에 대해 감면율을 적용하여 기본배출부과금을 감경할 수 있다. 1년 이상 2년 이내에 방류수 수질 기준을 초과하여 오염물질을 배출하지 아니한 경우에 적용되는 감면율로 옳은 것은?

❶ 100분 30　　② 100분 40
③ 100분 50　　④ 100분 60

실전문제 해당 배출부과금의 부과기간의 시작일 전 1년 6개월간 방류수 수질기준을 초과하는 수질오염물질을 배출하지 아니한 사업자에게 기본배출부과금 100만원이 부과된 경우 감경되는 금액은?

① 20만원　　❷ 30만원
③ 40만원　　④ 50만원

규칙 제57조(기본부과금의 감면절차) ① 영 제52조제2항제3호에 해당하는 사업자가 배출부과금의 감면을 받으려는 경우에는 같은 조 제3항 본문에 따라 확정배출량에 관한 자료를 시 · 도지사등에게 제출하여야 한다. 이 경우 폐수의 발생 · 처리 · 재이용의 공정도 및 재이용되는 물의 양, 폐수의 재이용률 등 폐수배출시설에서 발생된 폐수를 재이용한 사실을 증명하는 자료를 첨부하여야 한다.

② 제1항에 따른 자료를 받은 시 · 도지사등은 사실 여부를 확인하고 기본부과금의 감면 여부를 통보하여야 한다.

③ 법 제41조제3항에 따라 기본배출부과금의 감면을 받으려는 사업자는 환경부령으로 정하는 바에 따라 부과기간이 끝나는 달의 다음 달 말일까지 자신이 감면대상임을 증명할 수 있는 자료를 제출하여야 한다. 다만, 제2항 제1호 또는 제2호에 해당하는 사업자의 경우에는 그 자료를 제출하지 아니 할 수 있다.

영 제53조(배출부과금의 납부통지) ① 배출부과금은 다음 각 호의 구분에 따른 기간에 납부통지를 하여야 한다. 다만, 측정기기부착사업장등의 경우에는 분기별로 초과배출부과금을 합산하여 납부통지를 할 수 있다.

1. 기본배출부과금: 해당 부과기간에 대한 확정배출량 자료제출기간의 종료일부터 60일 이내
2. 초과배출부과금: 초과배출부과금의 부과사유가 발생하였을 때

② 제1항에 따라 배출부과금을 부과(제54조에 따라 조정을 거쳐 배출부과금을 부과하는 경우를 포함한다)하는 경우에는 부과 대상 수질오염물질량, 부과금액, 납부기간, 납부

장소, 그 밖에 필요한 사항을 서면으로 알려야 한다. 이 경우 배출부과금의 납부기간은 납부통지서를 발급한 날부터 30일로 한다.

규칙 **제58조(배출부과금납부통지서 등)** ① 영 제53조에 따른 부과금 납부통지는 별지 제4호서식에 따르되, 별지 제25호서식의 배출부과금산정명세서를 첨부하여야 한다.

영 **제54조(배출부과금의 조정)** ① 환경부장관은 다음 각 호의 어느 하나에 해당하는 경우에는 배출부과금을 다시 산정하여 조정하되, 이미 낸 금액과 조정된 금액에 차이가 있는 경우에는 그 차액을 다시 부과하거나 환급하여야 한다.

1. 제47조제1항제1호부터 제3호까지의 규정에 따른 개선(가동중지 및 전량 위탁처리를 포함한다)기간 만료일, 명령이행완료 예정일, 허가취소일 또는 위반행위 중지일까지 개선 · 명령의 이행 또는 위반행위의 중지가 완료되지 아니하거나 그 기간에 개선 · 명령의 이행 또는 위반행위의 중지가 완료되어 초과배출부과금 산정의 기초가 되는 수질오염물질의 배출기간이 달라지게 된 경우
2. 초과배출부과금의 부과 후 수질오염물질의 배출상태가 처음 측정할 때와 달라졌다고 인정하여 다시 점검한 결과 수질오염물질의 배출량이 처음 측정한 배출량과 다른 경우
3. 사업자가 제44조제1항에 따라 제출한 확정배출량의 산정에 착오가 있거나 환경부장관이 제50조에 따라 조정한 기준이내배출량이 잘못 조정된 경우

② 제1항제1호의 사유로 초과배출부과금을 조정하는 경우에 초과배출부과금을 산정하기 위한 수질오염물질 또는 배출물질의 배출기간은 다음 각 호의 구분에 따른 날까지로 한다.

1. 제40조제1항에 따른 개선계획서를 제출한 경우: 환경부령으로 정하는 개선완료일
2. 법 제39조 · 제40조 · 제42조 또는 법 제44조에 따른 개선명령 · 조업정지명령 · 사용중지명령 · 폐쇄명령을 받은 경우: 법 제45조제1항에 따른 명령의 이행보고를 한 날(법 제45조제2항에 따른 개선완료상태가 확인된 경우만 해당한다)
3. 제1호 및 제2호 외의 경우: 법 제38조제1항 각 호에 따른 위반행위의 중지일 또는 법 제42조에 따른 허가취소일

규칙 **제59조(개선완료일)** ① 영 제54조제2항제1호에서 "환경부령으로 정하는 개선완료일"이란 다음 각 호의 구분에 따른 날을 말한다.

1. 영 제40조제1항제1호의 경우 : 제52조제4항에 따른 자체개선완료보고서에 명시된 가동중지일 또는 전량위탁처리일(영 제40조제3항에 따라 관계 공무원이 개선내용 등을 확인한 경우에만 해당한다)

2. 영 제40조제1항제2호의 경우 : 제52조제4항에 따라 자체개선완료보고서를 제출한 날(영 제40조제3항에 따라 관계공무원이 개선내용 등을 확인한 경우에만 해당한다)

② 영 제40조제1항제1호나목에 따라 위탁처리하였으나 제41조 각 호의 폐수 외의 폐수가 일부 배출되고 있는 경우에는 개선완료일은 제1항제2호를 적용한다.

③ 제1항제2호의 사유로 초과배출부과금을 조정하는 경우에는 재점검일 이후의 기간에 대하여만 다시 측정한 배출량을 기초로 초과배출부과금을 산정한다.

영 **제55조(배출부과금에 대한 조정신청)** ① 배출부과금 납부통지서를 받은 사업자는 제54조제1항 각 호의 어느 하나에 해당하는 경우에는 배출부과금의 조정을 신청할 수 있다.

② 제1항에 따른 조정신청은 배출부과금 납부통지서를 받은 날부터 60일 이내에 하여야 한다. [개정 2010.6.22.]

③ 환경부장관은 조정신청을 받으면 30일 이내에 그 처리결과를 신청인에게 알려야 한다.

④ 제1항에 따른 조정신청은 배출부과금의 납부기한에 영향을 미치지 아니한다.

④ 환경부장관은 제1항에 따라 배출부과금을 내야 할 자가 정하여진 기한까지 내지 아니하면 가산금을 징수한다.

영 **제56조(배출부과금의 징수유예 · 분할납부 및 징수절차)** ① 배출부과금의 납부의무자는 다음 각 호의 어느 하나에 해당하는 사유가 있는 경우에는 환경부장관에게 배출부과금의 징수유예 또는 분할납부를 신청할 수 있다.

1. 천재지변이나 그 밖의 재해를 입어 사업자의 재산에 심각한 손실이 발생한 경우
2. 뚜렷한 손실을 입어 사업이 중대한 위기에 처한 경우
3. 제1호 또는 제2호에 준하는 사정이 있는 경우

② 제1항에 따른 신청을 받은 환경부장관은 제1항 각 호에 해당하는 사유로 배출부과금을 납부할 수 없다고 인정되는 경우에는 배출부과금의 징수를 유예하거나 분할납부를 하게 할 수 있다. 이 경우 징수유예의 기간은 유예처분을 한 날의 다음 날부터 2년 이내로 하며, 징수유예기간 중 분할납부 횟수는 12회 이내로 한다. [개정2010.6.22.]

③ 환경부장관은 제2항에 따라 배출부과금의 징수를 유예받거나 분할납부를 할 자가 내야 할 당초의 부과금액이 그 납부의무자의 자본금 또는 출자총액(개인사업자의 경우에는 자산총액)을 2배 이상 초과하는 경우로서 제1항 각 호에 정한 사유가 계속되어 제2항에 따른 기간 내에도 배출부과금을 납부할 수 없다고 인정되는 경우에는 제2항에도 불구하고 징수유예의 기간을 유예처분을 한 날의 다음 날터 3년 이내로 하며, 징수유예기간 중의 분할납부 횟수는 18회 이내로 한다. [개정 2010.6.22.]

영 **제56조의2(신용카드 등에 의한 배출부과금의 납부)** ① 배출부과금의 납부의무자는 신용카드, 직불카드 등(이하 "신용카드등"이라 한다)으로 납부할 수 있다.

② 신용카드등으로 배출부과금을 납부하는 경우에는 배출부과금납부대행기관의 승인일을 납부일로 본다.

③ 제2항에 따른 배출부과금납부대행기관은 다음 각 호의 어느 하나에 해당하는 자로 한다.

1. 「민법」 제32조에 따라 금융위원회의 허가를 받아 설립된 금융결제원
2. 시설, 업무수행능력 및 자본금 규모 등을 고려하여 환경부장관이 배출부과금납부대행기관으로 지정 · 고시하는 자

④ 배출부과금납부대행기관은 납부의무자로부터 신용카드등에 의한 배출부과금 납부대행용역의 대가로 해당 납부 배출부과금의 1천분의 10 이내에서 환경부장관이 정하는 바에 따라 납부대행수수료를 받을 수 있다. [본조신설 2018.1.16]

규칙 **제60조(배출부과금의 환급, 징수유예 · 분할납부신청 등)** ①영 제56조제1항에 따라 배출부과금의 징수유예 및 분할납부를 신청하려는 자는 별지 제28호서식의 배출부과금 징수유예 및 분할납부 신청서에 다음 각 호의 서류를 첨부하여 시 · 도지사에게 제출하여야 한다.

1. 영 제56조제1항 각 호의 어느 하나에 해당하는 사유를 증명하는 서류 1부
2. 담보제공에 필요한 서류 1부

② 과오납된 배출부과금의 환급에 관해서는 「국고금관리법 시행규칙」 제29조 및 제30조에 따른 과오납금 반환 절차를 준용한다.

③ 제1항 및 제2항에서 정한 사항 외에 배출부과금의 징수 · 환급, 징수유예 및 분할납부 등의 방법 및 절차 등에 관하여 필요한 사항은 환경부장관이 정한다.

영 **제57조(징수비용의 지급)** ① 환경부장관은 제81조제1항제10호에 따라 배출부과금 및 가산금의 징수에 관한 업무를 시 · 도지사에게 위임하여 처리하는 경우에는 다음 각 호의 구분에 따른 금액을 그 시 · 도지사에게 징수비용으로 지급하여야 한다.

1. 시 · 도지사가 법 제41조에 따라 부과하였거나 제54조에 따라 조정하여 부과한 배출부과금 및 가산금 중 실제로 징수한 금액의 비율(이하 이 조에서 "징수비율"이라 한다)이 60% 미만인 경우: 징수한 부과금 및 가산금의 100분의 10
2. 징수비율이 60% 이상 80% 미만인 경우: 징수한 부과금 및 가산금의 100분의 15
3. 징수비율이 80% 이상인 경우: 징수한 부과금 및 가산금의 100분의 20

② 환경부장관은 제1항에 따른 징수비용을 지급하려면 「환경개선 특별회계법」에 따른 환경개선특별회계에 납입된 배출부과금 및 가산금 중에서 징수비용을 매월 정산하여 다음 달 말까지 시 · 도지사에게 지급하여야 한다.

⑤ 제4항에 따른 가산금에 대해서는 「국세기본법」 제47조의4를 준용한다.

영 **제58조(과징금 부과처분의 대상이 되는 배출시설)** 법 제43조제1항제5호에서 "대통령령이 정하는 배출시설"이란 다음 각 호의 어느 하나에 해당하는 시설을 말한다.

1. 「방위사업법」 제3조제9호에 따른 방위산업체의 배출시설
2. 조업을 중지할 경우 배출시설에 투입된 원료 · 부원료 · 용수 또는 제품(반제품을 포함한다) 등이 화학반응을 일으키는 등의 사유로 폭발 또는 화재 등의 사고가 발생할 수 있다고 환경부장관이 인정하는 배출시설
3. 「수도법」 제3조제17호에 따른 수도시설
4. 「석유 및 석유대체연료 사업법」 제15조제1항에 따른 석유비축계획에 따라 설치된 석유비축시설
5. 「도시가스사업법」 제2조제5호에 따른 가스공급시설 중 액화천연가스의 인수기지

영 **제59조(환경기술인의 임명 및 자격기준 등)** ① 법 제47조제1항에 따라 사업자가 환경기술인을 임명하려는 경우에는 다음 각 호의 구분에 따라 임명하여야 한다.

1. 최초로 배출시설을 설치한 경우: 가동시작 신고와 동시
2. 환경기술인을 바꾸어 임명하는 경우: 그 사유가 발생한 날부터 5일 이내

② 법 제47조제5항에 따라 사업장별로 두어야 하는 환경기술인의 자격기준은 별표 17과 같다. [제목개정 2014.1.28.]

⑥ 제1항에 따른 배출부과금과 제4항에 따른 가산금은 「환경정책기본법」에 따른 환경개선특별회계의 세입으로 한다.

⑦ 환경부장관은 제74조에 따라 시 · 도지사에게 그 관할구역의 배출부과금 또는 가산금의 징수에 관한 권한을 위임한 경우에는 징수된 배출부과금과 가산금 중 일부를 대통령령으로 정하는 바에 따라 징수비용으로 지급할 수 있다.

⑧ 환경부장관 또는 제7항에 따른 시 · 도지사는 배출부과금이나 가산금을 내야 할 자가 정하여진 기한까지 내지 아니하면 국세 또는 지방세 체납처분의 예에 따라 징수한다.

[영 별표 17]

사업장별 환경기술인의 자격기준(제59조제2항 관련)

구분	환경기술인
제1종사업장	수질환경기사 1명 이상
제2종사업장	수질환경산업기사 1명 이상
제3종사업장	수질환경산업기사, 환경기능사 또는 3년 이상 수질분야 환경관련 업무에 직접 종사한 자 1명 이상
제4종사업장 · 제5종사업장	배출시설 설치허가를 받거나 배출시설 설치신고가 수리된 사업자 또는 배출시설 설치허가를 받거나 배출시설 설치신고가 수리된 사업자가 그 사업장의 배출시설 및 방지시설업무에 종사하는 피고용인 중에서 임명하는 자 1명 이상

[비고]

1. 사업장의 규모별 구분은 별표 13에 따른다.
2. 특정수질유해물질이 포함된 수질오염물질을 배출하는 제4종 또는 제5종사업장은 제3종사업장에 해당하는 환경기술인을 두어야 한다. 다만, 특정수질유해물질이 포함된 1일 10㎥ 이하의 폐수를 배출하는 사업장의 경우에는 그러하지 아니하다.
3. 제1종 또는 제2종사업장 중 1개월간 실제 작업한 날만을 계산하여 1일 평균 17시간 이상 작업하는 경우 그 사업장은 환경기술인을 각각 2명 이상 두어야 한다. 이 경우 각각 1명을 제외한 나머지 인원은 제3종사업장에 해당하는 환경기술인으로 대체할 수 있다.
4. 공동방지시설의 경우에는 폐수배출량이 제4종 또는 제5종사업장의 규모에 해당하면 제3종사업장에 해당하는 환경기술인을 두어야 한다.
5. 법 제48조에 따른 폐수종말처리시설에 폐수를 유입시켜 처리하는 제1종 또는 제2종사업장은 제3종사업장에 해당하는 환경기술인을, 제3종사업장은 제4종사업장 · 제5종사업장에 해당하는 환경기술인을 둘 수 있다.
6. 방지시설 설치면제 대상인 사업장과 배출시설에서 배출되는 수질오염물질 등을 공동방지시설에서 처리하게 하는 사업장은 제4종사업장 · 제5종사업장에 해당하는 환경기술인을 둘 수 있다.
7. 연간 90일 미만 조업하는 제1종부터 제3종까지의 사업장은 제4종사업장 · 제5종사업장에 해당하는 환경기술인을 선임할 수 있다.
8. 「대기환경보전법」 제40조제1항에 따라 대기환경기술인으로 임명된 자가 수질환경기술인의 자격을 함께 갖춘 경우에는 수질환경기술인을 겸임할 수 있다.
9. 환경산업기사 이상의 자격이 있는 자를 임명하여야 하는 사업장에서 환경기술인을 바꾸어 임명하는 경우로서 자격이 있는 구직자를 찾기 어려운 경우 등 부득이한 사유가 있는 경우에는 잠정적으로 30일 이내의 범위에서는 제4종사업장 · 제5종사업장의 환경기술인 자격에 준하는 자를 그 자격을 갖춘 자로 보아 제59조제1항제2호에 따른 신고를 할 수 있다.

제41조(배출부과금) ① 환경부장관은 수질오염물질로 인한 수질오염 및 수생태계 훼손을 방지하거나 감소시키기 위하여 수질오염물질을 배출하는 사업자(공공폐수처리시설, 공공하수처리시설 중 환경부령으로 정하는 시설을 운영하는 자를 포함한다) 또는 제33조제1항부터 제3항까지의 규정에 따른 허가·변경허가를 받지 아니하거나 신고·변경신고를 하지 아니하고 배출시설을 설치하거나 변경한 자에게 배출부과금을 부과·징수한다. 이 경우 배출부과금은 다음 각 호와 같이 구분하여 부과하되, 그 산정방법과 산정기준 등에 관하여 필요한 사항은 대통령령으로 정한다. [개정 2016.1.27.]

1. 기본배출부과금
   가. 배출시설(폐수무방류배출시설은 제외한다)에서 배출되는 폐수 중 수질오염물질이 제32조에 따른 배출허용기준 이하로 배출되나 방류수 수질기준을 초과하는 경우
   나. 공공폐수처리시설 또는 공공하수처리시설에서 배출되는 폐수 중 수질오염물질이 방류수 수질기준을 초과하는 경우
2. 초과배출부과금
   가. 수질오염물질이 제32조에 따른 배출허용기준을 초과하여 배출되는 경우
   나. 수질오염물질이 공공수역에 배출되는 경우(폐수무방류배출시설로 한정한다)

② 제1항에 따라 배출부과금을 부과할 때에는 다음 각 호의 사항을 고려하여야 한다.

1. 제32조에 따른 배출허용기준 초과 여부
2. 배출되는 수질오염물질의 종류
3. 수질오염물질의 배출기간
4. 수질오염물질의 배출량
5. 제46조에 따른 자가측정 여부
6. 그 밖에 수질환경의 오염 또는 개선과 관련되는 사항으로서 환경부령으로 정하는 사항

③ 제1항의 배출부과금은 방류수 수질기준 이하로 배출하는 사업자(폐수무방류배출시설을 운영하는 사업자는 제외한다. 이하 이 항에서 같다)에 대해서는 부과하지 아니하며, 대통령령으로 정하는 양 이하의 수질오염물질을 배출하는 사업자 및 다른 법률에 따라 수질오염물질의 처리비용을 부담한 사업자에 대해서는 배출부과금을 감면할 수 있다. 이 경우 다른 법률에 따라 처리비용을 부담한 사업자에 대한 배출부과금의 감면은 그 부담한 처리비용의 금액 이내로 한정한다.

④ 환경부장관은 제1항에 따라 배출부과금을 내야 할 자가 정하여진 기한까지 내지 아니하면 가산금을 징수한다.

⑤ 제4항에 따른 가산금에 대해서는 「국세징수법」 제21조를 준용한다.

⑥ 제1항에 따른 배출부과금과 제4항에 따른 가산금은 「환경정책기본법」에 따른 환경개선특별회계의 세입으로 한다.

⑦ 환경부장관은 제74조에 따라 시·도지사에게 그 관할구역의 배출부과금 또는 가산금의 징수에 관한 권한을 위임한 경우에는 징수된 배출부과금과 가산금 중 일부를 대통령령으로 정하는 바에

따라 징수비용으로 지급할 수 있다.

⑧ 환경부장관 또는 제7항에 따른 시 · 도지사는 배출부과금이나 가산금을 내야 할 자가 정하여진 기한까지 내지 아니하면 국세 또는 지방세 체납처분의 예에 따라 징수한다.

제42조(허가의 취소 등) ① 환경부장관은 사업자 또는 방지시설을 운영하는 자가 다음 각 호의 어느 하나에 해당하는 경우에는 배출시설의 설치허가 또는 변경허가를 취소하거나 배출시설의 폐쇄 또는 6개월 이내의 조업정지를 명할 수 있다. 다만, 제2호에 해당하는 경우에는 배출시설의 설치허가 또는 변경허가를 취소하거나 그 폐쇄를 명하여야 한다.

1. 제32조제1항에 따른 배출허용기준을 초과한 경우
2. 거짓이나 그 밖의 부정한 방법으로 제33조제1항부터 제3항까지의 규정에 따른 허가 · 변경허가를 받았거나 신고 · 변경신고를 한 경우
3. 제33조제1항에 따른 허가를 받거나 신고를 한 후 특별한 사유 없이 5년 이내에 배출시설 또는 방지시설을 설치하지 아니하거나 배출시설의 멸실 또는 폐업이 확인된 경우
4. 제33조제1항 단서에 따라 폐수무방류배출시설을 설치한 자가 방지시설을 설치하지 아니하고 배출시설을 가동한 경우
5. 제33조제2항에 따른 변경허가를 받지 아니한 경우
6. 제33조제8항에 따른 배출시설 설치제한지역에 제33조제1항부터 제3항까지의 규정에 따른 배출시설 설치허가(변경허가를 포함한다)를 받지 아니하거나 신고를 하지 아니하고 배출시설을 설치 또는 가동한 경우
7. 제35조제1항 본문에 따른 방지시설을 설치하지 아니하고 배출시설을 설치 · 가동하거나 변경한 경우
8. 제35조제1항 단서에 따라 방지시설의 설치가 면제되는 자가 제32조에 따른 배출허용기준을 초과하여 오염물질을 배출한 경우
9. 제37조제1항에 따른 가동시작 신고 또는 변경신고를 하지 아니하고 조업한 경우
10. 제38조제1항 각 호의 어느 하나 또는 같은 조 제2항 각 호의 어느 하나에 해당하는 행위를 한 경우
11. 제38조의2제1항에 따른 측정기기를 부착하지 아니한 경우
12. 제38조의3제1항 각 호의 어느 하나에 해당하는 행위를 한 경우
13. 제38조의4제2항 · 제40조 또는 이 조에 따른 조업정지명령을 이행하지 아니한 경우
14. 제39조에 따른 개선명령을 이행하지 아니한 경우
15. 배출시설을 설치 · 운영하던 사업자가 폐업하기 위하여 해당 시설을 철거한 경우

② 환경부장관은 사업자 또는 방지시설을 운영하는 자가 다음 각 호의 어느 하나에 해당하는 경우에는 6개월 이내의 조업정지를 명할 수 있다.

1. 제33조제2항 또는 제3항에 따른 변경신고를 하지 아니한 경우

2. 제38조제3항에 따른 배출시설 및 방지시설의 운영에 관한 관리기록을 거짓으로 기록하거나 보존하지 아니한 경우
3. 제47조에 따른 환경기술인을 임명하지 아니하거나 자격기준에 못 미치는 환경기술인을 임명하거나 환경기술인이 상근하지 아니하는 경우

③ 환경부장관은 제1항제3호에 따른 배출시설의 폐업 여부를 확인하기 위하여 필요한 경우 관할 세무서장에게 정보 제공을 요청할 수 있다. 이 경우 요청을 받은 관할 세무서장은 「전자정부법」 제36조제1항에 따라 배출시설의 폐업 여부에 대한 정보를 제공하여야 한다.

제43조(과징금 처분) ① 환경부장관은 다음 각 호의 어느 하나에 해당하는 배출시설(폐수무방류배출시설은 제외한다)을 설치 · 운영하는 사업자에 대하여 제42조에 따라 조업정지를 명하여야 하는 경우로서 그 조업정지가 주민의 생활, 대외적인 신용, 고용, 물가 등 국민경제 또는 그 밖의 공익에 현저한 지장을 줄 우려가 있다고 인정되는 경우에는 조업정지처분을 갈음하여 매출액에 100분의 5를 곱한 금액을 초과하지 아니하는 범위에서의 과징금을 부과할 수 있다.

1. 「의료법」에 따른 의료기관의 배출시설
2. 발전소의 발전설비
3. 「초 · 중등교육법」 및 「고등교육법」에 따른 학교의 배출시설
4. 제조업의 배출시설
5. 그 밖에 대통령령으로 정하는 배출시설

영 **제46조의2(과징금의 부과기준)** ① 법 제43조제1항에 따른 과징금의 부과기준은 별표 14의2와 같다.

② 법 제43조제3항에 따른 과징금의 납부기한은 과징금납부통지서의 발급일부터 30일로 하고, 과징금의 납부통지는 환경부령으로 정하는 바에 따른다.

[영 별표 14의2]

과징금의 부과기준(제46조의2제1항 관련)

과징금 금액은 다음과 같이 산정한다.

과징금 금액 = 조업정지일수 × 1일당 부과금액(300만원) × 사업장 규모별 부과계수

[비고]
1. 조업정지일수는 법 제71조에 따른 행정처분의 기준에 따른다.
2. 사업장 규모별 부과계수는 별표 13에 따른 사업장의 규모별로 다음 표와 같다.

종 류	부과계수
제1종 사업장	2.0
제2종 사업장	1.5
제3종 사업장	1.0
제4종 사업장	0.7
제5종 사업장	0.4

② 환경부장관은 다음 각 호의 어느 하나에 해당하는 위반행위에 대해서는 제1항에도 불구하고 조업정지를 명하여야 한다. [개정 2016.1.27.]
1. 제35조에 따라 방지시설(공동방지시설을 포함한다)을 설치하여야 하는 자가 방지시설을 설치하지 아니하고 배출시설을 가동한 경우
2. 제38조제1항 각 호의 어느 하나에 해당하는 행위를 한 경우로서 30일 이상의 조업정지처분 대상이 되는 경우
3. 제38조의3제1항 각 호의 어느 하나에 해당하는 행위를 한 경우로서 5일 이상의 조업정지처분 대상이 되는 경우
4. 제39조에 따른 개선명령을 이행하지 아니한 경우
5. 과징금 처분을 받은 날부터 2년이 경과되기 전에 제42조에 따른 조업정지 처분 대상이 되는 경우

제44조(위법시설에 대한 폐쇄명령 등) 환경부장관은 제33조제1항부터 제3항까지의 규정에 따른 허가를 받지 아니하거나 신고를 하지 아니하고 배출시설을 설치하거나 사용하는 자에 대하여 해당 배출시설의 사용중지를 명하여야 한다. 다만, 해당 배출시설을 개선하거나 방지시설을 설치·개선하더라도 그 배출시설에서 배출되는 수질오염물질의 정도가 제32조에 따른 배출허용기준 이하로 내려갈 가능성이 없다고 인정되는 경우(폐수무방류배출시설의 경우에는 그 배출시설에서 나오는 폐수가 공공수역으로 배출될 가능성이 있다고 인정되는 경우를 말한다) 또는 그 설치장소가 다른 법률에 따라 해당 배출시설의 설치가 금지된 장소인 경우에는 그 배출시설

의 폐쇄를 명하여야 한다. [전문개정 2013.7.30.]

제45조(명령의 이행보고 및 확인) ① 제38조의4제2항, 제39조, 제40조, 제42조 또는 제44조에 따른 개선명령 · 조업정지명령 · 사용중지명령 또는 폐쇄명령을 받은 자가 그 명령을 이행하였을 때에는 지체 없이 이를 환경부장관에게 보고하여야 한다.

② 환경부장관은 제1항에 따른 보고를 받았을 때에는 관계 공무원으로 하여금 지체 없이 그 명령의 이행상태 또는 개선완료상태를 확인하게 하고, 폐수 오염도검사가 필요하다고 인정되는 경우에는 시료(試料)를 채취하여 환경부령으로 정하는 검사기관에 오염도검사를 지시하거나 의뢰하여야 한다.

규칙 **제62조(개선명령 등의 이행보고 및 확인)** ① 법 제45조제1항에 따른 개선명령, 조업정지명령, 사용중지명령 또는 폐쇄명령의 이행보고서는 별지 제29호서식에 따른다.

제46조(수질오염물질의 측정) 사업자는 그가 운영하는 배출시설 및 방지시설을 적정하게 운영하기 위하여 배출되는 수질오염물질을 스스로 측정하거나 「환경분야 시험 · 검사 등에 관한 법률」 제16조에 따른 측정대행업자로 하여금 측정하게 할 수 있다.

제46조의2(특정수질유해물질 배출량조사 및 조사결과의 검증) ① 제33조제1항에 따라 배출시설의 설치허가(변경허가를 포함한다)를 받은 자 중 환경부령으로 정하는 자는 매년 사업장에서 배출되는 특정수질유해물질의 종류, 취급량 · 배출량 등을 조사(이하 "특정수질유해물질 배출량조사"라 한다)하여 그 결과를 환경부장관에게 제출하여야 한다. 다만, 「화학물질관리법」 제11조제2항에 따라 화학물질 배출량조사에 필요한 자료를 제출한 경우는 제외한다.

② 환경부장관은 특정수질유해물질 배출량조사 결과의 신뢰성을 확보하기 위하여 환경부령으로 정하는 바에 따라 그 결과를 검증하여야 한다. 이 경우 환경부장관은 그 결과의 검증에 필요한 자료의 제출을 명할 수 있다.

③ 특정수질유해물질 배출량조사의 내용, 방법, 조사 시기 및 결과 제출시기 등은 환경부령으로 정한다.

규칙 **제63조(특정수질유해물질 배출량조사 및 조사결과의 검증)** ① 법 제46조의2제1항 본문에서 "환경부령으로 정하는 자"란 영 별표 13 제1종부터 제3종까지의 어느 하나에 해당하는 사업장에서 별표 13의2에 따른 기준 이상으로 특정수질유해물질을 배출하는 폐수배출시설의 설치허가(변경허가를 포함한다)를 받은 자를 말한다.

② 환경부장관은 법 제46조의2제1항 본문에 따른 특정수질유해물질 배출량조사(이하 "특정수질유해물질 배출량조사"라 한다)를 위하여 매년 3월 31일까지 다음 각 호의

사항이 포함된 조사계획을 수립하여야 한다.
1. 조사대상 및 대상물질에 관한 사항
2. 조사시기 · 절차 · 방법 및 추진체계에 관한 사항
3. 조사표 작성 및 제출에 관한 사항
4. 조사결과 처리 및 공개에 관한 사항

③ 환경부장관은 제2항에 따라 조사계획을 수립한 경우에는 환경부 인터넷 홈페이지에 그 계획을 게시하여야 한다.

④ 법 제46조의2제1항 본문에 따라 특정수질유해물질 배출량조사를 하여야 하는 자는 제2항에 따른 조사계획에 따라 조사를 실시한 후 그 결과를 법 제46조의3제2항에 따른 전산망(이하 "전산망"이라 한다)을 이용하여 매년 5월 31일까지 유역환경청장 또는 지방환경청장에게 제출하여야 한다. [본조신설 2018.1.17.]

규칙 **제63조의2(특정수질유해물질 배출량조사 결과의 검증)** ① 유역환경청장 또는 지방환경청장은 제63조제4항에 따라 특정수질유해물질 배출량조사 결과를 제출받은 경우에는 국립환경과학원장에게 그 조사 결과의 검증을 요청하여야 한다.

② 국립환경과학원장은 제1항에 따라 요청받은 특정수질유해물질 배출량조사 결과의 검증을 위하여 필요한 경우에는 현장조사를 실시하거나 관계 전문가의 의견을 들을 수 있다.

③ 제1항 및 제2항에서 규정한 사항 외에 특정수질유해물질 배출량조사의 결과 검증에 필요한 사항은 국립환경과학원장이 정하여 고시한다. [본조신설 2018.1.17]

제46조의3(특정수질유해물질 배출량조사 결과의 공개) ① 환경부장관은 특정수질유해물질 배출량조사 결과에 대한 검증을 마친 경우에는 특정수질유해물질 배출량조사 결과를 사업장별로 공개하여야 한다. 다만, 다음 각 호의 어느 하나에 해당하는 경우는 제외한다.
1. 공개할 경우 국가안전보장 · 질서유지 또는 공공복리에 현저한 지장을 초래할 것으로 인정되는 경우
2. 검증 결과 신뢰성이 낮아 그 이용에 혼란이 초래될 것으로 인정되는 경우
3. 「부정경쟁방지 및 영업비밀보호에 관한 법률」 제2조제2호의 영업비밀에 해당하는 경우. 다만, 다음 각 목에 열거한 정보는 제외한다.
   가. 사업활동에 의하여 발생하는 위해(危害)로부터 사람의 생명 · 신체 또는 건강을 보호하기 위하여 공개할 필요가 있는 정보
   나. 위법 · 부당한 사업활동으로부터 국민의 재산 또는 생활을 보호하기 위하여 공개할 필요가 있는 정보

② 환경부장관은 특정수질유해물질 배출량조사와 그 검증과 관련된 정보 및 통계를 관리하고 공개

하기 위하여 전산망을 구축 · 운영할 수 있다.

③ 특정수질유해물질 배출량조사 결과의 공개 및 전산망의 구축 · 운영에 필요한 사항은 환경부령으로 정한다.

규칙 제63조의3(특정수질유해물질 배출량조사 결과의 공개) ① 환경부장관은 법 제46조의3제1항에 따라 특정수질유해물질 배출량조사 결과를 공개하려는 경우에는 별지 제30호서식에 따른 공개계획을 제63조제4항에 따라 조사 결과를 제출한 자에게 서면 또는 전산망을 이용하여 통보하여야 한다.

② 제1항에 따라 통보받은 공개계획에 이의가 있는 자는 그 통보를 받은 날부터 15일 이내에 별지 제30호의2서식에 따른 소명서를 환경부장관에게 제출하여야 한다.

③ 환경부장관은 제2항에 따른 소명서를 받은 날부터 30일 이내에 공개 여부 및 공개 범위를 결정하여 별지 제30호의3서식에 따른 처리결과 통보서를 지체 없이 제출자에게 통보하여야 한다.

④ 환경부장관은 제1항에 따라 공개계획을 통보한 날 또는 제3항에 따른 처리결과를 통보한 날부터 30일 이내에 특정수질유해물질 배출량조사 결과를 전산망에 게시하여야 한다. [본조신설 2018.1.17]

규칙 제63조의4(특정수질유해물질 배출량조사 전산망의 구축 · 운영) ① 환경부장관은 전산망의 효율적인 구축 · 운영 및 법 제46조의3제2항에 따른 정보 및 통계의 공동활용을 위하여 다음 각 호의 기관과 협의체를 구성 · 운영할 수 있다.

1. 한국환경공단
2. 「한국환경산업기술원법」에 따른 한국환경산업기술원
3. 「공공기관의 운영에 관한 법률」에 따른 공공기관

② 제1항에 따른 협의체에 참여하는 기관은 정보 및 통계가 전산망을 통하여 체계적이고 종합적으로 수집 · 분석 · 관리 및 활용될 수 있도록 보유한 정보 및 통계를 공유하고 협력하여야 한다. [본조신설 2018.1.17]

제46조의4(자발적 협약의 체결) ① 환경부장관 또는 지방자치단체의 장은 특정수질유해물질의 배출 저감 노력을 촉진하기 위하여 배출시설을 설치 · 운영하는 자 또는 이들로 구성된 단체와 협약을 체결할 수 있다.

② 환경부장관 또는 지방자치단체의 장은 제1항에 따라 협약을 체결한 자에게 그 협약의 자발적 이행에 필요한 지원을 할 수 있다.

제47조(환경기술인) ① 사업자는 배출시설과 방지시설의 정상적인 운영 · 관리를 위하여 대통령령으로 정하는 바에 따라 환경기술인을 임명하여야 한다.

② 환경기술인은 배출시설과 방지시설에 종사하는 사람이 이 법 또는 이 법에 따른 명령을 위반하지 아니하도록 지도 · 감독하고, 배출시설 및 방지시설이 정상적으로 운영되도록 관리하여야 한다.

규칙 **제64조(환경기술인의 관리사항)** 법 제47조제2항에 따라 환경기술인이 관리하여야 할 사항은 다음 각 호와 같다.

1. 폐수배출시설 및 수질오염방지시설의 관리 · 개선에 관한 사항
2. 폐수배출시설 및 수질오염방지시설의 운영에 관한 기록부의 기록 · 보존에 관한 사항
3. 운영일지의 기록 · 보존에 관한 사항
4. 수질오염물질의 측정에 관한 사항
5. 그 밖에 환경오염방지를 위하여 시 · 도지사가 지시하는 사항

③ 사업자는 제2항에 따른 환경기술인의 관리사항을 감독하여야 한다.

④ 사업자 및 배출시설과 방지시설에 종사하는 사람은 배출시설과 방지시설의 정상적인 운영 · 관리를 위한 환경기술인의 업무를 방해하여서는 아니 되며, 그로부터 업무 수행에 필요한 요청을 받았을 때에는 정당한 사유가 없으면 이에 따라야 한다.

⑤ 제1항에 따라 환경기술인을 두어야 할 사업장의 범위와 환경기술인의 자격기준은 대통령령으로 정한다. [전문개정 2013.7.30.]

제2절 공공폐수처리시설

제48조(공공폐수처리시설의 설치) ① 국가 · 지방자치단체 및 한국환경공단은 수질오염이 악화되어 환경기준을 유지하기 곤란하거나 물환경 보전에 필요하다고 인정되는 지역의 각 사업장에서 배출되는 수질오염물질을 공동으로 처리하여 공공수역에 배출하게 하기 위하여 폐수종말처리시설을 설치 · 운영할 수 있으며, 국가와 지방자치단체는 다음 각 호의 어느 하나에 해당하는 자에게 폐수종말처리시설을 설치하거나 운영하게 할 수 있다. 이 경우 사업자 또는 그 밖에 수질오염의 원인을 직접 일으킨 자(이하 "원인자"라 한다)는 폐수종말처리시설의 설치 · 운영에 필요한 비용의 전부 또는 일부를 부담하여야 한다.

1. 한국환경공단
2. 「산업입지 및 개발에 관한 법률」 제16조제1항(제5호와 제6호는 제외한다)에 따른 산업단지 개발사업의 시행자
3. 「사회기반시설에 대한 민간투자법」 제2조제7호에 따른 사업시행자
4. 제1호부터 제3호까지의 자에 준하는 폐수종말처리시설의 설치 · 운영 능력을 가진 자로서 대통령령으로 정하는 자

영 제60조(공공폐수처리시설 설치 · 운영사업의 협의사항 등) ① 국가나 지방자치단체는 법 제48조제1항에 따라 법 제48조제1항 각 호의 어느 하나에 해당하는 자에게 공공폐수처리시설을 설치 · 운영하게 하려는 경우에는 그 시설을 설치 · 운영할 자와 다음 각 호의 사항을 협의하여야 한다. [개정 2017.1.17.]

② 법 제48조제1항제4호에서 "대통령령으로 정하는 자"란 다음 각 호의 어느 하나에 해당하는 자를 말한다. 이 경우 공공폐수처리시설사업의 범위는 공공폐수처리시설의 운영사업에만 해당한다. [개정 2019.10.15]

1. 「한국농어촌공사 및 농지관리기금법」에 따른 한국농어촌공사
2. 「한국수자원공사법」에 따른 한국수자원공사
3. 「지방공기업법」에 따른 지방공사 또는 지방공단
4. 「산업집적활성화 및 공장설립에 관한 법률」 제31조에 따라 설립된 산업단지관리공단 또는 입주기업체협의회(단일사업장의 입주 등으로 입주기업체협의회의 설립요건에 미달하는 경우에는 그 입주기업체를 말한다)
5. 삭제 [2019. 10. 15.]

5의2. 「중소기업협동조합법」에 따른 중소기업협동조합(「산업입지 및 개발에 관한 법률」 제2조제8호에 따른 산업단지에 공공폐수처리시설을 설치하는 경우로서 해당 산업단지에 입주하는 중소기업의 90퍼센트 이상이 가입한 경우만 해당한다)

6. 「하수도법」 제19조의2제1항제1호에 따라 공공하수도 관리대행업의 등록을 한 자

② 제1항에 따른 공공폐수처리시설의 종류는 대통령령으로 정한다. [전문개정 2013.7.30.]

영 **제61조(공공폐수처리시설의 종류)** 법 제48조제2항에 따른 공공폐수처리시설의 종류는 다음 각 호와 같다. [개정 2017.1.17.]

1. 산업단지 공공폐수처리시설: 「산업입지 및 개발에 관한 법률」에 따라 지정된 산업단지 또는「국토의 계획 및 이용에 관한 법률」에 따라 지정된 공업지역에 설치되는 공공폐수처리시설
2. 농공단지 공공폐수처리시설:「산업입지 및 개발에 관한 법률」에 따라 지정된 농공단지에 설치되는 공공폐수처리시설
3. 제1호 및 제2호 외의 공공폐수처리시설: 환경부장관이 하천 및 호소의 수질을 보전하기 위하여 폐수종말처리가 필요하다고 인정하여 지정 · 고시하는 지역에 설치되는 공공폐수처리시설

제48조의2(공공폐수처리시설 설치 부담금의 부과 · 징수) ① 제48조에 따라 공공폐수처리시설을 설치 · 운영하는 자(이하 "시행자"라 한다)는 그 시설의 설치에 드는 비용의 전부 또는 일부에 충당하기 위하여 원인자로부터 공공폐수처리시설의 설치 부담금(이하 "공공폐수처리시설 설치 부담금"이라 한다)을 부과 · 징수할 수 있다. [개정 2016.1.27.]

영 **제62조(공공폐수처리시설사업에 드는 비용의 산정)** ① 법 제48조의2제1항에 따른 공공폐수처리시설의 설치에 드는 비용은 그 설치에 필요한 다음 각 호의 비용의 범위에서 정한다. [개정 2017.1.17.]

1. 계획비 및 조사비 2. 본 공사비 및 부대공사비
3. 용지비(보상비를 포함한다) 4. 조작비 및 유지관리비
5. 사무관리비, 지급이자 6. 장비 구입비 및 설치비

② 제1항에 따른 공공폐수처리시설의 설치에 드는 비용은 토지, 건물, 그 밖의 물건 등을 처분하여 얻는 수입금을 제외하고 산정한다.

③ 법 제48조의3제1항에 따른 공공폐수처리시설의 운영에 드는 비용은 그 운영에 필요한 다음 각 호의 비용의 범위에서 정한다.

1. 인건비 2. 전력 사용료 3. 폐수처리 등에 필요한 약품 구입비
4. 슬러지처리비 5. 시설개선충당금 6. 사무관리비, 지급이자

영 **제63조(원인자의 공공폐수처리시설 설치 부담금 및 사용료의 총액)** ① 법 제48조 제1항 후단에 따른 원인자(이하 "원인자"라 한다)에게 부과하는 법 제48조의2 제1항에 따른 공공폐수처리시설의 설치 부담금(이하 "공공폐수처리시설 설치 부담금"이라 한다) 및 법 제

48조의3제1항에 따른 공공폐수처리시설의 사용료(이하 "공공폐수처리시설 사용료"라 한다)는 다음 각 호의 사항을 고려하여 정한다.

1. 원인자의 해당 공공폐수처리시설사업과 관계되는 오염의 정도
2. 오염의 원인이 되는 물질이 축적된 기간
3. 수질오염물질의 원인이 되는 양
4. 공공폐수처리시설사업에 관계되는 시설물을 원인자 외의 자가 이용하는 비용

② 제1항에 따라 원인자에게 부과하는 비용은 전체 공공폐수처리시설사업에 드는 비용에서 「보조금 관리에 관한 법률」에 따른 보조금 및 그 밖에 다른 법률에 따른 보조금을 뺀 금액으로 한다.

③ 제1항과 제2항에 따른 전체 공공폐수처리시설사업에 드는 비용의 일부만을 원인자에게 부과하는 경우에는 법 제48조에 따라 공공폐수처리시설을 설치 · 운영하는 자(이하 "시행자"라 한다)가 부족재원을 충당할 방안을 마련하여야 한다.

② 공공폐수처리시설 설치 부담금의 총액은 시행자가 해당 시설의 설치와 관련하여 지출하는 금액을 초과하여서는 아니 된다. [개정 2016.1.27.]

③ 원인자에게 부과되는 공공폐수처리시설 설치 부담금은 각 원인자의 사업의 종류 · 규모 및 오염물질의 배출 정도 등을 기준으로 하여 정한다. [개정 2016.1.27.]

영 제64조(원인자별 공공폐수처리시설 설치 부담금 및 사용료 결정기준) 법 제48조의2제1항 및 제48조의3제1항에 따라 각 원인자에게 부과하는 공공폐수처리시설설치 부담금 및 공공폐수처리시설 사용료는 해당 공공폐수처리시설사업으로 인한 수질오염에 대한 다음 각 호의 사항을 고려하여 전체 원인자에게 부과하여야 할 공공폐수처리시설 설치 부담금의 총액 및 공공폐수처리시설 사용료의 총액을 각각 배분한 금액으로 한다. [개정 2017.1.17.]

1. 수질오염의 원인이 되는 시설의 종류 및 규모
2. 배출되는 수질오염물질의 양과 질
3. 수질오염물질 처리비용
4. 자본금, 종업원 수, 연간 제품생산량 및 매출액 등을 고려한 사업 규모

④ 국가와 지방자치단체는 이 법에 따른 중소기업자의 비용부담으로 인하여 중소기업자의 생산활동과 투자의욕이 위축되지 아니하도록 세제상 또는 금융상 필요한 지원 조치를 할 수 있다.

⑤ 제1항부터 제3항까지의 규정에 따른 공공폐수처리시설 설치 부담금의 산정방법, 부과 · 징수의 방법 및 절차, 그 밖에 필요한 사항은 대통령령으로 정한다. [개정 2016.1.27.]

영 제65조(공공폐수처리시설 설치 부담금 및 사용료의 부과 · 징수절차 등) ① 시행자가 공공

폐수처리시설 설치 부담금 및 공공폐수처리시설 사용료를 부과 · 징수하려는 경우에는 납부의무자에게 공공폐수처리시설 설치 부담금 및 공공폐수처리시설 사용료의 금액, 납부기간, 납부장소, 그 밖에 필요한 사항을 서면으로 알려야 한다. 이 경우 공공폐수처리시설 설치 부담금을 부과 · 징수하려는 경우에는 법 제51조제2항에 따른 배수설비를 설치하여 사용을 개시한 날부터 60일 이내에 알려야 한다. [개정 2019.10.15.]

② 제1항에 따른 통지를 받은 납부의무자는 통지 내용에 이의가 있는 경우에는 납부기한 7일 전까지 환경부령으로 정하는 바에 따라 시행자에게 이의를 신청할 수 있다.

영 **제65조의2(공공폐수처리시설 설치 부담금 및 사용료의 징수유예 · 분할납부 등)** ① 공공폐수처리시설 설치 부담금 및 공공폐수처리시설 사용료의 납부의무자는 다음 각 호의 어느 하나에 해당하는 사유가 있는 경우에는 납부기한 7일 전까지 시행자에게 공공폐수처리시설 설치 부담금 및 공공폐수처리시설 사용료의 징수유예 또는 분할납부를 신청할 수 있다.

1. 천재지변이나 그 밖의 재해를 입어 사업자의 재산에 심각한 손실이 발생한 경우
2. 뚜렷한 손실을 입어 사업이 중대한 위기에 처한 경우
3. 제1호 또는 제2호에 준하는 사정이 있는 경우

② 제1항에 따른 신청을 받은 시행자는 같은 항 각 호에 해당하는 사유로 납부기한까지 공공폐수처리시설 설치 부담금 및 공공폐수처리시설 사용료를 납부할 수 없다고 인정되는 경우에는 공공폐수처리시설 설치 부담금 및 공공폐수처리시설 사용료의 징수를 유예하거나 분할납부를 하게 할 수 있다. 이 경우 징수유예의 기간은 유예처분을 한 날의 다음 날부터 12개월 이내로 하며, 징수유예기간 중 분할납부 횟수는 12회 이내로 한다.

③ 제1항에 따른 신청을 받은 시행자는 환경부령으로 정하는 바에 따라 징수유예 · 분할납부 신청에 대한 결과를 신청인에게 통지해야 한다.

④ 시행자는 제2항에 따라 징수유예를 하는 경우에는 징수유예를 받은 자에게 징수유예금액에 상당하는 담보를 제공하거나 담보의 보전에 필요한 조치를 하도록 명할 수 있다.

⑤ 제1항부터 제4항까지에서 규정한 사항 외에 공공폐수처리시설 설치 부담금 및 공공폐수처리시설 사용료의 징수유예 및 분할납부에 필요한 사항은 환경부령으로 정한다.

제48조의3(공공폐수처리시설의 사용료의 부과 · 징수) ① 시행자는 공공폐수처리시설의 운영에 드는 비용의 전부 또는 일부를 충당하기 위하여 원인자로부터 공공폐수처리시설의 사용료(이하 "공공폐수처리시설 사용료"라 한다)를 부과 · 징수할 수 있다.

② 원인자에게 부과되는 공공폐수처리시설 사용료는 각 원인자의 사업의 종류 · 규모 및 오염물질의 배출 정도 등을 기준으로 하여 정한다.

③ 제1항에 따라 징수한 공공폐수처리시설 사용료는 공공폐수처리시설에 관한 용도 외에는 사용할

수 없다.

④ 제1항 및 제2항에 따른 공공폐수처리시설 사용료의 산정 방법, 부과 · 징수의 방법과 절차 및 그 밖에 필요한 사항은 대통령령으로 정한다.

제49조(공공폐수처리시설 기본계획) ① 환경부장관은 제48조제1항에 따라 공공폐수처리시설을 설치(변경을 포함한다)할 때에는 기본계획을 수립하여야 한다. [개정 2016.1.27.]

② 시행자(환경부장관은 제외한다)가 제48조제1항에 따라 공공폐수처리시설을 설치(변경을 포함한다)하려는 경우에는 대통령령으로 정하는 바에 따라 공공폐수처리시설 기본계획을 수립하여 환경부장관의 승인을 받아야 한다. [개정 2016.1.27.]

영 제66조(공공폐수처리시설 기본계획 승인 등) ① 시행자(환경부장관은 제외한다. 이하 이 조에서 같다)는 법 제49조제2항에 따라 공공폐수처리시설을 설치하거나 변경하려는 경우에는 다음 각 호의 사항이 포함된 기본계획을 수립하여 환경부령으로 정하는 바에 따라 환경부장관의 승인을 받아야 한다. [개정 2017.1.17.]

1. 공공폐수처리시설에서 처리하려는 대상 지역에 관한 사항
2. 오염원분포 및 폐수배출량과 그 예측에 관한 사항
3. 공공폐수처리시설의 폐수처리계통도, 처리능력 및 처리방법에 관한 사항
4. 공공폐수처리시설에서 처리된 폐수가 방류수역의 수질에 미치는 영향에 관한 평가
5. 공공폐수처리시설의 설치 · 운영자에 관한 사항
6. 공공폐수처리시설 설치부담금 및 공공폐수처리시설 사용료의 비용부담에 관한 사항
7. 제62조에 따른 총사업비, 분야별 사업비 및 그 산출근거
8. 연차별 투자계획 및 자금조달계획
9. 토지 등의 수용 · 사용에 관한 사항
10. 그 밖에 공공폐수처리시설의 설치 · 운영에 필요한 사항

② 시행자는 다음 각 호의 어느 하나에 해당하는 경우에는 법 제49조제2항에 따라 환경부장관에게 공공폐수처리시설 기본계획의 변경승인을 받아야 한다.

1. 법 제49조제3항에 따라 지정 공공폐수처리구역 내에서 공공폐수처리시설의 위치를 변경하려는 경우
2. 공공폐수처리시설의 처리용량을 100분의 20 이상 변경하려는 경우(누적된 변경으로 처리용량이 100분의 20 이상이 되는 경우를 포함하며, 1일 처리용량이 500세제곱미터 이상인 공공폐수처리시설만 해당한다)
3. 법 제49조제3항에 따라 지정된 공공폐수처리구역 면적을 100분의 10 이상 확장하려는 경우(누적된 변경으로 확장하는 면적이 100분의 10 이상이 되는 경우를 포함한다)

4. 공공폐수처리시설의 설치 공사의 총사업비를 100분의 20 이상 증액하려는 경우(누적된 변경으로 증액하는 총사업비가 100분의 20 이상이 되는 경우를 포함한다)
5. 인근 지역으로부터 분뇨, 폐기물처리시설의 침출수 등을 1일 100세제곱미터 이상 유입시켜 처리하려는 경우
6. 공공폐수처리시설을 재설치하려는 경우
7. 영양염류(營養鹽類: 인 · 질소 등 염류의 총칭을 말한다)를 처리하기 위하여 공공폐수처리시설을 개량하려는 경우

규칙 제65조(공공폐수처리시설 기본계획의 승인) ① 법 제48조에 따라 공공폐수처리시설을 설치 · 운영하는 자(이하 "시행자"라 한다)는 법 제49조제2항에 따라 공공폐수처리시설 기본계획의 승인 또는 변경승인을 받으려면 별지 제31호서식의 공공폐수처리시설 기본계획 승인신청서 또는 변경승인 신청서에 공공폐수처리시설 기본계획서 원본 1부 및 사본 4부를 첨부하여 유역환경청장 또는 지방환경청장에게 제출하여야 한다.

규칙 제66조 생략으로 인한 법제처 참조 [개정 2017.1.19.]

③ 환경부장관은 제1항 및 제2항에 따라 공공폐수처리시설 기본계획을 수립하거나 승인(변경승인을 포함한다. 이하 이 조에서 같다)하였을 때에는 공공폐수처리구역을 지정하고 그 지정 내용을 포함한 공공폐수처리시설 기본계획의 수립 또는 승인 내용을 고시하여야 하며, 그 사업예정지역을 관할하는 특별자치시장 · 특별자치도지사 · 시장 · 군수 · 구청장에게 공공폐수처리시설 기본계획서 사본을 송부하여야 한다. [개정 2016.1.27.]

규칙 제67조(공공폐수처리시설 기본계획의 고시) 환경부장관이 법 제49조제3항에 따라 공공폐수처리시설 기본계획을 수립하거나 승인 또는 변경승인을 한 경우에는 다음 각 호의 사항을 고시하여야 한다. [개정 2017.1.19.]

1. 영 제66조제1항 각 호의 사항 (법제처 참조)
2. 영 제66조제2항 각 호의 사항 (법제처 참조)
3. 공공폐수처리시설 기본계획서의 열람 장소 및 열람 기간
4. 그 밖에 이해관계인에게 알릴 필요가 있는 사항

④ 제3항에 따라 공공폐수처리시설 기본계획서 사본을 송부받은 특별자치시장 · 특별자치도지사 · 시장 · 군수 · 구청장은 지체 없이 이를 이해관계인이 열람할 수 있게 하여야 한다.

규칙 제68조(공공폐수처리시설 기본계획서의 열람) ① 법 제49조제4항에 따라 관할 시장 · 군

수 · 구청장은 공공폐수처리시설 기본계획서의 사본을 30일 이상 갖추어 두고 이해관계인이 열람할 수 있도록 하여야 한다.

② 공공폐수처리시설 기본계획에 대한 이해관계인은 열람기간 만료일부터 7일 이내에 관할 시장 · 군수 · 구청장을 거쳐 시행자에게 의견을 제출할 수 있다.

③ 제2항에 따라 의견을 받은 시행자는 제출된 의견에 대한 조치계획을 작성하여 환경부장관에게 제출하고, 필요한 조치를 하여야 한다.

⑤ 제2항에 따라 기본계획의 승인을 받은 후 공공폐수처리시설을 설치하려는 자는 환경부령으로 정하는 바에 따라 그 기본설계 및 실시설계에 승인 내용을 반영하여야 한다.

규칙 **제69조(공공폐수처리시설 기본계획 승인내용의 반영)** ① 시행자는 법 제49조제5항에 따라 공공폐수처리시설 기본계획의 승인내용을 실시설계에 반영하려 는 경우에는 미리 환경부장관에게 검토를 요청하여야 한다.

② 제1항에 따라 검토를 요청받은 환경부장관은 요청을 받은 날부터 60일 이내에 의견을 통보하여야 한다.

③ 환경부장관은 제2항에 따라 검토를 하는 경우에는 한국환경공단에 기술적 사항을 검토하게 할 수 있다.

④ 제3항에 따른 검토기준 및 절차 등에 관하여 필요한 사항은 환경부장관이 정한다.

제49조의2(비용부담계획) ① 환경부장관이 제49조제1항에 따라 기본계획을 수립하였을 때에는 대통령령으로 정하는 바에 따라 해당 사업에 드는 비용부담에 관한 계획(이하 "비용부담계획"이라 한다)을 수립하고 원인자에게 통지하여야 한다.

영 **제67조(비용부담계획의 수립 및 승인신청)** ① 환경부장관이 법 제49조의2제1항에 따라 비용부담계획을 수립하려는 경우에는 다음 각 호의 사항을 포함하여야 한다. [개정 2017.1.17.]

1. 공공폐수처리시설사업에 필요한 총사업비
2. 사업비부담자 및 그 배분기준
3. 원인자의 범위 및 선정기준
4. 원인자의 부담총액 및 그 산출기준
5. 원인자별 비용부담기준
6. 비용부담에 관하여 필요한 사항
7. 공공폐수처리시설 부담금의 부과 및 징수의 방법과 시기

② 시행자(환경부장관은 제외한다. 이하 이 조에서 같다)가 제66조제1항에 따라 기본계획을 수립한 경우에는 법 제49조의2제2항에 따라 제1항 각 호의 사항이 포함된 비용부담계획을 수립하여 환경부령으로 정하는 바에 따라 환경부장관의 승인을 받아야 한다.

③ 시행자는 다음 각 호의 어느 하나에 해당하는 경우에는 법 제49조의2제2항 후단에 따라 환경부장관에게 비용부담계획의 변경승인을 받아야 한다.
1. 총사업비를 100분의 25 이상 변경하려는 경우
2. 공공폐수처리시설 설치 부담금 또는 공공폐수처리시설 사용료를 100분의 25이상 변경하려는 경우

영 **제68조(비용부담계획의 통지)** 시행자(환경부장관은 제외한다)는 비용부담계획의 승인이나 변경승인을 받으면 지체 없이 제67조제1항 각 호의 사항을 적은 비용부담계획의 요지를 각 원인자에게 알려야 한다.

규칙 **제70조(비용부담계획의 승인)** 법 제49조의2제2항에 따라 비용부담계획의 승인 또는 변경승인을 받으려는 시행자는 별지 제32호서식의 공공폐수처리시설 비용부담계획 승인신청서 또는 변경승인 신청서에 다음 각 호의 서류를 첨부하여 유역환경청장 또는 지방환경청장에게 제출하여야 한다.
1. 비용부담계획서 2부
2. 원인자별 비용부담 세부 내용에 관한 서류 1부
3. 원인자 등 이해관계인과의 협의결과에 관한 서류 1부[전문개정 2018.1.17.]

② 시행자(환경부장관은 제외한다)가 제49조제2항에 따라 폐수종말처리시설 기본계획의 승인을 받았을 때에는 대통령령으로 정하는 바에 따라 비용부담계획을 수립하여 환경부장관의 승인을 받아야 한다. 이를 변경하려는 경우에도 또한 같다.
③ 환경부장관은 제2항에 따라 비용부담계획을 승인하거나 변경승인할 때에는 해당 사업의 시행기간을 정하여야 한다.
④ 시행자(환경부장관은 제외한다)는 제2항에 따라 비용부담계획의 승인 또는 변경승인을 받았을 때에는 이를 원인자에게 통지하여야 한다.

제49조의3(권리 · 의무의 승계) 공공폐수처리시설 설치 부담금의 징수대상이 되는 공장 또는 사업장 등을 양수한 자는 당사자 간에 특별한 약정이 없으면 양수 전에 이 법에 따라 양도자에게 발생한 공공폐수처리시설 설치 부담금에 관한 권리 · 의무를 승계한다.

제49조의4(수용 및 사용) ① 시행자는 공공폐수처리시설 설치에 필요한 토지 · 건물 또는 그 토지에 정착된 물건이나 토지 · 건물 또는 물건에 관한 소유권 외의 권리를 수용하거나 사용할 수 있다.
[개정 2016.1.27.]
② 제1항에 따른 수용 또는 사용에 관하여는 이 법에 특별한 규정이 있는 경우를 제외하고는 「공익사업을 위한 토지 등의 취득 및 보상에 관한 법률」을 적용한다.

③ 제2항에 따라 「공익사업을 위한 토지 등의 취득 및 보상에 관한 법률」을 적용하는 경우 이 법 제49조에 따른 공공폐수처리시설 기본계획의 승인 또는 변경승인은 「공익사업을 위한 토지 등의 취득 및 보상에 관한 법률」 제20조제1항에 따른 사업인정으로 보며, 재결신청(裁決申請)은 같은 법 제23조제1항 및 제28조제1항에도 불구하고 이 법 제49조의2에 따른 비용부담계획의 승인 또는 변경승인 시에 정한 사업의 시행기간 이내에 하여야 한다.

제49조의5(공공폐수처리시설 설치 부담금 및 사용료의 납입) 공공폐수처리시설 설치 부담금(시행자가 국가인 경우만 해당한다) 또는 공공폐수처리시설 사용료(시행자가 국가인 경우만 해당한다)는 「환경정책기본법」에 따른 환경개선특별회계의 세입으로 한다. 다만, 국가가 공공폐수처리시설 운영사업을 제48조제1항에 따라 위탁하여 실시하는 경우에는 그러하지 아니하며, 징수한 공공폐수처리시설 사용료를 수탁자에게 지급하여야 한다.

제49조의6(강제징수) ① 시행자는 공공폐수처리시설 설치 부담금 또는 공공폐수처리시설 사용료를 내야 할 자가 납부기한까지 내지 아니하는 경우에는 10일 이상의 기간을 정하여 독촉하여야 한다. 이 경우 체납된 공공폐수처리시설 설치 부담금 또는 공공폐수처리시설 사용료에 대해서는 100분의 3에 해당하는 가산금을 부과하여야 한다. [개정 2016.1.27.]

② 제1항에 따라 독촉을 받은 자가 그 기한까지 공공폐수처리시설 설치 부담금 또는 공공폐수처리시설 사용료를 내지 아니하면 국세 또는 지방세 체납처분의 예에 따라 징수할 수 있다. 이 경우 제48조제1항 각 호의 자(이하 "한국환경공단등"이라 한다)가 시행자인 경우에는 미리 환경부장관의 승인을 받아야 한다. [개정 2016.1.27.]

③ 한국환경공단등은 대통령령으로 정하는 바에 따라 특별자치시장 · 특별자치도지사 · 시장 · 군수 · 구청장에게 공공폐수처리시설 설치 부담금 또는 공공폐수처리시설 사용료의 징수업무를 위탁할 수 있으며, 이를 위탁받은 특별자치시장 · 특별자치도지사 · 시장 · 군수 · 구청장은 지방세 체납처분의 예에 따라 징수하여야 한다. 이 경우 한국환경공단등은 징수된 금액 중 일부를 대통령령으로 정하는 바에 따라 징수비용으로 지급하여야 한다. [개정 2016.1.27.]

> 영 **제69조(공공폐수처리시설 설치 부담금 및 사용료의 징수 위탁)** ① 법 제48조제1항 각 호의 자는 법 제49조의6제3항에 따라 시장 · 군수 또는 구청장에게 공공폐수처리시설 설치 부담금 및 공공폐수처리시설 사용료의 징수업무를 위탁하려는 경우에는 납부자의 성명, 주소, 부과금액, 부과사유, 납부기한, 그 밖에 필요한 사항을 적은 징수위탁서를 보내야 한다. [개정 2017.1.17.]
>
> ② 제1항에 따라 징수를 위탁받은 시장 · 군수 또는 구청장은 징수한 부담금의 100분의 5에 상당하는 금액을 징수비용으로 남기고, 그 나머지 금액을 지체 없이 위탁한 자에게 납입하여야 한다.

제49조의7(보고 등) 시행자는 제49조 및 제49조의2에 따른 기본계획 및 비용부담계획을 수립하기 위하여 필요하다고 인정될 때에는 공공폐수처리구역의 원인자에 대하여 필요한 보고 또는 자료 제출을 요구할 수 있다. 이 경우 원인자는 특별한 사유가 없으면 이에 따라야 한다. [개정 2016.1.27.]

제50조(공공폐수처리시설의 운영 · 관리 등) ① 공공폐수처리시설을 운영하는 자는 강우 · 사고 또는 처리공법상 필요한 경우 등 환경부령으로 정하는 정당한 사유 없이 다음 각 호의 어느 하나에 해당하는 행위를 하여서는 아니 된다. [개정 2016.1.27.]

1. 제51조제2항에 따른 폐수관로로 유입된 수질오염물질을 공공폐수처리시설에 유입하지 아니하고 배출하거나 공공폐수처리시설에 유입시키지 아니하고 배출할 수 있는 시설을 설치하는 행위
2. 공공폐수처리시설에 유입된 수질오염물질을 최종 방류구를 거치지 아니하고 배출하거나 최종 방류구를 거치지 아니하고 배출할 수 있는 시설을 설치하는 행위
3. 공공폐수처리시설에 유입된 수질오염물질에 오염되지 아니한 물을 섞어 처리하거나 방류수 수질기준을 초과하는 수질오염물질이 공공폐수처리시설의 최종 방류구를 통과하기 전에 오염도를 낮추기 위하여 물을 섞어 배출하는 행위

규칙 제70조의2(공공폐수처리시설의 운영 · 관리의 예외) 공공폐수처리시설을 운영하는 자는 법 제50조제1항 각 호 외의 부분에 따라 강우, 재해 또는 사고 등 불가항력적인 사유가 발생한 경우에는 폐수를 공공폐수처리시설을 거치지 아니하고 법 제21조의4제1항에 따른 완충저류시설에 유입할 수 있으며, 공공폐수처리시설의 증설, 개축 또는 보수 등을 위하여 관할 유역환경청장 또는 지방환경청장과 미리 협의한 경우에는 공공폐수처리시설에 유입시키지 아니하고 배출할 수 있는 시설을 설치할 수 있다.

② 공공폐수처리시설을 운영하는 자는 환경부령으로 정하는 유지 · 관리기준에 따라 그 시설을 적정하게 운영하여야 한다. [개정 2016.1.27.]

규칙 제71조(공공폐수처리시설의 유지 · 관리기준) 법 제50조제2항에 따른 공공폐수처리시설의 유지 · 관리기준은 별표 15와 같다. ✓실전문제

실전문제 다음은 공공폐수처리시설의 유지 · 관리기준에 관한 사항이다. ( )안에 옳은 내용은?

> 처리시설의 관리, 운영자는 처리시설의 적정 운영여부를 확인하기 위하여 방류수 수질검사를 (㉠) 실시하되, 1일당 2,000㎥ 이상인 시설은 (㉡) 실시하여야 한다. 다만, 생태독성(TU) 검사는 (㉢) 실시하여야 한다.

① ㉠ 월 1회 이상, ㉡ 주 1회 이상, ㉢ 월 2회 이상
② ㉠ 월 1회 이상, ㉡ 월 2회 이상, ㉢ 월 1회 이상
❸ ㉠ 월 2회 이상, ㉡ 주 1회 이상, ㉢ 월 1회 이상
④ ㉠ 월 2회 이상, ㉡ 월 1회 이상, ㉢ 주 1회 이상

실전문제 다음은 공공폐수처리시설의 유지, 관리 기준에 관한 내용이다. ( )안에 옳은 내용은?

> 처리시설의 가동시간, 폐수방류량, 약품투입량, 관리 운영자, 그 밖에 처리시설의 운영에 관한 주요사항을 사실대로 매일 기록하고 이를 최종 기록한 날부터 ( )일 보존하여야 한다.

❶ 1년간 ② 2년간
③ 3년간 ④ 5년간

실전문제 공공폐수처리시설의 관리 · 운영자가 처리시설의 적정운영 여부 확인을 위한 방류수 수질검사 실시기준으로 옳은 것은?(단, 시설규모는 1,000㎥/day 이며, 수질은 현저히 악화되지 않았음)

❶ 방류수 수질검사 월 2회 이상 ② 방류수 수질검사 월 1회 이상
③ 방류수 수질검사 매분기 1회 이상 ④ 방류수 수질검사 매반기 1회 이상

③ 환경부장관은 공공폐수처리시설의 운영 · 관리에 관한 평가를 정기적으로 실시할 수 있으며, 평가 지표 · 방법 등 평가에 필요한 사항은 환경부장관이 정하여 고시한다.

④ 환경부장관은 공공폐수처리시설이 제2항에 따른 기준에 맞지 아니하게 운영 · 관리되고 있다고 인정할 때에는 대통령령으로 정하는 바에 따라 기간을 정하여 해당 시설을 운영하는 자에게 그 시설의 개선 등 필요한 조치를 할 것을 명할 수 있다. [개정 2016.1.27.]

영 제70조(공공폐수처리시설의 개선 등 명령의 이행조치기간) ① 환경부장관은 법 제50조제4항에 따라 시설의 개선 등 필요한 조치를 할 것을 명령하는 경우에는 개선 등에 필요한 기간을 고려하여 1년의 범위에서 조치기간을 정하여야 한다.

② 법 제50조제4항에 따라 조치명령을 받은 자는 천재지변이나 그 밖의 부득이한 사유로 제1항에 따른 기간에 조치를 마칠 수 없으면 그 기간이 끝나기 전에 환경부장관에게 1년의 범위에서 개선기간 연장을 신청할 수 있다.

⑤ 환경부장관은 제3항에 따른 공공폐수처리시설의 운영 · 관리에 관한 평가 결과 우수한 시행자에게 예산의 범위에서 포상금을 지급할 수 있으며, 포상금의 지급 기준 · 절차 등 포상금의 지급에 필요한 사항은 환경부령으로 정한다.

규칙 **제71조의2(공공폐수처리시설 운영 등에 대한 포상금의 지급)** ① 유역환경청장 또는 지방환경청장은 법 제50조제5항에 따라 다음 각 호의 사항을 고려하여 5천만원의 범위에서 우수한 시행자에게 포상금을 지급할 수 있다.

1. 폐수 유입률 및 폐수처리의 효율 제고 등 공공폐수처리시설의 운영실적
2. 법 제48조제1항 후단에 따른 원인자를 관리하는 전산시스템 구축 등 공공폐수처리시설의 관리실적
3. 방류수 수질기준 초과 횟수 및 안전사고의 발생 횟수

② 유역환경청장 또는 지방환경청장은 법 제50조제3항에 따라 공공폐수처리시설의 운영 · 관리에 관한 평가를 완료한 후 60일 이내에 포상금의 지급 여부를 결정하여 포상금 지급 대상자에게 통보하여야 한다.

③ 제1항 및 제2항에 따른 포상금의 세부 금액, 지급 시기 및 절차 등에 관하여 필요한 사항은 환경부장관이 정하여 고시한다. [본조신설 2017.1.19]

[규칙 별표15]

공공폐수처리시설의 유지 · 관리기준(제71조 관련)

1. 처리시설을 정상적으로 가동하여 배출되는 수질오염물질이 폐수종말처리시설의 방류수 수질기준에 적합하도록 하여야 한다.
2. 법 제50조제3항에 따른 개선 등 조치명령을 받지 아니한 운영자가 부득이하게 방류수 수질기준을 초과하여 수질오염물질을 배출하게 되는 경우에는 처리시설의 개선사유, 개선기간, 개선하려는 내용, 개선기간 중의 수질오염물질 예상배출량 및 배출농도 등을 적은 개선계획서를 유역환경청장 또는 지방환경청장에게 제출하고 처리시설을 개선하여야 한다.
3. 처리시설의 가동시간, 폐수방류량, 약품투입량, 관리 · 운영자, 그 밖에 처리시설의 운영에 관한 주요사항을 사실대로 매일 기록하고 이를 최종기록한 날부터 1년간 보존하여야 한다.
4. 처리시설에서 배출되는 수질오염물질의 양을 측정할 수 있는 기기를 부착하는 등 필요한 조치를 하여야 한다.
5. 처리시설의 관리 · 운영자는 방류수 수질기준 항목(법 제38조의2에 따라 측정기기를 부착하여 법 제38조의5에 따라 관제센터로 측정자료가 전송되는 항목은 제외한다)에 대한 방류수 수질검사를 다음과 같이 실시하여야 한다.
   가. 처리시설의 적정 운영 여부를 확인하기 위하여 방류수수질검사를 월 2회 이상 실시하되, 1일당 2천 ㎥ 이상인 시설은 주 1회 이상 실시하여야 한다. 다만, 생태독성(TU) 검사는 월 1회 이상 실시하여야 한다.
   나. 방류수의 수질이 현저하게 악화되었다고 인정되는 경우에는 수시로 방류수수질검사를 하여야 한다.

제50조의2(기술진단 등) ① 시행자는 공공폐수처리시설의 관리상태를 점검하기 위하여 5년마다 해당 공공폐수처리시설에 대하여 기술진단을 하고, 그 결과를 환경부장관에게 통보하여야 한다.

규칙 제71조의3(기술진단의 대상 및 내용 등) ① 시행자가 해당 공공폐수처리시설에 대하여 법 제50조의2제1항에 따른 기술진단(이하 이 조에서 "기술진단"이라 한다)을 실시하는 경우에는 다음 각 호의 내용을 포함하여야 한다.

1. 공공폐수처리시설에 유입되는 수질오염물질의 특성 조사
2. 공정별 처리효율 분석
3. 시설의 유지 및 관리 방안
4. 시설 및 운영 현황 점검과 그에 따른 문제점 및 개선방안

② 시행자는 기술진단을 실시한 결과 관리상태가 적정하지 아니한 경우에는 기술진단 결과를 통보받은 날부터 30일 이내에 법 제50조의2제3항에 따라 개선계획을 수립하고, 기술진단 결과를 첨부하여 관할 유역환경청장 또는 지방환경청장에게 보고하여야 한다.

③ 법 제50조의2제2항 본문에 따라 기술진단을 대행하는 자가 기술진단을 대행하는데 드는 비용은 인건비, 여비 및 시험 · 분석비 등으로 하되, 기술진단 대상의 범위 · 종류 · 규모 등을 고려하여 환경부장관이 정하여 고시한다.

② 시행자는 한국환경공단 또는 「하수도법」 제20조의2에 따른 기술진단전문기관(이하 "기술진단전문기관"이라 한다)으로 하여금 제1항에 따른 기술진단을 대행하게 할 수 있다. 다만, 해당 공공폐수처리시설을 위탁하여 운영하고 있는 경우에는 기술진단을 대행하게 할 수 없다.
③ 시행자는 제1항에 따른 기술진단의 결과 관리상태가 적정하지 아니한 때에는 개선계획 수립 및 시행 등 필요한 조치를 하여야 한다.
④ 기술진단전문기관이 공공폐수처리시설에 대하여 기술진단을 실시하는 경우 「하수도법」 제20조의2 및 제20조의4를 준용한다.
⑤ 제1항에 따른 기술진단의 대상 및 내용 등에 필요한 사항은 환경부령으로 정한다.

제51조(배수설비의 설치 및 관리 등) ① 시행자는 사업장의 폐수를 공공폐수처리시설로 유입시키기 위하여 폐수관로를 설치 · 관리하여야 한다.

> **영** **제71조(공공폐수처리시설에 폐수를 유입하여야 하는 자의 범위)** 법 제51조제2항에서 "대통령령으로 정하는 자"란 그 공공폐수처리시설에서 처리하는 수질오염물질을 배출하기 위하여 방류수수질기준을 초과하여 폐수를 배출하려는 자를 말한다.

② 공공폐수처리구역에서 배출시설을 설치하려는 자 및 폐수를 배출하려는 자 중 대통령령으로 정하는 자는 해당 사업장에서 배출되는 폐수를 폐수관로로 유입시켜야 하며, 이에 필요한 배수관거 등 배수설비를 설치 · 관리하여야 한다.

> **규칙** **제72조(폐수관로 및 배수설비의 설치방법 등)** 법 제51조제3항에 따른 폐수관로 및 배수설비의 설치방법 · 구조기준 등은 별표 16과 같다. ✓실전문제

③ 제1항 및 제2항에 따라 설치하여야 하는 폐수관로 및 배수설비의 설치방법, 구조기준 등은 환경부령으로 정한다. 다만, 다른 법령에서 이에 관하여 규정한 경우에는 그 규정에 따른다.
④ 한국환경공단등은 유입되는 폐수의 관리 등을 위하여 필요한 경우 환경부장관 또는 시 · 도지사에게 공공폐수처리시설에 폐수를 유입하는 자에 대하여 제68조제1항에 따른 검사를 실시할 것을 요청할 수 있다.

실전문제 **공동처리구역에서 배출시설을 설치하고자 하는 자 및 폐수를 배출하고자 하는 자 중에 대통령령으로 정하는 자는 해당 사업장에서 배출되는 폐수를 공공폐수처리시설에 유입하여야 하며 이에 필요한 배수 관거 등 배수설비를 설치하여야 한다. 이 배수설비의 설치방법, 구조기준에 관한 내용으로 옳지 않은 것은?**

① 시간당 최대폐수량이 일평균 폐수량의 2배 이상인 사업자는 자체적으로 유량조정조를 설치하여야 한다.
② 순간수질과 일평균수질과의 격차가 리터당 100mg 이상인 시설의 사업자는 자체적으로 유량조정조를 설치하여야 한다.
❸ 배수관입구에는 유효간격 1.0mm 이하의 스크린을 설치하여야 한다.
④ 배수관의 관경은 내경 150mm 이상으로 하여야 한다.

[규칙 별표16]

배수설비의 설치방법 · 구조기준 등(제72조 관련)

1. 배수관의 관경은 내경 150mm 이상으로 하여야 한다.
2. 배수관은 우수관과 분리하여 빗물이 혼합되지 아니하도록 설치하여야 한다.
3. 배수관의 기점 · 종점 · 합류점 · 굴곡점과 관경(管徑) · 관종(管種)이 달라지는 지점에는 맨홀을 설치하여야 하며, 직선인 부분에는 내경의 120배 이하의 간격으로 맨홀을 설치하여야 한다.
4. 배수관 입구에는 유효간격 10mm 이하의 스크린을 설치하여야 하고, 다량의 토사를 배출하는 유출구에는 적당한 크기의 모래받이를 각각 설치하여야 하며, 배수관 · 맨홀 등 악취가 발생할 우려가 있는 시설에는 방취(防臭)장치를 설치하여야 한다.
5. 사업장에서 공공폐수처리시설까지로 폐수를 유입시키는 배수관에는 유량계 등 계량기를 부착하여야 한다.
6. 시간당 최대폐수량이 일평균폐수량의 2배 이상인 사업자와 순간수질과 일평균수질과의 격차가 리터당 100mg 이상인 시설의 사업자는 자체적으로 유량조정조를 설치하여 폐수종말처리시설 가동에 지장이 없도록 폐수배출량 및 수질을 조정한 후 배수하여야 한다.

제3절 생활하수 및 가축분뇨의 관리

제52조(생활하수 및 가축분뇨의 관리) 생활하수 및 가축분뇨의 관리는「하수도법」 및「가축분뇨의 관리 및 이용에 관한 법률」에 따른다. [전문개정 2013.7.30.]

제4장 비점오염원의 관리

제53조(비점오염원의 설치신고 · 준수사항 · 개선명령 등) ① 다음 각 호의 어느 하나에 해당하는 자는 환경부령으로 정하는 바에 따라 환경부장관에게 신고하여야 한다. 신고한 사항 중 대통령령으로 정하는 사항을 변경하려는 경우에도 또한 같다.

1. 대통령령으로 정하는 규모 이상의 도시의 개발, 산업단지의 조성, 그 밖에 비점오염원에 의한 오염을 유발하는 사업으로서 대통령령으로 정하는 사업을 하려는 자
2. 대통령령으로 정하는 규모 이상의 사업장에 제철시설, 섬유염색시설, 그 밖에 대통령령으로 정하는 폐수배출시설을 설치하는 자
3. 사업이 재개(再開)되거나 사업장이 증설되는 등 대통령령으로 정하는 경우가 발생하여 제1호 또는 제2호에 해당되는 자

영 **제72조(비점오염원의 신고대상 사업 및 시설)** ① 법 제53조제1항제1호에 따른 도시의 개발사업 및 산업단지의 조성사업은 「환경영향평가법 시행령」 별표 3의 제1호 및 제2호에 해당하는 사업으로 한다. [개정 2012.7.20.]

② 법 제53조제1항제1호에서 "대통령령으로 정하는 사업"이란 「환경영향평가법시행령」 별표 3의 제3호부터 제17호까지에 해당하는 사업을 말한다. 다만, 「환경영향평가법 시행령」 별표 3의 제4호 또는 제10호에 해당하는 사업 중 「공유수면 관리 및 매립에 관한 법률」 제2조제1호가목의 바다에서만 시행하는 사업은 제외한다. [개정 2015.5.26.]

③ 법 제53조제1항제2호에서 "대통령령이 정하는 규모 이상의 사업장"이란 부지면적이 1만 ㎡ 이상인 사업장을 말한다.

④ 법 제53조제1항제2호에서 "대통령령이 정하는 폐수배출시설"이란 「통계법」 제22조에 따른 표준분류 중 다음 각 호의 어느 하나의 업종에 해당하는 사업장에 설치하는 폐수배출시설을 말한다.

1. 목재 및 나무제품 제조업 2. 펄프 · 종이 및 종이제품 제조업
3. 코크스 · 석유정제품 및 핵연료 제조업 4. 화합물 및 화학제품 제조업
5. 고무 및 플라스틱제품 제조업 6. 비금속광물제품 제조업
7. 제1차 금속산업 8. 석탄, 원유 및 우라늄 광업 9. 금속 광업
10. 비금속광물 광업(연료용은 제외한다) 11. 음 · 식료품 제조업
12. 전기업, 가스업 및 증기업 13. 도매업 및 상품 중개업
14. 하수처리업, 폐기물처리업 및 청소 관련 서비스업

⑤ 법 제53조제1항제3호에서 "대통령령이 정하는 경우"란 다음 각 호와 같다.

1. 「환경영향평가법 시행령」 제54조에 해당되어 같은 법 제32조에 따른 평가서의 재

작성 · 재협의의 대상이 되는 경우

2. 법 제33조제2항 및 제3항에 따라 변경허가를 받거나 변경신고를 하는 사업장으로서 부지면적이 100분의 30 이상 증가하는 경우

영 제73조(비점오염원의 변경신고) 법 제53조제1항 각 호 외의 부분 후단에 따라 변경신고를 하여야 하는 경우는 다음 각 호의 경우를 말한다. [개정 2017.1.17.]

1. 상호 · 대표자 · 사업명 또는 업종의 변경
2. 총 사업면적 · 개발면적 또는 사업장 부지면적이 처음 신고면적의 100분의 15 이상 증가하는 경우
3. 비점오염저감시설의 종류, 위치, 용량이 변경되는 경우. 다만, 시설의 용량이 처음 신고한 용량의 100분의 15 미만 변경되는 경우는 제외한다.
4. 비점오염원 또는 비점오염저감시설의 전부 또는 일부를 폐쇄하는 경우. 다만, 법 제53조제1항제1호에 따른 사업의 경우 공사 중에 발생하는 비점오염물질을 처리하기 위한 비점오염저감시설을 공사 완료에 따라 전부 또는 일부 폐쇄하는 경우는 제외한다.

실전문제 비점오염원의 변경신고를 하는 경우에 대한 기준으로 옳은 것은?

① 총 사업면적, 개발면적 또는 사업장 부지면적이 처음 신고면적의 100분의 10이상 증가하는 경우
❷ 총 사업면적, 개발면적 또는 사업장 부지면적이 처음 신고면적의 100분의 15이상 증가하는 경우
③ 총 사업면적, 개발면적 또는 사업장 부지면적이 처음 신고면적의 100분의 25이상 증가하는 경우
④ 총 사업면적, 개발면적 또는 사업장 부지면적이 처음 신고면적의 100분의 30이상 증가하는 경우

규칙 제73조(비점오염원 설치신고의 절차) ① 법 제53조제1항 각 호에 따른 사업을 하려는 자는 다음 각 호의 구분에 따른 기한까지 환경부장관에게 신고하여야 한다. [개정 2017.1.19.]

1. 법 제53조제1항제1호 또는 영 제72조제5항제1호에 따른 환경영향평가 대상 사업자 : 「환경영향평가법」 제30조제3항에 따라 승인등을 받거나 사업계획을 확정한 날부터 60일 이내
2. 법 제53조제1항제2호 또는 영 제72조제5항제2호에 따른 폐수배출시설 설치 사업자 : 폐수배출시설 설치허가 또는 변경허가를 받거나 신고 또는 변경신고를 한 날부터 30일 이내

② 법 제53조제1항 각 호 외의 부분 전단에 따라 비점오염원의 설치신고를 하려는 자는 별지 제33호서식의 비점오염원 설치신고서에 다음 각 호의 서류를 첨부하여 유역환경청장이나 지방환경청장에게 제출하여야 한다. 다만, 비점오염원의 설치신고 대상 사업 또는 시설이 둘 이상의 유역환경청 또는 지방환경청의 관할구역에 걸쳐 있는 경우에는 그 면적 또는 길이 등이 많이 포함되는 지역을 관할하는 유역환경청장이나 지방환경청장에게 신고를 하여야 하고, 신고를 받은 유역환경청장이나 지방환경청장은 다른 지역을 관할하는 유역환경청장이나 지방환경청장에게 신고내용을 알려야 한다. [개정 2014.12.31.]

③ 제1항에 따라 신고를 받은 유역환경청장이나 지방환경청장은 별지 제34호 서식의 비점오염원 설치신고증명서를 신청인에게 발급하여야 한다.

④ 사업자는 법 제53조제1항 각 호 외의 부분 후단에 따라 대상 사업 또는 시설과 관련한 변경사항에 대하여 관계 법령에 따른 승인 · 인가 · 허가 · 면허 또는 결정 등(이하 이 항에서 "변경승인등"이라 한다)을 받아야 하는 경우에는 변경승인 등을 받은 날(변경승인등이 필요없는 경우에는 변경사실이 발생한 날)부터 15일 이내에 별지 제35호서식의 비점오염원 설치변경신고서에 비점오염원 설치신고증명서 및 변경내용을 증명하는 서류를 첨부하여 유역환경청장이나 지방환경청장에게 제출하여야 한다. 다만, 변경사항이 영 제73조제1호에 해당하는 경우에는 30일 이내에 제출하여야 한다.

⑤ 유역환경청장이나 지방환경청장은 제4항에 따른 변경신고를 수리한 경우에 는 비점오염원 설치신고증명서의 뒤쪽에 그 변경내용을 적은 후 설치신고증명서를 비점오염원 변경신고자에게 주어야 한다.

② 제1항에 따른 신고 또는 변경신고를 할 때에는 비점오염저감시설 설치계획을 포함하는 비점오염저감계획서 등 환경부령으로 정하는 서류를 제출하여야 한다.

규칙 제74조(비점오염저감계획서의 작성방법) ① 법 제53조제2항에 따른 비점오염 저감계획서에는 다음 각 호의 사항이 포함되어야 한다. ✓실전문제

실전문제 **비점오염원의 설치신고 또는 변경 신고를 할 때 제출하는 비점오염저감 계획서에 포함되어야 하는 사항과 가장 거리가 먼 것은?**

① 비점오염원의 관련 현황
② 비점오염 저감시설 설치계획
❸ 비점오염원 관리 및 모니터링 방안
④ 비점오염원 저감방안

③ 환경부장관은 제1항에 따른 신고 또는 변경신고를 받은 날부터 20일 이내에 신고수리 여부를 신고인에게 통지하여야 한다.

④ 환경부장관이 제3항에서 정한 기간 내에 신고수리 여부 또는 민원 처리 관련 법령에 따른 처리기간의 연장을 신고인에게 통지하지 아니하면 그 기간(민원 처리 관련 법령에 따라 처리기간이 연장 또는 재연장된 경우에는 해당 처리기간을 말한다)이 끝난 날의 다음 날에 신고를 수리한 것으로 본다.

규칙 **제75조(비점오염저감시설의 설치시점 등)** ① 법 제53조제3항 각 호 외의 부분 본문에서 "환경부령으로 정하는 시점"이란 다음 각 호의 구분에 따른 시점을 말한다. [개정 2015.6.16.]

1. 법 제53조제1항제1호에 따른 사업
   가. 공사 중에 발생하는 비점오염물질을 처리하기 위한 비점오염저감시설:공사개시 전
   나. 공사완료 후에 발생하는 비점오염물질을 처리하기 위한 비점오염저감시설: 공사 준공시. 다만, 다른 공사가 완료된 사업부지에 비점오염저감시설을 설치하여야 하는 경우에는 비점오염원의 설치신고 또는 변경신고가 수리된 날부터 1년 이내로 한다.

규칙 **제76조(비점오염저감시설의 설치 및 관리 · 운영기준)** ① 법 제53조제3항에 따른 비점오염저감시설의 설치기준은 별표 17과 같다. ✓실전문제

② 법 제53조제4항제2호에 따른 비점오염저감시설의 관리 · 운영기준은 별표 18과 같다.

③ 법 제53조제4항제3호에서 "환경부령으로 정하는 사항"이란 다음 각 호와 같다. [개정 2014.1.29.]

1. 비점오염저감시설의 관리자를 정하여 강우(降雨) 전후에 시설물을 점검하도록 할 것
2. 제1호에 따른 점검결과를 별지 제36호서식의 관리 · 운영대장에 기록하여 2년간 비치할 것

[규칙 별표17]

비점오염저감시설의 설치기준(제76조제1항 관련)

1. 공통사항
   가. 비점오염저감시설을 설치하려는 경우에는 설치지역의 유역 특성, 토지이용의 특성, 지역사회의 수인가능성(불쾌감, 선호도 등), 비용의 적정성, 유지 · 관리의 용이성, 안정성 등을 종합적으로 고려하여 가장 적합한 시설을 설치한다.
   나. 시설을 설치한 후 처리효과를 확인하기 위한 시료채취나 유량측정이 가능한구조로 설치하여야 한다.
   다. 침수를 방지할 수 있도록 구조물을 배치하는 등 시설의 안정성을 확보한다.

라. 강우가 설계유량 이상으로 유입되는 것에 대비하여 우회시설을 설치하여야 한다.

마. 비점오염저감시설이 설치되는 지역의 지형적 특성, 기상 조건, 그 밖에 천재지변이나 화재, 돌발적인 사고 등 불가항력의 사유로 제2호에 따른 시설 유형별 기준을 준수하기 어렵다고 유역환경청장 또는 지방환경청장이 인정하는 경우에는 제2호에 따른 기준보다 완화된 기준을 적용할 수 있다.

바. 비점오염저감시설은 시설 유형별로 적절한 체류시간을 갖도록 하여야 한다.

사. 비점오염저감시설의 설계규모 및 용량은 다음의 기준에 따라 초기 우수(雨水)를 충분히 처리할 수 있도록 설계하여야 한다.

1) 해당 지역의 강우빈도 및 유출수량, 오염도 분석 등을 통하여 설계규모 및 용량을 결정하여야 한다.

2) 해당 지역의 강우량을 누적유출고로 환산하여 최소 5mm 이상의 강우량을 처리할 수 있도록 하여야 한다.

3) 처리 대상 면적은 주요 비점오염물질이 배출되는 토지이용면적 등을 대상으로 한다. 다만, 비점오염저감계획에 비점오염저감시설 외의 비점오염저감대책이 포함되어 있는 경우에는 그에 상응하는 규모나 용량은 제외할 수 있다.

2. 시설유형별 기준

가. 자연형 시설

1) 저류시설

가) 자연형 저류지는 지반을 절토 · 성토하여 설치하는 등 사면의 안전도와 누수를 방지하기 위하여 제반 토목공사 기준을 따라 조성하여야 한다.

나) 저류지 계획최대수위를 고려하여 제방의 여유고가 0.6m 이상이 되도록 설계하여야 한다.

다) 강우유출수가 유입되거나 유출될 때에 시설의 침식이 일어나지 아니하도록 유입 · 유출구 아래에 웅덩이를 설치하거나 사석(砂石)을 깔아야 한다.

라) 저류지의 호안(湖岸)은 침식되지 아니하도록 식생 등의 방법으로 사면을 보호하여야 한다.

마) 처리효율을 높이기 위하여 길이 대 폭의 비율은 1.5 : 1 이상이 되도록 하여야 한다.

바) 저류시설에 물이 항상 있는 연못 등의 저류지에서는 조류 및 박테리아 등의 미생물에 의하여 용해성 수질오염물질을 효과적으로 제거될 수 있도록 하여야 한다.

사) 수위가 변동하는 저류지에서는 침전효율을 높이기 위하여 유출수가 수위별로 유출될 수 있도록 하고 유출지점에서 소류력이 작아지도록 설계한다.

아) 저류지의 부유물질이 저류지 밖으로 유출하지 아니하도록 여과망, 여과쇄석 등을 설치하여야 한다.

자) 저류지는 퇴적토 및 침전물의 준설이 쉬운 구조로 하며, 준설을 위한 장비 진입도로 등을 만들어야 한다.

2) 인공습지

가) 인공습지의 유입구에서 유출구까지의 유로는 최대한 길게 하고, 길이 대 폭의 비율은 2 : 1 이상으로 한다.

나) 다양한 생태환경을 조성하기 위하여 인공습지 전체 면적 중 50%는 얕은 습지(0~0.3m), 30%는 깊은 습지(0.3~1.0m), 20%는 깊은 못(1~2m)으로 구성한다.

다) 유입부에서 유출부까지의 경사는 0.5% 이상 1.0% 이하의 범위를 초과하지 아니하도록 한다.

라) 물이 습지의 표면 전체에 분포할 수 있도록 적당한 수심을 유지하고, 물 이동이 원활하도록 습지의 형상 등을 설계하며, 유량과 수위를 정기적으로 점검한다.

마) 습지는 생태계의 상호작용 및 먹이사슬로 수질정화가 촉진되도록 정수식물, 침수식물, 부엽식물 등의 수생식물과 조류, 박테리아 등의 미생물, 소형 어패류 등의 수중생태계를 조성하여야 한다.

바) 습지에는 물이 연중 항상 있을 수 있도록 유량공급대책을 마련하여야 한다.

사) 생물의 서식 공간을 창출하기 위하여 5종부터 7종까지의 다양한 식물을 심어 생물다양성을 증가시킨다.
아) 부유성 물질이 습지에서 최종 방류되기 전에 하류수역으로 유출되지 아니하도록 출구 부분에 자갈쇄석, 여과망 등을 설치한다.

3) 침투시설
가) 침전물(沈澱物)로 인하여 토양의 공극(孔隙)이 막히지 아니하는 구조로 설계한다.
나) 침투시설 하층 토양의 침투율은 시간당 13mm 이상이어야 하며, 동절기에 동결로 기능이 저하되지 아니하는 지역에 설치한다.
다) 지하수 오염을 방지하기 위하여 최고 지하수위 또는 기반암으로부터 수직으로 최소 1.2m 이상의 거리를 두도록 한다.
라) 침투도랑, 침투저류조는 초과유량의 우회시설을 설치한다.
마) 침투저류조 등은 비상시 배수를 위하여 암거 등 비상배수시설을 설치한다.

4) 식생형 시설
길이 방향의 경사를 5% 이하로 한다.

나. 장치형 시설
1) 여과형 시설
가) 시설의 제거효율, 공사비 및 유지관리비용 등을 고려하여 저장용량, 체류시간, 여과재 등을 결정하여야 한다.
나) 여과재 통과수량을 고려하여 여과 면적과 여과 깊이 등을 설계한다.

2) 와류형(渦流形) 시설
가) 입자성(粒子性) 수질오염물질을 효과적으로 분리하기 위하여 와류가 충분히 형성될 수 있도록 체류시간을 고려하여 설계한다.
나) 입자상 수질오염물질의 침전율을 높일 수 있도록 수면적 부하율을 최대한 낮추어야 한다.
다) 슬러지 준설을 위한 장비의 반입 등이 가능한 구조로 설계한다.

3) 스크린형 시설
가) 제거대상 물질의 종류에 따라 적정한 크기의 망을 설치하여야 한다.
나) 슬러지의 준설을 위한 장비의 반입 등이 가능한 구조로 설계한다.

4) 응집 · 침전 처리형 시설
가) 단시간에 발생하는 유량을 차집(遮集)하기 위하여 저감시설 앞 단에 저류조를 설치한다.

5) 생물학적 처리형 시설
가) 미생물 접촉시설에 이들 수질오염물질이 유입하지 아니하도록 여과재 또는 미세 스크린 등을 이용하여 토사 및 협잡물을 제거하여야 한다.
나) 미생물 접촉시설은 비가 오지 아니할 때에도 미생물정화기능이 유지되도록 설계한다.

실전문제 자연형 비점오염저감시설의 종류가 아닌 것은?

❶ 여과형시설 ② 인공습지
③ 침투시설 ④ 식생형시설

실전문제 다음은 비점오염원저감시설 중 "침투시설"의 설치기준에 관한 사항이다. ( )안에 옳은 내용은?

> 침투시설 하층 토양의 침투율은 시간당 (㉠)이어야 하며, 동절기에 동결로 기능이 저하되지 아니하는 지역에 설치한다. 또한 지하수 오염을 방지하기 위하여 최고 지하수위 또는 기반암으로부터 수직으로 최소 (㉡)의 거리를 두도록 한다.

① ㉠ 5mm 이상, ㉡ 0.5m 이상
② ㉠ 5mm 이상, ㉡ 1.2m 이상
③ ㉠ 13mm 이상, ㉡ 0.5m 이상
❹ ㉠ 13mm 이상, ㉡ 1.2m 이상

⑤ 제1항에 따라 신고 또는 변경신고를 한 자(이하 "비점오염원설치신고사업자"라 한다)는 환경부령으로 정하는 시점까지 환경부령으로 정하는 기준에 따라 비점오염저감시설을 설치하여야 한다. 다만, 다음 각 호의 어느 하나에 해당하는 경우 비점오염저감시설을 설치하지 아니할 수 있다.

1. 제1항제2호 또는 제3호에 따른 사업장의 강우유출수의 오염도가 항상 제32조에 따른 배출허용기준 이하인 경우로서 대통령령으로 정하는 바에 따라 환경부장관이 인정하는 경우
2. 제21조의4에 따른 완충저류시설에 유입하여 강우유출수를 처리하는 경우
3. 하나의 부지에 제1항 각 호에 해당하는 자가 둘 이상인 경우로서 환경부령으로 정하는 바에 따라 비점오염원을 적정하게 관리할 수 있다고 환경부장관이 인정하는 경우

영 **제74조(비점오염저감시설을 설치하지 아니할 수 있는 사업자)** 법 제53조제5항제1호에 따라 비점오염원설치신고사업자는 환경부장관이 다음 각 호의 사항을 고려하여 강우유출수의 오염도가 항상 해당 사업장의 배출허용기준을 초과하지 않는다고 인정하는 경우에는 비점오염저감시설을 설치하지 않을 수 있다.

실전문제 **환경부장관이 비점오염저감계획의 이행을 명령할 경우 비점오염저감계획의 이행에 필요한 기간을 고려하여 정하는 기간 범위 기준은? (단, 시설설치, 개선의 경우는 제외함)**

❶ 2개월　　② 3개월
③ 6개월　　④ 1년

규칙 **제77조(이행명령 또는 시설설치 · 개선명령의 내용)** 법 제53조제5항에 따른 비점오염저감계획의 이행명령은 구체적인 저감계획의 이행사항을, 비점오염저감시설의 설치 · 개선명령은 설치 · 개선의 대상시설 및 관리 · 운영기준과 설치 · 개선 시의 고려사항 등을 적은 서면으로 하여야 한다.

⑥ 비점오염원설치신고사업자가 사업을 하거나 시설을 설치 · 운영할 때에는 다음 각 호의 사항을 지켜야 한다.

1. 비점오염저감계획서의 내용을 이행할 것
2. 비점오염저감시설을 제5항에 따른 설치기준에 맞게 유지하는 등 환경부령으로 정하는 바에 따라 관리 · 운영할 것
3. 그 밖에 비점오염원을 적정하게 관리하기 위하여 환경부령으로 정하는 사항

규칙 **제78조(비점오염 관련 관계 전문기관)** 법 제53조제6항에서 "환경부령으로 정하는 관계 전문기관"이란 다음 각 호와 같다. [개정 2014.1.29.]

1. 한국환경공단
2. 「정부출연연구기관 등의 설립 · 운영 및 육성에 관한 법률」에 따라 설립된 한국환경정책 · 평가연구원

⑦ 환경부장관은 제6항에 따른 준수사항을 지키지 아니한 자에 대해서는 대통령령으로 정하는 바에 따라 기간을 정하여 비점오염저감계획의 이행 또는 비점오염저감시설의 설치 · 개선을 명할 수 있다.

영 **제75조(이행 또는 설치 · 개선 명령의 기간)** ① 환경부장관은 법 제53조제7항에 따라 비점오염저감계획의 이행 또는 시설의 설치 · 개선을 명령(이하 이 조에서 "이행명령등"이라 한다)할 경우에는 비점오염저감계획의 이행 또는 시설의 설치 · 개선에 필요한 기간을 고려하여 다음 각 호의 범위에서 그 이행 또는 설치 · 개선 기간을 정해야 한다.
[개정 2019. 10. 15.]

1. 비점오염저감계획 이행(시설 설치 · 개선의 경우는 제외한다)의 경우 : 2개월

2. 시설 설치의 경우 : 1년
3. 시설 개선의 경우 : 6개월

② 이행명령등을 받은 자는 천재지변이나 그 밖의 부득이한 사유로 제1항에 따른 기간에 명령받은 조치를 마칠 수 없는 경우에는 그 기간이 끝나기 전에 환경부장관에게 6개월의 범위에서 기간의 연장을 신청할 수 있다.

③ 이행명령등을 받은 자가 그 이행조치를 마친 경우에는 그 이행 결과를 지체 없이 환경부장관에게 보고하여야 한다.

④ 환경부장관은 제3항에 따른 보고를 받은 경우에는 관계 공무원에게 이행명령등의 이행조치 결과를 확인하게 하여야 한다.

⑧ 환경부장관은 제2항에 따른 비점오염저감계획을 검토하거나 제5항제1호 또는 제3호에 따라 비점오염저감시설을 설치하지 아니하여도 되는 사업장을 인정하려는 경우에는 그 적정성에 관하여 환경부령으로 정하는 관계 전문기관의 의견을 들을 수 있다.

⑨ 비점오염원설치신고사업자의 권리 · 의무의 승계에 관하여는 제36조를 준용한다. 이 경우 "사업자"는 "비점오염원설치신고사업자"로, "배출시설 및 방지시설"은 "비점오염원 또는 비점오염저감시설"로, "허가 · 변경허가 · 신고 또는 변경신고"는 "신고 또는 변경신고"로, "임대차"는 "임대차 또는 운영관리주체를 변경"으로, "임차인"은 "임차인 또는 변경된 운영관리주체"로, "제38조, 제38조의2부터 제38조의5까지, 제39조부터 제41조까지, 제42조(허가취소의 경우는 제외한다), 제43조, 제46조, 제47조 및 제68조제1항제1호"는 "제6항 · 제7항 및 제68조제1항제3호"로 본다.

⑩ 제2항에 따른 비점오염저감계획서의 작성방법 등에 관하여 필요한 사항은 환경부령으로 정한다.

제53조의2(상수원의 수질보전을 위한 비점오염저감시설 설치) ① 국가 또는 지방자치단체는 비점오염저감시설을 설치하지 아니한 「도로법」 제2조제1호에 따른 도로 중 대통령령으로 정하는 도로가 다음 각 호의 어느 하나에 해당하는 지역인 경우에는 비점오염저감시설을 설치하여야 한다.

1. 상수원보호구역
2. 특별대책지역
3. 상수원보호구역으로 고시되지 아니한 지역의 경우에는 취수시설의 상류 · 하류 일정 지역으로서 환경부령으로 정하는 거리 내의 지역
4. 「한강수계 상수원수질개선 및 주민지원 등에 관한 법률」 제4조, 「낙동강수계 물관리 및 주민지원 등에 관한 법률」 제4조, 「금강수계 물관리 및 주민지원 등에 관한 법률」 제4조 및 「영산강 · 섬진강수계 물관리 및 주민지원 등에 관한 법률」 제4조에 따라 각각 지정 · 고시된 수변구역
5. 상수원에 중대한 오염을 일으킬 수 있어 환경부령으로 정하는 지역

영 제75조의2(비점오염저감시설을 설치하여야 하는 도로) 법 제53조의2제1항 각 호 외의 부분에서 "대통령령으로 정하는 도로"란 다음 각 호의 도로를 말한다.

규칙 제78조의2(비점오염저감시설을 설치하여야 하는 취수시설의 상류 · 하류 지역) 법 제53조의2제1항제2호에서 "환경부령으로 정하는 거리"란 취수시설로부터 상류로 유하거리 15km 및 하류로 유하거리 1km를 말한다.

② 국가는 제1항에 따라 비점오염저감시설을 설치하는 지방자치단체에 그 비용의 일부를 지원할 수 있다. [본조신설 2013.3.22.]

제53조의3(비점오염원 저감시설의 성능검사) ① 비점오염 저감시설을 제조 하거나 수입하는 자는 제53조제5항본문에따라 비점오염 저감시설을 설치하려는 자에게 그 제조 또는 수입한 비점오염 저감시설을 공급하기 전에 환경부장관으로부터 성능검사를 받아야 한다. 성능검사를 받은 비점오염 저감시설의 성능에 관하여 환경부령으로정하는사항을변경하려면다시성능검사를받아야한다.
② 제1항에 따른 성능검사판정의 유효기간은 판정을 받은 날로부터 5년으로 한다.
③ 환경부장관은 제1항에 따라 성능검사를 한 경우에는 환경부령으로 정하는 바에 따라 성능검사 판정서를 발급하여야 한다.
④ 비점오염저감시설을 제조하거나 수입하는 자는 비점오염저감시설을 공급하는 경우 제3항에 따른 성능검사 판정서를 함께 제공하는 등 비점오염저감시설을 설치하려는 자가 성능검사 판정 결과를 확인할 수 있게 하여야 한다.
⑤ 제1항에 따른 성능검사의 항목, 기준, 방법 및 절차 등에 필요한 사항은 환경부령으로 정한다.

제53조의4(성능검사 판정의 취소) 환경부장관은 제53조의3제1항에 따라 성능검사를 받은 비점오염저감시설이 다음 각 호의 어느 하나에 해당하면 성능검사 판정을 취소하여야 한다.
1. 거짓이나 그 밖의 부정한 방법으로 성능검사를 받은 경우
2. 성능검사를 받은 비점오염저감시설과 제조 · 수입되는 비점오염저감시설이 다른 경우

제53조의5(비점오염원 관리 종합대책의 수립) ① 환경부장관은 비점오염원의 종합적인 관리를 위하여 비점오염원 관리 종합대책(이하 "종합대책"이라 한다)을 관계 중앙행정기관의 장 및 시 · 도지사와 협의하여 대통령령으로 정하는 바에 따라 5년마다 수립하여야 한다.
② 종합대책에는 다음 각 호의 사항이 포함되어야 한다.
1. 비점오염원의 현황과 전망
2. 비점오염물질의 발생 현황과 전망
3. 비점오염원 관리의 기본 목표와 정책 방향

4. 다음 각 목의 사항에 대한 중장기 물순환 목표
   가. 시 · 도별, 소권역별 불투수면적률(전체 면적 대비 불투수면의 비율을 말한다)
   나. 시 · 도별, 소권역별 물순환율(전체 강우량 대비 빗물이 침투, 저류 및 증발산되는 비율을 말한다)
5. 비점오염물질 저감을 위한 세부 추진대책
6. 그 밖에 비점오염원의 관리를 위하여 대통령령으로 정하는 사항

③ 환경부장관은 종합대책을 수립한 경우에는 이를 관계 중앙행정기관의 장 및 시 · 도지사에게 통보하여야 한다.

④ 환경부장관은 관계 중앙행정기관의 장 또는 시 · 도지사에게 종합대책 중 소관별 이행사항의 점검에 필요한 자료의 제출을 요청할 수 있다. 이 경우 자료제출을 요청받은 관계 중앙행정기관의 장 및 시 · 도지사는 특별한 사유가 없으면 이에 따라야 한다.

⑤ 환경부장관은 제4항에 따라 점검한 결과를 종합하여 대통령령으로 정하는 바에 따라 매년 평가하고, 그 결과를 비점오염원 관리 정책의 수립 및 집행에 반영하여야 한다.

⑥ 환경부장관은 제5항에 따른 평가를 효율적으로 하기 위하여 필요한 조사 · 분석 등을 전문기관에 의뢰할 수 있다.

⑦ 제2항제4호에 따른 불투수면적률 및 물순환율의 구체적인 산정방법은 환경부령으로 정한다.

영 **제75조의3(비점오염원 관리 종합대책의 수립 등)** ① 환경부장관은 법 제53조의5제1항에 따른 비점오염원 관리 종합대책(이하 이 조에서 "종합대책"이라 한다)을 수립하려는 경우에는 미리 종합대책 작성지침을 정하여 관계 중앙행정기관의 장 및 시 · 도지사에게 통보하여야 한다.

② 관계 중앙행정기관의 장 및 시 · 도지사는 제1항에 따라 종합대책 작성지침을 통보받은 날부터 60일 이내에 소관별 비점오염원 관리 대책을 작성하여 환경부장관에게 제출하여야 한다.

③ 환경부장관은 종합대책의 수립을 위하여 필요한 경우에는 법 제53조의5제2항제4호에 따른 중장기 물순환 목표 설정을 위한 조사 및 연구를 수행할 수 있다.

④ 법 제53조의5제2항제6호에서 "대통령령으로 정하는 사항"이란 다음 각 호의 사항을 말한다.
   1. 비점오염원의 관리를 위한 연구 · 조사 및 전문인력의 양성 방안
   2. 종합대책의 이행에 필요한 비용 및 재원의 조달 방안

⑤ 환경부장관은 법 제53조의5제4항 및 제5항에 따라 종합대책 중 소관별 이행사항의 점검 및 평가를 하려는 경우에는 소관별 이행사항의 점검 및 평가계획을 평가 대상연도의 11월 1일까지 관계 중앙행정기관의 장 및 시 · 도지사에게 통보해야 한다.

⑥ 제5항에 따른 통보를 받은 관계 중앙행정기관의 장 및 시 · 도지사는 평가 대상연도의 소관별 비점오염원 관리 대책의 이행 실적을 다음 연도 1월 31일까지 환경부장관에게

제출해야 한다.

⑦ 환경부장관은 법 제53조의5제5항에 따라 평가한 결과를 관계 중앙행정기관의 장 및 시 · 도지사에게 통보하고, 필요한 경우에는 소관별 비점오염원 관리 대책의 이행을 보완 · 강화하도록 요청할 수 있다.

第54조(관리지역의 지정 등) ① 환경부장관은 비점오염원에서 유출되는 강우유출수로 인하여 하천 · 호소등의 이용목적, 주민의 건강 · 재산이나 자연생태계에 중대한 위해가 발생하거나 발생할 우려가 있는 지역에 대해서는 관할 시 · 도지사와 협의하여 비점오염원관리지역(이하 "관리지역"이라 한다)으로 지정할 수 있다.

② 시 · 도지사는 관할구역 중 비점오염원의 관리가 필요하다고 인정되는 지역에 대해서는 환경부장관에게 관리지역으로의 지정을 요청할 수 있다.

③ 환경부장관은 관리지역의 지정 사유가 없어졌거나 목적을 달성할 수 없는 등 지정의 해제가 필요하다고 인정되는 경우에는 관리지역의 전부 또는 일부에 대하여 그 지정을 해제할 수 있다.

④ 관리지역의 지정기준 · 지정절차와 그 밖에 필요한 사항은 대통령령으로 정한다.

⑤ 환경부장관은 관리지역을 지정하거나 해제할 때에는 그 지역의 위치, 면적, 지정 연월일, 지정목적, 해제 연월일, 해제 사유, 그 밖에 환경부령으로 정하는 사항을 고시하여야 한다. [전문개정 2013.7.30.] ✓실전문제

실전문제 비점오염원 관리지역에 대한 설명 중 틀린 것은?

① 환경부장관은 비점오염원에서 유출되는 강우유출수로 인해 하천 · 호소 등의 이용목적, 주민의 건강 · 재산이나 자연생태계에 중대한 위해가 발생하거나 발생할 우려가 있는 지역에 대해 관할 시 · 도지사와 협의하여 비점오염원 관리지역을 지정할 수 있다.

② 시 · 도지사는 관할구역 중 비점오염원의 관리가 필요하다고 인정되는 지역에 대해 환경부장관에게 관리지역으로의 지정을 요청할 수 있다.

❸ 관리지역의 지정기준, 지정절차, 그 밖의 필요한 사항은 환경부령으로 정한다.

④ 환경부장관은 관리지역의 지정사유가 없어졌거나 목적을 달성할 수 없는 등 지정의 해제가 필요하다고 인정되는 경우에는 관리지역의 전부 또는 일부에 대하여 그 지정을 해제할 수 있다.

영 제76조(관리지역의 지정기준 · 지정절차) ① 법 제54조제1항 및 제4항에 따른 관리지역의 지정기준은 다음 각 호와 같다. ✓실전문제

1. 「환경정책기본법 시행령」 제2조에 따른 하천 및 호소의 물환경에 관한 환경기준 또는 법 제10조의2제1항에 따른 수계영향권별, 호소별 물환경 목표기준에 미달하는 유역으로 유달부하량(流達負荷量) 중 비점오염 기여율이 50% 이상인 지역

2. 비점오염물질에 의하여 자연생태계에 중대한 위해가 초래되거나 초래될 것으로 예상되는 지역
3. 인구 100만 명 이상인 도시로서 비점오염원관리가 필요한 지역
4. 「산업입지 및 개발에 관한 법률」에 따른 국가산업단지, 일반산업단지로 지정된 지역으로 비점오염원 관리가 필요한 지역
5. 지질이나 지층 구조가 특이하여 특별한 관리가 필요하다고 인정되는 지역
6. 그 밖에 환경부령으로 정하는 지역

실전문제 비점오염원 관리지역의 지정 기준이 옳은 것은?

① 하천 및 호소의 수생태계에 관한 환경기준에 미달하는 유역으로 유달 부하량 중 비점오염 기여율이 50% 이하인 지역
② 관광지구 지정으로 비점오염원 관리가 필요한 지역
③ 인구 50만 이상인 도시로서 비점오염원 관리가 필요한 지역
❹ 지질이나 지층구조가 특이하여 특별한 관리가 필요하다고 인정되는 지역

규칙 제79조(비점오염원관리지역의 해제고시에 포함되어야 할 사항) 법 제54조제5항에서 "그 밖에 환경부령으로 정하는 사항"이란 법 제54조제1항에 따른 비점오염원관리지역(이하 "관리지역"이라 한다)의 해제 이후 관할 시 · 도지사가 추진하여야 하는 적정한 관리방안을 말한다. [개정 2014.1.29.]

제55조(관리대책의 수립) ① 환경부장관은 관리지역을 지정 · 고시하였을 때에는 다음 각 호의 사항을 포함하는 비점오염원관리대책(이하 "관리대책"이라 한다)을 관계 중앙행정기관의 장 및 시 · 도지사와 협의하여 수립하여야 한다. ✓실전문제
1. 관리목표
2. 관리대상 수질오염물질의 종류 및 발생량
3. 관리대상 수질오염물질의 발생 예방 및 저감 방안
4. 그 밖에 관리지역을 적정하게 관리하기 위하여 환경부령으로 정하는 사항

② 환경부장관은 관리대책을 수립하였을 때에는 시 · 도지사에게 이를 통보하여야 한다.
③ 환경부장관은 관리대책을 수립하기 위하여 관계 중앙행정기관의 장, 시 · 도지사 및 관계 기관 · 단체의 장에게 관리대책의 수립에 필요한 자료의 제출을 요청할 수 있다.

실전문제 환경부장관은 비점오염원 관리지역을 지정 · 고시한 때에는 비점오염원관리대책을 관계 중앙행정기관의 장 및 시 · 도지사와 협의하여 수립하여야 한다. 다음 중 비점오염원 관리대책에 포함되어야 하는 사항과 거리가 먼 것은?

❶ 관리대상 수질오염물질 발생시설 현황
② 관리대상 수질오염물질의 종류 및 발생량
③ 관리대상 수질오염물질의 발생 예방 및 저감방안
④ 관리목표

규칙 제80조(비점오염원관리대책에 포함되어야 할 사항) 법 제55조제1항제4호에서 "환경부령으로 정하는 사항"이란 다음 각 호와 같다.

1. 법 제55조제1항제1호에 따른 관리목표의 달성기간
2. 해당 관리지역 내의 비점오염물질이 유입되는 수계의 일반 현황
3. 관계 중앙행정기관의 장, 시 · 도지사, 관계 기관 · 단체의 장 및 해당 관리지역 주민이 관리지역의 비점오염물질을 줄이기 위하여 추진하거나 협조하여야 하는 사항

제56조(시행계획의 수립) ① 시 · 도지사는 환경부장관으로부터 제55조제2항에 따라 관리대책을 통보받았을 때에는 다음 각 호의 사항이 포함된 관리대책의 시행을 위한 계획(이하 "시행계획"이라 한다)을 수립하여 환경부령으로 정하는 바에 따라 환경부장관의 승인을 받아 시행하여야 한다. 시행계획 중 환경부령으로 정하는 사항을 변경하려는 경우에도 또한 같다.

1. 관리지역의 개발현황 및 개발계획
2. 관리지역의 대상 수질오염물질의 발생현황 및 지역개발계획으로 예상되는 발생량 변화
3. 환경친화적 개발 등의 대상 수질오염물질 발생 예방
4. 방지시설의 설치 · 운영 및 불투수면의 축소 등 대상 수질오염물질 저감계획
5. 그 밖에 관리대책을 시행하기 위하여 환경부령으로 정하는 사항

규칙 제81조(관리대책의 시행을 위한 계획의 절차 등) ① 시 · 도지사는 법 제56조제1항에 따라 관리대책의 시행을 위한 계획(이하 "관리대책시행계획"이라 한다)을 수립하려는 경우에는 해당 관리지역 주민 및 관계 기관 · 단체의 의견을 수렴하여야 한다.

규칙 제82조(관리대책시행계획에 포함되어야 할 사항) 법 제56조제1항제5호에서 "환경부령으로 정하는 사항"은 다음 각 호의 사항을 말한다.

1. 해당 관리지역에서 비점오염물질이 유입되는 수계의 오염원 분포 현황 및 특성의 분석에 관한 사항

② 시 · 도지사는 환경부령으로 정하는 바에 따라 전년도 시행계획의 이행사항을 평가한 보고서를 작성하여 매년 3월 31일까지 환경부장관에게 제출하여야 한다.

규칙 제83조(이행사항 평가보고서의 내용 등) ① 시 · 도지사는 법 제56조제2항에 따라 이행사항 평가보고서를 작성하려는 경우에는 다음 각 호의 내용을 포함하여 작성하여야 한다.

③ 환경부장관은 제2항에 따라 제출된 평가보고서를 검토한 후 관리대책 및 시행계획의 원활한 이행을 위하여 필요하다고 인정되는 경우에는 관계 시 · 도지사에게 시행계획의 보완 또는 변경을 요구할 수 있다. 이 경우 관계 시 · 도지사는 특별한 사유가 없으면 이에 따라야 한다.

규칙 제84조(관계기관의 검토 등) 환경부장관은 다음 각 호의 행위를 하기 전에 국립환경과학원장이나 한국환경공단 이사장의 의견을 듣거나 관련된 조사 · 분석 등을 의뢰할 수 있다. [개정 2017.1.19.]

1. 관리대책시행계획의 승인 및 변경승인
2. 법 제56조제2항에 따른 이행사항 평가보고서의 검토
3. 법 제57조에 따른 시행계획의 수립 · 시행에 필요한 경비 지원
4. 법 제69조에 따른 물환경 보전을 위한 사업 중 비점오염저감사업에 드는 경비의 보조

④ 환경부장관은 시 · 도지사가 제3항에 따른 요구를 이행하지 아니하는 경우에는 재정적 지원의 중단 또는 삭감 등의 조치를 할 수 있다. [전문개정 2013.7.30.]

제57조(예산 등의 지원) 환경부장관은 시행계획의 수립 · 시행에 필요한 경비의 전부 또는 일부를 예산의 범위에서 지원할 수 있다. [전문개정 2013.7.30.]

제57조의2(기술개발 · 연구) 환경부장관은 비점오염원의 관리 및 저감에 필요한 기술을 개발 · 보급하기 위하여 환경부령으로 정하는 전문연구기관에 연구 · 개발을 추진하게 하고, 재정적 지원을 할 수 있다. [본조신설 2013.7.30.]

규칙 제84조의2(전문연구기관) 법 제57조의2에서 "환경부령으로 정하는 전문연구기관"이란 다음 각 호의 기관을 말한다. [본조신설 2014.1.29.]

1. 국립환경과학원
2. 한국환경공단
3. 비점오염원의 관리 및 저감에 필요한 기술을 개발 · 보급하기 위한 전문연구기관으로서 환경부장관이 인정하는 기관

제58조(농약잔류허용기준) ① 환경부장관은 수질 또는 토양의 오염을 방지하기 위하여 필요하다고 인정할 때에는 수질 또는 토양의 농약잔류허용기준을 정할 수 있다.

② 환경부장관은 수질 또는 토양 중에 농약잔류량이 제1항에 따른 기준을 초과하거나 초과할 우려가 있다고 인정할 때에는 농약의 제조 금지·변경 또는 그 제품의 수거·폐기 등 필요한 조치를 관계 행정기관의 장에게 요청할 수 있다. 이 경우 관계 행정기관의 장은 특별한 사유가 없으면 이에 따라야 한다. [전문개정 2013.7.30.]

제59조(고랭지 경작지에 대한 경작방법 권고) ① 특별자치도지사·시장·군수·구청장은 공공수역의 물환경 보전을 위하여 환경부령으로 정하는 해발고도 이상에 위치한 농경지 중 환경부령으로 정하는 경사도 이상의 농경지를 경작하는 사람에게 경작방식의 변경, 농약·비료의 사용량 저감, 휴경 등을 권고할 수 있다. [개정 2017.1.17.]

② 특별자치도지사·시장·군수·구청장은 제1항에 따른 권고에 따라 농작물을 경작하거나 휴경함으로 인하여 경작자가 입은 손실에 대해서는 대통령령으로 정하는 바에 따라 보상할 수 있다.

규칙 **제85조(휴경 등 권고대상 농경지의 해발고도 및 경사도)** 법 제59조제1항에서 "환경부령으로 정하는 해발고도"란 해발 400m를 말하고 "환경부령으로 정하는 경사도"란 경사도 15%를 말한다. [개정 2014.1.29.] ✓실전문제

실전문제 **공공수역의 수질보전을 위하여 고랭지 경작지에 대한 경작방법을 권고할 수 있는 기준(환경부령으로 정함)이 되는 해발고도와 경사도가 바르게 연결된 것은?**

① 300m 이상, 10% 이상
② 300m 이상, 15% 이상
③ 400m 이상, 10% 이상
❹ 400m 이상, 15% 이상

영 **제77조(휴경 등에 따른 손실보상)** 시·도지사는 법 제59조제2항에 따라 고랭지 경작자의 손실을 보상하는 경우에는 농지면적, 농작물의 종류, 단위면적당 소득 등을 고려하여 환경부장관이 정하여 고시하는 기준에 따라 보상금액을 산정하여야 한다.

제5장 기타수질오염원의 관리

제60조(기타수질오염원의 설치신고 등) ① 기타수질오염원을 설치하거나 관리하려는 자는 환경부령으로 정하는 바에 따라 환경부장관에게 신고하여야 한다. 신고한 사항을 변경하는 경우에도 또한 같다.

규칙 제86조(기타수질오염원의 설치 · 관리 신고 등) ① 법 제60조제1항 전단에 따라 기타수질오염원을 설치하거나 관리하려는 자는 시설을 설치하거나 관리하기 15일 전까지 별지 제37호서식의 기타수질오염원 설치 · 관리신고서에 다음 각호의 서류를 첨부하여 시 · 도지사에게 제출하여야 한다.

1. 기타수질오염원의 명세서 및 그 도면
2. 원료 · 사료 · 약품 · 농약 등 수질오염의 원인이 되는 물질의 사용량, 용수사용량 및 수질오염물질 배출예측서
3. 제87조에 따른 시설의 설치 또는 조치 계획서

② 제1항에 따라 신고를 받은 시 · 도지사는 신고인에게 별지 제38호서식의 기타수질오염원 신고 증명서를 발급하고, 별지 제39호서식의 기타수질오염원 관리카드를 작성 · 비치하여 관리하여야 한다.

③ 법 제60조제1항 후단에 따라 신고한 사항(기타수질오염원 신고증명서에 적힌 신고사항만 해당한다)을 변경하려는 자는 그 변경 전에 별지 제40호서식의 기타수질오염원 설치 · 관리 변경신고서에 기타수질오염원 신고증명서와 변경내용을 증명하는 서류를 첨부하여 시 · 도지사에게 제출하여야 한다. 다만, 제1호에 해당하는 경우에는 그 사유가 발생한 날부터 60일까지, 제2호에 해당하는 경우에는 그 사유가 발생한 날부터 30일까지 제출할 수 있다.

1. 사업장의 명칭 또는 대표자가 변경되는 경우
2. 사업장의 소재지가 변경되는 경우(제출 관청과 기타수질오염원이 같고, 입지제한 관련 규정에 위반되지 아니하는 경우만 해당한다)

④ 제3항에 따라 변경신고를 받은 시 · 도지사는 기타수질오염원 신고증명서의 뒤쪽에 변경신고사항을 적은 후 신청인에게 돌려주어야 한다.

② 환경부장관은 제1항 전단에 따른 신고를 받은 날부터 5일 이내, 같은 항 후단에 따른 변경신고를 받은 날부터 4일 이내에 신고수리 여부를 신고인에게 통지하여야 한다.

규칙 제87조(기타수질오염원 설치 · 관리자의 시설 설치 등 필요한 조치) 법 제60조제2항에 따라 기타수질오염원을 설치 · 관리하는 자가 수질오염물질의 배출을 방지하거나 억제하기 위

하여 설치하여야 하는 시설과 그 밖에 필요한 조치는 별표 19와 같다. [개정 2015.6.16.][제목 개정 2015.6.16.] ✓실전문제

실전문제 다음은 기타 수질오염원의 설치 · 관리자가 하여야 할 조치에 관한 내용이다. ( )안에 옳은 내용은?

> [수산물 양식시설: 가두리 양식어장]
> 사료를 준 후 2시간 지났을 때 침전되는 양이 ( )미만인 부상(浮上)사료를 사용한다. 다만 10cm 미만의 치어 또는 종묘에 대한 사료는 제외한다.

❶ 10%　② 20%
③ 30%　④ 40%

[규칙 별표19]

기타수질오염원의 설치 · 관리자가 하여야 할 조치(제87조 관련)

기타수질오염원의 구분		시설 설치 등의 조치
1. 수산물 양식시설	가. 가두리 양식어장	1) 사료를 준 후 2시간 지났을 때 침전되는 양이 10% 미만인 부상(浮上)사료를 사용한다. 다만, 10cm 미만의 치어 또는 종묘(種苗)에 대한 사료는 제외한다. 2) 「사료관리법」 제10조에 따라 농림부장관이 고시한 사료공정에 적합한 사료만을 사용하여야 한다. 다만, 특별한 사유로 시 · 도지사가 인정하는 경우에는 그러하지 아니하다. 3) 부상사료 유실방지대를 수표면 상 · 하로 각각 10cm 이상 높이로 설치하여야 한다. 다만, 사료유실의 우려가 없는 경우에는 그러하지 아니하다. 4) 분뇨를 수집할 수 있는 시설을 갖춘 변소를 설치하여야 하며, 수집된 분뇨를 육상으로 운반하여 호소에 재유입되지 아니하도록 처리하여야 한다. 5) 죽은 물고기는 지체 없이 수거하여야 하고, 육상에 운반하여 수질오염이 발생되지 아니하도록 적정하게 처리하여야 한다. 6) 어병(魚病)의 예방이나 치료를 하기 위한 항생제를 지나치게 사용하여서는 아니 된다.
	나. 양만장 및 일반양어장	1) 시료찌꺼기 · 배설물과 그 밖의 슬러지 등을 적정하게 처리하기 위하여 면적이 사육시설면적의 20% 이상이고 깊이가 1m 내지 1.5m인 침전시설(배출수가 1.5시간 이상 체류할 수 있는 경우에는 깊이를 1m 이하로 할 수 있다) 또는 이와 동등 이상의 효율이 있는 것으로 입증할 수 있는 방지시설을 설치하여야 한다. 다만, 비고 1에 따라 배출수의 수질기준이 적용되는 경우에는 침전시설 또는 방지시설을 다르게 설치할 수 있다. 2) 양식수조를 청소하거나 양식에 사용되는 기계 · 기구류를 세척할 때에 발생하는 수질오염물질은 1)의 침전시설에 유입시켜 처리하거나 별도의

		침전시설 등을 설치하여 처리하여야 한다. 3) 양식수조를 청소할 때에는 청소주기 및 연간 청소횟수를 신고서에 적어야 한다. 4) 1) 또는 2)에 따라 설치된 침전시설에 가라앉은 침전물에 대하여는 주기적으로 침전물이 확산되지 아니하도록 하는 방법으로 제거하여야 하며, 이 경우 세목(細目)여과망 · 모래여과상 등의 여과시설 또는 침전물 탈수시설을 설치하여야 한다. 5) 죽은 물고기는 지체 없이 수거하여야 하고, 육상에 운반하여 수질오염이 발생되지 아니하도록 적정하게 처리하여야 한다. 6) 어병의 예방이나 치료를 하기 위한 항생제를 지나치게 사용하여서는 아니 된다.
	다. 수조식 양식어업시설	나목에 정한 조치의 내용과 같다.
2. 골프장		1) 골프장 안에 초기 빗물 5mm 이상을 저장할 수 있는 조정지(調整池)를 설치 · 운영하여야 한다. 2) 침전물 등 오염물질을 주기적으로 제거하여 조정지의 기능이 적정하게 유지되도록 하여야 한다.
3. 운수장비 · 정비 또는 폐차장 시설		1) 정비가 이루어지는 장소 또는 폐차 시 엔진부분을 취급하는 장소는 가능한 한 지붕을 설치하여야 한다. 2) 부득이하게 지붕시설을 할 수 없는 경우에는 바닥을 방수처리하여 수질오염물질이 지하로 침투되는 것을 방지하여야 한다. 3) 바닥에 유출된 기름류는 가능하면 흡착제 등으로 흡착 · 제거하여 2차 오염이 발생하지 아니하도록 안전하게 처리하여야 한다. 4) 위 3)의 방법에 따른 처리가 어려워 물로 청소하거나 작업장 바닥을 물로 청소할 경우에는 발생되는 수질오염물질을 제거하기 위한 침전시설 및 유수분리시설을 설치하여야 한다. 5) 강우 시 작업장 바닥의 수질오염물질이 공공수역으로 유출되는 것을 방지하기 위하여 침전시설 및 유수분리시설을 설치하여야 한다. 이 경우 침전시설의 규모는 5mm 강우 시 실제 작업을 행하는 모든 작업장에서 발생할 수 있는 초기 강우량을 저류할 수 있는 용량이어야 하고, 유수분리기의 성능은 배출수의 노말헥산추출물을 30㎎/L 이하로 처리할 수 있는 수준이어야 한다. 다만, 작업장 전체에 지붕이 설치되어 있고 물로 청소하지 아니하는 경우에는 침전시설 및 유수분리시설을 설치하지 아니할 수 있다. 6) 침전시설에 침전되는 침전물은 바닥에서 2cm 이상 퇴적되기 전에 이를 제거하여 2차 오염이 발생되지 아니하도록 안전하게 처리하여야 한다.
4. 농축수산물 단순 가공시설		1) 수면 위의 부유물질을 제거하여 방류하여야 한다. 2) 침전물은 침전시설을 설치하여 침전처리하여야 하고, 이 때 침전물이 재차 부유하지 아니하도록 한다. 3) 염분 등으로 타인에 피해가 가지 아니하도록 하여야 한다.
5. 사진처리, X-Ray시설,		1) 별표 1 제5호가목 또는 제6호나목에 해당하는 시설의 경우에는 폐수를 배출허용기준 이하로 처리하여 배출하거나 법 제62조에 따른 폐수처리

금은판매점의 세공시설 및 안경점	업자에게 위탁처리하여야 하며, 별표 1 제5호나목 또는 제6호가목의 경우에는 법 제62조에 따른 폐수처리업자에게 위탁처리하여야 한다. 2) 폐수를 위탁처리하는 경우에 폐수의 수거 · 보관 · 처리 및 수거용기의 표기에 관하여는 별표 14 제2호라목을 준용한다. 3) 폐수의 발생량 · 처리량 및 수탁자에 관한 사항은 이를 기록하되, 최종 기록한 날부터 1년간 보존하여야 한다.
6. 복합물류 터미널시설	가. 강우시 사업장 바닥의 비점오염물질 및 수질오염물질이 공공수역으로 유출되는 것을 방지하기 위하여 침전시설 및 유수분리시설을 설치하여야 한다. 이 경우 침전시설의 규모는 해당 지역의 강우량을 누적유출고로 환산하여 최소 5mm 이상의 강우량을 저류할 수 있는 용량이어야 하고, 유수분리기의 성능은 배출수의 노말헥산추출물질 5㎎/L 이하로 처리할 수 있어야 한다. 다만, 비점오염저감시설이 침전시설 및 유수분리시설 이상의 효과가 있다고 시 · 도지사가 인정하는 경우에는 비점오염저감시설의 설치로 침전시설 및 유수분리시설의 설치를 대체할 수 있다. 나. 비점오염물질의 흩날림을 방지하기 위하여 주기적인 사업장내 노면 청소를 실시하여야 한다.
[비고] 1. 양만장, 일반양어장, 수조식 양식어업시설에 대하여는 시 · 도지사가 지역환경의 특수성을 고려하여 필요하다고 인정하는 경우에는 환경부장관의 승인을 얻어 배출수의 수질기준을 정하고, 별도의 시설 또는 조치를 명령할 수 있다. 2. 산업단지나 그 밖에 사업장이 밀집된 지역에 설치된 기타수질오염원의 경우에는 그 시설에서 발생되는 수질오염물질을 공동으로 처리하기 위하여 공동처리시설을 설치할 수 있다. 3. 하나의 사업장에 폐수배출시설과 기타수질오염원이 함께 설치되어 있는 경우로서 기타수질오염원에서 발생되는 수질오염물질이 배출허용기준을 초과하는 경우에는 이를 방지시설에 유입하여 처리할 수 있다.	

③ 환경부장관이 제2항에서 정한 기간 내에 신고수리 여부 또는 민원 처리 관련 법령에 따른 처리기간의 연장을 신고인에게 통지하지 아니하면 그 기간(민원 처리 관련 법령에 따라 처리기간이 연장 또는 재연장된 경우에는 해당 처리기간을 말한다)이 끝난 날의 다음 날에 신고를 수리한 것으로 본다.

④ 기타수질오염원을 설치 · 관리하는 자는 환경부령으로 정하는 바에 따라 수질오염물질의 배출을 방지 · 억제하기 위한 시설을 설치하는 등 필요한 조치를 하여야 한다.

⑤ 환경부장관은 제4항에 따른 수질오염물질의 배출을 억제하기 위한 시설이나 조치가 적합하지 아니하다고 인정할 때에는 환경부령으로 정하는 바에 따라 기간을 정하여 개선명령을 할 수 있다.

⑥ 환경부장관은 제1항에 따라 신고를 한 자가 제5항에 따른 개선명령을 위반한 때에는 조업을 정지시키거나 해당 기타수질오염원의 폐쇄를 명할 수 있다.

⑦ 기타수질오염원에 관하여는 제36조 및 제44조를 준용한다.

규칙 **제88조(기타수질오염원 설치 · 관리자에 대한 개선명령)** ① 시 · 도지사는 법 제60조제3항에 따른 개선명령을 하는 경우에는 1년의 범위에서 이행기간을 정하여야 한다.

② 제1항에 따른 개선명령을 받은 기타수질오염원 설치 · 관리자는 시 · 도지사에게 개선계획서를 제출하여야 한다. [개정 2015.6.16.]

③ 시 · 도지사는 제2항에 따른 개선계획서에 명시된 개선기간이 끝나면 그 이행여부를 조사 · 확인하여야 한다. [제목개정 2015.6.16.]

④ 환경부장관은 제1항에 따라 신고를 한 자가 제3항에 따른 개선명령을 위반한 때에는 조업을 정지시키거나 해당 기타수질오염원의 폐쇄를 명할 수 있다.

⑤ 기타수질오염원에 관하여는 제36조 및 제44조를 준용한다.

제61조(골프장의 농약 사용 제한) ① 골프장을 설치 · 관리하는 자는 골프장의 잔디 및 수목 등에 「농약관리법」 제2조제1호에 따른 농약 중 맹독성 또는 고독성(高毒性)이 있는 것으로서 대통령령으로 정하는 농약(이하 "맹 · 고독성 농약"이라 한다)을 사용하여서는 아니 된다. 다만, 수목의 해충 · 전염병 등의 방제를 위하여 관할 행정기관의 장이 불가피하다고 인정하는 경우에는 그러하지 아니하다.

영 제78조(골프장에서 사용이 제한되는 농약) 법 제61조제1항 본문에서 "대통령령으로 정하는 농약"이란 「농약관리법 시행령」 제20조제4항에 따른 농약등의 독성 및 잔류성 정도별 구분에 따라 맹독성 및 고독성으로 분류된 농약을 말한다.

② 환경부장관은 환경부령으로 정하는 바에 따라 골프장에 대하여 맹 · 고독성 농약의 사용 여부를 확인하여야 한다. [전문개정 2013.7.30.]

규칙 제89조(골프장의 맹독성 · 고독성 농약 사용여부의 확인) ① 시 · 도지사는 법 제61조제2항에 따라 골프장의 맹독성 · 고독성 농약의 사용 여부를 확인하기 위하여 반기마다 골프장별로 농약사용량을 조사하고 농약잔류량를 검사하여야 한다.

② 제1항에 따른 농약사용량 조사 및 농약잔류량 검사 등에 관하여 필요한 사항은 환경부장관이 정하여 고시한다. [개정 2017.1.19.]

제61조의2(물놀이형 수경시설의 신고 및 관리) ① 물놀이형 수경시설로서 다음 각 호의 시설을 설치 · 운영하려는 자는 환경부령으로 정하는 바에 따라 환경부장관 또는 시 · 도지사에게 신고하여야 한다. 환경부령으로 정하는 중요 사항을 변경하려는 경우에도 또한 같다.

1. 국가 · 지방자치단체, 그 밖에 대통령령으로 정하는 공공기관(이하 "공공기관"이라 한다)이 설치 · 운영하는 물놀이형 수경시설(민간사업자 등에게 위탁하여 운영하는 시설도 포함한다)
2. 공공기관 이외의 자가 설치 · 운영하는 것으로서 다음 각 목의 어느 하나에 해당하는 시설에 설치하는 물놀이형 수경시설

가. 「공공보건의료에 관한 법률」 제2조제4호에 따른 공공보건의료 수행기관
나. 「관광진흥법」 제2조제6호 및 제7호에 따른 관광지 및 관광단지
다. 「도시공원 및 녹지 등에 관한 법률」 제2조제3호에 따른 도시공원
라. 「체육시설의 설치 · 이용에 관한 법률」 제2조제1호에 따른 체육시설
마. 「어린이놀이시설 안전관리법」 제2조제2호에 따른 어린이놀이시설
바. 「주택법」 제2조제3호에 따른 공동주택
사. 「유통산업발전법」 제2조제3호에 따른 대규모점포
아. 그 밖에 환경부령으로 정하는 시설

규칙 **제89조의2(물놀이형 수경시설의 설치 · 운영 신고 등)** ① 법 제61조의2제1항 전단에 따라 물놀이형 수경시설을 설치 · 운영하려는 자는 해당 시설을 설치 · 운영하기 15일 전까지 별지 제40호의2서식의 물놀이형 수경시설 설치 · 운영 신고서에 다음 각 호의 서류를 첨부하여 국가 및 시 · 도지사가 설치 · 운영하는 경우에는 유역환경청장 또는 지방환경청장에게, 그 외의 자가 설치 · 운영하는 경우에는 시 · 도지사에게 제출하여야 한다.

1. 물놀이형 수경시설의 설치명세서 및 그 도면 각 1부
2. 수질 기준 및 관리 기준의 준수를 위한 시설의 조치계획서 1부
3. 수질의 검사주기 및 검사기관이 포함된 수질 검사계획서 1부

② 유역환경청장 · 지방환경청장 또는 시 · 도지사는 제1항에 따른 신고를 수리한 경우에는 별지 제40호의3서식의 물놀이형 수경시설 신고증을 발급하여야 한다.

③ 법 제61조의2제1항 후단에 따라 다음 각 호의 어느 하나에 해당하는 사항을 변경하려는 자는 별지 제40호의4서식의 물놀이형 수경시설 변경신고서에 물놀이형 수경시설 신고증 및 변경 내용을 증명할 수 있는 서류 1부를 첨부하여 유역환경청장 · 지방환경청장 또는 시 · 도지사에게 제출하여야 한다.

1. 시설의 명칭 또는 대표자 2. 시설의 소재지 3. 시설의 유형 또는 종류
4. 연중 운영기간 5. 바닥면적 또는 용수의 종류
6. 저류조 용량 또는 청소 주기 7. 여과기 설치 여부 또는 소독방법

④ 유역환경청장 · 지방환경청장 또는 시 · 도지사는 제3항에 따른 변경신고를 수리한 경우에는 물놀이형 수경시설 신고증의 뒤쪽에 변경내용을 기재하여 신고인에게 돌려주어야 한다.

② 환경부장관 또는 시 · 도지사는 제1항 각 호 외의 부분 전단에 따른 신고를 받은 날부터 10일 이내, 같은 항 각 호 외의 부분 후단에 따른 변경신고를 받은 날부터 5일 이내에 신고수리 여부를 신고인에게 통지하여야 한다.

③ 환경부장관 또는 시 · 도지사가 제2항에서 정한 기간 내에 신고수리 여부 또는 민원 처리 관련 법령에 따른 처리기간의 연장을 신고인에게 통지하지 아니하면 그 기간(민원 처리 관련 법령에

따라 처리기간이 연장 또는 재연장된 경우에는 해당 처리기간을 말한다)이 끝난 날의 다음 날에 신고를 수리한 것으로 본다.

④ 제1항에 따라 물놀이형 수경시설을 운영하는 자는 환경부령으로 정하는 수질 기준 및 관리 기준을 지켜야 하며, 환경부령으로 정하는 바에 따라 정기적으로 수질 검사를 받아야 한다.

영 **제78조의2(물놀이형 수경시설의 신고 대상 공공기관)** 법 제61조의2제1항제1호에서 "대통령령으로 정하는 공공기관"이란 「공공기관의 운영에 관한 법률」 제4조에 자른 공공기관을 말한다.

규칙 **제89조의3(물놀이형 수경시설의 수질 · 관리 기준)** 법 제61조의2제2항에 따른 물놀이형 수경시설의 수질 기준 및 관리 기준은 별표 19의2와 같다.

[규칙 별표19의2]

물놀이형 수경시설의 수질 기준 및 관리 기준(제89조의3 관련)

1. 수질 기준
   가. 측정항목별 수질 기준

검사항목	수질기준
1) 수소이온농도	5.8 ~ 8.6
2) 탁도	4NTU 이하
3) 대장균	200(개체수/100mL) 미만
4) 유리잔류염소(염소소독을 실시하는 경우만 해당한다)	0.4 ~ 4.0mg/L

   나. 검사 방법 및 주기
      1) 가목의 측정 항목에 대하여 「먹는물관리법」 제43조에 따른 먹는물 수질검사기관에 수질 검사를 의뢰하여야 하며, 「환경분야 시험 · 검사 등에 관한 법률」에 따른 환경오염공정시험기준에 따라 검사하여야 한다.
      2) 시설의 가동 개시일을 기준으로 운영 기간 동안 15일마다 1회 이상 검사를 실시하여야 하며, 검사 시료는 가급적 이용자가 많은 날에 채수하도록 한다.

2. 관리 기준
   가. 운영기간 중 물놀이형 수경시설의 수심을 30cm 이하로 유지하고, 부유물 및 침전물 유무를 수시로 점검, 제거하여야 한다.
   나. 운영기간 중 저류조를 주 1회 이상 청소하거나 물놀이형 수경시설에 사용되는 물을 여과기에 1일 1회 이상 통과시켜야 한다.
   다. 운영기간 중 소독제를 저류조 등에 투입하거나 소독시설을 설치하여 물놀이형 수경시설의 물을 소독하여야 한다. 이 경우 「먹는물관리법」 제36조제1항에 따라 고시된 수처리제의 기준과 규격을 충족하거나, 같은 조 제2항에 따라 기준과 규격을 인정받은 살균 · 소독제 또는 자외선 소독시설을 이용하여야 한다.
   라. 운영기간 중 이용자가 쉽게 볼 수 있는 곳에 물놀이형 수경시설의 운영자 연락처, 수질검사 일자 및 결과, 이용자 주의사항(음용 금지, 애완동물 출입금지 등) 등을 게시하여야 한다.
   마. 해당 연도의 운영기간 중 별지 제40호의5서식의 물놀이형 수경시설 관리카드를 작성하여 다음 연도 1월 30일까지 관할 시 · 도지사등에게 제출하고, 제출한 서류의 사본을 제출한 날부터 2년간 보관하여야 한다.
   바. 운영기간 중 물놀이형 수경시설의 수질이 제1호가목에 따른 기준을 초과하는 경우에는 지체 없이 물놀이형 수경시설의 개방을 중지하고, 소독 또는 청소 · 용수 교체 등의 조치를 완료한 후 수질을 재검사하여 제1호가목에 따른 기준을 충족하는지 여부를 확인한 후 물놀이형 수경시설을 재개방하여야 한다. 이 경우 수질 기준의 초과를 확인한 날부터 5일 이내에 별지 제40호의5서식의 물놀이형 수경시설 관리카드에 수질 검사결과, 초과 원인, 조치 이행 및 재검사 결과를 작성하여 관할 시 · 도지사등에게 제출하여야 한다.

제6장 폐수처리업

제62조(폐수처리업의 등록) ① 폐수의 수탁처리를 위한 영업(이하 "폐수처리업"이라 한다)을 하려는 자는 기술능력 · 시설 및 장비 등 환경부령으로 정하는 요건을 갖추어 환경부장관의 허가를 받아야 한다. 허가받은 사항을 변경하려는 경우에는 환경부령으로 정하는 기준에 따라 변경허가를 받거나 변경신고를 하여야 한다.

규칙 제90조(폐수처리업의 등록기준 등) ① 법 제62조제1항 전단에 따라 폐수처리업의 등록을 하려는 자가 갖추어야 할 기술능력 · 시설 및 장비에 관한 기준은 별표 20과 같다. ✓실전문제

② 폐수처리업의 등록을 하려는 자는 별지 제41호서식의 등록신청서에 다음 각 호의 서류를 첨부하여 소재지를 관할하는 시 · 도지사에게 제출(「정보통신망이용촉진 및 정보보호 등에 관한 법률」 제2조제1항제1호에 따 른 정보통신망을 이용한 제출을 포함한다)하여야 한다. 다만, 시 · 도지사는 폐수처리업의 등록 및 폐수배출시설의 설치에 관한 허가기관이나 신고기관이 같은 경우에는 제2호부터 제4호까지의 서류를 제출하지 아니하게 할 수 있다.

1. 사업계획서 2. 공정도 및 폐수배출배관도
3. 폐수배출시설 및 수질오염방지시설의 설치명세서 및 그 도면
4. 폐수처리방법별 저장시설 설치명세서(폐수재이용업의 경우에는 폐수성상별 저장시설 설치명세서) 및 그 도면
5. 공업용수 및 폐수처리방법별로 유입조와 최종배출구 등에 부착하여야 할 적산유량계와 수질자동측정기기의 설치 부위를 표시한 도면(폐수재이용업의 경우에는 폐수성상별로 유입조와 최종배출구 등에 부착하여야 할 적산유량계의 설치 부위를 표시한 도면)
6. 폐수의 수거 및 운반방법을 적은 서류
7. 기술능력 보유 현황 및 그 자격을 증명하는 기술자격증(국가기술자격이 아닌 경우로 한정한다) 사본

③ 제1항에 따른 신청서를 받은 담당 공무원은 「전자정부법」 제36조제1항에 따른 행정정보의 공동이용을 통하여 기술능력 보유 자격을 증명할 수 있는 국가기술자격증과 법인인 경우에는 법인 등기사항증명서를, 개인인 경우에는 사업자등록증을 확인하여야 한다. 다만, 국가기술자격증과 사업자등록증의 경우 신청인이 확인에 동의하지 아니하는 경우에는 그 사본을 첨부하도록 하여야 한다.

④ 시 · 도지사는 제2항에 따른 등록신청서가 제출된 경우에는 기술능력 · 시설 및 장비의 보유현황 등 등록신청서의 내용을 확인한 후 폐수처리업의 등록을 하려는 자가 폐수처리업의 등록 기준을 모두 갖춘 경우에는 별지 제42호서식의 폐수처리업 등록증을 발급

하여야 한다.

⑤ 시 · 도지사는 제4항에 따라 폐수처리업 등록증을 발급한 경우에는 그 사실을 홈페이지에 공고하고 환경부장관에게 통보하여야 한다. 법 제64조에 따라 등록취소 또는 영업정지처분을 한 경우에도 또한 같다.

⑥ 법 제62조제1항 후단에서 "환경부령으로 정하는 중요 사항"이란 다음 각 호의 사항을 말한다.

1. 사업장의 소재지 2. 사업장의 대표자 3. 영업소의 명칭 또는 상호
4. 폐수의 처리용량 및 처리방법 5. 제1항에 따른 기술능력 · 시설 및 장비

⑦ 제2항에 따라 폐수처리업의 등록을 한 자(이하 "폐수처리업자"라 한다)가 제6항제1호 또는 제3호부터 제5호까지에 해당하는 사항을 변경한 경우에는 변경한 날부터 30일 이내에, 제6항제2호에 해당하는 사항을 변경한 경우에는 변경한 날부터 60일 이내에 별지 제43호서식의 변경등록신청서에 등록증과 변경 내용을 증명하는 서류를 첨부하여 시 · 도지사에게 제출하여야 한다.

⑧ 제7항에 따른 변경등록신청 절차에 관하여는 제3항을 준용한다.

⑨ 「해양환경관리법」 제70조에 따라 폐기물해양배출업의 등록을 한 경우에 는 법 제62조제1항에 따른 폐수처리업 중 영 제79조에 따른 폐수수탁처리업의 등록을 한 것으로 보며, 처리대상폐수의 지정 및 처리방법 등은 「해양환경관리법」에 따른다.

실전문제 폐수처리업의 등록기준 중 폐수재이용업의 기술능력 기준으로 옳은 것은?

❶ 수질환경기사, 화공산업기사 중 1명
② 수질환경기사, 대기환경기사, 화공산업기사 중 1명
③ 수질환경기사, 대기환경기사 중 1명 이상
④ 수질환경산업기사, 대기환경기사 중 1명 이상

실전문제 폐수처리업의 등록기준에 관한 내용으로 틀린 것은?

① 하나의 시설 또는 장비가 두 가지 이상의 기능을 가질 경우에는 각각의 해당 시설 또는 장비를 갖춘 것으로 본다.
❷ 폐수수탁처리업, 폐수재이용업을 함께 하려고 할 때에는 같은 요건이라도 업종별로 따로 갖추어야 한다.
③ 수질오염물질 각 항목을 측정, 분석할 수 있는 실험기기, 기구 및 시약을 보유한 측정대행업자 또는 대학 부설 연구기관 등과 측정대행계약 또는 공동사용계약을 체결한 경우에는 해당 실험기기, 기구 및 시약을 갖추지 아니할 수 있다.
④ 기술능력이 환경기술인의 자격요건 이상이고 폐수처리시설과 폐수배출시설이 동일한 시설인 경우에는 환경기술인을 중복하여 임명하지 아니하여도 된다.

② 폐수처리업의 업종 구분과 영업 내용은 다음 각 호와 같다. [신설 2017.1.17.]

1. 폐수 수탁처리업: 폐수처리시설을 갖추고 수탁받은 폐수를 재생 · 이용 외의 방법으로 처리하는 영업
2. 폐수 재이용업: 수탁받은 폐수를 제품의 원료 · 재료 등으로 재생 · 이용하는 영업

③ 제1항에 따라 폐수처리업의 허가를 받은 자(이하 "폐수처리업자"라 한다)는 다음 각 호의 사항을 준수하여야 한다. [개정 2017.1.17.]

1. 자신의 폐수처리시설에서 처리가 어렵거나 처리능력을 초과하는 경우에는 폐수를 수탁받지 아니할 것
2. 제1항에 따른 기술능력 · 시설 및 장비 등을 항상 유지 · 점검하여 폐수처리업의 적정 운영에 지장이 없도록 할 것
3. 환경부령으로 정하는 처리능력이나 용량 미만의 시설을 설치하거나 운영하지 아니할것
4. 수탁받은 폐수를 다른 폐수처리업자에게 위탁하여 처리하지 아니할 것. 다만, 사고 등으로 정상처리가 불가능하여 환경부령으로 정하는 기간 동안 폐수가 방치되는 경우는 제외한다.
5. 수탁받은 폐수를 다른 폐수와 혼합하여 처리하려는 경우 환경부령으로 정하는 바에 따라 폐수 간 반응여부 등을 확인할 것
6. 그 밖에 수탁폐수의 적정한 처리를 위하여 환경부령으로 정하는 사항

규칙 **제91조(폐수처리업자의 준수사항 등)** ① 법 제62조제2항제4호 단서에서 "환경부령으로 정하는 기간"이란 10일 이상의 기간을 말한다. ✓실전문제

② 법 제62조제2항제5호에 따른 폐수처리업자의 준수사항은 별표 21과 같다.

③ 폐수처리업자가 수탁처리할 수 있는 폐수는 다음 각 호와 같다.

1. 제41조 각 호에 해당하는 폐수
2. 제42조제1호 또는 제4호에 따라 수질오염방지시설을 설치하지 아니한 폐수배출시설에서 부득이하게 배출하여야 하는 폐수
3. 폐수배출시설 외의 보일러, 그 밖의 생산관련시설이나 「해양환경관리법」 제3조제5항에 따른 선박 또는 해양시설에서 발생되는 폐수(「폐기물관리법」 제2조제4호에 따른 지정폐기물에 해당되는 것은 제외한다)
4. 그 밖에 환경부장관이 위탁처리 대상으로 하는 것이 적합하다고 인정하는 폐수

실전문제 **다음은 폐수처리업자의 준수사항에 관한 설명이다. ( )안에 내용으로 옳은 것은?**

> 수탁한 폐수는 정당한 사유없이 (㉠) 보관할 수 없으며, 보관폐수의 전체량이 저장시설 저장능력의 (㉡) 이상 되게 보관하여서는 아니 된다.

① ㉠ 10일 이상, ㉡ 80%
❷ ㉠ 10일 이상, ㉡ 90%
③ ㉠ 30일 이상, ㉡ 80%
④ ㉠ 30일 이상, ㉡ 90%

[규칙 별표21]

폐수처리업자의 준수사항(제91조제2항 관련)

1. 기술인력을 그 해당 분야에 종사하도록 하여야 하며, 폐수처리시설을 16시간 이상 가동할 경우에는 해당 처리시설의 현장근무 2년 이상의 경력자를 작업현장에 책임 근무하도록 하여야 한다.
2. 폐수처리를 수탁요청 받은 때에는 정당한 사유 없이 이를 거부하거나 수거를 지연하여 위탁자의 사업에 지장을 주어서는 아니 된다.
3. 폐수는 처리방법별(재이용업의 경우 성상별)로 분리하여 수거 · 운반 및 저장하여야 하고, 그 처리와 관련한 각종 기록을 정확하게 유지 · 관리하여야 하며, 그 기록문서 또는 전산자료를 3년간 보관하여야 한다.
4. 폐수를 수탁받은 때에는 한국폐수처리협회에서 일련번호를 부여한 별지 제44호서식의 폐수(위)수탁확인서를 사실대로 기록하고, 위탁자와 폐수처리업자가 각각 날인하여 1부는 폐수처리업자, 1부는 위탁자가 각각 보관 · 비치하여야 하며, 폐수(위)수탁확인서를 거짓으로 발급하여서는 아니 된다.
5. 폐수처리업자가 휴업 · 폐업 또는 행정처분에 의한 영업정지를 받은 때에는 그 사실을 위탁자에게 즉시 통보하여 적절한 대책을 강구하도록 하여야 한다.
6. 수탁한 폐수는 정당한 사유 없이 10일 이상 보관할 수 없으며, 보관폐수의 전체량이 저장시설 저장능력의 90% 이상 되게 보관하여서는 아니 된다.
7. 폐수처리업의 등록을 한 자는 반기별로 수탁폐수(재이용폐수를 포함한다)의 위탁업소별 · 성상별 수탁량 · 처리량(재이용량을 포함한다) · 보관량 및 폐기물처리량 등을 다음 반기의 시작 후 10일 이내에 시 · 도지사, 관할 등록기관장에게 통보하여야 한다.
8. 등록을 한 운반시설로서 수탁폐수 외의 다른 화물을 운반하는 영업행위를 하여서는 아니 된다.
9. 운반장비 · 저장시설 및 처리시설은 항상 등록기준에 맞게 유지하여야 한다.
10. 별표 13의 "나지역"에 입지한 시설 중 하수처리구역 또는 공동처리구역 외의 지역에 입지한 시설은 별표 13에도 불구하고 "가지역"의 배출허용기준을 적용한다.
11. 처리 후 발생하는 슬러지의 수분 함량은 85% 이하이여야 한다.
12. 별표 20 제2호라목 3)의 라) 및 마)에 따른 물리화학적처리시설 및 생물화학적처리시설을 이용하여 처리하는 경우에는 등록기관에서 인정한 수탁처리대상의 폐수에 한정하여 수탁하여야 하며, 그 폐수는 해당 처리방법별로 분리 · 저장하여야 한다.
13. 소각시설의 악취물질 및 대기오염물질의 제거를 위해 연소실 출구 배출가스 온도는 최소 850℃ 이상, 체류시간은 최소 1초 이상으로 유지하여야 하며, 초기 승온은 850℃ 이상으로 유지한 상태에서 처리대상 폐수를 투입하여야 한다.
14. 증발농축시설, 건조시설, 소각시설의 대기오염물질 농도를 매월 1회 자가측정하여야 하며, 분기마다 악취에 대한 자가측정을 실시하여야 한다

15. 별표 20 제2호라목 3)의 라) 및 마)에 따른 물리화학적처리시설 및 생물화학적처리시설의 처리수에 대하여는 별표 20 제2호나목1)부터 15)까지 중 수탁폐수에 함유된 항목을 주 1회 이상 수질오염물질 분석을 실시하여 적정 운 영상태를 확인하여야 한다.

제62조의2(폐수처리업의 시설검사 등) ① 폐수처리업자는 폐수처리시설이 환경부령으로 정하는 검사기준에 적합한지에 관한 검사(이하 "정기검사"라 한다)를 환경부령으로 정하는 검사기관으로부터 받아야 한다.

② 검사기관은 제1항에 따른 검사 결과를 환경부령으로 정하는 바에 따라 환경부장관에게 보고하여야 한다.

③ 환경부장관은 제1항에 따른 검사 결과 적합 판정을 받지 아니한 시설의 폐수처리업자에게 환경부령으로 정하는 바에 따라 기간을 정하여 해당 시설의 개선, 사용중지 등 필요한 조치를 명할 수 있다.

④ 제1항에 따른 검사의 주기, 절차 및 검사기관의 관리기준, 그 밖에 필요한 사항은 환경부령으로 정한다.

제63조(결격사유) 다음 각 호의 어느 하나에 해당하는 자는 폐수처리업의 허가를 받을 수 없다.

1. 피성년후견인 또는 피한정후견인
2. 파산선고를 받고 복권되지 아니한 자
3. 제64조에 따라 폐수처리업의 허가가 취소(제63조제1호 · 제2호 또는 제64조제1항제3호에 해당하여 허가가 취소된 경우는 제외한다)된 후 2년이 지나지 아니한 자
4. 이 법 또는 「대기환경보전법」, 「소음 · 진동관리법」을 위반하여 징역의 실형을 선고받고 그 형의 집행이 끝나거나 집행을 받지 아니하기로 확정된 후 2년이 지나지 아니한 사람
5. 임원 중에 제1호부터 제4호까지의 어느 하나에 해당하는 사람이 있는 법인

실전문제 **폐수처리업을 등록할 수 없는 결격사유로 틀린 것은?**

① 폐수처리업의 등록이 취소된 후 2년이 지나지 아니한 자
❷ 파산선고를 받고 복권된지 2년이 지나지 아니한 자
③ 피성년후견인
④ 피한정후견인

제64조(등록의 취소 등) ① 환경부장관은 폐수처리업자가 다음 각 호의 어느 하나에 해당하 는 경우에는 그 허가를 취소하여야 한다.

1. 제63조 각 호의 어느 하나에 해당하는 경우. 다만, 법인의 임원 중 제63조제5호에 해당하는

사람이 있는 경우 6개월 이내에 그 임원을 바꾸어 임명한 경우는 제외한다.
2. 거짓이나 그 밖의 부정한 방법으로 허가 또는 변경허가를 받은 경우
3. 허가를 받은 후 2년 이내에 영업을 시작하지 아니하거나 계속하여 2년 이상 영업 실적이 없는 경우
4. 「해양환경관리법」에 따른 배출해역 지정기간이 끝나거나 폐기물해양배출업의 등록이 취소되어 제62조제1항 전단에 따른 기술능력 · 시설 및 장비 기준을 유지할 수 없는 경우

② 환경부장관은 폐수처리업자가 다음 각 호의 어느 하나에 해당하는 경우에는 그 허가를 취소하거나 6개월 이내의 기간을 정하여 영업정지를 명할 수 있다.
1. 다른 사람에게 허가증을 대여한 경우
2. 1년에 2회 이상 영업정지처분을 받은 경우
3. 고의 또는 중대한 과실로 폐수처리영업을 부실하게 한 경우
4. 영업정지처분 기간에 영업행위를 한 경우

③ 환경부장관은 폐수처리업자가 다음 각 호의 어느 하나에 해당하는 경우에는 6개월 이내의 기간을 정하여 영업정지를 명할 수 있다.
1. 제62조제1항 후단에 따라 변경허가를 받지 아니하거나 변경신고를 하지 아니한 경우
2. 제62조제3항에 따른 준수사항을 이행하지 아니한 경우
3. 제62조의2제1항을 위반하여 정기검사를 받지 아니한 경우
4. 제62조의2제3항에 따른 명령을 이행하지 아니한 경우
5. 제66조의2제2항을 위반하여 수탁처리폐수의 인계 · 인수에 관한 내용을 전자인계 · 인수관리시스템에 입력하지 아니하거나 거짓으로 입력한 경우

제65조(권리 · 의무의 승계) ① 다음 각 호의 어느 하나에 해당하는 자는 이 법에 따른 종전 폐수처리업자의 권리 · 의무를 승계한다. 이 경우 제63조제1호부터 제4호까지의 어느 하나에 해당하는 양수인 · 상속인 또는 법인은 3개월 이내에 그 사업을 다른 사람 또는 법인에게 양도할 수 있다.
1. 사업자가 사망한 경우 그 상속인
2. 사업자가 그 사업을 양도한 경우 그 양수인
3. 법인인 사업자가 다른 법인과 합병한 경우 합병 후 존속하는 법인이나 합병으로 설립되는 법인

② 다음 각 호의 어느 하나에 해당하는 절차에 따라 폐수처리업의 영업시설을 인수한 자는 이 법에 따른 종전 폐수처리업자의 권리 · 의무를 승계한다. 다만, 인수한 자가 제63조 각 호의 어느 하나에 해당하는 경우에는 그러하지 아니하다.
1. 「민사집행법」에 따른 경매
2. 「채무자 회생 및 파산에 관한 법률」에 따른 환가
3. 「국세징수법」, 「관세법」 또는 「지방세징수법」에 따른 압류재산의 매각

4. 그 밖에 제1호부터 제3호까지의 규정 중 어느 하나에 준하는 절차

제66조(과징금 처분) ① 환경부장관은 제62조제1항에 따라 폐수처리업의 허가를 받은 자에 대하여 제64조에 따라 영업정지를 명하여야 하는 경우로서 그 영업정지가 주민의 생활이나 그 밖의 공익에 현저한 지장을 줄 우려가 있다고 인정되는 경우에는 영업정지처분을 갈음하여 매출액에 100분의 5를 곱한 금액을 초과하지 아니하는 범위에서의 과징금을 부과할 수 있다. 다만, 제64조제2항제1호부터 제3호까지, 같은 조 제3항제1호 또는 제2호(제62조제3항제4호의 준수사항을 이행하지 아니한 경우만 해당한다)에 해당하거나 과징금 처분을 받은 날부터 2년이 경과되기 전에 제64조에 따른 영업정지 처분 대상이 되는 경우에는 그러하지 아니하다. [개정 2017.1.17.]

✓실전문제

② 제1항에 따른 과징금의 부과 · 징수 등에 관하여는 제43조제3항부터 제6항까지의 규정을 준용한다.

③ 제1항에 따른 과징금을 부과하는 위반행위의 종류와 위반 정도 등에 따른 과징금의 금액과 그 밖에 필요한 사항은 대통령령으로 정하되, 그 금액의 2분의 1의 범위에서 가중하거나 감경할 수 있다.

영 **제79조의2(과징금의 부과기준 등)** ① 법 제66조제1항에 따른 과징금의 부과기준은 별표 17의2와 같다.

② 법 제66조제1항에 따른 과징금의 납부기한은 과징금납부통지서의 발급일부터 30일로 하고, 과징금의 납부통지는 환경부령으로 정하는 바에 따른다.

실전문제 **다음은 과징금 처분에 관한 내용이다. (   )안에 맞는 내용은?**

> 환경부장관은 폐수처리업의 등록을 한 자에 대하여 영업정지를 명하여야 하는 경우로서 그 영업정지가 주민의 생활이나 그 밖의 공익에 현저한 지장을 줄 우려가 있다고 인정되는 경우에는 영업정지처분을 갈음하여 (   )이하의 과징금을 부과할 수 있다.

① 1억 ❷ 2억
③ 3억 ④ 4억

[영 별표17의2]

과징금의 부과기준(제79조의2제1항 관련)

과징금 금액은 다음과 같이 산정한다.

과징금 금액 = 영업정지일수×1일당 부과금액(300만원)×폐수처리업의 종류별 부과계수

[비고]
1. 영업정지일수는 법 제71조에 따른 행정처분의 기준에 따른다.
2. 폐수처리업의 종류별 부과계수는 다음 표와 같다.

종 류	부과계수
폐수 수탁처리업	2.0
폐수 재이용업	0.5

규칙 **제92조(과징금의 납부통지)** 영 제79조의2제2항에 따른 과징금의 납부통지는 별지에 따른다. [전문개정 2014.1.29.]

제66조의 2(수탁처리폐수의 전산처리) ① 환경부장관은 폐수처리업자가 위탁을 받아 처리하는 폐수(이하 "수탁처리폐수"라 한다)의 인계・인수에 관한 내용 등을 전자적으로 관리하기 위한 시스템(이하 "전자인계・인수관리시스템"이라 한다)을 구축・운영하여야 한다.

② 수탁처리폐수를 위탁하는 사업자(이하 이 조에서 "폐수위탁사업자"라 한다)와 폐수처리업자는 해당 폐수의 인계・인수에 관한 내용 등 대통령령으로 정하는 사항을 환경부령으로 정하는 바에 따라 전자인계・인수관리시스템에 입력하여야 한다.

③ 환경부장관은 전자인계・인수관리시스템에 입력된 수탁처리폐수의 인계・인수에 관한 내용을 입력된 날부터 3년간 보존하여야 한다.

④ 환경부장관은 폐수위탁사업자, 폐수처리업자, 관계 시・도지사 또는 시장・군수・구청장이 전자인계・인수관리시스템에 입력된 자료를 검색・확인하거나 출력할 수 있도록 하여야 한다.

⑤ 환경부장관은 전자인계・인수관리시스템을 이용하는 자로부터 그 이용에 따른 비용의 전부 또는 일부를 징수할 수 있다. 이 경우 구체적인 비용의 징수기준은 환경부장관이 정하여 고시한다.

⑥ 제1항부터 제5항까지에서 규정한 사항 외에 전자인계・인수관리시스템의 구축・운영 및 이용 등에 관한 세부사항은 환경부장관이 정하여 고시한다.

영 **제79조의3(전자인계・인수관리시스템의 구축・운영)** 법 제66조의2제2항에서 "대통령령으로 정하는 사항"이란 다음 각 호의 사항을 말한다.

1. 폐수처리업자의 상호, 소재지, 대표자 성명 및 전화번호

2. 폐수처리업자에게 폐수처리를 위탁하는 사업자의 상호, 소재지, 대표자 성명 및 전화번호
3. 폐수처리업자가 위탁을 받아 처리하는 폐수(이하 "수탁처리폐수"라 한다)의 종류, 단위, 수량, 처리단가 및 처리금액
4. 수탁처리폐수를 운반하는 차량의 번호 및 운전자 성명

제7장 보칙

제67조(환경기술인 등의 교육) ① 폐수처리업에 종사하는 기술요원 또는 환경기술인을 고용한 자는 환경부령으로 정하는 바에 따라 그 해당자에게 환경부장관, 시 · 도지사 또는 대도시의 장이 실시하는 교육을 받게 하여야 한다. ✓실전문제

규칙 제93조(기술인력 등의 교육기간 · 대상자 등) ① 법 제38조의6제1항에 따른 기술인력, 법 제47조에 따른 환경기술인 또는 법 제62조에 따른 폐수처리업에 종사하는 기술요원(이하 "기술인력등"이라 한다)을 고용한 자는 다음 각 호의 구분에 따른 교육을 받게 하여야 한다. [개정 2017.1.19.]

1. 최초교육: 기술인력등이 최초로 업무에 종사한 날부터 1년 이내에 실시하는 교육
2. 보수교육: 제1호에 따른 최초 교육 후 3년마다 실시하는 교육

② 제1항에 따른 교육은 다음 각 호의 구분에 따른 교육기관에서 실시한다. 다만, 환경부장관 또는 시 · 도지사는 필요하다고 인정하면 다음 각 호의 교육기관 외의 교육기관에서 기술인력등에 관한 교육을 실시하도록 할 수 있다.

1. 측정기기 관리대행업에 등록된 기술인력 및 폐수처리업에 종사하는 기술요원: 국립환경인력개발원
2. 환경기술인: 「환경정책기본법」 제38조제1항에 따른 환경보전협회

실전문제 환경기술인을 교육하는 기관으로 맞는 것은?

① 국립환경인력개발원　② 환경기술인협회
❸ 환경보전협회　④ 한국환경공단

실전문제 폐수처리업에 종사하는 기술요원의 교육기관은?

❶ 국립환경인력개발원　② 환경기술인협회
③ 환경보전협회　④ 환경기술연구원

규칙 제94조(교육과정의 종류 및 기간) ① 기술인력등이 법 제38조의8제2항 · 제67조 제1항 및 제93조제1항에 따라 이수하여야 하는 교육과정은 다음 각 호의 구분에 따른다. [개정 2017.1.19.]

1. 측정기기 관리대행업에 등록된 기술인력: 측정기기 관리대행 기술인력과정
2. 환경기술인: 환경기술인과정

3. 폐수처리업에 종사하는 기술요원: 폐수처리기술요원과정

② 제1항의 교육과정의 교육기간은 4일 이내로 한다. 다만, 정보통신매체를 이용하여 원격교육을 실시하는 경우에는 환경부장관이 인정하는 기간으로 한다.

규칙 **제95조(교육계획)** ① 제93조에 따른 교육기관(이하 "교육기관"이라 한다)의 장은 다음해의 교육계획을 제94조제1항 각호의 교육과정별로 매년11월30일까지 환경부장관에게 제출하여 승인을 받아야 한다.

② 제1항에 따른 교육계획에는 다음 각 호의 사항이 포함되어야 한다.

1. 교육의 기본방향 2. 교육수요의 조사결과 및 장기추계
3. 교육과정의 설치계획 4. 교육과정별 교육의 목표 · 과목 · 기간 및 인원
5. 교육대상자 선발기준 및 선발계획 6. 교재편찬계획
7. 교육성적의 평가방법 8. 그 밖에 교육을 위하여 필요한 사항

규칙 **제96조(교육대상자의 선발 및 등록)** ① 환경부장관은 제95조제1항에 따른 교육계획을 매년 1월 31일까지 시 · 도지사에게 통보하여야 한다.

② 시 · 도지사는 제94조제1항 각 호의 교육과정별로 관할구역의 교육대상자를 선발하여 그 명단을 교육과정개시 15일 전까지 교육기관의 장에게 통보하여야 한다.

③ 시 · 도지사는 제2항에 따라 교육대상자를 선발한 경우에는 해당 교육대상자를 고용한 자에게 지체 없이 그 뜻을 통지하여야 한다.

④ 교육대상자로 선발된 자는 교육개시 전까지 해당 교육기관에 등록을 하여야 한다.

규칙 **제97조(교육결과의 제출)** 교육기관의 장은 법 제38조의8제2항 및 제67조제1항에 따라 교육을 실시하였을 때에는 해당 연도의 교육실적을 다음 해 1월 15일까지 환경부장관에게 제출하여야 한다. [개정 2017.1.19.]

규칙 **제98조(교육실시 현황 등의 보고 · 지도 등)** 환경부장관은 필요하다고 인정하면 교육기관의 장에게 교육실시 현황 등을 보고하게 하거나 관련 자료를 제출하도록 할 수 있으며, 소속 공무원에게 교육기관의 교육 상황, 교육시설 및 그 밖에 교육에 관계되는 사항에 대하여 지도를 하게 할 수 있다

규칙 **제99조(자료제출협조)** 법 제38조의8제2항 및 제67조제1항에 따른 교육을 효과적으로 수행하기 위하여 기술인력등을 고용하는 자는 환경부장관 또는 시 · 도지사가 다음 각 호의 자료 제출을 요청하는 경우에는 이에 협조하여야 한다.

1. 소속 기술인력등의 명단

2. 교육이수자 현황
3. 교육에 필요한 자료

② 환경부장관, 시 · 도지사 또는 대도시의 장은 환경부령으로 정하는 바에 따라 제1항에 따른 교육에 드는 경비를 교육대상자를 고용한 자로부터 징수할 수 있다.

규칙 **제100조(교육경비)** 법 제38조의8제2항 및 제67조제1항에 따라 교육대상자를 고용하는 자로부터 징수하는 교육경비는 교육내용과 교육기간 등을 고려하여 환경부장관이 정하여 고시한다. [개정 2017.1.19.]

제68조(보고 및 검사 등) ① 환경부장관 또는 시 · 도지사는 환경부령으로 정하는 경우에는 다음 각 호의 자에게 필요한 보고를 명하거나 자료를 제출하게 할 수 있으며, 관계 공무원으로 하여금 해당 시설 또는 사업장 등에 출입하여 방류수 수질기준, 제32조에 따른 배출허용기준, 제33조에 따른 허가 또는 변경허가 기준의 준수 여부, 측정기기의 정상운영, 특정수질유해물질 배출량 조사의 검증, 제53조제6항에 따른 준수사항, 제61조의2제4항에 따른 수질 기준 및 관리 기준의 준수 여부 또는 제66조의2제2항에 따른 전자인계 · 인수관리시스템의 입력 여부를 확인하기 위하여 수질오염물질을 채취하거나 관계 서류 · 시설 · 장비 등을 검사하게 할 수 있다. [개정 2016.1.27.]

1. 사업자
2. 공공폐수처리시설(공공하수처리시설 중 환경부령으로 정하는 시설을 포함한다)을 설치 · 운영하는 자

2의2. 측정기기 관리대행업자

3. 제53조제1항에 해당하는 자
4. 제60조에 따른 기타수질오염원의 설치 · 관리 신고를 한 자

4의2. 제61조의2제1항에 따라 물놀이형 수경시설을 설치 · 운영하는 자

5. 제62조제1항에 따른 폐수처리업자
6. 제74조제2항에 따라 환경부장관 또는 시 · 도지사의 업무를 위탁받은 자

규칙 **제101조(보고 및 검사 등의 사유와 통합검사 등)** ① 법 제68조제1항 각 호 외의 부분에서 "환경부령으로 정하는 경우"란 다음 각 호의 어느 하나에 해당하는 경우를 말한다. [개정 2017.1.19.] (각 호는 법제처 참조)

② 법 제68조제1항 각 호의 자(이하 이 조에서 "사업자등"이라 한다)가 보고하거나 자료를 제출하려는 때에는 테이프 · 디스켓 등을 이용한 전산적인 방법으로 보고하거나 자료를 제출할 수 있다.

③ 법 제68조제1항에 따라 출입하거나 검사를 실시하는 공무원은 출입 · 검사의 목적, 인

적사항, 검사 결과 등을 적은 서면을 사업자등에게 발급하여야 한다.

④ 환경부장관 또는 시·도지사등은 법 제68조제1항에 따라 사업자 등에 대한 출입이나 검사를 하려는 경우에는 출입·검사의 대상 시설 또는 사업장 등이 다음 각 호에 따른 출입·검사의 대상 시설 또는 사업장 등과 같은 경우에는 통합하여 출입·검사를 실시하여야 한다. 다만, 민원·환경오염사고·광역감시활동 또는 기술인력·장비운영상 통합검사가 곤란하다고 인정되는 경우에는 그러하지 아니하다. (각 호는 법제처 참조)

규칙 **제102조(보고 및 검사 등의 대상시설)** 법 제68조제1항제2호에서 "환경브령으로 정하는 시설"이란 제53조에 해당하는 공공하수처리시설을 말한다.

② 환경부장관은 제1항에 따라 배출허용기준, 방류수 수질기준의 준수 여부, 폐수무방류배출시설에서의 수질오염물질의 배출 여부 또는 물놀이형 수경시설의 수질 기준 준수 여부를 확인하기 위하여 수질오염물질을 채취한 경우에는 환경부령으로 정하는 검사기관에 오염도검사를 의뢰하여야 한다. 다만, 현장에서 배출허용기준, 방류수 수질기준 또는 물놀이형 수경시설의 수질 기준 초과 여부를 판정할 수 있는 수질오염물질로서 환경부령으로 정하는 경우에는 그러하지 아니하다.

③ 제1항에 따라 출입·검사를 하는 공무원은 그 권한을 표시하는 증표를 지니고 이를 관계인에게 보여주어야 한다.

규칙 **제103조(오염도검사기관)** 법 제68조제2항 본문에서 "환경부령으로 정하는 검사기관"이란 제47조제2항 각 호에 따른 검사기관을 말한다.

규칙 **제104조(현장에서 배출허용기준 등의 초과 여부를 판정할 수 있는 수질오염물질)** 법 제68조제2항 단서에 따라 검사기관에 오염도검사를 의뢰하지 아니하고 현장에서 배출허용기준, 방류수 수질기준 또는 물놀이형 수경시설의 수질 기준의 초과 여부를 판정할 수 있는 수질오염물질의 종류는 다음 각 호와 같다.

1. 수소이온농도
2. 영 별표 7에 따른 수질자동측정기기(법 제68조제1항 각 호 외의 부분에 자라 측정기기의 정상 운영 여부를 확인한 결과 정상으로 운영되지 아니하는 경우는 제외한다)로 측정 가능한 수질오염물질

제68조의2(신고포상금) ① 환경부장관은 제38조의3제1항을 위반하여 금지행위를 하거나 같은 조 제2항을 위반하여 운영·관리기준을 지키지 아니한 자를 관계 행정기관 또는 수사기관에 신고한 자에게 예산의 범위에서 신고포상금을 지급할 수 있다.

② 제1항에 따른 신고포상금 지급의 기준 · 방법과 절차, 구체적인 지급액 등에 관한 사항은 대통령령으로 정한다.

영 **제79조의4(신고포상금 지급의 기준 등)** ① 법 제68조의2제1항에 따라 신고를 받은 관계 행정기관 또는 수사기관은 그 사건의 개요를 환경부장관에게 통지하여야 한다.
② 법 제68조의2제1항에 따라 신고를 받거나 제1항에 따라 통지를 받은 환경부장관은 그 신고내용이 법 제38조의3제1항 및 제2항의 위반행위에 해당된다고 인정하는 경우에는 300만원의 범위에서 신고포상금을 지급할 수 있다.
③ 제2항에 따른 신고포상금의 세부 금액, 지급시기 및 지급절차 등에 관하여 필요한 사항은 환경부장관이 정하여 고시한다.

제69조(국고 보조) 국가는 지방자치단체의 물환경 보전을 위한 사업에 드는 경비를 예산의 범위에서 보조할 수 있다.

제70조(관계 기관의 협조) 환경부장관은 이 법의 목적을 달성하기 위하여 필요하다고 인정할 때에는 다음 각 호에 해당하는 조치를 관계 기관의 장에게 요청할 수 있다. 이 경우 관계 기관의 장은 특별한 사유가 없으면 이에 따라야 한다.

제71조(행정처분의 기준) 이 법 또는 이 법에 따른 명령을 위반한 행위에 대한 행정처분의 기준은 환경부령으로 정한다.

규칙 **제105조(행정처분 기준)** ① 법 제71조에 따른 행정처분 기준은 별표 22와 같다.
[규칙 별표22] 분량이 많은 관계로 삭제 법제처 이용바람

제72조(청문) 환경부장관은 다음 각 호의 어느 하나에 해당하는 처분을 하려면 청문을 하여야 한다.
[개정 2016.1.27.]
1. 제35조제3항 · 제42조 또는 제44조에 따른 허가의 취소 또는 배출시설의 폐쇄명령
1의2. 제38조의9에 따른 등록의 취소
1의3. 제53조의4에 따른 성능검사 판정의 취소
2. 제60조제6항에 따른 기타수질오염원의 폐쇄명령
3. 제64조에 따른 허가의 취소

제73조(수수료) 다음 각 호의 어느 하나에 해당하는 허가, 검사 등을 받거나 신고 등을 하려는 자는 환경부령으로 정하는 바에 따라 수수료를 내야 한다.
1. 제33조제1항부터 제3항까지의 규정에 따른 배출시설의 허가 · 변경허가 및 신고 · 변경신고

2. 제53조에 따른 신고 · 변경신고
2의2. 제53조의3제1항에 따른 성능검사
3. 제60조제1항에 따른 기타수질오염원의 설치신고 또는 변경신고
4. 제62조제1항에 따른 폐수처리업의 허가 또는 변경허가
5. 제62조의2제1항에 따른 정기검사

규칙 제106조(수수료) ① 법 제73조에 따른 수수료는 각 호와 같다. (법제처 참조)
② 제1항에 따른 수수료는 시 · 도지사에게 수입증지로 납부하여야 한다. 다만, 시 · 도지사는 정보통신망을 이용하여 전자화폐 · 전자결재 등의 방법으로 납부하게 할 수 있다.

제74조(위임 및 위탁) ① 이 법에 따른 환경부장관의 권한은 대통령령으로 정하는 바에 따라 그 일부를 시 · 도지사, 대도시의 장, 시장 · 군수 · 구청장 , 환경부 소속 환경연구기관의 장 또는 지방환경관서의 장에게 위임할 수 있다.
② 제1항에 따라 권한을 위임받은 시 · 도지사는 그 권한의 일부를 환경부장관의 승인을 받아 시장 · 군수 · 구청장에게 재위임할 수 있다.
③ 환경부장관 또는 시 · 도지사는 이 법에 따른 업무의 일부를 대통령령으로 정하는 바에 따라 관계 전문기관에 위탁할 수 있다.

영 제81조(권한의 위임) ① 환경부장관은 법 제74조제1항에 따라 다음 각 호의 권한을 시 · 도지사에게 위임한다. (각 호는 법제처 참조)
② 환경부장관은 법 제74조제1항에 따라 다음 각 호의 권한을 유역환경청장이나 지방환경청장에게 위임한다. (각 호는 법제처 참조)
③ 환경부장관은 법 제74조제1항에 따라 다음 각 호의 권한을 국립환경과학원장에게 위임한다.
1. 법 제9조제1항에 따른 측정망 설치 및 수질오염도의 상시측정
2. 법 제9조의3제1항에 따른 수생태계 현황 조사
3. 법 제9조의3제3항에 따른 수생태계 건강성 평가 및 결과의 공개
4. 법 제22조의2제1항에 따른 수생태계 연속성 조사
5. 법 제22조의3제1항 및 제3항에 따른 환경생태유량의 산정
6. 법 제46조의2제2항에 따른 배출량조사 결과의 검증
7. 제75조의3제3항에 따른 중장기 물순환 목표 설정을 위한 조사 및 연구

영 제82조(권한위임에 따른 업무감독 등) ① 환경부장관은 광역적인 수질오염의 관리를 위하여 특히 필요하다고 인정되는 경우에는 제81조제1항 각 호에 따른 법령위반 사항을 직접 점검 ·

확인하거나 유역환경청장 또는 지방환경청장으로 하여금 점검 · 확인하게 할 수 있다.

② 환경부장관, 유역환경청장 또는 지방환경청장은 제1항에 따른 점검 · 확인 결과 사업장의 법령 위반 사실을 적발한 경우에는 그 내용 및 조치 의견을 관할 시 · 도지사에게 통보하여야 한다.

③ 제2항에 따른 통보를 받은 시 · 도지사는 그에 따른 필요한 조치를 하고, 그 결과를 환경부장관, 유역환경청장 또는 지방환경청장에게 보고하거나 통보하여야 한다.

영 제83조(보고) ① 시 · 도지사, 유역환경청장, 지방환경청장 또는 국립환경과학원장은 법 제74조제1항에 따라 위임받은 사무를 처리한 경우에는 환경부령으로 정하는 바에 따라 그 내용을 환경부장관에게 보고해야 한다.

② 시 · 도지사는 법 제40조 및 법 제42조에 따라 조업정지명령이나 허가취소 또는 폐쇄명령을 한 경우에는 지체 없이 그 사실을 환경부장관 및 관계 중앙행정기관의 장에게 보고하여야 한다.

규칙 제107조(보고) ① 영 제83조제1항에 따라 시 · 도지사등이 환경부장관에게 보고할 사항은 별표 23과 같다. 이 경우 시 · 도지사가 별표 23 제1호 · 제2호 · 제4호 · 제6호 및 제9호에 관한 사항을 보고하려는 경우에는 유역환경청장이나 지방환경청장을 거쳐야 한다. [개정 2017.1.19.] ✓실전문제

② 제1항의 보고에 관한 서식은 환경부장관이 정한다.

[규칙 별표23]

위임업무 보고사항(제107조제1항 관련)

업무내용	보고횟수	보고기일	보고자
1. 폐수배출시설의 설치허가, 수질오염물질의 배출상황검사, 폐수배출시설에 대한 업무처리 현황	연 4회	매분기 종료 후 15일 이내	시 · 도지사
2. 폐수무방류배출시설의 설치허가(변경허가) 현황	수시	허가(변경허가) 후 10일 이내	시 · 도지사
3. 기타 수질오염원 현황	연 2회	매반기 종료 후 15일 이내	시 · 도지사
4. 폐수처리업에 대한 등록 · 지도단속실적 및 처리실적 현황	연 2회	매반기 종료 후 15일 이내	시 · 도지사
5. 폐수위탁 · 사업장 내 처리현황 및 처리실적	연 1회	다음 해 1월 15일까지	시 · 도지사
6. 환경기술인의 자격별 · 업종별 현황	연 1회	다음 해 1월 15일까지	시 · 도지사

7. 배출업소의 지도 · 점검 및 행정처분 실적	연 4회	매분기 종료후 15일 이내	시 · 도지사
8. 배출부과금 부과 실적	연 4회	매분기 종료후 15일까지	시 · 도지사, 유역환경청장, 지방환경청장
9. 배출부과금 징수 실적 및 체납처분 현황	연 2회	매반기 종료 후 15일 이내	시 · 도지사, 유역환경청장, 지방환경청장
10. 배출업소 등에 따른 수질오염사고 발생 및 조치사항	수시	사고발생시	시 · 도지사, 유역환경청장, 지방환경청장
11. 과징금 부과 실적	연 2회	매반기 종료 후 10일 이내	시 · 도지사
12. 과징금 징수 실적 및 체납처분 현황	연 2회	매반기 종료 후 10일 이내	시 · 도지사
13. 비점오염원의 설치신고 및 방지시설 설치 현황 및 행정처분 현황	연 4회	매분기 종료 후 15일 이내	유역환경청장, 지방환경청장
14. 골프장 맹 · 고독성 농약 사용 여부 확인 결과	연 2회	매반기 종료 후 10일 이내	시 · 도지사
15. 측정기기 부착시설 설치 현황	연 2회	매반기 종료 후 15일 이내	시 · 도지사 유역환경청장 지방환경청장
16. 측정기기 부착사업장 관리 현황	연 2회	매반기 종료 후 15일 이내	시 · 도지사 유역환경청장 지방환경청장
17. 측정기기 부착사업자에 대한 행정처분 현황	연 2회	매반기 종료 후 15일 이내	시 · 도지사 유역환경청장 지방환경청장
18. 측정기기 관리대행업에 대한 등록 · 변경등록, 관리대행능력 평가 · 공시 및 행정처분 현황	연 1회	다음 해 1월 15일까지	유역환경청장, 지방환경청장
19. 수생태계 복원계획(변경계획) 수립 · 승인 및 시행계획(변경계획) 협의 현황	연 2회	매반기 종료 후 15일 이내	유역환경청장, 지방환경청장
20. 수생태계 복원 시행계획(변경계획) 협의 현황	연 2회	매반기 종료 후 15일 이내	유역환경청장, 지방환경청장

실전문제 위임업무 보고사항 중 보고 횟수가 다른 업무내용은?

① 폐수처리업에 대한 등록, 지도단속실적 및 처리 설적 현황
❷ 폐수위탁, 사업장 내 처리 현황 및 처리 실적
③ 기타 수질오염원 현황
④ 과징금 부과 실적

실전문제 시 · 도지사 등이 환경부장관에게 보고할 사항(위임업무보고사항 중 보고 횟수가 연 4회 해당되는 것은?

① 과징금 징수실적 및 체납처분 현황
② 폐수위탁 · 사업장 내 처리 현황 및 처리 실적
③ 배출부과금 징수실적 및 체납처분 현황
❹ 비점오염원의 설치신고 및 방지시설 현황 및 행정처분 현황

실전문제 다음의 위임업무 보고사항 중 보고 횟수가 연 4회에 해당하는 것은?

① 측정기 부착 사업자에 대한 행정처분 현황
② 측정기 부착사업장 관리 현황
❸ 비점오염원의 설치신고 및 방지시설 설치 현황 및 행정처분 현황
④ 과징금 부과 설치

실전문제 다음 위임업무 보고사항 중 연간 보고 횟수가 가장 많은 것은?

① 과징금 징수 설정 및 체납처분 현황
② 골프장 맹 · 독성 농약 사용 여부 확인 결과
③ 비점오염원의 설치신고 및 방지시설 설치현황 및 행정처분 현황
❹ 환경기술인의 자격별 · 업종별 현황

[영 별표17]

사업장별 환경기술인의 자격기준

구분	환경기술인
제1종사업장	수질환경기사 1명 이상
제2종사업장	수질환경산업기사 1명 이상
제3종사업장	수질환경산업기사, 환경기능사 또는 3년 이상 수질분야 환경관련 업무에 직접 종사한 자 1명 이상
제4종사업장 · 제5종사업장	배출시설 설치허가를 받거나 배출시설 설치신고가 수리된 사업자 또는 배출시설 설치허가를 받거나 배출시설 설치신고가 수리된 사업자가 그 사업장의 배출시설 및 방지시설업무에 종사하는 피고용인 중에서 임명하는 자 1명 이상

[비고]

1. 사업장의 규모별 구분은 별표 13에 따른다.
2. 특정수질유해물질이 포함된 수질오염물질을 배출하는 제4종 또는 제5종사업장은 제3종사업장에 해당하는 환경기술인을 두어야 한다. 다만, 특정수질유해물질이 포함된 1일 10㎥ 이하의 폐수를 배출하는 사업장의 경우에는 그러하지 아니하다.
3. 제1종 또는 제2종사업장 중 1개월간 실제 작업한 날만을 계산하여 1일 평균 17시간 이상 작업하는 경우 그 사업장은 환경기술인을 각각 2명 이상 두어야 한다. 이 경우 각각 1명을 제외한 나머지 인원은 제3종사업장에 해당하는 환경기술인으로 대체할 수 있다.
4. 공동방지시설의 경우에는 폐수배출량이 제4종 또는 제5종사업장의 규모에 해당하면 제3종사업장에 해당하는 환경기술인을 두어야 한다.
5. 법 제48조에 따른 폐수종말처리시설에 폐수를 유입시켜 처리하는 제1종 또는 제2종사업장은 제3종사업장에 해당하는 환경기술인을, 제3종사업장은 제4종사업장 · 제5종사업장에 해당하는 환경기술인을 둘 수 있다.
6. 방지시설 설치면제 대상인 사업장과 배출시설에서 배출되는 수질오염물질 등을 공동방지시설에서 처리하게 하는 사업장은 제4종사업장 · 제5종사업장에 해당하는 환경기술인을 둘 수 있다.
7. 연간 90일 미만 조업하는 제1종부터 제3종까지의 사업장은 제4종사업장 · 제5종사업장에 해당하는 환경기술인을 선임할 수 있다.
8. 「대기환경보전법」 제40조제1항에 따라 대기환경기술인으로 임명된 자가 수질환경기술인의 자격을 함께 갖춘 경우에는 수질환경기술인을 겸임할 수 있다.
9. 환경산업기사 이상의 자격이 있는 자를 임명하여야 하는 사업장에서 환경기술인을 바꾸어 임명하는 경우로서 자격이 있는 구직자를 찾기 어려운 경우 등 부득이한 사유가 있는 경우에는 잠정적으로 30일 이내의 범위에서는 저4종사업장 · 제5종사업장의 환경기술인 자격에 준하는 자를 그 자격을 갖춘 자로 보아 제59조제1항제2호에 따른 신고를 할 수 있다.

실전문제 다음은 사업장별 환경기술인의 자격기준에 관한 내용이다. ( )안에 맞는 내용은?

> 특정 수질유해물질이 포함된 수질오염물질을 배출하는 제4종 또는 제5종 사업장은 제3종 사업장에 해당되는 환경기술인을 두어야 한다. 다만 특정수질유해물질이 포함된 ( )이하의 폐수를 배출하는 사업장의 경우에는 그러하지 아니하다.

❶ 1일 10㎥ ② 1일 30㎥
③ 1일 50㎥ ④ 1일 100㎥

실전문제 사업장별 환경기술인의 자격기준에 관한 설명으로 틀린 것은?

① 연간 90일 미만 조업하는 제1종부터 제3종까지의 사업장은 제4종사업장 · 제5종사업장에 해당하는 환경기술인을 선임할 수 있다.
② 공동방지시설의 경우에 폐수배출량이 제1종 또는 제2종사업장은 제3종사업장에 해당하는 환경기술인을 둘 수 있다.
③ 제1종 또는 제2종사업장 중 1개월간 실제 작업한 날만을 계산하여 1일 평균 17시간이상 작업하는 경우 그 사업장은 환경기술인을 각각 2명 이상 두어야한다.
④ 방지시설 설치면제 대상인 사업장과 배출시설에서 배출되는 수질오염물질 등을 공동방지시설에서 처리하게 하는 사업장은 제4종사업장 · 제5종사업장에 해당하는 환경기술인을 둘 수 있다.

규칙 제107조의2(규제의 재검토) ① 환경부장관은 다음 각 호의 사항에 대하여 다음 각 호의 기준일을 기준으로 3년마다 그 타당성을 검토하여 개선 등의 조치를 하여야 한다. (각 호는 법제처 참조)
② 환경부장관은 다음 각 호의 사항에 대하여 다음 각 호를 기준으로 2년마다 그 타당성을 검토하여 개선 등의 조치를 하여야한다. (각 호는 법제처참조)

제74조의2(벌칙 적용에서 공무원 의제) 제74조제2항에 따라 위탁받은 업무에 종사하는 사람은 「형법」 제129조부터 제132조까지의 규정을 적용할 때에는 공무원으로 본다.

영 제84조(업무의 위탁) ① 환경부장관 또는 시 · 도지사는 법 제74조제3항에 따라 법 제67조에 따른 환경기술인의 교육 및 소요경비 징수 업무를 「환경정책기본법」 제59조에 따른 환경보전협회에 위탁한다.
② 환경부장관 또는 시 · 도지사는 법 제74조제3항에 따라 다음 각 호의 업무를 「한국환경공단법」에 따른 한국환경공단에 위탁한다.
1. 법 제9조에 따른 측정망 중 자동측정망의 설치 및 상시측정 업무
2. 법 제38조의5에 따른 전산망의 운영 및 사업자에 대한 기술지원에 관한 업무

3. 법 제48조제1항에 따라 국가가 설치한 공공폐수처리시설 관리에 관한 업무
3의2. 법 제53조의3에 따른 비점오염저감시설 성능검사에 관한 업무
3의3. 법 제66조의2에 따른 수탁처리폐수의 전산 처리
4. 제35조제3항에 따른 측정기기 적합 여부의 확인에 관한 업무
5. 제40조제1항 단서에 따른 개선사유서의 접수에 관한 업무

③ 환경부장관은 법 제74조제3항에 따라 법 제9조제1항에 따른 측정망 설치 및 수질오염도의 상시측정업무(「한국수자원공사법」 제9조제1항제1호에 따른 사업범위로 한정한다)를 같은 법에 따른 한국수자원공사에 위탁한다.

④ 「환경정책기본법」 제59조에 따른 환경보전협회, 「한국환경공단법」에 따른 한국환경공단 및 「한국수자원공사법」에 따른 한국수자원공사는 제1항부터 제3항까지의 규정에 따라 위탁받은 업무를 처리한 경우에는 환경부령으로 정하는 바에 따라 그 내용을 환경부장관 또는 시 · 도지사에게 보고해야 한다.

영 **제84조의2(고유식별정보의 처리)** 환경부장관 및 시 · 도지사(해당 권한이 위임 · 위탁된 경우에는 그 권한을 위임 · 위탁받은 자를 포함한다)는 법 제19조의3에 따른 수변생태구역의 매수 · 조성에 관한 사무를 수행하기 위하여 불가피한 경우 「개인정보 보호법 시행령」 제19조제1호에 따른 주민등록번호가 포함된 자료를 처리할 수 있다.

영 **제84조의3(규제의 재검토)** 환경부장관은 다음 각 호의 사항에 대하여 다음 각 호의 기준일을 기준으로 3년마다(매 3년이 되는 해의 기준일과 같은 날 전까지 를 말한다) 그 타당성을 검토하여 개선 등의 조치를 하여야 한다.

1. 제31조에 따른 설치허가 및 신고대상 폐수배출시설의 범위 등: 2014년1월1일
2. 제32조에 따른 배출시설의 설치제한 지역: 2014년 1월 1일
3. 제59조및별표17에 따른 환경기술인의 임명신고 및 자격기준 등:2014년1월1일
4. 제72조부터 제75조까지의 규정에 따른 비점오염원의 신고 및 면제 대상과 이행 또는 설치 · 개선 명령의 기간 등: 2014년 1월 1일

제8장 벌칙

제75조(벌칙) 다음 각 호의 어느 하나에 해당하는 자는 7년 이하의 징역 또는 7천만원 이하의 벌금에 처한다. [개정 2014.3.24.] ✓실전문제

1. 제33조제1항 또는 제2항에 따른 허가 또는 변경허가를 받지 아니하거나 거짓으로 허가 또는 변경허가를 받아 배출시설을 설치 또는 변경하거나 그 배출시설을 이용하여 조업한 자
2. 제33조제7항 및 제8항에 따라 배출시설의 설치를 제한하는 지역에서 제한되는 배출시설을 설치하거나 그 시설을 이용하여 조업한 자
3. 제38조제2항 각 호의 어느 하나에 해당하는 행위를 한 자

실전문제 **폐수무방류배출시설의 설치허가 또는 변경허가를 받은 사업자가 폐수무방류배출시설에서 배출되는 폐수를 오수 또는 다른 배출시설에서 배출되는 폐수와 혼합하며 처리하거나 처리할 수 있는 시설을 설치하는 행위를 한 경우 벌칙 기준은?**

① 2년 이하의 징역 또는 2,000만원 이하의 벌금
② 3년 이하의 징역 또는 3,000만원 이하의 벌금
③ 5년 이하의 징역 또는 5,000만원 이하의 벌금
❹ 7년 이하의 징역 또는 7,000만원 이하의 벌금

제76조(벌칙) 다음 각 호의 어느 하나에 해당하는 자는 5년 이하의 징역 또는 5천만원 이하의 벌금에 처한다. [개정 2014.3.24.]

1. 제4조의6제4항에 따른 조업정지 · 폐쇄 명령을 이행하지 아니한 자
2. 제33조제1항에 따른 신고를 하지 아니하거나 거짓으로 신고를 하고 배출시설을 설치하거나 그 배출시설을 이용하여 조업한 자
3. 제38조제1항 각 호의 어느 하나에 해당하는 행위를 한 자
4. 제38조의2제1항에 따라 측정기기의 부착 조치를 하지 아니한 자(적산전력계 또는 적산유량계를 부착하지 아니한 자는 제외한다)
5. 제38조의3제1항제1호 · 제3호 또는 제4호에 해당하는 행위를 한 자
6. 제40조에 따른 조업정지명령을 위반한 자
7. 제42조에 따른 조업정지 또는 폐쇄 명령을 위반한 자
8. 제44조에 따른 사용중지명령 또는 폐쇄명령을 위반한 자
9. 제50조제1항 각 호의 어느 하나에 해당하는 행위를 한 자

第77條(벌칙) 다음 각 호의 어느 하나에 해당하는 자는 3년 이하의 징역 또는 3천만원 이하의 벌금에 처한다. [개정 2019.11.26.]

1. 제15조제1항제1호를 위반하여 특정수질유해물질 등을 누출·유출하거나 버린 자
2. 제62조제1항에 따른 허가 또는 변경허가를 받지 아니하거나 거짓이나 그 밖의 부정한 방법으로 허가 또는 변경허가를 받아 폐수처리업을 한 자

第78條(벌칙) 다음 각 호의 어느 하나에 해당하는 자는 1년 이하의 징역 또는 1천만원 이하의 벌금에 처한다. [개정 2018.10.16.] ✓실전문제

1. 제12조제2항에 따른 시설의 개선 등의 조치명령을 위반한 자
2. 업무상 과실 또는 중대한 과실로 제15조제1항제1호를 위반하여 특정수질유해물질 등을 누출·유출한 자
3. 제15조제1항제2호를 위반하여 분뇨·가축분뇨 등을 버린 자
4. 제15조제3항에 따른 방제조치의 이행명령을 위반한 자
5. 제17조제1항에 따른 통행제한을 위반한 자
6. 제21조의3제1항에 따른 특별조치명령을 위반한 자
7. 제37조제1항에 따른 가동시작 신고를 하지 아니하고 조업한 자
8. 제37조제4항에 따른 조사를 거부·방해 또는 기피한 자

8의2. 제38조의2제4항 단서를 위반하여 수질오염방지시설(공동방지시설을 포함한다), 공공폐수처리시설 또는 공공하수처리시설의 운영을 수탁받은 자에게 측정기기의 관리업무를 대행하게 한 자

9. 제38조의4제2항에 따른 조업정지명령을 이행하지 아니한 자

9의2. 제38조의6제1항을 위반하여 측정기기 관리대행업의 등록 또는 변경등록을 하지아니하고 측정기기 관리업무를 대행한 자

10. 제50조제4항에 따른 시설의 개선 등의 조치명령을 위반한 자
11. 제53조제5항 각 호 외의 부분 본문에 따른 비점오염저감시설을 설치하지 아니한 자
12. 제53조제7항에 따른 비점오염저감계획의 이행명령 또는 비점오염저감시설의 설치·개선명령을 위반한 자

12의2. 제53조의3제1항에 따른 성능검사를 받지 아니한 비점오염저감시설을 공급한 자

12의3. 제53조의4에 따라 성능검사 판정의 취소처분을 받은 자 또는 성능검사 판정이 취소된 비점오염저감시설을 공급한 자

13. 제60조제1항에 따른 신고를 하지 아니하고 기타수질오염원을 설치 또는 관리한 자
14. 제60조제6항 또는 제7항에 따른 조업정지·폐쇄 명령을 위반한 자
15. 삭제 [2019.11.26]
16. 제68조제1항에 따른 관계 공무원의 출입·검사를 거부·방해 또는 기피한 폐수무방류배

출시설을 설치 · 운영하는 사업자

실전문제 **정당한 사유없이 공공수역에 분뇨, 가축분뇨, 동물의 사체, 폐기물(지정폐기물 제외) 또는 오니를 버리는 행위를 하여서는 아니 된다. 이를 위반하여 분뇨 · 가축분뇨 등을 버린 자에 대한 벌칙 기준은?**

① 6개월 이하의 징역 또는 500만원 이하의 벌금
❷ 1년 이하의 징역 또는 1,000만원 이하의 벌금
③ 2년 이하의 징역 또는 1,500만원 이하의 벌금
④ 3년 이하의 징역 또는 2,000만원 이하의 벌금

第79조(벌칙) 다음 각 호의 어느 하나에 해당하는 자는 500만원 이하의 벌금에 처한다.

1. 제38조의4제1항에 따른 조치명령을 이행하지 아니한 자
2. 제62조제3항제1호 또는 제2호에 따른 준수사항을 지키지 아니한 폐수처리업자
3. 제68조제1항에 따른 관계 공무원의 출입 · 검사를 거부 · 방해 또는 기피한 자(폐수무방류배출시설을 설치 · 운영하는 사업자는 제외한다)

第80조(벌칙) 다음 각 호의 어느 하나에 해당하는 자는 100만원 이하의 벌금에 처한다.

1. 제38조의2제1항에 따라 적산전력계 또는 적산유량계를 부착하지 아니한 자 *실전문제
2. 제47조제4항을 위반하여 환경기술인의 업무를 방해하거나 환경기술인의 요청을 정당한 사유 없이 거부한 자 [전문개정 2013.7.30.]

실전문제 **대통령이 정하는 처리용량 이상의 방지시설(공동 방지시설 포함)을 운영하는 자는 배출되는 수질오염물질이 배출허용기준, 방류수 수질기준에 맞는 지를 확인하기 위하여 적산전력계를 부착하여야 한다. 이를 위반하여 적산전력계를 부착하지 아니한 자에 대한 벌칙 기준은?**

① 1,000만원 이하의 벌금 ② 500만원 이하의 벌금
③ 300만원 이하의 벌금 ❹ 100만원 이하의 벌금

第81조(양벌규정) 법인의 대표자나 법인 또는 개인의 대리인, 사용인, 그 밖의 종업원이 그 법인 또는 개인의 업무에 관하여 제75조부터 제80조까지의 어느 하나에 해당하는 위반행위를 하면 그 행위자를 벌하는 외에 그 법인 또는 개인에게도 해당 조문의 벌금형을 과(科)한다. 다만, 법인 또는 개인이 그 위반행위를 방지하기 위하여 해당 업무에 관하여 상당한 주의와 감독을 게을리하지 아니한 경우에는 그러하지 아니하다.

제82조(과태료) ① 다음 각 호의 어느 하나에 해당하는 자에게는 1천만원 이하의 과태료를 부과한다. [개정 2016.1.27.] ✓실전문제

1. 제4조의5제4항에 따른 측정기기를 부착하지 않거나 측정기기를 가동하지 않은 자
2. 제4조의5제4항에 따른 측정 결과를 기록 · 보존하지 아니하거나 거짓으로 기록 · 보존한 자

2의2. 제15조제1항제4호를 위반하여 환경부령으로 정하는 기준 이상의 토사를 유출하거나 버리는 행위를 한 자

3. 제35조제2항에 따른 준수사항을 지키지 아니한 자

3의2. 제38조의3제1항제2호에 해당하는 행위를 한 자

3의3. 제38조의3제2항을 위반하여 운영 · 관리기준을 준수하지 아니한 자

3의4. 제46조의2제1항에 따른 조사결과를 제출하지 아니하거나 거짓으로 제출한 자

3의5. 제46조의2제2항에 따른 자료 제출 명령을 이행하지 아니한 자

4. 제47조제1항을 위반하여 환경기술인을 임명하지 아니한 자
5. 제53조제1항에 따른 신고를 하지 아니한 자
6. 제61조를 위반하여 골프장의 잔디 및 수목 등에 맹 · 고독성 농약을 사용한 자
7. 제62조제3항제4호부터 제6호까지의 어느 하나에 해당하는 준수사항을 지키지 아니한 폐수처리업자
8. 제61조의2제4항에 따른 물놀이형 수경시설의 수질기준 또는 관리기준을 위반하거나 수질검사를 받지 아니한 자

② 다음 각 호의 어느 하나에 해당하는 자에게는 300만원 이하의 과태료를 부과한다.

1. 제10조제1항 후단을 위반한 자

1의2. 제20조제1항에 따른 낚시금지구역에서 낚시행위를 한 사람

2. 제38조제3항을 위반하여 배출시설 등의 운영상황에 관한 기록을 보존하지 아니하거나 거짓으로 기록한 자
3. 삭제 [2017.01.17.]
4. 삭제 [2017.01.17.]

4의2. 제50조의2제1항을 위반하여 기술진단을 실시하지 아니한 자

5. 제53조제1항 후단에 따른 변경신고를 하지 아니한 자
6. 제60조제4항을 위반하여 시설의 설치, 그 밖에 필요한 조치를 하지 아니한 자
7. 제61조의2제1항을 위반하여 물놀이형 수경시설의 설치신고 또는 변경신고를 하지 아니하고 시설을 운영한 자
8. 제61조의2제4항에 따른 물놀이형 수경시설의 수질 기준 또는 관리 기준을 위반하거나 수질검사를 받지 아니한 자

③ 다음 각 호의 어느 하나에 해당하는 자에게는 100만원 이하의 과태료를 부과한다.

1. 제15조제1항제3호를 위반한 자

2. 제20조제2항에 따른 제한사항을 위반하여 낚시제한구역에서 낚시행위를 한 사람
3. 제33조제2항 단서 또는 같은 조 제3항에 따른 변경신고를 하지 아니한 자
4. 제60조제1항 후단에 따른 변경신고를 하지 아니한 자

4의2. 제66조의2제2항에 따른 입력을 하지 아니하거나 거짓으로 입력한 자

5. 제67조를 위반하여 환경기술인 등의 교육을 받게 하지 아니한 자
6. 제68조제1항에 따른 보고를 하지 아니하거나 거짓으로 보고한 자 또는 자료를 제출하지 아니하거나 거짓으로 제출한 자

④ 제1항부터 제3항까지의 규정에 따른 과태료는 대통령령으로 정하는 바에 따라 환경부장관, 시 · 도지사 또는 시장 · 군수 · 구청장이 부과 · 징수한다.

실전문제 **골프장의 잔디 및 수목 등에 맹 · 고독성 농약을 사용한 자에 대한 벌금 또는 과태료부과 기준은?**

① 300만원 이하의 벌금
② 500만원 이하의 벌금
❸ 1,000만원 이하의 과태료
④ 3,000만원 이하의 과태료

실전문제 **사업자는 배출시설과 방지시설의 정상적인 영업 · 관리를 위하여 대통령령으로 정하는 바에 따라 환경기술인을 임명하여야 한다. 이를 위반하여 환경기술인을 임명하지 아니한 자에 대한 과태료 부과 기준은?**

① 100만원 이하
② 200만원 이하
③ 300만원 이하
❹ 1,000만원 이하

실전문제 **하천, 호수에서 자동차를 세차하는 행위를 한 자에 대한 과태료 처분기준으로 적절한 것은**

❶ 100만원 이하의 과태료
② 50만원 이하의 과태료
③ 30만원 이하의 과태료
④ 10만원 이하의 과태료

PART

02

대기환경보전법

제정 1990.08.01. 법률 제4262호
일부개정 2019.11.26. 법률 제16604호

[시행령]
제정 1991.01.28. 대통령령 제13259호
일부개정 2020.05.26. 대통령령 제30707호

[시행규칙]
제정 1991.02.02. 총리령 제377호
일부개정 2020.05.27. 환경부령 제866호

CONTENTS

제1장 총칙

제1조(목적) 이 법은 대기오염으로 인한 국민건강이나 환경에 관한 위해(危害)를 예방하고 대기환경을 적정하고 지속가능하게 관리 · 보전하여 모든 국민이 건강하고 쾌적한 환경에서 생활할 수 있게 하는 것을 목적으로 한다.

영 제1조(목적) 이 영은 「대기환경보전법」에서 위임된 사항과 그 시행에 필요한 사항을 규정하는 것을 목적으로 한다.

규칙 제1조(목적) 이 규칙은 「대기환경보전법」 및 같은 법 시행령에서 위임된 사항과 그 시행에 필요한 사항을 규정함을 목적으로 한다.

제2조(정의) 이 법에서 사용하는 용어의 뜻은 다음과 같다. [개정 2015.12.1.] ✓실전문제

1. "대기오염물질"이란 대기 중에 존재하는 물질 중 제7조에 따른 심사 · 평가 결과 대기오염의 원인으로 인정된 가스 · 입자상물질로서 환경부령으로 정하는 것을 말한다.

규칙 제2조(대기오염물질) 「대기환경보전법」(이하 "법"이라 한다) 제2조제1호에 따른 대기오염물질은 별표 1과 같다.

[규칙 별표1]

대기오염물질(제2조 관련)

1. 입자상물질
2. 브롬 및 그 화합물
3. 알루미늄 및 그 화합물
4. 바나듐 및 그 화합물
5. 망간화합물
6. 철 및 그 화합물
7. 아연 및 그 화합물
8. 셀렌 및 그 화합물
9. 안티몬 및 그 화합물
10. 주석 및 그 화합물
11. 텔루륨 및 그 화합물
12. 바륨 및 그 화합물
13. 일산화탄소
14. 암모니아
15. 질소산화물

33. 납 및 그 화합물
34. 크롬 및 그 화합물
35. 비소 및 그 화합물
36. 수은 및 그 화합물
37. 구리 및 그 화합물
38. 염소 및 그 화합물
39. 불소화물
40. 석면
41. 니켈 및 그 화합물
42. 염화비닐
43. 다이옥신
44. 페놀 및 그 화합물
45. 베릴륨 및 그 화합물
46. 프로필렌옥사이드
47. 폴리염화비페닐

16. 황산화물
17. 황화수소
18. 황화메틸
19. 이황화메틸
20. 메르캅탄류
21. 아민류
22. 사염화탄소
23. 이황화탄소
24. 탄화수소
25. 인 및 그 화합물
26. 붕소화합물
27. 아닐린
28. 벤젠
29. 스틸렌
30. 아크롤레인
31. 카드뮴 및 그 화합물
32. 시안화물
48. 클로로포름
49. 포름알데히드
50. 아세트알데히드
51. 벤지딘
52. 1,3-부타디엔
53. 다환 방향족 탄화수소류
54. 에틸렌옥사이드
55. 디클로로메탄
56. 테트라클로로에틸렌
57. 1,2-디클로로에탄
58. 에틸벤젠
59. 트리클로로에틸렌
60. 아크릴로니트릴
61. 히드라진
62. 아세트산비닐
63. 비스(2-에틸헥실)프탈레이트
64. 디메틸포름아미드

1의2. "유해성대기감시물질"이란 대기오염물질 중 제7조에 따른 심사 · 평가 결과 사람의 건강이나 동식물의 생육(生育)에 위해를 끼칠 수 있어 지속적인 측정이나 감시 · 관찰 등이 필요하다고 인정된 물질로서 환경부령으로 정하는 것을 말한다.

규칙 제2조의2(유해성대기감시물질) 법 제2조제1호의2에 따른 유해성대기감시물질은 별표 1의2와 같다.

[규칙 별표1의2]

유해성대기감시물질(제2조의2 관련)

1. 카드뮴 및 그 화합물
2. 시안화수소
3. 납 및 그 화합물
4. 폴리염화비페닐
5. 크롬 및 그 화합물
6. 비소 및 그 화합물
7. 수은 및 그 화합물
8. 프로필렌옥사이드
9. 염소 및 염화수소
10. 불소화물
11. 석면
12. 니켈 및 그 화합물
23. 아세트알데히드
24. 벤지딘
25. 1,3-부타디엔
26. 다환 방향족 탄화수소류
27. 에틸렌옥사이드
28. 디클로로메탄
29. 스틸렌
30. 테트라클로로에틸렌
31. 1,2-디클로로에탄
32. 에틸벤젠
33. 트리클로로에틸렌
34. 아크릴로니트릴

13. 염화비닐
14. 다이옥신
15. 페놀 및 그 화합물
16. 베릴륨 및 그 화합물
17. 벤젠
18. 사염화탄소
19. 이황화메틸
20. 아닐린
21. 클로로포름
22. 포름알데히드
35. 히드라진
36. 암모니아
37. 아세트산비닐
38. 비스(2-에틸헥실)프탈레이트
39. 디메틸포름아미드
40. 일산화탄소
41. 알루미늄 및 그 화합물
42. 망간화합물
43. 구리 및 그 화합물

2. "기후 · 생태계 변화유발물질"이란 지구 온난화 등으로 생태계의 변화를 가져올 수 있는 기체상물질(氣體狀物質)로서 온실가스와 환경부령으로 정하는 것을 말한다. ✓실전문제

규칙 제3조(기후 · 생태계 변화유발물질) 법 제2조제2호에서 "환경부령으로 정하는 것 "이란 염화불화탄소와 수소염화불화탄소를 말한다. [개정 2013.5.24.]

실전문제 **대기환경보전법규상 기후 · 생태계 변화 유발물질 중 "환경부령으로 정하는 것"에 해당하는 것은?**

❶ 염화불화탄소, 수소염화불화탄소
② 염화불화탄소, 수소염화불화산소
③ 불화염화수소, 불화염소화수소
④ 불화염화수소, 불화수소화탄소

3. "온실가스"란 적외선 복사열을 흡수하거나 다시 방출하여 온실효과를 유발하는 대기 중의 가스상태 물질로서 이산화탄소, 메탄, 아산화질소, 수소불화탄소, 과불화탄소, 육불화황을 말한다.
4. "가스"란 물질이 연소 · 합성 · 분해될 때에 발생하거나 물리적 성질로 인하여 발생하는 기체상물질을 말한다.
5. "입자상물질(粒子狀物質)"이란 물질이 파쇄 · 선별 · 퇴적 · 이적(移積)될 때, 그 밖에 기계적으로 처리되거나 연소 · 합성 · 분해될 때에 발생하는 고체상(固體狀) 또는 액체상(液體狀)의 미세한 물질을 말한다.
6. "먼지"란 대기 중에 떠다니거나 흩날려 내려오는 입자상물질을 말한다.
7. "매연"이란 연소할 때 생기는 유리탄소가 주가 되는 미세한 입자상물질을 말한다.
8. "검댕"이란 연소할 때에 생기는 유리탄소가 응결하여 입자의 지름이 1미크론 이상이 되는

입자상물질을 말한다.

9. "특정대기유해물질"이란 유해성대기감시물질 중 제7조에 따른 심사 · 평가 결과 저농도에서도 장기적인 섭취나 노출에 의하여 사람의 건강이나 동식물의 생육에 직접 또는 간접으로 위해를 끼칠 수 있어 대기 배출에 대한 관리가 필요하다고 인정된 물질로서 환경부령으로 정하는 것을 말한다. ✓실전문제

규칙 제4조(특정대기유해물질) 법 제2조제9호에 따른 특정대기유해물질은 별표 2와 같다.

실전문제 **대기환경보전법규상 대기오염물질 중 특정대기유해물질에 해당되지 않는 것은?**

① 테트라클로로에틸렌 ② 트리클로로에틸렌
③ 히드라진 ❹ 안터몬

실전문제 **대기환경보전법규상 특정대기유해물질에 해당되지 않는 것은?**

① 염소 및 염화수소 ② 클로로포름
❸ 탄화수소 ④ 불소화물

10. "휘발성유기화합물"이란 탄화수소류 중 석유화학제품, 유기용제, 그 밖의 물질로서 환경부장관이 관계 중앙행정기관의 장과 협의하여 고시하는 것을 말한다.
11. "대기오염물질배출시설"이란 대기오염물질을 대기에 배출하는 시설물, 기계, 기구, 그 밖의 물체로서 환경부령으로 정하는 것을 말한다.

규칙 제5조(대기오염물질배출시설) 법 제2조제11호에 따른 대기오염물질배출시설(이하 "배출시설"이라 한다)은 별표 3과 같다.

[규칙 별표2]

특정대기유해물질(제4조 관련)

1. 카드뮴 및 그 화합물
2. 시안화수소
3. 납 및 그 화합물
4. 폴리염화비페닐
5. 크롬 및 그 화합물
6. 비소 및 그 화합물
7. 수은 및 그 화합물

19. 이황화메틸
20. 아닐린
21. 클로로포름
22. 포름알데히드
23. 아세트알데히드
24. 벤지딘
25. 1,3-부타디엔

8. 프로필렌 옥사이드
9. 염소 및 염화수소
10. 불소화물
11. 석 면
12. 니켈 및 그 화합물
13. 염화비닐
14. 다이옥신
15. 페놀 및 그 화합물
16. 베릴륨 및 그 화합물
17. 벤 젠
18. 사염화탄소
26. 다환 방향족 탄화수소류
27. 에틸렌옥사이드
28. 디클로로메탄
29. 스틸렌
30. 테트라클로로에틸렌
31. 1,2-디클로로에탄
32. 에틸벤젠
33. 트리클로로에틸렌
34. 아크릴로니트릴
35. 히드라진

[규칙 별표3]

대기오염물질 배출시설(제5조 관련)

* 2015년 1월 1일부터 적용되는 대기오염배출시설

가. 배출시설 적용기준

1) 배출시설의 규모는 그 시설의 중량 · 면적 · 용적 · 열량 · 동력(kW) 등으로 하되 최대시설규모를 말하고, 동일 사업장에 그 규모 미만의 동종시설(지름 1mm 이상인 고체입자상물질 저장시설과 영업을 목적으로 하지 아니하는 연구시설로서 시 · 도지사가 주변 환경여건을 고려하여 인정하는 시설은 제외한다)이 2개 이상 설치된 경우로서 그 시설의 총 규모가 나목의 대상 배출시설란에서 규정하고 있는 규모 이상인 경우에는 그 시설들을 배출시설에 포함한다. 다만, 하나의 동력원에 2개 이상의 배출시설이 연결되어 동시에 가동되는 경우에는 각 배출시설의 동력 소요량에 비례하여 배출시설의 규모를 산출한다.

2) 나목에도 불구하고 다음의 시설은 대기오염물질배출시설에서 제외한다.

가) 전기만을 사용하는 간접가열시설

나) 가스류 또는 경질유[경유 · 등유 · 부생연료유1호(등유형) · 휘발유 · 나프타 · 정제연료유(「폐기물관리법 시행규칙」 별표 5의2 열분해방법 또는 감압증류방법으로 재생처리한 정제연료유만 해당한다)]만을 사용하여 시간당 열량이 1,238,000kcal 미만의 간접 가열하는 연소시설. 다만, 원유의 정제과정이나 금속의 용융 · 제련과정에서 부수적으로 발생하는 가스를 사용하는 석유정제시설의 연소시설과 금속의 용융 · 제련 · 열처리시설의 연소시설 및 발전시설은 배출시설에 포함한다.

다) 건조시설 중 옥내에서 태양열 등을 이용하여 자연 건조시키는 시설

라) 용적규모가 5만㎥ 이상인 도장시설

마) 선박건조공정의 야외구조물 및 선체외판 도장시설

바) 수상구조물 제작공정의 도장시설

사) 액체여과기 제조업 중 해수담수화설비제조 도장시설

아) 금속조립구조제 제조업 중 교량제조 등 대형 야외구조물 완성품을 부분적으로 도장하는 야외도장시설

자) 제품의 길이가 100m 이상인 야외도장시설 등

차) 붓 또는 롤러만을 사용하는 도장시설

카) 습식시설로서 대기오염물질이 배출되지 않는 시설

타) 밀폐, 차단시설 설치 등으로 대기오염물질이 전혀 배출되지 않는 시설로서 시 · 도지사가 인정하는 시설

파) 이동식 시설(해당 시설이 해당 사업장의 부지경계선을 벗어나는 시설을 말한다)

하) 환경부장관이 정하여 고시하는 밀폐된 진공기반의 용해시설로서 대기오염물질이 배출되지 않는 시설

나. 배출시설의 분류

배출시설	대상 배출시설
1) 섬유제품 제조시설	가) 동력이 2.25kW 이상인 선별(혼타)시설 나) 연료사용량이 시간당 60kg 이상이거나 용적이 5㎥ 이상인 다음의 시설 ① 다림질(텐터)시설 ② 코팅시설(실리콘 · 불소수지 외의 유연제 또는 방수용 수지를 사용하는 시설만 해당한다) 다) 연료사용량이 일일 20kg 이상이거나 용적이 1㎥ 이상인 모소시설(모직물만 해당한다) 라) 동력이 7.5kW 이상인 기모(식모, 전모)시설
2) 가죽 · 모피가공시설 및 모피제품 · 신발 제조시설	용적이 3㎥ 이상인 다음의 시설 가) 염색시설 나) 접착시설 다) 건조시설(유기용제를 사용하는 시설만 해당한다)
3) 펄프, 종이 및 종이제품 제조시설과 인쇄 및 각종 기록 매체 제조(복제)시설	가) 용적이 3㎥ 이상인 다음의 시설 ① 증해(蒸解)시설 ② 표백(漂白)시설 나) 연료사용량이 시간당 30kg 이상인 다음의 시설 ① 석회로시설 ② 가열시설 다) 연료사용량이 시간당 30kg 이상이거나 합계용적이 1㎥ 이상인 인쇄 · 건조시설(유기용제류를 사용하는 그라비아 인쇄시설과 이 시설과 연계되어 유기용제류를 사용하는 코팅시설, 건조시설만 해당한다)
4) 코크스 제조시설 및 관련제품 저장시설	연료사용량이 시간당 30kg 이상인 석탄 코크스 제조시설(코크스로 · 인출시설 · 냉각시설을 포함한다. 다만, 석탄 장입시설 및 코크스 오븐가스 방산시설은 제외한다), 석유 코크스 제조시설 및 저장시설
5) 석유 정제품 제조시설 및 관련제품 저장시설	가) 용적이 1㎥ 이상인 다음의 시설 ① 반응(反應)시설 ② 흡수(吸收)시설 ③ 응축시설 ④ 정제(精製)시설[분리(分離)시설, 증류(蒸溜)시설, 추출(抽出)시설 및 여과(濾過)시설을 포함한다] ⑤ 농축(濃縮)시설 ⑥ 표백시설 나) 용적이 1㎥ 이상이거나 연료사용량이 시간당 30kg 이상인 다음의 시설 ① 용융 · 용해시설 ② 소성(燒成)시설 ③ 가열시설 ④ 건조시설 ⑤ 회수(回收)시설 ⑥ 연소(燃燒)시설(석유제품의 연소시설, 중질유 분해시설의 일산화탄소 소각시설 및 황 회수장치의 부산물 연소시설만 해당한다) ⑦ 촉매재생시설 ⑧ 탈황(脫黃)시설 다) 용적이 50㎥ 이상인 유기화합물(원유 · 휘발유 · 나프타) 저장시설(주유소 저장시설은 제외한다)

6) 기초유기화합물제조 시설 및 가스 제조시설	가) 용적이 1㎥ 이상인 다음의 시설 ① 반응시설 ② 흡수시설 ③ 응축시설 ④ 표백시설 ⑤ 농축시설 ⑥ 정제시설(분리 · 증류 · 추출 · 여과시설을 포함한다) 나) 용적이 1㎥ 이상이거나 연료사용량이 시간당 30kg 이상인 다음의 시설 ① 용융 · 용해시설 ② 소성시설 ③ 가열시설 ④ 건조시설 ⑤ 회수시설 ⑥ 연소(撚燒)시설(중질유 분해시설의 일산화탄소 소각시설 및 황 회수장치의 부산물 연소시설을 포함한 기초유기화합물 제조시설의 연소시설만 해당한다) ⑦ 촉매재생시설 ⑧ 탈황시설(成形) 다) 37.5kW 이상인 성형(射出)시설[압출(壓出)방법, 압연(壓延)방법 또는 사출방법에 의한 시설을 포함한다] 라) 용적이 1㎥ 이상이거나 연료사용량이 시간당 30kg 이상인 석탄가스화 연료 제조시설 중 다음의 시설 ① 건조시설 ② 분쇄시설 ③ 가스화시설 ④ 제진시설 ⑤ 황 회수시설(황산제조시설, 탈황시설을 포함한다) ⑥ 연소시설(석탄가스화 연료 제조시설의 각종 부산물 연소시설만 해당한다) ⑦ 용적이 50㎥ 이상인 고체입자상물질 및 유 · 무기산 저장시설
7) 기초무기화합물 제조 시설	가) 용적이 1㎥ 이상인 다음의 시설 ① 반응시설 ② 흡수시설 ③ 응축시설 ④ 표백시설 ⑤ 농축시설 ⑥ 정제시설(분리 · 증류 · 추출 · 여과시설을 포함한다) 나) 용적이 1㎥ 이상이거나 연료사용량이 시간당 30kg 이상인 다음의 시설 ① 용융 · 용해시설 ② 소성시설 ③ 가열시설 ④ 건조시설 ⑤ 회수시설 ⑥ 연소시설(기초무기화합물의 연소시설만 해당한다) ⑦ 촉매재생시설 ⑧ 탈황시설 다) 염산제조시설 및 폐염산정제시설(염화수소 회수시설을 포함한다) 라) 황산제조시설 마) 형석의 용융 · 용해시설 및 소성시설, 불소화합물 제조시설 바) 과인산암모늄 제조시설 사) 인광석의 용융 · 용해시설 및 소성시설, 인산제조시설 아) 용적이 1㎥ 이상이거나 원료사용량이 시간당 30kg 이상인 다음의 카본블랙 제조시설 ① 반응시설 ② 분리정제시설 ③ 분쇄시설 ④ 성형시설 ⑤ 가열시설 ⑥ 건조시설 ⑦ 저장시설 ⑧ 포장시설
8) 무기안료 · 염료 · 유연제 제조시설 및 기타 착색제 제조시설	가) 용적이 1㎥ 이상인 다음의 시설 ① 반응시설 ② 흡수시설 ③ 응축시설 ④ 표백시설 ⑤ 농축시설 ⑥ 정제시설(분리 · 증류 · 추출 · 여과시설을 포함한다) 나) 연료사용량이 시간당 30kg 이상이거나 용적이 1㎥ 이상인 다음의 시설 ① 연소시설(무기안료 · 염료 · 유연제 연소시설과 그 밖의 착색제 연소시설만 해당한다) ② 용융 · 용해시설 ③ 소성시설 ④ 가열시설 ⑤ 건조시설 ⑥ 회수시설
9) 화학비료 및 질소화합물 제조시설	가) 용적이 1㎥ 이상인 다음의 시설 ① 반응시설 ② 흡수시설 ③ 응축시설 ④ 표백시설 ⑤ 농축시설

	⑥ 정제시설(분리 · 증류 · 추출 · 여과시설을 포함한다) 나) 연료사용량이 시간당 30kg 이상이거나 용적이 1㎥ 이상인 다음의 시설 ① 연소시설 ② 용융 · 용해시설 ③ 소성시설 ④ 가열시설 ⑤ 건조시설 ⑥ 회수시설 다) 용적이 3㎥ 이상이거나 동력이 7.5kW 이상인 다음의 시설 ① 혼합시설 ② 입자상물질 계량시설 라) 질소화합물 및 질산 제조시설
10) 의료용 물질 및 의약품 제조시설	가) 용적이 1㎥ 이상인 다음의 시설 ① 반응시설 ② 흡수시설 ③ 응축시설 ④ 표백시설 ⑤ 농축시설 ⑥ 정제시설(분리 · 증류 · 추출 · 여과시설을 포함한다) 나) 연료사용량이 시간당 30kg 이상이거나 용적이 1㎥ 이상인 다음의 시설 ① 연소시설(의약품의 연소시설만 해당한다) ② 용융 · 용해시설 ③ 소성시설 ④ 가열시설 ⑤ 건조시설 ⑥ 회수시설
11) 기타 화학제품 제조시설 및 탄화시설	가) 용적이 1㎥ 이상인 다음의 시설 ① 반응시설 ② 흡수시설 ③ 응축시설 ④ 표백시설 ⑤ 농축시설 ⑥ 정제시설(분리 · 증류 · 추출 · 여과시설을 포함한다) 나) 연료사용량이 시간당 30kg 이상이거나 용적이 1㎥ 이상인 다음의 시설 ① 연소시설(화학제품의 연소시설만 해당한다) ② 용융 · 용해시설 ③ 소성시설 ④ 가열시설 ⑤ 건조시설 ⑥ 회수시설 다) 용적이 30㎥ 이상인 탄화(炭火)시설 라) 목재를 연료로 사용하는 용적이 30㎥ 이상인 욕장업의 숯가마 · 찜질방 및 그 부대시설 마) 용적이 150㎥ 이상인 숯 및 목초액을 제조하는 전통식 숯가마
12) 화학섬유 제조시설	가) 용적이 1㎥ 이상인 다음의 시설 ① 반응시설 ② 흡수시설 ③ 응축시설 ④ 표백시설 ⑤ 농축시설 ⑥ 정제시설(분리 · 증류 · 추출 · 여과시설을 포함한다) 나) 연료사용량이 시간당 30kg 이상이거나 용적이 1㎥ 이상인 다음의 시설 ① 연소시설(화학섬유의 연소시설만 해당한다) ② 용융 · 용해시설 ③ 소성시설 ④ 건조시설 ⑤ 회수시설 ⑥ 가열시설
13) 고무 및 고무제품 제조시설	가) 용적이 1㎥ 이상인 다음의 시설 ① 반응시설 ② 흡수시설 ③ 응축시설 ④ 정제시설(분리 · 증류 · 추출 · 여과시설을 포함한다) ⑤ 농축시설 ⑥ 표백시설 나) 연료사용량이 시간당 30kg 이상이거나 용적이 1㎥ 이상인 다음의 시설 ① 연소시설(고무제품의 연소시설만 해당한다) ② 용융 · 용해시설 ③ 소성시설 ④ 가열시설

	⑤ 건조시설 ⑥ 회수시설 다) 용적이 3㎥ 이상이거나 동력이 7.5kW 이상인 다음의 시설 ① 소련시설 ② 분리시설 ③ 정련시설 ④ 접착시설 라) 용적이 3㎥ 이상이거나 동력이 15kW 이상인 가황시설(열과 압력을 가하여 제품을 성형하는 시설을 포함한다)
14) 합성고무, 플라스틱물질 및 플라스틱제품 제조시설	가) 용적이 1㎥ 이상인 다음의 시설 ① 반응시설 ② 흡수시설 ③ 응축시설 ④ 표백시설 ⑤ 농축시설 ⑥ 정제시설(분리 · 증류 · 추출 · 여과시설을 포함한다) 나) 연료사용량이 시간당 30kg 이상이거나 용적이 1㎥ 이상인 다음의 시설 ① 연소시설(플라스틱제품의 연소시설만 해당한다) ② 용융 · 용해시설 ③ 소성시설 ④ 가열시설 ⑤ 건조시설 ⑥ 회수시설 다) 용적이 3㎥ 이상이거나 동력이 7.5kW 이상인 다음의 시설 ① 소련(蘇鍊)시설 ② 분리시설 ③ 정련시설 라) 폴리프로필렌 또는 폴리에틸렌 외의 물질을 원료로 사용하는 동력이 187.5kW 이상인 성형시설(압출방법, 압연방법 또는 사출방법에 의한 시설을 포함한다)
15) 비금속광물제품 제조시설	가) 유리 및 유리제품 제조시설[재생(再生)용 원료가공시설을 포함한다] 중의 연료사용량이 시간당 30kg 이상이거나 용적이 3㎥ 이상인 다음의 시설 ① 혼합시설 ② 용융 · 용해시설 ③ 소성시설 ④ 유리제품 산처리시설(부식시설을 포함한다) ⑤ 입자상물질 계량시설 나) 도자기 · 요업(窯業)제품 제조시설(재생용 원료가공시설을 포함한다) 중의 연료사용량이 시간당 30kg 이상이거나 용적이 3㎥ 이상인 다음의 시설 ① 혼합시설 ② 용융 · 용해시설 ③ 소성시설(예열시설을 포함하되, 나무를 연료로 사용하는 시설은 제외한다) ④ 건조시설 ⑤ 입자상물질 계량시설 다) 시멘트 · 석회 · 플라스터 및 그 제품 제조시설 중 연료사용량이 시간당 30kg 이상이거나 용적이 3㎥ 이상인 다음의 시설 ① 혼합시설(습식은 제외한다) ② 소성(燒成)시설(예열시설을 포함한다) ③ 건조시설(시멘트 양생시설은 제외한다) ④ 용융 · 용해시설 ⑤ 냉각시설 ⑥ 입자상물질 계량시설 라) 기타 비금속광물제품 제조시설 ① 연료사용량이 시간당 30kg 이상이거나 용적이 3㎥ 이상인 다음의 시설 ㉮ 혼합시설(습식은 제외한다) ㉯ 용융 · 용해시설 ㉰ 소성시설(예열시설을 포함한다) ㉱ 건조시설 ㉲ 입자상물질 계량시설 ② 석면 및 암면제품 제조시설의 권취(卷取)시설, 압착시설, 탈판시설, 방사(紡絲)시설, 집면(集綿)시설, 절단(切斷)시설 ③ 아스콘(아스팔트 포함) 제조시설 중 연료사용량이 시간당 30kg 이상이거나 용적이 3㎥ 이상인 다음의 시설 ㉮ 가열 · 건조시설 ㉯ 선별(選別)시설 ㉰ 혼합시설 ㉱ 용융 · 용해시설

16) 1차금속 제조시설	가) 금속의 용융 · 용해 또는 열처리시설 ① 시간당 300kW 이상인 전기아크로[유도로(誘導爐)를 포함한다] ② 노상면적이 4.5㎡ 이상인 반사로(反射爐) ③ 1회 주입 연료 및 원료량의 합계가 0.5ton 이상이거나 풍구(노복)면의 횡단면적이 0.2㎡ 이상인 다음의 시설 ㉮ 용선로(鎔銑爐) 또는 제선로 ㉯ 용융 · 용광로 및 관련시설[원료처리시설, 성형탄 제조시설, 열풍로 및 용선출탕시설을 포함하되, 고로(高爐)슬래그 냉각시설은 제외한다] ④ 1회 주입 원료량이 0.5ton 이상이거나 연료사용량이 시간당 30kg 이상인 도가니로 ⑤ 연료사용량이 시간당 30kg 이상이거나 용적이 1㎥ 이상인 다음의 시설 ㉮ 전로 ㉯ 정련로 ㉰ 배소로(焙燒爐) ㉱ 소결로(燒結爐) 및 관련시설(원료장입, 소결광 후처리시설을 포함한다) ㉲ 환형로(環形爐) ㉳ 가열로 ㉴ 용융 · 용해로 ㉵ 열처리로[소둔로(燒鈍爐), 소려로(燒戻爐)를 포함한다] ㉶ 전해로(電解爐) ㉷ 건조로 나) 금속 표면처리시설 ① 용적이 1㎥ 이상인 다음의 시설 ㉮ 도금시설 ㉯ 탈지시설 ㉰ 산 · 알칼리 처리시설 ㉱ 화성처리시설 ② 연료사용량이 시간당 30kg 이상이거나 용적이 3㎥ 이상인 금속의 표면처리용 건조시설[수세(水洗) 후 건조시설은 제외한다] 다) 주물사(鑄物砂) 사용 및 처리시설 중 시간당 처리능력이 0.1ton 이상이거나 용적이 1㎥ 이상인 다음의 시설 ① 저장시설 ② 혼합시설 ③ 코어(Core) 제조시설 및 건조(乾燥)시설 ④ 주형 장입 및 해체시설 ⑤ 주물사 재생시설
17) 금속가공제품 · 기계 · 기기 · 장비 · 운송장비 · 가구 제조시설	가) 금속의 용융 · 용해 또는 열처리시설 ① 시간당 300kW 이상인 전기아크로(유도로를 포함한다) ② 노상면적이 4.5㎡ 이상인 반사로 ③ 1회 주입 원료량이 0.5ton 이상이거나 연료사용량이 시간당 30kg 이상인 도가니로 ④ 연료사용량이 시간당 30kg 이상이거나 용적이 1㎥ 이상인 다음의 시설 ㉮ 전로 ㉯ 정련로 ㉰ 용융 · 용해로 ㉱ 가열로 ㉲ 열처리로(소둔로 · 소려로를 포함한다) ㉳ 전해로 ㉴ 건조로 나) 표면 처리시설 ① 용적이 1㎥ 이상인 다음의 시설 ㉮ 도금시설 ㉯ 탈지시설 ㉰ 산 · 알칼리 처리시설 ㉱ 화성처리시설 ② 연료사용량이 시간당 30kg 이상이거나 용적이 3㎥ 이상인 금속 또는 가구의 표면처리용 건조시설[수세(水洗) 후 건조시설은 제외한다] 다) 주물사(鑄物砂) 사용 및 처리시설 중 시간당 처리능력이 0.1ton 이상이거나 용적이 1㎥ 이상인 다음의 시설 ① 저장시설 ② 혼합시설 ③ 코어(Core) 제조시설 및 건조(乾燥)시설 ④ 주형 장입 및 해체시설 ⑤ 주물사 재생시설

18) 전자부품 · 컴퓨터 · 영상 · 음향 · 통신장비 및 전기장비 제조시설	가) 반도체 및 기타 전자부품 제조시설 중 용적이 3㎥ 이상인 다음의 시설 ① 증착(蒸着)시설 ② 식각(蝕刻)시설 나) 금속의 용융 · 용해 또는 열처리시설 ① 시간당 300kW 이상인 전기아크로(유도로를 포함한다) ② 노상면적이 4.5㎡ 이상인 반사로 ③ 1회 주입 원료량이 0.5ton 이상이거나 연료사용량이 시간당 30kg 이상인 도가니로 ④ 연료사용량이 시간당 30kg 이상이거나 용적이 1㎥ 이상인 다음의 시설 ㉮ 전로 ㉯ 정련로 ㉰ 용융 · 용해로 ㉱ 가열로 ㉲ 열처리로(소둔로 · 소려로를 포함한다) ㉳ 전해로 ㉴ 건조로 다) 표면 처리시설 ① 용적이 1㎥ 이상인 다음의 시설 ㉮ 도금시설 ㉯ 탈지시설 ㉰ 산 · 알칼리 처리시설 ㉱ 화성처리시설 ② 연료사용량이 시간당 30kg 이상이거나 용적이 3㎥ 이상인 금속의 표면처리용 건조시설[수세(水洗) 후 건조시설은 제외한다]
19) 발전시설(수력, 원자력 발전시설은 제외한다)	가) 화력발전시설 나) 열병합발전시설(120 ㎾ 이상) 다) 120 ㎾ 이상인 발전용 내연기관(도서지방용 · 비상용, 수송용을 제외한다) 라) 120 ㎾ 이상인 발전용 매립 · 바이오가스 사용시설 마) 120㎾ 이상인 발전용 석탄가스화 연료 사용시설 바) 120㎾ 이상인 카본블랙 제조시설의 폐가스재이용시설 사) 120㎾ 이상인 린번엔진 발전시설
20) 폐수 · 폐기물 · 폐가스소각시설(소각보일러를 포함한다)	가) 시간당 소각능력이 25kg 이상인 폐수 · 폐기물소각시설 나) 연료사용량이 시간당 30kg 이상이거나 용적이 1㎥ 이상인 폐가스소각시설 · 폐가스소각보일러 또는 소각능력이 시간당 100kg 이상인 폐가스소각시설. 다만, 별표 10의2 제3호가목1)나)(2)(다), 같은 호 다목 1)나)(2)(나) 및 같은 호 라목1)라)에 따른 직접연소에 의한 시설 및 별표 16에 따른 기준에 맞는 휘발성유기화합물 배출억제 · 방지시설 및 악취소각시설은 제외한다. 다) 가)와 나)의 공정에 일체되거나 부대되는 시설로서 동력 15kW 이상인 다음의 시설 ① 분쇄시설 ② 파쇄시설 ③ 용융시설
21) 폐수 · 폐기물 처리시설	가) 시간당 처리능력이 0.5㎥ 이상인 폐수 · 폐기물 증발시설 및 농축시설, 용적이 0.15㎥ 이상인 폐수 · 폐기물 건조시설 및 정제시설

	나) 연료사용량이 시간당 30kg 이상이거나 동력이 15kW 이상인 다음의 시설 ① 분쇄시설(멸균시설포함) ② 파쇄시설 ③ 용융시설 다) 1일 처리능력이 100kg 이상인 음식물류 폐기물 처리시설 중 연료사용량이 시간당 30kg 이상이거나 동력이 15kW 이상인 다음의 시설(습식 및 「악취방지법」 제8조에 따른 악취배출시설로 설치 신고된 시설은 제외한다) ① 분쇄 및 파쇄시설 ② 건조시설
22) 보일러	가) 산업용 보일러와 업무용 보일러만 해당하며, 다른 배출시설에서 규정한 보일러는 제외한다. 나) 시간당 증발량이 0.5ton 이상이거나 시간당 열량이 309,500kcal 이상인 보일러. 다만, 환경부장관이 고체연료 사용금지 지역으로 고시한 지역에서는 시간당 증발량이 0.2ton 이상이거나 시간당 열량이 123,800kcal 이상인 보일러를 말한다. 다) 나)에도 불구하고 가스(바이오가스를 포함한다) 또는 경질유[경유 · 등유 · 부생(副生)연료유1호(등유형) · 휘발유 · 나프타 · 정제연료유(「폐기물관리법 시행규칙」 별표 5의2 열분해방법 또는 감압증류(減壓蒸溜)방법으로 재생처리한 정제연료유만 해당한다)]만을 연료로 사용하는 시설의 경우에는 시간당 증발량이 2ton 이상이거나 시간당 열량이 1,238,000kcal 이상인 보일러만 해당한다.
23) 고형연료 · 기타연료제품 제조 · 사용시설 및 관련시설	가) 고형(固形)연료제품 제조시설 「자원의 절약과 재활용촉진에 관한 법률」 제25조의2에 따른 일반 고형연료제품[SRF(Solid Refuse Fuel)] 제조시설 및 바이오 고형연료제품[BIO-SRF(Biomass-Solid Refuse Fuel)] 제조시설 중 연료사용량이 시간당 30kg 이상이거나 용적이 3㎥ 이상이거나 동력이 2.25kW 이상인 다음의 시설 ① 선별시설 ② 건조 · 가열시설 ③ 파쇄 · 분쇄시설 ④ 압축 · 성형시설 나) 바이오매스 연료제품{「자원의 절약과 재활용촉진에 관한 법률」 제25조의2 에 따른 바이오 고형연료제품[BIO-SRF(Biomass-Solid Refuse Fuel)]을 제외한다} 및 「목재의 지속가능한 이용에 관한 법률 시행령」 제14조에 따른 목재펠릿(wood pellet) 제조시설 중 연료사용량이 시간당 30kg 이상이거나 용적이 3㎥ 이상이거나 동력이 2.25kW(파쇄 · 분쇄시설은 15kW) 이상인 다음의 시설 ① 선별시설 ② 건조 · 가열시설 ③ 파쇄 · 분쇄시설 ④ 압축 · 성형시설 다) 제품 생산량이 시간당 1N㎥ 이상인 바이오가스 제조시설 라) 고형(固形)연료제품 사용시설 중 연료제품 사용량이 시간당 200kg 이상이고 사용비율이 30% 이상인 다음의 시설(「자원의 절약과 재활용촉진에 관한 법률」 제25조의2에 따른 시설만 해당한다) ① 일반 고형연료제품[SRF(Solid Refuse Fuel)] 사용시설 ② 바이오 고형연료제품[BIO-SRF(Biomass-Solid Refuse Fuel)] 사용시설 마) 바이오매스 연료제품 {「자원의 절약과 재활용촉진에 관한 법률」 제25조의2 에 따른 바이오 고형연료제품[BIO-SRF(Biomass-Solid Refuse Fuel)]을 제외한다} 및 「목재의 지속가능한 이용에 관한 법률 시행령」 제14조에 따른 목재펠릿(wood pellet) 사용시설 중 연료제품 사용량이 시간당 200kg 이상인 시설. 다만, 다른 연료와 목재펠릿을 함께 연소하는 시설 및 발전시설은 제외한다 바) 연료 사용량이 시간당 1N㎥ 이상인 바이오가스 사용시설
24) 화장로 시설	「장사 등에 관한 법률」에 따른 화장시설

25) 도장시설	용적이 5㎥ 이상이거나 동력이 2.25kW 이상인 도장시설(분무 · 분체 · 침지도장시설, 건조시설을 포함한다)
26) 입자상물질 및 가스상물질 발생시설	가) 동력이 15kW 이상인 다음의 시설. 다만, 습식은 제외한다. ① 연마시설 ② 제재시설 ③ 제분시설 ④ 선별시설 ⑤ 분쇄시설 ⑥ 탈사(脫砂)시설 ⑦ 탈청(脫靑)시설 나) 용적이 3㎥ 이상이거나 동력이 7.5kW 이상인 다음의 시설 ① 고체입자상물질 계량시설 ② 혼합시설(농산물 가공시설은 제외한다) 다) 처리능력이 시간당 100㎏ 이상인 고체입자상물질 포장시설 라) 동력이 52.5kW 이상인 도정(搗精)시설 마) 용적이 50㎥ 이상인 다음의 시설 ① 고체입자상물질 저장시설 ② 유 · 무기산 저장시설 ③ 유기화합물(알켄족 · 알킨족 · 방향족 · 알데히드류 · 케톤류가 50% 이상 함유된 것만 해당한다) 저장시설 바) 가)부터 마)까지의 배출시설 외에 연료사용량이 시간당 60kg 이상이거나 용적이 5㎥ 이상이거나 동력이 2.25kW 이상인 다음의 시설 ① 건조시설(도포시설 및 분리시설을 포함한다) ② 기타로(其他爐) ③ 훈증시설 ④ 산 · 알칼리 처리시설 ⑤ 소성시설 사) 용적이 1㎥ 이상인 다음의 시설 ① 반응시설 ② 흡수시설 ③ 응축시설 ④ 정제시설(분리, 증류, 추출, 여과시설을 포함한다) ⑤ 농축시설 ⑥ 표백시설 ⑦ 화학물질 저장탱크 세척시설
27) 기타시설	다음의 물질을 제조하거나 해당 대기오염물질을 발생시켜 배출하는 모든 시설. 다만, 대기오염물질이 해당 물질 배출허용기준의 30% 미만으로 배출되는 시설은 제외한다. 가) 암모니아 나) 이황화탄소 다) 황화수소 라) 불소화물 마) 포름알데히드 바) 시안화수소 및 시안화물 사) 브롬 및 그 화합물 아) 벤젠 자) 페놀 및 그 화합물 차) 염소(수질정화용은 제외한다) 및 그 화합물 카) 염화비닐 타) 탄화수소 파) 비소 및 그 화합물 하) 수은 및 그 화합물 거) 카드뮴 및 그 화합물 너) 납 및 그 화합물 더) 크롬 및 그 화합물 러) 구리 및 그 화합물 머) 니켈 및 그 화합물 버) 아연 및 그 화합물

[비고]

1. 위 표의 각 목에 따른 배출시설에서 발생된 대기오염물질이 일련의 공정작업이나 연속된 공정작업을 통하여 밀폐된 상태로 배출시설을 거쳐 대기 중으로 배출되는 경우로서 해당 배출구가 설치된 최종시설에 대하여 허가(변경허가를 포함한다)를 받거나 신고(변경신고를 포함한다)를 한 경우에는 그 최종시설과 일련의 공정 또는 연속된 공정에 설치된 모든 배출시설은 허가를 받거나 신고를 한 배출시설로 본다.
2. "연료사용량"이란 연료별 사용량에 무연탄을 기준으로 한 고체연료환산계수를 곱하여 산정한 양을 말하며, 고체연료환산계수는 다음 표와 같다(다음 표에 없는 연료의 고체연료환산계수는 사업자가 국가 및 그 밖의 국가공인기관에서 발급받아

제출한 증명서류에 적힌 해당 연료의 발열량을 무연탄발열량으로 나누어 산정한다. 이 경우 무연탄 1kg당 발열량은 4,600kcal로 한다).

3. "습식"이란 해당 시설을 이용하여 수중에서 작업을 하거나 물을 분사시켜 작업을 하는 경우[인장 · 압축 · 절단 · 비틀림 · 충격 · 마찰력 등을 이용하는 조분쇄기(크러셔 · 카드 등)를 사용하는 석재분쇄시설의 경우에는 물을 분무시켜 작업을 하는 경우만 해당한다] 또는 원료 속에 수분이 항상 15% 이상 함유되어 있는 경우를 말한다.
4. 위 표에 따른 배출시설의 분류에 해당하지 않는 배출시설은 26) 또는 27)의 배출시설로 본다. 다만, 배출시설의 분류 중 26) 또는 27)은 「통계법」 제22조에 따라 통계청장이 고시하는 한국표준산업분류에 따른 다음 각 목의 항목에만 적용한다.
   가. 광업 나. 제조업 다. 자동차 및 모터사이클 수리업
   라. 운수업 마. 항공 운송지원 서비스업
   바. 폐기물 수집운반, 처리 및 원료재생업 사. 폐수처리업
   아. 전기, 가스, 증기 및 공기조절 공급업(발전업(3511), 가스 제조 및 배관 공급업(3520), 증기 · 냉온수 및 공기조절 공급업(3530)만 해당된다)
   자. 사업시설 및 산업용품 청소업(74212)

〈고체연료환산계수〉

연료 또는 원료명	단 위	환 산 계 수	연료 또는 원료명	단 위	환 산 계 수
무연탄	kg	1.00	유연탄	kg	1.34
코크스	kg	1.32	갈탄	kg	0.90
이탄	kg	0.80	목탄	kg	1.42
목재	kg	0.70	유황	kg	0.46
중유(C)	L	2.00	중유(A, B)	L	1.86
원유	L	1.90	경유	L	1.92
등유	L	1.80	휘발유	L	1.68
나프타	L	1.80	엘피지	kg	2.40
액화 천연가스	Sm^3	1.56	석탄타르	kg	1.88
메탄올	kg	1.08	에탄올	kg	1.44
벤젠	kg	2.02	톨루엔	kg	2.06
수소	Sm^3	0.62	메탄	Sm^3	1.86
에탄	Sm^3	3.36	아세틸렌	Sm^3	2.80
일산화탄소	Sm^3	0.62	석탄가스	Sm^3	0.80
발생로가스	Sm^3	0.2	수성가스	Sm^3	0.54
혼성가스	Sm^3	0.60	도시가스	Sm^3	1.42
전기	kW	0.17			

다. 2015년 1월 1일 당시 배출시설을 설치 · 운영하고 있는 자로서 법 제23조에 따른 허가 · 변경허가 또는 신고 · 변경신고의 대상이 된 경우에는 2015년 12월 31일까지 법 제23조에 따라 허가 · 변경허가를 받거나 신고 · 변경신고를 하여야 한다.

12. "대기오염방지시설"이란 대기오염물질배출시설로부터 나오는 대기오염물질을 연소조절에 의한 방법 등으로 없애거나 줄이는 시설로서 환경부령으로 정하는 것을 말한다.

규칙 **제6조(대기오염방지시설)** 법 제2조제12호에 따른 대기오염방지시설(이하 시설"이라 한다)은 별표 4와 같다.

[규칙 별표4]

대기오염방지시설(제6조 관련)

1. 중력집진시설　2. 관성력집진시설　3. 원심력집진시설　4. 세정집진시설
5. 여과집진시설　6. 전기집진시설　7. 음파집진시설　8. 흡수에 의한 시설
9. 흡착에 의한 시설　10. 직접연소에 의한 시설　11. 촉매반응을 이용하는 시설
12. 응축에 의한 시설　13. 산화 · 환원에 의한 시설　14. 미생물을 이용한 처리시설
15. 연소조절에 의한 시설　16. 그 외 환경부장관이 인정하는 방지효율을 가진 시설

[비고]
방지시설에는 대기오염물질을 포집하기 위한 장치(후드), 오염물질이 통과하는 관로(덕트), 오염물질을 이송하기 위한 송풍기 및 각종 펌프 등 방지시설에 딸린 기계 · 기구류 (예비용을 포함한다) 등을 포함한다.

13. "자동차"란 다음 각 목의 어느 하나에 해당하는 것을 말한다.
  가. 「자동차관리법」 제2조제1호에 규정된 자동차 중 환경부령으로 정하는 것
  나. 「건설기계관리법」 제2조제1항제1호에 따른 건설기계 중 주행특성이 가목에 따른 것과 유사한 것으로서 환경부령으로 정하는 것

규칙 **제7조(자동차 등의 종류)** 법 제2조제13호에 따른 자동차, 같은 조 제13호의 2 가목에 따라 환경부령으로 정하는 건설기계 및 같은 호 나목에 따라 환경부령으로 정하는 농림용으로 사용되는 기계(이하 "농업기계"라 한다)는 별표 5와 같다. [전문개정 2012.10.26.]

[규칙 별표5]

자동차 등의 종류(제7조 관련)

1. 자동차의 종류

* 2015년 12월 10일 이후

종류	정의	규모	
경자동차	사람이나 화물을 운송하기 적합하게 제작된 것	엔진배기량이 1,000cc 미만	
승용자동차	사람을 운송하기 적합하게 제작된 것	소형	엔진배기량이 1,000cc 이상이고, 차량총중량이 3.5ton 미만이며, 승차인원이 8명 이하
		중형	엔진배기량이 1,000cc 이상이고, 차량총중량이 3.5ton 미만이며, 승차인원이 9명 이상
		대형	차량총중량이 3.5ton 이상 15ton 미만
		초대형	차량총중량이 15ton 이상
화물자동차	화물을 운송하기 적합하게 제작된 것	소형	엔진배기량이 1,000cc 이상이고, 차량총중량이 2ton 미만
		중형	엔진배기량이 1,000cc 이상이고, 차량총중량이 2ton 이상 3.5ton 미만
		대형	차량총중량이 3.5ton 이상 15ton 미만
		초대형	차량총중량이 15ton 이상
이륜자동차	자전거로부터 진화한 구조로서 사람 또는 소량의 화물을 운송하기 위한 것	차량총중량이 1천kg을 초과하지 않는 것	

[비고]

1. 가목의 승용자동차 및 나목의 다목적자동차는 다목적형 승용자동차와 승차인원이 8명 이하인 승합차(차량의 너비가 2,000㎜미만이고 차량의 높이가 1,800㎜ 미만인 승합차만 해당한다)를 포함한다.
2. 가목의 소형화물자동차는 엔진배기량이 800cc 이상인 밴(VAN)과, 승용자동차에 해당되지 아니하는 승차인원이 9명 이상인 승합차를 포함한다.
3. 가목의 중량자동차 및 나목의 대형자동차는 덤프트럭, 콘크리트믹서트럭 및 콘크리트펌프트럭 그 밖에 환경부장관이 고시하는 건설기계를 포함한다.
4. 나목의 중형자동차는 승용자동차 또는 다목적자동차에 해당되지 아니하는 승차인원이 15명 이하인 승합차와 엔진배기량이 800cc 이상인 밴(VAN)을 포함한다.
5. 다목의 화물2는 엔진배기량이 800cc 이상인 밴(VAN)을 포함하고, 화물3은 덤프트럭, 콘크리트믹서트럭 및 콘크리트펌프트럭을 포함한다.
6. 이륜자동차는 측차를 붙인 이륜자동차와 이륜자동차에서 파생된 삼륜 이상의 자동차를 포함한다.

6의2. 가목부터 마목까지의 이륜자동차의 경우 차량 자체의 중량이 0.5ton 이상인 이륜자동차는 경자동차로 분류한다.

7. 엔진배기량이 50cc 미만인 이륜자동차(바목은 제외한다)는 모페드형(스쿠터형을 포함한다)만 이륜자동차에 포함한다.
8. 다목적형 승용자동차 · 승합차 및 밴(VAN)의 구분에 대한 세부 기준은 환경부장관이 정하여 고시한다.
9. 다목 및 라목에서 건설기계의 종류는 환경부장관이 정하여 고시한다.

10. 라목의 화물자동차는 엔진배기량이 800cc 이상인 밴(VAN)과 덤프트럭, 콘크리트믹서트럭 및 콘크리트펌프트럭을 포함한다.
11. 별표 17 제1호마목 비고의 제6호 및 같은 표 제2호마목 비고의 제6호에 따라 인증 당시의 배출허용기준을 적용받는 자동차는 다목의 자동차의 종류를 적용한다.
12. 별표 17 제1호바목 비고의 제18호 및 같은 표 제2호바목 비고의 제5호부터 제7호까지에 따라 인증 당시의 배출허용기준을 적용받는 자동차는 라목의 자동차의 종류를 적용한다.
13. 마목 및 바목의 화물자동차는 엔진배기량이 1,000cc 이상인 밴(VAN)과 덤프트럭 · 콘크리트믹스트럭 및 콘크리트펌프트럭을 포함한다.
14. 전기만을 동력으로 사용하는 자동차는 1회 충전 주행거리에 따라 다음과 같이 구분한다.

구분	1회 충전 주행거리
제1종	80㎞ 미만
제2종	80㎞ 이상 160㎞ 미만
제3종	160㎞ 이상

15. 수소를 연료로 사용하는 자동차는 수소연료전지차로 구분한다.

2. 건설기계 및 농업기계의 종류

가. 건설기계의 종류

제작일자	종 류	규 모
2015년 1월 1일 이후	굴삭기, 로우더, 지게차(전동식은 제외한다), 기중기, 불도저, 로울러, 스크레이퍼, 모터그레이더, 노상안정기, 콘크리트뱃칭플랜트, 콘크리트 피니셔, 콘크리트살포기, 콘크리트펌프, 아스팔트믹싱플랜트, 아스팔트피니셔, 아스팔트살포기, 골재살포기, 쇄석기, 공기압축기, 천공기, 항타 및 항발기, 사리채취기, 준설선, 타워크레인, 노면파쇄기, 노면측정장비, 콘크리트믹서트레일러, 아스팔트콘크리트재생기, 수목이식기, 터널용고소작업차	원동기 정격출력이 560kW 미만

나. 농업기계의 종류

제작일자	종 류	규 모
2015년 1월 1일 이후	콤바인, 트랙터	원동기 정격출력이 560kW 미단

13의2. "원동기"란 다음 각 목의 어느 하나에 해당하는 것을 말한다.

가. 「건설기계관리법」 제2조제1항제1호에 따른 건설기계 중 제13호나목 외의 건설기계로서 환경부령으로 정하는 건설기계에 사용되는 동력을 발생시키는 장치

나. 농림용 또는 해상용으로 사용되는 기계로서 환경부령으로 정하는 기계에 사용되는 동력을 발생시키는 장치

14. "선박"이란 「해양환경관리법」 제2조제16호에 따른 선박을 말한다.
15. "첨가제"란 자동차의 성능을 향상시키거나 배출가스를 줄이기 위하여 자동차의 연료에 첨가하는 탄소와 수소만으로 구성된 물질을 제외한 화학물질로서 다음 각 목의 요건을 모두 충족하는 것을 말한다.
   가. 자동차의 연료에 부피 기준(액체첨가제의 경우만 해당한다) 또는 무게 기준(고체첨가제의 경우만 해당한다)으로 1% 미만의 비율로 첨가하는 물질. 다만, 「석유 및 석유대체연료 사업법」 제2조제7호 및 제8호에 따른 석유정제업자 및 석유수출입업자가 자동차연료인 석유제품을 제조하거나 품질을 보정(補正)하는 과정에 첨가하는 물질의 경우에는 그 첨가비율의 제한을 받지 아니한다.
   나. 「석유 및 석유대체연료 사업법」 제2조제10호에 따른 가짜석유제품 또는 같은 조 제11호에 따른 석유대체연료에 해당하지 아니하는 물질
   다. 철도산업 기본법 제3조제4호에 따른 철도 차량 중 동력차에 사용되는 동력을 발생시키는 장치

규칙 제8조(첨가제) 법 제2조제15호에 따른 첨가제의 종류는 별표 6과 같다.

15의2. "촉매제"란 배출가스를 줄이는 효과를 높이기 위하여 배출가스저감장치에 사용되는 화학물질로서 환경부령으로 정하는 것을 말한다.

규칙 제8조의2(촉매제) 법 제2조제15호의2에 따른 촉매제는 경유를 연료로 사용하는 자동차에서 배출되는 질소산화물을 저감하기 위하여 사용되는 화학물질을 말한다.

[규칙 별표6]

자동차연료형 첨가제의 종류(제8조 관련)

1. 환경부장관이 배출가스를 줄이기 위하여 필요하다고 정하여 고시하는 것
2. 청정분산제
3. 매연억제제
4. 다목적첨가제
5. 옥탄가향상제
6. 세탄가향상제
7. 유동성향상제
8. 윤활성 향상제
9. 세척제

16. "저공해자동차"란 다음 각 목의 자동차로서 대통령령으로 정하는 것을 말한다.
   가. 대기오염물질의 배출이 없는 자동차
   나. 제46조제1항에 따른 제작차의 배출허용기준보다 오염물질을 적게 배출하는 자동차

영 제1조의 2(저공해자동차의 종류) 「대기환경보전법」(이하 "법" 이라 한다) 제2조제16호

각 목 외의 부분에서 "대통령령으로 정하는 것"이란 다음 각 호의 구분에 따른 자동차를 말한다.

1. 제1종 저공해자동차 : 자동차에서 배출되는 대기오염물질이 환경부령으로 정하는 배출허용기준에 맞는 자동차로서 「환경친화적 자동차의 개발 및 보급 촉진에 관한 법률」 제2조제3호, 제4호 및 제6호에 따른 전기자동차, 태양광자동차 및 수소전기자동차
2. 제2종 저공해자동차 : 자동차에서 배출되는 대기오염물질이 환경부령으로 정하는 배출허용기준에 맞는 자동차로서 「환경친화적 자동차의 개발 및 보급 촉진에 관한 법률」 제2조제5호에 따른 하이브리드자동차
3. 제3종 저공해자동차 : 자동차에서 배출되는 대기오염물질이 환경부령으로 정하는 배출허용기준에 맞는 자동차로서 법 제74조제1항에 따른 제조기준에 맞는 자동차연료를 사용하는 자동차

규칙 제8조의3(저공해자동차의 배출허용기준) 「대기환경보전법 시행령」(이하 "영"이라 한다) 제1조의2 각 호에서 "환경부령으로 정하는 배출허용기준"이란 각각 별표 6의2에 따른 기준을 말한다.

■ **대기환경보전법 시행규칙 [별표 6의2] 〈신설 2020. 4. 3.〉**

저공해자동차의 배출허용기준(제8조의3 관련)

1. 2005년 1월 1일 이후

<table>
<tr><th rowspan="2" colspan="2">저공해자동차 종류</th><th rowspan="2" colspan="2">차종</th><th rowspan="2">일산화탄소</th><th rowspan="2">질소산화물</th><th colspan="3">탄화수소</th><th rowspan="2">입자상물질</th><th rowspan="2">측정 방법</th></tr>
<tr><th>배기관가스</th><th>블로바이가스</th><th>증발가스</th></tr>
<tr><td colspan="2">제1종</td><td colspan="2">모든 차종</td><td>0g/km</td><td>0g/km</td><td>0g/km</td><td>0g/1주행</td><td>0g/테스트</td><td>-</td><td>-</td></tr>
<tr><td rowspan="3">제2종</td><td rowspan="3">가스자동차</td><td colspan="2">경자동차</td><td>1.06 g/km 이하</td><td>0.031 g/km 이하</td><td>0.025 g/km 이하</td><td>0g/1주행</td><td>1g/테스트 이하</td><td>-</td><td rowspan="3">CVS-75 모드</td></tr>
<tr><td rowspan="2">승용1, 승용2, 화물1</td><td>가</td><td>1.06 g/km 이하</td><td>0.031 g/km 이하</td><td>0.025 g/km 이하</td><td>0g/1주행</td><td>1g/테스트 이하</td><td>-</td></tr>
<tr><td>나</td><td>1.31 g/km 이하</td><td>0.044 g/km 이하</td><td>0.034 g/km 이하</td><td>0g/1주행</td><td>1g/테스트 이하</td><td>-</td></tr>
</table>

		승용3, 화물2	가	1.06 g/km 이하	0.031 g/km 이하	0.025 g/km 이하	0g/1주행	1g/테스트 이하	–	
			나	1.31 g/km 이하	0.044 g/km 이하	0.034 g/km 이하	0g/1주행	1g/테스트 이하	–	
		승용4, 화물3		0.4 g/kWh 이하	2.63 g/kWh 이하	0.2 g/kWh 이하	0g/1주행	–	–	D-13 모드
	하이브리드 자동차	경자동차		1.06 g/km 이하	0.031 g/km 이하	0.025 g/km 이하	0g/1주행	1g/테스트 이하	–	CVS-75 모드
		승용1, 승용2, 화물1	가	1.06 g/km 이하	0.031 g/km 이하	0.025 g/km 이하	0g/1주행	1g/테스트 이하	–	
			나	1.31 g/km 이하	0.044 g/km 이하	0.034 g/km 이하	0g/1주행	1g/테스트 이하	–	
		승용3, 화물2	가	1.06 g/km 이하	0.031 g/km 이하	0.025 g/km 이하	0g/1주행	1g/테스트 이하	–	
			나	1.31 g/km 이하	0.044 g/km 이하	0.034 g/km 이하	0g/1주행	1g/테스트 이하	–	
제3종	휘발유 자동차	경자동차		1.06 g/km 이하	0.031 g/km 이하	0.025 g/km 이하	0g/1주행	1g/테스트 이하	–	CVS-75 모드
		승용1, 승용2, 화물1	가	1.06 g/km 이하	0.031 g/km 이하	0.025 g/km 이하	0g/1주행	1g/테스트 이하	–	
			나	1.31 g/km 이하	0.044 g/km 이하	0.034 g/km 이하	0g/1주행	1g/테스트 이하	–	
		승용3, 화물2	가	1.06 g/km 이하	0.031 g/km 이하	0.025 g/km 이하	0g/1주행	1g/테스트 이하	–	
			나	1.31 g/km 이하	0.044 g/km 이하	0.034 g/km 이하	0g/1주행	1g/테스트 이하	–	
		승용4, 화물3		4.0 g/kWh 이하	3.5 g/kWh 이하	0.55 g/kWh 이하	0g/1주행	–	–	ETC 모드
	경유 자동차	경자동차		0.50 g/km 이하	0.25 g/km 이하	0.30 g/km 이하	–	–	0.025 g/km 이하	ECE-15 및 EUDC 모드

	화물1		0.50 g/km 이하	0.25 g/km 이하	0.30 g/km 이하	–	–	0.025 g/km 이하	
	승용2	가	0.63 g/km 이하	0.33 g/km 이하	0.39 g/km 이하	–	–	0.04 g/km 이하	
		나	0.95 g/km 이하	0.75 g/km 이하	0.08 g/km 이하	–	–	0.02 g/km 이하	CVS-75 모드
	승용3, 화물2		0.95 g/km 이하	0.78 g/km 이하	0.08 g/km 이하	–	–	0.02 g/km 이하	
	승용4, 화물3		2.1 g/kWh 이하	5.0 g/kWh 이하	0.66 g/kWh 이하	–	–	0.02 g/kWh 이하	ND-13 모드
가스자동차	승용1	가	2.11 g/km 이하	0.12 g/km 이하	0.047 g/km 이하	0g/1주행	1g/테스트 이하	–	CVS-75 모드
		나	2.61 g/km 이하	0.19 g/km 이하	0.056 g/km 이하	0g/1주행	1g/테스트 이하	–	
	경자동차, 화물1		2.11 g/km 이하	0.13 g/km 이하	0.078 g/km 이하	0g/1주행	1g/테스트 이하	–	
	승용2	가	2.11 g/km 이하	0.13 g/km 이하	0.078 g/km 이하	0g/1주행	1g/테스트 이하	–	
		나	2.34 g/km 이하	0.19 g/km 이하	0.097 g/km 이하	0g/1주행	1g/테스트 이하	–	
	승용3, 화물2		2.73 g/km 이하	0.22 g/km 이하	0.10 g/km 이하	0g/1주행	1g/테스트 이하	–	
	승용4, 화물3		0.4 g/kWh 이하	3.0 g/kWh 이하	0.2 g/kWh 이하	0g/1주행	–	–	D-13 모드

비고

가. 차종은 별표 5 제1호에 따른 해당 연도별 기준을 따른다.

나. 제2종 가스자동차(하이브리드자동차를 포함한다)의 승용1 · 승용2 · 승용3 · 화물1 및 화물2의 가란은 각각 법 제50조에 따른 제작차배출허용기준 검사(이하 "제작차배출허용기준 검사"라 한다)와 배출가스 보증기간 5년 또는 120,000km 이내의 제65조제2항에 따른 인증시험(이하 "인증시험"이라 한다) 및 법 제51조에 따른 결함확인검사(이하 "결함확인검사"라 한다)에 적용하고, 나란은 각각 제작차배출허용기준 검사와 배출가스 보증기간 5년 또는 120,000km 이후의 인증시험 및 결함확인검사에 적용한다.

다. 휘발유자동차 승용1 · 승용2 · 승용3 · 화물1 및 화물2의 가란은 제작차배출허용기준 검사와 배출가스 보증기간 5년 또는 80,000km 이내의 인증시험 및 결함확인검사에 적용하고, 나란은 배출가스 보증기간 5년 또는 80,000km 이후의 인증시험 및 결함확인검사에 적용한다.

라. 경유자동차 승용2의 가란은 환경부장관이 고시하는 시험중량(이하 "시험중량"이라 한다)이 1.7톤 이하인 자동차에 적용하고, 나란은 시험중량이 1.7톤을 초과하는 자동차에 적용한다.

마. 휘발유자동차 승용1 및 승용2의 저온(−6.7℃) 시동 시에는 일산화탄소 배출허용기준을 6.3g/km 이하로 한다.

바. 휘발유자동차 및 가스자동차의 배기관가스는 NMHC[비(非)메탄계탄화수소 측정 방식을 말한다. 이하 같다]로 측정하고, 경유자동차의 배기관가스는 THC(메탄을 포함하는 총탄화수소를 말한다. 이하 같다)로 측정하되, 경유에 다른 연료를 혼합하여 사용하는 경우에는 NMHC로 측정한다.

사. ECE−15 및 EUDC모드로 측정하는 경유자동차의 배기관가스는 탄화수소에 질소산화물을 더한 값으로 한다.

2. 2006년 1월 1일 이후

<table>
<tr><th colspan="3" rowspan="2">저공해 자동차 종류</th><th colspan="2" rowspan="2">차종</th><th rowspan="2">일산화탄소</th><th rowspan="2">질소산화물</th><th colspan="3">탄화수소</th><th rowspan="2">입자상물질</th><th rowspan="2">측정 방법</th></tr>
<tr><th>배기관가스</th><th>블로바이가스</th><th>증발가스</th></tr>
<tr><td colspan="3">제1종</td><td colspan="2">모든 차종</td><td>0g/km</td><td>0g/km</td><td>0g/km</td><td>0g/1주행</td><td>0g/테스트</td><td>–</td><td>–</td></tr>
<tr><td rowspan="7">제2종</td><td colspan="2" rowspan="2">가스자동차</td><td colspan="2">경자동차, 소형 승용 · 화물, 중형 승용 · 화물</td><td>0.625 g/km 이하</td><td>0.0125g/km이하</td><td>0.0063 g/km 이하</td><td>0g/1주행</td><td>1g/테스트 이하</td><td>–</td><td>CVS−75 모드</td></tr>
<tr><td colspan="2">대형 승용 · 화물, 초대형 승용 · 화물</td><td>0.4 g/kWh 이하</td><td>2.0 g/kWh 이하</td><td>0.2 g/kWh 이하</td><td>0g/1주행</td><td>–</td><td>–</td><td>ND−13 모드</td></tr>
<tr><td rowspan="5">하이브리드자동차</td><td rowspan="2">휘발유 · 가스</td><td colspan="2">경자동차, 소형 승용 · 화물, 중형 승용 · 화물</td><td>0.625 g/km 이하</td><td>0.0125g/km이하</td><td>0.0063 g/km 이하</td><td>0g/1주행</td><td>1g/테스트 이하</td><td>–</td><td>CVS−75 모드</td></tr>
<tr><td colspan="2">대형 승용 · 화물, 초대형 승용 · 화물</td><td>4.0 g/kWh 이하</td><td>2.0 g/kWh 이하</td><td>0.55 g/kWh 이하</td><td>0g/1주행</td><td>–</td><td>–</td><td>ETC 모드</td></tr>
<tr><td rowspan="3">경유</td><td rowspan="3">경자동차, 소형 승용 · 화물, 중형 승용 · 화물</td><td>RW≤ 1,305kg</td><td>0.50 g/km 이하</td><td>0.13 g/km 이하</td><td>0.18 g/km 이하</td><td>–</td><td>–</td><td>0.01 g/km 이하</td><td rowspan="3">ECE−15 및 EUDC 모드</td></tr>
<tr><td>1,305<RW ≤ 1,760kg</td><td>0.63 g/km 이하</td><td>0.17 g/km 이하</td><td>0.23 g/km 이하</td><td>–</td><td>–</td><td>0.01 g/km 이하</td></tr>
<tr><td>RW> 1,760kg</td><td>0.74 g/km 이하</td><td>0.27 g/km 이하</td><td>0.34 g/km 이하</td><td>–</td><td>–</td><td>0.01 g/km 이하</td></tr>
<tr><td rowspan="2">제3종</td><td colspan="2" rowspan="2">휘발유자동차</td><td colspan="2">경자동차, 소형 승용 · 화물, 중형 승용 · 화물</td><td>0.625 g/km 이하</td><td>0.0125g/km 이하</td><td>0.0063 g/km 이하</td><td>0g/1주행</td><td>1g/테스트 이하</td><td>–</td><td>CVS−75 모드</td></tr>
<tr><td colspan="2">대형 승용 · 화물, 초대형 승용 · 화물</td><td>4.0 g/kWh 이하</td><td>2.0 g/kWh 이하</td><td>0.55 g/kWh 이하</td><td>0g/1주행</td><td>–</td><td>–</td><td>ETC 모드</td></tr>
</table>

	경 유 자동차	경자동차, 소형 승용 · 화물, 중형 승용 · 화물	RW≤ 1,305kg	0.50 g/km 이하	0.13 g/km 이하	0.18 g/km 이하	–	–	0.01 g/km 이하	ECE-15 및 EUDC 모드
			1,305<RW≤1,760kg	0.63 g/km 이하	0.17 g/km 이하	0.23 g/km 이하	–	–	0.01 g/km 이하	
			RW> 1,760kg	0.74 g/km 이하	0.39 g/km 이하	0.46 g/km 이하	–	–	0.01 g/km 이하	
		대형 승용 · 화물, 초대형 승용 · 화물		1.5 g/kWh 이하	3.5 g/kWh 이하	0.46 g/kWh 이하	–	–	0.01 g/kWh 이하	ND-13 모드
	가 스 자동차	경자동차		1.06 g/km 이하	0.023 g/km 이하	0.025 g/km 이하	0g/1 주행	1g/테스트 이하		CVS-75 모드
		소형 승용 · 화물, 중형 승용 · 화물		1.31 g/km 이하	0.033 g/km 이하	0.034 g/km 이하	0g/1 주행	1g/테스트 이하		
		대형 승용 · 화물, 초대형 승용 · 화물		0.4 g/kWh 이하	2.63 g/kWh 이하	0.2 g/kWh 이하	0g/1 주행	–	–	ND-13 모드

비고

가. 차종은 별표 5 제1호에 따른 해당 연도별 기준을 따른다.

나. 시험중량은 공차중량에 100킬로그램을 더한 수치로 한다.

다. 제3종 소형승용 경유자동차와 하이브리드 경유자동차 중 차량 총 중량이 2.5톤 미만인 자동차는 시험중량(RW)≤1,305킬로그램(kg) 기준에 따른다.

라. 제2호에도 불구하고, 다음의 제3종 경유자동차에 대해서는 제1호의 기준을 적용한다.

1) 2006년 12월 31일까지 출고된 차량의 총 중량이 2.5톤을 초과하는 소형 승용 · 화물과 중형 승용 · 화물

2) 2006년 9월 30일까지 법 제48조에 따른 인증(이하 "인증"이라 한다)을 받고 2006년 10월 1일부터 2007년 12월 31일까지 출고된 대형 승용 · 화물과 초대형 승용 · 화물

마. 제2호에도 불구하고, 다음의 제3종 자동차에 대해서는 제1호의 기준을 적용한다.

1) 2005년 12월 31일 이전에 인증을 받고 2006년 1월 1일부터 2006년 12월 31일까지 출고된 제3종 휘발유자동차 중 소형승용을 제외한 자동차

2) 2005년 12월 31일 이전에 인증을 받고 2006년 1월 1일부터 2007년 6월 30일까지 출고된 제3종 가스자동차 중 소형승용자동차

바. 소형승용 휘발유자동차의 저온(-6.7℃) 시동 시에는 일산화탄소 배출허용기준을 6.3g/km 이하로 한다.

사. 휘발유자동차 및 가스자동차 중 대형 승용 · 화물 및 초대형 승용 · 화물의 배기관가스는 NMHC로 측정하고, 그 밖의 자동차의 배기관가스는 NMOG(비메탄계유기가스 측정 방식을 말한다. 이하 같다)로 측정하되, NMHC로 측정할 경우에는 NMHC 측정값에 1.04를 곱한 값을 NMOG 측정값으로 한다.

아. 경유자동차의 배기관가스는 THC로 측정하되, 경유에 다른 연료를 혼합하여 사용하는 경우에는 NMHC로 측정한다.

자. ECE-15 및 EUDC모드로 측정하는 제3종 경유자동차와 하이브리드경유자동차의 배기관가스는 탄화수소에 질소산화물을 더한 값으로 한다.

차. 제3종 소형승용 경유자동차에서 「여객자동차 운수사업법」 제3조에 따른 여객자동차운수사업의 용도로 등록된 자동차는 제외한다.

3. 2009년 1월 1일 이후

저공해자동차 종류			차종		일산화탄소	질소산화물	탄화수소 배기관가스	탄화수소 블로바이가스	탄화수소 증발가스	입자상물질	측정 방법
제 1 종			모든 차종		0g/km	0g/km	0g/km	0g/1주행	0g/테스트	–	–
제2종	휘발유·가스 자동차		경자동차, 소형 승용·화물, 중형 승용·화물		0.625 g/km 이하	0.0125 g/km 이하	0.00625 g/km 이하	0g/1주행	2g/테스트 이하	–	CVS-75 모드
			대형 승용·화물, 초대형 승용·화물		4.0 g/kWh 이하	0.4 g/kWh 이하	0.16 g/kWh 이하	0g/1주행	–	–	ETC 모드
	경 유 자동차		경자동차, 소형 승용		0.50 g/km 이하	0.08 g/km 이하	0.170 g/km 이하	0g/1주행	–	0.0045 g/km 이하	ECE-15 및 EUDC 모드
			소형 화물,중형 승용, 중형 화물	RW≤ 1,305kg	0.50 g/km 이하	0.08 g/km 이하	0.170 g/km 이하	0g/1주행	–	0.0045 g/km 이하	
				1,305 〈 RW≤ 1,760kg	0.63 g/km 이하	0.105 g/km 이하	0.195 g/km 이하	0g/1주행	–	0.0045 g/km 이하	
				RW〉 1,760kg	0.74 g/km 이하	0.125 g/km 이하	0.215 g/km 이하	0g/1주행	–	0.0045 g/km 이하	
			대형 승용·화물, 초대형 승용·화물		1.5 g/kWh 이하	0.4 g/kWh 이하	0.13 g/kWh 이하	0g/1주행	–	0.01 g/kWh 이하	ND-13 모드
					4.0 g/kWh 이하	0.4 g/kWh이하	0.16 g/kWh 이하	0g/1주행	–	0.01 g/kWh 이하	ETC 모드
	하이브리드자동차	휘발유·가스	경자동차, 소형 승용·화물, 중형 승용·화물		0.625 g/km 이하	0.0125 g/km 이하	0.00625 g/km 이하	0g/1주행	2 g/테스트 이하	–	CVS-75 모드
			대형 승용·화물, 초대형 승용·화물		4.0 g/kwh 이하	1.6 g/kwh 이하	0.36 g/kwh 이하	0g/1주행	–	–	ETC 모드
		경유	경자동차, 소형승용		0.50 g/km 이하	0.18g /km 이하	0.23 g/km 이하	0g/1주행	–	0.0045 g/km 이하	ECE-15 및 EUDC 모드
			소형화물,중형승용, 중형화물	RW≤ 1,305kg	0.50 g/km 이하	0.18 g/km 이하	0.23 g/km 이하	0g/1주행	–	0.0045 g/km 이하	
				1,305 〈 RW≤	0.63 g/km	0.235 g/km	0.295 g/km	0g/1주행	–	0.0045 g/km	

				1,760kg	이하	이하	이하			이하
				RW〉 1,760kg	0.74 g/km 이하	0.28 g/km 이하	0.35 g/km 이하	0g/1 주행	–	0.0045 g/km 이하
			대형 승용 · 화물, 초대형 승용 · 화물		1.5 g/kWh 이하	1.2 g/kWh이하	0.3 g/kWh 이하	0g/1 주행	–	0.01 g/kWh 이하	ND-13 모드
					4.0 g/kWh 이하	1.2 g/kWh 이하	0.36 g/kWh 이하	0g/1 주행	–	0.01 g/kWh 이하	ETC 모드
제3종	휘발유 · 가스자동차	경자동차, 소형 승용 · 화물, 중형 승용 · 화물		가	1.06 g/km 이하	0.023 g/km 이하	0.025 g/km 이하	0g/1 주행	2 g/테스트 이하	–	CVS-75 모드
				나	1.31 g/km 이하	0.025 g/km 이하	0.034 g/km 이하	0g/1 주행	g/테스트 이하	–	
		대형 승용 · 화물, 초대형 승용 · 화물			4.0 g/kWh 이하	1.6 g/kWh 이하	0.36 g/kWh 이하	0g/1 주행	–	–	ETC 모드
	경유자동차	경자동차, 소형승용			0.50 g/km 이하	0.18 g/km 이하	0.23 g/km 이하	0g/1 주행	–	0.0045 g/km이하	ECE-15 및 EUDC 모드
		소형화물, 중형승용, 중형화물	RW≤1,305kg		0.50 g/km 이하	0.18 g/km 이하	0.23 g/km 이하	0g/1 주행	–	0.0045 g/km이하	
			1,305 〈RW ≤1,760kg		0.63 g/km 이하	0.235 g/km 이하	0.295 g/km 이하	0g/1 주행	–	0.0045 g/km이하	
			RW〉1760kg		0.74 g/km 이하	0.28 g/km 이하	0.35 g/km 이하	0g/1 주행	–	0.0045 g/km 이하	
		대형 승용 · 화물, 초대형 승용 · 화물			1.5 g/kWh 이하	1.2 g/kWh 이하	0.3 g/kWh 이하	0g/1 주행	–	0.01 g/kWh 이하	ND-13 모드
					4.0 g/kWh이하	1.2 g/kWh 이하	0.36 g/kWh이하	0g/1 주행	–	0.01 g/kWh 이하	ETC 모드

비고

가. 차종은 별표 5 제1호에 따른 해당 연도별 기준을 따른다.

나. 시험중량은 공차중량에 운전자 중량(75kg)을 뺀 상태에서 100kg을 더한 수치로 한다.

다. 제3종 소형승용 경유자동차와 하이브리드 경유자동차 중 시험중량이 2톤을 초과하고 7인승 이상인 자동차는 소형 화물, 중형 승용, 중형 화물의 기준을 적용한다.

라. 제2종 하이브리드자동차 중 대형 승용 · 화물, 초대형 승용 · 화물은 차량을 구동 · 운행할 수 있는 하이브리드 장치가 부착돼야 한다.

마. 제2호의 기준으로 2009년 8월 31일 이전에 인증을 받은 차량으로서 2010년 12월 31일까지 출고된 다음의 차량은 위 표에 따른 저공해자동차로 인정한다.

1) 휘발유 또는 가스를 연료로 사용하는 경자동차, 소형 승용 · 화물, 중형 승용 · 화물
2) 경유를 연료로 사용하는 다음의 차량
가) 경자동차
나) 소형승용(시험중량이 2톤을 초과하고 7인승 이상인 자동차는 제외한다)
다) 시험중량 1,305킬로그램 이하인 소형화물, 중형 승용 · 화물

바. 제2호의 기준으로 2009년 8월 31일 이전에 인증을 받은 차량으로서 2011년 12월 31일까지 출고된 경유를 연료로 사용하는 다음의 차량은 위 표에 따른 저공해자동차로 인정한다.
1) 시험중량이 2톤을 초과하고 7인승 이상인 소형 승용차
2) 시험중량이 1,305킬로그램을 초과하는 소형화물, 중형 승용 · 화물

사. 제2호의 기준으로 2008년 12월 31일 이전에 인증을 받고 2010년 6월 30일까지 출고된 대형 승용 · 화물, 초대형 승용 · 화물은 위 표에 따른 저공해자동차로 인정한다.

아. 소형승용 휘발유자동차의 저온(-6.7℃) 시동 시 일산화탄소 배출허용기준은 6.3g/km 이하로 한다.

자. 제3종 휘발유자동차 및 가스자동차 중 대형 승용 · 화물 및 초대형 승용 · 화물의 배기관가스는 NMHC로 측정하고, 그 밖의 자동차의 배기관가스는 NMOG로 측정하되, NMHC로 측정할 경우에는 NMHC 측정값에 1.04를 곱한 값을 NMOG 측정값으로 한다.

차. 경유자동차의 배기관가스는 THC로 측정하되, 경유에 다른 연료를 혼합하여 사용하는 경우에는 NMHC로 측정한다.

카. ECE-15 및 EUDC모드로 측정하는 경유자동차와 하이브리드경유자동차의 배기관가스기준은 탄화수소에 질소산화물을 더한 값으로 한다.

타. 제3종 휘발유자동차 중 경자동차, 소형 승용 · 화물, 중형 승용 · 화물의 가란은 배출가스 보증기간 5년 또는 80,000㎞ 이내의 인증시험 및 결함확인검사에 적용하고, 나란은 배출가스 보증기간 5년 또는 80,000㎞ 이후의 인증시험 및 결함확인검사에 적용한다.

파. 경자동차, 소형 · 중형 승용에 해당하는 자동차가 다음 표의 구분에 따른 등급별 이산화탄소 배출량을 충족하는 경우에는 법 제58조의2제1항에 따라 고시하는 연간 저공해자동차 보급목표 환산비율에 추가하여 각각의 가산점을 부여한다.

구 분	1등급 이산화탄소 배출량	2등급 이산화탄소 배출량
휘발유 자동차	140g/㎞ 이하	140g/㎞ 초과 164g/㎞ 이하
가스 자동차	105g/㎞ 이하	105g/㎞ 초과 124g/㎞ 이하
경유 자동차	161g/㎞ 이하	161g/㎞ 초과 189g/㎞ 이하
환산비율	0.2	0.1

하. 2009년 1월 1일부터 2015년 12월 31일까지 제2종 휘발유 · 가스자동차중 경자동차, 소형 승용 · 화물, 중형 승용 · 화물의 배출허용기준에 맞게 출고된 자동차의 결함확인검사에는 제3호에도 불구하고 다음 표의 기준을 적용한다.

일산화탄소	질소산화물	탄화수소			측정방법
		배기관가스	블로바이가스	증발가스	
0.625 g/㎞ 이하	0.01875 g/㎞ 이하	0.0125 g/㎞ 이하	0g/1주행	2g/테스트 이하	CVS-75 모드

거. 경유를 사용하는 다음 차량의 배출허용기준에 맞게 출고된 자동차의 결함확인검사에서 입자상물질 기준은 0.005g/㎞ 이하로 한다.
1) 제2종 하이브리드자동차의 경자동차, 소형 승용 · 화물, 중형 승용 · 화물
2) 제3종 경유자동차 중 경자동차, 소형 승용 · 화물, 중형 승용 · 화물

너. 휘발유 · 가스자동차는 휘발유 · 알코올 및 가스를 섞어서 사용하거나 병용하는 자동차를 말한다.
더. 경유자동차는 경유에 다른 연료를 섞어서 사용하는 자동차를 포함하며, 탄화수소는 NMHC로 측정한다.

4. 2012년 7월 1일 이후
가. 전기자동차

일산화탄소	질소산화물	탄화수소(배기관가스)	입자상물질	측정방법
0g/km 이하	0g/km 이하	0g/km 이하	0g/km 이하	–

비고
전기자동차의 측정방법 등 위 표에서 규정되지 않은 사항에 대해서는 법 제50조제1항에 따른 검사방법을 따른다.

나. 휘발유 · 가스 자동차

<table>
<tr><th>저공해자동차종류</th><th>차종</th><th>일산화탄소</th><th>질소산화물</th><th>탄화수소(배기관가스)</th><th>블로바이가스</th><th>증발가스</th><th>입자상물질</th><th>암모니아</th><th>메탄</th><th>측정방법</th></tr>
<tr><td rowspan="2">제2종</td><td>경자동차, 소형 승용 · 화물, 중형 승용 · 화물</td><td>0.625 g/km 이하</td><td colspan="2">0.0125 g/km 이하</td><td>0g/1주행</td><td>1.2g/테스트 이하 또는 2g/테스트 이하</td><td>0.004 g/km 이하</td><td>–</td><td>–</td><td>CVS-75 모드</td></tr>
<tr><td>대형 승용 · 화물, 초대형 승용 · 화물</td><td>4.0 g/kWh 이하</td><td>0.23 g/kWh 이하</td><td>0.05 g/kWh 이하</td><td>0g/1주행</td><td>–</td><td>–</td><td>10 ppm 이하</td><td>0.5 g/kWh 이하</td><td>WHTC 모드</td></tr>
<tr><td rowspan="2">제3종</td><td>경자동차, 소형 승용 · 화물, 중형 승용 · 화물</td><td>0.625 g/km 이하</td><td>0.0125 g/km 이하</td><td>0.00625 g/km 이하</td><td>0g/1주행</td><td>1.2g/테스트 이하 또는 2g/테스트 이하</td><td>0.004 g/km 이하</td><td>–</td><td>–</td><td>CVS-75 모드</td></tr>
<tr><td>대형 승용 · 화물, 초대형 승용 · 화물</td><td>4.0 g/kWh 이하</td><td>0.35 g/kWh 이하</td><td>0.10 g/kWh 이하</td><td>0g/1주행</td><td>–</td><td>–</td><td>10 ppm 이하</td><td>0.5 g/kWh 이하</td><td>WHTC 모드</td></tr>
</table>

비고
1. 차종은 별표 5 제1호에 따른 해당 연도별 기준을 따른다.
2. 대형 승용 · 화물, 초대형 승용 · 화물 자동차의 경우 2013년 1월 1일부터 적용하되, 제3호의 기준으

로 2012년 12월 31일 이전에 인증을 받고 2013년 12월 31일까지 출고된 자동차는 위 표에 따른 저공해자동차로 본다.

3. 경자동차, 소형 승용 · 화물, 중형 승용 · 화물 자동차에 적용되는 증발가스 기준(1.2g/테스트 이하)은 2013년 1월 1일부터 적용한다. 다만, 2012년 12월 31일 이전에 인증을 받고 2013년 12월 31일까지 출고된 자동차에 적용되는 증발가스 기준은 2g/테스트 이하로 한다.
4. 입자상물질 기준은 경자동차, 소형 승용 · 화물, 중형 승용 · 화물 자동차 중에서 가솔린 직접분사식 자동차에만 적용한다. 다만, 2013년 12월 31일 이전에 인증을 받고 2014년 12월 31일까지 출고된 자동차에 대해서는 입자상물질 기준을 적용하지 않는다.
5. 소형승용 휘발유자동차의 저온(−6.7℃) 시동 시에는 일산화탄소 배출허용기준을 6.3g/km 이하로 한다.
6. 2012년 7월 1일부터 2015년 12월 31일까지 출고된 제3종에 해당하는 경자동차, 소형 승용 · 화물 및 중형 승용 · 화물 자동차의 결함확인검사에는 나목에도 불구하고 다음 표를 적용한다.

대상 차종	일산화 탄 소	질 소 산화물	탄화수소 (배기관가스)	측정 방법
제3종 경자동차, 제3종 소형 승용 · 화물, 제3종 중형 승용 · 화물	0.625g/km 이하	0.01875g/km 이하	0.0125g/km 이하	CVS−75 모드

7. 시험중량, 탄화수소 측정방법 등 위 표 및 비고에서 규정되지 않은 사항에 대해서는 별표 17에 따른 해당 연도에 대한 기준 및 방법을 따른다.

다. 경유자동차

저공해자동차 종류	차종		일산화탄소	질소산화물	탄화수소(배기관 가스) 및 질소산화물	입자상물질	블로바이가스	입자개수	암모니아	측정방법
제2종	경자동차, 소형승용		0.5 g/km 이하	0.08 g/km 이하	0.17 g/km 이하	0.0045 g/km 이하	0g/1주행	6.0×10^{11} #/km 이하	−	ECE−15 및 EUDC 모드
	소형화물, 중형승용 · 화물	RW≤1,305kg	0.5 g/km 이하	0.08 g/km 이하	0.17 g/km 이하	0.0045 g/km 이하	0g/1주행	6.0×10^{11} #/km 이하	−	
		1,305 〈RW ≤1,760kg	0.63 g/km 이하	0.105 g/km 이하	0.195 g/km 이하	0.0045 g/km 이하	0g/1주행	6.0×10^{11} #/km 이하	−	
		RW〉 1,760kg	0.74 g/km 이하	0.125 g/km 이하	0.215 g/km 이하	0.0045 g/km 이하	0g/1주행	6.0×10^{11} #/km 이하	−	
	대형 승용 · 화물, 초대형 승용 · 화물		4.00 g/kWh 이하	0.46 g/kWh 이하	탄화수소 0.16 g/kWh 이하	0.01 g/kWh 이하	0g/1주행	6.0×10^{11} #/km 이하	10 ppm 이하	WHTC 모드
			1.50 g/kWh 이하	0.40 g/kWh 이하	탄화수소 0.13 g/kWh 이하	0.01 g/kWh 이하	0g/1주행	8.0×10^{11} #/kWh 이하	10 ppm 이하	WHSC 모드

제3종	경자동차, 소형승용		0.50 g/km 이하	0.13 g/km 이하	0.18 g/km 이하	0.0045 g/km 이하	0g/1주행	6.0×10^{11} #/km 이하	–	ECE-15 및 EUDC 모드
	소형화물, 중형승용·화물	RW≤1,305kg	0.5 g/km 이하	0.13 g/km 이하	0.18 g/km 이하	0.0045 g/km 이하	0g/1주행	6.0×10^{11} #/km 이하	–	
		1,305 〈RW ≤1,760kg	0.63 g/km 이하	0.185 g/km 이하	0.245 g/km 이하	0.0045 g/km 이하	0g/1주행	6.0×10^{11} #/km 이하	–	
		RW〉 1,760kg	0.74 g/km 이하	0.22 g/km 이하	0.29 g/km 이하	0.0045 g/km 이하	0g/1주행	6.0×10^{11} #/km 이하	–	
	대형 승용·화물, 초대형 승용·화물		4.00 g/kWh 이하	1.20 g/kWh 이하	탄화수소 0.36 g/kWh 이하	0.01 g/kWh 이하	0g/1주행	6.0×10^{11} #/km 이하	10 ppm 이하	ETC 모드 또는 WHTC 모드
			1.50 g/kWh 이하	1.20 g/kWh 이하	탄화수소 0.30 g/kWh 이하	0.01 g/kWh 이하	0g/1주행	8.0×10^{11} #/kWh 이하	10 ppm 이하	ESC 모드 또는 WHSC 모드

비고

차종 분류, 시험중량, 탄화수소 측정방법 등 위 표에서 규정되지 않은 사항에 대해서는 별표 5 제1호 및 별표 17에 따른 해당 연도에 대한 기준 및 방법을 따른다.

라. 하이브리드자동차

저공해자동차 종류	사용연료	차종		일산화탄소	질소산화물	탄화수소(배기관가스)	입자상물질	측정방법
제2종	휘발유, 가스	경자동차, 소형 승용·화물, 중형 승용·화물		0.625 g/km 이하	0.0125 g/km 이하	0.00625 g/km 이하	0.004 g/km 이하	CVS-75 모드
		대형 승용·화물, 초대형 승용·화물		4.0 g/kWh 이하	0.35 g/kWh 이하	0.10 g/kWh 이하	–	WHTC 모드
	경유	경자동차, 소형승용		0.5 g/km 이하	0.08 g/km 이하	0.17 g/km 이하	0.0045 g/km 이하	ECE-15 및 EUDC 모드
		소형화물, 중형승용·화물	RW≤1,305kg	0.5 g/km 이하	0.08 g/km 이하	0.17 g/km 이하	0.0045 g/km 이하	
			1,305 〈RW≤1,760kg	0.63 g/km 이하	0.105 g/km 이하	0.195 g/km 이하	0.0045 g/km 이하	
			RW〉 1,760kg	0.74	0.125	0.213	0.0045	

			g/km 이하	g/km 이하	g/km 이하	g/km 이하	
		대형 승용 · 화물, 초대형 승용 · 화물	4 g/kWh 이하	1.2 g/kWh 이하	탄화수소 0.36 g/kWh 이하	0.01 g/kWh 이하	ETC 모드 또는 WHTC 모드
			1.5 g/kWh 이하	1.2 g/kWh 이하	탄화수소 0.3 g/kWh 이하	0.01 g/kWh 이하	ESC 모드 또는 WHSC 모드

비고
1. 차종은 별표 5 제1호에 따른 해당 연도별 기준을 따른다.
2. 차종별 적용시기 및 그 외의 증발가스 · 입자개수 · 암모니아 · 메탄의 배출허용기준(적용되는 배출허용기준이 있는 경우만 해당한다)에 대해서는 휘발유 및 가스 사용 하이브리드자동차의 경우 위 나목의 휘발유 · 가스 자동차에 대한 기준 및 방법을 적용하고, 경유 사용 하이브리드자동차의 경우 위 다목의 경유자동차에 대한 기준 및 방법을 적용한다.
3. 시험중량, 탄화수소 측정방법 등 위 표 및 비고에서 규정되지 않은 사항에 대해서는 별표 17에 따른 해당 연도에 대한 기준 및 방법을 따른다.

5. 2014년 1월 1일 이후

가. 전기자동차 및 수소연료전지자동차

저공해자동차 종류	일산화탄소	질소산화물	탄화수소 (배기관가스)	입자상물질	측정방법
1종	0g/km 이하	0g/km 이하	0g/km 이하	0g/km 이하	–

비고

전기자동차 및 수소연료전지자동차의 측정방법 등 위 표에서 규정되지 않은 사항에 대해서는 법 제50조 제1항에 따른 검사방법을 따른다.

나. 휘발유 · 가스 자동차

저공해자동차 종류	차 종	일산화탄소	질소산화물	탄화수소 (배기관가스)	블로바이가스	증발가스	입자상물질	암모니아	메탄	측정방법
제2종	경자동차, 소형 승용 · 화물, 중형 승용 · 화물	0.625 g/km 이하	0.0125g/km 이하		0g/1주행	1.2g/테스트 이하	0.004 g/km 이하	–	–	CVS-75 모드
	대형 승용 · 화물, 초대형 승용 · 화물	4.0 g/kWh 이하	0.23 g/kWh 이하	0.05 g/kWh 이하	0g/1주행	–	–	10 ppm 이하	0.5 g/kWh 이하	WHTC 모드
제3종	경자동차, 소형 승용 · 화물,	0.625 g/km 이하	0.019g/km 이하		0g/1주행	1.2g/테스트 이하	0.004 g/km 이하	–	–	CVS-75 모드

중형 승용 · 화물									
대형 승용 · 화물, 초대형 승용 · 화물	4.0 g/kWh 이하	0.35 g/kWh 이하	0.10 g/kWh 이하	0g/1주행	–	–	10ppm 이하	0.5 g/kWh 이하	WHTC 모드

비고

1. 차종 분류, 시험중량, 탄화수소 측정방법 등 위 표에서 규정되지 않은 사항에 대해서는 별표 5 제1호 및 별표 17에 따른 해당 연도에 대한 기준 및 방법을 따른다.
2. 입자상물질 기준은 경자동차, 소형 승용 · 화물, 중형 승용 · 화물 자동차 중에서 가솔린 직접분사식 자동차에만 적용한다. 다만, 2013년 12월 31일 이전에 인증을 받고 2014년 12월 31일까지 출고된 자동차의 경우 입자상물질 기준을 적용하지 않는다.
3. 소형승용 휘발유자동차의 저온(−6.7℃) 시동 시에는 일산화탄소 배출허용기준을 6.3g/km 이하로 한다.
4. 2015년 12월 31일까지 출고된 제3종에 해당하는 경자동차, 소형 승용 · 화물, 중형 승용 · 화물의 결함확인검사에는 나목에도 불구하고 다음 표를 적용한다.

일산화탄소	질소산화물	탄화수소 (배기관가스)	측정방법
0.625g/㎞ 이하	0.01875g/㎞ 이하	0.0125g/㎞ 이하	CVS-75 모드

다. 경유자동차

저공해 자동차 종류	차종		일산화탄소	질소산화물	탄화수소 (배기관가스) 및 질소산화물	입자상물질	블로바이가스	입자개수	암모니아	측정방법
제2종	경자동차, 소형 승용, 중형 승용		0.5 g/㎞ 이하	0.04 g/㎞ 이하	0.085 g/㎞ 이하	0.0045 g/㎞ 이하	0g/1주행	6.0×1011 #/km 이하	–	ECE-15 및 EUDC 모드
	소형 화물, 중형 화물	RW≤1,305kg	0.5 g/㎞ 이하	0.04 g/㎞ 이하	0.085 g/㎞ 이하	0.0045 g/㎞ 이하	0g/1주행	6.0×1011 #/km 이하	–	
		1,305<RW ≤1,760kg	0.63 g/㎞ 이하	0.053 g/㎞ 이하	0.098 g/㎞ 이하	0.0045 g/㎞ 이하	0g/1주행	6.0×1011 #/km 이하	–	
		RW>1,760kg	0.74 g/㎞ 이하	0.063 g/㎞ 이하	0.108 g/㎞ 이하	0.0045 g/㎞ 이하	0g/1주행	6.0×1011 #/km 이하	–	
	대형 승용 · 화물, 초대형 승용 · 화물		4.00 g/kWh 이하	0.23 g/kWh 이하	탄화수소 0.08 g/kWh 이하	0.01 g/kWh 이하	0g/1주행	6.0×1011 #/km 이하	10 ppm 이하	WHTC 모드
			1.50	0.20	탄화	0.01	0g/1	8.0×1011	10	WHSC

			g/kWh 이하	g/kWh 이하	수소 0.065 g/kWh 이하	g/kWh 이하	주행	#/kWh 이하	ppm 이하	모드
제 3 종	경자동차, 소형 · 중형 승용		0.50 g/km 이하	0.06 g/km 이하	0.13 g/km 이하	0.0045 g/km 이하	0g/1 주행	6.0×1011 #/km 이하	–	ECE-15 및 EUDC 모드
	소형 화물, 중형 화물	RW≤1,305kg	0.5 g/km 이하	0.06 g/km 이하	0.13 g/km 이하	0.0045 g/km 이하	0g/1 주행	6.0×1011 #/km 이하	–	
		1,305〈RW ≤1,760kg	0.63 g/km 이하	0.079 g/km 이하	0.146 g/km 이하	0.0045 g/km 이하	0g/1 주행	6.0×1011 #/km 이하	–	
		RW〉1,760kg	0.74 g/km 이하	0.094 g/km 이하	0.161 g/km 이하	0.0045 g/km 이하	0g/1 주행	6.0×1011 #/km 이하	–	
	대형 승용, 대형 화물, 초대형 승용, 초대형 화물		4.00 g/kWh 이하	0.35 g/kWh 이하	탄화수소 0.12 g/kWh 이하	0.01 g/kWh 이하	0g/1 주행	6.0×1011 #/km 이하	10 ppm 이하	WHTC 모드
			1.50 g/kWh 이하	0.3 g/kWh 이하	탄화수소 0.097 g/kWh 이하	0.01 g/kWh 이하	0g/1 주행	8.0×1011 #/kWh 이하	10 ppm 이하	WHSC 모드

비고

1. 차종 분류, 시험중량, 탄화수소 측정방법 등 위 표에서 규정되지 않은 사항에 대해서는 별표 5 제1호 및 별표 17에 따른 해당 연도에 대한 기준 및 방법을 따른다.
2. 경자동차, 소형 · 중형 승용 및 시험중량이 1,305킬로그램 미만인 소형 · 중형 화물자동차에 대해서는 2014년 9월 1일부터 적용하되, 2014년 8월 31일 이전에 인증을 받고 2014년 9월 1일부터 2015년 8월 31일까지 출고된 자동차의 경우 제5호에도 불구하고 위 제4호다목의 기준을 적용한다.
3. 시험중량이 1,305킬로그램을 초과하는 소형 · 중형 화물에 대해서는 2015년 9월 1일부터 적용하되, 2014년 1월 1일부터 2015년 8월 31일까지 출고된 자동차의 경우 제5호에도 불구하고 위 제4호다목의 기준을 적용한다.

라. 하이브리드자동차

저공해 자동차 종류	사용 연료	차종	일산화 탄소	질소 산화물	탄화수소 (배기관가스)	입자상 물질	측정 방법
제 2 종	휘발유,가스	경자동차, 소형 승용 · 화물, 중형 승용 · 화물	0.625 g/km 이하	0.019 g/km 이하		0.004 g/km 이하	CVS-75 모드
		대형 승용 · 화물, 초대형 승용 · 화물	4.0 g/kWh 이하	0.35 g/kWh 이하	0.10 g/kWh 이하	–	WHTC 모드

	경유	경자동차, 소형 승용		0.5 g/km 이하	0.06 g/km 이하	0.13 g/km 이하	0.0045 g/km 이하	ECE-15 및 EUDC 모드
		소형 화물, 중형 승용 · 화물	RW≤1,305kg	0.5 g/km 이하	0.06 g/km 이하	0.13 g/km 이하	0.0045g/km 이하	
			1,305 〈RW≤1,760kg	0.63 g/km 이하	0.079 g/km 이하	0.146g/km 이하	0.0045g/km 이하	
			RW〉 1,760kg	0.74 g/km 이하	0.094 g/km 이하	0.161 g/km 이하	0.0045 g/km 이하	
		대형 승용 · 화물, 초대형 승용 · 화물		4g/kWh 이하	0.35 g/kWh 이하	탄화수소 0.12 g/kWh 이하	0.01 g/kWh 이하	WHTC 모드
				1.5 g/kWh 이하	0.3 g/kWh 이하	탄화수소 0.097 g/kWh 이하	0.01 g/kWh 이하	WHSC 모드

비고

1. 차종 분류, 시험중량, 탄화수소 측정방법 등 위 표에서 규정되지 않은 사항에 대해서는 별표 5 제1호 및 별표 17에 따른 해당 연도에 대한 기준 및 방법을 따른다.
2. 차종별 적용시기 및 그 외의 증발가스 · 입자개수 · 암모니아 · 메탄의 배출허용기준(적용되는 배출허용기준이 있는 경우에만 해당한다)에 대해서는 휘발유 및 가스 사용 하이브리드자동차의 경우 위 나목의 휘발유 · 가스 자동차에 대한 기준 및 방법을 적용하고, 경유 사용 하이브리드자동차의 경우 위 다목의 경유자동차에 대한 기준 및 방법을 적용한다.

6. 2016년 12월 1일 이후

가. 전기자동차 및 수소연료전지자동차

저공해자동차 종류	일산화탄소	질소산화물	탄화수소 (배기관가스)	입자상물질	측정방법
1종	0g/km 이하	0g/km 이하	0g/km 이하	0g/km 이하	법 제50조제1항에 따른 검사방법

나. 휘발유 · 가스 · 경유 자동차

저공해 자동차 종류	차종	일산화 탄소	질소 산화물	탄화 수소 (배기관가스)	블로 바이 가스	증발 가스	입자상 물질	암모 니아	메탄	측정 방법
제 2 종	경자동차, 소형 승용 · 화물, 중형 승용 · 화물	0.625 g/km 이하	0.0125g/km 이하		0g/1 주행	0.35g/ 테스트 이하	0.002 g/km 이하	–	–	CVS-75 모드

<table>
<tr><td></td><td>대형 승용 · 화물, 초대형 승용 · 화물</td><td>4.0 g/kWh 이하</td><td>0.23g/kWh 이하</td><td>0.05 g/kWh 이하</td><td>0g/1주행</td><td>–</td><td>0.01 g/kWh</td><td>10 ppm 이하</td><td>0.5 g/kWh 이하</td><td>WHTC 모드</td></tr>
<tr><td rowspan="2">제 3 종</td><td>경자동차, 소형 승용 · 화물, 중형 승용 · 화물</td><td>0.625 g/km 이하</td><td colspan="2">0.019g/km 이하</td><td>0g/1주행</td><td>0.35g/테스트 이하</td><td>0.002 g/km 이하</td><td>–</td><td>–</td><td>CVS-75 모드</td></tr>
<tr><td>대형 승용 · 화물, 초대형 승용 · 화물</td><td>4.0 g/kWh 이하</td><td>0.35 g/kWh 이하</td><td>0.10 g/kWh 이하</td><td>0g/1주행</td><td>–</td><td>0.01 g/kWh</td><td>10 ppm 이하</td><td>0.5 g/kWh 이하</td><td>WHTC 모드</td></tr>
</table>

비고

1. 차종 분류, 시험중량, 탄화수소 측정방법, US06 모드와 SC03 모드 배출허용기준 및 결함확인검사 배출허용기준 등 위 표에서 규정되지 않은 사항에 대해서는 별표 5 제1호 및 별표 17에 따른 해당 연도에 대한 기준 및 방법을 따른다.
2. 증발가스 기준에 대해서는 휘발유자동차와 가스자동차의 경우 2020년 12월 31일까지 제5호나목의 기준을 적용하고, 경유자동차의 경우에는 적용하지 않는다.
3. 입자상물질 기준에 대해서는 휘발유자동차의 경우 2019년 12월 31일까지 제5호나목의 기준을 적용하며, 가스자동차의 경우에는 적용하지 않는다.
4. 경유자동차의 경우 메탄 기준은 적용하지 않는다.
5. 소형승용 휘발유자동차의 저온(-6.7℃) 시동 시에는 일산화탄소 배출허용기준을 6.3g/km 이하로 한다.
6. 다음 각 목의 어느 하나에 해당하는 자동차 중 휘발유자동차와 가스자동차의 경우 제6호에도 불구하고 제5호나목의 기준을 적용하며, 경유자동차의 경우 제5호다목의 기준을 적용한다.
   가. 2016년 11월 30일 이전에 인증을 받고 2019년 12월 31일까지 출고된 자동차
   나. 2016년 12월 1일 당시 인증을 신청한 자동차

다. 하이브리드자동차

<table>
<tr><th>저공해자동차 종류</th><th>사용 연료</th><th>차종</th><th>일산화 탄소</th><th>질소 산화물</th><th>탄화수소 (배기관가스)</th><th>입자상 물질</th><th>측정 방법</th></tr>
<tr><td rowspan="2">제 2 종</td><td rowspan="2">휘발유, 가스, 경유</td><td>경자동차, 소형 승용 · 화물, 중형 승용 · 화물</td><td>0.625 g/km 이하</td><td colspan="2">0.019 g/km 이하</td><td>0.002 g/km 이하</td><td>CVS-75 모드</td></tr>
<tr><td>대형 승용 · 화물, 초대형 승용 · 화물</td><td>4.0 g/kWh 이하</td><td>0.35 g/kWh 이하</td><td>0.10 g/kWh 이하</td><td>0.01 g/kWh</td><td>WHTC 모드</td></tr>
</table>

비고

1. 차종 분류, 시험중량, 탄화수소 측정방법 등 위 표에서 규정되지 않은 사항에 대해서는 별표 5 제1호

및 별표 17에 따른 해당 연도에 대한 기준 및 방법을 따른다.

2. 입자상물질 기준에 대해서는 2019년 12월 31일까지 제6호에도 불구하고 제5호라목의 기준을 적용한다.
3. 차종별 적용시기, 그 밖에 암모니아 · 메탄의 배출허용기준(적용되는 배출허용기준이 있는 경우에만 해당한다)에 대해서는 나목의 기준 및 방법을 적용한다.
4. 다음 각 목의 어느 하나에 해당하는 하이브리드자동차의 경우 제6호에도 불구하고 제5호라목의 기준을 적용한다.
   가. 2016년 11월 30일 이전에 인증을 받고 2019년 12월 31일까지 출고된 하이브리드자동차
   나. 2016년 12월 1일 당시 인증을 신청한 하이브리드자동차

7. 2019년 7월 1일 이후

가. 전기자동차 및 수소연료전지자동차

저공해자동차 종류	일산화탄소	질소산화물	탄화수소 (배기관가스)	입자상물질	측정방법
1종	0g/㎞ 이하	0g/㎞ 이하	0g/㎞ 이하	0g/㎞ 이하	법 제50조제1항에 따른 검사방법

나. 휘발유 · 가스 자동차

저공해자동차 종류	차종	일산화탄소	질소산화물	탄화수소 (배기관가스)	블로바이가스	증발가스	입자상물질	암모니아	메탄	측정방법
제2종	경자동차, 소형 승용 · 화물, 중형 승용 · 화물	0.625 g/㎞ 이하	0.0125 g/㎞ 이하		0g/1주행	0.35g/테스트 이하	0.002 g/㎞ 이하	–	–	CVS-75 모드
	대형 승용 · 화물, 초대형 승용 · 화물	4.0 g/kWh 이하	0.23 g/kWh 이하	0.05 g/kWh 이하	0g/1주행	–	0.01 g/kWh	10 ppm 이하	0.5 g/kWh 이하	WHTC 모드
제3종	경자동차, 소형 승용 · 화물, 중형 승용 · 화물	0.625 g/㎞ 이하	0.019g/㎞ 이하		0g/1주행	0.35g/테스트 이하	0.002 g/㎞ 이하	–	–	CVS-75 모드
	대형 승용 · 화물, 초대형 승용 · 화물	4.0 g/kWh 이하	0.35 g/kWh 이하	0.10 g/kWh 이하	0g/1주행	–	0.01 g/kWh	10 ppm 이하	0.5 g/kWh 이하	WHTC 모드

비고

1. 차종 분류, 시험중량, 탄화수소 측정방법 및 결함확인검사 배출허용기준 등 위 표에서 규정되지 않은 사항에 대해서는 별표 5 제1호 및 별표 17에 따른 해당 연도에 대한 기준 및 방법을 따른다.
2. 증발가스 기준에 대해서는 휘발유자동차와 가스자동차의 경우 2020년 12월 31일까지 제5호나목의 기준을 적용한다.
3. 입자상물질 기준에 대해서는 휘발유자동차의 경우 2019년 12월 31일까지 제7호에도 불구하고 제5호나목의 기준을 적용하며, 가스자동차의 경우에는 적용하지 않는다.
4. 소형승용 휘발유자동차의 저온(-6.7℃) 시동 시에는 일산화탄소 배출허용기준을 6.3g/km 이하로 한다.

5. 다음 각 목의 어느 하나에 해당하는 휘발유자동차와 가스자동차는 제7호에도 불구하고 제5호나목의 기준을 적용한다.
   가. 2016년 11월 30일 이전에 인증을 받고 2019년 12월 31일까지 출고된 자동차
   나. 2016년 12월 1일 당시 인증을 신청한 자동차

다. 하이브리드자동차

저공해자동차 종류	사용 연료	차종	일산화탄소	질소산화물	탄화수소(배기관가스)	입자상 물질	측정방법
제2종	휘발유, 가스, 경유	경자동차, 소형 승용·화물, 중형 승용·화물	0.625 g/km 이하	0.019 g/km 이하		0.002 g/km 이하	CVS-75 모드
		대형 승용·화물, 초대형 승용·화물	4.0 g/kWh 이하	0.35 g/kWh 이하	0.10 g/kWh 이하	0.01 g/kWh	WHTC 모드

비고
1. 차종 분류, 시험중량, 탄화수소 측정방법 등 위 표에서 규정되지 않은 사항에 대해서는 별표 5 제1호 및 별표 17에 따른 해당 연도에 대한 기준 및 방법을 따른다.
2. 입자상물질 기준에 대해서는 2019년 12월 31일까지 제7호에도 불구하고 제5호라목의 기준을 적용한다.
3. 차종별 적용시기, 그 밖에 암모니아·메탄의 배출허용기준(적용되는 배출허용기준이 있는 경우에만 해당한다)에 대해서는 나목의 기준 및 방법을 적용한다.
4. 다음 각 목의 어느 하나에 해당하는 하이브리드자동차의 경우 제7호에도 불구하고 제5호라목의 기준을 적용한다.
   가. 2016년 11월 30일 이전에 인증을 받고 2019년 12월 31일까지 출고된 하이브리드자동차
   나. 2016년 12월 1일 당시 인증을 신청한 하이브리드자동차

8. 2020년 4월 3일 이후

가. 전기자동차 및 수소전기자동차

저공해자동차 종류	일산화탄소	질소산화물	탄화수소(배기관가스)	입자상물질	측정방법
1종(무공해)	0g/km 이하	0g/km 이하	0g/km 이하	0g/km 이하	법 제50조제1항에 따른 검사방법

나. 하이브리드자동차

저공해자동차 종류	사용 연료	차종	일산화탄소	질소산화물	탄화수소(배기관가스)	입자상 물질	측정방법
제2종	휘발유, 가스	경자동차, 소형 승용·화물, 중형 승용·화물	0.625 g/km 이하	0.019 g/km 이하		0.002 g/km 이하	CVS-75 모드

		대형 승용·화물, 초대형 승용·화물	4.0 g/kWh 이하	0.35 g/kWh 이하	0.10 g/kWh 이하	0.01 g/kWh	WHTC 모드

비고
1. 차종 분류, 시험중량, 탄화수소 측정방법 등 위 표에서 규정되지 않은 사항에 대해서는 별표 5 제1호 및 별표 17에 따른 해당 연도에 대한 기준 및 방법을 따른다.
2. 차종별 적용시기, 그 밖에 암모니아·메탄 등의 배출허용기준(적용되는 배출허용기준이 있는 경우에만 해당한다)에 대해서는 다목의 기준 및 방법을 적용한다.

다. 휘발유·가스 자동차

저공해자동차 종류	차종	일산화탄소	질소산화물	탄화수소 (배기관 가스)	블로바이 가스	증발 가스	입자상 물질	암모니아	메탄	측정 방법
제3종	경자동차, 소형 승용·화물, 중형 승용·화물	0.625 g/km 이하	0.019 g/km 이하		0g/1주행	0.35g/테스트 이하	0.002 g/km 이하	–	–	CVS-75 모드
	대형 승용·화물, 초대형 승용·화물	4.0 g/kWh 이하	0.35 g/kWh 이하	0.10 g/kWh 이하	0g/1주행	–	0.01 g/kWh	10 ppm 이하	0.5 g/kWh 이하	WHTC 모드

비고
1. 차종 분류, 시험중량, 탄화수소 측정방법, US06 모드와 SC03 모드 배출허용기준 및 결함확인검사 배출허용기준 등 위 표에서 규정되지 않은 사항에 대해서는 별표 5 제1호 및 별표 17에 따른 해당 연도에 대한 기준 및 방법을 따른다.
2. 증발가스 기준에 대해서는 휘발유자동차와 가스자동차의 경우 2020년 12월 31일까지 제8호에도 불구하고 제5호나목의 기준을 적용한다.
3. 가스자동차의 경우 입자상물질 기준은 적용하지 않는다.
4. 소형승용 휘발유자동차의 저온(-6.7℃) 시동 시에는 일산화탄소 배출허용기준을 6.3g/km 이하로 한다.

17. "배출가스저감장치"란 자동차에서 배출되는 대기오염물질을 줄이기 위하여 자동차에 부착 또는 교체하는 장치로서 환경부령으로 정하는 저감효율에 적합한 장치를 말한다.

규칙 제9조(배출가스저감장치의 저감효율) 법 제2조제17호에서 "환경부령으로 정하는 저감효율"이란 별표 6의3 제1호에 따른 배출가스저감장치의 저감효율을 말한다. [개정 2016.6.2.]

■ 대기환경보전법 시행규칙 [별표 6의3] 〈신설 2020. 4. 3.〉

배출가스저감장치 및 저공해엔진의 저감효율기준(제9조 및 제10조제2호 관련)

1. 배출가스저감장치의 저감효율

구분	저감효율기준	보증기간	측정방법
제1종 배출가스저감장치	입자상물질 또는 질소산화물 80% 이상	3년 또는 16만km	CVS-75 모드 또는 ND-13 모드
제2종 배출가스저감장치	입자상물질 또는 질소산화물 50% 이상	3년 또는 8만km	
제3종 배출가스저감장치	입자상물질 또는 질소산화물 25% 이상	3년 또는 8만km	

비고
1. 배출가스저감장치를 부착한 자동차의 출력 및 연비가 해당 장치를 부착하기 전보다 5% 이상 감소되거나 배출가스저감장치를 부착한 자동차에서 배출되는 가스상 오염물질(일산화탄소, 탄화수소 및 질소산화물)이 해당 장치를 부착하기 전보다 5% 이상 증가해서는 안 된다.
2. 입자상물질과 질소산화물을 동시에 저감하는 장치의 경우에는 입자상물질과 질소산화물의 저감효율기준을 모두 충족해야 한다.
3. 배출가스저감장치 중 요소수를 분사하는 장치를 적용하는 경우 배기관에서의 암모니아(NH3) 배출허용기준은 10ppm이하로 한다.

2. 저공해엔진의 저감효율

구분	저감효율기준	보증기간	측정방법
가스엔진	해당 저공해엔진으로 개조 또는 교체한 특정경유자동차의 배출가스 기준이 해당 자동차가 법 제48조에 따른 인증을 받은 당시의 가스자동차 제작차배출허용기준에 적합할 것	3년 또는 8만km	CVS-75 모드 또는 ND-13 모드
경유엔진	해당 저공해엔진으로 개조 또는 교체한 특정경유자동차의 배출가스 기준이 개조 또는 교체하는 당시의 경유자동차 제작차배출허용기준에 적합할 것		

18. "저공해엔진"이란 자동차에서 배출되는 대기오염물질을 줄이기 위한 엔진(엔진 개조에 사용하는 부품을 포함한다)으로서 환경부령으로 정하는 배출허용기준에 맞는 엔진을 말한다.

규칙 제10조(저공해엔진의 배출허용기준) 법 제2조제18호에서 "환경부령으로 정하는 배출허용기준"이란 다음 각 호와 같다.
1. 제작차의 경우 : 별표 6의2에 따른 저공해자동차의 제작차배출허용기준
2. 운행차의 경우 : 별표 6의3 제2호에 따른 저공해엔진의 저감효율

19. "공회전제한장치"란 자동차에서 배출되는 대기오염물질을 줄이고 연료를 절약하기 위하여 자동차에 부착하는 장치로서 환경부령으로 정하는 기준에 적합한 장치를 말한다.

규칙 제10조의2(공회전제한장치의 성능기준 등) 법 제2조제19호에 따른 공회전제한장치의 기준은 별표 6의4와 같다. [본조신설 2013.5.24.]

[규칙 별표6의4]

공회전제한장치의 성능기준(제10조의2 관련)

공회전제한장치는 3회 이상의 반복시험을 통하여 정상 작동여부 등을 평가한 결과 다음의 각 성능기준 및 주요기능 이상이어야 한다.

성 능 기 준	주 요 기 능
가. 냉각수 온도가 설정 값 이하에서는 차량이 정지되더라도 엔진은 정지되지 않을 것	– 엔진 정지를 위한 냉각수 온도 설정 기능이 필요
나. 차간거리 좁히기와 같은 저속 운전 상황에서는 차량이 정지되더라도 엔진이 정지되지 아니할 것	– 엔진 정지를 위한 차량 속도 설정 기능이 필요
다. 일정 경사로 이상에서는 차량이 정지되더라도 엔진이 정지되지 아니할 것. 다만, 경사로에서 제동력 확보 및 유지가 가능할 경우에는 적용하지 아니한다.	– 도로의 경사도를 측정하여 설정 값 이상에서는 엔진이 정지되지 않도록 하는 기능 또는 경사로에서 제동력 확보 및 유지여부를 확인하는 기능이 필요
라. 공기압을 이용하여 제동하는 대형차량의 경우에는 제동장치용 공기압이 설정 값 이하에서는 차량이 정지되더라도 엔진이 정지되지 아니할 것	– 공기압 측정 및 설정 기능이 필요
마. 가목부터 라목까지에 해당하지 아니하는 경우 차량의 제동 및 정지 이후에 일정시간이 경과되면 엔진이 정지되도록 할 것	– 차량 속도 및 제동 감지 기능과 차량 정지 후 엔진이 정지될 때까지의 경과시간을 설정하는 기능이 필요
바. 야간에 차량 및 엔진 정지 시 차량 식별을 위한 등화 시스템을 유지할 것	– 차량 및 엔진 정지 시 전조등은 소등되고, 미등 및 브레이크 등은 점등되는 기능이 필요
사. 엔진 재시동 시 고에너지 소비 보조 장치는 엔진 시동이 완료된 후 에너지 소비율에 따라 순차적으로 작동되도록 할 것	– 엔진 시동 완료 후 전조등, 에어컨의 순으로 작동하는 기능이 필요
아. 공회전제한장치의 사용여부를 운전자가 선택할 수 있도록 할 것	– 운전 중 장치의 사용 여부를 용이하게 선택할 수 있는 기능이 필요
자. 공회전제한장치를 작동하지 아니하고 장시간 공회전 상태로 정차 시에 경보를 발생하도록 할 것	– 공회전 상태로 5분 경과 후 경보 신호를 발생하는 기능이 필요
차. 장치의 재시동을 위해 일정 횟수 이상으로 시동모터가 사용된 경우 경보를 발생하도록 할 것	– 시동모터 사용횟수의 저장 및 설정 기능과 시동모터 사용횟수가 설정 값 이상시 경보를 발생하는 기능이 필요

카. 공회전 정지 시간과 실시율(차량 정지 시간과 공회전 정지 시간의 비율)을 저장하고 표시하거나, 또는 원격으로 해당 정보를 전달할 수 있을 것	– 과거 6개월간 1일 공회전 정지시간 및 실시율 값을 저장하거나 원격으로 해당 정보를 전달하는 기능이 필요
타. 대도시의 도심지 주행모드를 반영하여 200km 이상 실제 도로를 주행하였을 때 장치 관련 정보들이 저장되어 있을 것	– 실시율 등 주요 항목의 저장 기능이 정상적으로 이루어지고, 장치의 기능이 정상 동작함을 보여 줄 수 있을 것

20. "온실가스 배출량"이란 자동차에서 단위 주행거리당 배출되는 이산화탄소(CO_2) 배출량(g/km)을 말한다.
21. "온실가스 평균배출량"이란 자동차제작자가 판매한 자동차 중 환경부령으로 정하는 자동차의 온실가스 배출량의 합계를 해당 자동차 총 대수로 나누어 산출한 평균값(g/km)을 말한다.

규칙 제10조의3(자동차의 적용범위) 법 제2조제21호에서 "환경부령으로 정하는 자동차"란 제124조의2에 따른 자동차 중 법 제76조의2에 따른 자동차 온실가스 배출허용기준이 적용되는 자동차로서 환경부장관이 정하여 고시한 자동차를 말한다. [본조신설 2014.2.6.]

22. "장거리이동대기오염물질"이란 황사, 먼지 등 발생 후 장거리 이동을 통하여 국가 간에 영향을 미치는 대기오염물질로서 환경부령으로 정하는 것을 말한다.

[규칙 별표6의5]

장거리이동대기오염물질(제10조의4 관련)

1. 미세먼지(PM–10)
2. 미세먼지(PM–2.5)
3. 납 및 그 화합물
4. 칼슘 및 그 화합물
5. 수은 및 그 화합물
6. 비소 및 그 화합물
7. 망간화합물
8. 니켈 및 그 화합물
9. 벤젠
10. 포름알데히드
11. 염화수소
12. 불소화물
13. 시안화물
14. 사염화탄소
15. 클로로포름
16. 1,3–부타디엔
17. 디클로로메탄
18. 스틸렌
19. 테트라클로로에틸렌
20. 1,2–디클로로에탄
21. 에틸벤젠
22. 트리클로로에틸렌
23. 염화비닐

규칙 제10조의4(장거리이동대기오염물질) 법 제2조제22호에 따른 장거리이동대기오염물질은 별표 6의5와 같다.

23. "냉매(冷媒)"란 기후 · 생태계 변화유발물질 중 열전달을 통한 냉난방, 냉동 · 냉장 등의 효과를 목적으로 사용되는 물질로서 환경부령으로 정하는 것을 말한다.

규칙 **제10조의5(냉매)** 법 제2조제23호에서 "환경부령으로 정하는 것"이란 다음 각 호의 물질을 말한다.

1. 염화불화탄소
2. 수소염화불화탄소
3. 「저탄소 녹색성장 기본법 시행령」 제2조 및 별표 1에 따른 수소불화탄소
4. 제2호 및 제3호의 물질을 혼합하여 만든 물질

실전문제 **대기환경보전법상 용어의 뜻으로 옳지 않은 것은?**

❶ 대기오염물질이란 대기오염의 원인이 되는 가스 · 입자상물질 및 악취물질로서 대통령령으로 정한 것을 말한다.
② 기후 · 생태계변화 유발물질이라 함은 지구온난화 등으로 생태계의 변화를 가져올 수 있는 기체상 물질로서 온실가스와 환경부령으로 정하는 것을 말한다.
③ 매연이란 연소할 때에 생기는 유리탄소가 주가 되는 미세한 입자상물질을 말한다.
④ 검댕이란 연소할 때에 생기는 유리탄소가 응결하여 입자의 지름이 1미크론 이상이 되는 입자상물질을 말한다.

제3조(상시 측정 등) ① 환경부장관은 전국적인 대기오염 및 기후 · 생태계 변화유발물질의 실태를 파악하기 위하여 환경부령으로 정하는 바에 따라 측정망을 설치하고 대기오염도 등을 상시 측정하여야 한다. [개정 2009.6.9.]

② 특별시장 · 광역시장 · 특별자치시장 · 도지사 또는 특별자치도지사(이하 "시 · 도지사"라 한다)는 해당 관할 구역 안의 대기오염 실태를 파악하기 위하여 환경부령으로 정하는 바에 따라 측정망을 설치하여 대기오염도를 상시 측정하고, 그 측정 결과를 환경부장관에게 보고하여야 한다.

③ 환경부장관은 대기오염도에 관한 정보에 국민이 쉽게 접근할 수 있도록 제1항 및 제2항에 따른 측정결과를 전산처리할 수 있는 전산망을 구축 · 운영할 수 있다. [신설 2016.1.27.]

규칙 **제11조(측정망의 종류 및 측정결과보고 등)** ① 법 제3조제1항에 따라 수도권 대기환경청장, 국립환경과학원장 또는 「한국환경공단법」에 따른 한국환경공단(이하 "한국환경공단"이라 한다)이 설치하는 대기오염 측정망의 종류는 다음 각 호와 같다. [개정 2019.02.13.]

1. 대기오염물질의 지역배경농도를 측정하기 위한 교외대기측정망
2. 대기오염물질의 국가배경농도와 장거리이동 현황을 파악하기 위한 국가배경농도

측정망
3. 도시지역 또는 산업단지 인근지역의 특정대기유해물질(중금속을 제외한다)의 오염도를 측정하기 위한 유해대기물질측정망
4. 도시지역의 휘발성유기화합물 등의 농도를 측정하기 위한 광화학대기오염물질측정망
5. 산성 대기오염물질의 건성 및 습성 침착량을 측정하기 위한 산성강하물측정망
6. 기후 · 생태계 변화유발물질의 농도를 측정하기 위한 지구대기측정망
7. 장거리이동대기오염물질의 성분을 집중측정하기위한 대기오염집중측정망
8. 초미세먼지(PM-2.5)의 성분 및 농도를 측정하기 위한 미세먼지성분측정망

② 특별시장 · 광역시장 · 특별자치시장 · 도지사 또는 특별자치도지사(이하 "시 · 도지사"라 한다)는 해당 관할 구역 안의 대기오염 실태를 파악하기 위하여 환경부령으로 정하는 바에 따라 측정망을 설치하여 대기오염도를 상시 측정하고, 그 측정 결과를 환경부장관에게 보고하여야 한다. [개정 2012.5.23.]

③ 환경부장관은 대기오염도에 관한 정보에 국민이 쉽게 접근할 수 있도록 제1항 및 제2항에 따른 측정결과를 전산처리할 수 있는 전산망을 구축 · 운영할 수 있다.

규칙 제11조 ② 법 제3조제2항에 따라 특별시장 · 광역시장 · 특별자치시장 · 도지사 또는 특별자치도지사(이하 "시 · 도지사"라 한다)가 설치하는 대기오염 측정망의 종류는 다음 각 호와 같다. [개정 2013.5.24.]
1. 도시지역의 대기오염물질 농도를 측정하기 위한 도시대기측정망
2. 도로변의 대기오염물질 농도를 측정하기 위한 도로변대기측정망
3. 대기 중의 중금속 농도를 측정하기 위한 대기중금속측정망

③ 시 · 도지사는 법 제3조제2항에 따라 상시측정한 대기오염도를 측정망을 통하여 국립환경과학원장에게 전송하고, 연도별로 이를 취합 · 분석 · 평가하여 그 결과를 다음 해 1월말까지 국립환경과학원장에게 제출하여야 한다.

제3조의2(환경위성 관측망의 구축 · 운영 등) ① 환경부장관은 대기환경 및 기후 · 생태계 변화유발물질의 감시와 기후변화에 따른 환경영향을 파악하기 위하여 환경위성 관측망을 구축 · 운영하고, 관측된 정보를 수집 · 활용할 수 있다.

② 제1항에 따른 환경위성 관측망의 구축 · 운영 및 정보의 수집 · 활용에 필요한 사항은 대통령령으로 정한다. [본조신설 2016.1.27.]

영 **제1조의3(환경위성 관측망의 구축 · 운영 등)** ① 환경부장관은 법 제3조의2에 따른 환경위성 관측망(이하 "환경위성 관측망"이라 한다)의 효율적인 구축 · 운영 및 정보의 수집 · 활용을 위하여 다음 각 호의 업무를 수행할 수 있다.

1. 대기환경 및 기후 · 생태계 변화유발물질의 감시와 기후변화에 따른 환경영향을 파악하기 위한 환경위성의 개발
2. 환경위성 지상국의 구축 · 운영
3. 환경위성 관측 자료의 수집 · 생산, 분석 및 배포
4. 환경위성 관측 자료의 정확도 향상을 위한 자료 검증 및 개선사업
5. 환경위성 관측망의 구축 · 운영 및 정보의 수집 · 활용을 위한 연구개발
6. 환경위성 관측망의 구축 · 운영 및 정보의 수집 · 활용을 위한 관련 기관 또는 단체와의 협력
7. 그 밖에 환경위성 관측망의 효율적인 구축 · 운영 및 정보의 수집 · 활용을 위하여 필요한 사항

② 환경부장관은 제1항에 따른 업무를 수행하기 위하여 필요한 경우에는 관계 기관의 장에게 관련 자료의 제공을 요청할 수 있다.

제4조(측정망설치계획의 결정 등) ① 환경부장관은 제3조제1항에 따른 측정망의 위치와 구역 등을 구체적으로 밝힌 측정망설치계획을 결정하여 환경부령으로 정하는 바에 따라 고시하고 그 도면을 누구든지 열람할 수 있게 하여야 한다. 이를 변경한 경우에도 또한 같다.

② 제3조제2항에 따라 시 · 도지사가 측정망을 설치하는 경우에는 제1항을 준용한다.

③ 국가는 제2항에 따라 시 · 도지사가 결정 · 고시한 측정망설치계획이 목표기간에 달성될 수 있도록 필요한 재정적 · 기술적 지원을 할 수 있다.

규칙 **제12조(측정망설치계획의 고시)** ① 유역환경청장, 지방환경청장, 수도권대기환경청장 및 시 · 도지사는 법 제4조에 따라 다음 각 호의 사항이 포함된 측정망설치계획을 결정하고 최초로 측정소를 설치하는 날부터 3개월 이전에 고시하여야 한다.

1. 측정망 설치시기 2. 측정망 배치도
3. 측정소를 설치할 토지 또는 건축물의 위치 및 면적

② 시 · 도지사가 제1항에 따른 측정망설치계획을 결정 · 고시하려는 경우에는 그 설치위치 등에 관하여 미리 유역환경청장, 지방환경청장 또는 수도권대기환경청장과 협의하여야 한다.

제5조(토지 등의 수용 및 사용) ① 환경부장관 또는 시 · 도지사는 제4조에 따라 고시된 측정망설치계획에 따라 측정망 설치에 필요한 토지 · 건축물 또는 그 토지에 정착된 물건을 수용하거나 사용할 수 있다.

② 제1항에 따른 수용 또는 사용의 절차 · 손실보상 등에 관하여는 「공익사업을 위한 토지 등의 취득 및 보상에 관한 법률」에서 정하는 바에 따른다.

제6조(다른 법률과의 관계) ① 환경부장관 또는 시 · 도지사가 제4조에 따라 측정망설치계획을 결정 · 고시한 경우에는 「도로법」 제61조에 따른 도로점용의 허가를 받은 것으로 본다.

② 환경부장관 또는 시 · 도지사는 제4조에 따른 측정망설치계획에 제1항의 도로점용 허가사항이 포함되어 있으면 그 결정 · 고시 전에 해당 도로 관리기관의 장과 협의하여야 한다.

제7조(대기오염물질에 대한 심사 · 평가) ① 환경부장관은 대기 중에 존재하는 물질의 위해성을 다음 각 호의 기준에 따라 심사 · 평가할 수 있다.

1. 독성 2. 생태계에 미치는 영향 3. 배출량

4. 「환경정책기본법」 제12조에 따른 환경기준에 대비한 오염도

② 제1항에 따른 심사 · 평가의 구체적인 방법과 절차는 환경부령으로 정한다.

규칙 **제12조의2(대기오염물질 심사 · 평가의 방법과 절차)** 환경부장관은 법 제7조제2항에 따라 매년 기존에 지정된 대기오염물질 중 일부와 신규로 지정하려는 물질의 위해성을 제12조의3에 따른 대기오염물질 심사 · 평가위원회(이하 "심사 · 평가위원회"라 한다)의 심의를 거쳐 심사 · 평가한다.

규칙 **제12조의3(심사 · 평가위원회의 구성 · 운영)** ① 제12조의2에 따른 심사 · 평가에 관한 사항을 심의하기 위해 국립환경과학원에 대기오염물질심사 · 평가위원회를 둔다.

② 심사 · 평가위원회는 위원장 1명을 포함하여 15명 이내의 위원으로 구성한다.

③ 위원장은 국립환경과학원 기후대기연구부장이 되며 위원은 환경부의 대기관리과장, 국립환경과학원의 대기공학연구과장과 다음 각 호의 사람 중에서 위원장의 추천을 받아 국립환경과학원장이 위촉하는 사람이 된다.

1. 대기오염, 배출량, 위해성평가 등의 분야에 학식과 경험이 풍부한 전문가
2. 대기오염, 배출량, 위해성평가 등의 분야와 관련된 업무를 수행하는 공무원

④ 그 밖에 심사 · 평가위원회의 운영에 필요한 사항은 국립환경과학원장이 정하여 고시한다. [본조신설 2013.5.24.]

제7조의2(대기오염도 예측 · 발표) ① 환경부장관은 대기오염이 국민의 건강 · 재산이나 동식물의 생육 및 산업 활동에 미치는 영향을 최소화하기 위하여 대기예측 모형 등을 활용하여 대기오염도를 예측하고 그 결과를 발표하여야 한다.

② 제1항에 따라 환경부장관이 대기오염도 예측결과를 발표할 때에는 방송사, 신문사, 통신사 등 보도 관련 기관을 이용하거나 그 밖에 일반인에게 알릴 수 있는 적정한 방법으로 하여야 한다.

③ 제1항에 따른 대기오염도 예측 · 발표의 대상 지역, 대상 오염물질, 예측 · 발표의 기준 및 내용 등 대기오염도의 예측 · 발표에 필요한 사항은 대통령령으로 정한다.

영 제1조의4(대기오염도 예측 · 발표 대상 등) ① 법 제7조의2제3항에 따른 대기오염도 예측 · 발표의 대상 지역은 다음 각 호의 사항을 고려하여 환경부장관이 정하여 고시한다. [개정 2016.7.26.]

1. 대기오염의 정도 2. 인구 3. 지형 및 기상 특성

② 법 제7조의2제3항에 따른 대기오염도 예측 · 발표의 대상 오염물질은 「환경정책기본법」 제12조에 따라 환경기준이 설정된 오염물질 중 다음 각 호의 오염물질로 한다.

1. 미세먼지(PM-10) 2. 초미세먼지(PM-2.5) 3. 오존(O3)

③ 법 제7조의2제3항에 따른 대기오염도 예측 · 발표의 기준과 내용은 오염의 정도 및 오염물질의 인체 위해정도 등을 고려하여 환경부장관이 정하여 고시한다.

④ 환경부장관은 대기오염도 예측 · 발표를 위하여 관계 기관의 장에게 필요한 자료의 제출을 요청할 수 있다. 이 경우 관계 기관의 장은 특별한 사유가 없으면 이에 따라야 한다.

제7조의3(국가 대기질통합관리센터의 지정 · 위임 등) ① 환경부장관은 제7조의2에 따라 대기오염도를 과학적으로 예측 · 발표하고 대기질 통합관리 및 대기환경개선 정책을 체계적으로 추진하기 위하여 국가 대기질통합관리센터(이하 이 조에서 "통합관리센터"라 한다)를 운영할 수 있으며, 국공립 연구기관 등 대통령령으로 정하는 전문기관을 통합관리센터로 지정 · 위임할 수 있다.

영 제1조의5(국가 대기질통합관리센터의 지정 대상기관) 법 제7조의3제1항에서 "국공립 연구기관 등 대통령령으로 정하는 전문기관"이란 다음 각 호의 기관으로서 대기환경 분야에 전문성 있는 기관을 말한다.

1. 국공립 연구기관
2. 「정부출연연구기관 등의 설립 · 운영 및 육성에 관한 법률」에 따라 설립된 정부출연연구기관

영 제1조의6(통합관리센터의 지정기준) 법 제7조의3제1항에 따른 국가 대기질통합관리센터(이하 "통합관리센터"라 한다)의 지정기준은 별표 1과 같다.

영 제1조의7(통합관리센터의 지정절차) ① 환경부장관은 법 제7조의3제1항에 따라 통합관리센터를 지정하려는 경우에는 미리 지정계획, 일정 및 지정기준 등을 10일 이상 관보 또는 환경부의 인터넷 홈페이지에 공고하여야 한다.

② 법 제7조의3제1항에 따라 통합관리센터로 지정받으려는 전문기관은 환경부령으로 정하는 지정신청서(전자문서로 된 신청서를 포함한다)에 다음 각 호의 서류(전자문서로 된 서류를 포함한다)를 첨부하여 환경부장관에게 제출하여야 한다.

1. 대기오염예보 절차 등이 포함된 예보업무 추진계획서

2. 대기오염 관련 자료를 활용한 조사연구 실적을 증명하는 서류
3. 시설 · 장비 및 기술인력을 증명하는 서류

③ 환경부장관은 법 제7조의3제1항에 따라 통합관리센터를 지정한 경우에는 해당 기관에 환경부령으로 정하는 지정서를 발급하고, 그 사실을 환경부의 인터넷 홈페이지에 게시하여야 한다.

규칙 **제12조의4(국가 대기질통합관리센터의 지정 절차)** ① 영 제1조의7제2항 각 호 외의 부분에서 "환경부령으로 정하는 지정신청서"란 별지 제1호서식을 말한다.

② 제1항에 따른 지정신청서를 제출받은 환경부장관은 「전자정부법」 제36조 제1항에 따른 행정정보의 공동이용을 통하여 신청인의 법인 등기사항증명서(법인인 경우만 해당한다) 또는 사업자등록증을 확인하여야 한다. 다만, 신청인이 법인 등기사항증명서 또는 사업자등록증의 확인에 동의하지 아니하는 경우에는 해당 서류의 사본을 첨부하게 하여야 한다.

③ 영 제1조의7제3항에서 "환경부령으로 정하는 지정서"란 별지 제1호의2서식을 말한다.

영 **제1조의8(통합관리센터의 지정 취소 기준 등)** 통합관리센터의 지정 취소 및 업무정지의 세부기준은 별표 1의2와 같다.

[영 별표1]

통합관리센터의 지정기준(제1조의5 관련)

1. 다음 각 목의 시설 · 장비 기준을 모두 갖출 것
   가. 예보용 고성능컴퓨터(계산노드 160코어, 저장용량 500TB 이상)
   나. 대기질 수집 · 분석 서버(계산노드 16코어, 저장용량 500TB 이상)
   다. 대기오염 정보 제공 서버(계산노드 16코어, 저장용량 50TB 이상)
   라. 대기질 예보 지원 시스템(측정 및 모델 결과표출 모듈 탑재)
   마. 그 밖에 화상회의 장비, 멀티스크린 등 대기질 분석 · 예보를 위한 시설

2. 다음 각 목의 기술인력 기준을 모두 갖출 것
   가. 다음의 어느 하나에 해당하는 사람 1명 이상
      1) 「국가기술자격법」에 따른 화공, 대기관리 또는 기상예보 분야 기술사
      2) 환경공학, 대기환경, 화학공학, 공업화학, 화학, 대기과학 관련 분야 박사학위를 취득한 사람
      3) 대기질 예보 분야(기상, 대기측정, 배출량 또는 대기모델 관련 분야)의 석사학위 취득 후 해당 전문기술 분야에서 5년 이상 종사한 사람
   나. 다음의 어느 하나에 해당하는 사람 2명 이상
      1) 「국가기술자격법」에 따른 화공, 화학분석, 대기환경 또는 기상 분야 기사
      2) 「국가기술자격법」에 따른 화공, 대기환경 또는 기상 분야의 산업기사 자격 취득 후 대기 관련 분야(대기환경, 화학 또는 기상 관련 분야) 또는 해당 전문기술 분야에서 4년 이상 종사한 사람
      3) 「고등교육법」 제2조에 따른 학교의 화공, 화학분석, 대기환경 또는 기상 분야의 학사학위 취득 후 대기

관련 분야(대기환경, 화학 또는 기상 관련 분야) 또는 해당 전문기술 분야에서 7년 이상 종사한 사람
다. 「고등교육법」 제2조에 따른 학교의 환경공학, 대기환경, 화학공학, 공업화학, 화학 또는 대기과학 관련 학사학위를 취득한 사람 또는 이와 같은 수준 이상의 자격이 있는 사람 2명 이상

[영 별표1의2]

통합관리센터의 지정 취소 및 업무정지의 세부기준(제1조의7 관련)

1. 일반기준
   가. 위반행위의 횟수에 따른 처분기준은 최근 2년간 같은 위반행위를 한 경우에 적용한다. 이 경우 위반횟수별 처분기준의 적용일은 위반행위에 대하여 처분을 한 날과 다시 같은 위반행위(처분 후의 위반행위만 해당한다)를 적발한 날로 한다.
   나. 위반행위가 둘 이상인 경우로서 그에 해당하는 각각의 처분기준이 다른 경우에는 그 중 무거운 처분기준에 따르고, 각각의 처분기준이 업무정지인 경우에는 각각의 처분기준을 합산한 기간을 넘지 않는 범위에서 무거운 처분기준의 2분의 1까지 가중하여 처분할 수 있다.
   다. 처분권자는 위반행위의 동기, 내용, 횟수 및 위반의 정도 등 다음의 사유를 고려하여 처분기준의 2분의 1 범위에서 제2호에 따른 처분을 감경할 수 있다. 이 경우 그 처분이 업무정지인 경우에는 그 처분기준의 2분의 1의 범위에서 감경할 수 있고, 지정취소인 경우(법 제7조의3제4항제1호에 해당하는 경우는 제외한다)에는 6개월의 업무정지 처분으로 감경할 수 있다.
      1) 고의적이거나 악의적이 아닌 사소한 부주의나 오류로 인한 것으로 인정되는 경우
      2) 위반의 내용 · 정도가 경미하여 국민건강 및 환경에 미치는 피해가 적다고 인정되는 경우
      3) 위반행위자가 처음 해당 위반행위를 한 경우로서 통합관리센터의 업무를 모범적으로 해 온 사실이 인정되는 경우
      4) 위반행위자가 해당 위반행위로 인하여 업무정지 이상의 처분을 받을 경우 공익에 지장을 가져오는 등의 사유가 인정되는 경우

2. 개별기준

위반사항	근거법령	행정처분기준		
		1차 위반	2차 위반	3차 위반
가. 거짓이나 그 밖의 부정한 방법으로 지정을 받은 경우	법 제7조의3 제4항제1호	지정 취소		
나. 지정받은 사항을 위반하여 업무를 행한 경우	법 제7조의3 제4항제2호	시정명령	업무정지 3개월	지정 취소
다. 법 제7조의3제5항에 따른 지정기준에 적합하지 않게 된 경우	법 제7조의3 제4항제3호	시정명령	업무정지 3개월	지정 취소

② 통합관리센터는 다음 각 호의 업무를 수행한다.
  1. 대기오염예보 및 대기 중 유해물질 정보의 제공
  2. 대기오염 관련 자료의 수집 및 분석 · 평가
  3. 대기환경개선을 위한 정책 수립의 지원
  4. 그 밖에 대기질 통합관리를 위하여 대통령령으로 정하는 업무

③ 환경부장관은 제1항에 따라 지정된 통합관리센터에 대하여 예산의 범위에서 사업을 수행하는 데에 필요한 비용을 지원하여야 한다.
④ 환경부장관은 통합관리센터가 다음 각 호의 어느 하나에 해당하는 경우에는 지정을 취소하거나 6개월 이내의 범위에서 기간을 정하여 업무의 전부 또는 일부를 정지할 수 있다. 다만, 제1호에 해당하는 경우에는 지정을 취소하여야 한다.
1. 거짓이나 그 밖의 부정한 방법으로 지정을 받은 경우
2. 지정받은 사항을 위반하여 업무를 행한 경우
3. 제5항에 따른 지정기준에 적합하지 아니하게 된 경우
4. 그 밖에 제1항부터 제3항까지에 준하는 경우로서 환경부령으로 정하는 경우
⑤ 통합관리센터의 지정 및 지정 취소의 기준, 기간, 절차 등에 필요한 사항은 대통령령으로 정한다.

제8조(대기오염에 대한 경보) ① 시 · 도지사는 대기오염도가 「환경정책기본법」 제12조에 따른 대기에 대한 환경기준(이하 "환경기준"이라 한다)을 초과하여 주민의 건강 · 재산이나 동식물의 생육에 심각 위해를 끼칠 우려가 있다고 인정되면 그 지역에 대기오염경보를 발령할 수 있다. 대기오염한경보의 발령 사유가 없어진 경우 시 · 도지사는 대기오염경보를 즉시 해제하여야 한다. [개정 2011.7.21.]

규칙 제13조(대기오염경보의 발령 및 해제방법 등) ① 법 제8조제1항에 따른 대기오염경보는 방송매체 등을 통하여 발령하거나 해제하여야 한다.
② 제1항에 따른 대기오염경보에는 다음 각 호의 사항이 포함되어야 한다.
1. 대기오염경보의 대상지역
2. 대기오염경보단계 및 대기오염물질의 농도
3. 영 제2조제4항에 따른 대기오염경보단계별 조치사항
4. 그 밖에 시 · 도지사가 필요하다고 인정하는 사항

② 시 · 도지사는 대기오염경보가 발령된 지역의 대기오염을 긴급하게 줄일 필요가 있다고 인정하면 기간을 정하여 그 지역에서 자동차의 운행을 제한하거나 사업장의 조업 단축을 명하거나, 그 밖에 필요한 조치를 할 수 있다.
③ 제2항에 따라 자동차의 운행 제한이나 사업장의 조업 단축 등을 명령받은 자는 정당한 사유가 없으면 따라야 한다.
④ 대기오염경보의 대상 지역, 대상 오염물질, 발령 기준, 경보 단계 및 경보 단계별 조치 등에 필요한 사항은 대통령령으로 정한다.

영 제2조(대기오염경보의 대상 지역 등) ① 법 제8조제4항에 따른 대기오염경보의 대상 지역은 특별시장 · 광역시장 · 특별자치시장 · 도지사 또는 특별자치도지사(이하 "시 · 도지

사"라 한다)가 필요하다고 인정하여 지정하는 지역으로 한다.

② 법 제8조제4항에 따른 대기오염경보의 대상 오염물질은 「환경정책기본법」 제12조에 따라 환경기준이 설정된 오염물질 중 다음 각 호의 오염물질로 한다.

1. 미세먼지(PM−10) 2. 초미세먼지(PM−2.5) 3. 오존(O_3)

③ 법 제8조제4항에 따른 대기오염경보 단계는 대기오염경보 대상 오염물질의 농도에 따라 다음 각 호와 같이 구분하되, 대기오염경보 단계별 오염물질의 농도기준은 환경부령으로 정한다. [개정 2014.2.5.]

1. 미세먼지(PM−10): 주의보, 경보
2. 초미세먼지(PM−2.5): 주의보, 경보
3. 오존(O_3): 주의보, 경보, 중대경보

규칙 제14조(대기오염경보 단계별 대기오염물질의 농도기준) 영 제2조제3항에 따른 대기오염경보 단계별 대기오염물질의 농도기준은 별표 7과 같다. ✓실전문제

실전문제 다음은 대기오염경보단계별 해제기준이다. ( )안에 알맞는 것은?

> 중대경보가 발령된 지역의 기상조건 등을 검토하여 대기자동측정소의 오존농도가 ((ㄱ))피피엠 이상 ((ㄴ))피피엠 미만일 때는 경보로 전환한다.

❶ (ㄱ) 0.3 , (ㄴ) 0.5　② (ㄱ) 0.5 , (ㄴ) 1.0
③ (ㄱ) 1.0 , (ㄴ) 1.2　④ (ㄱ) 1.2 , (ㄴ) 1.5

④ 법 제8조제4항에 따른 경보 단계별 조치에는 다음 각 호의 구분에 따른 사항이 포함되도록 하여야 한다. 다만, 지역의 대기오염 발생 특성 등을 고려하여 특별시 · 광역시 · 특별자치시 · 도 · 특별자치도의 조례로 경보 단계별 조치사항을 일부 조정할 수 있다. [개정 2014.2.5.] ✓실전문제

1. 주의보 발령 : 주민의 실외활동 및 자동차 사용의 자제 요청 등
2. 경보 발령 : 주민의 실외활동 제한 요청, 자동차 사용의 제한 및 사업장의 연료사용량 감축 권고 등
3. 중대경보 발령 : 주민의 실외활동 금지 요청, 자동차의 통행금지 및 사업장의 조업시간 단축명령 등

실전문제 대기환경보전법령상 대기오염 경보단계의 3가지 유형 중 '경보발령' 시의 조치사항으로 가장 거리가 먼 것은?

① 주민의 실외활동 제한요청
② 자동차 사용의 제한
③ 사업장의 연료사용량 감축권고
❹ 사업장 조업시간 단축명령

[규칙 별표7]

대기오염경보 단계별 대기오염물질의 농도기준(제14조 관련)

대상 물질	경보 단계	발령기준	해제기준
미세먼지 (PM-10)	주의보	기상조건 등을 고려하여 해당지역의 대기자동측정소 PM-10 시간당 평균농도가 150㎍/㎥ 이상 2시간 이상 지속인 때	주의보가 발령된 지역의 기상조건 등을 검토하여 대기자동측정소의 PM-10 시간당 평균농도가 100㎍/㎥미만인 때
	경보	기상조건 등을 고려하여 해당지역의 대기자동측정소 PM-10 시간당 평균농도가 300㎍/㎥ 이상 2시간 이상 지속인 때	경보가 발령된 지역의 기상조건 등을 검토하여 대기자동측정소의 PM-10 시간당 평균농도가 150㎍/㎥미만인 때는 주의보로 전환
미세먼지 (PM-2.5)	주의보	기상조건 등을 고려하여 해당지역의 대기자동측정소 PM-10 시간당 평균농도가 150㎍/㎥ 이상 2시간 이상 지속인 때	주의보가 발령된 지역의 기상조건 등을 검토하여 대기자동측정소의 PM-2.5 시간당 평균농도가 50㎍/㎥미만인 때
	경보	기상조건 등을 고려하여 해당지역의 대기자동측정소 PM-10 시간당 평균농도가 150㎍/㎥ 이상 2시간 이상 지속인 때	경보가 발령된 지역의 기상조건 등을 검토하여 대기자동측정소의 PM-2.5 시간당 평균농도가 90㎍/㎥미만인 때는 주의보로 전환
오존	주의보	기상조건 등을 고려하여 해당지역의 대기자동측정소 오존농도가 0.12ppm 이상인때	주의보가 발령된 지역의 기상조건 등을 검토하여 대기자동측정소의 오존농도가 0.12ppm 미만인 때
	경보	기상조건 등을 고려하여 해당지역의 대기자동측정소 오존농도가 0.3ppm 이상인때	경보가 발령된 지역의 기상조건 등을 고려하여 대기자동측정소의 오존농도가 0.12ppm 이상 0.3ppm 미만인 때는 주의보로 전환
	중대 경보	기상조건 등을 고려하여 해당지역의 대기자동측정소 오존농도가 0.5ppm 이상인때	중대경보가 발령된 지역의 기상조건 등을 고려하여 대기자동측정소의 오존농도가 0.3ppm 이상 0.5ppm 미만인 때는 경보로 전환

[비고]
1. 해당 지역의 대기자동측정소 PM-10 또는 PM-2.5의 권역별 평균 농도가 경보 단계 별 발령기준을 초과하면 해당 경보를

발령할 수 있다.

제9조(기후 · 생태계 변화유발물질 배출 억제) ① 정부는 기후 · 생태계 변화유발물질의 배출을 줄이기 위하여 국가 간에 환경정보와 기술을 교류하는 등 국제적인 노력에 적극 참여하여야 한다.
② 환경부장관은 기후 · 생태계 변화유발물질의 배출을 줄이기 위하여 다음 각 호의 사업을 추진하여야 한다.
1. 기후 · 생태계 변화유발물질 배출저감을 위한 연구 및 변화유발물질의 회수 · 재사용 · 대체물질 개발에 관한 사업
2. 기후 · 생태계 변화유발물질 배출에 관한 조사 및 관련 통계의 구축에 관한 사업
3. 기후 · 생태계 변화유발물질 배출저감 및 탄소시장 활용에 관한 사업
4. 기후변화 관련 대국민 인식확산 및 실천지원에 관한 사업
5. 기후변화 관련 전문인력 육성 및 지원에 관한 사업
6. 그 밖에 대통령령으로 정하는 사업

③ 환경부장관은 기후 · 생태계 변화유발물질의 배출을 줄이기 위하여 환경부령으로 정하는 바에 따라 제2항 각 호의 사업의 일부를 전문기관에 위탁하여 추진할 수 있으며, 필요한 재정적 · 기술적 지원을 할 수 있다.

제9조의2(국가 기후변화 적응센터 지정 및 평가 등) ① 환경부장관은 「저탄소 녹색성장 기본법」 제48조제4항에 따른 국가 기후변화 적응대책의 수립 · 시행을 위하여 국가 기후변화 적응센터를 지정할 수 있다. [개정 2015.1.20.]
② 국가 기후변화 적응센터는 국가 기후변화 적응대책 추진을 위한 조사 · 연구 등 기후변화 적응 관련 사업으로서 대통령령으로 정하는 사업을 수행한다. [신설 2015.1.20.]
③ 환경부장관은 국가 기후변화 적응센터에 대하여 수행실적 등을 평가할 수 있다.
④ 환경부장관은 국가 기후변화 적응센터에 대하여 예산의 범위에서 대통령령으로 정하는 사업을 수행하는 데 필요한 비용의 전부 또는 일부를 지원할 수 있다. 〈신설 2015.1.20.〉
⑤ 제1항부터 제3항까지의 규정에 따른 국가 기후변화 적응센터의 지정 · 사업 및 평가 등에 필요한 사항은 대통령령으로 정한다. [개정 2015.1.20.]

영 **제2조의2(국가 기후변화 적응센터의 지정 · 운영)** ① 환경부장관은 법 제9조의2에 따라 다음 각 호의 기관 또는 단체를 국가 기후변화 적응센터로 지정하여 운영하게 할 수 있다. 이 경우 지정기간은 3년으로 한다.
1. 국공립 연구기관
2. 「정부출연연구기관 등의 설립 · 운영 및 육성에 관한 법률」에 따라 설립된 정부출연연구기관

3. 「한국환경공단법」에 따른 한국환경공단(이하 "한국환경공단"이라 한다)
4. 기후변화에 대응하는 적응기술의 개발을 위하여 환경부장관의 허가를 받아 설립된 법인
5. 그 밖에 환경부령으로 정하는 기관 또는 단체

② 법 제9조의2제2항 및 제4항에서 "대통령령으로 정하는 사업"이란 각각 다음 각 호의 사업을 말한다. [개정 2015.7.20.]

1. 국가 기후변화 적응대책 추진을 위한 조사 · 연구
2. 기후변화 적응대책 지원 및 협력을 위한 사업
3. 기후변화 적응 관련 교육 · 홍보사업
4. 기후변화 적응을 위한 국제교류
5. 제1호부터 제4호까지의 사업과 관련하여 국가, 지방자치단체 또는 「공공기관의 운영에 관한 법률」 제4조에 따라 지정된 공공기관으로부터 위탁받은 사업
6. 그 밖에 환경부장관이 인정하는 기후변화 적응 관련 사업

영 **제2조의3(국가 기후변화 적응센터의 평가)** ① 환경부장관은 법 제9조의2제3항에 따른 평가를 하는 경우 다음 각 호의 구분에 따른다. [개정 2015.7.20.]

1. 정기평가: 매년 국가 기후변화 적응센터의 전년도 사업실적 등을 평가
2. 종합평가: 3년마다 국가 기후변화 적응센터의 운영 전반을 평가

규칙 **제14조의2(국가 기후변화 적응센터에 대한 평가의 기준 및 시기의 통보 등)**

① 영 제2조의3제1항제1호의 정기평가의 평가 항목은 다음 각 호와 같다.

1. 사업비 집행의 적정성
2. 영 제2조의2제2항 각 호에 따른 사업의 추진 성과 및 실적
3. 국가 기후변화 적응센터 운영의 활성화 정도
4. 그 밖에 전년도 사업실적 등을 평가하기 위하여 환경부장관이 정하여 고시한 사항

② 영 제2조의3제1항제2호의 종합평가의 평가 항목은 다음 각 호와 같다.

1. 과거 3년간의 사업추진 성과 및 실적
2. 기후변화 적응을 위한 기반조성 및 활성화 등에 대한 기여도
3. 그 밖에 국가 기후변화 적응센터의 운영전반에 대한 평가를 위하여 환경부장관이 정하여 고시한 사항

③ 환경부장관은 영 제2조의3제4항에 따라 평가 예정일부터 3개월 전까지 제1항 및 제2항에 따른 정기평가 및 종합평가의 평가항목별 평가기준과 평가일시 등을 정하여 법 제9조의2에 따른 국가 기후변화 적응센터(이하 "국가 기후변화적응센터"라 한다)에 알려주어야 한다.

영 제2조의3 ② 환경부장관은 제1항에 따라 국가 기후변화 적응센터를 평가하기 위하여 필요하다고 인정하는 경우에는 관계 전문가로 구성된 국가 기후변화 적응센터 평가단 (이하 "평가단"이라 한다)을 구성 · 운영할 수 있다.

규칙 **제14조의3(국가 기후변화 적응센터 평가단의 구성 및 운영)** ① 영 제2조의3제 2항에 따른 국가 기후변화 적응센터 평가단(이하 "평가단"이라 한다)은 평가 예정일부터 2개월 전에 단장 1명을 포함하여 10명 이내의 단원으로 구성한다.

② 단장은 환경부 기후대기정책관이 되고, 단원은 기후변화 영향평가 및 적응대책에 관한 학식과 경험이 풍부한 사람 중에서 환경부장관이 위촉한다.

③ 단원으로 위촉되어 평가에 참여한 사람에게는 예산의 범위에서 수당을 지급할 수 있다.

④ 그 밖에 평가단의 구성 · 운영에 필요한 사항은 환경부장관이 정한다.

영 제2조의3 ③ 평가단의 구성 · 운영에 필요한 사항은 환경부령으로 정한다.

④ 환경부장관은 제1항에 따른 평가를 하려는 경우에는 환경부령으로 정하는 바에 따라 평가의 기준, 시기 등을 미리 국가 기후변화 적응센터에 알려 주어야 한다.

⑤ 환경부장관은 법 제9조의2제4항에 따른 지원이나 제1항에 따른 평가 등을 위하여 필요한 경우에는 국가 기후변화 적응센터에 관련 자료의 제출을 요청할 수 있다. [신설 2015.7.20.]

⑥ 환경부장관은 제1항에 따른 평가 결과 사업실적이 현저히 부실한 경우에는 법 제9조의2제4항에 따른 지원을 중단하거나 지원금액을 줄일 수 있다.

제10조(대기순환 장애의 방지) 관계 중앙행정기관의 장, 지방자치단체의 장 및 사업자는 각종 개발계획을 수립 · 이행할 때에는 계획지역 및 주변 지역의 지형, 풍향 · 풍속, 건축물의 배치 · 간격 및 바람의 통로 등을 고려하여 대기오염물질의 순환에 장애가 발생하지 아니하도록 하여야 한다.

제11조(대기환경개선 종합계획의 수립 등) ① 환경부장관은 대기오염물질과 온실가스를 줄여 대기환경을 개선하기 위하여 대기환경개선 종합계획(이하 "종합계획"이라 한다)을 10년마다 수립하여 시행하여야 한다.

② 종합계획에는 다음 각 호의 사항이 포함되어야 한다. [개정 2012.5.23.]

1. 대기오염물질의 배출현황 및 전망
2. 대기 중 온실가스의 농도 변화 현황 및 전망
3. 대기오염물질을 줄이기 위한 목표 설정과 이의 달성을 위한 분야별 · 단계별 대책

3의2. 대기오염이 국민 건강에 미치는 위해정도와 이를 개선하기 위한 위해수준의 설정에 관한 사항

3의3. 유해성대기감시물질의 측정 및 감시 · 관찰에 관한 사항
3의4. 특정대기유해물질을 줄이기 위한 목표 설정 및 달성을 위한 분야별 · 단계별 대책
4. 환경분야 온실가스 배출을 줄이기 위한 목표 설정과 이의 달성을 위한 분야별 · 단계별 대책
5. 기후변화로 인한 영향평가와 적응대책에 관한 사항
6. 대기오염물질과 온실가스를 연계한 통합대기환경 관리체계의 구축
7. 기후변화 관련 국제적 조화와 협력에 관한 사항
8. 그 밖에 대기환경을 개선하기 위하여 필요한 사항

③ 환경부장관은 종합계획을 수립하는 경우에는 미리 관계 중앙행정기관의 장과 협의하고 공청회 등을 통하여 의견을 수렴하여야 한다. [개정 2012.2.1.]

④ 환경부장관은 종합계획이 수립된 날부터 5년이 지나거나 종합계획의 변경이 필요하다고 인정되면 그 타당성을 검토하여 변경할 수 있다. 이 경우 미리 관계 중앙행정기관의 장과 협의하여야 한다.

제13조(장거리이동대기오염물질피해방지 종합대책의 수립 등) ① 환경부장관은 장거리이동대기오염물질피해방지를 위하여 5년마다 관계 중앙행정기관의 장과 협의하고 시 · 도지사의 의견을 들은 후 제14조에 따른 장거리이동대기오염물질대책위원회의 심의를 거쳐 장거리이동대기오염물질피해방지 종합대책(이하 "종합대책"이라 한다)을 수립하여야 한다. 종합대책 중 대통령령으로 정하는 중요 사항을 변경하려는 경우에도 또한 같다. [개정 2015.12.1.]

영 제3조(장거리이동대기오염물질피해방지 종합대책 수립 등) ① 법 제13조제1항 후단에서 "대통령령으로 정하는 중요 사항"이란 다음 각 호의 사항을 말한다.
1. 장거리이동대기오염물질피해를 방지하기 위한 국내 대책
2. 장거리이동대기오염물질의 발생을 줄이기 위한 국제 협력

② 종합대책에는 다음 각 호의 사항이 포함되어야 한다. [개정 2015.12.1.]
1. 장거리이동대기오염물질 발생 현황 및 전망
2. 종합대책 추진실적 및 그 평가
3. 장거리이동대기오염물질피해 방지를 위한 국내 대책
4. 장거리이동대기오염물질 발생 감소를 위한 국제협력
5. 그 밖에 장거리이동대기오염물질피해 방지를 위하여 필요한 사항

③ 환경부장관은 종합대책을 수립한 경우에는 이를 관계 중앙행정기관의 장 및 시 · 도지사에게 통보하여야 한다.

④ 관계 중앙행정기관의 장 및 시 · 도지사는 대통령령으로 정하는 바에 따라 매년 소관별 추진대책을 수립 · 시행하여야 한다. 이 경우 관계 중앙행정기관의 장 및 시 · 도지사는

그 추진계획과 추진실적을 환경부장관에게 제출하여야 한다. [제목개정 2015.12.1.]

영 제3조 ② 관계 중앙행정기관의 장과 시ㆍ도지사는 법 제13조제4항에 따라 다음 각호의 사항을 매년 12월 31일까지 환경부장관에게 제출하여야 한다. 이 경우 시ㆍ도지사는 추진대책을 수립할 경우에는 공청회 등을 개최하여 관계 전문가, 지역 주민 등의 의견을 들을 수 있다. [개정 2016.5.31.]

1. 장거리이동대기오염물질피해를 방지하기 위한 소관별 추진 실적과 그 평가
2. 장거리이동대기오염물질피해를 방지하기 위한 다음 연도 소관별 추진 대책

제14조(장거리이동대기오염물질대책위원회) ① 장거리이동대기오염물질피해 방지에 관한 다음 각 호의 사항을 심의ㆍ조정하기 위하여 환경부에 장거리이동대기오염물질대책위원회(이하 "위원회"라 한다)를 둔다. [개정 2015.12.1.]

1. 종합대책의 수립과 변경에 관한 사항
2. 장거리이동대기오염물질피해 방지와 관련된 분야별 정책에 관한 사항
3. 종합대책 추진상황과 민관 협력방안에 관한 사항
4. 장거리이동대기오염물질피해 방지를 위하여 위원장이 필요하다고 인정하는 사항

② 위원회는 위원장 1명을 포함한 25명 이내의 위원으로 성별을 고려하여 구성한다.

③ 위원회의 위원장은 환경부차관이 되고, 위원은 다음 각 호의 자로서 환경부장관이 위촉하거나 임명하는 자로 한다. [개정 2012.5.23.]

1. 대통령령으로 정하는 중앙행정기관의 공무원
2. 대통령령으로 정하는 분야의 학식과 경험이 풍부한 전문가

영 **제4조(장거리이동대기오염물질대책위원회의 위원 등)** ① 법 제14조제3항제1호에서 "대통령령으로 정하는 중앙행정기관의 공무원"이란 기획재정부, 교육부, 외교부, 행정안전부, 문화체육관광부, 산업통상자원부, 보건복지부, 환경부, 국토교통부, 해양수산부, 국무조정실, 식품의약품안전처, 기상청, 농촌진흥청, 산림청 소속 고위공무원단에 속하는 공무원 중에서 해당 기관의 장이 추천하는 공무원 각 1명을 말한다. [개정 2014.11.19.]

② 법 제14조제3항제2호에서 "대통령령으로 정하는 분야"란 산림 분야, 대기환경 분야, 기상 분야, 예방의학 분야, 보건 분야, 화학사고 분야, 해양 분야, 국제협력 분야 및 언론 분야를 말한다. [개정 2016.5.31.] ✓실전문제

③ 공무원이 아닌 위원의 임기는 2년으로 한다. [개정 2016.5.31.]

④ 환경부장관은 법 제14조제3항에 따른 위원이 다음 각 호의 어느 하나에 해당하는 경우에는 해당 위원을 해임 또는 해촉(解囑)할 수 있다.

1. 심신장애로 인하여 직무를 수행할 수 없게 된 경우

2. 직무와 관련된 비위사실이 있는 경우
3. 직무태만, 품위손상이나 그 밖의 사유로 인하여 위원으로 적합하지 아니하다고 인정되는 경우
4. 위원 스스로 직무를 수행하는 것이 곤란하다고 의사를 밝히는 경우

실전문제 대기환경보전법령상 황사대책위원회의 위원 중 학식과 경험이 풍부한 전문가 중 '대통령령으로 정하는 분야'와 가장 거리가 먼 것은?

① 예방의학분야 ❷ 유해화학물질 분야
③ 국제협력분야 및 언론분야 ④ 해양분야

④ 위원회의 효율적인 운영과 안건의 원활한 심의를 지원하기 위하여 위원회에 실무위원회를 둔다.

영 **제5조(위원회의 운영 등)** ① 장거리이동대기오염물질대책위원회(이하 "위원회"라 한다)의 회의는 연 1회 개최한다. 다만, 위원회의 위원장(이하 "위원장"이라 한다)이 필요하다고 인정하는 경우에는 임시회의를 소집할 수 있다.
② 위원회의 회의는 재적위원 과반수의 출석으로 개의(開議)하고, 출석위원 과반수의 찬성으로 의결한다.
③ 위원장은 위원회의 업무를 총괄하고 위원회의 의장이 된다.
④ 위원장이 부득이한 사유로 그 직무를 수행할 수 없는 경우에는 위원장이 미리 지명하는 위원이 그 직무를 대행한다.
⑤ 위원회의 사무를 처리하기 위하여 위원회에 간사 1명을 두며, 간사는 환경부 소속 공무원 중 위원장이 지명한 자가 된다.

영 **제6조(실무위원회의 구성)** ① 법 제14조제4항에 따른 실무위원회는 실무위원회의 위원장(이하 "실무위원장"이라 한다) 1명을 포함한 25명 이내의 위원으로 구성한다.
② 실무위원장은 장거리이동대기오염물질대책 관련 환경부 소속 고위공무원단에 속하는 공무원 중에서 위원장이 지명하는 사람이 되며, 실무위원은 다음 각 호의 사람이 된다. [개정 2016.5.31.]
1. 기획재정부, 교육부, 외교부, 행정안전부, 문화체육관광부, 산업통상자원부, 보건복지부, 환경부, 국토교통부, 해양수산부, 국무조정실, 식품의약품안전처, 기상청, 농촌진흥청, 산림청의 4급 이상 공무원 중 해당 기관의 장이 지명하는 각 1명
2. 국립환경과학원에 소속된 공무원 중에서 환경부장관이 지명하는 1명
3. 대기환경 정책에 관한 지식과 경험이 풍부한 자 중에서 환경부장관이 위촉하는 자

영 **제6조의2(실무위원회 위원의 지명철회 및 해촉)** ① 제6조제2항제1호 또는 제2호에 따라 실무위원을 지명한 자는 해당 위원이 다음 각 호의 어느 하나에 해당하는 경우에는 그 지명을 철회할 수 있다.

1. 심신장애로 인하여 직무를 수행할 수 없게 된 경우
2. 직무와 관련된 비위사실이 있는 경우
3. 직무태만, 품위손상이나 그 밖의 사유로 인하여 위원으로 적합하지 아니하다고 인정되는 경우
4. 위원 스스로 직무를 수행하는 것이 곤란하다고 의사를 밝히는 경우

② 환경부장관은 제6조제2항제3호에 따른 위원이 제1항 각 호의 어느 하나에 해당하는 경우에는 해당 위원을 해촉할 수 있다.

영 **제6조** ③ 공무원이 아닌 위원의 임기는 2년으로 한다. [개정 2016.5.31.]

④ 실무위원회의 사무를 처리하기 위하여 실무위원회에 간사 1명을 두며, 간사는 환경부 소속 공무원 중에서 실무위원장이 지명한 자가 된다.

⑤ 종합대책 및 제13조제4항에 따른 추진대책의 수립 · 시행에 필요한 조사 · 연구를 위하여 위원회에 장거리이동대기오염물질연구단을 둔다. [신설 2015.12.1.]

영 **제7조의2(장거리이동대기오염물질연구단의 구성)** ① 법 제14조제5항에 따른 장거리이동대기오염물질연구단(이하 "장거리이동대기오염물질연구단"이라 한다)은 단장(이하 "연구단장"이라 한다) 1명을 포함한 25명 이내의 연구단원으로 구성한다. [개정 2016.5.31.]

② 연구단장은 장거리이동대기오염물질피해 방지에 관한 지식과 경험이 풍부한 사람 중에서 위원장이 지명하는 사람으로 하고, 장거리이동대기오염물질연구단의 연구단원(이하 "연구단원"이라 한다)은 다음 각 호의 사람이 된다.

1. 위원회의 위원이 소속된 중앙행정기관에서 각각 추천하는 장거리이동대기오 염물질 관련 업무담당자 또는 전문가 1명
2. 장거리이동대기오염물질피해 방지에 관한 지식과 경험이 풍부한 사람 중에서 연구단장이 위촉하는 사람

⑥ 위원회와 실무위원회 및 장거리이동대기오염물질연구단의 구성 및 운영 등에 관하여 필요한 사항은 대통령령으로 정한다.

영 **제7조(실무위원회의 운영 등)** ① 실무위원회의 회의는 연 1회 개최한다. 다만, 실무위원장이 필요하다고 인정하는 경우에는 임시회를 소집할 수 있다.

② 실무위원회의 회의는 재적위원 과반수의 출석으로 개의하고, 출석위원 과반수의 찬성으로 의결한다.

영 **제8조(관계 기관 공무원 등의 의견 청취 등)** 위원장, 실무위원장 및 연구단장은 다음 각 호의 구분에 따라 관계 기관의 공무원 또는 전문가 등을 회의에 출석시켜 발언하게 할 수 있다.

1. 위원장 및 실무위원장: 위원회 및 실무위원회 위원이 요청한 경우 또는 심의할 필요가 있는 경우
2. 연구단장: 연구단장이 조사 · 연구를 위하여 필요하거나, 연구단원이 요청한 경우

[전문개정 2013.1.31.]

영 **제9조(수당 및 여비)** 다음 각 호의 경우에는 예산의 범위에서 수당과 여비를 지급할 수 있다. 다만, 공무원이 소관 업무와 직접 관련되어 출석한 경우에는 그러하지 아니하다. [개정 2016.5.31.]

1. 위원회 및 실무위원회의 위원, 관계 공무원 또는 관계 전문가가 위원회 또는 실무위원회에 참석한 경우
2. 연구단원, 관계 공무원 또는 관계 전문가가 장거리이동대기오염물질연구단에 참석한 경우

영 **제10조(운영 세칙)** 이 영에서 규정한 것 외에는 위원회, 실무위원회 및 장거리이동대기오염물질연구단의 운영에 필요한 사항은 위원회의 의결을 거쳐 위원장이 정한다. [개정 2016.5.31.]
[제목개정 2013.1.31.]

제15조(장거리이동대기오염물질피해 방지 등을 위한 국제협력) 정부는 장거리이동대기오염물질로 인한 피해 방지를 위하여 다음 각 호의 사항을 관련 국가와 협력하여 추진하도록 노력하여야 한다.

1. 국제회의 · 학술회의 등 각종 행사의 개최 · 지원 및 참가
2. 관련 국가 간 또는 국제기구와의 기술 · 인력 교류 및 협력
3. 장거리이동대기오염물질 연구의 지원 및 연구결과의 보급
4. 국제사회에서의 장거리이동대기오염물질에 대한 교육 · 홍보활동
5. 장거리이동대기오염물질로 인한 피해 방지를 위한 재원의 조성
6. 동북아 대기오염감시체계 구축 및 환경협력보전사업
7. 그 밖에 국제협력을 위하여 필요한 사항

제2장 사업장 등의 대기오염물질 배출 규제

제16조(배출허용기준) ① 대기오염물질배출시설(이하 "배출시설"이라 한다)에서 나오는 대기오염물질(이하 "오염물질"이라 한다)의 배출허용기준은 환경부령으로 정한다.

② 환경부장관이 제1항에 따른 배출허용기준을 정하는 경우에는 관계 중앙행정기관의 장과 협의하여야 한다. [개정 2012.2.1.]

③ 특별시 · 광역시 · 특별자치시 · 도(그 관할구역 중 인구 50만 이상 시는 제외한다. 이하 이 조, 제44조 및 제45조에서 같다) · 특별자치도(이하 "시 · 도"라 한다) 또는 특별시 · 광역시 및 특별자치시를 제외한 인구 50만 이상 시(이하 "대도시"라 한다)는 「환경정책기본법」 제12조제3항에 따른 지역 환경기준의 유지가 곤란하다고 인정되거나 「대기관리권역의 대기환경개선에 관한 특별법」 제2조제1호에 따른 대기관리권역(이하 "대기관리권역"이라한다.)의 대기질에 대한 개선을 위하여 필요하다고 인정되면 그 시 · 도 또는 대도시의 조례로 제1항에 따른 배출허용기준보다 강화된 배출허용기준(기준 항목의 추가 및 기준의 적용 시기를 포함한다)을 정할 수 있다. [개정 2012.5.23.]

④ 시 · 도지사 또는 대도시 시장은 제3항에 따른 배출허용기준이 설정 · 변경된 경우에는 지체 없이 환경부장관에게 보고하고 이해 관계자가 알 수 있도록 필요한 조치를 하여야 한다.

⑤ 환경부장관은 「환경정책기본법」 제38조에 따른 특별대책지역(이하 "특별대책지역"이라 한다)의 대기오염 방지를 위하여 필요하다고 인정하면 그 지역에 설치된 배출시설에 대하여 제1항의 기준보다 엄격한 배출허용기준을 정할 수 있으며, 그 지역에 새로 설치되는 배출시설에 대하여 특별배출허용기준을 정할 수 있다. [개정 2011.7.21.]

⑥ 제3항에 따라 조례에 따른 배출허용기준이 적용되는 시 · 도 또는 대도시에 그 기준이 적용되지 아니하는 지역이 있으면 그 지역에 설치되었거나 설치되는 배출시설에도 조례에 따른 배출허용기준을 적용한다. [개정 2012.5.23.]

규칙 **제15조(배출허용기준)** 법 제16조제1항에 따른 대기오염물질의 배출허용기준은 별표8과 같다. (생략으로 인한 법제처 참조)

제17조(대기오염물질의 배출원 및 배출량 조사) ① 환경부장관은 종합계획, 「환경정책기본법」 제17조에 따른 환경보전중기종합계획과 「대기관리권역의 대기환경개선에 관한 특별법」 제8조에 따른 수도권 대기환경관리기본계획을 합리적으로 수립 · 시행하기 위하여 전국의 대기오염물질 배출원(排出源) 및 배출량을 조사하여야 한다. [개정 2019.04.02.]

② 시 · 도지사 및 지방 환경관서의 장은 환경부령으로 정하는 바에 따라 관할 구역의 배출시설 등 대기오염물질의 배출원 및 배출량을 조사하여야 한다.

③ 환경부장관 또는 시 · 도지사는 제1항이나 제2항에 따른 대기오염물질의 배출원 및 배출량 조사

를 위하여 관계 기관의 장에게 필요한 자료의 제출이나 지원을 요청할 수 있다. 이 경우 요청을 받은 관계 기관의 장은 특별한 사유가 없으면 따라야 한다.

④ 환경부장관은 대기오염물질의 배출원과 배출량 및 이의 산정에 사용된 계수 등 각종 정보 및 통계를 검증할 수 있는 체계를 구축하여야 한다.

⑤제1항, 제2항 및 제4항에 따른 대기오염물질의 배출원과 배출량의 조사방법, 조사절차, 배출량의 산정방법, 검증체계 구축 등에 필요한 사항은 환경부령으로 정한다.

규칙 **제16조(배출시설별 배출원과 배출량 조사)** ① 시 · 도지사, 유역환경청장, 지방환경청장 및 수도권대기환경청장은 법 제17조제2항에 따른 배출시설별 배출원과 배출량을 조사하고, 그 결과를 다음해 3월말까지 환경부장관에게 보고하여야 한다.

② 법 제17조제5항에 따른 배출원의 조사방법, 배출량의 조사방법과 산정방법(이하 "배출량 등 조사 · 산정방법"이라 한다)은 다음 각 호와 같다.

1. 영 제17조제1항제2호에 따른 굴뚝 자동측정기기(이하 "굴뚝 자동측정기기"라 한다)가 설치된 배출시설의 경우 : 영 제17조제1항제2호에 따른 굴뚝 자동측정기기의 측정에 따른 방법
2. 굴뚝 자동측정기기가 설치되지 아니한 배출시설의 경우 : 법 제39조제1항에 따른 자가측정에 따른 방법
3. 배출시설 외의 오염원의 경우 : 단위당 대기오염물질 배출량을 산출하는 배출계수에 따른 방법

③ 제1항 및 제2항 외에 배출량 조사 · 산정방법에 관하여 필요한 사항은 환경부장관이 정하여 고시한다.

규칙 제17조 삭제 [개정 2020.04.03]

실전문제 **대기환경보전법규상 대기환경규제지역을 관할하는 시 · 도지사 등은 당해 지역이 대기환경규제지역으로 지정, 고시된 후 얼마 기간 이내에 당해 지역의 환경기준을 달성, 유지하기 위한 계획을 수립하여야 하는가?**

① 6개월 이내 ② 1년 이내
❸ 2년 이내 ④ 3년 이내

규칙 제18조 삭제 [개정 2020.04.03]

규칙 제19조 삭제 [개정 2020.04.03]

규칙 제20조 삭제 [개정 2020.04.03]

규칙 제21조 삭제 [개정 2020.04.03]

규칙 제22조 삭제 [개정 2020.04.03]

규칙 제23조 삭제 [개정 2020.04.03]

제22조(총량규제) ① 환경부장관은 대기오염 상태가 환경기준을 초과하여 주민의 건강 · 재산이나 동식물의 생육에 심각한 위해를 끼칠 우려가 있다고 인정하는 구역 또는 특별대책지역 중 사업장이 밀집되어 있는 구역의 경우에는 그 구역의 사업장에서 배출되는 오염물질을 총량으로 규제할 수 있다.

② 제1항에 따른 총량규제의 항목과 방법, 그 밖에 필요한 사항은 환경부령으로 정한다.

규칙 **제24조(총량규제구역의 지정 등)** 환경부장관은 법 제22조에 따라 그 구역의 사업장에서 배출되는 대기오염물질을 총량으로 규제하려는 경우에는 다음 각호의 사항을 고시하여야 한다.

1. 총량규제구역 2. 총량규제 대기오염물질 3. 대기오염물질의 저감계획
4. 그 밖에 총량규제구역의 대기관리를 위하여 필요한 사항

제23조(배출시설의 설치 허가 및 신고) ① 배출시설을 설치하려는 자는 대통령령으로 정하는 바에 따라 시 · 도지사의 허가를 받거나 시 · 도지사에게 신고하여야 한다.

② 제1항에 따라 허가를 받은 자가 허가받은 사항 중 대통령령으로 정하는 중요한 사항을 변경하려면 변경허가를 받아야 하고, 그 밖의 사항을 변경하려면 변경신고를 하여야 한다.

영 **제11조(배출시설의 설치허가 및 신고 등)** ① 법 제23조제1항에 따라 설치허가를 받아야 하는 배출시설은 다음 각 호와 같다. [개정 2016.3.29.]

1. 특정대기유해물질이 환경부령으로 정하는 기준 이상으로 발생되는 배출시설
2. 「환경정책기본법」 제38조에 따라 지정 · 고시된 특별대책지역(이하 "특별대책지역"이라 한다)에 설치하는 배출시설. 다만, 특정대기유해물질이 제1호에 따른 기준 이상으로 배출되지 아니하는 배출시설로서 별표 1의3에 따른 5종 사업장에 설치하는 배출시설은 제외한다.

규칙 **제24조의2(설치허가 대상 특정대기유해물질 배출시설의 적용기준)** 영 제11조제1항제1호에

서 "환경부령으로 정하는 기준"이란 별표 8의2에 따른 기준을 말한다. [본조신설 2015.12.10.]

[규칙 별표8의2]

설치허가 대상 특정대기유해물질 배출시설의 적용기준(제24조의2 관련)

물질명	기준농도
염소 및 염화수소	0.4ppm
불소화물	0.05ppm
시안화수소	0.05ppm
염화비닐	0.1ppm
페놀 및 그 화합물	0.2ppm
벤젠	0.1ppm
사염화탄소	0.1ppm
클로로포름	0.1ppm
포름알데히드	0.08ppm
아세트알데히드	0.01ppm
1,3-부타디엔	0.03ppm
에틸렌옥사이드	0.05ppm
디클로로메탄	0.5ppm
트리클로로에틸렌	0.3ppm
히드라진	0.45ppm
카드뮴 및 그 화합물	0.01mg/㎥
납 및 그 화합물	0.05mg/㎥
크롬 및 그 화합물	0.1mg/㎥
비소 및 그 화합물	0.003ppm
수은 및 그 화합물	0.0005mg/㎥
니켈 및 그 화합물	0.01mg/㎥
베릴륨 및 그 화합물	0.05mg/㎥
폴리염화비페닐	1pg/㎥
다이옥신	0.001ng-TEQ/㎥
다환방향족 탄화수소류	10ng/㎥
이황화메틸	0.1ppb
총 VOCs (아닐린, 스틸렌, 테트라클로로에틸렌, 1,2-디클로로에탄, 에틸벤젠, 아크릴로니트릴)	0.4mg/㎥

[비고]
별표 2에 따른 특정대기유해물질 중 위 표에서 기준농도가 정해지지 않은 물질의 기준 농도는 0.00으로 한다.

영 **제11조(배출시설의 설치허가 및 신고 등)** ② 법 제23조제1항에 따라 제1항 각호 외의 배출시설을 설치하려는 자는 배출시설 설치신고를 하여야 한다.

③ 법 제23조제1항에 따라 배출시설 설치허가를 받거나 설치신고를 하려는 자는 배출시설 설치허가신청서 또는 배출시설 설치신고서에 다음 각 호의 서류를 첨부하여 환경부장관 또는 시 · 도지사에게 제출해야 한다. ✓실전문제

1. 원료(연료를 포함한다)의 사용량 및 제품 생산량과 오염물질 등의 배출량을 예측한 명세서
2. 배출시설 및 방지시설의 설치명세서
3. 방지시설의 일반도(一般圖)
4. 방지시설의 연간 유지관리 계획서
5. 사용 연료의 성분 분석과 황산화물 배출농도 및 배출량 등을 예측한 명세서(법 제41조제3항 단서에 해당하는 배출시설의 경우에만 해당한다)
6. 배출시설 설치허가증(변경허가를 신청하는 경우에만 해당한다)

④ 법 제23조제2항에서 "대통령령으로 정하는 중요한 사항"이란 각 호와 같다.

1. 법 제23조제1항 또는 제2항에 따라 설치허가 또는 변경허가를 받거나 변경 신고를 한 배출시설 규모의 합계나 누계의 100분의 50 이상(제1항제1호에 따른 특정대기유해물질 배출시설의 경우에는 100분의 30 이상으로 한다) 증설. 이 경우 배출시설 규모의 합계나 누계는 배출구별로 산정한다.
2. 법 제23조제1항 또는 제2항에 따른 설치허가 또는 변경허가를 받은 배출시설의 용도 추가

⑤ 법 제23조제2항에 따른 변경신고를 하여야 하는 경우와 변경신고의 절차 등에 관한 사항은 환경부령으로 정한다.

⑥ 환경부장관 또는 시 · 도지사는 법 제23조제1항에 따라 배출시설 설치허가를 하거나 배출시설 설치신고를 수리한 경우에는 배출시설 설치허가증 또는 배출시설 설치신고증명서를 신청인에게 내주어야 한다. 다만, 법 제23조제2항에 따라 배출시설의 설치변경을 허가한 경우에는 배출시설 설치허가증의 변경사항란에 변경허가사항을 적는다.

실전문제 **대기환경보전법령상 배출시설 설치허가 신청서 또는 배출시설 설치신고서에 첨부하여야할 서류로 가장 거리가 먼 것은?**

① 원료(연료를 포함한다)의 사용량 및 제품 생산량
② 배출시설 및 방지시설의 설치 명세서
❸ 방지시설의 상세 설계도
④ 방지시설의 연간 유지관리 계획서

규칙 **제25조(배출시설 설치허가신청서 등)** 영 제11조제3항에 따른 배출시설 설치허가신청서 및 배출시설 설치신고서는 별지 제2호서식과 같고, 영 제11조제6항에 따른 배출시설 설치허가증 및 배출시설 설치신고증명서는 별지 제3호서식과 같다. [개정 2013.5.24.]

규칙 **제26조(배출시설의 변경허가)** 법 제23조제2항에 따라 변경허가를 받으려는 자는 별지 제4호서식의 배출시설 변경허가신청서에 영 제11조제3항 각 호의 서류를 첨부하여 유역환경청장, 지방환경청장, 수도권대기환경청장 또는 시 · 도지사에게 제출해야 한다. [개정 2019.07.16.]

규칙 **제27조(배출시설의 변경신고 등)** ① 법 제23조제2항에 따라 변경신고를 하여야 하는 경우는 다음 각 호와 같다. [개정 2014.2.6.]

1. 같은 배출구에 연결된 배출시설을 증설 또는 교체하거나 폐쇄하는 경우 다만, 배출시설의 규모[허가 또는 변경허가를 받은 배출시설과 같은 종류의 배출시설로서 같은 배출구에 연결되어 있는 배출시설(방지시설의 설치를 면제받은 배출시설의 경우에는 면제받은 배출시설)의 총 규모를 말한다]를 10% 미만으로 증설 또는 교체하거나 폐쇄하는 경우로서 다음 각 목의 모두에 해당하는 경우에는 그러하지 아니하다.
   가. 배출시설의 증설 · 교체 · 폐쇄에 따라 변경되는 대기오염물질의 양이 방지시설의 처리용량 범위 내일 것
   나. 배출시설의 증설 · 교체로 인하여 다른 법령에 따른 설치 제한을 받는 경우가 아닐 것
2. 배출시설에서 허가받은 오염물질 외의 새로운 대기오염물질이 배출되는 경우
3. 방지시설을 증설 · 교체하거나 폐쇄하는 경우
4. 사업장의 명칭이나 대표자를 변경하는 경우
5. 사용하는 원료나 연료를 변경하는 경우. 다만, 새로운 대기오염물질을 배출하지 아니하고 배출량이 증가되지 아니하는 원료로 변경하는 경우 또는 종전의 연료보다 황함유량이 낮은 연료로 변경하는 경우는 제외한다.
6. 배출시설 또는 방지시설을 임대하는 경우
7. 그 밖의 경우로서 배출시설 설치허가증에 적힌 허가사항 및 일일조업시간을 변경하는 경우

② 제1항에 따라 변경신고를 하려는 자는 제1항제1호 · 제3호 · 제5호 또는 제7호에 해당되는 경우에는 변경 전에, 제1항제4호의 경우에는 그 사유가 발생한 날부터 2개월 이내에, 제1항제2호 또는 제6호의 경우에는 그 사유가 발생한 날(제1항제2호의 경우 배출시설에 사용하는 원료나 연료를 변경하지 아니한 경우로서 법 제39조에 따른 자가측정 시 새로운 대기오염물질이 배출되지 않았으나 법 제82조에 따른 검사 결과 새로운 대기

오염물질이 배출된 경우에는 그 배출이 확인된 날)부터 30일 이내에 별지 제4호서식의 배출시설 변경신고서에 다음 각 호의 서류 중 변경내용을 증명하는 서류와 배출시설 설치허가증을 첨부하여 유역환경청장, 지방환경청장, 수도권대기환경청장 또는 시·도지사에게 제출해야 한다. 다만, 영 제21조에 따라 제출한 개선계획서의 개선내용이 제1항제1호 또는 제3호에 해당하는 경우에는 개선계획서를 제출할 대 제출한 서류는 제출하지 않을 수 있다. [개정 2019.07.16.]

1. 공정도
2. 방지시설의 설치명세서와 그 도면
3. 그 밖에 변경내용을 증명하는 서류

③ 법 제23조제3항에 따라 변경신고를 하려는 자는 신고사유가 제1호·제3호·제4호 또는 제7호에 해당되는 경우에는 변경 전에, 제5호의 경우에는 그 사유가 발생한 날부터 2개월 이내에, 제2호 또는 제6호의 경우에는 그 사유가 발생한 날(제2호의 경우 배출시설에 사용하는 원료나 연료를 변경하지 아니한 경우로서 법 제39조에 따른 자가측정 시 새로운 대기오염물질이 배출되지 않았으나 법 제82조에 따른 검사 결과 새로운 대기오염물질이 배출된 경우에는 그 배출이 확인된 날)부터 30일 이내에 별지 제4호서식의 배출시설 변경신고서에 배출시설 설치신고증명서와 변경내용을 증명하는 서류를 첨부하여 유역환경청장, 지방환경청장, 수도권대기환경청장 또는 시·도지사에게 제출해야 한다. 다만, 영 제21조에 따라 제출한 개선계획서의 개선내용이 제1호·제3호 또는 제4호에 해당되는 경우에는 개선계획서를 제출할 때 제출한 서류는 제출하지 않을 수 있다. [개정 2016.7.1.]

1. 같은 배출구에 연결된 배출시설을 증설 또는 교체하거나 폐쇄하는 경우 다만, 배출시설의 규모[신고 또는 변경신고를 한 배출시설과 같은 종류의 배출시설로서 같은 배출구에 연결되어 있는 배출시설(방지시설의 설치를 면제받은 배출시설의 경우에는 면제받은 배출시설)의 총 규모를 말한다]를 10% 미만으로 증설 또는 교체하거나 폐쇄하는 경우로서 다음 각 목의 모두에 해당하는 경우에는 그러하지 아니하다.
   가. 배출시설의 증설·교체·폐쇄에 따라 변경되는 대기오염물질의 양이 방지시설의 처리용량 범위 내일 것
   나. 배출시설의 증설·교체로 인하여 다른 법령에 따른 설치 제한을 받는 경우가 아닐 것
2. 배출시설에서 신고한 대기오염물질 외의 새로운 대기오염물질이 배출되는 경우
3. 방지시설을 증설·교체하거나 폐쇄하는 경우
4. 사용하는 원료나 연료를 변경하는 경우. 다만, 새로운 대기오염물질을 배출하지 아니하고 배출량이 증가되지 아니하는 원료로 변경하는 경우 또는 종전의 연료보다 황함유량이 낮은 연료로 변경하는 경우는 제외한다.

5. 사업장의 명칭이나 대표자를 변경하는 경우
6. 배출시설 또는 방지시설을 임대하는 경우
7. 그 밖의 경우로서 배출시설 설치신고증명서에 적힌 신고사항 및 일일조업 시간을 변경하는 경우

④ 유역환경청장, 지방환경청장, 수도권대기환경청장 또는 시·도지사는 제2항 또는 제3항에 따라 변경신고를 수리한 경우에 배출시설 설치허가증 또는 배출시설 설치신고 증명서의 뒤쪽에 변경신고사항을 적는다.

③ 제1항에 따라 신고를 한 자가 신고한 사항을 변경하려면 환경부령으로 정하는 바에 따라 변경신고를 하여야 한다.

④ 제1항부터 제3항까지의 규정에 따라 허가·변경허가를 받거나 신고·변경신고를 하려는 자가 제26조제1항 단서, 제28조 단서, 제41조제3항 단서, 제42조 단서에 해당하는 경우와 제29조에 따른 공동 방지시설을 설치하거나 변경하려는 경우에는 환경부령으로 정하는 서류를 제출하여야 한다.

⑤ 제1항과 제2항에 따른 허가 또는 변경허가의 기준은 다음 각 호와 같다.
1. 배출시설에서 배출되는 오염물질을 제16조나 제29조제3항에 따른 배출허용기준 이하로 처리할 수 있을 것
2. 다른 법률에 따른 배출시설 설치제한에 관한 규정을 위반하지 아니할 것

⑥ 시·도지사는 배출시설로부터 나오는 특정대기유해물질이나 특별대책지역의 배출시설로부터 나오는 대기오염물질로 인하여 환경기준의 유지가 곤란하거나 주민의 건강·재산, 동식물의 생육에 심각한 위해를 끼칠 우려가 있다고 인정되면 대통령령으로 정하는 바에 따라 특정대기유해물질을 배출하는 배출시설의 설치 또는 특별대책지역에서의 배출시설 설치를 제한할 수 있다. [개정 2012.5.23.]

영 **제12조(배출시설 설치의 제한)** 법 제23조제8항에 따라 환경부장관 또는 시·도지사가 배출시설의 설치를 제한할 수 있는 경우는 다음 각 호와 같다. [개정 2013.1.31.]
1. 배출시설 설치 지점으로부터 반경 1km 안의 상주 인구가 2만명 이상인 지역으로서 특정대기유해물질 중 한 가지 종류의 물질을 연간 10ton 이상 배출하거나 두 가지 이상의 물질을 연간 25ton 이상 배출하는 시설을 설치하는 경우
2. 대기오염물질(먼지·황산화물 및 질소산화물만 해당한다)의 발생량 합계가 연간 10ton 이상인 배출시설을 특별대책지역(법 제22조에 따라 총량규제구역으로 지정된 특별대책지역은 제외한다)에 설치하는 경우

제24조(다른 법령에 따른 허가 등의 의제) ① 배출시설을 설치하려는 자가 제23조제1항부터 제3항까지의 규정에 따라 배출시설 설치의 허가 또는 변경허가를 받거나 신고 또는 변경신고를 한

경우에는 그 배출시설에 관련된 다음 각 호의 허가 또는 변경허가를 받거나 신고 또는 변경신고를 한 것으로 본다. [개정 2007. 5. 17., 2009. 6. 9., 2017. 1. 17.]

1. 「물환경보전법」 제33조제1항부터 제3항까지의 규정에 따라 배출시설의 설치허가 · 변경허가 또는 신고 · 변경신고
2. 「소음 · 진동관리법」 제8조제1항이나 제2항에 따른 배출시설의 설치허가나 신고 · 변경신고

② 환경부장관 또는 시 · 도지사는 제1항 각 호의 어느 하나에 해당하는 사항이 포함되어 있는 배출시설의 설치허가 또는 변경허가를 하려면 같은 항 각 호의 어느 하나에 해당하는 허가 또는 신고의 권한이 있는 관계 행정기관의 장과 협의하여야 한다. [개정 2012. 5. 23., 2019. 1. 15.]

③ 관계 행정기관의 장은 제2항에 따른 협의를 요청받은 날부터 20일 이내에 의견을 제출하여야 한다. [신설 2019. 1. 15.]

④ 관계 행정기관의 장이 제3항에서 정한 기간(「민원 처리에 관한 법률」 제20조제2항에 따라 회신기간을 연장한 경우에는 그 연장된 기간을 말한다) 내에 의견을 제출하지 아니하면 협의가 이루어진 것으로 본다. [신설 2019. 1. 15.]

⑤ 「소음 · 진동관리법」 제22조제1항에 따른 특정공사에 해당되는 비산(飛散)먼지를 발생시키는 사업을 하려는 자가 이 법 제43조제1항에 따른 비산먼지 발생사업의 신고 또는 변경신고를 한 경우에는 「소음 · 진동규제법」 제22조제1항 또는 같은 조 제2항에 따른 특정공사의 신고 또는 변경신고를 한 것으로 본다. [개정 2009. 6. 9., 2019. 1. 15.]

⑥ 제1항 및 제5항에 따라 허가 등의 의제를 받으려는 자는 허가 또는 변경허가를 신청하거나 신고 또는 변경신고를 할 때에 해당 법률에서 정하는 관련 서류를 함께 제출하여야 한다. [신설 2012. 2. 1., 2019. 1. 15]

제25조(사업장의 분류) ① 환경부장관은 배출시설의 효율적인 설치 및 관리를 위하여 그 배출시설에서 나오는 오염물질 발생량에 따라 사업장을 1종부터 5종까지로 분류하여야 한다. ② 제1항에 따른 사업장 분류기준은 대통령령으로 정한다.

영 **제13조(사업장의 분류기준)** 법 제25조제2항에 따른 사업장 분류 기준은 별표 1의3과 같다. [개정 2016.3.29.]

[영 별표1의3]

사업장 분류기준(제13조 관련)

종별	오염물질발생량 구분
1종사업장	대기오염물질발생량의 합계가 연간 80ton 이상인 사업장
2종사업장	대기오염물질발생량의 합계가 연간 20ton 이상 80ton 미만인 사업장
3종사업장	대기오염물질발생량의 합계가 연간 10ton 이상 20ton 미만인 사업장
4종사업장	대기오염물질발생량의 합계가 연간 2ton 이상 10ton 미만인 사업장
5종사업장	대기오염물질발생량의 합계가 연간 2ton 미만인 사업장

[비고]
"대기오염물질발생량"이란 방지시설을 통과하기 전의 먼지, 황산화물 및 질소산화물의 발생량을 환경부령으로 정하는 방법에 따라 산정한 양을 말한다.

규칙 **제42조(대기오염물질 발생량 산정방법)** ① 법 제25조에 따른 대기오염물질 발생량은 예비용 시설을 제외한 사업장의 모든 배출시설별 대기오염물질 발생량을 더하여 산정하되, 배출시설별 대기오염물질 발생량의 산정방법은 다음과 같다. [개정 2013.2.1.]

배출시설의 시간당 대기오염물질 발생량 × 일일조업시간 × 연간가동일수

② 시 · 도지사는 사업장에 대한 지도점검 결과 사업장의 대기오염물질 발생량이 변경되어 해당사업장의 구분(영 별표 1에 따른 제1종부터 제5종까지의 사업장 구분을 말한다)을 변경하여야 하는 경우에는 사업자에게 그 사실을 통보하여야 한다.

③ 제2항에 따라 통보를 받은 사업자는 통보일부터 7일 이내에 제27조에 따른 변경신고를 하여야 한다.

규칙 **제43조(배출시설의 시간당 대기오염물질 발생량)** 제42조제1항에 따른 배출시설의 시간당 대기오염물질 발생량은 별표 10에서 정한 방법으로 산정한다.

[규칙 별표10]

배출시설의 시간당 대기오염물질 발생량 산정방법(제43조 관련)

1. 대기오염물질 배출계수에 의한 방법

배출시설의 시간당 대기오염물질 발생량 산정방법은 다음과 같다.

배출시설의 시간당 대기오염물질 발생량 = 가목 또는 나목에 따른 대기오염물질 배출계수 × 해당 시설의 시간당 최대 연료사용량

가. 연료별 대기오염물질배출계수는 다음과 같다.

〈대기오염물질 배출계수〉

연료명	먼지			황산화물			질소산화물		
	난방	산업	발전	난방	산업	발전	난방	산업	발전
등유 (황함량 0.001%)	0.05		0.05	17.0S			2.16	2.16	2.16
등유 (황함량 0.1%)	0.24		0.24 0.07[1]	17.0S			2.40	2.40	2.40 14.7[1]
경유(황함량 0.1, 0.05%)	0.24		0.24 1.67[2]	17.0S			2.40	2.40	2.40 53.4[2]
B-A유	0.84		0.84	5.28			5.99	5.99	5.99
B-B유	1.20		1.20	14.3S			2.47	2.47	2.47
B-C유(황함량 0.3~4.0%)	1.1S+0.39		1.1S+ 0.39	14.3S			6.64	6.64	6.64
무연탄	5.0A		5.0A	19.5S			5.83	5.83	9.00
유연탄	5.0A		5.0A	19.0S			4.55	5.55	7.50
LNG	0.03		0.03	0.01			3.70	3.70	6.04 42.9[2]
LPG	0.07		0.07	0.01			2.18	2.28	2.28

[비고]

1. A(회분함량) : 무연탄(40%), 유연탄(10%)의 회분함량 값은 각각 40, 10임
2. S(황함량) : 등유(0.1%), B-A유(1.5%), B-B유(1.2%), 무연탄(0.7%), 유연탄(0.5%)의 황함량 값은 각각 0.1, 1.5, 1.2, 0.7, 0.5임
3. 배출계수단위 : 유류(g/ℓ), 석탄(g/kg) LNG(g/㎥), LPG(g/kg)
4. 환산계수 : LNG(1kg=1.238㎥), LPG(1kg=1.97ℓ =0.529㎥)
5. 주 1) : 가스터빈 주 2) : 내연기관

나. 가목 외의 연료 또는 에너지를 사용하는 경우와 공정 등의 대기오염물질 배출계수는 국립환경과학원장이 정하여 고시한다.

2. 실측에 의한 방법

가. 제1호의 방법으로 배출시설의 시간당 대기오염물질 발생량을 산정할 수 없는 경우에는 다음의 산정방법에 따라 산정한다.

배출시설의 시간당 대기오염물질 발생량 = 방지시설 유입 전의 배출농도 × 가스유량

나. 가목에 따른 방지시설 유입 전의 배출농도 및 가스유량은 「환경분야 시험 · 검사 등에 관한 법률」 제6조 제1항에 따라 환경부장관이 정하여 고시한 환경오염공정시험기준에 따라 측정한다.

규칙 **제44조(일일조업시간 및 연간가동일수)** 제42조제1항에 따른 일일조업시간 또는 연간가동일수는 각각 24시간과 365일을 기준으로 산정한다. 다만, 난방용 보일러 등 일정 시간 또는 일정 기간만 가동한다고 시·도지사가 인정하는 시설은 다음 각 호의 구분에 따라 산정한다.

1. 이미 설치되어 사용 중인 배출시설의 경우에는 다음 각 목의 기준
   가. 전년도의 일일평균조업시간을 일일조업시간으로 봄
   나. 전년도의 연간가동일수를 그 해의 연간가동일수로 봄
2. 새로 설치되는 배출시설의 경우에는 배출시설 및 방지시설 설치명세서에 기재된 일일조업예정시간 또는 연간가동예정일을 각각 일일조업시간 또는 연간가동일수로 봄

제26조(방지시설의 설치 등) ① 제23조제1항부터 제3항까지의 규정에 따라 허가·변경허가를 받은 자 또는 신고·변경신고를 한 자(이하 "사업자"라 한다)가 해당 배출시설을 설치하거나 변경할 때에는 그 배출시설로부터 나오는 오염물질이 제16조의 배출허용기준 이하로 나오게 하기 위하여 대기오염방지시설(이하 "방지시설"이라 한다)을 설치하여야 한다. 다만, 대통령령으로 정하는 기준에 해당하는 경우에는 설치하지 아니할 수 있다.

영 **제14조(방지시설의 설치면제기준)** 법 제26조제1항 단서에서 "대통령령으로 정하는 기준에 해당하는 경우"란 다음 각 호의 어느 하나에 해당하는 경우를 말한다.

1. 배출시설의 기능이나 공정에서 오염물질이 항상 법 제16조에 따른 배출허용 기준 이하로 배출되는 경우
2. 그 밖에 방지시설의 설치 외의 방법으로 오염물질의 적정처리가 가능한 경우

규칙 **제28조(방지시설을 설치하지 아니하려는 경우의 제출서류)** 법 제26조제1항 단서에 따라 방지시설을 설치하지 않으려는 경우에는 법 제23조제4항에 따라 다음 각 호의 서류를 유역환경청장, 지방환경청장, 수도권대기환경청장 또는 시·도지사에게 제출해야 한다. 다만, 배출시설의 설치허가, 변경허가, 설치신고 또는 변경신고 시 제출된 서류는 제출하지 않을 수 있다.

1. 해당 배출시설의 기능·공정·사용원료(부원료를 포함한다) 및 연료의 특성에 관한 설명자료
2. 배출시설에서 배출되는 대기오염물질이 항상 법 제16조에 따른 배출허용 기준(이하 "배출허용기준"이라 한다) 이하로 배출된다는 것을 증명하는 객관적인 문헌이나 그 밖의 시험분석자료

② 제1항 단서에 따라 방지시설을 설치하지 아니하고 배출시설을 설치·운영하는 자는 다음 각

호의 어느 하나에 해당하는 경우에는 방지시설을 설치하여야 한다.
1. 배출시설의 공정을 변경하거나 사용하는 원료나 연료 등을 변경하여 배출허용기준을 초과할 우려가 있는 경우
2. 그 밖에 배출허용기준의 준수 가능성을 고려하여 환경부령으로 정하는 경우

③ 환경부장관은 연소조절에 의한 시설 설치를 지원할 수 있으며, 업무의 효율적 추진을 위하여 연소조절에 의한 시설의 설치 지원 업무를 관계 전문기관에 위탁할 수 있다.

규칙 **제29조(방지시설을 설치하여야 하는 경우)** 법 제26조제2항제2호에서 "환경부령으로 정하는 경우"란 다음 각 호의 어느 하나에 해당하는 사유로 배출허용기준을 초과할 우려가 있는 경우를 말한다.
1. 배출허용기준의 강화
2. 부대설비의 교체 · 개선
3. 배출시설의 설치허가 · 변경허가 또는 설치신고나 변경신고 이후 배출시설에서 새로운 대기오염물질의 배출

제27조(권리와 의무의 승계 등) ① 사업자(제38조의2제1항 또는 제2항에 따른 비산배출시설 설치신고 또는 변경신고를 한 자를 포함한다. 이하 이 조에서 같다)가 배출시설(제38조의2제1항에 따른 비산배출시설을 포함한다. 이하 이 조에서 같다)이나 방지시설을 양도하거나 사망한 경우 또는 사업자인 법인이 합병한 경우에는 그 양수인이나 상속인 또는 합병 후 존속하는 법인이나 합병에 따라 설립되는 법인은 허가 · 변경허가 · 신고 또는 변경신고에 따른 사업자의 권리 · 의무를 승계한다. [개정 2016.1.27.]

② 배출시설이나 방지시설을 임대차하는 경우 임차인은 제31조부터 제35조까지, 제35조의2부터 제35조의4까지, 제36조(허가취소의 경우는 제외한다), 제38조의2, 제39조, 제40조 및 제82조제1항제1호 · 제1호의3을 적용할 때에는 사업자로 본다.

③ 다음 각 호의 어느 하나에 해당하는 절차에 따라 사업자의 배출시설 및 방지시설을 인수한 자는 허가 · 변경허가 또는 신고 · 변경신고 등에 따른 종전 사업자의 권리 · 의무를 승계한다. 이 경우 종전 사업자에 대한 허가 등은 그 효력을 잃는다.
1. 「민사집행법」에 따른 경매
2. 「채무자 회생 및 파산에 관한 법률」에 따른 환가(換價)
3. 「국세징수법」 · 「관세법」 또는 「지방세징수법」에 따른 압류재산의 매각
4. 그 밖에 제1호부터 제3호까지의 어느 하나에 준하는 절차

제28조(방지시설의 설계와 시공) 방지시설의 설치나 변경은 「환경기술 및 환경산업 지원법」 제15조에 따른 환경전문공사업자가 설계 · 시공하여야 한다. 다만, 환경부령으로 정하는 방지시설

을 설치하는 경우 및 환경부령으로 정하는 바에 따라 사업자 스스로 방지시설을 설계 · 시공하는 경우에는 그러하지 아니하다. [개정 2011.4.28.]

규칙 제30조(방지시설업의 등록을 한 자 외의 자가 설계 · 시공할 수 있는 방지시설) 법 제28조 단서에서 "환경부령으로 정하는 방지시설을 설치하는 경우"란 방지시설의 공정을 변경하지 아니하는 경우로서 다음 각 호의 어느 하나에 해당하는 경우를 말한다. [개정 2014.2.6.]

1. 방지시설에 딸린 기계류나 기구류를 신설하거나 대체 또는 개선하는 경우
2. 허가를 받거나 신고한 시설의 용량이나 용적의 100분의 30을 넘지 아니하는 범위에서 증설하거나 대체 또는 개선하는 경우. 다만, 2회 이상 증설하거나 대체하여 증설하거나 대체 또는 개선한 부분이 최초로 허가를 받거나 신고한 시설의 용량이나 용적보다 100분의 30을 넘는 경우에는 방지시설업자가 설계 · 시공을 하여야 한다.
3. 연소조절에 의한 시설을 설치하는 경우

규칙 제31조(자가방지시설의 설계 · 시공) ① 사업자가 법 제28조 단서에 따라 스스로 방지시설을 설계 · 시공하려는 경우에는 법 제23조제4항에 따라 다음 각 호의 서류를 유역환경청장, 지방환경청장, 수도권대기환경청장 또는 시 · 도지사에게 제출해야 한다. 다만, 배출시설의 설치허가 · 변경허가 · 설치신고 또는 변경신고 시 제출한 서류는 제출하지 않을 수 있다.

1. 배출시설의 설치명세서
2. 공정도
3. 원료(연료를 포함한다) 사용량, 제품생산량 및 대기오염물질 등의 배출량을 예측한 명세서
4. 방지시설의 설치명세서와 그 도면(법 제26조제1항 단서에 해당되는 경우에는 이를 증명할 수 있는 서류를 말한다)
5. 기술능력 현황을 적은 서류

제29조(공동 방지시설의 설치 등) ① 산업단지나 그 밖에 사업장이 밀집된 지역의 사업자는 배출시설로부터 나오는 오염물질의 공동처리를 위하여 공동 방지시설을 설치할 수 있다. 이 경우 각 사업자는 사업장별로 그 오염물질에 대한 방지시설을 설치한 것으로 본다.

② 사업자는 공동 방지시설을 설치 · 운영할 때에는 그 시설의 운영기구를 설치하고 대표자를 두어야 한다.

규칙 제32조(공동 방지시설의 설치 · 변경 등) ① 법 제29조제1항에 따른 공동 방지시설(이하 "공동 방지시설"이라 한다)을 설치 · 운영하려는 경우에는 법 제29조제2항에 따른 공동 방지시설 운영기구(이하 "공동 방지시설 운영기구"라 한다)의 대표자가 법 제23조제4항

에 따라 다음 각 호의 서류를 유역환경청장, 지방환경청장, 수도권대기환경청장 또는 시 · 도지사에게 제출해야 한다.

1. 공동 방지시설의 위치도(축척 2만 5천분의 1의 지형도를 말한다)
2. 공동 방지시설의 설치명세서 및 그 도면
3. 사업장별 배출시설의 설치명세서 및 대기오염물질 등의 배출량 예측서
4. 사업장별 원료사용량과 제품생산량을 적은 서류와 공정도
5. 사업장에서 공동 방지시설에 이르는 연결관의 설치도면 및 명세서
6. 공동 방지시설의 운영에 관한 규약

② 제1항에 따라 공동 방지시설 운영기구가 설치된 경우에는 사업자는 공동 방지시설 운영기구의 대표자에게 법과 영 및 이 규칙에 따른 행위를 대행하게 할 수 있다. 다만, 공동 방지시설의 배출부과금은 미리 정한 분담비율에 따라 사업자별로 분담한다.

③ 사업자 또는 공동 방지시설 운영기구의 대표자는 제1항에 따른 공동 방지시설의 설치내용 중 다음 각 호의 어느 하나의 사항을 변경하려는 경우에는 법 제23조제4항에 따라 그 변경내용을 증명하는 서류를 유역환경청장, 지방환경청장, 수도권대기환경청장 또는 시 · 도지사에게 제출해야 한다.

1. 공동 방지시설의 종류 또는 규모
2. 공동 방지시설의 위치
3. 공동 방지시설의 대기오염물질 처리능력 및 처리방법
4. 각 사업장에서 공동 방지시설에 이르는 연결관
5. 공동 방지시설의 운영에 관한 규약

③ 공동 방지시설의 배출허용기준은 제16조에 따른 배출허용기준과 다른 기준을 정할 수 있으며, 그 배출허용기준 및 공동 방지시설의 설치 · 운영에 필요한 사항은 환경부령으로 정한다.

규칙 **제33조(공동 방지시설의 배출허용기준 등)** 법 제29조제3항에 따른 공동 방지시설의 배출허용기준은 별표 8과 같고, 자가측정의 대상 · 항목 및 방법은 별표 11과 같다.

[규칙 별표 11]

자가측정의 대상 · 항목 및 방법(제52조제3항 관련)

1. 관제센터로 측정결과를 자동전송하지 않는 사업장의 배출구

구 분	배출구별 규모	측정횟수	측정항목
제1종 배출구	먼지 · 황산화물 및 질소산화물의 연간 발생량 합계가 80ton 이상인 배출구	매주 1회 이상	별표 8에 따른 배출허용기준이 적용되는 대기오염물질. 다만, 비산먼지는 제외한다.
제2종 배출구	먼지 · 황산화물 및 질소산화물의 연간 발생량 합계가 20ton 이상 80ton 미만인 배출구	매월 2회 이상	
제3종 배출구	먼지 · 황산화물 및 질소산화물의 연간 발생량 합계가 10ton 이상 20ton 미만인 배출구	2개월마다 1회 이상	
제4종 배출구	먼지 · 황산화물 및 질소산화물의 연간 발생량 합계가 2ton 이상 10ton 미만인 배출구	반기마다 1회 이상	
제5종 배출구	먼지 · 황산화물 및 질소산화물의 연간 발생량 합계가 2ton 미만인 배출구	반기마다 1회 이상	

2. 관제센터로 측정결과를 자동전송하는 사업장 중 굴뚝 자동측정기기가 미설치된 배출구
   가. 방지시설 후단만 측정하는 경우

구 분	배출구별 규모	측정횟수	측정항목
제1종 배출구	먼지 · 황산화물 및 질소산화물의 연간 발생량 합계가 80ton 이상인 배출구	2주마다 1회 이상	별표 8에 따른 배출허용기준이 적용되는 대기오염물질. 다만, 비산먼지는 제외한다.
제2종 배출구	먼지 · 황산화물 및 질소산화물의 연간 발생량 합계가 20ton 이상 80ton 미만인 배출구	매월 1회 이상	
제3종 배출구	먼지 · 황산화물 및 질소산화물의 연간 발생량 합계가 10ton 이상 20ton 미만인 배출구	2개월마다 1회 이상	
제4종 배출구	먼지 · 황산화물 및 질소산화물의 연간 발생량 합계가 2ton 이상 10ton 미만인 배출구	반기마다 1회 이상	
제5종 배출구	먼지 · 황산화물 및 질소산화물의 연간 발생량 합계가 2ton 미만인 배출구	반기마다 1회 이상	

나. 방지시설 전 · 후단을 같이 측정하는 경우

구 분	배출구별 규모	측정횟수	측정항목
제1종 배출구	먼지 · 황산화물 및 질소산화물의 연간 발생량 합계가 80ton 이상인 배출구	매월 1회 이상	별표 8에 따른 배출허용기준이 적용되는 대기오염물질. 다만, 비산먼지는 제외한다.
제2종 배출구	먼지 · 황산화물 및 질소산화물의 연간 발생량 합계가 20ton 이상 80ton 미만인 배출구	2개월마다 1회 이상	
제3종 배출구	먼지 · 황산화물 및 질소산화물의 연간 발생량 합계가 10ton 이상 20ton 미만인 배출구	분기마다 1회 이상	
제4종 배출구	먼지 · 황산화물 및 질소산화물의 연간 발생량 합계가 2ton 이상 10ton 미만인 배출구	반기마다 1회 이상	
제5종 배출구	먼지 · 황산화물 및 질소산화물의 연간 발생량 합계가 2ton 미만인 배출구	반기마다 1회 이상	

[비고]

1. 제3종부터 제5종까지의 배출구에서 별표 8의2에 따른 기준 이상의 특정대기유해물질이 배출되는 경우에는 위 표에도 불구하고 매월 2회 이상 해당 오염물질에 대하여 자가측정을 하여야 한다.
2. 방지시설설치면제사업장은 해당 시설에 대한 자가측정을 생략할 수 있다.
3. 측정항목 중 황산화물에 대한 자가측정은 해당 측정대상시설이 중유 등 연료유만을 사용하는 시설인 경우에는 연료의 황함유분석표로 갈음할 수 있다.
4. 굴뚝 자동측정기기를 설치한 배출구에 대한 자가측정은 자동측정되는 해당 항목에 한정하여 자가측정을 한 것으로 보고, 자동측정 되지 않은 항목에 대한 측정횟수는 제2호를 적용한다. 다만, 굴뚝 자동측정기기를 설치하여 먼지항목에 대한 자동측정자료를 전송하는 배출구의 경우는 매연항목에 대해서도 자가측정을 한 것으로 본다.
5. 굴뚝 자동측정기기를 설치한 배출구의 경우 자동측정자료를 전송하는 그 항목에 한정하여 자동측정자료를 자가측정자료에 우선하여 활용하여야 한다.
6. 굴뚝 자동측정기기를 설치한 배출구에서 굴뚝 자동측정기기의 고장 등으로 배출구별 규모에 따른 측정횟수를 충족하지 못하는 경우에는 2개월마다 1회 이상 자가측정을 하여야 한다.
7. 대기오염물질 중 먼지만 배출되는 시설로서 별표 4 제5호에 따른 여과집진시설을 설치한 배출시설은 시설의 규모에 관계없이 반기마다 1회 이상, 여과집진시설 외의 방지시설을 설치한 사업장 중 월 2회 이상 측정하여야 하는 배출시설은 2개월마다 1회 이상 측정할 수 있다.
8. 제1호에 대하여 해당 연도 이전 최근 1년간 오염도 검사결과 대기오염물질이 계속하여 배출허용기준의 30% 이내인 경우에는 제1종배출구는 매월 2회 이상, 제2종배출구는 매월 1회 이상, 제3종배출구는 분기마다 1회 이상, 제4종 및 제5종배출구는 매년 1회 이상 측정할 수 있다. 다만, 별표 8의2에 따른 기준 이상의 특정대기유해물질을 배출하는 경우에는 해당 오염물질에 대하여 제1종배출구는 매월 2회 이상, 제2종부터 제5종까지의 배출구는 매월 1회 이상 측정하여야 한다.
9. 제2호에 대하여 해당 연도 이전 최근 1년간 오염도 검사결과 대기오염물질이 계속하여 배출허용기준의 30% 이내인 경우로서 가목에 해당하는 경우에는 제1종배출구는 매월 1회 이상, 제2종배출구는 2개월마다 1회 이상, 제3종배출구는 분기마다 1회 이상, 제4종 및 제5종배출구는 매년 1회 이상 측정할 수 있고, 나목에 해당하는 경우에는 제1종배출구는 2개월마다 1회 이상, 제2종배출구는 분기마다 1회 이상, 제3종배출구는 반기마다 1회 이상, 제4종 및 제5종배출구는 매년 1회 이상 측정할 수 있으며, 대기오염물질이 계속하여 배출허용기준의 10% 미만인 경우로서 특정대기유해물질을 연간 10ton 미만으로 배출하는 사업장에서 방지시설 후단만 측정할 경우에는 제1종부터 제3종까지의 배출구는 매 분기마다 1회 이상, 제4종 및 제5종배출구는 매년 1회 이상 측정할 수 있고, 방지시설 전 · 후단을 같이 측정할 경우에는 제1종 및 제2종배출구는 매 분기마다 1회 이상, 제3종배출구는 매 반기마다 1회 이상, 제4종 및 제5종배출구는 매년 1회 이상 측정할 수 있다.

10. 자가측정을 위탁받은 측정대행업자가 해당연도 이전 최근 2년간 「환경분야 시험 · 검사 등에 관한 법률」 제11조에 따른 정도검사를 받지 아니하거나 같은 법 제18조에 따른 준수사항을 지키지 아니한 경우에는 제8호 및 제9호를 적용하지 아니한다.
11. 신규 배출시설에 대한 최초 자가측정 시기는 배출시설 가동일자를 기준으로 다음 주기(주, 월, 분기, 반기)부터 적용한다.
12. 시 · 도지사가 질소산화물이 항상 법 제16조에 따른 배출허용기준 이하로 배출된다는 것을 인정한 배출시설에 방지시설 중 연소조절에 의한 시설(저녹스 버너)을 설치한 경우에는 질소산화물에 대하여 자가측정을 생략할 수 있다.

제30조(배출시설 등의 가동개시 신고) ① 사업자는 배출시설이나 방지시설의 설치를 완료하거나 배출시설의 변경(변경신고를 하고 변경을 하는 경우에는 대통령령으로 정하는 규모 이상의 변경만 해당한다)을 완료하여 그 배출시설이나 방지시설을 가동하려면 환경부령으로 정하는 바에 따라 미리 시 · 도지사에게 가동개시 신고를 하여야 한다. [개정 2012.5.23.]

영 제15조(변경신고에 따른 가동개시신고의 대상규모 등) 법 제30조제1항에서 "대통령령으로 정하는 규모 이상의 변경"이란 법 제23조제1항부터 제3항까지의 규정에 따라 설치허가 또는 변경허가를 받거나 설치신고 또는 변경신고를 한 배출구별 배출시설 규모의 합계보다 100분의 20 이상 증설(대기배출시설 증설에 따른 변경신고의 경우에는 증설의 누계를 말한다)하는 배출시설의 변경을 말한다.

규칙 제34조(배출시설의 가동개시 신고) ① 사업자가 법 제30조에 따라 가동개시신고를 하려는 경우에는 별지 제5호서식의 배출시설 및 방지시설의가동개시 신고서에 배출시설 설치허가증 또는 배출시설 설치신고증명서를 첨부하여 유역환경청장, 지방환경청장, 수도권대기환경청장 또는 시 · 도지사에게 제출(「전자정부법」 제2조제7호에 따른 정보통신망에 의한 제출을 포함한다)해야 한다.

② 제1항에 따른 가동개시신고서를 제출한 후 신고한 가동개시일을 변경하려는 경우에는 별지 제6호서식의 배출(방지)시설 가동개시일 변경신고서를 유역환경청장, 지방환경청장, 수도권대기환경청장 또는 시 · 도지사에게 제출(「전자정부법」 제2조제7호에 따른 정보통신망에 의한 제출을 포함한다)해야 한다.

③ 제1항에 따른 가동개시 신고 또는 제2항에 따른 가동개시일 변경신고가 신고서의 기재사항 및 첨부서류에 흠이 없고, 법령 등에 규정된 형식상의 요건을 충족하는 경우에는 신고서가 접수기관에 도달된 때에 신고 의무가 이행된 것으로 본다. [신설 2017.1.26.]

② 제1항에 따라 신고한 배출시설이나 방지시설 중에서 발전소의 질소산화물 감소 시설 등 대통령령으로 정하는 시설인 경우에는 환경부령으로 정하는 기간에는 제33조부터 제35조까지의 규정을 적용하지 아니한다.

영 제16조(시운전을 할 수 있는 시설) 법 제30조제2항에서 "대통령령으로 정하는 시설"이란 다음 각 호의 배출시설을 말한다.

1. 황산화물제거시설을 설치한 배출시설
2. 질소산화물제거시설을 설치한 배출시설
3. 그 밖에 방지시설을 설치하거나 보수한 후 상당한 기간 시운전이 필요하다고 환경부장관이 인정하여 고시하는 배출시설

규칙 **제35조(시운전 기간)** 법 제30조제2항에서 "환경부령으로 정하는 기간"이란 제34조에 따라 신고한 배출시설 및 방지시설의 가동개시일부터 30일까지의 기간을 말한다.

제31조(배출시설과 방지시설의 운영) ① 사업자(제29조제2항에 따른 공동 방지시설의 대표자를 포함한다)는 배출시설과 방지시설을 운영할 때에는 다음 각 호의 행위를 하여서는 아니 된다. [개정 2012.2.1., 2015.1.20.]

1. 배출시설을 가동할 때에 방지시설을 가동하지 아니하거나 오염도를 낮추기 위하여 배출시설에서 나오는 오염물질에 공기를 섞어 배출하는 행위. 다만, 화재나 폭발 등의 사고를 예방할 필요가 있어 환경부장관 또는 시·도지사가 인정하는 경우에는 그러하지 아니하다.
2. 방지시설을 거치지 아니하고 오염물질을 배출할 수 있는 공기 조절장치나 가지 배출관 등을 설치하는 행위. 다만, 화재나 폭발 등의 사고를 예방할 필요가 있어 환경부장관 또는 시·도지사가 인정하는 경우에는 그러하지 아니하다.
3. 부식(腐蝕)이나 마모(磨耗)로 인하여 오염물질이 새나가는 배출시설이나 방지시설을 정당한 사유 없이 방치하는 행위
4. 방지시설에 딸린 기계와 기구류의 고장이나 훼손을 정당한 사유 없이 방치하는 행위
5. 그 밖에 배출시설이나 방지시설을 정당한 사유 없이 정상적으로 가동하지 아니하여 배출허용기준을 초과한 오염물질을 배출하는 행위

② 사업자는 조업을 할 때에는 환경부령으로 정하는 바에 따라 그 배출시설과 방지시설의 운영에 관한 상황을 사실대로 기록하여 보존하여야 한다.

규칙 **제36조(배출시설 및 방지시설의 운영기록 보존)** ① 영 별표 1의3에 따른 1종·2종·3종사업장을 설치·운영하는 사업자는 법 제31조제2항에 따라 배출시설 및 방지시설의 운영기간 중 다음 각 호의 사항을 국립환경과학원장이 정하여 고시하는 전산에 의한 방법으로 기록·보존하여야 한다. 다만, 굴뚝자동측정기기를 부착하여 모든 배출구에 대한 측정결과를 관제센터로 자동전송하는 사업장의 경우에는 해당 자료의 자동전송으로 이를 갈음할 수 있다. [개정 2010.12.31.]

1. 시설의 가동시간 2. 대기오염물질 배출량 3. 자가측정에 관한 사항
4. 시설관리 및 운영자 5. 그 밖에 시설운영에 관한 중요사항

② 영 별표 1의3에 따른 4종·5종사업장을 설치·운영하는 사업자는 법 제31조제2항에

따라 배출시설 및 방지시설의 운영기간 중 다음 각 호의 사항을 별지 제7호 서식의 배출시설 및 방지시설의 운영기록부에 매일 기록하고 최종 기재한 날부터 1년간 보존하여야 한다. 다만, 사업자가 원하는 경우에는 제1항 각 호 외의 부분 본문에 따라 국립환경과학원장이 정하여 고시하는 전산에 의한 방법으로 기록 · 보존할 수 있다. [신설 2010.12.31.]

✓실전문제

1. 시설의 가동시간 2. 대기오염물질 배출량
3. 자가측정에 관한 사항 4. 시설관리 및 운영자
5. 그 밖에 시설운영에 관한 중요사항

③ 제2항에 따른 운영기록부는 테이프 · 디스켓 등 전산에 의한 방법으로 기록 · 보존할 수 있다. [개정 2010.12.31.][전문개정 2009.1.14.]

실전문제 **대기환경보전법규상 사업자 배출시설 및 방지시설 운영기록부에 기록하여야 하는 사항으로 가장 거리가 먼 것은?**

① 시설의 가동시간 ② 대기오염물질 배출량
③ 시설관리 및 운영자 ❹ 배출시설 및 방지시설의 형식

제32조(측정기기의 부착 등) ① 사업자는 배출시설에서 나오는 오염물질이 제16조와 제29조제3항에 따른 배출허용기준에 맞는지를 확인하기 위하여 측정기기를 부착하는 등의 조치를 하여 배출시설과 방지시설이 적정하게 운영되도록 하여야 한다. 다만, 사업자가 「중소기업기본법」 제2조에 따른 중소기업인 경우에는 환경부장관 또는 시 · 도지사가 사업자의 동의를 받아 측정기기를 부착 · 운영하는 등의 조치를 할 수 있다. [개정 2012.5.23.]

영 **제17조(측정기기의 부착대상 사업장 및 종류 등)** ① 배출시설을 운영하는 사업자는 법 제32조제1항 및 제2항에 따라 오염물질배출량과 배출허용기준의 준수 여부 및 방지시설의 적정 가동 여부를 확인할 수 있는 다음 각 호의 측정기기를 부착하여야 한다.

1. 적산전력계(積算電力計)
2. 굴뚝 자동측정기기{유량 · 유속계(流量 · 流速計), 온도측정기 및 자료수집기를 포함한다. 이하 같다}

② 환경부장관 또는 시 · 도지사는 법 제32조제1항 단서에 따라 사업자가 「중소기업기본법」 제2조에 따른 중소기업인 경우에는 사업자의 동의(환경부령으로 정하는 바에 따라 사업자의 신청을 받은 경우를 포함한다)를 받아 측정기기를 부착 · 운영하는 등의 조치를 할 수 있다. [신설 2013.1.31.]

규칙 제37조의2(측정기기 부착 · 운영 신청) 영 제17조제2항에 따라 측정기기 부착 · 운영을 신청하려는 자는 별지 제12호의2서식의 측정기기 부착 · 운영 신청서에 배출시설 설치허가증 또는 신고증명서와 「중소기업기본법」 제2조에 따른 중소기업임을 증명하는 서류를 첨부하여 환경부장관 또는 시 · 도지사에게 제출하여야 한다. [본조신설 2013.5.24.]

영 제17조 ③ 시 · 도지사 또는 사업자는 법 제32조제1항에 따라 측정기기를 부착하는 경우에 부착방법 등에 대하여 한국환경공단에 지원을 요청할 수 있다.

④ 제1항제1호에 따른 적산전력계의 부착대상 시설 및 부착방법은 별표 2와 같다. [개정 2013.1.31.]

⑤ 제1항제2호에 따라 굴뚝 자동측정기기를 부착하여야 하는 사업장은 별표 1의3에 따른 1종부터 3종까지의 사업장으로 하며, 굴뚝 자동측정기기의 부착대상 배출시설, 측정항목, 부착 면제, 부착 시기 및 부착 유예(猶豫)는 별표 3과 같다.

⑥ 환경부장관 또는 시 · 도지사는 굴뚝 자동측정기기로 측정되어 법 제32조제7항에 따라 전산망으로 전송된 자료(이하 "자동측정자료"라 한다)를 배출허용기준의 준수 여부 확인이나 법 제35조에 따른 배출부과금의 산정에 필요한 자료로 활용할 수 있다. 다만, 굴뚝 자동측정기기나 전산망의 이상 등으로 비정상적인 자료가 전송된 경우에는 그러하지 아니하다. [개정 2013.1.31.]

[영 별표 2]

적산전력계의 부착대상 시설 및 부착방법(제17조제4항 관련)

1. 적산전력계의 부착대상 시설

   배출시설에 법 제26조에 따라 설치하는 방지시설. 다만, 다음의 방지시설은 제외한다.

   가. 굴뚝 자동측정기기를 부착한 배출구와 연결된 방지시설

   나. 방지시설과 배출시설이 같은 전원설비를 사용하는 등 적산전력계를 부착하지 아니하여도 가동상태를 확인할 수 있는 방지시설

   다. 원료나 제품을 회수하는 기능을 하여 항상 가동하여야 하는 방지시설

2. 적산전력계의 부착방법

   가. 적산전력계는 방지시설을 운영하는 데에 드는 모든 전력을 적산할 수 있도록 부착하여야 한다. 다만, 방지시설에 부대되는 기계나 기구류의 경우에는 사용되는 전압이나 전력의 인출지점이 달라 모든 부대시설에 적산전력계를 부착하기 곤란한 때에는 주요 부대시설(송풍기와 펌프를 말한다)에만 적산전력계를 부착할 수 있다.

   나. 방지시설 외의 시설에서 사용하는 전력은 적산되지 아니하도록 별도로 구분하여 부착하되, 배출시설의 전력사용량이 방지시설의 전력사용량의 2배를 초과하지 아니하는 경우에는 별도로 구분하지 아니하고 부착할 수 있다.

[영 별표 3]

굴뚝 자동측정기기의 부착대상 배출시설, 측정 항목, 부착 면제, 부착 시기 및 부착 유예 (제17조제5항 관련)

1. 굴뚝 자동측정기기 부착대상 배출시설 및 측정항목

부착대상 배출시설	측정항목
가. 코크스 제조시설 및 관련 제품 저장시설 코크스 또는 관련 제품 제조시설 – 코크스 제조시설 중 황 회수 제조시설을 제외한 배출구별 배기가스량이 시간당 10,000표준㎥ 이상인 시설	먼지, 황산화물, 질소산화물
나. 석유제품 제조시설 1) 가열시설 – 가열용량이 시간당 2,500만kcal 이상인 시설	먼지, 질소산화물, 황산화물
2) 촉매 재생시설 – 배출구별 배기가스량이 시간당 10,000표준㎥ 이상인 시설	먼지
3) 탈황시설 또는 황 회수시설 – 배출구별 배기가스량이 시간당 10,000표준㎥ 이상인 시설	황산화물
4) 중질유 분해시설의 일산화탄소 소각시설 – 황산제조 또는 황 회수시설을 제외한 배출구별 배기가스량이 시간당 10,000표준㎥ 이상인 시설	먼지, 황산화물, 질소산화물, 일산화탄소
다. 기초유기화합물 제조시설 1) 가열시설 – 가열용량이 시간당 2,500만kcal 이상인 시설	먼지, 질소산화물, 황산화물
2) 촉매 재생시설 – 배출구별 배기가스량이 시간당 10,000표준㎥ 이상인 시설	먼지
3) 탈황시설 또는 황 회수시설 – 배출구별 배기가스량이 시간당 10,000표준㎥ 이상인 시설	황산화물
4) 중질유 분해시설의 일산화탄소 소각시설 – 황산제조 또는 황 회수시설을 제외한 배출구별 배기가스량이 시간당 10,000표준㎥ 이상인 시설	먼지, 황산화물, 질소산화물, 일산화탄소
라. 기초무기화합물 제조시설 1) 황산 제조시설(황연소, 비철금속제련, 중질유분해시설) – 배출구별 배기가스량이 시간당 10,000표준㎥ 이상인 시설	황산화물
2) 황산을 제외한 무기산 제조시설 가) 인산 제조시설 – 배출구별 배기가스량이 시간당 10,000표준㎥ 이상인 시설	불화수소

나) 불소화합물 제조시설 – 배출구별 배기가스량이 시간당 10,000표준㎥ 이상인 시설	불화수소
다) 염산 제조시설 또는 염화수소 회수시설 – 배출구별 배기가스량이 시간당 10,000표준㎥ 이상인 시설	염화수소
3) 인광석 소성시설 – 배출구별 배기가스량이 시간당 10,000표준㎥ 이상인 시설	먼지, 불화수소, 질소산화물
4) 용융 · 용해시설, 소성시설 또는 가열시설 – 배출구별 배기가스량이 시간당 10,000표준㎥ 이상인 시설	먼지, 질소산화물, 황산화물
마. 무기안료 · 염료 · 유연제 제조시설 및 기타 착색제 제조시설 용융 · 용해시설, 소성시설 또는 가열시설 – 배출구별 배기가스량이 시간당 10,000표준㎥ 이상인 시설	먼지, 질소산화물, 황산화물
바. 화학비료 및 질소화합물 제조시설 1) 화학비료 제조시설 가) 질소질비료(요소를 포함한다) 제조시설 – 배출구별 배기가스량이 시간당 10,000표준㎥ 이상인 시설	먼지, 암모니아
나) 복합비료 제조시설 – 배출구별 배기가스량이 시간당 10,000표준㎥ 이상인 시설	먼지, 암모니아, 불화수소
2) 질산 제조시설 또는 질산 회수재생시설 – 배출구별 배기가스량이 시간당 10,000표준㎥ 이상인 시설	질소산화물
3) 용융 · 용해시설, 소성시설 또는 가열시설 – 배출구별 배기가스량이 시간당 10,000표준㎥ 이상인 시설	먼지, 질소산화물, 황산화물
사. 의약품 제조시설 용융 · 용해시설, 소성시설 또는 가열시설 – 배출구별 배기가스량이 시간당 10,000표준㎥ 이상인 시설	먼지, 질소산화물, 황산화물
아. 기타 화학제품 제조시설 용융 · 용해시설, 소성시설 또는 가열시설 – 배출구별 배기가스량이 시간당 10,000표준㎥ 이상인 시설	먼지, 질소산화물, 황산화물
자. 화학섬유 제조시설 용융 · 용해시설, 소성시설 또는 가열시설 – 배출구별 배기가스량이 시간당 10,000표준㎥ 이상인 시설	먼지, 질소산화물, 황산화물
차. 고무 및 고무제품 제조시설 용융 · 용해시설, 소성시설 또는 가열시설 – 배출구별 배기가스량이 시간당 10,000표준㎥ 이상인 시설	먼지, 질소산화물, 황산화물
카. 합성고무, 플라스틱물질 및 플라스틱제품 제조시설 용융 · 용해시설, 소성시설 또는 가열시설 – 배출구별 배기가스량이 시간당 10,000표준㎥ 이상인 시설	먼지, 질소산화물, 황산화물

타. 유리 및 유리제품 제조시설[재생(再生)용 원료가공시설을 포함한다] 1) 유리(유리섬유를 포함한다)제조 용융 · 용해시설 – 포트(pot)로가 아닌 시설로서 배출구별 배기가스량이 시간당 10,000표준㎥ 이상인 시설	먼지, 질소산화물, 황산화물(청정연료 및 황함유량이 0.5% 이하인 액체연료를 사용하는 시설은 제외한다)
2) 산처리시설(염산 및 염화수소 사용시설로서 연속식만 해당한다) – 배출구별 배기가스량이 시간당 10,000표준㎥ 이상인 시설	염화수소
파. 도자기 · 요업(窯業)제품 제조시설[재생(再生)용 원료가공시설을 포함한다] 소성시설 및 용융 · 용해시설 – 배출구별 배기가스량이 시간당 10,000표준㎥ 이상인 시설	먼지, 질소산화물, 황산화물
하. 시멘트 · 석회 · 플라스터 및 그 제품 제조시설 1) 시멘트 제조시설의 소성시설 및 냉각시설 – 배출구별 배기가스량이 시간당 10,000표준㎥ 이상인 시설	먼지, 질소산화물(소성로만 해당한다), 염화수소(폐합성수지류를 연료로 사용하는 소성로만 해당한다)
2) 석회 제조시설의 소성시설 – 배출구별 배기가스량이 시간당 30,000표준㎥ 이상인 시설	먼지, 질소산화물
거. 기타 비금속광물제품 제조시설(아스팔트제품 제조시설은 제외한다) 1) 소성시설 및 용융 · 용해시설 – 배출구별 배기가스량이 시간당 10,000표준㎥ 이상인 시설	먼지, 질소산화물, 황산화물
2) 석고 제조시설의 소성시설 및 건조시설 – 배출구별 배기가스량이 시간당 10,000표준㎥ 이상인 시설	먼지, 질소산화물
너. 아스팔트제품 제조시설 용융 · 용해시설 – 배출구별 배기가스량이 시간당 10,000표준㎥ 이상인 시설	먼지, 질소산화물, 황산화물
더. 제1차 금속 제조시설 1) 전기로(아크로만 해당한다) – 배출구별 배기가스량이 시간당 10,000표준㎥ 이상인 시설	먼지
2) 소결로(燒結爐) – 배출구별 배기가스량이 시간당 10,000표준㎥ 이상인 시설	먼지, 질소산화물, 황산화물
3) 가열로 – 배출구별 배기가스량이 시간당 50,000표준㎥ 이상인 시설	먼지, 질소산화물, 황산화물
4) 용광로, 용선로, 전로, 용융 · 용해로 또는 배소로(焙燒爐) – 배출구별 배기가스량이 시간당 50,000표준㎥ 이상인 시설	먼지, 황산화물, 질소산화물(용선로 및 배소로만 해당한다)
5) 산처리시설(염산 및 염화수소 사용시설로서 연속식의 경우에만 해당한다) – 배출구별 배기가스량이 시간당 10,000표준㎥ 이상인 시설	염화수소

6) 주물사(鑄物砂) 처리시설(연속식만 해당한다) – 배출구별 배기가스량이 시간당 100,000표준㎥ 이상인 시설	먼지
러. 조립금속제품 · 기계 · 기기 · 장비 · 운송장비 · 가구 제조시설 1) 전기로(아크로만 해당한다) – 배출구별 배기가스량이 시간당 10,000표준㎥ 이상인 시설	 먼지
2) 가열로 – 배출구별 배기가스량이 시간당 50,000표준㎥ 이상인 시설	먼지, 질소산화물, 황산화물
3) 전로, 용융 · 용해로 – 배출구별 배기가스량이 시간당 50,000표준㎥ 이상인 시설	먼지, 황산화물
4) 산처리시설(염산 및 염화수소 사용시설로서 연속식의 경우에만 해당한다) – 배출구별 배기가스량이 시간당 10,000표준㎥ 이상인 시설	염화수소
5) 주물사(鑄物砂) 처리시설(연속식만 해당한다) – 배출구별 배기가스량이 시간당 100,000표준㎥ 이상인 시설	먼지
6) 반도체 및 기타 전자부품 제조시설 중 증착시설 및 식각시설(염산 및 염화수소 사용시설로서 연속식만 해당한다) – 배출구별 배기가스량이 시간당 10,000표준㎥ 이상인 시설	염화수소
머. 발전시설(수력, 원자력 발전시설은 제외하며, 모든 배출시설에 적용한다) 1) 발전시설 가) 액체연료 또는 고체연료 사용시설 – 발전시설 설비용량이 50MW 이상인 시설 또는 시간당 증발량이 40ton 이상인 시설	 먼지, 질소산화물, 황산화물
나) 기체연료 사용시설 – 발전시설 설비용량이 50MW 이상인 시설 또는 시간당 증발량이 40ton 이상인 시설	질소산화물
2) 발전용 내연기관 가) 액체 또는 고체연료 사용시설 – 발전용량 5,000kW 이상	 먼지, 질소산화물, 황산화물
나) 기체연료 사용시설 – 발전용량 5,000kW 이상	질소산화물
버. 폐수 · 폐기물 · 폐가스소각시설(소각보일러를 포함하며, 모든 배출시설에 적용한다) 1) 사업장폐기물 소각시설(폐기물처리업을 포함한다) – 소각용량이 시간당 0.4ton 이상인 연속식 또는 준연속식 사업장폐기물 소각시설	 먼지, 질소산화물, 염화수소, 일산화탄소, 황산화물
2) 생활폐기물 소각시설 – 소각용량이 시간당 1ton 이상인 연속식 또는 준연속식 생활폐기물 소각시설	먼지, 질소산화물, 염화수소, 일산화탄소
3) 폐가스 소각시설 – 배출구별 배기가스량이 시간당 10,000표준㎥ 이상인 시설	질소산화물, 일산화탄소, 황산화물

4) 의료폐기물 소각시설 – 소각용량이 시간당 0.2ton 이상인 연속식 또는 준연속식 의료폐기물 소각시설	먼지, 질소산화물, 염화수소, 일산화탄소
5) 폐수 소각시설 – 소각용량이 시간당 0.2ton 이상인 시설	먼지, 질소산화물, 일산화탄소
서. 보일러(모든 배출시설에 적용한다) 액체연료 또는 고체연료 사용시설로서 시간당 증발량이 40ton 이상 또는 시간당 열량이 2,476만kcal 이상인 시설	먼지, 질소산화물, 황산화물(나무를 연료로 사용 하는 시설은 제외한다)
어. 고형연료제품 사용시설 고형(固形)연료제품 사용시설(「자원의 절약과 재활용촉진에 관한 법률」 제25조의2에서 정하는 시설을 말한다) – 고형연료제품을 포함한 연료의 사용량이 시간당 1ton 이상인 시설. 다만, 소각시설은 연속식 또는 준연속식에 한정한다.	먼지, 질소산화물, 염화수소, 일산화탄소
저. 입자상물질, 가스상 물질 발생시설 및 그 밖의 배출시설(모든 배출시설에 적용한다) 1) 탈사시설 및 탈청시설(연속식만 해당한다) – 배출구별 배기가스량이 시간당 40,000표준㎥ 이상인 시설	먼지
2) 증발시설 – 배출구별 배기가스량이 시간당 10,000표준㎥ 이상인 시설	먼지
처. 그 밖의 업종의 가열시설 고체연료 또는 액체연료를 사용하는 간접가열시설(원료 또는 제품이 연소가스 또는 화염과 직접 접촉하지 아니하는 시설을 말한다)로서 가열용량이 시간당 2,500만kcal 이상인 시설	먼지, 질소산화물, 황산화물

[비고]

1. 부착대상시설의 용량은 배출시설 설치허가증 또는 설치신고증명서의 방지시설의 용량을 기준으로 배출구별로 산정하되, 같은 배출시설에 2개 이상의 배출구를 설치한 경우에는 배출구별로 방지시설의 용량을 합산한다. 이 경우 방지시설의 용량은 표준상태(0℃, 1기압)로 환산한 값을 적용한다.
2. 같은 사업장에 부착대상 배출구가 2개 이상인 경우에는 「환경분야 시험 · 검사 등에 관한 법률」 제6조에 따른 환경오염공정시험기준에 따른 중간자료수집기(FEP)를 부착하여야 한다.
3. 소각시설의 경우에는 배출구의 온도와 최종 연소실 출구의 온도를 각각 측정할 수 있도록 온도측정기를 부착하여야 한다. 다만, 최종 연소실 출구의 온도측정기는 「폐기물관리법」에 따라 온도측정기를 부착한 경우에는 별도로 부착하지 아니하여도 된다.
4. 표준산소농도가 적용되는 시설에 대해서는 산소측정기를 부착하여야 한다.
5. 부착대상 배출시설의 범위는 다음 각 목과 같다.
   가. 증착 · 식각시설 및 산처리시설의 "연속식"이란 연속적으로 작업이 가능한 구조로서 시설의 가동시간이 1일 8시간 이상인 시설을 말한다.
   나. 주물사처리시설 · 탈사시설 · 탈청시설의 "연속식"이란 연속적으로 작업이 가능한 구조로서 시설의 가동시간이 1일 8시간 이상인 시설을 말한다.
   다. 폐가스소각시설 중 청정연료를 연속하여 사용하는 소각시설 및 처리대상 가스를 연소원으로 사용하는 시설은 부착대상 배출시설에서 제외한다.

라. 증발시설 중 진공증발시설 및 배출가스를 회수하여 응축하는 시설은 부착대상 배출시설에서 제외한다.

2. 굴뚝 자동측정기기의 부착 면제
굴뚝 자동측정기기 부착대상 배출시설이 다음 각 목의 어느 하나에 해당하는 경우에는 굴뚝 자동측정기기의 부착을 면제한다.
가. 법 제26조제1항 단서에 따라 방지시설의 설치를 면제받은 경우(굴뚝 자동측정기기의 측정항목에 대한 방지시설의 설치를 면제받은 경우에만 해당한다)
나. 연소가스 또는 화염이 원료 또는 제품과 직접 접촉하지 아니하는 시설로서 제43조에 따른 청정연료를 사용하는 경우(발전시설은 제외한다)
다. 액체연료만을 사용하는 연소시설로서 황산화물을 제거하는 방지시설이 없는 경우(발전시설은 제외하며, 황산화물 측정기기에만 부착을 면제한다)
라. 보일러로서 사용연료를 6개월 이내에 청정연료로 변경할 계획이 있는 경우
마. 연간 가동일수가 30일 미만인 배출시설인 경우
바. 연간 가동일수가 30일 미만인 방지시설인 경우 해당 배출구. 다만, 대기오염물질배출시설 설치 허가증 또는 신고 증명서에 연간 가동일수가 30일 미만으로 적힌 방지시설에 한한다.
사. 부착대상시설이 된 날부터 6개월 이내에 배출시설을 폐쇄할 계획이 있는 경우

[비고]
각 목의 부착 면제 사유가 소멸된 경우에는 해당 면제 사유가 소멸된 날부터 6개월 이내에 굴뚝 자동측정기기를 부착하고, 관제센터에 측정결과를 정상적으로 전송하여야 한다.

3. 굴뚝 자동측정기기의 부착 시기 및 부착 유예
가. 굴뚝 자동측정기기는 법 제30조제1항에 따른 가동개시 신고일까지 부착하여야 한다. 다만, 같은 사업장에서 새로 굴뚝 자동측정기기를 부착하여야 하는 배출구가 10개 이상인 경우에는 가동개시일부터 6개월 이내에 모두 부착하여야 한다.
나. 가목에도 불구하고 4종이나 5종의 사업장을 1종부터 3종까지의 사업장으로 변경하려는 경우(이하 "사업장 종규모변경"이라 한다)에는 변경허가를 받거나 변경신고를 한 날(이하 "종규모 변경일"이라 한다)부터 9개월 이내에 굴뚝자동측정기기를 부착하여야 한다.
다. 가목과 나목에도 불구하고 별표 8 제2호에 따른 배출시설은 다음과 같이 굴뚝자동측정기기의 부착을 유예한다.
1) 기존 시설로서 사업장 종규모변경으로 새로 굴뚝 자동측정기기 부착대상시설이 된 경우에는 종규모 변경일 이전 1년 동안 매월 1회 이상 오염물질 배출량을 측정한 결과 오염물질이 배출허용기준의 30%(이하 "기본부과기준"이라 한다) 미만으로 항상 배출되는 경우에는 오염물질이 기본부과기준 이상으로 배출될 때까지 부착을 유예한다. 이 경우 기본부과기준 이상으로 배출되는 날부터 6개월 이내에 굴뚝 자동측정기기를 부착하여야 한다.
2) 신규 시설은 오염물질이 기본부과기준 이상으로 배출될 때까지 굴뚝 자동측정기기의 부착을 유예한다. 이 경우 기본부과기준 이상으로 배출되는 날부터 6개월(가동개시일부터 6개월 내에 기본부과기준 이상으로 배출되는 경우에는 가동개시 후 1년) 이내에 굴뚝 자동측정기기를 부착하여야 한다.

② 제1항에 따른 조치의 유형과 기준 등에 관하여 필요한 사항은 대통령령으로 정한다.

③ 사업자는 제1항에 따라 부착된 측정기기에 대하여 다음 각 호의 행위를 하여서는 아니 된다.
[개정 2012.5.23.]

1. 배출시설이 가동될 때에 측정기기를 고의로 작동하지 아니하거나 정상적인 측정이 이루어지지 아니하도록 하는 행위
2. 부식, 마모, 고장 또는 훼손되어 정상적으로 작동하지 아니하는 측정기기를 정당한 사유 없이 방치하는 행위(제1항 본문에 따라 설치한 측정기기로 한정한다)
3. 측정기기를 고의로 훼손하는 행위
4. 측정기기를 조작하여 측정결과를 빠뜨리거나 거짓으로 측정결과를 작성하는 행위

④ 제1항에 따라 측정기기를 부착한 환경부장관, 시·도지사 및 사업자는 그 측정기기로 측정한 결과의 신뢰도와 정확도를 지속적으로 유지할 수 있도록 환경부령으로 정하는 측정기기의 운영·관리기준을 지켜야 한다. [개정 2012.5.23.]

규칙 제37조(측정기기의 운영·관리기준) 법 제32조제4항에 따른 측정기기의 운영·관리기준은 별표 9와 같다.

[규칙 별표9]

측정기기의 운영·관리기준(제37조 관련)

1. 적산전력계의 운영·관리기준
   가. 「계량에 관한 법률」 제12조에 따른 형식승인 및 같은 법 제20조에 따른 검정을 받은 적산전력계를 부착하여야 한다.
   나. 적산전력계를 임의로 조작을 할 수 없도록 봉인을 하여야 한다.

2. 굴뚝 자동측정기기의 운영·관리기준
   가. 환경부장관, 시·도지사 및 사업자는 굴뚝 자동측정기기의 구조 및 성능이 「환경분야 시험·검사 등에 관한 법률」 제6조제1항에 따른 환경오염공정시험기준에 맞도록 유지하여야 한다.
   나. 환경부장관, 시·도지사 및 사업자는 「환경분야 시험·검사 등에 관한 법률」 제9조제1항에 따른 형식승인(같은 법 제9조의2에 따른 예비형식승인을 받은 측정기기를 포함한다. 이하 같다)을 받은 굴뚝 자동측정기기를 설치하고, 같은 법 제11조에 따른 정도검사를 받아야 하며, 정도검사 결과를 관제센터가 알 수 있도록 조치하여야 한다. 다만, 같은 법 제6조제1항제1호에 따른 환경오염공정시험기준에 맞는 자료수집기 및 중간자료수집기의 경우 형식승인 또는 정도검사를 받은 것으로 본다.
   다. 환경부장관, 시·도지사 및 사업자는 굴뚝 자동측정기기에 의한 측정자료를 관제센터에 상시 전송하여야 한다.
   라. 환경부장관, 시·도지사 및 사업자는 굴뚝배출가스 온도측정기를 새로 설치하거나 교체하는 경우에는 「국가표준기본법」에 따른 교정을 받아야 하며, 그 기록을 3년 이상 보관하여야 한다. 다만, 영 별표 3 제1호의 비고 제3호에 따른 온도측정기 중 최종연소실출구 온도를 측정하는 온도측정기의 경우에는 KS규격품을 사용하여 교정을 갈음할 수 있다.

⑤ 시·도지사는 제4항에 따른 측정기기의 운영·관리기준을 지키지 아니하는 사업자에게 대통령령으로 정하는 바에 따라 기간을 정하여 측정기기가 기준에 맞게 운영·관리되도록 필요한 조치를 취할 것을 명할 수 있다. [개정 2012.5.23.]

영 **제18조(측정기기의 개선기간)** ① 환경부장관 또는 시·도지사는 법 제32조제5항에 따라 조치명령을 하는 경우에는 6개월 이내의 개선기간을 정해야 한다. [개정 2013.1.31.]

② 환경부장관 또는 시·도지사는 법 제32조제5항에 따른 조치명령을 받은 자가 천재지변이나 그 밖의 부득이한 사유로 제1항에 따른 개선기간 내 조치를 마칠 수 없는 경우에는 조치명령을 받은 자의 신청을 받아 6개월의 범위에서 개선기간을 연장할 수 있다. [개정 2013.1.31.]

영 **제21조(개선계획서의 제출)** ① 법 제32조제5항에 따른 조치명령(적산전력계의 운영·관리기준 위반으로 인한 조치명령은 제외한다. 이하 이 조에서 같다) 또는 법 제33조에 따른 개선명령을 받은 사업자는 그 명령을 받은 날부터 15일 이내에 다음 각 호의 사항을 명시한 개선계획서(굴뚝 자동측정기기를 부착한 경우에는 전자문서로 된 계획서를 포함한다. 이하 같다)를 환경부령으로 정하는 바에 따라 환경부장관 또는 시·도지사에게 제출해야 한다. 다만, 환경부장관 또는 시·도지사는 배출시설의 종류 및 규모 등을 고려하여 제출기간의 연장이 필요하다고 인정하는 경우 사업자의 신청을 받아 그 기간을 연장할 수 있다. [개정 2013.1.31.]

1. 법 제32조제5항에 따른 조치명령을 받은 경우에는 다음 각 목의 사항
   가. 굴뚝 자동측정기기의 부적정한 운영·관리의 내용
   나. 굴뚝 자동측정기기의 부적정한 운영·관리에 대한 원인 및 개선계획
   다. 굴뚝 자동측정기기의 개선기간에 배출되는 오염물질에 대한 자가측정계획
2. 법 제33조에 따른 개선명령을 받은 경우에는 다음 각 목의 사항
   가. 법 제33조에 따른 개선기간이 끝나기 전에 개선하려면 그 개선하려는 기간
   나. 개선기간 중에 배출시설의 가동을 중단하거나 제한하려면 그 기간과 제한의 내용
   다. 공법(工法) 등의 개선으로 오염물질의 배출을 감소시키려면 그 내용

규칙 **제38조(개선계획서)** ① 영 제21조제1항에 따른 개선계획서에는 다음 각 호의 구분에 따른 사항이 포함되거나 첨부되어야 한다.

1. 법 제32조제5항에 따른 조치명령을 받은 경우
   가. 개선기간·개선내용 및 개선방법
   나. 굴뚝 자동측정기기의 운영·관리 진단계획
2. 법 제33조에 따른 개선명령을 받은 경우로서 개선하여야 할 사항이 배출시설 또는 방지시설인 경우
   가. 배출시설 또는 방지시설의 개선명세서 및 설계도
   나. 대기오염물질의 처리방식 및 처리 효율
   다. 공사기간 및 공사비

라. 다음의 경우에는 이를 증명할 수 있는 서류
1) 개선기간 중 배출시설의 가동을 중단하거나 제한하여 대기오염물질의 농도나 배출량이 변경되는 경우
2) 개선기간 중 공법 등의 개선으로 대기오염물질의 농도나 배출량이 변경되는 경우

3. 법 제33조에 따른 개선명령을 받은 경우로서 개선하여야 할 사항이 배출시설 또는 방지시설의 운전미숙 등으로 인한 경우
가. 대기오염물질 발생량 및 방지시설의 처리능력
나. 배출허용기준의 초과사유 및 대책

② 영 제21조제1항에 따라 개선계획서를 제출받은 유역환경청장, 지방환경청장, 수도권대기환경청장 또는 시 · 도지사는 제1항제2호라목에 해당하는 경우에는 그 사실 여부를 실지 조사 · 확인해야 한다.

영 제21조 ② 사업자가 제1항에 따른 개선계획서를 제출하지 아니하거나 제출하였더라도 제1항 각 호의 사항을 명시하지 아니한 경우에는 개선기간 중에 다음 각호의 어느 하나의 상태로 오염물질을 배출하면서 배출시설을 계속 가동한 것으로 추정한다.

1. 법 제32조제5항에 해당하는 경우에는 굴뚝 자동측정기기가 정상가동된 최근 3개월 동안의 배출농도 중 최고 농도. 이 경우 배출농도는 30분 평균치로 한다.
2. 법 제33조에 해당하는 경우에는 개선명령에서 명시된 오염상태

③ 법 제32조제5항에 따른 조치명령을 받지 않은 사업자는 다음 각 호의 어느 하나에 해당하면 환경부령으로 정하는 바에 따라 환경부장관 또는 시 · 도지사에게 개선계획서를 제출하고 개선할 수 있다. [개정 2013.1.31.]

1. 굴뚝 자동측정기기를 개선 · 변경 · 점검 또는 보수하기 위하여 반드시 필요한 경우
2. 굴뚝 자동측정기기 주요 장치 등의 돌발적 사고로 굴뚝 자동측정기기를 적정하게 운영할 수 없는 경우
3. 천재지변이나 화재, 그 밖의 불가항력적인 사유로 굴뚝 자동측정기기를 적정하게 운영할 수 없는 경우

④ 법 제33조에 따른 개선명령을 받지 않은 사업자는 다음 각 호의 어느 하나에 해당하는 경우로서 배출허용기준을 초과하여 오염물질을 배출했거나 배출할 우려가 있는 경우에는 환경부령으로 정하는 바에 따라 환경부장관 또는 시 · 도지사에게 개선계획서를 제출하고 개선할 수 있다. [개정 2013.1.31.]

1. 배출시설 또는 방지시설을 개선 · 변경 · 점검 또는 보수하기 위하여 반드시 필요한 경우
2. 배출시설 또는 방지시설의 주요 기계장치 등의 돌발적 사고로 배출시설이나 방지시

설을 적정하게 운영할 수 없는 경우
3. 단전 · 단수로 배출시설이나 방지시설을 적정하게 운영할 수 없는 경우
4. 천재지변이나 화재, 그 밖의 불가항력적인 사유로 배출시설이나 방지시설을 적정하게 운영할 수 없는 경우

규칙 제39조(조치명령 또는 개선명령을 받지 아니한 사업자의 개선계획서 제출 등) ① 영 제21조제3항 또는 제4항에 따라 개선계획서를 제출하려는 사업자는 다음 각 호의 구분에 따른 제출시기까지 별지 제8호서식 또는 별지 제9호서식의 개선계획서에 제38조제1항 각 호의 구분에 따른 사항을 적어 유역환경청장, 지방환경청장, 수도권대기환경청장 또는 시 · 도지사에게 제출해야 한다. [개정 2013.2.1.]

1. 영 제21조제3항제1호 또는 같은 조 제4항제1호에 해당하는 경우 : 굴뚝 자동측정기기 · 배출시설 또는 방지시설을 개선 · 변경 · 점검 또는 보수작업을 시작하기 24시간 전
2. 영 제21조제3항제2호 · 제3호 또는 같은 조 제4항제2호부터 제4호까지에 해당하는 경우 : 굴뚝자동측정기기 · 배출시설 또는 방지시설을 적절하게 운영할 수 없는 때부터 48시간 이내(토요일 또는 공휴일에 해당하는 날의 0시부터 24시까지의 시간은 제외한다). 이 경우 사업자는 그 사유가 발생한 때부터 8시간 이내에 전자문서 · 팩스 또는 전화 등을 이용하여 그 내용을 유역환경청장, 지방환경청장, 수도권대기환경청장 또는 시 · 도지사에게 통지해야 한다.

② 제1항에 따라 개선계획서를 제출한 자는 개선을 완료하면 다음 각 호의 구분에 따른 개선완료 보고서를 유역환경청장, 지방환경청장, 수도권대기환경청장 또는 시 · 도지사에게 제출(「전자정부법」 제2조제7호에 따른 정보통신망에 의한 제출을 포함한다)해야 한다.

1. 굴뚝 자동측정기기의 개선을 완료한 경우 : 별지 제10호서식의 개선완료 보고서
2. 배출시설 및 방지시설의 개선을 완료한 경우 : 별지 제11호서식의 개선완료 보고서

③ 제1항 및 제2항에 따른 개선계획서 또는 개선완료 보고서를 제출받은 유역환경청장, 지방환경청장, 수도권대기환경청장 또는 시 · 도지사는 관계 공무원에게 영 제21조제3항 · 제4항에 해당하는지 또는 개선 완료 여부를 확인하게 하고, 대기오염도검사가 필요한 경우에는 시료를 채취하여 제40조제2항에 따른 검사기관에 오염도검사를 지시하거나 의뢰해야 한다.

⑥ 시 · 도지사는 제5항에 따라 조치명령을 받은 자가 이를 이행하지 아니하면 해당 배출시설의 전부 또는 일부에 대하여 조업정지를 명할 수 있다. [개정 2012.5.23.]
⑦ 환경부장관은 제1항에 따라 사업장에 부착된 측정기기와 연결하여 그 측정결과를 전산처리할

수 있는 전산망을 운영할 수 있으며, 시 · 도지사 또는 사업자가 측정기기를 정상적으로 유지 · 관리할 수 있도록 기술지원을 할 수 있다. [개정 2012.5.23.]

영 **제19조(굴뚝 원격감시체계 관제센터의 설치 · 운영)** ① 환경부장관은 법 제32조제7항에 따라 사업장에 부착된 굴뚝 자동측정기기의 측정결과를 전산처리하기 위한 전산망을 효율적으로 관리하기 위하여 굴뚝 원격감시체계 관제센터(이하 "관제센터"라 한다)를 설치 · 운영할 수 있다. [개정 2013.1.31.]

② 관제센터의 관할사업장과 관제센터의 기능 · 운영 및 자동측정자료의 관리 등에 필요한 사항은 환경부장관이 정하여 고시한다.

⑧ 환경부장관은 제7항에 따라 측정결과를 전산처리할 수 있는 전산망을 운영하는 경우 대통령령으로 정하는 방법에 따라 인터넷 홈페이지 등을 통하여 측정결과를 실시간으로 공개하고, 그 전산처리한 결과를 주기적으로 공개하여야 한다. 다만, 제33조 및 제34조에 따라 배출허용기준을 초과한 사업자에게 행정처분을 하거나 제35조에 따라 배출부과금을 부과하는 경우에는 전산처리한 결과를 사용하여야 한다. [개정 2019.04.02.]

영 **제19조의2(측정결과 등의 공개)** ① 환경부장관은 법 제32조제8항 본문에 따라 사업장 명칭, 사업장 소재지 및 대기오염물질별 배출농도의 30분 평균치(매시 정각부터 30분까지 또는 매시 30분부터 다음 시 정각까지 5분마다 측정한 값을 산술평균한 값을 말한다. 이하 같다) 등의 측정결과를 인터넷 홈페이지 등을 통해 실시간으로 공개해야 한다.

② 환경부장관은 법 제32조제8항 본문에 따라 사업장 명칭, 사업장 소재지 및 대기오염물질별 연간 배출량 등 전산처리한 결과를 매년 6월 30일까지 연 1회 인터넷 홈페이지 등을 통해 공개해야 한다.

③ 제1항에 따른 측정결과의 실시간 공개 방법에 관한 세부사항은 환경부장관이 정하여 고시한다.

⑨ 제1항 단서에 따른 측정기기를 부착 · 운영하는 등의 조치에 필요한 비용 및 제4항에 따른 측정기기(환경부장관 또는 시 · 도지사가 부착 · 운영하는 측정기기로 한정한다)의 운영 · 관리에 필요한 비용은 환경부장관이 설치하는 경우에는 국가가, 시 · 도지사가 설치하는 경우에는 해당 시 · 도가 부담한다.

⑩ 제1항에 따라 측정기기를 부착한 자는 제32조의2제1항에 따라 측정기기 관리대행업의 등록을 한 자(이하 "측정기기 관리대행업자"라 한다)에게 측정기기의 관리 업무를 대행하게 할 수 있다.

제32조의2(측정기기 관리대행업의 등록) ① 제32조제4항에 따라 측정기기로 측정한 결과의 신뢰

도와 정확도를 지속적으로 유지할 수 있도록 측정기기를 관리하는 업무를 대행하는 영업(이하 "측정기기 관리대행업"이라 한다)을 하려는 자는 대통령령으로 정하는 시설 · 장비 및 기술인력 등의 기준을 갖추어 환경부장관에게 등록하여야 한다. 등록한 사항 중 대통령령으로 정하는 중요 사항을 변경하려는 경우에도 또한 같다.

규칙 **제37조의3(측정기기 관리대행업 등록의 신청)** ① 법 제32조의2제1항 전단에 따라 측정기기 관리대행업을 등록하려는 자는 별지 제12호의3서식의 측정기기 관리대행업 등록 신청서(전자문서로 된 신청서를 포함한다)에 영 별표 3의2의 기준에 따른 시설 · 장비 및 기술인력의 보유현황과 이를 증명할 수 있는 서류 1부를 첨부하여 사무실 소재지를 관할하는 유역환경청장, 지방환경청장 또는 수도권대기환경청장에게 제출하여야 한다.

② 제1항에 따른 신청서를 제출받은 담당 공무원은 「전자정부법」 제36조제1항에 따른 행정정보의 공동이용을 통하여 기술인력의 국가기술자격증과 신청인이 법인인 경우에는 법인 등기사항 증명서를, 개인인 경우에는 사업자등록증을 확인하여야 한다. 다만, 신청인이 사업자등록증 또는 국가기술자격증의 확인에 동의하지 아니하는 경우에는 그 사본을 첨부하도록 하여야 한다.

③ 유역환경청장, 지방환경청장 또는 수도권대기환경청장은 법 제32조의2제1항 전단에 따른 측정기기 관리대행업자의 등록을 하면 같은 조 제3항에 따라 별지 제12호의4서식의 측정기기 관리대행업 등록증을 발급하여야 한다.

④ 제3항에 따라 측정기기 관리대행업의 등록을 한 자(이하 "측정기기 관리대행업자"라 한다)는 법 제32조의2제1항 후단에 따라 영 제19조의3제2항 각 호의 어느 하나에 해당하는 사항을 변경하려는 경우에는 별지 제12호의3서식의 측정기기 관리대행업 변경등록 신청서에 측정기기 관리대행업 등록증과 변경내용을 증명할 수 있는 서류 1부를 첨부하여 사무실 소재지(사무실 소재지를 변경하는 경우에는 변경 후의 사무실 소재지를 말한다)를 관할하는 유역환경청장, 지방환경청장 또는 수도권대기환경청장에게 제출하여야 한다.

⑤ 유역환경청장, 지방환경청장 또는 수도권대기환경청장은 법 제32조의2제1항 후단에 따라 측정기기 관리대행업자를 변경등록한 경우에는 제4항에 따라 제출받은 측정기기 관리대행업 등록증 뒷면에 변경 내용을 적은 후 신청인에게 돌려주어야 한다. [본조신설 2017.1.26.]

② 다음 각 호의 어느 하나에 해당하는 자는 측정기기 관리대행업의 등록을 할 수 없다.

1. 피성년후견인 또는 피한정후견인
2. 파산자로서 복권되지 아니한 자
3. 이 법을 위반하여 징역 이상의 실형을 선고받고 그 집행이 끝나거나(집행이 끝난 것으로 보는

경우를 포함한다) 집행을 받지 아니하기로 확정된 날부터 2년이 지나지 아니한 사람
4. 제32조의3에 따라 등록이 취소(제32조의2제2항제1호 또는 제2호에 해당하여 등록이 취소된 경우는 제외한다)된 날부터 2년이 지나지 아니한 자
5. 임원 중 제1호부터 제4호까지의 어느 하나에 해당하는 사람이 있는 법인

③ 환경부장관은 측정기기 관리대행업자에 대하여 환경부령으로 정하는 등록증을 발급하여야 한다.

④ 측정기기 관리대행업자는 다른 자에게 자기의 명의를 사용하여 측정기기 관리 업무를 하게 하거나 등록증을 다른 자에게 대여해서는 아니 된다.

⑤ 측정기기 관리대행업자는 측정기기로 측정한 결과의 신뢰도와 정확도를 지속적으로 유지할 수 있도록 환경부령으로 정하는 관리기준을 지켜야 한다. [본조신설 2016.1.27.]

규칙 **제37조의4(측정기기 관리대행업자의 관리기준)** 법 제32조의2제5항에서 "환경부령으로 정하는 관리기준"이란 다음 각 호의 사항을 말한다.

1. 기술인력으로 등록된 사람으로 하여금 측정기기의 점검을 실시하도록 할 것
2. 관리업무를 대행하는 측정기기의 가동 상태를 점검하여 측정기기가 정상적으로 작동하지 아니하는 경우에는 측정기기 관리업무의 대행을 맡긴 자에게 즉시 통보할 것
3. 별지 제12호의5서식의 측정기기 관리대행업 실적보고서에 측정기기 관리대행 계약서 등 대행실적을 증명할 수 있는 서류 1부를 첨부하여 매년 1월31일까지 사무실 소재지를 관할하는 유역환경청장, 지방환경청장 또는 수도권대기환경청장에게 제출하고, 제출한 서류의 사본을 제출한 날부터 3년간 보관할 것
4. 등록의 취소, 업무정지 등 측정기기 관리업무의 대행을 지속하기 어려운 사유가 발생한 경우에는 측정기기 관리업무의 대행을 맡긴 자에게 즉시 통보할 것 [본조신설 2017.1.26.]
5. 측정기기를 조작하여 측정결과를 빠뜨리거나 측정결과를 거짓으로 작성하지 않을 것

제32조의3(측정기기 관리대행업의 등록취소 등) ① 환경부장관은 측정기기 관리대행업자가 다음 각 호의 어느 하나에 해당하는 경우에는 등록을 취소하거나 6개월 이내의 기간을 정하여 영업의 전부 또는 일부의 정지를 명할 수 있다. 다만, 제1호, 제4호, 제5호 또는 제7호에 해당하는 경우에는 그 등록을 취소하여야 한다.

1. 거짓이나 그 밖의 부정한 방법으로 등록을 한 경우
2. 등록 후 2년 이내에 영업을 개시하지 아니하거나 계속하여 2년 이상 영업실적이 없는 경우
3. 제32조의2제1항에 따른 등록 기준에 미달하게 된 경우
4. 제32조의2제2항에 따른 결격사유에 해당하는 경우. 다만, 제32조의2제2항제5호에 따른 결격사유에 해당하는 경우로서 그 사유가 발생한 날부터 2개월 이내에 그 사유를 해소한 경우에는 그러하지 아니하다.
5. 제32조의2제4항을 위반하여 다른 자에게 자기의 명의를 사용하여 측정기기 관리 업무를 하

게 하거나 등록증을 다른 자에게 대여한 경우
6. 제32조의2제5항에 따른 관리기준을 위반한 경우
7. 영업정지 기간 중 측정기기 관리 업무를 대행한 경우
② 제1항에 따른 행정처분의 세부기준은 환경부령으로 정한다.

규칙 **제37조의5(측정기기 관리대행업의 등록말소 신청 등)** ① 측정기기 관리대행업 등록의 말소를 신청하려는 자는 별지 제12호의6서식의 측정기기 관리대행업 등록말소 신청서에 측정기기 관리대행업 등록증을 첨부하여 사무실 소재지를 관할하는 유역환경청장, 지방환경청장 또는 수도권대기환경청장에게 제출하여야 한다.
② 유역환경청장, 지방환경청장 또는 수도권대기환경청장은 법 제32조의3제1항에 따라 등록을 취소하거나 제1항에 따라 등록을 말소한 경우에는 다음 각 호의 사항을 관보나 유역환경청, 지방환경청 또는 수도권대기환경청 인터넷 홈페이지에 공고하여야 한다.
1. 측정기기 관리대행업자의 상호, 대표자 성명 및 소재지
2. 등록번호 및 등록 연월일
3. 등록취소 · 말소 연월일 및 그 사유

제33조(개선명령) 시 · 도지사는 제30조에 따른 신고를 한 후 조업 중인 배출시설에서 나오는 오염물질의 정도가 제16조나 제29조제3항에 따른 배출허용기준을 초과한다고 인정하면 대통령령으로 정하는 바에 따라 기간을 정하여 사업자(제29조제2항에 따른 공동 방지시설의 대표자를 포함한다)에게 그 오염물질의 정도가 배출허용기준 이하로 내려가도록 필요한 조치를 취할 것(이하 "개선명령"이라 한다)을 명할 수 있다. [개정 2012.5.23.]

영 **제20조(배출시설 및 방지시설의 개선기간)** ① 환경부장관 또는 시 · 도지사는 법 제33조에 따라 개선명령을 하는 경우에는 개선에 필요한 조치 및 시설 설치기간 등을 고려하여 1년 이내의 개선기간을 정해야 한다. [개정 2013.1.31.]
② 환경부장관 또는 시 · 도지사는 법 제33조에 따른 개선명령을 받은 자가 천재지변이나 그 밖의 부득이한 사유로 제1항에 따른 개선기간 내에 조치를 마칠 수 없는 경우에는 개선명령을 받은 자의 신청을 받아 1년의 범위에서 개선기간을 연장할 수 있다.

영 **제22조(개선명령 등의 이행 보고 및 확인)** ① 법 제32조제5항에 따른 조치명령이나 법 제33조에 따른 개선명령을 받은 사업자는 그 명령을 이행한 경우에는 지체없이 환경부장관 또는 시 · 도지사에게 보고해야 한다. [개정 2013.1.31.]

규칙 **제40조(개선명령의 이행 보고 등)** ① 영 제22조제1항에 따른 조치명령의 이행보고는 별지

제12호서식에 따르고, 개선명령의 이행 보고는 별지 제13호서식에 따른다.

② 영 제22조제2항에 따른 대기오염도 검사기관은 다음 각 호와 같다.

1. 국립환경과학원
2. 특별시 · 광역시 · 특별자치시 · 도 · 특별자치도(이하 "시 · 도"라 한다)의 보건환경연구원
3. 유역환경청, 지방환경청 또는 수도권대기환경청
4. 한국환경공단
5. 「국가표준기본법」 제23조에 따른 인정을 받은 시험 · 검사기관 중 환경부장관이 정하여 고시하는 기관

영 제22조 ② 환경부장관 또는 시 · 도지사는 제1항에 따른 보고를 받은 경우에는 관계 공무원에게 지체 없이 명령의 이행상태를 확인하게 해야 한다. 이 경우 대기오염도 검사가 필요하면 시료(試料)를 채취하여 환경부령으로 정하는 검사기관에 검사를 지시하거나 의뢰해야 한다. [개정 2013.1.31.]

제34조(조업정지명령 등) ① 환경부장관 또는 시 · 도지사는 제33조에 따라 개선명령을 받은 자가 개선명령을 이행하지 아니하거나 기간 내에 이행은 하였으나 검사결과 제16조 또는 제29조제3항에 따른 배출허용기준을 계속 초과하면 해당 배출시설의 전부 또는 일부에 대하여 조업정지를 명할 수 있다. [개정 2012.5.23.]

② 환경부장관 또는 시 · 도지사는 대기오염으로 주민의 건강상 · 환경상의 피해가 급박하다고 인정하면 환경부령으로 정하는 바에 따라 즉시 그 배출시설에 대하여 조업시간의 제한이나 조업정지, 그 밖에 필요한 조치를 명할 수 있다. [개정 2012.5.23.]

규칙 **제41조(조업시간의 제한 등)** 유역환경청장, 지방환경청장, 수도권대기환경청장 또는 시 · 도지사는 대기오염이 주민의 건강이나 환경에 급박한 피해를 준다고 인정하면 법 제34조 제2항에 따라 대기오염물질 등의 배출로 예상되는 위해와 피해의 정도에 따라 사용연료의 대체, 조업시간의 제한 또는 변경, 조업의 일부 또는 전부의 정지를 명하되, 위해나 피해를 가장 크게 주는 배출시설부터 조치해야 한다.

규칙 **제42조(대기오염물질 발생량 산정방법)** ① 법 제25조에 따른 대기오염물질 발생량은 예비용 시설을 제외한 사업장의 모든 배출시설별 대기오염물질 발생량을 더하여 산정하되, 배출시설별 대기오염물질 발생량의 산정방법은 다음과 같다. 〈개정 2013.2.1.〉

배출시설의 시간당 대기오염물질 발생량 × 일일조업시간 × 연간가동일수

② 유역환경청장, 지방환경청장, 수도권대기환경청장 또는 시 · 도지사는 사업장에 대한

지도점검 결과 사업장의 대기오염물질 발생량이 변경되어 해당사업장의 구분(영 별표 1의3에 따른 제1종부터 제5종까지의 사업장 구분을 말한다)을 변경해야 하는 경우에는 사업자에게 그 사실을 통보해야 한다. 〈개정 2019.07.16.〉

③ 제2항에 따라 통보를 받은 사업자는 통보일부터 7일 이내에 제27조에 따른 변경신고를 하여야 한다.

규칙 **제43조(배출시설의 시간당 대기오염물질 발생량)** 제42조제1항에 따른 배출시설의 시간당 대기오염물질 발생량은 별표 10에서 정한 방법으로 산정한다.

규칙 **제44조(일일조업시간 및 연간가동일수)** 제42조제1항에 따른 일일조업시간 또는 연간가동일수는 각각 24시간과 365일을 기준으로 산정한다. 다만, 난방용 보일러 등 일정 시간 또는 일정 기간만 가동한다고 유역환경청장, 지방환경청장, 수도권대기환경청장 또는 시·도지사가 인정하는 시설은 다음 각 호의 구분에 따라 산정한다.

1. 이미 설치되어 사용 중인 배출시설의 경우에는 다음 각 목의 기준
   가. 전년도의 일일평균조업시간을 일일조업시간으로 봄
   나. 전년도의 연간가동일수를 그 해의 연간가동일수로 봄
2. 새로 설치되는 배출시설의 경우에는 배출시설 및 방지시설 설치명세서에 기재된 일일조업예정시간 또는 연간가동예정일을 각각 일일조업시간 또는 연간가동일수로 봄

제35조(배출부과금의 부과·징수) ① 환경부장관 또는 시·도지사는 대기오염물질로 인한 대기환경상의 피해를 방지하거나 줄이기 위하여 다음 각 호의 어느 하나에 해당하는 자에 대하여 배출부과금을 부과·징수한다.

1. 대기오염물질을 배출하는 사업자(제29조에 따른 공동 방지시설을 설치·운영하는 자를 포함한다)
2. 제23조제1항부터 제3항까지의 규정에 따른 허가·변경허가를 받지 아니하거나 신고·변경신고를 하지 아니하고 배출시설을 설치 또는 변경한 자

영 **제23조(배출부과금 부과대상 오염물질)** ① 법 제35조제2항제1호에 따른 기본부과금의 부과대상이 되는 오염물질은 다음 각 호와 같다. [개정 2013.1.31.]

1. 황산화물 2. 먼지 3. 3.질소산화물

② 법 제35조제2항제2호에 따른 초과부과금(이하 "초과부과금"이라 한다)의 부과 대상이 되는 오염물질은 다음 각 호와 같다. [개정 2013.1.31.] ✓실전문제

1. 황산화물 2. 암모니아 3. 황화수소 4. 이황화탄소 5. 먼지
6. 불소화물 7. 염화수소 8. 질소산화물 9. 시안화수소

실전문제 **대기환경보전법령상 초과부과금 부과 대상 오염물질에 해당하지 않는 것은?**

❶ 포름알데히드　　② 황산화물
③ 불소화합물　　④ 염화수소

실전문제 **대기환경보전법령상 초과부과금의 부과대상이 아닌 것은?**

❶ 일산화탄소　　② 암모니아
③ 불소화합물　　④ 염소

영 제24조(초과부과금 산정의 방법 및 기준) ① 제23조제2항 각 호에 해당하는 오염물질에 대한 초과부과금은 다음 각 호의 구분에 따른 산정방법으로 산출한 금액으로 한다. [개정 2016.3.29.] ✓실전문제

1. 제21조제4항에 따른 개선계획서를 제출하고 개선하는 경우 : 오염물질 1kg당 부과금액×배출허용기준초과 오염물질배출량×지역별 부과계수×연도별 부과금산정지수
2. 제1호 외의 경우 : 오염물질 1kg당 부과금액×배출허용기준초과 오염물질배출량×배출허용기준 초과율별 부과계수×지역별 부과계수×연도별 부과금 산정지수×위반횟수별 부과계수

② 제1항에 따른 초과부과금의 산정에 필요한 오염물질 1kg당 부과금액, 배출허용기준초과율별 부과계수 및 지역별 부과계수는 별표 4와 같다.

실전문제 **대기환경보전법령상 초과부과금 산정 기준에서 다음 오염물질 중 오염물질 1kg 당 부과금액이 가장 큰 것은?**

① 불소화합물　　② 암모니아
❸ 시안화수소　　④ 황화수소

실전문제 **대기환경보전법령상 기본부과금 산정기준 중 "수산자원보호구역"의 지역별 부과계수는? (단, 지역구분은 국토의 계획 및 이용에 관한 법률에 의한다.)**

❶ 0.5　　② 1.0
③ 1.5　　④ 2.0

영 제25조(초과부과금의 오염물질배출량 산정 등) ① 제24조제1항에 따른 초과부과금의 산정에 필요한 배출허용기준초과 오염물질배출량(이하 "기준초과배출량"이라 한다)은 다음 각 호의 구분에 따른 배출기간 중에 배출허용기준을 초과하여 조업함으로써 배출되는 오염물질의 양으로 하되, 일일 기준초과배출량에 배출기간의 일수(日數)를 곱하여 산정한다. 다만, 제17조제1항제2호에 따른 굴뚝 자동측정기기를 설치하여 관제센터로 측정결과를 자동 전송하는 사업장(이하 "자동측정사업장"이라 한다)의 자동측정자료의 30분 평균치가 배출허용기준을 초과한 경우에는 그 초과한 30분마다 배출허용기준초과농도(배출허용기준을 초과한 30분 평균치에서 배출허용기준농도를 뺀 값을 말한다)에 해당 30분 동안의 배출유량을 곱하여 초과배출량을 산정하고, 반기별(半期別)로 이를 합산하여 기준초과배출량을 산정한다.

1. 제21조제4항에 따른 개선계획서를 제출하고 개선하는 경우 : 명시된 부적정 운영 개시일부터 개선기간 만료일까지의 기간
2. 법 제33조, 제34조, 제36조 또는 제38조에 따른 개선명령, 조업정지명령, 허가취소, 사용중지명령 또는 폐쇄명령을 받은 경우: 오염물질이 초과 배출되기 시작한 날(초과 배출되기 시작한 날을 알 수 없는 경우에는 배출허용기준 초과 여부 확인을 위한 오염물질 채취일)부터 법 제33조, 제34조 또는 제38조에 따른 개선명령, 조업정지명령, 사용중지명령 또는 폐쇄명령의 이행완료 예정일이나 법 제36조에 따른 허가취소일까지의 기간
3. 제1호 및 제2호 외의 경우: 배출허용기준 초과 여부 확인을 위한 오염물질 채취일부터 배출허용기준 이내로 확인된 오염물질 채취일까지의 기간

② 제1항에 따른 일일 기준초과배출량은 다음 각 호의 구분에 따른 날의 오염물질 배출허용기준초과농도에, 배출농도 측정 시의 배출유량(이하 "측정유량"이라 한다)을 기준으로 계산한 배출 총량(이하 "일일유량"이라 한다)을 곱하여 산정한 양을 킬로그램 단위로 표시한 양으로 한다.

1. 제21조제4항에 따라 개선계획서를 제출하고 개선하는 경우: 환경부령으로 정하는 오염물질 채취일
2. 법 제33조, 제34조, 제36조 또는 제38조에 따른 개선명령, 조업정지명령, 허가취소, 사용중지명령 또는 폐쇄명령을 받은 경우: 법 제33조, 제34조, 제36조 또는 제38조에 따른 개선명령, 조업정지명령, 허가취소, 사용중지명령 또는 폐쇄명령의 원인이 되는 오염물질 채취일
3. 제1호 및 제2호 외의 경우: 배출허용기준 초과 여부 확인을 위한 오염물질 채취일

③ 제2항에 따른 일일 기준초과배출량과 일일유량은 별표 5에 따라 산정하고, 측정유량은 「환경분야 시험 · 검사 등에 관한 법률」 제6조제1항제1호에 해당하는 분야에 대한 환경오염공정시험기준에 따라 산정한다. [개정 08.12.31] *실전문제

④ 제24조제1항 각 호에 따른 오염물질 배출량은 배출기간 중에 배출된 가스의 양을 1천 ㎥ 단위로 표시한 것으로 하며, 일일유량에 배출기간의 일수를 곱하여 산정한다. 이 경우 배출기간의 계산과 측정유량의 산정에 관하여는 제1항부터 제3항까지의 규정을 준용한다.

⑤ 제1항 단서에 따라 제23조제1항에 따른 기본부과금 부과대상 오염물질에 대한 초과배출량을 산정하는 경우로서 배출허용기준을 초과한 날 이전 3개월간 평균배출농도가 배출허용기준의 30% 미만인 경우에는 초과배출량에서 별표 5의2에 따른 초과배출량 공제분을 공제한다. [신설 2016.3.29.]

⑥ 제1항에 따른 배출기간은 일수로 표시하며, 그 기간의 계산은 「민법」에 따르되, 초일(初日)을 산입한다. [개정 2010.12.31.]

영 제26조(연도별 부과금산정지수 및 위반횟수별 부과계수) ① 제24조제1항에 따른 연도별 부과금산정지수는 매년 전년도 부과금산정지수에 전년도 물가상승률 등을 고려하여 환경부장관이 고시하는 가격변동지수를 곱한 것으로 한다.

② 제24조제1항에 따른 위반횟수별 부과계수는 다음 각 호의 구분에 따른 비율을 곱한 것으로 한다.

1. 위반이 없는 경우 : 100분의 100 2. 처음 위반한 경우 : 100분의 105
3. 2차 이상 위반한 경우 : 위반 직전의 부과계수에 100분의 105를 곱한 것

③ 제2항에 따른 위반횟수는 배출허용기준을 초과하여 제23조에 따른 부과금 부과대상 오염물질 등을 배출하여 법 제33조, 법 제34조, 법 제36조 또는 법 제38조에 따른 개선명령, 조업정지명령, 허가취소, 사용중지명령 또는 폐쇄명령을 받은 횟수로 한다. 이 경우 위반횟수는 사업장의 배출구별로 위반행위가 있었던 날 이전의 최근 2년을 단위로 산정한다.

④ 자동측정사업장의 경우에는 제3항에도 불구하고 30분 평균치가 배출허용기준 초과하는 횟수를 위반횟수로 하되, 30분 평균치가 24시간 이내에 2회 이상 배허용기준을 초과하는 경우에는 위반횟수를 1회로 보고, 제21조제3항에 따라 개선계획서를 제출하고 배출허용기준을 초과하는 경우에는 개선기간 중의 위반횟수를 1회로 본다. 이 경우 위반횟수는 각 배출구마다 제23조제2항 각 호에 따른 오염물질별로 3개월을 단위로 산정한다. [개정 2010.3.26., 2016.3.29.]

[영 별표4]

초과부과금 산정기준(제24조제2항 관련)

(금액: 원)

구 분 / 오염물질		오염물질 1kg당 부과금액	배출허용 기준초과율별 부과계수				
			20% 미만	20% 이상 40% 미만	40% 이상 80% 미만	80% 이상 100% 미만	100% 이상 200% 미만
황산화물		500	1.2	1.56	1.92	2.28	3.0
먼지		770	1.2	1.56	1.92	2.28	3.0
암모니아		1400	1.2	1.56	1.92	2.28	3.0
황화수소		6000	1.2	1.56	1.92	2.28	3.0
이황화탄소		1600	1.2	1.56	1.92	2.28	3.0
특정유해물질	불소화합물	2300	1.2	1.56	1.92	2.28	3.0
	염화수소	7400	1.2	1.56	1.92	2.28	3.0
	염 소	7400	1.2	1.56	1.92	2.28	3.0
	시안화수소	7300	1.2	1.56	1.92	2.28	3.0

구 분 / 오염물질		배출허용 기준초과율별 부과계수			지역별 부과계수		
		200% 이상 300% 미만	300% 이상 400% 미만	400% 이상	Ⅰ지역	Ⅱ지역	Ⅲ지역
황산화물		4.2	4.8	5.4	2	1	1.5
먼지		4.2	4.8	5.4	2	1	1.5
암모니아		4.2	4.8	5.4	2	1	1.5
황화수소		4.2	4.8	5.4	2	1	1.5
이황화탄소		4.2	4.8	5.4	2	1	1.5
특정유해물질	불소화합물	4.2	4.8	5.4	2	1	1.5
	염화수소	4.2	4.8	5.4	2	1	1.5
	염소	4.2	4.8	5.4	2	1	1.5
	시안화수소	4.2	4.8	5.4	2	1	1.5

[비고]

1. 배출허용기준 초과율(%) = (배출농도 − 배출허용기준농도) ÷ 배출허용기준농도 × 100
2. Ⅰ지역: 「국토의 계획 및 이용에 관한 법률」 제36조에 따른 주거지역·상업지역, 같은 법 제37조에 따른 취락지구, 같은 법 제42조에 따른 택지개발예정지구
3. Ⅱ지역: 「국토의 계획 및 이용에 관한 법률」 제36조에 따른 공업지역, 같은 법 제37조에 따른 개발진흥지구(관광·휴양개

발진흥지구는 제외한다), 같은 법 제40조에 따른 수산자원보호구역, 같은 법 제42조에 따른 국가산업단지 및 지방산업단지, 전원개발사업구역 및 예정구역

4. Ⅲ지역: 「국토의 계획 및 이용에 관한 법률」 제36조에 따른 녹지지역 · 관리지역 · 농림지역 및 자연환경보전지역, 같은 법 제37조 및 같은 법 시행령 제31조에 따른 관광 · 휴양개발진흥지구

[영 별표5]

일일초과배출량 및 일일유량의 산정방법(제25조제 3 항 관련)

가. 일일기준초과배출량의 산정방법

구분	오염물질	산정방법
일반오염물질	황산화물	일일유량*배출허용기준초과농도*10^{-6}*64/22.4
	먼지	일일유량*배출허용기준초과농도*10^{-6}
	암모니아	일일유량*배출허용기준초과농도*10^{-6}*17/22.4
	황화수소	일일유량*배출허용기준초과농도*10^{-6}*34/22.4
	이황화탄소	일일유량*배출허용기준초과농도*10^{-6}*76/22.4
특정대기유해물질	불소화합물	일일유량*배출허용기준초과농도*10^{-6}*19/22.4
	염화수소	일일유량*배출허용기준초과농도*10^{-6}*36.5/22.4
	염소	일일유량*배출허용기준초과농도*10^{-6}*71/22.4
	시안화수소	일일유량*배출허용기준초과농도*10^{-6}*27/22.4

[비고]

1. 배출허용기준초과농도 = 배출농도 − 배출허용기준농도
2. 특정대기유해물질의 배출허용기준초과 일일오염물질배출량은 소수점 이하 넷째 자리까지 계산하고, 일반오염물질은 소수점 이하 첫째 자리까지 계산한다.
3. 먼지의 배출농도 단위는 세제곱미터당 밀리그램(㎎/S㎥)으로 하고, 그 밖의 오염물질의 배출농도 단위는 피피엠(ppm)으로 한다.

나. 일일유량의 산정방법

일일유량 = 측정유량 × 일일조업시간

[비고]

1. 측정유량의 단위는 시간당 세제곱미터(㎥/h)로 한다.
2. 일일조업시간은 배출량을 측정하기 전 최근 조업한 30일 동안의 배출시설 조업시간 평균치를 시간으로 표시한다.

실전문제 **대기환경보전법령상 일일초과배출량 및 일일유량의 산정방법에 관한 설명으로 옳지 않은 것은?**

❶ 먼지 외 오염물질의 배출농도의 단위는 mg/㎥ 또는 ㎍/㎥으로 나타낸다.
② 특정유해물질의 배출허용기준초과 일일오염물질배출량은 소수점 이하 넷째자리까지 계산한다.
③ 일반오염물질의 배출허용기준초과 일일오염물질배출량은 소수점 이하 첫째자리까지 계산한다.
④ 배출허용기준초과농도 = 배출농도 − 배출허용기준농도

2. 제23조제1항부터 제3항까지의 규정에 따른 허가 · 변경허가를 받지 아니하거나 신고 · 변경신고를 하지 아니하고 배출시설을 설치 또는 변경한 자

② 제1항에 따른 배출부과금은 다음 각 호와 같이 구분하여 부과한다. [개정 2015.1.20.]

1. 기본부과금: 대기오염물질을 배출하는 사업자가 배출허용기준 이하로 배출하는 대기오염물질의 배출량 및 배출농도 등에 따라 부과하는 금액
2. 초과부과금: 배출허용기준을 초과하여 배출하는 경우 대기오염물질의 배출량과 배출농도 등에 따라 부과하는 금액

영 제27조(기본부과금 및 자동측정사업장에 대한 초과부과금의 부과기준일 및 부과 기간) 법 제35조제2항제1호에 따른 기본부과금과 제25조제1항 각 호 외의 부분 단서에 따른 자동측정사업장에 대한 초과부과금은 매 반기별로 부과하되 부과기준일과 부과기간은 별표 6과 같다.

[영 별표 6]

기본부과금 및 자동측정사업장에 대한 초과부과금의 부과기준일 및 부과기간(제27조 관련)

반기별	부과기준일	부과기간
상반기	매년 6월 30일	1월 1일 부터 6월 30일 까지
하반기	매년 12월 31일	7월 1일 부터 12월 31일 까지

[비고]
부과기간 중에 배출시설 설치허가를 받거나 신고를 한 사업자의 부과기간은 최초 가동일부터 부과기간 종료일까지로 한다.

영 제28조(기본부과금 산정의 방법과 기준) ① 법 제35조제2항제1호에 따른 기본부과금은 배출허용기준 이하로 배출하는 오염물질배출량(이하 "기준이내배출량"이라 한다)에 오염물질 1kg당 부과금액, 연도별 부과금산정지수, 지역별 부과계수 및 농도별 부과계수를

곱한 금액으로 한다. [개정 2013.1.31.]

② 제1항에 따른 기본부과금의 산정에 필요한 오염물질 1kg당 부과금액에 관하여는 제24조제2항을 준용하며, 기본부과금의 지역별 부과계수는 별표 7과 같고, 기본부과금의 농도별 부과계수는 별표 8과 같다. ✓실전문제

③ 제1항에 따른 연도별 부과금산정지수는 최초의 부과연도를 1로 하고, 그 다음해부터는 매년 전년도 지수에 전년도 물가상승률 등을 고려하여 환경부장관이 정하여 고시하는 가격변동계수를 곱한 것으로 한다.

실전문제 **대기환경보전법령상 Ⅲ지역(녹지지역 및 자연환경보전지역)의 기본부과금의 지역별 부과계수는?**

① 0.5 ❷ 1.0
③ 1.5 ④ 2.0

[영 별표 7]

기본부과금의 지역별 부과계수(제28조제2항 관련)

구분	지역별 부과계수
Ⅰ지역	1.5
Ⅱ지역	0.5
Ⅲ지역	1.0

[비고]
Ⅰ, Ⅱ, Ⅲ지역에 관하여는 별표 4 비고란 제2호부터 제4호까지의 규정을 준용한다.

[영 별표 8]

기본부과금의 농도별 부과계수(제28조제2항 관련)

1. 연료를 연소하여 황산화물을 배출하는 시설(황산화물의 배출량을 줄이기 위하여 방지시설을 설치한 경우와 생산공정상 황산화물의 배출량이 줄어든다고 인정하는 경우는 제외한다)

구분	연료의 황함유량(%)		
	0.5% 이하	1.0% 이하	1.0% 초과
농도별 부과계수	0.2	0.4	1.0

2. 제1호 외의 시설

구분	배출허용기준의 백분율			
	30% 미만	30% 이상 40% 미만	40% 이상 50% 미만	50% 이상 60% 미만
농도별 부과계수	0	0.15	0.25	0.35

구분	배출허용기준의 백분율			
	60% 이상 70% 미만	70% 이상 80% 미만	80% 이상 90% 미만	90% 이상 100% 미만
농도별 부과계수	0.5	0.65	0.8	0.95

[비고]

1. 배출허용기준의 백분율(%) = $\frac{\text{배출농도}}{\text{배출허용기준농도}} \times 100$
2. 배출농도는 제29조에 따른 일일평균배출량의 산정근거가 되는 배출농도를 말한다.

영 **제29조(기본부과금의 오염물질배출량 산정 등)** ① 환경부장관 또는 시·도지사는 제28조제1항에 따른 기본부과금의 산정에 필요한 기준이내배출량을 파악하기 위하여 필요한 경우에는 법 제82조제1항에 따라 해당 사업자에게 기본부과금의 부과기간 동안 실제 배출한 기준이내배출량(이하 "확정배출량"이라 한다)에 관한 자료를 제출하게 할 수 있다. 이 경우 해당 사업자는 확정배출량에 관한 자료를 부과기간 완료일부터 30일 이내에 제출해야 한다. [개정 2013.1.31.]

규칙 **제45조(기본부과금 산정을 위한 자료 제출 등)** 영 제29조제1항에 따른 확정배출량에 관한 자료를 제출하려는 자는 별지 제14호서식의 확정배출량 명세서에 다음 각 호에 따른 서류를 첨부하여 유역환경청장, 지방환경청장, 수도권대기환경청장 또는 시·도지사에게 제출해야 한다. 다만, 제36조제1항 본문에 따라 같은 항 각 호의 사항을 전산에 의한 방법으로 기록·보존하는 경우에는 제3호 및 제4호의 서류는 제출하지 않을 수 있다.

1. 황 함유분석표 사본(황 함유량이 적용되는 배출계수를 이용하는 경우에만 제출하며, 해당 부과기간 동안의 분석표만 제출한다)
2. 연료사용량 또는 생산일지 등 배출계수별 단위사용량을 확인할 수 있는 서류 사본(배출계수를 이용하는 경우에만 제출한다)
3. 조업일지 등 조업일수를 확인할 수 있는 서류 사본(자가측정 결과를 이용하는 경우에만 제출한다)
4. 배출구별 자가측정한 기록 사본(자가측정 결과를 이용하는 경우에만 제출한다)

영 제29조 ② 확정배출량은 별표 9에서 정하는 방법에 따라 산정한다. 다만, 굴뚝 자동측정기기의 측정 결과에 따라 산정하는 경우에는 그러하지 아니하다.

규칙 제46조(대기오염물질 배출계수) 영 별표 9 제1호에서 "환경부령으로 정하는 대기오염물질 배출계수"란 별표 10 제1호에 따른 배출계수를 말한다.

영 제29조 ③ 제21조제3항에 따라 개선계획서를 제출한 사업자가 제2항 단서에 따라 확정배출량을 산정하는 경우 개선기간 중의 확정배출량은 개선기간 전에 굴뚝 자동측정기기가 정상 가동된 3개월 동안의 30분 평균치를 산술평균한 값을 적용하여 산정한다.

④ 제1항에 따라 제출된 자료를 증명할 수 있는 자료에 관한 사항은 환경부령으로 정한다.

[영 별표 9]

측정결과에 따른 확정배출량 산정방법(제29조제2항 관련)

1. 황산화물의 경우

확정배출량은 환경부령으로 정하는 황산화물에 대한 대기오염물질 배출계수에 해당 부과기간에 사용한 배출계수별 단위량(연료사용량, 원료투입량 또는 제품생산량 등을 말한다)을 곱하여 산정한 양을 kg 단위로 표시한 양으로 한다. 다만, 황산화물의 배출을 줄이기 위하여 방지시설을 설치한 경우나 생산공정상 황산화물의 배출이 줄어드는 경우에는 제2호에 따른 산정방법을 준용할 수 있다.

2. 먼지의 경우

가. 확정배출량은 원칙적으로 법 제39조제1항에 따른 자가측정(이하 "자가측정"이라 한다)결과를 근거로 하는 일일평균배출량에 부과기간의 조업일수를 곱하여 산정하되, 일일평균배출량의 산정방법은 다음과 같다.

1) 해당 부과기간에 법 제82조에 따른 검사를 받지 아니한 경우:

$$\frac{\text{일일배출량의 합계}}{\text{자가측정횟수}}$$

2) 해당 부과기간에 검사를 받고 그 결과가 배출허용기준 이내인 경우:

$$\frac{\text{1)에 따른 일일평균배출량} + \text{통보받은 오염물질 배출량의 합계}}{1 + \text{검사횟수}}$$

나. 해당 부과기간에 검사를 받은 경우로서 그 결과가 1회 이상 배출허용기준을 초과한 경우 그 확정배출량은 가목2)에 따른 일일평균배출량에 부과기간의 조업일수를 곱하여 산정한 배출량에 다음의 계산에 따른 추가배출량을 더하여 산정한다.

[(배출허용기준농도 – 일일평균배출농도) × 초과배출기간 × 검사결과에 따른 측정유량]

[비고]

1. 확정배출량과 일일평균배출량은 kg 단위로 표시한 양으로 한다.
2. 사업자는 해당 부과기간에 제22조제2항에 따라 환경부장관의 명령에 대한 이행상태 또는 개선완료상태를 확인하기 위하여 실시한 오염도검사의 결과를 통보받은 경우에는 해당 시설에 대한 오염물질배출량을 통보받은 것으로 보아 확정배출량을 산정할 때 그 결과를 반영하여야 한다.
3. 제2호가목1)에 따른 일일배출량은 해당 부과기간에 배출구별로 정하여진 자가측정횟수에 따라 측정된 자가측정농도에 측정 당시의 일일유량을 곱하여 산정하며, 일일유량은 별표 5 나목의 방법에 따라 산정한다.
4. 제2호나목에 따른 일일평균배출농도는 부과 기간에 측정된 자가측정농도를 합산하여 이를 자가측정횟수로 나눈 값에 검사 결과에 따른 오염물질배출농도를 합산한 후, 이를 검사횟수에 1을 더한 값으로 나누어 산정한다. 다만, 검사결과 배출허용기준을 초과한 경우에는 이를 오염물질배출농도 및 검사횟수의 산정에서 제외한다.
5. 제2호나목에 따른 초과배출기간은 제25조제1항 각 호를 준용하되, 초과배출기간의 종료일이 확정배출량에 관한 자료제출기간의 종료일 이후인 경우에는 해당 확정배출량에 관한 자료 제출일까지의 기간을 초과배출기간으로 한다.

[규칙 별표 10]

배출시설의 시간당 대기오염물질 발생량 산정방법(제43조 관련)

1. 대기오염물질 배출계수에 의한 방법

배출시설의 시간당 대기오염물질 발생량 산정방법은 다음과 같다.

배출시설의 시간당 대기오염물질 발생량 = 가목 또는 나목에 따른 대기오염물질 배출계수 × 해당 시설의 시간당 최대 연료사용량

가. 연료별 대기오염물질배출계수는 다음과 같다.

〈대기오염물질 배출계수〉

연료명	먼지			황산화물			질소산화물		
	난방	산업	발전	난방	산업	발전	난방	산업	발전
등유(황함량 0.001%)	0.05		0.05	17.0S			2.16	2.16	2.16
등유(황함량 0.1%)	0.24		0.24 0.07[1]	17.0S			2.40	2.40	2.40 14.7[1]
경유(황함량 0.1, 0.05%)	0.24		0.24 1.67[2]	17.0S			2.40	2.40	2.40 53.4[2]

B-A유	0.84	0.84	5.28	5.99	5.99	5.99
B-B유	1.20	1.20	14.3S	2.47	2.47	2.47
B-C유(황함량 0.3~4.0%)	1.1S+0.39	1.1S+ 0.39	14.3S	6.64	6.64	6.64
무연탄	5.0A	5.0A	19.5S	5.83	5.83	9.00
유연탄	5.0A	5.0A	19.0S	4.55	5.55	7.50
LNG	0.03	0.03	0.01	3.70	3.70	6.04 42.9[2)]
LPG	0.07	0.07	0.01	2.18	2.28	2.28

[비고]
1. A(회분함량) : 무연탄(40%), 유연탄(10%)의 회분함량 값은 각각 40, 10임
2. S(황함량) : 등유(0.1%), B-A유(1.5%), B-B유(1.2%), 무연탄(0.7%), 유연탄(0.5%)의 황함량 값은 각각 0.1, 1.5, 1.2, 0.7, 0.5임
3. 배출계수단위 : 유류(g/ℓ), 석탄(g/kg) LNG(g/㎥), LPG(g/kg)
4. 환산계수 : LNG(1kg=1.238㎥), LPG(1kg=1.97ℓ =0.529㎥)
5. 주 1) : 가스터빈 주 2) : 내연기관

나. 가목 외의 연료 또는 에너지를 사용하는 경우와 공정 등의 대기오염물질 배출계수는 국립환경과학원장이 정하여 고시한다.

2. 실측에 의한 방법
가. 제1호의 방법으로 배출시설의 시간당 대기오염물질 발생량을 산정할 수 없는 경우에는 다음의 산정방법에 따라 산정한다.

배출시설의 시간당 대기오염물질 발생량 = 방지시설 유입 전의 배출농도 × 가스유량

나. 가목에 따른 방지시설 유입 전의 배출농도 및 가스유량은 「환경분야 시험 · 검사 등에 관한 법률」 제6조 제1항에 따라 환경부장관이 정하여 고시한 환경오염공정시험기준에 따라 측정한다.

영 **제30조(기준이내배출량의 조정 등)** 환경부장관 또는 시 · 도지사는 해당 사업자가 제29조에 따른 자료를 제출하지 않거나 제출한 내용이 실제와 다른 경우 또는 거짓으로 작성되었다고 인정하는 경우에는 다음 각 호의 구분에 따른 방법으로 기준이내배출량을 조정할 수 있다. [개정 2013.1.31.]

1. 사업자가 제29조제1항에 따른 확정배출량에 관한 자료를 제출하지 않은 경우 : 해당 사업자가 다음 각 목의 조건에 모두 해당하는 상태에서 오염물질을 배출한 것으로 추정한 기준이내배출량
 가. 부과기간에 배출시설별 오염물질의 배출허용기준농도로 배출했을 것
 나. 배출시설 또는 방지시설의 최대시설용량으로 가동했을 것
 다. 1일 24시간 조업했을 것
2. 자료심사 및 현지조사 결과, 사업자가 제출한 확정배출량의 내용(사용연료 등에 관

한 내용을 포함한다)이 실제와 다른 경우 : 자료심사와 현지조사 결과를 근거로 산정한 기준이내배출량

3. 사업자가 제29조제1항에 따라 제출한 확정배출량에 관한 자료가 명백히 거짓으로 판명된 경우 : 제1호에 따라 추정한 배출량의 100분의 120에 해당하는 기준이내배출량

영 **제31조(자료의 제출 및 검사 등)** 환경부장관 또는 시 · 도지사는 사업자가 제출한 확정배출량의 내용이 비슷한 규모의 다른 사업장과 현저한 차이가 나거나 사실과 다르다고 인정하여 제30조에 따른 기준이내배출량의 조정 등이 필요한 경우에는 법 제82조제1항에 따라 사업자에게 관련 자료를 제출하게 할 수 있다. [개정 2013.1.31.]

③ 시 · 도지사는 제1항에 따라 배출부과금을 부과할 때에는 다음 각 호의 사항을 고려하여야 한다. [개정 2012.5.23.]

1. 배출허용기준 초과 여부
2. 배출되는 대기오염물질의 종류
3. 대기오염물질의 배출 기간
4. 대기오염물질의 배출량
5. 제39조에 따른 자가측정(自家測定)을 하였는지 여부
6. 그 밖에 대기환경의 오염 또는 개선과 관련되는 사항으로서 환경부령으로 정하는 사항

④ 제1항 및 제2항에 따른 배출부과금의 산정방법과 산정기준 등 필요한 사항은 대통령령으로 정한다. 다만, 초과부과금은 대통령령으로 정하는 바에 따라 본문의 산정기준을 적용한 금액의 10배의 범위에서 위반횟수에 따라 가중하며, 이 경우 위반횟수는 사업장의 배출구별로 위반행위 시점 이전의 최근 2년을 기준으로 산정한다.

⑤ 시 · 도지사는 제1항에 따른 배출부과금을 내야 할 자가 납부기한까지 내지 않으면 가산금을 징수한다. [개정 2012.5.23.]

⑥ 제5항에 따른 가산금에 관하여는 「지방세징수법」 제30조 및 제31조를 준용한다.

⑦ 제1항에 따른 배출부과금과 제5항에 따른 가산금은 「환경정책기본법」에 따른 환경개선특별회계(이하 "환경개선특별회계"라 한다)의 세입으로 한다. [개정 2011.7.21.]

⑧ 환경부장관은 시 · 도지사가 그 관할 구역의 배출부과금 및 가산금을 징수한 경우에 징수한 배출부과금과 가산금 중 일부를 대통령령으로 정하는 바에 따라 징수비용으로 낼 수 있다. [개정 2012.5.23.]

영 **제31조의2(징수비용의 교부)** ① 환경부장관은 법 제35조제8항에 따라 다음 각호의 구분에 따른 금액을 해당 시 · 도지사에게 징수비용으로 내주어야 한다.

1. 시 · 도지사가 법 제35조에 따라 부과하였거나 법 제35조의3에 따라 조정하여 부과

한 부과금 및 가산금 중 실제로 징수한 금액의 비율(이하 "징수비율"이라 한다)이 60% 미만인 경우: 징수한 부과금 및 가산금의 100분의 7

2. 징수비율이 60% 이상 80% 미만인 경우: 징수한 부과금 및 가산금의 100분의 10
3. 징수비율이 80% 이상인 경우: 징수한 부과금 및 가산금의 100분의 13

② 환경부장관은 「환경정책기본법」에 따른 환경개선특별회계에 납입된 부과금 및 가산금 중 제1항에 따른 징수비용을 매월 정산하여 그 다음 달까지 해당 시 · 도지사에게 지급하여야 한다.

⑨ 시 · 도지사는 배출부과금이나 가산금을 내야 할 자가 납부기한까지 내지 아니하면 「지방세외수입금의 징수 등에 관한 법률」에 따라 징수한다. [개정2013.8.6.]

제35조의2(배출부과금의 감면 등) ① 제35조제1항에도 불구하고 다음 각 호의 어느 하나에 해당하는 자에게는 대통령령으로 정하는 바에 따라 같은 조에 따른 배출부과금을 부과하지 아니한다.

1. 대통령령으로 정하는 연료를 사용하는 배출시설을 운영하는 사업자
2. 대통령령으로 정하는 최적(最適)의 방지시설을 설치한 사업자
3. 대통령령으로 정하는 바에 따라 환경부장관이 국방부장관과 협의하여 정하는 군사시설을 운영하는 자

영 **제32조(부과금의 부과면제 등)** ① 법 제35조의2제1항제1호에 따라 다음 각 호의 연료를 사용하여 배출시설을 운영하는 사업자에 대하여는 황산화물에 대한 기본부과금을 부과하지 아니한다. 다만, 제1호 또는 제2호의 연료와 제1호 또는 제2호 외의 연료를 섞어서 연소시키는 배출시설로서 배출허용기준을 준수할 수 있는 시설에 대하여는 제1호 또는 제2호의 연료사용량에 해당하는 황산화물에 대한 기본부과금을 부과하지 아니한다.

1. 발전시설의 경우에는 황함유량이 0.3% 이하인 액체연료 및 고체연료, 발전시설 외의 배출시설(설비용량이 100MW 미만인 열병합발전시설을 포함한다)의 경우에는 황함유량이 0.5% 이하인 액체연료 또는 황함유량이 0.45% 미만인 고체연료를 사용하는 배출시설로서 배출허용기준을 준수할 수 있는 시설. 이 경우 고체연료의 황함유량은 연소기기에 투입되는 여러 고체연료의 황함유량을 평균한 것으로 한다.
2. 공정상 발생되는 부생(附生)가스로서 황함유량이 0.05% 이하인 부생가스를 사용하는 배출시설로서 배출허용기준을 준수할 수 있는 시설
3. 제1호 및 제2호의 연료를 섞어서 연소시키는 배출시설로서 배출허용기준을 준수할 수 있는 시설

② 법 제35조의2제1항제1호에 따라 액화천연가스나 액화석유가스를 연료로 사용하는 배출시설을 운영하는 사업자에 대하여는 먼지와 황산화물에 대한 기본부과금을 부과하

지 아니한다. [개정 2013.1.31.]

③ 법 제35조의2제1항제2호에서 "대통령령으로 정하는 최적의 방지시설"이란 배출허용기준을 준수할 수 있고 설계된 대기오염물질의 제거 효율을 유지할 수 있는 방지시설로서 환경부장관이 관계 중앙행정기관의 장과 협의하여 고시하는 시설을 말한다. [개정 2013.1.31.]

④ 국방부장관은 법 제35조의2제1항제3호에 따른 협의를 하려는 경우에는 부과금을 면제받으려는 군사시설의 용도와 면제 사유 등을 환경부장관에게 제출하여야 한다. 다만, 「군사기지 및 군사시설 보호법」 제2조제2호에 따른 군사시설은 그러하지 아니하다. [개정 2008.9.22., 2013.1.31.]

⑤ 법 제35조의2제2항제1호에서 "대통령령으로 정하는 배출시설"이란 다음 각 호의 어느 하나에 해당하는 시설을 말한다.

1. 법 제32조제1항에 따른 측정기기 부착사업장 중 「중소기업기본법」 제2조에 따른 중소기업의 배출시설 및 별표 1의3의 구분에 따른 4종사업장과 5종사업장의 배출시설로서 배출허용기준을 준수하는 시설
2. 대기오염물질의 배출을 줄이기 위한 계획과 그 이행 등에 대하여 환경부장관 또는 시·도지사(해당 사업장과의 협약에 대하여 환경부장관과 사전 협의를 거친 시·도지사만 해당한다)와 협약을 체결한 사업장의 배출시설로서 배출허용기준을 준수하는 시설

⑥ 법 제35조의2에 따른 부과금의 면제 또는 감면의 절차 등에 필요한 사항은 환경부령으로 정한다. [개정 2013.1.31.]

규칙 **제47조(배출부과금 부과면제절차 등)** ① 영 제32조제1항 및 제2항에 따른 배출부과금 부과면제대상 연료를 사용하여 배출시설을 운영하는 사업자가 배출부과금의 부과를 면제받으려는 경우에는 별지 제15호서식의 배출부과금 부과면제 대상 연료 사용명세서에 다음 각 호의 서류를 첨부하여 유역환경청장, 지방환경청장, 수도권대기환경청장 또는 시·도지사에게 제출해야 한다.

1. 연료구매계약서 사본(같은 사업장에서 발생되는 연료를 직접 사용하려는 경우에는 이를 증명할 수 있는 서류로 갈음한다)
2. 연료사용대상 시설 및 시설용량에 관한 설명서
3. 해당 부과기간의 연료사용량을 확인할 수 있는 서류 사본

② 영 제32조제3항에 따른 배출부과금 부과면제대상 최적방지시설을 설치·운영하는 사업자가 배출부과금의 부과를 면제받으려는 경우에는 별지 제15호서식의 배출부과금 부과면제대상 최적방지시설 설치명세서에 최적방지시설임을 증명할 수 있는 자료를 첨부하여 유역환경청장, 지방환경청장, 수도권대기환경청장 또는 시·도지사에게 제출해야 한다.

③ 법 제35조의2제2항에 따라 배출부과금을 감면하는 경우에는 다음 각 호의 구분에 따라 영 제23조제1항에 따른 기본부과금을 감면한다.

1. 영 제32조제5항제1호의 경우: 면제
2. 영 제32조제5항제2호의 경우: 영 제23조제1항에 따른 기본부과금에 영 제32조제5항제2호에 따른 협약(이하 "자발적 협약"이라 한다) 이행에 따른 대기오염물질별 감축률을 곱한 금액을 경감

④ 영 제32조제5항제2호에 따른 배출시설을 운영하는 사업자가 배출부과금을 감면받으려는 경우에는 별지 제15호서식의 배출부과금 경감 대상 사업장 명세서에 다음 각 호의 서류를 첨부하여 유역환경청장, 지방환경청장, 수도권대기환경청장 또는 시 · 도지사에게 제출해야 한다.

1. 자발적 협약서 사본
2. 자발적 협약 이행계획서 및 부과기간 동안의 대기오염물질 감축실적서(대기오염물질 감축 내용을 증명할 수 있는 서류를 포함한다)

⑤ 유역환경청장, 지방환경청장, 수도권대기환경청장 또는 시 · 도지사는 제1항, 제2항 및 제4항에 따른 제출 서류를 접수한 경우에는 이를 확인하고, 배출부과금 감면여부 및 감면기간을 알려야 한다.

② 다음 각 호의 어느 하나에 해당하는 자에게는 대통령령으로 정하는 바에 따라 제35조에 따른 배출부과금을 감면할 수 있다. 다만, 제2호에 따른 사업자에 대한 배출부과금의 감면은 해당 법률에 따라 부담한 처리비용의 금액 이내로 한다.

1. 대통령령으로 정하는 배출시설을 운영하는 사업자
2. 다른 법률에 따라 대기오염물질의 처리비용을 부담하는 사업자

제35조의3(배출부과금의 조정 등) ① 환경부장관 또는 시 · 도지사는 배출부과금 부과 후 오염물질 등의 배출상태가 처음에 측정할 때와 달라졌다고 인정하여 다시 측정한 결과 오염물질 등의 배출량이 처음에 측정한 배출량과 다른 경우 등 대통령령으로 정하는 사유가 발생한 경우에는 이를 다시 산정 · 조정하여 그 차액을 부과하거나 환급하여야 한다. [개정 2012.5.23.]

영 **제33조(부과금의 납부통지)** ① 초과부과금은 초과부과금 부과 사유가 발생한 때(자동측정자료의 30분 평균치가 배출허용기준을 초과한 경우에는 매 반기 종료일부터 60일 이내)에, 기본부과금은 해당 부과기간의 확정배출량 자료제출기간 종료일부터 60일 이내에 부과금의 납부통지를 하여야 한다. 다만, 배출시설이 폐쇄되거나 소유권이 이전되는 경우에는 즉시 납부통지를 할 수 있다.

② 환경부장관 또는 시 · 도지사는 부과금을 부과(법 제35조의3에 따른 조정 부과를 포함

한다)할 때에는 부과대상 오염물질량, 부과금액, 납부기간 및 납부장소, 그 밖에 필요한 사항을 적은 서면으로 알려야 한다. 이 경우 부과금의 납부기간은 납부통지서를 발급한 날부터 30일로 한다. [개정 2013.1.31.]

실전문제 **대기환경보전법령상 시 · 도지사가 부과금을 부과할 경우 부과대상 오염물질량 등을 적은 사항을 서면으로 알려야 하는데, 이 경우 부과금의 납부기간은 며칠로 하는가?**

① 납부통지설를 발급한 날부터 10일　② 납부통지설를 발급한 날부터 30일
❸ 납부통지설를 발급한 날부터 15일　④ 납부통지설를 발급한 날부터 60일

규칙 **제48조(배출부과금 납부통지서 등)** ① 영 제33조에 따른 배출부과금 납부통지서는 별지 제16호서식에 따르되, 별지 제17호서식의 배출부과금 산정명세서를 첨부하여야 한다.

② 영 제34조에 따라 이미 납부된 부과금에 부족액이 있을 경우에 발급하는 조정부과 통지서와 과다납부금이 있을 경우에 발급하는 환급통지서는 별지 제18호서식에 따른다.

③ 영 제35조제1항에 따른 조정신청서는 별지 제19호서식에 따른다.

영 **제34조(부과금의 조정)** ① 법 제35조의3제1항에서 "대통령령으로 정하는 사유"란 다음 각 호의 어느 하나에 해당하는 경우를 말한다. [개정 2013.1.31.]

1. 제25조제1항에 따른 개선기간 만료일 또는 명령이행 완료예정일까지 개선명령, 조업정지명령, 사용중지명령 또는 폐쇄명령을 이행하였거나 이행하지 아니하여 초과부과금 산정의 기초가 되는 오염물질 또는 배출물질의 배출기간이 달라진 경우
2. 초과부과금의 부과 후 오염물질 등의 배출상태가 처음에 측정할 때와 달라졌다고 인정하여 다시 측정한 결과, 오염물질 또는 배출물질의 배출량이 처음에 측정한 배출량과 다른 경우
3. 사업자가 고의 또는 과실로 확정배출량을 잘못 산정하여 제출했거나 환경부장관 또는 시 · 도지사가 제30조에 따라 조정한 기준이내배출량이 잘못 조정된 경우

② 제1항제1호에 따라 초과부과금을 조정하는 경우에는 환경부령으로 정하는 개선완료일이나 제22조제1항에 따른 명령 이행의 보고일을 오염물질 또는 배출물질의 배출기간으로 하여 초과부과금을 산정한다.

규칙 **제49조(개선완료일)** 영 제34조제2항에서 "환경부령으로 정하는 개선완료일"이란 제39조제2항에 따른 개선완료 보고서를 제출한 날을 말한다.

③ 제1항제2호에 따라 초과부과금을 조정하는 경우에는 재점검일 이후의 기간에 다시 측

정한 배출량만을 기초로 초과부과금을 산정한다.

④ 제1항제1호의 사유에 따른 초과부과금의 조정 부과나 환급은 해당 배출시설 또는 방지시설에 대한 개선완료명령, 조업정지명령, 사용중지명령 또는 폐쇄완료 명령의 이행 여부를 확인한 날부터 30일 이내에 하여야 한다.

⑤ 제1항제3호에 따라 기본부과금을 조정하는 경우에는 법 제23조제1항부터 제3항까지의 규정에 따라 배출시설의 설치허가, 변경허가, 설치신고 또는 변경신고를 할 때에 제출한 자료, 법 제31조제2항에 따른 배출시설 및 방지시설의 운영기록부, 법 제39조제1항에 따른 자가측정기록부 및 법 제82조에 따른 검사의 결과 등을 기초로 하여 기본부과금을 산정한다. [개정 2015.12.10.]

⑥ 환경부장관 또는 시 · 도지사는 법 제35조의3제1항에 따라 차액을 부과 또는 환급할 때에는 금액, 일시, 장소, 그 밖에 필요한 사항을 적은 서면으로 알려야 한다.

영 **제35조(부과금에 대한 조정신청)** ① 부과금 납부명령을 받은 사업자(이하 "부과금납부자"라 한다)는 제34조제1항 각 호에 해당하는 경우에는 부과금의 조정을 신청할 수 있다.

② 제1항에 따른 조정신청은 부과금납부통지서를 받은 날부터 60일 이내에 하여야 한다. [개정 2010.12.31.]

③ 환경부장관 또는 시 · 도지사는 조정신청을 받으면 30일 이내에 그 처리결과를 신청인에게 알려야 한다. [개정 2013.1.31.]

④ 제1항에 따른 조정신청은 부과금의 납부기간에 영향을 미치지 아니한다.

제35조의4(배출부과금의 징수유예 · 분할납부 및 징수절차) ① 환경부장관 또는 시 · 도지사는 배출부과금의 납부의무자가 다음 각 호의 어느 하나에 해당하는 사유로 납부기한 전에 배출부과금을 납부할 수 없다고 인정하면 징수를 유예하거나 그 금액을 분할하여 납부하게 할 수 있다.

1. 천재지변이나 그 밖의 재해로 사업자의 재산에 중대한 손실이 발생한 경우
2. 사업에 손실을 입어 경영상으로 심각한 위기에 처하게 된 경우
3. 그 밖에 제1호 또는 제2호에 준하는 사유로 징수유예나 분할납부가 불가피하다고 인정되는 경우

② 배출부과금이 납부의무자의 자본금 또는 출자총액(개인사업자인 경우에는 자산총액을 말한다)을 2배 이상 초과하는 경우로서 제1항각 호에 따른 사유로 징수유예기간 내에도 징수할 수 없다고 인정되면 징수유예기간을 연장하거나 분할납부의 횟수를 늘려 배출부과금을 내도록 할 수 있다.

영 **제36조(부과금의 징수유예 · 분할납부 및 징수절차)** ① 법 제35조의4제1항 또는 제2항에 따라 부과금의 징수유예를 받거나 분할납부를 하려는 자는 부과금 징수유예신청서와 부과

금 분할납부신청서를 환경부장관 또는 시 · 도지사에게 제출해야 한다.

규칙 **제50조(배출부과금의 징수유예신청서 및 분납신청서)** 영 제36조제1항에 따른 배출부과금의 징수유예신청서 및 분납신청서는 별지 제20호서식에 따른다.

영 **제36조** ② 법 제35조의4제1항에 따른 징수유예는 다음 각 호의 구분에 따른 징수유예기간과 그 기간 중의 분할납부의 횟수에 따른다.

1. 기본부과금: 유예한 날의 다음 날부터 다음 부과기간의 개시일 전일까지, 4회 이내
2. 초과부과금: 유예한 날의 다음 날부터 2년 이내, 12회 이내

③ 법 제35조의4제2항에 따른 징수유예기간의 연장은 유예한 날의 다음 날부터 3년 이내로 하며, 분할납부의 횟수는 18회 이내로 한다.

④ 부과금의 분할납부 기한 및 금액과 그 밖에 부과금의 부과 · 징수에 필요한 사항은 환경부장관 또는 시 · 도지사가 정한다. [전문개정 2013.1.31.]

영 **제37조(신용카드 등에 의한 배출부과금의 납부)** ① 부과금납부자는 신용카드, 직불카드 등(이하 "신용카드등"이라 한다)으로 배출부과금납부대행기관을 통하여 배출부과금을 납부할 수 있다.

② 신용카드등으로 배출부과금을 납부하는 경우에는 배출부과금납부대행기관의 승인일을 납부일로 본다.

③ 제1항에 따른 배출부과금납부대행기관은 다음 각 호의 어느 하나에 해당하는 자로 한다.

1. 「민법」 제32조에 따라 금융위원회의 허가를 받아 설립된 금융결제원
2. 시설, 업무수행능력 및 자본금 규모 등을 고려하여 환경부장관이 배출부과금납부대행기관으로 지정 · 고시하는 자

④ 배출부과금납부대행기관은 부과금납부자로부터 신용카드등에 의한 배출부과금 납부대행 용역의 대가로 해당 납부 배출부과금의 1천분의 10 이내에서 환경부장관이 정하는 바에 따라 납부대행수수료를 받을 수 있다.

③ 시 · 도지사가 제1항 또는 제2항에 따른 징수유예를 하는 경우에는 유예금액에 상당하는 담보를 제공하도록 요구할 수 있다. [개정 2012.5.23.]

④ 시 · 도지사는 징수를 유예받은 납부의무자가 다음 각 호의 어느 하나에 해당하면 징수유예를 취소하고 징수유예된 배출부과금을 징수할 수 있다. [개정 2012.5.23.]

1. 징수유예된 부과금을 납부기한까지 내지 아니한 경우
2. 담보의 변경이나 그 밖에 담보의 보전(保全)에 필요한 시 · 도지사의 명령에 따르지 아니한 경우

3. 재산상황이나 그 밖의 사정의 변화로 징수유예가 필요없다고 인정되는 경우

⑤ 제1항에 따른 배출부과금의 징수유예기간 또는 분할납부 방법, 제2항에 따른 징수유예기간 연장 등 필요한 사항은 대통령령으로 정한다. [본조신설 2012.2.1.]

제36조(허가의 취소 등) 시 · 도지사는 사업자가 다음 각 호의 어느 하나에 해당하는 경우에는 배출시설의 설치허가 또는 변경허가를 취소하거나 배출시설의 폐쇄를 명하거나 6개월 이내의 기간을 정하여 배출시설 조업정지를 명할 수 있다. 다만, 제1호 · 제2호 · 제10호 · 제11호 또는 제18호부터 제20호까지의 어느 하나에 해당하면 배출시설의 설치허가 또는 변경허가를 취소하거나 폐쇄를 명하여야 한다. [개정 2012.2.1., 2012.5.23.]

1. 거짓이나 그 밖의 부정한 방법으로 허가 · 변경허가를 받은 경우
2. 거짓이나 그 밖의 부정한 방법으로 신고 · 변경신고를 한 경우
3. 제23조제2항 또는 제3항에 따른 변경허가를 받지 아니하거나 변경신고를 하지 아니한 경우
4. 제26조제1항 본문이나 제2항에 따른 방지시설을 설치하지 아니하고 배출시설을 설치 운영한 경우
5. 제30조제1항에 따른 가동개시 신고를 하지 아니하고 조업을 한 경우
6. 제31조제1항 각 호의 어느 하나에 해당하는 행위를 한 경우
7. 제31조제2항에 따른 배출시설 및 방지시설의 운영에 관한 상황을 거짓으로 기록하거나 기록을 보존하지 아니한 경우
8. 제32조제1항을 위반하여 측정기기를 부착하는 등 배출시설 및 방지시설의 적합한 운영에 필요한 조치를 하지 아니한 경우
9. 제32조제3항 각 호의 어느 하나에 해당하는 행위를 한 경우
10. 제32조제6항에 따른 조업정지명령을 이행하지 아니한 경우
11. 제34조에 따른 조업정지명령을 이행하지 아니한 경우
12. 제39조제1항을 위반하여 자가측정을 하지 아니하거나 측정방법을 위반하여 측정한 경우
13. 제39조제1항을 위반하여 자가측정결과를 거짓으로 기록하거나 기록을 보존하지 아니한 경우

13의2. 제39조제2항 각 호의 어느 하나에 해당하는 행위를 한 경우

14. 제40조제1항에 따라 환경기술인을 임명하지 아니하거나 자격기준에 못 미치는 환경 기술인을 임명한 경우
15. 제40조제3항에 따른 감독을 하지 아니한 경우
16. 제41조제4항에 따른 연료의 공급 · 판매 또는 사용금지 · 제한이나 조치명령을 이행하지 아니한 경우
17. 제42조에 따른 연료의 제조 · 공급 · 판매 또는 사용금지 · 제한이나 조치명령을 이행하지 아니한 경우

18. 조업정지 기간 중에 조업을 한 경우
19. 제23조제1항에 따른 허가를 받거나 신고를 한 후 특별한 사유 없이 5년 이내에 배출시설 또는 방지시설을 설치하지 아니하거나 배출시설의 멸실 또는 폐업이 확인된 경우
20. 배출시설을 설치·운영하던 사업자가 사업을 하지 아니하기 위하여 해당 시설을 철거한 경우

제37조(과징금 처분) ① 환경부장관 또는 시·도지사는 다음 각 호의 어느 하나에 해당하는 배출시설을 설치·운영하는 사업자에 대하여 제36조에 따라 조업정지를 명하여야 하는 경우로서 그 조업정지가 주민의 생활, 대외적인 신용·고용·물가 등 국민경제, 그 밖에 공익에 현저한 지장을 줄 우려가 있다고 인정되는 경우 등 그 밖에 대통령령으로 정하는 경우에는 조업정지처분을 갈음하여 2억원 이하의 과징금을 부과할 수 있다. [개정 2012.5.23.]

1. 「의료법」에 따른 의료기관의 배출시설
2. 사회복지시설 및 공동주택의 냉난방시설
3. 발전소의 발전 설비
4. 「집단에너지사업법」에 따른 집단에너지시설
5. 「초·중등교육법」 및 「고등교육법」에 따른 학교의 배출시설
6. 제조업의 배출시설
7. 그 밖에 대통령령으로 정하는 배출시설

영 **제38조(과징금 부과대상)** 법 제37조제1항 각 호 외의 부분에서 "대통령령으로 정하는 경우"란 다음 각 호의 어느 하나에 해당하는 경우를 말한다.

1. 외국에 수출할 목적으로 신용장을 개설하고 제품을 생산하는 경우
2. 조업의 중지에 따라 배출시설에 투입된 원료·부원료 또는 제품 등이 화학반응을 일으키는 등의 사유로 폭발이나 화재사고가 발생될 우려가 있는 경우
3. 원료를 용융(鎔融)하거나 용해하여 제품을 생산하는 경우

② 제1항에도 불구하고 다음 각 호의 어느 하나에 해당하는 경우에는 조업정지처분을 갈음하여 과징금을 부과할 수 없다. [신설 2012.2.1.]

1. 제26조에 따라 방지시설(제29조에 따른 공동 방지시설을 포함한다)을 설치하여야 하는 자가 방지시설을 설치하지 아니하고 배출시설을 가동한 경우
2. 제31조제1항 각 호의 금지행위를 한 경우로서 30일 이상의 조업정지처분을 받아야 하는 경우
3. 제33조에 따른 개선명령을 이행하지 아니한 경우

③ 제1항에 따른 과징금을 부과하는 위반행위의 종류·정도 등에 따른 과징금의 금액과 그 밖에 필요한 사항은 환경부령으로 정한다. [개정 2012.2.1.]

규칙 제51조(과징금의 부과 등) 법 제37조제3항에 따른 과징금의 부과기준은 다음 각 호와 같다.

1. 과징금은 제134조제1항의 행정처분기준에 따라 조업정지일수에 1일당 부과금액과 사업장 규모별 부과계수를 곱하여 산정할 것
2. 제1호에 따른 1일당 부과금액은 300만원으로 하고, 사업장 규모별 부과계수는 영 별표 1의3에 따른 1종사업장에 대하여는 2.0, 2종사업장에 대하여는 1.5, 3종사업장에 대하여는 1.0, 4종사업장에 대하여는 0.7, 5종사업장에 대하여는 0.4로 할 것

④ 시 · 도지사는 제1항에 따른 과징금을 내야 할 자가 납부기한까지 내지 아니하면 「지방세외수입금의 징수 등에 관한 법률」에 따라 징수한다. [개정 2013.8.6.]

⑤ 제1항에 따라 징수한 과징금은 환경개선특별회계의 세입으로 한다. [개정 2012.2.1.]

제1항에 따라 시 · 도지사가 과징금을 징수한 경우 그 징수비용의 교부에 관하여는 제35조제8항을 준용한다. [개정 2012.5.23.]

제38조(위법시설에 대한 폐쇄조치 등) 환경부장관 또는 시 · 도지사는 제23조제1항부터 제3항까지의 규정에 따른 허가를 받지 아니하거나 신고를 하지 아니하고 배출시설을 설치하거나 사용하는 자에게는 그 배출시설의 사용중지를 명하여야 한다. 다만, 그 배출시설을 개선하거나 방지시설을 설치 · 개선하더라도 그 배출시설에서 배출되는 오염물질의 정도가 제16조에 따른 배출허용기준 이하로 내려갈 가능성이 없다고 인정되는 경우 또는 그 설치장소가 다른 법률에 따라 그 배출시설의 설치가 금지된 경우에는 그 배출시설의 폐쇄를 명하여야 한다.

제38조의2(비산배출시설의 설치신고 등) ① 대통령령으로 정하는 업종에서 굴뚝 등 환경부령으로 정하는 배출구 없이 대기 중에 대기오염물질을 직접 배출(이하 "비산배출"이라 한다)하는 공정 및 설비 등의 시설(이하 "비산배출시설"이라 한다)을 설치 · 운영하려는 자는 환경부령으로 정하는 바에 따라 환경부장관에게 신고하여야 한다. [개정 2016.1.27.]

② 제1항에 따른 신고를 한 자는 신고한 사항 중 환경부령으로 정하는 사항을 변경하는 경우 변경신고를 하여야 한다.

③ 제1항에 따른 신고 또는 제2항에 따른 변경신고를 한 자는 환경부령으로 정하는 시설관리기준을 지켜야 한다. [개정 2016.1.27.]

④ 제1항에 따른 신고 또는 제2항에 따른 변경신고를 한 자는 제3항에 따른 시설관리기준의 준수 여부 확인을 위하여 국립환경과학원, 유역환경청, 지방환경청, 수도권대기환경청 또는 「한국환경공단법」에 따른 한국환경공단 등으로부터 정기점검을 받아야 한다.

⑤ 제4항에 따른 정기점검의 내용 · 주기 · 방법 및 실시기관 등은 환경부령으로 정한다.

⑥ 환경부장관은 제3항에 따른 시설관리기준을 위반하는 자에게 비산배출되는 대기오염물질을 줄이기 위한 시설의 개선 등 필요한 조치를 명할 수 있다.

⑦ 환경부장관은 제1항에 따른 신고 또는 제2항에 따른 변경신고를 한 자 중 「중소기업기본법」 제2조제1항에 따른 중소기업에 해당하는 자에 대하여 예산의 범위에서 제4항에 따른 정기점검에 필요한 비용의 전부 또는 일부를 지원할 수 있다.

영 제38조의2(비산배출의 저감대상 업종) 법 제38조의2제1항에서 "대통령령으로 정하는 업종"이란 별표 9의2에 따른 업종을 말한다.

[영 별표9의2]

비산배출의 저감대상 업종(제38조의2 관련)

분 류	업 종
1. 코크스, 연탄 및 석유정제품 제조업	원유 정제처리업
2. 화학물질 및 화학제품 제조업: 의약품 제외	가. 석유화학계 기초화학물질 제조업 나. 합성고무 제조업 다. 합성수지 및 기타 플라스틱물질 제조업 라. 접착제 및 젤라틴 제조업
3. 1차 금속 제조업	가. 제철업 나. 제강업 다. 냉간 압연 및 압출 제품 제조업 라. 알루미늄 압연, 압출 및 연신제품 제조업 마. 강관 제조업
4. 고무제품 및 플라스틱제품 제조업	가. 그 외 기타 고무제품 제조업 나. 플라스틱 필름, 시트 및 판 제조업 다. 벽 및 바닥 피복용 플라스틱 제품 제조업 라. 플라스틱 포대, 봉투 및 유사제품 제조업 마. 플라스틱 적층, 도포 및 기타 표면처리제품 제조업 바. 그 외 기타 플라스틱 제품 제조업
5. 전기장비 제조업	가. 축전지 제조업 나. 기타 절연선 및 케이블 제조업
6. 기타 운송장비 제조업	가. 강선 건조업 나. 선박 구성부분품 제조업 다. 기타 선박 건조업
7. 육상운송 및 파이프라인 운송업	파이프라인 운송업
8. 창고 및 운송관련 서비스업	위험물품 보관업
9. 금속가공제품 제조업: 기계 및 기구 제외	가. 도장 및 기타 피막처리업 나. 그 외 기타 분류안된 금속가공제품 제조업
10. 섬유제품 제조업: 의복 제외	직물 및 편조원단 염색 가공업

11. 펄프, 종이 및 종이제품 제조업	가. 적층, 합성 및 특수표면처리 종이 제조업 나. 벽지 및 장판지 제조업
12. 전자부품, 컴퓨터, 영상, 음향 및 통신장비 제조업	그 외 기타 전자부품 제조업
13. 자동차 및 트레일러 제조업	가. 자동차용 동력전달장치 제조업 나. 그 외 기타 자동차 부품 제조업

[비고]

1. 위 표의 업종은 「통계법」 제22조에 따라 통계청장이 고시하는 한국표준산업분류에 따른 업종을 말한다.
2. 제7호 및 제8호는 휘발유를 보관 · 출하하는 저유소에 한정하여 적용한다.

규칙 제51조의2(비산배출시설의 설치 · 운영신고 및 변경신고 등) ① 법 제38조의2제1항에 따라 비산배출하는 배출시설(이하 "비산배출시설"이라 한다)을 설치 · 운영하려는 자는 별지 제20호의2서식의 비산배출시설 설치 · 운영 신고서에 다음 각호의 서류를 첨부하여 유역환경청장, 지방환경청장 또는 수도권대기환경청장에게 제출하여야 한다. [개정 2017.1.26.]

1. 제품생산 공정도 및 비산배출시설 설치명세서
2. 비산배출시설별 관리대상물질 명세서
3. 비산배출시설 관리계획서
4. 별표 10의2 제1호가목3)에 따른 시설관리기준 적용 제외 시설의 목록

② 제1항에 따른 신고를 받은 유역환경청장, 지방환경청장 또는 수도권대기환경청장은 별지 제20호의3서식의 비산배출시설 설치 · 운영 신고증명서를 신고인에게 발급하여야 한다. [개정 2017.1.26.]

③ 법 제38조의2제2항에서 "환경부령으로 정하는 사항"이란 다음 각 호의 경우를 말한다. [개정 2017.1.26.]

1. 사업장의 명칭 또는 대표자를 변경하는 경우
2. 설치 · 운영 신고를 한 비산배출시설의 규모(별표 10의2 제3호에 따른 배출 시설별 분류가 동일한 비산배출시설의 시설 용량의 합계 또는 시설 개수의 누계를 말한다)를 10% 이상 변경하려는 경우
3. 비산배출시설 관리계획을 변경하는 경우
4. 오기(誤記), 누락 또는 그 밖에 이에 준하는 사유로서 그 변경 사유가 분명한 경우
5. 비산배출시설을 임대하는 경우

④ 법 제38조의2제2항에 따른 변경신고를 하려는 자는 신고 사유가 제3항제1호 또는 제5호에 해당하는 경우에는 그 사유가 발생한 날부터 30일 이내에, 같은 항 제2호 또는 제3호에 해당하는 경우에는 변경 전에, 같은 항 제4호에 해당하는 경우에는 그 사유를 안 날부터 30일 이내에 별지 제20호의4서식의 비산배출시설 설치 · 운영 변경신고서에 변경내용을 증명하는 서류와 별지 제20호의3서식의 비산배출시설 설치 · 운영 신고증명서를 첨부하여 유역환경청장, 지방 환경청장 또는 수도권대기환경청장에게 제출

해야 한다. [개정 2017.1.26.]

⑤ 유역환경청장, 지방환경청장 또는 수도권대기환경청장은 제4항에 따른 변경신고를 받은 경우에는 비산배출시설 설치 · 운영 신고증명서에 변경신고사항을 적어 신고인에게 발급하여야 한다. [개정 2017.1.26.]

규칙 제51조의3(비산배출저감을 위한 시설관리기준) ① 법 제38조의2제1항에서 "환경부령으로 정하는 배출구"란 영 제17조제1항제2호의 굴뚝 자동측정기기를 부착한 굴뚝을 말한다. [개정 2015.7.21.]

② 법 제38조의2제5항에 따른 시설관리기준은 별표 10의2와 같다. [거정 2019.07.16.]

③ 법 제38조의2제7항에 따른 정기점검의 내용, 주기 및 방법은 별표 10의3과 같다. [개정 2019.07.16.]

④ 정기점검에 드는 비용은 정기점검 대상 사업장의 종류 · 규모 등을 고려하여 환경부장관이 정하여 고시한다. [개정 2015.7.21.]

⑤ 법 제38조의2제1항 또는 제2항에 따른 신고 또는 변경신고를 한 자는 같은 조 제6항에 따른 정기점검 결과에 따라 개선조치가 필요하다고 인정되는 경우에는 개선계획을 수립하여 유역환경청장, 지방환경청장 또는 수도권대기환경청장에게 제출하고 해당 시설을 개선하여야 한다.

[규칙 별표10의2]

비산배출의 저감을 위한 시설관리기준(제51조의3제2항 관련)

※ 이 표에서 사용하는 업종구분은 「통계법」 제22조에 따라 통계청장이 고시하는 한국표준산업분류에 따른다.

1. 공통기준

구 분	시 설 관 리 기 준
가. 일반기준	1) 사업자는 비산배출의 저감을 위한 시설관리기준의 관리 담당자를 지정 · 운영한다. 2) 사업자는 사업장 내외에서 제2호에 따른 업종별 관리대상물질의 대기환경농도 파악을 위하여 노력한다. 3) 시설관리기준을 준수하여야 하는 시설 중에서 다음 각 호의 경우에는 시설관리기준의 적용대상에서 제외한다. 가) 연간 300시간 미만 가동하는 시설이나 장비(연간 가동시간을 확인할 수 있는 시설 · 장비나 자료 등이 있는 경우에 한정한다) 나) 연구개발시설 다) 상시 진공상태로 가동되어 관리대상물질이 외부로 배출되지 않는 시설 라) 제3호에 따른 업종별 시설관리기준에서 환경부장관이 정하는 사유에 해당하여 관할 유역환경청장, 지방환경청장 또는 수도권대기환경청장과 협의하여 시설관리기준의 적용대상에서 제외한 시설

	4) 시설관리기준을 충족하지 못하는 상황이 발생되는 경우 사업자는 45일 이내에 시설관리기준을 충족할 수 있도록 조치하고, 조치가 완료된 후 30일 이내에 결함 여부 등을 재확인하여야 한다. 다만, 시설의 수리를 위하여 전체공정의 가동중지가 불가피할 경우에는 유역환경청장 · 지방환경청장 또는 수도권대기환경청장(이하 "환경청장"이라 한다)과의 협의를 거쳐 수리기간을 다음 공정중지기간까지 연장할 수 있다.
나. 기록기준	1) 이 시설관리기준에서 제시된 운영기록부는 별지 제20호의5서식에 따라 기록하고 보존하여야 한다. 다만, 상세내용을 기록해야 하거나 또는 운영기록부 서식에 기재한 사항 외의 사항을 기록하여야 하는 경우에는 사업장별 별도의 서식을 정하여 기록할 수 있으며, 모든 기록은 전산에 의한 방법으로 기록 · 보존할 수 있다. 2) 가목4)에 해당하는 경우에는 사건개요, 조치내용 및 조치 완료 후 점검 · 확인 사항 등을 운영기록부에 기록하여야 한다. 3) 제3호의 업종별 시설관리기준에 따라 기록 · 관리하여야 하는 사항을 기록한 운영기록부는 해당 연도 종료일부터 2년간 보관하여야 한다. 4) 제3호의 업종별 시설관리기준에 따라 기록 · 관리하는 운영기록부는 환경청장이 요청하면 10일 이내에 그 사본을 제출하여야 한다.
다. 보고기준	1) 최초 점검보고서는 제3호의 업종별 시설관리기준에 따른 관리 대상 시설현황 등을 별지 제20호의6서식에 따라 작성하여 환경청장에게 제출하여야 한다. 이 경우 제출시기는 기존 사업장은 이 표의 기준이 적용되는 해의 12월 31일까지로, 신규사업장은 시설의 설치가 완료된 해의 12월 31일까지로 하되, 8월 31일 이후에 설치가 완료된 시설은 그 다음 해 4월 30일까지 제출한다. 2) 연간 점검보고서는 제3호의 업종별 시설관리기준에 따른 준수사항을 별지 제20호의6서식에 따라 작성하여 다음 해 4월 30일까지 환경청장에게 제출하여야 한다. 3) 부득이한 사유로 기한 내에 최초 및 연간 점검보고서를 제출할 수 없는 경우에는 환경청장과 협의하여 제출 기한을 30일 범위에서 연장할 수 있다. 4) 1)에 따른 최초 점검보고서 또는 2)에 따른 연간 점검보고서를 제출하는 경우에는 비산배출시설별 운영기록부 및 비산배출시설 관리 담당자 지정문서 각 1부를 첨부하여야 한다.

2. 업종별 관리대상물질

구분	업 종	업종별 적용물질	공통 적용물질
가. Ⅰ업종	1) 원유 정제처리업 2) 파이프라인 운송업 3) 위험물품 보관업	메탄올, 메틸에틸케톤, 엠티비이(MTBE), 톨루엔, 자일렌(o-, m-, p- 포함)	별표 2 제1호부터 제35호까지의 특정대기유해물질
	4) 석유화학계 기초화학물질 제조업 5) 합성고무 제조업 6) 합성수지 및 기타 플라스틱물질 제조업	톨루엔, 자일렌(o-, m-, p- 포함), 나프탈렌	

나. II 업종	1) 제철업 2) 제강업	입자상물질(먼지), 망간화합물, 톨루엔, 자일렌(o-, m-, p- 포함)
다. III 업종	1) 접착제 및 젤라틴 제조업	톨루엔, n-헥산, 이소프로필 알콜, 메탄올, 아크릴산 에틸, 메틸에틸케톤
	2) 그 외 기타 고무제품 제조업 3) 플라스틱 필름, 시트 및 판 제조업 4) 벽 및 바닥 피복용 플라스틱제품 제조업 5) 플라스틱 포대, 봉투 및 유사제품 제조업 6) 플라스틱 적층, 도포 및 기타 표면처리 제품 제조업 7) 그 외 기타 플라스틱 제품 제조업 8) 적층, 합성 및 특수표면처리 종이 제조업 9) 벽지 및 장판지 제조업	톨루엔, 메틸에틸케톤, 자일렌(o-, m-, p- 포함)
	10) 축전지 제조업 11) 기타 절연선 및 케이블 제조업	톨루엔, 자일렌(o-, m-, p- 포함)
	12) 직물 및 편조원단 염색 가공업 13) 그 외 기타 전자부품 제조업	메틸에틸케톤, 톨루엔
	14) 냉간 압연 및 압출 제품 제조업 15) 알루미늄 압연, 압출 및 연신제품제조업 16) 강관 제조업 17) 도장 및 기타 피막처리업 18) 그 외 기타 분류안된 금속가공제품 제조업 19) 자동차용 동력전달장치 제조업 20) 그 외 기타 자동차 부품 제조업	톨루엔, 자일렌(o-, m-, p- 포함), 메탄올
라. IV 업종	1) 강선 건조업	톨루엔, 자일렌(o-, m-, p- 포함)
	2) 선박 구성부분품 제조업	
	3) 기타 선박 건조업	

3. 업종별 시설관리기준

가. I 업종

배출시설	시 설 관 리 기 준
1) 공정배출시설	가) 이 관리기준은 관리대상물질 농도의 합이 5wt% 이상 되는 유체를 포함하거나 접촉하게 되는 시설을 대상으로 한다. 다만, 공정의 특성상 관리대상물질의 비산배출 가능성이 적거나 안전상의 이유로 나)의 기준을 준수하기 어려운 경우 등 환경부장관이 정하는 사유에 해당하는 경우로서 관할 유역환경청장, 지방환경청장 또는 수도권대기환경청장과 협의한 경우에는 관리기준의 적용대상에서 제외한다. 나) 가) 본문에 해당하는 시설은 다음의 기준을 따른다. (1) 밀폐된 공간에 시설을 설치하여야 한다. 다만, 공정 특성상 밀폐된 공간에 설치하기 어려운 경우에는 포위식 후드, 외부식 후드(상방형, 하방형, 측방형) 등의 포집시설을 설치하여 비산되는 배출가스를 포집하여야 하며, 포집시설의 가스포집 속도는 0.5m/s 이상을 유지하여야 한다. (2) (1)에 따라 포집된 모든 배출가스는 다음 (가)부터 (다)까지의 기준 중 1개의 기준을 선택하여 처리하여야 한다. 다만, 비산되는 배출가스가 완전히 밀폐된 상태로 포집되고, 대기오염방지시설의 처리용량이 충분한 경우에는 포집된 배출가스를 대기오염방지시설에 연결하여 처리할 수 있다. (가) 2) 플레어스택의 시설관리기준에 적합한 플레어스택을 설치 · 운영한다. (나) 연소실 내부의 온도를 연속으로 측정하여 기록할 수 있는 모니터링 장비가 설치된 보일러나 가열기 또는 소각시설을 설치한다. 온도 모니터링 장비가 설치된 보일러, 가열기 또는 소각시설의 경우 처리되는 배출가스는 최소 800℃ 이상의 온도에서 0.5초 이상의 체류시간으로 운전되어야 하며, 각 연소실의 최소 1시간 당 평균온도를 모니터링하여 운영기록부에 기록한다. (다) 축열식 연소산화방식, 축열식 촉매산화방식 등 직접연소에 의한 시설(이하 "직접연소에 의한 시설"이라 한다), 회수에 의한 시설 또는 그 밖의 방지시설을 설치하여 배출가스의 총탄화수소(THC) 농도를 90% 이상 저감하거나 50ppm 이하로 관리하여야 한다. 다만, 총탄화수소(THC) 농도의 측정이 불가능한 관리대상물질의 경우에는 별표 8에 따른 배출허용기준을 적용하고, 배출허용기준이 정해지지 않은 경우에는 관리대상물질의 농도를 90% 이상 저감하여야 한다. (라) (다)에 따른 총탄화수소(THC) 또는 관리대상물질의 농도는 「환경분야 시험 · 검사 등에 관한 법률」 제6조제1항에 따라 환경부장관이 정하여 고시한 대기오염공정시험기준(이하 "대기오염공정시험기준"이라 한다)에 따라 측정한다. (마) (다)의 기준의 준수 여부를 반기마다 1회 점검하여 운영기록부에 기록한다. 다) 2015년 1월 1일 이후 제조공정에 설치된 각각의 배수장치에는 물 등을 이용한 봉인장치(water seal control)를 설치하여야 한다. 다만, 2014년 12월 31일 이전에 설치된 배수장치에 대해서는 덮개를 설치하면 물 등을 이용한 봉인장치를 설치한 것으로 본다. 라) 플라스틱 성형 압출 공정에서 흄과 압출기, 실린더, 공압출 장치에서 누출되는 관리대상물질을 방지시설로 이송하여 처리한다.

	마) 냉각탑의 냉각수 중 총유기탄소(TOC) 농도가 50ppm을 초과하지 않도록 「환경분야 시험 · 검사 등에 관한 법률」 제6조제1항에 따라 환경부장관이 정하여 고시한 수질오염공정시험기준(이하 "수질오염공정시험기준"이라 한다)에 따른 폐수 및 수질오염물질의 총유기탄소 측정방법에 따라 반기마다 1회 측정하여 운영기록부에 기록한다. 바) 드럼통 등 사업장 안에서 수시로 이동하는 용기의 경우에는 상부 덮개 등을 설치하여 내용물이 새어나오지 않도록 관리하여야 한다.
2) 플레어스택	가) 이 관리기준은 플레어스택의 용량(flare load)이 1.26 × 107 kcal/hr(50 MMBTU/hr) 이상인 시설을 대상으로 한다. 나) 자동점화시설을 설치하여 기능이 완전하게 유지되도록 하거나 온도계, 자외선센서, 적외선센서 또는 폐쇄회로 텔레비전 등을 설치하여 플레어의 점화불꽃이 항상 유지되도록 모니터링한다. 다) 플레어스택의 비정상 가동 시 발생하는 매연이 대기오염공정시험기준 중 링겔만비탁표 2도 이상을 2시간에 총 5분을 초과하여서는 안 된다. 라) 사고발생시 대상시설, 최초 발생 시간, 발생 원인에 대해 최초 발생 시점부터 2시간 이내에 관할 행정기관에 보고(전화, 팩스 등)하여야 하며, 비정상 가동이 종료될 경우 종료 시점부터 48시간 이내(토요일 또는 공휴일에 해당하는 날의 0시부터 24시까지의 시간은 제외한다)에 대상시설, 최초 발생시간, 발생원인, 추정 발생가스 성상 및 최대 배출 추정량에 대한 최종보고서를 서면으로 제출하여야 한다.
3) 저장시설	가) 이 관리기준은 설계저장용량이 40㎥ 이상이면서, 관리대상물질 농도의 합이 5wt% 이상 되는 유체를 저장하는 시설을 대상으로 한다. 다만, 설정압력이 10kPa 이상인 압력탱크 저장시설은 제외한다. 나) 내부부상지붕(internal floating roof)형 저장시설의 경우 (1) 내부부상지붕은 저장용기 내부의 액체표면에 놓여 있거나 떠 있어야 한다. 다만, 반드시 액체와 접촉할 필요는 없다. (2) 저장탱크 내벽과 부유지붕의 상단 가장자리에는 다음 밀폐장치 중의 하나를 갖추어야 한다. (가) 유면과 접촉되어 떠 있는 폼 밀봉장치(foam seal) 또는 유체충진형 밀봉장치는 저장탱크의 내벽과 부유지붕 사이의 유체와 항상 접촉되어 있어야 한다. (나) 이중 밀봉장치는 저장용기 벽면과 내부 부유지붕의 가장자리 사이의 공간을 완전히 막기 위하여 2개의 층으로 되어 있고, 각각이 지속적으로 밀폐될 수 있도록 하여야 한다. (다) 지렛대 구조밀봉장치(mechanical seal) (3) 자동환기구와 림(rim)환기구를 제외하고, 부상지붕에 설치되는 각 개구부의 하부 끝은 액체표면 아래에 잠길 수 있도록 설계되어야 하며, 각 개구부의 상부에는 덮개를 설치하여 작동 중일 때를 제외하고는 항상 틈이 없이 밀폐되도록 하여야 한다. (4) 자동환기구는 개스킷이 장착되어야 하며, 부상지붕이 액체표면에 놓여 있거나 떠 있지 아니하거나 지붕 지지대에 놓여 있을 때를 제외하고 작동 중인 때에는 항상 닫힌 상태여야 한다. (5) 림환기구는 개스킷이 장착되어야 하며, 부상지붕이 지붕지지대에서 떨어져 부상

	하고 있거나 사용자가 필요할 때에만 열리도록 설치하여야 한다. 다) 외부부상지붕(external floating roof)형 저장시설의 경우 (1) 외부부상지붕은 폰툰식(pontoon type)이거나 이중갑문식 덮개(double deck type cover)구조이어야 한다. (2) 저장용기 내벽과 부상지붕의 상단 가장자리에는 이중 밀폐장치를 설치하여야 한다. (3) 부상지붕은 초기 충전 시와 저장용기가 완전히 비어 재충전할 경우를 제외하고는 항상 액체표면에 떠 있어야 한다. (4) 자동환기구와 림환기구를 제외하고, 부상지붕에 설치되는 각 개구부의 하부 끝은 액체표면 아래에 잠길 수 있도록 설계되어야 하며, 각 개구부의 상부에는 덮개를 설치하여 작동 중인 경우를 제외하고는 항상 틈이 없이 밀폐되도록 하여야 한다. (5) 자동환기구는 개스킷이 장착되어야 하며, 부상지붕이 액체표면에 떠있지 아니하거나 지붕지지대에 놓여 있을 때를 제외한 작동 중에는 항상 닫힌 상태이어야 한다. 라) 고정형지붕(fixed roof) 저장시설의 경우 1) 공정배출시설 나)의 시설관리기준을 따른다.
4) 육상출하시설	가) 이 관리기준은 관리대상물질 농도의 합이 5wt% 이상 되는 유체를 포함하거나 접촉하게 되는 육상출하시설을 대상으로 한다. 다만, 철도를 이용하는 육상출하시설은 제외한다. 나) 육상출하시설은 하부적하방식에 적합한 구조이어야 하며, 하부적하방식에 적합하지 아니한 차량이나 시설에 대하여는 제품을 출하하여서는 아니 된다. 다만, 자일렌함유 에폭시수지, 초산 등 상온(25℃)에서 점도가 10,000센티푸아즈(centipoise) 이상으로 물질흐름이 정지되는 특성 때문에 하부로 싣는 작업이 불가능한 관리대상물질의 경우에는 그러하지 아니하다. 다) 가)의 유체 출하 시 관리대상물질이 대기 중에 배출되지 않도록 하고 출하과정에서 배출되는 관리대상물질은 회수하여 공정 중에서 재이용하거나 1) 공정배출시설 나)의 시설관리기준에 따라 처리한다.
5) 폐수처리시설	가) 이 관리기준은 관리대상물질 농도의 합이 5wt% 이상 되는 유체를 포함하거나 접촉하게 되는 폐수관로, 집수조 및 유수분리조 등의 폐수처리시설을 대상으로 한다. 나) 폐수관로(드레인 라인을 포함한다)는 관리대상물질이 대기 중으로 확산 배출되지 않도록 폐쇄형 구조로 설치하여야 한다. 다만, 폐수의 특성에 따른 안전상 문제가 발생할 수 있을 경우에는 환경청장의 동의 하에 일정 구간의 폐수관로는 폐쇄형 구조로 설치하지 않을 수 있다. 다) 중간집수조에는 덮개를 설치하거나 덮개 및 환기배관을 설치하여야 하며, 중간집수조에서 폐수처리시설로 이어지는 하수구는 환기배관을 제외하고는 대기 중으로 개방되어서는 아니 된다. 라) 집수조의 개방면으로부터 관리대상물질을 500ppm 이상의 농도로 비산배출 하는 집수조는 부유지붕이나 상부덮개를 설치ㆍ운영하여야 한다. 이 경우 비산배출되는 관리대상물질 농도확인은 대기오염공정시험기준에 따른 휘발성유기화합물 누출확인방법을 따른다. 마) 폐수처리시설의 유수분리조는 부유지붕이나 상부덮개를 설치ㆍ운영하여야 하며, 상부덮개를 설치한 경우에는 덮개와 유체표면 사이의 공간에서 발생된 관리대상물질을 저감하기 위하여 1) 공정배출시설 나)의 시설관리기준을 따른다.

6) 비산누출시설	가) 이 관리기준은 관리대상물질 농도의 합이 5wt% 이상 되는 유체를 포함하거나 접촉하게 되는 밸브, 펌프, 압축기, 개방식라인, 압력완화장치, 커넥터, 플랜지, 검사용 시료채취장치, 공정배수구 등의 비산누출시설을 대상으로 한다. 다만, 그 비산누출시설이 밀폐된 시설의 안에 있는 경우에는 밀폐된 시설을 공정배출시설로 간주하여 1)나)에 따른 기준을 적용한다. 나) 개방식라인 개방식라인에는 뚜껑, 브라인드 플랜지, 마개 또는 이중밸브를 설치하여야 하며, 보수작업 외에는 항상 봉인되어 있어야 한다. 비상시 자동적으로 열리도록 설계된 긴급운전정지 시설에 있는 개방식라인의 경우는 제외한다. 다) 압축기 및 펌프 (1) 펌프의 유체가 대기 중으로 누출되는 것을 방지하도록 완충유체 또는 완충가스를 포함하는 이중기계봉인시설(dual mechanical seal) 또는 이와 동등한 성능을 갖는 밀폐형 시설(sealless type)을 설치하여야 하며, 다음 (가)부터 (다)까지의 기준 중 한 가지 이상을 만족하여야 한다. (가) 완충유체 및 완충가스는 펌프의 스터핑 박스(stuffing box) 압력보다 항상 높은 압력에서 운전되어야 하며, 이를 확인할 수 있도록 압력계 등의 센서를 장착하여야 한다. (나) 완충유체저장시설(barrier fluid system degassing reservoir)을 장착할 경우 누출된 가스는 가스연료시설 또는 플레어 등의 저감시설로 연결하여 처리하여야 하며, 1) 공정배출시설 나)의 시설관리기준을 따른다. (다) 완충유체를 공정 흐름으로 이송시키는 폐쇄회로시스템(closed-loop system)을 장착하여야 한다. (2) 다음의 어느 하나에 해당하는 경우에는 (1)의 기준을 적용하지 않을 수 있다. (가) 펌프가 비제조구역(off-site) 내의 저장시설과 연결된 경우 (나) 안전상의 이유로 (1)의 기준을 준수하기 어려운 경우 등 환경부장관이 정하는 사유에 해당하는 경우로서 관할 유역환경청장, 지방환경청장 또는 수도권대기환경청장과 협의한 경우 (3) 압축기의 유체가 대기 중으로 누출 되는 것을 방지하도록 완충유체를 포함하는 봉인시설을 설치하여야 하며, 다음 (가)부터 (다)까지의 기준 중 한 가지 이상을 만족하여야 한다. (가) 완충유체는 압축기의 스터핑 박스(stuffing box) 압력보다 항상 높은 압력에서 운전되어야 하며, 이를 확인할 수 있도록 압력계 등의 센서를 장착하여야 한다. (나) 완충유체저장시설(barrier fluid system degassing reservoir)을 장착할 경우 누출된 가스는 가스연료시설 또는 플레어 등의 저감시설로 연결하여 처리하여야 하며, 1) 공정배출시설 나)의 시설관리기준을 따른다. (다) 완충유체를 공정 흐름으로 이송시키는 폐쇄회로시스템(closed-loop system)을 장착하여야 한다. (4) 완충유체를 포함하는 봉인시설과 동등한 성능을 갖는 왕복압축기 및 원심압축기(dry gas type)를 설치한 경우에는 압축기 내부 가스가 대기로 누출되지 않도록 하여야 한다. 라) 압력완화장치

(1) 설정 압력 이상인 경우의 방출을 제외한 가스 · 증기를 다루는 모든 압력완화장치는 누출기준농도 이하에서 운전되어야 한다.
(2) 설정 압력 이상인 경우의 방출 후, 최대 5일 이내에 누출기준농도 이하로 운전되어야 하며, 운영기록부에 기록한다.
(3) 공정이나 가스연료시설 또는 처리시설 등의 폐쇄형 배출시설로 연결된 압력완화장치는 (1)과 (2)의 기준을 적용하지 아니한다. 이때 플레어 등의 저감시설로 연결된 경우 1) 공정배출시설 나)의 시설관리기준을 따른다.

마) 검사용 시료채취장치
(1) 시료채취 시 발생되는 관리대상물질을 공정 중으로 재회수시키거나 처리시설로 이송하기 위하여 끝이 막힌 배관장치 또는 밀폐된 배출관로를 설치하여야 한다.
(2) 5wt% 이상의 벤젠을 포함하는 유체를 취급하는 시료채취장치의 경우, 시료채취 시 발생되는 벤젠을 저감할 수 있는 시설을 설치하여야 한다.
(3) 발생원 내부 시료채취시설(in-situ sampling systems)과 퍼지(purge)과정이 없는 시료채취장치 및 비제조구역(off-site) 내 저장시설과 출하시설에 연결된 시료채취장치의 경우 (1)와 (2)의 기준을 적용하지 아니한다.

바) 시설관리기준 적용대상 비산누출시설에 대하여 최초 1년간 연 1회 누출점검을 실시하고, 최초 누출점검 결과를 기준으로 계산한 누출율에 의하여 다음과 같이 각 비산누출시설 장치종류별로 측정주기를 결정한다. 다만, 다)(1)(가)부터 (다)까지 외의 부분에 따른 밀폐형 시설을 설치 · 운영 중인 펌프와 대기오염공정시험기준에 누출점검방법이 없는 관리대상물질을 취급하는 시설의 경우에는 누출점검 대상에서 제외한다.
(1) 누출율 3% 이상일 경우는 반기마다 점검을 실시한다.
(2) 누출율 3% 미만일 경우는 1년마다 점검을 실시한다.

사) 최초 누출점검 이후의 비산누출시설 장치종류별 측정주기는 1년마다 점검에 의한 누출율 또는 반기마다 점검에 의한 평균 누출율을 기준으로 바)의 누출율 기준에 의하여 측정주기를 결정한다.

아) 비산누출시설에 대한 누출점검은 대기오염공정시험기준 상의 휘발성유기화합물 누출확인방법을 따른다.

자) 바)의 기준에서 제시한 누출율 산정방식은 다음과 같다.
(1) 비산누출시설 장치종류별 누출율(%) = $[A/(B-C)] \times 100$
(2) A: 누출기준농도를 초과한 비산누출시설 장치종류별 개수
(3) B: 비산누출점검 대상 총 비산누출시설 장치종류별 개수
(4) C: 비산누출시설 장치종류별 비안전 누출시설 및 누출점검 난해시설 개수

차) 자)의 기준에서 제시한 누출기준농도는 총탄화수소(THC)로서 다음과 같이 정의한다.
(1) 2017년 12월 31일까지: 2,000ppm
(2) 2018년 1월 1일부터: 1,000ppm
(3) 비제조구역(off-site) 내의 펌프와 시료채취장치: 500ppm

카) 자)의 기준에서 제시한 비안전 누출시설은 고온 · 고압조건, 시설의 붕괴 및 폭발의 위험 등과 같이 누출점검자가 즉각적인 위험에 노출될 수 있다고 판단되는 누출시설을 의미하며, 비안전 누출시설은 안전이 확보되기 전까지 비산누출점검을 유보할 수 있다.

타) 자)의 기준에서 제시한 누출점검 난해시설은 파이프랙, 공간협소지역, 낙상사고 우려지역, 에너지 절감을 위하여 보온재로 밀폐한 시설이나 고소 위험지역에 위치하여 누출점검자가 누출점검을 수행하기 어려운 누출시설을 의미하며, 누출점검 난해시

	설의 경우 환경청장과의 협의를 거쳐 비산누출점검을 제외할 수 있다. 파) 비산누출점검 대상에서 유보하거나 제외하는 비안전 누출시설과 누출점검 난해시설의 선정사유와 설치된 위치를 기록하여야 하며, 두시설의 개수는 총 비산누출시설의 20%를 초과할 수 없다. 다만, 공정 특성상 불가피하게 비안전 누출시설과 누출점검 난해시설의 수가 20%를 초과하는 경우에는 관할 환경청장과 협의하여 추가로 인정받을 수 있다.

나. II 업종

배출시설	시 설 관 리 기 준
1) 비산먼지 배출시설	가) 이 관리기준은 분체상 물질을 야적, 싣기 · 내리기 또는 수송 · 이송하는 시설을 대상으로 한다. 나) 원료 야적장으로부터 분체상 물질을 수송하는 사업장 내부 도로에는 먼지의 재비산을 방지하기 위한 장치를 설치 또는 운영하고, 그 운영 현황을 매주 1회 기록한다. 다) 분체상 원료 야적장(야적면적이 10,000㎡ 이상인 것에 한정한다)에서 근접한 사업장의 부지경계선상에서 대기오염공정시험기준의 시험기준(ES 01302.1)에 따라 비산먼지 농도를 분기마다 1회 측정하여 기록한다. 라) 법 제43조에 따른 비산먼지의 규제를 따른다.
2) 소결로 및 관련시설	가) 소결로(燒結爐) 주변 지면은 매주 2회 청소를 실시하여 먼지의 재비산을 방지한다. 나) 소결로의 소결광 상단지점은 소결가스가 대기 중으로 확산되지 않도록 음압을 유지한다. 또한 소결가스 포집 압력은 음압을 유지하는지 상시 모니터링한다. 다) 소결로 말단의 배광부는 밀폐하여야 하며 내부의 압력은 음압을 유지하여야 한다. 라) 소결로 냉각시설의 상부는 1/3 이상 덮개(후드시설)를 설치하고 개방된 부분에는 살수설비를 설치 · 운영(동절기는 제외)하여 먼지의 비산을 방지한다. 마) 소결로 측면으로부터 5m 내외 주변 지점에서 대기오염공정시험기준에 따라 비산먼지 농도를 분기마다 1회 측정하여 기록한다.
3) 코크스로 및 관련시설	가) 코크스로 배출가스는 전량 포집하여 정제과정을 거쳐 연료로 재이용한다. 다만 불가피하게 대기로 배출하여야 하는 경우에는 발생되는 가스 전량을 플레어스택(또는 그와 동등한 효과를 가진 시설)으로 이송하여 처리한다. 플레어의 점화불꽃은 연속적으로 유지되어야 하며, 이를 모니터링 할 수 있는 장치(온도계, 자외선센서, 적외선센서 또는 폐쇄회로 텔레비전 등)를 설치하여야 한다(자동점화방식 플레어스택인 경우는 제외한다). 나) 플레어스택의 사고발생시 대상시설, 최초 발생 시간, 발생 원인에 대해 최초 발생 시점부터 2시간 이내에 관할 행정기관에 보고(전화, 팩스 등)하여야 하며, 비정상 가동이 종료될 경우 종료 시점부터 48시간 이내(토요일 또는 공휴일에 해당하는 날의 0시부터 24시까지는 제외한다)에 대상시설, 최초 발생 시간, 발생 원인, 추정 발생가스 성상 및 최대 배출 추정량에 대한 최종보고서를 서면으로 제출하여야 한다. 다) 장입구(裝入口)는 점토 현탁액(또는 적합한 물질)으로 장입구 주위를 밀봉하여 오염물질의 비산배출을 최소화 한다. 또한 코크스로에 석탄을 장입할 때 장입장치와 장입구는 완전 밀착되어야 하며 코크스오븐 내부의 음압을 다음 기준 이상으로 증가시켜 장입 시 배출가스 누출을 최소화한다.

	(1) 2014년 12월 31일 이전에 설치된 시설: (−)4mmH_2O (2) 2015년 1월 1일 이후에 설치되는 시설: (−)25mmH_2O 라) 코크스오븐은 스프링 방식의 밀봉문을 설치하고 밀봉문 주위를 매주 2회 청소하여 비산배출되는 오염물질을 최소화 한다. 다만, 코크스오븐의 밀봉문과 문틀의 밀봉상태를 개선할 수 있는 새로운 기술을 적용할 경우에는 이를 대신할 수 있다. 마) 코크스로의 배출가스 포집 수직관 상단은 배출가스의 누출을 방지하기 위하여 유체 밀봉한다. 바) 삭제 〈2017. 1. 26.〉 사) 코크스 탄화실과 연소실 격벽의 누출상태를 매주 1회 점검하여 기록하며 누출이 발생한 경우 1주일 이내에 수리한다. 아) 코크스의 인출과정과 건식냉각 과정에서 배출되는 오염물질을 저감하기 위한 집진시설을 설치한다. 다만, 인출과정 중 대기오염물질의 배출이 없는 구조로 설치된 경우 환경청장과 협의하여 집진시설을 설치하지 않아도 된다. 자) 코크스의 습식냉각타워는 수증기중 오염물질을 저감하기 위하여 최소 30m 이상(다만, 기존에 설치된 습식냉각타워는 25m 이상)의 높이로 설치하며, 타워 상단에 용수 살수장치와 오염물질 저감판(baffle plate)를 설치한다. 차) 코크스오븐 운전 시에 포집되지 않고 외부로 비산배출되는 오염물질에 대한 불투명도 값은 20%(코크스 인출시의 불투명도는 35%)를 초과하지 않도록 유지하여야 하며, 기준 준수여부를 대기오염공정시험기준의 비산먼지 불투명도 측정방법에 따라 매월 1회 점검하여 운영기록부에 기록한다.
4) 용광로, 전로 및 전기로	가) 출선로 내벽에는 타르성분이 없는 코팅제를 사용한다. 나) 출선로에 상부덮개와 집진시설을 설치하며, 용선을 제강공정으로 이송하기 위하여 차량에 싣는 지점에 집진시설을 설치한다. 다) 전로와 전기로에 밀폐형 후드시설(도그하우스)을 설치하지 않은 사업장은 건물 전체에 대한 집진시설(이하 "건옥집진시설"이라 한다)을 설치하여야 한다. 다만, 유도로의 경우 건옥집진시설 또는 국소배기장치를 설치할 수 있다. 라) 밀폐형 후드시설(도그하우스)은 운전상 필요한 경우를 제외하고는 닫힌 상태에서 운전해야 한다. 다만, 전기로를 개방하지 않고 원료를 장입하는 전기로의 경우는 제외한다. 마) 일관제철소의 용광로와 전로에서 배출된 가스는 전량 포집하여 정제 과정을 거쳐 연료로 재이용한다. 다만, 불가피하게 대기로 배출하여야 하는 경우에는 발생되는 가스 전량을 플레어스택(또는 그와 동등한 효과를 가진 시설)으로 이송하여 처리한다. 바) 플레어의 점화불꽃은 연속적으로 유지되어야 하며, 이를 모니터링 할 수 있는 장치(온도계, 자외선센서, 적외선센서 또는 폐쇄회로 텔레비전 등)를 설치하여야 한다. 다만, 자동점화방식 플레어스택인 경우는 제외한다. 사) 플레어스택의 사고발생 시 3) 코크스로 및 관련시설 나)의 기준을 따른다. 아) 전로와 전기로 시설이 가동되고 있을 경우에는 물건의 운반이나 작업자의 안전상의 이유 또는 건옥집진시설을 설치 · 운영하고 있는 경우를 제외하고는 건물 전체를 닫힌 상태로 운전한다. 자) 삭제 〈2017. 1. 26.〉 차) 용광로와 전로 및 전기로에서 일정한 굴뚝을 거치지 않고 외부로 비산배출되는 입자상물질을 모니터링하기 위하여 불투명도 값이 20%를 초과하지 않도록 유지하여야 하며, 기준 준수여부를 대기오염공정시험기준 상의 불투명도 측정방법에 따라 매월

	1회 점검하여 운영기록부에 기록한다.

다. Ⅲ업종

배출시설	시 설 관 리 기 준
1) 공정배출시설	가) 이 관리기준은 관리대상물질 농도의 합이 5wt% 이상 되는 유체를 포함하거나 접촉하게 되는 시설을 대상으로 한다. 다만, 공정의 특성상 관리대상물질의 비산배출 가능성이 적거나 안전상의 이유로 나)의 기준을 준수하기 어려운 경우 등 환경부장관이 정하는 사유에 해당하는 경우로서 관할 유역환경청장, 지방환경청장 또는 수도권대기환경청장과 협의한 경우에는 관리기준의 적용대상에서 제외한다. 나) 가) 본문에 해당하는 시설은 다음의 기준을 따른다. (1) 밀폐된 공간에 시설을 설치하여야 한다. 다만, 공정 특성상 밀폐된 공간에 설치하기 어려운 경우에는 포위식 후드, 외부식 후드(상방형, 하방형, 측방형) 등의 포집시설을 설치하여 비산되는 배출가스를 포집하여야 하며, 포집시설의 가스포집 속도는 0.5m/s 이상을 유지하여야 한다. (2) (1)에 따라 포집된 모든 배출가스는 다음 (가) 또는 (나)의 기준 중 1개의 기준을 선택하여 처리하여야 한다. 다만, 비산되는 배출가스가 완전히 밀폐된 상태로 포집되고, 대기오염방지시설의 처리용량이 충분한 경우에는 포집된 배출가스를 대기오염방지시설에 연결하여 처리할 수 있다. (가) 연소실 내부의 온도를 연속으로 측정하여 기록할 수 있는 모니터링 장비가 설치된 보일러나 가열기 또는 소각시설을 설치한다. 온도 모니터링 장비가 설치된 보일러, 가열기 또는 소각시설의 경우 처리되는 배출가스는 최소 800℃ 이상의 온도에서 0.5초 이상의 체류시간으로 운전되어야 하며, 각 연소실의 최소 1시간 당 평균온도를 모니터링하여 운영기록부에 기록한다. (나) 직접연소에 의한 시설, 회수에 의한 시설 또는 그 밖의 방지시설을 설치하여 배출가스의 총탄화수소(THC) 농도를 80% 이상 저감하거나 100ppm 이하로 관리하여야 한다. 다만, 총탄화수소(THC) 농도의 측정이 불가능한 관리대상물질의 경우에는 별표 8에 따른 배출허용기준을 적용하고, 배출허용기준이 정해지지 않은 경우에는 관리대상물질의 농도를 80% 이상 저감하여야 한다. (다) (나)에 따른 총탄화수소(THC) 또는 관리대상물질의 농도는 대기오염공정시험기준에 따라 측정한다. (라) (나)의 기준의 준수 여부를 반기마다 1회 점검하여 운영기록부에 기록한다. 다) 2016년 1월 1일 이후 제조공정에 설치된 각각의 배수장치에는 물 등을 이용한 봉인장치(water seal control)를 설치하여야 한다. 다만, 2015년 12월 31일 이전에 설치된 배수장치에 대해서는 덮개를 설치하면 물 등을 이용한 봉인장치를 설치한 것으로 본다. 라) 플라스틱 성형 압출 공정에서 흄과 압출기, 실린더, 공압출 장치에서 누출되는 관리대상물질을 방지시설로 이송하여 처리한다. 마) 냉각탑의 냉각수 중 총유기탄소(TOC) 농도가 50ppm을 초과하지 않도록 수질오염공정시험기준에 따른 폐수 및 수질오염물질의 총유기탄소(TOC) 측정방법에 따라 반기마다 1회 측정하여 운영기록부에 기록한다. 바) 드럼통 등 사업장 안에서 수시로 이동하는 용기의 경우에는 상부 덮개 등을 설치하여 내용물이 새어나오지 않도록 관리하여야 한다.

2) 저장시설	가) 이 관리기준은 설계저장용량이 40㎥ 이상이면서, 관리대상물질 농도의 합이 5wt% 이상 되는 유체를 저장하는 시설을 대상으로 한다. 다만, 설정압력이 10kPa 이상인 압력탱크 저장시설은 제외한다. 나) 내부부상지붕(internal floating roof)형 저장시설의 경우 (1) 내부부상지붕은 저장용기 내부의 액체표면에 놓여 있거나 떠 있어야 한다. 다만, 반드시 액체와 접촉할 필요는 없다. (2) 저장탱크 내벽과 부유지붕의 상단 가장자리에는 다음 밀폐장치 중의 하나를 갖추어야 한다. (가) 유면과 접촉되어 떠 있는 폼 밀봉장치(foam seal) 또는 유체충진형 밀봉장치는 저장탱크의 내벽과 부유지붕 사이의 유체와 항상 접촉되어 있어야 한다. (나) 이중 밀봉장치는 저장용기 벽면과 내부 부유지붕의 가장자리 사이의 공간을 완전히 막기 위하여 2개의 층으로 되어 있고, 각각이 지속적으로 밀폐될 수 있도록 하여야 한다. (다) 지렛대 구조밀봉장치(mechanical seal) (3) 자동환기구와 림(rim)환기구를 제외하고, 부상지붕에 설치되는 각 개구부의 하부 끝은 액체표면 아래에 잠겨질 수 있도록 설계되어야 하며, 각 개구부의 상부에는 덮개를 설치하여 작동 중일 때를 제외하고는 항상 틈이 없이 밀폐되도록 하여야 한다. (4) 자동환기구는 개스킷이 장착되어야 하며, 부상지붕이 액체표면에 놓여 있거나 떠 있지 아니하거나 지붕 지지대에 놓여 있을 때를 제외하고 작동 중인 때에는 항상 닫혀진 상태이어야 한다. (5) 림환기구는 개스킷이 장착되어야 하며, 부상지붕이 지붕지지대에서 떨어져 부상하고 있거나 사용자가 필요할 때에만 열리도록 설치하여야 한다. 다) 외부부상지붕(external floating roof)형 저장시설의 경우 (1) 외부부상지붕은 폰툰식(pontoon type)이거나 이중갑문식 덮개(double deck type cover)구조이어야 한다. (2) 저장용기 내벽과 부상지붕의 상단 가장자리에는 이중 밀폐장치를 설치하여야 한다. (3) 부상지붕은 초기 충전 시와 저장용기가 완전히 비어 재충전할 경우를 제외하고는 항상 액체표면에 떠 있어야 한다. (4) 자동환기구와 림환기구를 제외하고, 부상지붕에 설치되는 각 개구부의 하부 끝은 액체표면 아래에 잠길 수 있도록 설계되어야 하며, 각 개구부의 상부에는 덮개를 설치하여 작동 중인 경우를 제외하고는 항상 틈이 없이 밀폐되도록 하여야 한다. (5) 자동환기구는 개스킷이 장착되어야 하며, 부상지붕이 액체표면에 떠 있지 않거나 지붕지지대에 놓여 있을 때를 제외한 작동 중에는 항상 닫힌 상태이어야 한다. 라) 고정형지붕(fixed roof) 저장시설의 경우 1) 공정배출시설 나)의 시설관리기준을 따른다.
3) 폐수처리시설	가) 이 관리기준은 관리대상물질 농도의 합이 5wt% 이상 되는 유체를 포함하거나 접촉하게 되는 폐수관로, 집수조, 유수분리조 등의 폐수처리시설을 대상으로 한다. 나) 폐수관로(드레인 라인을 포함한다)는 관리대상물질이 대기 중으로 확산 배출되지 않도록 폐쇄형 구조로 설치하여야 한다. 다만, 폐수의 특성에 따른 안전상 문제가 발생할 수 있을 경우에는 환경청장의 동의하에 일정 구간의 폐수관로는 폐쇄형 구조로 설치하지 않을 수 있다.

	다) 중간집수조에는 덮개를 설치하거나 덮개 및 환기배관을 설치하여야 하며, 중간집수조에서 폐수처리시설로 이어지는 하수구는 환기배관을 제외하고는 대기 중으로 개방되어서는 아니 된다. 라) 개방면으로부터 관리대상물질을 500ppm 이상의 농도로 비산배출 하는 폐수처리시설(집수조, 반응조, 부상조, 유수분리조, 포기조 등)은 부유지붕이나 상부덮개를 설치 · 운영하여야 하며, 발생되는 관리대상물질은 1) 공정배출시설 나)의 시설관리기준에 따라 처리한다. 이때 비산배출 되는 관리대상물질 농도확인은 대기오염공정시험기준 상의 휘발성유기화합물 누출확인방법을 따른다.
4) 비산누출시설	가) 이 관리기준은 관리대상물질 농도의 합이 5wt% 이상 되는 유체를 포함하거나 접촉하게 되는 밸브, 펌프, 압축기, 개방식라인, 압력완화장치, 커넥터, 플랜지, 공정배수구 등의 비산누출시설을 대상으로 한다. 다만, 그 비산누출시설이 밀폐된 시설의 안에 있는 경우에는 밀폐된 시설을 공정배출시설로 간주하여 1)나)에 따른 기준을 적용한다. 나) 개방식라인 개방식라인(비상 시 자동적으로 열리도록 설계된 긴급 운전정지 시설에 있는 개방식라인은 제외한다)에는 뚜껑, 브라인드 플랜지, 마개 또는 이중밸브를 설치하여야 하며, 보수작업 외에는 항상 봉인되어 있어야 한다. 다) 압축기 및 펌프 (1) 펌프의 유체가 대기 중으로 누출되는 것을 방지하도록 완충유체 또는 완충가스를 포함하는 이중기계봉인시설(dual mechanical seal) 또는 이와 동등한 성능을 갖는 밀폐형 시설(sealless type)을 설치하여야 하며, 다음 (가)부터 (다)까지의 기준 중 한 가지 이상을 만족하여야 한다. (가) 완충유체 및 완충가스는 펌프의 스터핑 박스(stuffing box) 압력보다 항상 높은 압력에서 운전되어야 하며, 이를 확인할 수 있도록 압력계 등의 센서를 장착하여야 한다. (나) 완충유체저장시설(barrier fluid system degassing reservcir)을 장착할 경우 누출된 가스는 가스연료시설 또는 플레어 등의 저감시설로 연결하여 처리하여야 하며, 1) 공정배출시설 나)의 시설관리기준을 따른다. (다) 완충유체를 공정 흐름으로 이송시키는 폐쇄회로시스템(closed-loop system)을 장착하여야 한다. (2) 다음의 어느 하나에 해당하는 경우에는 (1)의 기준을 적용하지 않을 수 있다. (가) 펌프가 비제조구역(off-site) 내의 저장시설과 연결된 경우 (나) 안전상의 이유로 (1)의 기준을 준수하기 어려운 경우 등 환경부장관이 정하는 사유에 해당하는 경우로서 관할 유역환경청장, 지방환경청장 또는 수도권대기환경청장과 협의한 경우 (3) 압축기의 유체가 대기 중으로 누출되는 것을 방지하도록 완충유체를 포함하는 봉인시설을 설치하여야 하며, 다음 (가)부터 (다)까지의 기준 중 한 가지 이상을 만족하여야 한다. (가) 완충유체는 압축기의 스터핑 박스(stuffing box) 압력보다 항상 높은 압력에서 운전되어야 하며, 이를 확인할 수 있도록 압력계 등의 센서를 장착하여야 한다. (나) 완충유체저장시설(barrier fluid system degassing reservoir)을 장착할 경우 누출된 가스는 가스연료시설 또는 플레어 등의 저감시설로 연결하여 처리하

여야 하며, 1) 공정배출시설 나)의 시설관리기준을 따른다.

(다) 완충유체를 공정 흐름으로 이송시키는 폐쇄회로시스템(closed-loop system)을 장착하여야 한다.

(4) 완충유체를 포함하는 봉인시설과 동등한 성능을 갖는 왕복압축기 및 원심압축기(dry gas type)를 설치한 경우에는 압축기 내부 가스가 대기로 누출되지 아니하도록 하여야 한다.

(5) 이 시설관리기준의 시행일 이전에 설치되어 이 기준에서 정한 봉인시설 등이 갖추어지지 않은 압축기 및 펌프의 경우 측정을 통하여 자)의 누출기준농도를 초과하는 누출이 확인될 때에는 시설관리기준에 적합하도록 개선하여야 한다.

라) 압력완화장치

(1) 설정 압력 이상인 경우의 방출을 제외한 가스 · 증기를 다루는 모든 압력완화장치는 누출기준농도 이하에서 운전되어야 한다.

(2) 설정 압력 이상인 경우의 방출 후, 최대 5일 이내에 누출기준농도 이하로 운전되어야 하며, 운영기록부에 기록한다.

(3) 공정이나 가스연료시설 또는 저감시설 등의 폐쇄형 배출시설로 연결된 압력완화장치는 (1)과 (2)의 기준을 적용하지 아니한다. 이때 처리시설로 연결된 경우 1) 공정배출시설 나)의 시설관리기준을 따른다.

마) 시설관리기준 적용대상 비산누출시설에 대하여 최초 1년간 연 1회 누출점검을 실시하고, 최초 누출점검 결과를 기준으로 계산한 누출율에 의하여 다음과 같이 각 비산누출시설 장치종류별로 측정주기를 결정한다. 다만, 다)(1)(가)부터 (다)까지 외의 부분에 따른 밀폐형 시설을 설치 · 운영 중인 펌프와 대기오염공정시험기준에 누출점검 방법이 없는 관리대상물질을 취급하는 시설의 경우에는 누출점검 대상에서 제외한다.

(1) 누출율 3% 이상일 경우는 반기마다 점검을 실시한다.

(2) 누출율 3% 미만일 경우는 1년마다 점검을 실시한다.

바) 최초 누출점검 이후의 비산누출시설 장치종류별 측정주기는 1년마다 점검에 의한 누출율 또는 반기마다 점검에 의한 평균 누출율을 기준으로 마)의 누출율 기준에 의하여 측정주기를 결정한다.

사) 비산누출시설에 대한 누출점검은 대기오염공정시험기준 상의 휘발성유기화합물 누출확인방법을 따른다.

아) 마)의 기준에서 제시한 누출율 산정방식은 다음과 같다.

(1) 비산누출시설 장치종류별 누출율(%) = [A/(B−C)]×100

(2) A: 누출기준농도를 초과한 비산누출시설 장치종류별 개수

(3) B: 비산누출점검 대상 총 비산누출시설 장치종류별 개수

(4) C: 비산누출시설 장치종류별 비안전 누출시설 및 누출점검 난해시설 개수

자) 아)(2)에서 "누출기준농도"란 총탄화수소(THC)의 농도로서 아래와 같이 구분한다.

(1) 2018년 12월 31일까지: 2,000ppm

(2) 2019년 1월 1일부터: 1,000ppm

(3) 비제조구역(off-site) 내의 펌프와 시료채취장치: 500ppm

차) 아)(4)에서 "비안전 누출시설"이란 고온 · 고압조건, 시설의 붕괴 및 폭발의 위험 등과 같이 누출점검자가 즉각적인 위험에 노출될 수 있다고 판단되는 누출시설을 말하며, 비안전 누출시설에 대해서는 안전이 확보되기 전까지 비산누출점검을 유보할 수 있다.

카) 아)(4)에서 "누출점검 난해시설"이란 파이프랙, 공간협소지역, 낙상사고 우려지역, 에

	너지 절감을 위하여 보온재로 밀폐한 시설이나 고소 위험지역에 위치하여 누출점검자가 누출점검을 수행하기 어려운 누출시설을 말하며, 누출점검 난해시설의 경우 환경청장과의 협의를 거쳐 비산누출점검을 제외할 수 있다. 타) 비산누출점검 대상에서 유보하거나 제외하는 비안전 누출시설과 누출점검 난해시설의 선정사유와 설치된 위치를 기록하여야 하며, 두시설의 개수는 총 비산누출시설의 30%를 초과할 수 없다. 다만, 공정 특성상 불가피하게 비안전 누출시설과 누출점검 난해시설의 수가 30%를 초과하는 경우에는 관할 환경청장과 협의하여 추가로 인정받을 수 있다.
5) 세정시설	가) 이 관리기준은 관리대상물질 농도의 합이 5wt% 이상 되는 유체를 포함하거나 접촉하게 되는 세정시설(탈지시설을 포함한다)을 대상으로 한다. 나) 세정시설은 관리대상물질이 대기 중으로 확산 배출되지 않도록 폐쇄형 구조로 설치하여야 한다. 다) 세정시설에서 배출되는 가스의 처리에 대하여는 1) 공정배출시설 나)의 시설관리기준을 따른다.
6) 용해로	가) 이 관리기준은 알루미늄 압연, 압출 및 연신제품 제조업에만 적용된다. 나) 용해로에서 배출되는 가스는 1)나)(1) 및 (2)의 배출가스 처리기준을 따른다. 다) 용해로는 물건의 운반이나 작업자의 안전상의 이유 또는 건옥집진시설을 설치 · 운영하고 있는 경우를 제외하고는 건물 전체가 닫힌 상태에서 운전하여야 한다.

라. Ⅳ업종

배출시설	시 설 관 리 기 준
1) 옥내도장	가) 이 관리기준은 관리대상물질 농도의 합이 5wt% 이상 함유하는 도료를 이용하여 선박 또는 구성부분품을 옥내에서 도장하는 시설(규모 50,000㎥ 이상) 및 공정을 대상으로 한다. 나) 옥내도장시설에서의 관리대상물질에 대한 포집 및 방지시설의 설치는 다음과 같이 설치하여야 한다. (1) 이 기준시행 이전에 설치된 옥내도장시설은 2018년부터 2022년까지 설치를 완료하되, 전체 대비 2018년까지 10%, 2019년까지 30%, 2020년까지 60%, 2021년까지 80% 이상 설치되어야 한다. (2) 이 기준 시행 이후 신규로 설치되는 옥내도장시설은 2020년까지 100% 설치되어야 한다. 다) 도장공정에서 배출되는 관리대상물질이 포함된 배출가스는 다음의 기준에 따른 포집시설을 설치하여 포집한 후 방지시설을 거쳐 배출하여야 한다. (1) 포집시설은 관리대상물질이 가장 효과적으로 포집될 수 있도록 흡입방식과 구조 등을 고려하여 설치되어야 한다. (2) 단위시간 당 포집량은 옥내도장시설 용적의 최소 2.5배 이상이어야 하며, 외부에서 옥내도장시설 내부로 유입되는 공기량의 1.2배 이상을 유지하여야 한다. 라) 포집된 배출가스는 직접연소에 의한 시설, 회수에 의한 시설 또는 그 밖의 방지시설을 설치하여 배출가스의 총탄화수소(THC) 농도를 90% 이상 저감하거나, 100ppm 이내로 유지하여야 한다. 마) 라)에 따른 총탄화수소(THC)의 농도는 대기오염공정시험기준에 따라 측정한다.

	바) 라)에 따른 기준의 준수 여부를 반기마다 1회 점검하여 운영기록부에 기록한다. 사) 도장 및 건조 과정 중에는 물건의 운반이나 작업자의 안전상의 이유를 제외하고는 옥내도장시설 전체를 닫힌 상태로 운영하여야 한다. 아) 방지시설의 가동 없이 도장작업을 실시하여서는 안 되며, 사업자는 일일 도장작업 내용 및 방지시설 가동시간을 기록하여 관리하여야 한다.
2) 야외도장	가) 이 관리기준은 관리대상물질 농도의 합이 5wt% 이상 함유하는 도료를 이용하여 선박 또는 블록을 야외에서 도장하는 시설 및 공정을 대상으로 한다. 나) 선벽도장 등 야외도장의 경우에도 관리대상물질을 최대한 포집하여 처리하여야 하며, 사업자는 야외도장 시 비산배출되는 관리대상물질의 처리계획 및 실적이 있을 경우에는 점검보고서에 포함하여 제출하여야 한다. 다) 관리대상물질의 비산배출을 저감하기 위하여 다음 기준을 준수하여야 하며, 이에 대한 사항은 월 1회 운영기록부에 기록한다. (1) 고형분 용적비 70% 이상인 도료를 총 도료 사용량의 30% 이상 사용(강선 건조업만 해당한다) (2) 휘발성유기화합물 함량이 적은 도료(coal tar free epoxy 도료 등)의 사용 (3) 희석재의 사용은 총 도료사용량의 20wt% 이내로 사용 라) 삭제 〈2017. 1. 26.〉
3) 기 타	사업자는 도료 및 희석제의 월별 사용량을 옥내도장 및 야외도장으로 구분하여 기록하여야 하며, 그 내용을 연간 점검보고서에 포함하여 제출하여야 한다.

[비고]
1. 저유소는 저장시설과 육상출하시설 시설관리기준만 적용받으며, 저유소의 출하시설은 법 제44조제1항 각 호의 지역 내의 시설과 이 지역에 유류를 공급하는 시설을 대상으로 한다.
2. 육상출하시설 중 배출되는 오염물질을 포집하여 처리할 수 있는 상부적하 방식의 육상출하시설을 2013년 5월 24일 이전에 설치하여 운영하고 있는 경우에는 2017년 12월 31일까지 하부적하방식에 적합한 구조로 설치하여야 한다.
3. 제3호가목6) 비산누출시설에 대한 다) 및 마)의 시설관리기준은 2017년 5월 24일부터 적용한다.
4. "공정배출시설"이란 관리대상물질의 혼합, 반응, 코팅, 열처리, 기계적 가공, 세정, 표백, 탈지, 중간 저장, 포장 공정 등이 이루어지는 시설을 말한다.
5. "비제조구역(off-site)"이란 공정배출시설이 위치한 사업장 부지 외의 구역을 말한다.

[규칙 별표10의3]

시설관리기준 정기점검에 관한 기준(제51조의3제3항 관련)

1. 정기점검의 절차
   가. 법 제38조의2제4항에 따른 정기점검(이하 "정기점검"이라 한다)은 최초 정기점검의 경우 법 제38조의2 제1항에 따라 신고를 한 날부터 3년이 되는 날까지 받아야 하며, 그 이후의 정기점검은 직전 정기점검일부터 3년이 되는 날이 속한 연도마다 받아야 한다.
   나. 정기점검을 받으려는 사업자는 별지 제20호의7서식의 시설관리기준 정기점검 신청서에 다음의 서류를 첨부하여 법 제38조의2제4항에 따른 국립환경과학원, 유역환경청, 지방환경청, 수도권대기환경청 또는 「한국환경공단법」에 따른 한국환경공단 등의 검사기관(이하 "검사기관"이라 한다)에 제출하여야 한다.
      1) 대기배출시설 설치 허가증 1부
      2) 비산배출시설 설치 · 운영 신고증명서 1부

3) 직전 2년간 연간점검 보고서 1부
4) 직전 정기점검 결과서 1부
5) 직전 2년간 화학물질배출량 보고서 1부
6) 「산업집적활성화 및 공장설립에 관한 법률 시행규칙」 제12조의3제3항에 따른 공장등록증명서 1부

다. 검사기관은 정기점검 일정과 비용을 사업자에게 미리 통보하여야 한다.
라. 정기점검 일정과 비용을 통보받은 사업자는 정기점검 예정일 전날(예정일 전날이 토요일 또는 공휴일인 경우에는 예정일)까지 정기점검 비용을 납부하여야 한다.
마. 검사기관은 정기점검을 완료한 날부터 60일 이내에 별지 제20호의8서식의 정기점검 결과서를 사업자에게 통지하고, 환경부장관에게 정기점검 결과를 통보하여야 한다.

2. 정기점검 내용 및 방법

구 분	내용 및 방법
가. 공통기준 준수 여부 조사	1) 시설관리기준 관리 담당자 지정 · 운영 여부 표시 2) 사업장 내외에서 관리대상물질의 대기환경농도 파악 여부 3) 시설관리기준 적용대상 제외시설의 목록 및 제외 사유의 적정성 검토 4) 별표 10의2 제1호나목1)에 따른 운영기록부(이하 "운영기록부"라 한다)의 서식, 기록 및 보관기준 준수 여부 5) 시설관리기준 미흡 사항 및 조치결과에 대한 운영기록부 기록기준 준수 여부
나. 업종별 시설관리기준 준수 여부 조사	1) Ⅰ업종 가) 공정배출시설 (1) 공정배출가스 처리를 위한 시설관리기준 준수 여부 (2) 연소실 최소 1시간당 평균온도 모니터링 기록 사항 (3) 직접연소에 의한 시설, 회수에 의한 시설 또는 그 밖의 방지시설(0 하 "방지시설등"이라 한다)의 배출가스 중 총탄화수소 또는 관리대상물질의 측정주기, 방법, 운영기록사항의 준수 여부 확인 및 실제 측정을 통한 확인 (4) 제조공정 중 배수장치의 봉인장치 설치 사항 (5) 플라스틱 성형 압출공정에서 누출되는 관리대상물질의 적정처리 여부 (6) 냉각탑 냉각수에서의 총유기탄소(TOC) 측정 기록 및 실제 측정을 통한 준수 여부 확인 (7) 드럼통 등 사업장 안에서 수시로 이동하는 용기의 상부 덮개 등의 설치 및 적절한 관리 · 운영 여부 나) 플레어스택 (1) 플레어스택별 설계용량, 배출가스 성상 및 최대 배출 추정량 산정 근거 (2) 자동점화시설 설치 또는 플레어의 점화불꽃 상시 유지 모니터링 장치 (3) 매연 발생 시 링겔만비탁도 측정 여부 및 기록사항 (4) 비정상 사고발생 기록 및 보고 사항 다) 저장시설 (1) 내부부상지붕형 저장시설 시설관리기준 준수 여부 (2) 외부부상지붕형 저장시설 시설관리기준 준수 여부 (3) 고정형 지붕 저장시설의 시설관리기준 준수 여부 라) 출하시설

(1) 육상출하시설의 하부적하방식 설치
(2) 출하 시 회수 및 대기 중으로 배출되는 관리대상물질의 재이용 또는 시설관리기준 준수 여부

마) 폐수처리시설
(1) 폐수관로의 폐쇄형구조 설치 상태
(2) 중간집수조의 덮개 및 환기배관 설치 상태
(3) 유수분리조와 집수조의 부유지붕이나 상부덮개 설치 · 운영상태
(4) 상부덮개 또는 부유지붕을 설치하지 않은 집수조의 개방면 현장측정을 통한 관리대상물질의 농도 확인
(5) 상부덮개를 설치한 유수분리조의 시설관리기준 준수 여부

바) 비산누출시설
(1) 개방식라인 봉인 및 관리상태
(2) 펌프의 시설관리기준 준수 여부
(3) 압축기의 시설관리기준 준수 여부
(4) 압력완화장치의 시설관리기준 준수 여부
(5) 검사용 시료채취장치의 끝이 막힌 배관장치 또는 밀폐된 배출관로 설치 및 관리상태
(6) 5wt% 이상의 벤젠을 포함하는 유체를 포함하는 시료채취장치의 저감시설 설치 및 관리상태
(7) 비산누출시설 누출확인을 위한 장비, 방법, 인력의 적정성 검토
(8) 누출기준농도를 초과한 비산누출시설에 대한 결함사항, 조치내용 및 재검사 기록 검토
(9) 비산누출시설의 누출검사
(가) 비산누출시설 총 개수가 500개 미만인 경우에는 누출검사를 전수 실시
(나) 비산누출시설 총 개수가 500개 이상인 경우에는 총 개수의 제곱근으로 산출된 값의 5배수에 해당하는 시설에 대하여 누출검사를 실시하되, 검사대상 개수가 500개 미만인 경우에는 최소 500개 이상의 시설에 대하여 누출검사를 실시. 다만, 펌프, 압축기, 압력완화장치, 검사용 시료채취장치, 공정배수구의 경우에는 개별 장치종류별로 5% 이상 누출검사를 실시
(다) 정기점검 결과에 따른 비산누출시설의 장치종류별 누출률(%) 산정 및 정기점검 직전의 최초(연간) 점검 보고서에 기록된 장치종류별 누출률(%)의 200% 이내 해당 여부

2) II 업종
가) 비산먼지 배출시설
(1) 원료 야적장으로부터 분체상 물질을 수송하는 사업장 내부 도로의 재비산 방지를 위한 장치 설치 · 운영상태 점검
(2) 사업장 내부도로 재비산 방지시설에 대한 운영 기록 사항 검토
(3) 비산먼지 농도의 측정 위치, 방법, 주기 및 기록사항 검토 및 실제 측정결과와의 비교 검토
(4) 비산먼지 배출시설의 「대기환경보전법」에 따른 비산먼지 규제 준수 여부

나) 소결로 및 관련시설
(1)
(2) 소결가스 포집압력의 음압 유지 및 모니터링 상태

(3) 배광부 밀폐 및 내부 음압 유지 여부
(4) 냉각시설 상부의 배광부로부터 1/3 덮개설치 및 집진상태
(5) 냉각시설 상부의 개방된 부분에 살수설비 설치 · 운영 여부
(6) 소결로 측면의 비산먼지 농도 측정 위치, 방법, 주기 및 기록사항 검토 및 실제 측정 결과와의 비교 검토

다) 코크스 및 관련시설
(1) 코크스로 배출가스의 전량 포집 및 연료 재이용 여부
(2) 바이패스용 플레어스택의 설치, 정상작동, 모니터링 상태 및 비정상 사고발생시 보고기록 등
(3) 장입구 주위 밀봉운전 및 코크스오븐 내부의 음압기준 준수 여부
(4) 코크스오븐 스프링방식의 밀봉문 설치 및 매주 2회 청소 여부
(5) 코크스로 배출가스 포집 수직관 상단 유체밀봉 상태
(6) 주 1회 탄화실과 연소실 격벽의 누출상태 점검 및 수리 기록 사항 검토
(7) 코크스의 인출 및 건식냉각 과정에서 배출되는 오염물질 저감을 위한 집진시설 설치여부
(8) 습식냉각타워의 설치 높이, 용수살수장치, 오염물질 저감판 설치 상태
(9) 불투명도 측정방법, 주기 및 기록사항 검토

라) 용광로, 전로 및 전기로
(1) 출선로 내벽의 타르성분 무첨가 코팅제 사용여부
(2) 출선로에 상부덮개, 집진시설 설치 · 운영 상태
(3) 용선을 제강공정으로 이송하기 위해 차량에 싣는 지점에 집진시설 설치 · 운영 상태
(4) 전로와 전기로의 밀폐형 후드시설 및 건옥 집진시설 설치 · 운영 상태
(5) 전로 및 전기로의 밀폐형 후드시설의 닫힌 상태에서 운전 여부
(6) 건물전체를 닫힌 상태에서 전로 및 전기로 운전 여부
(7) 용광로 및 전로에서 배출되는 가스의 전량 포집 및 연료 재이용 여부
(8) 불투명도 측정방법, 주기 및 기록사항 검토
(9) 바이패스용 플레어스택의 설치, 정상작동, 모니터링 상태 및 비정상 사고발생시 보고기록 등

3) Ⅲ 업종

가) 공정배출시설
(1) 공정배출가스 적정 포집 및 연결처리 여부
(2) 연소실 최소 1시간당 평균온도 모니터링 기록 사항
(3) 방지시설등의 배출가스 중 총탄화수소 또는 관리대상물질의 측정주기, 방법, 운영 기록사항 준수 여부 확인 및 실제 측정을 통한 확인
(4) 제조공정 중 배수장치의 봉인장치 설치 사항
(5) 플라스틱 성형 압출공정에서 누출되는 관리대상물질의 적정처리 여부
(6) 냉각탑 냉각수에서의 총유기탄소(TOC) 측정 기록 및 실제 측정을 통한 준수 여부 확인
(7) 드럼통 등 사업장 안에서 수시로 이동하는 용기의 상부 덮개 등의 설치 및 적절한 관리 · 운영 여부

나) 저장시설
(1) 내부부상지붕형 저장시설 시설관리기준 준수 여부

(2) 외부부상지붕형 저장시설 시설관리기준 준수 여부
(3) 고정형 지붕 저장시설의 시설관리기준 준수 여부

다) 폐수처리시설
(1) 폐수관로의 폐쇄형구조 설치 상태
(2) 중간집수조의 덮개 및 환기배관 설치 상태
(3) 집수조, 반응조, 부상조, 유수분리조, 포기조 등의 부유지붕이나 상부덮개 설치 · 운영 상태
(4) 상부덮개 또는 부유지붕을 설치하지 않은 집수조, 반응조, 부상조, 유수분리조, 포기조 등의 개방면 현장측정을 통한 관리대상물질의 농도 확인
(5) 상부덮개를 설치한 유수분리조의 시설관리기준 준수 여부

라) 비산누출시설
(1) 개방식라인 봉인 및 관리상태
(2) 펌프의 비산누출저감을 위한 시설관리기준 준수 여부
(3) 압축기의 비산누출저감을 위한 시설관리기준 준수 여부
(4) 압력완화장치의 시설관리기준 준수 여부
(5) 비산누출시설 누출확인을 위한 장비, 방법, 인력의 적정성 검토
(6) 누출기준농도를 초과한 비산누출시설에 대한 결함사항, 조치내용 및 재검사 기록 검토
(7) 비산누출시설의 누출검사
(가) 비산누출시설 총 개수가 500개 미만인 경우에는 누출검사를 전수 실시
(나) 비산누출시설 총 개수가 500개 이상인 경우에는 총 개수의 제곱근으로 산출된 값의 5배수에 해당하는 시설에 대하여 누출검사를 실시하되, 검사대상 개수가 500개 미만인 경우에는 최소 500개 이상의 시설에 대하여 누출검사를 실시함. 다만, 펌프, 압축기, 압력완화장치, 검사용 시료채취장치, 공정배수구의 경우에는 개별 장치종류별로 5% 이상 누출검사를 실시
(다) 정기점검 결과에 따른 비산누출시설의 장치종류별 누출률(%) 산정 및 정기점검 직전의 최초(연간) 점검 보고서에 기록된 장치종류별 누출률(%)의 200% 이내 해당 여부

마) 세정시설
(1) 관리대상물질 적정 포집을 위한 폐쇄형 구조 설치여부
(2) 관리대상물질 적정 처리를 위한 시설관리기준 준수 여부

바) 용해로
(1) 공정배출가스 적정 포집 및 연결처리 여부
(2) 용해로 가동 시 건물 전체를 닫힌 상태로 운전하는지 여부

4) Ⅳ 업종

가) 옥내도장
(1) 관리대상물질 포집 및 방지시설 설치기준 준수 여부
(2) 단위시간당 옥내도장시설 용적의 2.5배 포집량 이상 및 급기량의 1.2배 이상으로 유지하는지 여부
(3) 방지시설등의 배출가스 중 총탄화수소 또는 관리대상물질의 측정주기, 방법, 운영기록사항의 준수 여부 확인 및 실제 측정을 통한 확인
(4) 일일 도장작업 내용 및 방지시설 가동시간 기록 사항 확인

	(5) 닫힌 상태로 운전하는지 여부 (6) 도료 및 희석제의 월별 사용량 기록 사항 확인 나) 야외도장 (1) 비산배출되는 관리대상물질 처리계획 및 실적 검토 (2) 고형분 용적비(Solid Volume Ratio) 70% 이상인 도료를 총 도료 사용량의 30% 이상 사용하였는지 여부 (3) 콜타르 프리 에폭시(coal tar free epoxy) 도료 등 휘발성유기화합물 함량이 적은 도료의 사용 여부 (4) 희석제 사용량이 총 도료사용량의 20wt% 이내인지 여부 (5) 도료 및 희석제의 월별 사용량 기록 사항 확인

[비고]
이 기준은 별표 10의2에 따른 비산배출의 저감을 위한 시설관리기준 준수 여부 확인을 위한 정기점검을 실시하는 경우 적용한다.

제39조(자가측정) ① 사업자가 그 배출시설을 운영할 때에는 나오는 오염물질을 자가측정하거나 「환경분야 시험 · 검사 등에 관한 법률」 제16조에 따른 측정대행업자에게 측정하게 하여 그 결과를 사실대로 기록하고, 환경부령으로 정하는 바에 따라 보존하여야 한다.

② 사업자는 제1항에 따라 측정대행업자에게 측정을 하게 하려는 경우 다음 각 호의 행위를 하여서는 아니 된다.

1. 측정결과를 누락하게 하는 행위
2. 거짓으로 측정결과를 작성하게 하는 행위
3. 정상적인 측정을 방해하는 행위

③ 사업자는 제1항에 따라 측정한 결과를 환경부령으로 정하는 바에 따라 환경부장관 또는 시 · 도지사에게 제출하여야 한다.

④ 측정의 대상, 항목, 방법, 그 밖의 측정에 필요한 사항은 환경부령으로 정한다.

규칙 제52조(자가측정의 대상 및 방법 등) ① 법 제39조제1항에 따라 사업자가 기록하고 보존하여야 하는 자가측정에 관한 기록은 영 별표 1의3에 따른 1종 · 2종 · 3종 사업장의 경우에는 제36조제1항에 따른 전산에 의한 방법에 따르고, 4종 · 5종사업장의 경우에는 별지 제7호서식 또는 제36조제2항 단서에 따른 전산에 의한 방법에 따른다. [개정 2010.12.31.

② 제1항에 따른 자가측정 시 사용한 여과지 및 시료채취기록지의 보존기간은 「환경분야 시험 · 검사 등에 관한 법률」 제6조제1항제1호에 따른 환경오염공정시험기준에 따라 측정한 날부터 6개월로 한다. [개정 2011.8.19.]

③ 사업자는 법 제39조제3항에 따라 같은 조 제1항에 따른 측정결과를 다음 각 호의 구분에 따라 별지 제21호서식의 반기별 자가측정 결과보고서에 배출구별 자가측정 기록 사본을 첨부하여 유역환경청장, 지방환경청장, 수도권대기환경청장 또는 시 · 도지사

에게 제출해야 한다. 다만, 제36조제1항 및 제2항에 따른 전산에 의한 방법으로 기록·보존하는 경우에는 제출하지 않을 수 있다.

1. 상반기 측정결과: 7월 31일까지
2. 하반기 측정결과: 다음 해 1월 31일까지

④ 법 제39조제4항에 따른 자가측정의 대상·항목 및 방법은 별표 11과 같다.

[규칙 별표11] [개정 2015.12.10.]

자가측정의 대상·항목 및 방법(제52조제3항 관련)

1. 관제센터로 측정결과를 자동전송하지 않는 사업장의 배출구

구 분	배출구별 규모	측정횟수	측정항목
제1종 배출구	먼지·황산화물 및 질소산화물의 연간 발생량 합계가 80ton 이상인 배출구	매주 1회 이상	별표 8에 따른 배출허용기준이 적용되는 대기오염물질. 다만, 비산먼지는 제외한다.
제2종 배출구	먼지·황산화물 및 질소산화물의 연간 발생량 합계가 20ton 이상 80ton 미만인 배출구	매월 2회 이상	
제3종 배출구	먼지·황산화물 및 질소산화물의 연간 발생량 합계가 10ton 이상 20ton 미만인 배출구	2개월마다 1회 이상	
제4종 배출구	먼지·황산화물 및 질소산화물의 연간 발생량 합계가 2ton 이상 10ton 미만인 배출구	반기마다 1회 이상	
제5종 배출구	먼지·황산화물 및 질소산화물의 연간 발생량 합계가 2ton 미만인 배출구	반기마다 1회 이상	

2. 관제센터로 측정결과를 자동전송하는 사업장 중 굴뚝 자동측정기기가 미설치된 배출구

가. 방지시설 후단만 측정하는 경우

구 분	배출구별 규모	측정횟수	측정항목
제1종 배출구	먼지·황산화물 및 질소산화물의 연간 발생량 합계가 80ton 이상인 배출구	2주마다 1회 이상	별표 8에 따른 배출허용기준이 적용되는 대기오염물질. 다만, 비산먼지는 제외한다.
제2종 배출구	먼지·황산화물 및 질소산화물의 연간 발생량 합계가 20ton 이상 80ton 미만인 배출구	매월 1회 이상	
제3종 배출구	먼지·황산화물 및 질소산화물의 연간 발생량 합계가 10ton 이상 20ton 미만인 배출구	2개월마다 1회 이상	
제4종 배출구	먼지·황산화물 및 질소산화물의 연간 발생량 합계가 2ton 이상 10ton 미만인 배출구	반기마다 1회 이상	
제5종 배출구	먼지·황산화물 및 질소산화물의 연간 발생량 합계가 2ton 미만인 배출구	반기마다 1회 이상	

제40조(환경기술인) ① 사업자는 배출시설과 방지시설의 정상적인 운영 · 관리를 위하여 환경기술인을 임명하여야 한다. [개정 2012.2.1.]

영 제39조(환경기술인의 자격기준 및 임명기간) ① 법 제40조제1항에 따라 사업자가 환경기술인을 임명하려는 경우에는 다음 각 호의 구분에 따른 기간에 임명하여야 한다. [개정 2013.1.31.]

1. 최초로 배출시설을 설치한 경우에는 가동개시 신고를 할 때
2. 환경기술인을 바꾸어 임명하는 경우에는 그 사유가 발생한 날부터 5일 이내. 다만, 환경기사 혹은 산업기사 1급 또는 2급 이상의 자격이 있는 자를 임명하여야 하는 사업장으로서 5일 이내에 채용할 수 없는 부득이한 사정이 있는 경우에는 30일의 범위에서 별표 10에 따른 4종 · 5종사업장의 기준에 준하여 환경기술인을 임명할 수 있다.

② 법 제40조제1항에 따라 사업장별로 두어야 하는 환경기술인의 자격기준은 별표 10과 같다. ✓실전문제

[영 별표 10] [개정 2015.12.10.]

사업장별 환경기술인의 자격기준(제39조제2항 관련)

구분	환경기술인의 자격기준
1종사업장(대기오염물질발생량의 합계가 연간 80ton 이상인 사업장)	대기환경기사 이상의 기술자격 소지자 1명 이상
2종사업장(대기오염물질발생량의 합계가 연간 20ton 이상 80ton 미만인 사업장)	대기환경산업기사 이상의 기술자격 소지자 1명이상
3종사업장(대기오염물질발생량의 합계가 연간 10ton 이상 20ton 미만인 사업장)	대기환경산업기사 이상의 기술자격 소지자, 환경기능사 또는 3년 이상 대기분야 환경관련 업무에 종사한 자 1명 이상
4종사업장(대기오염물질발생량의 합계가 연간 2ton 이상 10ton 미만인 사업장)	배출시설 설치허가를 받거나 배출시설 설치신고가 수리된 자 또는 배출시설 설치허가를 받거나 수리된 자가 해당 사업장의 배출시설 및 방지시설 업무에 종사하는 피고용인 중에서 임명하는 자 1명 이상
5종사업장(1종사업장부터 4종사업장까지에 속하지 아니하는 사업장)	

[비고]

1. 4종사업장과 5종사업장 중 제11조제1항제1호에 따른 기준 이상의 특정대기유해물질이 포함된 오염물질을 배출하는 경우에는 3종사업장에 해당하는 기술인을 두어야 한다.
2. 1종사업장과 2종사업장 중 1개월 동안 실제 작업한 날만을 계산하여 1일 평균 17시간 이상 작업하는 경우에는 해당 사업장의 기술인을 각각 2명 이상 두어야 한다. 이 경우, 1명을 제외한 나머지 인원은 3종사업장에 해당하는 기술인 또는 환경기능사로 대체할 수 있다.

3. 공동방지시설에서 각 사업장의 대기오염물질 발생량의 합계가 4종사업장과 5종사업장의 규모에 해당하는 경우에는 3종 사업장에 해당하는 기술인을 두어야 한다.
4. 전체 배출시설에 대하여 방지시설 설치 면제를 받은 사업장과 배출시설에서 배출되는 오염물질 등을 공동방지시설에서 처리하는 사업장은 5종사업장에 해당하는 기술인을 둘 수 있다.
5. 대기환경기술인이 「물환경보전법」에 따른 수질환경기술인의 자격을 갖춘 경우에는 수질환경기술인을 겸임할 수 있으며, 대기환경기술인이 「소음 · 진동관리법」에 따른 소음 · 진동환경기술인 자격을 갖춘 경우에는 소음 · 진동환경기술인을 겸임할 수 있다.
6. 법 제2조제11호에 따른 배출시설 중 일반보일러만 설치한 사업장과 대기 오염물질 중 먼지만 발생하는 사업장은 5종사업장에 해당하는 기술인을 둘 수 있다.
7. "대기오염물질발생량"이란 방지시설을 통과하기 전의 먼지, 황산화물 및 질소산화물의 발생량을 환경부령으로 정하는 방법에 따라 산정한 양을 말한다.

실전문제 대기환경보전법령상 사업장별 환경기술인 자격기준에 관한 설명으로 옳지 않은 것은?

① 대기오염물질 배출시설 중 일반 보일러만 설치한 사업장은 5종사업장에 해당하는 기술인을 둘 수 있다.
② 2종사업장(대기오염물질 발생량의 합계가 연간 20ton 이상 80ton 미만인 사업장)의 환경기술인 자격기준은 대기환경산업기사 이상의 기술자격 소지사 1명 이상이다.
③ 대기환경기술인이 '물환경보전법'에 따른 수질환경기술인의 자격을 갖춘 경우에는 수질환경기술인을 겸임할 수 있으며, 대기환경기술인이 '소음 · 진동관리법'에 따른 소음 · 진동환경기술인 자격을 갖춘 경우에는 소음 · 진동환경기술인을 겸임할 수 있다.
❹ 1종사업장과 2종사업장 중 1개월 동안 실제 작업한 날만을 계산하여 1일 평균 12시간 이상 작업하는 경우에는 해당 사업장의 기술인을 각각 2명 이상 두어야 한다. 이 경우, 1명을 제외한 나머지 인원은 4종 사업장에 해당하는 기술인으로 대체할 수 있다.

② 환경기술인은 그 배출시설과 방지시설에 종사하는 자가 이 법 또는 이 법에 따른 명령을 위반하지 아니하도록 지도 · 감독하고, 배출시설 및 방지시설의 운영결과를 기록 · 보관하여야 하며, 사업장에 상근하는 등 환경부령으로 정하는 준수사항을 지켜야 한다.

규칙 제54조(환경기술인의 준수사항 및 관리사항) ① 법 제40조제2항에 따른 환경기술인의 준수사항은 다음 각 호와 같다. [개정 2012.6.15.]

1. 배출시설 및 방지시설을 정상가동하여 대기오염물질 등의 배출이 배출허용 기준에 맞도록 할 것
2. 제36조에 따른 배출시설 및 방지시설의 운영기록을 사실에 기초하여 작성할 것
3. 자가측정은 정확히 할 것(법 제39조에 따라 자가측정을 대행하는 경우에도 또한 같다)
4. 자가측정한 결과를 사실대로 기록할 것(법 제39조에 따라 자가측정을 대행하는 경우에도 또한 같다)

5. 자가측정 시에 사용한 여과지는 「환경분야 시험 · 검사 등에 관한 법률」 제6조제1항 제1호에 따른 환경오염공정시험기준에 따라 기록한 시료채취기록지와 함께 날짜별로 보관 · 관리할 것(법 제39조에 따라 자가측정을 대행한 경우에도 또한 같다)
6. 환경기술인은 사업장에 상근할 것. 다만, 「기업활동 규제완화에 관한 특별조치법」 제37조에 따라 환경기술인을 공동으로 임명한 경우 그 환경기술인은 해당 사업장에 번갈아 근무하여야 한다.

② 법 제40조제3항에 따른 환경기술인의 관리사항은 다음 각 호와 같다.

1. 배출시설 및 방지시설의 관리 및 개선에 관한 사항
2. 배출시설 및 방지시설의 운영에 관한 기록부의 기록 · 보존에 관한 사항
3. 자가측정 및 자가측정한 결과의 기록 · 보존에 관한 사항
4. 그 밖에 환경오염 방지를 위하여 유역환경청장, 지방환경청장, 수도권대기환경청장 또는 시 · 도지사가 지시하는 사항

③ 사업자는 환경기술인이 제2항에 따른 준수사항을 철저히 지키도록 감독하여야 한다.

④ 사업자 및 배출시설과 방지시설에 종사하는 자는 배출시설과 방지시설의 정상적인 운영 · 관리를 위한 환경기술인의 업무를 방해하여서는 아니 되며, 그로부터 업무수행상 필요한 요청을 받은 경우에 정당한 사유가 없으면 이에 응하여야 한다.

⑤ 제1항에 따라 환경기술인을 두어야 할 사업장의 범위, 환경기술인의 자격기준, 임명(바꾸어 임명하는 것을 포함한다) 기간은 대통령령으로 정한다.

제3장 생활환경상의 대기오염물질 배출규제

제41조(연료용 유류 및 그 밖의 연료의 황함유기준) ① 환경부장관은 연료용 유류 및 그 밖의 연료에 대하여 관계 중앙행정기관의 장과 협의하여 그 종류별로 황의 함유 허용기준(이하 "황함유기준"이라 한다)을 정할 수 있다.

② 환경부장관은 제1항에 따라 황함유기준이 정하여진 연료는 대통령령으로 정하는 바에 따라 그 공급지역과 사용시설의 범위를 정하고 관계 중앙행정기관의 장에게 지역별 또는 사용시설별로 필요한 연료의 공급을 요청할 수 있다.

③ 제2항에 따른 공급지역 또는 사용시설에 연료를 공급·판매하거나 같은 지역 또는 시설에서 연료를 사용하려는 자는 황함유기준을 초과하는 연료를 공급·판매하거나 사용하여서는 아니 된다. 다만, 황함유기준을 초과하는 연료를 사용하는 배출시설로서 환경부령으로 정하는 바에 따라 제23조에 따른 배출시설 설치의 허가 또는 변경허가를 받거나 신고 또는 변경신고를 한 경우에는 황함유기준을 초과하는 연료를 공급·판매하거나 사용할 수 있다.

> **규칙** **제55조(저황유 외 연료사용 시 제출서류)** 법 제41조제3항 단서에 해당하는 경우에 법 제23조제4항에 따라 시·도지사에게 제출하여야 하는 서류는 다음 각호와 같다. 다만, 배출시설의 설치허가, 변경허가, 설치신고 또는 변경신고 시 제출하여야 하는 서류와 동일한 서류는 제외한다.
>
> 1. 사용연료량 및 성분분석서
> 2. 연료사용시설 및 방지시설의 설치명세서
> 3. 저황유 외의 연료를 사용할 때의 황산화물 배출농도 및 배출량 등을 예측한 명세서

④ 시·도지사는 제2항에 따른 공급지역이나 사용시설에 황함유기준을 초과하는 연료를 공급·판매하거나 사용하는 자(제3항 단서에 해당하는 경우는 제외한다)에 대하여 대통령령으로 정하는 바에 따라 그 연료의 공급·판매 또는 사용을 금지 또는 제한하거나 필요한 조치를 명할 수 있다. [개정 2012.5.23.]

> **영** **제40조(저황유의 사용)** ① 법 제41조제1항에 따른 황함유기준(이하 "황함유기준"이라 한다)이 정하여진 연료용 유류(이하 "저황유"라 한다)의 공급지역과 사용시설의 범위 등에 관한 기준은 별표 10의2와 같다. [개정 2008.12.31.]
>
> ② 법 제41조제4항에 따라 시·도지사는 별표 10의2에 따른 기준에 부적합한 유류를 공급하거나 판매하는 자에게는 유류의 공급금지 또는 판매금지와 그 유류의 회수처리를 명하여야 하며, 유류를 사용하는 자에게는 사용금지를 명하여야 한다.

③ 제2항에 따라 해당 유류의 회수처리명령 또는 사용금지명령을 받은 자는 명령을 받은 날부터 5일 이내에 다음 각 호의 사항을 구체적으로 밝힌 이행완료보고서를 시 · 도지사에게 제출하여야 한다. [개정 2013.1.31.]

1. 해당 유류의 공급기간 또는 사용기간과 공급량 또는 사용량
2. 해당 유류의 회수처리량, 회수처리방법 및 회수처리기간
3. 저황유의 공급 또는 사용을 증명할 수 있는 자료 등에 관한 사항

규칙 **제55조의2(정제연료유)** 영 별표10의2 제2호나목 비고란에서 "환경부령으로 정하는 정제연료유"란 「폐기물관리법 시행규칙」 별표 5의 열분해방법 또는 감압증류(減壓蒸溜)방법으로 재생처리한 정제연료유를 말한다.

영 **제41조(저황유 외의 연료사용)** 환경부장관 또는 시 · 도지사는 제40조제1항에 따른 저황유 공급지역의 사용시설 중 다음 각 호의 시설에서는 저황유 외의 연료를 사용하게 할 수 있다. [개정 2015.12.10.]

1. 제32조제1항제2호에 따른 부생가스 또는 환경부장관이 인정하는 폐열을 사용하는 시설
2. 제32조제3항에 따른 최적의 방지시설을 설치하여 부과금을 면제받은 시설
3. 그 밖에 저황유 외의 연료를 사용하여 배출되는 황산화물이 해당 시설에서 저황유를 사용할 때 적용되는 배출허용기준 이하로 배출되는 시설로서 법 제23조에 따른 배출시설의 설치허가 또는 변경허가를 받거나 설치신고 또는 변경신고를 한 시설

[영 별표10의2] [개정 2017.1.24.]

저황유의 공급지역 및 사용시설의 범위(제40조제1항 관련)

1. 저황유의 공급 · 사용 지역

가. 경유(황함유량 0.1% 이하): 전국

[비고]

경유 외에 「석유 및 석유대체연료 사업법」 등 관계 법령에 따른 등유, 부생연료유 1호(등유형)나 「폐기물관리법」 등 관계 법령에 따라 고온열분해방법 또는 감압증류방법으로 재생처리한 정제연료유를 사용할 수 있다.

나. 중유

1) 황함유량 0.5% 이하 중유(LSWR 포함) 공급 · 사용지역

시 · 도별	공급 · 사용지역
특별자치시	세종특별자치시 전 지역
경 기	안성시, 포천시, 여주군, 가평군, 양평군, 연천군
강 원	동해시, 삼척시, 태백시, 속초시, 홍천군, 횡성군, 영월군, 평창군, 정선군, 철원군, 화천군,

	양구군, 인제군, 고성군, 양양군
충 북	청주시(「충청북도 청주시 설치 및 지원특례에 관한 법률」에 따라 청주시로 통합되기 전의 청원군에 해당하는 지역으로 한정한다), 증평군, 진천군, 음성군, 보은군, 옥천군, 영동군, 괴산군, 단양군
충 남	공주시, 보령시, 논산시, 계룡시, 부여군, 서천군, 청양군, 홍성군, 예산군, 태안군, 금산군
전 북	정읍시, 남원시, 김제시, 완주군, 임실군, 고창군, 부안군, 진안군, 무주군, 장수군, 순창군
전 남	나주시, 순천시, 담양군, 곡성군, 영암군, 함평군, 완도군, 구례군, 고흥군, 보성군, 화순군, 장흥군, 강진군, 해남군, 무안군, 영광군, 장성군, 진도군, 신안군
경 북	안동시, 영주시, 영천시, 상주시, 문경시, 군위군, 의성군, 청송군, 영양군, 영덕군, 청도군, 고령군, 성주군, 예천군, 봉화군, 울진군, 울릉군, 칠곡군
경 남	통영시, 사천시, 거제시, 밀양시, 함안군, 의령군, 창녕군, 고성군, 남해군, 하동군, 산청군, 함양군, 거창군, 합천군

2) 황함유량 0.3% 이하 중유(LSWR 포함) 공급 · 사용지역

시 · 도별	공급 · 사용지역
특별시 및 광역시	서울특별시, 부산광역시, 대구광역시, 인천광역시, 울산광역시, 광주광역시, 대전광역시
경 기	수원시, 안산시, 군포시, 시흥시, 부천시, 성남시, 구리시, 평택시, 의정부시, 안양시, 광명시, 고양시, 오산시, 의왕시, 하남시, 용인시, 이천시, 과천시, 남양주시, 김포시, 화성시, 광주시, 동두천시, 양주시, 파주시
강 원	춘천시, 원주시, 강릉시
충 북	청주시(「충청북도 청주시 설치 및 지원특례에 관한 법률」에 따라 청주시로 통합되기 전의 청원군에 해당하는 지역은 제외한다), 충주시, 제천시
충 남	천안시, 아산시, 서산시, 당진군
전 북	전주시, 군산시, 익산시
전 남	여수시, 목포시, 광양시
경 북	포항시, 구미시, 경산시, 경주시, 김천시
경 남	창원시, 김해시, 양산시, 진주시
특별자치도	제주특별자치도 전 지역

[비고]

1. 황함유량 0.3% 이하 중유(LSWR 포함) 외에 「석유 및 석유대체연료 사업법」 등 관계 법령에 따른 부생연료유(副生燃料油) 2호(중유형)를 사용할 수 있다.
2. 서귀포시 남제주 화력발전소는 2013년까지는 황함유량 0.5% 이하 중유를, 2014년 1월 1일부터는 황함유량 0.3% 이하 중유를 사용하여야 한다.

다. 「폐기물관리법」 등 관계 법령에 따라 이온정제방법으로 재생처리한 정제연료유와 그 밖에 환경부장관이 인정하는 유류의 공급 · 사용 지역은 나목을 준용한다.

라. 해상의 선박에서 사용되는 연료와 「비상대비자원 관리법」 제13조에 따라 정부가 비축하였다가 방출하는 연료에 대해서는 가목부터 다목까지의 규정을 적용하지 아니한다.

2. 저황유 사용시설의 범위
   가. 대기오염물질배출시설
   나. 시간당 증발량이 0.5ton 이상이거나, 시간당 열량이 309,500kcal 이상인 보일러(제42조에 따라 고체연료의 사용이 제한된 지역에서는 시간당 증발량이 0.2ton 이상이거나, 시간당 열량이 123,800kcal 이상인 보일러)

[비고]
이동식 시설 및 가스 또는 경질유[경유, 등유, 부생(副生)연료유1호(등유형), 휘발유, 나프타, 환경부령으로 정하는 정제연료유]만을 연료로 사용하는 시설은 제외한다.

3. 제1호에도 불구하고 황함유량 0.5% 이하 또는 0.3% 이하의 중유 공급 · 사용지역 안에서 연료 유류 사용시설을 설치하거나 운영하고 있는 사업자(법 제23조에 따라 배출시설의 설치 허가를 받거나 설치 신고를 한 자를 말한다) 중 해당 중유를 사용하는 경우보다 황산화물 및 먼지의 배출을 더 줄일 수 있는 방지시설(이하 "방지시설"이라 한다)을 설치하고자 하는 자가 방지시설의 설치계획 등을 수립하여 그 계획의 이행 등에 관하여 환경부장관과 협약(이하 "자율환경관리협약"이라 한다)을 체결한 경우에는 방지시설의 설치 공사기간 동안에는 방지시설이 설치되는 해당 연료용 유류사용시설에 황함유량 1.0% 이하의 중유(황함유량 0.5% 이하 중유 공급 · 사용지역의 경우) 또는 황함유량 0.5% 이하의 중유(황함유량 0.3% 이하 중유 공급 · 사용지역의 경우)를 사용할 수 있다.

4. 제3호에 따른 방지시설의 설치계획 등을 수립하여 그 계획의 이행 등에 관하여 정부와 「에너지이용 합리화법」 제28조에 따른 자발적 협약(이하 "자발적 협약"이라 한다)을 체결한 경우에는 자율환경관리협약을 체결한 것으로 본다.

5. 환경부장관은 제3호 및 제4호에 따라 황함유량 1.0% 이하 또는 0.5% 이하 중유를 사용하는 자가 다음 각 호의 어느 하나에 해당되는 경우에는 자율환경관리협약을 해지하거나, 자발적 협약 중 대기오염물질 저감분야의 협약내용에 제시된 환경부문 인센티브의 부여를 중단할 수 있다. 이 경우 환경부장관은 그 내용을 즉시 문서로 통지하여야 하며, 해당 사업자는 통지받은 날부터 1개월 이내에 제1호에 적합한 연료로 교체 · 사용하여야 한다.
   가. 제3호에 따른 방지시설 설치기간 내에 방지시설의 설치가 불가능하다고 인정되는 경우
   나. 자율환경관리협약의 내용 또는 자발적 협약 중 대기오염물질 저감분야의 협약내용을 이행하지 아니하거나 그 이행이 불가능하다고 인정되는 경우

제42조(연료의 제조와 사용 등의 규제) 환경부장관 또는 시 · 도지사는 연료의 사용으로 인한 대기오염을 방지하기 위하여 특히 필요하다고 인정하면 관계 중앙행정기관의 장과 협의하여 대통령령으로 정하는 바에 따라 그 연료를 제조 · 판매하거나 사용하는 것을 금지 또는 제한하거나 필요한 조치를 명할 수 있다. 다만, 대통령령으로 정하는 바에 따라 환경부장관 또는 시 · 도지사의 승인을 받아 그 연료를 사용하는 자에 대하여는 그러하지 아니하다.

영 **제42조(고체연료의 사용금지 등)** ① 환경부장관 또는 시 · 도지사는 법 제42조에 따라 연료의 사용으로 인한 대기오염을 방지하기 위하여 별표 11의2에 해당하는 지역에 대하여 다

음 각 호의 고체연료의 사용을 제한할 수 있다. 다만, 제3호의 경우에는 해당 지역 중 그 사용을 특히 금지할 필요가 있는 경우에만 제한할 수 있다. [개정 2008.12.31.]

1. 석탄류 2. 코크스(다공질 고체 탄소 연료) 3. 땔나무와 숯
4. 그 밖에 환경부장관이 정하는 폐합성수지 등 가연성 폐기물 또는 이를 가공 처리한 연료

② 환경부장관 또는 시·도지사는 제1항에 따른 지역에 있는 사업자에게 고체연료의 사용 금지를 명하여야 한다. 다만, 다음 각 호의 어느 하나에 해당하는 시설을 갖춘 사업자의 경우에는 그러하지 아니하다.

1. 제조공정의 연료 용해과정에서 광물성 고체연료가 사용되어야 하는 주물공장·제철공장 등의 용해로 등의 시설
2. 연소과정에서 발생하는 오염물질이 제품 제조공정 중에 흡수·흡착 등의 방법으로 제거되어 오염물질이 현저하게 감소되는 시멘트·석회석 등의 소성로(燒成爐) 등의 시설
3. 「폐기물관리법」 제2조에 따른 폐기물처리시설(폐기물 에너지를 이용하는 시설을 포함한다)
4. 제1항에 따른 고체연료를 사용하여도 해당 시설에서 배출되는 오염물질이 배출허용기준 이하로 배출되는 시설로서 환경부장관 또는 시·도지사에게 고체연료의 사용을 승인받은 시설

③ 제2항제4호에 따른 시설의 소유자 또는 점유자가 고체연료를 사용하려면 환경부령으로 정하는 바에 따라 고체연료 사용승인신청서를 환경부장관 또는 시·도지사에게 제출하여야 한다.

[영 별표11의2]

고체연료 사용 제한지역(제42조제1항 관련)

1. 서울특별시, 부산광역시, 인천광역시, 대구광역시, 광주광역시, 대전광역시 및 울산광
2. 경기도 중 수원시, 부천시, 과천시, 성남시, 광명시, 안양시, 의정부시, 안산시, 의왕시, 군포시, 시흥시, 구리시, 남양주시

[비고]
위 지역 중 별표 11의3에 따라 청정연료 외의 연료사용이 허용된 화력발전소에서는 고체연료를 사용할 수 있다.

규칙 제56조(고체연료 사용승인) ① 고체연료 사용의 승인을 받으려는 자는 영 제42조제3항에 따라 별지 제22호서식의 고체연료사용승인신청서에 다음 각 호의 서류를 첨부하여 시·도지사에게 제출(「정보통신망 이용촉진 및 정보보호 등에관한 법률」 제2조제1항제1호에 따른 정보통신망을 이용한 제출을 포함한다)하여야 한다. [개정 2014.2.6.]

1. 굴뚝 자동측정기기의 설치계획서
2. 별표 12에 따른 고체연료 사용시설의 설치기준에 맞는 시설 설치계획서
3. 해당 시설에서 배출되는 대기오염물질이 배출허용기준 이하로 배출된다는 것을 증명할 수 있는 객관적인 문헌이나 시험분석자료

② 법 제42조 단서에 해당하는 경우에 법 제23조제4항에 따라 제출하는 서류는 제1항 각 호와 같다. 다만, 배출시설의 설치허가, 변경허가, 설치신고 또는 변경신고 시 제출하여야 하는 서류와 동일한 서류는 제외한다.

③ 시 · 도지사는 법 제42조 단서에 따른 승인을 한 경우에는 별지 제23호서식의 고체연료 사용승인서를 신청인에게 발급하여야 한다.

[규칙 별표12]

고체연료 사용시설 설치기준(제56조 관련)

1. 석탄사용시설
   가. 배출시설의 굴뚝높이는 100m 이상으로 하되, 굴뚝상부 안지름, 배출가스 온도 및 속도 등을 고려한 유효굴뚝높이(굴뚝의 실제 높이에 배출가스의 상승고도를 합산한 높이를 말한다. 이하 같다)가 440m 이상인 경우에는 굴뚝높이를 60m 이상 100m 미만으로 할 수 있다. 이 경우 유효굴뚝높이 및 굴뚝높이 산정방법 등에 관하여는 국립환경과학원장이 정하여 고시한다.
   나. 석탄의 수송은 밀폐 이송시설 또는 밀폐통을 이용하여야 한다.
   다. 석탄저장은 옥내저장시설(밀폐형 저장시설 포함) 또는 지하저장시설에 저장하여야 한다.
   라. 석탄연소재는 밀폐통을 이용하여 운반하여야 한다.
   마. 굴뚝에서 배출되는 아황산가스(SO2), 질소산화물(NOX), 먼지 등의 농도를 확인할 수 있는 기기를 설치하여야 한다.

2. 기타 고체연료 사용시설
   가. 배출시설의 굴뚝높이는 20m 이상이어야 한다.
   나. 연료와 그 연소재의 수송은 덮개가 있는 차량을 이용하여야 한다.
   다. 연료는 옥내에 저장하여야 한다.
   라. 굴뚝에서 배출되는 매연을 측정할 수 있어야 한다.

영 제43조(청정연료의 사용) ① 법 제42조에 따라 환경부장관 또는 시 · 도지사는 제40조 및 제42조에 따른 연료사용에 관한 제한조치에도 불구하고 별표 11의3에 따른 지역 또는 시설에 대하여는 오염물질이 거의 배출되지 아니하는 액화천연가스 및 액화석유가스 등 기체연료(이하 "청정연료"라 한다) 외의 연료에 대한 사용 금지를 명할 수 있다. [개정 2008.12.31.]

② 환경부장관 또는 시 · 도지사는 「석유 및 석유대체연료 사업법」에 따른 석유정제업자 또는 석유판매업자에게 청정연료의 사용대상 시설에 대한 연료용 유류의 공급 또는 판매의 금지를 명하여야 한다.

③ 환경부장관은 연료사용량이 지나치게 많아 청정연료의 수요 및 공급에 미치는 영향이

크거나 에너지 절감으로 인한 대기오염 저감효과가 크다고 인정되는 발전소, 집단에너지 공급시설 및 일정 규모 이하의 열 공급시설 등에 대하여는 별표11의3에 따라 청정연료 외의 연료를 사용하게 할 수 있다. [개정 2008.12.31.]

[영 별표11의3]

청정연료 사용 기준(제43조 관련)

1. 청정연료를 사용하여야 하는 대상시설의 범위
   가. 「건축법 시행령」 제3조의4에 따른 공동주택으로서 동일한 보일러를 이용하여 하나의 단지 또는 여러 개의 단지가 공동으로 열을 이용하는 중앙집중난방방식(지역냉난방방식을 포함한다)으로 열을 공급받고, 단지 내의 모든 세대의 평균 전용면적이 40.0㎡를 초과하는 공동주택
   나. 「집단에너지사업법 시행령」 제2조제1호에 따른 지역냉난방사업을 위한 시설. 다만, 지역냉난방사업을 위한 시설 중 발전폐열을 지역냉난방용으로 공급하는 산업용 열병합 발전시설로서 환경부장관이 승인한 시설은 제외한다.
   다. 전체 보일러의 시간당 총 증발량이 0.2ton 이상인 업무용보일러(영업용 및 공공용보일러를 포함하되, 산업용보일러는 제외한다)
   라. 발전시설. 다만, 산업용 열병합 발전시설은 제외한다.

[비고]
1. 가목부터 라목까지의 시설 중 「신에너지 및 재생에너지 개발 · 이용 · 보급 촉진법」 제2조에 따른 신에너지 및 재생에너지를 사용하는 시설은 제외한다.
2. 나목 단서에 따른 승인 기준, 절차 및 승인취소 등에 필요한 사항은 환경부장관이 정하여 고시한다.

2. 청정연료 사용지역 및 대상시설
   가. 청정연료 사용 대상지역 및 시설
      1) 업무용시설 또는 발전시설

대상지역		보일러 용량의 합	사용연료
수도권	서울특별시, 인천광역시 수원시, 부천시, 과천시, 성남시, 광명시, 안양시, 의정부시, 안산시, 의왕시, 군포시, 시흥시, 구리시, 고양시	• 2ton 이상 • 0.2ton 이상 2ton 미만	청정연료 청정연료 또는 경유
	평택시 · 오산시 · 용인시	• 0.2ton 이상	청정연료 또는 경유
부산권	부산광역시, 울산광역시, 양산시, 창원시, 김해시	• 0.2ton 이상	청정연료 또는 경유
대구권	대구광역시, 구미시, 포항시	• 0.2ton 이상	청정연료 또는 경유
전남권	광주광역시, 광양시, 여수시(구 여천군은 제외한다)	• 0.2ton 이상	청정연료 또는 경유
전북권	전주시, 군산시, 익산시	• 0.2ton 이상	청정연료 또는 경유
대전권	대전광역시, 청주시, 계룡시	• 0.2ton 이상	청정연료 또는 경유

2) 중앙집중난방방식 또는 지역난방방식 공동주택

대상지역		구분	전용면적	사용연료
수도권	서울특별시	–	• 82.6㎡ 이상	청정연료
			• 40.0㎡ 초과 82.6㎡ 미만	청정연료 또는 경유
	인천광역시, 수원시, 부천시, 과천시, 성남시, 광명시, 안양시, 의정부시, 안산시, 의왕시, 군포시, 시흥시, 구리시고양시	기존	• 82.6㎡ 이상	청정연료
			• 59.5㎡ 초과 82.6㎡ 미만	청정연료 또는 경유
		신규	• 82.6㎡ 이상(아파트는 1991. 1. 1. 이후, 연립주택은 1991. 4. 11. 이후 사업승인을 받은 시설)	청정연료
			• 46.3㎡ 이상 82.6㎡ 미만(아파트는 1991. 1. 1. 이후, 연립주택은 1991. 4. 11. 이후 사업승인을 받은 시설)	청정연료 또는 경유
			• 40.0㎡ 초과 46.3㎡ 미만 (1994. 5. 1. 이후 사업승인을 받은 시설)	청정연료 또는 경유
	평택시, 오산시 용인시	기존	• 59.5㎡ 이상	청정연료 또는 경유
		신규	• 40.0㎡ 초과(1997. 1. 1. 이후 사업승인을 받은 시설)	청정연료 또는 경유
부산권	부산광역시	기존	• 59.5㎡ 이상	청정연료 또는 경유
		신규	• 40.0㎡ 초과(1994. 5. 1. 이후 사업승인을 받은 시설)	청정연료 또는 경유
	울산광역시, 양산시, 창원시, 김해시	기존	• 59.5㎡ 이상	청정연료 또는 경유
		신규	• 40.0㎡ 초과(1997. 1. 1. 이후 사업승인을 받은 시설. 다만, 김해시는 1998. 7. 1. 이후 사업승인을 받은 시설만 해당한다)	청정연료 또는 경유
대구권	대구광역시	기존	• 59.5㎡ 이상	청정연료 또는 경유
		신규	• 40.0㎡ 초과(1994. 5. 1. 이후 사업승인을 받은 시설)	청정연료 또는 경유
	구미시, 포항시	기존	• 59.5㎡ 이상	청정연료 또는 경유
		신규	• 40.0㎡ 초과(1997. 1. 1. 이후 사업승인을 받은 시설)	청정연료 또는 경유

전남권	광주광역시, 광양시, 여수시(구 여천군은 제외한다)	기존	• 59.5㎡ 이상	청정연료 또는 경유
		신규	• 40.0㎡ 초과(1997. 1. 1. 이후 사업승인을 받은 시설)	청정연료 또는 경유
전북권	전주시, 군산시, 익산시	기존	• 59.5㎡ 이상	청정연료 또는 경유
		신규	• 40.0㎡ 초과(1997. 1. 1. 이후 사업승인을 받은 시설)	청정연료 또는 경유
대전권	대전광역시, 청주시, 계룡시	기존	• 59.5㎡ 이상	청정연료 또는 경유
		신규	• 40.0㎡ 초과(1997. 1. 1. 이후 사업승인을 받은 시설)	청정연료 또는 경유

[비고]

1. 청정연료의 공급이 불가능한 도서지역은 청정연료 사용 대상지역에서 제외한다.
2. 청정연료만을 사용하여야 하는 시설로서 청정연료 사용개시일까지 청정연료 공급관이 설치되지 아니한 경우에는 청정연료 공급관의 설치가 완료되어 청정연료를 공급할 수 있는 날부터 3개월까지는 경유를 사용할 수 있다.

나. 다음의 경우에는 중유를 사용할 수 있다.

1) 1998년 9월 1일 이후부터 청정연료 또는 경유를 사용하여야 하는 대상시설 중 경유를 사용하지 아니하고 청정연료만을 사용하고자 하는 시설로서 1997년 1월 1일 이전(김해시의 경우에는 1998년 6월 30일 이전)에 사업승인, 건축허가(또는 신고) 등을 받아 그 구조가 중유만을 사용하도록 되어 있고, 청정연료의 사용개시일 이후에도 보일러의 내용연수(10년)가 끝나지 아니한 시설로서 시 · 도지사가 중유를 사용하도록 승인한 경우

2) 가목에 따른 지역 중 도 · 농 복합 형태의 시 지역으로 편입된 종전의 군 지역에서 1997년 1월 1일 이전(김해시의 경우에는 1998년 6월 30일 이전)에 설치된 시설로서 관할 시 · 도지사가 해당 지역의 도시가스 공급관 설치계획을 검토한 결과 보일러 내용연수가 끝나기 전까지 도시가스 공급관 설치가 불가능하다고 판단되는 경우

다. 나목1)에 따라 중유를 계속하여 사용하고자 하는 경우에는 청정연료의 사용개시일로부터 4개월 전까지 보일러의 최초 설치일자를 증명할 수 있는 서류를 첨부하여 관할 시 · 도지사에게 중유의 사용승인을 신청하여야 한다.

라. 시 · 도지사가 다목에 따라 중유의 사용승인 신청을 받은 경우에는 해당시설의 최초 설치일자, 보일러의 내용연수 및 도시가스 공급관 설치계획 등을 검토하여 보일러의 내용연수가 끝나기 전까지 도시가스 공급관이 충분히 설치될 수 있다고 판단되는 경우에는 청정연료의 사용개시일 이후에도 보일러의 잔여 내용연수가 끝나는 날까지는 중유를 사용할 수 있도록 승인할 수 있으며, 내용연수가 끝나는 날부터는 청정연료만을 사용하도록 하여야 한다.

마. 나목2)에 따라 관할 시 · 도지사가 해당 시설에 대하여 보일러의 내용연수까지 중유를 사용하도록 한 때에는 보일러의 내용연수가 끝난 날부터는 경유만을 사용하도록 하여야 한다.

3. 환경부장관은 청정연료를 사용하여야 하는 지역 내의 발전시설이 다음 각 목의 어느 하나에 해당되는 경우에는 청정연료 외의 연료를 사용하도록 할 수 있다.

가. 1996년 12월 21일 이전에 가동을 개시하였거나 청정연료 외의 연료를 사용하는 것으로 사업허가 또는 환경영향평가 협의를 받은 화력발전소의 발전시설

나. 에너지 및 전력수급상의 사유로 산업통상자원부장관이 환경부장관과 협의한 화력발전소의 발전시설
다. 화력발전소의 발전시설 중 증설하더라도 이미 허용된 대기오염물질 배출량을 증가시키지 아니하는 범위에서 같은 부지에 증설하는 경우. 다만, 2001년 12월 29일 이전에 가동을 개시한 발전소는 제외한다.
라. 청정연료 사용 시(청정연료 또는 경유 사용 대상시설은 경유 사용 시)보다 대기오염물질을 적게 배출하는 경우
마. 청정연료를 사용하는 발전소에서 순간적인 전력수요의 증가 또는 도시가스 수요급증 등의 사유로 환경부장관에게 관련 자료를 제출하여 승인을 받은 경우. 다만, 순간 전력수요 증가율이 15% 이내인 경우에는 승인을 받지 아니하고 경유 또는 저황왁스유를 사용할 수 있다.

4. 청정연료 외에 저황왁스유(LSWR)를 사용할 수 있는 집단에너지 공급시설
가. 제2호가목2)에 따른 수도권지역에서 LNG 복합화력발전소의 폐열이나 폐기물소각시설의 폐열을 각각 또는 동시에 이용하여 집단에너지 공급 대상지역에서 필요로 하는 전체 난방열의 85% 이상을 공급하는 집단에너지 공급시설
나. 제2호가목2)에 따른 수도권지역에서 1998년 6월 27일 이전에 집단에너지 공급사업 허가를 받은 시설 중 환경부장관이 저황왁스유(LSWR)를 사용하도록 인정한 집단에너지 공급시설
다. 통합시로 편입되거나 새로이 청정연료 사용 대상지역으로 포함된 지역에서 저황왁스우(LSWR)나 B-C유(배연탈황시설을 설치하는 경우만 해당한다)를 사용하도록 환경부장관이 인정하여 1996년 12월 21일 이전에 집단에너지 공급사업 허가를 받은 집단에너지 공급시설

[비고]
저황왁스유(LSWR)를 사용할 수 있는 집단에너지 공급시설 중 1996년 12월 21일 이후에 사업허가를 변경하여 열공급 시설을 증설하고자 하는 경우에는 청정연료를 사용하여야 한다.

5. 도시가스사업자는 해당 연도의 청정연료 사용 대상시설에 대한 도시가스 공급관 설치계획서를 해당 연도 1월 31일까지 시 · 도지사에게 제출하여야 하며, 동 설치계획서에 따라 도시가스 공급관이 설치 · 완료되었을 경우에는 설치 완료일부터 15일 이내에 해당 시 · 도지사에게 이를 통보하여야 한다.

6. 지역난방열 사용
가. 「집단에너지사업법」 제5조에 따라 집단에너지공급대상지역으로 공고된 지역에서 지역난방 공급사업자(한국지역난방공사 등을 말한다. 이하 같다)가 지역난방 공급계획을 확정하거나 지방자치단체의 장이 일반폐기물 소각장의 폐열 등을 이용하는 지역난방 공급계획을 확정하여 공고한 시설 중 제2호에 따른 청정연료 사용 대상시설은 청정연료 또는 지역난방을 선택하여 사용하되, 지역난방 열공급 시까지는 경유를 사용할 수 있다.
나. 가목의 지역난방 공급사업자는 해당 연도의 지역난방 대상시설에 대한 지역난방 공급관 설치계획서를 해당 연도 1월 31일까지 시 · 도지사에게 제출하여야 하며, 동 설치계획서에 따라 지역난방 공급관이 설치 완료되었을 경우에는 설치 완료일부터 15일 이내에 해당 시 · 도지사에게 이를 통보하여야 한다.

7. 겸용버너에 대한 봉인조치
가. 시 · 도지사 또는 지방환경관서의 장은 제2호에 따라 청정연료만을 사용하도록 되어 있는 대상시설에 청정연료와 연료용 유류를 함께 사용할 수 있는 겸용버너가 설치된 경우에는 연료용 유류의 공급관에 봉인조치를 하여야 한다.
나. 가목에 따라 봉인된 겸용버너의 설치 · 운영자가 청정연료의 공급중단 등으로 연료용 유류를 사용하고자 할 때에는 사전에 관할 시 · 도지사 또는 지방환경관서의 장에게 통보하여 관계 공무원으로부터 봉인해제를 받아야 한다. 다만, 예측하지 못한 청정연료 공급중단 사태 등의 발생으로 불가피하다고 인정되

는 경우에는 우선 봉인을 제거한 후 사용하되 즉시 관할 시 · 도지사 또는 지방환경관서의 장에게 통보하여야 한다.

제43조(비산먼지의 규제) ① 비산배출되는 먼지(이하 "비산먼지"라 한다)를 발생시키는 사업으로서 대통령령으로 정하는 사업을 하려는 자는 환경부령으로 정하는 바에 따라 특별자치시장 · 특별자치도지사 · 시장 · 군수 · 구청장에게 신고하고 비산먼지의 발생을 억제하기 위한 시설을 설치하거나 필요한 조치를 하여야 한다. 이를 변경하려는 때에도 또한 같다.

② 특별자치시장 · 특별자치도지사 · 시장 · 군수 · 구청장은 제1항에 따른 비산먼지의 발생을 억제하기 위한 시설의 설치 또는 필요한 조치를 하지 아니하거나 그 시설이나 조치가 적합하지 아니하다고 인정하는 경우에는 그 사업을 하는 자에게 필요한 시설의 설치나 조치의 이행 또는 개선을 명할 수 있다. [개정 2012.5.23., 2013.7.16.]

③ 특별자치시장 · 특별자치도지사 · 시장 · 군수 · 구청장은 제2항에 따른 명령을 이행하지 아니하는 자에게는 그 사업을 중지시키거나 시설 등의 사용 중지 또는 제한하도록 명할 수 있다.

영 제44조(비산먼지 발생사업) 법 제43조제1항 전단에서 "대통령령으로 정하는 사업"이란 다음 각 호의 사업 중 환경부령으로 정하는 사업을 말한다.

1. 시멘트 · 석회 · 플라스터 및 시멘트 관련 제품의 제조업 및 가공업
2. 비금속물질의 채취업, 제조업 및 가공업
3. 제1차 금속 제조업 4. 비료 및 사료제품의 제조업
5. 건설업(지반 조성공사, 건축물 축조공사, 토목공사, 조경공사 및 도장공사로 한정한다)
6. 시멘트, 석탄, 토사, 사료, 곡물 및 고철의 운송업
7. 운송장비 제조업 8. 저탄시설(貯炭施設)의 설치가 필요한 사업
9. 고철, 곡물, 사료, 목재 및 광석의 하역업 또는 보관업
10. 금속제품의 제조업 및 가공업 11. 폐기물 매립시설 설치 · 운영 사업

규칙 제57조(비산먼지 발생사업) 영 제44조에서 "환경부령으로 정하는 사업"이란 별표 13의 사업을 말한다.

규칙 제58조(비산먼지 발생사업의 신고 등) ① 법 제43조제1항에 따라 비산먼지 발생사업(시멘트 · 석탄 · 토사 · 사료 · 곡물 · 고철의 운송업은 제외한다)을 하려는 자(영 제44조제5호에 따른 건설업을 도급에 의하여 시행하는 경우에는 발주자로부터 최초로 공사를 도급받은 자를 말한다)는 별지 제24호서식의 비산먼지 발생사업신고서를 사업 시행 전(건설공사의 경우에는 착공 전)에 특별자치시장 · 특별자치도지사 · 시장 · 군수 · 구청장(자치구의 구청장을 말하며, 이하 "시장 · 군수 · 구청장"이라 한다)에게 제출하여야 하며, 신고

한 사항을 변경하려는 경우에는 별지 제24호서식의 비산먼지 발생사업 변경신고서를 변경 전(제2항제1호의 경우에는 이를 변경한 날부터 30일이내, 같은 항 제5호의 경우에는 제8항에 따라 발급받은 비산먼지 발생사업 등 신고증명서에 기재된 설치기간 또는 공사기간의 종료일까지 시장 · 군수 · 구청장에게 제출하여야 한다. 다만, 신고대상 사업이 「건축법」 제16조에 따른 착공신고대상사업인 경우에는 그 공사의 착공 전에 별지 제24호서식의 비산먼지 발생사업 신고서 또는 비산먼지 발생사업 변경신고서와 「폐기물관리법 시행규칙」 제18조제2항에 따른 사업장폐기물배출자 신고서를 함께 제출할 수 있다. [개정 2015.12.31.]

② 법 제43조제1항 단서에 따라 변경신고를 하여야 하는 경우는 다음 각 호와 같다.

1. 사업장의 명칭 또는 대표자를 변경하는 경우
2. 비산먼지 배출공정을 변경하는 경우
3. 다음 각 목에 해당하는 사업 또는 공사의 규모를 늘리거나 그 종류를 추가하는 경우

3의2. 제3호 각 목 외의 사업으로서 사업의 규모를 10퍼센트 이상 늘리거나 그 종류를 추가하는 경우

가. 별표 13 제1호가목 중 시멘트제조업(석회석의 채광 · 채취 공정이 포함되는 경우만 해당한다)

나. 별표 13 제5호가목부터 바목까지에 해당하는 공사로서 사업의 규모가 신고대상 사업 최소 규모의 10배 이상인 공사

4. 비산먼지 발생억제시설 또는 조치사항을 변경하는 경우
5. 공사기간을 연장하는 경우(건설공사의 경우에만 해당한다)

③ 제1항에 따른 신고를 할 때에 공사지역이 둘 이상의 특별자치시 · 특별자치도 · 시 · 군 · 구(자치구를 말하며, 이하 "시 · 군 · 구"라 한다)에 걸쳐 있는 건설공사이면 그 공사지역의 면적 또는 길이가 가장 많이 포함되는 지역을 관할하는 시장 · 군수 · 구청장에게 신고를 하여야 한다. 이 경우 신고를 받은 시장 · 군수 · 구청장은 다른 공사지역을 관할하는 시장 · 군수 · 구청장에게 신고내용을 알려야 한다.

④ 법 제43조제1항에 따른 비산먼지의 발생을 억제하기 위한 시설의 설치 및 필요한 조치에 관한 기준은 별표 14와 같다.

⑤ 시장 · 군수 · 구청장은 다음 각 호의 비산먼지 발생사업자로서 별표 14의 기준을 준수하여도 주민의 건강 · 재산이나 동식물의 생육에 상당한 위해를 가져올 우려가 있다고 인정하는 사업자에게는 제4항에도 불구하고 별표 15의 기준을 전부 또는 일부 적용할 수 있다. [개정 2013.5.24.]

1. 시멘트 제조업자 2. 콘크리트제품 제조업자
3. 석탄제품 제조업자 4. 건축물 축조공사자 5. 토목공사자

⑥ 시장 · 군수 · 구청장은 법 제43조제1항에 따라 비산먼지의 발생을 억제하기 위한 시설

을 설치하거나 필요한 조치를 할 때에 사업자가 설치기술이나 공법 또는 다른 법령의 시설 설치 제한규정 등으로 인하여 제4항의 기준을 준수하는 것이 특히 곤란하다고 인정되는 경우에는 신청에 따라 그 기준에 맞는 다른 시설의 설치 및 조치를 하게 할 수 있다.

⑦ 제6항에 따른 신청을 하려는 사업자는 별지 제25호서식의 비산먼지 시설기준 변경신청서에 제4항의 기준에 맞는 다른 시설의 설치 및 조치의 내용에 관한 서류를 첨부하여 시장 · 군수 · 구청장에게 제출하여야 한다.

⑧ 제1항에 따른 신고를 받은 시장 · 군수 · 구청장은 별지 제26호서식의 신고증명서를 신고인에게 발급하여야 한다.

[규칙 별표13]

비산먼지 발생 사업(제57조 관련)

발 생 사 업	신 고 대 상 사 업
1. 시멘트 · 석회 · 플라스터(Plaster) 및 시멘트관련 제품의 제조 및 가공업	가. 시멘트제조업 · 가공 및 저장업 나. 석회제조업 다. 콘크리트제품제조업 라. 플라스터제조업
2. 비금속물질의 채취 · 제조 · 가공업	가. 토사석광(石鑛)업(야적면적이 100㎡ 이상인 골재보관 · 판매업을 포함한다) 나. 석탄제품제조업 및 아스콘제조업 다. 내화요업제품제조업 라. 유리 및 유리제품제조업 마. 일반도자기제조업 바. 구조용 비내화 요업제품제조업 사. 비금속광물 분쇄물 생산업 아. 건설폐기물처리업
3. 제1차 금속제조업	가. 금속주조업 나. 제철 및 제강업 다. 비철금속 제1차 제련 및 정련업
4. 비료 및 사료 제품의 제조업	가. 화학비료제조업 나. 배합사료제조업 다. 곡물가공업(임가공업을 포함한다)
5. 건설업	가. 건축물축조공사(건축물의 증 · 개축 및 재축을 포함하며, 연면적 1,000㎡ 이상인 공사만 해당한다. 다만, 굴정공사는 총연장 200m 이상 또는 굴착토사량 200㎥ 이상인 공사만 해당한다) 나. 토목공사(구조물의 용적 합계가 1,000㎥ 이상이거나 공사면적이 1,000㎡ 이상 또는 총연장이 200m 이상인 공사만 해당한다) 다. 조경공사(면적의 합계가 5,000㎡ 이상인 공사만 해당한다) 라. 지반조성공사중 건축물해체공사(연면적이 3,000㎡ 이상인 공사만 해당한

	다). 토공사 및 정지공사(공사면적의 합계가 1,000㎡ 이상인 공사만 해당하되, 농지정리를 위한 공사는 제외한다) 마. 그 밖에 공사(가목부터 라목까지의 공사에 준하는 공사로서 해당 가목부터 라목까지의 공사 규모 이상인 공사만 해당한다)
6. 시멘트 · 석탄 · 토사 · 사료 · 곡물 · 고철의 운송업	시멘트 · 석탄 · 토사 · 사료 · 곡물 · 고철의 운송업
7. 운송장비제조업	가. 강선건조업과 합성수지선건조업 나. 선박구성부분품제조업(선실블록제조업만 해당한다) 다. 그 밖에 선박건조업
8. 저탄시설의 설치가 필요한 사업	가. 발전업 나. 부두, 역구내 및 기타 지역의 저탄사업 다. 석탄을 연료로 사용하는 사업(저탄면적 100㎡ 이상만 해당한다)
9. 고철 · 곡물 · 사료 · 목재 및 광석의 하역업 또는 보관업	수상화물취급업
10. 금속제품 제조가공업	가. 금속처리업 나. 구조금속제품 제조업
11. 폐기물매립시설 설치 · 운영 사업	가. 「폐기물처리시설 설치촉진 및 주변지역지원 등에 관한 법률」에 따른 폐기물매립시설을 설치 · 운영하는 사업 나. 「폐기물관리법」에 따른 폐기물최종처분업 및 폐기물종합처분업

[비고]

1. 제5호의 건설업 토목공사 중 신고대상사업 규모 미만인 가스관 · 전선로 · 수도관 · 하수관거 및 통신선로 등의 매설공사는 해당 지방자치단체의 조례로 신고대상사업의 범위에 포함할 수 있다.
2. 제5호의 건설업으로서 공사를 분할하여 발주하는 경우에는 총 공사 규모를 기준으로 한다.

[규칙 별표14]

비산먼지 발생을 억제하기 위한 시설의 설치 및 필요한 조치에 관한 기준(제58조제4항 관련)

배출공정	시설의 설치 및 조치에 관한 기준
1. 야적(분체상물질을 야적하는 경우에만 해당한다)	가. 야적물질을 1일 이상 보관하는 경우 방진덮개로 덮을 것 나. 야적물질의 최고저장높이의 1/3 이상의 방진벽을 설치하고, 최고저장높이의 1.25배 이상의 방진망(막)을 설치할 것. 다만, 건축물축조 및 토목공사장 · 조경공사장 · 건축물해체공사장의 공사장 경계에는 높이 1.8m(공사장 부지 경계선으로부터 50m 이내에 주거 · 상가 건물이 있는 곳의 경우에는 3m) 이상의 방진벽을 설치하되, 둘 이상의 공사장이 붙어 있는 경우의 공동경계면에는 방진벽을 설치하지 아니할 수 있다. 다. 야적물질로 인한 비산먼지 발생억제를 위하여 물을 뿌리는 시설을 설치할 것(고철 야적장과 수용성물질 등의 경우는 제외한다) 라. 혹한기(매년 12월 1일부터 다음 연도 2월 말일까지를 말한다)에는 표면경화제 등을 살포할 것(제철 및 제강업만 해당한다) 마. 야적 설비를 이용하여 작업 시 낙하거리를 최소화하고, 야적 설비 주위에 물을 뿌려 비산먼지가 흩날리지 않도록 할 것(제철 및 제강업만 해당한다) 바. 공장 내에서 시멘트 제조를 위한 원료 및 연료는 최대한 3면이 막히고 지붕이 있는 구조물 내에 보관하며, 보관시설의 출입구는 방진망(막) 등을 설치할 것(시멘트 제조업만 해당한다). 사. 가목부터 바목까지와 같거나 그 이상의 효과를 가지는 시설을 설치하거나 조치하는 경우에는 가목부터 바목까지 중 그에 해당하는 시설의 설치 또는 조치를 제외한다.
2. 싣기 및 내리기(분체상 물질을 싣고 내리는 경우만 해당한다)	가. 작업 시 발생하는 비산먼지를 제거할 수 있는 이동식 집진시설 또는 분무식 집진시설(Dust Boost)을 설치할 것(석탄제품제조업, 제철 · 제강업 또는 곡물하역업에만 해당한다) 나. 싣거나 내리는 장소 주위에 고정식 또는 이동식 물을 뿌리는 시설(살수반경 5m 이상, 수압 3㎏/㎠ 이상)을 설치 · 운영하여 작업하는 중 다시 흩날리지 아니하도록 할 것(곡물작업장의 경우는 제외한다) 다. 풍속이 평균초속 8m 이상일 경우에는 작업을 중지할 것 라. 공장 내에서 싣고 내리기는 최대한 밀폐된 시설에서만 실시하여 비산먼지가 생기지 아니하도록 할 것(시멘트 제조업만 해당한다) 마. 조쇄를 위한 내리기 작업은 최대한 3면이 막히고 지붕이 있는 구조물 내에서 실시 할 것. 다만, 수직갱에서의 조쇄를 위한 내리기 작업은 충분한 살수를 실시할 수 있는 시설을 설치할 것(시멘트 제조업만 해당한다) 바. 가목부터 마목까지와 같거나 그 이상의 효과를 가지는 시설을 설치하거나 조치하는 경우에는 가목부터 마목까지 중 그에 해당하는 시설의 설치 또는 조치를 제외한다.
3. 수송(시멘트 · 석탄 · 토사 · 사료 · 곡물 · 고철의 운송업의 경우에는 가 · 나 · 바 · 사 · 자의 경우에만 해당하	가. 적재함을 최대한 밀폐할 수 있는 덮개를 설치하여 적재물이 외부에서 보이지 아니하고 흘림이 없도록 할 것 나. 적재함 상단으로부터 5㎝ 이하까지 적재물을 수평으로 적재할 것 다. 도로가 비포장 사설도로인 경우 비포장 사설도로로부터 반지름 500m

고, 목재수송은 사 · 아 · 자의 경우에만 해당한다)	이내에 10가구 이상의 주거시설이 있을 때에는 해당 마을로부터 반지름 1㎞ 이내의 경우에는 포장, 간이포장 또는 살수 등을 할 것 라. 다음의 어느 하나에 해당하는 시설을 설치할 것 1) 자동식 세륜(洗輪)시설 금속지지대에 설치된 롤러에 차바퀴를 닿게 한 후 전력 또는 차량의 동력을 이용하여 차바퀴를 회전시키는 방법으로 차바퀴에 묻은 흙 등을 제거할 수 있는 시설 2) 수조를 이용한 세륜시설 – 수조의 넓이 : 수송차량의 1.2배 이상 – 수조의 깊이 : 20cm 이상 – 수조의 길이 : 수송차량 전체길이의 2배 이상 – 수조수 순환을 위한 침전조 및 배관을 설치하거나 물을 연속적으로 흘려 보낼 수 있는 시설을 설치할 것 마. 다음 규격의 측면 살수시설을 설치할 것 – 살수높이 : 수송차량의 바퀴부터 적재함 하단부까지 – 살수길이 : 수송차량 전체길이의 1.5배 이상 – 살 수 압 : 3㎏/㎠ 이상 바. 수송차량은 세륜 및 측면 살수 후 운행하도록 할 것 사. 먼지가 흩날리지 아니하도록 공사장안의 통행차량은 시속 20㎞ 이하로 운행할 것 아. 통행차량의 운행기간 중 공사장 안의 통행도로에는 1일 1회 이상 살수할 것 자. 광산 진입로는 임시로 포장하여 먼지가 흩날리지 아니하도록 할 것(시멘트 제조업만 해당한다) 차. 가목부터 자목까지와 같거나 그 이상의 효과를 가지는 시설을 설치하거나 조치하는 경우에는 가목부터 자목까지 중 그에 해당하는 시설의 설치 또는 조치를 제외한다.
4. 이송	가. 야외 이송시설은 밀폐화하여 이송 중 먼지의 흩날림이 없도록 할 것 나. 이송시설은 낙하, 출입구 및 국소배기부위에 적합한 집진시설을 설치하고, 포집된 먼지는 흩날리지 아니하도록 제거하는 등 적절하게 관리할 것 다. 기계적(벨트컨베이어, 바켓엘리베이터 등)인 방법이 아닌 시설을 사용할 경우에는 물뿌림 또는 그 밖의 제진(除塵)방법을 사용할 것 라. 기계적(벨트컨베이어, 바켓엘리베이터 등)인 방법의 시설을 사용하는 경우에는 표면 먼지를 제거할 수 있는 시설을 설치할 것(시멘트 제조업과 제철 및 제강업만 해당한다). 제철 및 제강업의 경우 표면 먼지를 제거할 수 있는 시설은 스크래퍼 또는 살수시설 등으로 한다. 마. 이송시설의 하부는 주기적으로 청소하여 이송시설에서 떨어진 먼지가 재비산되지 않도록 할 것(제철 및 제강업만 해당한다) 바. 가목부터 마목까지와 같거나 그 이상의 효과를 가지는 시설을 설치하거나 조치하는 경우에는 가목부터 마목까지 중 그에 해당하는 시설의 설치 또는 조치를 제외한다.
5. 채광 · 채취(갱내작업의 경우는 제외한다)	가. 살수시설 등을 설치하도록 하여 주위에 먼지가 흩날리지 아니하도록 할 것 나. 발파 시 발파공에 젖은 가마니 등을 덮거나 적절한 방지시설을 설치한 후 발파할 것

	다. 발파 전후 발파 지역에 대하여 충분한 살수를 실시하고, 천공시에는 먼지를 포집할 수 있는 시설을 설치할 것 라. 풍속이 평균 초속 8m 이상인 경우에는 발파작업을 중지할 것 마. 작은 면적이라도 채광 · 채취가 이루어진 구역은 최대한 먼지가 흩날리지 아니하도록 조치할 것 바. 분체형태의 물질 등 흩날릴 가능성이 있는 물질은 밀폐용기에 보관하거나 방진덮개로 덮을 것 사. 가목부터 바목까지와 같거나 그 이상의 효과를 가지는 시설을 설치하거나 조치하였을 경우에는 가목부터 바목까지 중 그에 해당하는 시설의 설치 또는 조치는 제외한다.
6. 조쇄 및 분쇄(시멘트 제조업만 해당하며, 갱내 작업은 제외한다)	가. 조쇄작업은 최대한 3면이 막히고 지붕이 있는 구조물에서 실시하여 먼지가 흩날리지 아니하도록 할 것 나. 분쇄작업은 최대한 4면이 막히고 지붕이 있는 구조물에서 실시하여 먼지가 흩날리지 아니하도록 할 것 다. 살수시설 등을 설치하여 먼지가 흩날리지 아니하도록 할 것 라. 가목부터 다목까지와 같거나 그 이상의 효과를 가지는 시설을 설치하거나 조치를 하였을 경우에는 가목부터 다목까지 중 그에 해당하는 시설의 설치 또는 조치는 제외한다.
7. 야외절단	가. 고철 등의 절단작업은 가급적 옥내에서 실시할 것 나. 야외절단 시 비산먼지 저감을 위해 간이 칸막이 등을 설치할 것 다. 야외 절단 시 이동식 집진시설을 설치하여 작업할 것. 다만, 이동식집진시설의 설치가 불가능한 경우에는 진공식 청소차량 등으로 작업현장에 대한 청소작업을 지속적으로 실시할 것 라. 풍속이 평균초속 8m 이상(강선건조업과 합성수지선건조업인 경우에는 10m 이상)인 경우에는 작업을 중지할 것 마. 가목부터 라목까지와 같거나 그 이상의 효과를 가지는 시설을 설치하거나 조치하는 경우에는 가목부터 라목까지 중 그에 해당하는 시설의 설치 또는 조치를 제외한다.
8. 야외 탈청(脫靑)	가. 탈청구조물의 길이가 15m 미만인 경우에는 옥내작업을 할 것 나. 야외 작업 시에는 간이칸막이 등을 설치하여 먼지가 흩날리지 아니하도록 할 것 다. 야외 작업 시 이동식 집진시설을 설치할 것. 다만, 이동식 집진시설의 설치가 불가능할 경우 진공식 청소차량 등으로 작업현장에 대한 청소작업을 지속적으로 할 것 라. 작업 후 남은 것이 다시 흩날리지 아니하도록 할 것 마. 풍속이 평균초속 8m 이상(강선건조업과 합성수지선건조업인 경우에는 10m 이상)인 경우에는 작업을 중지할 것 바. 가목부터 마목까지와 같거나 그 이상의 효과를 가지는 시설을 설치하거나 조치하는 경우에는 가목부터 마목까지 중 그에 해당하는 시설의 설치 또는 조치를 제외한다.
9. 야외 연마	가. 야외 작업 시 이동식 집진시설을 설치 · 운영할 것. 다만, 이동식 집진시설의 설치가 불가능할 경우 진공식 청소차량 등으로 작업현장에 대한 청소

	작업을 지속적으로 할 것 나. 부지 경계선으로부터 40m 이내에서 야외 작업 시 작업 부위의 높이 이상의 이동식 방진망 또는 방진막을 설치할 것 다. 작업 후 남은 것이 다시 흩날리지 아니하도록 할 것 라. 풍속이 평균초속 8m 이상(강선건조업과 합성수지선건조업인 경우에는 10m 이상)인 경우에는 작업을 중지할 것 마. 가목부터 라목까지와 같거나 그 이상의 효과를 가지는 시설을 설치하거나 조치하는 경우에는 가목부터 라목까지 중 그에 해당하는 시설의 설치 또는 조치를 제외한다.
10. 야외 도장(운송장비제조업 및 조립금속제품제조업의 야외구조물, 선체외판, 수상구조물, 해수담수화설비제조, 교량제조 등의 야외 도장시설과 제품의 길이가 100m 이상인 제품의 야외 도장공정만 해당한다)	가. 소형구조물(길이 10m 이하에 한한다)의 도장작업은 옥내에서 할 것 나. 부지경계선으로부터 40m 이내에서 도장작업을 할 때에는 최고높이의 1.25배 이상의 방진망(개구율 40% 상당)을 설치할 것 다. 풍속이 평균초속 8m 이상일 경우에는 도장작업을 중지할 것(도장작업위치가 높이 5m 이상이며, 풍속이 평균초속 5m 이상일 경우에도 작업을 중지할 것) 라. 연간 2만ton 이상의 선박건조조선소는 도료사용량의 최소화, 유기용제의 사용억제 등 비산먼지 저감방안을 수립한 후 작업을 할 것 마. 가목부터 라목까지와 같거나 그 이상의 효과를 가지는 시설을 설치하거나 조치하는 경우에는 가목부터 라목까지 중 그에 해당하는 시설의 설치 또는 조치를 제외한다.
11. 그 밖에 공정(건축물축조공사장, 토목공사장 및 건물해체공사장의 경우만 해당한다)	가. 건축물축조공사장에서는 먼지가 공사장밖으로 흩날리지 아니하도록 다음과 같은 시설을 설치하거나 조치를 할 것 1) 비산먼지가 발생되는 작업(바닥청소, 벽체연마작업, 절단작업, 분사방식에 의한 도장작업 등의 작업을 말한다)을 할 때에는 해당 작업 부위 혹은 해당 층에 대하여 방진막 등을 설치할 것. 다만, 건물 내부공사의 경우 커튼 월(curtain wall) 및 창호공사가 끝난 경우에는 그러하지 아니하다. 2) 철골구조물의 내화피복작업 시에는 먼지발생량이 적은 공법을 사용하고 비산먼지가 외부로 확산되지 아니하도록 방진막 등을 설치할 것 3) 콘크리트구조물의 내부 마감공사 시 거푸집 해체에 따른 조인트 부위 등 돌출면의 면고르기 연마작업 시에는 방진막 등을 설치하여 비산먼지 발생을 최소화할 것 4) 공사 중 건물 내부 바닥은 항상 청결하게 유지관리하여 비산먼지 발생을 최소화할 것 나. 건축물축조공사장 및 토목공사장에서 철구조물의 분사방식에 의한 야외도장 시 방진막 등을 설치할 것 다. 건축물해체공사장에서 건물해체작업을 할 경우 먼지가 공사장 밖으로 흩날리지 아니하도록 방진막 또는 방진벽을 설치하고, 물뿌림 시설을 설치하여 작업 시 물을 뿌리는 등 비산먼지 발생을 최소화할 것 라. 가목부터 다목까지와 같거나 그 이상의 효과를 가지는 시설을 설치하거나 조치하는 경우에는 가목부터 다목까지에 해당하는 시설의 설치 또는 조치를 제외한다.

[비고]
분체(粉體)형태의 물질이란 토사 · 석탄 · 시멘트 등과 같은 정도의 먼지를 발생시킬 수 있는 물질을 말한다.

[규칙 별표15]

비산먼지의 발생을 억제하기 위한 시설의 설치 및 필요한 조치에 관한 엄격한 기준 (제58조제5항 관련)

배 출 공 정	시설의 설치 및 조치에 관한 기준
1. 야 적	가. 야적물질을 최대한 밀폐된 시설에 저장 또는 보관할 것 나. 수송 및 작업차량 출입문을 설치할 것 다. 보관 · 저장시설은 가능하면 한 3면이 막히고 지붕이 있는 구조가 되도록 할 것
2. 싣기와 내리기	가. 최대한 밀폐된 저장 또는 보관시설 내에서만 분체상물질을 싣거나 내릴 것 나. 싣거나 내리는 장소 주위에 고정식 또는 이동식 물뿌림시설(물뿌림반경 7m 이상, 수압 5kg/㎠ 이상)을 설치할 것
3. 수 송	가. 적재물이 흘러내리거나 흩날리지 아니하도록 덮개가 장치된 차량으로 수송할 것 나. 다음 규격의 세륜시설을 설치할 것 금속지지대에 설치된 롤러에 차바퀴를 닿게 한 후 전력 또는 차량의 동력을 이용하여 차바퀴를 회전시키는 방법 또는 이와 같거나 그 이상의 효과를 지닌 자동물뿌림장치를 이용하여 차바퀴에 묻은 흙 등을 제거할 수 있는 시설 다. 공사장 출입구에 환경전담요원을 고정배치하여 출입차량의 세륜 · 세차를 통제하고 공사장 밖으로 토사가 유출되지 아니하도록 관리할 것 라. 공사장 내 차량통행도로는 다른 공사에 우선하여 포장하도록 할 것

[비고]
시 · 도지사가 별표 15의 기준을 적용하려는 경우에는 이를 사업자에게 알리고 그 기준에 맞는 시설 설치 등에 필요한 충분한 기간을 주어야 한다.

제44조(휘발성유기화합물의 규제) ① 다음 각 호의 어느 하나에 해당하는 지역에서 휘발성유기화합물을 배출하는 시설로서 대통령령으로 정하는 시설을 설치하려는 자는 환경부령으로 정하는 바에 따라 시 · 도지사 또는 대도시 시장에게 신고하여야 한다.

1. 특별대책지역
2. 대기관리권역
3. 제1호 및 제2호의 지역 외에 휘발성유기화합물 배출로 인한 대기오염을 개선할 필요가 있다고 인정되는 지역으로 환경부장관이 관계 중앙행정기관의 장과 협의하여 지정 · 고시하는 지역(이하 "휘발성유기화합물 배출규제 추가지역"이라 한다)

영 **제45조(휘발성유기화합물의 규제 등)** ① 법 제44조제1항 각 호 외의 부분에서 "대통령령으로 정하는 시설"이란 다음 각 호의 시설(법 제44조제1항제3호에 따른 휘발성유기화합물 배출규제 추가지역의 경우에는 제2호에 따른 저유소의 출하시설 및 제3호의 시설만 해당한다)을 말한다. 다만, 제38조의2에서 정하는 업종에서 사용하는 시설의 경우는 제외한다. [개정 2015.7.20.] ✓실전문제

1. 석유정제를 위한 제조시설, 저장시설 및 출하시설(出荷施設)과 석유화학제품 제조업의 제조시설, 저장시설 및 출하시설
2. 저유소의 저장시설 및 출하시설
3. 주유소의 저장시설 및 주유시설
4. 세탁시설
5. 그 밖에 휘발성유기화합물을 배출하는 시설로서 환경부장관이 관계 중앙행정기관의 장과 협의하여 고시하는 시설

실전문제 **대기환경보전법령상 특별대책지역에서 환경부령으로 정하는 바에 따라 신고해야 하는 휘발성유기화합물 배출시설 중 "대통령령으로 정하는 시설" 해당되지 않는 것은? (단, 그 밖에 휘발성 유기화합물을 배출하는 시설로서 환경부 장관이 관계 중앙행정기관의 장과 협의하여 고시하는 시설 등은 제외한다.)**

① 저유소의 저장시설 및 출하시설
② 주유소의 저장시설 및 주유시설
③ 석유정제를 위한 제조시설, 저장시설, 출하시설
❹ 휘발성유기화합물 분석을 위한 실험실

② 제1항 각 호에 따른 시설의 규모는 환경부장관이 관계 중앙행정기관의 장과 협의하여 고시한다.

③ 법 제45조제4항에서 "대통령령으로 정하는 사유"란 다음 각 호의 어느 하나에 해당하는 사유를 말한다. [개정 2013.1.31.]

1. 국내에서 확보할 수 없는 특수한 기술이 필요한 경우
2. 천재지변이나 그 밖에 특별시장 · 광역시장 · 특별자치시장 · 도지사(그 관할구역 중 인구 50만 이상의 시는 제외한다) · 특별자치도지사 또는 특별시 · 광역시 및 특별자치시를 제외한 인구 50만 이상의 시장이 부득이하다고 인정하는 경우

규칙 **제59조(휘발성유기화합물 배출규제 추가지역의 지정기준)** ① 법 제44조제1항 제3호에 따른 휘발성유기화합물 배출규제 추가지역의 지정에 필요한 세부적인 기준은 다음 각 호와 같다.

1. 인구 50만 이상 도시 중 법 제3조에 따른 상시 측정 결과 오존 오염도(이하 "오존 오염도"라 한다)가 환경기준을 초과하는 지역
2. 그 밖에 오존 오염도가 환경기준을 초과하고 휘발성유기화합물 배출량 관리가 필요하다고 환경부장관이 인정하는 지역

② 제1항에서 규정한 사항 외에 지정 기준 및 절차에 관한 사항은 환경부장관이 정하여 고시한다.

규칙 제59조의2(휘발성유기화합물 배출시설의 신고 등) ① 법 제44조제1항에 따라 휘발성유기화합물을 배출하는 시설을 설치하려는 자는 별지 제27호서식의 휘발성유기화합물 배출시설 설치신고서에 휘발성유기화합물 배출시설 설치명세서와 배출 억제 · 방지시설 설치명세서를 첨부하여 시설 설치일 10일 전까지 시 · 도지사 또는 대도시 시장에게 제출하여야 한다. 다만, 휘발성유기화합물을 배출하는 시설이 영 제11조에 따른 설치허가 또는 설치신고의 대상이 되는 배출시설에 해당되는 경우에는 제25조에 따른 배출시설 설치허가신청서 또는 배출시설 설치 신고서의 제출로 갈음할 수 있다. [개정 2013.5.24.]

② 제1항에 따른 신고를 받은 시 · 도지사 또는 대도시 시장은 별지 제28호서식의 신고증명서를 신고인에게 발급하여야 한다.

② 제1항에 따라 신고를 한 자가 신고한 사항 중 환경부령으로 정하는 사항을 변경하려면 변경신고를 하여야 한다.

규칙 제60조(휘발성유기화합물 배출시설의 변경신고) ① 법 제44조제2항에 따라 변경신고를 하여야 하는 경우는 다음 각 호와 같다.

1. 사업장의 명칭 또는 대표자를 변경하는 경우
2. 설치신고를 한 배출시설 규모의 합계 또는 누계보다 100분의 50 이상 증설하는 경우
3. 휘발성유기화합물의 배출 억제 · 방지시설을 변경하는 경우
4. 휘발성유기화합물 배출시설을 폐쇄하는 경우
5. 휘발성유기화합물 배출시설 또는 배출 억제 · 방지시설을 임대하는 경우

② 제1항에 따라 변경신고를 하려는 자는 신고 사유가 제1항제1호 또는 제5호에 해당하는 경우에는 그 사유가 발생한 날부터 30일 이내에, 같은 항 제2호부터 제4호까지에 해당하는 경우에는 변경 전에 별지 제29호서식의 휘발성유기화합물 배출시설 변경신고서에 변경내용을 증명하는 서류와 휘발성유기화합물배출시설 설치신고증명서를 첨부하여 시 · 도지사 또는 대도시 시장에게 제출하여야 한다. 다만, 제59조의2제1항 단서에 따라 휘발성유기화합물 배출시설 설치신고서의 제출을 제25조에 따른 배출시설 설치허가신청서 또는 배출시설 설치신고서의 제출로 갈음한 경우에는 제26조에 따른 배출시설 변경허가신청서 또는 제27조에 따른 배출시설 변경신고서의 제출로 갈음할 수 있다.

③ 시 · 도지사 또는 대도시 시장은 제2항에 따른 변경신고를 접수한 경우에는 휘발성유기화합물배출시설 설치신고 증명서의 뒤 쪽에 변경신고사항을 적어 발급하여야 한다. [개정 2013.5.24.]

③ 제1항에 따른 시설을 설치하려는 자는 휘발성유기화합물의 배출을 억제하거나 방지하는 시설을 설치하는 등 휘발성유기화합물의 배출로 인한 대기환경상의 피해가 없도록 조치하여야 한다.

④ 제3항에 따른 휘발성유기화합물의 배출을 억제 · 방지하기 위한 시설의 설치 기준 등에 필요한 사항은 환경부령으로 정한다.

규칙 **제61조(휘발성유기화합물 배출 억제 · 방지시설 설치의 기준 등)** 법 제44조제6항 및 제10항에 따른 휘발성유기화합물의 배출 억제 · 방지시설의 설치 및 검사 · 측정결과의 기록 · 보존에 관한 기준 등은 별표 16과 같다. [개정 2013.5.24.] (생략으로 인한 별표16 법제처 참조)

⑤ 시 · 도 또는 대도시는 그 시 · 도 또는 대도시의 조례로 제4항에 따른 기준보다 강화된 기준을 정할 수 있다. [개정 2012.5.23.]

⑥ 제5항에 따라 강화된 기준이 적용되는 시 · 도 또는 대도시에 제1항에 따라 시 · 도지사 또는 대도시 시장에게 설치신고를 하였거나 설치신고를 하려는 시설이 있으면 그 시설의 휘발성유기화합물 억제 · 방지시설에 대하여도 제5항에 따라 강화된 기준을 적용한다.

⑦ 시 · 도지사 또는 대도시 시장은 제3항을 위반하는 자에게 휘발성유기화합물을 배출하는 시설 또는 그 배출의 억제 · 방지를 위한 시설의 개선 등 필요한 조치를 명할 수 있다.

⑧ 제1항에 따라 신고를 한 자는 휘발성유기화합물의 배출을 억제하기 위하여 환경부령으로 정하는 바에 따라 휘발성유기화합물을 배출하는 시설에 대하여 휘발성유기화합물의 배출 여부 및 농도 등을 검사 · 측정하고, 그 결과를 기록 · 보존하여야 한다. [신설 2012.5.23.]

⑨ 제1항제3호에 따른 휘발성유기화합물 배출규제 추가지역의 지정에 필요한 세부적인 기준 및 절차 등에 관한 사항은 환경부령으로 정한다. [신설 2015.1.20.]

제44조의2(도료의 휘발성유기화합물함유기준 등) ① 도료(塗料)에 대한 휘발성유기화합물의 함유기준(이하 "휘발성유기화합물함유기준"이라 한다)은 환경부령으로 정한다. 이 경우 환경부장관은 관계 중앙행정기관의 장과 협의하여야 한다.

규칙 **제61조의2(환경친화형도료의 기준)** 법 제44조의2제1항에 따른 도료(塗料)에 대한 휘발성유기화합물의 함유기준은 별표 16의2와 같다.

[규칙 별표16의2]

도료에 대한 휘발성유기화합물의 함유기준(제61조의2 관련)

1. 적용기준
   가. 용도 분류는 제조사가 제공하는 도장사양서 또는 제품설명서를 기준으로 하되, 1개의 도료가 2 이상의 용도분류에 해당하는 경우 낮은 기준을 적용한다.
   나. 휘발성유기화합물의 함량은 제조사가 제공하는 도장사양서 또는 제품설명서 등에 적힌 최대희석비(제조사가 제공하는 도장사양서 등에 별도의 희석비가 구체적으로 적혀 있지 아니한 경우에는 국립환경과학원장이 별도로 고시하는 용도분류별 최대희석비를 말한다)로 희석한 후 국립환경과학원장이 고시하는 계산방법에 따라 제조사가 도료의 포장용기에 표시한 값을 말한다.
   다. 캔 스프레이 제품(기체인 가스추진제에 압력을 가하여 액체 상태로 만든 제품)은 도료에 대한 휘발성유기화합물의 함유기준을 적용하지 아니한다.
2. 세부기준

* 2015년 1월 1일부터 적용되는 함유기준

가. 건축용 도료

용 도 분 류	휘발성유기화합물 함유기준(g/L)	
1) 콘크리트 · 시멘트 · 몰탈용		
가) 수성무광	35 이하	
나) 수성광택	70 이하	
다) 수성하도(下塗)	30 이하	
라) 수성퍼티	40 이하	
마) 유성외부(불소계 제외)	450 이하	
바) 유성외부(불소계)	400 이하	
사) 유성내부	200 이하	
아) 유성하도	190 이하	
자) 유성퍼티	50 이하	
2) 일반철재용		
가) 상도(上塗)마감용(락카계 제외)	470 이하	
나) 상도마감용(락카계)	230 이하	
다) 하도방청용(락카계 제외)	440 이하	
라) 하도방청용(락카계)	230 이하	
3) 일반목재용		
가) 하도용(락카계 제외)	수성 200 이하	유성 450 이하
나) 하도용(락카계)	수성 200 이하	유성 570 이하
다) 상도용(락카계 제외)	수성 200 이하	유성 450 이하
라) 상도용(락카계)	수성 200 이하	유성 570 이하
마) 스테인(수성)	150 이하	
바) 스테인(유성)	300 이하	

4) 방수바닥재류	
가) 유성 상도 1액형	480 이하
나) 유성 상도 2액형	480 이하
다) 유성 중도(中塗) 1액형	100 이하
라) 유성 중도(中塗) 2액형	70 이하
마) 유성 하도	550 이하
바) 수성	35 이하
5) 가정용도료	
가) 수성	35 이하
나) 유성	300 이하
6) 특수기능도료	
가) 발수제	100 이하
나) 다채무늬도료	150 이하
다) 투명도료	550 이하

나. 자동차보수용 도료

용 도 분 류	휘발성유기화합물 함유기준(g/L)
1) 워시프라이머	780 이하
2) 프라이머/서페이서	540 이하
3) 상도-single	450 이하
4) 상도-basecoat	450 이하
5) 상도-topcoat	450 이하
6) 특수기능도료	800 이하

다. 도로표지용 도료

용 도 분 류	휘발성유기화합물 함유기준(g/L)
1) 도로표지용 도료	
가) 수성	170 이하
나) 유성	400 이하

라. 공업용 도료

용 도 분 류	휘발성유기화합물 함유기준(g/L)
1) 선박용도료	
가) 방오도료	500 이하
나) 무독성방오도료	450 이하
다) 방청도료(1액형)	550 이하
라) 방청도료(2액형)	550 이하

마) 마감도료(1액형)	500 이하
바) 마감도료(2액형)	500 이하
사) 발라스트(유니버셜 프라이머)	400 이하
아) 메인 프라이머(무기 징크프라이머)	600 이하
2) 철구조물(강교용)도료	
가) 무기질 아연말 샵프라이머	750 이하
나) 무기질 아연말 도료	수성 50 이하 유성 650 이하
다) 방청도료(1액형)	550 이하
라) 방청도료(2액형)	550 이하
마) 방청도료(수성)	80 이하
바) 마감도료(1액형)	500 이하(보수용 630 이하)
사) 마감도료(2액형)	530 이하
아) 마감도료(수성)	150 이하
자) 불소계 도료	580 이하

[비고]
1. 공업용 도료 중 선박용도료의 적용 범위는 선박건조 및 선박수리업 등에 사용되는 도료 및 해양환경 하에 있는 철구조물에 사용되는 도료이며, 도료의 휘발성유기화합물 함유기준은 2015년도에 선박건조계약을 한 선박을 건조할 때 사용되는 도료부터 적용하다.
2. 철구조물(강교용)도료 중 마감도료(1액형) 보수용의 함유기준(630이하)은 염화고무계 도료에 한하여 적용한다.
3. 2015년 1월 1일부터 적용되는 함유기준은 2015년 1월 1일 이후에 제조 · 생산된 도료에 적용한다.

② 다음 각 호의 어느 하나에 해당하는 자는 휘발성유기화합물함유기준을 초과하는 도료를 공급하거나 판매하여서는 아니 된다. [개정 2015.1.20.]
1. 도료를 제조하거나 수입하여 공급하거나 판매하는 자
2. 제1호 외에 도료를 공급하거나 판매하는 자

③ 환경부장관은 제2항제1호에 해당하는 자가 휘발성유기화합물함유기준을 초과하는 도료를 공급하거나 판매하는 경우에는 대통령령으로 정하는 바에 따라 그 도료의 공급 · 판매 중지 또는 회수 등 필요한 조치를 명할 수 있다. [신설 2015.1.20.]

④ 환경부장관은 제2항제2호에 해당하는 자가 휘발성유기화합물함유기준을 초과하는 도료를 공급하거나 판매하는 경우에는 대통령령으로 정하는 바에 따라 그 도료의 공급 · 판매 중지를 명할 수 있다.

영 제45조의2(도료의 휘발성유기화합물함유기준 초과 시 조치명령 등) ① 환경부장관은 법 제44조의2제3항 또는 제4항에 따라 조치명령을 하는 경우에는 조치명령의 내용 및 10일 이내의 이행기간 등을 적은 서면으로 하여야 한다.

② 법 제44조의2제3항에 따른 조치명령을 받은 자는 그 이행기간 이내에 다음 각호의 사항

을 구체적으로 밝힌 이행완료보고서를 환경부령으로 정하는 바에 따라 환경부장관에게 제출하여야 한다.

1. 해당 도료의 공급 · 판매 기간과 공급량 또는 판매량
2. 해당 도료의 회수처리량, 회수처리 방법 및 기간
3. 그 밖에 공급 · 판매 중지 또는 회수 사실을 증명할 수 있는 자료에 관한 항

③ 법 제44조의2제4항에 따른 조치명령을 받은 자는 그 이행기간 이내에 다음 각호의 사항을 구체적으로 밝힌 이행완료보고서를 환경부령으로 정하는 바에 따라 환경부장관에게 제출하여야 한다.

1. 해당 도료의 공급 · 판매 기간과 공급량 또는 판매량
2. 해당 도료의 보유량 및 공급 · 판매 중지 사실을 증명할 수 있는 자료에 관한 사항

제44조의3(다른 법률에 따른 변경신고의 의제) ① 제44조제2항에 따른 변경신고를 한 경우에는 그 배출시설에 관련된 다음 각 호의 변경신고를 한 것으로 본다. 다만, 변경신고의 사항이 사업장의 명칭 또는 대표자가 변경되는 경우로 한정한다. [개정 2017.1.17.]

1. 「토양환경보전법」 제12조제1항 후단에 따른 특정토양오염관리대상시설의 변경신고
2. 「물환경보전법」 제33조제2항 단서 및 같은 조 제3항에 따른 배출시설의 변경신고

② 제1항에 따른 변경신고의 의제를 받고자 하는 자는 변경신고의 신청을 하는 때에 해당 법률이 정하는 관련 서류를 함께 제출하여야 한다.

③ 제1항에 따라 변경신고를 접수하는 행정기관의 장은 변경신고를 처리한 때에는 지체 없이 제1항 각 호의 변경신고 소관 행정기관의 장에게 그 내용을 통보하여야 한다.

④ 제1항에 따라 변경신고를 한 것으로 보는 경우에는 관계 법률에 따라 부과되는 수수료를 면제한다.

제45조(기존 휘발성유기화합물 배출시설에 대한 규제) ① 특별대책지역, 대기관리권역 또는 휘발성유기화합물 배출규제 추가지역으로 지정 · 고시될 당시 그 지역에서 휘발성유기화합물을 배출하는 시설을 운영하고 있는 자는 특별대책지역, 대기관리권역 또는 휘발성유기화합물 배출규제 추가지역으로 지정 · 고시된 날부터 3개월 이내에 제44조제1항에 따른 신고를 하여야 하며, 특별대책지역, 대기관리권역 또는 휘발성유기화합물 배출규제 추가지역으로 지정 · 고시된 날부터 2년 이내에 제44조제3항에 따른 조치를 하여야 한다. [개정 2015.1.20., 2016.1.27.]

② 휘발성유기화합물이 추가로 고시된 경우 특별대책지역, 대기관리권역 또는 휘발성유기화합물 배출규제 추가지역에서 그 추가된 휘발성유기화합물을 배출하는 시설을 운영하고 있는 자는 그 물질이 추가로 고시된 날부터 3개월 이내에 제44조제1항에 따른 신고를 하여야 하며, 그 물질이 추가로 고시된 날부터 2년 이내에 제44조제3항에 따른 조치를 하여야 한다. [개정 2015.1.20., 2016.1.27.]

③ 제1항이나 제2항에 따라 신고를 한 자가 신고한 사항을 변경하려면 제44조제2항에 따른 변경신

고를 하여야 한다.

④ 제1항과 제2항에도 불구하고 제44조제3항에 따른 조치에 특수한 기술이 필요한 경우 등 대통령령으로 정하는 사유에 해당하는 경우에는 시 · 도지사 또는 대도시 시장의 승인을 받아 1년의 범위에서 그 조치기간을 연장할 수 있다. [개정 2012.5.23.]

⑤ 제1항, 제2항 또는 제4항에 따른 기간에 이들 각 항에 규정된 조치를 하지 아니한 경우에는 제44조제7항을 준용한다.

제45조의2(권리와 의무의 승계 등) ① 제44조제1항 및 제2항에 따라 신고 또는 변경신고를 한 자(이하 이 조에서 "설치자"라 한다)가 제44조제1항 및 제5항에 따른 휘발성유기화합물을 배출하는 시설 및 휘발성유기화합물의 배출을 억제하거나 방지하는 시설을 양도하는 경우 또는 설치자가 사망하거나 설치자인 법인이 합병한 경우에는 그 양수인이나 상속인 또는 합병 후 존속하는 법인이나 합병에 따라 설립되는 법인이 신고 또는 변경신고에 따른 설치자의 권리 · 의무를 승계한다.

② 제44조제1항 및 제3항에 따른 휘발성유기화합물을 배출하는 시설 및 휘발성유기화합물의 배출을 억제하거나 방지하는 시설을 임대차하는 경우 임차인은 제44조, 제45조 및 제82조제1항제5호를 적용할 때에는 설치자로 본다. [본조신설 2012.5.23.]

제45조의3(휘발성유기화합물 배출 억제 · 방지시설 검사) ① 제44조제3항 및 제45조제1항에 따른 휘발성유기화합물의 배출을 억제하거나 방지하는 시설의 제작자(수입판매자를 포함한다)와 설치자는 환경부령으로 정하는 검사기관으로부터 검사를 받아야 한다. 제44조제2항 및 제45조제3항에 따른 변경신고를 한 경우로서 환경부령으로 정하는 경우에도 또한 같다.

규칙 **제61조의3(도료의 휘발성유기화합물함유기준 초과 시 조치명령 등)** 영 제45조의2제2항 및 제3항에 따른 이행완료보고서는 별지 제29호의2서식에 따른다.

규칙 **제61조의4(휘발성유기화합물 배출 억제 · 방지시설의 검사 등)** ① 법 제45조의3제1항에서 "환경부령으로 정하는 검사기관"이란 다음 각 호의 어느 하나에 해당하는 기관을 말한다.

1. 한국환경공단
2. 법 제45조의3제1항에 따른 검사를 실시할 능력이 있다고 환경부장관이 정하여 고시하는 기관

② 법 제45조의3제1항에 따른 검사는 휘발성유기화합물의 배출 억제 · 방지시설의 회수효율 및 누설 여부 등을 검사하고, 검사방법은 전수(全數) 또는 표본추출의 방법으로 한다.

③ 법 제45조의3제3항에 따른 검사대상시설은 주유소의 저장시설 및 주유시설에 설치하는 휘발성유기화합물의 배출 억제 · 방지시설로 한다.

④ 법 제45조의3제3항에 따른 검사기준은 다음 각 호와 같다.
1. 별표 16 제3호에 따른 주유소의 휘발성유기화합물 배출 억제 · 방지시설 설치에 관한 기준을 준수할 것
2. 그 밖에 휘발성유기화합물의 배출을 억제 · 방지하기 위하여 환경부장관이 정하여 고시한 기준을 준수할 것

⑤ 제1항에 따른 검사기관의 장은 분기별 검사실적을 별지 제29호의3서식에 작성하여 매분기 마지막 날을 기준으로 다음달 20일까지 환경부장관에게 제출하여야 하고, 별지 제29호의3서식에 따른 검사실적 보고서의 부본(副本) 및 그 밖에 검사와 관련된 서류를 작성일부터 5년간 보관하여야 한다.

⑥ 그 밖에 검사업무에 필요한 세부적인 사항은 환경부장관이 정하여 고시한다.

② 환경부장관은 휘발성유기화합물의 배출을 억제 · 방지하기 위하여 제1항에 따른 검사기관의 검사업무에 필요한 지원을 할 수 있다.

③ 제1항에 따른 검사대상시설, 검사방법 및 검사기준, 그 밖에 검사업무에 필요한 사항은 환경부령으로 정한다.

제4장 자동차 · 선박 등의 배출가스 규제

제46조(제작차의 배출허용기준 등) ① 자동차(원동기 및 저공해자동차 이하 이 조, 제47조부터 제50조까지, 제50조의2, 제50조의3, 제51조부터 제56조까지, 제82조제1항제6호, 제89조제6호 · 제7호 및 제91조제4호에서 같다)를 제작(수입을 포함한다. 이하 같다)하려는 자(이하 "자동차제작자"라 한다)는 그 자동차(이하 "제작차"라 한다)에서 나오는 오염물질(대통령령으로 정하는 오염물질만 해당한다. 이하 "배출가스"라 한다)이 환경부령으로 정하는 허용기준(이하 "제작차배출허용기준"이라 한다)에 맞도록 제작하여야 한다. 다만, 저공해자동차를 제작하려는 자동차제작자는 환경부령으로 정하는 별도의 허용기준(이하 "저공해자동차배출허용기준"이라 한다)에 맞도록 제작하여야 한다.

영 제46조(배출가스의 종류) 법 제46조제1항 본문에서 "대통령령으로 정하는 오염물질"이란 다음 각 호의 구분에 따른 물질을 말한다.

1. 휘발유, 알코올 또는 가스를 사용하는 자동차
   가. 일산화탄소 나. 탄화수소 다. 질소산화물 라. 알데히드
   마. 입자상물질(粒子狀物質) 바. 암모니아
2. 경유를 사용하는 자동차
   가. 일산화탄소 나. 탄화수소 다. 질소산화물 라. 매연 마. 입자상물질
   바. 암모니아

규칙 제62조(제작차 배출허용기준) 법 제46조 및 영 제46조에 따라 자동차(원동기를 포함한다. 이하 이 조, 제63조부터 제67조까지, 제67조의2, 제67조의3, 제68조부터 제70조까지, 제70조의2, 제71조, 제71조의2, 제71조의3, 제72조부터 제77조까지에서 같다)를 제작(수입을 포함한다. 이하 같다)하려는 자(이하 "자동차제작자"라 한다)가 그 자동차(이하 "제작차"라 한다)를 제작할 때 지켜야 하는 배출가스 종류별 제작차배출허용기준은 별표 17과 같다. (별표17은 법제처 참조)

② 환경부장관이 제1항의 환경부령을 정하는 경우 관계 중앙행정기관의 장과 협의하여야 한다.제작차배출허용기준(제62조 관련)분량이많아 생략 법제처이용

③ 자동차제작자는 제작차에서 나오는 배출가스가 환경부령으로 정하는 기간(이하 "배출가스보증기간"이라 한다)동안 제작차배출허용기준에 맞게 성능을 유지하도록 제작하여야 한다. [개정 2012.2.1.]

④ 자동차제작자는 제48조제1항에 따라 인증받은 내용과 다르게 배출가스 관련 부품의 설계를 고의로 바꾸거나 조작하는 행위를 하여서는 아니 된다. [신설 2016.1.27.]

규칙 제63조(배출가스 보증기간) 법 제46조제3항에 따른 배출가스 보증기간(이하 "보증기간"이라 한다)은 별표 18과 같다. ✓실전문제

[규칙 별표18] [개정 2015.12.10.]

배출가스 보증기간(제63조 관련)

* 2016년 1월 1일 이후 제작자동차

<table>
<tr><th>사용연료</th><th>자동차의 종류</th><th colspan="2">적용기간</th></tr>
<tr><td rowspan="4">휘발유</td><td>경자동차,
소형 승용 · 화물자동차,
중형 승용 · 화물자동차</td><td colspan="2">15년 또는 240,000km</td></tr>
<tr><td>대형 승용 · 화물자동차,
초대형 승용 · 화물자동차</td><td colspan="2">2년 또는 160,000km</td></tr>
<tr><td rowspan="2">이륜자동차</td><td>최고속도 130km/h 미만</td><td>2년 또는 20,000km</td></tr>
<tr><td>최고속도 130km/h 이상</td><td>2년 또는 35,000km</td></tr>
<tr><td rowspan="3">가스</td><td>경자동차</td><td colspan="2">10년 또는 192,000km</td></tr>
<tr><td>소형 승용 · 화물자동차,
중형 승용 · 화물자동차</td><td colspan="2">15년 또는 240,000km</td></tr>
<tr><td>대형 승용 · 화물자동차,
초대형 승용 · 화물자동차</td><td colspan="2">2년 또는 160,000km</td></tr>
<tr><td rowspan="7">경유</td><td>경자동차,
소형 승용 · 화물자동차,
중형 승용 · 화물자동차
(택시를 제외한다)</td><td colspan="2">10년 또는 160,000km</td></tr>
<tr><td>경자동차,
소형 승용 · 화물자동차,
중형 승용 · 화물자동차
(택시에 한정한다)</td><td colspan="2">10년 또는 192,000km</td></tr>
<tr><td>대형 승용 · 화물자동차</td><td colspan="2">6년 또는 300,000km</td></tr>
<tr><td>초대형 승용 · 화물자동차</td><td colspan="2">7년 또는 700,000km</td></tr>
<tr><td rowspan="3">건설기계 원동기, 농업기계 원동기</td><td>37 kW 이상</td><td>10년 또는 8,000시간</td></tr>
<tr><td>37 kW 미만</td><td>7년 또는 5,000시간</td></tr>
<tr><td>19 kW 미만</td><td>5년 또는 3,000시간</td></tr>
<tr><td>전기 및
수소연료전지
자동차</td><td>모든 자동차</td><td colspan="2">별지 제30호서식의 자동차배출가스 인증신청서에 적힌 보증기간</td></tr>
</table>

[비고]

1. 배출가스보증기간의 만료는 기간 또는 주행거리, 가동시간 중 먼저 도달하는 것을 기준으로 한다.
2. 보증기간은 자동차소유자가 자동차를 구입한 일자를 기준으로 한다.
3. 휘발유와 가스를 병용하는 자동차는 가스사용 자동차의 보증기간을 적용한다.
4. 경유사용 경자동차, 소형 승용차 · 화물차, 중형 승용차 · 화물차의 결함확인검사 대상기간은 위 표의 배출가스보증기간에도 불구하고 5년 또는 100,000km로 한다. 다만, 택시의 경우 10년 또는 192,000㎞로 하되, 2015년 8월 31일 이전에 출고된 경유 택시가 경유 택시로 대폐차된 경우에는 10년 또는 160,000㎞로 할 수 있다.
5. 건설기계 원동기 및 농업기계 원동기의 결함확인검사 대상기간은 19kW 미만은 4년 또는 2,250시간, 37kW 미만은 5년 또는 3,750시간, 37kW 이상은 7년 또는 6,000시간으로 한다.
6. 위 표의 경유사용 대형 승용 · 화물자동차 및 초대형 승용 · 화물자동차의 배출가스 보증기간은 인증시험 및 결함확인검사에만 적용한다.
7. 경유사용 대형 승용 · 화물자동차 및 초대형 승용 · 화물자동차의 결함확인검사 시 아래의 배출가스 관련부품이 정비주기를 초과한 경우에는 이를 정비하도록 할 수 있다.

배출가스 관련부품	정비주기
배출가스재순환장치(EGR system including all related Filter & control valves), PCV 밸브(Positive crankcase ventilation valves),	80,000km
연료분사기(Fuel injecter), 터보차저(Turbocharger), 전자제어장치 및 관련센서(ECU & associated sensors & actuators), 선택적환원촉매장치[(SCR system including Dosing module(요소분사기), Supply module(요소분사펌프 & 제어장치)], 매연포집필터(Particulate Trap), 질소산화물저감촉매(De-NOx Catalyst, NOx Trap), 정화용 촉매(Catalytic Converter)	160,000km

8. 위 표의 배출가스 보증기간에도 불구하고 별표 20의 배출가스 관련 부품의 보증기간은 아래와 같다. 다만, 배출가스자기진단장치의 감시기능 보증기간은 배출가스 보증기간과 동일하게 적용한다.

<table>
<tr><th>사용연료</th><th colspan="2">자동차의 종류</th><th>배출가스 관련부품</th><th>적용기간</th></tr>
<tr><td rowspan="6">휘발유</td><td colspan="2" rowspan="2">경자동차,
소형 승용 · 화물자동차,
중형 승용 · 화물자동차</td><td>정화용촉매, 선택적환원촉매,
질소산화물저감촉매, ECU</td><td>7년 또는 120,000km</td></tr>
<tr><td>그 외 부품</td><td>5년 또는 80,000km</td></tr>
<tr><td colspan="2">대형 승용 · 화물자동차,
초대형 승용 · 화물자동차</td><td>모든 부품</td><td>2년 또는 160,000km</td></tr>
<tr><td rowspan="2">이륜
자동차</td><td>최고속도 130㎞/h 미만</td><td>모든 부품</td><td>2년 또는 20,000km</td></tr>
<tr><td>최고속도 130㎞/h 이상</td><td>모든 부품</td><td>2년 또는 35,000km</td></tr>
<tr style="display:none"></tr>
<tr><td rowspan="5">가 스</td><td colspan="2" rowspan="2">경자동차</td><td>정화용촉매, 선택적환원촉매,
질소산화물저감촉매, ECU</td><td>6년 또는 100,000km</td></tr>
<tr><td>그 외 부품</td><td>5년 또는 80,000km</td></tr>
<tr><td colspan="2" rowspan="2">소형 승용 · 화물자동차,
중형 승용 · 화물자동차</td><td>정화용촉매, 선택적환원촉매,
질소산화물저감촉매, ECU</td><td>7년 또는 120,000km</td></tr>
<tr><td>그 외 부품</td><td>5년 또는 80,000km</td></tr>
<tr><td colspan="2">대형 승용 · 화물자동차,
초대형 승용 · 화물자동차</td><td>모든 부품</td><td>2년 또는 160,000km</td></tr>
</table>

<table>
<tr><td rowspan="8">경 유</td><td colspan="2" rowspan="2">경자동차,
소형 승용 · 화물자동차,
중형 승용 · 화물자동차
(택시를 제외한다)</td><td>매연포집필터, 선택적환원촉매,
질소산화물저감촉매, ECU</td><td>7년 또는 120,000km</td></tr>
<tr><td>그 외 부품</td><td>5년 또는 80,000km</td></tr>
<tr><td colspan="2">경자동차,
소형 승용차 · 화물차,
중형 승용차 · 화물차
(택시에 한정한다)</td><td>모든 부품</td><td>10년 또는 192,000km</td></tr>
<tr><td colspan="2">대형 승용차 · 화물차</td><td>모든 부품</td><td>2년 또는 160,000km</td></tr>
<tr><td colspan="2">초대형 승용차 · 화물차</td><td>모든 부품</td><td>2년 또는 160,000km</td></tr>
<tr><td rowspan="3">건설기계 원동기,
농업기계 원동기</td><td>37kW 이상</td><td>모든 부품</td><td>5년 또는 3,000시간</td></tr>
<tr><td>37kW 미만</td><td>모든 부품</td><td>5년 또는 3,000시간</td></tr>
<tr><td>19kW 미만</td><td>모든 부품</td><td>2년 또는 1,500시간</td></tr>
</table>

9. 2019년 12월 31일까지 출고되는 자동차 중 별표 17 제1호사목에 따라 인증을 받은 자동차는 별표 18 제7호의 배출가스 보증기간을 적용한다.
10. 자동차제작자가 위 표 및 비고의 적용일 이전에 제작된 자동차임을 소명한 자동차로서 위 표 및 비고의 적용일부터 90일(대형 및 초대형 화물의 경우에는 180일, 건설기계, 56kW 미만 농업기계 및 130kW 이상 560kW 미만 농업기계의 경우에는 2015년 9월 30일, 56kW 이상 130kW 미만 농업기계의 경우에는 2016년 9월 30일) 이내에 출고하는 자동차에 대하여는 제작 당시의 기준을 적용한다.
11. 위 표의 배출가스보증기간에도 불구하고, 차량총중량 5ton 이하인 대형 승용차의 경우 5년 또는 160,000km를 적용한다.
12. 이륜자동차의 보증기간은 2017년 1월 1일부터 적용한다.
13. 경유 택시의 배출가스 보증기간 및 배출가스 관련 부품의 보증기간은 2019년 12월 31일까지는 위 표를 적용(2015년 8월 31일 이전에 출고된 경유 택시가 경유 택시로 대폐차되는 경우에는 10년 또는 160,000km로 할 수 있다)하고, 2020년 1월 1일부터는 15년 또는 240,000km로 한다.

실전문제 대기환경보전법규상 가스를 연료로 사용하는 초대형 승용차의 배출가스 보증기간 적용기준으로 맞는 것은? (단, 2016년 1월 1일 이후 제작 자동차)

① 1년 또는 20,000km
❷ 2년 또는 160,000km
③ 6년 또는 192,000km
④ 20년 또는 192,000km

제46조의2(제작차배출허용기준 관련 연구 · 개발 등에 대한 지원) ① 환경부장관은 제작차배출허용기준 및 제작차배출허용기준의 검사방법에 대한 연구 · 개발이 필요한 경우에는 다음 각 호의 어느 하나에 해당하는 자에게 연구 · 개발을 하게 할 수 있다. 이 경우 예산의 범위에서 연구 · 개발에 필요한 비용을 지원할 수 있다.

1. 제48조제1항에 따른 인증업무를 제87조에 따라 위임 · 위탁받은 자

2. 제48조의2제1항에 따라 인증시험대행기관으로 지정된 자

② 환경부장관은 제작차배출허용기준이 국제기준에 맞도록 하기 위하여 국제기준을 조사 · 분석하고, 제작차배출허용기준과 관련하여 환경부령으로 정하는 기관 · 단체의 국제협력 활동을 지원할 수 있다.

제47조(기술개발 등에 대한 지원) ① 국가는 자동차로 인한 대기오염을 줄이기 위하여 다음 각 호의 어느 하나에 해당하는 시설 등의 기술개발 또는 제작에 필요한 재정적 · 기술적 지원을 할 수 있다.

1. 저공해자동차 및 그 자동차에 연료를 공급하기 위한 시설 중 환경부장관이 정하는 시설
2. 배출가스저감장치 3. 저공해엔진

② 환경부장관은 환경개선특별회계에서 제1항에 따른 기술개발이나 제작에 필요한 비용의 일부를 지원할 수 있다.

제48조(제작차에 대한 인증) ① 자동차제작자가 자동차를 제작하려면 미리 환경부장관으로부터 그 자동차의 배출가스가 배출가스보증기간에 제작차배출허용기준(저공해자동차배출허용기준을 포함한다. 이하 같다)에 맞게 유지될 수 있다는 인증을 받아야 한다. 다만, 환경부장관은 대통령령으로 정하는 자동차에는 인증을 면제하거나 생략할 수 있다.

영 **제47조(인증의 면제 · 생략 자동차)** ① 법 제48조제1항 단서에 따라 인증을 면제할 수 있는 자동차는 다음 각 호와 같다. [개정 2008.12.31., 2010.3.26., 2013.3.23.]

1. 군용 및 경호업무용 등 국가의 특수한 공용 목적으로 사용하기 위한 자동차와 소방용 자동차
2. 주한 외국공관 또는 외교관이나 그 밖에 이에 준하는 대우를 받는 자가 공용 목적으로 사용하기 위한 자동차로서 외교부장관의 확인을 받은 자동차
3. 주한 외국군대의 구성원이 공용 목적으로 사용하기 위한 자동차
4. 수출용 자동차와, 박람회나 그 밖에 이에 준하는 행사에 참가하는 자가 전시의 목적으로 일시 반입하는 자동차
5. 여행자 등이 다시 반출할 것을 조건으로 일시 반입하는 자동차
6. 자동차제작자 및 자동차 관련 연구기관 등이 자동차의 개발 또는 전시 등 주행 외의 목적으로 사용하기 위하여 수입하는 자동차
7. 삭제 [2008.12.31.]
8. 외국인 또는 외국에서 1년 이상 거주한 내국인이 주거(住居)를 옮기기 위하여 이주물품으로 반입하는 1대의 자동차

② 법 제48조제1항 단서에 따라 인증을 생략할 수 있는 자동차는 다음 각 호와 같다. [개정

2008.2.29.]

1. 국가대표 선수용 자동차 또는 훈련용 자동차로서 문화체육관광부장관의 확인을 받은 자동차
2. 외국에서 국내의 공공기관 또는 비영리단체에 무상으로 기증한 자동차
3. 외교관 또는 주한 외국군인의 가족이 사용하기 위하여 반입하는 자동차
4. 항공기 지상 조업용 자동차
5. 법 제48조제1항에 따른 인증을 받지 아니한 자가 그 인증을 받은 자동차의 원동기를 구입하여 제작하는 자동차
6. 국제협약 등에 따라 인증을 생략할 수 있는 자동차
7. 그 밖에 환경부장관이 인증을 생략할 필요가 있다고 인정하는 자동차

규칙 제64조(인증의 신청) ① 법 제48조제1항에 따라 인증을 받으려는 자는 별지 제30호서식의 인증신청서에 다음 각 호의 서류를 첨부하여 환경부장관(수입자동차인 경우에는 국립환경과학원장을 말한다)에게 제출하여야 한다.

1. 자동차 원동기의 배출가스 감지 · 저감장치 등의 구성에 관한 서류
2. 자동차의 연료효율에 관련되는 장치 등의 구성에 관한 서류
3. 인증에 필요한 세부계획에 관한 서류
4. 자동차배출가스 시험결과 보고에 관한 서류
5. 자동차배출가스 보증에 관한 제작자의 확인서나 제작자와 수입자 간의 계약서
6. 제작차배출허용기준에 관한 사항
7. 배출가스 자기진단장치의 구성에 관한 서류(환경부장관이 정하여 고시하는 자동차에만 첨부한다)

② 법 제48조제1항 단서에 따라 인증을 생략 받으려는 자는 별지 제30호서식의 인증생략신청서에 다음 각 호의 서류를 첨부하여 한국환경공단에 제출하여야 한다. [개정 2010.12.31.]

1. 원동기의 인증에 관한 제작자의 확인서나 자동차배출가스 보증에 관한 제작자와 수입자 간의 계약서(영 제47조제2항제6호에 해당하는 경우에만 첨부한다)
2. 인증의 생략대상 자동차임을 확인할 수 있는 관계 서류

③ 외국의 제작자가 아닌 자로부터 자동차를 수입하는 자동차수입자는 제1항 제5호 및 제2항제1호의 서류를 갈음하여 환경부장관이 고시하는 서류를 제출할 수 있다.

④ 법 제48조제1항에 따라 인증을 받으려는 자가 갖추어야 할 서류의 작성방법이나 그 밖에 필요한 사항은 환경부장관이 정하여 고시한다.

규칙 제65조(인증의 방법 등) ① 환경부장관이나 국립환경과학원장은 법 제48조제1항 또는 제2항에 따른 인증 또는 변경인증을 하는 경우에는 다음 각 호의 사항을 검토하여야 한다.

이 경우 구체적인 인증의 방법은 환경부장관이 정하여 고시한다.

1. 배출가스 관련부품의 구조 · 성능 · 내구성 등에 관한 기술적 타당성
2. 제작차 배출허용기준에 적합한지에 관한 인증시험의 결과
3. 출력 · 적재중량 · 동력전달장치 · 운행여건 등 자동차의 특성으로 인한 배출가스가 환경에 미치는 영향

② 제1항제2호에 따른 인증시험은 다음 각 호의 시험으로 한다.

1. 제작차 배출허용기준에 적합한 지를 확인하는 배출가스시험
2. 보증기간 동안 배출가스의 변화정도를 검사하는 내구성시험. 다만, 환경부장관이 정하는열화계수를 적용하여 실시하는 시험 또는 환경부장관이 정하는 배출가스 관련부품의 강제열화 방식을 활용한 시험으로 갈음할 수 있다.
3. 배출가스 자기진단장치의 정상작동 여부를 확인하는 시험(환경부장관이 정하여 고시하는 자동차만 해당한다)

③ 제2항에 따른 인증시험은 자동차제작자(수입의 경우 외국의 제작자 또는 수입자를 포함한다. 이하 같다)가 자체 인력 및 장비를 갖추어 환경부장관이 고시하는 인증시험의 방법 및 절차에 따라 실시한다. 다만, 환경부장관이 고시하는 경우에는 한국환경공단 또는 환경부장관 이 지정하는 시험기관(이하 이 조에서 "시험기관"이라 한다)이 인증시험을 실시하거나 참관하여 실시한다.

④ 제3항에 따라 인증시험을 실시한 자동차제작자 등은 지체 없이 그 시험의 결과를 환경부장관(수입자동차의 경우에는 국립환경과학원장을 말한다)에게 보고하여야 한다.

⑤ 시험기관에 인증시험을 신청한 인증신청자는 인증시험의 수수료를 부담하여야 한다. 다만, 시험기관의 참여하에 인증신청자가 직접 인증시험을 실시하는 경우에는 인증시험의 수수료 중에서 시험장비의 사용에 드는 비용은 부담하지 아니하되, 출장에 드는 경비를 부담하여야 한다. [개정 2009.1.14.]

⑥ 제3항 단서에 따라 한국환경공단이 실시하는 인증시험의 수수료는 환경부장관의 승인을 받아 한국환경공단이 정한다. [개정 2010.12.31., 2013.2.1.]

⑦ 한국환경공단은 제6항에 따라 수수료를 정하려는 경우에는 미리 한국환경공단의 인터넷 홈페이지에 20일(긴급한 사유가 있는 경우에는 10일로 한다) 동안 그 내용을 게시하고 이해관계인의 의견을 들어야 한다.

⑧ 한국환경공단은 제6항에 따른 수수료를 정한 경우에는 그 내용과 산정내역을 한국환경공단의 인터넷 홈페이지를 통하여 공개하여야 한다.

규칙 **제66조(인증서의 발급 및 확인)** ① 환경부장관이나 국립환경과학원장은 법 제48조제1항 본문에 따라 인증을 받은 자동차제작자에게 별지 제31호서식 또는 별지 제31호의2서식의 배출가스 인증서를 발급하여야 한다. 다만, 외국의 자동차를 자동차제작자 외의 자로부터

수입하여 인증을 받은 자에게는 별지 제32호 서식 또는 별지 제32호의2서식의 개별차량용 배출가스 인증서를 발급하여야 한다. [개정 2009.7.14., 2010.12.31., 2012.10.26.]

② 한국환경공단은 법 제48조제1항 단서에 따라 인증생략을 받은 자에게는 별지 제33호서식 또는 별지 제33호의2서식의 배출가스 인증생략서를 발급하여야 한다. [신설 2010.12.31., 2012.10.26.]

③ 다음 각 호의 신청을 받은 행정기관의 장은 제1항 또는 제2항에 따른 인증서 또는 인증생략서를 확인하여야 한다. [개정 2012.10.26.]

1. 「자동차관리법」 제8조에 따른 자동차의 신규등록 신청
2. 「자동차관리법」 제48조에 따른 이륜자동차의 사용 신고
3. 「건설기계관리법」 제3조에 따른 건설기계의 신규등록신청
4. 「농업기계화 촉진법」 제12조에 따른 농업기계의 안전장치 부착 확인 신청

② 자동차제작자가 제1항에 따라 인증을 받은 자동차의 인증내용 중 환경부령으로 정하는 중요한 사항을 변경하려면 변경인증을 받아야 한다. [개정 2008.12.31.]

규칙 **제67조(인증의 변경신청)** ① 법 제48조제2항에서 "환경부령으로 정하는 중요한 사항"이란 다음 각 호의 어느 하나를 말한다. [신설 2009.7.14.]

1. 배기량
2. 캠축타이밍, 점화타이밍 및 분사타이밍
3. 차대동력계 시험차량에서 동력전달장치의 변속비 · 감속비, 공차 중량(10% 이상 증가하는 경우만 해당한다)
4. 촉매장치의 성분, 함량, 부착 위치 및 용량
5. 증발가스 관련 연료탱크의 재질 및 제어장치
6. 최대출력 또는 최대출력 시 회전수
7. 흡배기밸브 또는 포트의 위치
8. 환경부장관이 고시하는 배출가스 관련 부품

② 법 제48조제2항에 따라 인증받은 내용을 변경하려는 자는 별지 제34호서식의 변경인증신청서에 다음 각 호의 서류 중 관계서류를 첨부하여 환경부장관(수입자동차인 경우에는 국립환경과학원장을 말한다)에게 제출하여야 한다.

1. 동일 차종임을 증명할 수 있는 서류
2. 자동차 제원(諸元)명세서
3. 변경하려는 인증내용에 대한 설명서
4. 인증내용 변경 전후의 배출가스 변화에 대한 검토서

③ 제1항 각 호에 따른 사항 외의 사항을 변경하는 경우와 제1항에 따른 사항을 변경하여도 배출가스의 양이 증가하지 아니하는 경우에는 제2항에도 불구하고 해당 변경내용을

환경부장관(수입자동차인 경우에는 국립환경과학원장을 말한다)에게 보고하여야 한다. 이 경우 법 제48조제2항에 따른 변경인증을 받은 것으로 본다. [개정 2009.7.14.]

④ 자동차제작자는 제작차배출허용기준이 변경되는 경우에 제작 중인 자동차에 대하여 변경되는 제작차배출허용기준의 적용일 30일 전까지 제2항에 따라 변경 인증을 신청하여야 한다. 다만, 제작 중인 자동차가 변경되는 제작차배출허용기준 이내인 경우에는 그러하지 아니하다. [개정 2009.7.14.]

③ 제1항 또는 제2항에 따라 인증 · 변경인증을 받은 자동차제작자는 환경부령으로 정하는 바에 따라 인증 · 변경인증을 받은 자동차에 인증 · 변경인증의 표시를 하여야 한다.

규칙 **제67조의2(인증의 표시와 표시방법)** ① 법 제48조제3항에 따라 인증 · 변경인증을 받은 자동차제작자가 표시해야 하는 인증 · 변경인증의 표시는 별표 18의2와 같다.
* 별표 18의2는 생략으로 인한 법제처 참조

④ 제1항부터 제3항까지의 규정에 따른 인증신청, 인증에 필요한 시험의 방법 · 절차, 시험수수료, 인증방법, 인증의 면제 · 생략 및 인증 표시방법에 관하여 필요한 사항은 환경부령으로 정한다.

제48조의2(인증시험업무의 대행) ① 환경부장관은 제48조에 따른 인증에 필요한 시험(이하 "인증시험"이라 한다)업무를 효율적으로 수행하기 위하여 필요한 경우에는 전문기관을 지정하여 인증시험업무를 대행하게 할 수 있다.

② 제1항에 따라 지정된 전문기관(이하 "인증시험대행기관"이라 한다) 및 인증시험업무에 종사하는 자는 다음 각 호의 행위를 하여서는 아니 된다.

1. 다른 사람에게 자신의 명의로 인증시험업무를 하게 하는 행위
2. 거짓이나 그 밖의 부정한 방법으로 인증시험을 하는 행위
3. 인증시험과 관련하여 환경부령으로 정하는 준수사항을 위반하는 행위
4. 제48조제4항에 따른 인증시험의 방법과 절차를 위반하여 인증시험을 하는 행위

③ 인증시험대행기관의 지정기준, 지정절차, 그 밖에 인증업무에 필요한 사항은 환경부령으로 정한다. [본조신설 2008.12.31.]

규칙 **제67조의3(인증시험대행기관의 지정)** ① 법 제48조의2에 따른 인증시험대행기관으로 지정받으려는 자는 별표 18의3에 따른 시설장비 및 기술인력을 갖추고 별지 제34호의2서식의 지정신청서에 다음 각 호의 서류를 첨부하여 환경부장관에게 제출하여야 한다. 이 경우 담당 공무원은 「전자정부법」 제36조제1항에 따른 행정정보의 공동이용을 통하여 법인 등기사항증명서 또는 사업자등록증을 확인하여야 하며, 신청인이 사업자등록증의 확인에 동의하지 아니하는 경우에는 이를 첨부하게 하여야 한다. [개정 2018.11.29.]

1. 검사시설의 평면도 및 구조 개요
2. 시설장비 명세
3. 정관(법인인 경우만 해당한다)
4. 검사업무에 관한 내부 규정
5. 인증시험업무 대행에 관한 사업계획서 및 해당 연도의 수지예산서

② 환경부장관은 인증시험대행기관의 지정신청을 받으면 신청기관의 업무수행의 적정성, 연간 인증시험검사의 수요 및 신청기관의 검사 능력 등을 고려하여 지정 여부를 결정하고, 인증시험대행기관으로 지정한 경우에는 별지 제34호의3서식의 배출가스 인증시험대행기관 지정서를 발급하여야 한다.

[규칙 별표18의3]

인증시험대행기관의 시설장비 및 기술인력 기준(제67조의3 관련)

1. 시설장비

장비명	기준
가. 원동기동력계 및 그 부속기기	1조 이상
나. 차대동력계 및 그 부속기기	1조 이상
다. 원동기 및 차대동력계용 배출가스측정장치 및 그 부속기기	1조 이상
라. 증발가스분석기 및 그 부속기기	1조 이상
마. 배출가스(일산화탄소, 탄화수소) 측정기 및 그 부속기기	1조 이상
바. 입자상물질측정기 및 그 부속기기	1조 이상
사. 매연측정기	1조 이상

2. 기술인력

자격	기준
가. 다음의 어느 하나에 해당하는 사람 1) 차량기술사, 대기환경기술사, 자동차검사기사 이상, 자동차정비기사 이상, 일반기계기사 이상, 건설기계기사 이상, 건설기계정비기사 이상, 전자기사 이상, 대기환경기사 이상 및 농업기계기사 이상 기술자격 소지자 2) 나목1)에 따른 기술자격 소지자 중 해당 기술자격을 취득하고 관련분야에서 3년 이상 실무 경력이 있는 자	2명 이상
나. 다음의 어느 하나에 해당하는 사람 1) 대기환경산업기사, 자동차검사기능사 이상, 자동차 정비기능사 이상, 전자기기기능사 이상 및 농기계정비기능사 이상 기술자격 소지자 2) 1)에 따른 기술자격에 속하는 동일 또는 유사분야에서 4년 이상 실무 경력이 있는 자	3명 이상

제48조의3(인증시험대행기관의 지정 취소 등) 환경부장관은 인증시험대행기관이 다음 각 호의 어느 하나에 해당하는 경우에는 그 지정을 취소하거나 6개월 이내의 기간을 정하여 업무의 전부 또는 일부의 정지를 명할 수 있다. 다만, 제1호에 해당하는 경우에는 그 지정을 취소하여야 한다. [본조신설 2008.12.31.]

1. 거짓이나 그 밖의 부정한 방법으로 지정을 받은 경우
2. 제48조의2제2항 각 호의 금지행위를 한 경우
3. 제48조의2제3항에 따른 지정기준을 충족하지 못하게 된 경우

규칙 **제67조의4(인증시험대행기관의 운영 및 관리)** ① 인증시험대행기관은 시설장비 및 기술인력에 변경이 있으면 변경된 날부터 15일 이내에 그 내용을 환경부장관에게 신고하여야 한다.

② 인증시험대행기관은 별지 제34호의4서식에 따른 인증시험대장을 작성 · 비치하여야 하며, 매 반기 종료일부터 30일 이내에 별지 제34호의5서식에 따른 검사실적 보고서를 환경부장관에게 제출하여야 한다.

③ 인증시험대행기관은 다음 각 호의 사항을 준수하여야 한다.

1. 시험결과의 원본자료와 일치하도록 인증시험대장을 작성할 것
2. 시험결과의 원본자료와 인증시험대장을 3년 동안 보관할 것
3. 검사업무에 관한 내부 규정을 준수할 것

④ 환경부장관은 인증시험대행기관에 대하여 매 반기마다 시험결과의 원본자료, 인증시험대장, 시설장비 및 기술인력의 관리상태를 확인하여야 한다.

제48조의4(과징금 처분) ① 환경부장관은 제48조의3에 따라 업무의 정지를 명하려는 경우로서 그 업무의 정지로 인하여 이용자 등에게 심한 불편을 주거나 그 밖에 공익에 현저한 지장을 줄 우려가 있다고 인정하는 경우에는 그 업무의 정지를 갈음하여 5천만원 이하의 과징금을 부과할 수 있다.

② 제1항에 따른 과징금을 부과하는 위반행위의 종류 · 정도 등에 따른 과징금의 금액과 그 밖에 필요한 사항은 대통령령으로 정한다.

영 **제47조의2(과징금 부과기준)** ① 법 제48조의4제2항에 따른 과징금의 부과기준은 다음 각 호와 같다.

1. 과징금은 법 제84조의 행정처분기준에 따라 업무정지일수에 1일당 부과금액을 곱하여 산정할 것
2. 제1호에 따른 1일당 부과금액은 20만원으로 한다.

② 법 제48조의2제2항 각 호의 위반행위 중 6개월 이상의 업무정지처분을 받아야 하는 위반행위는 과징금 부과처분 대상에서 제외한다.

③ 제1항에 따라 부과되는 과징금의 징수 및 용도에 대하여는 제37조제4항 및 제5항을 준용한다. [본조신설 2012.5.23.]

제49조(인증의 양도 · 양수 등) 자동차제작자가 그 사업을 양도하거나 사망한 경우 또는 법인인 자동차제작자가 합병한 경우에는 그 양수인이나 상속인 또는 합병 후 존속하는 법인이나 합병에 따라 설립되는 법인은 제48조에 따른 인증이나 변경인증에 따른 자동차제작자의 권리 · 의무를 승계한다.

제50조(제작차배출허용기준 검사 등) ① 환경부장관은 제48조에 따른 인증을 받아 제작한 자동차의 배출가스가 제작차배출허용기준에 맞는지를 확인하기 위하여 대통령령으로 정하는 바에 따라 검사를 하여야 한다.

영 **제48조(제작차배출허용기준 검사의 종류 등)** ① 법 제50조제1항에 따라 환경부장관은 제작차에 대하여 다음 각 호의 구분에 따른 검사를 실시하여야 한다.

1. 수시검사 : 제작 중인 자동차가 제작차배출허용기준에 맞는지를 수시로 확인하기 위하여 필요한 경우에 실시하는 검사
2. 정기검사 : 제작 중인 자동차가 제작차배출허용기준에 맞는지를 확인하기 위하여 자동차 종류별로 제작 대수(臺數)를 고려하여 일정 기간마다 실시하는 검사

② 제1항에 따른 검사 결과에 불복하는 자는 환경부령으로 정하는 바에 따라 재검사를 신청할 수 있다.

규칙 **제68조(재검사의 신청 등)** 영 제48조제2항에 따라 재검사를 신청하려는 자는 별지 제35호서식의 재검사신청서에 다음 각 호의 서류를 첨부하여 국립환경과학원장에 제출하여야 한다. [개정 2013.5.24.]

1. 재검사신청의 사유서
2. 제작차배출허용기준 초과원인의 기술적 조사내용에 관한 서류
3. 개선계획 및 사후관리대책에 관한 서류

규칙 **제69조(제작차 배출허용기준 검사 등의 비용)** ① 법 제50조제1항 및 법 제51조제1항에 따른 검사에 드는 비용은 다음 각 호의 비용으로 한다. 다만, 결함 확인검사용 자동차의 선정에 필요한 인건비는 제외한다.

1. 검사용 자동차의 선정비용
2. 검사용 자동차의 운반비용
3. 자동차배출가스의 시험비용
4. 그 밖에 검사업무와 관련하여 환경부장관이 필요하다고 인정하는 비용

② 환경부장관은 자동차제작자가 환경부령으로 정하는 인력과 장비를 갖추고 환경부장관이 정하는 검사의 방법 및 절차에 따라 검사를 실시한 경우에는 대통령령으로 정하는 바에 따라 제1항에 따른 검사를 생략할 수 있다.

영 **제49조(제작차배출허용기준 검사의 생략)** 법 제50조제2항에 따라 생략할 수 있는 검사는 제48조제1항제2호에 따른 정기검사로 한다.

영 **제49조의2(자동차의 교체 · 환불 · 재매입 명령)** ① 법 제50조제8항에 따른 자동차의 교체, 환불 또는 재매입(이하 이 조에서 "교체등"이라 한다) 명령은 다음 각 호의 기준에 따른다.

1. 교체: 자동차제작자가 교체등 대상 자동차와 「자동차관리법」 제3조제3항에 따른 규모별 세부분류 및 유형별 세부분류가 동일하게 분류되는 자동차를 제작하고 있는 경우
2. 환불: 자동차제작자가 제1호에 해당하지 아니하거나 자동차 소유자가 교체를 원하지 아니하는 경우. 다만, 「자동차관리법」 제5조에 따른 자동차등록원부(이하 이 조에서 "자동차등록원부"라 한다)에 기재된 교체등 대상 자동차의 최초등록일부터 1년이 지나지 아니한 경우에만 할 수 있다.
3. 재매입: 제1호 및 제2호에 해당하지 아니하는 경우

② 제1항제2호에 따라 환불을 명하는 경우 그 환불금액은 교체등 대상 자동차의 공급가액에 부가가치세 및 취득세를 합하여 산정한 금액(이하 이 조에서 "기준금액"이라 한다)으로 한다.

③ 제1항제3호에 따라 재매입을 명하는 경우 그 재매입금액은 다음의 계산식에 따른다. 이 경우 운행 개월수는 자동차등록원부에 기재된 교체등 대상 자동차의 최초등록일부터 산정한다. 재매입금액 = 기준금액 − [(교체등 대상 자동차의 운행 개월수/12) × (기준금액 × 0.1)]

④ 제3항에 따라 산정된 금액이 기준금액의 100분의 30에 미달하는 경우에는 기준금액의 100분의 30에 해당하는 금액을 재매입금액으로 한다.

⑤ 환경부장관은 제1항에 따라 자동차의 교체등을 명할 때 자동차제작자가 기준금액의 100분의 10 이하의 범위에서 교체등에 드는 비용을 자동차의 소유자에게 추가로 지급하도록 명할 수 있다.

⑥ 제1항에 따른 교체등 명령을 받은 자동차제작자는 명령을 받은 날부터 60일 이내에 교체등 대상 자동차의 범위, 비용 예측, 자동차 소유자에 대한 통지계획 등이 포함된 이행계획을 수립하여 환경부장관의 승인을 받아 시행하고, 그 결과를 환경부장관에게 보고하여야 한다. [본조신설 2017.12.26]

규칙 제70조(자동차제작자의 검사 인력 · 장비 등) ① 자동차제작자가 법 제50조제2항에 따른 검사 또는 제65조제2항에 따른 인증시험을 실시하는 경우에 갖추어야 할 인력 및 장비는 별표 19와 같다.

② 자동차제작자가 제1항에 따른 인력 및 장비를 갖추어 검사 또는 인증시험을 실시하는 경우에는 인력 및 장비의 보유 현황 및 검사결과 등을 환경부장관이 정하는 바에 따라 보고하여야 한다.

[별표 19]

자동차제작자의 장비 및 인력 기준(제70조제1항 및 제124조의3제1항 관련)

장비	인력
1. 제70조 관련 : 별표 17에 따른 배출허용기준에 맞는지를 확인할 수 있는 동력계, 배출가스 측정장비 및 그 부속기기 1조 이상 2. 제124조의3제1항 관련 : 차대동력계 및 그 부속기기 1조 이상, 차대동력계용 배출가스측정장치 및 그 부속기기 1조 이상	검사 및 시험장비를 관리 · 운영할 수 있는 기계, 화공 또는 자동차검사분야의 「국가기술자격법」에 따른 산업기사 이상 기술자격증을 소지한 자 2명 이상

[비고]

1. 장비사용에 대한 계약에 따라 엔진공급사의 장비를 이용하는 자동차제작자는 위 표에 따른 장비 기준을 갖춘 것으로 본다.
2. 수입자동차의 외국제작자의 장비 및 기술인력의 기준은 환경부장관이 정하여 고시한다.

③ 환경부장관은 자동차제작자가 제2항에 따른 검사를 하기 위한 인력과 장비를 적정하게 관리하는지를 환경부령으로 정하는 기간마다 확인하여야 한다. [신설 2012.2.1.]

규칙 제70조의2(자동차제작자의 검사 인력 · 장비 관리 등에 대한 확인) 환경부장관은 법 제50조제3항에 따라 자동차제작자가 법 제50조제2항에 따라 검사를 하기 위한 인력과 장비를 적정하게 관리하는지를 3년마다 확인하여야 한다. 다만, 다음 각 호의 어느 하나에 해당되는 경우로서 부득이하게 확인을 연기할 필요가 있다고 인정되는 경우에는 그 기간을 6개월 이내에서 연기할 수 있다.

1. 외국의 제작자로부터 자동차를 수입하는 경우
2. 자동차 수급에 차질이 발생할 우려가 있는 경우
3. 그 밖에 제1호 및 제2호와 유사한 사유로 환경부장관이 기간 연장이 필요하다고 인정하는 경우

④ 환경부장관은 제1항에 따른 검사를 할 때에 특히 필요한 경우에는 환경부령으로 정하는 바에 따라 자동차제작자의 설비를 이용하거나 따로 지정하는 장소에서 검사할 수 있다.

규칙 **제71조(자동차제작자의 설비 이용 등)** 법 제50조제4항에 따라 자동차제작자의 설비를 이용하거나 따로 지정하는 장소에서 검사할 수 있는 경우는 다음 각 호와 같다.

1. 국가검사장비의 미설치로 검사를 할 수 없는 경우
2. 검사업무를 수행하는 과정에서 부득이한 사유로 도로 등에서 주행시험을 할 필요가 있는 경우
3. 검사업무를 능률적으로 수행하기 위하여 또는 부득이한 사유로 환경부장관이 필요하다고 인정하는 경우 [전문개정 2013.5.24.]

⑤ 제1항 및 제4항과 제51조에 따른 검사에 드는 비용은 자동차제작자의 부담으로 한다.

⑥ 제1항에 따른 검사의 방법 · 절차 등 검사에 필요한 자세한 사항은 환경부장관이 정하여 고시한다. [개정 2012.2.1.]

⑦ 환경부장관은 제1항에 따른 검사 결과 불합격된 자동차의 제작자에게 그 자동차와 동일한 조건으로 환경부장관이 정하는 기간에 생산된 것으로 인정되는 같은 종류의 자동차에 대하여는 판매정지 또는 출고정지를 명할 수 있고, 이미 판매된 자동차에 대하여는 배출가스 관련 부품의 교체를 명할 수 있다.

⑧ 제7항에도 불구하고 자동차제작자가 배출가스 관련 부품의 교체 명령을 이행하지 아니하거나 제1항에 따른 검사 결과 불합격된 원인을 부품 교체로 시정할 수 없는 경우에는 환경부장관은 자동차제작자에게 대통령령으로 정하는 바에 따라 자동차의 교체, 환불 또는 재매입을 명할 수 있다.

제50조의2(자동차의 평균 배출량 등) ① 자동차제작자는 제작하는 자동차에서 나오는 배출가스를 차종별로 평균한 값(이하 "평균 배출량"이라 한다)이 환경부령으로 정하는 기준(이하 "평균 배출허용기준"이라 한다)에 적합하도록 자동차를 제작하여야 한다.

② 제1항에 따라 평균 배출허용기준을 적용받는 자동차를 제작하는 자는 매년 2월 말일까지 환경부령으로 정하는 바에 따라 전년도의 평균 배출량 달성 실적을 작성하여 환경부장관에게 제출하여야 한다.

③ 제1항에 따른 평균 배출허용기준을 적용받는 자동차 및 자동차제작자의 범위, 평균 배출량의 산정방법 등 필요한 사항은 환경부령으로 정한다.

규칙 **제71조의2(평균 배출허용기준 등)** ① 법 제50조의2제1항 및 제3항에 따른 평균 배출허용기준의 적용을 받는 자동차 및 자동차제작자의 범위와 평균 배출허용기준은 별표 19의2와 같다.

② 법 제50조의2제2항에 따른 전년도의 평균 배출량 달성 실적 제출은 별지 제35호의2서식에 따른다.

③ 제2항에 따라 평균 배출량 실적 보고서를 제출받은 환경부장관은 그 실적을 확인한 후 별지 제35호의3서식에 따른 확인서를 자동차제작자에게 발급하여야 한다.

④ 법 제50조의2제3항에 따른 평균 배출량의 산정방법 등은 별표 19의3과 같다.

[규칙 별표19의2]

평균 배출허용기준 등(제71조의2제1항 관련)

1. 평균 배출허용기준을 적용받는 자동차: 휘발유 및 LPG를 사용하는 경자동차, 소형 승용 · 화물자동차, 중형 승용 · 화물자동차 및 수소를 연료로 사용하는 자동차
2. 평균 배출허용기준을 적용받는 자동차제작자: 평균 배출허용기준을 적용받는 자동차를 제작하는 자
3. 평균 배출허용기준

* 2016년 1월 1일 이후

1) 자동차제작자는 전체 출고차량의 CVS-75 모드에서의 탄화수소(배기관가스) 및 질소산화물 평균 배출량의 각 연도별로 아래의 수치를 만족하도록 하여야 한다.

항목 \ 연도	2016년	2017년	2018년	2019년	2020년	2021년	2022년	2023년	2024년	2025년
경자동차, 소형승용차(1.7ton 이상 다목적형 자동차를 제외한다), 1.7ton 미만 소형화물차	0.063g/km 이하	0.058g/km 이하	0.053g/km 이하	0.048g/km 이하	0.043g/km 이하	0.039g/km 이하	0.034g/km 이하	0.029g/km 이하	0.024g/km 이하	0.019g/km 이하
1.7ton 이상 소형화물차, 중형화물차, 중형승용차, 1.7ton 이상 다목적형 소형승용자동차	0.074g/km 이하	0.068g/km 이하	0.062g/km 이하	0.056g/km 이하	0.050g/km 이하	0.043g/km 이하	0.037g/km 이하	0.031g/km 이하	0.025g/km 이하	0.019g/km 이하

2) 1)에도 불구하고 연간 전체 출고차량의 대수가 4,500대 이하인 자동차제작자의 CVS-75 모드에서의 탄화수소(배기관가스) 및 질소산화물 평균 배출량은 각 시기별로 아래의 수치를 만족하여야 한다.

2016년부터 2020년까지	2021년부터 2023년까지	2024년 이후
0.100g/km 이하	0.078g/km 이하	0.044g/km 이하

3) 자동차제작자가 별표 17 제1호아목 비고 제24호에 따라 합산모드 평균 배출허용기준을 선택하는 경우에는 별표 19의3 제2호에 따라 산정한 전체 출고차량의 탄화수소(배기관가스) 및 질소산화물 평균 배출량이 각 연도별로 다음 표의 수치를 만족하여야 하며, 일산화탄소는 차종별로 2.61g/㎞ 이하이어야 한다.

항목 \ 연도	2016년	2017년	2018년	2019년	2020년	2021년	2022년	2023년	2024년	2025년	적용모드
탄화수소(배기관가스) 및 질소산화물	0.069g/km 이하	0.064g/km 이하	0.061g/km 이하	0.056g/km 이하	0.052g/km 이하	0.048g/km 이하	0.044g/km 이하	0.039g/km 이하	0.036g/km 이하	0.031g/km 이하	CVS-75, US06, SC03 합산모드

[규칙 별표19의3]

평균 배출량 산정방법 등(제71조의2제4항 및 제71조의3제5항 관련)

1. CVS-75 모드

가. 평균 배출량 산정방법

1) 2015년 12월 31일까지

[Σ(배출기준별 자동차 출고량 × 배출기준별 탄화수소 배기관가스 기준값) + (배출기준별 하이브리드 자동차 출고량 × 배출기준별 하이브리드 탄화수소 배기관가스 배출값)] ÷ 전체출고량

[비고]

가) 탄화수소 배기관가스 평균 배출량 계산 시 배출기준별 탄화수소 배기관가스 기준값은 별표 17 제1호바목 기준 1, 2 및 같은 호 사목 기준 1, 2의 경우 '가'란 의 탄화수소 배기관가스 기준값을 사용한다.

나) 탄화수소 배기관가스 평균 배출량 계산 시 하이브리드 탄화수소 배기관가스 배출값은 전기동력만으로 주행할 수 있는 거리에 따라 달리 적용하되, 세부적인 사항은 환경부장관이 정하여 고시한다.

다) 자동차제작자가 24만㎞의 배출가스보증기간을 적용할 경우 경자동차, 소형승용자동차(다목적형 자동차는 제외한다), 1.7ton 미만 소형화물자동차에 대하여 탄화수소 배기관가스 평균 배출량 계산 시 다음의 기준을 사용한다.

기준	탄화수소 배기관가스 기준값
기준 1	0.037g/km
기준 2	0.019g/km
기준 3	0.005g/km
기준 4	0g/km

라) 탄화수소 배기관가스 평균 배출량은 소수점 5째 자리에서 반올림하여 소수점 4째 자리까지 산정한다.

2) 2016년 1월 1일 이후

[Σ(배출기준별 자동차 출고량 × 배출기준별 '탄화수소(배기관가스) 및 질소산화물' 기준값) + Σ(배출기준별 하이브리드 자동차 출고량 × 배출기준별 하이브리드 '탄화수소(배기관가스) 및 질소산화물 ' 배출값)] ÷ 전체출고량

[비고]

가) 별표 17 제1호사목에 따라 인증을 받은 자동차의 배출기준별 탄화수소(배기 관가스) 및 질소산화물 기준값은 별표 17 제1호사목의 '나'란의 탄화수소(배기관가스) 및 질소산화물 기준값을 더하여 적용한다.

나) 자동차제작자가 24만km의 배출가스 관련부품의 보증기간을 적용할 경우 탄화수소(배기관가스) 및 질소산화물 평균 배출량 계산 시 배출기준별 탄화수소(배기관가스) 및 질소산화물 기준값에 0.003g/km를 빼서 적용한다.

다) 탄화수소(배기관가스) 및 질소산화물 평균 배출량 계산 시 하이브리드 탄화수소(배기관가스) 배출값은 전기동력만으로 주행할 수 있는 거리에 따라 달리 적용하되, 세부적인 사항은 환경부장관이 정하여 고시한다.

라) 탄화수소(배기관가스) 및 질소산화물 평균 배출량은 소수점 5째 자리에서 반올림하여 소수점 4째 자리까지 산정한다.

나. 차이분 및 초과분의 산정방법

1) 2015년 12월 31일까지

[(해당 연도 탄화수소 배기관가스 평균 배출허용기준) – (자동차제작자가 달성한 탄화수소 배기관가스 평균 배출량)] × 전체출고량

[비고]

가) 차이분 및 초과분은 소수점 5째 자리에서 반올림하여 소수점 4째 자리까지 산정한다.

나) 각 제작사별 차이분 및 초과분을 산정할 때에는 경자동차, 소형승용자동차(다목적형 자동차를 제외한다), 1.7ton 미만 소형화물자동차의 차이분 및 초과분과 1.7ton 이상 소형화물자동차, 중형화물자동차, 중형승용자동차, 다목적형 소형승용자동차의 차이분 및 초과분을 더하여 산정할 수 있다.

2) 2016년 1월 1일 이후
[(해당 연도 '탄화수소(배기관가스) 및 질소산화물' 평균 배출허용기준) – (자동차제작자가 달성한 '탄화수소(배기관가스) 및 질소산화물' 평균 배출량)] × 전체출고량

[비고]
가) 차이분 및 초과분은 소수점 5째 자리에서 반올림하여 소수점 4째 자리까지 산정한다.
나) 각 제작사별 차이분 및 초과분을 산정할 때에는 경자동차, 소형승용차, 1.7ton 미만 소형화물자동차의 차이분 및 초과분과 1.7ton 이상 소형화물자동차, 중형화물자동차, 중형승용자동차의 차이분 및 초과분을 더하여 산정할 수 있다.
다) 별표 17 제1호사목 및 아목에 따라 인증을 받은 자동차의 2015년 12월 31일까지 사용하지 않은 차이분 및 초과분은 그 값에 3배를 곱하여 2016년 1월 1일부터 사용하거나 상환할 수 있다.

2. CVS-75, US06, SC03 합산 모드
가. 평균 배출량 산정방법
[Σ(배출기준별 자동차 출고량 × 배출기준별 '탄화수소(배기관가스) 및 질소산화물' 기준값)] ÷ 전체출고량

[비고]
1) 자동차제작자는 개별 차종에 대한 탄화수소(배기관가스) 및 질소산화물 기준값을 아래의 방법에 따라 산정하되, 개별 차종의 기준값은 0.112g/km 이하이어야 한다.CVS-75 모드 배출량 × 0.35 + US06 모드 배출량 × 0.28 + SC03 모드 배출량 × 0.37
2) 결함확인검사 시에는 SC03 모드 배출량은 CVS-75 모드 배출량을 적용한다.
3) 결함확인검사 시에는 자동차제작자가 1)에서 정한 탄화수소(배기관가스) 및 질소산화물 기준값을 적용하되, 2019년 12월 31일까지 제작차 인증을 받은 경자동차, 소형 승용 · 화물자동차, 중형 승용 · 화물자동차 중에서 제작차 인증을 받은 다음 해부터 2년 이내에 출고되는 차량의 경우에는 자동차제작자가 정한 개별 차종의 기준값에 1.4를 곱한 값을 적용한다.

나. 차이분 및 초과분의 산정방법
[(해당 연도 탄화수소(배기관가스) 및 질소산화물 평균 배출허용기준) – (자동차제작자가 달성한 탄화수소(배기관가스) 및 질소산화물 평균 배출량)] × 전체출고량

[비고]
차이분 및 초과분은 소수점 5째 자리에서 반올림하여 소수점 4째 자리까지 산정한다.

제50조의3(평균 배출허용기준을 초과한 자동차제작자에 대한 상환명령 등) ① 자동차제작자는 해당 연도의 평균 배출량이 평균 배출허용기준 이내인 경우 그 차이분 중 환경부령으로 정하는 연도별 차이분에 대한 인정범위만큼을 다음 연도부터 환경부령으로 정하는 기간 동안 이월하여 사용할 수 있다.
② 환경부장관은 해당 연도의 평균 배출량이 평균 배출허용기준을 초과한 자동차제작자에 대하여 그 초과분이 발생한 연도부터 환경부령으로 정하는 기간 내에 초과분을 상환할 것을 명할 수 있다.
③ 제2항에 따른 명령(이하 "상환명령"이라 한다)을 받은 자동차제작자는 같은 항에 따른 초과분을 상환하기 위한 계획서(이하 "상환계획서"라 한다)를 작성하여 상환명령을 받은 날부터 2개월 이내에 환경부장관에게 제출하여야 한다.
④ 제1항부터 제3항까지에 따른 차이분 및 초과분의 산정 방법, 연도별 인정범위, 상환계획서에 포함되어야 할 사항 등 필요한 사항은 환경부령으로 정한다.

규칙 제71조의3(평균 배출량의 차이분 및 초과분의 이월 및 상환 등) ① 법 제50조의3제1항에 따른 차이분은 발생 연도의 다음 해부터 5년간 그 전부를 이월하여 사용할 수 있으며, 그 이후로는 이월하여 사용할 수 없다.

② 환경부장관은 법 제50조의3제2항에 따라 자동차제작자가 평균 배출허용기준을 초과한 경우에는 그 초과분을 다음 연도 말까지 상환하도록 명하여야 한다. 다만, 2016년부터 발생한 초과분은 그 다음 해부터 3년 이내에 상환할 수 있다. [개정 2014.12.30.]

③ 법 제50조의3제3항에 따른 상환계획서에는 다음 각 호의 사항이 포함되어야 한다.

1. 자동차제작자의 평균 배출량 적용대상 차종 인증현황 및 향후 개발계획
2. 당해연도 초과분 발생사유
3. 상환기간 내 차종별 판매계획

④ 환경부장관은 제3항에 따른 상환계획이 적절하지 아니하다고 판단될 때에는 상환계획서를 보완할 것을 요구할 수 있다.

⑤ 법 제50조의3제4항에 따른 차이분 및 초과분의 산정방법은 별표 19의3에 따른다.

제51조(결함확인검사 및 결함의 시정) ① 자동차제작자는 배출가스보증기간 내에 운행 중인 자동차에서 나오는 배출가스가 배출허용기준에 맞는지에 대하여 환경부장관의 검사(이하 "결함확인검사"라 한다)를 받아야 한다.

② 결함확인검사 대상 자동차의 선정기준, 검사방법, 검사절차, 검사기준, 판정방법, 검사수수료 등에 필요한 사항은 환경부령으로 정한다.

규칙 제72조(결함확인검사대상 자동차) ① 법 제51조제2항에 따른 결함확인검사의 대상이 되는 자동차는 보증기간이 정하여진 자동차로서 다음 각 호에 해당되는 자동차로 한다.

1. 자동차제작자가 정하는 사용안내서 및 정비안내서에 따르거나 그에 준하여 사용하고 정비한 자동차
2. 원동기의 대분해수리(무상보증수리를 포함한다)를 받지 아니한 자동차
3. 무연휘발유만을 사용한 자동차(휘발유사용 자동차만 해당한다)
4. 최초로 구입한 자가 계속 사용하고 있는 자동차
5. 견인용으로 사용하지 아니한 자동차
6. 사용상의 부주의 및 천재지변으로 인하여 배출가스 관련부품이 고장을 일으키지 아니한 자동차
7. 그 밖에 현저하게 비정상적인 방법으로 사용되지 아니한 자동차

② 국립환경과학원장은 법 제51조에 따른 결함확인검사를 하려는 경우에는 제1항에 따른 자동차 중에서 인증(변경인증을 포함한다)별 · 연식별로, 예비검사인 경우 5대의 자동차를, 본검사인 경우 10대의 자동차를 선정하여야 한다.

③ 국립환경과학원장은 제2항에 따라 결함확인검사용 자동차를 선정한 경우에는 배출가스 관련장치를 봉인하는 등 필요한 조치를 하여야 한다.

④ 국립환경과학원장은 결함확인검사대상 자동차로 선정된 자동차가 제1항 각호의 요건에 해당되지 아니하는 사실을 검사과정에서 알게 된 경우에는 해당 자동차를 결함확인검사대상에서 제외하고, 제외된 대수만큼 결함확인검사대상 자동차를 다시 선정하여야 한다.

⑤ 제2항에 따른 결함확인검사대상 자동차 선정방법 · 절차 등에 관하여 그 밖에 필요한 사항은 환경부장관이 정하여 고시한다.

③ 환경부장관이 제2항의 환경부령을 정하는 경우에는 관계 중앙행정기관의 장과 협의하여야 하며, 매년 같은 항의 선정기준에 따라 결함확인검사를 받아야 할 대상 차종을 결정 · 고시하여야 한다.

규칙 **제73조(결함확인검사의 방법 · 절차 등)** ① 결함확인검사는 예비검사와 본검사로 나누어 실시하고 그 검사방법 및 절차 등에 관하여는 법 제50조제6항에 따른 제작차배출허용기준 검사의 방법과 절차 등을 준용한다. 다만, 별표 5에 따른 대형 및 초대형 승용자동차 · 화물자동차의 결함확인검사는 예비검사 없이 본검사만 실시하되, 제1차검사 및 제2차검사로 구분하여 실시한다.

② 국립환경과학원장은 제1항에 따른 검사를 능률적으로 수행하기 위하여 필요한 경우에는 환경부장관이 지정하는 기관의 시설이나 장소를 이용하여 검사할 수 있다. [신설 2013.5.24.]

규칙 **제74조(결함확인검사 결과의 판정방법 등)** ① 환경부장관은 제73조제1항 본문에 따른 예비검사 및 본검사의 결과가 다음 각 호의 어느 하나에 해당하는 경우에는 법 제51조제4항에 따라 제작차배출허용기준에 맞지 아니한 자동차로 판정하여야 하고, 예비검사의 결과가 제1호 각 목 모두에 해당하지 아니하는 경우에는 본검사를 생략한다. [개정 2014.2.6.]

1. 예비검사 시 다음 각 목의 어느 하나에 해당하는 경우
   가. 검사차량 5대에 대하여 항목별 배출가스를 측정한 결과 검사차량의 평균가스배출량이 항목별 제작차배출허용기준을 초과하고, 초과한 항목과 같은 항목에서 검사차량 5대 중 2대 이상의 자동차가 제작차배출허용기준을 초과하는 경우
   나. 검사차량 5대에 대하여 항목별 배출가스를 측정한 결과 같은 항목에서 3대 이상의 자동차가 제작차배출허용기준을 초과하는 경우
2. 본검사 시 다음 각 목의 어느 하나에 해당하는 경우
   가. 검사차량 10대에 대하여 항목별 배출가스를 측정한 결과 검사차량의 평균가스배출량이 항목별 제작차배출허용기준을 초과하고, 초과된 항목과 같은 항목에서

검사차량 10대 중 3대 이상의 자동차가 제작차배출 허용기준을 초과하는 경우

나. 검사차량 10대에 대하여 항목별 배출가스를 측정한 결과 같은 항목에서 6대 이상의 자동차가 제작차배출허용기준을 초과하는 경우

② 환경부장관은 제73조제1항 단서에 따른 본검사의 제1차검사 및 제2차검사 결과가 다음 각 호에 모두 해당하는 경우에는 법 제51조제4항에 따라 제작차배출허용기준에 맞지 아니한 자동차로 판정하여야 하고, 제1차검사의 결과가 제1호 각 목 모두에 해당하지 아니하는 경우에는 제2차검사를 생략한다.

1. 제1차검사에서 다음 각 목의 어느 하나에 해당하는 경우

가. 검사차량 5대에 대하여 항목별 배출가스를 측정한 결과 검사차량의 평균가스배출량이 항목별 제작차배출허용기준을 초과하고, 초과한 항목과 같은 항목에서 검사차량 5대 중 2대 이상의 자동차가 제작차배출 허용기준을 초과하는 경우

나. 검사차량 5대에 대하여 항목별 배출가스를 측정한 결과 같은 항목에서 3대 이상의 자동차가 제작차배출허용기준을 초과하는 경우

2. 제2차검사에서 다음 각 목의 어느 하나에 해당하는 경우

가. 검사차량 10대(제1차검사에서 검사한 5대를 포함한다)에 대하여 항목 별 배출가스를 측정한 결과 검사차량의 평균가스배출량이 항목별 제작 차배출허용기준을 초과하고, 초과한 항목과 같은 항목에서 검사차량 10대 중 3대 이상의 자동차가 제작차배출허용기준을 초과하는 경우

나. 검사차량 10대(제1차검사에서 검사한 5대를 포함한다)에 대하여 항목 별 배출가스를 측정한 결과 같은 항목에서 6대 이상의 자동차가 제작 차배출허용기준을 초과하는 경우

③ 환경부장관은 예비검사의 결과가 제1항제1호 각 목의 어느 하나에 해당하는 경우에는 본검사를 하기 전에 해당 자동차제작자에게 검사결과를 즉시 알리고, 해당 자동차제작자가 검사결과를 통지받은 날부터 15일 이내에 스스로 그 결함을 시정할 의사나 제1항제2호에 따른 본검사에 응할 의사를 환경부장관에게 서면으로 통지하지 아니하는 경우에는 자동차제작자가 검사결과를 인정한 것으로 보아 결함시정을 명할 수 있다. [개정 2014.2.6.]

④ 환경부장관은 본검사의 결과가 제1항제2호 각 목 또는 제2항제2호 각 목의 어느 하나에 해당하는 경우에는 해당 자동차제작자에게 검사결과를 즉시 알려야 하고, 해당 자동차제작자가 검사결과를 통지받은 날부터 15일 이내에 스스로 그 결함을 시정할 의사를 환경부장관에게 서면으로 통지하지 아니하는 경우에는 결함시정을 명할 수 있다. [개정 2014.2.6.]

⑤ 자동차제작자는 제3항 및 제4항에 따라 통지받은 검사결과가 제72조제1항 각 호의 요건에 해당되지 아니한 자동차를 대상으로 한 경우에는 통지받은 날부터 15일 이내에 요건에 적합한 자동차를 선정하여 다시 검사하도록 환경부장관에게 요청할 수 있다. [개정 2014.2.6.]

④ 환경부장관은 결함확인검사에서 검사 대상차가 제작차배출허용기준에 맞지 아니하다고 판정되고, 그 사유가 자동차제작자에게 있다고 인정되면 그 차종에 대하여 결함을 시정하도록 명할 수 있다. 다만, 자동차제작자가 결함사실을 인정하고 스스로 그 결함을 시정하려는 경우에는 결함시정명령을 생략할 수 있다.

규칙 제75조(결함시정명령 등) ① 법 제51조제4항에 따른 결함시정명령은 별지 제36호 서식에 따른다.

② 자동차제작자가 법 제51조제5항에 따라 결함시정계획의 승인을 받으려는 경우에는 결함시정명령일 또는 스스로 결함을 시정할 것을 통지한 날부터 45일 이내에 별지 제36호의2서식의 결함시정계획서에 다음 각 호의 서류를 첨부하여 환경부장관에게 제출해야 한다.

1. 결함시정대상 자동차의 판매명세서
2. 결함발생원인 명세서
3. 결함발생자동차의 범위결정명세서
4. 결함개선대책 및 결함개선계획서
5. 결함시정에 드는 비용예측서
6. 결함시정대상 자동차 소유자에 대한 결함시정내용의 통지계획서

⑤ 제4항에 따른 결함시정명령을 받거나 스스로 자동차의 결함을 시정하려는 자동차제작자는 환경부령으로 정하는 바에 따라 그 자동차의 결함시정에 관한 계획을 수립하여 환경부장관의 승인을 받아 시행하고, 그 결과를 환경부장관에게 보고하여야 한다.

⑥ 환경부장관은 제5항에 따른 결함시정결과를 보고받아 검토한 결과 결함시정계획이 이행되지 아니한 경우, 그 사유가 결함시정명령을 받은 자 또는 스스로 결함을 시정하고자 한 자에게 있다고 인정하는 경우에는 기간을 정하여 다시 결함을 시정하도록 명하여야 한다.

제52조(부품의 결함시정) ① 배출가스보증기간 내에 있는 자동차의 소유자 또는 운행자는 환경부장관이 산업통상자원부장관 및 국토교통부장관과 협의하여 환경부령으로 정하는 배출가스관련부품(이하 "부품"이라 한다)이 정상적인 성능을 유지하지 아니하는 경우에는 자동차제작자에게 그 결함을 시정할 것을 요구할 수 있다. [개정 2008.2.29., 2013.3.23.]

규칙 제76조(배출가스 관련부품) ① 법 제52조제1항에서 "환경부령으로 정하는 배출가스관련부품"이란 별표 20에 따른 배출가스 관련부품을 말한다.

② 법 제57조의2 각 호 외의 부분 본문에서 "환경부령으로 정하는 자동차의 배출가스 관련 부품"이란 별표 20에 따른 배출가스 관련부품을 말한다.

② 제1항에 따라 결함의 시정을 요구받은 자동차제작자는 지체 없이 그 요구사항을 검토하여 결함을 시정하여야 한다. 다만, 자동차제작자가 자신의 고의나 과실이 없음을 입증한 경우에는 그러하지 아니하다.

③ 환경부장관은 제2항 본문에 따라 부품의 결함을 시정하여야 하는 자동차제작자가 정당한 사유 없이 그 부품의 결함을 시정하지 아니한 경우에는 환경부령으로 정하는 기간 내에 결함의 시정을 명할 수 있다. [신설 2015.12.1.]

[규칙 별표20]

배출가스 관련부품(제76조 관련)

장 치 별 구 분	배 출 가 스 관 련 부 품
1. 배출가스 전환장치 (Exhaust Gas Conversion System)	산소감지기(Oxygen Sensor), 정화용촉매(Catalytic Converter), 매연포집필터(Particulate Trap), 선택적환원촉매장치[SCR system including dosing module(요소분사기), Supply module(요소분사펌프 및 제어장치)], 질소산화물저감촉매(De-NOx Catalyste, NOx Trap), 재생용가열기(Regenerative Heater)
2. 배출가스 재순환장치 (Exhaust Gas Recirculation)	EGR밸브, EGR제어용 서모밸브(EGR Control Thermo Valve), EGR 쿨러(Cooler)
3. 연료증발가스방지장치 (Evaporative Emission Control System)	정화조절밸브(Purge Control Valve), 증기 저장 캐니스터와 필터(Vapor Storage Canister and Filter)
4. 블로바이가스 환원장치 (Positive Crankcase Ventilation)	PCV밸브
5. 2차공기분사장치 (Air Injection System)	공기펌프(Air Pump), 리드밸브(Reed Valve)
6. 연료공급장치 (Fuel Metering System)	전자제어장치(Electronic Control Unit : ECU), 스로틀포지션센서(Throttle Position Sensor), 대기압센서(Manifold Absolute Pressure Sensor), 기화기(Carburetor, Vaprizer), 혼합기(Mixture), 연료분사기(Fuel Injector), 연료압력조절기(Fuel Pressure Regulator), 냉각수온센서(Water Temperature Sensor), 연료펌프(Fuel Pump), 공회전속도제어장치(Idle speed control system)
7. 점화장치 (Ignition System)	점화장치의 디스트리뷰터(Distributor). 다만, 로더 및 캡 제외한다.
8. 배출가스 자기진단장치 (On Board Diagnostics)	촉매 감시장치(Catalyst Monitor), 가열식 촉매 감시장치(Heated Catalyste Monitor), 실화 감시장치(Misfire Monitor), 증발가스계통 감시장치(Evaporative System Monitor), 2차공기 공급계통 감시장치(Secondary Air

	System Monitor), 에어컨계통 감시장치(Air Conditioning System Refrigerant Monitor), 연료계통 감시장치(Fuel System Monitor), 산소센서 감시장치(Oxygen Sensor Monitor), 배기관 센서 감시장치(Exhaust Gas Sensor Monitor), 배기가스 재순환계통 감시장치(Exhaust Gas Recirculation System Monitor), 블로바이가스 환원계통 감시장치(Positive Crankcase Ventilation System Monitor), 서모스태트 감시장치(Thermostat Monitor), 엔진냉각계통 감시장치(Engine Cooling System Monitor), 저온시동 배출가스 저감기술 감시장치(Cold Start Emission Reduction Strategy Monitor), 가변밸브타이밍 계통 감시장치(Variable Valve Timing Monitor), 직접오존저감장치(Direct Ozone Reduction System Monitor), 기타 감시장치(Comprehensive Component Monitor)
9. 흡기장치 (Air Induction System)	터보차저(Turbocharger, wastergate, pop-off 포함) 바이패스 밸브(by-pass valves), 덕팅(ducting), 인터쿨러(Intercooler), 흡기매니폴드(Intake manifold)

[비고]
1. 위 표 부품과 명칭은 다르지만, 기능이 동일하거나 기술진보로 변경된 기능이 유사한 부품도 포함한다.
2. 위 표 부품의 작동 및 제어에 관련되는 호스, 센서, 스위치, 솔레노이드, 가스켓(실), 와이어(하네서, 커넥터)와 위 표 부품에 포함된 브라켓, 호스, 파이프, 하우징도 배출가스 관련부품에 포함한다. 다만, 법 제48조에 따른 인증 및 변경인증 대상에서는 제외한다.

제53조(부품의 결함 보고 및 시정) ① 자동차제작자는 제52조제1항에 따른 부품의 결함시정 요구 건수나 비율이 대통령령으로 정하는 요건에 해당하는 경우에는 대통령령으로 정하는 바에 따라 배출가스보증기간 이내에 이루어진 부품의 결함시정 현황 및 결함원인 분석 현황을 환경부장관에게 보고하여야 한다. 다만, 제52조제1항에 따른 결함시정 요구가 있었던 부품과 동일한 조건하에 생산된 동종의 부품에 대하여 스스로 결함을 시정할 것을 환경부장관에게 서면으로 통지한 경우에는 그러하지 아니하다.

영 제50조(부품의 결함시정 현황 및 결함원인 분석현황의 보고) ① 자동차제작자는 법 제53조제1항 본문에 따라 다음 각 호의 모두에 해당하는 경우에는 그 분기부터 매 분기가 끝난 후 30일 이내에 시정내용 등을 파악하여 환경부장관에게 해당 부품의 결함 시정 현황을 보고하여야 한다. [개정 2012.5.22.]

1. 같은 연도에 판매된 같은 차종의 같은 부품에 대한 결함시정 요구 건수가 40건 이상인 경우
2. 같은 연도에 판매된 같은 차종의 같은 부품에 대한 결함시정 요구 건수의 판매 대수에 대한 비율(이하 "결함시정요구율"이라 한다)이 2% 이상인 경우

② 자동차제작자는 법 제53조제1항 본문에 따라 다음 각 호의 모두에 해당하는 경우에는 그 분기부터 매 분기가 끝난 후 90일 이내에 환경부장관에게 결함원인 분석 현황을 보고하여야 한다. [개정 2012.5.22.]

1. 같은 연도에 판매된 같은 차종의 같은 부품에 대한 결함시정 요구 건수가 50건 이상인 경우
2. 결함시정요구율이 4% 이상인 경우

③ 제1항 또는 제2항에 따른 보고기간은 배출가스 관련 부품 보증기간이 끝나는 날이 속하는 분기까지로 한다.

④ 제1항 및 제2항에 따른 보고의 구체적 내용 등은 환경부령으로 정한다.

규칙 **제77조(결함시정 현황 및 부품결함 현황의 보고내용 등)** ① 자동차제작자는 영 제50조제1항에 따라 다음 각 호의 사항을 파악하여 부품의 결함시정 현황을 보고하여야 한다.

1. 영 제50조제1항제1호에 따른 결함시정 요구건수와 같은 항 제2호에 따른 결함시정 요구율 및 그 산정근거
2. 부품의 결함시정 내용
3. 결함을 시정한 부품이 부착된 자동차의 명세(자동차 명칭, 배출가스 인증번호, 사용연료) 및 판매명세
4. 결함을 시정한 부품의 명세(부품명칭 · 부품번호)

② 자동차제작자는 법 제53조제2항 및 영 제50조의2에 따라 결함시정 현황을 보고하여야 하는 경우에는 다음 각 호의 사항을 보고하여야 한다.

1. 법 제52조제1항에 따른 부품의 결함시정 요구 건수, 요구 비율 및 산정 근거
2. 부품의 결함시정 내용
3. 결함을 시정한 부품이 부착된 자동차의 명세(자동차 명칭, 배출가스 인증번호, 사용연료) 및 판매명세
4. 결함을 시정한 부품의 명세(부품명칭 · 부품번호)

③ 자동차제작자는 영 제50조제2항에 따라 다음 각 호의 사항을 파악하여 결함원인 분석 현황을 보고 하여야 한다. [개정 2016.6.2.]

1. 영 제50조제2항제1호에 따른 결함시정 요구건수와 같은 항 제2호에 따른 결함시정 요구율 및 그 산정근거
2. 결함을 시정한 부품의 결함발생원인
3. 영 제51조제1항에 따른 부품의 결함시정 명령 요건에 해당되는 경우에는 그 산정근거

④ 영 제50조제3항에 따른 배출가스 관련부품 보증기간은 다음 각 호의 구분에 따른다. [개정 2016.6.2.]

1. 대형 승용차 · 화물차, 초대형 승용차 · 화물차, 이륜자동차(50시시 이상만 해당한다)의 배출가스 관련부품: 2년
2. 건설기계 원동기, 농업기계 원동기의 배출가스 관련부품: 1년
3. 제1호 및 제2호 외의 자동차의 배출가스 관련부품

가. 정화용촉매 및 전자제어장치: 5년
나. 가목 외의 배출가스 관련부품: 3년

② 자동차제작자는 제52조제1항에 따른 부품의 결함시정 요구 건수나 비율이 대통령령으로 정하는 요건에 해당하지 아니한 경우에는 매년 1월 31일까지 환경부령으로 정하는 바에 따라 배출가스보증기간 이내에 이루어진 부품의 결함시정 현황을 환경부장관에게 보고하여야 한다. [신설 2015.12.1.]

영 **제50조의2(결함시정 현황 보고의 요건)** 법 제53조제2항에 따라 자동차제작자가 매년 1월 말일까지 결함시정 현황을 환경부장관에게 보고하여야 하는 경우는 다음 각 호의 어느 하나에 해당하는 경우로 한다.
1. 같은 연도에 판매된 같은 차종의 같은 부품에 대한 결함시정 요구 건수가 40건 미만인 경우
2. 결함시정요구율이 2% 미만인 경우

③ 환경부장관은 부품의 결함 건수 또는 결함 비율이 대통령령으로 정하는 요건에 해당하는 경우에는 해당 자동차제작자에게 환경부령으로 정하는 기간 이내에 그 부품의 결함을 시정하도록 명하여야 한다. 다만, 자동차제작자가 그 부품의 결함에도 불구하고 배출가스보증기간 동안 자동차가 제작차배출허용기준에 맞게 유지된다는 것을 입증한 경우에는 그러하지 아니하다. [개정 2015.12.1.]

영 **제51조(부품의 결함시정 명령의 요건)** ① 환경부장관은 다음 각 호의 모두에 해당하는 경우에는 법 제53조제3항 본문에 따라 그 부품의 결함을 시정하도록 명하여야 한다.
1. 같은 연도에 판매된 같은 차종의 같은 부품에 대한 부품결함 건수(제작결함으로 부품을 조정하거나 교환한 건수를 말한다. 이하 이 항에서 같다)가 50건 이상인 경우
2. 같은 연도에 판매된 같은 차종의 같은 부품에 대한 부품결함 건수가 판매 대수의 4% 이상인 경우

④ 자동차제작자가 제1항 단서 및 제3항 본문에 따라 결함을 시정하는 경우에는 제51조제5항을 준용한다.

규칙 **제77조의2(부품의 결함시정명령 기간)** 법 제53조제3항 본문에서 "환경부령으로 정하는 기간"이란 자동차제작자가 같은 조 제1항 및 영 제50조제2항에 따라 결함원인 분석 현황을 보고한 날부터 60일 이내를 말한다.

규칙 제77조의3(자동차 환경관리 자문위원회) ① 환경부장관은 다음 각 호의 사항에 대하여 환경부장관의 자문에 응하도록 하기 위하여 환경부장관 소속으로 관계 전문가 등으로 구성된 자동차 환경관리 자문위원회를 둘 수 있다.

1. 법 제48조제1항 및 제2항에 따른 제작차에 대한 인증 및 변경인증에 관한 사항
2. 법 제50조제1항에 따른 제작차배출허용기준 검사 등에 관한 사항
3. 법 제51조에 따른 결함확인검사 및 결함의 시정에 관한 사항
4. 법 제52조 및 제53조에 따른 부품의 결함시정 등에 관한 사항
5. 그 밖에 환경부장관이 필요하다고 인정하는 사항

② 제1항에 따른 자동차 환경관리 자문위원회의 구성 및 운영에 관하여 필요한 사항은 환경부장관이 정한다.

제54조(자동차 배출가스 정보관리 전산망 설치 및 운영) 환경부장관은 자동차의 배출가스에 관한 자료의 수집 · 관리를 위하여 「자동차관리법」 제69조에 따른 전산정보처리조직과 연계한 전산망(이하 "자동차 배출가스 종합전산체계"라 한다)을 환경부령으로 정하는 바에 따라 설치 · 운영할 수 있다. [개정 2012.2.1., 2015.1.20.] [제목개정 2015.1.20.]

제55조(인증의 취소) 환경부장관은 다음 각 호의 어느 하나에 해당하는 경우에는 인증을 취소할 수 있다. 다만, 제1호나 제2호에 해당하는 경우에는 그 인증을 취소하여야 한다.

1. 거짓이나 그 밖의 부정한 방법으로 인증을 받은 경우
2. 제작차에 중대한 결함이 발생되어 개선을 하여도 제작차배출허용기준을 유지할 수 없는 경우
3. 제50조제7항에 따른 자동차의 판매 또는 출고 정지명령을 위반한 경우
4. 제51조제4항이나 제6항에 따른 결함시정명령을 이행하지 아니한 경우

제56조(과징금 처분) ① 환경부장관은 자동차제작자가 다음 각 호의 어느 하나에 해당하는 경우에는 그 자동차제작자에 대하여 매출액에 100분의 5를 곱한 금액을 초과하지 아니하는 범위에서 과징금을 부과할 수 있다. 이 경우 과징금의 금액은 500억원을 초과할 수 없다.

1. 제48조제1항을 위반하여 인증을 받지 아니하고 자동차를 제작하여 판매한 경우
2. 거짓이나 그 밖의 부정한 방법으로 제48조에 따른 인증 또는 변경인증을 받은 경우
3. 제48조제1항에 따라 인증받은 내용과 다르게 자동차를 제작하여 판매한 경우

② 제1항에 따른 과징금은 위반행위의 종류, 배출가스의 증감 정도 등을 고려하여 대통령령으로 정하는 기준에 따라 부과한다. [개정 2016.12.27.]

영 제52조(과징금 산정 등) 법 제56조제2항에 따른 위반행위의 종류, 배출가스의 증감 정도 등에 따른 과징금의 부과기준은 별표 12와 같다.

③ 제1항에 따라 부과되는 과징금의 징수 및 용도에 관하여는 제37조제4항 및 제5항을 준용한다.
[개정 2012.2.1.][시행일 : 2017.12.28.] 제56조

[영 별표12]

고체연료 사용시설 설치기준(제56조 관련)

1. 석탄사용시설
   가. 배출시설의 굴뚝높이는 100m 이상으로 하되, 굴뚝상부 안지름, 배출가스 온도 및 속도 등을 고려한 유효굴뚝높이(굴뚝의 실제 높이에 배출가스의 상승고도를 합산한 높이를 말한다. 이하 같다)가 440m 이상인 경우에는 굴뚝높이를 60m 이상 100m 미만으로 할 수 있다. 이 경우 유효굴뚝높이 및 굴뚝높이 산정방법 등에 관하여는 국립환경과학원장이 정하여 고시한다.
   나. 석탄의 수송은 밀폐 이송시설 또는 밀폐통을 이용하여야 한다.
   다. 석탄저장은 옥내저장시설(밀폐형 저장시설 포함) 또는 지하저장시설에 저장하여야 한다.
   라. 석탄연소재는 밀폐통을 이용하여 운반하여야 한다.
   마. 굴뚝에서 배출되는 아황산가스(SO_2), 질소산화물(NO_X), 먼지 등의 농도를 확인할 수 있는 기기를 설치하여야 한다.
2. 기타 고체연료 사용시설
   가. 배출시설의 굴뚝높이는 20m 이상이어야 한다.
   나. 연료와 그 연소재의 수송은 덮개가 있는 차량을 이용하여야 한다.
   다. 연료는 옥내에 저장하여야 한다.
   라. 굴뚝에서 배출되는 매연을 측정할 수 있어야 한다.

제57조(운행차배출허용기준) 자동차(제2조제13호가목에 따른 자동차 중 이륜자동차를 포함한다. 다만, 전기이륜자동차 등 환경부령으로 정하는 이륜자동차는 그러하지 아니하다)의 소유자는 그 자동차에서 배출되는 배출가스가 환경부령으로 정하는 운행차 배출가스허용기준(이하 "운행차배출허용기준"이라 한다)에 맞게 운행하거나 운행하게 하여야 한다.

규칙 제78조(운행차배출허용기준) 법 제57조에 따른 배출가스 종류별 운행차배출허용기준은 별표 21과 같다. (별표21은 생략으로 인한 법제처 참조)

규칙 제78조의2(운행차 배출가스허용기준 및 배출가스 정기검사 제외 이륜자동차) 법 제57조에 따라 운행차 배출가스허용기준 적용 대상에서 제외되는 이륜자동차 및 법 제62조제2항 단서에 따라 운행차 배출가스 정기검사 대상에서 제외되는 이륜자동차는 다음 각 호의 어느 하나에 해당하는 것으로 한다.
1. 전기이륜자동차
2. 「자동차관리법」 제48조에 따른 이륜자동차 사용 신고 대상에서 제외되는 이륜자동차
3. 배기량이 50cc 미만인 이륜자동차
4. 배기량이 50cc 이상 260cc 이하로서 2017년 12월 31일 이전에 제작된 이륜자동차

제57조의 2(배출가스 관련 부품의 탈거 등 금지) 누구든지 환경부령으로 정하는 자동차의 배출가스 관련 부품을 탈거 · 훼손 · 해체 · 변경 · 임의설정 하거나 촉매제(요소수 등을 말한다. 이하 같다)를 사용하지 아니하거나 적게 사용하여 그 기능이나 성능이 저하되는 행위를 하거나 그 행위를 요구하여서는 아니된다. 다만, 다음 각 호의 어느 하나에 해당하는 경우에는 그러하지 아니하다.

1. 자동차의 점검 · 정비 또는 튜닝(「자동차관리법」 제34조에 따른 튜닝을 달한다)을 하려는 경우
2. 폐차하는 경우
3. 교육 · 연구의 목적으로 사용하는 등 환경부령으로 정하는 사유에 해당하는 경우

[신설 2019.04.02]

규칙 **제78조의3(배출가스 관련 부품의 탈거 등의 허용)** 법 제57조의2제3호에서 "교육 · 연구의 목적으로 사용하는 등 환경부령으로 정하는 사유에 해당하는 경우"란 다음 각 호의 어느 하나에 해당하는 경우를 말한다.

1. 교육기관, 학원, 자동차제작자 및 시험 · 연구기관이 교육 · 시험 · 연구의 목적으로 자동차를 사용하려는 경우
2. 사고 원인의 규명 또는 전시(展示) 등 주행 목적 외의 특수 용도로 자동차를 사용하려는 경우

제58조(저공해자동차의 운행 등) ① 시 · 도지사 또는 시장 · 군수는 관할 지역의 대기질 개선 또는 기후 · 생태계 변화유발물질 배출감소를 위하여 필요하다고 인정하면 그 지역에서 운행하는 자동차 및 건설기계(제2조제13호의2가목에 따른 건설기계를 말한다. 이하 이 조에서 같다) 중 차령과 대기오염물질 또는 기후 · 생태계 변화유발물질 배출정도 등에 관하여 환경부령으로 정하는 요건을 충족하는 자동차 및 건설기계의 소유자에게 그 시 · 도 또는 시 · 군의 조례에 따라 그 자동차 및 건설기계에 대하여 다음 각 호의 어느 하나에 해당하는 조치를 하도록 명령하거나 조기에 폐차할 것을 권고할 수 있다. [개정 2012.2.1., 2012.5.23.]

1. 저공해자동차로의 전환 또는 개조
2. 배출가스저감장치의 부착 또는 교체 및 배출가스 관련 부품의 교체
3. 저공해엔진(혼소엔진을 포함한다)으로의 개조 또는 교체

규칙 **제79조(저공해 조치대상 자동차)** ① 법 제58조제1항 각 호 외의 부분에서 "환경부령으로 정하는 요건을 충족하는 자동차 및 건설기계"란 다음 각 호의 구분에 따른 자동차 및 건설기계를 말한다.

1. 자동차: 별표 18에 따른 배출가스 보증기간이 지난 자동차 중 별표 17 제1호마목부터 아목까지 및 제2호마목부터 아목까지의 규정에 따른 제작차배출허용기준에 맞

게 제작된 자동차를 제외한 자동차

2. 건설기계: 별표 17 제4호가목에 따른 배출허용기준에 맞게 제작되었거나 2003년 12월 31일 이전에 제작된 지게차 또는 굴착기

② 법 제58조제1항 각 호 외의 부분에 따른 조기 폐차 권고 대상이 되는 자동차는 제1항제1호에 따른 자동차 중 다음 각 호의 요건을 모두 갖춘 자동차를 말한다.

1. 조기에 폐차할 것을 권고하는 시점부터 거꾸로 계산하여 6개월 이상 연속하여 등록된 자동차
2. 「자동차관리법」 제43조의2제1항제1호에 따른 관능검사(官能檢査, 사람의 감각기관으로 자동차의 상태를 확인하는 검사) 결과 적합판정을 받은 자동차
3. 지방자치단체 또는 법 제58조제14항에 따라 절차를 대행하는 자가 발급한 조기 폐차 대상 차량 확인서상에 정상가동 판정이 있는 자동차

③ 법 제58조제3항에 따른 자금의 보조 또는 융자에 필요한 사항은 환경부장관이 정하여 고시한다.

② 배출가스보증기간이 경과한 자동차의 소유자는 해당 자동차에서 배출되는 배출가스가 제57조에 따른 운행차배출허용기준에 적합하게 유지되도록 환경부령으로 정하는 바에 따라 배출가스저감장치를 부착 또는 교체하거나 저공해엔진으로 개조 또는 교체할 수 있다.

규칙 **제79조의2(배출가스저감장치의 부착 등의 저공해 조치)** ① 법 제58조제2항에 따라 부착·교체하거나 개조·교체하는 배출가스저감장치 및 저공해엔진의 종류는 환경부장관이 자동차의 배출허용기준 초과정도, 그 자동차의 차종이나 차령 등을 고려하여 고시할 수 있다.

② 법 제58조제1항·제2항에 따라 배출가스저감장치를 부착·교체하거나 저공해엔진으로 개조·교체한 자(법 제58조제2항의 경우 같은 조 제3항에 따라 자금을 보조 또는 융자받으려는 자만 해당한다)는 별지 제36호의3서식의 배출가스저감 장치 부착·교체 증명서 또는 저공해엔진 개조·교체 증명서를 시·도지사 또는 시장·군수에게 제출해야 한다.

③ 국가나 지방자치단체는 저공해자동차의 보급, 배출가스저감장치의 부착 또는 교체와 저공해엔진으로의 개조 또는 교체를 촉진하기 위하여 다음 각 호의 어느 하나에 해당하는 자에 대하여 예산의 범위에서 필요한 자금을 보조하거나 융자할 수 있다.

1. 저공해자동차를 구입하거나 저공해자동차로 개조하는 자
2. 저공해자동차에 연료를 공급하기 위한 시설 중 다음 각 목의 시설을 설치하는 자
   가. 천연가스를 연료로 사용하는 자동차에 천연가스를 공급하기 위한 시설로서 환경부장관이 정하는 시설

나. 전기를 연료로 사용하는 자동차(이하 "전기자동차"라 한다)에 전기를 충전하기 위한 시설로서 환경부장관이 정하는 시설

다. 그 밖에 태양광, 수소연료 등 환경부장관이 정하는 저공해자동차 연료공급시설

3. 제1항 또는 제2항에 따라 자동차 및 건설기계에 배출가스저감장치를 부착 또는 교체하거나 자동차 및 건설기계의 엔진을 저공해엔진으로 개조 또는 교체하는 자
4. 제1항에 따라 자동차 및 건설기계의 배출가스 관련 부품을 교체하는 자
5. 제1항에 따른 권고에 따라 자동차를 조기에 폐차하는 자
6. 그 밖에 배출가스가 매우 적게 배출되는 것으로서 환경부장관이 정하여 고시하는 자동차를 구입하는 자

④ 환경부장관은 제3항제1호 · 제3호 · 제4호 및 제6호에 따라 경비를 지원받은 자동차의 소유자 및 제3항제3호 및 제4호의 경비를 지원받은 건설기계의 소유자(당해 소유자로부터 소유권을 이전받은 자를 포함한다. 이하 이 조에서 "소유자"라 한다)에게 환경부령으로 정하는 기간의 범위에서 해당 자동차 및 건설기계의 의무운행 기간을 설정할 수 있다. [개정 2019.04.02]

규칙 제79조의3(배출가스저감장치 등의 관리) ① 법 제58조제4항에 따라 환경부장관이 의무운행 기간을 설정할 수 있는 범위는 2년으로 한다.

② 법 제58조제10항에 따른 지원금액의 회수기준은 별표 21의2와 같다.

[별표 21의2]

저감장치 등 사용기간별 지원금액 회수기준(제79조의3제2항 관련)

배출가스 저감장치 및 저공해엔진의 사용기간	보조금 회수요율
3개월 미만	70%
3개월 이상 6개월 미만	65%
6개월 이상 9개월 미만	60%
9개월 이상 12개월 미만	55%
12개월 이상 15개월 미만	50%
15개월 이상 18개월 미만	40%
18개월 이상 21개월 미만	30%
21개월 이상 24개월 미만	20%

[비고]
1. 적용기간은 구조변경검사완료일부터 시 · 도지사의 반납확인서 발급신청서류 접수일까지로 한다.
2. 적용기간은 다음의 계산식에 따라 계산하되, 사용일수가 15일 이상 남을 경우에는 1개월을 더하여 산정한다.

적용기간 = (시 · 도지사의 반납확인서 발급신청서류 접수일 – 구조변경검사완료일)/30일

규칙 제79조의4(배출가스저감장치 등의 반납) ① 자동차 및 건설기계의 소유자가 법 제58조제3항에 따라 경비를 지원받아 배출가스저감장치를 부착하거나 저공해엔진으로 개조 또는 교체한 자동차 및 건설기계를 수출하거나 폐차(건설기계의 경우에는 폐기를 포함한다)하기 위하여 법 제58조제5항에 따라 배출가스저감장치 또는 저공해엔진을 반납하거나 같은 조 제6항에 따라 장치 또는 부품의 잔존가치에 해당하는 금액을 금전으로 납부하려는 경우에는 별지 제36호의4서식의 배출가스저감장치 또는 저공해엔진 반납신청서에 사고, 재해 또는 도난 사실을 증명할 수 있는 서류 1부(사고, 재해, 도난의 사유로 반납하거나 납부하는 경우만 해당한다)를 첨부하여 시 · 도지사 또는 시장 · 군수에게 반납하거나 납부해야 한다. 이 경우 담당 공무원은 「전자정부법」 제36조제1항에 따른 행정정보의 공동이용을 통하여 자동차등록증 또는 건설기계등록증을 확인해야 하며, 신청인이 확인에 동의하지 않는 경우에는 그 사본을 첨부하도록 해야 한다.

② 제1항 전단에 따른 장치 또는 부품의 잔존가치에 해당하는 금액의 구체적인 산정방법은 해당 장치 또는 부품에 함유된 귀금속의 종류, 함량 및 거래가격 등을 고려하여 환경부장관이 정하여 고시한다.

③ 자동차의 소유자가 법 제58조제3항에 따라 경비를 지원받은 전기자동차를 폐차하기 위하여 법 제58조제5항에 따라 전기자동차의 배터리를 반납하려는 경우에는 시 · 도지사에게 반납하여야 한다.

④ 제1항 또는 제2항에 따라 반납을 받은 시 · 도지사 또는 시장 · 군수는 별지 제36호의5서식의 배출가스저감장치 또는 저공해엔진 반납확인증명서를 발급해야 하며, 「자동차관리법」 제13조 및 「건설기계관리법」 제6조에 따라 자동차 또는 건설기계의 등록을 말소할 때에는 반납확인증명서에 적힌 자동차 또는 건설기계와 일치하는지를 확인해야 한다.

⑤ 소유자는 해당 자동차 및 건설기계의 폐차 또는 수출 등을 위하여 자동차 및 건설기계의 등록을 말소하고자 하는 경우(전기자동차를 수출하기 위하여 자동차 등록을 말소하거나, 건설기계 엔진을 전기모터로 교체하는 경우는 제외한다) 환경부령으로 정하는 바에 따라 다음 각 호의 장치 및 부품 등을 해당 지방자치단체의 장에게 반납하여야 한다. 이 경우 국가나 지방자치단체는 장치 및 부품 등의 반납에 드는 비용의 일부를 예산의 범위에서 지원할 수 있다.

1. 부착 또는 교체된 배출가스저감장치
2. 개조 또는 교체된 저공해엔진
3. 제3항에 따라 경비를 지원받은 자동차(제3항제1호 · 제4호 및 제6호에 따라 경비를지원받은 천연가스자동차는 제외한다)로서 환경부령으로 정하는 자동차의 배터리, 그밖의 장치 · 부품

⑥ 제5항에도 불구하고 소유자는 같은 항 제1호 및 제2호의 장치 및 부품 등의 경우에는 환경부령으로 정하는 바에 따라 해당 장치 또는 부품의 잔존가치에 해당하는 금액을 금전으로 납부할 수

있다. [신설 2016.12.27.]

⑦ 환경부장관 또는 지방자치단체의 장은 제5항에 따라 반납받은 배출가스저감장치 등을 재사용 또는 재활용하여야 한다. [신설 2013.4.5., 2016.12.27.]

규칙 **제79조의5(배출가스저감장치 등의 매각)** 법 제58조제8항에서 "환경부령으로 정한 사유에 해당하는 경우"란 다음 각 호의 어느 하나에 해당하는 경우를 말한다. [개정 2015.7.21.]

1. 배출가스저감장치 또는 저공해엔진의 저감효율이 제80조에 따른 배출가스저감장치 및 저공해엔진의 저감효율에 미달하는 경우
2. 맨눈 검사 결과 배출가스저감장치 또는 저공해엔진이 훼손되어 내부 부품이 온전하지 못한 경우
3. 배출가스저감장치 또는 저공해엔진에 대한 재사용 · 재활용 신청이 없어 향후 재사용 · 재활용 가능성이 없다고 환경부장관이 판단하는 경우
4. 전기자동차 배터리의 재사용 또는 재활용이 불가능하다고 환경부장관이 판단하는 경우

규칙 **제79조의6(배출가스저감장치 등의 매각 세입의 사용)** 법 제58조제9항에서 "환경부령으로 정하는 경비"란 다음 각 호의 어느 하나에 쓰이는 경비를 말한다.

1. 보증기간이 경과된 배출가스저감장치 또는 저공해엔진의 클리닝, 무상점검, 콜모니터링 및 그 밖의 사후관리
2. 재사용 · 재활용하는 배출가스저감장치 또는 저공해엔진의 성능향상을 위한 선별 및 관리
3. 반납받은 배출가스저감장치 또는 저공해엔진의 회수 · 보관 · 매각 등
4. 운행차 저공해화 또는 저공해 · 저연비자동차 관련 기술개발 및 연구사업
5. 저공해자동차의 보급, 배출가스저감장치의 부착, 저공해엔진으로의 개조 및 조기폐차를 촉진하기 위한 홍보사업

⑧ 환경부장관 또는 지방자치단체의 장은 제5항에 따라 반납받은 배출가스저감장치 등이 재사용 · 재활용이 불가능하다고 환경부령으로 정한 사유에 해당하는 경우에는 매각하여야 한다. [신설 2013.4.5., 2016.12.27.]

⑨ 제6항에 따라 징수한 금액과 제8항에 따른 매각대금은 「환경정책기본법」에 따른 환경개선특별회계의 세입으로 하고, 제3항에 따른 지원 및 저공해자동차의 개발 · 연구 사업에 필요한 경비 등 환경부령으로 정하는 경비에 충당할 수 있다. [신설 2016.12.27.]

규칙 **제79조의7(저공해자동차 표지 등의 부착)** ① 특별시장 · 광역시장 · 특별자치시장 · 특별자치도지사 · 시장 · 군수는 법 제58조제11항에 따라 다음 각 호의 구분에 따른 표지를

내주어야 한다.

1. 저공해자동차를 구매하여 등록한 경우: 저공해자동차 표지
2. 배출가스저감장치를 부착한 자가 배출가스저감장치 부착증명서를 제출한 경우: 배출가스저감장치 부착 자동차 표지
3. 저공해엔진으로 개조 · 교체한 자가 저공해엔진 개조 · 교체증명서를 제출하는 경우: 저공해엔진 개조 · 교체 자동차 표지

② 제1항 각 호의 표지에는 저공해자동차 또는 배출가스저감장치 및 저공해엔진의 종류 등을 표시하여야 한다.

③ 제1항 각 호의 표지를 교부받은 자는 해당 표지를 차량 외부에서 잘 보일 수 있도록 부착하여야 한다.

④ 제1항 각 호의 표지의 규격, 구체적인 부착방법 등은 환경부장관이 정하여 고시한다. [본조신설 2013.5.24.]

⑩ 환경부장관 및 지방자치단체의 장은 소유자가 제4항에 따른 의무운행 기간을 충족하지 못한 경우 환경부령으로 정하는 바에 따라 제3항에 따라 지원된 경비의 일부를 회수할 수 있다. [신설 2012.2.1., 2013.4.5., 2016.12.27.]

⑪ 저공해자동차 또는 제1항에 따라 배출가스저감장치를 부착하거나 저공해엔진으로 개조 또는 교체한 자동차 및 건설기계(이하 이 조에서 "저공해자동차등"이라 한다)의 소유자는 특별시장 · 광역시장 · 특별자치시장 · 특별자치도지사 · 시장 · 군수에게 저공해자동차등에 해당함을 인증하는 표지의 발급을 신청할 수 있다. [신설 2012.5.23., 2013.4.5., 2016.12.27.]

⑫ 특별시장 · 광역시장 · 특별자치시장 · 특별자치도지사 · 시장 · 군수는 제11항에 따른 인증신청이 있는 경우 해당 자동차 및 건설기계가 저공해자동차 등에 해당하는지 여부를 검토하여 표지를 발급할 수 있고, 저공해자동차 등에 해당하는지 여부를 검토하여 표지를 발급할 수 있고, 저공해자동차 등의 소유자는 발급받은 표지를 저공해자동차 등에 부착할 수 있다.

⑬ 환경부장관이나 특별시장 · 광역시장 · 특별자치시장 · 특별자치도지사 · 시장 · 군수는 제12항에 따라 발급받은 표지를 부착한 자동차에 대하여 주차료 감면 등 지원에 관한 시책을 마련하여야 한다.

⑭ 지방자치단체는 제3항제5호에 따른 경비지원에 필요한 절차를 제78조에 따라 설립된 한국자동차환경협회로 하여금 대행하도록 할 수 있다.

규칙 **제79조의9(전기자동차 충전시설의 설치 · 운영)** ① 한국환경공단 또는 법 제78조에 따른 한국자동차환경협회(이하 "한국자동차환경협회"라 한다)는 법 제58조제17항에 따라 다음 각 호의 시설에 전기자동차 충전시설을 설치할 수 있다. [개정 2018.12.31.]

1. 공공건물 및 공중이용시설

2. 「건축법 시행령」 별표 1 제2호에 따른 공동주택
3. 지방자치단체의 장이 설치한 「주차장법」 제2조제1호에 따른 주차장
4. 그 밖에 전기자동차의 보급을 촉진하기 위하여 충전시설을 설치할 필요가 있는 건물 · 시설 또는 그 부대시설

② 한국환경공단 또는 한국자동차환경협회는 전기자동차 충전시설을 설치하기 위한 부지의 확보와 사용 등을 위하여 지방자치단체의 장, 「공공기관의 운영에 관한 법률」 제4조에 따른 공공기관의 장, 「지방공기업법」에 따른 지방공기업의 장에게 협조를 요청할 수 있다.

⑮ 제14항에 따라 경비지원에 필요한 절차를 대행하는 한국자동차환경협회는 「전기 · 전자제품 및 자동차의 자원순환에 관한 법률」 제25조제1항에 따라 폐자동차 재활용비율을 높이 달성하는 자동차폐차업자에게 환경부장관이 정하는 바에 따라 제3항에 따른 경비를 지원받는 자의 자동차 폐차가 우선하여 배정되도록 하여야 한다.

규칙 **제79조의10(전기자동차 성능 평가)** ① 법 제58조제18항에 따라 전기자동차 성능 평가를 받으려는 자는 별지 제36호의6서식의 전기자동차 성능 평가 신청서(전자문서로 된 신청서를 포함한다)에 다음 각 호의 서류를 첨부하여 한국환경공단에 제출해야 한다.

1. 전기자동차의 구성에 관한 서류 1부
2. 전기자동차에 탑재된 배터리의 제작서 · 종류 · 용량 및 자체 시험결과가 포함된 서류 1부
3. 1회 충전 시 주행거리 시험 결과서(시험방법이 기재된 것을 말한다) 1부
4. 주요 전기장치의 제원에 관한 서류 1부

② 법 제58조제18항에 따른 전기자동차의 성능 평가 항목은 다음 각 호와 같다.

1. 1회 충전 시 주행거리
2. 충전에 걸리는 시간
3. 그 밖에 전기자동차의 성능 확인을 위하여 환경부장관이 정하여 고시하는 항목

③ 그 밖에 전기자동차 성능 평가에 필요한 사항은 환경부장관이 정하여 고시한다.

⑯ 환경부장관은 저공해자동차 중 전기자동차의 충전에 관한 정보를 관리하기 위하여 전기자동차 충전 정보관리 전산망을 환경부령으로 정하는 바에 따라 설치 · 운영할 수 있다.

⑰ 환경부장관은 저공해자동차 중 전기자동차 보급을 활성화기 위하여 제3항제2호나목에 따른 전기자동차 충전시설을 환경부령으로 정하는 바에 따라 설치 및 운영할 수 있다.

⑱ 환경부장관은 제3항에 따라 자금을 보조하거나 융자할 수 있는 지원 대상을 정하기 위하여 환경부령으로 정하는 바에 따라 전기자동차 성능 평가를 실시할 수 있다.

규칙 **제79조의8(전기자동차 충전 정보관리 전산망의 설치 · 운영)** 한국환경공단은 법 제58조제16항에 따라 다음 각 호의 정보를 포함한 전기자동차 충전 정보관리 전산망을 설치 · 운영할 수 있다.

1. 충전시설의 위치 및 상태
2. 충전시설의 종류
3. 충전시설의 충전횟수 및 충전량
4. 충전시설별 결제정보(「전기사업법」 제2조제12호의5에 따른 전기자동차충전사업자 간의 요금정산에 필요한 경우만 해당한다)

영 **제62조의2(전산정보처리시스템의 설치 · 운영)** 환경부장관은 다음 각 호의 업무를 효율적으로 처리하기 위하여 필요한 전산정보처리시스템을 설치 · 운영할 수 있다. [개정 2016.7.26., 2017.12.26.]

1. 법 제58조제3항제1호 또는 제2호에 해당하는 자에 대한 자금 보조 및 융자
2. 법 제58조제11항에 따른 저공해자동차 등에 대한 표지 부착
3. 법 제58조의2제5항에 따른 저공해자동차 보급실적의 관리 및 법 제58조의5제1항에 따른 저공해자동차 구매 · 임차 실적의 관리

제58조의2(저공해자동차의 보급) ① 환경부장관은 자동차를 제작하거나 수입하여 대통령령으로 정하는 수량 이상을 판매(위탁 등을 하여 판매하는 경우를 포함한다)하는 자(이하 "자동차판매자"라 한다)가 연간 보급하여야 할 저공해자동차에 관한 목표(이하 "연간 저공해자동차 보급목표"라 한다)를 매년 관계 중앙행정기관의 장과 협의하여 정하고 이를 고시하여야 한다.

② 환경부장관은 저공해자동차 중에서 대기오염물질의 배출이 없는 자동차로서 대통령령으로 정하는 자동차(이하 "무공해자동차"라 한다)의 보급 촉진을 위하여 제1항에 따라 연간 저공해자동차 보급목표를 정할 때 자동차판매자가 연간 보급하여야 할 무공해자동차에 관한 목표를 별도로 정할 수 있다.

③ 환경부장관은 제1항 및 제2항에 따라 연간 저공해자동차 보급목표를 정할 때에는 저공해자동차의 개발현황, 자동차판매량 등을 고려하여야 한다.

④ 자동차판매자는 연간 저공해자동차 보급목표에 따라 매년 저공해자동차 보급계획서를 작성하여 환경부장관의 승인을 받아야 한다.

⑤ 자동차판매자는 제4항에 따라 승인을 받은 저공해자동차 보급계획서에 따라 저공해자동차를 보급하고 그 실적을 환경부장관에게 제출하여야 한다.

⑥ 제4항과 제5항에 따른 저공해자동차 보급계획서의 작성방법 · 승인절차 및 보급실적의 제출에 필요한 사항은 환경부령으로 정한다.

규칙 **제79조의12(저공해자동차 보급실적의 제출)** 법 제58조의2제5항에 따라 저공해자동차 보급실적을 제출하려는 자는 다음 각 호의 사항이 포함된 전년도의 저공해자동차 보급실적을 매년 3월 31일까지 제출해야 한다.

1. 영 제1조의2에 따른 저공해자동차의 종류별 판매실적
2. 저공해자동차 보급에 따른 자동차의 대기오염물질 총 배출저감량
3. 보급계획 미달성 사유(보급실적이 보급계획에 미달한 경우에만 해당한다)

영 **제52조의2(저공해자동차를 보급해야 하는 자동차판매자의 범위)** 법 제58조의2제1항에서 "대통령령으로 정하는 수량"이란 별표 12의2에 따른 수량을 말한다.

영 **제52조의3(무공해자동차)** 법 제58조의2제2항에서 "대통령령으로 정하는 자동차"란 자동차에서 배출되는 대기오염물질이 환경부령으로 정하는 배출허용기준에 맞는 자동차로서 「환경친화적 자동차의 개발 및 보급 촉진에 관한 법률」 제2조제3호, 제4호 및 제6호에 따른 전기자동차, 태양광자동차 및 수소전기자동차를 말한다.

■ **대기환경보전법 시행령 [별표 12의2] 〈신설 2020. 3. 31.〉**

저공해자동차를 보급해야 하는 자동차판매자의 범위(제52조의2 관련)

법 제58조의2제1항에서 "대통령령으로 정하는 수량"이란 15인승 이하 승용자동차 및 승합자동차의 연간 판매수량의 최근 3년간 평균 기준 4,500대를 말한다.

비고

1. 판매수량은 법 제58조의2제4항에 따른 저공해자동차 보급계획서 제출 대상 회계연도의 4개년 전 1월 1일부터 전전년도 12월 31일까지 판매한 수량을 말한다.
2. 2009년 1월 1일부터 2009년 12월 31일까지 15인승 이하 승용자동차 및 승합자동차 판매수량이 4,500대 미만인 자는 저공해자동차를 보급해야 하는 자동차판매자에서 제외한다.

제58조의3(저공해자동차의 구매 · 임차 등) ① 대통령령으로 정하는 수량 이상의 자동차를 가지고 있는 다음 각 호의 기관은 자동차를 새로 구매하거나 임차하는 경우 환경부령으로 정하는 비율 이상의 저공해자동차를 구매하거나 임차하여야 한다.

1. 국가기관
2. 지방자치단체
3. 대통령령으로 정하는 공공기관

② 환경부장관은 제1항에 따른 국가기관, 지방자치단체 및 공공기관(이하 "국가기관등"이라 한다) 외의 자로서 환경부령으로 정하는 수량 이상의 자동차를 가진 자가 자동차를 새로 구매하거나 임차하는 경우에는 저공해자동차를 우선 구매하거나 임차하도록 권고할 수 있다.

③ 국가나 지방자치단체는 저공해자동차를 구매 또는 임차하는 자에게 저공해자동차의 구매 또는 임차에 필요한 재정적 지원을 할 수 있다.

규칙 **제79조의13(저공해자동차의 구매 · 임차 비율)** ① 법 제58조의3제1항 각 호 외의 부분에서 "환경부령으로 정하는 비율"이란 100퍼센트를 말한다.

② 법 제58조의3제1항에 따라 저공해자동차를 구매 · 임차하는 경우에는 제1항에 따른 비율 중 80퍼센트 이상을 제1종 저공해자동차로 구매 · 임차해야 한다.

③ 제1항 및 제2항에 따른 비율의 적용방법 등 저공해자동차의 구매 · 임차실적 산정에 필요한 사항은 환경부장관이 정하여 고시한다.

규칙 **제79조의14(저공해자동차의 우선 구매 · 임차 권고대상자)** 법 제58조의3제2항에서 "환경부령으로 정하는 수량"이란 10대를 말한다.

영 **제52조의4(저공해자동차의 구매 · 임차 대상 기관 등)** ① 법 제58조의3제1항 각 호 외의 부분에서 "대통령령으로 정하는 수량"이란 6대(법 제58조의4제1항에 따른 저공해자동차 구매 · 임차 계획의 제출 대상 회계연도의 전전년도 12월 31일을 기준으로 가지고 있는 수량을 말한다)를 말한다.

② 법 제58조의3제1항제3호에서 "대통령령으로 정하는 공공기관"이란 다음 각 호의 공공기관을 말한다.

1. 「공공기관의 운영에 관한 법률」 제4조에 따른 공공기관
2. 「정부출연연구기관 등의 설립 · 운영 및 육성에 관한 법률」 제8조에 따라 설립된 연구기관
3. 「과학기술분야 정부출연연구기관 등의 설립 · 운영 및 육성에 관한 법률」 제8조에 따라 설립된 연구기관
4. 「지방공기업법」 제49조에 따라 설립된 지방공사 및 같은 법 제76조에 따라 설립된 지방공단
5. 「지방자치단체 출자 · 출연 기관의 운영에 관한 법률」 제2조제1항에 따른 출자기관 또는 출연기관
6. 「공기업의 경영구조 개선 및 민영화에 관한 법률」 제2조에 따른 법인

제58조의4(저공해자동차의 구매 · 임차 계획) ① 국가기관등의 장은 자동차를 새로 구매하거나 임차하려는 경우 회계연도의 시작 전까지 해당 회계연도의 저공해자동차 구매 · 임차 계획(이하 "구매 · 임차계획"이라 한다)을 환경부장관에게 제출하여야 한다.

② 환경부장관은 국가기관등의 장이 구매 · 임차계획을 제출하면 지체 없이 이를 공표하여야 한다.

제58조의5(저공해자동차의 구매 · 임차 실적) ① 국가기관등의 장은 구매 · 임차계획에 따른 저공해자동차의 구매 · 임차 실적을 회계연도가 끝난 후 2개월 이내에 환경부장관에게 제출하여야 한다.

② 환경부장관은 국가기관등의 장이 제1항에 따른 구매 · 임차 실적을 제출하면 지체 없이 이를 공표하여야 한다.

제58조의6(저공해자동차의 구매 · 임차 촉진을 위한 협조요청) 환경부장관은 저공해자동차의 구매 · 임차 촉진을 위하여 필요하다고 인정하는 때에는 국가기관등의 장에게 업무를 평가하는 항목에 저공해자동차 구매 · 임차 실적의 반영 등 필요한 조치를 취할 것을 요청할 수 있다. 이 경우 요청을 받은 국가기관등의 장은 특별한 사유가 없으면 이에 협조하여야 한다.

제58조의7(저공해자동차 관련 정보의 제공 등) 환경부장관은 국가기관 등의 장에게 저공해자동차의 출시와 관련한 정보를 제공하거나 저공해자동차의 구매 · 임차를 촉진하기 위하여 홍보를 실시할 수 있다.

제59조(공회전의 제한) ① 시 · 도지사는 자동차의 배출가스로 인한 대기오염 및 연료 손실을 줄이기 위하여 필요하다고 인정하면 그 시 · 도의 조례가 정하는 바에 따라 터미널, 차고지, 주차장 등의 장소에서 자동차의 원동기를 가동한 상태로 주차하거나 정차하는 행위를 제한할 수 있다. [개정 2009.5.21.]

② 시 · 도지사는 대중교통용 자동차 등 환경부령으로 정하는 자동차에 대하여 시 · 도 조례에 따라 공회전제한장치의 부착을 명령할 수 있다. [신설 2009.5.21., 2012.5.23.]

③ 국가나 지방자치단체는 제2항에 따른 부착 명령을 받은 자동차 소유자에 대하여는 예산의 범위에서 필요한 자금을 보조하거나 융자할 수 있다. [신설 2009.5.21.]

규칙 제79조의11(저공해자동차 보급계획서의 승인 절차) ① 법 제58조의2제4항에 따라 저공해자동차 보급계획서의 승인을 받으려는 자는 저공해자동차 보급계획서의 제출 대상 회계연도의 전년도 12월 31일까지 다음 각 호의 사항이 포함된 저공해자동차 보급계획서를 제출해야 한다.

1. 해당 연도의 전체 자동차 판매계획(영 제1조의2에 따른 저공해자동차의 종류별 판매계획을 포함한다)
2. 제1호에 따른 판매계획에 포함된 자동차의 해당 연도의 대기오염물질 총 배출량
3. 판매하려는 저공해자동차의 종류별 저공해자동차 인증서 또는 인증 계획

② 제1항제2호에 따른 대기오염물질 총 배출량의 산정방법은 환경부장관이 정하여 고시한다.

규칙 **제79조의15(공회전 제한장치 부착명령 대상 자동차)** 법 제59조제2항에서 "대중교통용 자동차 등 환경부령으로 정하는 자동차"란 다음 각 호의 자동차를 말한다.

1. 「여객자동차 운수사업법 시행령」 제3조제1호가목에 따른 시내버스운송사업에 사용되는 자동차
2. 「여객자동차 운수사업법 시행령」 제3조제2호다목에 따른 일반택시운송사업(군단위를 사업구역으로 하는 운송사업은 제외한다)에 사용되는 자동차
3. 「화물자동차 운수사업법 시행령」 제3조에 따른 화물자동차운송사업에 사용되는 최대적재량이 1톤 이하인 밴형 화물자동차로서 택배용으로 사용되는 자동차

제60조(배출가스저감장치 및 공회전제한장치의 인증 등) ① 배출가스저감장치, 저공해엔진 또는 공회전제한장치를 제조·공급 또는 판매하려는 자는 환경부장관으로부터 그 장치나 엔진이 보증기간 동안 환경부령으로 정하는 저감효율 또는 기준에 맞게 유지될 수 있다는 인증을 받아야 한다. 다만, 제작단계에서 배출가스저감장치, 저공해엔진 또는 공회전제한장치를 부착하여 제작차 인증을 받은 경우에는 인증을 받지 아니할 수 있다. [개정 2012.5.23.]

규칙 **제80조(배출가스저감장치 및 저공해엔진의 저감효율)** 법 제60조제1항 본문에서 "환경부령으로 정하는 저감효율 또는 기준"이란 별표 6의3에 따른 기준을 말한다.

② 제1항에 따라 인증을 받은 자가 인증받은 내용을 변경하려면 변경인증을 받아야 한다.

④ 환경부장관은 제1호에 해당하면 인증을 취소하여야 한다. 다만, 제2호와 제3호에 해당하는 경우에는 인증을 취소할 수 있다. [개정 2012.5.23.]

1. 거짓이나 그 밖의 부정한 방법으로 인증을 받은 경우
2. 배출가스저감장치, 저공해엔진 또는 공회전제한장치에 결함이 생겨 이를 개선하여도 제1항에 따른 저감효율 또는 기준을 유지할 수 없는 경우
3. 제60조의4에 따른 검사 결과 인증의 기준을 유지하지 못하는 경우

⑤ 제1항과 제2항에 따른 인증 또는 변경인증을 받으려는 자는 환경부령으로 정하는 바에 따라 수수료를 내야 한다.

규칙 **제81조(배출가스저감장치의 인증 수수료)** ① 법 제60조제5항에 따른 수수료는 환경부장관이 인증기관의 장과 협의하여 고시한다.

② 환경부장관은 제1항에 따라 수수료를 정하려는 경우에는 미리 환경부의 인터넷 홈페이지에 20일(긴급한 사유가 있는 경우에는 10일)간 그 내용을 게시하고 이해관계인의 의견을 들어야 한다.

③ 환경부장관은 제1항에 따라 수수료를 정하였을 때에는 그 내용과 산정내역을 환경부의

인터넷 홈페이지를 통하여 공개하여야 한다.

⑥ 제1항에 따른 인증의 신청 · 시험 · 기준 및 방법 등에 필요한 사항은 환경부령으로 정한다.

규칙 **제81조의2(공회전제한장치 성능인증의 신청 · 시험 · 기준 및 방법 등)** ① 법 제60조제1항 본문에 따라 공회전제한장치의 인증을 받으려는 자는 별지 제36호의7서식의 공회전제한장치 성능인증 시험 신청서에 다음 각 호의 서류를 첨부하여 국립환경과학원장에게 제출해야 한다.

1. 공회전제한장치의 구조 · 성능 · 내구성 등에 관한 설명서
2. 공회전제한장치 관련 자체 시험결과서
3. 장치의 내환경성 시험결과서 및 적정부품 사용여부 설명서
4. 장치의 판매 및 사후관리체계에 관한 설명서
5. 제품 보증에 관한 서류

② 제1항에 따라 인증을 받은 자가 인증받은 내용을 변경하려는 경우에는 별지 제36호의7서식의 공회전제한장치 성능인증 시험 변경신청서에 변경과 관련된 다음 각 호의 서류를 첨부하여 국립환경과학원장에게 제출해야 한다.

1. 성능변경 시 변경하려는 인증내용과 관련된 제1항 각 호의 서류
2. 상호, 대표자, 주소 등 인증서에 명시된 내용 변경 시 변경내용을 증빙할 수 있는 관련 서류

③ 국립환경과학원장은 제1항 또는 제2항에 따라 인증을 하거나 성능과 관련된 변경인증을 하려는 경우 3회 이상의 반복시험을 통해 별표 6의4의 공회전제한장치 성능기준을 만족하는지를 검토해야 한다.

④ 제3항에 따른 인증시험은 국립환경과학원장이 실시한다.

⑤ 국립환경과학원장은 법 제60조제1항에 따라 인증을 받은 공회전제한장치에 대하여는 별지 제36호의8서식의 공회전제한장치 성능인증서를 내줘야 한다.

규칙 **제82조(배출가스저감장치 및 저공해엔진의 인증의 신청 · 시험 · 기준 및 방법 등)** ① 법 제60조제1항 본문에 따라 인증을 받으려는 자는 별지 제37호서식의 배출가스저감장치 또는 저공해엔진 인증신청서에 다음 각 호의 서류를 첨부하여 국립환경과학원장에게 제출해야 한다.

1. 배출가스저감장치 또는 저공해엔진의 구조 · 성능 · 내구성 등에 관한 설명서
2. 배출가스저감장치 부착 또는 저공해엔진으로 개조 · 교체 전후의 배출가스, 출력, 연비 등 성능시험 결과서
3. 배출가스저감장치 또는 저공해엔진의 내구성시험 결과서

4. 배출가스저감장치 또는 저공해엔진의 판매 및 사후관리체계에 관한 설명서
5. 제품보증에 관한 서류

② 법 제60조제2항에 따라 변경인증을 받으려는 자는 별지 제37호의2서식의 배출가스저감장치 또는 저공해엔진 변경인증신청서에 다음 각 호의 서류를 첨부하여 국립환경과학원장에게 제출해야 한다.

1. 인증받은 것과 동일한 배출가스저감장치 또는 저공해엔진임을 입증할 수 있는 서류
2. 변경하려는 배출가스저감장치 또는 저공해엔진의 구조 · 성능 · 내구성 등에 관한 설명서
3. 변경하려는 인증내용에 관한 설명서
4. 인증내용 변경 전후의 저감효율 변화에 대한 검토서

③ 국립환경과학원장은 법 제60조제1항 본문 및 제2항에 따른 인증이나 변경인증을 하려는 경우에는 다음 각 호의 사항을 검토해야 한다.

1. 배출가스저감장치 또는 저공해엔진의 구조 · 성능 · 내구성 등에 관한 기술적 타당성
2. 제80조에 따른 저감효율 또는 기준(이하 "저감효율기준"이라 한다)에 대한 시험결과
3. 배출가스저감장치 또는 저공해엔진이 자동차 성능에 미치는 영향

④ 제3항제2호에 따른 시험은 환경부장관이 고시하는 방법에 따라 국립환경과학원장이 실시한다.

⑤ 국립환경과학원장은 법 제60조제1항 본문에 따라 인증을 받은 배출가스저감장치 또는 저공해엔진에 대해서는 별지 제37호의3서식의 배출가스저감장치 또는 저공해엔진 인증서를 내줘야 한다.

⑥ 제5항에 따라 배출가스저감장치 또는 저공해엔진 인증서를 받은 자는 인증의 주요 내용을 적은 표지를 해당 배출가스저감장치 또는 저공해엔진에 부착해야 한다.

⑦ 제6항에 따른 표지의 규격 및 부착방법 등은 환경부장관이 정하여 고시한다.

제60조의2(배출가스저감장치 등의 관리) ① 제58조제1항 또는 제2항에 따른 조치를 한 자동차의 소유자는 그 조치를 한 날부터 2개월이 되는 날 전후 각각 15일 이내에 환경부령으로 정하는 바에 따라 자동차에 부착 또는 교체한 배출가스저감장치나 개조 또는 교체한 저공해엔진이 제60조제1항에 따른 저감효율에 맞게 유지되는지 성능유지 확인을 받아야 한다. 다만, 자동차 배출가스 종합전산체계를 통하여 배출가스저감장치 또는 저공해엔진의 성능이 유지되는지를 확인할 수 있는 경우에는 성능유지 확인을 받은 것으로 본다.

② 제1항에 따른 성능유지 확인 방법, 확인기관 등 필요한 사항은 환경부령으로 정한다.

규칙 제82조의2(배출가스저감장치 등의 성능유지 확인 및 확인기관) ① 법 제60조의2제2항에

따른 성능유지 확인 방법 및 확인기관은 다음 각 호와 같다.

1. 자동차에 부착 또는 교체한 배출가스저감장치: 한국환경공단 또는 「교통안전공단법」에 따라 설립된 교통안전공단으로부터 배출가스저감장치의 주행 온도조건 및 운행차배출허용기준이 적정히 유지되는지 여부 등 성능을 확인받을 것
2. 개조 · 교체한 저공해엔진: 국토교통부장관이 「자동차관리법」 제43조에 따라 실시하는 구조변경검사에 합격할 것

② 제1항에 따라 배출가스저감장치의 성능을 확인한 기관은 별지 제37호의4서식의 성능 확인검사 결과표를 2부 작성하여 1부는 자동차 소유자에게 발급하고, 1부는 3년간 보관해야 한다.

③ 제1항에 따라 배출가스저감장치의 성능을 확인한 기관은 그 결과를 지체없이 관할 시 · 도지사에게 보고하여야 한다. 다만, 그 결과를 전산정보처리 조직을 이용하여 기록한 경우에는 그러하지 아니하다.

④ 제1항부터 제3항까지에서 규정한 사항 외에 성능유지 확인검사의 방법 등에 관하여 필요한 사항은 환경부장관이 정하여 고시한다.

③ 제1항에 따라 성능을 유지할 수 있다는 확인을 받은 자동차는 제58조제1항 또는 제2항에 따른 조치를 한 날부터 3년간 제62조제1항에 따른 배출가스 정기검사 및 제63조제1항에 따른 배출가스 정밀검사를 받지 아니하여도 된다.

④ 제58조제1항 또는 제2항에 따른 조치를 한 자동차의 소유자는 배출가스저감장치 드는 저공해엔진의 성능을 유지하기 위하여 배출가스저감장치의 점검 등 환경부령으로 정하는 사항을 지켜야 한다.

규칙 **제82조의3(자동차 소유자의 관리의무)** 법 제60조의2제4항에서 "환경부령으로 정하는 사항"이란 다음 각 호의 사항을 말한다.

1. 배출가스저감장치 및 그 관련 부품을 무단으로 제거하거나 변경하지 아니 할 것
2. 배출가스저감장치를 점검할 것
3. 차량을 정비할 것 [본조신설 2013.2.1.]

⑤ 시 · 도지사는 자동차의 소유자가 제4항에 따른 준수사항을 지키지 아니한 경우에는 배출가스저감장치의 점검 등 제4항에 따른 준수사항의 이행에 필요한 조치를 명할 수 있다.

⑥ 배출가스저감장치나 저공해엔진을 제조 · 공급 또는 판매하려는 자는 환경부령으로 정하는 바에 따라 자동차에 부착한 배출가스저감장치 또는 저공해엔진으로 개조한 자동차의 성능을 점검하고, 그 결과를 환경부장관과 시 · 도지사에게 제출하여야 한다. 다만, 자동차 배출가스 종합전산체계를 통하여 배출가스저감장치의 성능이 유지되는지를 확인할 수 있는 경우에는 점검결과

를 제출하지 아니할 수 있다.

규칙 제82조의5(배출가스저감장치 등에 대한 성능점검 등) ① 배출가스저감장치 또는 저공해엔진을 제조 · 공급 또는 판매하는 자는 법 제60조의2제6항 본문에 따라 매 분기마다 자동차에 부착한 배출가스저감장치 또는 저공해엔진으로 개조한 자동차의 성능을 점검해야 한다.

② 배출가스저감장치 또는 저공해엔진을 제조 · 공급 또는 판매하는 자는 제1항에 따른 성능점검을 할 때 다음 각 호의 사항을 검토해야 한다. 다만, 제1호 및 제2호는 별표 6의3 제1호에 따른 제1종 배출가스저감장치 및 제2종 배출가스저감장치만 해당한다.

1. 배출가스저감장치 부착 자동차의 배출가스저감장치 부착 전 7일간의 주행온도분포 또는 운행 형태에 대한 조사 결과
2. 배출가스저감장치에 부착한 측정기기로 측정된 7일간의 배기압력과 주행온도분포 결과(「여객자동차 운수사업법」 제3조제1항제1호에 따른 노선(路線) 여객자동차운송사업에 사용되는 자동차 및 「화물자동차 운수사업법」 제3조제1항제1호에 따른 일반화물자동차운송사업에 사용되는 자동차만 해당한다)
3. 배출가스저감장치를 부착하거나 저공해엔진으로 개조한 자동차의 소유자 또는 운행자로부터 해당 배출가스저감장치 또는 저공해엔진의 결함이 접수된 경우 그 내용

③ 배출가스저감장치 또는 저공해엔진을 제조 · 공급 또는 판매하는 자는 제1항에 따라 성능점검을 한 때에는 그 결과를 다음 분기 시작일부터 30일 이내에 유역환경청장, 지방환경청장, 수도권대기환경청장 또는 시 · 도지사에게 제출해야 한다.

제60조의3(배출가스저감장치 등의 저감효율 확인검사) ① 환경부장관은 자동차에 부착 또는 교체한 배출가스저감장치나 개조 또는 교체한 저공해엔진이 제60조제1항 본문에 따른 보증기간 동안 저감효율을 유지하는지 검사할 수 있다.

② 제1항에 따른 검사의 대상 장치 또는 엔진의 선정기준, 검사의 방법 · 절차 · 기준, 판정방법 및 검사수수료 등에 관하여 필요한 사항은 환경부령으로 정한다.

규칙 제82조의4(저감효율 확인검사 대상의 선정기준 등) ① 법 제60조의3제1항에 따른 저감효율 확인검사의 대상은 부착 · 교체 또는 개조 · 교체한 지 1년이 지난 배출가스저감장치 또는 저공해엔진으로 한다.

② 국립환경과학원장은 제1항에 따른 저감효율 확인검사를 하려는 경우에는 같은 해에 같은 배출가스저감장치를 부착한 자동차 5대와 같은 저공해엔진으로 개조한 자동차 5대를 각각 검사대상으로 선정한다.

③ 국립환경과학원장은 제2항에 따라 저감효율 확인검사 대상 자동차를 선정한 경우에는 해당 자동차에 부착된 배출가스저감장치를 봉인하여야 한다.

규칙 **제82조의6(저감효율 확인검사의 방법 및 절차)** ① 법 제60조의3제1항에 따른 저감효율 확인검사는 제82조제4항에 따른 시험방법에 따라 실시한다.

② 국립환경과학원장은 제1항에 따라 저감효율 확인검사를 마친 후 10일 이내에 그 결과를 환경부장관에게 보고하여야 한다.

규칙 **제82조의7(저감효율 확인검사의 기준 및 판정방법 등)** ① 국립환경과학원장은 제82조의5에 따른 저감효율 확인검사 결과 다음 각 호에 해당하는 배출가스저감장치 또는 저공해엔진에 대해서는 부적합한 것으로 판정하여야 한다.

1. 배출가스저감장치: 기준저감효율에 미달하는 대수가 5대 중 2대를 초과하거나, 5대의 평균저감효율이 기준저감효율의 5분의 4 미만인 경우
2. 저공해엔진: 다음 각 목의 어느 하나에 해당하는 경우
   가. 항목별 배출가스를 측정한 결과 같은 항목에서 5대 중 3대 이상이 기준 저감효율에 미달하는 경우
   나. 항목별 배출가스를 측정한 결과 같은 항목에서 5대 중 2대 이상이 기준 저감효율에 미달하고 해당 항목에서 5대의 평균가스 배출량이 기준 저감효율에 미달하는 경우

② 국립환경과학원장은 제1항에 따라 배출가스저감장치 또는 저공해엔진을 부적합한 것으로 판정한 경우에는 해당 배출가스저감장치 또는 저공해엔진을 제조 · 공급 또는 판매하는 자(이하 "제조자등"이라 한다)에게 검사결과를 지체없이 알려야 한다. 이 경우 제조자등은 검사결과를 통지받은 날부터 15일 이내에 해당 배출가스저감장치 또는 저공해엔진의 결함을 스스로 시정할 것인지 또는 재검사를 신청할 것인지를 국립환경과학원장에게 서면으로 알려야 한다.

③ 제조자등이 제2항에 따라 스스로 결함을 시정하는 경우에는 그 사실을 알린 날부터 15일 이내에 다음 각 호의 서류가 첨부된 결함시정 계획서를 국립환경과학원장에게 제출하여 승인을 받고, 그 이행 결과를 국립환경과학원장에게 보고하여야 한다.

1. 결함시정 대상 배출가스저감장치 또는 저공해엔진의 판매명세서
2. 결함발생 원인 및 개선대책 등 개선계획서
3. 결함시정에 드는 비용명세서
4. 결함시정 대상 배출가스저감장치 또는 저공해엔진의 소유자에 대한 결함시정 결과의 통지계획서

④ 국립환경과학원장은 제조자등이 제2항에 따라 재검사를 신청하는 경우에는 같은 배출가스저감장치를 부착하거나 같은 저공해엔진으로 개조한 자동차 5대를 각각 추가로 선정하여 제82조의5에 따른 저감효율 확인검사 방법으로 재검사를 실시하여야 한다. 이 경우 재검사에 드는 비용은 제조자등이 부담한다.

⑤ 법 제60조의3제1항에 따른 저감효율 확인검사의 수수료는 환경부장관의 승인을 받아 국립환경과학원장이 정한다.

⑥ 국립환경과학원장은 제5항에 따라 수수료를 정하려는 경우에는 미리 국립환경과학원의 인터넷 홈페이지에 25일(긴급한 사유가 있는 경우에는 10일로 한다) 동안 그 내용을 게시하고 이해관계인의 의견을 들어야 한다.

⑦ 국립환경과학원장은 제5항에 따른 수수료를 정한 경우에는 그 내용과 산정내역을 국립환경과학원의 인터넷 홈페이지를 통하여 공개하여야 한다.

제60조의4(배출가스저감장치 등의 수시검사) ① 환경부장관은 제60조제1항에 따라 인증을 받은 배출가스저감장치나 저공해엔진에 대하여 자동차에 부착하거나 저공해엔진으로 개조하기 전에 인증의 기준을 유지할 수 있는지를 수시로 검사할 수 있다.

② 제1항에 따른 검사의 대상 · 방법 · 절차 등에 필요한 사항은 환경부령으로 정한다.

규칙 **제82조의8(배출가스저감장치 등의 수시검사 대상)** 국립환경과학원장은 배출가스저감장치 또는 저공해엔진이 다음 각 호의 어느 하나에 해당하는 경우에는 법 제60조의4제1항에 따른 수시검사를 할 수 있다.

1. 법 제60조의2제6항에 따른 성능점검 결과 해당 배출가스저감장치 또는 저공해엔진의 성능이 저감효율기준을 충족하지 못하는 경우
2. 법 제82조 및 이 규칙 제131조제1항제7호의4에 따라 제출된 자료를 확인하거나 검사한 결과 출고된 배출가스저감장치 또는 저공해엔진의 구조나 사용 부품 등이 인증 당시와 차이가 있다고 인정되는 경우

규칙 **제82조의9(배출가스저감장치 등의 수시검사의 방법 및 절차)** ① 국립환경과학원장은 법 제60조의4에 따라 수시검사를 할 때에는 배출가스저감장치 또는 저공해엔진을 제조 · 공급 또는 판매하는 자가 공급 또는 판매하기 위하여 보유하고 있는 배출가스저감장치 또는 저공해엔진별로 각각 3대를 선정한다.

② 제1항에 따라 선정된 배출가스저감장치 또는 저공해엔진의 검사방법은 제82조제4항에 따른 시험방법에 따른다.

③ 국립환경과학원장은 배출가스저감장치 또는 저공해엔진이 다음 각 호의 어느 하나에 해당하는 경우에는 해당 배출가스저감장치 또는 저공해엔진을 부적합한 것으로 판정한다.

1. 수시검사(제82조의10에 따른 재검사를 포함한다. 이하 이 조에서 같다) 결과 해당 배출가스저감장치 또는 저공해엔진의 성능이 저감효율기준을 충족하지 못하는 경우
2. 해당 배출가스저감장치 또는 저공해엔진의 구조 · 내구성이 제82조제1항제1호와

다른 경우

④ 제3항에 따라 부적합한 것으로 판정된 배출가스저감장치 또는 저공해엔진의 대수가 검사 대상 3대 중 2대 이상이거나 검사 대상 3대의 평균 저감효율이 저감효율기준에 미달하는 경우에는 해당 배출가스저감장치 또는 저공해엔진과 같은 부품이나 설비를 이용하여 생산된 배출가스저감장치 또는 저공해엔진 전부를 부적합한 것으로 판정한다.

⑤ 국립환경과학원장은 제4항에 따라 부적합한 것으로 판정된 배출가스저감장치 또는 저공해엔진에 대해서는 검사가 끝난 날부터 10일 이내에 그 검사 결과를 해당 배출가스저감장치 또는 저공해엔진을 제조 · 공급 또는 판매하는 자에게 통지하고, 그 사실을 환경부장관에게 보고해야 한다.

규칙 제82조의10(이의신청에 따른 재검사) ① 배출가스저감장치 또는 저공해엔진을 제조 · 공급 또는 판매하는 자는 제82조의9제5항에 따른 검사 결과에 이의가 있는 경우 그 검사 결과를 통지받은 날부터 20일 이내에 국립환경과학원장에게 재검사를 신청할 수 있다.

② 제1항에 따라 재검사 신청을 받은 국립환경과학원장은 배출가스저감장치 또는 저공해엔진별로 각각 3대를 새로 선정하여 제82조의9에 따라 재검사를 실시해야 한다.

제61조(운행차의 수시 점검) ① 환경부장관, 특별시장 · 광역시장 · 특별자치시장 · 특별자치도지사 · 시장 · 군수 · 구청장은 자동차에서 배출되는 배출가스가 제57조에 따른 운행차배출허용기준에 맞는지 확인하기 위하여 도로나 주차장 등에서 자동차의 배출가스 배출상태를 수시로 점검하여야 한다. [개정 2012.2.1., 2013.7.16.]

② 자동차 운행자는 제1항에 따른 점검에 협조하여야 하며 이에 응하지 아니하거나 기피 또는 방해하여서는 아니 된다.

③ 제1항에 따른 점검 방법 등에 필요한 사항은 환경부령으로 정한다.

규칙 제83조(운행차의 수시점검방법 등) ① 법 제61조제1항에 따라 환경부장관, 특별시장 · 광역시장 · 특별자치시장 · 특별자치도지사 또는 시장 · 군수 · 구청장은 점검대상 자동차를 선정한 후 배출가스를 점검하여야 한다. 다만, 원활한 차량소통과 승객의 편의 등을 위하여 필요한 경우에는 운행 중인 상태에서 원격측정기 또는 비디오카메라를 사용하여 점검할 수 있다.

② 제1항에 따른 배출가스 측정방법 등에 관하여 필요한 사항은 환경부장관이 정하여 고시한다.

규칙 제84조(운행차 수시점검의 면제) 환경부장관, 특별시장 · 광역시장 · 특별자치시장 · 특별자치도지사 또는 시장 · 군수 · 구청장은 다음 각 호의 어느 하나에 해당하는 자동차에 대하여는 법 제61조제1항에 따른 운행차의 수시 점검을 면제할 수 있다. [개정 2013.2.1., 2017.1.26.]

1. 환경부장관이 정하는 저공해자동차
2. 「도로교통법」 제2조제22호 및 같은 법 시행령 제2조에 따른 긴급자동차
3. 군용 및 경호업무용 등 국가의 특수한 공용 목적으로 사용되는 자동차

제62조(운행차의 배출가스 정기검사) ① 자동차[「자동차관리법」 제3조제1항제5호에 따른 이륜자동차(이하 "이륜자동차"라 한다)는 제외한다. 이하 이 항에서 같다]의 소유자는 「자동차관리법」 제43조제1항제2호와 「건설기계관리법」 제13조제1항제2호에 따라 일정 기간마다 그 자동차에서 나오는 배출가스가 운행차배출허용기준에 맞는지를 검사하는 운행차 배출가스 정기검사를 받아야 한다. 다만, 저공해자동차 중 환경부령으로 정하는 자동차와 제63조에 따른 정밀검사 대상 자동차의 경우에는 해당 연도의 배출가스 정기검사 대상에서 제외한다. [개정 2012.2.1., 2012.5.23., 2013.7.16.]

규칙 제84조의2(운행차의 배출가스 정기검사 또는 정밀검사의 면제 대상 저공해자동차) 법 제62조제1항 단서 및 제63조제2항제1호에서 "환경부령으로 정하는 자동차"란 각각 영 제1조의2제1호에 따른 제1종 저공해자동차를 말한다.

규칙 제86조(운행차의 배출가스 정기검사 신청) 법 제62조제1항에 따른 운행차의 배출가스 정기검사를 받으려는 자는 「자동차관리법 시행규칙」 제77조에 따른 정기검사를 신청할 때에 운행차 배출가스 정기검사를 신청하여야 한다.

② 이륜자동차의 소유자는 이륜자동차에 대하여 환경부령으로 정하는 바에 따라 환경부장관이 일정 기간마다 그 이륜자동차에서 나오는 배출가스가 운행차배출허용기준에 맞는지를 검사하는 배출가스 정기검사(이하 "이륜자동차정기검사"라 한다)를 받아야 한다. 다만, 전기이륜자동차 등 환경부령으로 정하는 이륜자동차의 경우에는 이륜자동차정기검사 대상에서 제외한다. [신설 2013.7.16.]

규칙 제86조의2(이륜자동차정기검사의 신청) ① 법 제62조제2항에 따른 이륜자동차 정기검사를 받고자 하는 자는 다음 각 호의 서류를 법 제62조의2제1항에 따른 이륜자동차정기검사 업무 대행 전문기관(이하 "이륜자동차정기검사대행자"라 한다) 또는 법 제62조의3에 따라 지정된 지정정비사업자(이하 "지정정비사업자"라 한다)에게 제출하고 해당 이륜자동차를 제시하여야 한다. 다만, 이륜자동차정기검사대행자 또는 지정정비사업자가 전산망을 통하여 보험 등의 가입 여부를 확인할 수 있는 경우에는 제2호의 보험 등의 가입증명서를 제출한 것으로 본다.

1. 「자동차관리법 시행규칙」 제99조제2항에 따른 이륜자동차사용신고필증(이하 "이륜자동차사용신고필증"이라 한다) 또는 별지 제38호서식의 이륜자동차정기검사 결과표
2. 「자동차손해배상 보장법」 제5조에 따른 보험 등의 가입증명서

② 이륜자동차정기검사를 받기 위한 신청기간은 이륜자동차정기검사의 유효기간(제87조제4항에 따른 이륜자동차정기검사의 유효기간을 말한다. 이하 "검사유효기간"이라 한다) 만료일(제86조의5에 따라 검사유효기간을 연장하거나 검사를 유예한 경우에는 그 만료일을 말한다) 전후 각각 31일 이내로 하며, 이 신청기간 내에 이륜자동차정기검사를 신청하여 이륜자동차정기검사에서 적합판정을 받은 경우에는 검사유효기간 만료일에 이륜자동차정기검사를 받은 것으로 본다. 다만, 「자동차관리법」 제48조제2항에 따라 사용폐지 신고가 된 이륜자동차가 이륜자동차정기검사의 신청기간이 경과한 후 다시 사용신고가 된 경우(이 경우 다시 사용신고가 된 날을 검사유효기간 만료일로 본다)의 이륜자동차정기검사의 신청기간은 다시 사용신고가 된 날부터 62일 이내로 한다.

규칙 제86조의3(이륜자동차정기검사의 실시 등) ① 제86조의2에 따른 정기검사 신청을 받은 이륜자동차정기검사대행자 또는 지정정비사업자는 제87조제1항에 따라 검사를 실시한 다음 그 검사결과를 별지 제38호서식의 이륜자동차정기검사 결과표에 작성하여 1부를 검사신청인에게 발급하고, 1부를 2년간 보관하여야 한다. 다만, 이륜자동차정기검사 결과를 「자동차종합검사의 시행 등에 관한 규칙」 제20조에 따른 자동차검사 전산정보처리조직(이하 "자동차검사 전산정보처리조직"이라 한다)에 입력하고 보관한 경우에는 그러하지 아니하다.

② 이륜자동차정기검사대행자 또는 지정정비사업자는 제1항에 따른 검사결과에 대하여 법 제62조제2항에 따른 이륜자동차정기검사의 허용기준 적합 여부를 판정하여야 한다.

③ 이륜자동차정기검사대행자 또는 지정정비사업자는 제2항에 따라 검사결과를 판정한 이륜자동차 중 부적합판정을 한 이륜자동차에 대해서는 별지 제39호서식의 이륜자동차정기검사 부적합통지서에 그 사유 등을 기재하여 신청인에게 발급하여야 한다. 다만, 별지 제38호서식의 이륜자동차정기검사 결과표에 부적합 사유를 기록한 경우에는 별지 제39호서식의 검사부적합통지서 발급을 생략할 수 있다.

④ 이륜자동차정기검사대행자 또는 지정정비사업자는 제1항에 따른 검사결과를 시 · 도지사에게 지체없이 보고하여야 한다. 다만, 이륜자동차정기검사 결과를 자동차검사 전산정보처리조직에 기록한 경우에는 그러하지 아니하다.

⑤ 환경부장관은 이륜자동차의 소유자가 도서지역에 거주하고 있거나 이륜자동차의 소유자가 거주하는 지역에 검사기관이 부족하여 출장검사가 필요하다고 인정하는 경우에는 이륜자동차정기검사대행자로 하여금 출장검사(이동식 검사장비로 실시하는 검사

를 포함한다)를 하게 할 수 있다.

③ 환경부장관은 이륜자동차의 소유자가 천재지변이나 그 밖의 부득이한 사유로 이륜자동차정기검사를 받을 수 없다고 인정하는 경우에는 환경부령으로 정하는 바에 따라 그 검사 기간을 연장하거나 이륜자동차정기검사를 유예(猶豫)할 수 있다. [신설 2013.7.16.]

규칙 제86조의5(검사유효기간의 연장 등) ① 시·도지사는 법 제62조제3항에 따라 검사유효기간을 연장하거나 검사를 유예하고자 할 때에는 다음 각 호의 구분에 따른다.

1. 이륜자동차정기검사대행자가 천재지변 또는 부득이한 사유로 제86조의3제5항에 따른 출장검사를 실시하지 못할 경우: 이륜자동차정기검사대행자의 요청에 따라 필요하다고 인정되는 기간 동안 해당 이륜자동차의 검사 유효기간을 연장할 것
2. 이륜자동차의 도난·사고 발생 또는 동절기(매년 12월 1일부터 다음 연도 2월말까지) 등 부득이한 사유가 인정되는 경우: 이륜자동차의 소유자의 신청에 따라 필요하다고 인정되는 기간 동안 해당 이륜자동차의 검사유효 기간을 연장하거나 그 정기검사를 유예할 것
3. 전시·사변 또는 이에 준하는 비상사태로 인하여 관할지역 안에서 이륜자동차정기검사 업무를 수행할 수 없다고 판단되는 경우: 그 정기검사를 유예할 것. 이 경우 유예대상 지역 및 이륜자동차, 유예기간 등을 공고하여야 한다.

② 제1항제2호에 따라 검사유효기간의 연장 또는 정기검사의 유예를 받으려는 자는 별지 제40호서식의 이륜자동차정기검사 유효기간연장(유예)신청서에 이륜자동차사용신고필증과 그 사유를 증명하는 서류를 첨부하여 시·도지사에게 제출하여야 한다.

③ 시·도지사는 제2항에 따라 이륜자동차정기검사 유효기간연장(유예)신청을 받은 경우 그 사유를 검토하여 타당하다고 인정되는 때에는 검사유효기간을 연장하거나 그 정기검사를 유예하고 자동차검사 전산정보처리조직에 기록하여야 한다. [본조신설 2014.2.6.]

규칙 제86조의6(이륜자동차정기검사의 신청기간 경과의 통지) 시·도지사는 신고된 이륜자동차 중 제86조의2제2항에 따른 이륜자동차정기검사의 신청기간이 경과한 이륜자동차의 소유자에게 이륜자동차정기검사의 신청기간이 지난 날부터 10일 이내 및 20일 이내 각각 그 소유자에게 다음 각 호의 사항을 알려야 한다. [본조신설 2014.2.6.]

1. 이륜자동차정기검사의 신청기간이 지난 사실
2. 이륜자동차정기검사의 유예가 가능한 사항 및 그 신청방법
3. 이륜자동차정기검사를 받지 아니하는 경우에 부과되는 벌칙·과태료 및 법적 근거

규칙 제86조의7(이륜자동차정기검사의 신청기간이 지난 이륜자동차에 대한 검사명령) ① 시·

도지사는 신고된 이륜자동차 중 제86조의2제2항에 따른 신청기간이 끝난 후 30일이 지난 날까지 이륜자동차정기검사를 받지 아니한 이륜자동차의 소유자에게 지체 없이 이륜자동차정기검사를 받도록 명하여야 한다. 이 경우 9일 이상의 이행 기간을 주어야 한다.

② 제1항에 따른 이륜자동차정기검사의 명령은 별지 제41호서식에 따른 이륜자동차정기검사 명령서에 따른다.

④ 환경부장관은 이륜자동차정기검사를 받지 아니한 이륜자동차 소유자에게 환경부령으로 정하는 바에 따라 이륜자동차정기검사를 받도록 명할 수 있다. [신설 2013.7.16.]

⑤ 제2항에 따라 이륜자동차정기검사를 받으려는 자는 제62조의2제1항에 따른 이륜자동차정기검사 업무 대행기관 및 제62조의3에 따른 지정정비사업자가 정하는 수수료를 내야 한다. [신설 2013.7.16.]

⑥ 제1항에 따른 배출가스 정기검사 및 이륜자동차정기검사(이하 "정기검사"라 한다)의 방법, 검사항목, 검사기관의 검사능력, 검사의 대상 및 검사 주기 등에 관하여 필요한 사항은 자동차의 종류에 따라 각각 환경부령으로 정한다. [개정 2013.7.16.]

규칙 **제87조(운행차의 배출가스 정기검사 방법 등)** ① 법 제62조제6항에 따른 운행차 배출가스 정기검사 및 이륜자동차정기검사의 대상항목, 방법 및 기준은 별표 22와 같다. [개정 2014.2.6.] ✓실전문제

② 법 제62조제6항에 따른 검사기관(같은 조 제1항에 따른 운행차 배출가스 정기검사기관으로 한정한다)은 「자동차관리법」 제44조제1항에 따라 지정된 검사대행자 또는 「자동차관리법」 제45조제1항에 따라 지정된 지정정비사업자 중 별표 23에서 정한 검사장비 및 기술능력을 갖춘 자(이하 "운행차정기검사대행자"라 한다)로 한다. [개정 2014.2.6.]

③ 운행차정기검사대행자가 제1항에 따라 검사를 한 경우에는 그 결과를 기록하여야 한다.

④ 법 제62조제6항에 따른 이륜자동차정기검사의 대상, 주기 및 유효기간은 별표 23의2와 같다. [신설 2014.2.6.][제목개정 2014.2.6.]

[규칙 별표22]

정기검사의 방법 및 기준(제87조제1항 관련)

1. 자동차(이륜자동차는 제외한다)

검사항목	검사기준	검사방법
가. 검사 전 확인	검사대상자동차가 아래의 조건에 적합할 것 1) 검사를 위한 장비 조작 및 검사요건에 적합할 것	가) 배기관에 시료채취관이 충분히 삽입될 수 있는 구조인지 확인

		나) 경유차의 경우 가속페달을 최대로 밟았을 때 원동기의 회전속도가 최대출력 시의 회전속도를 초과하여야 함
	2) 배출가스 관련 부품이 빠져나가 훼손되어 있지 않을 것	정화용 촉매, 선택적환원촉매장치(SCR), 매연여과장치 및 그 밖에 육안검사가 가능한 부품의 장착상태를 확인
	3) 배출가스 관련 장치의 봉인이 훼손되어 있지 않을 것	조속기 등 배출가스 관련 장치의 봉인 훼손 여부를 확인
	4) 배출가스가 최종배출구 이전에서 유출되지 않을 것	배출가스가 배출가스정화장치로 유입이전 또는 최종배기구 이전에서 유출되는지 여부를 확인
나. 배출가스 검사대상 자동차의 상태	검사대상자동차가 아래의 조건에 적합한지를 확인할 것 1) 원동기가 충분히 예열되어 있을 것	가) 수냉식 기관의 경우 계기판 온도가 40℃ 이상 또는 계기판 눈금이 1/4 이상이어야 하며, 원동기가 과열되었을 경우에는 원동기실 덮개를 열고 5분 이상 지난 후 정상상태가 되었을 때 측정 나) 온도계가 없거나 고장인 자동차는 원동기를 시동하여 5분이 지난 후 측정
	2) 변속기는 중립의 위치에 있을 것	변속기의 기어는 중립(자동변속기는 N)위치에 두고 클러치를 밟지 않은 상태(연결된 상태)인지를 확인
	3) 냉방장치 등 부속장치는 가동을 정지할 것	냉 · 난방장치, 서리 제거기 등 배출가스에 영향을 미치는 부속장치의 작동 여부를 확인
다. 배출가스 및 공기과잉률 검사	일산화탄소, 탄화수소, 공기과잉률의 측정결과가 저속공회전 검사모드 및 고속공회전 검사모드 모두 운행차 배출가스 정기검사의 배출허용기준에 각각 적합하여야 한다.	가) 저속공회전 검사모드(Low Speed Idle Mode) (1) 측정대상자동차의 상태가 정상으로 확인 되면 원동기가 가동되어 공회전(500~1,000 rpm) 되어 있으며, 가속페달을 밟지 않은 상태에서 시료채취관을 배기관 내에 30㎝ 이상 삽입한다. (2) 측정기 지시가 안정된 후 일산화탄소는 소수점 둘째자리 이하는 버리고 0.1% 단위로, 탄화수소는 소수점 첫째자리 이하는 버리고 1ppm단위로, 공기과잉률(λ)은 소수점 둘째자리에서 0.01단위로 최종측정치를 읽는다. 다만, 측정치가 불안정할 경우에는 5초간의 평균치로 읽는다. 나) 고속공회전 검사모드(High Speed Idle Mode) (1) 저속공회전모드에서 배출가스 및 공기과잉률검사가 끝나면, 즉시 정지가동상태에서

		원동기의 회전수를 2,500±300rpm으로 가속하여 유지 시킨다(승용차 및 차량 총중량 3.5ton 미만의 소형자동차에 한정하여 적용한다). (2) 측정기 지시가 안정된 후 일산화탄소는 소수점 둘째자리 이하는 버리고 0.1% 단위로, 탄화수소는 소수점 첫째자리 이하는 버리고 1ppm단위로, 공기과잉률(λ)은 소수점 둘째자리에서 0.01단위로 최종측정치를 읽는다. 다만, 측정치가 불안정할 경우에는 5초간의 평균치로 읽는다.
라. 매연	광투과식 분석방법(부분유량 채취방식만 해당한다)을 채택한 매연측정기를 사용하여 매연을 측정한 경우 측정한 매연의 농도가 운행차정기검사의 광투과식 매연 배출허용기준에 적합할 것	가) 측정대상자동차의 원동기를 중립인 상태(정지가동상태)에서 급가속하여 최고 회전속도 도달 후 2초간 공회전시키고 정지가동(Idle) 상태로 5~6초간 둔다. 이와 같은 과정을 3회 반복 실시한다. 나) 측정기의 시료채취관을 배기관의 벽면으로부터 5㎜ 이상 떨어지도록 설치하고 5㎝ 정도의 깊이로 삽입한다. 다) 가속페달에 발을 올려놓고 원동기의 최고회전속도에 도달할 때까지 급속히 밟으면서 시료를 채취한다. 이때 가속페달을 밟을 때부터 놓을 때까지 걸리는 시간은 4초 이내로 한다. 라) 위 다)의 방법으로 3회 연속 측정한 매연농도를 산술 평균하여 소수점 이하는 버린 값을 최종측정치로 한다. 다만, 3회 연속 측정한 매연농도의 최대치와 최소치의 차가 5%를 초과하거나 최종측정치가 배출허용기준에 맞지 아니한 경우에는 순차적으로 1회씩 더 측정하여 최대 5회까지 측정하면서 매회 측정시마다 마지막 3회의 측정치를 산출하여 마지막 3회의 최대치와 최소치의 차가 5% 이내이고 측정치의 산술평균값도 배출허용기준 이내이면 측정을 마치고 이를 최종측정치로 한다. 마) 위 라)의 단서에 따른 방법으로 5회까지 반복 측정하여도 최대치와 최소치의 차가 5%를 초과하거나 배출허용기준에 맞지 아니한 경우에는 마지막 3회(3회, 4회, 5회)의 측정치를 산술하여 평균값을 최종측정치로 한다.

[비고]

1. 특수용도로 사용하기 위하여 특수장치 또는 엔진성능 제어장치 등을 부착하여 엔진최고회전수 등을 제한하는 자동차인 경우에는 해당 자동차의 측정 엔진최고회전수를 엔진정격회전수로 수정 · 적용하여 배출가스검사를 시행할 수 있다.

2. 배출가스 및 공기과잉률 검사에서 검사대상 자동차의 엔진회전수가 저속공회전 검사모드 또는 고속공회전 검사모드 범위를 어느 하나라도 벗어나면 검사모드는 즉시 중지하여야 한다.
3. 하이브리드 자동차의 경우 엔진 구동이 되지 않거나 공회전수가 검사 범위를 벗어나 무부하(공회전) 검사가 불가능한 경우에는 무부하(공회전) 검사를 면제한다.
4. 위 표에서 정한 운행차 배출가스 정기검사의 방법 및 기준 외의 사항에 대해서는 제83조제2항에 따라 환경부장관이 정하는 운행차배출가스측정방법에 관한 고시를 준용한다.

2. 이륜자동차

검사항목	검사기준	검사방법
1. 동일성 확인	차대번호 등의 표기와 등록번호판이 이륜자동차사용신고필증에 기재된 차대번호 및 등록번호와 서로 일치할 것	차대번호 및 등록번호판 확인
2. 배출가스검사 전 자동차의 상태 확인	가. 검사를 위한 장비조작 및 검사요건에 적합할 것	배기관에 시료채취관이 충분히 삽입될 수 있는 구조인지 확인
	나. 배출가스 관련 부품이 빠져나가 훼손되어 있지 않을 것	정화용 촉매, 매연여과장치 등 관능검사가 가능한 부품의 장착 상태를 확인
	다. 배출가스가 최종배출구 이전에서 유출되지 않을 것	배출가스가 배출가스정화장치로 유입 이전 또는 최종배기구 이전에서 유출되는지를 확인
	라. 엔진이 충분히 예열되어 있을 것 마. 엔진공회전 및 가속은 원활하게 작동할 것	계기판 엔진회전속도, 온도계 등을 확인 1) 엔진공회전속도는 가능한 제작 당시의 엔진회전속도를 준용 2) 제작 당시의 엔진공회전속도를 확인할 수 없는 경우 엔진공회전속도 확인 가) 500cc 이하: 2,000rpm 이하 나) 500cc 초과: 1,500rpm 이하 3) 엔진회전수를 최대회전수까지 서서히 가속시켰을 때 원활하게 가속되는지와 엔진에서 이상음이 발생하는지를 확인
	바. 변속기는 중립 위치에 있을 것	변속기의 기어는 중립(자동변속기는 N)위치에 두고 클러치를 밟지 않은 상태(연결상태)인지를 확인
3. 배출가스검사	일산화탄소, 탄화수소의 측정결과가 운행차 배출가스 정기검사의 배출허용기준에 적합할 것	1) 측정대상자동차의 상태가 정상으로 확인 되면 정지가동상태(원동기가 가동되어 공회전되어 있으며 가속페달을 밟지 않은 상태를 말한다)에서 시료채취관을 배기관 내에 30㎝ 이상 삽입한다. 만약 시료채취관 삽입이 어려운 경우에는 별도의 연결장치를 설치하여야 한다. 2) 배출가스의 충분한 흡입을 위해 시료채취관을 삽입한 후 20초 이상 경과 이후 모드가 안정된 구간에서 10초 동안의 일산화탄소, 탄화수소 등을 측정하여 그 산술평균값을 최종측정치로 한다.

		3) 일산화탄소는 소수점 둘째자리 이하는 버리고 0.1% 단위로, 탄화수소는 소수점 첫째자리 이하는 버리고 1ppm단위로 최종측정치를 읽는다. 다만, 측정치가 불안정할 경우에는 20초간의 평균치로 읽는다.

[비고]
출장검사의 경우에는 검사기기 또는 계측기에 의한 검사를 생략할 수 있다.

[규칙 별표23]

운행차 정기검사대행자의 검사장비 · 기술능력(제87조제2항 관련)

장비	기술능력
1. 자동차 배출가스(일산화탄소, 탄화수소), 공기과잉률 측정기 및 그 부속기기 1조 이상 2. 광투과식 매연측정기(부분유량 채취방식만 해당한다) 1대 이상 3. 교정용표준가스 3조(일산화탄소 · 탄화수소 및 이산화탄소 각 1조) 이상 4. 교정용필터 3조(40%, 60%, 80%) 이상 5. 그 밖에 검사업무의 수행에 필요한 시설 및 장비	가. 자동차정비산업기사 이상, 자동차검사산업기사 이상, 건설기계정비산업기사 이상, 대기환경산업기사 이상 및 소음진동산업기사 이상의 기술자격 소지자 중 검사진로당 1명 이상 나. 자동차정비기능사 이상, 건설기계기관정비기능사 이상, 자동차검사기능사 이상 및 환경기능사 기술자격소지자 중 검사진로당 1명 이상

[비고]
1. 측정장비는 「환경분야 시험 · 검사 등에 관한 법률」 제9조부터 제12조까지의 규정에 따른 형식승인, 정도검사, 교정용품의 검정 · 교정을 받아야 한다.
2. 배출가스 · 매연 측정장비는 검사결과의 판정과 기록을 자동으로 수행하는 구조이어야 한다.
3. 기술능력 중 기능사 이상의 기술자격 소지자는 해당 기술 분야에서 5년 이상 근무한 경력이 있는 자로 한다.
4. 운행차정기검사대행자, 종합검사대행자, 종합검사지정정비사업자, 전문정비사업자로 지정받거나 등록하려는 자는 장비 및 기술능력을 중복하여 갖추지 아니할 수 있다.

[규칙 별표23의2]

이륜자동차정기검사의 대상, 주기 및 유효기간(제87조제4항 관련)
1. 이륜자동차정기검사의 대상은 「자동차관리법」 제48조제1항에 따른 이륜자동차 중 「자동차관리법 시행규칙」 별표 1 제1호의 대형 이륜자동차로 한다.
2. 이륜자동차정기검사의 주기는 2년으로 한다. 다만, 신조차(新造車)로서 「자동차관리법」 제48조제1항에 따라 신고된 이륜자동차의 경우 최초 주기는 3년으로 한다.
3. 이륜자동차정기검사의 유효기간은 이륜자동차정기검사 결과가 유효한 것으로 인정하는 기간으로서 2년으로 한다. 다만, 신조차로서 「자동차관리법」 제48조제1항에 따라 신고된 이륜자동차의 경우 최초 유효기간은 3년으로 한다.

[비고]
1. 제78조의2 각 호의 어느 하나에 해당하는 이륜자동차는 제외한다.
2. 제86조의2제2항에 따른 이륜자동차정기검사의 신청기간이 지난 후 정기검사에서 적합판정(재검사 기간 내에 적합 판정을 받은 경우를 포함한다)을 받은 경우의 유효기간은 그 정기검사를 받은 날의 다음 날부터 기산한다.

실전문제 다음은 대기환경보전법규상 운행차 정기검사의 방법 및 기준에 관한 사항이다. ( )안에 알맞은 것은?

> 배출가스 검사대상 자동차의 상태 검사할 때 원동기가 충분히 예열되어 있는 것을 확인하고, 수냉식 기관의 경우 계기판 온도가 ((ㄱ)) 또는 계기판 눈금이 ((ㄴ))이어야 하며, 원동기가 과열되었을 경우에는 원동실덮개를 열고 ((ㄷ)) 지난 후 정상상태가 되었을 때 측정한다.

① (ㄱ) 25℃이상 (ㄴ) 1/10이상 (ㄷ) 1분이상
② (ㄱ) 25℃이상 (ㄴ) 1/10이상 (ㄷ) 5분이상
③ (ㄱ) 40℃이상 (ㄴ) 1/4이상 (ㄷ) 1분이상
❹ (ㄱ) 40℃이상 (ㄴ) 1/4이상 (ㄷ) 5분이상

⑦ 환경부장관이 제6항에 따라 환경부령을 정하는 경우에는 국토교통부장관과 협의하여야 한다. 다만, 이륜자동차정기검사에 관한 사항을 정하는 경우에는 그러하지 아니하다.
⑧ 환경부장관은 제1항에 따른 배출가스 정기검사의 결과에 관한 자료를 국토교통부장관에 게 요청할 수 있다. 이 경우 국토교통부장관은 특별한 사유가 없으면 이에 응하여야 한다.

규칙 제88조(운행차의 배출가스 정기검사 결과 자료의 요청 등) ① 법 제62조제8항에 따라 환경부장관은 다음 각 호의 자료를 국토교통부장관에게 요청할 수 있다. [개정 2014.2.6.]

1. 운행차정기검사대행자별로 검사한 운행차의 종류, 사용연료, 연식, 용도 및 주행거리별 배출가스 측정치(공기과잉률을 포함한다)
2. 배출가스 관련부품의 이상 유무 확인결과
3. 그 밖에 환경부장관이 자동차의 배출가스저감정책 등의 수립을 위하여 필요하다고 인정하는 자료

② 환경부장관은 제1항 각 호의 자료를 검토한 결과 운행차정기검사대행자 대한 검사가 필요하다고 인정되면 「자동차관리법」 제72조제2항에 따른 검사를 국토교통부장관에게 요청할 수 있다. [개정 2013.3.23.]

제62조의2(이륜자동차정기검사 업무의 대행) ① 환경부장관은 이륜자동차정기검사 업무를 효율적으로 수행하기 위하여 필요한 경우에는 대통령령으로 정하는 전문기관에 이륜자동차정기검사 업무를 대행하게 할 수 있다.

영 제53조(이륜자동차정기검사 전문기관) 법 제62조의2제1항에서 "대통령령으로 정하는 전문기관"이란 「한국교통안전공단법」에 따른 한국교통안전공단에 따라 설립된 교통안전공단을 말한다.

② 제1항에 따른 이륜자동차정기검사 업무 대행기관이 갖추어야 할 시설 · 장비 및 기술인력 등에 관하여 필요한 사항은 환경부령으로 정한다.

규칙 제89조(이륜자동차정기검사 업무 대행기관 등의 시설기준) 법 제62조의2제2항 및 법 제62조의3제3항에 따른 이륜자동차정기검사대행자 및 지정정비사업자가 갖추어야 할 시설 · 장비 · 기술인력 및 기타 필요한 설비의 기준은 별표 24와 같다.

[규칙 별표24]

이륜자동차정기검사기관의 시설 · 장비 및 기술인력(제89조 관련)

1. 검사시설
   가. 검사시설을 위한 용지(用地) 중 수검차량의 진입 · 진출로 및 주차장은 시멘트 또는 아스팔트 등으로 견고하게 포장되어야 한다.
   나. 「자동차관리법」에 따른 자동차검사 또는 자동차종합검사를 수행하는 검사기관이 이륜자동차정기검사기관으로 지정받는 경우에는 기존 검사시설을 위한 용지를 활용할 수 있다.

2. 검사장비

장비명	비 고
가. 자동차 배출가스(일산화탄소, 탄화수소)측정기 및 그 부속기기 1조 이상 나. 교정용표준가스 3조(일산화탄소 · 탄화수소 및 이산화탄소 각 1조) 이상 다. 엔진회전속도측정기 1대 이상 라. 그 밖에 검사업무의 수행에 필요한 시설 및 장비	1) 자동차 배출가스(일산화탄소, 탄화수소)측정기의 주제어장치는 제86조의3제1항에 따른 자동차검사 전산정보처리조직으로부터 검사에 필요한 자료 검색, 검사 결과자료의 입 · 출력이 가능하되 배출가스 측정값을 임의수정할 수 없도록 하여야 한다. 다만, 검사에 필요한 자동차의 제원 등은 필요한 경우 수동 입력 또는 수정이 가능하여야 한다. 2) 배출가스 측정값과 촬영한 검사장면은 제86조의3제1항에 따른 자동차검사 전산정보처리조직과 실시간 통신 및 저장 되어야 하며, 검사장면은 상기 전산정보처리조직에 2년간 보존하여야 한다. 3) 1개의 검사기기로 2개 이상의 항목에 대한 검사를 할 수 있는 때에는 다른 항목의 검사기기를 갖추지 아니할 수 있다. 4) 영상촬영용 사진기 또는 사진기로 이륜자동차정기검사 실시장면이 촬영하는 때에는 뒷면 등록번호판 전체가 포함되도록 1장 이상 촬영되어야 한다. 5) 검사장비는 「환경분야 시험 · 검사 등에 관한 법률」 제9조부터 제12조까지의 규정에 따른 형식승인, 정도검사 및 교정용품의 검정 · 교정을 받은 것이어야 한다. 6) 이륜자동차 배출가스 측정장비는 검사결과의 판정과 기록을 자동으로 수행하는 구조이어야 한다. 7) 「자동차관리법」에 따른 자동차 정기검사 또는 자동차종합검사를 수행하는 검사기관의 장비와 중복하여 갖추지 아니할 수 있다. 8) 이륜자동차배출가스측정기의 시료채취관은 배기관에 30cm이상 충분히 삽입할 수 있는 구조여야 한다.

3. 기술인력

구분	자 격	직 무
이륜자동차정기검사 대행자	자동차정비산업기사 이상의 국가기술자격을 취득한 사람	1) 이륜자동차 검사업무의 실시 및 적합 여부 판정 2) 검사시설 및 장비관리
지정정비사업자	가. 자동차정비산업기사 이상의 국가기술자격을 취득한 사람 나. 자동차정비기능사 이상의 자격증 소지자로서 자동차 또는 이륜자동차의 검사 또는 정비업무에 1년 이상 근무경력이 있는 사람	

[비고]
이륜자동차정기검사의 기술인력은 1명 이상 갖추어야 한다. 다만, 「자동차관리법」에 따른 자동차정기검사 또는 자동차종합검사를 수행하는 검사기관이 이륜자동차정기검사를 병행하는 경우에는 기술인력을 중복하여 갖추지 아니할 수 있다.

4. 검사능력

구 분	검사능력대수
이륜자동차 검사인력 1명 확보한 경우	연간 9,000대/진로(進路)당
이륜자동차 검사인력 2명이상을 확보한 경우	연간 24,000대/진로당

제62조의3(지정정비사업자의 지정 등) ① 환경부장관은 이륜자동차정기검사를 효율적으로 하기 위하여 필요하다고 인정하면 자동차정비업자 중 일정한 시설과 기술인력을 확보한 자를 지정정비사업자로 지정하여 정기검사 업무(그 결과의 통지를 포함한다)를 수행하게 할 수 있다.

② 제1항에 따른 지정정비사업자(이하 "지정정비사업자"라 한다)로 지정받으려는 자동차정비업자는 환경부령으로 정하는 시설 및 기술인력기준을 갖추어 환경부장관에게 지정을 신청하여야 한다.

③ 지정정비사업자의 시설, 기술인력기준, 지정 절차 및 검사업무의 범위 등에 관하여 필요한 사항은 환경부령으로 정한다. [본조신설 2013.7.16.]

제62조의4(지정의 취소 등) ① 환경부장관은 이륜자동차정기검사대행자 또는 지정정비사업자가 다음 각 호의 어느 하나에 해당하는 경우에는 그 지정을 취소하거나 6개월 이내의 기간을 정하여 그 업무의 전부 또는 일부의 정지를 명할 수 있다. 다만, 제1호에 해당하는 경우에는 그 지정을 취소하여야 한다.

1. 거짓이나 그 밖의 부정한 방법으로 지정을 받은 경우
2. 업무와 관련하여 부정한 금품을 수수하거나 그 밖의 부정한 행위를 한 경우
3. 자산상태의 불량 등의 사유로 그 업무를 계속하는 것이 적합하지 아니하다고 인정될 경우
4. 검사를 실시하지 아니하고 거짓으로 자동차검사표를 작성하거나 검사 결과와 다르게 자동차검사표를 작성한 경우

5. 그 밖에 이륜자동차정기검사와 관련된 제62조의3에 따른 기준 및 절차를 위반하는 사항으로서 환경부령으로 정하는 경우

② 제1항에 따른 처분의 세부 기준과 절차, 그 밖에 필요한 사항은 환경부령으로 정한다.

제63조(운행차의 배출가스 정밀검사) ① 다음 각 호의 지역 중 어느 하나에 해당하는 지역에 등록(「자동차관리법」 제5조와 「건설기계관리법」 제3조에 따른 등록을 말한다)된 자동차의 소유자는 관할 시 · 도지사가 그 시 · 도의 조례로 정하는 바에 따라 실시하는 운행차 배출가스 정밀검사(이하 "정밀검사"라 한다)를 받아야 한다.

1. 대기관리권역
2. 인구 50만명 이상의 도시지역 중 대통령령으로 정하는 지역

영 **제54조(운행차 배출가스 정밀검사의 시행지역)** 법 제63조제1항제2호에서 "대통령령으로 정하는 지역"이란 다음 각 호의 지역을 말한다. [개정 2013.1.31.]

1. 광주광역시, 대전광역시, 울산광역시
2. 김해시, 용인시, 전주시, 창원시, 천안시, 청주시, 포항시 및 화성시

② 제1항에도 불구하고 다음 각 호의 어느 하나에 해당하는 자동차는 정밀검사를 면제한다.

1. 저공해자동차 중 환경부령으로 정하는 자동차
2. 「대기관리권역의 대기환경개선에 관한 특별법」 제26조제2항에 따라 검사를 받은 특정경유자동차
3. 「대기관리권역의 대기환경개선에 관한 특별법」 제26조제3항에 따른 조치를 한 날부터 3년 이내인 특정경유자동차

③ 정밀검사에 관하여는 「자동차관리법」 제43조의2에 따른다.

④ 정밀검사 결과(관능 및 기능검사는 제외한다) 2회 이상 부적합 판정을 받은 자동차의 소유자는 제68조제1항에 따라 등록한 전문정비사업자에게 정비 · 점검을 받은 후 전문정비사업자가 발급한 정비 · 점검 결과표를 「자동차관리법」 제44조의2 또는 제45조의2에 따라 지정을 받은 종합검사대행자 또는 종합검사지정정비사업자에게 제출하고 재검사를 받아야 한다.

⑤ 정밀검사의 기준 및 방법, 검사항목 등 필요한 사항은 환경부령으로 정한다.

⑥ 제1항 각 호에 따른 지역을 관할하는 시 · 도지사는 자동차 소유자가 「자동차관리법」 제8조 · 제11조 · 제12조에 따라 신규 · 변경 · 이전 등록을 신청하는 경우에는 정밀검사 대상임을 알 수 있도록 자동차등록증에 검사주기 등을 기재하여야 한다.

규칙 제96조(정밀검사대상자동차 등) 법 제63조제5항에 따른 정밀검사 대상자동차 및 정밀검사 유효기간은 별표 25와 같다. [개정 2008.10.6., 2013.2.1.]

규칙 제97조(정밀검사의 검사방법 등) 법 제63조제5항에 따른 정밀검사의 방법 · 기준 및 검사대상 항목은 별표 26과 같다. (생략으로 인한 법제처 참조)

[규칙 별표25]

정밀검사대상 자동차 및 정밀검사 유효기간(제96조 관련)

차종		정밀검사대상 자동차	검사유효기간
비사업용	승용자동차	차령 4년 경과된 자동차	2년
	기타자동차	차령 3년 경과된 자동차	1년
사업용	승용자동차	차령 2년 경과된 자동차	
	기타자동차	차령 2년 경과된 자동차	

[비고]

1. "정밀검사대상 자동차"란 법 제63조제1항 각 호에 따른 지역에서 「자동차관리법」 제5조에 따라 등록된 자동차를 말한다.
2. "승용자동차"란 「자동차관리법」 제3조제1항 및 같은 법 시행규칙 제2조에 따른 자동차를 말하며, "기타자동차"란 승용자동차를 제외한 승합 · 화물 · 특수자동차를 말한다.
3. 천연가스를 연료로 사용하는 자동차와 「자동차관리법」 제2조제1호에 따른 피견인자동차는 정밀검사대상 자동차에서 제외한다.
4. "사업용자동차"란 「자동차관리법」 제5조에 따라 등록된 자동차 중 「여객자동차 운수사업법」 제2조제2호에 따른 여객자동차운수사업 또는 「화물자동차 운수사업법」 제2조제2호에 따른 화물자동차운수사업의 사업용으로 등록된 자동차를 말한다.
5. "비사업용자동차"란 「자동차관리법」 제5조에 따라 등록된 자동차 중 사업용자동차로 등록되지 아니한 자동차를 말한다.
6. 차령의 기산은 「자동차관리법 시행령」 제3조에 따른다.
7. 정밀검사대상자동차가 최초로 정밀검사를 받아야 하는 날(정밀검사 유효기간 만료일을 말한다)은 정밀검사대상차령 이후 처음으로 도래하는 정기검사 유효기간 만료일(「자동차 관리법 시행규칙」 제74조에 따른 정기검사 유효기간 만료일을 말한다. 이하 같다)로 한다. 이 경우 정기검사 유효기간 만료일은 정밀검사대상차령 이후의 시점으로 최초에 설정된 정기검사 유효기간 만료일을 말한다.
8. 정밀검사를 시행하지 아니하는 지역에서 정밀검사를 시행하는 지역으로 자동차의 사용 본거지를 변경등록(「자동차관리법」 제11조에 따른 변경등록을 말한다)하는 자동차 중 정밀검사대상 자동차에 속하는 자동차의 소유자는 변경등록일부터 60일(변경등록일부터 60일이 되는 날을 정밀검사기간 만료일로 본다) 이내에 법 제63조에 따른 정밀검사를 받아야 한다.
9. 정밀검사 유효기간은 다음 각 목의 기준에 따라 계산한다.
   가. 정밀검사기간은 정밀검사 유효기간 만료일 전후 각각 30일 이내로 한다. 다만, 정밀검사를 연장 또는 유예한 경우에는 그 만료일부터 30일이 되는 날을 정밀검사기간 만료일로 본다.
   나. 가목의 정밀검사기간 내에 정밀검사를 신청하여 정밀검사에서 적합판정(재검사기간 내에 적합판정을 받은 경우를 포함한다)을 받은 자동차의 정밀검사 유효기간은 종전 정밀검사 유효기간 만료일의 다음날부터 기산한다.
   다. 가목의 정밀검사기간 외의 기간에 정밀검사를 신청하여 정밀검사에서 적합판정(재검사기간 내에 적합판정을 받은 경우를 포함한다)을 받은 자동차의 정밀검사 유효기간은 그 정밀검사를 받은 날의 다음 날부터 기산한다.

제68조(배출가스 전문정비사업의 등록 등) ① 자동차의 배출가스 관련 부품 등의 정비 · 점검 및 확인검사 업무를 하려는 자는 「자동차관리법」 제53조에 따라 자동차관리사업의 등록을 한 후 대통령령으로 정하는 기준에 맞는 시설 · 장비 및 기술인력을 갖추어 특별자치시장 · 특별자치도지사 · 시장 · 군수 · 구청장에게 배출가스 전문정비사업의 등록을 하여야 한다. 등록한 사항 중 대통령령으로 정하는 중요한 사항을 변경하려는 경우에도 또한 같다.

영 제56조(전문정비사업의 등록기준) 법 제68조제1항에 따른 배출가스 전문정비사업(이하 "전문정비사업"이라 한다)을 등록하려는 자가 갖추어야 하는 시설 · 장비 및 기술인력은 별표 13과 같다.

[영 별표13]

배출가스 전문정비사업자의 시설 · 장비 및 기술인력의 기준(제56조 관련)

1. 정비 · 점검 분야

가. 시설 및 장비

시설 및 장비	휘발유 · 가스분야	경유분야
1) 리프트 또는 피트 1조 이상	○	○
2) 배출가스(일산화탄소 · 탄화수소 · 질소산화물 · 공기과잉률) 측정기	○	
3) 부분유량 채취방식 광투과식 매연측정기		○
4) 엔진전자제어 진단기	○	
5) 교정용 표준가스 5조(산소 · 일산화탄소 · 탄화수소 · 이산화탄소 및 질소산화물) 이상	○	
6) 교정용 표준필터 3조(40% · 60% · 80%) 이상		○
7) 그 밖에 정비 · 점검에 필요한 공구	○	○

[비고]
1. 배출가스 측정기 및 광투과식 매연측정기는 「환경분야 시험 · 검사 등에 관한 법률」 제9조, 제11조 및 제12조에 따른 형식승인, 정도검사 및 교정용품의 검정 · 교정을 받은 것이어야 한다.
2. 전문정비사업자의 정비 분야 범위는 「자동차관리법 시행령」 제12조에 따른 자동차정비업의 종류별 정비작업의 범위로 한정한다.
3. 휘발유 · 가스 분야와 경유 분야를 모두 등록하려는 자, 법 제62조제2항에 따른 운행차의 배출가스 정기검사기관 및 「자동차관리법」 제45조의2에 따른 종합검사 지정정비사업자로 지정된 자는 장비를 중복하여 갖추지 않을 수 있다.
4. 법 제63조제1항 각 호에 따른 정밀검사 시행지역(이하 "정밀검사 지역"이라 한다) 외의 지역은 질소산화물 측정기와 산소 · 질소산화물 표준가스를 갖추지 않을 수 있다.

나. 기술인력의 자격 및 확보기준

자 격	확보기준
1) 자동차정비산업기사 또는 자동차검사산업기사 이상의 국가기술자격을 취	다음의 어느 하나에 해당하는

득한 후 자동차 정비 또는 검사업무에 1년 이상 근무한 경력이 있는 사람 2) 자동차정비기능사 또는 자동차검사기능사 이상의 국가기술자격을 취득한 후 자동차 정비 또는 검사업무에 3년 이상 근무한 경력이 있는 사람 3) 자동차 정비 또는 검사업무에 2년 이상 근무한 경력이 있는 사람	인력을 갖출 것 가) 1)과 2) 중에서 2명 이상 나) 1)과 2) 중에서 1명 이상과 3)에서 1명 이상

2. 확인검사 분야

가. 시설 및 장비

구 분	시설 및 장비
정밀검사 지역	1) 배출가스(일산화탄소 · 탄화수소 · 질소산화물 · 공기과잉률) 측정기 및 그 부속기기 각 1조 이상 2) 부분유량 채취방식 광투과식 매연측정기 1대 이상 3) 교정용 표준가스(산소 · 일산화탄소 · 탄화수소 · 이산화탄소 및 질소산화물) 각 1조 이상 4) 교정용 표준필터 3조(40% · 60% · 80%) 이상 5) 소형 차대동력계(차량 총중량 5.5ton 이하 자동차 부하검사용) 및 그 부속기기 각 1조 이상 6) 대형 차대동력계(차량 총중량 5.5ton 초과 자동차 부하검사용) 및 그 부속기기 각 1조 이상 7) 엔진회전 속도계 2조 이상(휘발유 · 가스 · 알코올 자동차용, 경유자동차용 각 1조 이상) 8) 검사 장면 촬영용 카메라 9) 매연 포집시설 10) 엔진전자제어 진단기 1조 이상 11) 그 밖에 검사업무의 수행에 필요한 시설 및 장비
정밀검사 지역 외	1) 배출가스(일산화탄소 · 탄화수소 · 공기과잉률) 측정기 및 그 부속기기 각 1조 이상 2) 부분유량 채취방식 광투과식 매연측정기 1대 이상 3) 교정용 표준가스 3조(일산화탄소 · 탄화수소 및 이산화탄소 각 1조) 이상 4) 교정용 표준필터 3조(40% · 60% · 80%) 이상 5) 그 밖에 검사업무의 수행에 필요한 시설 및 장비

나. 기술인력의 자격 및 확보기준

구 분	자 격	확보기준
전국	1) 자동차정비산업기사 이상, 자동차검사산업기사 이상, 건설기계정비산업기사 이상, 대기환경산업기사 이상 및 소음진동산업기사 이상의 기술자격 소지자	1)과 2)에서 각각 1명 이상씩 확보하여 2명 이상
	2) 자동차정비기능사 이상, 건설기계기관정비기능사 이상, 자동차검사기능사 이상 및 환경기능사 이상의 기술자격 소지자	

② 제1항에 따라 배출가스 전문정비사업의 등록을 한 자(이하 "전문정비사업자"라 한다)가 이 법에 따른 정비 · 점검 및 확인검사를 한 경우에는 자동차 소유자에게 정비 · 점검 및 확인검사 결과표를 발급하고 그 내용을 제54조에 따른 자동차 배출가스 종합전산체계에 입력하여야 한다. [개정 2015.1.20.]

③ 전문정비사업자는 등록된 기술인력에게 환경부령으로 정하는 바에 따라 환경부장관이 실시하

는 교육을 받도록 하여야 한다. 이 경우 환경부장관은 관련 전문기관에 교육의 실시를 위탁할 수 있다.

규칙 **제104조의2(전문정비 기술인력의 교육)** ① 전문정비사업자는 법 제68조제3항에 따라 등록된 배출가스 전문정비 기술인력(이하 "전문정비 기술인력"이라 한다)에게 환경부장관 또는 전문정비 기술인력에 관한 교육을 위탁받은 기관(이하 "전문정비 교육기관"이라 한다)이 실시하는 다음 각 호의 구분에 따른 교육을 받도록 하여야 한다. [개정 2017.1.26.]

1. 신규교육: 전문정비 기술인력으로 채용된 날부터 4개월 이내에 1회(정비 · 점검 분야의 기술인력 및 정밀검사 지역에서의 확인검사 분야 기술인력만 해당한다)
2. 정기교육: 신규교육을 받은 연도를 기준으로 3년마다 1회(정비 · 점검 분야의 기술인력만 해당한다)

② 제1항에도 불구하고 전문정비 기술인력으로 근무하던 사람이 퇴직 후 1년 6개월 이내에 전문정비 기술인력으로 다시 채용된 경우 또는 전문정비 기술인력으로 채용되기 전 1년 6개월 이내에 전문정비 기술 인력에 관한 교육을 받은 경우에는 제1항제1호의 신규교육을 받은 것으로 본다.

③ 전문정비사업자는 전문정비 기술인력이 제1항에 따라 교육을 받은 경우에는 교육을 이수한 날부터 14일 이내에 교육 이수 현황을 관할 특별자치시장 · 특별자치도지사 · 시장 · 군수 · 구청장에게 보고하거나 법 제54조에 따른 자동차 배출가스 종합전산체계(이하 "자동차 배출가스 종합전산체계"라 한다)에 입력하여야 한다.

④ 전문정비사업자와 정비업무에 종사하는 기술인력은 다음 각 호의 어느 하나에 해당하는 행위를 하여서는 아니 된다.

1. 거짓이나 그 밖의 부정한 방법으로 정비 · 점검 및 확인검사 결과표를 발급하거나 전산 입력을 하는 행위
2. 다른 자에게 등록증을 대여하거나 다른 자에게 자신의 명의로 정비 · 점검 및 확인검사 업무를 하게 하는 행위
3. 등록된 기술인력 외의 사람에게 정비 · 점검 및 확인검사를 하게 하는 행위
4. 그 밖에 정비 · 점검 및 확인검사 업무에 관하여 환경부령으로 정하는 준수사항을 위반하는 행위

⑤ 제1항에 따른 전문정비사업자의 등록 기준 및 절차 등 필요한 사항은 환경부령으로 정한다.

규칙 **제104조의3(전문정비사업자의 준수사항)** 법 제68조제4항제4호에서 "환경부령으로 정하는 준수사항"이란 별표 30의2에서 정하는 사항을 말한다.

[규칙 별표30의2]

배출가스 전문정비사업자의 준수사항(제104조의3 관련)

1. 정비분야 기술인력으로 선임된 자에게 법 제63조에 따른 정밀검사 업무와 「자동차관리법」 제43조에 따른 자동차검사 업무를 하게 하여서는 안 된다.
2. 정비내용 및 비용 등에 대하여 자동차소유자 등에게 충분히 설명하고 동의를 받아 정비를 시행하여야 한다.
3. 확인검사를 실시하는 경우에는 제87조제1항에 따른 정기검사방법 및 기준(원격측정기에 의한 수시점검 결과 배출허용기준을 초과한 자동차는 제97조에 따른 정밀검사방법 및 기준을 말한다)을 준수하여야 한다.
5. 봉인이 되어 있는 자동차배출가스와 관련된 부품(촉매장치 · 가버너 등)을 정비한 때에는 재봉인을 하여야 한다.

제69조(등록의 취소 등) ① 특별자치시장 · 특별자치도지사 · 시장 · 군수 · 구청장은 전문정비사업자가 다음 각 호의 어느 하나에 해당하면 6개월 이내의 기간을 정하여 업무의 전부 또는 일부의 정지를 명하거나 그 등록을 취소할 수 있다. 다만, 제1호 · 제2호 · 제4호 및 제5호에 해당하는 경우에는 등록을 취소하여야 한다. [개정 2013.7.16.]

1. 거짓이나 그 밖의 부정한 방법으로 등록을 한 경우
2. 제69조의2에 따른 결격 사유에 해당하게 된 경우. 다만, 제69조의2제5호에 따른 결격 사유에 해당하는 경우로서 그 사유가 발생한 날부터 2개월 이내에 그 사유를 해소한 경우에는 그러하지 아니하다.
3. 고의 또는 중대한 과실로 정비 · 점검 및 확인검사 업무를 부실하게 한 경우
4. 「자동차관리법」 제66조에 따라 자동차관리사업의 등록이 취소된 경우
5. 업무정지기간에 정비 · 점검 및 확인검사 업무를 한 경우
6. 제68조제1항에 따른 등록기준을 충족하지 못하게 된 경우
7. 제68조제1항 후단에 따른 변경등록을 하지 아니한 경우
8. 제68조제4항에 따른 금지행위를 한 경우

② 제1항에 따른 행정처분의 세부기준은 환경부령으로 정한다.

제69조의2(결격 사유) 다음 각 호의 어느 하나에 해당하는 자는 전문정비사업의 등록을 할 수 없다. [개정 2015.1.20.]

1. 피성년후견인 또는 피한정후견인
2. 파산선고를 받고 복권되지 아니한 자
3. 이 법을 위반하여 징역 이상의 실형을 선고받고 그 집행이 끝나거나(집행이 끝난 것으로 보는 경우를 포함한다) 집행을 받지 아니하기로 확정된 날부터 2년이 지나지 아니한 자
4. 제69조에 따라 등록이 취소된 후 2년이 지나지 아니한 자
5. 임원 중 제1호부터 제4호까지의 어느 하나에 해당하는 사람이 있는 법인

제70조(운행차의 개선명령) ① 환경부장관, 특별시장 · 광역시장 · 특별자치시장 · 특별자치도지사 · 시장 · 군수 · 구청장은 제61조에 따른 운행차에 대한 점검 결과 그 배출가스가 운행차배출허용기준을 초과하는 경우에는 환경부령으로 정하는 바에 따라 자동차 소유자에게 개선을 명할 수 있다. [개정 2012.2.1., 2013.7.16.]

규칙 **제106조(운행차의 개선명령)** ① 법 제70조제1항에 따른 개선명령은 별지 제4호 서식에 따른다.

② 법 제70조제1항에 따라 개선명령을 받은 자는 개선명령일부터 15일 이내에 전문정비사업자 또는 자동차제작자에게 별지 제49호서식의 개선명령서를 제출하고 정비 · 점검 및 확인검사를 받아야 한다. [개정 2017.1.26.]

③ 법 제70조제4항에서 "환경부령으로 정하는 기간"이란 정비 · 점검 및 확인검사를 받은 날부터 3개월로 한다. 이 경우 세부적인 검사의 면제 기준은 환경부장관이 정하여 고시한다.

④ 제2항에 따라 정비 · 점검 및 확인검사를 한 전문정비사업자 또는 자동차제작자는 법 제70조제5항에 따라 별지 제48호의2서식의 정비 · 점검 및 확인검사 결과표를 3부 작성하여 1부는 자동차소유자에게 발급하고, 1부는 개선결과를 확인한 날부터 10일 이내에 관할 특별시장 · 광역시장 · 특별자치시장 · 특별자치도지사 또는 시장 · 군수 · 구청장에게 제출하여야 하며, 1부는 1년간 보관하여야 한다. 다만, 법 제68조제2항에 따라 정비 · 점검 및 확인검사 결과를 자동차 배출가스 종합전산체계에 입력한 경우에는 관할 특별시장 · 광역시장 · 특별자치시장 · 특별자치도지사 또는 시장 · 군수 · 구청장에게 제출한 것으로 본다.

② 제1항에 따라 개선명령을 받은 자는 환경부령으로 정하는 기간 이내에 전문정비사업자에게 정비 · 점검 및 확인검사를 받아야 한다. [개정 2012.2.1.]

③ 제2항에도 불구하고 배출가스 보증기간 이내인 자동차로서 자동차 소유자의 고의 또는 과실이 없는 경우(고의 또는 과실 여부는 자동자제작자가 입증하여야 한다)에는 자동차제작자가 비용을 부담하여 정비 · 점검 및 확인검사를 하여야 한다. 다만, 자동차제작자가 직접 확인검사를 할 수 없는 경우에는 전문정비사업자, 「자동차관리법」 제44조의2에 따른 종합검사대행자 또는 같은 법 제45조의2에 따른 종합검사 지정정비사업자(이하 이 조에서 "전문정비사업자등"이라 한다)에게 확인검사를 위탁할 수 있다. [개정 2012.2.1.]

④ 제2항 및 제3항에 따라 정비 · 점검 및 확인검사를 받은 자동차는 환경부령으로 정하는 기간 동안 정기검사와 정밀검사를 받지 아니하여도 된다. [신설 2012.2.1.]

⑤ 전문정비사업자등이나 자동차제작자가 제2항 및 제3항에 따라 정비 · 점검 및 확인검사를 한 경우에는 자동차 소유자에게 정비 · 점검 및 확인검사 결과표를 발급하고 환경부령으로 정하는

바에 따라 특별시장 · 광역시장 · 특별자치시장 · 특별자치도지사 · 시장 · 군수 · 구청장에게 정비 · 점검 및 확인검사 결과를 보고하여야 한다. [신설 2012.2.1., 2013.7.16.]

제70조의2(자동차의 운행정지) ① 환경부장관, 특별시장 · 광역시장 · 특별자치시장 · 특별자치도지사 · 시장 · 군수 · 구청장은 제70조제1항에 따른 개선명령을 받은 자동차 소유자가 같은 조 제2항에 따른 확인검사를 환경부령으로 정하는 기간 이내에 받지 아니하는 경우에는 10일 이내의 기간을 정하여 해당 자동차의 운행정지를 명할 수 있다. [개정 2013.7.16.]

② 제1항에 따른 운행정지처분의 세부기준은 환경부령으로 정한다. [본조신설 2012.2.1.]

제74조(자동차연료 · 첨가제 또는 촉매제의 검사 등) ① 자동차연료 · 첨가제 또는 촉매제를 제조(수입을 포함한다. 이하 이 조, 제75조, 제82조제1항제11호, 제89조제9호 · 제13호, 제91조제10호 및 제94조제4항제14호에서 같다)하려는 자는 환경부령으로 정하는 제조기준(이하 "제조기준"이라 한다)에 맞도록 제조하여야 한다. [개정 2008.12.31., 2013.7.16.]

규칙 **제115조(자동차연료 · 첨가제 또는 촉매제의 제조기준 등)** 법 제74조제1항에 따른 자동차연료 · 첨가제 또는 촉매제의 제조기준은 별표 33과 같다.

② 자동차연료 · 첨가제 또는 촉매제를 제조하려는 자는 제조기준에 맞는지에 대하여 미리 환경부장관으로부터 검사를 받아야 한다. [신설 2008.12.31.]

규칙 **제116조(자동차연료 · 첨가제 또는 촉매제 제조기준의 적용 예외)** 법 제74조제4항 단서에서 "환경부령으로 정하는 자"란 다음 각 호의 자를 말한다.

1. 「고등교육법」에 따른 대학 · 산업대학 · 전문대학 및 기술대학과 그 부설연구기관
2. 국공립연구기관
3. 「특정연구기관 육성법」에 따른 연구기관
4. 「기술개발촉진법」 제7조에 따른 기업부설연구소
5. 「산업기술연구조합 육성법」에 따른 산업기술연구조합
6. 「환경기술개발 및 지원에 관한 법률」 제10조에 따른 환경기술개발센터

[규칙 별표 33]

자동차연료 · 첨가제 또는 촉매제의 제조기준(제115조 관련)

1. 자동차연료 제조기준

가. 휘발유

항 목	제 조 기 준
방향족화합물 함량 (부피%)	24(21) 이하
벤젠 함량 (부피%)	0.7 이하
납 함량 (g/ℓ)	0.013 이하
인 함량 (g/ℓ)	0.0013 이하
산소 함량 (무게%)	2.3 이하
올레핀 함량 (부피%)	16(19) 이하
황 함량 (ppm)	10 이하
증기압 (kPa,37.8℃)	60 이하
90% 유출온도 (℃)	170 이하

[비고]

1. 올레핀(Olefine) 함량에 대하여 ( ) 안의 기준을 적용할 수 있다. 이 경우 방향족화합물 함량에 대하여도 ( )안의 기준을 적용한다.
2. 위 표에도 불구하고 방향족화합물 함량 기준은 2015년 1월 1일부터 22(19) 이하(부피%)를 적용한다. 다만, 유통시설(일반대리점 · 주유소 · 일반판매소)에 대하여는 2015년 2월 1일부터 적용한다.
3. 증기압 기준은 매년 6월 1일부터 8월 31일까지 제조시설에서 출고되는 제품에 대하여 적용한다.

나. 경유

항 목	제 조 기 준
10% 잔류탄소량 (%)	0.15 이하
밀도 @15℃ (kg/㎥)	815 이상 835 이하
황함량 (ppm)	10 이하
다환방향족 (무게%)	5 이하
윤활성 (㎛)	400 이하
방향족 화합물(무게%)	30 이하
세탄지수(또는 세탄가)	52 이상

[비고]
1. 한국석유공사의 구리지사 정부 비축유에 대하여는 위 표에도 불구하고 다음 표의 기준을 적용한다. 다만, 그 비축유는 전시 또는 이에 준하는 비상사태가 발생한 경우로서 환경부장관과 협의한 경우에만 방출할 수 있다.

항 목	제 조 기 준
10% 잔류탄소량 (%)	0.15 이하
밀도 @15℃ (kg/㎥)	815 이상 845 이하
황함량 (ppm)	30 이하
다환방향족 (무게%)	11 이하
윤활성 (㎛)	460 이하
방향족 화합물(무게%)	–
세탄지수(또는 세탄가)	–

2. 혹한기(매년 11월 15일부터 다음 해 2월 말일까지를 말한다)에는 위 표에도 불구하고 세탄지수(또는 세탄가)를 48 이상으로 적용한다. 다만, 유통시설(일반대리점, 주유소 및 일반판매소를 말한다)에 대하여는 혹한기 적용시기를 3월 31일까지로 한다.

다. LPG

항 목		제조기준
황 함량 (ppm)		40 이하
증기압 (40℃, MPa)		1.27 이하
밀 도 (15℃, kg/㎥)		500 이상 620 이하
동판부식 (40℃, 1시간)		1 이하
100㎖ 증발잔류물(㎖)		0.05 이하
프로판 함량 (mol%)	11월 1일부터 3월 31일까지	25 이상 35 이하
	4월 1일부터 10월 31일까지	10 이하

[비고]
1. 위 표에도 불구하고 황 함량 기준은 2015년 1월 1일부터 30ppm이하를 적용한다. 다만, 유통시설(일반대리점 · 충전소 · 일반판매소)에 대하여는 2015년 2월 1일부터 적용한다.
2. 제품이 교체되는 시기인 11월과 4월에는 유통사업자(충전사업자, 집단공급사업자 및 판매사업자)에 대해서만 프로판 함량을 35mol%이하로 적용한다.
3. 위 표에도 불구하고 프로판 함량기준은 유통시설(일반대리점 · 충전소 · 일반판매소)에 대해서 2014년 3월 6일까지 15 이상 35 이하를 적용한다.

라. 바이오디젤(BD100)

항목	제조기준
지방산메틸에스테르함량 (무게 %)	96.5 이상
잔류탄소분 (무게 %)	0.1 이하
동점도(40℃, ㎟/s)	1.9 이상 5.0 이하
황분 (㎎/㎏)	10 이하

회분 (무게 %)		0.01 이하
밀도@ 15℃ (kg/㎥)		860 이상 900 이하
전산가 (㎎ KOH/g)		0.50 이하
모노글리세리드 (무게 %)		0.80 이하
디글리세리드 (무게 %)		0.20 이하
트리글리세리드 (무게 %)		0.20 이하
유리 글리세린 (무게 %)		0.02 이하
총 글리세린 (무게 %)		0.24 이하
산화안정도(110℃, h)		6 이상
메탄올 (무게 %)		0.2 이하
알카리금속 (㎎/㎏)	(Na + K)	5 이하
	(Ca + Mg)	5 이하
인 (㎎/㎏)		10 이하

[비고]
"바이오디젤(BD100)"이란 자동차용 경유 또는 바이오디젤연료유(BD20)를 제조하는데 사용하는 원료를 말한다.

마. 천연가스

항 목	제조기준
메 탄(부피 %)	88.0 이상
에 탄(부피 %)	7.0 이하
C_3 이상의 탄화수소(부피 %)	5.0 이하
C_6 이상의 탄화수소(부피 %)	0.2 이하
황 분 (ppm)	40 이하
불활성가스(CO_2, N_2 등)(부피 %)	4.5 이하

비고: 위 표에도 불구하고 황분 기준은 2015년 1월 1일부터 30ppm이하를 적용한다. 다만, 유통시설(충전소)에 대하여는 2015년 2월 1일부터 적용한다.

바. 바이오가스

항목	제조기준
메탄(부피 %)	95.0 이상
수분(㎎/N㎥)	32 이하

황분(ppm)	10 이하
불활성가스(CO2, N2 등)(부피 %)	5.0 이하

2. 첨가제 제조기준
   가. 첨가제 제조자가 제시한 최대의 비율로 첨가제를 자동차연료에 혼합한 경우의 성분(첨가제+연료)이 제1호의 자동차연료 제조기준에 맞아야 하며, 혼합된 성분 중 카드뮴(Cd) · 구리(Cu) · 망간(Mn) · 니켈(Ni) · 크롬(Cr) · 철(Fe) · 아연(Zn) 및 알루미늄(Al)의 농도는 각각 1.0㎎/ℓ 이하이어야 한다.
   나. 첨가제 제조자가 제시한 최대의 비율로 첨가제를 자동차의 연료에 주입한 후 시험한 배출가스 측정치가 첨가제를 주입하기 전보다 배출가스 항목별로 10% 이상 초과하지 아니하여야 하고, 배출가스 총량은 첨가제를 주입하기 전보다 5% 이상 증가하여서는 아니 된다.
   다. 법 제60조제1항에 따라 환경부장관이 정하는 배출가스 저감장치의 성능 향상을 위하여 사용하는 첨가제 제조기준은 환경부장관이 정하여 고시한다.
   라. 제조된 휘발유용 첨가제는 0.55L 이하의 용기에, 경유용 첨가제는 2L 이하의 용기에 담아서 공급하여야 한다. 다만, 「석유 및 석유대체연료 사업법」 제2조제7호 또는 제8호에 따른 석유정제업자 또는 석유수출입업자가 자동차연료인 석유제품을 제조하거나 품질을 보정하는 과정에서 첨가하는 첨가제의 경우에는 그러하지 아니하다.
   마. 고체연료첨가제를 제조한 자가 제시한 비율에 따라 고체연료첨가제를 자동차 연료에 주입하였을 때 해당 자동차 연료의 용해도가 감소되거나 자동차 연료의 회분 측정치가 첨가제를 주입하기 전의 회분 측정치보다 증가되어서는 아니 된다.

3. 촉매제 제조기준

항목	단위	기준	
		최소 기준	최대 기준
요소함량	%(m/m)	31.8	33.2
밀도@ 20℃	kg/㎥	1087	1093
굴절지수@ 20℃	–	1.3814	1.3843
알칼리도(NH_3)	%(m/m)	–	0.2
뷰렛	%(m/m)	–	0.3
알데히드	mg/kg	–	5
불용해성물질	mg/kg	–	20
인(PO_4)	mg/kg	–	0.5
칼슘(Ca)	mg/kg	–	0.5
철(Fe)	mg/kg	–	0.5
구리(Cu)	mg/kg	–	0.2
아연(Zn)	mg/kg	–	0.2

크롬(Cr)	mg/kg	–	0.2
니켈(Ni)	mg/kg	–	0.2
알루미늄(Al)	mg/kg	–	0.5
마그네슘(Mg)	mg/kg	–	0.5
나트륨(Na)	mg/kg	–	0.5
칼륨(K)	mg/kg	–	0.5

[비고]
요소함량, 밀도@ 20℃, 굴절지수@ 20℃의 목표값은 다음 각 호의 구분에 따른다.
1. 요소함량: 32.5%
2. 밀도 @20℃: 1089.5㎏/㎤
3. 굴절지수 @20℃: 1.3829

③ 환경부장관은 자동차연료 · 첨가제 또는 촉매제의 품질을 유지하기 위하여 필요한 경우에는 시중에 유통 · 판매되는 자동차연료 · 첨가제 또는 촉매제가 제조기준에 적합한지 여부를 검사할 수 있다. [신설 2012.5.23.]

④ 누구든지 다음 각 호의 어느 하나에 해당하는 것을 자동차연료 · 첨가제 또는 촉매제로 공급 · 판매하거나 사용하여서는 아니 된다. 다만, 학교나 연구기관 등 환경부령으로 정하는 자가 시험 · 연구 목적으로 제조 · 공급하거나 사용하는 경우에는 그러하지 아니하다.
1. 제2항에 따른 검사 결과 제1항을 위반하여 제조기준에 맞지 아니한 것으로 판정된 자동차연료 · 첨가제 또는 촉매제
2. 제2항을 위반하여 검사를 받지 아니하거나 검사받은 내용과 다르게 제조된 자동차연료 · 첨가제 또는 촉매제

⑤ 환경부장관은 자동차연료 · 첨가제 또는 촉매제로 환경상의 위해가 발생하거나 인체에 매우 유해한 물질이 배출된다고 인정하면 환경부령으로 정하는 바에 따라 그 제조 · 판매 또는 사용을 규제할 수 있다. [개정 2012.5.23.]

규칙 제117조(자동차연료 · 첨가제 또는 촉매제의 규제) 국립환경과학원장은 법 제74조제5항에 따라 자동차연료 · 첨가제 또는 촉매제로 환경상의 위해가 발생하거나 인체에 매우 유해한 물질이 배출된다고 인정되면 해당 자동차연료 · 첨가제 또는 촉매제의 사용 제한, 다른 연료로의 대체 또는 제작자동차의 단위연료량에 대한 목표주행거리의 설정 등 필요한 조치를 할 수 있다. [개정 2016.6.2.]

규칙 제118조 삭제

규칙 제119조 ,제120조,제120조의2, 제120조의3, 제121조는 생략으로 인한 법제처 참조

⑥ 첨가제 또는 촉매제를 제조하려는 자는 환경부령으로 정하는 바에 따라 첨가제 또는 촉매제가 제2항에 따른 검사를 받고 제조기준에 맞는 제품임을 표시하여야 한다.
⑦ 제2항에 따른 검사를 받으려는 자는 환경부령으로 정하는 수수료를 내야 한다.
⑧ 제2항 및 제3항에 따른 검사의 방법 및 절차는 환경부령으로 정한다. [개정 2012.5.23.]

제74조의2(검사업무의 대행) ① 환경부장관은 제74조에 따른 검사업무를 효율적으로 수행하기 위하여 필요한 경우에는 전문기관을 지정하여 검사업무를 대행하게 할 수 있다.

규칙 제121조의2(자동차연료 또는 첨가제 검사기관의 구분) ① 법 제74조의2제1항에 따른 자동차연료 검사기관은 검사대상 연료의 종류에 따라 다음과 같이 구분한다. [개정 2012.1.25.]
1. 휘발유 · 경유 검사기관
2. 엘피지(LPG) 검사기관
3. 바이오디젤(BD100) 검사기관
4. 천연가스(CNG) · 바이오가스 검사기관

② 법 제74조의2제1항에 따른 첨가제 검사기관은 검사대상 첨가제의 종류에 따라 다음과 같이 구분한다.
1. 휘발유용 · 경유용 첨가제 검사기관
2. 엘피지(LPG)용 첨가제 검사기관

규칙 제122조(자동차연료 · 첨가제 또는 촉매제 검사기관 지정신청서 및 지정서) ① 법 제74조의2제1항에 따른 자동차연료 · 첨가제 또는 촉매제 검사기관으로 지정을 받으려는 자는 별지 제56호서식의 자동차연료 · 첨가제 또는 촉매제 검사기관 지정신청서에 다음 각 호의 서류를 첨부하여 국립환경과학원장에게 제출하여야 한다. 이 경우 담당 공무원은 「전자정부법」 제36조제1항에 따른 행정정보의 공동이용을 통하여 법인 등기사항증명서 또는 사업자등록증을 확인하여야 하며, 신청인이 사업자등록증의 확인에 동의하지 아니하는 경우에는 그 사본을 첨부하게 하여야 한다. [개정 2017.12.28.]
1. 정관(법인인 경우만 해당한다)
2. 검사기관의 기술능력 및 검사장비에 관한 증명서류
3. 검사시설의 현황 및 장비의 배치도
4. 검사업무 실시에 관한 내부 규정

② 국립환경과학원장은 제1항에 따른 지정신청이 제121조제1항에 따른 지정기준에 맞으면 별지 제57호서식의 자동차연료 검사기관 지정서를 신청인에게 발급하여야 한다. [제목개정 2017.12.28.]

② 제1항에 따라 지정된 기관(이하 "검사대행기관"이라 한다) 및 검사업무에 종사하는 자는 다음 각 호의 행위를 하여서는 아니 된다. [개정 2012.5.23.]

1. 다른 사람에게 자신의 명의로 검사업무를 하게 하는 행위
2. 거짓이나 그 밖의 부정한 방법으로 검사업무를 하는 행위
3. 검사업무와 관련하여 환경부령으로 정하는 준수사항을 위반하는 행위
4. 제74조제8항에 따른 검사의 방법 및 절차를 위반하여 검사업무를 하는 행위

③ 검사대행기관의 지정기준, 지정절차, 그 밖에 검사업무에 필요한 사항은 환경부령으로 정한다.

규칙 제123조 삭제

규칙 제123조의2 삭제 [2017.12.28]

[규칙 별표34의2]

자동차연료 · 첨가제 또는 촉매제 검사기관의 지정기준(제121조 관련)

1. 자동차연료 검사기관의 기술능력 및 검사장비 기준

가. 기술능력

1) 검사원의 자격: 다음의 어느 하나에 해당하는 자이어야 한다.

가) 환경, 자동차 또는 분석 관련 학과의 학사학위 이상을 취득한 자

나) 「국가기술자격법 시행규칙」 별표 2에 따른 중직무분야 중 자동차, 화공, 안전관리(가스), 환경 분야의 기사 자격 이상을 취득한 자

다) 「환경분야 시험 · 검사 등에 관한 법률」 제19조에 따른 환경측정분석사

2) 검사원의 수

검사원은 4명 이상이어야 하며 그 중 2명 이상은 해당 검사 업무에 5년 이상 종사한 경험이 있는 사람이어야 한다.

[비고]
휘발유 · 경유 · 바이오디젤 검사기관과 LPG · CNG · 바이오가스 검사기관의 기술능력 기준은 같으며, 두 검사 업무를 함께 하려는 경우에는 기술능력을 중복하여 갖추지 아니할 수 있다.

나. 검사장비

1) 휘발유 · 경유 · 바이오디젤(BD100) 검사장비

순번	검사장비	수량	비고
1	가스크로마토그래피(Gas Chromatography, FID, ECD)	1식	
2	원자흡광광도계(Atomic Absorption Spectrophotometer) 또는 유도결합플라즈마원자분광광도계(Inductively Coupled Plasma Spectrophotometer)	1식	
3	분광광도계(UV/Vis Spectrophotometer)	1식	

4	황함량분석기(Sulfur Analyzer)	1식	1ppm 이하 분석 가능
5	증기압시험기(Vapor Pressure Tester)	1식	
6	증류시험기(Distillation Apparatus)	1식	
7	액체크로마토그래피(High Performance Liquid Chromatography) 또는 초임계유체크로마토그래피 (Supercritical Fluid Chromatography)	1식	
8	윤활성시험기(High Frequency Reciprocating Rig)	1식	
9	밀도시험기(Density Meter)	1식	
10	잔류탄소시험기(Carbon Residue Apparatus)	1식	
11	동점도시험기(Viscosity)	1식	
12	회분시험기(Furnace)	1식	
13	전산가시험기(Acid value)	1식	
14	산화안정도시험기(Oxidation stability)	1식	
15	세탄가측정기(Cetane number)	1식	
16	별표 33의 제조기준 시험을 수행할 수 있는 장비	1식	

2) LPG · CNG · 바이오가스 검사장비

순번	검사장비	수량	비고
1	가스크로마토그래피(Gas Chromatography, FID, ECD, TCD, PFPD)	1식	
2	황함량분석기(Sulfur Analyzer)	1식	5ppm 이하 분석 가능
3	증기압시험기(Vapor Pressure Tester)	1식	
4	밀도시험기(Density Meter)	1식	
5	동판부식시험기(Copper Strip Corrosion Apparatus)	1식	
6	증발잔류물시험기(Residual Matter Tester)	1식	
7	별표 33의 제조기준에 관한 시험을 수행할 수 있는 장비	1식	

[비고]
휘발유 · 경유 · 바이오디젤 검사기관과 LPG · CNG · 바이오가스 검사기관의 검사대행 업무를 함께 하려는 경우에는 검사장비를 중복하여 갖추지 아니할 수 있다.

2. 첨가제 검사기관의 기술능력 및 검사장비 기준

가. 기술능력

1) 검사원의 자격: 다음의 어느 하나에 해당하는 자이어야 한다.

가) 환경, 자동차 또는 분석 관련 학과의 학사학위 이상을 취득한 자

나) 「국가기술자격법 시행규칙」 별표 2에 따른 중직무분야 중 자동차, 화공, 안전관리(가스), 환경 분야의 기사 자격 이상을 취득한 자
다) 「환경분야 시험 · 검사 등에 관한 법률」 제19조에 따른 환경측정분석사

2) 검사원의 수
검사원은 4명 이상이어야 하며, 그 중 2명 이상은 배출가스검사 업무에 5년 이상 종사한 경험이 있는 사람이어야 한다.

[비고]
휘발유용 · 경유용 첨가제 검사기관과 LPG · CNG용 첨가제 검사기관의 기술능력 기준은 같으며, 두 첨가제 검사대행 업무를 함께 하려는 경우에는 기술능력을 중복하여 갖추지 아니할 수 있다.

나. 검사장비
1) 휘발유용 · 경유용 첨가제 검사장비
가) 배출가스 검사장비

순번	검사장비	수량	비고
1	차대동력계	1식	휘발유, 경유 공용
2	배출가스 시료채취 장치	2식	휘발유용, 경유용 각 1식
3	배출가스 분석장치	2식	휘발유용, 경우용 각 1식
4	자료처리 장치	1식	휘발유, 경유 공용
5	그 밖의 부속장치	1식	휘발유, 경유 공용
6	원동기동력계	1식	경유 전용
7	매연 측정기	1식	경유 전용

나) 자동차연료 제조기준 검사 및 유해물질 검사장비: 제1호나목 1)에서 정하는 검사장비

2) LPG · CNG용 첨가제 검사장비
가) 배출가스 검사장비

순번	검사장비	수량
1	차대동력계	1식
2	배출가스 시료채취 장치	1식
3	배출가스 분석장치	1식
4	자료처리 장치	1식
5	그 밖의 부속장치	1식

나) 자동차연료 제조기준 검사 및 유해물질 검사장비: 자동차연료 제조기준 검사장비는 제1호나목 2)와 같고, 유해물질검사장비는 다음과 같다.

검사장비	수량
원자흡광광도계(Atomic Absorption Spectrophotometer) 또는 유도결합플라즈마원자분광광도계(Inductively Coupled Plasma Spectrophotometer)	1식

[비고]
휘발유용 · 경유용 첨가제 검사기관과 LPG · CNG용 첨가제 검사기관의 검사대행 업무를 함께 하려는 경우에는 기술능력을 중복하여 갖추지 아니할 수 있다.

3. 촉매제 검사기관의 기술능력 및 검사장비 기준
   가. 기술능력
      1) 검사원의 자격: 다음의 어느 하나에 해당하는 자이어야 한다.
         가) 환경, 자동차 또는 분석 관련 학과의 학사학위 이상을 취득한 자
         나) 「국가기술자격법 시행규칙」 별표 2에 따른 중직무분야 중 자동차, 화공, 안전관리(가스), 환경 분야의 기사 자격 이상을 취득한 자
         다) 「환경분야 시험 · 검사 등에 관한 법률」 제19조에 따른 환경측정분석사
      2) 검사원의 수
         검사원은 4명 이상이어야 하며 그 중 2명 이상은 해당 검사 업무에 5년 이상 종사한 경험이 있는 사람이어야 한다.

   나. 검사장비

순번	검사장비	수량	비고
1	요소함량분석기(Total Nitrogen Analyzer)	1식	
2	원자흡광광도계(Atomic Absorption Spectrophotometer) 또는 유도결합플라즈마원자분광광도계 (Inductively Coupled Plasma Spectrophotometer)	1식	
3	분광광도계(UV/Vis Spectrophotometer)	1식	
4	밀도시험기(Density Meter)	1식	
5	굴절계(Refractometer)	1식	Abbe 방식
6	자동적정기(Auto Titration) 또는 적정기(Titration)	1식	
7	별표 33의 제조기준에 관한 시험을 수행할 수 있는 장비	1식	

제74조의3(검사대행기관의 지정 취소 등) 환경부장관은 검사대행기관이 다음 각 호의 어느 하나에 해당하는 경우에는 그 지정을 취소하거나 6개월 이내의 기간을 정하여 업무의 전부 또는 일부의 정지를 명할 수 있다. 다만, 제1호에 해당하는 경우에는 그 지정을 취소하여야 한다.
1. 거짓이나 그 밖의 부정한 방법으로 지정을 받은 경우
2. 제74조의2제2항 각 호의 금지행위를 한 경우
3. 제74조의2제3항에 따른 지정기준을 충족하지 못하게 된 경우

제75조(자동차연료 · 첨가제 또는 촉매제의 제조 · 공급 · 판매 중지 및 회수) ① 환경부장관은 제74조제4항에 따라 공급 · 판매 또는 사용이 금지되는 자동차연료 · 첨가제 또는 촉매제를 제조한

자에 대해서는 제조의 중지 및 유통 · 판매 중인 제품의 회수를 명할 수 있다.

② 환경부장관은 제74조제4항에 따라 공급 · 판매 또는 사용이 금지되는 자동차연료 · 첨가제 또는 촉매제를 공급하거나 판매한 자에 대하여는 공급이나 판매의 중지를 명할 수 있다.

제75조의2(친환경연료의 사용 권고) ① 환경부장관 또는 시 · 도지사는 대기환경을 개선하기 위하여 필요하다고 인정하는 경우에는 친환경연료를 자동차연료로 사용할 것을 권고할 수 있다.

② 제1항에 따른 친환경연료의 종류, 품질기준, 사용차량 및 사용지역 등 필요한 사항은 산업통상자원부장관과 협의하여 환경부령으로 정한다. [개정 2013.3.23.][본조신설 2012.2.1.]

제76조(선박의 배출허용기준 등) ① 선박 소유자는 「해양환경관리법」 제43조제1항에 따른 선박의 디젤기관에서 배출되는 대기오염물질 중 대통령령으로 정하는 대기오염물질을 배출할 때 환경부령으로 정하는 허용기준에 맞게 하여야 한다. [개정 2007.1.19.]

영 **제60조(선박 대기오염물질의 종류)** 법 제76조제1항에서 "대통령령으로 정하는 대기오염물질"이란 질소산화물을 말한다.

② 환경부장관은 제1항에 따른 허용기준을 정할 때에는 미리 관계 중앙행정기관의 장과 협의하여야 한다.

③ 환경부장관은 필요하다고 인정하면 제1항에 따른 허용기준의 준수에 관하여 해양수산부장관에게 「해양환경관리법」 제49조 내지 제52조에 따른 검사를 요청할 수 있다.

규칙 **제124조(선박의 배출허용기준)** 법 제76조에 따른 선박의 배출허용기준은 별표 35와 같다.

[규칙 별표35]

선박의 배출허용기준(제124조 관련)

기관 출력	정격 기관속도 (n: 크랭크샤프트의 분당 속도)	질소산화물 배출기준(g/kWh)		
		기준 1	기준 2	기준 3
130kW 초과	n이 130rpm 미만일 때	17 이하	14.4 이하	3.4 이하
	n이 130rpm 이상 2,000rpm 미만일 때	$45.0\times n^{(-0.2)}$ 이하	$44.0\times n^{(-0.23)}$ 이하	$9.0\times n^{(-0.2)}$ 이하
	n이 2,000rpm 이상일 때	9.8 이하	7.7 이하	2.0 이하

[비고]
기준 1은 2010년 12월 31일 이전에 건조된 선박에, 기준 2는 2011년 1월 1일 이후에 건조된 선박에, 기준 3은 2016년 1월 1일 이후에 건조된 선박에 설치되는 디젤기관에 각각 적용하되, 기준별 적용대상 및 적용시기 등은 해양수산부령으로 정하는 바에 따른다.

제5장 자동차 온실가스 배출 관리

제76조의2(자동차 온실가스 배출허용기준) 자동차제작자는 「저탄소 녹색성장 기본법」 제47조제2항에 따라 자동차 온실가스 배출허용기준을 택하여 준수하기로 한 경우 환경부령으로 정하는 자동차에 대한 온실가스 평균배출량이 환경부장관이 정하는 허용기준(이하 "온실가스 배출허용기준"이라 한다)에 적합하도록 자동차를 제작·판매하여야 한다.

규칙 **제124조의2(자동차 온실가스 배출허용기준 적용대상)** 법 제76조의2에서 "환경부령으로 정하는 자동차"란 국내에서 제작되거나 국외에서 수입되어 국내에 판매 중인 자동차 중 「자동차관리법 시행규칙」 별표 1에 따른 승용자동차·승합자동차로서 승차인원이 15인승 이하이고 총 중량이 3.5ton 미만인 자동차와 화물자동차로서 총 중량이 3.5ton 미만인 자동차를 말한다. 다만, 다음 각 호의 자동차는 제외한다. [개정 2015.7.21.]

1. 환자의 치료 및 수송 등 의료목적으로 제작된 자동차
2. 군용(軍用)자동차
3. 방송·통신 등의 목적으로 제작된 자동차
4. 2012년 1월 1일 이후 제작되지 아니하는 자동차
5. 「자동차관리법 시행규칙」 별표 1 제2호에 따른 특수형 승합자동차 및 특수용도형 화물자동차 [본조신설 2014.2.6.]

규칙 **124조의3(자동차 온실가스 배출량 측정시험 및 보고)** ① 법 제76조의3제1항 단서에서 "환경부령으로 정하는 장비 및 인력"이란 별표 19에 따른 장비 및 인력을 말한다.

② 자동차제작자는 법 제76조의3제1항에 따라 별지 제62호서식의 자동차 온실가스 배출량 측정시험 결과를 작성하여 환경부장관에게 보고하여야 한다.

③ 법 제76조의3제3항 전단에 따른 사후검사를 하는 경우 복합 온실가스 배출량을 기준으로 하되, 허용 오차범위는 +5%로 한다. [신설 2015.7.21.]

④ 제3항에서 규정한 사항 외에 대상 자동차 선정 방법 및 선정 대수 등 사후검사에 필요한 사항은 환경부장관이 정하여 고시한다.

규칙 **제124조의4(자동차 온실가스 배출량의 표시방법 등)** 법 제76조의4제2항에 따른 자동차 온실가스 배출량 표시는 소비자가 쉽게 알아볼 수 있도록 자동차의 전면·후면 또는 측면 유리 바깥면의 잘 보이는 위치에 명확한 방법으로 표시하여야 한다. 이 경우 표시의 크기 및 모양 등은 환경부장관이 정하여 고시한다.

규칙 제124조의5(자동차 온실가스 배출량의 상환 및 이월 등) 법 제76조의5제2항에서 "환경부령으로 정하는 기간"이란 각각 3년을 말한다.

제76조의3(자동차 온실가스 배출량의 보고) ① 자동차제작자는 제76조의2에 따른 환경부령으로 정하는 자동차를 판매하고자 하는 경우 환경부장관이 지정하는 시험기관에서 해당 자동차의 온실가스 배출량을 측정하고 그 측정결과를 환경부장관에게 보고하여야 한다. 다만, 환경부령으로 정하는 장비 및 인력을 보유한 자동차제작자의 경우에는 자체적으로 온실가스 배출량을 측정하여 그 측정결과를 보고할 수 있다.

② 환경부장관은 제1항에 따라 자동차제작자가 보고한 측정결과에 보완이 필요한 경우 30일 이내에 자동차제작자에게 측정결과의 수정 또는 보완을 요청할 수 있다. 이 경우 자동차제작자는 정당한 사유가 없으면 이에 따라야 한다.

③ 환경부장관은 자동차제작자가 제1항에 따라 보고한 측정결과에 적합하게 자동차를 제작하였는지를 확인하기 위하여 같은 항에 따라 측정결과를 보고한 자동차에 대하여 환경부령으로 정하는 바에 따라 1년 이내에 사후검사를 실시할 수 있다. 이 경우 측정결과에 대한 사후검사 결과의 허용 오차범위는 환경부령으로 정한다. [본조신설 2013.4.5.]

제76조의4(자동차 온실가스 배출량의 표시) ① 자동차제작자는 온실가스를 적게 배출하는 자동차의 사용·소비가 촉진될 수 있도록 제76조의3에 따라 환경부장관에게 보고한 자동차 온실가스 배출량을 해당 자동차에 표시하여야 한다.

② 제1항에 따른 온실가스 배출량의 표시방법과 그 밖에 필요한 사항은 환경부령으로 정한다. [본조신설 2013.4.5.]

제76조의5(자동차 온실가스 배출허용기준 및 평균에너지소비효율기준의 적용·관리 등)

① 자동차제작자는 자동차 온실가스 배출허용기준 또는 평균에너지소비효율기준(「저탄소 녹색성장 기본법」 제47조제2항에 따라 산업통상자원부장관이 정하는 평균에너지소비효율기준을 말한다. 이하 같다) 준수 여부 확인에 필요한 판매실적 등 환경부장관이 정하는 자료를 환경부장관에게 제출하여야 한다.

② 자동차제작자는 해당 연도의 온실가스 평균배출량 또는 평균에너지소비효율이 온실가스 배출허용기준 또는 평균에너지소비효율기준 이내인 경우 그 차이분을 다음 연도부터 환경부령으로 정하는 기간 동안 이월하여 사용하거나 자동차제작자 간에 거래할 수 있으며, 해당 연도별 온실가스 평균배출량 또는 평균에너지소비효율이 온실가스 배출허용기준 또는 평균에너지소비효율기준을 초과한 경우에는 그 초과분을 다음 연도부터 환경부령으로 정하는 기간 내에 상환할 수 있다.

③ 제1항 및 제2항에 따른 자료의 작성방법·제출시기, 차이분·초과분의 산정방법, 상환·거래방법, 그 밖에 필요한 사항은 환경부장관이 정하여 고시한다.

제76조의6(과징금 처분) ① 환경부장관은 온실가스 배출허용기준을 준수하지 못한 자동차제작자에게 초과분에 따라 대통령령으로 정하는 매출액에 100분의 1을 곱한 금액을 초과하지 아니하는 범위에서 과징금을 부과 · 징수할 수 있다. 다만, 제76조의5제2항에 따라 자동차제작자가 초과분을 상환하는 경우에는 그러하지 아니하다.

영 제60조의3(과징금 산정방법 등) ① 법 제76조의6제1항에 따른 과징금의 산정방법 등은 별표 14와 같다.

② 환경부장관은 법 제76조의6제1항에 따른 과징금을 부과할 때에는 법 제76조의5제2항에 따라 환경부령으로 정하는 기간이 끝나는 연도의 다음 연도에 과징금의 부과사유와 그 과징금의 금액을 분명하게 적은 서면으로 알려야 한다.

③ 제2항에 따라 통지를 받은 자동차제작자는 그 통지를 받은 해 9월 30일까지 환경부장관이 정하는 수납기관에 해당 과징금을 내야 한다. 다만, 천재지변이나 그 밖의 부득이한 사유로 그 기간까지 과징금을 낼 수 없는 경우에는 그 사유가 없어진 날부터 30일 이내에 내야 한다.

④ 제3항에 따라 과징금을 받은 수납기관은 과징금을 낸 자에게 영수증을 발급하여야 한다.

⑤ 제1항부터 제4항까지에서 규정한 사항 외에 과징금의 부과에 필요한 세부사항은 환경부장관이 정하여 고시한다.

② 제1항에 따른 과징금의 산정방법 · 금액, 징수시기, 그 밖에 필요한 사항은 대통령령으로 정한다. 이 경우 과징금의 금액은 평균에너지소비효율기준을 준수하지 못하여 부과하는 과징금 금액과 동일한 수준이 될 수 있도록 정한다.

③ 환경부장관은 제1항에 따른 과징금을 내야 할 자가 납부기한까지 내지 아니하면 국세 체납처분의 예에 따라 징수한다.

④ 제1항에 따라 징수한 과징금은 「환경정책기본법」에 따른 환경개선특별회계의 세입으로 한다.

[영 별표14]

과징금의 산정방법 등(제60조의3제1항 관련)

1. 자동차제작자별 과징금 금액은 온실가스 배출허용기준을 달성하지 못한 연도(이하 "해당 연도"라 한다)의 온실가스 배출허용기준 미달성량(未達成量)(g/km)에 법 제76조의5제2항에 따라 이월 · 거래 또는 상환한 양을 감(減)하여 산정한 값을 과징금 요율[원/(g/km)]에 곱한 금액으로 한다.
2. 제1호의 온실가스 배출허용기준 미달성량은 다음 계산식에 따라 계산한다.

온실가스 배출허용기준 미달성량 = (온실가스 평균배출량 − 온실가스 배출허용기준) × 판매 대수(대)

가. "온실가스 평균배출량"이란 법 제2조제21호에 따른 온실가스 평균배출량을 말한다.
나. "온실가스 배출허용기준"이란 「저탄소 녹색성장 기본법 시행령」 제37조제2항에 따라 환경부장관이 고시한 기준을 말한다.
다. "판매 대수"란 법 제2조제21호에 따른 자동차의 제작자별 해당 연도 판매 대수를 말한다.

3. 해당 연도별 과징금 요율은 아래 표와 같다.

해당 연도	과징금 요율[원/(g/㎞)]
가. 2014년부터 2016년까지	10,000원
나. 2017년부터 2019년까지	30,000원
다. 2020년 이후	50,000원

제76조의7(온실가스 저배출 자동차에 대한 지원) ① 환경부장관은 온실가스 배출량이 적은 자동차(이하 "저탄소차"라 한다)를 구매하는 자에게 재정적 지원을 할 수 있다.

② 제1항에 따른 재정적 지원의 대상이 되는 저탄소차는 국내에서 제작되거나 수입되어 국내에 판매되는 「자동차관리법」 제3조에 따른 승용자동차 및 승합자동차(승차인원 10인승 이하의 자동차에 한정한다) 중 제76조의2에 따른 자동차 온실가스 배출허용기준을 고려하여 환경부령으로 정한다.

③ 제1항에 따른 재정적 지원은 제76조의8에 따른 저탄소차협력금의 징수 범위에서 하되, 지원금의 지원기준, 기준별 지급액, 절차 등에 필요한 사항은 관계 중앙행정기관의 장과 협의하여 환경부령으로 정한다.

④ 환경부장관은 저탄소차 구매자에 대한 재정적 지원 업무를 자동차제작자 등에 위탁할 수 있다. 이 경우 관계 중앙행정기관의 장과 협의하여 환경부령으로 정하는 바에 따라 제76조의8제1항에 따라 징수된 저탄소차협력금의 일부를 위탁비용으로 교부할 수 있다.

제76조의8(저탄소차협력금의 부과) ① 환경부장관은 저탄소차를 구매하는 자에 대한 재정적 지원에 필요한 재원을 확보하기 위하여 온실가스 배출량이 많은 자동차를 구매하는 자에게 부담금(이하 "저탄소차협력금"이라 한다)을 부과 · 징수할 수 있다.

② 제1항에 따른 자동차는 국내에서 제작되거나 수입되어 국내에 판매되는 「자동차관리법」 제3조에 따른 승용자동차 및 승합자동차(승차인원 10인승 이하의 자동차에 한정한다) 중 제76조의2에 따른 자동차 온실가스 배출허용기준을 고려하여 환경부령으로 정한다.

③ 저탄소차협력금의 산정기준 및 부과 · 징수 절차 등에 필요한 사항은 관계 중앙행정기관의 장과 협의하여 환경부령으로 정한다.

④ 제1항에 따라 징수한 저탄소차협력금은 「환경정책기본법」에 따른 환경개선특별회계의 세입으로 한다.

⑤ 환경부장관은 저탄소차협력금의 징수업무를 자동차제작자 등에게 위탁할 수 있다. 이 경우 관계 중앙행정기관의 장과 협의하여 환경부령으로 정하는 바에 따라 징수된 저탄소차협력금의 일부를 징수비용으로 교부할 수 있다.

제5장의2 냉매의 관리

제76조의9(냉매의 관리기준 등) ① 환경부장관은 건축물의 냉난방용, 식품의 냉동 · 냉장용, 그 밖의 산업용으로 냉매를 사용하는 기기(이하 "냉매사용기기"라 한다)로부터 배출되는 냉매를 줄이기 위하여 다음 각 호의 사항에 관한 관리기준(이하 "냉매관리기준"이라 한다)을 마련하여야 한다. 이 경우 환경부장관은 관계 중앙행정기관의 장과 협의하여야 한다.

1. 냉매사용기기의 유지 및 보수
2. 냉매의 회수 및 처리

② 환경부장관은 냉매의 관리를 위하여 필요한 경우 관계 중앙행정기관의 장에게 관련 자료를 요청할 수 있다. 이 경우 요청을 받은 기관의 장은 특별한 사유가 없으면 이에 협조하여야 한다.

③ 냉매사용기기의 범위와 냉매관리기준은 환경부령으로 정한다. [본조신설 2017.11.28.]

규칙 **제124조의6(냉매사용기기의 범위)** 법 제76조의9제3항에 따른 냉매사용기기의 범위는 별표 35의2와 같다.

규칙 **제124조의7(냉매관리기준)** 법 제76조의9제3항에 따른 냉매관리기준은 별표 35의3과 같다.

[규칙 별표 35의2] 〈신설 2018. 11. 29.〉

냉매사용기기의 범위(제124조의6 관련)

종류	범위	규모
건축물의 냉 · 난방용	「건축법」 제2조제2호에 따른 건축물의 냉 · 난방용으로 사용되는 「고압가스 안전관리법 시행령」 제3조제1항제1호, 제2호, 제4호 및 제4조제2호에 해당하는 기기	「고압가스안전관리법 시행규칙」 별표 3에 따른 냉동능력 산정기준에 따른 1일의 냉동능력이 20톤 이상인 기기
식품의 냉동 · 냉장용	「식품안전기본법」 제2조제1호에 따른 식품의 냉동 · 냉장용으로 사용되는 「고압가스 안전관리법 시행령」 제3조제1항제1호, 제2호, 제4호 및 제4조제2호에 해당하는 기기	
그 밖의 산업용	제조설비의 제조공정용 시설, 산업설비의 보조설비, 산업에 필요한 냉동 · 냉장 등의 용도로 사용되는 「고압가스 안전관리법 시행령」 제3조제1항제1호, 제2호, 제4호 및 제4조제2호에 해당하는 기기	

[규칙 별표 35의3] 〈신설 2018. 11. 29.〉

냉매관리기준(제124조의7 관련)

1. 일반기준
   냉매사용기기의 소유자 · 점유자 또는 관리자(이하 "소유자등"이라 한다)는 관리대상 냉매사용기기에 충전되어 있는 냉매를 대기 중으로 배출해서는 안 되며, 냉매를 회수 · 재사용 · 보관 · 운반 · 인계하는 과정에서 누출되지 않도록 해야 한다.

2. 냉매사용기기의 유지 · 보수기준
   소유자등은 관리대상 냉매사용기기를 사용하는 과정에서 냉매의 누출을 최소화하기 위해 냉매사용기기의 상태 및 냉매 누출 여부 등을 점검하고, 그 결과에 따라 냉매사용기기를 유지 · 보수해야 한다.

3. 냉매의 회수기준
   가. 소유자등은 다음의 어느 하나에 해당하여 냉매를 회수하려는 경우에는 영 별표 14의2 제1호에 따른 시설 및 장비를 갖추어 직접 회수하거나 냉매회수업자에게 회수하게 해야 한다.
      1) 냉매사용기기를 폐기하려는 경우
      2) 냉매사용기기의 전부 또는 일부를 원재료, 부품, 그 밖에 다른 제품의 일부로 이용할 수 있도록 유상 또는 무상으로 양도하려는 경우
      3) 냉매사용기기를 유지 · 보수하거나 다른 장소로 이전하여 설치하려는 경우
      4) 냉매사용기기의 냉매를 사업장 내에서 재사용하려는 경우
   나. 가목에 따라 냉매를 회수하려는 경우에는 냉매를 안전하게 회수하고, 회수과정에서의 누출을 최소화하기 위해 다음의 기준을 준수해야 한다.

1) 안전유지기준

가) 냉매사용기기에서 냉매를 회수하기 전에 냉매회수기기와 안전장치 등 회수에 필요한 장비들이 정상적으로 작동되는지 여부를 확인해야 한다.

나) 냉매를 회수하려는 장소가 화기를 취급하는 곳이거나 인화성 물질 또는 발화성 물질과 가까운 곳일 경우에는 점화원으로 사용될 수 있는 기기 및 제품 등을 사용하지 않아야 한다.

다) 냉매의 회수가 끝난 후에는 냉매사용기기의 성능유지와 작동성 확인 등 안전 확보에 필요한 조치를 해야 한다.

2) 회수 및 점검기준

가) 냉매사용기기의 냉매 회수구에서의 압력 값이 아래의 구분에 따른 압력 이하로 유지되도록 해야 한다.

냉매의 압력 구분 (게이지압력)	회수구 압력(게이지압력)
상용 온도에서 압력이 0.2MPa 미만	음압 0.07MPa
상용 온도에서 압력이 0.2MPa 이상	0MPa

나) 냉매를 회수하기 전에 누출감지기를 이용하여 냉매사용기기의 냉매 누출 여부를 확인하고 냉매 누출이 확인된 경우에는 지체 없이 누출 지점을 보수한 다음에 냉매를 회수해야 하고, 냉매 회수가 끝난 이후에도 냉매 누출 여부를 다시 확인해야 한다.

다) 냉매를 회수할 때에는 누출 방지를 위해 영 별표14의2에서 정하는 냉매회수기기 및 냉매회수용기를 사용해야 하며, 냉매를 회수하기 전에 회수하고자 하는 냉매의 종류를 확인하여 종류가 다른 냉매가 혼입되지 않도록 해야 하고, 냉매회수용기의 옆면에 회수한 냉매의 종류를 표기해야 한다.

라) 밸브를 사용하여 냉매를 회수하는 경우에는 개폐방향이 표시되도록 하고, 밸브의 기능을 확실히 인지하고 조작해야 한다.

마) 냉매회수기기를 이용하여 냉매회수용기에 충전할 경우에는 과충전이 되지 않도록 냉매회수용기에 각인된 압축가스의 최고 충전압력 또는 충전량을 초과하지 않아야 한다.

바) 냉매를 회수하는 장소가 진동이 심할 경우에는 진동을 최소한도로 줄일 수 있는 조치를 하고 냉매를 회수해야 한다.

사) 보관시설에 냉매회수용기 등을 보관하는 경우 다음의 기준을 준수해야 한다.

(1) 냉매회수용기는 빈 용기 및 충전 완료된 용기로 구분하여 저장하고, 충전 완료된 용기는 냉매 종류별로 구별하여 저장해야 한다.

(2) 냉매회수용기는 넘어짐 등에 의한 충격 및 밸브의 손상을 방지하는 등의 조치를 하고 거칠게 다루지 않아야 한다.

(3) 보관시설에는 냉매회수기기 등 회수에 필요한 물건 이외에는 두지 않아야 한다.

아) 냉매회수업자는 냉매의 회수가 끝난 후에 제124조의11제1항에 따라 작성하는 냉매회수결과표를 등록된 기술인력이 작성하도록 해야 한다.

자) 소유자등은 냉매회수업자에게 냉매를 회수하게 하는 경우에는 냉매회수업자가 회수기준에 적합하게 회수하는지를 확인해야 한다.

4. 냉매의 처리기준

가. 소유자등 또는 냉매회수업자는 제3호에 따라 회수한 냉매를 처리하려는 경우에는 다음의 어느 하나에 해당하는 자에게 처리하도록 해야 한다.

1) 「전기 · 전자제품 및 자동차의 자원순환에 관한 법률」 제32조의2제1항에 따른 폐가스류처리업 등록을 한 자

2)「폐기물관리법」 제25조제5항제2호에 따른 폐기물 중간처분업 허가를 받은 자
3)「폐기물관리법」 제25조제5항제4호에 따른 폐기물 종합처분업 허가를 받은 자
4)「폐기물관리법」 제25조제5항제7호에 따른 폐기물 종합재활용업 허가를 받은 자

나. 소유자등은 냉매회수업자에게 냉매를 회수하게 하는 경우에는 냉매회수업자가 냉매의 처리기준에 적합하게 처리하는지를 확인해야 한다.

비고. 제1호부터 제4호까지에서 규정한 사항 외에 냉매관리기준에 필요한 사항은 환경부장관이 관계 중앙행정기관의 장과 협의하여 고시한다.

제76조의10(냉매사용기기의 관리 등) ① 냉매사용기기의 소유자 · 점유자 또는 관리자(이하 "소유자등"이라 한다)는 냉매관리기준을 준수하여 냉매사용기기를 유지 · 보수하거나 냉매를 회수 · 처리하여야 한다.

② 냉매사용기기의 소유자등은 냉매사용기기의 유지 · 보수 및 냉매의 회수 · 처리 내용을 환경부령으로 정하는 바에 따라 기록 · 보존하고, 그 내용을 환경부장관에게 제출하여야 한다.

규칙 제124조의8(냉매관리기록부의 기록 · 보존 등) ① 냉매사용기기의 소유자 · 점유자 또는 관리자(이하 "소유자등"이라 한다)는 법 제76조의10제2항에 따라 냉매사용기기의 유지 · 보수 및 회수 · 처리 현황을 별지 제63호서식의 냉매관리기록부에 기록하고 3년간 보존해야 한다. 다만, 냉매사용기기의 유지 · 보수 및 회수 · 처리 현황을 법 제76조의15에서 정한 냉매정보관리전산망(이하 "냉매정보관리전산망"이라 한다)에 입력하는 경우에는 그렇지 않다.

② 소유자등은 제1항 본문에 따라 작성한 냉매관리기록부의 사본에 다음 각 호의 서류를 첨부하여 다음 해 2월말까지 환경부장관에게 제출해야 한다. 이 경우 제1항 단서에 따라 냉매사용기기의 유지 · 보수 및 회수 · 처리 현황을 냉매정보관리전산망에 입력한 경우에는 입력한 날에 제출한 것으로 본다.

1. 냉매사용기기 매매 · 임대 · 폐기현황을 증명할 수 있는 서류
2. 냉매회수를 위한 영 별표 14의2 제1호의 시설 · 장비의 매매 또는 임대현황을 증명할 수 있는 서류
3. 냉매 회수 · 처리현황을 증명할 수 있는 서류
4. 냉매 구매현황을 증명할 수 있는 서류

③ 제1항 및 제2항에도 불구하고 소유자등은 냉매사용기기를 신규 설치, 교체 또는 폐기하는 등의 변경사항이 없는 경우로서 냉매의 회수 · 처리현황이 없는 경우에는 냉매관리기록부를 기록 · 제출하지 않는다. [신설 2018.11.29]

③ 냉매사용기기의 소유자등은 제76조의11제1항에 따라 냉매회수업의 등록을 한 자(이하 "냉매

회수업자"라 한다)에게 냉매의 회수를 대행하게 할 수 있다.[본조신설 2017.11.28.]

제76조의11(냉매회수업의 등록) ① 냉매사용기기의 냉매를 회수(회수한 냉매의 보관, 운반 및 환경부령으로 정하는 재사용을 포함한다. 이하 이 장에서 같다)하는 영업(이하 "냉매회수업"이라 한다)을 하려는 자는 대통령령으로 정하는 시설 · 장비 및 기술인력의 기준을 갖추어 환경부장관에게 등록하여야 한다.

규칙 제124조의9(냉매의 재사용) 법 제76조의11제1항에서 "환경부령으로 정하는 재사용"이란 다음 각 호의 어느 하나에 해당하는 경우를 말한다.

1. 냉매사용기기를 유지 · 보수하기 위하여 회수한 냉매를 해당 냉매사용기기에 다시 주입하는 경우
2. 냉매사용기기에서 회수한 냉매를 사업장 내의 다른 냉매사용기기에 주입하는 경우

[신설 2018.11.29]

규칙 제124조의10(냉매회수업의 등록 등) ① 법 제76조의11제1항에 따라 냉매회수업을 등록하려는 자는 별지 제64호서식의 냉매회수업 등록 신청서(전자문서로 된 신청서를 포함한다)에 영 별표 14의2에 따른 시설 · 장비 및 기술인력의 보유현황과 이를 증명할 수 있는 서류(전자문서를 포함한다)를 첨부하여 한국환경공단에 제출해야 한다.

② 제1항에 따른 신청서를 제출받은 한국환경공단은 「전자정부법」 제36조제1항에 따른 행정정보의 공동이용을 통하여 다음 각 호의 서류를 확인해야 한다. 다만, 신청인이 해당 서류의 확인에 동의하지 않는 경우에는 해당 서류의 사본을 첨부하도록 해야 한다. 1. 법인 등기사항증명서(신청인이 법인인 경우만 해당한다) 2. 사업자등록증(신청인이 개인인 경우만 해당한다)

③ 한국환경공단은 제1항에 따른 냉매회수업 등록 신청을 받은 경우에는 영 별표 14의2에 따른 시설 · 장비 및 기술인력의 기준을 갖추고 있는지 여부를 확인하고, 적합한 경우에는 별지 제65호서식의 냉매회수업 등록증을 신청인에게 발급해야 한다.

④ 법 제76조의11제1항에 따른 냉매회수업자(이하 "냉매회수업자"라 한다)는 영 제60조의4제2항 각 호의 어느 하나에 해당하는 사항을 변경하려는 경우에는 별지 제64호서식의 냉매회수업 변경등록 신청서에 냉매회수업 등록증과 변경하려는 내용을 증명할 수 있는 서류 1부를 첨부하여 한국환경공단에 제출해야 한다.

⑤ 한국환경공단은 법 제76조의11제3항에 따라 냉매회수업자의 등록을 한 경우에는 그 내용을 별지 제66호서식의 냉매회수업 등록대장에 기록해야 한다.

⑥ 제3항에 따라 발급받은 등록증을 잃어버렸거나 헐어 못 쓰게 된 경우에는 별지 제67호서식의 냉매회수업 등록증 재발급 신청서를 한국환경공단에 제출해야 한다. 이 경우

헐어 못 쓰게 되어 재발급받으려면 해당 등록증을 첨부해야 한다. [신설 2018.11.29]

② 냉매회수업자는 등록사항 중 대통령령으로 정하는 중요한 사항을 변경하려는 경우에는 변경등록을 하여야 한다.

③ 환경부장관은 냉매회수업의 등록을 한 경우에는 환경부령으로 정하는 바에 따라 등록대장에 그 내용을 기록하고, 등록증을 발급하여야 한다.

④ 제1항 및 제2항에 따른 등록 및 변경등록의 절차와 제3항에 따른 등록증의 발급 등에 필요한 사항은 환경부령으로 정한다.

⑤ 다음 각 호의 어느 하나에 해당하는 자는 냉매회수업의 등록을 할 수 없다.

1. 피성년후견인 또는 피한정후견인
2. 파산선고를 받고 복권되지 아니한 사람
3. 이 법을 위반하여 징역 이상의 실형을 선고받고 그 집행이 끝나거나(집행이 끝난 것으로 보는 경우를 포함한다) 집행을 받지 아니하기로 확정된 날부터 2년이 지나지 아니한 사람
4. 제76조의13에 따라 등록이 취소(제1호 또는 제2호에 해당하여 등록이 취소된 경우는 제외한다)된 후 2년이 지나지 아니한 자
5. 임원 중 제1호부터 제4호까지의 어느 하나에 해당하는 사람이 있는 법인 [본조신설 2017.11.28.]

영 제60조의4(냉매회수업의 등록기준) ① 법 제76조의11제1항에 따라 냉매회수업을 등록하려는 자가 갖추어야 하는 시설 · 장비 및 기술인력 기준은 별표 14의2와 같다.

② 법 제76조의11제2항에서 "대통령령으로 정하는 중요한 사항"이란 다음 각 호의 사항을 말한다.

1. 상호
2. 대표자명(개인사업자인 경우에는 성명)
3. 사업장 소재지
4. 기술인력

[신설 2018.11.27]

제76조의12(냉매회수업자의 준수사항 등) ① 냉매회수업자는 다른 자에게 자기의 명의를 사용하여 냉매회수업을 하게 하거나 등록증을 다른 자에게 대여하여서는 아니 된다.

② 냉매회수업자는 냉매관리기준을 준수하여 냉매를 회수하여야 하며, 그 내용을 환경부령으로 정하는 바에 따라 기록 · 보존하고 환경부장관에게 제출하여야 한다.

규칙 제124조의11(냉매회수결과표의 기록 · 보존 등) ① 냉매회수업자는 법 제76조의12제2항에 따라 냉매를 회수한 경우에는 별지 제68호서식의 냉매회수결과표에 그 내용을 기록하

고 3년간 보존해야 한다. 다만, 냉매회수결과를 냉매정보관리전산망에 입력한 경우에는 그렇지 않다.

② 냉매회수업자는 제1항에 따른 냉매회수결과표의 사본을 소유자등에게 발급해야 한다.

③ 냉매회수업자는 제1항에 따른 냉매회수결과표의 사본을 다음 각 호의 구분에 따른 기간까지 환경부장관에게 제출해야 한다. 다만, 냉매회수결과를 냉매정보관리전산망에 입력한 경우에는 그렇지 않다.

1. 1월 1일부터 6월 30일까지의 냉매회수결과: 7월 15일까지
2. 7월 1일부터 12월 31일까지의 냉매회수결과: 다음 해 1월 15일까지

[신설 2018.11.29]

③ 냉매회수업자는 등록된 기술인력으로 하여금 환경부령으로 정하는 바에 따라 환경부장관이 실시하는 냉매 회수에 관한 교육을 받게 하여야 한다.

규칙 **제124조의12(냉매회수 기술인력에 대한 교육)** ① 법 제76조의12제3항에 따라 등록된 기술인력이 받아야 할 교육은 다음 각 호의 구분에 따른다.

1. 신규교육: 냉매회수 기술인력으로 등록된 날부터 4개월 이내에 1회. 다만, 다음 각 목의 경우에는 신규교육을 면제한다.
   가. 냉매회수 기술인력으로 근무하던 사람이 퇴직한 날부터 1년 6개월 이내에 냉매회수 기술인력으로 다시 등록된 경우
   나. 냉매회수 기술인력으로 등록되기 전 1년 6개월 이내에 환경부장관이 시행하는 냉매회수 전문가 양성교육을 수료한 경우
2. 보수교육: 제1호에 따른 신규교육을 수료한 날(제1호 단서에 따라 신규교육이 면제된 경우에는 다음 각 목의 구분에 따른 날)을 기준으로 3년마다 1회
   가. 제1호가목의 경우: 냉매회수 기술인력으로 다시 등록된 날
   나. 제1호나목의 경우: 환경부장관이 시행하는 냉매회수 전문가 양성교육을 수료한 날

② 법 제76조의12제4항에 따라 교육대상자를 고용한 자로부터 징수하는 교육경비는 다음 각 호의 사항을 고려하여 환경부장관이 정하여 고시한다.

1. 강사수당
2. 교육교재 편찬 비용
3. 냉매 회수 실습에 소요되는 비용
4. 그 밖에 교육 관련 사무용품 구입비 등 필요한 경비

③ 법 제76조의12제5항에서 "환경부령으로 정하는 전문기관"이란 다음 각 호의 요건을 모두 갖춘 기관으로서 환경부장관이 지정한 기관을 말한다.

1. 비영리법인으로서 정관의 사업내용에 냉매 관련 업무가 포함되어 있을 것
2. 환경부장관이 고시하는 교육과정, 인력 및 시설 · 장비 요건을 갖추고 있을 것 3. 최근 3년 이내에 냉매회수 교육 관련 사업을 운영한 실적이 있을 것

④ 제1항에 따른 교육, 제2항에 따른 교육경비, 제3항에 따른 전문기관의 지정 등에 필요한 사항은 환경부장관이 정하여 고시한다.

[신설 2018.11.29]

④ 환경부장관은 환경부령으로 정하는 바에 따라 제3항에 따른 교육에 드는 경비를 교육대상자를 고용한 자로부터 징수할 수 있다.

⑤ 환경부장관은 제3항에 따른 교육을 환경부령으로 정하는 전문기관에 위탁할 수 있다.[본조신설 2017.11.28.]

제76조의13(냉매회수업 등록의 취소 등) ① 환경부장관은 냉매회수업자가 다음 각 호의 어느 하나에 해당하는 경우에는 등록을 취소하거나 6개월 이내의 기간을 정하여 영업의 전부 또는 일부의 정지를 명할 수 있다. 다만, 제1호부터 제3호까지 또는 제5호에 해당하는 경우에는 등록을 취소하여야 한다.

1. 거짓이나 그 밖의 부정한 방법으로 등록을 한 경우
2. 등록을 한 날부터 2년 이내에 영업을 개시하지 아니하거나 정당한 사유 없이 계속하여 2년 이상 휴업을 한 경우
3. 영업정지 기간 중에 냉매회수업을 한 경우
4. 제76조의11제1항에 따른 등록기준을 충족하지 못하게 된 경우
5. 제76조의11제5항에 따른 결격사유에 해당하는 경우. 다만, 법인의 경우 2개월 이내에 결격사유가 있는 임원을 교체 임명한 경우는 제외한다.
6. 제76조의12제1항을 위반하여 다른 자에게 자기의 명의를 사용하여 냉매회수업을 하게 하거나 등록증을 다른 자에게 대여한 경우 7. 고의 또는 중대한 과실로 회수한 냉매를 대기로 방출한 경우

② 제1항에 따른 행정처분의 세부 기준 및 그 밖에 필요한 사항은 환경부령으로 정한다. [본조신설 2017.11.28.]

규칙 제124조의13(냉매회수업자에 대한 행정처분기준) 법 제76조의13제1항에 따른 행정처분기준은 별표 36과 같다. (별표36은 생략으로 인한 법제처 참조)

제76조의14(냉매 판매량 신고) 냉매를 제조 또는 수입하는 자는 환경부령으로 정하는 바에 따라 냉매의 종류, 양, 판매처 등을 환경부장관에게 신고하여야 한다. 다만, 다른 법령에 따라 판매

현황 등이 파악되는 경우로서 환경부령으로 정하는 경우에는 그러하지 아니하다. 제76조의15(냉매정보관리전산망 설치 및 운영) 환경부장관은 냉매의 판매 · 회수 및 처리 과정의 효율적인 관리를 위하여 환경부령으로 정하는 바에 따라 냉매정보관리전산망을 설치 · 운영할 수 있다.

규칙 **제124조의14(냉매판매량의 신고 등)** ① 법 제76조의14 본문에 따라 냉매를 제조 또는 수입하는 자는 매반기가 끝난 후 15일 이내에 별지 제69호서식의 냉매 판매량 신고서에 다음 각 호의 서류를 첨부하여 한국환경공단에 제출하거나 냉매정보관리전산망에 입력해야 한다.

1. 냉매의 제조 또는 수입 실적을 확인할 수 있는 서류 1부
2. 냉매의 종류별 · 용도별 · 판매처별 판매량을 확인할 수 있는 서류 1부

② 법 제76조의14 단서에서 "환경부령으로 정하는 경우"란 제조 또는 수입하는 냉매가 「오존층 보호를 위한 특정물질의 제조규제 등에 관한 법률」 제2조제1호에 따른 특정물질에 해당하여 같은 법 시행령 제18조제1항에 따라 특정물질의 제조 · 판매 · 수입 실적 등을 산업통상자원부장관에게 보고하는 경우를 말한다.

③ 환경부장관과 산업통상자원부장관은 제1항에 따른 냉매판매량의 신고 및 제2항에 따른 실적 등의 보고에 관한 업무를 효율적으로 수행하기 위하여 신고 및 보고의 방법 및 절차를 공동으로 정하여 고시할 수 있다.

[신설 2018.11.29]

제6장 보칙

제77조(환경기술인 등의 교육) ① 환경기술인을 고용한 자는 환경부령으로 정하는 바에 따라 해당하는 자에게 환경부장관 또는 시·도지사가 실시하는 교육을 받게 하여야 한다.
② 환경부장관 또는 시·도지사는 환경부령으로 정하는 바에 따라 제1항에 따른 교육에 드는 경비를 교육대상자를 고용한 자로부터 징수할 수 있다.
③ 환경부장관 또는 시·도지사는 제1항에 따른 교육을 관계 전문기관에 위탁할 수 있다.

규칙 제125조(환경기술인의 교육) ① 법 제77조에 따라 환경기술인은 다음 각 호의 구분에 따라 「환경정책기본법」 제38조에 따른 환경보전협회, 환경부장관 또는 시·도지사가 교육을 실시할 능력이 있다고 인정하여 위탁하는 기관(이하 "교육기관"이라 한다)에서 실시하는 교육을 받아야 한다. 다만, 교육 대상이 된 사람이 그 교육을 받아야 하는 기한의 마지막 날 이전 3년 이내에 동일한 교육을 받았을 경우에는 해당 교육을 받은 것으로 본다.
1. 신규교육 : 환경기술인으로 임명된 날부터 1년 이내에 1회
2. 보수교육 : 신규교육을 받은 날을 기준으로 3년마다 1회

② 제1항에 따른 교육기간은 4일 이내로 한다. 다만, 정보통신매체를 이용하여 원격교육을 하는 경우에는 환경부장관이 인정하는 기간으로 한다.
③ 법 제77조제2항에 따라 교육대상자를 고용한 자로부터 징수하는 교육경비는 교육내용 및 교육기간 등을 고려하여 교육기관의 장이 정한다.

규칙 제126조, 제127조 , 제128조, 제129조는 생략으로 인한 법제처 참조

규칙 제130조(자료제출 및 협조) 법 제77조에 따른 교육을 효과적으로 수행하기 위하여 환경기술인을 고용하고 있는 자는 시·도지사가 다음 각 호의 자료제출을 요청하면 이에 협조하여야 한다.
1. 환경기술인의 명단
2. 교육이수자의 실태
3. 그 밖에 교육에 필요한 자료

제77조의2(친환경운전문화 확산 등) ① 환경부장관은 오염물질(온실가스를 포함한다)의 배출을 줄이고 에너지를 절약할 수 있는 운전방법(이하 "친환경운전"이라 한다)이 널리 확산·정착될 수 있도록 다음 각 호의 시책을 추진하여야 한다.
1. 친환경운전 관련 교육·홍보 프로그램 개발 및 보급

2. 친환경운전 관련 교육 과정 개설 및 운영
3. 친환경운전 관련 전문인력의 육성 및 지원
4. 친환경운전을 체험할 수 있는 체험시설 설치 · 운영
5. 그 밖에 친환경운전문화 확산을 위하여 환경부령으로 정하는 시책

② 환경부장관은 제1항의 시책 추진을 위하여 민간 환경단체 등이 교육 · 홍보 등 각종 활동을 할 경우 이를 지원할 수 있다.

규칙 **제130조의2(친환경운전문화 확산을 위한 시책)** 법 제77조의2제1항제5호에서 "친환경운전문화 확산을 위하여 환경부령으로 정하는 시책"이란 다음 각 호의 시책을 말한다.
1. 친환경운전문화 확산을 위한 포탈 사이트 구축 · 운영
2. 친환경운전 안내장치의 보급 촉진 및 지원
3. 친환경운전 지도(전자지도를 포함한다)의 작성 · 보급
4. 친환경운전 실천 현황 측정 및 인센티브 지원

제77조의3(자전거 이용 우수 기관 지원 등) ① 환경부장관은 온실가스 등 오염물질의 배출을 줄이고 쾌적한 대기환경을 유지하기 위하여 자전거 이용을 적극적으로 추진하는 기관을 자전거 이용 우수 기관으로 지정할 수 있다.

② 제1항에 따른 자전거 이용 우수 기관의 지정 기준 및 절차 등에 관한 사항은 환경부장관이 정한다.

③ 환경부장관은 제1항에 따른 자전거 이용 우수 기관이 다음 각 호의 어느 하나에 해당되는 경우에는 지정을 취소할 수 있다. 다만, 제1호에 해당하는 경우에는 지정을 취소하여야 한다. [본조신설 2012.5.23.]
1. 거짓이나 그 밖의 부정한 방법으로 지정을 받은 경우
2. 제2항에 따른 지정 기준에 적합하지 아니하게 된 경우

제78조(한국자동차환경협회의 설립 등) ① 자동차 배출가스로 인하여 인체 및 환경에 발생하는 위해를 줄이기 위하여 제80조의 업무를 수행하기 위한 한국자동차환경협회를 설립할 수 있다. [개정 2012.2.1.]

② 한국자동차환경협회는 법인으로 한다. [개정 2012.2.1.]

③ 한국자동차환경협회를 설립하기 위하여는 환경부장관에게 허가를 받아야 한다.

④ 한국자동차환경협회에 대하여 이 법에 특별한 규정이 있는 것 외에는 「민법」 중 사단법인에 관한 규정을 준용한다. [개정 2012.2.1.][제목개정 2012.2.1.]

제79조(회원) 다음 각 호의 어느 하나에 해당하는 자는 한국자동차환경협회의 회원이 될 수 있다.
1. 배출가스저감장치 제작자

2. 저공해엔진 제조 · 교체 등 배출가스저감사업 관련 사업자
3. 전문정비사업자
4. 배출가스저감장치 및 저공해엔진 등과 관련된 분야의 전문가
5. 「자동차관리법」 제44조의2에 따른 종합검사대행자
6. 「자동차관리법」 제45조의2에 따른 종합검사 지정정비사업자
7. 자동차 조기폐차 관련 사업자

제80조(업무) 한국자동차환경협회는 정관으로 정하는 바에 따라 다음 각 호의 업무를 행한다. [개정 2012.2.1.]

1. 운행차 저공해화 기술개발 및 배출가스저감장치의 보급
2. 자동차 배출가스 저감사업의 지원과 사후관리에 관한 사항
3. 운행차 배출가스 검사와 정비기술의 연구 · 개발사업
4. 환경부장관 또는 시 · 도지사로부터 위탁받은 업무
5. 그 밖에 자동차 배출가스를 줄이기 위하여 필요한 사항

제80조의2(굴뚝자동측정기기협회) ① 굴뚝에서 배출되는 대기오염물질을 측정하는 측정기기(이하 이 조에서 "굴뚝자동측정기기"라 한다)에 관한 기술개발 및 관련 산업의 육성 등을 위한 다음 각 호의 사업을 수행하기 위하여 굴뚝자동측정기기협회를 설립할 수 있다.

1. 굴뚝자동측정기기 관련 기술개발 및 보급
2. 굴뚝자동측정기기 관련 교육 및 교육교재 개발 · 보급
3. 굴뚝자동측정기기를 운영 · 관리하는 자에 대한 교육 및 기술 지원
4. 환경부장관 또는 지방자치단체의 장이 위탁하는 사업

② 굴뚝자동측정기기협회는 법인으로 한다.
③ 굴뚝자동측정기기협회를 설립하기 위하여는 환경부장관에게 허가를 받아야 한다.
④ 굴뚝자동측정기기 및 그 부속품을 수입 · 제조 · 판매하는 자 등은 굴뚝자동측정기기협회의 정관으로 정하는 바에 따라 굴뚝자동측정기기협회의 회원이 될 수 있다.
⑤ 굴뚝자동측정기기협회에 대하여 이 법에 특별한 규정이 있는 것을 제외하고는 「민법」 중 사단법인에 관한 규정을 준용한다. [본조신설 2012.2.1.]

제81조(재정적 · 기술적 지원) ① 국가 또는 지방자치단체는 대기환경개선을 위하여 다음 각 호의 사업을 추진하는 지방자치단체나 사업자 등에게 필요한 재정적 · 기술적 지원을 할 수 있다. [개정 2012.2.1., 2012.5.23., 2016.1.27.]

1. 제11조에 따른 종합계획의 수립 및 시행을 위하여 필요한 사업
2. 제32조제1항 및 제4항에 따른 측정기기 부착 및 운영 · 관리

3. 제16조제5항에 따른 특별대책지역에서의 엄격한 배출허용기준과 특별배출허용기준의 준수 확보에 필요한 사업
3의2. 제38조의2에 따라 대기오염물질의 비산배출을 줄이기 위한 사업
3의3. 휘발성유기화합물함유기준에 적합한 도료에 관한 연구와 기술개발
4. 제32조에 따른 측정기기의 부착 및 측정결과를 전산망에 전송하는 사업
5. 제63조에 따른 정밀검사 기술개발과 연구
6. 제75조의2에 따른 친환경연료의 보급 확대와 기반구축 등에 필요한 사업
7. 그 밖에 대기환경을 개선하기 위하여 환경부장관이 필요하다고 인정하는 사업

② 국가는 황사피해 및 대기오염을 방지하기 위한 보호 및 감시활동, 피해방지사업, 그 밖에 황사피해, 대기오염 방지 및 대기환경개선과 관련된 법인 또는 단체의 활동에 대하여 필요한 재정지원을 할 수 있다. [개정 2012.2.1.]

③ 제2항에 따른 재정지원의 대상 · 절차 및 방법 등의 구체적인 내용은 대통령령으로 정한

영 **제61조(재정지원의 대상 · 절차 및 방법)** ① 법 제81조제3항에 따른 재정지원의 대상은 다음 각 호와 같다. [개정 2016.5.31.]
1. 장거리이동대기오염물질 관련 연구사업
2. 장거리이동대기오염물질피해를 방지하기 위한 국내외 사업

② 재정지원을 받으려는 법인이나 단체는 매년 12월 31일까지 소관 부처에 재정지원을 신청하여야 한다.

③ 제2항에 따라 신청을 받은 소관 부처는 관계 부처와 협의를 거친 후 위원회의 심의를 거쳐 재정지원 여부를 결정하여야 한다.

제82조(보고와 검사 등) ① 환경부장관, 시 · 도지사 및 시장 · 군수 · 구청장은 환경부령으로 정하는 경우에는 다음 각 호의 자에게 필요한 보고를 명하거나 자료를 제출하게 할 수 있으며, 관계 공무원(제87조제2항에 따라 환경부장관의 업무를 위탁받은 관계 전문기관의 직원을 포함한다)으로 하여금 해당 시설이나 사업장 등에 출입하여 제16조나 제46조제3항에 따른 배출허용기준 준수 여부, 제32조에 따른 측정기기의 정상운영 여부(제87조제2항에 따라 환경부장관의 업무를 위탁받은 관계 전문기관 직원의 경우에는 제32조제7항에 따른 사항만 해당한다), 제32조의2에 따른 측정기기 관리대행 업무의 적정이행 여부, 제38조의2제3항에 따른 시설관리기준 준수 여부, 황함유기준 준수 여부, 제42조 본문에 따른 연료의 제조 · 판매 · 사용 금지 또는 제한 등의 조치 이행 여부, 제44조의2에 따른 휘발성유기화합물함유기준의 준수 여부, 제48조에 따른 인증시험, 제48조의2에 따른 인증시험업무의 대행, 제62조에 따른 검사업무, 제62조의2에 따른 이륜자동차정기검사 업무의 대행, 제62조의3에 따른 이륜자동차정기검사 업무, 제74조에 따른 검사, 제74조의2에 따른 검사업무의 대행의 적정이행 여부, 제76조의5에 따른 온실

가스 배출허용기준 또는 평균에너지소비효율기준의 준수 여부, 제76조의10제1항 또는 제76조의12제2항에 따른 냉매 회수 등에서 냉매관리기준 준수 여부를 확인하기 위하여 오염물질을 채취하거나 관계 서류, 시설, 장비 등을 검사하게 할 수 있다.

1. 사업자

1의3. 측정기기 관리대행업자

1의4. 제38조의2제1항에 따른 비산배출시설을 운영하는 자

2. 제41조제1항에 따라 황함유기준이 정하여진 유류를 공급 · 판매하거나 사용하는 자

3. 제42조에 따라 연료를 제조 · 판매하거나 사용하는 것을 금지 또는 제한당한 자

4. 제43조제1항에 따라 비산먼지 발생사업의 신고를 한 자

5. 제44조에 따라 휘발성유기화합물을 배출하는 시설을 설치하는 자

5의2. 제44조의2제2항에 따라 도료를 공급하거나 판매하는 자

6. 제46조에 따른 자동차제작자

7. 제48조의2제1항에 따라 인증시험대행기관으로 지정된 자

8. 제60조제1항에 따라 배출가스저감장치 또는 저공해엔진을 제조 · 공급 또는 판매하는 자

8의2. 제62조의2에 따라 이륜자동차정기검사 업무를 대행하는 자

8의3. 제62조의3에 따른 이륜자동차정기검사 지정정비사업자

9. 전문정비사업자

10. 제70조제3항에 따라 자동차제작자로부터 확인검사를 위탁받은 자

11. 제74조에 따라 자동차연료 · 첨가제 또는 촉매제를 제조 · 공급 또는 판매하는 자

12. 제74조의2에 따라 검사대행기관으로 지정된 자

12의2. 냉매사용기기의 소유자등

12의3. 냉매회수업자

13. 제87조제2항에 따라 환경부장관의 업무를 위탁받은 자

② 환경부장관, 시 · 도지사 또는 시장 · 군수 · 구청장은 제1항에 따라 배출허용기준 준수 여부를 확인하기 위하여 오염물질을 채취한 경우에는 환경부령으로 정하는 검사기관에 오염도검사를 의뢰하여야 한다. 다만, 현장에서 배출허용기준 초과 여부를 판정할 수 있는 경우로서 환경부령으로 정하는 경우에는 그러하지 아니하다. [개정 2012.5.23.]

규칙 제131조는 생략으로 인한 법제처 참조

규칙 **제132조(오염도검사기관)** 법 제82조제2항 본문에서 "환경부령으로 정하는검사기관"이란 제40조제2항에 따른 검사기관을 말한다.

규칙 제133조(현장에서 배출허용기준 초과 여부를 판정할 수 있는 대기오염물질 법 제82조제2

항 단서에 따라 검사기관에 오염도검사를 의뢰하지 아니하고 현장에서 배출허용기준 초과 여부를 판정할 수 있는 대기오염물질의 종류는 다음 각 호와 같다. [개정 2014.2.6.]

1. 매연 2. 일산화탄소 3. 황산화물 4. 질소산화물 5. 탄화수소
6. 굴뚝 자동측정기기로 측정하고 있는 대기오염물질

규칙 제133조의2 생략으로 인한 법제처 참조

③ 제1항에 따라 출입과 검사를 행하는 공무원은 그 권한을 표시하는 증표를 지니고 이를 관계인에게 내보여야 한다.
④ 시 · 도지사는 매년 배출시설 관리현황을 작성하여 환경부장관에게 제출하여야 한다.
⑤ 제4항에 따른 배출시설 관리현황의 작성 · 제출에 필요한 사항은 환경부령으로 정한다.

제83조(관계 기관의 협조) 환경부장관은 이 법의 목적을 달성하기 위하여 필요하다고 인정하면 다음 각 호에 해당하는 조치를 관계 중앙행정기관의 장, 시 · 도지사 또는 시장 · 군수 · 구청장에게 요청할 수 있다. 이 경우 요청받은 관계 중앙행정기관의 장, 시 · 도지사 또는 시장 · 군수 · 구청장은 특별한 사유가 없으면 이에 응하여야 한다.

1. 난방기기의 개선 2. 자동차 엔진의 변경이나 대체
3. 자동차의 차령 제한 4. 자동차의 통행 제한
5. 황사피해 방지를 위한 조치
6. 정밀검사 업무와 이륜자동차정기검사 업무의 전산처리에 필요한 자동차의 등록, 검사, 규격, 성능 등에 관한 전산자료
7. 친환경운전문화를 확산하기 위한 시책
8. 제61조에 따른 운행차 수시 점검에 필요한 자동차 제원 등 등록정보에 관한 전산자료
9. 「자동차관리법」 제43조의2에 따른 종합검사 대상 자동차의 등록현황, 검사내역 등 종합검사 업무 관련 전산자료
10. 제58조제1항 및 「대기관리권역의 대기환경개선에 관한 특별법」 제26조제3항에 따른 배출가스저감장치의 부착, 저공해엔진으로의 개조 등 구조변경검사에 관한 전산자료
11. 제68조제2항에 따른 전문정비사업자의 정비 · 점검 및 확인검사결과에 관한 전산자료
12. 그 밖에 대통령령으로 정하는 사항

영 **제62조(관계 기관의 협조)** 법 제83조제12호에서 "대통령령으로 정하는 사항"이란 다음 각 호의 사항을 말한다.

1. 관광시설 또는 산업시설 등의 설치로 훼손된 토지의 원상 복구
2. 차종별 연료사용 규제

3. 차종별 엔진출력 규제
4. 일정 구역에서 일정 용도로 사용하는 자동차의 동력원을 전기 · 태양광 · 수소 또는 천연가스 등으로 제한하는 사항

제84조(행정처분의 기준) 이 법 또는 이 법에 따른 명령을 위반한 행위에 대한 행정처분의 기준은 환경부령으로 정한다.

규칙 **제134조(행정처분기준)**① 법 제84조에 따른 행정처분기준은 별표36과 같다.
② 환경부장관, 시 · 도지사 또는 국립환경과학원장은 위반사항의 내용으로 볼 때 그 위반 정도가 경미하거나 그 밖에 특별한 사유가 있다고 인정되는 경우에는 별표 36에 따른 조업정지 · 업무정지 또는 사용정지 기간의 2분의 1의 범위에서 행정처분을 경감할 수 있다. (생략으로 인한 별표36은 법제처 참조)

제85조(청문) 환경부장관, 시 · 도지사 또는 시장 · 군수 · 구청장은 다음 각 호의 어느 하나에 해당하는 처분을 하려면 청문을 하여야 한다. [개정 2016.1.27.]
1. 제7조의3제4항에 따른 지정의 취소
1의2. 제32조의3제1항에 따른 등록의 취소
2. 제36조 또는 제38조에 따른 허가의 취소나 배출시설의 폐쇄명령
3. 제41조제4항에 따른 연료의 공급, 판매 또는 사용을 금지하는 명령
4. 제42조에 따른 연료의 제조, 판매 또는 사용을 금지하는 명령
4의2. 제48조의3에 따른 인증시험대행기관의 지정 취소 및 업무정지명령
5. 제51조제4항이나 제6항에 따른 결함시정명령
6. 제55조에 따른 인증의 취소
6의2. 제60조제4항에 따른 인증의 취소
6의3. 제62조의4에 따른 지정의 취소
7. 제69조에 따른 전문정비사업자에 대한 등록의 취소
8. 제74조의3에 따른 검사대행기관의 지정 취소 및 업무정지명령
8의2. 제76조의13제1항에 따른 냉매회수업 등록의 취소
9. 제77조의3제3항에 따른 자전거 이용 우수 기관의 지정 취소

제86조(수수료) 다음 각 호의 어느 하나에 해당하는 자는 환경부령으로 정하는 수수료를 내야 한다.
1. 제23조에 따른 배출시설의 설치나 변경에 관한 허가 · 변경허가를 받거나 신고 · 변경신고를 하려는 자
2. 제48조에 따른 제작차 인증 · 변경인증 · 인증생략을 신청하는 자 [전문개정 2012.2.1.]

규칙 **제135조(수수료)** ① 법 제86조제1호에 따른 수수료는 다음 각 호와 같다. [개정 2012.6.15., 2013.2.1.]

1. 법 제23조에 따른 배출시설의 설치허가 또는 설치신고 : 1만원(정보통신망을 이용하여 전자화폐 · 전자결제 등의 방법으로 수수료를 낼 때에는 9천원)
2. 법 제23조에 따른 배출시설의 변경허가 : 5천원(정보통신망을 이용하여 전자화폐 · 전자결제 등의 방법으로 수수료를 낼 때에는 4천원)

② 법 제86조제2호에 따른 수수료는 다음 각 호와 같다. [신설 2013.2.1.]

1. 법 제48조제1항 본문에 따른 제작차 인증 신청
   가. 자동차제작자(이륜자동차제작자 및 개별자동차의 수입자는 제외한다): 110만원
   나. 이륜자동차제작자: 20만원
   다. 개별자동차의 수입자: 1만5천원
2. 법 제48조제1항 단서에 따른 제작차 인증생략 신청: 5천원
3. 법 제48조제2항에 따른 제작차 변경인증 신청
   가. 자동차제작자(이륜자동차제작자는 제외한다): 7만원
   나. 이륜자동차제작자: 2만원

③ 제1항 및 제2항에 따른 수수료는 허가 또는 인증 등을 신청할 때 수입증지로 내거나 정보통신망을 이용하여 전자화폐 · 전자결제 등의 방법으로 내야 한다.

규칙 규칙 제136조, 제137조 생략으로 인한 법제처 참조

제87조(권한의 위임과 위탁) ① 이 법에 따른 환경부장관의 권한은 대통령령으로 정하는 바에 따라 그 일부를 환경부장관 또는 시 · 도지사, 시장 · 군수 · 구청장, 환경부 소속 환경연구원의 장이나 지방 환경관서의 장에게 위임할 수 있다. [개정 2013.7.16.]

② 환경부장관은 대통령령으로 정하는 바에 따라 이 법에 따른 업무의 일부를 관계 전문기관에 위탁할 수 있다.

영 제63조, 제65조, 제66조 생략으로 인한 법제처 참조

영 **제64조(권한 위임에 따른 업무 감독 등)** ① 환경부장관은 넓은 범위의 대기오염을 관리하기 위하여 특히 필요하다고 인정되면 사업장에 대하여 배출허용기준의 준수 여부 등 법령 위반사항을 점검 · 확인하거나 유역환경청장, 지방환경청장 또는 수도권대기환경청장이 점검 · 확인하게 할 수 있다. [개정 2013.1.31.]

② 환경부장관, 유역환경청장, 지방환경청장 또는 수도권대기환경청장은 제1항에 따른 점검 · 확인 결과 사업장의 법령 위반사실을 적발한 경우에는 그 내용 및 조치의견을

관할 시 · 도지사에게 통보해야 한다.

③ 제2항에 따라 통보를 받은 시 · 도지사는 그에 따른 조치를 하고, 그 결과를 환경부장관, 유역환경청장, 지방환경청장 또는 수도권대기환경청장에게 보고하거나 통보해야 한다.

제88조(벌칙 적용 시 공무원 의제) 제87조제2항에 따라 위탁받은 업무에 종사하는 법인이나 단체의 임직원은 「형법」 제129조부터 제132조까지의 규정을 적용할 때에는 공무원으로 본다. [전문개정 2012.2.1.]

영 **제66조의2(규제의 재검토)** 환경부장관은 다음 각 호의 사항에 대하여 다음 각 호의 기준일을 기준으로 3년마다(매 3년이 되는 해의 기준일과 같은 날 전까지를 말한다) 그 타당성을 검토하여 개선 등의 조치를 하여야 한다. [개정 2016.3.29.]

1. 제11조에 따른 배출시설의 설치허가 및 신고 등: 2014년 1월 1일
2. 제17조, 별표 1의3, 별표 2 및 별표 3에 따른 측정기기의 부착대상 사업장 및 종류 등: 2014년 1월 1일
3. 제28조, 별표 7 및 별표 8에 따른 기본부과금 산정의 방법과 기준: 2014년 1월 1일
4. 제39조 및 별표 10에 따른 환경기술인의 자격기준 및 임명기간: 2014년 1월 1일
5. 제40조 및 별표 10의2에 따른 저황유의 사용: 2014년 1월 1일
6. 제43조 및 별표 11의3에 따른 청정연료의 사용: 2014년 1월 1일
7. 제54조에 따른 운행차 배출가스 정밀검사의 시행지역: 2014년 1월 1일
8. 제56조 및 별표 13에 따른 전문정비사업의 등록기준: 2014년 1월 1일

영 **제66조의3(고유식별정보의 처리)** 환경부장관(제63조 및 제66조에 따라 환경부장관의 권한을 위임 · 위탁받은 자를 포함한다), 시 · 도지사 또는 시장 · 군수 · 자치구의 구청장(해당 권한이 위임 · 위탁된 경우에는 그 권한을 위임 · 위탁받은 자를 포함한다)은 다음 각 호의 사무를 수행하기 위하여 불가피한 경우 「개인정보 보호법 시행령」 제19조제1호, 제2호 또는 제4호에 따른 주민등록번호, 여권번호 또는 외국인등록번호가 포함된 자료를 처리할 수 있다. [개정 2013.1.31., 2014.2.5., 2014.8.6., 2014.12.31., 2016.3.29., 2017.3.27., 2017.12.26.]

1. 법 제9조제2항제4호에 따른 기후변화 관련 대국민 인식확산 및 실천지원에 관한 사무
2. 삭제 [2016.3.29.]
3. 삭제 [2016.3.29.]
4. 삭제 [2016.3.29.]
5. 법 제51조에 따른 결함확인검사 및 결함시정에 관한 사무

5의2. 법 제54조에 따른 자동차 배출가스 정보관리 전산망 설치 및 운영에 관한 사무
6. 법 제58조에 따른 조기 폐차에 관한 사무
6의2. 법 제58조제3항에 따른 자금 보조에 관한 사무
6의3. 법 제58조제11항에 따른 저공해자동차 등에 대한 표지 부착에 관한 사무
7. 법 제68조에 따른 배출가스 전문정비사업의 등록 등에 관한 사무
8. 법 제74조제2항에 따른 자동차연료 · 첨가제 또는 촉매제의 검사에 관한 사무
9. 법 제76조의11에 따른 냉매회수업의 등록 및 변경등록에 관한 사무

[본조신설 2012.01.06]

제7장 벌칙

제89조(벌칙) 다음 각 호의 어느 하나에 해당하는 자는 7년 이하의 징역이나 1억원 이하의 벌금에 처한다. [개정 2016.1.27.]

1. 제23조제1항이나 제2항에 따른 허가나 변경허가를 받지 아니하거나 거짓으로 허가나 변경허가를 받아 배출시설을 설치 또는 변경하거나 그 배출시설을 이용하여 조업한 자
2. 제26조제1항 본문이나 제2항에 따른 방지시설을 설치하지 아니하고 배출시설을 설치 · 운영한 자
3. 제31조제1항제1호나 제5호에 해당하는 행위를 한 자
4. 제34조제1항에 따른 조업정지명령을 위반하거나 같은 조 제2항에 따른 조치명령을 이행하지 아니한 자
5. 제36조에 따른 배출시설의 폐쇄나 조업정지에 관한 명령을 위반한 자

5의2. 제38조에 따른 사용중지명령 또는 폐쇄명령을 이행하지 아니한 자

6. 제46조를 위반하여 제작차배출허용기준에 맞지 아니하게 자동차를 제작한 자

6의2. 제46조제4항을 위반하여 자동차를 제작한 자

7. 제48조제1항을 위반하여 인증을 받지 아니하고 자동차를 제작한 자

7의2. 제50조의3에 따른 상환명령을 이행하지 아니하고 자동차를 제작한 자
7의3. 제55조제1호에 해당하는 행위를 한 자

8. 제60조를 위반하여 인증이나 변경인증을 받지 아니하고 배출가스저감장치, 저공해엔진 또는 공회전제한장치를 제조하거나 공급 · 판매한 자
9. 제74조제1항을 위반하여 자동차연료 · 첨가제 또는 촉매제를 제조기준에 맞지 아니하게 제조한 자

10. 제74조제2항을 위반하여 자동차연료 · 첨가제 또는 촉매제의 검사를 받지 아니한 자
11. 제74조제3항에 따른 자동차연료 · 첨가제 또는 촉매제의 검사를 거부 · 방해 또는 기피한 자
12. 제74조제4항 본문을 위반하여 자동차연료를 공급하거나 판매한 자
13. 제75조에 따른 제조의 중지, 제품의 회수 또는 공급 · 판매의 중지명령을 위반한 자

실전문제 대기환경보전법상 7년 이하의 징역이나 1억원 이하의 벌금에 해당되는 자는?

① 거짓으로 배출시설 설치신고를 하고 배출시설을 설치하거나 그 배출시설을 이용하여 조업한 자
❷ 방지시설 설치대상이지만 방지시설을 설치하지 아니하고 배출시설을 설치 · 운영한 자
③ 배출오염물질의 배출허용기준 준수 여부 확인을 위한 측정기기의 부착 등의 조치를 하지 아니한 자
④ 연료의 공급지역이나 시설에 황함유 기준 초과와 관련하여 연료사용 제한 조치 등의 명령을 위반한 자

제90조(벌칙) 다음 각 호의 어느 하나에 해당하는 자는 5년 이하의 징역이나 5천만원 이하의 벌금에 처한다.

1. 제23조제1항에 따른 신고를 하지 아니하거나 거짓으로 신고를 하고 배출시설을 설치 또는 변경하거나 그 배출시설을 이용하여 조업한 자
2. 제31조제1항제2호에 해당하는 행위를 한 자
3. 제32조제1항 본문에 따른 측정기기의 부착 등의 조치를 하지 아니한 자
4. 제32조제3항제1호 · 제3호 또는 제4호에 해당하는 행위를 한 자

4의2. 제38조의2제8항에 따른 시설개선 등의 조치명령을 이행하지 아니한 자

4의3. 제39조제1항을 위반하여 오염물질을 측정하지 아니한 자 또는 측정결과를 거짓으로 기록하거나 기록 · 보존하지 아니한 자

4의4. 제39조제2항 각 호의 어느 하나에 해당하는 행위를 한 자

5. 제41조제4항에 따른 연료사용 제한조치 등의 명령을 위반한 자
6. 제44조제9항(제45조제5항에 따라 준용되는 경우를 포함한다)에 따른 시설개선 등의 조치명령을 이행하지 아니한 자

6의2. 제50조제7항 및 제8항에 따른 부품 교체 또는 자동차의 교체 · 환불 · 재매입 명령을 이행하지 아니한 자

7. 제51조제4항 본문 · 제6항 또는 제53조제3항에 따른 결함시정명령을 위반한 자
8. 삭제 [2017.11.28]
9. 제68조제1항을 위반하여 전문정비사업자로 등록하지 아니하고 정비 · 점검 또는 확인 검사 업무를 한 자

10. 제74조제4항 본문을 위반하여 첨가제 또는 촉매제를 공급하거나 판매한 자

제90조의2(벌칙) 제41조제3항 본문을 위반하여 황함유기준을 초과하는 연료를 공급 · 판매한 자는 3년 이하의 징역이나 3천만원 이하의 벌금에 처한다.

실전문제 **대기환경보전법상 부품의 결함을 시정하여야 하는 자동차제작자가 정당한 사유없이 결함 시정명령을 위반한 경우 벌칙기준으로 알맞은 것은 어느 것인가?**

① 7년 이하의 징역이나 1억원 이하의 벌금
❷ 5년 이하의 징역이나 3천만원 이하의 벌금
③ 1년 이하의 징역이나 1천만원 이하의 벌금
④ 1년 이하의 징역이나 500만원 이하의 벌금

제91조(벌칙) 다음 각 호의 어느 하나에 해당하는 자는 1년 이하의 징역이나 1천만원 이하의 벌금에 처한다. [개정 2016.1.27.] ✓실전문제

1. 제30조를 위반하여 신고를 하지 아니하고 조업한 자
2. 제32조제6항에 따른 조업정지명령을 위반한 자
2의2. 제32조의2제1항을 위반하여 측정기기 관리대행업의 등록 또는 변경등록을 하지 아니하고 측정기기 관리 업무를 대행한 자
2의3. 거짓이나 그 밖의 부정한 방법으로 제32조의2제1항에 따른 측정기기 관리대행업의 등록을 한 자
2의4. 제32조의2제4항을 위반하여 다른 자에게 자기의 명의를 사용하여 측정기기 관리 업무를 하게 하거나 등록증을 다른 자에게 대여한 자
2의5. 제41조제3항 본문을 위반하여 황함유기준을 초과하는 연료를 사용한 자
3. 제43조제4항에 따른 사용제한 등의 명령을 위반한 자
3의2. 제44조의2제2항제1호에 해당하는 자로서 같은 항을 위반하여 도료를 공급하거나 판매한 자
3의3. 제44조의2제2항제2호에 해당하는 자로서 같은 항을 위반하여 도료를 공급하거나 판매한 자
3의4. 제44조의2제3항에 따른 휘발성유기화합물함유기준을 초과하는 도료에 대한 공급 · 판매 중지 또는 회수 등의 조치명령을 위반한 자
3의5. 제44조의2제4항에 따른 휘발성유기화합물함유기준을 초과하는 도료에 대한 공급 · 판매 중지명령을 위반한 자
4. 제48조제2항에 따른 변경인증을 받지 아니하고 자동차를 제작한 자

4의2. 제48조의2제2항제1호 또는 제2호에 따른 금지행위를 한 자
5. 제57조의2를 위반하여 배출가스 관련 부품을 탈거 · 훼손 · 해체 · 변경 · 임의설정 하거나 촉매제를 사용하지 아니하거나 적게 사용하여 그 기능이나 성능이 저하되는 행위를 한 자 및 그 행위를 요구한 자
6. 제68조제1항에 따른 변경등록을 하지 아니하고 등록사항을 변경한 자
7. 제68조제4항제1호 또는 제2호에 따른 금지행위를 한 자
8. 제69조에 따른 업무정지명령을 위반한 자
9. 제74조제4항 본문을 위반하여 자동차연료를 사용한 자
10. 제74조제5항에 따른 규제를 위반하여 자동차연료 · 첨가제 또는 촉매제를 제조하거나 판매한 자
11. 제74조제6항을 위반하여 검사를 받은 제품임을 표시하지않거나 거짓으로 표시한 자
12. 제74조의2제2항제1호 또는 제2호에 따른 금지행위를 한 자
12의2. 제76조의3제1항을 위반하여 자동차 온실가스 배출량을 보고하지 아니하거나 거짓으로 보고한 자
12의3. 제76조의11제1항을 위반하여 냉매회수업의 등록을 하지 아니하고 냉매회수업을 한 자
12의4. 거짓이나 그 밖의 부정한 방법으로 제76조의11제1항에 따른 냉매회수업의 등록을 한 자
12의5. 제76조의12제1항을 위반하여 다른 자에게 자기의 명의를 사용하여 냉매회수업을 하게 하거나 등록증을 다른 자에게 대여한 자
13. 제82조에 따른 관계 공무원의 출입 · 검사를 거부 · 방해 또는 기피한 자

실전문제 대기환경보전법규상 휘발성유기화합물 함유기준을 초과하는 도료를 공급하거나 판매한 자에 대한 벌칙기준으로 옳은 것은?

① 7년 이하의 징역 또는 1억원 이하의 벌금에 처한다.
② 5년 이하의 징역 또는 3천만원 이하의 벌금에 처한다.
❸ 1년 이하의 징역 또는 1천만원 이하의 벌금에 처한다.
④ 500만원 이하의 벌금에 처한다.

제91조의2(벌칙) 다음 각 호의 어느 하나에 해당하는 자는 500만원 이하의 벌금에 처한다.
1. 제58조제12항에 따른 표지를 거짓으로 제작하거나 부착한 자
2. 제58조의2제4항을 위반하여 저공해자동차 보급계획서의 승인을 받지 아니한 자

제92조(벌칙) 다음 각 호의 어느 하나에 해당하는 자는 300만원 이하의 벌금에 처한다.
1. 제8조제3항에 따른 명령을 정당한 사유 없이 위반한 자

2. 제32조제5항에 따른 조치명령을 이행하지 아니한 자
3. 제38조의2제1항에 따른 신고를 하지 아니하고 시설을 설치 · 운영한 자
3의2. 제38조의2제6항에 따른 정기점검을 받지 아니한 자
4. 제42조에 따른 연료사용 제한조치 등의 명령을 위반한 자
4의2. 제43조제1항 전단에 따른 신고를 하지 아니한 자
5. 제43조제1항 전단 또는 후단을 위반하여 비산먼지의 발생을 억제하기 위한 시설을 설치하지 아니하거나 필요한 조치를 하지 아니한 자. 다만, 시멘트 · 석탄 · 토사 · 사료 · 곡물 및 고철의 분체상(粉體狀) 물질을 운송한 자는 제외한다.
6. 제43조제2항을 위반하여 비산먼지의 발생을 억제하기 위한 시설의 설치나 조치의 이행 또는 개선명령을 이행하지 아니한 자
7. 제44조제1항, 제45조제1항 또는 제2항에 따른 신고를 하지 않고 시설을 설치하거나 운영한 자
8. 제44조제5항에 따른 조치를 하지 아니한 자
9. 제50조의2제2항 및 제50조의3제3항에 따른 평균 배출량 달성실적 및 상환계획서를 거짓으로 작성한 자
10. 제60조제1항에 따라 인증받은 내용과 다르게 결함이 있는 배출가스저감장치 또는 저공해 엔진을 제조 · 공급 또는 판매하는 자
11. 제62조제4항에 따른 이륜자동차정기검사 명령을 이행하지 아니한 자
12. 제70조의2에 따른 운행정지명령을 받고 이에 불응한 자
13. 「자동차관리법」 제66조에 따라 자동차관리사업의 등록이 취소되었음에도 정비 · 점검 및 확인검사 업무를 한 전문정비사업자
14. 제76조의5 제1항을 위반하여 자료를 제출하지 아니하거나 거짓으로 자료를 제출한 자

실전문제 대기환경보전법상 비산먼지 발생억제를 위한 시설을 설치해야 하는 자가 그 시설을 설치하지 않은 경우에 대한 벌칙 기준은 어느 것인가? (단, 시멘트 · 석탄 · 토사 · 사료 · 곡물 및 고철의 분체상 물질 운송자는 제외)

① 100만원 이하의 과태료
② 200만원 이하의 과태료
❸ 300만원 이하의 과태료
④ 500만원 이하의 과태료

제93조(벌칙) 제40조제4항에 따른 환경기술인의 업무를 방해하거나 환경기술인의 요청을 정당한 사유 없이 거부한 자는 200만원 이하의 벌금에 처한다.

제94조(과태료) ① 다음 각 호의 어느 하나에 해당하는 자에게는 500만원 이하의 과태료를 부과한다.

1. 〈삭제〉 [2019.11.26]

1의2. 제48조제3항을 위반하여 인증 · 변경인증의 표시를 하지 아니한 자
1의3. 제58조의2제5항을 위반하여 보급실적을 제출하지 아니한 자
1의4. 제60조의2제6항에 따른 성능점검결과를 제출하지 아니한 자
2. 제76조의4제1항을 위반하여 자동차에 온실가스 배출량을 표시하지 아니하거나 거짓으로 표시한 자 ✓실전문제

② 다음 각 호의 어느 하나에 해당하는 자에게는 300만원 이하의 과태료를 부과한다.
1. 제31조제2항을 위반하여 배출시설 등의 운영상황을 기록 · 보존하지 아니하거나 거짓으로 기록한 자
1의2. 제39조제3항을 위반하여 측정한 결과를 제출하지 아니한 자
2. 제40조제1항을 위반하여 환경기술인을 임명하지 아니한 자
3. 제52조제3항에 따른 결함시정명령을 위반한 자
4. 제58조제1항에 따른 저공해자동차로의 전환 또는 개조 명령, 배출가스저감장치의 부착 · 교체 명령 또는 배출가스 관련 부품의 교체 명령, 저공해엔진(혼소엔진을 포함한다)으로의 개조 또는 교체 명령을 이행하지 아니한 자
5. 제58조의3제1항에 따른 저공해자동차의 구매 · 임차 비율을 준수하지 아니한 같은 항 제2호 · 제3호에 해당하는 자

③ 다음 각 호의 어느 하나에 해당하는 자에게는 200만원 이하의 과태료를 부과한다.
1. 제31조제1항제3호 또는 제4호에 따른 행위를 한 자
3. 제32조제3항제2호에 따른 행위를 한 자
4. 제32조제4항을 위반하여 운영 · 관리기준을 지키지 아니한 자
4의2. 제32조의2제5항을 위반하여 관리기준을 지키지 아니한 자
5. 제38조의2제2항에 따른 변경신고를 하지 아니한 자
6. 제43조제1항에 따른 비산먼지의 발생 억제 시설의 설치 및 필요한 조치를 하지 아니하고 시멘트 · 석탄 · 토사 등 분체상 물질을 운송한 자
7. 제44조제2항 또는 제45조제3항에 따른 휘발성유기화합물 배출시설의 변경신고를 하지 아니한 자
8. 제44조제8항을 위반하여 검사 · 측정을 하지 아니한 자 또는 검사 · 측정 결과를 기록 · 보존하지 아니하거나 거짓으로 기록 · 보존한 자
9. 제51조제5항(제53조제4항에 따라 준용되는 경우를 포함한다)에 따른 결함시정 결과보고를 하지 아니한 자
10. 제53조제1항 본문에 따른 부품의 결함시정 현황 및 결함원인 분석 현황 또는 제53조제2항에 따른 결함시정 현황을 보고하지 아니한 자
11. 제61조제2항을 위반하여 점검에 응하지 아니하거나 기피 또는 방해한 자
12. 제68조제4항제3호 또는 제4호에 따른 행위를 한 자

13. 제74조제4항제1호에 따른 제조기준에 맞지 아니하는 첨가제 또는 촉매제임을 알면서 사용한 자
14. 제74조제4항제2호에 따른 검사를 받지 아니하거나 검사받은 내용과 다르게 제조된 첨가제 또는 촉매제임을 알면서 사용한 자
15. 제76조의11제2항에 따른 냉매회수업의 변경등록을 하지 아니하고 등록사항을 변경한 자
16. 제76조의12제2항을 위반하여 냉매관리기준을 준수하지 아니하거나 냉매의 회수 내용을 기록 · 보존 또는 제출하지 아니한 자

④ 다음 각 호의 어느 하나에 해당하는 자에게는 100만원 이하의 과태료를 부과한다.

1의2. 제23조제2항이나 제3항에 따른 변경신고를 하지 아니한 자
2. 제40조제2항에 따른 환경기술인의 준수사항을 지키지 아니한 자
3. 제43조제1항 후단에 따른 변경신고를 하지 아니한 자
3의2. 제50조의2제2항에 따른 평균 배출량 달성 실적을 제출하지 아니한 자
3의3. 제50조의3제3항에 따른 상환계획서를 제출하지 아니한 자
4. 삭제 [2017.11.28]
5. 제59조에 따른 자동차의 원동기 가동제한을 위반한 자동차의 운전자
6. 제63조제4항을 위반하여 정비 · 점검 및 확인검사를 받지 아니한 자
6의2. 제68조제3항을 위반하여 등록된 기술인력이 교육을 받게 하지 아니한 전문정비사업자
7. 제70조제5항을 위반하여 정비 · 점검 및 확인검사 결과표를 발급하지 아니하거나 정비 · 점검 및 확인검사 결과를 보고하지 아니한 자
7의2. 제76조의10제1항을 위반하여 냉매관리기준을 준수하지 아니하거나 같은 조 제2항을 위반하여 냉매사용기기의 유지 · 보수 및 냉매의 회수 · 처리 내용을 기록 · 보존 또는 제출하지 아니한 자
7의3. 제76조의12제3항을 위반하여 등록된 기술인력에게 교육을 받게 하지 아니한 자
8. 제77조를 위반하여 환경기술인 등의 교육을 받게 하지 아니한 자
9. 제82조제1항에 따른 보고를 하지 아니하거나 거짓으로 보고한 자 또는 자료를 제출하지 아니하거나 거짓으로 제출한 자

실전문제 **대기환경보전법상 환경기술인 등의 교육을 받게 하지 아니한 자에 대한 과태료 부과기준은?**

① 30만원 이하의 과태료를 부과한다.
② 50만원 이하의 과태료를 부과한다.
❸ 100만원 이하의 과태료를 부과한다.
④ 200만원 이하의 과태료를 부과한다.

⑤ 제62조제2항을 위반하여 이륜자동차정기검사를 받지 아니한 자에게는 50만원 이하의 과태료를 부과한다. [신설 2013.7.16.]

⑥ 제1항부터 제6항까지의 규정에 따른 과태료는 대통령령으로 정하는 바에 따라 환경부장관, 시 · 도지사 또는 시장 · 군수 · 구청장이 부과 · 징수한다. [개정 2013.7.16.]

영 **제67조(과태료)** 법 제94조제1항부터 제6항까지의 규정에 따른 과태료의 부과기준은 별표 15와 같다. (생략으로 인한 법제처 참조)

제95조(양벌규정) 법인의 대표자나 법인 또는 개인의 대리인, 사용인, 그 밖의 종업원이 그 법인 또는 개인의 업무에 관하여 제89조, 제90조, 제90조의2, 제91조부터 제93조까지의 어느 하나에 해당하는 위반행위를 하면 그 행위자를 벌하는 외에 그 법인 또는 개인에게도 해당 조문의 벌금형을 과(科)한다. 다만, 법인 또는 개인이 그 위반행위를 방지하기 위하여 해당 업무에 관하여 상당한 주의와 감독을 게을리하지 아니한 경우에는 그러하지 아니하다.

PART

03

폐기물관리법

제정 1986.12.31. 법률 제3904호
일부개정 2019.11.26. 법률 제16614호

[시행령]
제정 1987.04.01. 대통령령 제12119호
일부개정 2020.05.19. 대통령령 제30684호

[시행규칙]
제정 1990.10.26. 총리령 제369호
일부개정 2019.12.31. 환경부령 제843호

CONTENTS

제1장 총칙

제1조(목적) 이 법은 폐기물의 발생을 최대한 억제하고 발생한 폐기물을 친환경적으로 처리함으로써 환경보전과 국민생활의 질적 향상에 이바지하는 것을 목적으로 한다.

영 **제1조(목적)** 이 영은 「폐기물관리법」에서 위임된 사항과 그 시행에 필요한 사항을 규정함을 목적으로 한다.

규칙 **제1조(목적)** 이 규칙은 「폐기물관리법」 및 같은 법 시행령에서 위임된 사항과 그 시행에 필요한 사항을 규정함을 목적으로 한다.

제2조(정의) 이 법에서 사용하는 용어의 뜻은 다음과 같다. [개정 2017.1.17.]

1. "폐기물"이란 쓰레기, 연소재(燃燒滓), 오니(汚泥), 폐유(廢油), 폐산(廢酸), 폐알칼리 및 동물의 사체(死體) 등으로서 사람의 생활이나 사업활동에 필요하지 아니하게 된 물질을 말한다.
2. "생활폐기물"이란 사업장폐기물 외의 폐기물을 말한다.
3. "사업장폐기물"이란 「대기환경보전법」, 「물환경보전법」 또는 「소음·진동관리법」에 따라 배출시설을 설치·운영하는 사업장이나 그 밖에 대통령령으로 정하는 사업장에서 발생하는 폐기물을 말한다.

영 **제2조(사업장의 범위)** 「폐기물관리법」(이하 "법"이라 한다) 제2조제3호에서 "그밖에 대통령령으로 정하는 사업장"이란 다음 각 호의 어느 하나에 해당하는 사업장을 말한다. [개정 2017.1.17.]

1. 「물환경」 제48조제1항에 따라 공공폐수처리시설을 설치·운영하는 사업장
2. 「하수도법」 제2조제9호에 따른 공공하수처리시설을 설치·운영하는 사업장
3. 「하수도법」 제2조제11호에 따른 분뇨처리시설을 설치·운영하는 사업장
4. 「가축분뇨의 관리 및 이용에 관한 법률」 제24조에 따른 공공처리시설
5. 법 제29조제2항에 따른 폐기물처리시설(법 제25조제3항에 따라 폐기물처리업의 허가를 받은 자가 설치하는 시설을 포함한다)을 설치·운영하는 사업장
6. 법 제2조제4호에 따른 지정폐기물을 배출하는 사업장
7. 폐기물을 1일 평균 300kg 이상 배출하는 사업장
8. 「건설산업기본법」 제2조제4호에 따른 건설공사로 폐기물을 5ton(공사를 착공할 때부터 마칠 때까지 발생되는 폐기물의 양을 말한다)이상 배출하는 사업장
9. 일련의 공사(제8호에 따른 건설공사는 제외한다) 또는 작업으로 폐기물을 5ton(공

사를 착공하거나 작업을 시작할 때부터 마칠 때까지 발생하는 폐기물의 양을 말한다)이상 배출하는 사업장

4. "지정폐기물"이란 사업장폐기물 중 폐유 · 폐산 등 주변 환경을 오염시킬 수 있거나 의료폐기물(醫療廢棄物) 등 인체에 위해(危害)를 줄 수 있는 해로운 물질로서 대통령령으로 정하는 폐기물을 말한다.

영 제3조(지정폐기물의 종류) 법 제2조제4호에 따른 지정폐기물은 별표 1과 같다.

규칙 제2조(지정폐기물의 유해물질 함유기준 등) ① 「폐기물관리법 시행령」(이하 "영"이라 한다) 별표 1 제1호나목1) · 2) 및 제3호에서 "환경부령으로 정하는 물질"이란 별표 1의 물질을 말한다.

② 영 별표 1 제4호가목에서 "환경부령으로 정하는 물질"이란 별표 2의 물질을 말한다.

③ 영 별표 1 제10호에서 "환경부령으로 정하는 의료기관이나 시험 · 검사기관 등"이란 별표 3의 기관을 말한다.

5. "의료폐기물"이란 보건 · 의료기관, 동물병원, 시험 · 검사기관 등에서 배출되는 폐기물 중 인체에 감염 등 위해를 줄 우려가 있는 폐기물과 인체 조직 등 적출물(摘出物), 실험 동물의 사체 등 보건 · 환경보호상 특별한 관리가 필요하다고 인정되는 폐기물로서 대통령령으로 정하는 폐기물을 말한다.

실전문제 폐기물관리법상 용어의 뜻으로 틀린 것은?

① "폐기물감량화시설"이란 생산 공정에서 발생하는 폐기물의 양을 줄이고, 사업장 내 재활용을 통하여 폐기물 배출을 최소화하는 시설로서 대통령령으로 정하는 시설을 말한다.

② "처분"이란 폐기물의 소각 · 중화 · 파쇄 · 고형화 등의 중간 처분과 매립하거나 해역으로 배출하는 등의 최종 처분을 말한다.

❸ "의료폐기물"이란 보건 · 의료기관, 동물병원, 시험 · 검사기관 등에서 배출되는 폐기물로 환경보호상 관리가 필요하다고 인정되는 폐기물로서 보건복지부령으로 정하는 폐기물을 말한다.

④ "폐기물"이란 쓰레기, 연소재, 오니, 폐유, 폐산, 폐알칼리 및 동물의 사체 등으로서 사람의 생활이나 사업활동에 필요하지 아니하게 된 물질을 말한다.

영 제4조(의료폐기물의 종류) 법 제2조제5호에 따른 의료폐기물은 별표 2와 같다.

[영 별표1]

지정폐기물의 종류(제3조 관련)

1. 특정시설에서 발생되는 폐기물
   가. 폐합성 고분자화합물
      1) 폐합성 수지(고체상태의 것은 제외한다)
      2) 폐합성 고무(고체상태의 것은 제외한다)
   나. 오니류(수분함량이 95% 미만이거나 고형물함량이 5% 이상인 것으로 한정한다)
      1) 폐수처리 오니(환경부령으로 정하는 물질을 함유한 것으로 환경부장관이 고시한 시설에서 발생되는 것으로 한정한다)
      2) 공정 오니(환경부령으로 정하는 물질을 함유한 것으로 환경부장관이 고시한 시설에서 발생되는 것으로 한정한다)
   다. 폐농약(농약의 제조 · 판매업소에서 발생되는 것으로 한정한다)

2. 부식성 폐기물
   가. 폐산(액체상태의 폐기물로서 수소이온 농도지수가 2.0 이하인 것으로 한정한다)
   나. 폐알칼리(액체상태의 폐기물로서 수소이온 농도지수가 12.5 이상인 것으로 한정하며, 수산화칼륨 및 수산화나트륨을 포함한다)

3. 유해물질함유 폐기물(환경부령으로 정하는 물질을 함유한 것으로 한정한다)
   가. 광재(鑛滓)[철광 원석의 사용으로 인한 고로(高爐)슬래그(slag)는 제외한다]
   나. 분진(대기오염 방지시설에서 포집된 것으로 한정하되, 소각시설에서 발생되는 것은 제외한다)
   다. 폐주물사 및 샌드블라스트 폐사(廢砂)
   라. 폐내화물(廢耐火物) 및 재벌구이 전에 유약을 바른 도자기 조각
   마. 소각재
   바. 안정화 또는 고형화 · 고화 처리물
   사. 폐촉매
   아. 폐흡착제 및 폐흡수제[광물유 · 동물유 및 식물유{폐식용유(식용을 목적으로 식품 재료와 원료를 제조 · 조리 · 가공하는 과정, 식용유를 유통 · 사용하는 과정 또는 음식물류 폐기물을 재활용하는 과정에서 발생하는 기름을 말한다. 이하 같다)는 제외한다}의 정제에 사용된 폐토사(廢土砂)를 포함한다]
   자. 폐형광등의 파쇄물(폐형광등을 재활용하는 과정에서 발생되는 것으로 한정한다)

4. 폐유기용제
   가. 할로겐족(환경부령으로 정하는 물질 또는 이를 함유한 물질로 한정한다)
   나. 그 밖의 폐유기용제(가목 외의 유기용제를 말한다)

5. 폐페인트 및 폐래커(다음 각 목의 것을 포함한다)
   가. 페인트 및 래커와 유기용제가 혼합된 것으로서 페인트 및 래커 제조업, 용적 5㎥ 이상 또는 동력 3마력 이상의 도장(塗裝)시설, 폐기물을 재활용하는 시설에서 발생되는 것
   나. 페인트 보관용기에 남아 있는 페인트를 제거하기 위하여 유기용제와 혼합된 것
   다. 폐페인트 용기(용기 안에 남아 있는 페인트가 건조되어 있고, 그 잔존량이 용기 바닥에서 6mm를 넘지 아니하는 것은 제외한다)

6. 폐유[기름성분을 5% 이상 함유한 것을 포함하며, 폴리클로리네이티드비페닐(PCBs)함유 폐기물, 폐식용유와 그 잔재물, 폐흡착제 및 폐흡수제는 제외한다]

7. 폐석면
   가. 건조고형물의 함량을 기준으로 하여 석면이 1% 이상 함유된 제품 · 설비(뿜칠로 사용된 것은 포함한다) 등의 해체 · 제거 시 발생되는 것
   나. 슬레이트 등 고형화된 석면 제품 등의 연마 · 절단 · 가공 공정에서 발생된 부스러기 및 연마 · 절단 · 가공 시설의 집진기에서 모아진 분진
   다. 석면의 제거작업에 사용된 바닥비닐시트(뿜칠로 사용된 석면의 해체 · 제거작업에 사용된 경우에는 모든 비닐시트) · 방진마스크 · 작업복 등

8. 폴리클로리네이티드비페닐 함유 폐기물
   가. 액체상태의 것(1리터당 2mg 이상 함유한 것으로 한정한다)
   나. 액체상태 외의 것(용출액 1리터당 0.003mg 이상 함유한 것으로 한정한다)

9. 폐유독물질[「화학물질관리법」 제2조제2호의 유독물질을 폐기하는 경우로 한정하되, 제1호다목의 폐농약(농약의 제조 · 판매업소에서 발생되는 것으로 한정한다), 제2호의 부식성 폐기물, 제4호의 폐유기용제 및 제8호의 폴리클로리네이티드비페닐 함유 폐기물은 제외한다]

10. 의료폐기물(환경부령으로 정하는 의료기관이나 시험 · 검사 기관 등에서 발생되는 것으로 한정한다)

11. 그 밖에 주변환경을 오염시킬 수 있는 유해한 물질로서 환경부장관이 정하여 고시하는 물질

[영 별표 2]

의료폐기물의 종류(제4조 관련)

1. 격리의료폐기물 : 「감염병의 예방 및 관리에 관한 법률」 제2조제1호의 감염병으로부터 타인을 보호하기 위하여 격리된 사람에 대한 의료행위에서 발생한 일체의 폐기물

2. 위해의료폐기물
   가. 조직물류폐기물 : 인체 또는 동물의 조직 · 장기 · 기관 · 신체의 일부, 동물의 사체, 혈액 · 고름 및 혈액생성물(혈청, 혈장, 혈액제제)
   나. 병리계폐기물 : 시험 · 검사 등에 사용된 배양액, 배양용기, 보관균주, 폐시험관, 슬라이드, 커버글라스, 폐배지, 폐장갑
   다. 손상성폐기물 : 주사바늘, 봉합바늘, 수술용 칼날, 한방침, 치과용침, 파손된 유리재질의 시험기구
   라. 생물 · 화학폐기물 : 폐백신, 폐항암제, 폐화학치료제
   마. 혈액오염폐기물 : 폐혈액백, 혈액투석 시 사용된 폐기물, 그 밖에 혈액이 유출될 정도로 포함되어 있어 특별한 관리가 필요한 폐기물

3. 일반의료폐기물 : 혈액 · 체액 · 분비물 · 배설물이 함유되어 있는 탈지면, 붕대, 거즈, 일회용 기저귀, 생리대, 일회용 주사기, 수액세트

[비고]
1. 의료폐기물이 아닌 폐기물로서 의료폐기물과 혼합되거나 접촉된 폐기물은 혼합되거나 접촉된 의료폐기물과 같은 폐기물로 본다.
2. 채혈진단에 사용된 혈액이 담긴 검사튜브, 용기 등은 제2호가목의 조직물류폐기물로 본다.

실전문제 위해의료폐기물의 종류별 해당 폐기물이 잘못 연결된 것은?

① 손상성 폐기물 : 파손된 유리재질의 시험기구
❷ 혈액오염폐기물 : 혈액이 함유되어 있는 탈지면
③ 병리계 의료폐기물 : 시험 · 검사 등에 사용된 배양액
④ 생물 · 화학폐기물 : 폐백신

실전문제 위해의료폐기물의 종류 중 시험, 검사 등에 사용된 배양액, 배양용기, 보관균주, 폐시험관, 슬라이드, 커버글라스, 폐배지, 폐장갑이 해당되는 것은?

① 생물 · 화학폐기물　　② 손상성폐기물
❸ 병리계폐기물　　④ 조직물류 폐기물

[규칙 별표 1]

지정폐기물에 함유된 유해물질(제2조제1항 관련)

1. 오니류 · 폐흡착제 및 폐흡수제에 함유된 유해물질
   가. 납 또는 그 화합물[「환경분야 시험 · 검사 등에 관한 법률」 제6조에 따라 환경부장관이 지정 · 고시한 폐기물에 관한 공정시험기준(이하 이 표에서 "폐기물공정시험기준"이라 한다)에 의한 용출시험 결과 용출액 1리터당 3mg 이상의 납을 함유한 경우만 해당한다]
   나. 구리 또는 그 화합물[폐기물공정시험기준에 의한 용출시험 결과 용출액 1리터당 3mg 이상의 구리를 함유한 경우만 해당한다]
   다. 비소 또는 그 화합물[폐기물공정시험기준에 의한 용출시험 결과 용출액 1리터당 1.5mg 이상의 비소를 함유한 경우만 해당한다]
   라. 수은 또는 그 화합물[폐기물공정시험기준에 의한 용출시험 결과 용출액 1리터당 0.005mg 이상의 수은을 함유한 경우만 해당한다]
   마. 카드뮴 또는 그 화합물[폐기물공정시험기준에 의한 용출시험 결과 용출액 1리터당 0.3mg 이상의 카드뮴을 함유한 경우만 해당한다]
   바. 6가크롬화합물[폐기물공정시험기준에 의한 용출시험 결과 용출액 1리터당 1.5mg 이상의 6가크롬을 함유한 경우만 해당한다]
   사. 시안화합물[폐기물공정시험기준에 의한 용출시험 결과 용출액 1리터당 1mg 이상의 시안화합물을 함유한 경우만 해당한다]
   아. 유기인화합물[폐기물공정시험기준에 의한 용출시험 결과 용출액 1리터당 1mg 이상의 유기인화합물을 함유한 경우만 해당한다]
   자. 테트라클로로에틸렌[폐기물공정시험기준에 의한 용출시험 결과 용출액 1리터당 0.1mg 이상의 테트라

클로로에틸렌을 함유한 경우만 해당한다]
차. 트리클로로에틸렌[폐기물공정시험기준에 의한 용출시험 결과 용출액 1리터당 0.3mg 이상의 트리클로로에틸렌을 함유한 경우만 해당한다]
카. 기름성분(중량비를 기준으로 하여 유해물질을 5% 이상 함유한 경우만 해당한다)
타. 그 밖에 환경부장관이 정하여 고시하는 물질

2. 광재 · 분진 · 폐주물사 · 폐사 · 폐내화물 · 도자기조각 · 소각재, 안정화 또는 "고형화 · 고화 처리물, 폐촉매 및 폐형광등 파쇄물에 함유된 유해물질
가. 제1호 가목부터 사목까지의 규정과 카목에 따른 유해물질(분진과 소각재의 경우에는 제1호 가목부터 사목까지의 규정에 따른 유해물질만 해당한다)
나. 석면(고형화 처리물의 경우로서 건조 고형물의 함량을 기준으로 하여 석면이 1% 이상 함유된 경우로 한정한다)
다. 그 밖에 환경부장관이 정하여 고시하는 물질

[규칙 별표 2]

폐유기용제 중 할로겐족에 해당되는 물질(제2조제2항 관련)

1. 디클로로메탄(Dichloromethane)
2. 트리클로로메탄(Trichloromethane)
3. 테트라클로로메탄(Tetrachloromethane)
4. 디클로로디플루오로메탄(Dichlorodifluoromethane)
5. 트리클로로플루오로메탄(Trichlorofluoromethane)
6. 디클로로에탄(Dichloroethane)
7. 트리클로로에탄(Trichloroethane)
8. 트리클로로트리플루오로에탄(Trichlorotrifluoroethane)
9. 트리클로로에틸렌(Trichloroethylene)
10. 테트라클로로에틸렌(Tetrachloroethylene)
11. 클로로벤젠(Chlorobenzene)
12. 디클로로벤젠(Dichlorobenzene)
13. 모노클로로페놀(Monochlorophenol)
14. 디클로로페놀(Dichlorophenol)
15. 1,1-디클로로에틸렌(1,1-Dichloroethylene)
16. 1,3-디클로로프로펜(1,3-Dichloropropene)
17. 1,1,2-트리클로로-1,2,2-트리플로로에탄(1,1,2-Trichloro-1,2,2-trifluroethane)
18. 제1호부터 제17호까지의 규정에 해당하는 물질을 중량비를 기준으로 하여 5% 이상 함유한 물질

[규칙 별표 3]

의료폐기물 발생 의료기관 및 시험 · 검사기관 등(제2조제3항 관련)

1. 「의료법」 제3조에 따른 의료기관
2. 「지역보건법」 제7조 및 제10조에 따른 보건소 및 보건지소
3. 「농어촌 등 보건의료를 위한 특별조치법」 제15조에 따른 보건진료소
4. 「혈액관리법」 제2조제3호의 혈액원
5. 「검역법」 제30조제1항에 따른 검역소 및 「가축전염병예방법」 제30조에 따른 동물검역기관
6. 「수의사법」 제2조제4호에 따른 동물병원
7. 국가나 지방자치단체의 시험 · 연구기관(의학 · 치과의학 · 한의학 · 약학 및 수의학에 관한 기관을 말한다)
8. 대학 · 산업대학 · 전문대학 및 그 부속 시험 · 연구기관(의학 · 치과의학 · 한의학 · 약학 및 수의학에 관한 기관을 말한다)
9. 학술연구나 제품의 제조 · 발명에 관한 시험 · 연구를 하는 연구소(의학 · 치과의학 · 한의학 · 약학 및 수의학에 관한 연구소를 말한다)
10. 「장사 등에 관한 법률」 제29조에 따른 장례식장
11. 「형의 집행 및 수용자의 처우에 관한 법률」 제11조의 교도소 · 소년교도소 · 구치소 등에 설치된 의무시설
12. 「의료법」 제35조에 따라 설치된 기업체의 부속 의료기관으로서 면적이 100㎡ 이상인 의무시설
13. 「국군의무사령부령」에 따라 사단급 이상 군부대에 설치된 의무시설
14. 「노인복지법」 제34조제1항제1호에 따른 노인요양시설
15. 의료폐기물 중 태반을 대상으로 법 제25조제5항제5호부터 제7호까지의 규정 중 어느 하나에 해당하는 폐기물 재활용업의 허가를 받은 사업장
16. 「인체조직 안전 및 관리 등에 관한 법률」 제13조제1항에 따른 조직은행
17. 그 밖에 환경부장관이 정하여 고시하는 기관

5의2. "의료폐기물 전용용기"란 의료폐기물로 인한 감염 등의 위해 방지를 위하여 의료폐기물을 넣어 수집 · 운반 또는 보관에 사용하는 용기를 말한다.

5의3. "처리"란 폐기물의 수집, 운반, 보관, 재활용, 처분을 말한다.

6. "처분"이란 폐기물의 소각(燒却) · 중화(中和) · 파쇄(破碎) · 고형화(固形化) 등의 중간처분과 매립하거나 해역(海域)으로 배출하는 등의 최종처분을 말한다.
7. "재활용"이란 다음 각 목의 어느 하나에 해당하는 활동을 말한다.
   가. 폐기물을 재사용 · 재생이용하거나 재사용 · 재생이용할 수 있는 상태로 만드는 활동
   나. 폐기물로부터 「에너지법」 제2조제1호에 따른 에너지를 회수하거나 회수할 수 있는 상태로 만들거나 폐기물을 연료로 사용하는 활동으로서 환경부령으로 정하는 활동

규칙 제3조(에너지 회수기준 등) ① 「폐기물관리법」(이하 "법"이라 한다) 제2조제7호나목에서 "환경부령으로 정하는 활동"이란 다음 각 호의 어느 하나에 해당하는 활동을 말한다. [개정 2011.9.27., 2012.7.3.]

1. 가연성 고형폐기물로부터 다음 각 목에 따른 기준에 맞게 에너지를 회수하는 활동

가. 다른 물질과 혼합하지 아니하고 해당 폐기물의 저위발열량이 kg당 3천 kcal 이상일 것

나. 에너지의 회수효율(회수에너지 총량을 투입에너지 총량으로 나눈 비율을 말한다)이 75% 이상일 것

다. 회수열을 모두 열원(熱源), 전기 등의 형태로 스스로 이용하거나 다른 사람에게 공급할 것

라. 환경부장관이 정하여 고시하는 경우에는 폐기물의 30% 이상을 원료나 재료로 재활용하고 그 나머지 중에서 에너지의 회수에 이용할 것

2. 폐기물을 에너지를 회수할 수 있는 상태로 만드는 활동으로서 다음 각 목의 어느 하나에 해당하는 활동

가. 가연성 고형폐기물을 「자원의 절약과 재활용촉진에 관한 법률 시행규칙」 별표 7에서 정한 기준에 적합한 고형연료제품으로 만드는 활동

나. 폐기물을 혐기성(嫌氣性: 산소가 없을 때 생육하는 성질) 소화, 정제, 유화 등의 방법으로 에너지를 회수할 수 있는 상태로 만드는 활동

3. 다음 각 목의 어느 하나에 해당하는 폐기물(지정폐기물은 제외한다)을 시멘트 소성로 및 환경부장관이 정하여 고시하는 시설에서 연료로 사용하는 활동

가. 폐타이어 나. 폐섬유 다. 폐목재 라. 폐합성수지

마. 폐합성고무 바. 분진[중유회, 코크스(다공질 고체 탄소 연료) 분진만 해당한다]

사. 그 밖에 환경부장관이 정하여 고시하는 폐기물

② 제1항제1호에 따른 에너지회수기준의 측정방법 등은 환경부장관이 정하여 고시한다. [개정 2011.9.27.]

③ 제1항제1호에 따른 에너지회수기준을 측정하는 기관은 다음 각 호와 같다.

1. 「한국환경공단법」에 따른 한국환경공단(이하 "한국환경공단"이라 한다)
2. 「과학기술분야 정부출연연구기관 등의 설립·운영 및 육성에 관한 법률」에 따라 설립된 한국기계연구원(이하 "한국기계연구원"이라 한다) 및 한국에너지기술연구원
3. 「산업기술혁신 촉진법」 제41조에 따른 한국산업기술시험원(이하 "한국산업기술시험원"이라 한다)
4. 「국가표준기본법」 제23조에 따라 인정받은 시험·검사기관 중 환경부장관이 지정하는 기관

8. "폐기물처리시설"이란 폐기물의 중간처분시설, 최종처분시설 및 재활용시설로서 대통령령으로 정하는 시설을 말한다.

영 **제5조(폐기물처리시설)** 법 제2조제8호에 따른 폐기물처리시설은 별표 3과 같다.

규칙 **제4조(폐기물 재활용시설)** 영 별표 4 제3호에서 "환경부령으로 정하는 시설"이란 「자원의 절약과 재활용촉진에 관한 법률 시행규칙」 제3조제2호부터 제4호까지 및 제7호에 따른 장치 · 장비 · 설비 등을 말한다.

9\. "폐기물감량화시설"이란 생산 공정에서 발생하는 폐기물의 양을 줄이고, 사업장 내 재활용을 통하여 폐기물 배출을 최소화하는 시설로서 대통령령으로 정하는 시설을 말한다. [시행일 : 2018.1.18.] 제2조

영 **제6조(폐기물 감량화시설)** 법 제2조제9호에서 "대통령령으로 정하는 시설"이란 별표 4의 시설을 말한다.

[영 별표 3]

폐기물 처리시설의 종류(제5조 관련)

1. 중간처분시설
   가. 소각시설
      1) 일반 소각시설 2) 고온 소각시설 3) 열 분해시설(가스화시설을 포함한다)
      4) 고온 용융시설 5) 열처리 조합시설
   나. 기계적 처분시설
      1) 압축시설(동력 10마력 이상인 시설로 한정한다)
      2) 파쇄 · 분쇄 시설(동력 20마력 이상인 시설로 한정한다)
      3) 절단시설(동력 10마력 이상인 시설로 한정한다)
      4) 용융시설(동력 10마력 이상인 시설로 한정한다)
      5) 증발 · 농축 시설
      6) 정제시설(분리 · 증류 · 추출 · 여과 등의 시설을 이용하여 폐기물을 처분하는 단위시설을 포함한다)
      7) 유수 분리시설 8) 탈수 · 건조 시설 9) 멸균분쇄 시설
   다. 화학적 처분시설
      1) 고형화 · 고화 · 안정화 시설
      2) 반응시설(중화 · 산화 · 환원 · 중합 · 축합 · 치환 등의 화학반응을 이용하여 폐기물을 처분하는 단위시설을 포함한다)
      3) 응집 · 침전 시설
   라. 생물학적 처분시설
      1) 소멸화 시설(1일 처분능력 100kg 이상인 시설로 한정한다)
      2) 호기성 · 혐기성 분해시설
   마. 그 밖에 환경부장관이 폐기물을 안전하게 중간처분할 수 있다고 인정하여 고시하는 시설

2. 최종 처분시설
   가. 매립시설
      1) 차단형 매립시설
      2) 관리형 매립시설(침출수 처리시설, 가스 소각 · 발전 · 연료화 시설 등 부대시설을 포함한다)

나. 그 밖에 환경부장관이 폐기물을 안전하게 최종처분할 수 있다고 인정하여 고시하는 시설

3. 재활용시설
   가. 기계적 재활용시설
      1) 압축 · 압출 · 성형 · 주조시설(동력 10마력 이상인 시설로 한정한다)
      2) 파쇄 · 분쇄 · 탈피 시설(동력 20마력 이상인 시설로 한정한다)
      3) 절단시설(동력 10마력 이상인 시설로 한정한다)
      4) 용융 · 용해시설(동력 10마력 이상인 시설로 한정한다)
      5) 연료화시설
      6) 증발 · 농축 시설
      7) 정제시설(분리 · 증류 · 추출 · 여과 등의 시설을 이용하여 폐기물을 재활용하는 단위시설을 포함한다)
      8) 유수 분리 시설
      9) 탈수 · 건조 시설
      10) 세척시설(철도용 폐목재 받침목을 재활용하는 경우로 한정한다)
   나. 화학적 재활용시설
      1) 고형화 · 고화 시설
      2) 반응시설(중화 · 산화 · 환원 · 중합 · 축합 · 치환 등의 화학반응을 이용하여 폐기물을 재활용하는 단위시설을 포함한다)
      3) 응집 · 침전 시설
   다. 생물학적 재활용시설
      1) 1일 재활용능력이 100kg 이상인 다음의 시설
         가) 소멸화 시설. 다만, 1일 재활용능력이 100kg 이상 200kg 미만인 음식물류 폐기물 소멸화 시설은 2015년 7월 1일부터 2017년 6월 30일까지 제외한다.
         나) 사료화 시설(건조에 의한 사료화 시설을 포함한다)
         다) 퇴비화 시설(건조에 의한 퇴비화 시설, 지렁이분변토 생산시설 및 생석회 처리시설을 포함한다)
         라) 동애등에분변토 생산시설
         마) 부숙토(腐熟土) 생산시설
      2) 호기성 · 혐기성 분해시설
      3) 버섯재배시설
   라. 시멘트 소성로
   마. 용해로(폐기물에서 비철금속을 추출하는 경우로 한정한다)
   바. 소성(시멘트 소성로는 제외한다) · 탄화 시설
   사. 골재가공시설
   아. 의약품 제조시설
   자. 소각열회수시설(시간당 재활용능력이 200kg 이상인 시설로서 법 제13조의2제1항제5호에 따라 에너지를 회수하기 위하여 설치하는 시설만 해당한다)
   차. 그 밖에 환경부장관이 폐기물을 안전하게 재활용할 수 있다고 인정하여 고시하는 시설

[비고]
제3호다목1)가) 단서에 따른 시설을 2015년 7월 1일부터 2017년 6월 30일까지 설치(설치 후 변경한 경우를 포함한다)한 자는 시설의 설치일 및 설치장소를 환경부장관에게 통보(변경한 경우에는 변경통보를 포함한다)하여야 한다.

실전문제 **폐기물관리법상 폐기물처리시설 중 중간 처분시설에 대하여 잘못 설명한 것은?**

① 생물학적 처분시설 : 호기성 · 혐기성 분해시설
② 기계적 처분시설 : 탈수 · 건조시설
③ 화학적 처분시설 : 응집 · 침전시설
❹ 소각시설 : 탈수 · 건조시설

[영 별표4]

폐기물 감량화시설의 종류(제6조 관련)

1. 공정 개선시설
   물질정제, 물질대체에 의한 원료 변경과 해당 제조공정 일부 또는 전체 공정의 변경, 설비 변경 등의 방법으로 해당 공정에서 배출되는 폐기물의 총량을 줄이는 효과가 있는 시설
2. 폐기물 재이용시설
   제조공정에서 발생되는 폐기물을 해당 공정의 원료 또는 부원료로 재사용하거나 다른 공정의 원료로 사용하기 위하여 사업자가 같은 사업장에 설치하는 시설
3. 폐기물 재활용시설
   제조공정에서 발생되는 폐기물을 재활용하기 위하여 같은 사업장에서 제조시설과 연속선상에 설치하는 「자원의 절약과 재활용촉진에 관한 법률」 제2조제10호의 재활용시설 중 환경부령으로 정하는 시설
4. 그 밖의 폐기물 감량화시설
   사업장폐기물의 발생과 배출을 줄이는 효과가 있다고 환경부장관이 정하여 고시하는 시설

제2조의2(폐기물의 세부분류) 폐기물의 종류 및 재활용 유형에 관한 세부분류는 폐기물의 발생원, 구성성분 및 유해성 등을 고려하여 환경부령으로 정한다.

규칙 **제4조의2(폐기물의 종류 및 재활용 유형)** ① 법 제2조의2에 따른 폐기물의 종류별 세부분류는 별표 4와 같다. (별표4는 법제처 참조)

② 법 제2조의2에 따른 폐기물의 재활용 유형별 세부분류는 별표4의2와 같다. (별표 4의2는 법제처 참조)

③ 폐기물의 종류별 재활용 가능 유형은 별표 4의3과 같다. (법제처 참조)

제3조(적용 범위) ① 이 법은 다음 각 호의 어느 하나에 해당하는 물질에 대하여는 적용하지 아니한다. [개정 2015.1.20., 2017.1.17.]

1. 「원자력안전법」에 따른 방사성 물질과 이로 인하여 오염된 물질
2. 용기에 들어 있지 아니한 기체상태의 물질
3. 「물환경보전법」에 따른 수질 오염 방지시설에 유입되거나 공공 수역(水域)으로 배출되는 폐수

4. 「가축분뇨의 관리 및 이용에 관한 법률」에 따른 가축분뇨
5. 「하수도법」에 따른 하수 · 분뇨
6. 「가축전염병예방법」 제22조제2항, 제23조, 제33조 및 제44조가 적용되는 가축의 사체, 오염 물건, 수입 금지 물건 및 검역 불합격품
7. 「수산생물질병 관리법」 제17조제2항, 제18조, 제25조제1항 각 호 및 제34조제1항이 적용되는 수산동물의 사체, 오염된 시설 또는 물건, 수입금지물건 및 검역 불합격품
8. 「군수품관리법」 제13조의2에 따라 폐기되는 탄약
9. 「동물보호법」 제32조제1항에 따른 동물장묘업의 등록을 한 자가 설치 · 운영하는 동물장묘시설에서 처리되는 동물의 사체

② 이 법에 따른 폐기물의 해역 배출은 「해양폐기물 및 해양오염퇴적물 관리법」으로 정하는 바에 따른다.

실전문제 폐기물관리법이 적용되지 아니하는 물질에 대한 기준으로 틀린 것은?

① 용기에 들어 있지 아니한 기체상태의 물질
❷ 하수도법에 따라 공공수역으로 배출되는 폐수
③ 군수품관리법에 따라 폐기되는 탄약
④ 원자력안전법에 따른 방사성 물질과 이로 인하여 오염된 물질

제3조의2(폐기물 관리의 기본원칙) ① 사업자는 제품의 생산방식 등을 개선하여 폐기물의 발생을 최대한 억제하고, 발생한 폐기물을 스스로 재활용함으로써 폐기물의 배출을 최소화하여야 한다.

② 누구든지 폐기물을 배출하는 경우에는 주변 환경이나 주민의 건강에 위해를 끼치지 아니하도록 사전에 적절한 조치를 하여야 한다.

③ 폐기물은 그 처리과정에서 양과 유해성(有害性)을 줄이도록 하는 등 환경보전과 국민건강보호에 적합하게 처리되어야 한다.

④ 폐기물로 인하여 환경오염을 일으킨 자는 오염된 환경을 복원할 책임을 지며, 오염으로 인한 피해의 구제에 드는 비용을 부담하여야 한다.

⑤ 국내에서 발생한 폐기물은 가능하면 국내에서 처리되어야 하고, 폐기물의 수입은 되도록 억제되어야 한다.

⑥ 폐기물은 소각, 매립 등의 처분을 하기보다는 우선적으로 재활용함으로써 자원생산성의 향상에 이바지하도록 하여야 한다.

제4조(국가와 지방자치단체의 책무) ① 특별자치시장, 특별자치도지사, 시장 · 군수 · 구청장(자치구의 구청장을 말한다. 이하 같다)은 관할 구역의 폐기물의 배출 및 처리상황을 파악하여 폐기물

이 적정하게 처리될 수 있도록 폐기물처리시설을 설치 · 운영하여야 하며, 폐기물의 처리방법의 개선 및 관계인의 자질 향상으로 폐기물 처리사업을 능률적으로 수행하는 한편, 주민과 사업자의 청소 의식 함양과 폐기물 발생 억제를 위하여 노력하여야 한다.

② 특별시장 · 광역시장 · 도지사는 시장 · 군수 · 구청장이 제1항에 따른 책무를 충실하게 하도록 기술적 · 재정적 지원을 하고, 그 관할 구역의 폐기물 처리사업에 대한 조정을 하여야 한다.

③ 국가는 지정폐기물의 배출 및 처리 상황을 파악하고 지정폐기물이 적정하게 처리되도록 필요한 조치를 마련하여야 한다.

④ 국가는 폐기물 처리에 대한 기술을 연구 · 개발 · 지원하고, 특별시장 · 광역시장 · 특별자치시장 · 도지사 · 특별자치도지사(이하 "시 · 도지사"라 한다) 및 시장 · 군수 · 구청장이 제1항과 제2항에 따른 책무를 충실하게 하도록 필요한 기술적 · 재정적 지원을 하며, 특별시 · 광역시 · 특별자치시 · 도 · 특별자치도(이하 "시 · 도"라 한다) 간의 폐기물 처리사업에 대한 조정을 하여야 한다.

실전문제 **다음 중 시장 · 군수 · 구청장(지방자치단체인 구의 구청장)의 책무와 가장 거리가 먼 것은?**

❶ 지정폐기물의 적정처리를 위한 조치강구
② 폐기물처리시설 설치 · 운영
③ 주민과 사업자의 청소의식 함양
④ 폐기물의 수집 · 운반 · 처리방법의 개선 및 관계인의 자질향상

제5조(폐기물의 광역 관리) ① 환경부장관, 시 · 도지사 또는 시장 · 군수 · 구청장은 둘 이상의 시 · 도 또는 시 · 군 · 구에서 발생하는 폐기물을 광역적으로 처리할 필요가 있다고 인정되면 광역 폐기물처리시설(지정폐기물 공공 처리시설을 포함한다)을 단독 또는 공동으로 설치 · 운영할 수 있다.

② 환경부장관, 시 · 도지사 또는 시장 · 군수 · 구청장은 제1항에 따른 광역 폐기물처리시설의 설치 또는 운영을 환경부령으로 정하는 자에게 위탁할 수 있다.

규칙 **제5조(광역 폐기물처리시설의 설치 · 운영의 위탁)** 법 제5조제2항에서 "환경부령으로 정하는 자"란 다음 각 호의 자를 말한다. [개정 2016.7.21.]

1. 한국환경공단

1의2. 「수도권매립지관리공사의 설립 및 운영 등에 관한 법률」에 따른 수도권매립지관리공사(이하 "수도권매립지관리공사"라 한다)

2. 「지방자치법」에 따른 지방자치단체조합으로서 폐기물의 광역처리를 위하여 설립된 조합

3. 해당 광역 폐기물처리시설을 시공한 자(그 시설의 운영을 위탁하는 경우에만 해당한다)

4. 별표 4의4의 기준에 맞는 자

[규칙 별표 4의4]

폐기물처리시설의 설치 · 운영을 위탁받을 수 있는 자의 기준(제5조제4호 관련)

폐기물 처분시설 또는 재활용시설별로 다음 각 호의 구분에 따른 기술인력을 보유하여야 한다.

1. 소각시설
   가. 폐기물처리기술사 1명
   나. 폐기물처리기사 또는 대기환경기사 1명
   다. 일반기계기사 1명
   라. 시공분야에서 2년 이상 근무한 자 2명(폐기물 처분시설의 설치를 위탁받으려는 경우에만 해당한다)
   마. 1일 50ton 이상의 폐기물소각시설에서 천정크레인을 1년 이상 운전한 자 1명과 천정크레인 외의 처분시설의 운전분야에서 2년 이상 근무한 자 2명(폐기물 처분시설의 운영을 위탁받으려는 경우에만 해당한다)

2. 매립시설
   가. 폐기물처리기술사 1명
   나. 폐기물처리기사 또는 수질환경기사 중 1명
   다. 토목기사 1명
   라. 매립시설(9,900㎡ 이상의 지정폐기물 또는 33,000㎡ 이상의 생활폐기물)에서 2년 이상 근무한 자 2명

3. 음식물류 폐기물 처분시설 또는 재활용시설
   가. 폐기물처리기사 1명
   나. 수질환경기사 또는 대기환경기사 1명
   다. 기계정비산업기사 1명
   라. 1일 50ton 이상의 음식물류 폐기물 처분시설 또는 재활용시설(위탁대상 시설과 같은 종류의 시설만 해당한다)의 시공분야에서 2년 이상 근무한 자 2명(폐기물 처분시설 또는 재활용시설의 설치를 위탁받으려는 경우에만 해당한다)
   마. 1일 50ton 이상의 음식물류 폐기물 처분시설 또는 재활용시설(위탁대상 시설과 같은 종류의 시설만 해당한다)의 운전분야에서 2년 이상 근무한 자 2명(폐기물 처분시설 또는 재활용시설의 운영을 위탁받으려는 경우에만 해당한다)

[비고]
각 호 가목부터 다목까지의 자격기준을 갖춘 자가 각 호 라목 또는 마목의 경력기준을 갖춘 경우에는 해당 시공 또는 운전분야의 인력은 중복하여 갖추지 아니할 수 있다.

제6조(폐기물처리시설 반입수수료) ① 제4조제1항 또는 제5조제1항에 따라 폐기물처리시설을 설치 · 운영하는 기관은 그 폐기물처리시설에 반입되는 폐기물의 처리를 위하여 필요한 비용(이하 "반입수수료"라 한다)을 폐기물을 반입하는 자로부터 징수할 수 있다.

② 제1항의 경우에 둘 이상의 지방자치단체가 공동으로 설치 · 운영하는 폐기물처리시설의 경우 해당 지방자치단체 간에 협의하여 수수료를 결정하여야 한다.

③ 반입수수료의 금액은 징수기관이 국가이면 환경부령으로, 지방자치단체이면 조례로 정한다.

실전문제 **폐기물처리시설을 설치 · 운영하는 기관은 그 폐기물처리시설에 반입되는 폐기물의 처리를 위하여 반입수수료를 징수할 수 있는데, 반입수수료 금액 결정에 관한 내용으로 맞는 것은?**

① 징수기관이 국가이면 대통령령으로, 지방자치단체이면 조례로 정한다.
❷ 징수기관이 국가이면 환경부령으로, 지방자치단체이면 조례로 정한다.
③ 징수기관에 관계없이 대통령령으로 정한다.
④ 징수기관에 관계없이 환경부령으로 정한다.

규칙 **제6조(폐기물처리시설 반입수수료 등)** 징수기관이 국가인 경우 법 제6조제3항에 따른 폐기물처리시설 반입수수료는 다음 각 호의 경비를 고려하여 환경부장관이 결정 · 고시한다.

1. 폐기물처리시설의 설치비와 운영비를 고려하여 폐기물의 종류별로 산정한 폐기물의 처리에 드는 적정 경비
2. 폐기물처리시설의 설치 · 운영자가 폐기물을 직접 수집 · 운반하는 경우에는 그 수집 · 운반에 드는 경비
3. 그 밖에 폐기물처리시설의 주변지역 주민에 대한 최소한의 지원에 드는 경비

제7조(국민의 책무) ① 모든 국민은 자연환경과 생활환경을 청결히 유지하고, 폐기물의 감량화(減量化)와 자원화를 위하여 노력하여야 한다.

② 토지나 건물의 소유자 · 점유자 또는 관리자는 그가 소유 · 점유 또는 관리하고 있는 토지나 건물의 청결을 유지하도록 노력하여야 하며, 특별자치시장, 특별자치도지사, 시장 · 군수 · 구청장이 정하는 계획에 따라 대청소를 하여야 한다. [개정 2013.7.16.]

제8조(폐기물의 투기 금지 등) ① 누구든지 특별자치시장, 특별자치도지사, 시장 · 군수 · 구청장이나 공원 · 도로 등 시설의 관리자가 폐기물의 수집을 위하여 마련한 장소나 설비 외의 장소에 폐기물을 버려서는 아니 된다. [개정 2007.8.3., 2013.7.16.]

② 누구든지 이 법에 따라 허가 또는 승인을 받거나 신고한 폐기물처리시설이 아닌 곳에서 폐기물을 매립하거나 소각하여서는 아니 된다. 다만, 제14조제1항 단서에 따른 지역에서 해당 특별자치시, 특별자치도, 시 · 군 · 구의 조례로 정하는 바에 따라 소각하는 경우에는 그러하지 아니하다. [개정 2013.7.16.]

③ 특별자치시장, 특별자치도지사, 시장 · 군수 · 구청장은 토지나 건물의 소유자 · 점유자 또는 관리자가 제7조제2항에 따라 청결을 유지하지 아니하면 해당 지방자치단체의 조례에 따라 필요한 조치를 명할 수 있다. [개정 2013.7.16.]

제9조 삭제 [2017.11.28]

영 제6조의 2 삭제 [2017.12.26]

제10조 삭제 [2017.11.28]

제11조 삭제 [2017.11.28]

규칙 제7조 삭제

제12조 삭제 [2015.01.20]

제2장 폐기물의 배출과 처리

제13조(폐기물의 처리 기준 등) ① 누구든지 폐기물을 처리하려는 자는 대통령령으로 정하는 기준과 방법을 따라야 한다. 다만, 제13조의2에 따른 폐기물의 재활용 원칙 및 준수사항에 따라 재활용을 하기 쉬운 상태로 만든 폐기물(이하 "중간가공 폐기물"이라 한다)에 대하여는 완화된 처리기준과 방법을 대통령령으로 따로 정할 수 있다. [개정 2015.7.20.]

② 의료폐기물은 제25조의2제6항에 따라 검사를 받아 합격한 의료폐기물 전용용기(이하 "전용용기"라 한다)만을 사용하여 처리하여야 한다. [개정 2017.4.18.]

영 제7조(폐기물의 처리기준 등) ① 법 제13조제1항 본문에 따른 폐기물의 처리 기준 및 방법은 다음 각 호와 같다. [개정 2015.7.24.]

1. 폐기물의 종류와 성질 · 상태별로 재활용 가능성 여부, 가연성이나 불연성 여부 등에 따라 구분하여 수집 · 운반 · 보관할 것. 다만, 의료폐기물이 아닌 폐기물로 서 다음 각 목의 어느 하나에 해당하는 경우에는 그러하지 아니하다.
   가. 처리기준과 방법이 같은 폐기물로서 같은 폐기물 처분시설 또는 재활용시설이나 장소에서 처리하는 경우
   나. 폐기물의 발생 당시 두 종류 이상의 폐기물이 혼합되어 발생된 경우
   다. 특별자치시, 특별자치도 또는 시(특별시와 광역시는 제외한다. 이하 같다) · 군 · 구(자치구를 말한다. 이하 같다)의 분리수집 계획 또는 지역적 여건 등을 고려하여 특별자치시, 특별자치도 또는 시 · 군 · 구의 조례에 따라 그 구분을 다르게 정하는 경우
2. 수집 · 운반 · 보관의 과정에서 폐기물이 흩날리거나 누출되지 아니하도록 하고, 침출수(沈出水)가 유출되지 아니하도록 하며, 침출수가 생기는 경우에는 환경부령으로 정하는 바에 따라 처리할 것

규칙 제8조(폐기물의 보관 등에서 발생하는 침출수의 처리기준) 영 제7조제1항제2호에 따라 침출수를 처리할 때에는 별표 11 제1호라목에 따른 침출수 배출허용기준 이하로 처리하여야 한다. [개정 2011.9.27.]

영 제7조 ① 3. 해당 폐기물을 적정하게 처분, 재활용 또는 보관할 수 있는 장소 외의 장소로 운반하지 아니할 것. 다만, 다음 각 목의 어느 하나에 해당하는 자가 적재 능력이 작은 차량으로 폐기물을 수집하여 적재 능력이 큰 차량으로 옮겨 싣기 위하여 환경부령으로 정하는 장소로 운반하는 경우에는 그러하지 아니하다.

가. 법 제25조제5항제1호에 해당하는 폐기물 수집 · 운반업의 허가를 받은 자
나. 법 제46조제1항제3호에 해당하는 폐기물처리 신고를 한 자 중 환경부령으로 정하는 자

규칙 제9조(폐기물 수집 · 운반업자 등의 운반기준) ① 영 제7조제1항제3호 단서에서 "환경부령으로 정하는 장소로 운반하는 경우"란 적재능력이 작은 차량으로 폐기물을 수집하여 적재능력이 큰 차량으로 옮겨 싣기 위하여 특별시장 · 광역시장 · 특별자치시장 · 도지사 및 특별자치도지사(이하 "시 · 도지사"라 한다) 또는 유역 환경청장 · 지방환경청장(이하 "지방환경관서의 장"이라 한다)으로부터 승인받은 장소(이하 "임시보관장소"라 한다)로 운반하는 경우를 말한다.

② 영 제7조제1항제3호나목에서 "환경부령으로 정하는 자"란 다음 각 호의 자를 말한다. [신설 2012.9.24., 2013.7.19.]

1. 제66조제6항제2호에 따른 폐타이어를 수집 · 운반하는 자
2. 제66조제6항제3호에 따른 폐가전제품을 분리 · 해체하지 아니하고 그대로 수집 · 운반하는 자
3. 제66조제6항제5호에 따른 폐식용유를 수집 · 운반하는 자
4. 그 밖에 폐기물의 원활한 처리를 위하여 환경부장관이 임시보관장소가 필요하다고 인정하여 고시하는 자

③ 시 · 도지사 또는 지방환경관서의 장이 제1항에 따른 임시보관장소를 승인하는 경우에는 다음 각 호의 기준에 맞도록 하여야 한다.

1. 법 제25조제5항제1호에 해당하는 폐기물 수집 · 운반업의 허가를 받은 자(이하 "폐기물 수집 · 운반업자"라 한다) 또는 제2항 각 호의 자(이하 이 조에서 "폐기물 수집 · 운반업자 등"이라 한다)당 특별시 · 광역시 · 특별자치시 · 도 및 특별자치도(이하 "시 · 도"라 한다)별로 1개소로 제한할 것
2. 임시보관장소에서 보관할 수 있는 허용량 및 기간은 다음 각 목의 범위로 할 것
   가. 폐기물 수집 · 운반업자: 제31조제1항제1호에 따른 양 및 기간 이내일 것
   나. 제2항 각 호의 자
      1) 허용량: 중량이 30ton 이하이고 용적이 300㎥ 이하일 것
      2) 기간: 5일 이내일 것

④ 제1항에 따른 승인을 받으려는 자는 별지 제1호서식의 폐기물 수집 · 운반업자 등의 임시보관장소 설치승인신청서에 다음 각 호의 서류를 첨부하여 임시보관장소 설치예정지를 관할하는 시 · 도지사 또는 지방환경관서의 장에게 제출하여야 하며, 시 · 도지사 또는 지방환경관서의 장은 임시보관장소의 설치를 승인하였을 때에는 별지 제2호서식의 폐기물 수집 · 운반업자 등의 임시보관장소 설치승인서를 신청인에게 내주어야

한다. [개정 2012.9.24.]

1. 폐기물의 수집 · 운반 계획서
2. 보관장소의 규모를 확인할 수 있는 서류
3. 보관장소에 보관할 수 있는 폐기물의 양과 그 산출근거를 확인할 수 있는 서류
4. 폐기물의 보관과 관련하여 예상되는 환경오염에 대한 대책
5. 해당 토지나 건축물 등에 대한 적법한 사용권이 있음을 확인할 수 있는 서류

⑤ 제4항에 따라 승인받은 자는 다음 각 호의 사유로 승인받은 사항을 변경하려면 미리 별지 제1호서식의 폐기물 수집 · 운반업자 등의 임시보관장소 변경승인신청서에 설치승인서와 변경내용을 증명하는 서류를 첨부하여 승인받은 시 · 도지사 또는 지방환경관서의 장에게 제출하여야 하며, 시 · 도지사 또는 지방환경관서의 장은 임시보관장소의 변경승인을 하면 별지 제2호서식의 폐기물 수집 · 운반업자 등의 임시보관장소 설치승인서에 변경사항을 적어 신청인에게 내주어야 한다. [개정 2012.9.24.]

1. 임시보관장소 소재지의 변경(제4항에 따라 승인받은 행정기관의 관할구역 안에서의 소재지 변경만 해당한다)
2. 보관대상 폐기물 종류의 변경
3. 승인받은 허용량의 변경

⑥ 제4항이나 제5항에 따라 임시보관장소를 승인하거나 변경승인한 시 · 도지사 또는 지방환경관서의 장은 승인하거나 변경승인한 내용을 즉시 해당 수집 · 운반업의 허가기관이나 폐기물처리 신고기관에 알려야 한다.

영 제7조 ① 4. 재활용 또는 중간처분 과정에서 발생하는 폐기물과 법 제13조제1항 단서에 따른 중간가공 폐기물(이하 "중간가공 폐기물"이라 한다)은 새로 폐기물이 발생한 것으로 보아, 법 제17조제2항에 따른 신고 또는 같은 조 제5항에 따른 확인을 받고, 해당 폐기물의 처리방법에 따라 적정하게 처리할 것.

5. 폐기물은 폐기물 처분시설 또는 재활용시설에서 처리할 것. 다만, 생활폐기물 배출자가 법 제15조제1항에 따라 처리하는 경우 및 폐기물을 환경부령으로 정하는 바에 따라 생활환경 보전상 지장이 없는 방법으로 적정하게 처리하는 경우에는 그러하지 아니하다.

규칙 **제10조(폐기물처리시설 외의 장소에서의 폐기물 처리)** 영 제7조제1항제5호 단서에서 "환경부령으로 정하는 바에 따라 폐기물을 생활환경 보전상 지장이 없는 방법으로 적정하게 처리하는 경우"란 다음 각 호의 경우를 말한다.

1. 폐산 · 폐알칼리 등 수분함량이 85%를 초과하거나 고형물함량이 15% 미만인 액체상태(이하 "액상"이라 한다)의 폐기물을 「물환경보전법」 제2조제12호에 따른 수질

오염방지시설에 직접 유입하여 처리하는 경우로서 그 배출시설의 설치허가권자 또는 신고수리권자가 그 처리를 인정하는 경우

1의2. 법 제17조에 따른 사업장폐기물배출자(이하 "사업장폐기물배출자"라 한다)가 다음 각 목의 어느 하나에 해당하는 방법으로 스스로 재활용하는 경우

가. 동 · 식물성 잔재물, 유기성 오니, 음식물류 폐기물, 왕겨, 쌀겨 또는 초목류를 자신의 농경지 퇴비나 자신의 가축 먹이로 사용

나. 지정폐기물을 제외한 폐지 · 고철 · 폐포장재(「자원의 절약과 재활용촉진에 관한 법률 시행령」 제18조에 따른 재활용 의무대상인 종이팩 · 금속캔 및 합성수지 재질의 포장재 중 용기류만 해당한다)를 선별 · 압축 · 감용(減容) · 절단

2. 법 제46조에 따라 폐기물처리 신고를 한 자(이하 "폐기물처리 신고자"라 한다)가 폐기물처리시설에 해당하지 않는 시설을 이용하여 그 신고내용에 따라 재활용하는 경우

3. 폐기물을 압축, 파쇄 · 분쇄, 절단, 용융 또는 소멸화의 방법으로 처분하는 경우로서 영 별표 3 제1호나목1)부터 4)까지 및 라목1)에 따른 규모 미만의 시설에서 처분하는 경우

4. 폐기물을 사료화 · 퇴비화 또는 부숙(썩혀서 익히는 것)의 방법으로 재활용하는 경우로서 영 별표 3 제3호가목1)부터 4)까지 및 같은 호 다목1)에 따른 규모 미만의 시설에서 재활용하는 경우. 다만, 음식물류 폐기물의 경우에는 해당 시설의 재활용 과정을 거쳐 배출수와 함께 배출되는 고형물의 무게가 유입되는 고형물 무게의 100분의 20 미만인 경우로 한정한다.

5. 호소 · 하천 또는 연안관리기관의 장이 장마나 홍수로 해당 관리지역으로 떠내려온 초목류를 거두어 건조시킨 후 관할 특별자치시장, 특별자치도지사, 시장 · 군수 · 구청장(자치구의 구청장을 말한다. 이하 같다)에게 통보하고 특별자치시장, 특별자치도지사, 시장 · 군수 · 구청장이 인정하는 시설에서 태우는 경우

6. 다음 각 목의 목재류 중 폐목재류를 연료용(노천에서 태우는 것은 제외한다)으로 사용하는 경우

가. 페인트 · 기름 · 방부제 등이 묻지 아니한 목재

나. 산지개간 또는 건설공사 등으로 발생한 나무뿌리 · 줄기 · 가지

다. 장마나 홍수, 산사태 등으로 산지에서 쓸려 내려온 나무뿌리 · 줄기 · 가지

라. 연료 또는 목재 산업의 원료로 사용하기 위하여 산지에서 반출되었으나 해당 목적으로 사용되지 않고 배출되는 나무뿌리 · 줄기 · 가지

7. 폐기물을 제3조제1항제1호에 따른 에너지 회수기준에 맞고, 태운 후 남아 있는 물질 중 태울 수 있는 부분의 중량 비율(이하 "강열감량"이라 한다)이 1% 이하가 되도록 재활용하는 경우

8. 다음 각 목의 폐기물 외의 폐기물을 담았던 금속성 용기(폐드럼 등을 말한다)를 전기로에서 고온용융하여 재활용하는 경우
   가. 할로겐족 폐유기용제
   나. 폴리클로리네이티드비페닐 함유 폐기물
9. 다음 각 목의 구분에 따라 「검찰압수물사무규칙」 또는 그 밖의 다른 법령에 따른 압수물 또는 몰수물의 폐기를 위탁받아 직접 처리(소각 및 매립은 제외한다)하거나 다른 자에게 처리를 대행(직접 운영하는 폐기물처리시설에서 처리할 수 없는 경우만 해당한다)하게 하는 경우
   가. 「석유 및 석유대체연료 사업법」 제25조의2에 따른 한국석유관리원: 「석유 및 석유대체연료 사업법」 제2조제10호에 따른 가짜석유제품
   나. 한국환경공단: 그 밖의 압수물 또는 몰수물
10. 제초작업으로 발생한 초본류(草本類)를 제초한 곳에서 주변지역의 환경오염 없이 풋거름으로 재활용하거나 잡초를 덮어 잡초의 발생을 억제하기 위한 용도로 재활용하는 경우
10의2. 폐기물을 다음 각 목에서 정하는 재활용 용도 또는 방법으로 재활용하는 경우
   가. 별표 4의2 제1호에 따라 폐기물을 원형 그대로 또는 단순 수리 · 수선하여 재사용하는 경우
   나. 다른 사업장의 폐주물사를 별표 4의2 제2호가목5)에 따라 금속용 융로에 첨가제 · 부원료 등으로 투입하거나 같은 표 제2호나목2)에 따라 재생주물사로 다시 사용하는 경우
   다. 별표 4의2 제4호에 따라 폐기물을 재활용하기 위하여 법 제13조제1항에 따른 중간가공 폐기물(이하 "중간가공 폐기물"이라 한다)로 만드는 경우
   라. 별표 4의2 제4호에 따라 폐기물을 토양 등과 혼합 · 중화하여 토양 또는 공유수면 등에 접촉시켜 성토재 · 복토재 등으로 재활용하는 경우
   마. 폐산 또는 폐알칼리를 별표 5의3 제2호나목2)마)(3)에 따른 시설에서 수처리제로 재활용하는 경우
   바. 법 제13조의3제3항에 따라 재활용환경성평가에 따른 재활용의 승인을 받은 자가 승인된 재활용 유형에 따라 승인 장소에서 폐기물을 재활용하는 경우
   사. 그 밖에 환경부장관이 폐기물 재활용시설 외의 장소에서의 폐기물 재활용 용도 또는 방법으로 인정하여 고시하는 경우
11. 그 밖에 환경부장관이 정하여 고시하는 방법에 따라 처리하는 경우

영 제7조 ① 6. 폐기물을 처분 또는 재활용하는 자가 폐기물을 보관하는 경우에는 그 폐기물 처분시설 또는 재활용시설과 같은 사업장에 있는 보관시설에 보관할 것. 다만, 법 제25조

제5항제5호부터 제7호까지의 규정 중 어느 하나에 해당하는 폐기물 재활용업의 허가를 받은 자(이하 "폐기물 재활용업자"라 한다)가 사업장 폐기물을 재활용하는 경우로서 환경부령으로 정하는 경우에는 그러하지 아니하다.

규칙 제11조(폐기물처리사업장 외의 장소에서의 폐기물보관시설 기준) ① 영 제7조제1항제6호 단서에서 "환경부령으로 정하는 경우"란 다음 각 호의 경우를 말한다. [개정 2011.9.27., 2013.7.19.]

1. 법 제25조제5항제5호부터 제7호까지의 규정 중 어느 하나에 해당하는 폐기물 재활용업의 허가를 받은 자(이하 "폐기물 재활용업자"라 한다)가 시 · 도지사로부터 승인받은 임시보관시설에 폐전주(폐전주를 철거할 때 발생하는 폐애자 · 폐근가 및 폐합성수지제 덮개류 등을 포함한다. 이하 같다)를 보관하는 경우. 이 경우 시 · 도지사는 임시보관시설을 승인할 때에 다음 각목의 기준을 따라야 한다.
   가. 전주의 철거공사현장과 그 폐전주 재활용시설이 있는 사업장의 거리가 50km 이상일 것
   나. 임시보관시설에서의 폐전주 보관 허용량은 50ton(12월부터 다음 해 2월까지 보관하는 경우에는 100ton) 미만일 것
   다. 폐합성수지제 덮개류는 별도로 보관할 것
2. 폐기물 재활용업자가 시 · 도지사로부터 승인받은 임시보관시설에 태반을 보관하는 경우. 이 경우 시 · 도지사는 임시보관시설을 승인할 때에 다음 각목의 기준을 따라야 한다.
   가. 폐기물 재활용업자는 「약사법」 제31조에 따른 의약품제조업 허가를 받은 자일 것
   나. 태반의 배출장소와 그 태반 재활용시설이 있는 사업장의 거리가 100km 이상일 것
   다. 임시보관시설에서의 태반 보관 허용량은 5ton 미만일 것
   라. 임시보관시설에서의 태반 보관 기간은 태반이 임시보관시설에 도착한 날부터 5일 이내일 것

② 제1항 각 호의 승인을 받으려는 자는 별지 제3호서식의 폐기물 재활용업자의 임시보관시설 설치승인신청서에 다음 각 호의 서류를 첨부하여 임시보관시설 설치예정지를 관할하는 시 · 도지사에게 제출하여야 하며, 시 · 도지사는 임시보관시설 설치를 승인하였을 때에는 별지 제4호서식의 폐기물 재활용업자의 임시보관시설 설치승인서를 신청인에게 내주어야 한다. [개정 2013.7.19.]

1. 폐기물의 수집 · 운반 계획서
2. 임시보관시설의 규모를 확인할 수 있는 서류
3. 임시보관시설에 보관할 수 있는 폐기물의 양과 그 산출근거를 확인할 수 있는 서류
4. 폐기물의 보관과 관련하여 예상되는 환경오염에 대한 대책

5. 해당 토지나 건축물 등에 대한 적법한 사용권이 있음을 확인할 수 있는 서류

③ 제2항에 따라 승인받은 자는 다음 각 호의 사유로 승인받은 사항을 변경하려면 미리 별지 제3호서식의 폐기물 재활용업자의 임시보관시설 변경승인신청서에 임시보관시설 설치승인서와 변경내용을 증명하는 서류를 첨부하여 승인받은 시 · 도지사에게 제출하여야 하며, 시 · 도지사는 임시보관시설 변경승인을 하였을 때에는 별지 제4호서식의 폐기물 재활용업자의 임시보관시설 설치승인서에 변경사항을 적어 신청인에게 내주어야 한다. [개정 2011.9.27.]

1. 폐기물보관시설 소재지의 변경(제2항에 따라 승인받은 행정기관의 관할구역 안에서의 소재지 변경만 해당한다)
2. 승인받은 보관량의 변경

④ 제2항이나 제3항에 따라 폐기물보관시설의 설치 또는 변경설치를 승인한 시 · 도지사는 승인하거나 변경승인한 내용을 즉시 해당 폐기물 재활용업체를 관할하는 허가기관에 알려야 한다. [개정 2011.9.27.]

영 제7조 ① 7. 법 제46조제1항에 따라 폐기물처리 신고를 한 자(이하 "폐기물처리 신고자"라 한다)와 법 제5조제1항에 따른 광역 폐기물처리시설 설치 · 운영자(법 제5조제2항에 따라 설치 · 운영을 위탁받은 자를 포함한다)는 환경부령으로 정하는 기간 이내에 폐기물을 처리할 것. 다만, 화재, 중대한 사고, 노동쟁의, 방치 폐기물의 반입 · 보관 등 그 처리기간 이내에 처리하지 못할 부득이한 사유가 있는 경우로서 특별시장 · 광역시장 · 특별자치시장 · 도지사 및 특별자치도지사(이하 "시 · 도지사"라 한다) 또는 유역환경청장 · 지방환경청장의 승인을 받은 때에는 그러하지 아니하다.

규칙 **제12조(폐기물처리 신고자와 광역 폐기물처리시설 설치 · 운영자의 폐기물처리 기간)** 영 제7조제1항제7호에서 "환경부령으로 정하는 기간"이란 30일을 말한다. 다만, 폐기물처리 신고자가 고철을 재활용하는 경우에는 60일을 말한다.

영 제7조 ① 8. 두 종류 이상의 폐기물이 혼합되어 있어 분리가 어려우면 다음 각목의 방법으로 처리할 것

가. 폐산(廢酸)이나 폐알카리와 다른 폐기물이 혼합된 경우에는 중화처리한 후 적정하게 처리할 것
나. 일반소각대상 폐기물과 고온소각대상 폐기물이 혼합된 경우에는 고온소각할 것

9. 폐기물을 매립하는 경우에는 침출수와 가스의 유출로 인한 주변환경의 오염을 방지하기 위하여 차수시설(遮水施設), 집수시설(集水施設), 침출수 유량조정조(流量調整槽), 침출수 처리시설을 갖추고, 가스 소각시설이나 발전 · 연료화 처리시설을 갖

춘 매립시설에서 처분할 것. 다만, 침출수나 가스가 발생하지 아니하거나 침출수나 가스의 발생으로 인한 주변 환경오염의 우려가 없다고 인정되는 경우로서 환경부령으로 정하는 경우에는 위 시설의 전부 또는 일부를 갖추지 아니한 매립시설에서 이를 처분할 수 있다.

규칙 **제13조(예외적 매립시설에서의 폐기물 처분)** ① 영 제7조제1항제9호 단서에 따라 시설의 전부를 갖추지 아니한 매립시설에서 폐기물을 처분할 수 있는 경우는 다음 각 호의 폐기물을 처분하는 경우로 한다. [개정 2011.9.27.]

1. 지정폐기물이 아닌 다음 각 목의 폐기물
   가. 연소 잔재물 중 연탄재 및 석탄재
   나. 폐유리
   다. 수산물 가공 과정에서 발생하는 폐패각
   라. 토사석광업 및 석제품제조업의 분쇄 · 세척 · 가공공정에서 발생하는 무기성오니류 중 석재 · 골재폐수처리오니, 폐석분토사 또는 폐석재
2. 건설폐기물(영 제2조제8호에 따른 사업장에서 배출되는 사업장폐기물로서 지정폐기물과 성질 · 상태가 다른 폐기물을 말한다. 이하 같다) 중 건설폐재류(「건설폐기물의 재활용촉진에 관한 법률 시행령」 별표 1 제1호부터 제5호까지 및 제16호의 건설폐기물을 말한다. 이하 같다). 다만, 건설폐토석은 용출시험 결과 별표 1의 유해물질 함유기준 이내이고 유기성분 등이 일반토양에 준하는 경우만 해당한다.

② 영 제7조제1항제9호 단서에 따라 시설의 일부를 갖추지 아니한 매립시설에서 폐기물을 처분할 수 있는 경우는 가스소각시설 또는 발전 · 연료화처리시설을 갖추지 아니한 매립시설에서 무기성폐기물인 폐석고 · 폐석회 · 연소재 · 분진 · 폐주물사 · 폐사(廢沙) 등의 사업장일반폐기물(사업장폐기물로서 지정폐기물과 건설폐기물을 제외한 폐기물만 해당한다. 이하 같다)을 매립하는 경우로 한다.

영 **제7조** ① 10. 분진 · 소각재 · 오니류(汚泥類)중 지정폐기물이 아닌 고체상태의 폐기물로서 수소이온 농도지수가 12.5 이상이거나 2.0 이하인 것을 매립처분하는 경우에는 관리형 매립시설의 차수시설과 침출수 처리시설의 성능에 지장을 초래하지 아니하도록 중화 등의 방법으로 중간처분한 후 매립할 것

11. 재활용이 가능한 폐기물은 재활용하도록 할 것
12. 폐산 · 폐알카리, 금속성 분진 또는 폐유독물질 등으로서 화재, 폭발 또는 유독가스 발생 등의 우려가 있다고 환경부장관이 정하여 고시하는 폐기물은 제1호 각 목 외의 부분 단서 및 같은 호 가목에도 불구하고 그 처리 과정에서 다른 폐기물과 혼합되거나 수분과 접촉되지 아니하도록 할 것. 다만, 중화 등의 방법으로 중간처

분하여 화재, 폭발 또는 유독가스 발생 등의 우려가 없는 경우에는 그러하지 아니하다.

13. 지정폐기물을 연간 100ton 이상 배출하는 법 제17조제1항에 따른 사업장폐기물 배출자 및 법 제25조제3항에 따른 폐기물처리업의 허가를 받은 자(이하 "폐기물처리업자"라 하며, 폐기물처리업자 중 법 제25조제5항제1호에 해당하는 폐기물 수집 · 운반업의 허가를 받은 자의 경우 제3호 각 목 외의 부분 단서에 따라 환경부령으로 정하는 장소로 폐기물을 운반하는 자에 한정한다)는 지정폐기물을 처리하는 과정에서 다음 각 목의 기준을 준수할 것
   가. 지정폐기물을 배출 또는 처리하는 과정에서 폐기물의 유출, 화재, 폭발 또는 유독가스 발생 등의 사고 발생을 예방하는 데 필요한 안전 시설 · 장치 등을 갖출 것
   나. 폐기물의 유출, 화재, 폭발 또는 유독가스 발생 등의 사고 발생에 대비하여 방제약품 · 장비 등과 사고대응 매뉴얼을 비치하고 근무자가 사용방법과 대응 요령을 숙지하도록 조치할 것

② 제1항에 따른 폐기물의 처리에 관한 구체적인 기준과 방법은 환경부령으로 정한다. [개정 2011.9.7.]

규칙 **제14조(폐기물 처리 등의 구체적인 기준 · 방법)** 영 제7조제2항에 따른다.

규칙 제14조의2 삭제

제13조의2(폐기물의 재활용 원칙 및 준수사항) ① 누구든지 다음 각 호를 위반하지 아니하는 경우에는 폐기물을 재활용할 수 있다.

1. 비산먼지, 악취가 발생하거나 휘발성유기화합물, 대기오염물질 등이 배출되어 생활환경에 위해를 미치지 아니할 것
2. 침출수(浸出水)나 중금속 등 유해물질이 유출되어 토양, 수생태계 또는 지하수를 오염시키지 아니할 것
3. 소음 또는 진동이 발생하여 사람에게 피해를 주지 아니할 것
4. 중금속 등 유해물질을 제거하거나 안정화하여 재활용제품이나 원료로 사용하는 과정에서 사람이나 환경에 위해를 미치지 아니하도록 하는 등 대통령령으로 정하는 사항을 준수할 것
5. 그 밖에 환경부령으로 정하는 재활용의 기준을 준수할 것

영 **제7조의2(폐기물의 재활용 준수사항)** 법 제13조의2제1항제4호에 따른 폐기물의 재활용 준수사항은 별표 4의2와 같다. [본조신설 2016.7.19.]

[영 별표 4의2]

폐기물의 재활용 준수사항(제7조의2 관련)

1. 폐기물(환경부장관이 정하여 고시하는 종류에 해당하는 폐기물 또는 환경부장관이 정하여 고시하는 업종에서 배출되는 폐기물로 한정한다)을 재활용하려는 자는 다음 각 목에 따른 폐기물의 유해특성을 물리 · 화학적인 방법, 생물학적인 방법 등을 이용해 제거하거나 안정화해야 한다. 다만, 재활용하려는 폐기물이 다음 각 목에 따른 폐기물의 유해특성 중 두 가지 이상의 유해특성에 해당하는 경우에는 각각의 유해특성을 고려하여 모두 제거하거나 안정화해야 한다.
   가. 폭발성 나. 인화성 다. 자연발화성 라. 금수성(禁水性)
   마. 산화성 바. 용출독성 사. 감염성 아. 부식성 자. 생태독성
2. 제1호에도 불구하고 제1호 각 목에 따른 폐기물의 유해특성을 활용하여 폐기물을 재활용하는 경우에는 해당 유해특성의 전부 또는 일부를 제거하거나 안정화하지 않을 수 있다.
3. 제1호 각 목에 따른 폐기물의 유해특성의 성질 및 해당 기준은 환경부장관이 정하여 고시한다.

규칙 제14조의3(폐기물의 재활용 기준 및 준수사항 등) ① 법 제13조의2제1항제5호에서 "환경부령으로 정하는 재활용의 기준"이란 별표 5의3에 따른 폐기물의 재활용 기준을 말한다.

② 법 제13조의2제2항에 따라 재활용이 금지되거나 제한되는 폐기물은 다음 각 호의 구분에 따른다.

③ 법 제13조의2제2항제2호에서 "환경부령으로 정하는 농도"란 영 별표 1 제8호 각 목에 따라 지정폐기물에 해당하는 폴리클로리네이티드비페닐의 농도를 말한다.

④ 제2항에도 불구하고 제37조제2항에 따라 폐기물 재활용시설 설치 · 운영계획서를 시 · 도지사나 지방환경관서의 장에게 제출하여 확인을 받은 자는 법 제13조의2제2항 각 호의 폐기물을 시험 · 연구 목적으로 재활용할 수 있다.

⑤ 법 제13조의2제3항에 따른 폐기물을 재활용하는 자의 준수사항은 별표 5의4와 같다.

(별표 5의4는 생략으로 인한 법제처 참조)

[규칙 별표 5의3] * 일부생략

폐기물의 활용 기준(제14조의3제1항 관련)

1. 공통기준
   가. 재활용 과정에서 회수 · 재생한 원료나 중간가공 폐기물이 입자상이나 분말상으로 유출되거나 비산될 우려가 있는 경우에는 일정한 규격의 용기나 상자(벌크백을 포함한다)에 넣거나 포장해야 한다.
   나. 재활용 과정에서 별표 1 제1호 및 제2호에 해당하는 유해물질이나 「화학물질의 등록 및 평가 등에 관한 법률」 제2조제10호에 따른 유해화학물질을 사용하지 않아야 한다. 다만, 해당 재활용을 위해 유해물질 또는 유해화학물질의 사용이 불가피한 경우에는 해당 물질의 사용 일자와 양, 해당 물질의 유해성 등을 기록한 자료를 3년간 보존해야 한다.
   다. 법 제13조의2에 따라 폐기물을 재활용하는 자(법 제13조의3제1항제2호에 따라 재활용환경성평가를 받아 재활용하는 경우는 제외한다)는 별표 4의3에 따른 폐기물의 종류별 재활용 가능 유형에 해당하는

유형으로 제2호에 따른 재활용 유형별 재활용의 세부기준을 준수하여 재활용해야 한다.

라. 제2호에 따른 재활용 유형별 재활용의 세부기준에서 정하는 기준 · 규격 이외에 「비료관리법」 제4조에 따라 설정 또는 지정된 보통비료의 공정규격 또는 부산물비료의 규격 등 다른 법령에서 원재료 또는 제품 등에 대한 기준 · 규격 등을 정하고 있는 경우에는 그 기준에 적합하게 재활용하도록 해야 한다.

마. 「자원의 절약과 재활용촉진에 관한 법률 시행령」 제18조에 따른 재활용 의무대상 제품 · 포장재, 「전기 · 전자제품 및 자동차의 자원순환에 관한 법률 시행령」 제8조제1항에 따른 폐가전제품 및 같은 조 제2항에 따른 폐자동차는 각각 다음에 해당하는 방법 및 기준을 준수하여 재활용해야 한다.

1) 재활용 의무대상 제품 · 포장재: 「자원의 절약과 재활용촉진에 관한 법률 시행규칙」 제13조에 따른 재활용의 방법과 기준

2) 폐가전제품: 「전기 · 전자제품 및 자동차의 자원순환에 관한 법률 시행규칙」 제5조에 따른 재활용 방법 및 기준

3) 폐자동차: 「전기 · 전자제품 및 자동차의 자원순환에 관한 법률 시행령」 제26조에 따른 재활용 방법 및 기준

바. 별표 4의2 제2호나목2)에 따른 재활용 유형으로 골재 제품을 제조해 별표 4의2 제4호에 따른 유형으로 재활용하려는 경우에는 같은 표 제4호가목 · 나목 · 다목 또는 바목에 따른 유형으로만 재활용할 수 있다.

2. 유형별 재활용의 세부기준

가. 원형 그대로 또는 단순 수리 · 수선하여 재사용하는 유형

1) R-1 유형의 재활용 기준

가) R-1-1 유형의 재활용 기준

(1) 재사용 과정에서 폐기물의 원형이 유지되고 성상 등의 변화가 없어야 하며 부착, 결합 등의 형태로 다른 제품의 부속물 등으로 사용하는 경우에도 또한 같다.

(2) 이물질 등을 모두 제거한 이후 재사용해야 하며, 대상 폐기물 이외의 다른 물질을 혼합해 재사용할 수 없다.

(3) 반드시 동일한 용도 및 공정에 재사용되어야 하며, 본래 용도와 다른 폐기물 특성을 이용해 재사용할 수 없다.

나) R-1-2 유형의 재활용 기준

(1) 지정폐기물이 아닌 폐기물을 일정한 형태를 갖춘 제품으로 재사용해야 하며, 별표 4의2 제2호부터 제5호까지의 재활용 유형으로 분류될 수 있는 경우에는 해당 유형의 재활용 기준을 따라야 한다.

(2) 재사용 과정에서 폐기물의 원형이 유지되고 성상 등의 변화가 없어야 하며, 부착, 결합 등의 형태로 다른 제품의 부속물 등으로 사용하는 경우에도 또한 같다.

(3) 이물질 등을 모두 제거한 이후 재사용해야 하며 대상 폐기물 이외의 다른 물질이나 폐기물을 혼합해 재사용할 수 없다.

(4) 철도용 폐받침목(철도역사에서 배출된 폐받침목은 제외한다)은 다음의 기준에 따라 재활용해야 한다.

(가) 목재 폐받침목은 철도시설의 노반보강용, 선박 제조시설의 받침용, 계단용 또는 조경용으로 재활용할 수 있으며, 계단용 또는 조경용으로 재활용하는 경우에는 할로겐족 유기화합물, 크레오소트유 등 방부제 또는 약품 등으로 처리되지 않은 것만을 재활용해야한다.

(나) 콘크리트 폐받침목은 육안으로 보았을 경우 표면에서 기름, 페인트 등과 같은 이물질이 검게 묻어나지 않아야 하며, 야외 계단용 및 바닥재용, 노반 · 경사면 등 보강용, 산업시설 · 선박 제조시설 · 중장비 등 받침용, 기초석 · 제방 및 인공어초용으로 재활용해야 한다.

2) R-2 유형의 재활용 기준

가) R-2-1 유형의 재활용 기준

(1) 재사용 과정에서 폐기물의 원형이 유지되고 성상 등의 변화가 없어야 하며 부착, 결합 등의 형태로 다른 제품의 부속물 등으로 사용하는 경우에도 또한 같다.

(2) 동일한 용도 및 공정에 재사용되어야 하며, 본래 용도와 다른 폐기물 특성을 이용해 재사용할 수 없다.

(3) 재활용 과정에서 지정폐기물, 특정대기유해물질 또는 특정수질유해물질이 배출되지 않아야 한다. 다만 폐유, 폐유기용제 등 지정폐기물이 포함되어 있는 폐드럼 등의 용기류를 재활용하는 과정에서 지정폐기물, 특정대기유해물질 또는 특정수질유해물질이 배출되는 경우 폐기물을 별도로 분리 · 회수해 적정하게 보관 및 처리해야 하며 특정대기유해물질 또는 특정수질유해물질 등의 오염물질이 배출되는 경우에는 이를 처리할 수 있는 처리시설을 설치 · 운영해야 한다.

(4) 폐황산을 재활용하는 경우에는 황산이 함유된 폐축전지를 수리 · 수선해 관련 품질 규격과 성능에 적합한 축전지로 재사용해야 한다.

나) R-2-2 유형의 재활용 기준

(1) 폐기물을 일정한 형태를 갖춘 제품으로 재사용해야 하며, 별표 4의2 제2호부터 제5호까지의 재활용 유형으로 분류될 수 있는 경우에는 해당 유형의 재활용 기준을 따라야 한다.

(2) 재사용 과정에서 폐기물의 원형이 유지되고 성상 등의 변화가 없어야 하며 부착, 결합 등의 형태로 다른 제품의 부속물 등으로 사용하는 경우에도 또한 같다.

(3) 재활용 과정에서 지정폐기물, 특정대기유해물질 또는 특정수질유해물질이 배출되지 않아야 한다. 다만 폐유, 폐유기용제 등 지정폐기물이 포함되어 있는 폐드럼 등의 용기류를 재활용하는 과정에서 지정폐기물, 특정대기유해물질 또는 특정수질유해물질이 배출되는 경우 폐기물을 별도로 분리 · 회수해 적정하게 보관 및 처리해야 하며 특정대기유해물질 또는 특정수질유해물질 등의 오염물질이 배출되는 경우에는 이를 처리할 수 있는 처리시설을 설치 · 운영해야 한다.

나. 재생이용할 수 있는 상태로 만들거나 재생이용하는 유형

1) R-3 유형의 재활용 기준

가) R-3-1 유형의 재활용 기준

(1) 폐가전제품을 재활용하는 경우에는 다음의 기준을 준수하여 재활용해야 한다.

(가) 폐가전제품에 염화불화탄소 등의 냉매물질이 포함된 경우에는 이를 안전하게 회수해야 한다. 이 경우 회수량 및 보관량을 확인할 수 있는 장치가 부착된 설비를 이용해 외부로 유출되지 않도록 회수 및 보관해야 하며, 냉매압축기에 들어 있는 폐유는 냉매물질과 분리해 별도로 회수해야 한다.

(나) 텔레비전 및 컴퓨터의 모니터는 앞면 유리와 뒷면 유리를 분리해야 한다. 이 경우 발생되는 형광물질은 밀폐된 장소에서 외부로 유출되지 않는 방법으로 회수해 밀폐된 용기에 보관해야 한다.

(다) 냉장고에서 회수된 발포단열재는 파쇄 · 절단 등을 거쳐 발포단열재 등의 제품 원료로 재활용해야 한다.

(라) 폐가전제품 중 인쇄회로기판이 포함된 경우에는 이를 별도로 분리해야 한다.

(2) 전기 · 전자제품 또는 그 부분품 · 부속품을 제조 · 가공하는 공정 과정에서 발생하는 불량품과 부산물 및 잔재물의 경우에는 다음의 기준을 준수하여 재활용해야 한다.

(가) 회수된 금속을 고품위의 금속 생산원료로 다시 사용(회수된 금속이 중 · 저품위 금속 또는 금속의 농축물인 경우로서 고품위의 금속 정련 · 정제 등을 위해 공급 · 사용하는 경우를 말한다)하거나 합금 또는 제품 생산원료 등 산업소재 원료로 사용해야 하며, 산업소재 원료 등에 대한 품질기준이 있을 경우에는 이를 충족해야 한다.

(나) 공정폐기물로부터 금속을 회수 · 재활용하는데 필요한 탈수 · 건조 · 절단, 파쇄 · 분쇄 및 선별 등 기계적 처리시설을 갖춰야 한다.

(3) 폐촉매로 오산화바나듐, 삼산화몰리브덴을 제조하는 경우에는 「환경분야 시험 · 검사 등에 관한 법률」 제6조제1항에 따라 환경부장관이 고시하는 환경오염공정시험기준(이하 "공정시험기준"이라 한다) 중 폐기물에 관한 공정시험기준 또는 국제적으로 통용되는 시험방법에 따라 시험한 결과가 다음의 기준에 적합해야 한다.

(가) 산화물 중 오산화바나듐(V_2O_5)의 경우

① 바나듐: 무게비율 15.0% 이상

② 기름성분: 불검출

(나) 산화물 중 삼산화몰리브덴(MoO_3)의 경우

① 몰리브덴: 무게비율 30.0% 이상

② 기름성분: 불검출

나) R-3-2 유형의 재활용 기준

(1) 폐가전제품을 재활용하는 경우에는 다음의 기준을 준수하여 재활용해야 한다.

(가) 폐가전제품에 염화불화탄소 등의 냉매물질이 포함된 경우에는 이를 안전하게 회수해야 한다. 이 경우 회수량 및 보관량을 확인할 수 있는 장치가 부착된 설비를 이용해 외부로 유출되지 아니하도록 회수 및 보관해야 하며, 냉매압축기에 들어 있는 폐유는 냉매물질과 분리해 별도로 회수해야 한다.

(나) 텔레비전 및 컴퓨터의 모니터는 앞면 유리와 뒷면 유리를 분리해야 한다. 이 경우 발생되는 형광물질은 밀폐된 장소에서 외부로 유출되지 않는 방법으로 회수해 밀폐된 용기에 보관해야 한다.

(다) 냉장고에서 회수된 발포단열재는 파쇄 · 절단 등을 거쳐 발포단열재 등의 제품 원료로 재활용해야 한다.

(라) 폐가전제품 중 인쇄회로기판이 포함된 경우에는 이를 별도로 분리해야 한다.

(2) 전기 · 전자제품 또는 그 부분품 · 부속품을 제조 · 가공하는 공정 과정에서 발생하는 불량품과 부산물 및 잔재물의 경우에는 다음의 기준을 준수하여 재활용해야 한다.

(가) 회수된 금속을 고품위의 금속 생산원료로 다시 사용(회수된 금속이 중 · 저품위 금속 또는 금속의 농축물인 경우로서 고품위의 금속 정련 · 정제 등을 위해 공급 · 사용하는 경우를 말한다)하거나 합금 또는 제품 생산원료 등 산업소재 원료로 사용해야 하며, 산업소재 원료 등에 대한 품질기준이 있을 경우에는 이를 충족해야 한다.

(나) 공정폐기물로부터 금속을 회수 · 재활용하는데 필요한 탈수 · 건조 · 절단, 파쇄 · 분쇄 및 선별 등 전처리 공정에 필요한 기계적 처리시설과 금속의 추출 및 정련 · 회수 등에 필요한 용융 · 용해 · 고로 시설 및 정련 · 정제 · 회수 시설 등을 갖추어야 한다.

(3) 폐촉매에서 오산화바나듐, 삼산화몰리브덴 등 유가금속을 회수하는 경우에는 기름성분이 묻어있지 않아야 한다.

다) R-3-3 유형의 재활용 기준

폐지 · 고철 또는 폐포장재(「자원의 절약과 재활용촉진에 관한 법률 시행령」 제18조에 따른 재활용의무 대상인 종이팩, 유리병, 금속캔, 합성수지 재질의 포장재 및 1회용 봉투 · 쇼핑백만 해당한

다)를 선별 · 압축 · 감용(減容) · 절단하는 경우에는 다음의 기준을 준수해야 한다.

(1) 재활용 대상 폐지 · 고철 또는 폐포장재 외의 이물질이 혼합되지 않도록 최대한 분리 · 제거해야 한다.

(2) 폐유 · 폐유기용제 · 폐페인트 · 폐락카 · 폐농약 · 폐유독물 · 폐석면 · 폐폴리염화비닐(고철을 재활용하는 경우로 한정한다) 및 그 밖에 환경부장관이 정하여 고시하는 유해물질 또는 유해유발물질이 혼합되거나 이를 담았던 용기가 혼합된 경우에는 이를 분리 · 제거해야 한다.

(3) 폐지 또는 고철을 종이 · 판지, 포장용 완충재, 금속 또는 금속제품 등을 제조하는 업체에 공급하는 경우에는 (2)에 따라 폐유 등을 담았던 용기 등을 제거하고, 「산업표준화법」 제12조제1항에 따른 한국산업표준(이하 "한국산업표준"이라 한다)에 따른 시험방법 또는 국제적으로 통용되는 시험방법에 따른 시험 결과 다음의 이물질(폐지 또는 고철 외의 물질로서 원료로 적합하지 않아 사용이 불가능한 물질을 말하며, 수분은 제외한다) 함량 기준을 준수하여야 한다. 이 경우 해당 기준에 대한 시험 성적서를 폐지 또는 고철을 공급받는 업체에 제출해야 한다.

(가) 고철을 금속 또는 금속제품을 제조하는 업체에 공급하는 경우: 무게기준으로 2%(2018년 12월 31일까지는 3%) 이하

(나) 폐지를 종이 · 판지 또는 포장용 완충재 등을 제조하는 업체에 공급하는 경우

① 종이 제조용으로 사용하는 경우: 무게기준으로 3% 이하

② ① 외의 용도로 사용하는 경우: 무게기준으로 5% 이하

라) R-3-4 유형의 재활용 기준

재활용된 원료물질은 제품의 제조를 위한 용도로 한정하되, 별도의 추가 가공 공정을 거치지 않아야 하며, 한국산업표준 또는 그 밖에 해당 원료물질을 관리하는 다른 법령에 따른 기준 또는 규격에 적합하게 재활용하여야 한다.

마) R-3-5 유형의 재활용 기준

폐기물에 함유된 유해물질이 별표 1에 따른 유해물질의 기준 미만인 폐기물만 재활용해야 한다.

2) R-4 유형의 재활용 기준

가) R-4-2 유형의 재활용 기준

(1) 폐기물에 함유된 유해물질이 별표 1에 따른 유해물질의 기준 미만인 폐기물만 재활용해야 한다.

(2) 건설용 골재로 재활용하는 경우에는 「건설폐기물의 재활용촉진에 관한 법률」 제35조에 따른 순환골재의 품질기준을 준수해야 한다.

(3) 철강슬래그 및 석탄재를 재활용하는 경우에는 「자원의 절약과 재활용촉진에 관한 법률」 제25조제1항에 따른 지침을 준수해야 한다.

(4) 금속 또는 비금속 제련과정에서 발생하는 슬래그를 시멘트 제조 또는 콘크리트 골재 등의 용도로 사용하기 위해 급냉, 수쇄 · 풍쇄 등을 통한 파쇄 공정을 거쳐 입자상 또는 분말상으로 만드는 경우에는 다음의 기준을 준수해야 한다.

(가) 시멘트 제조용으로 공급하는 경우에는 「자원의 절약과 재활용촉진에 관한 법률 시행규칙」 제20조의3제3항에 따라 환경부장관이 고시한 고형연료제품의 품질검사 방법에 따른 시험결과가 다음의 기준을 충족해야 한다.

① 동 제련과정에서 발생하는 경우

㉮ 납: kg 당 3,200mg 미만

㉯ 구리: kg 당 10,000mg 미만

㉰ 카드뮴: kg 당 100mg 미만

㉱ 비소: kg 당 900mg 미만

㉲ 수은: kg 당 2.0mg 미만

② 아연 제련과정에서 발생하는 경우
㉮ 납: kg 당 7,000mg 미만
㉯ 구리: kg 당 14,000mg 미만
㉰ 카드뮴: kg 당 60mg 미만
㉱ 비소: kg 당 500mg 미만
㉲ 수은: kg 당 2.0mg 미만
③ 그 외의 경우
㉮ 납: kg 당 1,000mg 미만
㉯ 구리: kg 당 3,000mg 미만
㉰ 카드뮴: kg 당 60mg 미만
㉱ 비소: kg 당 500mg 미만
㉲ 수은: kg 당 2.0mg 미만

(나) 콘크리트용 골재 등으로 공급하는 경우에는 한국산업표준에 따른 용도별 규격 또는 품질에 적합해야 한다. 다만, 입도(粒度)는 그러하지 아니하며, 한국산업표준이 설정되어 있지 않은 경우에는 같은 용도에 대한 한국산업표준을 준용할 수 있다.

(5) 비산재, 바닥재 등 소각재와 그 잔재물이나 보크사이트 잔재물[적토(赤土), 수산화알루미늄의 제조 공정에서 발생한 광물성폐기물을 말한다]은 다음의 기준을 충족하는 경우에만 재활용해야 하며, 이를 충족시키지 못할 경우 해당 기준을 충족시키도록 처리한 후 사용해야 한다.
(가) 강열감량(强烈減量)은 3.0% 이하여야 한다.
(나) 용출기준

(6) 소각시설에서 발생하는 소각재와 수산화알루미늄 제조 공정에서 발생한 보크사이트 잔재물 등을 요업제품의 원료로 재활용하는 경우에는 해당 제품이 다음의 기준 및 한국산업표준 따른 요업제품의 규격과 품질을 충족하도록 소각재 혼합 비율을 조정하여 사용하여야 한다. 다만, 다른 법령에서 정하는 별도의 용출 또는 함량 기준이 있을 경우에는 그 기준에 따라야 한다.

(가) 용출기준

(단위: mg/L)

항목	용출농도
납과 그 화합물	0.10 이내
구리와 그 화합물	0.50 이내
비소와 그 화합물	0.050 이내
수은과 그 화합물	0.0010 이내
카드뮴과 그 화합물	0.030 이내
6가크롬화합물	0.050 이내
시안화합물	0.050 이내

[비고]
용출농도는 폐기물에 관한 공정시험기준의 중금속 등의 용출시험방법에 따라 측정한다.

(나) 중금속 등 함량 기준

(단위: mg/kg)

항목	함량기준(바닥재 재활용제품 1kg당)
카드뮴	12.0 이내
구리	200.0 이내
비소	20.0 이내
수은	16.0 이내
납	400.0 이내
6가크롬	12.0 이내
시안	120.0 이내

[비고]
각 항목은 토양오염물질에 관한 공정시험기준에 따라 측정한다.

(7) 정수처리오니로 요업제품을 제조하는 경우 원료로 사용하는 정수처리오니는 (11)(나)②에서 정한 철 외의 대체원료 기준에 적합하여야 하며, 제조된 요업제품은 (6)(가)의 용출기준과 (나)의 중금속 등 함량 기준에 적합하여야 한다.

(8) 소성과정을 거쳐 폐패각을 가공한 폐패각 분말을 황토포장, 황토미장, 황토블록 등 시멘트 대체용 경화제로 재활용하는 경우 폐패각 분말은 토양오염물질에 관한 공정시험기준의 함량시험 결과가 다음의 기준을 충족해야 한다.
  (가) 납 · 구리 · 비소 · 수은 · 카드뮴 · 6가크롬 · 시안화합물: (6)(나)의 바닥재를 이용한 요업제품의 중금속 등 함량 기준 이내
  (나) 수소이온농도(pH): 12.4 이하

(9) 폐주물사를 가공하여 재생주물사로 사용하는 경우에는 폐기물에 관한 공정시험기준, 한국산업표준 또는 국제적으로 통용되는 시험방법에 따른 시험결과가 다음의 기준을 충족해야 한다.
  (가) 수소이온농도(pH): 6.0 이상 11.0 이하
  (나) 비중: 2.3 이상 2.8 이하
  (다) 이물질: 무게비율로 1.0% 이하
  (라) 납 · 구리 · 비소 · 수은 · 카드뮴 또는 그 화합물 및 6가크롬화합물: 별표 1에 따른 유해물질의 기준 미만일 것

(10) 폐석고 등 폐기물을 재활용하여 제조한 시멘트 응결지연제는 폐기물에 관한 공정시험기준 또는 한국산업표준에 따라 시험한 결과 다음의 기준을 충족하여야 한다.
  (가) 무수황산: 무게비율 38.0% 이상
  (나) 수용성 인산: 무게비율 0.1% 미만
  (다) 유해물질의 함유량이 별표 1에 따른 유해물질의 기준 미만일 것

(11) 지정폐기물이 아닌 사업장폐기물을 시멘트대체원료로 재활용하는 경우에는 다음의 기준에 적합하여야 한다.
  (가) 철강슬래그 및 석탄재를 재활용하는 경우에는 「자원의 절약과 재활용촉진에 관한 법률」 제25조제1항에 따른 지침을 준수해야 한다.
  (나) 대체원료로 재활용하는 폐기물은 「자원의 절약과 재활용촉진에 관한 법률 시행규칙」 제20조의3제3항에 따라 환경부장관이 고시한 고형연료제품의 품질검사 방법에 따른 시험

결과가 다음의 기준을 충족하여야 한다.

① 철 대체원료의 경우

㉮ 납: kg 당 1,000mg 미만

㉯ 구리: kg 당 3,000mg 미만

㉰ 카드뮴: kg 당 60mg 미만

㉱ 비소: kg 당 500mg 미만

㉲ 수은: kg 당 2.0mg 미만

② 철 외의 대체원료의 경우

㉮ 납: kg 당 150mg 미만

㉯ 구리: kg 당 800mg 미만

㉰ 카드뮴: kg 당 50mg 미만

㉱ 비소: kg 당 50mg 미만

㉲ 수은: kg 당 2.0mg 미만

(다) (나)에도 불구하고 철 대체원료 중 동 제련소에서 발생하는 슬래그 등에 대해서는 다음의 기준을 적용한다.

① 동 제련소에서 발생하는 슬래그

㉮ 납: kg 당 3,200mg 미만

㉯ 구리: kg 당 10,000mg 미만

㉰ 카드뮴: kg 당 100mg 미만

㉱ 비소: kg 당 900mg 미만

㉲ 수은: kg 당 2.0mg 미만

② 아연 제련소에서 발생하는 슬래그

㉮ 납: kg 당 7,000mg 미만

㉯ 구리: kg 당 14,000mg 미만

㉰ 카드뮴: kg 당 60mg 미만

㉱ 비소: kg 당 500mg 미만

㉲ 수은: kg 당 2.0mg 미만

③ 제철소의 폐기물 중 대기오염 방지시설에서 포집된 분진(철 성분이 함유된 것에 한한다) 및 오니(습식 방지시설에서 포집된 것으로서 철 성분이 함유된 것에 한한다)

㉮ 납: kg 당 4,000mg 미만

㉯ 구리: kg 당 3,000mg 미만

㉰ 카드뮴: kg 당 100mg 미만

㉱ 비소: kg 당 500mg 미만

㉲ 수은: kg 당 2.0mg 미만

(12) 규소철 생산과정에서 발생되는 분진(실리카퓸)을 콘크리트용 혼화재로 사용하려는 경우에는 지정폐기물이 아닌 폐기물만을 재활용 할 수 있다.

나) R-4-5 유형의 재활용 기준

철도용 폐받침목의 경우 절단, 세척 등의 방법으로 가공하는 경우로 한정하며, 폐기물 및 토양오염물질에 관한 공정시험기준, 한국산업표준에 따른 시험방법 또는 국제적으로 통용되는 시험방법에 따라 시험한 결과가 다음의 기준을 충족해야 한다.

(1) 벤조(a)안트라센: kg 당 3.0mg 미만

(2) 벤조(a)피렌: kg 당 3.0mg 미만

(3) 다이벤조(a,h)안트라센: kg 당 3.0mg 미만
(4) 기름성분: 중량비를 기준으로 0.35% 미만

다) R-4-6 유형의 재활용 기준

(1) 재생윤활유는 「석유 및 석유대체연료 사업법」 제24조에 따라 고시된 윤활유의 품질기준에 적합하여야 하며, 재생윤활유를 판매하는 경우에는 폐윤활유를 재활용한 제품임을 소비자가 알 수 있도록 표시해야 한다.

(2) 폐아이소프로필알콜을 제외한 폐유기용제와 폐페인트 등을 재생유기용제로 재활용하는 경우 공업용으로만 제조할 수 있으며, 폐기물에 관한 공정시험기준 또는 한국산업표준에 따른 시험 결과가 다음의 기준을 충족해야 한다.
(가) 납과 그 화합물: 리터당 1.0mg 이하
(나) 비소와 그 화합물: 리터당 1.0mg 이하
(다) 수은과 그 화합물: 리터당 1.0mg 이하
(라) 카드뮴과 그 화합물: 리터당 1.0mg 이하
(마) 크롬과 그 화합물: 리터당 1.0mg 이하
(바) 증발찌꺼기: 무게 비율로 0.1% 이하

(3) 폐유기용제 중 폐아이소프로필알콜(프로판-2-올)을 가공하여 정제아이소프로필알콜로 재활용하는 경우, 가공된 정제이소프로필알콜은 한국산업표준에 따른 시험 결과가 다음의 기준을 충족해야 한다.
(가) 함량: 무게비율로 70.0% 이상
(나) 수분: 무게비율로 10.0% 이하
(다) 증발찌꺼기: 무게비율로 0.1% 이하

라) R-4-7 유형의 재활용 기준

재생페인트는 「대기환경보전법 시행규칙」 별표 16의2 제2호②라의 공업용 도료로 사용해야 하며, 해당 용도에 따른 휘발성유기화합물 함유기준에 적합해야 한다.

마) R-4-9 유형의 재활용 기준

(1) 폐산, 폐알칼리를 수처리제로 직접 사용하는 경우에는 폐산, 폐알칼리에 함유된 해당 처리시설에서 처리할 수 없는 오염물질(수소이온농도를 제외한다)이 「물환경보전법 시행규칙」 별표 13에 따른 청정지역의 오염물질 배출허용기준 이내여야 한다.

(2) 폐산 · 폐알칼리를 수처리제로 제조한 후 사용하는 경우에는 「먹는물관리법」 제36조에 따라 환경부장관이 고시하는 수처리제의 기준을 충족하여야 하며, 그 기준에서 정하지 않은 오염물질 중 수처리제에 함유된 해당 처리시설에서 처리할 수 없는 오염물질(수소이온농도는 제외한다)이 「물환경보전법 시행규칙」 별표 13에 따른 청정지역의 오염물질 배출허용기준 이내여야 한다.

(3) 폐산 · 폐알칼리를 수처리제로 사용할 수 있는 처리시설은 다음과 같다.
(가) 「하수도법」 제2조제9호에 따른 공공하수처리시설
(나) 「물환경보전법」 제2조제12호에 따른 수질오염방지시설
(다) 「물환경보전법」 제48조에 따른 공공폐수처리시설
(라) 「가축분뇨의 관리 및 이용에 관한 법률」 제2조제8호에 따른 처리시설
(마) 침출수처리시설

(4) 음식물류폐기물 재활용과정에서 발생하는 액상의 폐기물을 발효 등의 분해과정을 거쳐 침출수처리시설 또는 「물환경보전법」 제2조제12호에 따른 수질오염방지시설의 운영에 필요한 유기탄소원을 제조하거나 유기탄소원으로 재활용하는 경우, 그 유기탄소원은 다음의 기준을 충족

하여야 한다.
(가) 부유물질(SS) 15,000㎎/L 이하
(나) 노르말헥산(N-Hexan) 1,000㎎/L 이하
(다) 총질소(T-N) 3,000㎎/L 이하
(라) 총인 400㎎/L 이하
(마) 총휘발성유기산 40,000㎎/L 이상
(바) 구리 · 수은 · 납 및 카드뮴과 그 밖의 오염물질 중 사용하고자 하는 시설에서 처리할 수 없는 오염물질은 「물환경보전법 시행규칙」 별표 13에 따른 수질오염물질의 배출허용기준 중 나지역의 배출허용기준 이하
(사) 유기탄소원으로 직접 사용하고자 하는 경우에는 침출수처리시설 또는 폐수처리시설에 균등하게 투입할 수 있는 설비를 갖추어야 한다.
(5) 제지슬러지를 소각한 분말형태의 소각재를 산성폐수응집제로 사용하는 경우에는 중량기준 40% 미만의 산화칼슘, 산화나트륨, 산화마그네슘 등 알칼리성 분말과 혼합하여 pH 12.5 이상이 되도록 해야 한다.
(6) 하수처리오니를 오 · 폐수 처리용 담체(擔體)로 재활용하는 경우 소성 · 소결과정을 거쳐 제품을 제조하여야 한다.
바) R-4-10 유형의 재활용 기준
「약사법」에 따라 의약품의 제조허가를 받은 자가 의료폐기물 중 태반을 원료로 의약품을 제조하는 경우만 재활용 할 수 있다.

다. 농업이나 토질개선을 위하여 재활용하는 유형
1) R-5 유형의 재활용 기준
가) R-5-1 유형의 재활용 기준
철강슬래그 및 석탄재를 재활용하는 경우에는 「자원의 절약과 재활용촉진에 관한 법률」 제25조제1항에 따른 지침을 준수해야 한다.
나) R-5-2 유형의 재활용 기준
「사료관리법」 제2조제1호에 따른 동물 · 어류 등 중 반추(反芻) 동물을 제외한 동물 · 어류 등의 먹이로 사용하려고 수거한 음식물류 폐기물을 농가에 공급하려는 경우에는 「사료관리법」 제8조에 따라 등록한 사료제조업자의 음식물류 폐기물 재활용시설에서 재활용해야 한다. 다만, 음식물류 폐기물을 수거하여 농림축산식품부장관이 정하여 고시하는 유해 사료의 범위와 기준에 따라 가열 등의 방법으로 재활용한 후 동물 등의 먹이로 사용하는 경우는 제외한다.
다) R-5-4 유형의 재활용 기준
(1) 퇴비의 원료로 사용하는 동 · 식물성 잔재물, 음식물류 폐기물, 유기성 오니, 폐식용유, 왕겨, 쌀겨 또는 초목류 등과 이들을 원료로 하여 생산된 퇴비는 「비료관리법」 제4조에 따라 설정 · 지정된 보통비료의 공정규격 또는 부산물비료의 규격을 충족하여야 한다.
(2) 가축의 먹이로 사용하고자 하는 경우 「사료관리법 시행규칙」 제30조에 따른 검정방법에 따라 검정을 한 결과가 「사료관리법」 제11조제1항에 따른 사료공정 및 같은 법 제14조제3항에 따른 유해물질의 범위 및 허용기준을 충족하여야 한다.
(3) 제초작업으로 발생한 초본류는 제초한 곳에서 주변 지역의 환경오염이 없이 풋거름으로 재활용하거나 잡초를 덮어 잡초의 발생을 억제하기 위한 용도로 사용하여야 한다.
2) R-6 유형의 재활용 기준
가) R-6-1 유형의 재활용 기준

재활용에 대한 구체적인 기준은 환경부장관이 별도로 정하여 고시한다.

나) R-6-2 유형의 재활용 기준

(1) 녹화토를 생산하는 경우 가)에 따라 환경부장관이 고시하는 기준 중 부숙공정을 거쳐야 한다.

(2) 가공된 비탈면녹화토는 토양오염물질에 관한 공정시험기준 또는 국제적으로 통용되는 시험방법에 따라 시험한 결과가 다음의 기준을 충족하여야 한다.

(가) 수소이온농도(pH): 5.5 이상 8.0 이하

(나) 비소, 카드뮴, 구리, 납, 니켈, 불소, 6가크롬, 시안, 페놀, 수은, 아연 및 석유계총탄화수소: 「토양환경보전법 시행규칙」 별표 3에 따른 토양오염우려기준 이내

라. 토양이나 공유수면 등에 성토재 · 복토재 · 도로기층재 · 채움재 등으로 재활용하는 유형

1) R-7 유형의 재활용 기준

가) R-7-1 유형의 재활용 기준

(1) 지정폐기물이 아닌 폐기물을 인 · 허가된 건축 · 토목공사에 재활용하여야 하며, 저지대 · 연약지반 등에 이용할 때에는 시 · 도지사가 별도로 인정하는 경우만 해당한다.

(2) 석탄재 · 연탄재 · 점토점결 폐주물사 · 무기성오니를 재활용하는 경우에는 다음의 기준을 준수하여야 한다.

(가) 일반토사류나 건설폐재류(이하 "혼합물"이라 한다)를 재활용한 토사류를 부피기준으로 50% 이상 혼합하여 사용하여야 하며, 건설폐재류는 「건설폐기물의 재활용촉진에 관한 법률」 제35조에 따른 순환골재의 품질기준을 충족하여야 한다.

(나) (가)에도 불구하고 석탄재에 일반토사류나 건설폐재류를 재활용한 토사류를 혼합하여 사용하면 해당 건축 · 토목공사의 설계시공지침이나 도로공사표준시방서의 품질기준에 부적합하게 되는 경우에는 혼합하지 아니하거나, 그 혼합비율을 조정하여 사용할 수 있다.

(3) 무기성오니는 하수준설토(고형물 중 유기성 물질의 함량이 7% 이하인 것만 해당한다), 토기 · 자기 · 내화물 · 시멘트 · 콘크리트 · 석재품의 제조 및 가공시설 · 건설공사의 세륜시설, 수도사업용 정수시설, 비금속광물 분쇄시설(굴착을 포함한다) 또는 토사세척시설에서 발생하는 무기성오니로서 수분함량 70% 이하로 탈수 · 건조한 것만 재활용할 수 있다.

(4) 폐석재의 경우 석재가공과정이나 벤토나이트 제조공정에서 발생한 것만 재활용할 수 있다.

(5) 철강슬래그 · 석탄재는 「자원의 절약과 재활용촉진에 관한 법률」 제25조제1항에 따른 지침을 준수하여 사용하여야 한다.

(6) 성토재 등(제14조의5제3항제3호 각 목에 해당하는 골재를 사용하는 경우는 제외한다)으로 사용하는 기간 및 성토재 등의 매립 종료 후 2년까지는 매분기별 1회 이상 침출수의 수질 및 인근 지역의 지하수 또는 해수의 수질 등을 측정(석탄재에 일반토사류 등을 50% 이상 혼합하여 사용하는 경우는 2018년 7월 21일부터 적용한다)하여 다음 연도 2월 말일까지 폐기물처리업의 허가 기관 또는 폐기물처리 신고의 수리기관에 보고하여야 한다. 다만, 법 제13조의3제1항에 따라 재활용환경성평가를 받아 재활용하는 경우는 제외한다.

나) R-7-2 유형의 재활용 기준

(1) 가)에 따른 R-7-1 유형의 재활용 기준을 준수하여 재활용하여야 한다.

(2) 공유수면은 바다만 해당하며, 매립면허를 받은 지역은 매립공사 준공인가를 받은 지역과 매립면허 또는 매립공사 준공인가를 받은 지역으로 둘러싸인 지역을 포함한다.

(3) 폐패각을 재활용하는 경우 최대 길이 20mm 이하로 분쇄하고, 수분함량 70% 이하로 탈수 · 건조해야 하며, 일반토사류 등과 혼합하여 사용하는 경우에는 일반토사류 등의 비율이 부피기준으로 70% 이상이어야 한다.

(4) 폐석고 · 폐석회를 공유수면 매립면허를 받은 지역의 성토재로 사용하는 경우에는 선별 · 파쇄 등의 중간처리 후 일반토사류 등과 적절하게 혼합 · 중화하는 재활용 과정을 거쳐야 한다.

(가) 혼합 · 중화하는 경우에는 지형 여건, 환경 위해성 여부, 공사 안전성 등을 종합적으로 고려하여 일반토사류 등과 섞어 사용하거나 일정두께의 층별로 번갈아 사용하여야 한다.

(나) 일반토사류 등과 혼합하여 사용하는 경우에는 일반토사류 등의 비율을 브피기준으로 폐석회는 80%, 폐석고는 70% 이상으로 하여야 한다.

(다) 폐기물에 관한 공정시험기준에 따라 시험한 결과 재활용 대상 폐기물에 함유된 유해물질이 별표 1의 유해물질 함유기준 이내여야 한다.

(5) 공유수면의 성토재나 뒷채움재로 재활용한 지역의 최상층은 일반토사층으로 시공하여야 한다.

다) R-7-3 유형의 재활용 기준

(1) 폐기물매립시설의 복토재로 재활용하는 경우에는 다음의 기준을 준수하여 재활용하여야 한다.

(가) 지정폐기물에 해당하지 않는 폐기물을 사용하여야 하며, 가)에 따른 R-7-1 유형의 재활용 기준을 준수하여 재활용하여야 한다. 다만, 가)(6)의 기준은 영 제7조제1항제9호 단서에 따라 시설의 전부 또는 일부를 갖추지 아니한 폐기물매립시설의 복토재로 재활용하는 경우만 해당한다.

(나) 재활용 대상 폐기물 또는 일반토사와 혼합한 폐기물은 「토양환경보전법 시행규칙」 별표 3에 따른 토양오염우려기준 중 2지역의 기준을 충족하여야한다.

(다) 유기성 오니를 폐기물매립시설의 복토재로 재활용하는 경우에는 다음의 기준을 준수하여야 한다.

① 고화처리하여 재활용하여야 하며, 생산된 고화처리물은 폐기물 및 토양오염물질에 관한 공정시험기준 또는 한국산업표준(KS F 2322, KS F 2314)에 따라 시험한 결과 다음의 기준을 충족하여야 한다.

㉮ 수소이온농도(pH): 12.4 이하

㉯ 수분함량: 50% 이하

㉰ 투수계수: 1.0×10^{-7}㎝/sec 이상 1.0×10^{-3}㎝/sec 이하

㉱ 일축압축강도: 0.10MPa 이상

㉲ 유해물질 함량: 「토양환경보전법 시행규칙」 별표 3에 따른 토양오염우려기준 중 2지역 기준 이내

② 그 밖에 복토재로의 재활용에 관한 구체적인 기준은 환경부장관이 정하여 고시한다.

(라) 보크사이트 잔재물을 폐기물매립시설의 복토재로 재활용하는 경우(최종복트재로의 재활용은 제외한다)에는 다음의 기준을 준수하여야 한다.

① 수소이온농도(pH)가 7.0 이상 10.0 이하가 되도록 중화하고 수분함량을 70% 이하로 탈수 · 건조한 후 재활용하여야 한다.

② 일반토사류를 부피기준으로 50% 이상 혼합하여 사용하여야 한다.

③ 재활용하는 보크사이트 잔재물의 지정폐기물 해당 여부와 수소이온농도를 매월 1회 이상 측정하여 다음 연도의 2월 말일까지 해당 폐기물매립시설의 폐기물처리업 허가기관 또는 폐기물매립시설 설치 승인 · 신고 기관에 보고하여야 한다.

(2) 바다와 인접한 폐기물매립시설에 폐석회, 폐석고를 복토재로 재활용하는 경우에는 다음의 기준을 준수하여야 한다.

(가) 폐기물에 관한 공정시험기준에 따라 시험한 결과 재활용 대상 폐기물에 함유된 유해물질이 별표 1의 유해물질 함유기준 이내여야 한다.

(나) 선별 · 파쇄 등의 중간 처리 후 다음의 기준에 따라 일반토사류 등과 혼합 · 중화하여 다지

는 등의 적절한 재활용공정을 거쳐야 한다.

① 혼합 · 중화방법은 지형 여건, 환경 위해성 여부, 공사안전성 등을 종합적으로 고려하여 일반토사류 등과 섞어 사용하여야 한다.

② 일반토사류 등과 혼합사용하는 경우 일반토사류 등의 비율을 부피기준으로 폐석회의 경우 80% 이상, 폐석고의 경우 70% 이상으로 하여야 한다.

라) R-7-4 유형의 재활용 기준

(1) 재활용 대상 폐기물은 다음과 같다.

(가) 석산에서 채석 시 또는 골재[「골재채취법 시행령」 제2조의2제6호에 따른 골재선별 · 파쇄업자가 생산하는 골재(바다골재는 제외한다)를 말한다]를 생산하는 과정에서 발생하는 폐석분토사

(나) 석재가공공정에서 발생하는 석재부산물(성상이 비교적 크기가 큰 폐석재와 작은 입자를 응집 · 침전한 폐석분 토사를 말한다)

(다) (가)의 폐석분토사, (나)의 석재부산물을 재활용한 골재

(라) 사업장일반폐기물 중 (가)의 폐석분토사 또는 (나)의 석재부산물과 비슷한 용도로 재활용할 수 있도록 환경부장관이 재활용 기준 및 절차 · 방법을 정하여 고시하는 폐기물

(2) 폐석재 · 폐석분 토사는 수분함량 30% 이하로 탈수 · 건조하여야 한다.

(3) 재활용 대상 폐석분 토사 및 폐석재에 함유된 유해물질이 별표 1의 유해물질 함유기준 이내여야 하며, 「토양환경보전법 시행규칙」 별표 3의 토양오염우려기준 중 임야에 적용되는 기준 이내이어야 한다.

(4) 재활용하는 과정에서 주변지역 오염방지 등을 위해 다음의 기준에 따라 반입폐기물 및 지하수, 지표수 등에 대한 유해물질 등의 분석을 실시하고, 그 결과를 다음 연도 2월 말일까지 폐기물처리업의 허가 기관 또는 폐기물처리 신고 기관과 「산지관리법」에 따른 해당 석산의 토석채취 허가 또는 신고 기관에 보고하고, 그 사본을 3년간 보관하여야 한다.

(가) 채움재로 사용되는 폐석분 토사 및 폐석재는 분기마다 1회 이상 (3)에 따른 유해물질을 분석하여야 한다.

(나) 채움재 등으로 사용하는 기간에는 매분기별 1회, 채움재 사용이 완료된 이후에는 5년간 매분기별 1회 이상 침출수의 수질 및 주변지역의 지하수 및 지표 수질 등을 분석 또는 조사하여야 한다.

(5) (3) 및 (4)에 따른 폐기물의 유해물질과 토양오염물질의 시료채취 및 분석은 폐기물 및 토양오염물질에 관한 공정시험기준에 따라 실시하여야 한다.

(6) 재활용하는 과정에서 폐석분 토사 등이 흩날리지 않도록 살수(撒水) 등 필요한 조치를 하여야 한다.

마) R-7-5 유형의 재활용 기준

(1) 지하 매설관로 주변의 방식사로 재활용하는 경우에는 다음의 기준을 준수하여야 한다.

(가) 재활용 대상 폐기물은 점토점결 폐주물사나 단일성분의 이산화탄소 주형에서 발생되는 폐주물사로서 하수도관, 가스관 및 전선관 등 지하매설관의 방식용으로만 재활용하여야 한다.

(나) 재활용 대상 폐주물사는 토양오염물질에 관한 공정시험기준에 따라 시험한 결과가 「토양환경보전법 시행규칙」 별표 3에서 정하는 지역별 토양오염우려기준을 충족하여야 한다. 다만, 폐주물사를 재활용하려는 지역에 1지역, 2지역과 3지역이 혼재되어 있는 경우에는 토양오염우려기준이 가장 엄격한 지역의 기준을 충족하여야 한다.

(2) 옥외석유저장탱크의 하부 방식사로 재활용하는 경우 다음의 기준을 준수하여야 한다.

(가) 재활용가능폐기물은 옥외 석유저장탱크의 하부에서 발생한 지정폐기물이 아닌 폐사에 한정한다.

(나) 옥외석유저장탱크의 하부 방식사로만 재활용하여야 한다.

바) R-7-6 유형의 재활용 기준

(1) 농지에 성토재로 이용하는 경우에는 관할 시 · 도시사가 별도로 인정[(2)의 경우는 제외한다]하는 경우에만 사용할 수 있으며, 1)가)에 따른 기준을 준수하여 재활용하여야 한다.

(2) 농업활동 과정에서 배출된 농업용 폐플라스틱 필름 · 시트류를 분리 · 세척하는 과정에서 발생하는 무기성오니를 농경지의 성토재로 재활용하는 경우에는 수분함량 70% 이하로 탈수 · 건조한 후 일반토사류를 부피기준으로 50% 이상 혼합하여 재활용하여야 한다.

마. 에너지를 직접 회수하거나 회수할 수 있는 상태로 만드는 유형

1) R-8 유형의 재활용 기준

가) R-8-1 유형의 재활용 기준

(1) 시멘트 보조연료로 사용할 때에는 제3조제1항제3호에 따른 폐기물로서, 다음의 기준에 적합한 폐기물만을 재활용하여 시멘트 품질을 안정적으로 유지하여야 한다.

(가) 시멘트 소성로에서 보조연료로 재활용하는 폐기물은 「자원의 절약과 재활용촉진에 관한 법률 시행규칙」 제20조의3제3항에 따른 고형연료제품의 품질 시험 · 분석방법에 따라 시험한 결과(저위발열량 외의 항목은 건조된 상태를 기준으로 한다)가 다음의 기준에 적합하여야 한다.

① 납: kg 당 200mg 미만
② 구리: kg 당 800mg 미만
③ 카드뮴: kg 당 9mg 미만
④ 비소: kg 당 13mg 미만
⑤ 수은: kg 당 1.2mg 미만
⑥ 염소농도: 무게의 2% 미만
⑦ 저위발열량: kg 당 4,500kcal 이상

(나) (가)에도 불구하고 폐목재에 대하여는 다음의 기준을 적용한다.

① 납: kg 당 30mg 이하
② 구리: kg 당 800mg 미만
③ 카드뮴: kg 당 2.0mg 이하
④ 비소: kg 당 2.0mg 이하
⑤ 수은: kg 당 1.0mg 이하
⑥ 염소농도: 무게의 2% 이하
⑦ 저위발열량: kg 당 3,500kcal 이상

나) R-8-2 유형의 재활용 기준: 지정폐기물이 아닌 가연성 고형폐기물[폴리염화비닐(PVC)은 제외한다]만 재활용할 수 있다.

2) R-9 유형의 재활용 기준

가) R-9-2 유형의 재활용 기준

(1) 폐유를 이용하여 유화방법으로 재활용하는 경우에는 다음의 기준에 따라 제조하여야 하며, 환경부장관은 유화정제연료유의 안정성을 측정하기 위한 시험 방법 등을 정하여 고시할 수 있다.

(가) 정제연료유 등에 적당량의 물과 유화제(乳化劑) 등을 첨가 · 혼합하여 기계적 · 화학적 ·

초음파 방법 등을 이용하여 유화시켜야 한다.

(나) 유화정제연료유(약품정제 · 감압증류 · 열분해, 그 밖의 방법으로 정제된 정제연료유에 유화제 등을 더 넣어 유화시키거나 폐유 중 중금속 · 회분 및 슬러지 등을 제거한 후 유화제 등을 더 넣어 유화시킨 것을 말한다)는 안정성을 가지고 균일한 유화상태로 30일 이상 유지되어야 한다.

(다) 유화정제연료유의 함수율은 부피비율로 15% 이하여야 한다.

(2) 폐유를 이용하여 정제 연료유를 재활용하는 경우에는 다음의 기준에 따라 제조되어야 한다.

(가) 재활용한 정제연료유는 폐기물에 관한 공정시험기준, 한국산업표준에 따른 시험방법 또는 대기오염물질에 관한 공정시험기준에 따른 시험결과가 다음의 기준에 적합하여야 한다.

① 남은 탄소: 무게비율로 4% 이하(열분해방법이나 감압증류방법으로 재활용하는 경우에는 0.15% 이하)

② 수분 및 침전물: 부피비율로 2.0% 이하(열분해방법이나 감압증류방법으로 재활용하는 경우에는 0.5% 이하, 유화정제연료유로 재활용하는 경우에는 15% 이하)

③ 회분: 무게비율로 1.0% 이하(열분해방법이나 감압증류방법으로 재활용하는 경우에는 0.05% 이하)

④ 황분: 무게비율로 0.55% 이하(열분해방법이나 감압증류방법으로 재활용하는 경우에는 0.2% 이하)

⑤ 카드뮴 및 그 화합물: 리터당 1mg 이하

⑥ 납 및 그 화합물: 리터당 30mg 이하(열분해방법이나 감압증류방법으로 재활용하는 경우에는 리터당 1mg 이하)

⑦ 크롬 및 그 화합물: 리터당 5mg 이하(열분해방법이나 감압증류방법으로 재활용하는 경우에는 리터당 1mg 이하)

⑧ 비소 및 그 화합물: 리터당 2mg 이하(열분해방법이나 감압증류방법으로 재활용하는 경우에는 리터당 1mg 이하)

⑨ 인화점: 섭씨 40도 이상(열분해방법으로 재활용하는 경우에는 섭씨 30도 이상)

(3) 폐유나 폐유가 아닌 지정폐기물중 액체 상태이거나 유동성(流動性)이 있는 폐기물과 폐유의 혼합물을 열원(熱源)으로 사용할 수 있도록 균일화시켜 재생연료유로 재활용하는 경우에는 다음의 사항을 준수하여야 한다.

(가) 폐유가 아닌 지정폐기물 중 액체상태이거나 유동성이 있는 폐기물은 폐페인트 및 폐락커 혼합물, 할로겐족을 제외한 폐유기용제로 한정하며, 재생연료유는 다음의 용도로만 사용할 수 있다.

① 시멘트와 석고를 제조하기 위한 소성로에서 보조연료로 사용

② 소각시설에서 고온소각용으로 사용

(나) 재활용한 재생연료유는 폐기물에 관한 공정시험기준, 한국산업표준에 따른 시험방법 또는 대기오염물질에 관한 공정시험기준에 따른 시험결과가 다음의 기준에 적합하여야 한다.

① 저위(低位)발열량: kg 당 3,500kcal 이상

② 황: 무게비율로 2.5% 이하

③ 납 및 그 화합물: kg 당 100mg 이하

④ 카드뮴 및 그 화합물: kg 당 1mg 이하

⑤ 비소 및 그 화합물: kg 당 2mg 이하

⑥ 크롬 및 그 화합물: kg 당 50mg 이하

⑦ 수은 및 그 화합물: kg 당 1.0mg 이하

⑧ 염소 및 그 화합물: kg 당 2,000mg 이하

(4) 폐식용유는 「석유 및 석유대체연료 사업법」에 따른 석유대체연료 중 바이오디젤(BD100) 또는 바이오디젤연료유(BD20)로 재활용할 수 있다. 이 경우 같은 법 제31조제2항에 따라 고시된 바이오디젤(BD100) 또는 바이오디젤연료유(BD20)의 품질기준에 적합하여야 한다.

나) R-9-3 유형의 재활용 기준

(1) 폐합성고분자화합물, 폐타이어 및 폐목재류 등을 이용하여 연료화 시설에서 가스 · 유류 등을 뽑아 내거나, 폐합성고분자화합물을 이용하여 유류를 제조하는 경우로 한정한다.

(2) 유류를 제조하는 경우 제조한 유류는 2)가)(2)(가)에 따른 정제연료유의 기준에 적합하여야 한다.

(3) 철도용 폐받침목(목재인 것만 해당한다)은 절단, 세척 등의 과정을 거쳐 가공된 것만 사용하여야 하며, 폐기물 및 토양오염물질에 관한 공정시험기준, 한국산업표준에 따른 시험방법 또는 국제적으로 통용되는 시험방법에 따라 시험한 결과 다음의 기준을 충족해야 한다.

① 벤조(a)안트라센: kg 당 3.0mg 미만

② 벤조(a)피렌: kg 당 3.0mg 미만

③ 다이벤조(a,h)안트라센: kg 당 3.0mg 미만

④ 기름성분: 중량비를 기준으로 0.35% 미만

다) R-9-5 유형의 재활용 기준

(1) 연료로 가공하여 사용할 수 있는 유기성 오니(지정폐기물, 분뇨 또는 가축분뇨 등의 생물학적 처리 공정 전 단계에서 발생되는 오니류는 제외한다)는 다음의 시설에서 발생되는 것만 해당한다.

(가) 「하수도법」 제2조제9호에 따른 공공하수처리시설 또는 같은 조 제11호에 따른 분뇨처리시설

(나) 「물환경보전법」 제2조제12호에 따른 수질오염방지시설(같은 조 제10호의 폐수배출시설의 경우만 해당한다)

(다) 「가축분뇨의 관리 및 이용에 관한 법률」 제2조제9호에 따른 공공처리시설

(2) 유기성 오니의 저위발열량이 kg당 3천kcal 이상이어야 한다. 다만, 해당 유기성 오니에서 일부 에너지를 회수한 후 가공하는 경우에는 저위발열량이 kg당 2천kcal 이상이어야 한다.

(3) 연료로 제조하는 과정에서 지정폐기물 또는 폐합성고분자화합물 등과 혼합하여서는 안 된다. 다만, 원목 상태이거나 원목을 기계적으로 가공 · 처리한 상태의 것으로써 페인트, 기름, 방부제 등이 묻지 않은 폐목재를 가공하여 혼합할 수 있다.

(4) 가공된 연료는 다음의 구분에 따라 사용하여야 한다.

(가) 공공하수처리시설, 분뇨처리시설 또는 가축분뇨 공공처리시설에서 발생된 유기성 오니를 가공하여 제조한 연료: 화력발전소 또는 열병합발전소에서 사용하되, 총 연료사용량의 5% 이내로 사용하여야 한다.

(나) 수질오염방지시설에서 발생된 유기성 오니를 가공하여 제조한 연료: 화력발전소에서 사용하되, 총 연료사용량의 0.5% 이내로 사용하여야 한다.

(5) 가공된 연료는 수분 함유량 10% 이하, 회분 함유량(건조된 상태 기준) 35% 이하, 황분 함유량(건조된 상태 기준) 2% 이하, 길이(원형인 경우에는 지름) 40mm 이하여야 한다. 다만, 화력발전소에서 연료로 사용하는 경우에는 회분 함유량이 35%를 초과할 수 있다.

(6) 연료로 재활용하는 유기성 오니는 「자원의 절약과 재활용촉진에 관한 법률 시행규칙」 제20조의3제3항에 따른 고형연료제품의 품질 시험 · 분석방법에 따라 시험한 결과(건조된 상태를 기준으로 한다)가 다음의 기준에 적합하여야 한다.

(가) 수은: kg 당 1.20mg 이하

(나) 카드뮴: kg 당 9.0mg 이하

(다) 납: kg 당 200.0mg 이하
(라) 비소: kg 당 13.0mg 이하

바. 제품제조 등을 위한 중간가공폐기물을 만드는 유형
R-10-1 유형의 재활용 기준: 별표 4의3에 따른 폐기물의 종류별 재활용 가능 유형에 적합한 폐기물을 사용하여야 한다.

(단위: mg/L)

항목	용출농도
납과 그 화합물	1.0 이내
구리와 그 화합물	1.0 이내
비소와 그 화합물	0.50 이내
수은과 그 화합물	0.0030 이내
카드뮴과 그 화합물	0.10 이내
6가크롬화합물	0.10 이내
시안화합물	0.20 이내
염소화합물	250.0 이내

[비고]
1. 염소화합물을 제외한 화합물 등의 용출농도는 폐기물에 관한 공정시험기준의 중금속 등의 용출시험방법에 따라 측정하고, 염소화합물의 용출농도는 폐기물에 관한 공정시험기준에 따라 중금속 측정을 위한 용출조작을 한 후 해당 용출용액에 대하여 수질오염물 관한 공정시험기준에 따라 측정된 염소이온 농도값을 따른다.
2. 염소화합물의 용출농도는 2018년 12월 31일까지는 소각재 및 그 화합물과 다른 원료물질을 혼합하여 재활용하는 단계에서 실험한 결과 기준 농도 이내이면 용출기준을 충족한 것으로 본다.

② 제1항에도 불구하고 다음 각 호의 어느 하나에 해당하는 폐기물은 재활용을 금지하거나 제한한다.
1. 폐석면
2. 폴리클로리네이티드비페닐(PCBs)이 환경부령으로 정하는 농도 이상 들어있는 폐기물
3. 의료폐기물(태반은 제외한다)
4. 폐유독물 등 인체나 환경에 미치는 위해가 매우 높을 것으로 우려되는 폐기물 중 대통령령으로 정하는 폐기물

③ 제1항 및 제2항 각 호의 원칙을 지키기 위하여 필요한 오염 예방 및 저감방법의 종류와 정도, 폐기물의 취급 기준과 방법 등의 준수사항은 환경부령으로 정한다.

영 제7조의3(재활용이 금지 또는 제한되는 폐기물) 법 제13조의2제2항제4호에서 " 대통령령으로 정하는 폐기물"이란 별표 4의3에 따른 폐기물을 말한다.

[영 별표4의3]

재활용이 금지되거나 제한되는 폐기물(제7조의3 관련)

1. 다음 각 목의 어느 하나에 해당하는 물질 중 폐기되는 물질
   가. 「산업안전보건법」 제37조제1항에 따라 제조 등이 금지된 물질
   나. 「화학물질의 등록 및 평가 등에 관한 법률」 제27조제1항에 따라 금지물질로 지정 · 고시된 물질
   다. 「화학물질의 등록 및 평가 등에 관한 법률」 제27조제1항에 따라 제한물질로 지정 · 고시된 물질
2. 폐농약(「농약관리법」 제2조제1호에 따른 농약 중 폐기되는 것을 말한다)
3. 폐의약품(「약사법」 제2조제4호에 따른 의약품 중 폐기되는 것을 말한다)
4. 의료폐기물을 멸균 · 분쇄한 잔재물
5. 법 제2조의2에 따른 폐기물의 재활용 유형에 관한 세부분류에 해당하지 않는 유형으로 재활용하려는 폐기물(재활용환경성평가를 받아 재활용하는 경우는 제외한다)
6. 그 밖에 환경부장관이 재활용하는 경우 사람의 건강이나 환경에 위해를 줄 수 있는 우려가 있다고 인정하여 고시하는 폐기물

제13조의3(폐기물의 재활용 시 환경성평가) ① 제13조의2제1항에도 불구하고 다음 각 호에 해당하는 자는 제13조의4제1항에 따른 재활용환경성평가기관으로부터 해당 폐기물의 재활용이 사람의 건강이나 환경에 미치는 영향을 조사 · 예측하여 해로운 영향을 피하거나 제거하는 방안 및 재활용기술의 적합성에 대한 평가(이하 "재활용환경성평가"라 한다)를 받아야 한다. 폐기물의 종류, 재활용 유형 등 환경부령으로 정하는 중요사항을 변경하는 경우에도 또한 같다.

1. 환경부령으로 정하는 규모 이상의 폐기물 또는 폐기물을 토양 등과 혼합하여 만든 물질을 토양 · 지하수 · 지표수 등에 접촉시켜 복토재 · 성토재 · 도로기층재 등 환경부령으로 정하는 용도 또는 방법으로 재활용하려는 자(둘 이상이 공동으로 재활용하려는 경우를 포함한다)
2. 제13조의2에 따른 폐기물 재활용의 원칙 및 준수사항을 정하지 아니한 폐기물을 재활용하려는 자

규칙 제14조의4(재활용환경성평가의 절차 및 방법) ① 법 제13조의3제1항에 따른 재활용환경성평가(이하 "재활용환경성평가"라 한다)를 받으려는 자[같은 항 제1호에 따라 둘 이상이 공동으로 재활용하려는 경우 또는 같은 항 제2호에 따라 둘 이상의 사업자가 동일 폐기물 · 공정 및 재활용 유형(폐기물 등을 토양 · 지하수 · 지표수 등에 접촉시키는 방법으로 재활용하는 유형은 제외한다)으로 각각 재활용하려는 경우에는 대표자를 말한다]는 별지 제4호의2서식의 재활용환경성평가 신청서에 다음 각 호의 서류 등을 첨부하여 법 제13조의4제1항에 따른 재활용환경성평가기관(이하 "재활용환경성평가기관"이라 한다)의 장에게 제출하여야 한다.

1. 다음 각 목의 사항이 포함된 폐기물의 재활용 계획서
   가. 폐기물의 구체적인 재활용 유형
   나. 재활용 공정도 및 재활용 공정별 물질수지(物質收支) 분석 자료

다. 재활용에 따른 주변 지역의 오염 예방 · 저감 계획(재활용 과정에서 주변 지역의 오염이 우려되는 경우만 해당한다)

라. 재활용과 관련된 국내외 연구 실적 또는 유사 사례(해당 자료가 있는 경우만 해당한다)

2. 재활용 대상 폐기물, 재활용 공정 및 재활용 제품에 대한 환경 유해성 분석 자료

3. 재활용 제품의 생산 시설 등 재활용 공정의 적정성을 확인할 수 있는 시설(생산 시설이 확보되지 아니한 경우에는 연구 · 실험시설 등의 대체시설을 말한다) 현황

4. 재활용 대상 부지에 대한 지형 · 지질 등의 현황 자료[폐기물 등을 토양 · 지하수 · 지표수 등에 접촉시키는 방법으로 재활용(이하 "매체접촉형 재활용"이라 한다)하려는 경우만 해당한다]

5. 재활용 대상 부지 및 주변 지역에 대한 환경변화 모니터링 대상 항목 · 방법 · 주기 및 기간 등이 포함된 사후관리 계획(매체접촉형 재활용의 경우만 해당한다)

6. 재활용 제품 등의 시제품(제출이 가능한 경우만 해당한다)

7. 둘 이상이 공동으로 재활용하는 경우 또는 둘 이상의 사업자가 동일 폐기물 · 공정 및 재활용 유형으로 각각 재활용하려는 경우에는 다음 각 목의 자료

가. 대표자를 포함한 전체 사업자 목록

나. 상호, 사업자등록번호, 주소 및 전화번호 등이 포함된 사업자별 현황 자료

② 재활용환경성평가기관은 제1항에 따라 재활용환경성평가를 의뢰받은 경우에는 법 제13조의4제3항에 따른 재활용환경성평가서(이하 "재활용환경성평가서"라 한다)를 작성하여 신청인에게 발급하여야 한다.

③ 제2항에 따라 재활용환경성평가를 받은 자는 제4항 각 호의 어느 하나에 해당하는 경우에는 별지 제4호의2서식의 재활용환경성평가 변경신청서에 다음 각 호의 서류를 첨부하여 재활용환경성평가기관의 장에게 제출하여야 한다.

1. 재활용환경성평가서 원본

2. 제14조의6제4항에 따른 재활용환경성평가에 따른 재활용 승인서 원본(법 제13조의3제3항에 따라 재활용환경성평가에 따른 재활용의 승인을 받은 경우만 해당한다)

3. 변경사항이 반영된 제1항 각 호에 따른 서류(서류의 내용이 변경되는 경우만 해당한다)

④ 법 제13조의3제1항 각 호 외의 부분 후단에서 "환경부령으로 정하는 중요사항을 변경하는 경우"란 다음 각 호의 어느 하나에 해당하는 경우를 말한다. 다만, 제2호 및 제4호는 매체접촉형 재활용의 경우만 해당한다.

1. 재활용 대상 폐기물의 세부종류를 변경하는 경우(재활용환경성평가를 받은 재활용 유형을 변경하지 아니하는 경우만 해당한다)

2. 재활용 대상 폐기물의 양 또는 재활용 대상 부지의 면적을 변경하는 경우로서 다음 각 목의 어느 하나에 해당하는 경우

가. 재활용 대상 폐기물의 양을 재활용환경성평가를 받은 재활용 대상 폐기물의 양보다 100분의 30 이상 증가(변경되는 누계를 포함한다)시키려는 경우
나. 재활용 대상 부지의 계획면적을 재활용환경성평가를 받은 면적의 100분의 30 이상 증가(변경되는 누계를 포함한다)시키려는 경우
다. 재활용 대상 폐기물 · 폐기물 혼합물의 양 또는 재활용 대상 부지 면적의 규모를 제14조의5제1항 각 호에 따른 규모 이상만큼 증가(변경되는 누계를 포함한다) 시키려는 경우
3. 재활용 유형을 변경(별표 4의2에 따른 재활용 유형 중 같은 목에 해당하는 세부유형으로의 변경을 말한다)하는 경우
4. 사후관리 계획 중 환경변화 모니터링의 주기 · 항목 · 방법 또는 기간을 변경하는 경우
5. 재활용환경성평가서를 발급받은 날부터 1년 이내에 법 제13조의3제3항에 따라 재활용환경성평가에 따른 재활용의 승인을 신청하지 아니한 경우

⑤ 재활용환경성평가기관의 장은 별지 제4호의3서식에 따른 재활용환경성평가 실적 보고서를 매 반기가 끝난 후 30일 이내에 국립환경과학원장에게 제출하여야 한다.
⑥ 법 제13조의3제7항에 따른 재활용환경성평가의 방법은 별표 5의5와 같다.
⑦ 제1항부터 제6항까지에서 규정한 사항 외에 재활용환경성평가의 절차 · 방법에 관하여 필요한 세부사항은 환경부장관이 정하여 고시한다.

규칙 **제14조의5(재활용환경성평가의 대상)** ① 법 제13조의3제1항제1호에서 "환경부령으로 정하는 규모"란 다음 각 호의 어느 하나를 말한다.
1. 폐기물의 경우(토양 등과 혼합하지 아니하는 경우만 해당한다): 12만톤
2. 폐기물을 토양 등과 혼합하여 만든 물질의 경우: 12만톤
3. 재활용 대상 부지 면적의 경우: 3만제곱미터

② 법 제13조의3제1항제1호에서 "환경부령으로 정하는 용도 또는 방법"이란 별표 4의2 제3호 또는 제4호의 재활용 유형에 따른 용도 또는 방법을 말한다.
③ 법 제13조의3제2항에서 "환경부령으로 정하는 방법"이란 다음 각 호의 어느 하나를 말한다. [개정 2016.12.30.]
1. 별표 4의2 제3호가목 또는 같은 호 나목1)의 재활용 유형에 따른 방법
2. 별표 4의2 제4호다목의 재활용 유형에 따라 폐기물매립시설(영 제7조제1항제9호 단서에 따른 시설의 전부 또는 일부를 갖추지 아니한 폐기물매립시설은 제외한다)의 복토재로 사용하는 방법
3. 다음 각 목의 어느 하나에 해당하는 골재를 별표 4의2 제4호가목 또는 나목의 재활용 유형에 따라 성토재 등으로 사용하거나, 같은 표 제4호다목의 재활용 유형에 따라

폐기물매립시설의 복토재로 사용하는 방법

가. 「산업표준화법」 제12조에 따른 한국산업표준에 따라 적합하게 제조된 골재

나. 「환경기술 및 환경산업 지원법」 제17조에 따른 환경표지의 인증을 받은 골재

다. 「자원의 절약과 재활용촉진에 관한 법률」 제33조에 따른 재활용제품의 품목별 규격 및 품질기준에 적합하게 제조된 것으로서 「산업기술혁신 촉진법 시행령」 제17조제1항제3호에 따른 인증을 받은 골재

라. 「건설폐기물의 재활용촉진에 관한 법률」 제36조제1항에 따라 순환골재의 품질 인증을 받은 골재

[규칙 별표5의5]

재활용환경성평가의 방법(제14조의4제6항 관련)

1. 공통 사항

가. 재활용환경성평가기관은 재활용 대상 폐기물과 재활용 제품의 시료 채취, 재활용 시설 및 공정, 재활용 대상 부지(매체접촉형 재활용의 경우만 해당한다) 등의 확인을 위하여 현장조사를 실시해야 한다.

나. 재활용환경성평가기관은 가목에 따른 현장조사 시에 채취한 폐기물 및 재활용 제품 등 시료에 대하여 영 별표 4의2 제1호 각 목에 따른 폐기물의 유해특성의 제거 또는 안정화 여부 및 유해물질의 함유 농도 등을 확인해야 한다.

다. 재활용환경성평가기관은 해당 재활용의 환경위해성 판단 등을 위하여 필요한 경우에는 재활용환경성평가를 신청한 자와 협의하여 제2호 및 제3호에 따른 평가 방법 외의 평가 방법을 추가하여 재활용환경성평가를 실시할 수 있다.

2. 비매체접촉형 재활용의 평가 방법

가. 제품 또는 원료로 재활용하는 유형의 경우에는 별표 5의3에 따른 폐기물의 재활용 기준 중 유사한 유형의 기준 및 「자원의 절약과 재활용촉진에 관한 법률」 제33조에 따른 재활용제품의 품목별 규격 · 품질기준 등 다른 법률에 따른 유해물질의 함량 · 용출농도 기준 등을 고려하여 재활용의 적정성을 평가해야 한다.

나. 가목 외의 유형으로 재활용하는 경우에는 재활용 공정(시연공정 또는 대체공정을 포함한다)에서 대기 · 수질 · 악취 등 주변 환경에 미치는 영향의 정도를 평가해야 하며, 에너지를 직접 회수하는 방법으로 재활용하는 경우에는 제3조제1항제1호가목부터 다목까지의 에너지 회수기준에 적합한지 여부를 평가해야 한다.

3. 매체접촉형 재활용의 평가 방법

가. 재활용 대상 부지가 1)부터 8)까지에 해당하는지의 여부 및 해당 지역의 환경에 미치는 영향을 평가해야 한다.

1) 「산지관리법」 제4조제1항제1호에 따른 보전산지
2) 「수도법」 제7조제1항에 따른 상수원보호구역
3) 「습지보전법」 제8조제1항에 따른 습지보호지역 및 습지주변관리지역
4) 「자연환경보전법」 제12조제1항에 따른 생태 · 경관보전지역
5) 「지하수법」 제12조제1항에 따른 지하수보전구역
6) 「해양생태계의 보전 및 관리에 관한 법률」 제25조에 따른 해양보호구역

7) 「환경보건법」 제2조제8호에 따른 어린이활동공간
8) 그 밖에 사람의 건강과 환경 보전을 위해 다른 법률에서 보호 · 보전지역으로 지정한 구역 또는 지역

나. 별표 5의3에 따른 폐기물의 재활용 기준 중 유사한 유형의 기준 및 「자원의 절약과 재활용촉진에 관한 법률」 제33조에 따른 재활용제품의 품목별 규격 · 품질기준 등 다른 법률에 따른 유해물질의 함량 · 용출농도 기준 등을 고려하여 재활용의 적정성을 평가해야 한다.

다. 중금속 등 유해물질의 유출시험 및 대상 부지의 조사 등을 통해 재활용 대상 폐기물의 유해물질 유출 가능성과 대상 부지 토양과의 반응성 등을 평가해야 한다.

라. 폐기물의 재활용에 따른 모델링 분석을 통해 주변 지역 및 대기 · 수질 · 토양 등의 환경에 미치는 영향의 정도를 평가해야 한다. 이 경우 대기 · 수질 · 토양 등의 환경 영향에 대한 시험 · 분석은 재활용환경성평가기관에서 관련 장비를 갖추어 직접 시험 · 분석하거나 「환경분야 시험 · 검사 등에 관한 법률 시행령」 제13조의2제1항 각 호에 따른 해당 분야의 시험 · 검사기관에 의뢰하여 실시할 수 있다.

* 뒷부분은 법제처 참조

② 제1항에도 불구하고 「비료관리법」 제4조에 따라 공정규격이 설정된 비료를 제조하거나 환경부령으로 정하는 방법으로 폐기물을 재활용하려는 자는 재활용환경성평가를 받지 아니하고 해당 폐기물을 재활용할 수 있다.

③ 제1항에 따라 재활용환경성평가를 받은 자는 그 결과를 환경부장관에게 제출하고, 그 폐기물을 재활용할 수 있는지에 대한 승인을 받아야 한다.

규칙 제14조의6(재활용환경성평가에 따른 재활용의 승인 절차) ① 법 제13조의3제3항에 따라 재활용환경성평가에 따른 재활용의 승인을 받으려는 자는 재활용환경성평가서를 발급받은 날부터 1년 이내에 별지 제4호의4서식의 재활용환경성평가에 따른 재활용승인신청서에 재활용환경성평가서를 첨부하여 국립환경과학원장에게 제출하여야 한다.

② 국립환경과학원장은 제1항에 따른 신청인이 법 제13조의3제4항 및 영 제7조의4에 따른 승인 요건을 갖추었는지를 확인하기 위하여 관계 행정기관의 장에게 협조를 요청할 수 있다.

③ 국립환경과학원장은 제1항에 따른 승인에 관하여 환경에 대한 학식과 경험이 풍부한 사람으로 구성된 자문위원회의 의견을 들을 수 있다.

④ 국립환경과학원장은 재활용환경성평가에 따른 재활용을 승인하는 경우에는 별지 제4호의5서식에 따른 재활용환경성평가에 따른 재활용 승인서를 작성하여 신청인(제14조의4제1항에 따라 둘 이상이 공동으로 신청한 경우에는 각각의 신청인을 갈한다)에게 발급해야 하며, 승인 내용을 국립환경과학원의 인터넷 홈페이지에 개시해야 한다.

⑤ 제1항부터 제4항까지에서 규정한 사항 외에 재활용환경성평가의 승인 절차 등에 관하여 필요한 세부사항은 국립환경과학원장이 정한다.

규칙 제14조의7(재활용환경성평가에 따른 재활용의 승인 통보) 제14조의6제4항에 따라 재활용환경성평가에 따른 재활용 승인서를 발급받은 자는 해당 재활용을 하기 전에 관할 시 · 도

지사, 시장 · 군수 · 구청장 또는 지방환경관서의 장에게 승인 내용을 통보하여야 한다.

④ 환경부장관은 제3항에 따라 제출받은 재활용환경성평가 결과를 고려하여 대통령령으로 정하는 승인 요건을 갖추었는지를 검토한 후 제3항에 따른 승인을 할 수 있다.

⑤ 환경부장관은 제4항에 따라 승인을 하는 경우 국민 건강 또는 환경에 미치는 위해 등을 줄이기 위하여 승인의 유효기간, 폐기물의 양 등 환경부령으로 정하는 조건을 붙일 수 있다.

규칙 **제14조의8(재활용환경성평가에 따른 재활용의 승인 조건)** 법 제13조의3제5항에서 "환경부령으로 정하는 조건"이란 다음 각 호의 조건을 말한다.

1. 매체접촉형 재활용의 조건
   가. 승인의 유효기간(최대 5년까지로 한다)
   나. 재활용 대상 폐기물의 종류 및 양
   다. 재활용 대상 부지 및 면적
   라. 재활용 대상 폐기물의 전(前)처리 기준 및 방법
   마. 재활용 유형
   바. 주변 지역의 환경오염을 방지하기 위한 시설 또는 장치 등의 설치 · 운영
   사. 환경변화 모니터링의 주기 · 항목 · 방법 및 기간 등 사후관리에 관한 사항
   아. 그 밖에 국립환경과학원장이 재활용에 따른 환경 위해의 방지를 위하여 필요하다고 인정하는 조건
2. 매체접촉형 재활용 외의 재활용(이하 "비매체접촉형 재활용"이라 한다)의 조건
   가. 재활용 대상 폐기물의 종류
   나. 재활용 대상 폐기물의 전(前)처리 기준 및 방법
   다. 재활용 유형
   라. 재활용 공정 · 시설의 설치 및 운영 기준
   마. 주변 지역의 환경오염을 방지하기 위한 시설 또는 장치 등의 설치 · 운영
   바. 그 밖에 국립환경과학원장이 재활용에 따른 환경 위해의 방지를 위하여 필요하다고 인정하는 조건

⑥ 환경부장관은 제3항에 따른 승인을 받은 자가 다음 각 호의 어느 하나에 해당하는 경우에는 그 승인을 취소하여야 한다. 이 경우 승인이 취소되면 지체 없이 해당 폐기물의 재활용을 중단하여야 한다.

1. 제3항에 따라 승인받은 사항과 다르게 폐기물을 재활용한 경우
2. 제3항에 따라 제출하는 재활용환경성평가 결과를 거짓이나 그 밖의 부정한 방법으로 제출한 경우

3. 제5항에 따른 승인 조건을 위반한 경우

⑦ 제1항부터 제6항까지에서 규정한 사항 외에 재활용환경성평가의 절차 · 방법 및 승인 절차 등에 관하여 필요한 사항은 환경부령으로 정한다.

제13조의4(재활용환경성평가기관의 지정 등) ① 환경부장관은 전문적 · 기술적인 재활용환경성평가를 위하여 다음 각 호의 어느 하나에 해당하는 기관 또는 단체 중에서 재활용환경성평가기관을 지정하고, 그 기관에 지정서를 발급하여야 한다.

1. 국공립 연구기관
2. 「한국환경공단법」에 따른 한국환경공단
3. 그 밖에 대통령령으로 정하는 기관 또는 단체

영 **제7조의5(재활용환경성평가기관의 지정)** 법 제13조의4제1항제3호에서 "대통령령으로 정하는 기관 또는 단체"란 다음 각 호의 기관 또는 단체를 말한다.

1. 법 제17조의2제1항제4호에 따라 지정된 폐기물분석전문기관(일반 분야로 지정된 경우만 해당한다)
2. 「토양환경보전법」 제23조의2제2항에 따라 지정된 토양관련전문기관(토양환경평가기관, 위해성평가기관 또는 토양오염조사기관으로 지정된 경우만 해당한다)
3. 그 밖에 재활용환경성평가에 관한 업무를 수행할 수 있는 인적 · 물적 자원을 갖추고 있다고 환경부장관이 인정하여 고시하는 기관 또는 단체

② 재활용환경성평가기관으로 지정받으려는 자는 환경부령으로 정하는 기술인력 및 시설 · 장비 등의 요건을 갖추어 환경부장관에게 신청하여야 한다. 환경부령으로 정하는 중요사항을 변경하려는 경우에도 또한 같다.

규칙 **제14조의9(재활용환경성평가기관의 지정)** ① 재활용환경성평가기관으로 지정을 받으려는 기관 또는 단체는 법 제13조의4제2항에 따라 별지 제4호의6서식의 재활용환경성평가기관 지정 신청서에 다음 각 호의 서류(전자문서를 포함한다)를 첨부하여 국립환경과학원장에게 제출하여야 한다.

1. 기술인력의 보유 현황과 이를 증명하는 서류 1부
2. 시설 및 장비의 보유 현황과 이를 증명하는 서류(일부를 임차하는 경우에는 임차계약서를 포함하며, 시험 · 분석업무의 일부를 대행하게 하는 경우에는 시험 · 분석업무 대행계약서를 포함한다) 1부
3. 다음 각 목의 내용이 포함된 재활용환경성평가 업무수행계획서 1부
   가. 업무수행 절차 · 방법 등 운영 관리 계획

나. 시설 및 장비의 유지 · 관리 계획 및 정도 관리 계획

4. 법 제13조의4제1항 각 호에 해당하는 기관임을 증명하는 서류

② 제1항에 따른 신청서를 제출받은 담당 공무원은 「전자정부법」 제36조제1항에 따른 행정정보의 공동이용을 통하여 법인 등기사항증명서 · 사업자등록증 및 국가기술자격증을 확인하여야 한다. 다만, 신청인이 사업자등록증 또는 국가기술자격증의 확인에 동의하지 아니하는 경우에는 그 사본을 첨부하도록 하여야 한다.

③ 국립환경과학원장은 법 제13조의4제1항에 따라 재활용환경성평가기관을 지정한 경우에는 별지 제4호의7서식의 재활용환경성평가기관 지정서를 발급하고, 재활용환경성평가기관의 명칭 및 소재지 등의 지정 내용(제14조의10제2항에 따라 변경지정한 경우에는 변경지정 사항)을 관보 또는 국립환경과학원의 인터넷 홈페이지에 공고하여야 한다.

④ 법 제13조의4제1항에 따라 재활용환경성평가기관으로 지정을 받으려는 기관 또는 단체가 갖추어야 하는 기술인력 및 시설 · 장비 등의 기준은 별표 5의6과 같다. (생략으로 인해 별표 5의6은 법제처 참조)

규칙 제14조의10(재활용환경성평가기관의 변경지정) ① 재활용환경성평가기관의 장은 다음 각 호의 어느 하나에 해당하는 경우에는 변경사유가 발생한 날부터 15일 이내에 별지 제4호의6서식의 재활용환경성평가기관 변경지정 신청서에 지정서 원본과 변경내용을 증명할 수 있는 서류를 첨부하여 국립환경과학원장에게 제출하여야 한다.

1. 재활용환경성평가기관의 명칭의 변경
2. 사무실 또는 실험실 소재지의 변경
3. 대표자, 기술인력 또는 장비의 변경
4. 시험 · 분석업무 대행계약의 변경

② 국립환경과학원장은 제1항에 따라 재활용환경성평가기관을 변경지정한 경우에는 변경지정한 내용을 재활용환경성평가기관 지정서에 기재하여 다시 주어야 한다.

③ 재활용환경성평가기관은 재활용환경성평가를 의뢰받은 경우 다음 각 호의 사항을 포함하여 환경부령으로 정하는 기준과 방법에 따라 재활용환경성평가서를 작성하여야 한다.

1. 대상지역 현황
2. 폐기물 또는 폐기물을 첨가하여 만든 물질의 침출 시 토양 · 지하수 · 지표수 등에 미치는 영향 등 폐기물 재활용에 따른 환경성의 예측 · 평가
3. 환경위해성의 예방 · 제거 방안
4. 환경변화 모니터링 계획
5. 제13조의2에 따른 폐기물 재활용의 원칙 및 준수사항이 마련되지 아니한 폐기물의 재활용환

경성평가를 위하여 환경부령으로 정하는 사항

④ 재활용환경성평가기관은 다른 자에게 자기의 명의나 상호를 사용하여 재활용환경성평가를 하게 하거나 재활용환경성평가기관 지정서를 빌려주어서는 아니 된다.

⑤ 환경부장관은 재활용환경성평가기관의 운영이 적절한지에 대하여 정기적으로 점검하여야 한다.

규칙 제14조의12(재활용환경성평가기관의 점검) ① 국립환경과학원장은 법 제13조의 4제5항에 따라 재활용환경성평가기관의 지정요건 충족 여부 및 재활용환경성평가 능력을 확인하기 위하여 재활용환경성평가기관에 대하여 매년 1회 이상의 정기점검을 실시하여야 한다.

② 제1항에도 불구하고 국립환경과학원장이 재활용환경성평가의 적정성 등의 확인을 위하여 필요하다고 인정하는 경우에는 수시점검을 실시할 수 있다.

③ 국립환경과학원장은 제1항 및 제2항에 따라 점검을 실시하는 경우에는 다음 각 호의 사항을 확인하여야 한다.

1. 기술인력 및 시설 · 장비 기준의 준수 여부
2. 시험 · 분석 및 현장 조사의 적절성 여부
3. 재활용환경성평가 기준 및 절차의 준수 여부
4. 재활용환경성평가서 작성 기준 및 방법의 준수 여부
5. 그 밖에 국립환경과학원장이 재활용환경성평가기관의 점검을 위하여 필요하다고 인정하는 사항

⑥ 환경부장관은 재활용환경성평가기관이 다음 각 호의 어느 하나에 해당하면 그 지정을 취소하거나 6개월 이내의 기간을 정하여 업무의 정지를 명할 수 있다. 다만, 제1호 및 제2호에 해당하는 경우에는 그 지정을 취소하여야 한다.

1. 거짓이나 그 밖의 부정한 방법으로 지정 또는 변경지정을 받은 경우
2. 업무정지기간 중 재활용환경성평가 업무를 실시한 경우
3. 제2항 전단에 따른 지정요건을 갖추지 못하게 된 경우
4. 제2항 후단을 위반하여 변경지정을 받지 아니하고 중요사항을 변경한 경우
5. 거짓이나 그 밖의 부정한 방법으로 제3항에 따른 재활용환경성평가서를 작성한 경우
6. 제4항을 위반하여 다른 자에게 자기의 명의나 상호를 사용하여 재활용환경성평가를 하게 하거나 재활용환경성평가기관 지정서를 빌려준 경우

⑦ 제1항부터 제6항까지에서 규정한 사항 외에 재활용환경성평가기관의 지정 기준 · 절차 및 정기점검 등에 관하여 필요한 사항은 환경부령으로 정한다.

⑧ 제1항에 따른 재활용환경성평가기관의 결격사유에 관하여는 제26조제1호부터 제4호까지 및 제6호를 준용한다. 이 경우 "폐기물처리업"은 "재활용환경성평가기관"으로, "허가"는 "지정"으로 본다.

제13조의5(재활용 제품 또는 물질에 관한 유해성기준) ① 환경부장관은 폐기물을 재활용하여 만든 제품 또는 물질이 사람의 건강이나 환경에 위해를 줄 수 있다고 판단되는 경우에는 관계 중앙행정기관의 장과 협의하여 그 재활용 제품 또는 물질에 대한 유해성기준(이하 "유해성기준"이라 한다)을 정하여 고시하여야 한다.

② 누구든지 유해성기준에 적합하지 아니하게 폐기물을 재활용한 제품 또는 물질을 제조하거나 유통하여서는 아니 된다.

③ 환경부장관은 폐기물을 재활용한 제품 또는 물질이 유해성기준을 준수하는지를 확인하기 위하여 시험 · 분석을 하거나 그 제품 또는 물질의 제조 또는 유통 실태를 조사할 수 있다.

④ 제3항에 따른 시험 · 분석 및 실태 조사에 필요한 사항은 환경부령으로 정한다.

⑤ 환경부장관은 제3항에 따른 시험 · 분석 또는 실태 조사 결과 유해성기준을 위반한 제품 또는 물질을 제조 또는 유통한 자에 대하여 해당 제품 또는 물질의 회수, 파기 등 필요한 조치를 명할 수 있다.

⑥ 환경부장관은 제1항에 따라 유해성 기준이 고시된 제품 또는 물질 중에서 재활용하는 폐기물의 관리가 필요하다고 인정되는 제품 또는 물질에 대하여는 관할 지방자치단체의 장 및 해당 제품 또는 물질을 제조하는 자 등과 협약을 체결하여 폐기물의 종류별 사용 용도 및 사용량, 폐기물 중의 중금속 함유량 등의 정보를 공개하게 할 수 있다.

제14조(생활폐기물의 처리 등) ① 특별자치시장, 특별자치도지사, 시장 · 군수 · 구청장은 관할 구역에서 배출되는 생활폐기물을 처리하여야 한다. 다만, 환경부령으로 정하는 바에 따라 특별자치시장, 특별자치도지사, 시장 · 군수 · 구청장이 지정하는 지역은 제외한다.

> **규칙** **제15조(생활폐기물관리 제외지역의 지정)** ① 특별자치시장, 특별자치도지사, 시장 · 군수 · 구청장은 법 제14조제1항 단서에 따라 생활폐기물을 처리하여야 하는 구역에서 제외할 수 있는 지역(이하 "생활폐기물관리 제외지역"이라 한다)을 지정하는 경우에는 다음 각 호의 어느 하나에 해당하는 지역을 대상으로 하여야 한다. [개정 2014.1.17.]
>
> 1. 가구 수가 50호 미만인 지역
> 2. 산간 · 오지 · 섬지역 등으로서 차량의 출입 등이 어려워 생활폐기물을 수집 · 운반하는 것이 사실상 불가능한 지역
>
> ② 특별자치시장, 특별자치도지사, 시장 · 군수 · 구청장은 제1항에 따라 생활폐기물관리 제외지역으로 지정된 지역 중 일정한 기간에만 다수인이 모이는 해수욕장 · 국립공원 등 관광지나 그 밖에 이에 준하는 지역에 대하여는 이용객의 수가 많은 기간에 한정하여 그 지정의 전부 또는 일부를 해제할 수 있다.

② 특별자치시장, 특별자치도지사, 시장 · 군수 · 구청장은 해당 지방자치단체의 조례로 정하는 바

에 따라 대통령령으로 정하는 자에게 제1항에 따른 처리를 대행하게 할 수 있다. [개정 2013.7.16.]

규칙 **제16조의4(안전점검의 방법 및 절차)** ① 시장 · 군수 · 구청장은 다음 연드 안전기준 이행계획 및 전년도 이행실적을 다음 각 호의 구분에 따라 시 · 도지사를 거쳐 환경부장관에게 각각 제출해야 한다.

1. 다음 연도 이행계획: 매년 12월 31일까지
2. 전년도 이행실적: 매년 2월 말일까지

② 특별자치시장 및 특별자치도지사는 다음 연도 안전기준 이행계획 및 전년도 이행실적을 제1항 각 호의 구분에 따라 환경부장관에게 제출해야 한다.

③ 법 제14조제2항에 따라 시장 · 군수 · 구청장으로부터 생활폐기물의 처리를 대행받은 업체는 다음 연도 안전기준 이행계획과 전년도 이행실적을 다음 각 호의 구분에 따라 대행하게 한 시장 · 군수 · 구청장에게 제출해야 한다. 이 경우 제출받은 시장 · 군수 · 구청장은 제1항 각 호의 구분에 따라 시 · 도지사를 거쳐 환경부장관에게 각각 제출해야 한다.

1. 다음 연도 이행계획: 매년 11월 30일까지
2. 전년도 이행실적: 매년 1월 31일까지

④ 법 제14조제2항에 따라 특별자치시장 또는 특별자치도지사로부터 생활폐기물의 처리를 대행받은 업체는 다음 연도 안전기준 이행계획과 전년도 이행실적을 다음 각 호의 구분에 따라 대행하게 한 특별자치시장 또는 특별자치도지사에게 제출해야 한다. 이 경우 제출받은 특별자치시장 또는 특별자치도지사는 제1항 각 호의 구분에 따라 환경부장관에게 각각 제출해야 한다.

1. 다음 연도 이행계획: 매년 11월 30일까지
2. 전년도 이행실적: 매년 1월 31일까지

영 **제8조(생활폐기물의 처리대행자)** 법 제14조제2항에서 "대통령령으로 정하는 자"란 다음 각 호의 어느 하나에 해당하는 자를 말한다. 다만, 제4호는 농업활동으로 발생하는 폐플라스틱 필름 · 시트류를 재활용하거나 폐농약용기 등 폐농약포장재를 재활용 뜨는 소각하는 경우만 해당한다. [개정 2016.1.19.]

1. 폐기물처리업자 2. 폐기물처리 신고자
3. 「한국환경공단법」에 따른 한국환경공단(이하 "한국환경공단"이라 한다)(농업활동으로 발생하는 폐플라스틱 필름 · 시트류를 재활용하거나 폐농약용기 등 폐농약포장재를 재활용 또는 소각하는 것만 해당한다)
4. 「전기 · 전자제품 및 자동차의 자원순환에 관한 법률」 제15조 전단에 따른 전기 · 전자제품 재활용의무생산자 또는 같은 법 제16조의4제1항에 따른 전기 · 전자제품

판매업자(전기 · 전자제품 재활용의무생산자 또는 전기 · 전자제품 판매업자로부터 회수 · 재활용을 위탁받은 자를 포함한다) 중 전기 · 전자제품을 재활용하기 위하여 스스로 회수하는 체계를 갖춘 자

5. 「자원의 절약과 재활용촉진에 관한 법률」 제13조의2에 따른 재활용센터를 운영하는 자(같은 법 제2조제13호에 따른 대형폐기물을 수집 · 운반 및 재활용하는 것만 해당한다)
6. 「자원의 절약과 재활용촉진에 관한 법률」 제16조에 따른 재활용의무생산자 중 제품 · 포장재를 스스로 회수하여 재활용하는 체계를 갖춘 자(재활용의 무생산자로부터 재활용을 위탁받은 자를 포함한다)
7. 「건설폐기물 재활용촉진에 관한 법률」 제21조에 따라 건설폐기물 처리업의 허가를 받은 자(공사 · 작업 등으로 인하여 5톤 미만으로 발생되는 생활폐기물을 같은 법 시행령 제9조제2항에 따른 기준과 방법에 따라 재활용하기 위하여 수집 · 운반하거나 재활용하는 경우만 해당한다)

실전문제 생활폐기물 처리대행자(대통령령이 정하는 자)에 대한 기준으로 틀린 것은?

① 폐기물처리업자
❷ 한국환경공단(농업활동으로 발생하는 폐플라스틱 필름 · 시트류를 재활용하거나 폐농약용기 등 폐농약포장재를 재활용 또는 소각하는 것은 제외한다.)
③ 자원의 절약과 재활용촉진에 관한 법률에 따른 재활용센터를 운영하는 자(같은 법에 따른 대형폐기물을 수집 · 운반 및 재활용하는 것만 해당한다)
④ 폐기물처리신고자

③ 제1항 본문 및 제2항에도 불구하고 제46조제1항에 따라 폐기물처리 신고를 한 자(이하 "폐기물처리 신고자"라 한다)는 생활폐기물 중 폐지, 고철, 폐식용유(생활폐기물에 해당하는 폐식용유를 유출 우려가 없는 전용 탱크 · 용기로 수집 · 운반하는 경우만 해당한다) 등 환경부령으로 정하는 폐기물을 수집 · 운반 또는 재활용할 수 있다.

규칙 **제15조의2(폐기물처리 신고자의 생활폐기물 수집 · 운반 · 재활용)** ① 법 제14조제3항에서 "폐지, 고철, 폐식용유(생활폐기물에 해당하는 폐식용유를 유출 우려가 없는 전용 탱크 · 용기로 수집 · 운반하는 경우만 해당한다) 등 환경부령으로 정하는 폐기물"이란 다음 각 호의 폐기물을 말한다. [개정 2016.4.28.]

1. 제66조제3항 각 호의 폐기물(지정폐기물은 제외한다)
2. 폐가전제품(냉장고 및 에어컨디셔너는 수집 · 운반하는 경우만 해당한다)

3. 폐식용유(생활폐기물에 해당하는 폐식용유를 유출 우려가 없는 전용 탱크 · 용기로 수집 · 운반하는 경우만 해당한다)
4. 폐섬유(봉제공장에서 봉제 가공 후 발생하는 폐원단 조각만 해당한다)
5. 농업용 폐플라스틱필름 · 시트류와 폐농약용기 등 폐농약 포장재(농업활동 과정에서 발생되는 것만 해당한다)
6. 폐의류
7. 동 · 식물성 잔재물

② 법 제14조제4항 각 호 외의 부분에서 "환경부령으로 정하는 폐기물"이란 제1항 각 호의 폐기물(폐가전제품의 경우 냉장고 및 에어컨디셔너를 포함한다)을 말한다.

③ 법 제14조제4항제4호에서 "환경부령으로 정하는 자"란 다음 각 호의 자를 말한다.

1. 법 제4조 또는 제5조에 따른 폐기물처리시설 중 재활용시설을 설치 · 운영하는 자
2. 「전기 · 전자제품 및 자동차의 자원순환에 관한 법률」 제15조에 따른 전기 · 전자제품 재활용의무생산자
3. 그 밖에 폐기물을 적정하게 재활용할 수 있다고 환경부장관이 인정하여 고시하는 자

④ 제3항에 따라 생활폐기물을 수집 · 운반하는 자는 수집한 생활폐기물 중 환경부령으로 정하는 폐기물을 다음 각 호의 자에게 운반할 수 있다. [신설 2013.7.16.]

1. 「자원의 절약과 재활용촉진에 관한 법률」 제16조제1항에 따른 제품 · 포장재의 제조업자 또는 수입업자 중 제조 · 수입하거나 판매한 제품 · 포장재로 인하여 발생한 폐기물을 직접 회수하여 재활용하는 자(재활용을 위탁받은 자 중 환경부령으로 정하는 자를 포함한다)
2. 제25조제5항제5호 또는 제7호에 해당하는 폐기물 재활용업의 허가를 받은 자
3. 폐기물처리 신고자
4. 그 밖에 환경부령으로 정하는 자

⑤ 특별자치시장, 특별자치도지사, 시장 · 군수 · 구청장은 제1항에 따라 생활폐기물을 처리할 때에는 배출되는 생활폐기물의 종류, 양 등에 따라 수수료를 징수할 수 있다. 이 경우 수수료는 해당 지방자치단체의 조례로 정하는 바에 따라 폐기물 종량제(從量制) 봉투 또는 폐기물임을 표시하는 표지 등(이하 "종량제 봉투등"으로 한다)을 판매하는 방법으로 징수하되, 음식물류 폐기물의 경우에는 배출량에 따라 산출한 금액을 부과하는 방법으로 징수할 수 있다. [개정 2013.7.16.]

⑥ 특별자치시장, 특별자치도지사, 시장 · 군수 · 구청장이 제5항에 따라 음식물류 폐기물에 대하여 수수료를 부과 · 징수하려는 경우에 는 제45조제2항에 따른 전자정보처리프로그램을 이용할 수 있다. 이 경우 수수료 산정에 필요한 내용을 환경부령으로 정하는 바에 따라 제45조제2항에 따른 전자정보처리프로그램에 입력하여야 한다. [신설 2013.7.16.]

⑦ 특별자치시장, 특별자치도지사, 시장 · 군수 · 구청장은 조례로 정하는 바에 따라 종량제 봉투

등의 제작 · 유통 · 판매를 대행하게 할 수 있다. [신설 2010.7.23., 2013.7.16.]

⑧ 특별자치시장, 특별자치도지사, 시장 · 군수 · 구청장은 제2항에 따라 생활폐기물 수집 · 운반을 대행하게 할 경우에는 다음 각 호의 사항을 준수하여야 한다.

1. 환경부령으로 정하는 기준에 따라 원가를 계산하여야 하며, 최초의 원가계산은 「지방자치단체를 당사자로 하는 계약에 관한 법률 시행규칙」 제9조에서 규정하는 원가계산용역기관에 원가계산을 의뢰하여야 한다.
2. 생활폐기물 수집 · 운반 대행자에 대한 대행실적 평가기준(주민만족도와 환경미화원의 근로조건을 포함한다)을 해당 지방자치단체의 조례로 정하고, 평가기준에 따라 매년 1회 이상 평가를 실시하여야 한다. 이 경우 대행실적 평가는 해당 지방자치단체가 민간전문가 등으로 평가단을 구성하여 실시하여야 한다.
3. 제2호에 따라 대행실적을 평가한 경우 그 결과를 해당 지방자치단체 인터넷 홈페이지에 평가일부터 6개월 이상 공개하여야 하며, 평가결과 해당 지방자치단체의 조례로 정하는 기준에 미달되는 경우에는 환경부령으로 정하는 바에 따라 영업정지, 대행계약 해지 등의 조치를 하여야 한다.
4. 생활폐기물 수집 · 운반 대행계약을 체결한 경우 그 계약내용을 계약일부터 6개월 이상 해당 지방자치단체 인터넷 홈페이지에 공개하여야 한다.
5. 제4호에 따른 대행계약이 만료된 경우에는 계약만료 후 6개월 이내에 대행비용 지출 내역을 6개월 이상 해당 지방자치단체 인터넷 홈페이지에 공개하여야 한다.
6. 생활폐기물 수집 · 운반 대행자(법인의 대표자를 포함한다)가 생활폐기물 수집 · 운반 대행계약과 관련하여 다음 각 목에 해당하는 형을 선고받은 경우에는 지체 없이 대행계약을 해지하여야 한다.
   가. 「형법」 제133조에 해당하는 죄를 저질러 벌금 이상의 형을 선고받은 경우
   나. 「형법」 제347조, 제347조의2, 제356조 또는 제357조(제347조 및 제356조의 경우 「특정경제범죄 가중처벌 등에 관한 법률」 제3조에 따라 가중처벌되는 경우를 포함한다)에 해당하는 죄를 저질러 벌금 이상의 형을 선고받은 경우(벌금형의 경우에는 300만원 이상에 한정한다.)
7. 생활폐기물 수집 · 운반 대행계약 시 생활폐기물 수집 · 운반 대행계약과 관련하여 제6호 각 목에 해당하는 형을 선고받은 후 3년이 지나지 아니한 자는 계약대상에서 제외하여야 한다.

규칙 **제15조의3(음식물류 폐기물에 대한 수수료의 산정)** ① 법 제14조제6항 후단에 따라 법 제45조제2항에 따른 전자정보처리프로그램(이하 "전자정보처리프로그램"이라 한다)에 입력해야 하는 내용은 다음 각 호와 같다.

1. 음식물류 폐기물 배출자의 식별 정보
2. 음식물류 폐기물 수수료의 산정기준 단가

3. 음식물류 폐기물 수수료의 부과대상 기간 중 음식물류 폐기물 배출량

② 제1항제1호 및 제2호의 내용은 수수료 산정일 10일 전까지, 같은 항 제3호의 내용은 수수료 산정일 3일 전까지 유선 또는 무선 통신수단을 이용하여 전자적 방식으로 입력하여야 한다.

③ 제1항 및 제2항에 따른 음식물류 폐기물에 대한 수수료의 산정에 필요한 내용의 입력 방법 및 절차 등에 관한 세부 사항은 환경부장관이 정하여 고시한다.

규칙 **제15조의4(원가계산 기준)** ① 법 제14조제8항제1호에 따른 생활폐기물 수집 · 운반 대행 계약을 위한 원가계산(이하 "대행용역 원가계산"이라 한다)에는 다음 각 호의 사항을 포함시켜야 하고, 구체적인 산정방법 등 필요한 사항은 환경부장관이 정하여 고시한다. [개정 2014.1.17.]

1. 노무비 2. 경비 3. 일반관리비 4. 이윤 5. 그 밖에 필요한 사항

② 대행용역 원가계산을 하는 때에는 별지 제4호의8서식에 따라 원가계산서를 작성하고 산출근거를 명시한 기초계산서를 첨부하여야 한다. 다만, 원가계산 결과와 다르게 용역비용을 계상하여야 하는 특별한 사유가 있는 경우에는 그 산출 내역, 원가계산 내역의 대비표 및 사유를 기초계산서에 명시하여야 한다.

규칙 **제15조의5(대행계약의 해지)** 특별자치시장, 특별자치도지사, 시장 · 군수 · 구청장은 생활폐기물 수집 · 운반 대행자가 법 제14조제8항제3호에 따른 영업정지를 2회 이상 받은 경우 대행계약을 해지할 수 있다. [개정 2014.1.17.]

⑨ 환경부장관은 생활폐기물의 처리와 관련하여 필요하다고 인정하는 경우에는 해당 특별자치시장, 특별자치도지사, 시장 · 군수 · 구청장에 대하여 필요한 자료 제출을 요구하거나 시정조치를 요구할 수 있으며, 생활폐기물 처리에 관한 기준의 준수 여부 등을 점검 · 확인할 수 있다. 이 경우 환경부장관의 자료 제출 및 시정조치 요구를 받은 해당 특별자치시장, 특별자치도지사, 시장 · 군수 · 구청장은 특별한 사정이 없으면 이에 따라야 한다. [신설 2010.7.23., 2013.7.16., 2014.1.21.]

⑩ 환경부장관은 특별자치시장, 특별자치도지사, 시장 · 군수 · 구청장이 제9항에 따른 요구를 이행하지 아니하는 경우에는 재정적 지원의 중단 또는 삭감 등의 조치를 할 수 있다.

제14조의2(생활폐기물 수집 · 운반 대행자에 대한 과징금 처분) ① 특별자치시장, 특별자치도지사, 시장 · 군수 · 구청장은 제14조제8항제3호에 따라 생활폐기물 수집 · 운반 대행자에게 영업의 정지를 명하려는 경우에 그 영업의 정지로 인하여 생활폐기물이 처리되지 아니하고 쌓여 지역주민의 건강에 위해가 발생하거나 발생할 우려가 있으면 대통령령으로 정하는 바에 따라 그 영업의 정지를 갈음하여 1억원 이하의 과징금을 부과할 수 있다.

영 제8조의2(과징금의 부과) ① 법 제14조의2제1항에 따른 위반행위에 대한 과징금의 금액은 별표 4의4와 같다. [개정 2014.1.14., 2016.7.19.]

[영 별표 4의4]

생활폐기물 수집 · 운반 대행자에 대한 과징금의 금액(제8조의2 관련)

위반행위	영업정지 1개월	영업정지 3개월
법 제14조제8항제2호에 따른 평가결과가 대행실적 평가기준에 미달한 경우	2천만원	5천만원

② 특별자치시장, 특별자치도지사, 시장 · 군수 · 구청장은 제1항에 따른 과징금을 내야 할 자가 납부기한까지 내지 아니하면 과징금 부과처분을 취소하고 제14조제8항제3호에 따른 영업정지 처분을 하거나 「지방세외수입금의 징수 등에 관한 법률」에 따라 과징금을 징수한다. 다만, 제37조에 따른 폐업 등으로 제14조제8항제3호에 따른 영업정지 처분을 할 수 없는 경우에는 「지방세외수입금의 징수 등에 관한 법률」에 따라 과징금을 징수한다.

③ 제1항 및 제2항에 따라 과징금으로 징수한 금액은 특별자치시 · 특별자치도 · 시 · 군 · 구의 수입으로 하되, 광역 폐기물처리시설의 확충 등 대통령령으로 정하는 용도로 사용하여야 한다. [본조신설 2013.7.16.]

제14조의3(음식물류 폐기물 발생 억제 계획의 수립 등) ① 특별자치시장, 특별자치도지사, 시장 · 군수 · 구청장은 관할 구역의 음식물류 폐기물(농산물류 · 수산물류 · 축산물류 폐기물을 포함한다. 이하 같다)의 발생을 최대한 줄이고 발생한 음식물류 폐기물을 적정하게 처리하기 위하여 다음 각 호의 사항을 포함하는 음식물류 폐기물 발생 억제 계획을 수립 · 시행하고, 매년 그 추진 성과를 평가하여야 한다.

1. 음식물류 폐기물의 발생 및 처리 현황
2. 음식물류 폐기물의 향후 발생 예상량 및 적정 처리 계획
3. 음식물류 폐기물의 발생 억제 목표 및 목표 달성 방안
4. 음식물류 폐기물 처리시설의 설치 현황 및 향후 설치 계획
5. 음식물류 폐기물의 발생 억제 및 적정 처리를 위한 기술적 · 재정적 지원 방안(재원의 확보계획을 포함한다)

규칙 제16조(음식물류 폐기물 발생 억제 계획의 수립주기 및 평가방법 등) ① 법 제14조의3제1항에 따른 음식물류 폐기물 발생 억제 계획의 수립주기는 5년으로 하되, 그 계획에는 연도별 세부 추진계획을 포함하여야 한다.

② 특별자치시장, 특별자치도지사, 시장 · 군수 · 구청장은 제1항에 따른 연도별 세부 추

진계획의 성과를 다음 연도 3월 31일까지 평가하여야 한다.

③ 특별자치시장, 특별자치도지사, 시장 · 군수 · 구청장은 제2항에 따른 평가 결과를 반영하여 제1항에 따른 연도별 세부 추진계획을 조정하여야 한다.

④ 특별자치시장, 특별자치도지사, 시장 · 군수 · 구청장은 제2항에 따른 평가를 공정하고 효율적으로 추진하기 위하여 다음 각 호의 위원 12명으로 구성된 평가위원회를 설치 · 운영하여야 한다. [개정 2017.12.27.]

1. 해당 특별자치시, 특별자치도, 시 · 군 · 구(자치구를 말한다. 이하 같다) 소속 공무원 중에서 지명한 위원 4명
2. 해당 특별자치시, 특별자치도, 시 · 군 · 구 의회가 추천한 주민대표 중에서 위촉한 위원 4명
3. 환경 분야 전문가 중에서 위촉한 위원 4명

⑤ 제1항부터 제4항까지의 규정에 따른 음식물류 폐기물 발생 억제 계획의 수립주기 및 평가방법 등에 관한 세부 사항은 환경부장관이 정하여 고시한다.

② 제1항에 따른 계획의 수립주기, 평가방법 등 필요한 사항은 환경부령으로 정한다.

제14조의4(생활계 유해폐기물 처리계획의 수립 등) ① 특별자치시장, 특별자치도지사, 시장 · 군수 · 구청장은 관할구역의 생활폐기물 중 질병 유발 및 신체 손상 등 인간의 건강과 주변환경에 피해를 유발할 수 있는 폐기물(이하 "생활계 유해폐기물"이라 한다)을 안전하고 적정하게 처리하기 위하여 다음 각 호의 사항을 포함하는 생활계 유해폐기물 처리계획을 수립 · 시행하고, 매년 그 추진성과를 평가하여야 한다.

1. 생활계 유해폐기물의 발생 및 처리 현황
2. 생활계 유해폐기물 수거시설의 설치 현황 및 향후 설치 계획
3. 생활계 유해폐기물의 적정 처리를 위한 기술적 · 재정적 지원 방안(재원의 확보계획을 포함한다)

규칙 제16조의2(생활계 유해폐기물 처리계획의 수립 등) ① 법 제14조의4제1항에 따른 생활계 유해폐기물(이하 "생활계 유해폐기물"이라 한다)의 종류는 다음 각 호와 같다.

1. 폐농약
2. 폐의약품
3. 수은이 함유된 폐기물
4. 그 밖에 환경부장관이 생활폐기물 중 질병 유발 및 신체 손상 등 인간의 건강과 주변환경에 피해를 유발할 수 있다고 인정하여 고시하는 폐기물

② 특별자치시장, 특별자치도지사, 시장 · 군수 · 구청장은 법 제14조의4제1항에 따라 5

년 주기로 생활계 유해폐기물 처리계획을 수립하여야 한다. 이 경우 생활계 유해폐기물 처리계획에는 연도별 세부 추진계획이 포함되어야 한다.

③ 특별자치시장, 특별자치도지사, 시장 · 군수 · 구청장은 법 제14조의4제1항에 따라 생활계 유해폐기물 처리계획 중 연도별 세부 추진계획의 추진성과를 다음 연도 3월 31일까지 평가하여야 한다.

④ 특별자치시장, 특별자치도지사, 시장 · 군수 · 구청장은 제3항에 따른 추진성과의 평가 결과를 반영하여 생활계 유해폐기물 처리계획을 조정하여야 한다.

⑤ 특별자치시장, 특별자치도지사, 시장 · 군수 · 구청장은 생활계 유해폐기물 처리계획을 제2항 전단에 따라 수립하거나 제4항에 따라 조정한 경우에는 환경부장관에게 통보하여야 한다.

⑥ 제1항부터 제5항까지에서 규정한 사항 외에 생활계 유해폐기물 처리계획의 수립 및 평가방법 등에 관하여 필요한 사항은 환경부장관이 정하여 고시한다.

② 생활계 유해폐기물의 종류, 제1항에 따른 처리계획 수립의 주기 · 절차 및 추진성과의 평가방법 등은 환경부령으로 정한다. [본조신설 2017.11.28]

제14조의5(생활폐기물 수집 · 운반 관련 안전기준 등) ① 환경부장관은 안전사고 예방을 위하여 수집 · 운반차량과 안전장비의 기준 및 작업안전수칙 등 생활폐기물을 수집 · 운반하는 자가 준수하여야 할 안전기준(이하 이 조에서 "안전기준"이라 한다)을 마련하고 매년 안전점검 및 실태조사를 실시하여야 한다.

② 생활폐기물을 수집 · 운반하는 자는 안전기준을 준수하여야 한다.

③ 안전기준, 적용 대상 등 필요한 사항은 환경부령으로 정한다.

규칙 제16조의3(생활폐기물 수집 · 운반 관련 안전기준 등) ① 법 제14조의5제1항에 따른 안전기준(이하 "안전기준"이라 한다)을 적용해야 하는 대상은 다음 각 호와 같다.

1. 법 제14조제1항 본문에 따라 특별자치시장, 특별자치도지사, 시장 · 군수 · 구청장이 생활폐기물을 수집 · 운반하는 경우
2. 법 제14조제2항에 따라 생활폐기물의 처리를 대행받은 업체가 생활폐기물을 수집 · 운반하는 경우

② 제1항 각 호의 어느 하나에 해당하는 경우에는 다음 각 호의 안전기준을 준수해야 한다.

1. 청소차량에 다음 각 목의 장치를 모두 설치 · 운영할 것
   가. 청소차량에 의한 사고를 예방할 수 있는 후방영상장치
   나. 비상시 환경미화원이 적재 장치의 작동을 제어할 수 있는 안전멈춤바 및 양손 조작방식의 안전스위치

2. 안전화, 안전조끼, 장갑 등 보호장구를 환경미화원에게 지급할 것
3. 다음 각 목의 조치를 할 것. 다만, 특별자치시장, 특별자치도지사 또는 시장 · 군수 · 구청장이 폐기물을 시급하게 처리할 필요가 있거나 주민 생활에 중대한 불편을 초래할 우려가 있는 등 해당 지방자치단체의 조례로 정한 사유에 해당하는 경우에는 그렇지 않다.
   가. 주간작업을 원칙으로 할 것
   나. 3명(운전자를 포함한다)이 1조를 이루어 작업하는 것을 원칙으로 할 것
   다. 폭염 · 강추위, 폭우 · 폭설, 강풍, 미세먼지 등으로부터 환경미화원의 건강 위해를 예방하기 위하여 작업시간 조정 및 작업 중지 등 필요한 조치를 할 것

제15조(생활폐기물배출자의 처리 협조 등) ① 생활폐기물이 배출되는 토지나 건물의 소유자 · 점유자 또는 관리자(이하 "생활폐기물배출자"라 한다)는 관할 특별자치시, 특별자치도, 시 · 군 · 구의 조례로 정하는 바에 따라 생활환경 보전상 지장이 없는 방법으로 그 폐기물을 스스로 처리하거나 양을 줄여서 배출하여야 한다. [개정 2013.7.16.]

② 생활폐기물배출자는 제1항에 따라 스스로 처리할 수 없는 생활폐기물의 분리 · 보관에 필요한 보관시설을 설치하고, 그 생활폐기물을 종류별, 성질 · 상태별로 분리하여 보관하여야 하며, 특별자치시, 특별자치도, 시 · 군 · 구에서는 분리 · 보관에 관한 구체적인 사항을 조례로 정하여야 한다.

③ 생활폐기물배출자는 제1항에 따라 생활폐기물을 스스로 처리하는 경우 매년 2월 말까지 환경부령으로 정하는 바에 따라 폐기물의 위탁 처리실적과 처리방법, 계약에 관한 사항 등을 특별자치시장, 특별자치도지사, 시장 · 군수 · 구청장에게 신고하여야 한다.

④ 특별자치시장, 특별자치도지사, 시장 · 군수 · 구청장은 제3항에 따라 생활폐기물을 스스로 처리한 자의 처리실적을 관할구역 내 생활폐기물 발생 및 처리실적에 포함하는 등 관리하여야 한다.

⑤ 특별자치시장, 특별자치도지사, 시장 · 군수 · 구청장은 제1항에 따라 음식물류 폐기물의 양을 줄여서 배출하기 위한 시설을 설치하거나 제2항에 따라 생활폐기물의 분리 · 보관에 필요한 보관시설을 설치하려는 생활폐기물배출자에게 시설의 설치에 필요한 비용의 전부 또는 일부를 지원할 수 있으며, 지원 시설의 종류 및 설치 · 관리 기준, 지원의 범위 등에 관한 구체적인 사항은 조례로 정할 수 있다.

제15조의2(음식물류 폐기물 배출자의 의무 등) ① 음식물류 폐기물을 다량으로 배출하는 자로서 대통령령으로 정하는 자는 음식물류 폐기물의 발생 억제 및 적정 처리를 위하여 관할 특별자치시, 특별자치도, 시 · 군 · 구의 조례로 정하는 사항을 준수하여야 한다.

영 **제8조의4(음식물류 폐기물 배출자의 범위)** 법 제15조의2제1항에서 "대통령령으로 정하는 자"란 다음 각 호의 어느 하나에 해당하는 자를 말한다. 다만, 다음 각 호의 어느 하나에 해당하는 자가 법 제17조제2항에 따른 사업장폐기물배출자인 경우에는 제외한다. [개정 2016.6.30.][본조신설 2014.1.14.]

1. 「식품위생법」 제2조제12호에 따른 집단급식소(「사회복지사업법」 제2조제4호에 따른 사회복지시설의 집단급식소는 제외한다) 중 1일 평균 총급식 인원이 100명 이상(「유아교육법」에 따른 유치원에 설치된 집단급식소는 1일 평균 총급식인원이 200명 이상)인 집단급식소를 운영하는 자. 이 경우 1일 평균 총급식인원의 구체적인 산출방법 등은 환경부장관이 정하여 고시한다.
2. 「식품위생법」 제36조제1항제3호에 따른 식품접객업 중 사업장 규모가 200㎡ 이상인 휴게음식점영업 또는 일반음식점영업을 하는 자. 다만, 음식물류 폐기물의 발생량, 폐기물 재활용시설의 용량 등을 고려하여 특별자치시, 특별자치도 또는 시 · 군 · 구의 조례로 다음 각 목의 사업장 규모 또는 제외 대상 업종을 정하는 경우에는 그 조례에 따른다.
   가. 사업장 규모(200㎡ 이상으로 한정한다)
   나. 휴게음식점영업 중 일부 제외 대상 업종
3. 「유통산업발전법」 제2조제3호에 따른 대규모점포를 개설한 자
4. 「농수산물 유통 및 가격안정에 관한 법률」 제2조제2호 · 제5호 또는 제12호에 따른 농수산물도매시장 · 농수산물공판장 또는 농수산물종합유통센터를 개설 · 운영하는 자
5. 「관광진흥법」 제3조제1항제2호에 따른 관광숙박업을 경영하는 자
6. 그 밖에 음식물류 폐기물을 스스로 감량하거나 재활용하도록 할 필요가 있어 특별자치시, 특별자치도 또는 시 · 군 · 구의조례로 정하는 자

규칙 **제16조의7(위탁 · 수탁의 기준 및 절차)** 영 제8조의4제1호에 따른 집단급식소를 운영하는 자, 제18조제1항 각 호 및 제18조의2제1항 각 호의 어느 하나에 해당하는 자는 법 제15조의2제3항 및 제17조제1항제3호 본문에 따라 다음 각 호의 위탁 · 수탁의 기준 및 절차를 준수해야 한다.

1. 다음 각 목의 서류를 포함한 별지 제5호서식의 수탁처리능력 확인서를 수탁자로부터 제출받을 것
   가. 폐기물처리업 허가증 또는 폐기물처리 신고증명서 사본
   나. 법 제40조제1항에 따른 방치폐기물 처리이행보증을 확인할 수 있는 서류 사본
2. 제68조의4제4항에 따라 법 제48조의4에 따른 폐기물적정처리추진센터(이하 "폐기물적정처리추진센터"라 한다)에서 공개한 자료 등을 활용하여 적법한 수탁자에 해당하는지를 확인할 것

3. 수탁자와 서면으로 다음 각 목의 사항이 포함된 위탁계약을 체결할 것
   가. 위탁하는 폐기물의 종류 및 수량
   나. 계약 기간 및 위탁 비용
   다. 위탁하는 폐기물의 성질과 상태 및 취급 시 주의사항
4. 위탁계약서를 계약 체결일부터 3년간 보관할 것

실전문제 환경부령으로 정하는 음식물류 폐기물 배출자(농 · 수 · 축산물류 폐기물을 포함)에 포함되지 않는 자는?

❶ 식품위생법에 따른 집단급식소(사회복지사업법에 따른 사회복지시설의 집단급식소를 포함) 중 1일 평균 총 급식인원이 50명 이상인 집단급식소를 운영하는 자
② 유통산업발전법에 따른 대규모점포를 개설한 자
③ 관광진흥법에 따른 관광숙박업을 경영하는 자
④ 농수산물 유통 및 가격 안정에 관한 법률에 따른 농수산물도매시장 · 농수산물공판장 또는 농수산물종합유통센터를 개선 · 운영하는 자

② 제1항에 따른 음식물류 폐기물 배출자는 음식물류 폐기물의 발생 억제 및 처리 계획을 환경부령으로 정하는 바에 따라 특별자치시장, 특별자치도지사, 시장 · 군수 · 구청장에게 신고하여야 한다. 신고한 사항 중 환경부령으로 정하는 사항을 변경할 때에도 또한 같다.

③ 제1항에 따른 음식물류 폐기물 배출자는 제14조제1항 또는 제18조제1항에도 불구하고 발생하는 음식물류 폐기물을 스스로 수집 · 운반 또는 재활용하거나 다음 각 호의 어느 하나에 해당하는 자에게 환경부령으로 정하는 위탁 · 수탁의 기준 및 절차에 따라 위탁하여 수집 · 운반 또는 재활용하여야 한다.
1. 제4조나 제5조에 따른 폐기물처리시설을 설치 · 운영하는 자
2. 제25조제5항제1호에 따른 폐기물 수집 · 운반업의 허가를 받은 자
3. 제25조제5항제5호부터 제7호까지의 규정 중 어느 하나에 해당하는 폐기물 재활용업의 허가를 받은 자
4. 폐기물처리 신고자(음식물류 폐기물을 재활용하기 위하여 신고한 자로 한정한다)

④ 제1항에 따른 음식물류 폐기물 배출자는 각각의 사업장에서 발생하는 음식물류 폐기물을 환경부령으로 정하는 바에 따라 공동으로 수집 · 운반 또는 재활용할 수 있고, 폐기물처리시설을 공동으로 설치 · 운영할 수 있다. 이 경우 공동 운영기구를 설치하고 그 대표자 1명을 선정하여야 한다. [본조신설 2013.7.16.]

⑤ 음식물류 폐기물 배출자는 제3항에 따라 음식물류 폐기물의 처리를 위탁한 경우 해당 폐기물의 처리과정이 제13조에 따른 폐기물의 처리 기준과 방법 또는 제13조의2에 따른 폐기물의 재활용 원칙 및 준수사항에 맞게 이루어지고 있는지를 환경부령으로 정하는 바에 따라 확인하는 등 필

요한 조치를 취하여야 한다. 다만, 제4조나 제5조에 따라 폐기물처리시설을 설치 · 운영하는 자에게 위탁하는 경우에는 그러하지 아니하다.

규칙 제16조의5(음식물류 폐기물 발생 억제 및 처리 계획의 신고) ① 다음 각 호의 어느 하나에 해당하는 자는 법 제15조의2제2항에 따라 다음 각 호와 같이 음식물류 폐기물의 발생지[법 제15조의2제4항에 따라 음식물류 폐기물을 공동처리(이하 "음식물류 폐기물 공동처리"라 한다)하는 경우에는 그 운영기구 대표자의 사업장 소재지]를 관할하는 특별자치시장, 특별자치도지사, 시장 · 군수 · 구청장에게 신고하여야 한다. [개정 2016.7.21.]

1. 영 제8조의4 각 호의 어느 하나에 해당하는 자: 사업 개시일부터 1개월 이내에 별지 제4호의9서식에 따른 신고
2. 음식물류 폐기물 공동처리 운영기구의 대표자: 사업 개시일부터 7일 이내에 별지 제4호의10서식에 따른 신고

② 제1항에 따라 신고하여야 하는 자가 법 제15조의2제3항에 따라 위탁하여 수집 · 운반 또는 재활용하는 경우에는 그 위탁처리계약서 사본을 신고서에 첨부하여야 한다.

③ 특별자치시장, 특별자치도지사, 시장 · 군수 · 구청장은 제1항에 따른 신고를 받으면 별지 제4호의11서식 또는 별지 제4호의12서식의 음식물류 폐기물 발생 억제 및 처리 계획 신고증명서를 신고인에게 내주어야 한다. [개정 2016.7.21.]

④ 제1항에 따라 신고를 한 자는 다음 각 호의 어느 하나에 해당하는 사유가 발생하면 그 사유가 발생한 날부터 1개월 이내에 별지 제4호의9서식 또는 별지 제4호의10서식의 변경신고서에 변경사유를 증명하는 서류와 제3항에 따른신고증명서를 첨부하여 특별자치시장, 특별자치도지사, 시장 · 군수 · 구청장에게 제출하여야 한다. [개정 2016.7.21.]

1. 상호 또는 사업장 소재지가 변경된 경우
2. 음식물류 폐기물 발생 억제방법이나 음식물류 폐기물 처리자 또는 처리방법이 변경된 경우
3. 음식물류 폐기물 공동처리 운영기구의 대표자 또는 대상사업장 수가 변경된 경우(음식물류 폐기물 공동처리의 경우만 해당한다)

규칙 제16조의6(음식물류 폐기물의 공동처리 등) ① 음식물류 폐기물 공동처리 운영기구는 같은 특별자치시, 특별자치도, 시 · 군 · 구 내에 있는 둘 이상의 음식물류 폐기물 배출자가 설치할 수 있다.

② 제1항에 따른 운영기구의 대표자는 공동처리대상 사업장에 대한 다음 각호의 업무를 대행할 수 있다.

1. 법 제15조의2제2항에 따른 음식물류 폐기물 발생 억제 및 처리 계획의 신고 · 변경신고
2. 제60조제1항제1호의2에 따른 음식물류 폐기물 발생 억제 및 처리 실적의 보고

제16조(협약의 체결) ① 시 · 도지사나 시장 · 군수 · 구청장은 폐기물의 발생 억제 및 처리를 위하여 관할 구역에서 폐기물을 배출하는 자 또는 이들로 구성된 단체와 협약을 체결할 수 있다.

② 제1항에 따른 협약의 목표, 이행 방법 및 절차 등에 필요한 사항은 해당 지방자치단체의 조례로 정한다.

③ 시 · 도지사 또는 시장 · 군수 · 구청장은 제1항에 따라 해당 지방자치단체와 협약을 체결한 자에게 그 협약의 이행에 필요한 지원을 할 수 있다.

제17조(사업장폐기물배출자의 의무 등) ① 사업장폐기물을 배출하는 사업자(이하 "사업장폐기물배출자"라 한다)는 다음 각 호의 사항을 지켜야 한다. [개정 2015.7.20.]

1. 사업장에서 발생하는 폐기물 중 환경부령으로 정하는 유해물질의 함유량에 따라 지정 폐기물로 분류될 수 있는 폐기물에 대해서는 환경부령으로 정하는 바에 따라 제17조의2제1항에 따른 폐기물분석전문기관에 의뢰하여 지정폐기물에 해당되는지를 미리 확인하여야 한다.

1의2. 사업장에서 발생하는 모든 폐기물을 제13조에 따른 폐기물의 처리 기준과 방법 및 제13조의2에 따른 폐기물의 재활용 원칙 및 준수사항에 적합하게 처리하여야 한다.

2. 생산 공정(工程)에서는 폐기물감량화시설의 설치, 기술개발 및 재활용 등의 방법으로 사업장폐기물의 발생을 최대한으로 억제하여야 한다.

3. 제18조제1항에 따라 폐기물의 처리를 위탁하려면 사업장폐기물배출자는 환경부령으로 정하는 위탁 · 수탁의 기준 및 절차를 따라야 하며, 해당 폐기물의 처리과정이 제13조에 따른 폐기물의 처리 기준과 방법 또는 제13조의2에 따른 폐기물의 재활용 원칙 및 준수사항에 맞게 이루어지고 있는지를 환경부령으로 정하는 바에 따라 확인하는 등 필요한 조치를 취하여야 한다. 다만, 제4조나 제5조에 따라 폐기물처리시설을 설치 · 운영하는 자에게 위탁하는 경우에는 그러하지 아니하다.

규칙 제17조의2(사업장폐기물배출자의 확인 등) ① 법 제17조제1항제1호에서 "환경부령으로 정하는 유해물질"이란 별표 1에 따른 유해물질, 기름성분, 석면 또는 폴리클로리네이티드 비페닐을 말한다.

② 사업장폐기물배출자는 법 제17조제1항제1호에 따라 사업장에서 발생하는 폐기물이 지정폐기물로 분류될 수 있는 경우로서 다음 각 호의 어느 하나에 해당하면 사업장에서 발생하는 폐기물이 지정폐기물에 해당되는지를 미리 확인하여야 한다.

1. 법 제17조제2항에 따라 사업장폐기물배출자 신고 또는 변경신고를 하는 경우
2. 사용 원료, 생산 또는 배출 공정 등의 변경으로 폐기물의 종류 또는 성상이 변경되는 경우
3. 처리 대상 폐기물의 종류 또는 성상이 변경되는 경우

실전문제 **환경부령이 정하는 양 이상의 지정폐기물을 배출하는 자가 당해 지정폐기물을 처리하기 전에 환경부장관의 확인을 받기 위해 제출하여야 하는 서류가 아닌 것은?**

① 배출자의 폐기물처리계획서(수집 · 운반자가 확인을 받아야 하는 경우는 수집 · 운반자의 것)
❷ 폐기물인계서
③ 폐기물분석결과서(환경부령이 정하는 폐기물분석전문기관의 것)
④ 처리를 위탁받은 처리자의 수탁확인서

규칙 제17조(음식물류 폐기물 배출자 및 사업장폐기물배출자의 확인) 다음 각 호의 어느 하나에 해당하는 자는 법 제15조의2제5항 본문 및 제17조제1항제3호 본문에 따라 해당 폐기물의 처리과정이 법 제13조에 따른 폐기물의 처리 기준과 방법 또는 법 제13조의2에 따른 폐기물의 재활용 원칙 및 준수사항에 맞게 이뤄지고 있는지를 별표 5의7에 따른 방법으로 확인해야 한다.

1. 영 제2조제8호 및 제9호에 따른 사업장의 폐기물을 10톤 이상 배출하는 자
2. 영 제8조의4제1호에 따른 집단급식소를 운영하는 자
3. 지정폐기물이 아닌 다음 각 목의 폐기물을 배출하는 사업장폐기물배출자
   가. 오니, 폐합성고분자화합물(월 평균 2톤 이상 배출되는 경우만 해당한다)
   나. 광재, 분진(粉塵), 폐사(폐주물사 및 샌드블라스트폐사를 말한다. 이하 같다), 폐내화물, 도자기조각(재벌구이 전에 유약을 바른 도자기조각을 말한다. 이하 같다), 소각재, 안정화 또는 고형화처리물, 폐촉매, 폐흡착제 또는 폐흡수제(각각 월 평균 1톤 이상 배출되는 경우만 해당한다)
4. 다음 각 목의 지정폐기물을 배출하는 사업장폐기물배출자
   가. 오니(월 평균 1톤 이상 배출되는 경우만 해당한다)
   나. 폐농약, 광재, 분진, 폐주물사, 폐사, 폐내화물, 도자기조각, 소각재, 안정화 또는 고형화처리물, 폐촉매, 폐흡착제, 폐흡수제, 폐유기용제 또는 폐유(각각 월 평균 130킬로그램 또는 합계 월 평균 200킬로그램 이상 배출되는 경우만 해당한다)
   다. 폐합성고분자화합물, 폐산, 폐알칼리, 폐페인트, 폐래커 또는 폐석면(각각 월 평균 200킬로그램 또는 합계 월 평균 400킬로그램 이상 배출되는 경우만 해당한다)
   라. 폴리클로리네이티드비페닐 함유 폐기물
   마. 폐유독물질
   바. 「의료법」 제3조제2항제3호마목의 종합병원에서 배출되는 의료폐기물
   사. 영 별표 1 제11호에 따라 고시된 지정폐기물(환경부장관이 정하여 고시하는

양 이상으로 배출되는 경우만 해당한다)

5. 제21조제1항제7호 및 제7호의2에 해당하는 자(지정폐기물을 배출하는 경우만 해당한다)

② 환경부령으로 정하는 사업장폐기물배출자는 사업장폐기물의 종류와 발생량 등을 환경부령으로 정하는 바에 따라 특별자치시장, 특별자치도지사, 시장 · 군수 · 구청장에게 신고하여야 한다. 신고한 사항 중 환경부령으로 정하는 사항을 변경할 때에도 또한 같다.

규칙 **제18조(사업장폐기물배출자의 신고)** ① 법 제17조제2항에서 "환경부령으로 정하는 사업장폐기물배출자"란 지정폐기물 외의 사업장폐기물[법 제13조제1항 단서에 따른 중간가공 폐기물(이하 "중간가공 폐기물"이라 한다) 중 생활폐기물로 만든 중간가공 폐기물 외의 중간가공 폐기물, 폐지 및 고철(비철금속을 포함한다. 이하 같다)은 제외한다. 이하 이 조에서 같다]을 배출하는 자로서 다음 각호의 어느 하나에 해당하는 자를 말한다. [개정 2014.1.17.]

1. 「대기환경보전법」 · 「물환경보전법」 또는 「소음 · 진동관리법」에 따른 배출시설(이하 "배출시설"이라 한다)을 설치 · 운영하는 자로서 폐기물을 1일 평균 100kg 이상 배출하는 자
2. 영 제2조제1호부터 제5호까지의 시설을 설치 · 운영하는 자로서 폐기물을 1일 평균 100kg 이상 배출하는 자
3. 폐기물을 1일 평균 300kg 이상 배출하는 자
4. 영 제2조제8호의 건설공사 및 영 제2조제9호의 일련의 공사 또는 작업 등으로 인하여 폐기물을 5ton 이상 배출하는 자(공사의 경우에는 발주자로부터 최초로 공사의 전부를 도급받은 자를 포함한다)
5. 사업장폐기물 공동처리 운영기구의 대표자(제21조제1항제7호 및 제8호에 해당하는 자는 제외한다)

② 제1항 각 호의 어느 하나에 해당하는 자는 법 제17조제2항에 따라 별지 제3호서식, 별지 제7호서식 또는 별지 제8호서식에 따른 사업장폐기물배출자신고서에 별지 제5호서식의 수탁처리능력 확인서를 첨부(그 사업장에서 발생하는 폐기물을 위탁하여 처리하는 경우만 해당한다)하여 다음 각호와 같이 사업장폐기물의 발생지(사업장폐기물 공동처리의 경우에는 그 운영기구 대표자의 사업장 소재지)를 관할하는 특별자치시장, 특별자치도지사, 시장 · 군수 · 구청장에게 신고해야 한다. 이 경우 제17조의2제2항에 따라 지정폐기물 여부를 미리 확인하여야 하는 자는 법 제17조의2제1항에 따른 폐기물분석전문기관(이하 "폐기물분석전문기관"이라 한다)이 작성한 폐기물분석결과서를 신고서에 첨부해야 한다. [개정 2008.8.4., 2014.1.17., 2016.1.21.]

1. 제1항제1호부터 제3호까지의 규정에 해당하는 자의 경우 : 사업 개시일 또는 폐기

물이 발생한 날부터 1개월 이내에 별지 제6호서식에 따른 신고

2. 제1항제4호에 해당하는 자의 경우 : 폐기물의 배출 예정일(공사의 경우에는 착공일을 말한다)까지 별지 제7호서식에 따른 신고
3. 제1항제5호에 해당하는 자의 경우 : 사업 개시일부터 7일 이내에 별지 제8호서식에 따른 신고

③ 특별자치시장, 특별자치도지사, 시장 · 군수 · 구청장은 제2항에 따른 신고를 받으면 별지 제9호서식 또는 별지 제10호서식의 사업장폐기물배출자 신고증명서를 신고인에게 내주어야 한다. [개정 2014.1.17.]

④ 제2항에 따라 신고를 한 자는 다음 각 호의 어느 하나에 해당하는 사유가 발생하면 그 사유가 발생한 날부터 1개월 이내에(제1항제4호에 해당하는 자는 처리하기 전까지, 제7호 및 제8호에 해당하는 경우에는 10일 이내에) 별지 제6호서식, 별지 제7호서식 또는 별지 제8호서식의 변경신고서에 별지 제5호서식의 수탁처리능력 확인서(그 사업장에서 발생하는 폐기물을 위탁하여 처리하는 경우만 해당한다) 변경내용을 확인할 수 있는 서류, 사업장폐기물배출자 신고증명서 및 폐기물분석전문기관이 작성한 폐기물분석결과서(제17조의2제2항에 따라 지정폐기물 여부를 미리 확인하여야 하는 자만 해당한다)를 첨부하여 특별자치시장, 특별자치도지사, 시장 · 군수 · 구청장에게 제출해야 한다. [개정 2016.1.21.]

1. 신고한 사업장폐기물의 월 평균 배출량(전년도 1년간 배출량을 기준으로 산정한다)이 100분의50 이상 증가한 경우. 다만, 제1항제4호의 경우에는 총 배출량이 100분의 50 이상 증가한 경우만 해당한다.
2. 신고 당시에는 배출되지 아니한 사업장폐기물이 1일 평균 300kg(제1항제1호 및 제2호의 경우에는 100kg) 이상 추가로 배출되는 경우(제1항제4호의 경우는 제외한다)
3. 상호 또는 사업장의 소재지를 변경한 경우
4. 사업장폐기물의 종류별 처리계획을 변경한 경우(폐기물의 처리방법이 같은 경우로서 처리장소만을 변경한 경우는 제외한다)
5. 사업장폐기물 공동처리 운영기구의 대표자, 대상사업장의 수 또는 대상폐 기물의 종류가 변경된 경우(사업장폐기물 공동처리의 경우만 해당한다)
6. 폐기물이 발생되는 공사기간이 3개월 이상 연장되는 경우(제1항제4호의 경우만 해당한다)
7. 「자원순환기본법」 제9조제1항에 따라 사업장폐기물이 순환자원으로 인정받은 경우
8. 「자원순환기본법」 제10조제1항에 따라 사업장폐기물에 대한 순환자원의 인정이 취소된 경우
9. 「자원순환기본법」 제21조제2항제1호에 따라 매립한 폐기물을 재활용하기 위하여

파내는 경우

⑤ 제2항 또는 제4항에 따른 신고를 받은 특별자치시장, 특별자치도지사, 시장 · 군수 · 구청장은 「전자정부법」 제36조제1항에 따른 행정정보의 공동이용을 통하여 폐기물처리업 허가증 또는 폐기물처리 신고증명서를 확인해야 한다. 다만, 신청인이 폐기물처리업 허가증 또는 폐기물처리 신고증명서의 확인에 동의하지 않는 경우에는 그 사본을 제출하도록 해야 한다.

③ 특별자치시장, 특별자치도지사, 시장 · 군수 · 구청장은 제2항에 따른 신고 또는 변경신고를 받은 날부터 20일 이내에 신고수리 여부를 신고인에게 통지하여야 한다.

규칙 제18조의2(지정폐기물 처리계획의 확인) ① 법 제17조제5항 각 호 외의 부분 본문에서 "환경부령으로 정하는 지정폐기물을 배출하는 사업자"란 다음 각 호의 어느 하나에 해당하는 사업자(생활폐기물로 만든 중간가공 폐기물 외의 중간가공 폐기물을 배출하는 사업자는 제외한다. 이하 이 조에서 같다)를 말한다.

1. 오니를 월 평균 500kg 이상 배출하는 사업자
2. 폐농약, 광재, 분진, 폐주물사, 폐사, 폐내화물, 도자기조각, 소각재, 안정화 또는 고형화처리물, 폐촉매, 폐흡착제, 폐흡수제, 폐유기용제 또는 폐유를 각각 월 평균 50kg 또는 합계 월 평균 130kg 이상 배출하는 사업자
3. 폐합성고분자화합물, 폐산, 폐알칼리, 폐페인트 또는 폐래커를 각각 월 평균 100kg 또는 합계 월 평균 200kg 이상 배출하는 사업자

3의2. 폐석면을 월 평균 20kg 이상 배출하는 사업자. 이 경우 축사 등 환경부장관이 정하여 고시하는 시설물을 운영하는 사업자가 5ton 미만의 슬레이트 지붕 철거 · 제거 작업을 전부 도급한 경우에는 수급인(하수급인은 제외한다)이 사업자를 갈음하여 지정폐기물 처리계획의 확인을 받을 수 있다.

4. 폴리클로리네이티드비페닐 함유폐기물을 배출하는 사업자
5. 폐유독물질을 배출하는 사업자
6. 의료폐기물을 배출하는 사업자
7. 영 별표 1 제11호에 따라 고시된 지정폐기물을 환경부장관이 정하여 고시하는 양 이상으로 배출하는 사업자

② 법 제17조제5항 각 호 외의 부분 단서에서 "환경부령으로 정하는 자"란 제21조제1항 각 호(제7호는 제외한다)의 자를 말한다.

③ 법 제17조제5항제1호마목에서 "그 밖에 환경부령으로 정하는 사항"이란 다음 각 호의 사항을 말한다. [개정 2016.1.21.]

1. 주 원료명 및 사용량 2. 주 생산품명 및 생산량 3. 제조공정

④ 법 제17조제5항제1호에 따른 폐기물처리계획서는 별지 제12호서식에 따르고, 같은 항 제2호에 따른 폐기물 분석결과서는 별지 제13호서식에 따르며, 같은 항 제3호에 따른 수탁확인서는 별지 제5호서식에 따른다.

⑤ 법 제17조제5항에 따른 확인을 받으려는 자는 사업 개시일 또는 폐기물이 발생한 날부터 1개월 이내에 폐기물의 발생지(사업장폐기물 공동처리의 경우에는 그 운영기구 대표자의 사업장 소재지를 말한다. 이하 이 조에서 같다)를 관할하는 시 · 도지사 또는 지방환경관서의 장에게 제출하여야 한다.

⑥ 제5항에 따른 확인신청을 받은 시 · 도지사 또는 지방환경관서의 장은 처리계획의 적정 여부를 검토한 후 신청을 받은 날부터 5일 이내에 별지 제14호서식의 폐기물 처리계획 확인증명서를 신청인에게 내주어야 한다. 다만, 법 제17조제5항의 적용대상이 되는 폐기물이 추가되는 등의 사유로 5일 이내에 그 처리계획이 적정한지 확인하기 곤란하면 환경부장관이 정하여 고시하는 기준에 따라 그 처리계획의 적정성을 확인하여 폐기물 처리계획 확인증명서를 내줄 수 있는 시기를 조정할 수 있다.

⑦ 제6항에 따라 확인을 받은 자는 법 제17조제6항 각 호의 어느 하나에 해당하는 경우 그 사유가 발생한 날부터 30일 이내에(30일 전에 해당 폐기물을 처리하려는 경우에는 폐기물을 처리하기 전까지) 별지 제12호서식의 폐기물 처리계획서에 변경내용을 확인할 수 있는 서류와 별지 제5호서식의 수탁처리능력 확인서를 첨부(그 사업장에서 발생하는 폐기물을 위탁하여 처리하는 경우만 해당한다)하여 폐기물의 발생지를 관할하는 시 · 도지사 또는 지방환경관서의 장에게 제출해야 한다.

⑧ 법 제17조제6항제3호에서 "환경부령으로 정하는 비율"이란 100분의 30을 말한다. [신설 2016.1.21.][본조신설 2008.8.4.]

⑨ 제5항 또는 제7항에 따른 확인 신청을 받은 시 · 도지사 또는 지방환경관서의 장은 「전자정부법」 제36조제1항에 따른 행정정보의 공동이용을 통하여 폐기물처리업 허가증 또는 폐기물처리 신고증명서를 확인해야 한다. 다만, 신청인이 폐기물처리업 허가증 또는 폐기물처리 신고증명서의 확인에 동의하지 않는 경우에는 그 사본을 제출하도록 해야 한다.

④ 특별자치시장, 특별자치도지사, 시장 · 군수 · 구청장이 제3항에서 정한 기간 내에 신고수리 여부나 민원 처리 관련 법령에 따른 처리기간의 연장을 신고인에게 통지하지 아니하면 그 기간이 끝난 날의 다음 날에 신고를 수리한 것으로 본다.

⑤ 환경부령으로 정하는 지정폐기물을 배출하는 사업자는 그 지정폐기물을 제18조제1항에 따라 처리하기 전에 다음 각 호의 서류를 환경부장관에게 제출하여 확인을 받아야 한다. 다만, 「자동차관리법」 제2조제8호에 따른 자동차정비업을 하는 자 등 환경부령으로 정하는 자가 지정폐기물을 공동으로 수집 · 운반하는 경우에는 그 대표자가 환경부장관에게 제출하여 확인을 받아야

한다.

1. 다음 각 목의 사항을 적은 폐기물처리계획서
   가. 상호, 사업장 소재지 및 업종
   나. 폐기물의 종류, 배출량 및 배출주기
   다. 폐기물의 운반 및 처리 계획
   라. 폐기물의 공동 처리에 관한 계획(공동 처리하는 경우만 해당한다)
   마. 그 밖에 환경부령으로 정하는 사항
2. 제17조의2제1항에 따른 폐기물분석전문기관이 작성한 폐기물분석결과서
3. 지정폐기물의 처리를 위탁하는 경우에는 수탁처리자의 수탁확인서

영 **제9조(폐기물의 감량지침 준수의무 대상사업자)** 법 제17조제7항에 따른 사업장폐기물의 발생 억제를 위한 지침을 지켜야 할 사업장폐기물배출자의 업종과 규모는 별표 5와 같다.
(생략으로 인해 별표5는 법제처 참조)

⑥ 제5항에 따른 확인을 받은 자는 다음 각 호의 어느 하나에 해당하는 경우에는 그와 관련된 서류를 환경부장관에게 제출하여 변경확인을 받아야 한다.

1. 상호를 변경하려는 경우
2. 사업장 소재지를 변경하려는 경우
3. 지정폐기물의 월평균 배출량(확인 또는 변경확인을 받은 후 1년간의 배출량을 기준으로 산정한다)이 100분의 10 이상으로서 환경부령으로 정하는 비율 이상 증가하는 경우
4. 새로 배출되거나 추가로 배출되는 지정폐기물의 양(추가로 배출되는 경우는 종전에 배출되던 양을 더하여 산정한다)이 제3항에 따른 지정폐기물 처리계획 확인을 받아야 하는 경우에 해당하는 경우
5. 지정폐기물의 종류별 처리방법이나 처리자를 변경하려는 경우
6. 공동 처리하는 사업장의 수 또는 공동 처리하는 폐기물의 종류를 변경하려는 경우(공동 처리하는 경우만 해당한다)

⑦ 대통령령으로 정하는 업종 및 규모 이상의 사업장폐기물배출자는 제1항제2호에 따른 사업장폐기물의 발생 억제를 위하여 환경부장관과 관계 중앙행정기관의 장이 환경부령으로 정하는 기본 방침과 절차에 따라 통합하여 고시하는 지침을 지켜야 한다.

규칙 **제19조(폐기물 발생 억제를 위한 기본 방침 및 절차)** 법 제17조제7항에서 "환경부령으로 정하는 기본 방침과 절차"란 다음과 같다. [개정 2017.10.19.]

1. 사업장폐기물배출자는 기술개발 · 공정개선 · 재이용 등의 방법으로 폐기물의 발생을 억제하기 위한 자체계획을 수립 · 시행할 것

2. 제1호에 따른 자체계획의 내용에는 자체적으로 설정한 폐기물 발생억제 목표율 및 효율적인 달성방법 등을 포함할 것
3. 사업장폐기물배출자는 제1호에 따른 자체계획의 추진실적을 정기적으로 평가하고 그 결과를 기록 · 유지할 것
4. 사업장폐기물배출자는 같은 종류의 제품을 제조하는 사업자 간의 상호 정보교환 및 기술제공 등을 통하여 폐기물 발생을 억제하기 위한 공동 노력에 적극 참여하며, 재활용이 가능한 폐기물을 분리 · 회수하는 체계를 마련하기 위하여 노력할 것

⑧ 사업장폐기물배출자가 그 사업을 양도하거나 사망한 경우 또는 법인이 합병 · 분할한 경우에는 그 양수인 · 상속인 또는 합병 · 분할 후 존속하는 법인이나 합병 · 분할에 의하여 설립되는 법인은 그 사업장폐기물과 관련한 권리와 의무를 승계한다.
⑨ 「민사집행법」에 따른 경매, 「채무자 회생 및 파산에 관한 법률」에 따른 환가(換價)나 「국세징수법」 · 「관세법」 또는 「지방세징수법」에 따른 압류재산의 매각, 그 밖에 이에 준하는 절차에 따라 사업장폐기물배출자의 사업장 전부 또는 일부를 인수한 자는 그 사업장폐기물과 관련한 권리와 의무를 승계한다.
⑩ 종전 사업장폐기물배출자의 이 법에 따른 의무 위반으로 인한 법적 책임은 제8항 또는 제9항에 따른 권리 · 의무 승계에도 불구하고 소멸하지 아니한다.

제17조의2(폐기물분석전문기관의 지정) ① 환경부장관은 폐기물에 관한 시험 · 분석 업무를 전문적으로 수행하기 위하여 다음 각 호의 기관을 폐기물 시험 · 분석 전문기관(이하 "폐기물분석전문기관"이라 한다)으로 지정할 수 있다.
1. 「한국환경공단법」에 따른 한국환경공단(이하 "한국환경공단"이라 한다)
2. 「수도권매립지관리공사의 설립 및 운영 등에 관한 법률」에 따른 수도권매립지관리공사
3. 「보건환경연구원법」에 따른 보건환경연구원
4. 그 밖에 환경부장관이 폐기물의 시험 · 분석 능력이 있다고 인정하는 기관

규칙 **제19조의2(폐기물분석전문기관의 지정)** ① 법 제17조의2제1항에 따라 폐기물 분석전문기관으로 지정을 받으려는 기관은 별지 제14호의2서식의 폐기물분석 전문기관 지정신청서에 다음 각 호의 서류(전자문서를 포함한다)를 첨부하여 국립환경과학원장에게 제출하여야 한다.
1. 기술능력의 보유 현황과 이를 증명하는 서류
2. 시설 및 장비의 보유 현황과 이를 증명하는 서류(일부를 임차하는 경우 임차계약서를 포함한다)
3. 다음 각 목의 내용이 포함된 폐기물 시험 · 분석 업무 수행계획서
가. 업무수행 절차 · 방법 등 운영 관리 계획

나. 시설 및 장비의 유지 · 관리 계획

② 제1항제4호에 따른 기관이 폐기물분석전문기관으로 지정을 받으려는 경우에는 대통령령으로 정하는 시설, 장비 및 기술능력을 갖추어 환경부장관에게 지정을 신청하여야 한다.

영 **제10조(폐기물분석전문기관의 지정)** 법 제17조의2제2항에 따라 폐기물분석전문기관으로 지정받으려는 기관은 별표 5의2에 따른 시설, 장비 및 기술능력을 갖추어 환경부령으로 정하는 바에 따라 지정을 신청하여야 한다.

[영 별표5의2]

폐기물분석전문기관의 시설, 장비 및 기술능력(제10조 관련)

1. 일반기준

가. 폐기물분석전문기관의 기술인력은 상시 근무하는 사람을 말하며, 기술자격자의 경우 「국가기술자격법」에 따라 그 자격이 정지된 사람과 「건설기술 진흥법」에 따라 업무정지 처분을 받은 사람은 제외한다.

나. 폐기물분석전문기관의 기술인력 1명이 두 종류 이상의 기술자격을 가지고 있는 경우에는 한 종류의 기술자격만을 가진 것으로 본다.

다. 폐기물분석전문기관의 기술인력은 다른 기관이나 업체 등에 취업하고 있지 않아야 하고, 다른 폐기물분석전문기관(해당 기관의 다른 전문분야를 포함한다)이나 폐기물분석전문기관 외의 업체 등의 기술인력으로 중복하여 등록하지 않아야 한다.

라. 시설기준 중 사무실, 실험실 및 기기실은 각각 구분되어 있어야 한다.

마. 시설 및 장비는 해당 폐기물분석전문기관에서 전용으로만 사용하여야 하며, 시설 중 사무실과 실험실 및 기기실은 임차(임차계약서는 임차기간을 3년 이상으로 하여 공증을 받아야 한다)하여 사용할 수 있다. 이 경우 임차기간 중 계약기간이 변경되거나 계약기간이 만료되면 변경된 임차계약서를 지정권자에게 다시 제출하여야 한다.

바. 일반 분야의 폐기물분석전문기관으로 지정받은 자가 동일한 소재지에서 폴리클로리네이티드비페닐(PCBs) 분야의 폐기물분석전문기관으로 중복하여 지정을 받으려는 경우에는 폴리클로리네이티드비페닐 분야의 시설 기준에 따른 실험실, 기기실 및 사무실 시설별로 각각 50% 이상의 면적과 책임자 1명 이상 및 담당자 1명 이상의 기술인력을 추가로 확보하여야 한다.

사. 「환경분야 시험 · 검사 등에 관한 법률」 제16조제3항에 따른 측정대행업자가 동일한 소재지에서 일반 분야 또는 폴리클로리네이티드비페닐 분야의 폐기물전문분석기관으로 지정받으려는 경우에는 공통되는 시설 및 장비는 중복하여 갖추지 않을 수 있다.

2. 폐기물분석전문기관의 전문분야별 시설 · 장비 및 기술능력 기준

가. 일반 분야

1) 분석항목

구분	분 석 항 목
일반항목	수소이온농도, 수분 및 고형물, 강열감량 및 유기물 함량, 기름성분, 생물학적 산소요구량, 화학적 산소요구량, 부유물질
유해물질	납 또는 그 화합물, 구리 또는 그 화합물, 비소 또는 그 화합물, 수은 또는 그

	화합물, 카드뮴 또는 그 화합물, 6가크롬화합물, 시안화합물, 유기인화합물, 휘발성저급염소화탄화수소류, 노말헥산추출물질, 페놀화합물, 크롬 또는 그 화합물, 용해성철 또는 그 화합물, 아연 또는 그 화합물, 용해성망간 또는 그 화합물, 불소화합물, 총대장균군수, 색도, 암모니아성 질소, 무기성질소, 총인
유기용제	디클로로메탄, 트리클로로메탄, 테트라클로로메탄, 디클로로디플루오로메탄, 트리클로로플루오로메탄, 디클로로에탄, 트리클로로에탄, 트리클로로트리플루오로에탄, 트리클로로에틸렌, 테트라클로로에틸렌, 클로로벤젠, 디클로로벤젠, 모노클로로페놀, 디클로로페놀, 1,1-디클로로에틸렌, 1,3-디클로로프로펜, 1,1,2-트리클로로-1,2,2-트리플로로에탄 및 그 밖의 유기용제류

2) 시설 및 장비

구분	시설 및 장비명
시설	다음에 해당하는 시설을 모두 갖출 것 가) 후드시설을 갖춘 실험실: 40㎡ 이상 나) 항온 · 제습시설을 갖춘 기기실: 40㎡ 이상 다) 사무실: 40㎡ 이상
장비	다음에 해당하는 장비를 모두 갖출 것 가) 기체크로마토그래프 또는 기체크로마토그래프-질량분석계 1대 이상 나) 구데르나다니쉬(K.D.) 농축기 또는 회전증발농축기 1대 이상 다) 정제용컬럼 10개 이상 라) 수욕조(water bath) 1대 이상 마) 증류수 제조기 1대 이상 바) 0.1mg 단위의 저울 1대 이상 사) 4℃ 이하의 보관이 가능한 시료냉장보관실 1대 이상 아) 용출용 왕복진탕기(수평인 것으로 200rpm 이상인 것) 1대 이상 자) 다음에 해당하는 체 각 1대 이상 (1) 재질이 철인 0.5mm의 체 (2) 재질이 철인 5mm의 체 (3) 재질이 비철인 0.5mm의 체 (4) 재질이 비철인 5mm의 체 차) 온도범위가 50℃부터 200℃까지인 건조기 1대 이상 카) 온도범위가 200℃부터 700℃까지인 회화로 1대 이상 타) pH 미터 1대 이상 파) 증류장치 세트(시안용) 1대 이상 하) 원자흡광광도계(AAS) 또는 유도결합플라즈마원자발광분광계(ICP) 1대 이상 거) 자석교반기 1대 이상 너) 전기열판 1대 이상 더) 자외선 및 가시선 분광계 1대 이상 러) 배양기(BOD 분석용) 1대 이상 머) 시료추출용 장치(분액깔대기 진탕추출기로서 200rpm 이상인 것) 1대 이상 버) 속슬렛 추출장비 1대 이상

3) 기술능력

구분	자격기준
책임자	다음의 어느 하나에 해당하는 사람 1명 이상을 갖출 것 가) 환경 또는 분석 관련 분야의 박사학위를 취득하거나 기술사 또는 환경측정분석사 자격을 취득한 사람 나) 환경 또는 분석 관련 분야의 석사학위 취득 후 폐기물 분석업무 경력이 2년 이상인 사람 다) 폐기물, 수질 또는 토양 분야의 환경기사 자격 취득 후 폐기물 분석업무 경력이 2년 이상인 사람 라) 「고등교육법」 제2조에 따른 학교에서 환경 또는 분석 관련 분야의 학사학위를 취득(다른 법령에서 이와 같은 수준이거나 그 이상의 학력이 있다고 인정하는 경우를 포함한다)한 후 폐기물 분석업무 경력이 5년 이상인 사람
담당자	다음의 어느 하나에 해당하는 사람 2명 이상을 갖출 것 가) 환경 또는 분석 관련 분야 석사학위 또는 폐기물, 수질 또는 토양 분야의 환경기사 자격을 취득한 사람 나) 「고등교육법」 제2조에 따른 학교에서 환경 또는 분석 관련 분야의 학사학위를 취득(다른 법령에서 이와 같은 수준이거나 그 이상의 학력이 있다고 인정하는 경우를 포함한다)한 후 폐기물 분석업무 경력이 1년 이상인 사람

나. 폴리클로리네이티드비페닐 분야

1) 분석항목: 폴리클로리네이티드비페닐

2) 시설 및 장비

구분	시설 및 장비명
시설	다음에 해당하는 시설을 모두 갖출 것 가) 후드시설을 갖춘 실험실: 40㎡ 이상 나) 항온 · 제습시설을 갖춘 기기실: 40㎡ 이상 다) 사무실: 40㎡ 이상
장비	다음에 해당하는 장비를 모두 갖출 것 가) 기체크로마토그래프 또는 기체크로마토그래프-질량분석계 1대 이상 나) 구데르나다니쉬 농축기 또는 회전증발농축기 1대 이상 다) 정제용컬럼 10개 이상 라) 수욕조 1대 이상 마) 증류수 제조기 1대 이상 바) 0.1mg 단위의 저울 1대 이상 사) 4℃ 이하의 보관이 가능한 시료냉장보관실 1대 이상 아) 용출용 왕복진탕기(수평인 것으로 200rpm 이상인 것) 1대 이상 자) 다음에 해당하는 체 각 1대 이상 (1) 재질이 철인 0.5mm의 체 (2) 재질이 철인 5mm의 체

	(3) 재질이 비철인 0.5mm의 체 (4) 재질이 비철인 5mm의 체 차) 시료추출용 장치(수직 진탕추출기로서 200rpm이상인 것) 1대 이상 카) 속슬렛 추출장치 1대 이상 타) 환류냉각기 1대 이상

3) 기술능력

구분	자격기준
책임자	다음의 어느 하나에 해당하는 사람 1명 이상을 갖출 것 가) 환경 또는 분석 관련 분야의 박사학위를 취득하거나 기술사 또는 환경측정분석사 자격을 취득한 사람 나) 환경 또는 분석 관련 분야의 석사학위 취득 후 폐기물 분석업무 경력이 2년 이상인 사람 다) 폐기물, 수질 또는 토양 분야의 환경기사 자격 취득 후 폐기물 분석업무 경력이 2년 이상인 사람 라) 「고등교육법」 제2조에 따른 학교에서 환경 또는 분석 관련 분야의 학사학위를 취득(다른 법령에서 이와 같은 수준이거나 그 이상의 학력이 있다고 인정하는 경우를 포함한다)한 후 폐기물 분석업무 경력이 5년 이상인 사람
담당자	다음의 어느 하나에 해당하는 사람 2명 이상을 갖출 것 가) 환경 또는 분석 관련 분야의 석사학위 또는 폐기물, 수질 또는 토양 분야의 환경기사 자격을 취득한 사람 나) 「고등교육법」 제2조에 따른 학교에서 환경 또는 분석 관련분야의 학사학위를 취득(다른 법령에서 이와 같은 수준이거나 그 이상의 학력이 있다고 인정하는 경우를 포함한다)한 후 폐기물 분석업무 경력이 1년 이상인 사람

다. 석면 분야

1) 분석항목: 석면류

2) 시설 및 장비

구분	시설 및 장비명
시설	다음에 해당하는 시설을 모두 갖출 것 가) 후드시설을 갖춘 실험실: 30㎡ 이상 나) 항온 · 제습시설을 갖춘 기기실: 30㎡ 이상 다) 사무실: 30㎡ 이상
장비	다음에 해당하는 장비를 모두 갖출 것 가) 편광현미경(PLM) 1대 이상 나) X선 회절분석기(XRD) 1대 이상 다) 투과전자현미경(TEM-EDS) 또는 주사전자현미경(SEM-EDS) 1대 이상 라) 석면 시료 채취 및 전처리(前處理) 장비 1대 이상

3) 기술능력
보건, 환경보건, 환경공학, 산업위생, 산업안전, 응용지질, 토양환경, 폐기물, 지구과학, 지질학, 광물학 등 석면 관련 분야 · 전공, 대기, 수질 등 환경 분야 · 전공, 또는 화학 · 화공 분야 · 전공에서 아래의 구분에 해당하는 인력을 각각 확보할 것

구분	자격기준
책임자	박사학위 또는 기술사 자격을 취득한 사람 1명 이상을 갖출 것
담당자	다음의 어느 하나에 해당하는 사람 2명 이상을 갖출 것 1) 기사 자격을 취득한 사람 2) 「고등교육법」 제2조에 따른 학교에서 학사학위를 취득(다른 법령에서 이와 같은 수준이거나 그 이상의 학력이 있다고 인정하는 경우를 포함한다)한 후 석면 관련 분석업무 경력이 1년 이상인 사람

③ 제1항제4호에 따라 폐기물분석전문기관으로 지정받은 기관은 지정받은 사항 중 환경부령으로 정하는 중요한 사항을 변경하려는 경우에는 환경부장관으로부터 변경지정을 받아야 한다.

④ 환경부장관은 제1항 각 호의 기관을 폐기물분석전문기관으로 지정하거나 변경지정하였을 때에는 해당 기관에 지정서를 발급하고, 그 내용을 관보나 인터넷 홈페이지 등에 게시하는 방법으로 공고하여야 한다.

⑤ 제1항제4호에 따른 폐기물분석전문기관의 결격사유에 관하여는 제26조를 준용한다. 이 경우 "폐기물처리업"은 "폐기물분석전문기관"으로, "허가"는 "지정"으로, "제27조(제1항제2호 및 제2항제20호는 제외한다)"는 "제17조의5(제1항제2호 및 제2항제6호는 제외한다)"로 본다. [본조신설 2015.1.20.]

제17조의3(폐기물분석전문기관의 준수사항) ① 폐기물분석전문기관은 다른 자에게 자기의 성명이나 상호를 사용하여 폐기물의 시험 · 분석 업무를 하게 하거나 그 지정서를 다른 자에게 빌려주어서는 아니 된다.

② 폐기물분석전문기관은 「환경분야 시험 · 검사 등에 관한 법률」 제6조에 따른 폐기물 분야에 대한 환경오염공정시험기준을 준수하여야 한다.

③ 폐기물분석전문기관은 제1항 및 제2항의 준수사항 외에 시험 · 분석 결과의 기록 · 보존 등 환경부령으로 정하는 준수사항을 지켜야 한다.

규칙 제19조의4(폐기물분석전문기관의 준수사항) 법 제17조의3제3항에 따른 폐기물분석전문기관의 준수사항은 별표 5의8과 같다. (생략으로 인해 법제처 참조)

제17조의4(폐기물분석전문기관에 대한 평가) ① 환경부장관은 폐기물분석전문기관의 폐기물 시험 · 분석 능력을 평가할 수 있다.

② 제1항에 따른 평가의 항목, 기준 및 방법 등은 환경부령으로 정한다.

규칙 **제19조의5(폐기물분석전문기관에 대한 평가의 실시)** ① 국립환경과학원장은 법 제17조의4제1항에 따른 폐기물분석전문기관의 폐기물 시험 · 분석 능력 평가(이하 "폐기물분석전문기관의 평가"라 한다)를 실시하려는 경우에는 평가 예정일 15일 전까지 해당 폐기물분석전문기관에 평가 일정 등을 서면으로 알려야 하며, 평가를 마친 경우에는 지체 없이 그 결과를 해당 폐기물분석전문기관에 알려야 한다.

② 법 제17조의4제2항에 따른 폐기물분석전문기관의 평가 항목, 기준 및 방법은 별표 5의9와 같다. (생략으로 인한 법제처 참조)

제17조의5(폐기물분석전문기관 지정의 취소 등) ① 환경부장관은 폐기물분석전문기관이 다음 각 호의 어느 하나에 해당하면 그 지정을 취소하여야 한다.

1. 거짓이나 그 밖의 부정한 방법으로 지정을 받은 경우
2. 제17조의2제5항에 따라 준용되는 제26조 각 호의 결격사유 중 어느 하나에 해당되는 경우. 다만, 법인의 임원 중에 제26조제6호에 해당되는 자가 있는 경우 결격사유가 발생한 날부터 2개월 이내에 그 임원을 바꾸어 임명하면 그러하지 아니하다.
3. 업무정지기간 중 시험 · 분석 업무를 한 경우

② 환경부장관은 폐기물분석전문기관이 다음 각 호의 어느 하나에 해당하면 그 지정을 취소하거나 6개월 이내의 기간을 정하여 업무의 전부 또는 일부의 정지를 명령할 수 있다.

1. 제17조의2제2항에 따른 시설, 장비 및 기술능력 기준에 미달된 경우
2. 제17조의2제3항에 따른 변경지정을 받지 아니하고 지정사항을 변경한 경우
3. 제17조의3에 따른 준수사항을 위반한 경우
4. 제17조의4에 따른 평가 결과가 환경부령으로 정하는 기준에 미달된 경우
5. 고의나 중대한 과실로 사실과 다른 내용의 폐기물분석결과서를 발급한 경우
6. 지정을 받은 후 1년 이내에 업무를 시작하지 아니하거나 정당한 사유 없이 계속하여 1년 이상 휴업한 경우

③ 환경부장관은 제1항 및 제2항에 따라 지정을 취소하거나 업무정지를 명령한 경우에는 그 내용을 관보나 인터넷 홈페이지 등에 게시하는 방법으로 공고하여야 한다.

제18조(사업장폐기물의 처리) ① 사업장폐기물배출자는 그의 사업장에서 발생하는 폐기물을 스스로 처리하거나 제25조제3항에 따른 폐기물처리업의 허가를 받은 자, 폐기물처리 신고자, 제4조나 제5조에 따른 폐기물처리시설을 설치 · 운영하는 자, 「건설폐기물의 재활용촉진에 관한 법률」 제21조에 따라 건설폐기물 처리업의 허가를 받은 자 또는 「해양폐기물 및 해양오염퇴적물 관리법」 제19조제1항제1호에 따라 폐기물 해양 배출업의 등록을 한 자에게 위탁하여 처리하여야 한다.

[개정 2010.7.23.]

② 환경부령으로 정하는 사업장폐기물을 배출, 수집 · 운반, 재활용 또는 처분하는 자는 그 폐기물을 배출, 수집 · 운반, 재활용 또는 처분할 때마다 폐기물의 인계 · 인수에 관한 내용을 환경부령으로 정하는 바에 따라 제45조제2항에 따른 전자정보처리프로그램에 입력하여야 한다. 다만, 의료폐기물은 환경부령으로 정하는 바에 따라 무선주파수인식방법을 이용하여 그 내용을 제45조제2항에 따른 전자정보처리프로그램에 입력하여야 한다.

③ 환경부령으로 정하는 사업장폐기물을 배출, 수집 · 운반, 재활용 또는 처분하는 자는 그 폐기물을 배출, 수집 · 운반, 재활용 또는 처분할 때마다 폐기물의 인계 · 인수에 관한 사항과 계량값, 위치정보, 영상정보 등 환경부령으로 정하는 폐기물 처리 현장정보(이하 "폐기물처리현장정보"라 한다)를 환경부령으로 정하는 바에 따라 제45조제2항에 따른 전자정보처리프로그램에 입력하여야 한다. 다만, 의료폐기물은 환경부령으로 정하는 바에 따라 무선주파수인식방법을 이용하여 그 내용을 제45조제2항에 따른 전자정보처리프로그램에 입력하여야 한다.

④ 환경부장관은 제3항에 따라 입력된 폐기물 인계 · 인수 내용을 해당 폐기물을 배출하는 자, 수집 · 운반하는 자, 재활용하는 자 또는 처분하는 자가 확인 · 출력할 수 있도록 하여야 하며, 그 폐기물을 배출하는 자, 수집 · 운반하는 자, 재활용하는 자 또는 처분하는 자를 관할하는 시장 · 군수 · 구청장 또는 시 · 도지사가 그 폐기물의 배출, 수집 · 운반, 재활용 및 처분 과정을 검색 · 확인할 수 있도록 하여야 한다.

⑤환경부령으로 정하는 둘 이상의 사업장폐기물배출자는 각각의 사업장에서 발생하는 폐기물을 환경부령으로 정하는 바에 따라 공동으로 수집, 운반, 재활용 또는 처분할 수 있다. 이 경우 사업장폐기물배출자는 공동 운영기구를 설치하고 그 중 1명을 공동 운영기구의 대표자로 선정하여야 하며, 폐기물처리시설을 공동으로 설치 · 운영할 수 있다.

⑥ 삭제 [2007. 8. 3.]

규칙 제20조(사업장폐기물의 인계 · 인수) ① 법 제18조제3항 본문에서 "환경부령으로 정하는 사업장폐기물"이란 다음 각 호의 폐기물을 말한다. 다만, 폐지, 고철, 그 밖에 환경부장관이 정하여 고시하는 폐기물은 제외한다. [개정 2015.3.3.]

1. 제18조제1항 각 호의 사업장폐기물(생활폐기물로 만든 중간가공 폐기물 외의 중간가공 폐기물을 포함하되, 별표 5 제3호가목2)에 따라 처리되는 사업장생활계 폐기물은 제외한다)
2. 제18조의2제1항 각 호의 지정폐기물(생활폐기물로 만든 중간가공 폐기물 외의 중간가공 폐기물을 포함한다)
3. 제21조제1항 각 호의 자가 공동으로 처리하는 지정폐기물(생활폐기물로 만든 중간가공 폐기물 외의 중간가공 폐기물을 포함한다)

② 법 제18조제3항 본문에서 "환경부령으로 정하는 폐기물 처리 현장정보"란 계량값을

말한다.

③ 법 제18조제3항 본문에 따른 폐기물의 인계 · 인수 사항과 폐기물 처리 현장정보(이하 "폐기물처리현장정보"라 한다)의 입력방법 및 절차는 별표 6과 같다.

[규칙 별표6]

폐기물 인계 · 인수 내용의 입력방법 및 절차(제20조제2항 및 제25조의3 관련)

1. 폐기물 인계 · 인수에 관한 내용은 다음 각 목의 어느 하나에 해당하는 매체를 이용한 방법으로 전자정보처리프로그램에 입력하여야 한다.
   가. 컴퓨터
   나. 이동형 통신수단
   다. 법 제45조제1항에 따른 전산처리기구의 ARS

2. 한국환경공단은 시스템 및 통신망 등의 장애가 발생한 경우에는 그 사유와 복구시간 등을 지체없이 사용자에게 통보하여야 하며, 사용자는 장애기간동안 입력하지 못한 인계 · 인수내용을 장애복구 후 입력하여야 한다. 다만, 사용자가 전자정보처리프로그램 및 무선주파수인식기구의 오류, 천재지변 또는 화재 등의 사유로 법 제18조제3항 및 제24조의3제2항에 따른 폐기물의 인계 · 인수 내용을 전자정보처리프로그램에 입력하지 못할 경우에는 환경부장관이 정하여 고시하는 방법 및 절차에 따라 입력하여야 한다.

3. 사업장폐기물을 배출(법 제24조의2제1항에 따른 수입을 포함한다), 수집 · 운반, 처분 또는 재활용하는 자는 인계 · 인수하는 폐기물의 종류와 양 등의 내용을 전자정보처리프로그램에 입력하여야 한다.
   가. 배출자(법 제24조의2제1항에 따라 수입신고를 한 자를 포함하며, 이하 "배출자"라 한다)는 운반자에게 폐기물을 인계하기 전이나 컨테이너를 사용하여 수출폐기물 또는 수입폐기물을 스스로 운반하기 전에 폐기물의 종류 및 양 등을 전자정보처리프로그램에 확정 또는 예약입력하여야 하며, 예약입력한 경우에는 처리자가 폐기물을 인수한 후 2일 이내에 확정입력하여야 한다
   나. 운반자는 배출자로부터 폐기물을 인수받은 날부터 2일 이내에 전달받은 인계번호를 확인하여 전자정보처리프로그램에 입력하여야 한다. 다만, 적재능력이 작은 차량으로 폐기물을 수집하여 적재능력이 큰 차량으로 옮겨 싣기 위하여 임시보관장소를 경유하여 운반하는 경우에는 처리자에게 인계한 후 2일 이내에 입력하여야 한다.
   다. 처리자는 운반자로부터 폐기물을 인수한 때에는 인수한 날(법 제24조의2제1항에 따라 수입신고를 한 자가 스스로 처리하는 경우에는 폐기물이 처리장소에 도착한 날로 한다)부터 2일 이내에 인계번호, 인계일자, 인수량 등을 전자정보처리프로그램에 입력하여야 한다. 다만, 수도권매립지관리공사에 반입되는 폐기물 중 「수도권매립지관리공사의 설립 및 운영 등에 관한 법률」에 따라 성분검사 등을 실시하는 폐기물에 대하여는 한국환경공단이 인정하는 경우에 한하여 입력기한을 30일로 연장할 수 있다.
   라. 처리자는 다목에 따라 입력한 폐기물을 처리한 후 2일 이내에 처리량 및 처리일자 등을 전자정보처리프로그램에 입력하여야 한다. 이 경우 처리기간을 초과하여서는 아니 된다.

4. 그 밖에 전자정보처리프로그램에 폐기물 인계 · 인수 내용을 입력하기 위한 구체적인 방법과 절차는 환경부장관이 정하여 고시한다.

규칙 제21조(사업장폐기물의 공동처리 등) ① 법 제18조제5항 전단에서 "환경부령으로 정하는 둘 이상의 사업장폐기물배출자"란 다음 각 호의 자를 말한다.

1. 「자동차관리법」 제2조제8호에 따른 자동차정비업을 하는 자와 같은 법 시행규칙 제132조 각 호의 작업을 업으로 하는 자
2. 「건설기계관리법」 제2조제1항제4호에 따른 건설기계정비업을 하는 자
3. 「여객자동차 운수사업법」 제2조제3호에 따른 여객자동차운송사업을 하는자
4. 「화물자동차 운수사업법」 제2조제3호에 따른 화물자동차운송사업을 하는자
5. 「공중위생관리법」 제2조제1항제6호에 따른 세탁업을 하는 자
6. 「인쇄문화산업 진흥법」 제2조제3호의 인쇄사를 경영하는 자
7. 같은 법인의 사업자 및 「독점규제 및 공정거래에 관한 법률」 제2조제2호에 따른 동일한 기업집단의 사업자

7의2. 같은 산업단지 등 사업장 밀집지역의 사업장을 운영하는 자

8. 의료폐기물을 배출하는 자(「의료법」 제3조제2항제3호마목의 종합병원은 제외한다)
9. 사업장폐기물이 소량으로 발생하여 공동으로 수집 · 운반하는 것이 효율적이라고 시 · 도지사, 시장 · 군수 · 구청장 또는 지방환경관서의 장이 인정하는 사업장을 운영하는 자

② 사업장폐기물 공동처리 운영기구의 대표자는 대상사업장(제1항제7호 및 제7호의2에 따른 사업장은 제외한다)에 대한 다음 각 호의 업무를 대행할 수 있다. [개정 2014.1.17.]

1. 법 제17조제2항에 따른 사업장폐기물배출자의 신고 · 변경신고
2. 법 제17조제5항에 따른 서류의 제출
3. 법 제18조제3항에 따른 폐기물 인계 · 인수 내용의 입력
4. 제60조제1항제2호에 따른 사업장폐기물의 배출 및 처리 실적 보고

제18조의2(유해성 정보자료의 작성 · 제공 의무) ① 사업장폐기물배출자는 환경부령으로 정하는 사업장폐기물을 배출하는 경우에는 환경부령으로 정하는 바에 따라 스스로 또는 환경부령으로 정하는 전문기관에 의뢰하여 다음 각 호의 사항을 포함한 유해성 정보자료(이하 "유해성 정보자료"라 한다)를 작성하여야 한다.

1. 사업장폐기물의 종류
2. 사업장폐기물의 물리 · 화학적 성질 및 취급 시 주의사항
3. 사업장폐기물로 인하여 화재 등의 사고 발생 시 방제 등 조치방법
4. 그 밖에 환경부령으로 정하는 사항

규칙 제22조(유해성 정보자료의 작성 · 제공 대상 폐기물의 종류) 법 제18조의2제1항 각 호 외의 부분에서 "환경부령으로 정하는 사업장폐기물"이란 다음 각 호의 폐기물을 말한다.

1. 지정폐기물(의료폐기물은 제외한다)
2. 영 제7조제1항제12호에 따라 환경부장관이 정하여 고시하는 폐기물

규칙 **제23조(유해성 정보자료의 작성 등)** ① 제22조 각 호의 어느 하나에 해당하는 폐기물을 배출하는 사업장폐기물배출자는 법 제18조의2제1항 각 호 외의 부분에 따른 유해성 정보자료(이하 "유해성 정보자료"라 한다)를 스스로 또는 다음 각 호의 어느 하나에 해당하는 기관(이하 "전문기관"이라 한다)에 의뢰하여 별표 4에 따른 폐기물의 종류별 세부분류별로 별지 제14호의4서식에 따라 작성하여야 한다. 다만, 해당 폐기물이 별표 4에 따른 종류별 세부분류가 다른 폐기물과 혼합된 상태로 배출되는 경우에는 전문기관에 의뢰하여 작성하여야 한다.

1. 한국환경공단
2. 재활용환경성평가기관

② 사업장폐기물배출자는 제1항에 따라 유해성 정보자료의 작성을 전문기관에 의뢰하는 경우에는 별지 제14호의5서식의 유해성 정보자료 작성 의뢰서에 사용 원료에 대한 「산업안전보건법」 제41조제1항 각 호 외의 부분 전단에 따른 물질안전보건자료(이하 "물질안전보건자료"라 한다)를 첨부하여 해당 전문기관에 제출하여야 한다.

③ 제2항에 따라 유해성 정보자료 작성을 의뢰받은 전문기관은 의뢰인에게 유해성 정보자료의 작성을 위하여 필요한 자료를 요청할 수 있으며, 의뢰받은 날부터 30일 이내에 유해성 정보자료를 별지 제14호의4서식에 따라 작성하여 의뢰인에게 통지하여야 한다.

④ 법 제18조의2제1항제4호에서 "그 밖에 환경부령으로 정하는 사항"이란 다음 각 호의 사항을 말한다.

1. 사업장폐기물의 연간 발생량
2. 사업장폐기물의 포장 방식
3. 영 별표 4의2 제1호 각 목에 따른 유해특성
4. 사업장폐기물의 성분 정보

② 사업장폐기물배출자는 제1항에 따라 유해성 정보자료를 작성한 후 생산공정이나 사용 원료의 변경 등 환경부령으로 정하는 중요사항이 변경된 경우에는 환경부령으로 정하는 바에 따라 그 변경내용을 반영하여 스스로 또는 환경부령으로 정하는 기관에 의뢰하여 유해성 정보자료를 다시 작성하여야 한다.

규칙 **제24조(유해성 정보자료의 변경 등)** ① 법 제18조의2제2항에서 "환경부령으로 정하는 중요사항이 변경된 경우"란 생산공정이나 사용 원료의 변경 등으로 폐기물의 종류 또는 성상이 변경된 경우를 말한다.

② 법 제18조의2제2항에 따라 유해성 정보자료를 다시 작성하여야 하는 사업장폐기물배출자는 제23조제1항에 따라 유해성 정보자료를 작성하여야 한다. 이 경우 유해성 정보자료의 작성을 전문기관에 의뢰할 때에는 별지 제14호의5서식의 유해성 정보자료 작

성 의뢰서에 다음 각 호의 자료를 첨부하여 해당 전문기관에 제출하여야 한다.

1. 유해성 정보자료 원본
2. 변경내용 및 사유
3. 사용 원료의 물질안전보건자료(사용 원료가 변경되는 경우만 해당한다)

③ 제2항 후단에 따라 유해성 정보자료 작성을 의뢰받은 전문기관은 의뢰인에게 유해성 정보자료의 작성을 위하여 필요한 자료를 요청할 수 있으며, 의뢰받은 날부터 30일 이내에 유해성 정보자료를 별지 제14호의4서식에 따라 작성하여 의뢰인에게 통지하여야 한다.

③ 사업장폐기물배출자는 해당 사업장폐기물을 제18조제1항에 따라 위탁하여 처리하는 경우에는 수탁자에게 제1항 및 제2항에 따라 작성한 유해성 정보자료를 제공하여야 한다.

규칙 **제25조(유해성 정보자료의 제공)** ① 사업장폐기물배출자는 법 제18조의2제3항에 따라 유해성 정보자료를 제공하여야 하는 경우에는 수탁자에게 그 사업장폐기물을 인계하기 전에 유해성 정보자료를 제공하여야 한다.

② 사업장폐기물배출자는 제24조제2항에 따라 유해성 정보자료를 다시 작성한 경우에는 같은 조 제1항에 따른 폐기물의 종류 또는 성상이 변경된 날 이후 수탁자에게 처음으로 그 사업장폐기물을 인계하기 전에 다시 작성한 유해성 정보자료를 수탁자에게 제공하여야 한다.

④ 사업장폐기물배출자와 수탁자는 제1항, 제2항 및 제3항에 따라 작성하거나 제공받은 유해성 정보자료를 사업장폐기물의 수집 · 운반차량, 보관장소 및 처리시설에 각각 게시하거나 비치하여야 한다.

제19조(사업장폐기물처리자의 의무) ① 제18조제3항에 따른 사업장폐기물을 운반하는 자는 그 폐기물을 운반하는 중에 제45조제2항에 따른 전자정보처리프로그램에 입력된 폐기물 인계 · 인수 내용을 확인할 수 있도록 인계번호를 숙지하여야 하며, 관계 행정기관이나 그 소속 공무원이 요구하는 때에는 이를 알려주어야 한다. [개정 2010.7.23.]

② 폐기물을 수탁하여 처리하는 자는 영업정지 · 휴업 · 폐업 또는 폐기물처리시설의 사용정지 등의 사유로 환경부령으로 정하는 사업장폐기물을 처리할 수 없는 경우에는 환경부령으로 정하는 바에 따라 지체 없이 그 사실을 사업장폐기물의 처리를 위탁한 배출자에게 통보하여야 한다.

규칙 **제26조(영업정지 등에 따른 폐기물처리 불가 통보)** ① 법 제19조제2항에서 "환경부령으로 정하는 사업장폐기물"이란 제20조제1항 각 호의 폐기물을 말한다.

② 법 제19조제2항에 따른 통보는 별지 제15호서식에 따른다.

규칙 제25조의2 삭제 [2017.10.19]

규칙 제25조의3 삭제 [2017.10.19]

제4장 폐기물처리업 등

제25조(폐기물처리업) ① 폐기물의 수집 · 운반, 재활용 또는 처분을 업(이하 "폐기물처리업"이라 한다)으로 하려는 자(음식물류 폐기물을 제외한 생활폐기물을 재활용하려는 자와 폐기물처리 신고자는 제외한다)는 환경부령으로 정하는 바에 따라 지정폐기물을 대상으로 하는 경우에는 폐기물 처리 사업계획서를 환경부장관에게 제출하고, 그 밖의 폐기물을 대상으로 하는 경우에는 시 · 도지사에게 제출하여야 한다. 환경부령으로 정하는 중요 사항을 변경하려는 때에도 또한 같다. [개정 2010.7.23.]

규칙 제28조(폐기물처리업의 허가) ① 법 제25조제1항에 따라 폐기물처리업을 하려는 자는 별지 제17호서식의 폐기물처리 사업계획서에 다음 각 호의 구분에 따른 서류를 첨부하여 폐기물 중간처분시설 및 최종처분시설(이하 "폐기물 처분시설"이라 한다) 또는 재활용시설 설치예정지(지정폐기물 수집 · 운반업의 경우에는 주차장 소재지, 지정폐기물 외 폐기물 수집 · 운반업의 경우에는 연락장소 또는 사무실 소재지)를 관할하는 시 · 도지사 또는 지방환경관서의 장에게 제출하여야 한다. [개정 2012.9.24.]

1. 폐기물 수집 · 운반업: 수집 · 운반대상 폐기물의 수집 · 운반계획서(시설 설치, 장비 및 기술능력의 확보계획을 포함한다)
2. 폐기물 중간처분업, 폐기물 최종처분업 및 폐기물 종합처분업
   가. 처분대상 폐기물의 처분계획서(시설 설치, 장비 및 기술능력의 확보계획을 포함한다)
   나. 배출시설의 설치허가 신청 또는 신고 시의 첨부서류(배출시설에 해당하는 폐기물 처분시설을 설치하는 경우만 제출하며, 가목의 서류와 중복되면 그에 해당하는 서류는 제출하지 아니할 수 있다)
   다. 환경부장관이 정하여 고시하는 사항을 포함하는 환경성조사서(소각시설과 매립시설로 한정하되, 「환경영향평가법」에 따른 전략환경영향평가 대상사업, 환경영향평가 대상사업 또는 소규모 환경영향평가 대상사업인 경우에는 전략환경영향평가서, 환경영향평가서나 소규모 환경영향평가서로 대체할 수 있다)
   이하 생략
3. 폐기물 중간재활용업, 폐기물 최종재활용업 및 폐기물 종합재활용업
   가. 재활용대상 폐기물의 재활용계획서(시설 설치, 장비 및 기술능력의 확보계획을 포함한다)
   나. 배출시설의 설치허가 신청 또는 신고 시의 첨부서류(배출시설에 해당하는 폐기물 재활용시설을 설치하는 경우만 제출하며, 가목의 서류와 중복되면 그에 해당

하는 서류는 제출하지 아니할 수 있다)

다. 환경부장관이 정하여 고시하는 사항을 포함하는 환경성조사서(폐기물을 연료로 사용하는 시멘트 소성로와 소각열회수시설로 한정하되, 「환경영향평가법」에 따른 전략환경영향평가 대상사업, 환경영향평가 대상사업 또는 소규모 환경영향평가 대상사업인 경우에는 전략환경영향평가서, 환경영향평가서나 소규모 환경영향평가서로 대체할 수 있다) 이하 생략

② 1개의 폐기물 처분시설 또는 재활용시설에 대하여 2개 이상의 사업자로 나 누어 법 제25조에 따른 폐기물처리업허가를 신청하거나, 법 제29조에 따른 폐기물 처분시설 또는 재활용시설 설치 승인 또는 신고를 하여서는 아니 된다.

③ 법 제25조제1항 후단에서 "환경부령으로 정하는 중요 사항"이란 다음 각 호의 구분에 따른 사항을 말한다.

1. 폐기물 수집 · 운반업
   가. 대표자 또는 상호
   나. 연락장소 또는 사무실 소재지(지정폐기물 수집 · 운반업의 경우에는 주차장 소재지를 포함한다)
   다. 영업구역(생활폐기물의 수집 · 운반업만 해당한다)
   라. 수집 · 운반 폐기물의 종류
   마. 운반차량의 수 또는 종류
2. 폐기물 중간처분업, 폐기물 최종처분업 및 폐기물 종합처분업
   가. 대표자 또는 상호
   나. 폐기물 처분시설 설치 예정지
   다. 폐기물 처분시설의 수(증가하는 경우에만 해당한다)
   라. 폐기물 처분시설의 구조 및 규모[별표 9 제1호나목2)가)(1) · (2), 나)(1) · (2), 다)(2) · (3), 라)(1) · (2)에 따른 기준을 변경하는 경우, 차수시설 · 침출수처리시설을 변경하는 경우 및 「대기환경보전법」 또는 「물환경보전법」에 따른 배출시설의 변경허가 또는 변경신고 사유에 해당하는 경우로 한정한다]
   마. 폐기물 처분시설의 처분용량(처분용량의 변경으로 다른 법령에 따른 인 · 허가를 받아야 하는 경우와 처분용량이 100분의 30 이상 증감하는 경우만 해당한다)
   바. 폐기물처리업자의 허가받은 보관용량(이하 "허용보관량"이라 한다)
   사. 매립시설의 제방의 규모(증가하는 경우에만 해당한다)
3. 폐기물 중간재활용업, 폐기물 최종재활용업 및 폐기물 종합재활용업
   가. 대표자 또는 상호
   나. 폐기물 재활용시설의 설치 예정지
   다. 폐기물 재활용시설의 수(증가하는 경우만 해당한다)

라. 폐기물 재활용시설의 구조 및 규모[별표 9 제3호마목13) · 14) 또는 사목 11) · 12)에 따른 기준을 변경하는 경우, 「대기환경보전법」 또는 「수질 및 수생태계 보전에 관한 법률」에 따른 배출시설의 변경허가 또는 변경신고 사유에 해당하는 경우로 한정한다]

마. 폐기물 재활용시설의 재활용용량(재활용용량의 변경으로 다른 법령에 따른 인 · 허가를 받아야 하는 경우와 재활용용량이 100분의 30이상 증감하는 경우로 한정한다)

바. 허용보관량

④ 법 제25조제3항에 따라 허가를 받고자 하는 자는 별지 제18호서식의 허가신청서에 다음 각 호의 구분에 따른 서류를 첨부하여 시 · 도지사나 지방환경관서의 장에게 제출하여야 한다. [개정 2016.7.21.]

1. 폐기물 수집 · 운반업
   가. 시설 및 장비명세서
   나. 수집 · 운반 대상 폐기물의 수집 · 운반계획서
   다. 기술능력의 보유 현황 및 그 자격을 증명하는 서류
2. 폐기물 중간처분업, 폐기물 최종처분업 및 폐기물 종합처분업
   가. 시설 및 장비명세서
   나. 처분시설 설치명세서 및 그 도면과 처분공정도
   다. 처분대상 폐기물의 처분공정도
   라. 기술능력의 보유 현황 및 그 자격을 증명하는 서류
   마. 보관시설의 용량 및 그 산출근거를 확인할 수 있는 서류
   바. 폐기물매립시설 사후관리계획서
   사. 배출시설의 설치허가 신청 또는 신고 시의 첨부서류(법 제25조제1항 및 제2항에 따른 절차를 거치지 아니한 자로서 배출시설에 해당하는 폐기물 처분시설을 설치하는 경우만 제출하며, 나목의 서류와 중복되면 그에 해당하는 서류는 제출하지 아니할 수 있다)
   아. 환경부장관이 정하여 고시하는 사항을 포함하는 환경성조사서(법 제25조제1항 및 제2항에 따른 절차를 거치지 아니한 자의 소각시설과 매립시설로 한정하되, 「환경영향평가법」에 따른 전략환경영향평가 대상사업, 환경영향평가 대상사업 또는 소규모 환경영향평가 대상사업인 경우에는 전략환경영향평가서, 환경영향평가서나 소규모 환경영향평가서로 대체할 수 있다)
3. 폐기물 중간재활용업, 폐기물 최종재활용업 및 폐기물 종합재활용업
   가. 시설 및 장비명세서
   나. 재활용시설 설치명세서 및 그 도면과 재활용공정도

다. 재활용대상 폐기물의 재활용공정도(음식물류 폐기물을 재활용하는 경우에는 물질수지도를 포함하며, 별표 4의2 제4호에 따른 재활용 유형 또는 재활용환경성평가를 통한 매체접촉형 재활용의 방법으로 재활용을 하려는 경우에는 성토재·보조기층재 등으로 직접 이용하는 공사의 발주자 또는 토지소유자 등 해당 토지의 권리자의 동의서를 포함한다)

라. 기술능력의 보유 현황 및 그 자격을 증명하는 서류

마. 보관시설의 용량 및 그 산출근거를 확인할 수 있는 서류

바. 배출시설의 설치허가 신청 또는 신고 시의 첨부서류(법 제25조제1항 및 제2항에 따른 절차를 거치지 아니한 자로서 배출시설에 해당하는 폐기물 재활용시설을 설치하는 경우만 제출하며, 나목의 서류와 중복되면 그에 해당하는 서류는 제출하지 아니할 수 있다)

사. 환경부장관이 정하여 고시하는 사항을 포함하는 환경성조사서(법 제25조제1항 및 제2항에 따른 절차를 거치지 아니한 자의 폐기물을 연료로 사용하는 시멘트 소성로나 소각열회수시설로 한정하되, 「환경영향평가법」에 따른 전략환경영향평가 대상사업, 환경영향평가 대상사업 또는 소규모 환경영향평가 대상사업인 경우에는 전략환경영향평가서, 환경영향평가서나 소규모 환경영향평가서로 대체할 수 있다)

⑤ 시·도지사나 지방환경관서의 장은 법 제25조제1항 및 제2항에 따른 절차를 거치지 아니한 자에 대하여 제4항에 따른 허가를 하려는 경우에는 법 제25조제2항 각 호의 사항을 검토하여야 한다. [신설 2011.9.27.]

⑥ 법 제25조제3항에 따른 폐기물처리업을 하려는 자가 갖추어야 할 시설·장비·기술능력의 기준은 별표 7과 같다. [개정 2008.8.4., 2011.9.27.]

⑦ 시·도지사나 지방환경관서의 장은 폐기물처리업의 허가를 하였을 때에는 별지 제19호서식 또는 별지 제20호서식의 허가증을 신청인에게 내주어야 한다.

규칙 **제30조(허가증의 재발급)** 폐기물처리업자는 허가증을 잃어버리거나 허가증이을 못쓰게 되면 시·도지사나 지방환경관서의 장에게 재발급을 신청할 수있다.

② 환경부장관이나 시·도지사는 제1항에 따라 제출된 폐기물 처리사업계획서를 다음 각 호의 사항에 관하여 검토한 후 그 적합 여부를 폐기물처리사업계획서를 제출한 자에게 통보하여야 한다. [개정 2015.1.20.]

1. 폐기물처리업 허가를 받으려는 자(법인의 경우에는 임원을 포함한다)가 제26조에 따른 결격사유에 해당하는지 여부
2. 폐기물처리시설의 입지 등이 다른 법률에 저촉되는지 여부
3. 폐기물처리사업계획서상의 시설·장비와 기술능력이 제3항에 따른 허가기준에 맞

는지 여부

4. 폐기물처리시설의 설치 · 운영으로 「수도법」 제7조에 따른 상수원보호구역의 수질이 악화되거나 「환경정책기본법」 제12조에 따른 환경기준의 유지가 곤란하게 되는 등 사람의 건강이나 주변 환경에 영향을 미치는지 여부

③ 제2항에 따라 적합통보를 받은 자는 그 통보를 받은 날부터 2년(제5항제1호에 따른 폐기물 수집 · 운반업의 경우에는 6개월, 폐기물처리업 중 소각시설과 매립시설의 설치가 필요한 경우에는 3년) 이내에 환경부령으로 정하는 기준에 따른 시설 · 장비 및 기술능력을 갖추어 업종, 영업대상 폐기물 및 처리분야별로 지정폐기물을 대상으로 하는 경우에는 환경부장관의, 그 밖의 폐기물을 대상으로 하는 경우에는 시 · 도지사의 허가를 받아야 한다. 이 경우 환경부장관 또는 시 · 도지사는 제2항에 따라 적합통보를 받은 자가 그 적합통보를 받은 사업계획에 따라 시설 · 장비 및 기술인력 등의 요건을 갖추어 허가신청을 한 때에는 지체 없이 허가하여야 한다. [개정 2010.7.23.]

④ 환경부장관 또는 시 · 도지사는 천재지변이나 그 밖의 부득이한 사유로 제3항의 기간 내에 허가신청을 하지 못한 자에 대하여는 신청에 따라 총 연장기간 1년(제5항제1호에 따른 폐기물 수집 · 운반업의 경우에는 총 연장기간 6개월, 같은 항 제3호에 따른 폐기물 최종처분업과 같은 항 제4호에 따른 폐기물 종합처분업의 경우에는 총 연장기간 2년)의 범위에서 허가신청기간을 연장할 수 있다. [신설 2010.7.23.]

⑤ 폐기물처리업의 업종 구분과 영업 내용은 다음과 같다. [개정 2015.7.20.]

1. 폐기물 수집 · 운반업: 폐기물을 수집하여 재활용 또는 처분 장소로 운반하거나 폐기물을 수출하기 위하여 수집 · 운반하는 영업
2. 폐기물 중간처분업: 폐기물 중간처분시설을 갖추고 폐기물을 소각 처분, 기계적 처분,화학적 처분, 생물학적 처분, 그 밖에 환경부장관이 폐기물을 안전하게 중간처분할 수 있다고 인정하여 고시하는 방법으로 중간처분하는 영업
3. 폐기물 최종처분업: 폐기물 최종처분시설을 갖추고 폐기물을 매립 등(해역 배출은 제외한다)의 방법으로 최종처분하는 영업
4. 폐기물 종합처분업: 폐기물 중간처분시설 및 최종처분시설을 갖추고 폐기물의 중간처분과 최종처분을 함께 하는 영업
5. 폐기물 중간재활용업: 폐기물 재활용시설을 갖추고 중간가공 폐기물을 만드는 영업
6. 폐기물 최종재활용업: 폐기물 재활용시설을 갖추고 중간가공 폐기물을 제13조의2에 따른 폐기물의 재활용 원칙 및 준수사항에 따라 재활용하는 영업
7. 폐기물 종합재활용업: 폐기물 재활용시설을 갖추고 중간재활용업과 최종재활용업을 함께하는 영업

⑥ 제5항제2호부터 제7호까지의 규정에 해당하는 폐기물처리업 허가를 받은 자는 같은 항 제1호에

따른 폐기물 수집 · 운반업의 허가를 받지 아니하고 그 처리 대상 폐기물을 스스로 수집 · 운반할 수 있다. [개정 2010.7.23.]

⑦ 환경부장관 또는 시 · 도지사는 제3항에 따라 허가를 할 때에는 주민생활의 편익, 주변 환경보호 및 폐기물처리업의 효율적 관리 등을 위하여 필요한 조건을 붙일 수 있다. 다만, 영업 구역을 제한하는 조건은 생활폐기물의 수집 · 운반업에 대하여 붙일 수 있으며, 이 경우 시 · 도지사는 시 · 군 · 구 단위 미만으로 제한하여서는 아니 된다. [개정 2010.7.23.]

⑧ 제3항에 따른 폐기물처리업의 허가를 받은 자(이하 "폐기물처리업자"라 한다)는 다른 사람에게 자기의 성명이나 상호를 사용하여 폐기물을 처리하게 하거나 그 허가증을 다른 사람에게 빌려주어서는 아니 된다. [개정 2007.8.3., 2010.7.23.]

⑨ 폐기물처리업자는 다음 각 호의 준수사항을 지켜야 한다. [개정 2015.1.20.]

1. 환경부령으로 정하는 바에 따라 폐기물을 허가받은 사업장 내 보관시설이나 승인받은 임시보관시설 등 적정한 장소에 보관할 것
2. 환경부령으로 정하는 양 또는 기간을 초과하여 폐기물을 보관하지 말 것
3. 자신의 처리시설에서 처리가 어렵거나 처리능력을 초과하는 경우에는 폐기물의 처리를 위탁받지 말 것
4. 제39조의2, 제39조의3, 제40조제2항 · 제3항, 제47조의2 또는 제48조에 따른 처리명령, 반입정지명령 또는 조치명령 등 처분이 내려진 장소로 폐기물을 운반하지 아니할 것
5. 그 밖에 폐기물 처리 계약 시 계약서 작성 · 보관 등 환경부령으로 정하는 준수사항을 지킬 것

규칙 **제30조의2(폐기물처리업자의 폐기물 보관장소)** 폐기물처리업자는 법 제25조제9항제1호에 따라 다음 각 호의 장소에 폐기물을 보관하여야 한다.

1. 제9조제4항에 따라 승인을 받거나 같은 조 제5항에 따라 변경승인을 받은 임시보관장소
2. 제11조제2항에 따라 승인을 받거나 같은 조 제3항에 따라 변경승인을 받은 임시보관시설
3. 제28조제4항에 따라 허가를 받거나 제29조제1항에 따라 변경허가를 받은 폐기물 보관시설

규칙 **제31조(폐기물처리업자의 폐기물 보관량 및 처리기한)** ① 법 제25조제9항제2호에서 "환경부령으로 정하는 양 또는 기간"이란 다음 각 호와 같다.

1. 폐기물 수집 · 운반업자가 임시보관장소에 폐기물을 보관하는 경우
   가. 의료폐기물: 냉장 보관할 수 있는 섭씨 4도 이하의 전용보관시설에서 보관하는 경우 5일 이내, 그 밖의 보관시설에서 보관하는 경우에는 2일 이내. 다만, 영 별표 2 제1호의 격리의료폐기물(이하 "격리의료폐기물"이라 한다)의 경우에는

보관시설과 무관하게 2일 이내로 한다.

나. 의료폐기물 외의 폐기물: 중량 450ton 이하이고 용적이 300㎥ 이하, 5일 이내

2. 폐기물 재활용업자가 제11조제2항 및 제3항에 따른 임시보관시설에 폐기물(폐전주로 한정한다)을 보관하는 경우

가. 3월부터 11월까지: 중량 50ton 미만

나. 12월부터 다음 해 2월까지: 중량 100ton 미만

3. 폐기물 재활용업자가 다음 각 목의 폐기물을 재활용하기 위하여 보관하는 경우: 1일 재활용량의 60일분 보관량 이하, 60일 이내. 다만, 폐기물 재활용업자가 폐목재 또는 폐목재, 폐촉매 또는 합성수지재질의 폐김발장(「수산업 · 어촌 발전 기본법」 제3조제7호에 따른 수산물 중 김의 건조를 위하여 사용하는 발장을 말한다. 이하 같다)을 재활용하기 위하여 보관하는 경우에는 1일 재활용량의 180일분 보관량 이하, 180일 이내로 한다.

가. 폐석고(도자기 제조시설에서 발생하는 것으로 한정한다), 폐고무, 광재(鑛滓), 폐내화물, 폐도자기조각, 폐합성수지(「자원의 절약과 재활용촉진에 관한 법률 시행령」 제18조제1호, 제3호 및 제8호부터 제10호까지의 규정에 해당하는 폐합성수지는 제외한다), 폐금속류, 폐지, 폐목재, 폐유리, 폐콘크리트전주, 폐석재, 폐레미콘, 폐촉매 또는 합성수지재질의 폐김발장

나. 토기 · 자기 · 내화물 · 시멘트 · 콘크리트 · 석제품의 제조 및 가공시설, 건설공사장의 세륜시설(바퀴 등의 세척시설), 수도사업용 정수시설, 비금속광물 분쇄시설[굴착(땅파기)시설을 포함한다] 또는 토사세척시설에서 발생되는 무기성 오니(汚泥)

4. 폐기물 재활용업자, 폐기물 중간처분업자 및 폐기물 종합처분업자가 폐기물을 보관(의료폐기물 또는 제2호 및 제3호에 따라 폐기물을 보관하는 경우는 제외한다)하는 경우: 1일 처리용량의 30일분 보관량 이하, 30일 이내(매립시설의 일정 구역을 구획하여 폐석면을 매립하기 위한 경우에는 6개월 이내)

5. 폐기물 재활용업자가 의료폐기물(태반으로 한정한다)을 보관하는 경우

가. 제11조제1항제2호에 따라 폐기물 임시보관시설에 보관하는 경우: 중량 5ton 미만, 5일 이내

나. 그 밖의 경우: 1일 재활용량의 7일분 보관량 이하, 7일 이내

6. 폐기물 중간처분업자가 의료폐기물을 보관하는 경우: 1일 처분용량의 5일분 보관량 이하, 5일 이내. 다만, 격리의료폐기물 및 영 별표 2 제2호가목의 조직물류폐기물의 경우에는 2일분 보관량 이하, 2일 이내로 한다.

7. 환경부장관은 제1호 및 제6호에도 불구하고 「감염병의 예방 및 관리에 관한 법률」 제2조제1호에 따른 감염병의 확산으로 인하여 「재난 및 안전관리 기본법」 제38조

제1항에 따른 재난 예보 · 경보가 발령되는 경우 또는 감염병의 확산 방지를 위하여 필요하다고 인정하는 경우에는 의료폐기물의 처리기한을 따로 정할 수 있다.

② 폐기물처리업자는 제1항 및 제28조제4항에 따라 허가나 승인을 받은 보관량 및 보관기간을 초과하여 폐기물을 보관할 수 없다. 다만, 화재 등 중대한 사고, 방치폐기물의 반입 · 보관 등으로 그 기간 이상 보관하여야 할 부득이한 사유가 있는 경우로서 시 · 도지사나 지방환경관서의 장의 승인을 받았을 때에는 그러하지 아니하다.

규칙 **제32조(폐기물처리업자의 준수사항)** 법 제25조제9항제5호에서 "환경부령으로 정하는 준수사항"이란 별표 8과 같다. [개정 2016.1.21.]

[규칙 별표7]

폐기물처리업의 시설 · 장비 · 기술능력의 기준(제28조제6항 관련)

1. 폐기물수집 · 운반업의 기준
  가. 생활폐기물 또는 사업장생활계폐기물을 수집 · 운반하는 경우
    1) 장비
      가) 밀폐형 압축 · 압착차량 1대(특별시 · 광역시는 2대) 이상
      나) 밀폐형 차량 또는 밀폐형 덮개 설치차량 1대 이상(적재능력 합계 15㎥ 이상)
    2) 연락장소 또는 사무실
  나. 사업장배출시설계폐기물을 수집 · 운반하는 경우
    1) 장비
      가) 액체상태 폐기물을 수집 · 운반하는 경우: 탱크로리 1대 이상, 밀폐형 차량 1대 이상
      나) 고체상태 폐기물을 수집 · 운반하는 경우: 밀폐형 차량 또는 밀폐형 덮개 설치차량 2대 이상
    2) 연락장소 또는 사무실
  다. 지정폐기물(의료폐기물은 제외한다)을 수집 · 운반하는 경우
    1) 장비
      가) 액체상태 폐기물을 수집 · 운반하는 경우: 탱크로리 1대 이상, 밀폐형 차량 1대 이상(적재능력 합계 9ton 이상)
      나) 고체상태 폐기물을 수집 · 운반하는 경우: 밀폐형 차량 2대 이상, 밀폐형 덮개 설치차량 1대 이상(적재능력 합계 13.5ton 이상)
    2) 시설
      가) 주차장: 모든 차량을 주차할 수 있는 규모
      나) 세차시설: 20㎡ 이상
    3) 기술능력: 폐기물처리산업기사 · 대기환경산업기사 · 수질환경산업기사 또는 공업화학산업기사 중 1명 이상
    4) 연락장소 또는 사무실
  라. 지정폐기물 중 의료폐기물을 수집 · 운반하는 경우
    1) 장비
      가) 적재능력 0.45ton 이상의 냉장차량(섭씨 4도 이하인 것을 말한다. 이하 같다) 3대 이상
      나) 약물소독장비 1식 이상
    2) 주차장: 모든 차량을 주차할 수 있는 규모

3) 연락장소 또는 사무실

2. 폐기물 중간처분업의 기준
 가. 지정폐기물 외의 폐기물(건설폐기물은 제외한다)을 중간처분하는 경우
  1) 소각전문의 경우
   가) 실험실
   나) 시설 및 장비
    (1) 소각시설: 시간당 처분능력 2ton 이상
    (2) 보관시설: 1일 처분능력의 10일분 이상 30일분 이하의 폐기물을 보관할 수 있는 규모의 시설
    (3) 계량시설 1식 이상
    (4) 배출가스의 오염물질 중 아황산가스 · 염화수소 · 질소산화물 · 일산화탄소 및 분진을 측정 · 분석할 수 있는 실험기기
    (5) 수집 · 운반차량(밀폐형 차량 또는 밀폐형 덮개 설치차량을 말한다. 이하 이 표에서 같다) 1대 이상(처분대상 폐기물을 스스로 수집 · 운반하는 경우만 해당한다)
   다) 기술능력: 폐기물처리산업기사 또는 대기환경산업기사 중 1명 이상
  2) 기계적 처분전문의 경우
   가) 시설 및 장비
    (1) 처분시설: 시간당 처분능력 200kg 이상
    (2) 보관시설: 1일 처분능력의 10일분 이상 30일분 이하의 폐기물을 보관할 수 있는 규모의 시설
    (3) 계량시설 1식 이상
    (4) 수집 · 운반차량 1대 이상(처분대상 폐기물을 스스로 수집 · 운반하는 경우만 해당한다)
   나) 기술능력: 폐기물처리산업기사 · 대기환경산업기사 · 수질환경산업기사 · 소음진동산업기사 또는 환경기능사 중 1명 이상
  3) 화학적 처분 또는 생물학적 처분전문의 경우
   가) 시설 및 장비
    (1) 처분시설: 1일 처분능력 5ton 이상
    (2) 보관시설: 1일 처분능력의 10일분 이상 30일분 이하의 폐기물을 보관할 수 있는 규모의 시설(부패와 악취발생의 방지를 위하여 수집 · 운반 즉시 처분하는 생물학적 처분시설을 갖춘 경우 보관시설을 설치하지 아니할 수 있다)
    (3) 계량시설 1식 이상
    (4) 수집 · 운반차량 1대 이상(처분대상 폐기물을 스스로 수집 · 운반하는 경우만 해당한다)
   나) 기술능력: 폐기물처리산업기사 · 대기환경산업기사 · 수질환경산업기사 또는 공업화학산업기사 중 1명 이상
 나. 지정폐기물(의료폐기물은 제외한다)을 중간처분하는 경우
  1) 시설 및 장비
   가) 공통시설 및 장비
    (1) 실험실
    (2) 실험기기: 수소이온농도 · 생물화학적산소요구량 · 화학적산소요구량 · 부유물질량 및 폐기물공정시험기준(방법)의 용출시험에 따른 별표 1에 규정된 유해물질을 측정할 수 있는 실험기기
    (3) 보관시설: 1일 처분능력의 10일분 이상 30일분 이하의 폐기물을 보관할 수 있는 보관창고
    (4) 주차장: 모든 차량을 주차할 수 있는 규모(처분대상 폐기물을 스스로 수집 · 운반하는 경우만 해당한다)
    (5) 세차시설: 20㎡ 이상

(6) 계량시설 1식 이상
(7) 수집 · 운반차량 1대 이상(처분대상 폐기물을 스스로 수집 · 운반하는 경우만 해당한다)
나) 개별시설
(1) 고온소각 · 고온용융 처분대상폐기물: 시간당 처분능력 200kg 이상의 고온소각시설 또는 고온용융시설
(2) 일반소각대상폐기물: 시간당 처분능력 2ton 이상의 소각시설
(3) 기계적 · 화학적 또는 생물학적 처분대상폐기물: 1일 처분능력 5ton 이상의 시설
2) 기술능력: 폐기물처리기사 · 대기환경기사 · 수질환경기사 또는 화공기사 중 1명 이상
다. 지정폐기물 중 의료폐기물을 중간처분하는 경우
1) 시설 및 장비
가) 공통시설 및 장비
(1) 보관창고 및 냉장시설: 1일 처분능력의 3일분 이상 5일분 이하의 폐기물을 보관할 수 있는 보관창고 및 냉장시설
(2) 주차장: 모든 차량을 주차할 수 있는 규모(처분대상 폐기물을 스스로 수집 · 운반하는 경우만 해당한다)
(3) 소독시설
(4) 수집 · 운반차량: 적재능력 0.45ton 이상의 냉장차량 1대 이상(처분대상 폐기물을 스스로 수집 · 운반하는 경우만 해당한다)
나) 개별시설: 시간당 처분능력 1ton 이상의 소각시설
2) 기술능력: 폐기물처리산업기사 · 임상병리사 또는 위생사 중 1명 이상

3. 폐기물 최종처분업의 기준
가. 지정폐기물 외의 폐기물을 최종처분하는 경우
1) 실험실
2) 시설 및 장비
가) 면적 3천3백㎡ 이상 또는 매립가능용적 1만㎥ 이상의 매립시설
나) 별표 11에 따른 침출수배출허용기준의 항목을 측정 · 분석할 수 있는 실험기기
다) 바켓용량 0.6㎥ 이상으로서 다짐작업이 가능한 굴삭기 1대 이상
라) 세차시설: 30㎡ 이상
마) 수집 · 운반차량의 계량시설 1식 이상
바) 수집 · 운반차량 1대 이상(처분대상 폐기물을 스스로 수집 · 운반하는 경우만 해당한다)
3) 기술능력
가) 폐기물처리산업기사 또는 수질환경산업기사 중 1명 이상
나) 토목산업기사 또는 폐기물처리산업기사 중 1명 이상
나. 지정폐기물을 최종처분하는 경우
1) 실험실
2) 실험기기 · 기구: 별표 11에 따른 침출수 배출허용기준의 항목을 측정 · 분석할 수 있는 실험기기
3) 시설 및 장비
가) 면적 1만㎡ 이상 또는 매립가능용적 3만㎥ 이상의 매립시설
나) 주차장: 모든 차량을 주차할 수 있는 규모(처분대상 폐기물을 스스로 수집 · 운반하는 경우만 해당한다)
다) 세차시설: 30㎡ 이상
라) 수집 · 운반차량의 계량시설 1식 이상

마) 수집 · 운반차량 1대 이상(처분대상 폐기물을 스스로 수집 · 운반하는 경우만 해당한다)
바) 바켓용량 0.6㎥ 이상으로서 다짐작업이 가능한 굴삭기 1대 이상
사) 레벨 · 표척 등 매립고 측정기기 1식 이상
4) 기술능력
가) 폐기물처리산업기사 · 수질환경산업기사 또는 화공기사 중 1명 이상
나) 폐기물처리기사 1명 이상

4. 폐기물 종합처분업의 기준
가. 실험실
나. 실험기기 · 기구: 폐기물을 중간처분하는 경우와 최종처분하는 경우 갖추어야 할 실험기기 및 기구
다. 장비
1) 바켓용량 0.6㎥ 이상으로서 다짐작업이 가능한 굴삭기 1대 이상
2) 레벨 · 표척 등 매립고 측정기기 1식 이상
3) 수집 · 운반차량 1대 이상(처분대상 폐기물을 스스로 수집 · 운반하는 경우만 해당한다)
라. 시설
1) 보관시설: 1일 처분능력 10일분 이상 30일분 이하의 폐기물을 보관할 수 있는 규모의 시설
2) 주차장: 모든 차량을 주차할 수 있는 규모(처분대상 폐기물을 스스로 수집 · 운반하는 경우만 해당한다)
3) 세차시설: 30㎡ 이상
4) 수집 · 운반차량의 계량시설 1식 이상
5) 1일 처분능력 500ton 이상인 파쇄시설(건설폐기물 및 불연성 폐기물을 처리하는 경우만 해당한다) 또는 압축시설
6) 시간당 처분능력 2ton 이상인 소각시설
7) 1일 처분능력 5ton 이상인 고형화 · 고화 또는 안정화 시설
8) 1일 처분능력 5ton 이상인 반응 · 증발 · 농축 · 응집 · 침전시설 등의 화학적 처분시설
9) 면적 1만㎡ 이상 또는 매립가능용적 3만㎥ 이상의 매립시설
마. 기술능력
1) 폐기물처리기사 · 대기환경기사 · 수질환경기사 또는 토목기사 중 1명 이상
2) 폐기물처리산업기사 · 대기환경산업기사 · 수질환경산업기사 또는 공업화학산업기사 중 2명 이상

5. 폐기물 중간재활용업, 최종재활용업 및 종합재활용업의 기준
가. 지정폐기물 외의 폐기물(건설폐기물은 제외한다)을 재활용하는 경우
1) 공통기준
가) 시설 및 장비
(1) 보관시설: 1일 재활용능력의 10일분 이상 30일분 이하의 폐기물을 보관할 수 있는 규모의 시설(제31조제1항제3호 각 목의 폐기물을 재활용하는 경우에는 10일분 이상 60일분 이하의 보관시설로 하되, 음식물류 폐기물을 재활용하는 경우에는 1일분 이상 30일분 이하의 보관시설, 폐목재 또는 폐촉매를 재활용하는 경우에는 10일분이상 180일분 이하의 보관시설로 한다). 다만, 물이 스며들지 아니하는 바닥시설과 우천 시 빗물이 흘러들지 못하도록 지붕 또는 덮개를 갖춘 시설로 대체할 수 있다.
(2) 재활용시설 1식 이상
(3) 수집 · 운반차량 1대 이상(재활용대상 폐기물을 스스로 수집 · 운반하는 경우만 해당한다). 다만, 동일한 법인 또는 개인이 둘 이상의 다른 사업장에서 동일한 폐기물을 재활용하기 위한 경우에는 사업장별 수집 · 운반차량 1대 외의 차량에 대해서는 공동으로 사용할 수 있다.

나) 기술능력

(1) 폐기물처리산업기사 · 대기환경산업기사 · 수질환경산업기사 · 공업화학산업기사 또는 환경기능사 중 1명 이상. 다만, 소각열회수시설에서 에너지를 회수하는 경우에는 폐기물처리산업기사 또는 대기환경산업기사 중 1명 이상으로 한다.

(2) (1)에도 불구하고 다음의 어느 하나에 해당하는 경우에는 해당 사업장에서 재활용업무에 종사하는 자로서 기술요원으로 임명된 자 1명 이상

(가) 기계적 재활용시설 중 압축 · 압출 · 성형 · 주조 · 파쇄 · 분쇄 · 탈피 · 절단 · 탈수 · 건조시설 또는 용융시설(폐합성수지를 재활용하는 경우에 한정한다)을 이용하는 경우로서 1일 재활용 용량이 50ton 미만인 경우. 다만, 폐목재를 재활용하는 경우에는 1일 재활용 용량이 100ton 미만인 경우로 한다.

(나) 생물학적 재활용시설 중 사료화 · 퇴비화 · 소멸화 시설 또는 부숙토 · 분변토 생산시설을 이용하는 경우로서 1일 재활용 용량이 10ton 미만인 경우

(다) 소성시설 또는 용해로를 이용하는 경우로서 1일 재활용 용량이 10ton 미만인 경우

2) 재활용 대상 폐기물 및 방법에 따른 구체적 기준

가) 동물성 잔재물을 사료원료 또는 유지로 재활용하는 경우

(1) 공통시설 및 장비

(가) 보관시설 : 옥외에 설치하는 경우에는 폐기물전용 밀폐보관시설을 설치하여야 한다.

(나) 세차시설 : 20㎡ 이상

(2) 개별시설 및 장비

(가) 사료원료로 재활용하는 경우: 사료화시설 1식 이상

(나) 유지로 재활용하는 경우

시설	기준
용해시설	동물성 잔재물을 열원으로 가열하여 용해시키는 시설로서 내부용적의 합계가 20㎥ 이상인 시설
분리시설	용해 후 배출되는 고형분 또는 기름성분을 분리하는 시설로서 내부용적의 합계가 20㎥ 이상인 시설
원심분리시설	유지 중 불순물을 원심력으로 제거하는 시설로서 동력합계 15kW 이상인 것 1식 이상

나) 폐가전제품을 재활용하는 경우

(1) 공통시설 및 장비

(가) 보관시설: 폐기물의 파쇄 · 분리 등 재활용 과정에서 발생되는 폐기물을 법 제13조에서 정하는 보관기준에 적합하게 보관할 수 있는 시설

(나) 계량시설 1식 이상

(2) 개별시설 및 장비

(가) 냉장고 및 에어컨디셔너를 재활용하는 경우

① 분리시설: 냉매물질과 폐유를 분리할 수 있는 시설(냉매물질의 회수량을 확인할 수 있는 장치를 갖추어야 한다)

② 파쇄시설: 50mm 이하로 파쇄 할 수 있는 시설

③ 선별시설: 철과 비철을 90% 이상 선별할 수 있는 시설

④ 냉매물질 보관시설: 보관량을 확인할 수 있는 장치를 갖춘 시설(냉장고와 에어컨디셔너를 함께 재활용하는 경우에는 냉장고와 에어컨디셔너에서 회수되는 냉매물질을 각각 보관할 수 있는 시설을 갖추어야 한다)

(나) 세탁기를 재활용하는 경우
① 파쇄시설: 50mm 이하로 파쇄 할 수 있는 시설
(다) 텔레비전 및 컴퓨터 모니터를 재활용하는 경우
① 분리시설: 앞면 유리와 뒷면 유리를 분리할 수 있는 시설로서 형광물질을 회수할 수 있는 집진시설을 갖춘 밀폐시설
② 형광물질 보관시설: 형광물질이 외부로 유출되지 아니하는 밀폐용기
(라) 휴대폰을 재활용하는 경우
① 파쇄시설: 휴대폰과 휴대폰에서 분리한 인쇄회로기판 등을 재사용할 수 없도록 파쇄할 수 있는 시설
(마) 프린터 및 복사기, 팩시밀리를 재활용하는 경우
① 분리시설 : 카트리지를 해체하는 과정에서 토너물질을 회수할 수 있는 집진설비를 갖춘 시설
다) 소각열회수시설을 이용하여 가연성 고형폐기물에서 제3조제1항제1호에 따른 에너지 회수기준에 맞게 에너지를 회수하는 경우
(1) 실험실(시간당 재활용능력이 2ton 이상인 소각열회수시설의 경우만 해당한다)
(2) 시설 및 장비
(가) 시간당 재활용능력이 2ton 이상인 소각열회수시설(종이류, 섬유류 또는 접착제 · 폐페인트 · 기름 및 방부제 등이 묻어 있지 아니한 순수한 목재류만을 소각하는 경우에는 시간당 재활용능력이 200kg 이상인 소각열회수시설을 말한다)
(나) 계량시설 1식 이상
(다) 배출가스의 오염물질 중 아황산가스 · 염화수소 · 질소산화물 · 일산화탄소 및 분진을 측정 · 분석할 수 있는 실험기기(시간당 재활용능력이 2ton 이상인 소각열회수시설의 경우만 해당한다)

나. 지정폐기물(의료폐기물은 제외한다)을 재활용하는 경우
1) 공통기준
가) 시설 및 장비
(1) 보관시설
(가) 1일 재활용능력의 10일분 이상 30일분 이하의 폐기물을 보관할 수 있는 구모의 시설. 다만, 제31조제1항제3호 단서에 따라 폐기물 재활용업자가 폐촉매를 재활용하기 위하여 보관하는 경우에는 10일분 이상 180일분 이하의 보관시설
(나) 폐오일필터를 재활용하는 경우에는 폐오일필터에서 새는 폐유를 수거할 수 있는 구조의 시설이어야 한다.
(2) 재활용시설 1식 이상
(3) 수집 · 운반차량 1대 이상(재활용대상 폐기물을 스스로 수집 · 운반하는 경우만 해당한다)
나) 기술능력 : 폐기물처리산업기사 · 대기환경산업기사 · 수질환경산업기사 · 공업화학산업기사 또는 환경기능사 중 1명 이상
2) 재활용 대상 폐기물 및 방법에 따른 구체적 기준
가) 폐오일필터를 재활용하는 경우
(1) 파쇄방법으로 재활용하는 경우
(가) 파쇄시설 : 시간당 재활용능력 200kg 이상 재활용할 수 있는 능력을 가진 시설 1식 이상
(나) 압축시설 : 폐종이를 11.25kW 이상으로 압축하여 폐유를 분리할 수 있는 시설 1식 이상
(2) 증류방법으로 재활용하는 경우
(가) 증류시설 : 내부용적 5.0㎥ 이상 시설 1식 이상

(나) 응축시설 : 내부용적의 합계 3.0㎥ 이상

나) 폐유를 정제연료유로 재활용하는 경우

(1) 열분해 또는 감압증류방법으로 재활용하는 경우

(가) 유량계측시설 : 보관시설별 각 1식 이상

(나) 폐유를 1일 20킬로리터 이상 재활용할 수 있는 시설

(2) 약품정제 방법 그 밖의 방법으로 재활용하는 경우

(가) 유량계측시설 : 보관시설별 각 1식 이상

(나) 폐유를 1일 20킬로리터 이상 재활용할 수 있는 시설로서 다음의 기준에 적합한 시설

시설	기준
보일러	시간당 증발량 2ton 이상 또는 발열량 800,000kcal 이상의 보일러
반응조	교반장치가 설치된 내부용적 합계 5㎥ 이상 1기 이상
약품저장조	내부용적의 합계 4㎥ 이상 1기 이상
유량조정조	내부용적의 합계 3㎥ 이상 2기 이상
전처리여과장치	시간당 재활용능력 7.5㎥ 이상 1기 이상
원심분리기	시간당 재활용능력 5㎥ 이상 1기 이상
증발장치	응축 또는 폐가스소각장치가 부착된 것으로 시간당 3㎥ 이상의 폐유를 섭씨 100도 이상 가열하여 잔류수분을 뽑아낼 수 있는 시설
그 밖의 시설	폐유이송장치 및 부속시설

(3) 유화정제연료유로 재활용하는 경우

(가) 유량계측시설 : 보관시설별 각 1식 이상

(나) 폐유를 1일 20킬로리터 이상 재활용할 수 있는 시설로서 다음의 기준에 맞는 시설(약품정제 · 감압증류 · 열분해 그 밖의 방법에 따라 유화정제연료유로 재활용하는 시설인 경우에는 혼합장치 · 폐유이송장치 및 부속시설만 설치할 것)

다) 폐유기용제를 정제유기용제로 재활용하는 경우

(1) 실험실: 다음 항목을 측정 · 분석할 수 있는 실험기기 및 기구

시설	기준
유량계측시설	보관시설별 각 1식 이상
보일러	시간당 증발량 2ton 이상 또는 발열량 800,000kcal 이상의 보일러
반응조	교반장치가 설치된 내부용적 합계 5㎥ 이상 1기 이상
약품저장조	내부용적 합계 4㎥ 이상 1기 이상
유량조정조	내부용적 합계 3㎥ 이상 1기 이상
전처리여과장치	시간당 재활용능력 7.5㎥ 이상 1기 이상
원심분리기	시간당 재활용능력 5㎥ 이상 1기 이상
혼합장치	교반장치가 설치된 내부용적 합계 3㎥ 이상 1기 이상
그 밖의 시설	폐유이송장치 및 부속시설

(가) 수소이온농도(pH)
(나) 화학적산소요구량(COD)
(다) 부유물질(SS)
(라) 폐유기용제에 함유된 특정수질유해물질
(2) 보관시설별 유량계측설비 각 1식 이상
라) 폐유 등을 재생연료유로 재활용하는 경우
(1) 공통시설 및 장비
(가) 유량 계측시설: 보관시설별 각 1식 이상
(나) 여과(정제)시설: 시간당 재활용능력 7.5㎥ 이상 1식 이상
(2) 개별시설: 원료를 1일 20킬로리터 이상 처리할 수 있는 시설로서 다음의 기준에 적합한 시설
(가) 혼합시설: 혼합장치가 설치된 내부용적 30㎥ 이상 1식 이상(폐유와 다른 폐기물을 혼합하는 경우만 해당한다)
(나) 유수분리(油水分離)시설 : 폐수이동장치 및 부속시설을 포함한 시설로 시간당 재활용능력 3㎥ 이상 1식 이상(증류를 통한 유수분리가 필요한 경우만 해당한다)

다. 지정폐기물 중 의료폐기물을 재활용하는 경우
1) 시설 및 장비
가) 보관시설 : 1일 재활용능력의 3일분 이상 7일분 이하의 폐기물을 보관할 수 있는 냉동시설
나) 재활용시설 1식 이상
다) 수집운반차량 : 1대 이상(재활용대상 폐기물을 스스로 수집 · 운반하는 경우만 해당한다)
2) 기술능력 : 폐기물처리산업기사 · 임상병리사 또는 위생사 중 1명 이상

라. 그 밖에 재활용대상 폐기물의 종류(의료폐기물은 제외한다) 및 방법에 따라 필요한 시설 · 장비 및 기술능력을 환경부장관이 정하여 고시하는 기준

[비고]
1. 동일 법인 또는 개인이 둘 이상의 다른 종류의 폐기물처리업 허가를 받으려는 경우, 동일 폐기물처리업으로서 둘 이상의 다른 분야의 허가를 받고자 하는 경우에는 사무실 · 실험실 · 시설 및 장비 · 기술능력을 중복하여 갖추지 아니할 수 있다. 다만, 폐기물수집 · 운반업의 장비 및 기술능력과 의료폐기물을 대상으로 하는 폐기물처리업의 사무실 · 실험실 · 시설 및 장비 · 기술능력은 그러하지 아니하다
2. 기술능력 중 기사는 같은 종류의 산업기사 자격을 가지고 해당 분야에 2년 이상 종사한 자로 대체할 수 있으며, 산업기사는 환경기능사 자격을 가지고 해당 분야에서 2년 이상 종사한 자로 대체할 수 있다.
3. 실험기기 · 기구에 관한 허가요건 중 시 · 도지사 또는 지방환경관서의 장이 해당 업종 또는 영업대상 폐기물을 고려하여 필요하지 아니하다고 인정하면 그 실험기기 및 기구의 일부를 갖추지 아니하게 할 수 있다.
4. 수집 · 운반차량 외의 장비, 세차시설 및 사업장 부지는 임차(임차계약서는 임차기간을 3년 이상으로 하여 공증을 받아야 한다)하여 사용할 수 있으며, 실험실 · 실험기구에 관한 허가요건 중 측정항목 각각에 대하여 「환경분야 시험 · 검사 등에 관한 법률」 제16조에 따른 측정대행업자가 갖추어야 할 시설 · 장비 등을 갖춘 측정대행자 또는 국가공인시험기관과 대행계약을 한 경우에는 해당 항목의 측정에 필요한 실험기기 · 실험기구 · 장비를 갖추지 아니할 수 있으며, 전체 항목에 대하여 대행계약을 한 경우에는 실험실 및 실험기기 · 기구 · 장비를 갖추지 아니할 수 있다.
5. 허가요건 중 1일 처리능력은 연속식시설의 경우에는 24시간, 준연속식시설의 경우에는 16시간, 회분식시설의 경우에는 8시간을 기준으로 산정한다. 다만, 파쇄시설의 경우에는 8시간을 기준으로 산정한다.
6. 허가요건 중 폐기물배출사업장으로부터 밀폐된 배관을 통하여 폐기물을 폐기물처리시설로 이송하는 경우와 시 · 도지사나 지방환경관서의 장의 인정을 받아 위탁받은 폐기물을 보관하지 아니하고 곧바로 폐기물 재활용시설로 운반하는 경우에는 보관시설을 갖추지 아니할 수 있다.
7. 고온소각 처분대상폐기물의 중간처분업을 하기 위하여 고온소각시설을 갖춘 자는 그 시설을 이용하여 일반소각 처분대상 폐기물을 처분할 수 있다.
8. 장비요건 중 운반차량에 대하여는 해당 허가권자가 다음 각 목의 기준에 따라 다른 차량으로 대체하게 하거나 차량의 일부를 갖추게 하지 아니할 수 있다.
가. 폐기물 수집 · 운반업의 수집 · 운반차량에 대해서는 영업대상 폐기물 및 운반방법 등을 고려하여 전용차량 수량의 2분의 1 범위 내에서 수집 · 운반이 가능한 차량의 종류 중 다른 종류의 차량으로 대체할 수 있다.

나. 생활폐기물을 수집 · 운반하는 경우에는 밀폐형 압축 · 압착차량을 제외한 차량을 갖추게 하지 아니할 수 있다.
9. 「건설폐기물의 재활용촉진에 관한 법률 시행규칙」 별표 2에 따른 건설폐기물의 처리를 위한 시설 · 장비 등을 갖춘 자는 비고란 제1호 단서의 규정에도 불구하고 공사장생활폐기물의 처리를 위한 시설 · 장비 등을 갖춘 자로 본다.
10. 영 제2조 각 호에 따른 사업장에서 발생하는 사업장생활계 폐기물로서 생활폐기물과 성질과 상태가 비슷하여 생활폐기물의 기준 및 방법으로 수집 · 운반할 수 있는 경우에는 특별자치시, 특별자치도, 시 · 군 · 구의 조례가 정하는 바에 따라 생활폐기물수집 · 운반업자가 수집 · 운반할 수 있다.
11. 폐기물을 재활용하는 자 중 제10조에 따라 재활용시설이 필요하지 아니하다고 시 · 도지사가 인정하는 경우에는 재활용시설 및 기술능력의 전부 또는 일부를 갖추지 아니할 수 있다.

[규칙 별표 8]

폐기물처리업자의 준수사항(제32조 관련)

1. 공통기준
   가. 폐기물처리업자는 폐기물수집 · 운반 전용차량 및 임시차량 외의 차량으로 폐기물을 수집 · 운반하여서는 아니되며, 같은 차량에 폐기물과 폐기물 외의 물건을 함께 실어서는 아니 된다. 다만, 폐기물의 수집 · 운반에 필요한 장비 등은 그러하지 아니하다.
   나. 폐기물처리업자는 폐기물의 처리를 위탁한 자와 상호 · 소재지 · 대표자 및 위탁계약기간, 폐기물의 종류별 수량, 폐기물의 성질과 상태 및 취급 시 주의사항, 폐기물의 종류별 운반장소(출발지 및 도착지) 및 운반단가 또는 운반비(운반의 경우만 해당한다), 폐기물의 종류별 처분 또는 재활용장소와 처분 또는 재활용방법 및 처분 또는 재활용단가나 처분 또는 재활용비(처분 또는 재활용의 경우만 해당한다) 등의 내용을 기재한 폐기물 위(수)탁운반(처리)계약서를 작성 · 체결하여야 하고, 그 계약서를 3년간 보관하여야 한다. 다만, 폐기물처리업자가 배출자와 하나의 계약서로 동시에 폐기물의 처리의 위탁계약을 체결하는 경우에는 운반단가와 처분단가 또는 재활용단가를 구분하여 기재하여야 한다.
   다. 폐기물처리업자는 위탁받은 폐기물을 처리하는 경우 환경오염이 발생하지 아니하도록 하여야 한다.
   라. 폐기물처리업자가 폐기물의 처리를 위탁받은 경우에는 제17조제1항에 따른 위탁자별로 수탁처리능력 확인서 등을 보내야 한다.
   마. 폐기물처리업자는 수탁처리능력확인서, 폐기물처리업허가증 사본 및 방치폐기물처리 이행보증을 확인할 수 있는 서류 사본의 제출을 거부하거나 허위로 제출하여서는 아니 된다.
   바. 허가취소 · 영업정지 · 휴업 또는 폐업 등으로 폐기물을 수집 · 운반하지 못할 때에는 발급받은 폐기물 수집 · 운반증을 허가기관에 반납하여야 한다.
   사. 폐기물처리업자는 휴업, 폐업, 처리능력의 초과 등 정당한 사유 없이 배출자가 요청한 폐기물의 위탁을 거부하여서는 아니된다.
   아. 폐기물처리업자는 별표 7에 따른 시설, 장비 및 기술능력을 유지하여야 한다.
   자. 폐기물처리업자는 지정폐기물을 수집 · 운반하는 차량에 비상 시 연락처와 사고 발생 시 근무자가 조치하여야 할 사항을 적은 사고대응 매뉴얼을 비치하고, 근무자가 대응요령을 숙지하도록 하여야 한다.

2. 폐기물수집 · 운반업자의 경우
   가. 폐기물수집 · 운반업자는 다음의 모두에 해당하는 경우에 폐기물의 수집 · 운반을 위탁한 자와 폐기물의 수집 · 운반 및 처분 또는 재활용까지의 계약을 체결할 수 있으며, 이 경우 운반단가(또는 운반비) 및 처분단가나 재활용단가(또는 처분비나 재활용비)를 구분하여 기재하여야 한다.
      1) 법 제4조와 법 제5조에 따른 폐기물 처분시설 또는 재활용시설(이하 "공공처리시설"이라 한다)의 설치 · 운영자가 배출자로부터 직접 폐기물의 처리를 수탁하지 아니하는 경우
      2) 폐기물수집 · 운반업자와 공공처리시설의 설치 · 운영자간에 폐기물의 반입계약이 체결되어 있는 경우
      3) 폐기물수집 · 운반업자가 공공처리시설에 폐기물을 반입한 후 1개월 이내에 그 처분비 또는 재활용비

에 관하여 배출자와 사후정산하는 경우

나. 위탁받은 폐기물의 운반을 재위탁하거나 재위탁을 받아서는 아니 된다. 다만, 영업정지, 허가취소 등으로 법 제39조의3에 따른 폐기물 처리명령 사유가 발생한 경우 시 · 도지사나 지방환경관서의 장의 승인을 받아 재위탁할 수 있다.

다. 수집 · 운반능력을 초과하여 폐기물의 수집 · 운반을 위탁받아서는 아니 된다.

라. 위탁받은 폐기물을 배출자가 지정한 적절한 처분장소 또는 재활용장소(수출자의 경우에는 배출자가 지정한 선적장소)로 운반하지 아니하고 다른 장소에 보관하여서는 아니 된다. 다만, 제9조제1항에 따라 승인받은 임시보관장소에 보관하는 경우는 제외한다.

3. 폐기물 중간처분업자 · 최종처분업자 · 종합처분업자의 경우

가. 위탁받은 폐기물을 위탁받은 성질과 상태 그대로 재위탁하거나 재위탁을 받아서는 아니된다. 다만, 천재지변 · 폐업 등 폐기물을 처분할 수 없는 사유가 발생한 경우에 시 · 도지사나 지방환경관서의 장의 승인을 받아 재위탁할 수 있으며, 폐기물처분시설의 설치검사 또는 정기검사를 위한 검사용 폐기물의 확보가 곤란하여 시 · 도지사나 지방환경관서의 장의 승인을 받은 경우 검사용만 재위탁을 받을 수 있다.

나. 허가받은 처분공정을 임의로 변경하여 위탁받은 폐기물을 처분하거나, 처분공정의 전부 또는 일부를 거치지 아니하고 그 처분를 종료하여서는 아니 된다.

4. 폐기물 재활용업자의 경우

가. 위탁받은 폐기물을 위탁받은 성질과 상태 그대로 재위탁하거나 재위탁을 받아서는 아니 된다. 다만, 천재지변, 영업정지, 휴업, 폐업 등 정당한 사유가 있거나, 재활용시설의 검사를 받기 위한 폐기물의 확보가 곤란한 경우에는 시 · 도지사나 지방환경관서의 장의 승인을 받아 재위탁하거나 재위탁 받을 수 있다.

나. 허가받은 재활용 공정을 임의로 변경하여 위탁받은 폐기물을 재활용하거나, 재활용 공정의 전부 또는 일부를 거치지 아니하고 그 재활용을 종료하여서는 아니 된다.

다. 제품의 본래의 용도로 다시 사용할 수 있도록 수리 · 수선하여 제품을 판매할 때에는 수리 · 수선한 업체명, 소재지, 전화번호 및 수리 · 수선한 제품임을 소비자가 알 수 있도록 표시하여야 한다.

라. 유기성 오니를 화력발전소에서 연료로 사용하기 위하여 가공하는 자는 유기성 오니 연료의 저위발열량, 수분 함유량, 회분 함유량, 황분 함유량, 길이 및 금속성분을 매 분기당 1회 이상 측정하여 그 결과를 시 · 도지사에게 제출하여야 한다.

마. 폐유기용제를 정제유기용제로 재활용하는 자는 폐유기용제 배출공정의 변경, 폐유기용제 수집 · 배출업소의 변경 등으로 인하여 폐유기용제의 성질과 상태가 변경될 때에는 그 성분을 분석하고 그 분석결과를 3년간 갖추어 두어야 한다.

바. 폐유를 정제연료유로 재활용하는 자는 별표 5의3 제2호마목2)가)(2)(가)에서 정한 기준항목을 분기 1회 이상 측정하고 그 결과를 기록한 후 3년 동안 보관하여야 한다.

사. 별표 5의3 제2호마목2)가)(3)에 따라 폐유, 할로겐족을 제외한 폐유기용제, 폐페인트 및 폐래커를 재생연료유로 재활용하는 자는 같은 목 2)가)(3)(나)에서 정한 기준 항목을 분기 1회 이상 측정하고 그 결과를 기록한 후 3년 동안 보관하여야 한다.

아. 폐유로 정제연료유를 생산하는 자, 폐유기용제로 정제유기용제를 생산하는 자, 폐유 등으로 재생연료유를 생산하는 자 또는 폐오일필터를 파쇄 · 증류하여 고철 및 폐유를 공급하는 자는 환경부장관이 정하여 고시하는 바에 따라 정제연료유 · 정제유기용제 · 재생연료유 · 고철에 대한 공급계획서(사용시설 · 공급량 · 공급기간이 포함되어야 한다)를 관할 지방환경관서의 장에게 제출하여 적합 통보를 받은 후 공급하여야 한다. 제출한 사항을 변경하려는 때에도 또한 같다.

자. 폐플라스틱 및 폐고무를 사용하여 별표 5의3 제2호마목2)가)(2)(가)에 따른 정제연료유의 기준에 맞는 유류를 제조하는 자의 경우 공급계획서를 작성하여 시 · 도지사에게 제출하여 적합 통보를 받은 후 공급하여야 한다. 제출한 사항을 변경하려는 때에도 또한 같다.

차. 음식물류 폐기물을 재활용하여 사료 · 퇴비 등의 제품을 생산하는 자는 생산한 사료 · 퇴비 등의 제품을 빗물 등으로 인한 유출 등 주변 환경을 오염시키지 않도록 적정하게 보관하여야 한다.

카. 음식물류 폐기물을 부숙토나 지렁이 분변토를 만들어 토지개량제로 사용하는 자는 환경부장관이 정하여 고시하는 바에 따라 그 제품명 · 원료 등을 표시하고, 제품의 제조에 관한 기록을 보존하여야 한다.

타. 폐기물을 이용하여 「산업표준화법」 제15조제1항에 따른 인증을 받은 시멘트(클링커를 포함한다)를 제조하는 자는 다음 사항을 준수하여야 한다.

1) 폐기물을 운반 · 보관 · 투입할 경우 외부 유출 및 비산방지를 위하여 밀폐시설, 덮개설치 등의 조치를 취하여야 한다.

2) 대체원료, 보조연료로 사용한 폐기물(수입폐기물을 포함한다) 및 폐기물을 재활용하여 제조한 제품 사용량을 매 반기 종료 후 15일 이내에 별지 제57호의3서식에 따라 작성하여 해당 특별자치시장, 특별자치도지사, 시장 · 군수 · 구청장에게 보고하여야 한다. 이 경우 전자정보처리프로그램에 보고 내용을 입력한 경우에는 보고한 것으로 본다.

3) 폐기물 배출자 및 폐기물 중간재활용업자로부터 수탁받은 폐기물의 성질 및 상태와 유통흐름을 명확히 파악하고 정보를 공개하여야 한다.

가) 폐기물 배출자 또는 폐기물 중간재활용업자(이하 이 호에서 "폐기물 공급자"라 한다)와 위 · 수탁계약을 체결하기 전에 해당 폐기물에 대한 배출공정 및 중금속 함량 등의 특성을 조사하고 관할 행정기관에 보고 후 재활용하여야 한다.

나) 재활용하고자 하는 폐기물에 대하여 조사된 중금속 함량 등의 자료는 전산화하고, 관련 정보(폐기물 공급자, 폐기물의 종류와 양, 중금속 함량 등)를 당해 사업자 인터넷 홈페이지 등을 통하여 공개하고 관련 정보를 매 반기 1회 이상 갱신하여야 한다.

다) 재활용 대상 폐기물을 당해 사업장에 반입하기 전에 중금속 함량 등을 분석하여 재활용기준에 적합한 폐기물만을 반입하여야 한다. 다만, 폐기물 공급자와 폐기물의 종류가 변경이 없는 경우에는 반입 전 중금속 함량 등의 분석 주기를 분기 1회로 조정할 수 있다.

(1) 재활용 대상 폐기물에 대한 중금속 함량 등의 분석결과 재활용기준을 초과하는 경우에는 폐기물 공급자를 통하여 정확한 원인을 파악하고, 재사용 가능 여부가 결정되기 전까지는 반입하여서는 아니 된다.

(2) 재활용기준을 초과하여 폐기물 반입이 중단된 폐기물 공급자에 대한 폐기물 재반입은 재활용기준을 안정적으로 준수할 수 있다고 판단되는 경우에만 관할 행정기관에 보고한 후 다시 반입할 수 있다.

4) 관할 행정기관에서 폐기물 재활용의 적정성 여부 평가 등을 위하여 필요한 자료나 정보를 요청할 경우 특별한 사유가 없으면 요청에 따라야 한다.

파. 소각열회수시설에서 제3조제1항제1호에 따른 에너지 회수기준에 맞게 에너지를 회수하는 자는 다음 사항을 준수하여야 한다.

1) 재활용 대상 폐기물의 공급자가 변경되는 경우에는 해당 폐기물에 대하여 제3조제1항제1호가목의 기준에 적합한지를 검사하여 적합한 폐기물만을 반입하여야 한다. 이 경우 검사결과는 3년간 보존하여야 한다.

2) 반입되는 폐기물은 폐기물의 종류 및 공급자(폐기물을 배출한 자가 스스로 재활용하는 경우에는 해당 배출자를 공급자로 본다)별로 매 분기 1회 이상 제3조제1항제1호가목의 기준에 적합한지를 검사하고 그 검사결과를 3년간 보존하여야 한다. 다만, 폐기물 공급자의 변경이 없는 경우에는 검사 주기를 반기 1회 이상으로 조정할 수 있다.

하. 위탁받은 폐기물을 허가받은 폐기물 재활용시설과 같은 사업장에 있는 보관시설 외의 장소에 보관하여서는 아니 된다. 다만, 제11조제1항제1호 또는 제2호에 따라 승인받은 임시보관시설에 보관하는 경우는 제외한다.

거. 법 제13조의2에 따른 폐기물의 재활용 원칙 및 준수사항에 따라 별표 4의3에 따른 폐기물의 종류별 재활용 가능 유형에 해당하는 유형으로 재활용하여야 하며, 법 제13조의3제3항에 따라 재활용환경성평가에 따른 재활용의 승인을 받아 재활용하는 경우에는 승인 기간 및 재활용 유형 등의 승인 내용을 준수하여 재활용하여야 한다.

⑩ 의료폐기물의 수집 · 운반 또는 처분을 업(業)으로 하려는 자는 다른 폐기물과 분리하여 별도로 수집 · 운반 또는 처분하는 시설 · 장비 및 사업장을 설치 · 운영하여야 한다.

⑪ 제3항에 따라 허가를 받은 자가 환경부령으로 정하는 중요사항을 변경하려면 변경허가를 받아야 하고, 그 밖의 사항 중 환경부령으로 정하는 사항을 변경하려면 변경신고를 하여야 한다. [개정 2015.7.20.]

규칙 **제29조(폐기물처리업의 변경허가)** ① 법 제25조제11항에 따라 폐기물처리업의 변경허가를 받아야 할 중요사항은 다음 각 호와 같다. [개정 2016.7.21.]

1. 폐기물 수집 · 운반업
   가. 수집 · 운반대상 폐기물의 변경
   나. 영업구역의 변경
   다. 주차장 소재지의 변경(지정폐기물을 대상으로 하는 수집 · 운반업만 해당한다)
   라. 운반차량(임시차량은 제외한다)의 증차
2. 폐기물 중간처분업, 폐기물 최종처분업 및 폐기물 종합처분업
   가. 처분대상 폐기물의 변경
   나. 폐기물 처분시설 소재지의 변경
   다. 운반차량(임시차량은 제외한다)의 증차
   라. 폐기물 처분시설의 신설
   마. 폐기물 처분시설의 증설, 개 · 보수 또는 그 밖의 방법으로 허가 또는 변경허가를 받은 처분용량의 100분의 30 이상의 변경(허가 또는 변경허가를 받은 후 변경되는 누계를 말한다)
   바. 주요 설비의 변경. 다만, 다음 1)부터 4)까지의 경우만 해당한다.
      1) 폐기물 처분시설의 구조 변경으로 인하여 별표 9 제1호나목2)가)의 (1) · (2), 나)의 (1) · (2), 다)의 (2) · (3), 라)의 (1) · (2)의 기준이 변경되는 경우
      2) 차수시설 · 침출수 처리시설이 변경되는 경우
      3) 별표 9 제2호나목2)바)에 따른 가스처리시설 또는 가스활용시설이 설치되거나 변경되는 경우
      4) 배출시설의 변경허가 또는 변경신고의 대상이 되는 경우
   사. 매립시설 제방의 증 · 개축

아. 허용보관량의 변경

3. 폐기물 중간재활용업, 폐기물 최종재활용업 및 폐기물 종합재활용업

가. 재활용대상 폐기물의 변경(제33조제1항제6호에 해당하는 경우는 제외한다)

나. 폐기물 재활용 유형의 변경(제33조제1항제7호에 해당하는 경우는 제외한다)

다. 폐기물 재활용시설 소재지의 변경

라. 운반차량(임시차량은 제외한다)의 증차

마. 폐기물 재활용시설의 신설

바. 폐기물 재활용시설의 증설, 개 · 보수 또는 그 밖의 방법으로 허가 또는 변경폐기물 재활용시설의 증설, 개 · 보수 또는 그 밖의 방법으로 허가를 받은 재활용용량의 100분의 30 이상(금속을 회수하는 최종재활용업 또는 종합재활용업의 경우에는 100분의 50 이상)의 변경(폐기물 재활용시설의 증설, 개 · 보수 또는 그 밖의 방법으로 허가 또는 변경폐기물 재활용시설의 증설, 개 · 보수 또는 그 밖의 방법으로 허가를 받은 후 변경되는 누계를 말한다)

사. 주요 설비의 변경. 다만, 다음 1) 및 2)의 경우만 해당한다.

1) 폐기물 재활용시설의 구조 변경으로 인하여 별표 9 제3호마목13) · 14) 또는 사목 11) · 12)에 따른 기준이 변경되는 경우

2) 배출시설의 변경허가 또는 변경신고의 대상이 되는 경우

아. 허용보관량의 변경

② 제1항에 따른 변경허가를 받으려는 자는 미리 별지 제18호서식의 변경허가신청서에 다음 각 호의 서류를 첨부하여 시 · 도지사나 지방환경관서의 장에게 제출하여야 한다. [개정 2016.7.21.]

1. 허가증 원본
2. 변경내용을 확인할 수 있는 서류
3. 배출시설의 설치허가 신청 또는 신고 시의 첨부서류(배출시설에 해당하는 폐기물처리시설을 신설하는 경우만 제출한다)
4. 배출시설의 변경허가 신청 또는 변경신고 시의 첨부서류(처리용량이나 주요 설비의 변경으로 배출시설의 변경허가 또는 변경신고를 받아야 될 경우만 제출한다)
5. 환경부장관이 정하여 고시하는 사항을 포함하는 환경성조사서(소각시설, 매립시설, 소각열회수시설 또는 폐기물을 연료로 사용하는 시멘트 소성로의 소재지가 변경된 경우로 한정하되, 「환경영향평가법」에 따른 전략환경영향평가 대상사업, 환경영향평가 대상사업 또는 소규모 환경영향평가대상사업인 경우에는 전략환경영향평가서, 환경영향평가서나 소규모 환경영향평가서로 대체할 수 있다)
6. 폐기물을 성토재 · 보조기층재 등으로 직접 이용하는 공사의 발주자 또는 토지소유자 등 해당 토지의 권리자의 동의서(별표 4의2 제4호에 따른 재활용 유형 또는 재활

용환경성평가를 통한 매체접촉형 재활용의 방법으로 재활용하는 경우만 해당한다)

7. 그 밖에 시 · 도지사 또는 지방환경관서의 장이 제3항에 따른 검토에 필요하다고 인정하는 서류

③ 시 · 도지사나 지방환경관서의 장은 제1항제1호다목, 제2호나목 및 제3호다목에 대하여 변경허가를 하려는 경우에는 다음 각 호의 사항을 검토해야 한다.

1. 법 제25조제2항제2호 및 제4호
2. 법 제33조제1항 전단에 따른 경매, 환가, 압류재산의 매각 및 그 밖에 이에 준하는 절차의 진행 여부

규칙 **제33조(폐기물처리업의 변경신고)** ① 법 제25조제11항에 따라 폐기물처리업의 변경신고를 하여야 할 사항은 다음 각 호와 같다.

1. 상호의 변경
2. 대표자의 변경(법 제33조에 따라 권리 · 의무를 승계하는 경우는 제외한다)
3. 연락장소나 사무실 소재지의 변경
4. 임시차량의 증차 또는 운반차량의 감차
5. 재활용 대상 부지의 변경(별표 4의2 제4호에 따른 재활용 유형으로 재활용하는 경우만 해당한다)
6. 재활용 대상 폐기물의 변경(별표 4의2에 따른 재활용의 세부 유형은 변경하지 않고 재활용하려는 폐기물을 추가하는 경우만 해당한다)
7. 폐기물 재활용 유형의 변경(재활용 시설 또는 장소가 변경되지 않는 경우만 해당한다)
8. 별표 7에 따른 기술능력의 변경

② 변경신고를 하려는 자는 제1항제1호 · 제2호 및 제8호의 경우에는 그 사유가 발생한 날부터 30일 이내에, 제1항제3호부터 제7호까지의 경우에는 변경 전에 각각 별지 제21호서식의 폐기물처리업 변경신고서에 허가증과 변경내용을 확인할 수 있는 서류(운반차량을 감차하는 경우는 제외한다)를 첨부하여 시 · 도지사나 지방환경관서의 장에게 제출해야 한다.

⑫ 환경부장관 또는 시 · 도지사는 제11항에 따른 변경신고를 받은 날부터 20일 이내에 변경신고 수리 여부를 신고인에게 통지하여야 한다.

⑬ 환경부장관 또는 시 · 도지사가 제12항에서 정한 기간 내에 변경신고수리 여부나 민원 처리 관련 법령에 따른 처리 기간의 연장을 신고인에게 통지하지 아니하면 그 기간이 끝난 날의 다음 날에 변경신고를 수리한 것으로 본다.

⑭ 지정폐기물과 지정폐기물 외의 폐기물을 동일한 폐기물처리시설에서 처리하려는 자가 지정폐기물과 관련하여 다음 각 호의 어느 하나에 해당하면 지정폐기물 외의 폐기물과 관련하여 각각

그에 해당하는 시 · 도지사의 적합 통보 · 허가 또는 변경허가를 받거나 시 · 도지사에게 변경신고를 한 것으로 본다.

1. 제2항에 따라 환경부장관으로부터 폐기물 처리 사업계획서의 적합 통보를 받은 경우
2. 제3항에 따라 환경부장관으로부터 폐기물처리업의 허가를 받은 경우
3. 제11항에 따라 환경부장관으로부터 폐기물처리업의 변경허가를 받거나 환경부장관에게 변경신고를 한 경우

⑮ 지정폐기물 외의 폐기물과 관련하여 제14항에 따른 시 · 도지사의 적합 통보 · 허가 · 변경허가 · 변경신고의 의제(擬制)를 받으려는 자는 환경부장관에게 폐기물 처리 사업계획서의 제출, 폐기물처리업의 허가신청, 변경허가 신청 또는 변경신고를 할 때에 환경부령으로 정하는 관련 서류를 함께 제출하여야 한다.

규칙 **제34조(지정폐기물 외의 폐기물처리업 허가 등의 의제)** 법 제25조제15항에서 "환경부령으로 정하는 관련 서류"란 다음 각 호의 서류를 말한다. 다만, 지정폐기물처리업의 허가 · 변경허가 신청 또는 변경신고 시 제출하여야 하는 서류와 중복되면 제외할 수 있다.

1. 폐기물처리 사업계획서의 제출 시 : 지정폐기물 외의 폐기물에 대한 제28조제1항 각 호의 서류
2. 폐기물처리업의 허가신청 시 : 지정폐기물 외의 폐기물에 대한 제28조제4항 각 호의 서류
3. 폐기물처리업의 변경허가 신청 시 : 지정폐기물 외의 폐기물에 대한 제29조제2항 각 호의 서류
4. 폐기물처리업의 변경신고 시 : 지정폐기물 외의 폐기물에 대한 제33 조제2항의 서류

⑯ 환경부장관은 제15항에 따라 관련 서류를 제출받으면 관할 시 · 도지사의 의견을 들어야 하며, 적합통보 · 허가 · 변경허가를 하거나 변경신고를 받으면 관할 시 · 도지사에게 그 내용을 알려야 한다.

⑰ 폐기물처리업을 하려는 자 중 다음 각 호의 어느 하나에 해당하는 자는 제1항 및 제2항에 따른 절차를 거치지 아니하고 제3항에 따른 허가를 신청할 수 있다.

1. 「산업입지 및 개발에 관한 법률」 제2조제8호에 따른 산업단지에서 폐기물처리업을 하려는 자
2. 「자원의 절약과 재활용촉진에 관한 법률」 제34조에 따른 재활용단지에서 폐기물처리업을 하려는 자
3. 제5항제5호부터 제7호까지의 규정에 따른 폐기물 재활용업을 하려는 자

제25조의2(전용용기 제조업) ① 전용용기 제조를 업(이하 "전용용기 제조업"이라 한다)으로 하려는 자는 환경부령으로 정하는 기준에 따른 시설 · 장비 등의 요건을 갖추어 환경부장관에게 등록하

여야 하며, 등록한 사항 중 환경부령으로 정하는 중요한 사항을 변경하려는 경우에는 변경등록을 하여야 하고, 그 밖의 사항 중 환경부령으로 정하는 사항을 변경하려면 변경신고를 하여야 한다.

규칙 제34조의2(전용용기 제조업의 요건) 법 제25조의2제1항에 따라 의료폐기물 전용용기(이하 "전용용기"라 한다)의 제조를 업으로 하려는 자가 갖추어야 하는 시설 · 장비 등의 요건은 별표 8의2와 같다.

[규칙 별표8의2]

전용용기 제조업의 시설 · 장비 등의 요건(제34조의2 관련)

1. 시설: 지붕과 벽면을 갖춘 보관창고를 갖출 것(바닥 면적은 50㎡ 이상이고, 습기를 제거할 수 있는 환기장치와 햇빛을 차단할 수 있는 차광장치를 갖추어야 한다)
2. 장비
   가. 봉투형 용기 제조업: 다음의 설비 각 1식 이상
      1) 인쇄설비 2) 재단 · 접합가공설비
   나. 골판지류 용기 제조업: 다음의 설비 각 1식 이상
      1) 절단설비 2) 접합설비 3) 인쇄설비 4) 포장설비
   다. 합성수지류 용기 제조업: 다음의 설비 각 1식 이상
      1) 용융 · 사출 · 성형설비 2) 인쇄설비

[비고]
인쇄설비를 전용용기의 인쇄용도로만 사용하기 위하여 임차하거나, 인쇄작업을 위탁하는 경우에는 해당 인쇄설비를 갖춘 것으로 본다. 이 경우 임차계약서 또는 위탁계약서의 계약기간을 1년 이상으로 하고 이를 공증한 서류를 등록권자에게 제출하여야 하며, 계약기간의 종료 또는 계약내용의 변경에 따라 변경등록을 하려는 경우에도 또한 같다.

규칙 제34조의3(전용용기 제조업의 등록) ① 법 제25조의2제1항에 따라 전용용기의 제조를 업으로 하려는 자는 별지 제21호의2서식의 전용용기 제조업 등록신청서에 다음 각 호의 서류(전자문서를 포함한다)를 첨부하여 제조시설이 위치한 소재지를 관할하는 지방환경관서의 장에게 제출하여야 한다.

1. 시설 및 장비의 명세서(인쇄설비를 임차하거나 인쇄작업을 위탁하는 경우 임차계약서 또는 위탁계약서를 포함한다)
2. 제조하려는 전용용기의 종류별 구조도와 원료 및 재질 설명서

규칙 제34조의4(전용용기 제조업의 변경등록 · 신고) ① 법 제25조의2제1항에서 "환경부령으로 정하는 중요한 사항"이란 다음 각 호와 같다.

1. 제조시설의 소재지
2. 시설 또는 장비(인쇄시설의 임차 또는 인쇄작업의 위탁계약을 포함한다)
3. 전용용기의 구조 또는 규격

② 제1항 각 호의 사항을 변경하려는 전용용기 제조업자는 별지 제21호의2서식의 전용용기 제조업 변경등록신청서에 등록증 원본과 그 변경내용을 증명할 수 있는 서류를 첨부하여 지방환경관서의 장에게 제출하여야 한다.

③ 법 제25조의2제1항에서 "환경부령으로 정하는 사항"이란 다음 각 호와 같다.

1. 상호 2. 대표자 3. 사무실 또는 보관창고의 소재지

④ 제3항 각 호의 사항을 변경하려는 전용용기 제조업자는 별지 제21호의2서식의 전용용기 제조업 변경신고신청서에 등록증 원본과 그 변경내용을 증명할 수 있는 서류를 첨부하여 지방환경관서의 장에게 제출하여야 한다.

② 환경부장관은 제1항에 따른 변경신고를 받은 날부터 20일 이내에 변경신고수리 여부를 신고인에게 통지하여야 한다.

③ 환경부장관이 제2항에서 정한 기간 내에 변경신고수리 여부나 민원 처리 관련 법령에 따른 처리기간의 연장을 신고인에게 통지하지 아니하면 그 기간이 끝난 날의 다음 날에 변경신고를 수리한 것으로 본다.

④ 제1항에 따른 등록 · 변경등록 또는 변경신고의 절차 등에 관하여 필요한 사항은 환경부령으로 정한다.

규칙 **제34조의5(전용용기의 구조 · 규격 등)** 법 제25조의2제5항에 따른 전용용기의 구조 · 규격 · 품질 및 표시 등에 관한 기준은 별표 8의3과 같다.

규칙 **제34조의6(전용용기의 검사절차 등)** ① 법 제25조의2제6항 전단에 따라 전용용기 제조업자는 다음 각 호에 해당하는 경우 별지 제21호의4서식의 전용용기 검사신청서에 제2항 각 호의 서류를 첨부하여 제34조의7에 따른 전용용기 검사기관(이하 "전용용기 검사기관"이라 한다)에 제출하고 전용용기를 판매하기 전에 전용용기에 대한 검사를 받아야 한다. [개정 2017.10.19.]

1. 전용용기 제조업의 등록 또는 변경등록(제34조의4제1항제3호의 변경사항만 해당한다)을 한 후 최초로 전용용기를 제조하는 경우
2. 전용용기 검사기관의 검사 결과 합격한 것으로 검사결과서를 통보받은 날부터 3개월이 지난 후 제조용기를 제조하는 경우
3. 제조일부터 3개월이 지난 전용용기(합성수지류 상자형의 경우 12개월이 지난 전용용기)를 판매하려는 경우

② 제1항에 따라 전용용기 검사신청서에 첨부하여야 하는 서류는 다음 각 호와 같다.

1. 전용용기 제조업 등록증 사본
2. 전용용기의 구조도

3. 전용용기의 원료ㆍ재질을 증명할 수 있는 서류

③ 제1항에 따른 검사신청서를 제출받은 전용용기 검사기관은 신청서를 검토한 후 신청인에게 검사 일정 및 검사에 필요한 사항 등을 미리 알려야 한다.

④ 전용용기 검사기관은 검사신청일부터 14일 이내에 전용용기의 검사를 실시한 후 별지 제21호의5서식의 전용용기 검사결과서를 신청인에게 통지하여야 한다. 이 경우 전용용기 검사기관은 검사자료와 검사결과서를 3년간 보관하여야 한다.

⑤ 전용용기 검사기관의 장은 제1항부터 제4항까지의 업무를 효율적으로 수행하기 위하여 전산정보처리시스템을 이용하여 업무를 처리할 수 있다.

규칙 **제34조의7(전용용기 검사기관)** 법 제25조의2제6항 후단에 따른 전용용기의검사기관은 다음 각 호의 기관으로 한다.

1. 한국환경공단
2. 한국화학융합시험연구원
3. 한국건설생활환경시험연구원
4. 그 밖에 환경부장관이 전용용기에 대한 검사능력이 있다고 인정하여 고시하는 기관

규칙 **제34조의8(전용용기 검사방법)** 법 제25조의2제6항 후단에 따른 전용용기의 검사방법은 별표 8의4와 같다.

⑤ 제1항에 따라 등록을 한 자(이하 "전용용기 제조업자"라 한다)가 제조할 수 있는 전용용기의 구조ㆍ규격ㆍ품질 및 표시에 관한 기준 등에 관하여 필요한 사항은 환경부령으로 정한다.

⑥ 전용용기 제조업자는 제조한 전용용기의 구조ㆍ규격ㆍ품질 및 표시가 제5항에 따른 기준에 적합한지 여부에 대하여 환경부령으로 정하는 바에 따라 검사를 받아야 한다. 이 경우 검사기관, 검사방법 및 절차 등에 관하여 필요한 사항은 환경부령으로 정한다.

규칙 **제34조의9(전용용기 제조업자의 준수사항)** 법 제25조의2제8항에 따른 전용기 제조업자의 준수사항은 별표 8의5와 같다.

⑦ 전용용기 제조업자는 다른 사람에게 자기의 성명이나 상호를 사용하여 전용용기를 제조하게 하거나 그 등록증을 빌려주어서는 아니 된다.

⑧ 전용용기 제조업자는 제5항에 따른 기준에 적합한 전용용기를 제조하는 등 환경부령으로 정하는 준수사항을 지켜야 한다. [본조신설 2015.1.20.]

제25조의3(폐기물처리업의 적합성확인) ① 폐기물처리업자는 대통령령으로 정하는 업종별 적합성

확인의 유효기간이 경과할 때마다 환경부장관 또는 시·도지사로부터 다음 각 호의 사항을 모두 충족하여 폐기물처리업을 계속 수행할 수 있는 적합성을 갖추었음을 확인 받아야 한다.

1. 제13조에 따른 폐기물의 처리 기준과 방법 또는 제13조의2에 따른 폐기물의 재활용 원칙 및 준수사항을 충족하는 등 환경부령으로 정하는 조건을 갖추고 있을 것
2. 제26조에 따른 결격사유에 해당하지 아니할 것
3. 이 법을 위반하여 발생한 법적 책임을 모두 이행하였을 것

② 제1항에 따라 적합성확인을 받으려는 자(이하 이 조에서 "적합성확인신청인"이라 한다)는 업종별 적합성확인 유효기간이 만료되기 3개월 전까지 환경부령으로 정하는 바에 따라 제1항 각 호의 사항을 확인하는 데 필요한 자료를 첨부하여 환경부장관 또는 시·도지사에게 신청하여야 한다. 이 경우 적합성확인신청을 받은 환경부장관 또는 시·도지사는 특별한 사정이 없으면 유효기간 만료일 이전에 적합성 여부를 확인하여 적합성확인신청인에게 통보하여야 한다.

③ 제2항 후단에도 불구하고 환경부장관 또는 시·도지사가 적합성확인기간 만료일까지 적합성 여부를 확인하여 적합성확인신청인에게 통보하지 아니한 경우에는 적합성확인신청인은 적합성확인 유효기간이 만료된 이후에도 폐기물처리업을 계속 영위할 수 있다.

④ 환경부장관 또는 시·도지사가 적합성확인신청인에게 적합성확인을 한 때에는 그 적합성확인 유효기간은 종전의 유효기간이 만료된 날의 다음날부터 기산하는 것으로 한다.

⑤ 환경부장관 또는 시·도지사는 적합성확인을 위하여 필요한 경우 적합성확인신청인에게 추가 자료를 제출하거나 필요한 조치를 취할 것을 요구할 수 있다.

⑥ 환경부장관 또는 시·도지사는 다음 각 호의 어느 하나에 해당하는 경우에는 해당 적합성확인신청인에 대하여 적합성확인을 하지 아니할 수 있다.

1. 적합성확인 유효기간이 만료될 때까지 적합성확인신청인으로부터 적합성확인신청서 또는 적합성확인을 위하여 필요한 자료를 제출받지 못한 경우
2. 적합성확인신청인이 제1항 각 호의 요건을 갖추지 못한 경우

⑦ 그 밖에 적합성확인신청 절차 등에 필요한 사항은 환경부령으로 정한다.

제25조의4(의료폐기물 처리에 관한 특례) 환경부장관은 의료폐기물 중간처분 또는 종합처분을 업으로 하는 자의 시설·장비 또는 사업장의 부족으로 의료폐기물의 원활한 처분이 어려워 국민건강 및 환경에 위해를 끼칠 우려가 있는 경우 환경 오염이나 인체 위해도가 낮은 의료폐기물로서 대통령령으로 정하는 의료폐기물에 한정하여 이를 환경부령으로 정하는 바에 따라 지정폐기물 중간처분 또는 종합처분을 업으로 하는 자에게 처분하게 할 수 있다.

규칙 **제34조의10(폐기물처리업의 적합성확인)** ① 법 제25조의3제1항제1호에서 "환경부령으로 정하는 조건"이란 다음 각 호의 조건을 말한다.

1. 법 제13조를 위반하여 폐기물을 매립하지 않을 것
2. 법 제25조제3항에 따른 시설 · 장비 및 기술능력에 관한 폐기물처리업의 허가 기준을 충족할 것

② 법 제25조의3제1항에 따라 적합성확인을 받으려는 자(이하 "적합성확인신청인"이라 한다)는 별지 제21호의6서식의 폐기물처리업 적합성확인 신청서에 다음 각 호의 서류를 첨부하여 시 · 도지사 또는 지방환경관서의 장에게 제출해야 한다.

1. 폐기물처리업(폐기물 수집 · 운반업, 폐기물 처분업, 폐기물 재활용업) 공통
   가. 시설 및 장비 명세서
   나. 기술능력의 보유 현황
2. 폐기물 처분업
   가. 처분시설 설치명세서 및 그 도면
   나. 처분대상 폐기물의 처분공정도
   다. 신청 당시 보관시설의 현장사진
   라. 적합성확인 직전년도의 연간 폐기물 반입량 · 처리량 및 연간 가동일수를 확인할 수 있는 서류
3. 폐기물 재활용업
   가. 재활용시설 설치명세서 및 그 도면
   나. 재활용대상 폐기물의 재활용공정도(음식물류 폐기물을 재활용하는 경우에는 물질수지도를 포함하며, 별표 4의2 제4호에 따른 재활용 유형 또는 재활용환경성평가를 통한 매체접촉형 재활용의 방법으로 재활용을 하려는 경우에는 성토재 · 보조기층재 등으로 직접 이용하는 공사의 발주자 또는 토지소유자 등 해당 토지의 권리자의 동의서를 포함한다)
   다. 신청 당시 보관시설의 현장사진
   라. 적합성확인 직전년도의 연간 폐기물 반입량 · 처리량 및 연간 가동일수를 확인할 수 있는 서류

③ 제2항에 따른 적합성확인 신청서를 제출받은 담당 공무원은 「전자정부법」 제36조제1항에 따른 행정정보의 공동이용을 통하여 폐기물처리업 허가증을 확인해야 한다. 다만, 적합성확인신청인이 폐기물처리업 허가증의 확인에 동의하지 않는 경우에는 그 사본을 제출하도록 해야 한다.

④ 시 · 도지사 또는 지방환경관서의 장은 폐기물처리업의 적합성 여부를 확인한 후 폐기물처리업 허가증에 그 결과를 적어 적합성확인신청인에게 돌려줘야 한다.

⑤ 시 · 도지사 또는 지방환경관서의 장은 폐기물처리업의 적합성확인에 필요한 경우에는 폐기물적정처리추진센터에 제1항 각 호의 조건 충족 여부의 기술적 사항에 관한 검토를 요청할 수 있다.

규칙 **제34조의11(의료폐기물 처리에 관한 특례에 따른 절차 및 방법)** 지방환경관서의 장은 법 제25조의4에 따라 지정폐기물 중간처분 또는 종합처분을 업으로 하는 자에게 의료폐기물을 처분하게 하는 경우에는 별표 8의6에 따른 절차 및 방법에 따라야 한다.

제26조(결격 사유) 다음 각 호의 어느 하나에 해당하는 자는 폐기물처리업의 허가를 받거나 전용용기 제조업의 등록을 할 수 없다. [개정 2015.1.20.]

1. 미성년자, 피성년후견인 또는 피한정후견인
2. 파산선고를 받고 복권되지 아니한 자
3. 이 법을 위반하여 금고 이상의 실형을 선고받고 그 형의 집행이 끝나거나 집행을 받지 아니하기로 확정된 후 10년이 지나지 아니한 자

3의2. 이 법을 위반하여 금고 이상의 형의 집행유예를 선고받고 그 집행유예 기간이 끝난 날부터 5년이 지나지 아니한 자

4. 이 법을 위반하여 대통령령으로 정하는 벌금형 이상을 선고받고 그 형이 확정된 날부터 5년이 지나지 아니한 자
5. 제27조(제1항제2호 및 제2항제20호는 제외한다)에 따라 폐기물처리업의 허가가 취소되거나 제27조의2(제1항제2호 및 제2항제2호는 제외한다)에 따라 전용용기 제조업의 등록이 취소된 자(이하 "허가취소자등"이라 한다)로서 그 허가 또는 등록이 취소된 날부터 10년이 지나지 아니한 자

규칙 **제34조의12(결격 사유)** 법 제26조제5호의2에서 "환경부령으로 정하는 자"란 다음 각 호의 어느 하나에 해당하는 자를 말한다.

1. 법 제26조제5호에 따른 폐기물처리업의 허가가 취소되거나 전용용기 제조업의 등록이 취소된 자(이하 이 조에서 "허가취소자등"이라 한다)와의 관계에서 자신의 영향력을 이용하여 허가취소자등에게 업무집행을 지시함으로써 허가취소자등에게 영향을 미쳐 경제적 이익을 얻은 자
2. 허가취소자등의 명의로 직접 업무를 집행함으로써 허가취소자등에게 영향을 미쳐 경제적 이익을 얻은 자

5의2. 제5호에 해당하는 허가취소자등과의 관계에서 자신의 영향력을 이용하여 허가취소자등에게 업무집행을 지시하거나 허가취소자등의 명의로 직접 업무를 집행하는 등의 사유로 허가취소자등에게 영향을 미쳐 이익을 얻는 자 등으로서 환경부령으로 정하는 자

6. 임원 또는 사용인 중에 제1호부터 제5호까지 및 제5호의2의 어느 하나에 해당하는 자가 있는 법인 또는 개인사업자

[규칙 별표 8의5]

전용용기 제조업자의 준수사항(제34조의9 관련)

1. 전용용기 제조업자는 제34조의2에 따라 등록된 시설 · 장비를 이용하여 전용용기를 제조하여야 한다.
2. 전용용기 제조업자는 전용용기를 구입하는 의료폐기물을 배출하는 자 등이 검사결과서를 요구하는 경우 해당 전용용기에 대한 검사기관의 검사결과서(사본을 포함한다)를 제공하여야 한다.
3. 제조된 전용용기를 출고하기 전에는 등록된 보관창고에 보관하여야 하며, 보관하는 과정에서 햇빛이나 습기 등으로 인하여 전용용기의 품질이 저하되지 않도록 적정하게 관리하여야 한다.
4. 보관창고에는 검사 결과 합격된 용기와 불합격된 용기를 함께 보관하여서는 아니 되며, 불합격된 용기는 용기 외부에 불합격된 제품임을 표시하여 검사일부터 90일 이내에 전량 폐기하고 그 내용을 2년간 기록 · 관리하여야 한다.
5. 전용용기 제조업자는 별표 8의3에 따른 전용용기의 구조 · 규격 · 품질 및 표시 등에 관한 기준을 준수하여 전용용기의 품질 등이 지속적으로 유지될 수 있도록 하여야 한다.
6. 전용용기의 검사를 받으려는 경우에는 시료가 골고루 채취될 수 있도록 검사에 협조하여야 한다.
7. 전용용기 제조업자는 전용용기 검사기관의 검사에 합격한 전용용기만을 유통하여야 하며, 검사결과서의 유효기간이 지난 전용용기를 유통하여서는 안 된다.

제27조(허가의 취소 등) ① 환경부장관이나 시 · 도지사는 폐기물처리업자가 다음 각 호의 어느 하나에 해당하면 그 허가(변경허가 및 변경신고를 포함한다. 이하 이 조에서 같다)를 취소하여야 한다. [개정 2015.1.20.]

1. 속임수나 그 밖의 부정한 방법으로 허가를 받은 경우

1의2. 제25조의3제1항에 따른 적합성확인을 받지 아니한 경우

1의3. 속임수나 그 밖의 부정한 방법으로 제25조의3제1항에 따른 적합성 확인을 받은 경우

2. 제26조 각 호의 결격사유 중 어느 하나에 해당되는 경우. 다만, 다음 각 목의 어느 하나에 해당하는 경우 그 구분에 따른 조치를 한 경우는 제외한다.
   가. 임원 또는 사용인 중 제26조제6호에 해당하는 자가 있는 경우: 결격사유가 발생한 날부터 2개월 이내에 그 임원 또는 사용인을 바꾸어 임명
   나. 제33조제3항에 따라 권리 · 의무를 승계한 상속인이 제26조 각 호의 어느 하나에 해당하는 경우: 상속이 시작된 날부터 6개월 이내에 그 권리 · 의무를 다른 자에게 양도
3. 제40조제1항 본문에 따른 조치를 하지 아니한 경우
4. 제40조제8항에 따른 계약 갱신 명령을 이행하지 아니한 경우
5. 영업정지기간 중 영업 행위를 한 경우

② 환경부장관이나 시 · 도지사는 폐기물처리업자가 다음 각 호의 어느 하나에 해당하면 그 허가를 취소하거나 6개월 이내의 기간을 정하여 영업의 전부 또는 일부의 정지를 명령할 수 있다. [개정 2015.7.20.]

1. 제8조제1항 또는 제2항을 위반하여 사업장폐기물을 버리거나 매립 또는 소각한 경우
2. 제13조 또는 제13조의2를 위반하여 폐기물을 처리한 경우

2의2. 제13조의5제5항에 따른 조치명령을 이행하지 아니한 경우
2의3. 제14조의5제2항을 위반하여 안전기준을 준수하지 아니한 경우
3. 제18조제3항을 위반하여 폐기물의 인계 · 인수에 관한 사항과 폐기물처리현장정보를 전자정보처리프로그램에 입력하지 아니한 경우
3의2. 제18조의2제4항을 위반하여 유해성 정보자료를 게시하지 아니하거나 비치하지 아니한 경우
4. 제19조제1항을 위반하여 운반 중에 서류 등을 지니지 아니하거나 관계 행정기관이나 그 소속 공무원이 요구하여도 인계번호를 알려주지 아니한 경우
5. 제25조제5항에 따른 업종 구분과 영업 내용의 범위를 벗어나는 영업을 한 경우
6. 제25조제7항에 따른 조건을 위반한 경우
7. 제25조제8항을 위반하여 다른 사람에게 자기의 성명이나 상호를 사용하여 폐기물을 처리하게 하거나 그 허가증을 다른 사람에게 빌려 준 경우
8. 제25조제9항을 위반하여 폐기물을 보관하거나 준수사항을 위반한 경우. 다만, 같은 항 제4호에 해당하는 경우에는 고의 또는 중과실인 경우에 한정한다.
9. 제25조제10항을 위반하여 별도로 수집 · 운반 · 처분하는 시설 · 장비 및 사업장을 설치 · 운영하지 아니한 경우
10. 제25조제11항에 따른 변경허가를 받거나 변경신고를 하지 아니하고 허가사항이나 신고사항을 변경한 경우
11. 제30조제1항 · 제2항을 위반하여 검사를 받지 아니하거나 같은 조 제3항을 위반하여 적합판정을 받지 아니한 폐기물처리시설을 사용한 경우
12. 제31조제1항에 따른 관리기준에 맞지 아니하게 폐기물처리시설을 운영한 경우
13. 제31조제4항에 따른 개선명령이나 사용중지명령을 이행하지 아니한 경우
14. 제31조제5항에 따른 폐쇄명령을 이행하지 아니한 경우
15. 제31조제7항에 따른 측정명령이나 조사명령을 이행하지 아니한 경우
15의2. 제33조제1항 또는 제2항에 따른 권리 · 의무의 승계를 위한 허가신청을 하지 아니하거나 허가를 받지 못한 경우
16. 제33조제3항에 따른 권리 · 의무의 승계신고를 하지 아니하거나 승계신고가 수리되지 아니한 경우
17. 제36조제1항을 위반하여 장부를 기록 · 보존하지 아니한 경우
17의2. 제36조제3항을 위반하여 장부에 기록하고 보존하여야 하는 폐기물의 발생 · 배출 · 처리상황 등을 전자정보처리프로그램에 입력하지 아니하거나 거짓으로 입력한 경우
18. 제39조의3, 제40조제2항 · 제3항, 제47조의2 또는 제48조에 따른 명령을 이행하지 아니한 경우
19. 제52조제1항에 따라 사후관리이행보증금을 사전에 적립하지 아니한 경우

20. 허가를 받은 후 1년 이내에 영업을 시작하지 아니하거나 정당한 사유 없이 계속하여 1년 이상 휴업한 경우

실전문제 **폐기물처리신고자의 준수사항으로 옳은 은 것은?**

❶ 정당한 사유 없이 계속하여 1년 이상 휴업하여서는 아니 된다.
② 정당한 사유 없이 계속하여 2년 이상 휴업하여서는 아니 된다.
③ 정당한 사유 없이 계속하여 3년 이상 휴업하여서는 아니 된다.
④ 정당한 사유 없이 계속하여 5년 이상 휴업하여서는 아니 된다.

제27조의2(전용용기 제조업 등록의 취소 등) ① 환경부장관은 전용용기 제조업자가 다음 각 호의 어느 하나에 해당하면 그 등록(변경등록 및 변경신고를 포함한다. 이하 이 조에서 같다)을 취소하여야 한다.

1. 거짓이나 그 밖의 부정한 방법으로 등록을 한 경우
2. 제26조 각 호의 결격사유 중 어느 하나에 해당되는 경우. 다만, 법인의 임원 중에 제26조제6호에 해당되는 자가 있는 경우 2개월 이내에 그 임원을 바꾸어 임명하면 그러하지 아니하다.
3. 제2항에 따른 영업정지 기간 중에 영업을 한 경우

② 환경부장관은 전용용기 제조업자가 다음 각 호의 어느 하나에 해당하는 경우에는 그 등록을 취소하거나 6개월 이내의 기간을 정하여 그 영업의 전부 또는 일부의 정지를 명할 수 있다.

1. 제25조의2제1항을 위반하여 변경등록 또는 변경신고를 하지 아니하고 등록사항을 변경하거나 부정한 방법으로 변경등록 또는 변경신고를 한 경우
2. 등록을 한 후 1년 이내에 영업을 개시하지 아니하거나 그 실적이 없는 경우(휴업 신고를 한 경우는 제외한다)
3. 제25조의2제1항에 따라 등록한 시설 · 장비가 아닌 다른 자의 시설 · 장비로 전용용기를 제조한 경우
4. 제25조의2제1항에 따라 등록한 전용용기 외의 전용용기를 제조한 경우
5. 제25조의2제1항에 따른 등록기준에 미달하게 된 경우
6. 제25조의2제5항에 따른 구조 · 규격 · 품질 및 표시 기준에 적합하지 아니하게 전용용기를 제조하여 유통시키거나 제25조의2제6항에 따른 검사를 받지 아니한 경우
7. 제25조의2제7항을 위반하여 다른 사람에게 자기의 성명이나 상호를 사용하여 영업하게 하거나 등록증을 빌려 준 경우
8. 제25조의2제8항을 위반하여 준수사항을 이행하지 아니한 경우
9. 제39조에 따른 관계 서류 · 시설 및 장비 등의 검사를 거부 · 방해 또는 기피한 경우

제28조(폐기물처리업자에 대한 과징금 처분) ① 환경부장관이나 시·도지사는 제27조에 따라 폐기물처리업자에게 영업의 정지를 명령하려는 때 그 영업의 정지가 다음 각 호의 어느 하나에 해당한다고 인정되면 그 영업의 정지를 갈음하여 대통령령으로 정하는 매출액에 100분의 5를 곱한 금액을 초과하지 아니하는 범위에서 과징금을 부과할 수 있다. 다만, 그 폐기물처리업자가 매출액이 없거나 매출액을 산정하기 곤란한 경우로서 대통령령으로 정하는 경우에는 1억원을 초과하지 아니하는 범위에서 과징금을 부과할 수 있다.

1. 해당 영업의 정지로 인하여 그 영업의 이용자가 폐기물을 위탁처리하지 못하여 폐기물이 사업장 안에 적체(積滯)됨으로써 이용자의 사업활동에 막대한 지장을 줄 우려가 있는 경우
2. 해당 폐기물처리업자가 보관 중인 폐기물이나 그 영업의 이용자가 보관 중인 폐기물의 적체에 따른 환경오염으로 인하여 인근지역 주민의 건강에 위해가 발생되거나 발생될 우려가 있는 경우
3. 천재지변이나 그 밖의 부득이한 사유로 해당 영업을 계속하도록 할 필요가 있다고 인정되는 경우

② 제1항에 따라 과징금을 부과하는 위반행위의 종류와 정도에 따른 과징금의 금액, 그 밖에 필요한 사항은 대통령령으로 정하되, 그 금액의 2분의 1의 범위에서 가중(加重)하거나 감경(減輕)할 수 있다.

③ 제1항에 따른 과징금을 내야 할 자가 납부기한까지 내지 아니하면 환경부장관이나 시·도지사는 과징금 부과처분을 취소하고 제27조제2항에 따른 영업정지 처분을 하거나 환경부장관은 국세 체납처분의 예에 따라, 시·도지사는 「지방행정제재·부과금의 징수 등에 관한 법률」에 따라 각각 과징금을 징수한다. 다만, 제37조에 따른 폐업 등으로 제27조제2항에 따른 영업정지 처분을 할 수 없는 경우에는 국세 체납처분의 예 또는 「지방행정제재·부과금의 징수 등에 관한 법률」에 따라 과징금을 징수한다.

④ 제1항 및 제3항에 따라 과징금으로 징수한 금액은 징수 주체가 사용하되, 광역 폐기물처리시설의 확충 등 대통령령으로 정하는 용도로 사용하여야 한다.

⑤ 제1항에도 불구하고 제27조제2항제1호·제14호 또는 제18호에 해당하거나 과징금 처분을 받은 날부터 2년이 경과되기 전에 제27조제2항에 따른 영업정지 처분 대상이 되는 경우에는 영업정지를 갈음하여 과징금을 부과하지 아니한다.

실전문제 **생활폐기물 수집·운반대행자에게 영업의 정지를 명하려는 경우에 그 영업의 정지로 인하여 생활폐기물이 처리되지 아니하고 쌓여 지역주민의 건강에 위해가 발생하거나 발생할 우려가 있다. 이런 경우 그 영업의 정지에 갈음하여 부과할 수 있는 과징금의 최대액수는?**

① 5천만원　❷ 1억원
③ 2억원　④ 3억원

실전문제 과징금에 관한 내용으로 ( )에 알맞은 것은?

> 환경부장관이나 시 · 도지사가 폐기물처리업자에게 영업의 정지를 명령하려는 때 (ㄱ)으로 정하는 바에 따라 그 영업의 정지를 갈음하여 (ㄴ) 이하의 과징금을 부과할 수 있다.

① ㄱ : 환경부령, ㄴ : 1억원
❷ ㄱ : 대통령령, ㄴ : 1억원
③ ㄱ : 환경부령, ㄴ : 2억원
④ ㄱ : 대통령령, ㄴ : 2억원

영 제11조(과징금을 부과할 위반행위별 과징금의 금액 등) ① 법 제28조제1항 각 호 외의 부분 본문에서 "대통령령으로 정하는 매출액"이란 해당 폐기물처리업자에게 과징금을 부과하는 연도의 직전 3개 사업연도의 연평균 매출액(영업정지 대상 폐기물처리업의 영업에 따른 매출액만 해당한다)을 말한다. 다만, 과징금을 부과하는 사업연도의 1월 1일 현재 사업을 시작한 지 3년이 되지 않은 경우에는 그 사업을 시작한 날부터 직전 사업연도 말일까지의 매출액을 연평균 매출액으로 환산한 금액을 말하며, 과징금을 부과하는 사업연도에 사업을 시작한 경우에는 사업을 시작한 날부터 위반행위를 한 날까지의 매출액을 연매출액으로 환산한 금액을 말한다.

② 법 제28조제1항 각 호 외의 부분 단서에서 "대통령령으로 정하는 경우"란 다음 각 호의 어느 하나에 해당하는 경우를 말한다.

1. 영업을 시작하지 않거나 영업을 중단하는 등의 사유로 영업실적이 없는 경우
2. 재해 등으로 인하여 매출액 산정자료가 소멸되거나 훼손되어 객관적인 매출액의 산정이 곤란한 경우

③ 법 제28조제2항에 따른 위반행위의 종류와 정도에 따른 과징금의 금액은 별표 6과 같다.

④ 환경부장관이나 시 · 도지사는 사업장의 사업규모, 사업지역의 특수성, 위반행위의 정도 및 횟수 등을 고려하여 법 제28조제1항에 따른 과징금 금액의 2분의 1 범위에서 가중하거나 감경할 수 있다.

[영 별표 6]

폐기물처리업자의 위반행위에 따른 과징금의 금액(제11조 관련)

위반행위	영업정지 1개월 또는	영업정지 3개월 또는	영업정지 6개월 또는
1. 법 제13조 또는 제13조의2를 위반하여 폐기물을 처리한 경우	2천만원	5천만원	1억원
2. 법 제18조제3항을 위반하여 폐기물 인계 · 인수에 관한 내용을 법 제45조의 전자정보처리프로그램에 입력하지 아	2천만원	5천만원	1억원

니한 경우			
3. 법 제25조제7항에 따른 조건을 위반한 경우	2천만원	5천만원	1억원
4. 법 제25조제8항을 위반하여 다른 사람에게 자기의 성명 또는 상호를 사용하여 폐기물을 처리하게 하거나 그 허가증을 다른 사람에게 빌려준 경우	–	5천만원	1억원
5. 법 제25조제9항에 따른 준수사항을 위반한 경우	2천만원	5천만원	1억원
6. 법 제25조제11항에 따른 변경허가를 받지 아니하거나 변경신고를 하지 아니하고 허가사항이나 신고사항을 변경한 경우	2천만원	5천만원	1억원
7. 법 제31조제1항에 따른 관리기준에 맞지 아니하게 폐기물 처리시설을 운영한 경우	2천만원	5천만원	1억원
8. 법 제33조제3항에 따른 권리 · 의무 승계의 신고를 하지 아니한 경우	2천만원	–	–
9. 법 제36조제1항을 위반하여 장부를 기록하지 아니하거나 이를 보존하지 아니한 경우	2천만원	5천만원	1억원

영 **제11조의2(과징금의 부과 및 납부)** ① 환경부장관이나 시 · 도지사는 법 제28조에 따라 과징금을 부과하려는 때에는 그 위반행위의 종별과 해당 과징금의 금액을 구체적으로 밝혀 이를 납부할 것을 서면으로 통지하여야 한다.

② 제1항에 따라 통지를 받은 자는 통지를 받은 날부터 20일 이내에 과징금을 부과권자가 정하는 수납기관에 납부하여야 한다.

③ 제2항에 따라 과징금의 납부를 받은 수납기관은 그 납부자에게 영수증을 발급하고, 지체 없이 그 사실을 환경부장관이나 시 · 도지사에게 알려야 한다.

④ 과징금은 분할하여 납부할 수 없다.

영 **제12조(과징금의 사용용도)** 법 제28조제4항에 따라 과징금으로 징수한 금액의 사용용도는 다음 각 호와 같다. [개정 2011.9.7.]

1. 법 제5조제1항에 따른 광역 폐기물처리시설(지정폐기물 공공 처리시설을 포함한다)의 확충

1의2. 「자원의 절약과 재활용촉진에 관한 법률」 제34조의4에 따른 공공 재활용기반시설의 확충

2. 법 제13조 또는 제13조의2를 위반하여 처리한 폐기물 중 그 폐기물을 처리한 자나 그 폐기물의 처리를 위탁한 자를 확인할 수 없는 폐기물로 인하여 예상되는 환경상 위해(危害)를 제거하기 위한 처리

3. 폐기물처리업자나 폐기물처리시설의 지도 · 점검에 필요한 시설 · 장비의 구입 및 운영

제29조(폐기물처리시설의 설치) ① 폐기물처리시설은 환경부령으로 정하는 기준에 맞게 설치하되, 환경부령으로 정하는 규모 미만의 폐기물 소각 시설을 설치 · 운영하여서는 아니 된다.

규칙 제35조(폐기물처리시설의 설치기준) ① 법 제29조제1항에 따른 폐기물처리시설의 설치기준은 별표 9와 같다. (생략으로 인한 법제처 참조)

② 환경부장관은 폐기물처리시설의 적절한 설계 · 시공을 위하여 필요하면 제1항에 따른 설치기준에 관한 지도기준을 결정 · 고시할 수 있다.

규칙 제36조(설치가 금지되는 폐기물 소각 시설) 법 제29조제1항에서 "환경부령으로 정하는 규모 미만의 폐기물 소각 시설"이란 시간당 폐기물 소각 능력이 25kg 미만인 폐기물 소각 시설을 말한다.

② 제25조제3항에 따른 폐기물처리업의 허가를 받았거나 받으려는 자 외의 자가 폐기물처리시설을 설치하려면 환경부장관의 승인을 받아야 한다. 다만, 제1호의 폐기물처리시설을 설치하는 경우는 제외하며, 제2호의 폐기물처리시설을 설치하려면 환경부장관에게 신고하여야 한다.

1. 학교 · 연구기관 등 환경부령으로 정하는 자가 환경부령으로 정하는 바에 따라 시험 · 연구목적으로 설치 · 운영하는 폐기물처리시설
2. 환경부령으로 정하는 규모의 폐기물처리시설

규칙 제37조(폐기물처리시설 설치 승인 · 신고의 제외 대상 등) ① 법 제29조제2항제1호에서 "환경부령으로 정하는 자"란 다음 각 호의 자를 말한다.

1. 「환경기술 및 환경산업 지원법」 제5조제1항에 따른 기관
2. 「고등교육법」 제2조에 따른 대학 · 산업대학 · 전문대학 · 기술대학 및 그 부설연구기관
3. 국 · 공립연구기관
4. 「기초연구진흥 및 기술개발지원에 관한 법률」 제14조제1항제2호에 따른 기업부설연구소 및 기업의 연구개발전담부서
5. 「산업기술연구조합 육성법」에 따른 산업기술연구조합
6. 「환경친화적 산업구조로의 전환촉진에 관한 법률」 제6조제2항에 따른 기관 및 단체
7. 그 밖에 환경부장관이 정하여 고시하는 자

② 법 제29조제2항제1호에 따른 폐기물처리시설을 설치 · 운영하려는 자는 별지 제22호서식의 폐기물 처분시설 또는 재활용시설 설치 · 운영계획서를 시 · 도지사나 지방환경관서의 장에게 제출하여야 하며, 이를 제출받은 시 · 도지사나 지방환경관서의 장은 그 시설을 설치 · 운영하려는 자가 제1항 각 호의 어느 하나에 해당하는 자인지 여부, 적절한 환경시설을 설치하였는지 여부 및 시험 · 연구 목적을 확인하고 그 확인결과(환

경시설의 경우 보완할 사항이 있으면 그 보완할 사항을 포함한다)를 신청인에게 알려야 한다. [개정 2011.10.28.]

규칙 **제38조(설치신고대상 폐기물처리시설)** 법 제29조제2항제2호에서 "환경부령으로 정하는 규모의 폐기물처리시설"이란 다음 각 호의 시설을 말한다.

1. 일반소각시설로서 1일 처분능력이 100ton(지정폐기물의 경우에는 10ton) 미만인 시설
2. 고온소각시설 · 열분해시설 · 고온용융시설 또는 열처리조합시설로서 시간당 처분능력이 100kg 미만인 시설
3. 기계적 처분시설 또는 재활용시설 중 증발 · 농축 · 정제 또는 유수분리시설로서 시간당 처분능력 또는 재활용능력이 125kg 미만인 시설
4. 기계적 처분시설 또는 재활용시설 중 압축 · 압출 · 성형 · 주조 · 파쇄 · 분쇄 · 탈피 · 절단 · 용융 · 용해 · 연료화 · 소성(시멘트 소성로는 제외한다) 또는 탄화시설로서 1일 처분능력 또는 재활용능력이 100ton 미만인 시설
5. 기계적 처분시설 또는 재활용시설 중 탈수 · 건조시설, 멸균분쇄시설 및 화학적 처분시설 또는 재활용시설
6. 생물학적 처분시설 또는 재활용시설로서 1일 처분능력 또는 재활용 능력이 100ton 미만인 시설
7. 소각열회수시설로서 1일 재활용능력이 100ton 미만인 시설

규칙 **제39조(폐기물처리시설의 설치 승인 등)** ① 법 제29조제2항에 따라 폐기물처리시설을 설치하려는 자는 별지 제23호서식의 폐기물 처분시설 또는 재활용시설 설치승인신청서에 다음 각 호의 서류를 첨부하여 그 시설의 소재지를 관할하는 시 · 도지사나 지방환경관서의 장에게 제출하여야 한다. [개정 2008.12.31.]

1. 처분 또는 재활용 대상 폐기물 배출업체의 제조공정도 및 폐기물배출명세서(사업장폐기물배출자가 설치하는 경우만 제출한다)
2. 폐기물의 종류, 성질 · 상태 및 예상 배출량명세서(사업장폐기물배출자가 설치하는 경우만 제출한다)
3. 처분 또는 재활용 대상 폐기물의 처분 또는 재활용 계획서(재활용시설의 경우에는 재활용 용도 또는 방법을 포함한다)
4. 폐기물 처분시설 또는 재활용시설의 설치 및 장비확보 계획서
5. 폐기물 처분시설 또는 재활용시설의 설계도서(음식물류 폐기물을 처분 또는 재활용하는 시설인 경우에는 물질수지도를 포함한다)
6. 처분 또는 재활용 후에 발생하는 폐기물의 처분 또는 재활용계획서
7. 공동폐기물 처분시설 또는 재활용시설의 설치 · 운영에 드는 비용부담 등에 관한

규약(법 제18조제5항에 따라 폐기물처리시설을 공동으로 설치 · 운영하는 경우만 제출한다)

8. 폐기물 매립시설의 사후관리계획서
9. 환경부장관이 고시하는 사항을 포함한 시설설치의 환경성조사서[면적이 1만㎡ 이상이거나 매립용적이 3만 ㎥ 이상인 매립시설, 1일 처분능력이 100ton 이상(지정폐기물의 경우에는 10ton 이상)인 소각시설, 1일 재활용능력이 100ton 이상인 소각열회수시설이나 폐기물을 연료로 사용하는 시멘트 소성로의 경우만 제출한다]. 다만, 「환경영향평가법」에 따른 전략환경영향평가 대상사업, 환경영향평가 대상사업 또는 소규모 환경영향평가 대상사업의 경우에는 전략환경영향평가서, 환경영향평가서나 소규모 환경영향평가서로 대체할 수 있다.
10. 배출시설의 설치허가 신청 또는 신고 시의 첨부서류(배출시설에 해당하는 폐기물 처분시설 또는 재활용시설을 설치하는 경우만 제출하며 제1호부터 제8호까지의 서류와 중복되면 그 서류는 제출하지 아니할 수 있다)

② 시 · 도지사나 지방환경관서의 장은 제1항에 따른 폐기물 처분시설 또는 재활용시설 설치승인 신청이 다음 각 호의 기준 및 방법에 적합하면 별지 제24호서식의 폐기물 처분시설 또는 재활용시설 설치승인서를 신청인에게 내주어야 한다. [개정 2011.9.27.]

1. 제14조에 따른 폐기물처리에 관한 구체적인 기준 및 방법
2. 제35조제1항에 따른 폐기물처리시설의 설치기준

③ 법 제29조제3항에 따라 변경승인을 받아야 할 중요사항은 다음 각 호와 같다. [개정 2016.4.28.]

1. 상호의 변경(사업장폐기물배출자가 설치하는 경우만 해당한다)
2. 처분 또는 재활용 대상 폐기물의 변경
3. 처분시설 또는 재활용시설 소재지의 변경
4. 승인 또는 변경승인을 받은 처분 또는 재활용 용량의 합계 또는 누계의 100분의 30 이상의 증가
5. 매립시설 제방의 증 · 개축
6. 주요설비의 변경. 다만, 다음 각 목의 경우만 해당한다.
   가. 폐기물 처분시설의 구조변경으로 별표 9 제1호나목2)가)의 (1) · (2), 나)의 (1) · (2), 다)의 (2) · (3), 라)의 (1) · (2)의 기준이 변경되는 경우
   나. 폐기물 재활용시설의 구조 변경으로 별표 9 제3호마목13) · 14) 또는 사목 11) · 12)의 기준이 변경되는 경우
   다. 차수시설 · 침출수 처리시설이 변경되는 경우
   라. 별표 9 제2호 나목2)바)에 따른 가스 처리시설 또는 가스 활용시설이 설치되거나 변경되는 경우

마. 별표 9 제2호나목2)차)에 따라 침출수매립시설환원정화설비를 설치하거나 변경하는 경우

바. 배출시설의 변경허가 또는 변경신고 대상이 되는 경우

④ 제3항에 따라 변경승인을 받으려는 자는 제3항제2호부터 제6호까지의 규정에 해당하면 변경 전에, 제3항제1호에 해당하면 승인사유가 발생한 날부터 30일 이내에 각각 별지 제23호서식의 폐기물 처분시설 또는 재활용시설 설치변경승인신청서에 다음 각 호의 서류를 첨부하여 시 · 도지사나 지방환경관서의 장에게 제출하여야 한다. [개정 2011.9.27.]

1. 폐기물 처분시설 또는 재활용시설 설치승인서
2. 변경내용을 확인할 수 있는 서류(제3항제1호의 경우만 제출한다)
3. 폐기물 처분시설 또는 재활용시설의 설치변경계획서(제3항제4호부터 제6호까지의 경우만 제출한다)
4. 배출시설의 변경허가 신청 또는 변경신고의 첨부서류(처분 또는 재활용 용량이나 주요 설비의 변경 등으로 배출시설의 변경허가 또는 변경신고 대상에 해당되는 경우만 제출한다)
5. 환경성조사서(처분 또는 재활용 용량의 증가로 제1항제9호에 해당되는 경우만 제출한다)

규칙 제40조(폐기물처리시설의 설치신고 등) ① 법 제29조제2항 단서에 따라 폐기물처리시설의 설치신고를 하려는 자는 별지 제25호서식의 폐기물 처분시설 또는 재활용시설 설치신고서에 다음 각 호의 서류를 첨부하여 시 · 도지사나 지방환경관서의 장에게 제출하여야 한다. [개정 2012.9.24.]

1. 폐기물 처분시설 또는 재활용시설의 설치 및 장비확보 계획서
2. 환경부장관이 고시하는 사항을 포함한 시설설치의 환경성조사서(1일 소각용량이 50ton 이상인 소각시설 또는 소각열회수시설의 경우만 제출한다)
3. 배출시설의 설치허가 신청 또는 신고 시의 첨부서류(배출시설에 해당하는 폐기물 처분시설 또는 재활용시설의 경우만 제출한다)
4. 공동폐기물 처분시설 또는 재활용시설의 설치 · 운영에 드는 비용부담 등에 관한 규약(법 제18조제5항에 따라 폐기물처리시설을 공동으로 설치 · 운영하는 경우만 제출한다)

② 시 · 도지사나 지방환경관서의 장은 제1항에 따른 신고서를 받으면 별지 제26호서식의 신고증명서를 신고인에게 내주어야 한다.

③ 법 제29조제3항에 따라 변경신고를 하여야 할 중요사항은 다음 각 호와 같다. [개정 2011.9.27., 2012.9.24.]

1. 상호의 변경(사업장폐기물배출자가 설치하는 경우만 해당한다)

2. 처분시설 또는 재활용시설 소재지의 변경
3. 처분 또는 재활용 대상 폐기물의 변경
4. 신고 또는 변경신고를 한 처분 또는 재활용 용량의 합계 또는 누계의 100분의 30 이상의 증가
5. 주요 설비의 변경. 다만, 폐기물 처분시설의 구조변경으로 별표 9 제1호나목2)가)의 (1) · (2), 나)의 (1) · (2), 다)의 (2) · (3), 라)의 (1) · (2)의 기준이 변경되는 경우, 폐기물 재활용시설의 구조변경으로 별표 9 제3호마목13) · 14) 또는 사목11) · 12)의 기준이 변경되는 경우 및 배출시설의 변경허가 또는 변경신고 대상이 되는 경우만 해당한다.

④ 제3항에 따른 변경신고를 하려는 자는 제3항제2호부터 제5호까지의 규정에 해당하면 변경 전에, 제3항제1호에 해당하면 신고사유가 발생한 날부터 30일이내에 각각 별지 제25호서식의 폐기물 처분시설 또는 재활용시설 설치변경고서에 다음 각 호의 서류를 첨부하여 시 · 도지사나 지방환경관서의 장에게 제출하여야 한다. [개정 2011.9.27.]
1. 폐기물 처분시설 또는 재활용시설 설치신고증명서
2. 변경내용을 확인할 수 있는 서류(제3항제1호의 경우만 제출한다)
3. 폐기물 처분시설 또는 재활용시설의 설치변경계획서(제3항제4호 및 제5호의 경우만 제출한다)
4. 배출시설의 변경허가 신청 또는 변경신고의 첨부서류(처분 또는 재활용용량이나 주요 설비의 변경 등으로 배출시설의 변경허가 또는 변경신고 대상에 해당되는 경우만 제출한다)

③ 제2항의 경우에 승인을 받았거나 신고한 사항 중 환경부령으로 정하는 중요사항을 변경하려면 각각 변경승인을 받거나 변경신고를 하여야 한다.

④ 폐기물처리시설을 설치하는 자는 그 설치공사를 끝낸 후 그 시설의 사용을 시작하려면 다음 각 호의 구분에 따라 해당 행정기관의 장에게 신고하여야 한다.
1. 폐기물처리업자가 설치한 폐기물처리시설의 경우 : 제25조제3항에 따른 허가관청
2. 제1호 외의 폐기물처리시설의 경우 : 제29조제2항에 따른 승인관청 또는 신고관청

규칙 제41조(폐기물처리시설의 사용신고 및 검사) ① 법 제29조제4항에 따라 폐기물처리시설의 설치자(제29조제1항제2호가목, 나목 및 라목부터 바목까지와 같은 항 제3호가목부터 다목까지 및 마목부터 사목까지의 규정에 따라 폐기물처리업의 변경허가를 받은 자를 포함한다)는 해당 시설의 사용개시일 10일 전까지 별지 제27호서식이나 별지 제28호서식의 사용개시신고서에 다음 각 호의 서류를 첨부하여 시 · 도지사나 지방환경관서의 장에게 제출하여야 한다. 다만, 「대기환경보전법」 제2조제12호에 따른 대기오염방지시설만을

증설하거나 교체하였을 때에는 제2호의 서류를 첨부하지 아니할 수 있다. [개정 2015.7.29.]

1. 해당 시설의 유지관리계획서
2. 다음 각 목의 어느 하나에 해당하는 시설(법 제29조제2항제1호에 따른 시설은 제외한다)의 경우에는 제3항에 따른 검사기관에서 발행한 그 시설의 검사결과서
   가. 소각시설[종전의 소각열회수시설을 소각시설로 변경(처분대상 폐기물이 동일한 경우에 한정한다)하여 사용하려는 경우에는 해당 소각열회수시설 설치 당시 제3항에 따른 검사기관에서 발행한 그 시설의 검사결과서로 대체할 수 있다]
   나. 매립시설
   다. 멸균분쇄시설(영 별표 3 제1호나목9)에 해당하는 시설로서 의료폐기물을 대상으로 하는 시설을 포함한다. 이하 이 조에서 같다)
   라. 음식물류 폐기물을 처리하는 시설로서 1일 처리능력 100kg 이상인 시설(이하 "음식물류 폐기물 처리시설"이라 한다).
   마. 시멘트 소성로(폐기물을 연료로 사용하는 경우로 한정한다)
   바. 소각열회수시설

② 법 제30조제1항 전단에서 "환경부령으로 정하는 폐기물처리시설"이란 법 제29조제2항제1호에 따른 시설을 제외한 다음 각 호의 시설을 말한다.

1. 소각시설
2. 매립시설
3. 멸균분쇄시설
4. 음식물류 폐기물처리시설(음식물류 폐기물에 대한 중간처리 후 새로 발생한 폐기물을 처리하는 시설을 포함한다. 이하 이 조에서 같다)
5. 시멘트 소성로(폐기물을 연료로 사용하는 경우로 한정한다)
6. 소각열회수시설

③ 법 제30조제1항 전단에서 "환경부령으로 정하는 검사기관"이란 다음 각 호의 기관을 말한다. [개정 2016.1.21.]

1. 소각시설의 검사기관 : 다음 각 목의 기관
   가. 한국환경공단
   나. 한국기계연구원　다. 한국산업기술시험원
   라. 대학, 정부출연기관, 그 밖에 소각시설을 검사할 수 있다고 인정하여 환경부장관이 고시하는 기관
2. 매립시설의 검사기관 : 다음 각 목의 기관
   가. 한국환경공단
   나. 「정부출연연구기관 등의 설립 · 운영 및 육성에 관한 법률」에 따라 설립된 한국건설기술연구원

다. 「한국농어촌공사 및 농지관리기금법」에 따른 한국농어촌공사
라. 수도권매립지관리공사
3. 멸균분쇄시설의 검사기관 : 다음 각 목의 기관
가. 한국환경공단 나. 한국산업기술시험원
다. 「보건환경연구원법」 제2조에 따른 보건환경연구원(이하 "보건환경연구원"이라 한다)
4. 음식물류 폐기물 처리시설의 검사기관 : 다음 각 목의 기관
가. 한국환경공단 나. 한국산업기술시험원
다. 그 밖에 환경부장관이 정하여 고시하는 기관
5. 시멘트 소성로의 검사기관: 제1호 각 목의 기관
6. 소각열회수시설의 검사기관: 다음 각 목의 기관
가. 제3조제3항 각 호의 기관(에너지회수기준의 검사)
나. 제1호 각 목의 기관(에너지회수기준 외의 검사)

④ 법 제30조제1항 후단에서 "환경부령으로 정하는 경우"란 다음 각 호의 경우를 말한다.
1. 제39조제3항제2호 및 제4호 부터 제6호까지 규정 중 어느 하나에 해당하여 변경승인을 받은 경우
2. 제40조제3항제3호부터 제5호까지의 규정 중 어느 하나에 해당하여 변경신고를 한 경우

⑤ 법 제30조제2항에서 "환경부령으로 정하는 기간"이란 다음 각 호의 기준일 전후 각각 30일 이내의 기간을 말한다. 다만, 멸균분쇄시설은 제3호의 기간을말한다. [개정 2016.12.30.]
1. 소각시설, 소각열회수시설 : 최초 정기검사는 사용개시일부터 3년이 되는 날(「대기환경보전법」 제32조에 따른 측정기기를 설치하고 같은 법 시행령 제19조에 따른 굴뚝원격감시체계관제센터와 연결하여 정상적으로 운영되는 경우에는 사용개시일부터 5년이 되는 날), 2회 이후의 정기검사는 최종 정기검사일(제8항에 따라 검사결과서를 발급받은 날을 말한다. 이하 같다)부터 3년이 되는 날
2. 매립시설 : 최초 정기검사는 사용개시일부터 1년이 되는 날, 2회 이후의 정기검사는 최종 정기검사일부터 3년이 되는 날
3. 멸균분쇄시설 : 최초 정기검사는 사용개시일부터 3개월, 2회 이후의 정기검사는 최종 정기검사일부터 3개월
4. 음식물류 폐기물 처리시설 : 최초 정기검사는 사용개시일부터 1년이 되는 날, 2회 이후의 정기검사는 최종 정기검사일부터 1년이 되는 날. 다만, 영 별표 3 제3호다목 1)가) 단서에 따른 시설이 다음 각 목에 해당하는 경우에는 다음 각 목의 구분에 따른 날로 한다.
가. 2015년 6월 30일 이전에 설치된 시설로서 2017년 7월 1일 이후 처음 정기검사

를 받는 경우: 해당 정기검사가 최초 정기검사이면 사용개시일부터 3년이 되는 날, 2회 이후의 정기검사이면 최종 정기검사일부터 3년이 되는 날. 다만, 그 사용개시일 또는 최종 정기검사일부터 3년이 되는 날이 2018년 4월 1일부터 2019년 6월 30일까지에 해당하는 경우에는 2019년 7월 1일로 한다.

나. 2018년 3월 31일 이전에 설치된 시설로서 2019년 7월 1일 이후 처음 정기검사를 받는 경우(가목 단서에 해당하는 경우는 제외한다): 해당 정기검사가 최초 정기검사이면 사용개시일(대통령령 제26297호 폐기물관리법 시행령 일부개정령 부칙 제2조에 해당하는 시설의 경우 사용신고일)부터 2년이 되는 날, 2회 이후의 정기검사이면 최종 정기검사일부터 2년이 되는 날

5. 시멘트 소성로: 최초 정기검사는 사용개시일부터 3년이 되는 날(「대기환경보전법」 제32조에 따른 측정기기를 설치하고 같은 법 시행령 제19조제1항에 따른 굴뚝 원격감시체계 관제센터와 연결하여 정상적으로 운영되는 경우에는 사용개시일부터 5년이 되는 날), 2회 이후의 정기검사는 최종 정기검사일부터 3년이 되는 날

⑥ 법 제30조에 따른 검사를 위한 검사기준은 별표 10과 같다. (별표 생략)

⑦ 법 제30조에 따른 검사를 받으려는 자는 검사를 받으려는 날 15일 전까지 별지 제29호서식이나 별지 제30호서식의 검사신청서에 다음 각 호의 서류를 첨부하여 제3항에 따른 검사기관(이하 이 조에서 "검사기관"이라 한다)에 제출하여야 한다. [개정 2013.5.31.]

1. 소각시설, 소각열회수시설이나 멸균분쇄시설의 경우
   가. 설계도면 나. 폐기물조성비 내용 다. 운전 및 유지관리계획서
2. 매립시설의 경우
   가. 설계도서 및 구조계산서 사본
   나. 시방서 및 재료시험성적서 사본
   다. 설치 및 장비확보 명세서
   라. 환경부장관이 고시하는 사항을 포함한 시설설치의 환경성조사서(면적이 1만 m^2 이상이거나 매립용적이 3만 m^3 이상인 매립시설의 경우만 제출한다). 다만, 「환경영향평가법」에 따른 전략환경영향평가 대상사업, 환경영향평가 대상사업 또는 소규모 환경영향평가 대상 사업의 경우에는 전략환경영향평가서, 환경영향평가서나 소규모 환경영향평가서로 대체할 수 있다.
   마. 종전에 받은 정기검사 결과서 사본(종전에 검사를 받은 경우에 한정한다)
3. 음식물류 폐기물 처리시설의 경우
   가. 설계도면 나. 운전 및 유지관리계획서(물질수지도를 포함한다)
   다. 재활용제품의 사용 또는 공급계획서(재활용의 경우만 제출한다)
4. 시멘트 소성로의 경우
   가. 설계도면

나. 폐기물 성질 · 상태, 양, 조성비 내용
다. 운전 및 유지관리계획서

⑧ 검사기관은 법 제30조제1항 및 제2항에 따른 검사를 마치면 지체 없이 별지 제31호서식이나 별지 제32호서식의 검사결과서를 검사를 신청한 자에게 내주어야 한다.

⑨ 멸균분쇄시설의 검사는 아포균 검사로 하고, 그 밖의 세부검사방법은 환경부장관이 정하여 고시한다.

⑩ 검사기관의 장은 분기별 검사실적을 별지 제33호서식 또는 별지 제34호서식에 따라 매 분기 다음달 20일까지 환경부장관에게 보고하고, 검사결과서 복사본이나 그 밖에 검사와 관련된 서류를 5년간 보존하여야 한다.

실전문제 폐기물처리시설에 대한 환경부령으로 정하는 검사기관이 잘못 연결된 것은?

① 소각시설의 검사기관 : 한국기계연구원
❷ 음식물류 폐기물처리시설의 검사기관 : 보건환경연구원
③ 멸균분쇄시설의 검사기관 : 한국산업기술시험원
④ 매립시설의 검사기관 : 한국환경공단

⑤ 환경부장관 또는 해당 행정기관의 장은 제2항, 제3항 또는 제4항에 따른 신고 · 변경신고를 받은 날부터 20일 이내에 신고 · 변경신고수리 여부를 신고인에게 통지하여야 한다.

⑥ 환경부장관 또는 해당 행정기관의 장이 제5항에서 정한 기간 내에 신고 · 변경신고수리 여부나 민원 처리 관련 법령에 따른 처리기간의 연장을 신고인에게 통지하지 아니하면 그 기간이 끝난 날의 다음 날에 신고 · 변경신고를 수리한 것으로 본다.

제30조(폐기물처리시설의 검사) ① 환경부령으로 정하는 폐기물처리시설의 설치를 마친 자는 제30조의2제3항에 따른 폐기물처리시설 검사기관으로부터 검사를 받아야 한다. 제29조제3항에 따른 변경승인을 받거나 변경신고를 한 경우로서 환경부령으로 정하는 경우에도 또한 같다.

② 제1항에 따른 폐기물처리시설을 설치 · 운영하는 자는 환경부령으로 정하는 기간마다 제1항에 따른 검사기관으로부터 정기검사를 받아야 한다. 이 경우 검사기간 내에 「환경기술 및 환경산업 지원법」 제13조에 따라 같은 시설에 대한 기술진단을 받으면 정기 검사를 받은 것으로 본다(「환경기술 및 환경산업 지원법」 제13조제3항에 따른 요청을 이행하지 아니한 경우는 제외한다). [개정 2012.6.1.]

③ 제1항 또는 제2항에 따른 검사에서 적합 판정을 받지 아니한 폐기물처리시설은 사용할 수 없다. 다만, 검사를 위하여 그 시설을 사용하는 경우에는 그러하지 아니하다.

제30조의2(폐기물처리시설 검사기관의 지정 등) ① 환경부장관은 전문적 · 기술적인 폐기물처리시

설 검사를 위하여 다음 각 호의 어느 하나에 해당하는 기관 또는 단체 중에서 폐기물처리시설 검사기관을 지정하고, 그 기관에 지정서(이하 "폐기물처리시설 검사기관 지정서"라 한다)를 발급하여야 한다.

1. 한국환경공단
2. 국 · 공립연구기관
3. 그 밖에 환경부령으로 정하는 기관 또는 단체

② 폐기물처리시설 검사기관으로 지정받으려는 자는 검사업무를 수행하고자 하는 폐기물처리시설별로 환경부령으로 정하는 기술인력 및 시설 · 장비 등의 요건을 갖추어 환경부장관에게 신청하여야 한다. 환경부령으로 정하는 중요사항을 변경하려는 경우에도 또한 같다.

③ 제1항에 따라 지정을 받은 폐기물처리시설 검사기관(이하 "폐기물처리시설 검사기관"이라 한다)은 폐기물처리시설 검사를 의뢰받은 경우 환경부장관이 정하여 고시하는 기준과 방법에 따라 검사를 실시하고 폐기물처리시설 검사결과서를 환경부령으로 정하는 바에 따라 신청한 자에게 발급하여야 한다.

④ 폐기물처리시설 검사기관은 다른 자에게 자기의 명의나 상호를 사용하여 폐기물처리시설 검사를 하게 하거나 폐기물처리시설 검사기관 지정서를 빌려주어서는 아니 된다.

⑤ 폐기물처리시설 검사기관은 다음 각 호의 준수사항을 지켜야 한다.

1. 폐기물처리시설 검사기관 지정서에 기재된 폐기물처리시설 이외의 시설에 대하여는 검사를 의뢰받지 말 것
2. 의뢰받은 폐기물처리시설 검사업무를 다른 폐기물처리시설 검사기관이나 그 밖의 자에게 다시 의뢰하지 말 것
3. 폐기물처리시설 검사는 폐기물처리시설 검사기관에 등록된 기술인력이 직접 실시하는 등 환경부령으로 정하는 준수사항을 지킬 것

⑥ 환경부장관은 폐기물처리시설 검사기관의 운영이 적절한지에 대하여 정기적으로 점검하여야 한다.

⑦ 환경부장관은 폐기물처리시설 검사기관이 다음 각 호의 어느 하나에 해당하면 그 지정을 취소하거나 6개월 이내의 기간을 정하여 업무의 정지를 명할 수 있다. 다만, 제1호부터 제3호까지의 어느 하나에 해당하는 경우에는 그 지정을 취소하여야 한다.

1. 거짓이나 그 밖의 부정한 방법으로 지정 또는 변경지정을 받은 경우
2. 제9항의 결격사유 중 어느 하나에 해당하는 경우. 다만, 법인의 임원 중 제9항에 해당하는 자에 대해 결격사유가 발생한 날부터 2개월 이내에 그 임원을 바꾸어 임명하면 그러하지 아니하다.
3. 업무정지기간 중 폐기물처리시설 검사업무를 실시한 경우
4. 제2항 전단에 따른 지정요건을 갖추지 못하게 된 경우
5. 제2항 후단을 위반하여 변경지정을 받지 아니하고 중요사항을 변경한 경우

6. 거짓이나 그 밖의 부정한 방법으로 제3항에 따른 폐기물처리시설 검사결과서를 발급한 경우
7. 제4항을 위반하여 다른 자에게 자기의 명의나 상호를 사용하여 폐기물처리시설 검사를 하게 하거나 폐기물처리시설 검사기관 지정서를 빌려준 경우
8. 제5항에 따른 준수사항을 위반한 경우

⑧ 제1항부터 제6항까지에 따른 폐기물처리시설 검사기관의 지정 기준 · 절차 등에 필요한 사항은 환경부령으로 정한다.

⑨ 폐기물처리시설 검사기관의 결격사유에 관하여는 제26조를 준용한다. 이 경우 "폐기물처리업"은 "폐기물처리시설 검사기관"으로, "허가"는 "지정"으로 본다.

제31조(폐기물처리시설의 관리) ① 폐기물처리시설을 설치 · 운영하는 자는 환경부령으로 정하는 관리기준에 따라 그 시설을 유지 · 관리하여야 한다.

② 대통령령으로 정하는 폐기물처리시설을 설치 · 운영하는 자는 그 처리시설에서 배출되는 오염물질을 측정하거나 환경부령으로 정하는 측정기관으로 하여금 측정하게 하고, 그 결과를 환경부장관에게 제출하여야 한다.

③ 대통령령으로 정하는 폐기물처리시설을 설치 · 운영하는 자는 그 폐기물처리시설의 설치 · 운영이 주변 지역에 미치는 영향을 3년마다 조사하고, 그 결과를 환경부장관에게 제출하여야 한다.

규칙 **제42조(폐기물처리시설의 관리기준)** ① 법 제31조제1항에 따른 폐기물처리시설의 관리기준은 별표 11과 같다. (생략으로 인한 법제처 참조)

② 환경부장관은 폐기물처리시설의 효율적인 관리를 위하여 필요하면 제1항의 관리기준 외에 관리지도기준을 결정 · 고시할 수 있다.

규칙 **제43조(오염물질의 측정)** ① 법 제31조제2항에서 "환경부령으로 정하는 측정기관"이란 다음 각 호의 기관을 말한다. [개정 2016.1.21.]

1. 보건환경연구원 2. 한국환경공단
4. 「환경분야 시험 · 검사 등에 관한 법률」 제16조제1항에 따라 수질오염물질 측정대행업의 등록을 한 자
5. 수도권매립지관리공사 6. 폐기물분석전문기관

② 폐기물처리시설을 설치 · 운영하는 자는 법 제31조제2항에 따른 오염물질의 측정 결과를 매분기가 끝나는 달의 다음 달 10일까지 시 · 도지사나 지방환경관서의 장에게 보고하고, 사후관리가 끝날 때까지 보존하여야 한다. [개정 2008.8.4.]

③ 법 제31조제2항에 따른 측정대상 오염물질의 종류 및 측정주기는 별표 12와 같다.

[규칙 별표12]

측정대상 오염물질의 종류 및 측정주기(제43조제3항 관련)

1. 측정대상 오염물질의 종류
   별표 11 제2호나목2)가)에 따른 배출허용기준 대상항목

2. 측정주기
   가. 침출수 배출량이 1일 2천㎥ 이상인 경우
      1) 화학적 산소요구량: 매일 1회 이상
      2) 화학적 산소량 외의 오염물질: 주 1회 이상
나. 침출수 배출량이 1일 2천㎥ 미만인 경우: 월 1회 이상

영 제13조(오염물질 측정대상 폐기물처리시설) 법 제31조제2항에서 "대통령령으로 정하는 폐기물처리시설"이란 폐기물매립시설을 말한다.

영 제14조(주변지역 영향 조사대상 폐기물처리시설) 법 제31조제3항에서 "대통령령으로 정하는 폐기물처리시설"이란 폐기물처리업자가 설치 · 운영하는 다음 각 호의 시설을 말한다. [개정 2012.9.24.]

1. 1일 처분능력이 50ton 이상인 사업장폐기물 소각시설(같은 사업장에 여러 개의 소각시설이 있는 경우에는 각 소각시설의 1일 처분능력의 합계가 50ton 이상인 경우를 말한다)
2. 매립면적 1만㎡ 이상의 사업장 지정폐기물 매립시설
3. 매립면적 15만㎡ 이상의 사업장 일반폐기물 매립시설
4. 시멘트 소성로(폐기물을 연료로 사용하는 경우로 한정한다)
5. 1일 재활용능력이 50ton 이상인 사업장폐기물 소각열회수시설(같은 사업장에 여러 개의 소각열회수시설이 있는 경우에는 각 소각열회수시설의 1일 재활용능력의 합계가 50ton 이상인 경우를 말한다)

실전문제 **주변지역 영향 조사대상 폐기물처리시설(폐기물처리업자가 설치, 운영하는 시설)기준으로 옳은 것은?**

① 매립면적 30,000㎡ 이상의 사업장 일반폐기물 매립시설
② 매립면적 50,000㎡ 이상의 사업장 일반폐기물 매립시설
③ 매립면적 100,000㎡ 이상의 사업장 일반폐기물 매립시설
❹ 매립면적 150,000㎡ 이상의 사업장 일반폐기물 매립시설

④ 환경부장관은 폐기물처리시설의 설치 또는 유지 · 관리가 제29조제1항에 따른 설치기준 또는 이 조 제1항에 따른 관리기준에 맞지 아니하거나 제30조제1항 또는 제2항에 따른 검사 결과 부적합 판정을 받은 경우에는 그 시설을 설치 · 운영하는 자에게 환경부령으로 정하는 바에 따라 기간을 정하여 그 시설의 개선을 명하거나 그 시설의 사용중지(제30조제1항 또는 제2항에 따른 검사 결과 부적합 판정을 받은 경우는 제외한다)를 명할 수 있다.

규칙 제44조(폐기물처리시설의 개선기간 등) ① 법 제31조제4항에 따라 시 · 도지사나 지방환경관서의 장이 폐기물처리시설의 개선 또는 사용중지를 명할 때에는 개선 등에 필요한 조치의 내용, 시설의 종류 등을 고려하여 개선명령의 경우는 1년의 범위에서, 사용중지명령의 경우에는 6개월의 범위에서 각각 그 기간을 정하여야 한다.

② 시 · 도지사나 지방환경관서의 장은 천재지변이나 그 밖의 부득이한 사유로 제1항의 개선기간내에 그 조치를 끝내지 못한 자에 대하여는 6개월의 범위에서 그 기간을 연장할 수 있다.

③ 폐기물처리시설의 설치자 또는 관리자는 제1항의 사용중지기간 내에 그 명령의 원인이 된 사유가 없어졌을 때에는 시 · 도지사나 지방환경관서의 장에게 보고하여야 한다.

④ 시 · 도지사나 지방환경관서의 장은 제3항에 따른 보고를 받으면 지체없이 그 사실을 조사 · 확인하고, 그 사유가 없어졌다고 인정되면 그 명령을 철회하여야 한다.

⑤ 환경부장관은 제4항에 따른 개선명령과 사용중지 명령을 받은 자가 이를 이행하지 아니하거나 그 이행이 불가능하다고 판단되면 해당 시설의 폐쇄를 명할 수 있다.

⑥ 환경부장관은 폐기물을 매립하는 시설을 설치한 자가 제5항에 따른 폐쇄명령을 받고도 그 기간에 그 시설의 폐쇄를 하지 아니하면 대통령령으로 정하는 자에게 최종복토(最終覆土) 등 폐쇄절차를 대행하게 하고 제52조제1항에 따라 폐기물을 매립하는 시설을 설치한 자가 예치한 사후관리이행보증금 사전적립금을 그 비용으로 사용할 수 있다. 이 경우 그 비용이 사후관리이행보증금 사전적립금을 초과하면 그 초과 금액을 그 명령을 받은 자로부터 징수할 수 있다.

⑦ 환경부장관은 폐기물처리시설을 설치 · 운영하는 자가 제2항에 따른 오염물질의 측정의무를 이행하지 아니하거나 제3항에 따라 주변지역에 미치는 영향을 조사하지 아니하면 환경부령으로 정하는 바에 따라 기간을 정하여 오염물질의 측정 또는 주변지역에 미치는 영향의 조사를 명령할 수 있다. [개정 2015.1.20.]

규칙 제45조(오염물질의 측정명령이나 주변지역 영향조사명령의 이행기간) ① 법 제31조제7항에 따라 시 · 도지사나 지방환경관서의 장이 오염물질의 측정을 명하려면 1개월의 범위에서 기간을 정하여 명하여야 한다. [개정 2016.1.21.]

② 법 제31조제7항에 따라 시 · 도지사나 지방환경관서의 장이 주변지역에 대한 영향조사

를 명하려면 6개월의 범위에서 기간을 정하여 명하여야 한다.

③ 시 · 도지사나 지방환경관서의 장은 폐기물처리시설의 설치 · 운영자가 천재지변이나 그 밖의 부득이한 사유로 제1항이나 제2항의 기간 내에 측정이나 조사를 끝내지 못하면 각각 1개월 또는 3개월의 범위에서 그 기간을 연장할 수 있다.

⑧ 제2항에 따라 측정하여야 하는 오염물질, 측정주기, 측정결과의 보고, 그 밖에 필요한 사항은 환경부령으로 정한다. [개정 2015.1.20.]

⑨ 제3항에 따른 조사의 방법 · 범위, 결과 보고, 그 밖에 필요한 사항은 환경부령으로 정한다. [개정 2015.1.20.]

규칙 **제46조(주변지역 영향조사의 기준)** 법 제31조제9항에 따른 폐기물처리시설 설치 · 운영자의 주변지역 영향조사의 방법 · 범위 · 결과보고 등에 대한 구체적인 기준은 별표 13과 같다. [개정 2016.1.21.]

⑩ 환경부장관은 「공공기관의 정보 공개에 관한 법률」로 정하는 바에 따라 제2항에 따른 측정 결과와 제3항에 따른 조사 결과를 공개하여야 한다. [개정 2015.1.20.]

[규칙 별표 13]

폐기물처리시설 주변지역 영향조사 기준(제46조 관련)

1. 조사분야 및 항목
   가. 매립시설
      1) 대기: 「환경정책기본법 시행령」 별표 1에 따른 대기환경기준 항목 중 미세먼지(PM-10) 및 「악취방지법」 제2조제1호에 따른 악취
      2) 지표수: 별표 11 제2호나목2)가)에 따른 침출수 배출허용기준 항목
      3) 지하수: 「지하수의 수질보전 등에 관한 규칙」 별표 4에 따른 생활용수수질기준 항목
      4) 토양: 「토양환경보전법 시행규칙」 별표 3에 따른 토양오염우려기준 항목
   나. 소각시설, 시멘트 소성로 및 소각열회수시설
      1) 대기: 다이옥신, 푸란 및 「악취방지법」 제2조제1호에 따른 악취
      2) 지표수: 별표 11 제2호나목2)가)에 따른 침출수배출허용기준 항목(소각시설 또는 소각열회수시설이 「물환경보전법 」 제2조제10호에 따른 폐수배출시설에 해당하는 경우를 말한다)

2. 조사방법
   가. 조사횟수: 각 항목당 계절을 달리하여 2회 이상 측정하되, 악취는 여름(6월부터 8월까지)에 1회 이상 측정하여야 한다.
   나. 조사지점
      1) 미세먼지와 다이옥신 조사지점은 해당 시설에 인접한 주거지역 중 3개소이상 지역의 일정한 곳으로 한다.
      2) 악취 조사지점은 매립시설에 가장 인접한 주거지역에서 냄새가 가장 심한 곳으로 한다.
      3) 지표수 조사지점은 해당 시설에 인접하여 폐수, 침출수 등이 흘러들거나 흘러들 것으로 우려되는 지역의 상 · 하류 각 1개소 이상의 일정한 곳으로 한다.
      4) 지하수 조사지점은 별표 9 제2호가목8)의 설치기준에 따라 매립시설의 주변에 설치된 3개의 지하수 검사정(檢査井)으로 한다.
      5) 토양 조사지점은 매립시설에 인접하여 토양오염이 우려되는 4개소 이상의 일정한 곳으로 한다.
   다. 측정방법: 「환경분야 시험 · 검사 등에 관한 법률」 제6조제1항에 따른 환경오염 공정시험기준으로 하여야 한다.

3. 결과보고: 조사완료 후 30일 이내에 시 · 도지사나 지방환경관서의 장에게 제출하여야 한다.

[비고]
「잔류성유기오염물질 관리법」 제19조 및 같은 법 시행규칙 별표 7에 따른 시멘트 소성로에 대한 다이옥신 측정 지점 등이 제2호에 따른 조사 시기, 조사 지점 및 측정방법과 동일한 경우에는 같은 조에 의한 측정결과를 제1호나목1)에 따른 다이옥신에 대한 1회 측정결과로 갈음할 수 있다.

실전문제 폐기물처리시설 주변지역 영향 조사기준 중 조사방법(조사지점)에 관한 내용으로 옳은 것은?

① 미세먼지와 다이옥신 조사지점은 해당시설에 인접한 주거지역 중 2개소 이상 지역의 일정한 곳으로 한다.
❷ 미세먼지와 다이옥신 조사지점은 해당시설에 인접한 주거지역 중 3개소 이상 지역의 일정한 곳으로 한다.
③ 미세먼지와 다이옥신 조사지점은 해당시설에 인접한 주거지역 중 4개소 이상 지역의 일정한 곳으로 한다.
④ 미세먼지와 다이옥신 조사지점은 해당시설에 인접한 주거지역 중 5개소 이상 지역의 일정한 곳으로 한다.

제32조(다른 법령에 따른 허가 · 신고 등의 의제) ① 폐기물처리시설을 설치하려는 자가 제29조제2항에 따른 승인을 받거나 신고를 한 경우, 같은 항 제1호에 따른 폐기물처리시설을 설치하는 경우 및 제25조제3항에 따른 폐기물처리업의 허가를 받은 경우에는 그 폐기물처리시설과 관련한 다음 각 호의 허가를 받거나 신고를 한 것으로 본다. [개정 2017.1.17.]

1. 「대기환경보전법」 제23조제1항 및 제2항에 따른 배출시설의 설치허가 또는 신고
2. 「물환경보전법」 제33조제1항 및 제2항에 따른 배출시설의 설치허가 또는 신고
3. 「소음 · 진동관리법」 제8조제1항 및 제2항에 따른 배출시설의 설치허가 또는 신고

② 음식물류 폐기물과 가축분뇨를 함께 처리하기 위한 환경부령으로 정하는 폐기물처리시설을 설치하려는 자가 제25조제3항에 따른 폐기물처리업의 허가를 받은 경우 및 제29조제2항에 따른 승인을 받거나 신고를 한 경우, 같은 항 제1호에 따른 폐기물처리시설을 설치하는 경우에는 그 폐기물처리시설과 관련한 다음 각 호의 승인 또는 허가를 받은 것으로 본다.

1. 「가축분뇨의 관리 및 이용에 관한 법률」 제24조제3항에 따른 공공처리시설 설치승인
2. 「가축분뇨의 관리 및 이용에 관한 법률」 제28조에 따른 가축분뇨처리업 허가

규칙 제46조의2(허가 · 신고 등의 의제 대상 폐기물처리시설) 법 제32조제2항에서 "환경부령으로 정하는 폐기물처리시설"이란 영 별표 3 제3호의 재활용시설 중 다음 각 호의 어느 하나에 해당하는 시설을 말한다.

1. 퇴비화 시설(지렁이분변토 생산시설 및 생석회 처리시설은 제외한다)
2. 혐기성 분해시설　3. 그 밖에 환경부장관이 정하여 고시하는 시설

③ 폐기물처리시설을 설치하는 자가 제29조제4항에 따른 신고를 하면 다음 각 호의 신고를 한 것으로 본다. [개정 2017.1.17.]

1. 「대기환경보전법」 제30조에 따른 배출시설의 가동 개시 신고

2. 「물환경보전법」 제37조에 따른 배출시설의 가동 개시 신고

④ 환경부장관이나 시 · 도지사는 제1항부터 제3항까지의 규정 각 호의 어느 하나에 해당하는 사항이 포함되어 있는 폐기물처리시설의 설치승인을 하거나 신고를 받거나 폐기물처리업의 허가를 하려면 관계 행정기관의 장과 협의하여야 한다. [개정 2012.6.1.]

⑤ 환경부장관은 제1항부터 제3항까지의 규정에 따라 의제되는 허가나 신고 또는 승인의 처리기준을 정하여 고시하여야 한다. [신설 2012.6.1.][제목개정 2010.7.23.]

규칙 **제47조(권리 · 의무의 승계신고)** ① 법 제33조제1항 전단 및 제2항 전단에 따라 허가를 받으려는 자(사용이 끝나거나 폐쇄된 매립시설에 관한 권리 · 의무를 승계하려는 자를 포함하며, 이하 이 조에서 "허가신청인"이라 한다)는 별지 제34호의3서식 또는 별지 제34호의4서식의 허가신청서에 다음 각 호의 서류를 첨부하여 시 · 도지사나 지방환경관서의 장에게 제출해야 한다.

1. 법 제40조제1항 본문에 따른 조치의 결과(폐기물처리업 허가 또는 폐기물처리 신고에 대한 권리 · 의무를 승계하는 경우만 해당한다)
2. 법 제48조제1항에 따른 조치명령의 이행계획서(같은 항에 따른 조치명령을 받은 경우만 해당한다)
3. 허가신청인이 제4항에 따른 능력과 기준을 갖췄음을 증명하는 서류
4. 허가신청인에게 승계되는 법적 책임이 있는 경우 그 이행계획서
5. 권리 · 의무의 승계 사유의 발생 사실을 증명하는 서류

② 법 제33조제3항 후단에 따라 권리 · 의무 승계신고를 하려는 자(사용이 끝나거나 폐쇄된 매립시설에 관한 권리 · 의무를 승계하려는 자를 포함하며, 이하 이 조에서 "승계신고인"이라 한다)는 신고 사유가 발생한 날부터 30일 이내에 별지 제35호서식의 권리 · 의무 승계신고서에 다음 각 호의 서류를 첨부하여 시 · 도지사나 지방환경관서의 장에게 제출해야 한다.

1. 법 제40조제1항 본문에 따른 조치의 결과(폐기물처리업 허가 또는 폐기물처리 신고에 대한 권리 · 의무를 승계하는 경우만 해당한다)
2. 법 제48조제1항에 따른 조치명령의 이행계획서(같은 항에 따른 조치명령을 받은 경우만 해당한다)
3. 승계신고인이 제4항에 따른 능력과 기준을 갖췄음을 증명하는 서류
4. 승계신고인에게 승계되는 법적 책임이 있는 경우 그 이행계획서
5. 권리 · 의무의 승계 사유의 발생 사실을 증명하는 서류

③ 제1항 및 제2항에 따른 허가신청서 또는 승계신고서를 제출받은 담당 공무원은 「전자정부법」 제36조제1항에 따른 행정정보의 공동이용을 통하여 다음 각 호의 사항을 확인해야 한다. 다만, 허가신청인 또는 승계신고인이 확인에 동의하지 않는 경우에는 그

사본을 제출하도록 해야 한다.
1. 폐기물처리업 허가증 또는 폐기물처리 신고증명서
2. 폐기물 처분시설 · 재활용시설 설치승인서 · 신고증명서
3. 전용용기 제조업 등록증

④ 법 제33조제4항제3호에서 "환경부령으로 정하는 능력과 기준"이란 다음 각 호의 구분에 따른 능력과 기준을 말한다.
1. 폐기물처리업자: 별표 7에 따른 기준
2. 법 제29조에 따른 폐기물처리시설의 설치 승인을 받거나 신고를 한 자: 별표 9에 따른 기준
3. 폐기물처리 신고자: 별표 17에 따른 기준
4. 전용용기 제조업자: 별표 8의2에 따른 기준

⑤ 법 제33조제5항에서 "환경부령으로 정하는 사항"이란 다음 각 호의 사항을 말한다.
1. 허가 또는 신고수리 여부
2. 허가신청인 또는 승계신고인에게 승계되는 법적 책임의 구체적인 범위

제33조(권리 · 의무의 승계 등) ① 폐기물처리업자, 제29조에 따른 폐기물처리시설의 설치승인을 받거나 신고를 한 자, 폐기물처리 신고자 또는 전용용기 제조업자(이하 이 조에서 "폐기물처리업자등"이라 한다)로부터 폐기물처리업, 폐기물처리시설, 제46조제1항에 따른 시설 또는 전용용기 제조업(이하 이 조에서 "폐기물처리업등"이라 한다)을 양수하거나 「민사집행법」에 따른 경매, 「채무자 회생 및 파산에 관한 법률」에 따른 환가(換價)나 「국세징수법」 · 「관세법」 또는 「지방세징수법」에 따른 압류재산의 매각, 그 밖에 이에 준하는 절차에 따라 인수하는 경우에 해당 양수인 또는 인수인은 환경부령으로 정하는 바에 따라 환경부장관 또는 시 · 도지사의 허가를 받아야 한다. 이 경우 허가를 받은 양수인 또는 인수인은 폐기물처리업등의 허가 · 승인 · 등록 또는 신고에 따른 권리 · 의무를 승계한다.

② 법인인 폐기물처리업자등이 다른 법인에 흡수합병되거나 다른 법인과 합병하여 새로운 법인을 설립하거나 폐기물처리업등을 분할하여 새로운 법인을 설립하거나 다른 법인에 합병하는 경우, 합병 후 존속하는 법인이나 합병 또는 분할로 설립되는 법인은 환경부령으로 정하는 바에 따라 환경부장관 또는 시 · 도지사의 허가를 받아야 한다. 이 경우 허가를 받은 합병 후 존속하는 법인이나 합병 또는 분할로 설립되는 법인은 폐기물처리업등의 허가 · 승인 · 등록 또는 신고에 따른 권리 · 의무를 승계한다.

③ 폐기물처리업자등이 사망한 경우, 그 상속인은 폐기물처리업등의 허가 · 승인 · 등록 또는 신고에 따른 권리 · 의무를 승계한다. 이 경우 상속인은 환경부령으로 정하는 바에 따라 환경부장관 또는 시 · 도지사에게 권리 · 의무 승계신고를 하여야 한다.

④ 환경부장관 또는 시 · 도지사는 제1항 또는 제2항에 따른 허가신청이나 제3항에 따른 신고가

있는 경우 다음 각 호의 사항에 관하여 검토한 후 허가 또는 신고수리 여부를 결정하고 허가신청인 또는 신고인에게 통보하여야 한다.

1. 종전의 폐기물처리업자등이 이 법을 위반하여 발생하였으나 이행하지 아니한 법적 책임이 있는지 여부 및 그 법적 책임 이행계획이 명확하고 합리적인지 여부
2. 허가신청인 또는 신고인이 제26조에 따른 결격사유에 해당하는지 여부
3. 허가신청인 또는 신고인이 허가 또는 신고의 대상이 된 영업 또는 시설을 계속하여 영위하거나 설치 · 운영하기 위한 환경부령으로 정하는 능력과 기준을 갖추고 있는지 여부

⑤ 환경부장관 또는 시 · 도지사는 제1항 또는 제2항에 따른 허가신청이나 제3항에 따른 신고를 받은 날부터 30일 이내에 허가 또는 신고수리 여부와 법적 책임의 범위 등 환경부령으로 정하는 사항을 허가신청인 또는 신고인에게 통지하여야 한다.

⑥ 환경부장관 또는 시 · 도지사가 제5항에서 정한 기간 내에 허가 또는 신고수리 여부나 민원 처리 관련 법령에 따른 처리기간의 연장을 허가신청인 또는 신고인에게 통지하지 아니하면 그 기간이 끝난 날의 다음 날에 허가하거나 신고를 수리한 것으로 본다. [신설 2017.4.18.]

⑦ 환경부장관 또는 시 · 도지사는 제4항 각 호의 사항에 해당하는지 여부를 확인하기 위하여 범죄경력 · 가족관계 증명 관련 전산망 또는 자료를 이용하려는 경우에는 관계 기관의 장에게 협조를 요청할 수 있으며, 관계 기관의 장은 정당한 사유가 없으면 그 요청에 따라야 한다.

⑧ 제1항 또는 제2항에 따라 권리 · 의무 승계가 이루어질 경우 종전의 폐기물처리업자등에 대한 허가 · 승인 · 등록 또는 신고는 그 효력을 잃는다. 다만, 종전 폐기물처리업자등의 이 법에 따른 의무 위반으로 인한 법적 책임은 권리 · 의무 승계에도 불구하고 소멸하지 아니한다.

제5장 폐기물처리업자 등에 대한 지도와 감독 등

제34조(기술관리인) ① 대통령령으로 정하는 폐기물처리시설을 설치 · 운영하는 자는 그 시설의 유지 · 관리에 관한 기술업무를 담당하게 하기 위하여 기술관리인을 임명(기술관리인의 자격을 갖추어 스스로 기술관리하는 경우를 포함한다)하거나 기술관리 능력이 있다고 대통령령으로 정하는 자와 기술관리 대행계약을 체결하여야 한다.

영 제15조(기술관리인을 두어야 할 폐기물처리시설) 법 제34조제1항에서 "대통령령으로 정하는 폐기물처리시설"이란 다음 각 호의 시설을 말한다. 다만, 폐기물처리업자가 운영하는 폐기물처리시설은 제외한다. [개정 2012.9.24.]

1. 매립시설의 경우

가. 지정폐기물을 매립하는 시설로서 면적이 3천300㎡ 이상인 시설. 다만, 별표 3의 제2호 최종처분시설 중 가목의 1)차단형 매립시설에서는 면적이 330㎡ 이상이거나 매립용적이 1천㎥ 이상인 시설로 한다.

나. 지정폐기물 외의 폐기물을 매립하는 시설로서 면적이 1만㎡ 이상이거나 매립용적이 3만㎥ 이상인 시설

2. 소각시설로서 시간당 처분능력이 600kg(의료폐기물을 대상으로 하는 소각시설의 경우에는 200kg)이상인 시설
3. 압축 · 파쇄 · 분쇄 또는 절단시설로서 1일 처분능력 또는 재활용능력이 100ton 이상인 시설
4. 사료화 · 퇴비화 또는 연료화시설로서 1일 재활용능력이 5ton 이상인 시설
5. 멸균분쇄시설로서 시간당 처분능력이 100kg 이상인 시설
6. 시멘트 소성로
7. 용해로(폐기물에서 비철금속을 추출하는 경우로 한정한다)로서 시간당 재활용능력이 600kg 이상인 시설
8. 소각열회수시설로서 시간당 재활용능력이 600kg 이상인 시설

실전문제 기술관리인을 두어야 할 폐기물처리시설 중 "대통령령으로 정하는 폐기물처리시설"에 포함되지 않는 것은?

❶ 소각시설로 시간당 처리능력이 100kg 이상인 시설
② 지정폐기물을 매립하는 시설로서 면적이 3,300㎡ 이상인 시설
③ 압축 · 파쇄 · 분쇄 또는 절단시설로서 1일 처리능력이 100ton 이상인 시설
④ 사료화 · 퇴비화 또는 연료화 시설로서 1일 처리능력이 5ton 이상인 시설

실전문제 기술관리인을 두어야 할 폐기물처리시설 기준으로 틀린 것은?(단, 폐기물처리업자가 운영하는 폐기물처리시설 제외)

① 시멘트 소성로
❷ 사료화, 퇴비화 또는 연료화 시설로서 1일 처분능력이 10ton 이상인 시설
③ 소각시설로서 시간당 처분능력이 600kg(의료폐기물을 대상으로 하는 소각시설의 경우에는 200kg) 이상인 시설
④ 용해로(폐기물에서 비철금속을 추출하는 경우로 한정한다)로서 시간당 재활용능력이 600kg 이상인 시설

영 제16조(기술관리대행자) 법 제34조제1항에 따라 폐기물처리시설의 유지 · 관리에 관한

기술관리를 대행할 수 있는 자는 다음 각 호의 자로 한다.

1. 한국환경공단
2. 「엔지니어링산업 진흥법」 제21조에 따라 신고한 엔지니어링사업자
3. 「기술사법」 제6조에 따른 기술사사무소(법 제34조제2항에 따른 자격을 가진 기술사가 개설한 사무소로 한정한다)
4. 그 밖에 환경부장관이 기술관리를 대행할 능력이 있다고 인정하여 고시하는 자

② 제1항에 따른 기술관리인의 자격 · 기술관리 대행계약 등에 필요한 사항은 환경부령으로 정한다.

규칙 **제48조(기술관리인의 자격기준)** 법 제34조제2항에 따른 기술관리인의 자격기준은 별표 14와 같다.

규칙 **제49조(기술관리대행계약)** ① 법 제34조제2항에 따른 기술관리 대행계약에는 다음 각 호의 사항이 포함되어야 한다.

1. 영 제15조에 따른 해당 처리시설별 점검항목
2. 기술관리의 횟수 또는 방법

② 제1항제1호에 따른 점검항목은 별표 15와 같다. (별표는 법제처 참조)

[규칙 별표 14]

기술관리인의 자격기준(제48조 관련)

구분		자격기준
폐기물 처분시설 또는 재활용시설	가. 매립시설	• 폐기물처리기사, 수질환경기사, 토목기사, 일반기계기사, 건설기계설비기사, 화공기사, 토양환경기사 중 1명 이상
	나. 소각시설(의료폐기물을 대상으로 하는 소각시설은 제외한다), 시멘트 소성로, 용해로 및 소각열회수시설	• 폐기물처리기사, 대기환경기사, 토목기사, 일반기계기사, 건설기계설비기사, 화공기사, 전기기사, 전기공사기사 중 1명 이상
	다. 의료폐기물을 대상으로 하는 시설	• 폐기물처리산업기사, 임상병리사, 위생사 중 1명 이상
	라. 음식물류 폐기물을 대상으로 하는 시설	• 폐기물처리산업기사, 수질환경산업기사, 화공산업기사, 토목산업기사, 대기환경산업기사, 일반기계기사, 전기기사 중 1명 이상
	마. 그 밖의 시설	• 같은 시설의 운영을 담당하는 자 1명 이상

[비고]
폐기물 처분시설 또는 재활용시설이 배출시설에 해당할 때에는 「대기환경보전법」·「물환경보전법」 또는 「소음·진동관리법」에 따른 환경기술인이 기술관리인을 겸임할 수 있다

실전문제 기술관리인의 자격·기술관리 대행계약 등에 관한 필요한 사항은 무엇으로 정하는가?

① 시·도지사령 ② 유역환경청장령
❸ 환경부령 ④ 대통령령

실전문제 매립시설의 기술관리인 자격기준으로 틀린 것은?

① 수질환경기사 ❷ 대기환경기사
③ 토양환경기사 ④ 토목기사

제35조(폐기물 처리 담당자 등에 대한 교육) ① 다음 각 호의 어느 하나에 해당하는 사람은 환경부령으로 정하는 교육기관이 실시하는 교육을 받아야 한다. [개정 2015.7.20.]

1. 다음 각 목의 어느 하나에 해당하는 폐기물 처리 담당자
   가. 폐기물처리업에 종사하는 기술요원
   나. 폐기물처리시설의 기술관리인
   다. 그 밖에 대통령령으로 정하는 사람
2. 폐기물분석전문기관의 기술요원

3. 제13조의4에 따라 지정된 재활용환경성평가기관의 기술인력

② 제1항에 따라 교육을 받아야 할 사람을 고용한 자는 그 해당자에게 그 교육을 받게 하여야 한다.

③ 제1항에 따라 교육을 받는 사람을 고용한 자는 같은 항의 규정에 따른 교육에 드는 경비를 부담하여야 한다.

영 **제17조(교육대상자)** 법 제35조제1항제1호다목에서 "그 밖에 대통령령으로 정하는 사람"이란 다음 각 호의 사람을 말한다. [개정 2017.10.17.]

1. 법 제2조에 따른 폐기물처리시설(법 제34조제1항에 따라 기술관리인을 임명한 폐기물처리시설은 제외한다)의 설치 · 운영자나 그가 고용한 기술담당자
2. 법 제17조제2항에 따른 사업장폐기물배출자 신고를 한 자나 그가 고용한 기술담당자
3. 법 제17조제5항에 따른 확인을 받아야 하는 지정폐기물을 배출하는 사업자나 그가 고용한 기술담당자
4. 제2호와 제3호에 따른 자 외의 사업장폐기물을 배출하는 사업자나 그가 고용한 기술담당자로서 환경부령으로 정하는 자
5. 법 제25조제3항에 따라 폐기물수집 · 운반업의 허가를 받은 자나 그가 고용한 기술담당자
6. 폐기물처리 신고자나 그가 고용한 기술담당자

규칙 **제50조(폐기물 처리 담당자 등에 대한 교육)** ① 법 제35조제1항에 따라 폐기물 처리 담당자 등은 3년마다 교육을 받아야 한다. 다만, 다음 각 호에 해당하는 자는 해당 호에서 정하는 바에 따라 교육을 받아야 한다. [개정 2016.4.28.]

1. 제2항제2호가목, 라목 및 마목에 해당하는 자(제18조제1항제4호에 해당하는 자는 제외한다): 다음 각 목의 어느 하나에 해당하면 교육을 받아야 한다. 이 경우 가목부터 라목까지의 규정 중 어느 하나에 해당하는 경우에는 해당 사유가 발생한 날부터 1년 6개월 이내에 교육을 받아야 한다.
   가. 법 제17조제2항에 따른 사업장폐기물배출자의 신고(변경신고는 제외한다)를 한 경우
   나. 법 제17조제5항에 따른 서류를 제출한 경우(최초로 제출한 경우만 교육을 받는다)
   다. 법 제25조제3항에 따른 폐기물처리업 허가(변경허가는 제외한다)를 받은 경우
   라. 법 제46조제1항에 따라 폐기물 수집 · 운반 신고(법 제46조제2항에 따른 변경신고는 제외한다)를 한 경우
   마. 법의 규정을 위반한 경우
2. 제16조에 따른 음식물류 폐기물 배출자 또는 그가 고용한 기술담당자: 다음 각 목의

어느 하나에 해당하면 교육을 받아야 한다. 이 경우 가목에 해당하는 경우에는 해당 사유가 발생한 날부터 1년 6개월 이내에 교육을 받아야 한다.

가. 음식물류 폐기물 처리시설을 설치한 경우

나. 법의 규정을 위반한 경우

3. 별표 7 제5호가목1)나)(2)에 따른 임명된 기술요원: 1년마다 교육을 받아야 한다.

② 제1항에 따른 교육을 하는 기관(이하 "교육기관"이라 한다) 및 그 교육기관에서 교육을 받아야 할 자는 다음 각 호와 같다. [개정 2016.7.21.]

1. 국립환경인력개발원, 한국환경공단 또는 법 제58조의2제1항에 따른 한국폐기물협회

가. 폐기물 처분시설 또는 재활용시설의 기술관리인이나 폐기물 처분시설 또는 재활용시설의 설치자로서 스스로 기술관리를 하는 자

나. 법 제2조제8호에 따른 폐기물처리시설(법 제29조에 따라 설치 승인을 받은 폐기물처리시설만 해당하며, 영 제15조 각 호에 해당하는 폐기물처리시설은 제외한다)의 설치 · 운영자 또는 그가 고용한 기술담당자

2. 「환경정책기본법」에 따른 환경보전협회 또는 법 제58조의2제1항에 따른 한국폐기물협회

가. 법 제17조제2항에 따른 사업장폐기물배출자 신고를 한 자 및 법 제17조제5항에 따른 서류를 제출한 자 또는 그가 고용한 기술담당자(다목, 제1호가목 · 나목에 해당하는 자와 제3호에서 정하는 자는 제외한다)

나. 폐기물처리업자(폐기물 수집 · 운반업자는 제외한다)가 고용한 기술요원

다. 폐기물처리시설(법 제29조에 따라 설치신고를 한 폐기물처리시설만 해당되며, 영 제15조 각 호에 해당하는 폐기물처리시설은 제외한다)의 설치 · 운영자 또는 그가 고용한 기술담당자

라. 폐기물 수집 · 운반업자 또는 그가 고용한 기술담당자

마. 폐기물처리 신고자 또는 그가 고용한 기술담당자

2의2. 「환경기술 및 환경산업 지원법」 제5조의3에 따른 한국환경산업기술원: 재활용환경성평가기관의 기술인력

2의3. 국립환경인력개발원, 한국환경공단: 폐기물분석전문기관의 기술요원

3. 그 밖에 환경부장관이 지정하는 기관 : 제1호와 제2호에 따른 교육대상자 중 환경부장관이 정하는 자

제36조(장부 등의 기록과 보존) ① 다음 각 호의 어느 하나에 해당하는 자는 환경부령으로 정하는 바에 따라 장부를 갖추어 두고 폐기물의 발생 · 배출 · 처리상황 등(제1호의2에 해당하는 자의 경우에는 폐기물의 발생량 · 재활용상황 · 처리실적 등을, 제4호의2에 해당하는 자의 경우에는 전용용기의 생산 · 판매량 · 품질검사 실적 등을, 제7호에 해당하는 자의 경우에는 제품과 용기

등의 생산 · 수입 · 판매량과 회수 · 처리량 등을 말한다)을 기록하고, 마지막으로 기록한 날부터 3년(제1호의 경우에는 2년)간 보존하여야 한다. 다만, 제45조제2항에 따른 전자정보처리프로그램을 이용하는 경우에는 그러하지 아니하다. [개정 2015.1.20.]

1. 제15조의2제2항에 따라 음식물류 폐기물의 발생 억제 및 처리 계획을 신고하여야 하는 자
1의2. 제17조제2항에 따른 신고를 하여야 하는 자
1의3. 제17조제5항에 따라 확인을 받아야 하는 자
2. 제18조제5항에 따라 사업장폐기물을 공동으로 수집, 운반, 재활용 또는 처분하는 공동운영기구의 대표자
3. 폐기물처리업자
3의2. 전용용기 제조업자
4. 폐기물처리시설을 설치 · 운영하는 자
5. 폐기물처리 신고자
6. 제47조제2항에 따른 제조업자나 수입업자

② 제1항에도 불구하고 제25조제5항제2호부터 제7호까지에 따른 영업을 하는 자 또는 제46조제1항제1호에 해당하는 자는 제1항에 따라 장부에 기록하고 브존하여야 하는 폐기물의 발생 · 배출 · 처리상황 등(이하 "장부기록사항"이라 한다)을 환경부령으로 정하는 바에 따라 제45조제2항에 따른 전자정보처리프로그램에 입력하여야 한다.

실전문제 폐기물처리업자 등이 보존하여야 할 폐기물 발생, 배출, 처리상황 등에 관한 내용을 기록한 장부의 보존기간(최종기재일 기준)으로 옳은 것은?

① 1년 ② 2년
❸ 3년 ④ 5년

규칙 제58조(폐기물처리상황 등의 기록) ① 법 제36조제1항에 따라 폐기물처리업자 등이 기록 · 보존하여야 할 장부는 다음 각 호와 같다. (이하 생략)

② 제25조제5항제6호 · 제7호에 따른 영업을 하는 자 또는 제46조제1항제1호에 해당하는 자는 재활용 제품 또는 물질을 공급처에 공급할 때마다 공급량, 공급처 등에 관한 내용을 환경부령으로 정하는 바에 따라 제45조제2항에 따른 전자정보처리프로그램에 입력하여야 한다.

③ 법 제36조제3항에 따라 폐기물의 발생 · 배출 · 처리상황 등을 전자정보처리프로그램에 입력해야 하는 자는 그 사실이 발생한 날부터 10일 이내에 그 내용을 전자정보처리프로그램에 입력해야 한다.

④ 제3항에 따른 전자정보프로그램의 입력 방법 및 절차는 별표 15의2와 같다.

제37조(휴업과 폐업 등의 신고) ① 폐기물처리업자, 폐기물처리 신고자, 폐기물분석전문기관 또는 전용용기 제조업자는 그 영업을 휴업·폐업 또는 재개업한 경우에는 환경부령으로 정하는 바에 따라 그 사실을 허가, 신고, 지정 또는 등록관청에 신고하여야 한다. 재활용환경성평가기관도 또한 같다. [개정 2010.7.23.]

② 환경부장관 또는 시·도지사는 제1항에 따른 신고를 받은 날부터 20일 이내에 신고수리 여부를 신고인에게 통지하여야 한다.

규칙 제59조(휴업·폐업 등의 신고) ① 법 제37조제1항에 따라 폐기물처리업자나 폐기물처리 신고자가 휴업·폐업 또는 재개업을 한 경우에는 휴업·폐업 또는 재개업을 한 날부터 20일 이내에 별지 제48호서식의 신고서에 다음 각 호의 서류를 첨부하여 시·도지사나 지방환경관서의 장에게 제출하여야 한다.

1. 휴업·폐업의 경우
   가. 허가증 또는 신고증명서 원본
   나. 보관 폐기물 처리완료 결과
2. 재개업의 경우
   가. 폐기물 처분시설 또는 재활용시설이나 제66조제1항에 따른 시설의 점검결과서
   나. 기술능력의 보유현황 및 그 자격을 확인할 수 있는 서류(폐기물처리업자만 해당한다.

② 법 제37조제1항에 따라 재활용환경성평가기관 또는 폐기물분석전문기관이 휴업·폐업 또는 재개업을 한 경우에는 휴업·폐업 또는 재개업을 한 날부터 20일이내에 별지 제48호의2서식의 신고서에 다음 각 호의 서류를 첨부하여 국립환경과학원장에게 제출하여야 한다. [신설 2016.7.21.]

1. 휴업·폐업의 경우: 지정서 원본
2. 재개업의 경우
   가. 시험·분석 장비의 점검결과서
   나. 기술능력의 보유현황 및 그 자격을 확인할 수 있는 서류

③ 법 제37조제1항에 따라 전용용기 제조업자가 휴업·폐업 또는 재개업을 한 경우에는 휴업·폐업 또는 재개업을 한 날부터 20일 이내에 별지 제48호의3서식의 신고서에 다음 각 호의 서류를 첨부하여 지방환경관서의 장에게 제출하여야 한다. [신설 2016.1.21.]

1. 휴업·폐업의 경우: 등록증 원본
2. 재개업의 경우: 전용용기 제조시설 및 장비의 점검결과서

규칙 제59조의2(휴업·폐업의 신고 전 보관 폐기물의 처리) 법 제37조제1항에 따라 휴업 또는 폐업의 신고를 하려는 자는 보관하고 있는 폐기물의 처리계획을 수립하여 처리하고 그

결과를 시ㆍ도지사 또는 지방환경관서의 장의 확인ㆍ점검을 받아야 한다. [본조신설 2011.9.27.]

③ 환경부장관 또는 시ㆍ도지사가 제2항에서 정한 기간 내에 신고수리 여부나 민원 처리 관련 법령에 따른 처리기간의 연장을 신고인에게 통지하지 아니하면 그 기간이 끝난 날의 다음 날에 신고를 수리한 것으로 본다.

④ 제1항에 따라 휴업 또는 폐업의 신고를 하려는 자(폐기물처리업자와 폐기물처리 신고자로 한정한다)는 환경부령으로 정하는 바에 따라 보관하는 폐기물을 전부 처리하여야 한다.

제38조(보고서 제출) ① 다음 각 호의 어느 하나에 해당하는 자는 환경부령으로 정하는 바에 따라 매년 폐기물의 발생ㆍ처리에 관한 보고서를 다음 연도 2월 말일까지 해당 허가ㆍ승인ㆍ신고기관 또는 확인기관의 장에게 제출하여야 한다. [개정 2013.7.16.]

1. 제4조나 제5조에 따른 폐기물처리시설을 설치ㆍ운영하는 자

1의2. 제15조의2제2항에 따라 음식물류 폐기물의 발생 억제 및 처리 계획을 신고한 자

2. 제17조제2항에 따라 사업장폐기물배출자 신고를 한 자

3. 제17조제5항에 따라 확인을 받은 자

4. 폐기물처리업자 5. 폐기물처리 신고자

규칙 제60조(보고서의 제출) ① 폐기물처리시설의 설치ㆍ운영자 등은 법 제38조제1항에 따라 다음 각 호의 구분에 따른 보고서를 다음 연도 2월 말일까지 해당 허가ㆍ승인ㆍ신고ㆍ확인기관의 장에게 제출하여야 한다. [개정 2016.1.21.]

1. 법 제4조 및 제5조에 따른 폐기물처리시설의 설치ㆍ운영자: 별지 제51호서식의 폐기물 중간처분 실적보고서, 별지 제52호서식의 폐기물 재활용 실적보고서 또는 별지 제53호서식의 폐기물 최종처분 실적보고서(폐석면을 매립하는 자의 경우에는 별지 제54호서식의 폐석면 구역매립 실적보고서를 포함한다)

1의2. 법 제15조의2제2항에 따른 음식물류 폐기물 발생 억제 및 처리 계획신고를 한 자: 별지 제48호의4서식의 음식물류 폐기물 발생 억제 및 처리 실적보고서

2. 법 제17조제2항에 따라 사업장폐기물배출자 신고를 한 자(제18조제1항제4호에 따른 사업장폐기물배출자는 제외하되, 중간가공 폐기물을 배출하는 자를 포함한다) 및 법 제17조제5항에 따라 확인을 받은 자(중간가공 폐기물을 배출하는 자를 포함한다) : 별지 제49호서식의 폐기물배출 및 처리 실적보고서

3. 폐기물처리업자

가. 폐기물 수집ㆍ운반업자: 별지 제50호서식의 폐기물 수집ㆍ운반 실적보고서

나. 폐기물 중간처분업자 : 별지 제51호서식의 폐기물 중간처분 실적보고서

다. 폐기물 최종처분업자 : 별지 제53호서식의 폐기물 최종처분 실적보고서(폐석

면을 매립하는 자의 경우에는 별지 제54호서식의 폐석면 구역매립 실적보고서를 포함한다)

라. 폐기물 종합처분업자 : 가목 부터 다목까지의 실적보고서

마. 폐기물 재활용업자 : 별지 제52호서식의 폐기물 재활용 실적보고서

4. 폐기물처리 신고자 : 별지 제52호서식의 폐기물 재활용 실적보고서

② 제18조제1항제4호에 따른 사업장폐기물배출자는 폐기물 배출이 끝난 날부터 15일 이내에 특별자치시장, 특별자치도지사, 시장 · 군수 · 구청장에게 폐기물 처리 실적을 보고하여야 한다. 다만, 배출기간이 2개 연도 이상에 걸치는 경우에는 다음 각 호의 구분에 따른 보고기간 내에 보고하여야 한다. [개정 2014.1.17.]

③ 전용용기 제조업자는 법 제38조제2항에 따라 별지 제54호의2서식의 전용용기 생산 및 출고, 품질검사 보고서를 다음 연도 2월 말일까지 지방환경관서의 장에게 제출하여야 한다. [신설 2016.1.21.]

④ 폐기물분석전문기관의 장은 법 제38조제5항에 따라 별지 제54호의3서식의 폐기물의 시험 · 분석 보고서를 다음 연도 2월 말일까지 국립환경과학원장에게 제출하여야 한다. [신설 2016.1.21.]

② 제25조의2제1항에 따라 전용용기 제조업 등록을 한 자는 환경부령으로 정하는 바에 따라 전용용기 생산 및 출고, 품질검사에 관한 보고서를 다음 연도 2월 말일까지 등록기관의 장에게 제출하여야 한다. [신설 2015.1.20.]

③ 환경부장관, 시 · 도지사 또는 시장 · 군수 · 구청장은 제1항 또는 제2항에 따라 보고서를 제출하여야 하는 자가 기한 내에 제출하지 아니하면 기간을 정하여 제출을 명할 수 있다.

④ 제1항 또는 제2항에 따라 보고서를 제출하여야 하는 자는 사업장폐기물의 처리를 위탁한 자에게 제1항 또는 제2항에 따른 보고서 작성에 필요한 자료를 매년 1월 15일까지 서면으로 요구할 수 있으며, 그 요구를 받은 자는 그 자료를 1월 31일까지 서면으로 제출하여야 한다. [개정 2015.1.20.]

제39조(보고 · 검사 등) ① 환경부장관, 시 · 도지사 또는 시장 · 군수 · 구청장은 폐기물의 안전한 처리와 적정관리를 위해 필요한 범위에서 환경부령으로 정하는 바에 따라 다음 각 호의 자나 기관 또는 단체에 보고하게 하거나 자료를 제출하게 할 수 있으며, 관계 공무원에게 사무소나 사업장, 「관세법」 제154조에 따른 보세구역 등에 출입하여 관계 서류나 시설 또는 장비 등을 검사하게 할 수 있다.

1. 사업자
2. 제15조제1항에 따른 생활폐기물배출자
3. 제15조의2제1항에 따른 음식물류 폐기물 배출자
4. 제17조제1항에 따른 사업장폐기물배출자

5. 제17조의2제1항에 따른 폐기물분석전문기관
6. 제18조의2제1항에 따른 유해성 정보자료의 작성 전문기관
7. 제25조에 따른 폐기물처리업자
8. 제25조의2제5항에 따른 전용용기 제조업자
9. 제29조제2항에 따른 폐기물처리시설 설치 · 운영자
10. 제30조의2제3항에 따른 폐기물처리시설 검사기관
11. 제35조제1항에 따른 교육기관
12. 제41조제1항에 따른 폐기물 처리 공제조합
13. 제46조제1항에 따른 폐기물처리 신고자
14. 제50조에 따른 사용종료 · 폐쇄 또는 사후관리 폐기물매립시설 설치 · 운영자 또는 관리 대행자
15. 제58조의2제1항에 따른 한국폐기물협회
16. 제62조제2항에 따라 환경부장관 또는 지방자치단체의 장의 업무를 위탁받은 자

규칙 제61조(보고 및 검사 등) ① 법 제39조제1항에 따라 출입 · 검사를 하는 공무원은 환경부장관이 정하는 서식에 따라 출입 · 검사의 목적, 인적사항, 검사 결과 등을 적은 서면을 관계인에게 내주어야 한다.

② 환경부장관, 시 · 도지사, 시장 · 군수 · 구청장 또는 지방환경관서의 장은 법 제39조제1항에 따라 관계인에 대한 출입 · 검사를 할 때에 출입 · 검사의 대상 사무소 또는 사업장 등이 다음 각 호에 따른 출입 · 검사의 대상 사무소 또는 사업장 등과 같으면 출입 · 검사를 통합하여 실시하여야 한다. 다만, 민원, 환경오염사고, 광역감시활동 또는 기술인력 · 장비운영상 통합검사가 곤란하다고 인정되는 경우에는 그러하지 아니하다. [개정 2014.12.24.]

1. 「대기환경보전법」 제82조제1항
2. 「소음 · 진동관리법」 제47조제1항
3. 「물환경보전법」 제46조의2제1항 또는 제68조제1항
4. 「하수도법」 제69조제1항 또는 제2항
5. 「화학물질관리법」 제49조제1항

규칙 제62조 삭제

규칙 제63조(시험 · 분석기관) 시 · 도지사, 시장 · 군수 · 구청장 또는 지방환경관서의 장은 법 제39조제1항에 따라 관계 공무원이 사업장등에 출입하여 검사할 때에 배출되는 폐기물이나 재활용한 제품의 성분, 유해물질 함유 여부 또는 전용용기의 적정 여부의 검사를 위한 시험분석

이 필요하면 다음 각 호의 시험분석기관으로 하여금 시험분석하게 할 수 있다. [개정 2016.1.21.]

1. 국립환경과학원
2. 보건환경연구원
3. 유역환경청 또는 지방환경청
4. 한국환경공단
5. 「석유 및 석유대체연료 사업법」 제25조제1항 본문에 따른 다음 각 목의 기관
   가. 한국석유관리원
   나. 산업통상자원부장관이 지정하는 기관
6. 「비료관리법 시행규칙」 제3조제2항에 따른 시험연구기관
7. 수도권매립지관리공사
8. 전용용기 검사기관(전용용기에 대한 시험분석으로 한정한다)
9. 그 밖에 환경부장관이 재활용제품을 시험분석할 수 있다고 인정하여 고시하는 시험분석기관

② 제1항에 따라 출입 · 검사를 하는 공무원은 그 권한을 표시하는 증표를 지니고 이를 관계인에게 내보여야 한다.

③ 제1항에 따른 검사를 하려는 경우에는 검사 7일 전까지 검사일시, 검사목적 및 검사내용 등을 포함한 검사계획을 검사대상 사업자에게 통지하여야 한다. 다만, 긴급히 검사할 필요가 있거나 사전에 알리면 검사목적을 달성할 수 없다고 인정하는 경우에는 그러하지 아니하다. [신설 2010.7.23.]

제39조의2(배출자에 대한 폐기물 처리명령) ① 환경부장관 또는 시 · 도지사는 사업장폐기물배출자가 제13조에 따른 폐기물의 처리 기준과 방법으로 정한 보관기간을 초과하여 폐기물을 보관하는 경우에는 사업장폐기물배출자에게 기간을 정하여 폐기물의 처리를 명할 수 있다.

② 환경부장관 또는 시 · 도지사는 제1항에 따라 사업장폐기물배출자에게 처리명령을 하였음에도 불구하고 처리되지 아니한 폐기물이 있으면 제17조제8항 또는 제9항에 따라 권리와 의무를 승계한 자에게 기간을 정하여 폐기물의 처리를 명할 수 있다.

제39조의3(폐기물처리업자 등에 대한 폐기물 처리명령) 환경부장관 또는 시 · 도지사는 폐기물처리업자에 대하여 제27조에 따른 허가취소 또는 영업정지를 명하거나, 폐기물처리 신고자에 대하여 제46조제7항에 따른 폐쇄명령 또는 처리금지명령을 하려는 경우에는 폐기물처리업자 또는 폐기물처리 신고자에게 기간을 정하여 보관하는 폐기물의 처리를 명하여야 한다. [본조신설 2010.7.23.]

제40조(폐기물처리업자 등의 방치폐기물 처리) ① 사업장폐기물을 대상으로 하는 폐기물처리업자와 폐기물처리 신고자는 폐기물의 방치를 방지하기 위하여 제25조제3항에 따른 허가를 받거나

제46조제1항에 따른 신고를 한 후 영업 시작 전까지 다음 각 호의 어느 하나에 해당하는 조치를 취하여야 한다. 다만, 폐기물처리 신고자 중 폐기물 방치 가능성 등을 고려하여 환경부령으로 정하는 자는 그러하지 아니하다. [개정 2013.7.16.]

1. 제43조에 따른 폐기물 처리 공제조합에 분담금 납부
2. 폐기물의 처리를 보증하는 보험 가입

영 **제18조(방치폐기물의 처리이행보증보험)** ① 법 제40조제1항제2호에 따른 보험(이하 "처리이행보증보험"이라 한다)의 가입기간은 1년 이상 연 단위로 하되, 보증기간은 보험종료일에 60일을 가산한 기간으로 하여야 한다.

규칙 **제63조의2(방치폐기물 처리 보증 조치의 면제 대상)** 법 제40조제1항 단서에서 "환경부령으로 정하는 자"란 제66조제3항 각 호의 폐기물(지정폐기물은 제외한다)을 같은 조 제4항의 방법으로 재활용하는 자를 말한다.

② 환경부장관 또는 시·도지사는 제1항에 따른 폐기물처리업자나 폐기물처리 신고자가 대통령령으로 정하는 기간을 초과하여 휴업을 하거나 폐업 등으로 조업을 중단(제27조에 따른 허가취소·영업정지 또는 제46조제7항에 따른 폐쇄명령·처리금지명령에 따른 조업 중단은 제외한다)하면 기간을 정하여 그 폐기물처리업자나 폐기물처리 신고자에게 그가 보관하고 있는 폐기물의 처리를 명할 수 있다. [개정 2010.7.23.]

영 **제20조(폐기물의 처리명령 대상이 되는 조업중단 기간)** ① 법 제40조제2항에서 "대통령령으로 정하는 기간"이란 다음 각 호의 기간을 말한다. [개정 2007.12.28.]

1. 동물성 잔재물(殘滓物)과 의료폐기물 중 조직물류폐기물 등 부패나 변질의 우려가 있는 폐기물인 경우 : 15일
2. 폐기물의 방치로 생활환경 보전상 중대한 위해가 발생하거나 발생할 우려가 있는 경우 : 폐기물의 처리를 명할 수 있는 권한을 가진 자가 3일 이상 1개월 이내에서 정하는 기간
3. 제1호와 제2호 외의 경우 : 1개월

② 환경부장관이나 시·도지사는 폐기물처리업자나 폐기물처리 신고자가 주민의 민원, 노사관계 등 불가피한 사유로 조업을 중단한 경우에는 폐기물처리업자나 폐기물처리 신고자의 신청에 따라 제1항에 따른 기간 내에서 한 차례만 법 제40조제2항에 따른 폐기물의 처리명령을 연기할 수 있다. [개정 2011.9.7.]

실전문제 **동물성 잔재물과 의료폐기물 중 조작물류 폐기물 등 부패나 변질의 우려가 있는 폐기물인 경우 처리명령 대상이 되는 조업중단기간은?**

① 5일 ② 10일
❸ 15일 ④ 30일

③ 환경부장관 또는 시 · 도지사는 제2항 또는 제39조의3에 따라 폐기물처리업자나 폐기물처리 신고자에게 처리명령을 하였음에도 불구하고 처리되지 아니한 폐기물이 있으면 제33조제1항부터 제3항까지에 따라 권리 · 의무를 승계한 자에게 기간을 정하여 폐기물의 처리를 명할 수 있다. [신설 2013.7.16.]

④ 환경부장관 또는 시 · 도지사는 제2항 또는 제3항에 따른 명령을 받은 자가 그 명령을 이행하지 아니하면 그가 보관하고 있는 폐기물(이하 "방치폐기물"이라 한다)의 처리에 관하여 다음 각 호의 조치를 할 수 있다. 다만, 제1항 단서에 해당하는 자가 명령을 이행하지 아니한 경우에는 그러하지 아니하다. [개정 2013.7.16.]

1. 제1항제1호에 따른 분담금을 낸 경우 : 제41조에 따른 폐기물 처리 공제조합에 대한 방치폐기물(放置廢棄物)의 처리 명령
2. 제1항제2호에 따른 보험에 가입한 경우 : 방치폐기물의 처리와 보험사업자에게서 보험금 수령

⑤ 제1항제2호에 따른 보험의 가입 기간, 가입시기, 보험금액의 산출기준, 그 밖에 필요한 사항은 대통령령으로 정한다. [개정 2010.7.23.]

⑥ 제1항제2호에 따른 조치를 한 자가 다음 각 호의 어느 하나에 해당하면 대통령령으로 정하는 바에 따라 같은 항 제2호에 따른 보험(이하 "처리이행보증보험"이라 한다)의 계약을 갱신하여야 한다. [개정 2007.8.3., 2010.7.23.]

1. 처리이행보증보험의 가입 기간이 끝나는 경우
2. 제25조제3항에 따라 허가를 받은 처리 대상 폐기물의 종류, 허용보관량 또는 처리 단가가 변경되거나 같은 조 제9항에 따른 양을 초과하여 폐기물을 보관하는 등의 사유로 처리이행보증보험의 보험금액이 변동되어야 하는 경우

영 제22조(처리이행보증보험의 갱신) ①법 제40조제7항제1호에 따른 처리이행보증보험의 가입 기간이 끝나면 종료일 30일 이전까지 보험계약을 갱신하여야 한다.

② 법 제40조제7항제2호에 따른 처리이행보증보험의 보험금액이 변동되어야 하는 경우에는 그 변동사유가 발생한 날부터 15일 이내에 보험계약을 갱신하여야 한다. [개정 2008.7.29.]

③ 법 제40조제9항에 따라 처리이행보증보험에 가입하거나 보험계약을 갱신한 자는 가입이나 갱신한 날부터 15일 이내에 보험증서 원본을 환경부장관이나 시 · 도지사에게 제

출하여야 한다.

⑦ 환경부장관이나 시·도지사는 제7항에 따라 처리이행보증보험의 계약갱신을 하여야 하는 자가 이를 이행하지 아니하면 처리이행보증보험의 계약갱신을 명령할 수 있다.

⑧ 처리이행보증보험에 가입하거나 제7항 또는 제8항에 따라 처리이행보증보험의 계약을 갱신한 자는 대통령령으로 정하는 바에 따라 그 사실을 증명하는 보험증서 원본을 환경부장관 또는 시·도지사에게 제출하여야 한다.

⑨ 제1항 각 호의 어느 하나에 해당하는 조치를 같은 항 각 호의 어느 하나에 해당하는 다른 조치로 변경하려는 자는 그 조치를 취한 후 지체 없이 환경부장관 또는 시·도지사에게 그 사실을 알려야 한다.

⑩ 환경부장관 또는 시·도지사가 제4항제1호에 따라 폐기물 처리 공제조합에 방치폐기물의 처리를 명할 때에는 처리량과 처리기간에 대하여 대통령령으로 정하는 범위 안에서 할 수 있도록 명하여야 한다. [개정 2010.7.23.]

영 제23조(방치폐기물의 처리량과 처리기간) ① 법 제40조제11항에 따라 폐기물처리 공제조합에 처리를 명할 수 있는 방치폐기물의 처리량은 다음 각 호와 같다.

1. 폐기물처리업자가 방치한 폐기물의 경우 : 그 폐기물처리업자의 폐기물 허용 보관량의 1.5배 이내
2. 폐기물처리 신고자가 방치한 폐기물의 경우 : 그 폐기물처리 신고자의 폐기물 보관량의 1.5배 이내

② 환경부장관이나 시·도지사는 폐기물처리 공제조합에 방치폐기물의 처리를 명하려면 주변환경의 오염 우려 정도와 방치폐기물의 처리량 등을 고려하여 2개월의 범위에서 그 처리기간을 정하여야 한다. 다만, 부득이한 사유로 처리기간 내에 방치폐기물을 처리하기 곤란하다고 환경부장관이나 시·도지사가 인정하면 1개월의 범위에서 한 차례만 그 기간을 연장할 수 있다.

⑪ 제41조에 따른 폐기물 처리 공제조합은 제1항제1호에 따라 폐기물처리업자 또는 폐기물처리 신고자로부터 납부받은 분담금을 초과하여 폐기물을 처리한 경우에는 초과비용에 대하여 폐기물처리업자, 폐기물처리 신고자 또는 제33조제1항 또는 제2항에 따른 권리·의무를 승계한 자에게 구상권을 행사할 수 있다. [신설 2010.7.23.]

⑫ 제41조에 따른 폐기물 처리 공제조합은 제1항제1호에 따라 폐기물처리업자 또는 폐기물처리 신고자로부터 납부받은 분담금을 초과하여 폐기물을 처리한 경우에는 초과비용에 대하여 폐기물처리업자, 폐기물처리 신고자 또는 제33조제1항부터 제3항까지에 따른 권리·의무를 승계한 자에게 구상권을 행사할 수 있다.

제41조(폐기물 처리 공제조합의 설립) ① 폐기물 처리사업에 필요한 각종 보증과 방치폐기물의 처리이행을 보증하기 위하여 폐기물처리업자와 폐기물처리 신고자는 폐기물 처리 공제조합(이하 "조합"이라 한다)을 설립할 수 있다.

② 조합은 법인으로 한다.

③ 조합은 주된 사무소의 소재지에서 설립등기를 함으로써 성립한다.

제42조(조합의 사업) 조합은 다음 각 호의 업무를 수행할 수 있다. 다만, 생활폐기물을 처리 대상으로 하는 폐기물처리업자와 폐기물처리 신고자가 설립하는 조합은 제2호의 업무만 수행할 수 있다.

1. 조합원의 방치폐기물을 처리하기 위한 공제사업
2. 조합원의 폐기물 처리사업에 필요한 입찰보증 · 계약이행보증 · 선급금보증 업무

제43조(분담금) ① 조합의 조합원은 제42조에 따른 공제사업을 하는 데에 필요한 분담금을 조합에 내야 한다.

② 제1항에 따른 분담금의 산정기준 · 납부절차, 그 밖에 필요한 사항은 조합의 정관으로 정하는 바에 따른다.

③ 조합원은 제40조제2항에 따른 명령을 이행하지 아니하여 방치폐기물이 발생한 경우에는 제40조제1항제1호에 따라 납부한 분담금은 반환받을 수 없다. 다만, 환경부장관 또는 시 · 도지사가 제40조제4항제1호에 따른 처리명령을 하기 이전에 방치폐기물을 처리한 경우에는 그러하지 아니하다. [신설 2012.6.1.]

제44조(「민법」의 준용) 조합에 관하여 이 법에서 규정한 것 외에는 「민법」 중 사단법인에 관한 규정을 준용한다.

제6장 보칙

제45조(폐기물 인계 · 인수 내용 등의 전산 처리) ① 환경부장관은 다음 각 호의 내용과 기록(이하 "전산기록"이라 한다)을 관리할 수 있는 전산처리기구(이하 "전산처리기구"라 한다)를 설치 · 운영하여야 한다. [개정 2013.7.16.]

1. 제14조제6항에 따라 입력된 음식물류 폐기물 수수료 산정에 필요한 내용
2. 제18조제3항에 따라 입력된 폐기물 인계 · 인수 내용

2의2. 제2호에 따른 내용과 폐기물처리현장정보 간의 상호 확인 및 현장 점검

3. 제3항에 따라 입력된 기록

② 환경부장관은 전자정보를 효율적으로 처리하기 위하여 전자정보처리프로그램(이하 "전자정보처리프로그램"이라 한다)을 구축 · 운영하여야 한다. 이 경우 그 전산처리에 필요한 비용의 일부 또는 전부를 전자정보처리프로그램을 이용하는 자로부터 징수할 수 있다.

③ 사업장폐기물배출자 등이 전자정보처리프로그램을 이용하여 보고 등 대통령령으로 정하는 업무에 관한 내용을 환경부령으로 정하는 바에 따라 입력한 경우에는 해당 업무를 이행한 것으로 본다. [개정 2007.8.3.]

④ 환경부장관은 전산기록이 입력된 날부터 3년간 전산기록을 보존하여야 한다.

> **규칙** **제64조(전산자료의 제공)** 법 제45조제5항에 따라 자료의 제공을 요구받은 한국환경공단은 특별한 사유가 없으면 요구받은 날부터 10일 이내에 서면으로 해당 자료를 제공하여야 한다. [개정 2011.9.27.]

⑤ 환경부장관, 시 · 도지사 또는 제3항에 따른 업무에 관한 전산기록을 전송한 자는 전산처리기구의 장에게 그 전산기록과 관련된 자료를 제공할 것을 서면으로 요구할 수 있으며, 전산처리기구의 장은 요구받은 자료를 환경부령으로 정하는 기간 이내에 제공하여야 한다.

> **영** **제23조의2(전자정보처리프로그램을 이용한 업무)** 법 제45조제3항에서 "대통령령으로 정하는 업무"란 다음 각 호의 업무를 말한다. [개정 2014.1.14.]
>
> 1. 법 제17조제2항 · 제5항 및 제6항에 따른 신고 · 확인 서류 및 변경 신고 · 확인 서류의 제출
> 2. 삭제
> 3. 법 제25조제1항 · 제3항 및 제11항에 따른 폐기물 처리사업계획서, 허가 · 변경허가 및 변경신고 서류의 제출
> 4. 법 제29조제2항부터 제4항까지의 규정에 따른 폐기물처리시설 승인 · 신고 서류 및 변경 승인 · 신고 서류의 제출

5. 법 제36조에 따른 폐기물의 발생 · 배출 · 처리상황 등의 기록
6. 법 제38조제1항에 따른 보고서의 제출
7. 법 제55조제2항에 따른 폐기물 처리사업 및 폐기물처리시설의 설치 · 운영 실태 등의 조사 · 평가에 필요한 서류의 제출

제46조(폐기물처리 신고) ① 다음 각 호의 어느 하나에 해당하는 자는 환경부령으로 정하는 기준에 따른 시설 · 장비를 갖추어 시 · 도지사에게 신고하여야 한다. [개정 2010.7.23.]

1. 동 · 식물성 잔재물 등의 폐기물을 자신의 농경지에 퇴비로 사용하는 등의 방법으로 재활용하는 자로서 환경부령으로 정하는 자
2. 폐지, 고철 등 환경부령으로 정하는 폐기물을 수집 · 운반하거나 환경부령으로 정하는방법으로 재활용하는 자로서 사업장 규모 등이 환경부령으로 정하는 기준에 해당하는 자
3. 폐타이어, 폐가전제품 등 환경부령으로 정하는 폐기물을 수집 · 운반하는 자

규칙 제66조(폐기물처리 신고대상) ① 법 제46조제1항에 따라 폐기물처리 신고를 하려는 자가 갖추어야 하는 시설 · 장비기준은 별표 17과 같다.

② 법 제46조제1항제1호에서 "환경부령으로 정하는 자"란 다른 자의 폐기물을 재활용하는 자로서 별표 16과 같다. [개정 2012.7.3.]

③ 법 제46조제1항제2호에서 "환경부령으로 정하는 폐기물"이란 다른 자의 폐기물로서 다음 각 호의 폐기물(지정폐기물은 제외한다)을 말한다.

1. 폐지 2. 고철
3. 폐포장재(「자원의 절약과 재활용촉진에 관한 법률 시행령」 제18조에 따른 재활용의무 대상인 종이팩, 유리병, 금속캔, 합성수지 재질의 포장재 및 1회용 봉투 · 쇼핑백만 해당한다)
4. 폐전선(폐유를 함유한 경우는 제외한다. 이하 이 조에서 같다)

④ 법 제46조제1항제2호에서 "환경부령으로 정하는 방법"이란 선별 · 압축 · 감용(減容) · 절단 또는 탈피(脫皮, 폐전선만 해당한다)하는 방법을 말한다. [개정 2013.7.19.]

⑤ 법 제46조제1항제2호에서 "환경부령으로 정하는 기준에 해당하는 자"란 제3항 각 호의 폐기물을 수집 · 운반하거나 제4항의 방법으로 재활용하는 자로서 사업장 규모가 다음 각 호의 어느 하나에 해당하는 자를 말한다.

1. 특별시 · 광역시 지역으로서 사업장 규모가 1,000m^2 이상인 자
2. 시 · 군 지역(광역시의 군 지역을 포함한다)으로서 사업장 규모가 2,000m^2이상인 자

⑥ 법 제46조제1항제3호에서 "환경부령으로 정하는 폐기물"이란 다른 자의 폐기물로서 다음 각 호의 폐기물을 말한다. [개정 2015.7.29.]

1. 폐축전지 및 폐변압기(손상되지 아니한 상태로서 폐황산이나 폐절연유가 유출되지

아니하는 경우만 해당한다)

2. 폐타이어
3. 폐가전제품
4. 폐드럼(내용물이 제거되어 유출될 우려가 없는 경우만 해당한다)
5. 폐식용유(생활폐기물에 해당하는 폐식용유를 유출될 우려가 없는 전용의 탱크 · 용기로 수집 · 운반하는 경우만 해당한다)
6. 폐섬유(봉제공장에서 봉제 가공 후 생활폐기물로 배출되는 폐원단 조각만 해당한다)
7. 농업용 폐플라스틱필름 · 시트류와 폐농약용기 등 폐농약 포장재(농업활동 과정에서 생활폐기물로 발생되는 것만 해당한다)
8. 폐의류(생활폐기물로 배출되는 것만 해당한다) [전문개정 2011.9.27.]
9. 동 · 식물성 잔재물(생활폐기물로 배출되는 것만 해당한다)

규칙 제67조(폐기물처리 신고) ① 법 제46조제1항에 따라 폐기물처리 신고를 하려는 자는 폐기물처리 개시 15일 전까지 다음 각 호의 구분에 따른 서류를 첨부하여 그 사업장을 관할하는 시 · 도지사에게 제출하여야 한다. [개정 2016.7.21.]

1. 폐기물 수집 · 운반 신고의 경우: 별지 제56호서식의 신고서에 다음 각 목의 서류를 첨부. 다만, 제66조제6항 각 호의 폐기물 수집 · 운반 신고의 경우에는 나목의 서류만 첨부한다.
   가. 폐기물처리 신고 대상임을 확인 할 수 있는 서류
   나. 폐기물 수집 · 운반 계획서
2. 폐기물 재활용 신고의 경우: 별지 제56호의2서식의 신고서에 다음 각 목의 서류를 첨부
   가. 폐기물처리 신고 대상임을 확인할 수 있는 서류
   나. 폐기물 수집 · 운반 계획서(폐기물을 스스로 수집 · 운반하는 경우만 해당한다)
   다. 폐기물 재활용 유형에 따른 재활용의 용도 또는 방법 설명서
   라. 재활용시설 설치명세서
   마. 보관시설 또는 보관용기 설치명세서(용량 및 그 산출근거를 확인할 수 있는 서류를 포함한다)
   바. 재활용 과정에서 발생하는 폐기물의 처리계획서
   사. 폐기물을 성토재 · 보조기층재 등으로 직접 이용하는 공사의 발주자 또는 토지 소유자 등 해당 토지의 권리자의 동의서(별표 4의2 제4호에 따른 재활용 유형 또는 재활용환경성평가를 통한 매체접촉형 재활용의 방법으로 재활용하는 경우만 해당한다)

② 제1항에 따라 신고를 받은 시 · 도지사는 적합한 경우 별지 제57호서식 또는 별지 제57

호의2서식의 신고증명서를 신고인에게 내주어야 한다.

③ 폐기물처리 신고자는 다음 각 호의 구분에 따른 사항을 변경하려는 경우에는 변경 전에 별지 제56호서식 또는 별지 제56호의2서식의 변경신고서에 신고증명서를 첨부하여 시 · 도지사에게 제출하여야 한다. [개정 2014.1.17.]

1. 폐기물 수집 · 운반 변경신고의 경우
   가. 상호 또는 사업장 소재지 나. 수집 · 운반 대상 폐기물의 종류
   다. 폐기물 수집 · 운반 차량의 수
2. 폐기물 재활용 변경신고의 경우
   가. 상호 또는 사업장 소재지 나. 재활용 대상 폐기물의 종류
   다. 재활용의 용도 또는 방법 라. 재활용시설의 종류
   마. 재활용시설의 용량[폐기물처리 신고 후 변경되는 용량의 누계가 100분의 30 이상(다만, 재활용시설 용량의 변경신고가 있는 경우에는 그 후 변경되는 용량의 누계가 100분의 30 이상)인 경우만 해당한다]
   바. 제1항제2호마목에 따른 보관시설 또는 보관용기의 용량
   사. 폐기물 수집 · 운반 차량의 수

② 폐기물처리 신고자가 환경부령으로 정하는 사항을 변경하려면 시 · 도지사에게 신고하여야 한다.

③ 시 · 도지사는 제1항 또는 제2항에 따른 신고 · 변경신고를 받은 날부터 20일 이내에 신고 · 변경신고수리 여부를 신고인에게 통지하여야 한다.

④ 시 · 도지사가 제3항에서 정한 기간 내에 신고 · 변경신고수리 여부나 민원 처리 관련 법령에 따른 처리기간의 연장을 신고인에게 통지하지 아니하면 그 기간이 끝난 날의 다음 날에 신고 · 변경신고를 수리한 것으로 본다.

규칙 **제67조의2(폐기물처리 신고자의 준수사항)** 법 제46조제6항에서 "환경부령으로 정하는 준수사항"이란 별표 17의2의 사항을 말한다.

⑤ 제1항제1호 또는 제2호에 따른 폐기물처리 신고자는 제25조제3항에 따른 폐기물 수집 · 운반업의 허가를 받지 아니하거나 제1항제2호에 따른 신고를 하지 아니하고 그 재활용 대상 폐기물을 스스로 수집 · 운반할 수 있다.

⑥ 폐기물처리 신고자는 신고한 폐기물처리 방법에 따라 폐기물을 처리하는 등 환경부령으로 정하는 준수사항을 지켜야 한다.

⑦ 시 · 도지사는 폐기물처리 신고자가 다음 각 호의 어느 하나에 해당하면 그 시설의 폐쇄를 명령하거나 6개월 이내의 기간을 정하여 폐기물의 반입금지 등 폐기물처리의 금지(이하 "처리금지"라 한다)를 명령할 수 있다.

1. 제6항에 따른 준수사항을 지키지 아니한 경우
2. 제13조에 따른 폐기물의 처리 기준과 방법 또는 제13조의2에 따른 폐기물의 재활용 원칙 및 준수사항을 지키지 아니한 경우
3. 제40조제1항 본문에 따른 조치를 하지 아니한 경우

⑧ 제7항에 따라 시설의 폐쇄처분을 받은 자는 그 처분을 받은 날부터 1년간 다시 제1항에 따른 폐기물처리 신고를 할 수 없다.

[규칙 별표16]

폐기물처리 신고를 하고 폐기물을 재활용할 수 있는 자(제66조제2항 관련)

1. 별표 4의2 제4호가목부터 다목까지 및 바목의 재활용 유형에 따라 건축 · 토목공사의 성토재 · 보조기층재 · 도로기층재와 매립시설의 복토용 등으로 이용하는 자
2. 별표 4의2 별표 4의2 제4호가목부터 다목까지 및 바목의 재활용 유형에 따라 폐기물을 재활용하기 위하여 만든 중간가공 폐기물을 건축 · 토목공사의 성토재 · 보조기층재 · 도로기층재와 매립시설의 복토용 등으로 이용하는 자
3. 폐타이어를 별표 4의2 제1호가목2) · 나목2)의 재활용 유형에 따라 매립시설의 차수저로 사용하는 자
4. 동 · 식물성 잔재물, 음식물류 폐기물, 유기성 오니, 왕겨 또는 쌀겨를 별표 4의2 제3호가목4)의 재활용 유형에 따라 자신의 농경지의 퇴비나 자신의 가축의 먹이로 재활용하는 자

4의2. 폐자동차 또는 폐가전제품(냉매물질이 포함된 냉장고 및 에어컨디셔너는 제외한다)을 별표 4의2 제1호가목1) · 나목1)의 재활용 유형에 따라 수리 · 수선하여 다시 사용할 수 있는 상태로 만드는 자. 다만, 수리 · 수선하는 과정에서 지정폐기물이나 특정대기 · 수질오염유해물질이 발생하지 아니하는 경우만 해당한다.

5. 폐어망을 별표 4의2 제1호가목2) · 나목2)의 재활용 유형에 따라 「환경기술개발 및 지원에 관한 법률 시행규칙」 제2조제2호부터 제4호까지의 규정에 따른 환경시설의 미생물 담체로 사용하는 자
6. 철도용 폐받침목을 별표 4의2 제1호가목2) · 나목2)의 재활용 유형에 따라 원형 그대로 재활용하는 자
7. 다른 사람의 폐기물(일정한 형태를 갖추고 있는 물체로 한정한다)을 별표 4의2 제1호가목1) · 나목1)의 재활용 유형에 따라 수리 · 수선하거나 유리병 등 폐용기류를 세척하여 같은 용도로 다시 사용할 수 있는 상태로 만드는 자
8. 정수장 여과사를 세척하는 과정에서 이물질이나 유해물질 유입 없이 발생하는 폐여과사를 별표 4의2 제1호나목2)의 재활용 유형에 따라 모래 대체제로 사용하는 자
9. 폐타이어를 별표 4의2 제1호가목2)의 재활용 유형에 따라 충돌에 의한 파손방지 등의 용도로 선박 · 선착장 및 자동차 경주장에서 원형 그대로 재활용하는 자
10. 식물성잔재물을 버섯배지용으로 재활용하는 자
11. 유기성 오니나 음식물류 폐기물을 이용하여 지렁이 분변토를 만드는 자 중 재활용 용량이 1일 5ton 미만인 자
12. 동 · 식물성 잔재물, 왕겨 또는 쌀겨 등을 별표 4의2 제3호가목1)의 재활용 유형에 따라 비료로 제조하거나 같은 목 2)의 재활용 유형에 따라 사료로 제조하는 자 중 1일 재활용 용량이 10ton 미만인 자
13. 폐의류 또는 폐섬유(폐원단 조각만 해당한다)를 재활용하는 자로서 다음 각 목의 어느 하나에 해당하는 경우
    가. 폐의류를 수리 · 수선하여 원래의 용도로 재사용할 수 있는 상태로 만드는 경우
    나. 폐의류를 분리 · 선별하여 포장한 후 폐의류를 수리 · 수선하여원래의 용도로 재사용할 수 있는 상태로 만드는 자에게 공급하는 경우

다. 폐의류 또는 폐섬유(폐원단 조각만 해당한다)를 분리 · 선별한 후 포장하여 섬유제품이나 플라스틱 제품의 원료로 가공하는 자 또는 섬유제품 또는 플라스틱 제품을 제조하는 자에게 공급하는 경우

14. 폐패각(廢貝殼)을 별표 4의2 제1호가목2) · 나목2)의 재활용 유형에 따라 재활용하는 자(나전재료, 귀걸이 및 자개 보석함 등의 장식품, 어항 장식용 등의 장식품의 용도로 재활용하는 경우만 해당한다)
15. 그 밖에 환경부장관이 정하여 고시하는 방법에 따라 재활용하는 자

[규칙 별표17]

폐기물처리 신고자가 갖추어야 할 보관시설 및 재활용시설(제66조제5항 관련)

1. 폐기물을 수집 · 운반하는 자의 기준
   가. 장비: 폐기물을 수집 · 운반하는 차량 1대 이상
   나. 연락장소 또는 사무실

2. 폐기물을 재활용하는 자의 기준
   가. 보관시설: 1일 처리능력의 1일분 이상 30일분 이하의 폐기물을 보관할 수 있는 보관용기 또는 보관시설. 다만, 시 · 도지사의 인정을 받아 위탁받은 폐기물을 보관하지 아니하고 곧바로 재활용시설로 운반하는 경우에는 보관용기나 보관시설을 갖추지 아니할 수 있다.
   나. 재활용시설: 재활용하려는 폐기물의 종류 및 재활용방법 등에 따라 맞게 설치하여야 하는 선별 · 압축 · 감용 · 절단 · 사료화 · 퇴비화 시설 중 해당 시설 1식 이상
   다. 차량: 재활용하려는 폐기물을 수집 · 운반하는 차량 1대 이상(재활용 대상폐기물을 스스로 수집 · 운반하는 경우만 해당한다)

비고
1. 음식물류 폐기물을 재활용하는 자는 보관시설을 갖추지 아니할 수 있다.
2. 재활용 원칙 및 준수사항을 고려하여 재활용시설이 필요하지 아니하다고 시 · 도지사가 인정하는 경우에는 재활용시설을 갖추지 아니할 수 있다.
3. 폐기물을 수집 · 운반하는 차량은 별표 5에 따른 기준에 적합한 차량이어야 한다.

[규칙 별표 17의2]

폐기물처리 신고자의 준수사항(제67조의2 관련)

1. 폐기물처리 신고자는 신고한 재활용 용도 또는 방법에 따라 재활용하여야 한다.
2. 폐기물처리 신고자는 폐기물의 재활용을 위탁한 자와 다음 각 목의 내용이 포함된 폐기물 위탁재활용(운반)계약서를 작성하고, 그 계약서를 3년간 보관하여야 한다. 다만, 폐기물처리 신고자가 폐기물수집 · 운반업자와 함께 폐기물의 재활용을 위탁한 자와 하나의 계약서로 동시에 폐기물 위탁재활용(운반)계약을 체결하는 경우에는 운반단가와 재활용처리단가를 구분하여 기재하여야 한다.
   가. 상호, 소재지 및 대표자
   나. 위탁계약기간
   다. 폐기물의 종류별 수량, 성질과 상태 및 취급시 주의사항
   라. 폐기물의 종류별 재활용장소 및 재활용방법
   마. 운반단가 또는 운반비(폐기물수집 · 운반업자가 포함된 경우에만 해당한다)
   바. 재활용처리단가 또는 재활용처리비

3. 위탁받은 폐기물을 재위탁하거나 재위탁받아서는 아니 된다. 다만, 제66조제5항에 해당하는 자 중 같은 조 제3항 각 호의 폐기물을 수집 · 운반하는 자가 수집 · 운반한 폐기물을 제66조제5항에 해당하는 자 중 같은 조 제3항 각 호의 폐기물을 수집 · 운반하는 자에게 재위탁하거나 재위탁받는 경우는 그러하지 아니하며, 천재지변, 처리금지, 휴업, 폐업 등 정당한 사유가 있는 경우에는 시 · 도지사의 승인을 받아 재위탁하거나 재위탁받을 수 있다.
4. 자신의 재활용시설에서 재활용할 수 없는 폐기물을 위탁받거나 재활용능력을 초과하여 폐기물을 위탁받아서는 아니 된다.
5. 허용보관량을 초과하여 폐기물을 보관하거나 보관시설 외의 장소에 폐기물을 보관하여서는 아니 된다.
6. 수집 · 운반 및 재활용할 수 있는 능력의 초과, 휴업이나 폐업 등 정당한 사유 없이 배출자가 요청한 폐기물의 수탁을 거부하여서는 아니 된다.
7. 정당한 사유 없이 계속하여 1년 이상 휴업하여서는 아니 된다.
8. 다른 사람에게 자기의 성명 또는 상호를 사용하여 폐기물을 위탁받게 하거나 신고증명서를 다른 사람에게 빌려주어서는 아니 된다.
9. 제66조제5항에 해당하는 자가 같은 조 제3항 각 호의 폐기물을 보관하는 경우에는 차폐가 될 수 있도록 가림막 설치 등 필요한 조치를 하여야 하며, 수집 · 운반 · 보관 과정에서 소음 · 먼지 · 침출수 등 환경오염의 발생이 최소화 될 수 있도록 필요한 조치를 하여야 한다.
10. 처리금지, 휴업신고 또는 폐업신고 등으로 폐기물을 수집 · 운반하지 아니할 때에는 발급받은 폐기물수집 · 운반증을 시 · 도지사에게 반납하여야 한다.
11. 폐기물 배출자에게 수탁처리능력 확인서, 폐기물처리 신고증명서 사본 및 방치폐기물처리이행보증을 확인할 수 있는 서류 사본을 거짓으로 제출하거나 제출을 거부하여서는 아니 된다.
12. 폐기물처리신고자가 법 제14조제3항에 따라 생활폐기물을 수집 · 운반하려는 경우 일정한 장소에 보관되지 아니하고 버려진 생활폐기물이나 직접 배출자로부터 수거한 생활폐기물만을 수집 · 운반하여야 한다.

제46조의2(폐기물처리 신고자에 대한 과징금 처분) ① 시 · 도지사는 폐기물처리 신고자가 제46조제7항 각 호의 어느 하나에 해당하여 처리금지를 명령하여야 하는 경우 그 처리금지가 다음 각 호의 어느 하나에 해당한다고 인정되면 대통령령으로 정하는 바에 따라 그 처리금지를 갈음하여 2천만원 이하의 과징금을 부과할 수 있다. [개정 2010.7.23.]

1. 해당 처리금지로 인하여 그 폐기물처리의 이용자가 폐기물을 위탁처리하지 못하여 폐기물이 사업장 안에 적체됨으로써 이용자의 사업활동에 막대한 지장을 줄 우려가 있는 경우
2. 해당 폐기물처리 신고자가 보관 중인 폐기물 또는 그 폐기물처리의 이용자가 보관 중인 폐기물의 적체에 따른 환경오염으로 인하여 인근지역 주민의 건강에 위해가 발생되거나 발생될 우려가 있는 경우
3. 천재지변이나 그 밖의 부득이한 사유로 해당 폐기물처리를 계속하도록 할 필요가 있다고 인정되는 경우

② 제1항에 따라 과징금을 부과하는 위반행위의 종류와 정도에 따른 과징금의 금액, 그 밖에 필요한 사항은 대통령령으로 정한다.

③ 제1항에 따른 과징금을 내야할 자가 납부기한까지 과징금을 내지 아니하면 시 · 도지사는 과징금 부과처분을 취소하고 제46조제7항에 따른 처리금지 처분을 하거나 「지방행정제재 · 부과금

의 징수 등에 관한 법률」에 따라 과징금을 징수한다. 다만, 제37조에 따른 폐업 등으로 처리금지 처분을 할 수 없는 경우에는 「지방행정제재 · 부과금의 징수 등에 관한 법률」에 따라 과징금을 징수한다.

④ 제1항과 제3항에 따라 과징금으로 징수한 금액은 시 · 도의 수입으로 하되, 광역폐기물처리시설의 확충 등 대통령령으로 정하는 용도로 사용하여야 한다.

[영 별표7]

폐기물처리 신고자의 위반행위에 따른 과징금의 금액(제23조의3제1항 관련)

위반행위	처리금지 1개월	처리금지 2개월	처리금지 3개월
1. 법 제13조에 따른 폐기물의 처리 기준과 방법 또는 법 제13조의2에 따른 폐기물의 재활용 원칙 및 준수사항을 지키지 않은 경우	5백만원	1천만원	2천만원
2. 법 제40조제1항에 따른 조치를 하지 않은 경우	5백만원	1천만원	2천만원
3. 법 제46조제6항에 따른 준수사항을 지키지 않은 경우	5백만원	1천만원	2천만원

제47조(폐기물의 회수 조치) ① 사업자는 제품의 제조 · 가공 · 수입 또는 판매 등을 할 때에 그 제조 · 가공 · 수입 또는 판매 등에 사용되는 재료 · 용기 · 제품 등이 폐기물이 되는 경우 그 회수와 처리가 쉽도록 하여야 한다.

② 사업자는 제1항에 따른 재료 · 용기 · 제품 등이 「대기환경보전법」 제2조, 「물환경보전법」 제2조 및 「화학물질관리법」 제2조에 따른 대기오염물질, 수질오염물질, 유독물질 중 환경부령으로 정하는 물질을 포함하고 있거나 다량으로 제조 · 가공 · 수입 또는 판매되어 폐기물이 되는 경우 환경부장관이 고시하는 폐기물의 회수 및 처리방법에 따라 회수 · 처리하여야 한다. 이 경우 환경부장관이 이를 고시하려면 미리 관계 중앙행정기관의 장과 협의하여야 한다. [개정 2017.1.17.]

규칙 제68조(해당 물질 함유제품이 폐기물의 회수 등의 조치대상이 되는 수질오염물질 등) 법 제47조제2항에서 "환경부령으로 정하는 물질"이란 별표 18의 물질을 말한다.

③ 환경부장관은 사업자가 제2항에 따라 고시된 회수 · 처리방법에 따라 회수 · 처리하지 아니하면 기간을 정하여 그 회수와 처리에 필요한 조치를 할 것을 권고할 수 있다.

④ 환경부장관은 제3항에 따라 권고를 받은 자가 권고사항을 이행하지 아니하면 해당 폐기물의 회수와 적정한 처리 등에 필요한 조치를 명할 수 있다.

제47조의2(폐기물의 반입정지명령) ① 환경부장관 또는 시 · 도지사는 폐기물처리업자의 보관용

량, 처리실적, 처리능력 등 환경부령으로 정하는 기준을 초과하여 폐기물을 보관하는 경우에는 폐기물처리업자에게 폐기물의 반입정지를 명할 수 있다. 다만, 재난폐기물(「재난 및 안전관리 기본법」 제3조제1호가목 및 나목에 따른 재난으로 인하여 발생한 폐기물을 말한다)의 처리 등 환경부령으로 정하는 사유에 해당하는 경우에는 그러하지 아니하다.

② 제1항에 따라 반입정지명령을 받은 자가 환경부령으로 정하는 기준 이하로 폐기물의 보관량을 감소시킨 경우에는 환경부장관 또는 시·도지사에게 폐기물의 반입재개 신청을 할 수 있다.

③ 환경부장관 또는 시·도지사는 제2항에 따른 반입재개 신청을 받은 날부터 10일 이내에 반입재개 여부를 신청인에게 통보하여야 한다.

규칙 제68조의2(폐기물의 반입정지명령) ① 법 제47조의2제1항 본문에서 "환경부령으로 정하는 기준"이란 허용보관량의 2배를 말한다.

② 법 제47조의2제1항 단서에서 "환경부령으로 정하는 사유"란 다음 각 호의 어느 하나에 해당하는 사유를 말한다.

1. 법 제47조의2제1항 단서에 따른 재난폐기물을 처리하는 경우
2. 법 제40조제4항 각 호 외의 부분 본문에 따른 방치폐기물 또는 법 제48조제1항 각 호 외의 부분에 따른 부적정처리폐기물을 처리하는 경우

③ 법 제47조의2제2항에서 "환경부령으로 정하는 기준"이란 허용보관량을 말한다.

제48조(폐기물 처리에 대한 조치명령 등) ① 환경부장관, 시·도지사 또는 시장·군수·구청장은 부적정처리폐기물(제13조에 따른 폐기물의 처리 기준과 방법 또는 제13조의2에 따른 폐기물의 재활용 원칙 및 준수사항에 맞지 아니하게 처리되거나 제8조제1항 또는 제2항을 위반하여 버려지거나 매립되는 폐기물을 말한다. 이하 같다)이 발생하면 다음 각 호의 어느 하나에 해당하는 자(이하 "조치명령대상자"라 한다)에게 기간을 정하여 폐기물의 처리방법 변경, 폐기물의 처리 또는 반입 정지 등 필요한 조치를 명할 수 있다.

1. 부적정처리폐기물을 발생시킨 자
2. 부적정처리폐기물이 처리된 폐기물처리시설의 설치 또는 운영을 제5조제2항에 따른 수탁자에게 위탁한 자

규칙 제68조의3(폐기물 처리에 대한 조치명령 등) ① 시·도지사, 시장·군수·구청장 또는 지방환경관서의 장은 법 제48조제1항에 따라 조치명령을 할 때에는 다음 각 호의 사항을 명시한 서면으로 해야 한다.

1. 조치명령 대상자의 성명(법인의 경우에는 법인명 및 대표자 성명)과 주소
2. 조치명령의 내용과 그 사유
3. 조치명령의 이행기간

② 제1항에 따라 조치명령을 받은 자는 명령을 받은 날부터 10일 이내에 다음 각 호의 사항이 포함된 조치 이행계획서를 작성하여 시 · 도지사, 시장 · 군수 · 구청장 또는 지방환경관서의 장에게 제출해야 한다.

1. 조치 이행계획량
2. 조치명령을 이행하는 데 걸리는 예상기간
3. 조치명령을 이행할 구체적인 방법

③ 제2항에 따라 조치 이행계획서를 제출한 자는 제1항제3호에 따른 이행기간이 종료되면 지체 없이 다음 각 호의 사항이 포함된 조치 이행결과보고서를 시 · 도지사, 시장 · 군수 · 구청장 또는 지방환경관서의 장에게 제출해야 한다.

1. 조치 이행실적
2. 조치 미이행량 · 사유 및 향후 이행계획

④ 시 · 도지사, 시장 · 군수 · 구청장 또는 지방환경관서의 장은 제2항에 따른 조치 이행계획서 또는 제3항에 따른 조치 이행결과보고서에 보완이 필요하면 서면으로 보완을 요청할 수 있다.

3. 부적정처리폐기물의 처리를 제15조의2제3항 또는 제18조제1항에 따라 위탁한 음식물류 폐기물 배출자 또는 사업장폐기물배출자. 다만, 폐기물의 처리를 위탁한 자가 제15조의2제3항 · 제5항, 제17조제1항제3호 또는 제18조의2제3항에 따른 의무를 위반하거나 그 밖의 귀책사유가 있다고 인정되는 경우로 한정한다.
4. 부적정처리폐기물의 발생부터 최종처분에 이르기까지 배출, 수집 · 운반, 보관, 재활용 및 처분과정에 관여한 자
5. 부적정처리폐기물과 관련하여 제18조제3항을 위반하여 폐기물 인계 · 인수에 관한 사항과 폐기물처리현장정보를 전자정보처리프로그램에 입력하지 아니하거나 거짓으로 입력한 자
6. 제1호부터 제5호까지의 규정 중 어느 하나에 해당하는 자에 대하여 부적정처리폐기물의 발생 원인이 된 행위를 할 것을 요구 · 의뢰 · 교사한 자 또는 그 행위에 협력한 자
7. 제1호부터 제6호까지의 사업장폐기물배출자에 대하여 제17조제8항 또는 제9항에 따라 권리 · 의무를 승계한 자
8. 제1호부터 제6호까지의 폐기물처리업자, 폐기물처리시설의 설치자 또는 폐기물처리 신고자에 대하여 제33조제1항부터 제3항까지에 따라 권리 · 의무를 승계한 자
9. 부적정처리폐기물을 직접 처리하거나 다른 사람에게 자기 소유의 토지 사용을 허용한 경우 부적정처리폐기물이 버려지거나 매립된 토지의 소유자

② 환경부장관, 시 · 도지사 또는 시장 · 군수 · 구청장이 제1항에 따른 조치명령대상자 또는 조치명령의 범위를 결정하기 위하여 필요한 경우에는 제48조의3에 따른 폐기물처리자문위원회에 자문할 수 있다.

③ 제1항에 따라 조치명령을 받은 자가 자기의 비용으로 조치명령을 이행한 경우에는 동일한 사유로 조치명령을 받은 자의 부담부분에 관하여 구상권을 행사할 수 있다.
④ 제1항부터 제3항까지의 규정 외에 조치명령의 기준, 절차 및 방법 등에 필요한 사항은 환경부령으로 정한다.

제48조의2(의견제출) 환경부장관, 시 · 도지사 또는 시장 · 군수 · 구청장은 제39조의2, 제39조의3, 제40조제2항 · 제3항, 제47조의2 또는 제48조에 따른 명령을 하려면 미리 그 명령을 받을 자에게 그 이유를 알려 의견을 제출할 기회를 주어야 한다. 다만, 상수원 보호 등 환경 보전상 긴급히 하여야 하는 경우에는 그러하지 아니하다. [본조신설 2010.7.23.]

제48조의3(폐기물처리자문위원회) ① 제48조제2항에 따라 환경부장관, 시 · 도지사 또는 시장 · 군수 · 구청장의 자문에 응하기 위하여 환경부에 폐기물처리자문위원회(이하 이 조에서 "위원회"라 한다)를 둔다.
② 위원회는 위원장을 포함하여 5명 이상 9명 이하의 위원으로 구성한다.
③ 위원회의 구성 · 운영 등에 필요한 사항은 대통령령으로 정한다.

제48조의4(폐기물적정처리추진센터) ① 환경부장관은 다음 각 호의 업무를 기술적으로 지원하기 위하여 한국환경공단 등 대통령령으로 정하는 전문기관을 폐기물적정처리추진센터로 지정할 수 있다.
1. 사업장폐기물의 적정 처리 점검 및 적정 처리를 위한 지도
2. 폐기물처리업자, 폐기물처리시설 설치자, 폐기물처리 신고자에 관한 정보의 수집 및 제공
3. 사업장폐기물의 적정한 처리를 위한 계발활동 및 홍보활동
4. 제49조에 따른 대집행 업무 지원
5. 그 밖에 폐기물의 적정 처리에 관하여 환경부령으로 정하는 업무

② 환경부장관, 시 · 도지사 또는 시장 · 군수 · 구청장은 다음 각 호의 어느 하나에 해당하는 정보를 취득한 경우 환경부령으로 정하는 바에 따라 지체 없이 폐기물적정처리추진센터에 통보하여야 한다.
1. 제27조제1항 · 제2항, 제40조제2항 · 제3항, 제46조제7항, 제47조의2제1항 또는 제48조제1항에 따른 행정처분을 한 사실과 행정처분의 구체적인 내용
2. 제27조제1항 · 제2항, 제40조제2항 · 제3항, 제46조제7항, 제47조의2제1항 또는 제48조제1항에 따른 행정처분을 받은 자의 신청에 의하여 법원 또는 행정심판위원회가 그 행정처분에 대하여 결정 또는 판결을 내린 사실 및 그 내용

③ 환경부장관은 폐기물적정처리추진센터의 운영 등에 필요한 경비를 예산의 범위에서 지원할 수 있다.

제48조의5(과징금) ① 환경부장관, 시 · 도지사 또는 시장 · 군수 · 구청장은 제48조제1항제1호부터 제8호까지의 규정 중 어느 하나에 해당하는 자가 폐기물을 부적정 처리함으로써 얻은 부적정 처리이익(부적정 처리함으로써 지출하지 아니하게 된 해당 폐기물의 적정 처리비용 상당액을 말한다. 이하 이 조에서 같다)의 3배 이하에 해당하는 금액과 폐기물의 제거 및 원상회복에 드는 비용을 과징금으로 부과할 수 있다.

② 환경부장관, 시 · 도지사 또는 시장 · 군수 · 구청장은 제1항에 따른 과징금을 내야 할 자가 납부기한까지 내지 아니하면 국세 체납처분의 예 또는 「지방세외수입금의 징수 등에 관한 법률」에 따라 징수한다.

③ 제1항에 따라 과징금을 부과할 때 「환경범죄 등의 단속 및 가중처벌에 관한 법률」 제12조에 따라 과징금이 부과된 경우에는 그에 해당하는 금액을 감액한다.

④ 제1항에 따른 과징금의 구체적인 계산방법과 그 밖에 필요한 사항은 대통령령으로 정한다.

규칙 제68조의4(폐기물적정처리추진센터의 업무) ① 법 제48조의4제1항제5호에서 "환경부령으로 정하는 업무"란 다음 각 호의 업무를 말한다.

1. 제17조 및 별표 5의7 제2호에 따른 확인
2. 폐기물처리현장정보의 관리를 위한 다음 각 목의 업무
   가. 폐기물처리현장정보의 입력에 필요한 장치 · 장비 또는 설비의 확인 및 점검(원격에 의한 방법을 포함한다)
   나. 폐기물처리현장정보의 적정 여부 확인 및 점검
3. 제34조의10제5항에 따라 요청받은 기술적 사항에 관한 검토
4. 다음 각 목의 시스템에서 관리 · 제공하는 정보의 연계 · 분석 및 평가
   가. 전자정보처리프로그램
   나. 「전자정부법」 제2조제6호에 따른 행정정보를 처리하기 위한 정보시스템
5. 사업장폐기물의 적정처리와 관련된 실태 조사 및 제도 연구

② 제1항에 따른 폐기물적정처리추진센터의 업무 수행에 관한 세부 사항은 환경부장관이 정하여 고시한다.

③ 시 · 도지사, 시장 · 군수 · 구청장 또는 지방환경관서의 장은 법 제48조의4제2항 각 호에 따른 정보를 취득한 경우에는 정보를 취득한 날부터 5일 이내에 별지 제57호의4 서식의 정보통보서를 폐기물적정처리추진센터에 보내야 한다.

④ 폐기물적정처리추진센터는 제3항에 따른 정보통보서를 받은 경우에는 이를 전자정보처리프로그램에 입력 · 관리해야 한다.

⑤ 폐기물적정처리추진센터는 법 제48조의4제1항 각 호의 업무를 수행하기 위하여 필요한 경우 제4항에 따라 입력 · 관리하는 정보를 공개할 수 있다.

제49조(대집행) ① 환경부장관, 시·도지사 또는 시장·군수·구청장(이하 "대집행기관"이라 한다)은 제39조의2, 제39조의3, 제40조제2항·제3항 또는 제48조에 따른 명령을 받은 자가 그 명령을 이행하지 아니하면 「행정대집행법」에 따라 대집행(代執行)을 하고 그 비용을 징수할 수 있다.

② 제1항에도 불구하고 대집행기관은 다음 각 호의 어느 하나에 해당하는 경우에 제39조의2, 제39조의3, 제40조제2항·제3항 또는 제48조에 따른 명령을 내리지 아니하고 대집행을 할 수 있다. 이 경우 대집행기관은 제39조의2, 제39조의3, 제40조제2항·제3항 또는 제48조에 따른 명령대상자(제1호의 경우에는 대집행절차 도중 또는 완료 이후에 확인된 명령대상자를 말한다)로부터 「행정대집행법」에 따라 비용을 징수할 수 있다.

1. 제39조의2, 제39조의3, 제40조제2항·제3항 또는 제48조에 따른 명령대상자를 대집행기관이 확인할 수 없는 경우
2. 제39조의2, 제39조의3, 제40조제2항·제3항 또는 제48조에 따른 명령대상자를 대집행기관이 확인하였으나 명령을 이행할 능력이 없다고 인정되는 경우
3. 대집행기관이 침출수 누출, 화재 발생 등으로 주민의 건강 또는 주변 환경에 심각한 위해를 끼칠 우려가 있는 등 명령의 내용이 되는 조치의 전부 또는 일부를 긴급하게 실시하여야 할 필요가 있는 경우

③ 대집행기관은 제39조의2, 제39조의3, 제40조제2항·제3항 또는 제48조에 따른 명령을 내린 경우 또는 제1항 및 제2항의 대집행절차가 개시된 경우 징수권을 보전하기 위하여 법원에 재산조회, 가압류 신청을 하는 등 필요한 조치를 취할 수 있다.

④ 제1항 또는 제2항에 따라 대집행을 실시한 대집행기관은 제48조제1항제1호에 해당하는 자가 폐기물처리업자 또는 폐기물처리 신고자로 확인된 경우 그 폐기물처리업자 또는 폐기물처리 신고자를 관할하는 행정기관에 대집행에 소요된 비용을 청구할 수 있다. 이 경우 비용을 청구받은 행정기관은 조치명령대상자에게 비용을 징수할 수 있다.

⑤ 제1항부터 제4항까지에서 규정한 사항 외에 대집행에 필요한 사항은 「행정대집행법」에서 정하는 바에 따른다.

제50조(폐기물처리시설의 사후관리 등) ① 제29조제2항에 따른 설치승인을 받거나 설치신고를 한 후 폐기물처리시설을 설치한 자(제25조에 따라 폐기물처리업의 허가를 받은 자를 포함한다)는 그가 설치한 폐기물처리시설의 사용을 끝내거나 폐쇄하려면 환경부령으로 정하는 바에 따라 환경부장관에게 신고하여야 한다. 이 경우 폐기물을 매립하는 시설의 사용을 끝내거나 시설을 폐쇄하려면 제30조제1항에 따른 검사기관으로부터 환경부령으로 정하는 검사에서 적합 판정을 받아야 한다. [개정 2013.7.16.]

규칙 **제69조(폐기물처리시설의 사용종료 및 사후관리 등)** ① 법 제50조제1항에 따라 폐기물처리시설의 사용을 끝내거나 폐쇄하려는 자(법 제31조제6항에 따라 폐쇄절차를 대행하는

자를 포함한다)는 그 시설의 사용종료일(매립면적을 구획하여 단계적으로 매립하는 시설은 구획별 사용종료일) 또는 폐쇄예정일 1개월(매립시설의 경우는 3개월) 이전에 별지 제58호서식의 사용종료 · 폐쇄 신고서에 다음 각 호의 서류(매립시설인 경우만 해당한다)를 첨부하여 시 · 도지사나 지방 환경관서의 장에게 제출하여야 한다. [개정 2016.1.21.]

1. 다음 각 목의 사항을 포함한 폐기물매립시설 사후관리계획서
   가. 폐기물매립시설 설치 · 사용 내용
   나. 사후관리 추진일정
   다. 빗물배제계획
   라. 침출수 관리계획(차단형 매립시설은 제외한다)
   마. 지하수 수질조사계획
   바. 발생가스 관리계획(유기성폐기물을 매립하는 시설만 해당한다)
   사. 구조물과 지반 등의 안정도유지계획
2. 제69조의2제3항에 따라 검사기관에 제출한 사용종료 · 폐쇄 검사 신청 서류 사본

② 제1항에 따른 신고(매립시설의 사용종료 · 폐쇄 신고만 해당한다)를 한 자는 매립시설의 사용종료일 또는 폐쇄예정일까지 제69조의2제5항에 따라 검사기관으로부터 받은 사용종료 · 폐쇄 검사결과서 사본을 시 · 도지사나 지방환경관서의 장에게 제출하여야 한다. [신설 2013.5.31.]

③ 시 · 도지사나 지방환경관서의 장은 법 제50조제4항에 따라 6개월 이내의 기간 동안 폐기물처리시설의 개선을 명할 수 있다. 이 경우 개선명령을 받은 자가 천재지변 또는 그 밖의 불가피한 사유로 개선명령을 이행하지 못하면 3개월 이내에서 한차례 개선 기간을 연장할 수 있다.

실전문제 **폐기물처리시설 중 사후관리를 하는 시설은?**

① 소각시설　　② 멸균분해시설
❸ 매립시설　　④ 탈수시설

실전문제 **폐기물처리시설을 사용종료하거나 폐쇄하고자 하는 자는 사용종료, 폐쇄신고서에 폐기물처리시설사후관리계획서(매립시설에 한함)을 첨부하여 제출하여야 한다. 다음 중 폐기물처리시설사후관리계획서에 포함될 사항과 가장 거리가 먼 것은?**

① 지하수 수질조사계획
② 구조물 및 지반 등의 안정도 유지계획
③ 빗물배제계획
❹ 사후 환경영향 평가 계획

규칙 제69조의2(폐기물 매립시설의 검사) ① 법 제50조제1항 후단에서 "환경부령으로 정하는 검사"란 다음 각 호의 어느 하나에 해당하는 검사를 말한다.

1. 사용종료 검사 2. 폐쇄 검사

② 법 제50조제1항 후단에 따른 사용종료 · 폐쇄 검사 및 같은 조 제6항 전단에 따른 사후관리 정기검사를 위한 검사기준은 별표 10과 같다. [개정 2016.1.21.]

③ 법 제50조제1항 후단에 따른 사용종료 · 폐쇄 검사를 받으려는 자는 검사를 받으려는 날 3개월 전까지, 같은 조 제6항 전단에 따른 사후관리 정기검사를 받으려는 자는 검사를 받으려는 날 15일 전까지 별지 제30호서식의 검사신청서에 다음 각 호의 서류를 첨부하여 제41조제3항제2호에 따른 매립시설의 검사기관(이하 이 조에서 "매립시설 검사기관"이라 한다)에 제출하여야 한다.

1. 설계도서 및 구조계산서 사본
2. 시방서 및 재료시험성적서 사본
3. 사후관리계획서(사후관리 정기검사의 경우만 제출한다)
4. 종전에 받은 사후관리 정기검사 결과서 사본(종전에 검사를 받은 경우에 정하며, 사후관리 정기검사의 경우만 제출한다)

④ 법 제50조제6항 전단에서 "환경부령으로 정하는 정기검사"란 다음 각 호의 기준일 전후 각각 30일 이내의 기간마다 받아야 하는 검사를 말한다.

1. 최초 정기검사: 사용종료일 또는 폐쇄일부터 1년이 되는 날
2. 2회 이후의 정기검사: 최종 정기검사일부터 3년이 되는 날

⑤ 매립시설 검사기관은 법 제50조제1항 후단 및 같은 조 제6항 전단에 따른 검사를 마치면 지체 없이 별지 제32호서식의 검사결과서를 신청인에게 내주어야 한다. [개정 2016.1.21.]

⑥ 매립시설 검사기관의 장은 분기별 검사실적을 별지 제34호서식에 따라 매 분기 다음 달 20일까지 환경부장관에게 보고하고, 검사결과서 복사본이나 그 밖에 검사와 관련된 서류를 5년간 보존하여야 한다.

⑦ 제2항의 검사기준에 따른 세부 검사방법은 환경부장관이 정하여 고시한다.

② 환경부장관은 제1항 전단에 따른 신고를 받은 경우 환경부령으로 정하는 기간 내에 신고수리 여부를 신고인에게 통지하여야 한다.

③ 환경부장관이 제2항에서 정한 기간 내에 신고수리 여부나 민원 처리 관련 법령에 따른 처리기간의 연장을 신고인에게 통지하지 아니하면 그 기간이 끝난 날의 다음 날에 신고를 수리한 것으로 본다.

영 제24조(사후관리 대상) 법 제50조제5항제1호 및 제2호에서 "대통령령으로 정하는 폐기물을 매립하는 시설"이란 각각 별표3 제2호의 최종 처분시설 중 가목의 매립시설을 말한다.

다만, 연탄재, 석탄재 등을 매립하는 시설로서 환경부장관이 법 제50조제5항에 따른 침출수 처리시설의 가동 등 사후관리에 필요한 조치를 하지 아니하여도 된다고 인정하는 시설은 제외한다. [개정 2016.1.19.]

규칙 **제70조(사후관리기준 및 방법)** ① 법 제50조제5항에 따른 사후관리기준 및 방법은 별표 19와 같다. [개정 2016.1.21.]

② 법 제50조제5항에 따라 사후관리를 하여야 하는 자가 제1항에 따른 사후관리기준 및 방법에 맞게 사후관리를 함으로써 사후관리기간이 끝나거나 영구적으로 침출수의 유출이 없는 등의 사유로 사후관리를 끝내려면 별지 제59호서식의 사후관리 종료신청서에 다음 각 호의 서류를 첨부하여 시 · 도지사나 지방환경관서의 장에게 제출하여야 한다. [개정 2016.1.21.]

1. 매립지반의 안정도, 발생가스와 침출수의 성질 · 상태 및 양 등을 조사 · 분석한 환경영향조사서
2. 사후관리가 끝났음을 확인할 수 있는 서류

③ 시 · 도지사 또는 지방환경관서의 장은 제2항에 따라 사후관리가 끝나 영 제35조제3항에 따른 토지의 용도와 용도제한기간 등이 변경된 경우에는 변경된 내용을 폐쇄된 매립시설이 소재한 토지의 소유권 또는 소유권 외의 권리를 가지고 있는 자에게 알려야 한다.

④ 환경부장관은 제1항에 따른 검사 결과 부적합 판정을 받은 경우에는 그 시설을 설치 · 운영하는 자에게 환경부령으로 정하는 바에 따라 기간을 정하여 그 시설의 개선을 명할 수 있다.

⑤ 다음 각 호의 어느 하나에 해당하는 자는 그 시설로 인한 주민의 건강 · 재산 또는 주변환경의 피해를 방지하기 위하여 환경부령으로 정하는 바에 따라 침출수 처리시설을 설치 · 가동하는 등의 사후관리를 하여야 한다.

1. 제1항에 따라 신고를 한 자 중 대통령령으로 정하는 폐기물을 매립하는 시설을 사용종료하거나 폐쇄한 자
2. 대통령령으로 정하는 폐기물을 매립하는 시설을 사용하면서 제31조제5항에 따라 폐쇄명령을 받은 자

⑥ 제5항에 따라 사후관리를 하여야 하는 자는 적절한 사후관리가 이루어지고 있는지에 관하여 제30조제1항에 따른 검사기관으로부터 환경부령으로 정하는 정기검사를 받아야 한다. 이 경우 「환경기술 및 환경산업 지원법」 제13조에 따른 기술진단을 받으면 정기검사를 받은 것으로 본다(「환경기술 및 환경산업 지원법」 제13조제3항에 따른 요청을 이행하지 아니한 경우는 제외한다).

영 **제25조(사후관리 대행자)** 법 제50조제8항에 따라 폐기물매립시설의 사후관리 업무를 대행할 수 있는 자는 다음 각 호의 자로 한다. [개정 2016.1.19.]

1. 한국환경공단
2. 그 밖에 환경부장관이 사후관리를 대행할 능력이 있다고 인정하여 고시하는 자

⑦ 환경부장관은 제5항에 따라 사후관리를 하여야 하는 자가 이를 제대로 하지 아니하거나 제6항에 따른 정기검사 결과 부적합 판정을 받은 경우에는 환경부령으로 정하는 바에 따라 기간을 정하여 시정을 명할 수 있다.

규칙 **제71조 (사후관리 시정명령 등)** 법 제50조제7항에 따라 시ㆍ도지사나 지방환경관서의 장이 사후관리 시정명령을 하려면 그 시정에 필요한 조치의 난이도 등을 고려하여 6개월의 범위에서 그 이행기간을 정하여야 한다.

⑧ 환경부장관은 제7항에 따른 명령을 받고도 그 기간에 시정하지 아니하면 대통령령으로 정하는 자에게 대행하게 하고 제51조 및 제52조에 따라 낸 사후관리이행보증금ㆍ이행보증보험금 또는 사후관리이행보증금의 사전적립금(이하 "사후관리이행보증금등"이라 한다)을 그 비용으로 사용할 수 있다. 이 경우 그 비용이 사후관리이행보증금등을 초과하면 그 초과 금액을 그 명령을 받은 자로부터 징수할 수 있다.

[규칙 별표 19]

사후관리기준 및 방법(제70조 관련)

1. 사후관리 기간
   법 제50조제1항에 따른 사용종료 또는 폐쇄신고를 한 날부터 30년 이내로 한다. 다만, 제41조제3항제2호에 따른 매립시설 검사기관(이하 "매립시설 검사기관"이라 한다)이 침출수의 성질과 상태, 양, 지하수ㆍ해수ㆍ하천의 수질, 토양의 오염도, 발생가스의 질과 양, 축대벽ㆍ둑 등의 안정도 등을 조사한 결과 사후관리가 필요하지 아니하다고 판단하는 경우에는 신청에 따라 시ㆍ도지사나 지방환경관서의 장이 사후관리의 종료를 결정ㆍ통보한 날까지로 한다.

2. 사후관리 인원
   침출수 처리시설 등 사후관리가 필요한 모든 시설을 유지ㆍ관리하기 위하여 전담관리자를 두어야 한다.

3. 사후관리 항목 및 방법
   가. 빗물 배제방법
      별표 9 제2호가목5)에 따라 설치된 빗물배제시설 등을 유지ㆍ관리하여 빗물이 매립시설로 흘러들거나 떨어지지 아니하도록 하여야 한다.
   나. 침출수 관리방법
      1) 매립시설에서 발생하는 침출수[별표 9 제2호나목2)마) 단서에 따른 시설에 옮겨 처리하는 오염물질의 경우는 제외한다] 및 처리수[2) 단서에 따른 이송수를 포함한다]에 대하여 별표 11 제2호나목2)가)의 침출수 배출허용기준 항목을 분기 1회 이상 조사하여야 한다.

2) 침출수는 별표 11 제2호나목2)가)의 침출수 배출허용기준에 맞도록 침출수 처리시설에서 처리한 후 흘려보내야 한다. 다만, 별표 9 제2호나목2)마) 단서에 따른 시설에 옮겨 처리하는 경우에는 그러하지 아니하다.
3) 매립시설의 차수시설 상부에 모여 있는 침출수의 수위는 시설의 안정 등을 고려하여 2m 이하로 유지되도록 관리하여야 한다.
4) 매립시설에 침출수매립시설환원정화설비를 설치하여 운영하는 경우에는 별표 11 제2호나목2)하)의 유지 · 관리 기준에 따라야 한다.
5) 매립시설 검사기관이 법 제50조제4항에 따른 정기검사를 실시한 결과 매립층의 안정화 정도 등을 고려하여 더 이상 침출수 등의 주입이 필요하지 아니하다고 판단하는 경우에는 침출수매립시설환원정화설비의 운영을 중단하여야 한다.

다. 지하수 수질 조사방법
1) 「지하수의 수질보전 등에 관한 규칙」 별표 4에 따른 생활용수 수질기준항목을 같은 규칙 제6조제1항에 따라 조사하여야 한다. 다만, 매립종료 후 3년까지는 월 1회 이상 조사하여야 한다.
2) 별표 9 제2호가목8)의 설치기준에 따라 매립시설의 주변에 설치된 3개의 기존 검사정을 이용하여 지하수 수질을 검사하되 반드시 기능이 정상적으로 발휘되도록 관리하여야 한다.

라. 해수 수질 조사방법(매립지의 경계선이 해수면과 가까운 매립시설만 해당한다)
1) 「환경정책기본법 시행령」 별표 1 제3호라목의 수질(해역)환경기준항목을 분기 1회 이상 조사하여야 한다.
2) 조사지점은 별표 9 제2호가목8) 단서에 따라 선정된 지점으로 한다.

마. 발생가스 관리방법(유기성폐기물을 매립한 폐기물매립시설만 해당한다)
1) 외기온도, 가스온도, 메탄, 이산화탄소, 암모니아, 황화수소 등의 조사항목을 매립종료 후 5년까지는 분기 1회 이상, 5년이 지난 후에는 연 1회 이상 조사하여야 한다.
2) 발생가스는 포집하여 소각처리하거나 발전 · 연료 등으로 재활용하여야 한다.

바. 구조물과 지반의 안정도 유지방법
1) 축대벽, 둑 등 구조물 및 지반의 안정도를 관리하는 계획을 수립 · 시행하여야 한다. 이 경우 시 · 도지사나 지방환경관서의 장이 안정도를 유지하기 위하여 특히 필요하다고 인정하여 매립시설 검사기관이 실시한 안정성검토성적서의 제출을 요구하는 경우에는 이에 따라야 한다.
2) 물리적인 압축과 미생물의 유기물 분해작용에 의한 침하현상으로 매립시설의 사면이나 최종 복토층이 손상될 우려가 있으므로 이에 대한 방지계획을 수립 · 시행하여야 한다.
3) 매립시설 주변의 안정한 부지에 기준점을 설치하고 침하 여부를 관측하려는 지점에 측정점(매립부지면적 1만m²당 2개소 이상)을 설치하여 연 2회 이상 조사하고 지표면이 항상 일정한 경사도를 유지하도록 관리하여야 한다(차단형 매립시설은 제외한다). 다만, 측정점의 수는 매립시설 검사기관이 실시한 타당성보고서 등으로 조정할 수 있다.

사. 지표수 수질 조사방법
1) 매립시설에 인접하여 하천 · 계곡이 있는 경우 「환경정책기본법 시행령」 별표 1 제3호가목의 환경기준항목을 분기 1회 이상 조사하여야 한다.
2) 조사지점은 매립시설을 중심으로 각 하천 · 계곡의 상 · 하류 각 1개 지점 이상의 일정한 지점으로 한다.

아. 토양 조사방법
1) 「토양환경보전법 시행규칙」 별표 1의 토양오염물질을 연 1회 이상 조사하여야 한다.
2) 조사지점은 매립시설에 가까운 토양오염이 우려되는 4개소 이상의 일정한 지점으로 한다.

자. 방역방법(차단형매립시설은 제외한다)

1) 파리, 모기 등 해충을 방지하기 위한 방역계획을 수립 · 시행하여야 한다.
2) 방역은 매립종료 후 월 1회 이상 실시하되, 12월부터 다음 해 2월까지는 필요시에, 6월부터 9월까지는 주 1회 이상 실시하여야 한다. 다만, 매립시설 검사기관이 더 이상의 방역이 필요하지 아니하다고 판단하는 경우에는 그러하지 아니하다.

4. 주변환경영향 종합보고서 작성
가. 제3호 사후관리 항목 및 방법에 따라 조사한 결과를 토대로 매립시설이 주변환경에 미치는 영향에 대한 종합보고서를 매립시설의 사용종료신고 후 5년마다 작성하여야 한다.

제51조(폐기물처리시설의 사후관리이행보증금) ① 환경부장관은 제50조제5항에 따라 사후관리 대상인 폐기물을 매립하는 시설이 그 사용종료 또는 폐쇄 후 침출수의 누출 등으로 주민의 건강 또는 재산이나 주변환경에 심각한 위해(危害)를 가져올 우려가 있다고 인정하면 대통령령으로 정하는 바에 따라 그 시설을 설치한 자에게 그 사용종료(폐쇄를 포함한다) 및 사후관리(이하 "사후관리등"이라 한다)의 이행을 보증하게 하기 위하여 사후관리등에 드는 비용의 전부를 「환경정책기본법」에 따른 환경개선특별회계에 예치하게 할 수 있다. 다만, 다음 각 호의 어느 하나에 해당하면 대통령령으로 정하는 바에 따라 사후관리에 드는 비용의 예치를 면제하거나 사후관리에 드는 비용의 전부나 일부의 예치를 갈음하게 할 수 있다.
1. 사후관리의 이행을 보증하는 보험에 가입한 경우
2. 제52조에 따라 사후관리에 드는 비용을 사전에 적립한 경우
3. 그 밖에 대통령령으로 정하는 경우

영 제26조(사후관리등 비용의 예치) ① 환경부장관은 법 제51조제1항에 다른 사후 관리대상인 폐기물을 매립하는 시설 중 침출수나 매립가스의 누출 등으로 주민의 건강 또는 재산이나 주변환경에 심각한 위해를 가져올 우려가 있는 시설에 대해서는 환경부령으로 정하는 바에 따라 그 설치자에게 법 제51조제1항에 따른 사용종료(폐쇄를 포함한다) 및 사후관리(이하 "사후관리등"이라 한다)의 이행 보증을 위한 사후관리등에 드는 비용(이하 "사후관리이행보증금"이라 한다)의 납부대상 시설임을 법 제50조제1항에 따른 사용종료 또는 폐쇄의 신고를 받은 후 15일 이내에 알려야 한다. [개정 2016.1.19.]

규칙 제72조(사후관리이행보증금의 납부대상 시설에 대한 통지) 영 제26조제1항에 따른 사후관리이행보증금의 납부대상시설에 대한 통지는 별지에 따른다.

규칙 제73조(사후관리등 소요비용 명세서의 제출) 제72조에 따른 통지를 받은 사후 관리이행보증금의 납부대상 시설의 설치자는 영 제26조제2항에 따라 통지를 받은 날부터 1개월 이내에 별지 제61호서식의 사후관리등 소요비용 명세서에 다음 각 호의 서류를 첨부하여 시 · 도지사나 지방환경관서의 장에게 제출하여야 한다. 다만, 같은 폐기물마 립시설에서 지정

폐기물 및 지정폐기물 외의 폐기물을 처리하는 경우에는 그 서류를 지방환경관서의 장에게 제출하여야 한다.

1. 연도별 사후관리등에 드는 비용의 세부항목별 산출명세서
2. 사전적립금 적립명세서(사후관리등에 드는 비용을 사전적립한 자만 제출한다)

규칙 제74조(사후관리이행보증금의 납부통보) 영 제26조제3항에 따른 사후관리이행보증금의 납부 통보는 별지에 따른다.

영 제27조(사후관리등 비용의 면제 등) ① 법 제51조제1항 단서에 따라 사후관리등에 드는 비용의 예치를 면제할 수 있는 경우는 제3항제1호에 해당하는 경우로 한다. [개정 2016.1.19.]

② 법 제51조제1항 단서에 따라 사후관리등에 드는 비용의 전부나 일부의 예치를 갈음하게 할 수 있는 경우는 다음 각 호로 한다. [개정 2016.1.19.]

1. 사후관리등의 이행을 보증하는 보험에 가입한 경우
2. 법 제52조에 따라 사후관리등에 드는 비용을 사전 적립한 경우
3. 제3항제2호에 해당되는 경우

③ 법 제51조제1항제3호에서 "그 밖에 대통령령으로 정하는 경우"란 다음 각 호의 경우를 말한다. [개정 2016.1.19.]

1. 국가나 지방자치단체가 폐기물매립시설의 설치자인 경우
2. 사후관리등에 드는 비용의 전부 또는 일부에 상당하는 담보물(폐기물매립시설은 제외한다)을 제공하는 경우

영 제28조(사후관리이행보증보험증서의 제출) 제27조제2항제1호에 해당하는 자로서 사후관리등에 드는 비용의 예치를 갈음 받으려는 자는 제26조제3항에 따라 납부 통보된 사후관리이행보증금의 전부나 일부의 이행을 보증하는 보험증서를 납부기간에 환경부장관에게 제출하여야 한다. [개정 2016.1.19.]

영 제29조(담보물의 제공) ① 제27조제2항제3호에 해당하는 자로서 사후관리등에 드는 비용의 예치를 갈음 받으려는 자는 제26조제3항에 따라 납부통보된 사후관리이행보증금의 전부 또는 일부에 상당하는 가치(「감정평가 및 감정평가사에 관한 법률」에 따른 감정평가액에 해당하는 가치)를 가진 것으로 평가되는 담보물을 납부기간에 환경부장관에게 제공하여야 한다. [개정 2016.8.31.]

② 제1항에 따라 폐기물을 매립하는 시설을 설치한 자가 예치하여야 할 비용(이하 "사후관리이행보증금"이라 한다)은 대통령령으로 정하는 기준에 따라 산출하되, 그 납부시기 · 절차, 그밖에 필요한 사항은 대통령령으로 정한다.

영 제30조(사후관리이행보증금의 산출기준) ① 법 제51조제2항에 따른 사후관리이행보증금은 제1호의 사용종료에 드는 비용과 제2호의 사후관리에 드는 비용을 합산하여 산출한다. 이 경우 매립시설별로 매립한 폐기물의 종류와 양, 매립시설의 형태, 지형적 요인, 침출수의 양과 농도, 침출수 처리방법 등을 고려하여야 한다.

1. 사용종료(폐쇄를 포함한다. 이하 같다)에 드는 비용: 다음 각 목의 비용을 합산하여 산출한다. 이 경우 예치 대상 시설은 면적이 3천3백제곱미터 이상인 폐기물을 매립하는 시설로 한다.
   가. 법 제50조제1항에 따른 사용종료 검사에 드는 비용
   나. 최종복토에 드는 비용
2. 사후관리에 드는 비용: 법 제50조제5항에 따른 사후관리 기간에 드는 다음 각 목의 비용을 합산하여 산출한다. 다만, 별표 3의 제2호 최종 처리시설 중 가목의 1)차단형 매립시설의 경우에는 가목의 비용은 제외한다.
   가. 침출수 처리시설의 가동과 유지 · 관리에 드는 비용
   나. 매립시설 제방, 매립가스 처리시설, 지하수 검사정(檢査井) 등의 유지 · 관리에 드는 비용
   다. 삭제 [2011.1.21.]
   라. 삭제 [2011.1.21.]
   마. 매립시설 주변의 환경오염조사에 드는 비용
   바. 법 제50조제6항에 따른 정기검사에 드는 비용

②제1항에 따른 사후관리이행보증금의 세부적인 비용산출 기준과 방법, 그 밖에 필요한 사항은 환경부장관이 정하여 고시한다.

③ 제2항에 따른 사후관리이행보증금을 납부기한까지 내지 아니하면 국세 체납처분의 예에 따라 징수한다.

④ 환경부장관은 폐기물을 매립하는 시설을 설치한 자가 매년 이행하여야 할 사후관리 업무의 전부 또는 일부를 이행하면 납부된 사후관리이행보증금 중에서 그 이행의 정도에 따라 대통령령으로 정하는 기준에 의하여 산출된 금액에 해당하는 사후관리이행보증금을 반환하여야 한다. [개정 2010.7.23.]

제52조(사후관리이행보증금의 사전 적립) ① 환경부장관은 대통령령으로 정하는 폐기물을 매립하는 시설을 설치하는 자에게 대통령령으로 정하는 바에 따라 그 시설의 사후관리등에 드는 비용의 전부를 매립하는 폐기물의 양이 제25조제3항 · 제11항에 따라 허가 · 변경허가 또는 제29조제2항 · 제3항에 따라 승인 · 변경승인을 받은 처분용량의 100분의 50을 초과하기 전에 「환경정책기본법」에 따른 환경개선특별회계에 사전 적립하게 할 수 있다. 다만, 다음 각 호의 어느 하나

에 해당하면 사후관리이행보증금 사전적립금의 예치를 갈음하게 할 수 있다. [개정 2015.1.20.]
1. 사후관리등의 이행을 보증하는 보험에 가입한 경우
2. 사후관리등에 드는 비용의 전부 또는 일부에 상당하는 담보물(폐기물매립시설은 제외한다)을 제공한 경우

영 **제33조(사후관리이행보증금의 사전적립)** ① 법 제52조제1항에 따른 사후관리이행보증금의 사전적립 대상이 되는 폐기물을 매립하는 시설은 면적이 3천300㎡ 이상인 시설로 한다.

영 **제33조의2(담보물의 접수, 매각 등)** 법 제52조제1항제2호에 따른 담보물에 대한 접수, 매각, 사후관리등에 드는 비용의 충당 및 반환 등에 관하여는 제29조를 준 용한다. 이 경우 "사후관리등에 드는 비용" 및 "사후관리이행보증금"은 각각 "사후관리이행보증금 사전적립금"으로 본다.

② 환경부장관은 제1항에 따른 시설을 설치한 자가 사전에 적립한 금액이 제51조제1항에 따른 사후관리이행보증금보다 많으면 대통령령으로 정하는 바에 따라 그 차액을 반환하여야 한다. [개정 2010.7.23.]

제53조(사후관리이행보증금의 용도 등) 제51조와 제52조에 따른 사후관리이행보증금과 사전적립금은 다음 각 호의 용도에 사용한다. [개정 2015.1.20.]
1. 사후관리이행보증금과 매립 시설의 사후관리를 위한 사전 적립금의 환불
2. 매립 시설의 사후관리 대행
3. 제31조제6항에 따른 최종복토 등 폐쇄절차 대행
4. 그 밖에 대통령령으로 정하는 용도

제54조(사용종료 또는 폐쇄 후의 토지 이용 제한 등) 환경부장관은 제50조제5항에 따라 사후관리 대상인 폐기물을 매립하는 시설의 사용이 끝나거나 시설이 폐쇄된 후 침출수의 누출, 제방의 유실 등으로 주민의 건강 또는 재산이나 주변환경에 심각한 위해를 가져올 우려가 있다고 인정되면 대통령령으로 정하는 바에 따라 그 시설이 있는 토지의 소유권 또는 소유권 외의 권리를 가지고 있는 자에게 대통령령으로 정하는 기간에 그 토지 이용을 수목(樹木)의 식재(植栽), 초지(草地)의 조성 또는 「도시공원 및 녹지 등에 관한 법률」 제2조제4호에 따른 공원시설, 「체육시설의 설치ㆍ이용에 관한 법률」 제2조제1호에 따른 체육시설, 「문화예술진흥법」 제2조제1항제3호에 따른 문화시설, 「신에너지 및 재생에너지 개발ㆍ이용ㆍ보급 촉진법」 제2조제3호에 따른 신ㆍ재생에너지 설비의 설치에 한정하도록 그 용도를 제한할 수 있다. [개정 2015.1.20.]

영 **제35조(토지 이용 제한 등)** ① 법 제54조에 따른 토지 이용의 제한기간은 폐기물 매립시설의 사용이 종료되거나 그 시설이 폐쇄된 날부터 30년 이내로 한다.

② 사용 종료되거나 폐쇄된 매립시설이 소재한 토지의 소유권 또는 소유권 외의 권리를 가지고 있는 자는 그 토지를 이용하려면 토지이용계획서에 환경부령으로 정하는 서류를 첨부하여 환경부장관에게 제출하여야 한다.

③ 환경부장관은 제2항에 따라 토지이용계획서를 받으면 그 토지의 용도와 용도 제한기간 등을 결정한 후 환경부령으로 정하는 바에 따라 제2항에 따른 토지소유권 또는 소유권 외의 권리를 가지고 있는 자에게 알려야 한다.

실전문제 **토지 이용의 제한기간은 폐기물매립시설의 사용이 종료되거나 그 시설이 폐쇄된 날부터 몇 년 이내로 하는가?**

① 15년 ② 20년
③ 25년 ❹ 30년

규칙 **제79조(토지이용계획서의 첨부서류)** 영 제35조제2항에서 "환경부령으로 정하는 서류"란 다음 각호의 서류를 말한다.

규칙 **제80조(토지의 용도제한기간 등의 통보)** 영 제35조제3항에 따른 토지의 용도 · 용도제한기간 등의 통보는 별지 제66호서식에 따른다.

영 **제36조(폐기물매립시설 사후관리 사항에 대한 의견청취)** 법과 이 영에 따른 폐기물매립시설의 사후관리등의 시행과 관련하여 다음 각 호의 사항에 대하여는 관계 전문가의 의견을 들어야 한다. [개정 2016.1.19.]

제55조(폐기물 처리사업의 조정) ① 환경부장관 또는 시 · 도지사는 제4조제2항 또는 제4항에 따라 지방자치단체 간의 폐기물 처리사업을 조정할 때에 폐기물매립시설 등 폐기물처리시설을 공동으로 사용할 필요가 있으면 공동으로 사용하게 하고, 그 시설이 설치된 지역의 생활환경 보전과 개선을 위하여 필요한 지원대책을 마련하도록 관련 지방자치단체에 요구할 수 있다. 이 경우 관련 지방자치단체는 특별한 사유가 없으면 그 요구에 따라야 한다.

② 환경부장관은 제1항에 따라 지방자치단체 간의 폐기물 처리사업을 효율적으로 조정하기 위하여 폐기물 처리사업 및 폐기물처리시설의 설치 · 운영 실태 등을 조사 · 평가할 수 있다.

③ 제2항에 따른 평가에 대한 방법 및 절차 등의 세부 사항은 환경부령으로 정한다.

규칙 제80조의2(폐기물 처리사업 등의 조사 · 평가 방법 및 절차 등) ① 환경부장관은 법 제55조제2항에 따른 조사 · 평가가 필요하다고 인정되는 경우에는 해당 지방자치단체에 대하여 다음 각 호의 자료를 제출할 것을 요청할 수 있다.

제56조(국고 보조 등) ① 국가는 예산의 범위에서 지방자치단체에 폐기물처리시설의 설치에 필요한 비용의 전부 또는 일부를 지원할 수 있다. [개정 2013.7.16.]

② 환경부장관은 제1항에 따라 비용을 지원하려는 경우에는 제55조제2항에 따른 평가결과를 고려할 수 있다. [신설 2013.7.16.]

영 제35조의2(국고 보조의 검토) 환경부장관은 법 제56조에 따른 비용의 지원을 위하여 필요한 경우에는 한국환경공단에 기술적 사항에 관한 검토를 요청할 수 있다. [신설 2020.05.19]

제57조(폐기물처리시설 설치비용의 지원) 국가나 지방자치단체의 장은 필요하다고 인정하면 폐기물처리시설을 설치하려는 자에게 설치에 대한 재정적인 지원을 할 수 있다.

제58조(폐기물 처리실적의 보고) ① 시 · 도지사는 환경부령으로 정하는 바에 따라 관할 구역의 전년도 폐기물 처리실적을 3월 31일까지 환경부장관에게 보고하여야 한다.

② 환경부장관은 이 법의 시행에 필요한 범위에서 시 · 도지사 또는 시장 · 군수 · 구청장에게 폐기물 업무에 관련된 지도 · 단속 등의 실적을 보고하게 할 수 있다.

규칙 제81조(시 · 도지사의 폐기물 처리 실적 보고) 시 · 도지사 또는 시장 · 군수 · 구청장은 법 제38조에 따라 제출된 보고서의 내용과 법 제58조제1항 및 제2항에 따른 생활폐기물 관리현황을 전자정보 처리프로그램에 입력하여야 한다.

제58조의2(한국폐기물협회) ① 폐기물처리시설 설치 · 운영자, 폐기물처리업자, 폐기물과 관련된 단체 등 대통령령으로 정하는 자는 폐기물에 관한 조사 · 연구 · 기술개발 · 정보보급 등 폐기물 분야의 발전을 도모하기 위하여 환경부장관의 허가를 받아 한국폐기물협회(이하 "협회"라 한다)를 설립할 수 있다. [개정 2013.7.16.]

영 제36조의2(한국폐기물협회의 설립) 법 제58조의2제1항에서 "대통령령으로 정하는 자"란 다음 각 호의 어느 하나에 해당하는 자를 말한다. [개정 2016.1.19.]

영 제36조의3(한국폐기물협회의 업무 등) ① 법 제58조의2제3항제3호에서 "대통령령으로 정하는 업무"란 다음 각 호의 업무를 말한다. [개정 2014.1.14.]

제59조(수수료) ① 다음 각 호의 어느 하나에 해당하는 자는 환경부령으로 정하는 바에 따라 수수료를 내야 한다. [개정 2015.7.20.]

1. 제13조의3제1항에 따른 재활용환경성평가를 받으려는 자

1의2. 제18조의2제1항 및 제2항에 따라 유해성 정보자료 작성을 의뢰하려는 자

2. 제25조제3항에 따른 허가를 받으려는 자
3. 제25조의2제1항에 따른 전용용기 제조업의 등록을 하려는 자
4. 제30조제1항 및 제2항에 따른 검사를 받으려는 자

② 다음 각 호의 기관은 해당 호에서 정하는 자로부터 환경부장관이 정하여 고시하는 바에 따라 수수료를 받을 수 있다. [신설 2015.1.20.]

1. 제25조의2제6항에 따른 검사기관: 전용용기에 대한 검사를 받으려는 자
2. 폐기물분석전문기관: 폐기물의 시험 · 분석을 의뢰하려는 자

규칙 **제82조(수수료)** 생략으로 인한 법제처 참조

제60조(행정처분의 기준) 이 법 또는 이 법에 따른 명령을 위반한 행위에 대한 행정처분의 기준은 환경부령으로 정한다.

규칙 **제83조(행정처분기준)** ① 법 제60조에 따른 행정처분기준은 별표 21과 같다. (별표 21는 법제처 참조)

제61조(청문) 환경부장관 또는 시 · 도지사는 다음 각 호의 어느 하나에 해당하는 처분을 하려면 청문을 실시하여야 한다. [생략으로 인한 법제처 참조]

제62조(권한이나 업무의 위임과 위탁) ① 이 법에 따른 환경부장관의 권한은 대통령령으로 정하는 바에 따라 그 일부를 시 · 도지사 또는 소속 기관의 장에게 위임할 수 있다.

② 이 법에 따른 환경부장관 또는 지방자치단체의 장의 업무는 대통령령으로 정하는 바에 따라 그 일부를 한국환경공단, 협회 등 관련 전문기관에 위탁할 수 있다.

③ 환경부장관이나 지방자치단체의 장은 이 법에 따라 설치한 폐기물처리시설 등의 효율적인 관리 · 운영을 위하여 필요하다고 인정하면 환경부령(지방자치단체의 장의 경우에는 해당 지방자치단체의 조례)으로 정하는 바에 따라 그 관리 · 운영을 맡을 능력이 있는 자에게 위탁할 수 있다. [개정 2010.7.23.]

영 제37조생략으로 인한 법제처 참조

영 제37조의2(업무의 위탁) ① 법 제62조제2항에 따라 환경부장관은 다음 각 호의 업무를 한국환경공단에 위탁한다. [개정 2016.1.19.]

1. 삭제 [2017.12.26.]
2. 법 제18조제4항에 따른 폐기물 인계 · 인수 내용의 관리 및 제공 업무
3. 법 제45조제1항에 따른 전산처리기구의 설치 · 운영 업무
4. 법 제45조제2항에 따른 전자정보처리프로그램의 구축 · 운영 업무
5. 법 제55조제2항에 따른 폐기물 처리사업 및 폐기물처리시설의 설치 · 운영 실태 등의 조사 업무 및 그 평가를 위한 자료 검토 및 분석 등 업무

② 환경부장관은 법 제62조제2항에 따라 법 제14조의5제1항에 따른 실태조사 업무를 협회에 위탁한다.

영 제38조(권한의 위임에 따른 업무감독 등) ① 환경부장관은 제37조에도 불구하고 광역적인 폐기물 관리를 위하여 특히 필요하다고 인정되면 사업장폐기물 배출자, 폐기물처리업자 및 폐기물처리 신고자와 폐기물 처분시설 또는 재활용시설에 대하여 폐기물 처리에 관한 기준의 준수 여부 등 법령 위반사항을 점검 · 확인하거나 유역환경청장이나 지방환경청장에게 점검 · 확인하게 할 수 있다. [개정 2011.9.7.]

영 제38조의2 생략으로 인한 법제처 참조

제62조의2(벌칙 적용에서의 공무원 의제) 제62조제2항 또는 제3항에 따라 위탁받은 업무를 하는 사람 중 공무원이 아닌 사람은 「형법」 제129조부터 제132조까지의 규정에 따른 벌칙을 적용하는 경우 공무원으로 본다.

제62조의3(규제의 재검토) 환경부장관은 다음 각 호의 사항에 대하여 다음 각 호의 기준일을 기준으로 3년마다(매 3년이 되는 해의 기준일과 같은 날 전까지를 말한다) 그 타당성을 검토하여 개선 등의 조치를 하여야 한다.

1. 제13조의3제3항에 따른 재활용 대상 폐기물의 승인에 관한 사항: 2016년 7월 1일
2. 제13조의3제6항에 따른 재활용 대상 폐기물의 승인취소에 관한사항 : 2016년 7월 1일

규칙 제84조(규제의 재검토) 생략으로 인한 법제처 참조

제7장 벌칙

제63조(벌칙) 다음 각 호의 어느 하나에 해당하는 자는 7년 이하의 징역이나 7천만원 이하의 벌금에 처한다. 이 경우 징역형과 벌금형은 병과(倂科)할 수 있다. [개정 2015.7.20.]

1. 제8조제1항을 위반하여 사업장폐기물을 버린 자
2. 제8조제2항을 위반하여 사업장폐기물을 매립하거나 소각한 자
3. 제13조의3제3항을 위반하여 폐기물의 재활용에 대한 승인을 받지 아니하고 폐기물을 재활용한 자

실전문제 폐기물관리법상 벌칙기준 중 7년 이하의 징역이나 7천만원 이하의 벌금에 처하는 행위를 한 자는?

① 대행계약을 체결하지 아니하고 종량제 봉투를 제작 및 유통한 자
② 폐기물처리시설의 사후관리를 제대로 하지 않아 받은 시정명령을 이행하지 않은 자
❸ 지정된 장소 외에 사업장폐기물을 매립하거나 소각한 자
④ 거짓이나 그 밖의 부정한 방법으로 폐기물처리업 허가를 받은 자

제64조(벌칙) 다음 각 호의 어느 하나에 해당하는 자는 5년 이하의 징역이나 5천만원 이하의 벌금에 처한다. [개정 2015.7.20.]

1. 제13조의3제6항에 따라 승인이 취소되었음에도 불구하고 폐기물을 계속 재활용한 자
2. 거짓이나 그 밖의 부정한 방법으로 제13조의4제1항에 따른 재활용환경성평가기관으로 지정 또는 변경지정을 받은 자
3. 제13조의4제1항에 따른 지정을 받지 아니하고 재활용환경성평가를 한 자
4. 제14조제7항에 따라 대행계약을 체결하지 아니하고 종량제 봉투등을 제작·유통한 자
5. 제25조제3항에 따른 허가를 받지 아니하고 폐기물처리업을 한 자
6. 거짓이나 그 밖의 부정한 방법으로 제25조제3항에 따른 폐기물처리업 허가를 받은 자
7. 제25조의2제1항에 따른 등록을 하지 아니하고 전용용기를 제조한 자
8. 거짓이나 그 밖의 부정한 방법으로 제25조의2제1항에 따른 전용용기 제조업 등록을 한 자

8의2. 제25조의3제1항에 따른 적합성확인을 받지 아니하고 폐기물처리업을 계속한 자
8의3. 거짓이나 그 밖의 부정한 방법으로 제25조의3제1항에 따른 적합성확인을 받은 자
9. 제31조제5항에 따른 폐쇄명령을 이행하지 아니한 자

제65조(벌칙) 다음 각 호의 어느 하나에 해당하는 자는 3년 이하의 징역이나 3천만원 이하의 벌금에 처한다. 다만, 제1호, 제6호 및 제11호의 경우 징역형과 벌금형은 병과할 수 있다. [개정 2015.7.20.]

1. 제13조를 위반하여 폐기물을 매립한 자
2. 제13조의3제3항을 위반하여 거짓이나 그 밖의 부정한 방법으로 재활용환경성평가서를 작성하여 환경부장관에게 제출한 자
3. 제13조의4제2항을 위반하여 변경지정을 받지 아니하고 중요사항을 변경한 자
4. 제13조의4제4항을 위반하여 다른 자에게 자기의 명의나 상호를 사용하여 재활용환경성평가를 하게 하거나 재활용환경성평가기관 지정서를 다른 자에게 빌려준 자
5. 다른 자의 명의나 상호를 사용하여 재활용환경성평가를 하거나 재활용환경성평가기관 지정서를 빌린 자
6. 제15조의2제3항을 위반하여 사업장폐기물 중 음식물류 폐기물을 수집 · 운반 또는 재활용한 자
7. 거짓이나 그 밖의 부정한 방법으로 폐기물분석전문기관으로 지정을 받거나 변경지정을 받은 자
8. 제17조의2제1항 또는 제3항에 따른 지정 또는 변경지정을 받지 아니하고 폐기물분석 전문기관의 업무를 한 자
9. 제17조의5제2항에 따른 업무정지기간 중 폐기물 시험 · 분석 업무를 한 폐기물분석전문기관
10. 고의로 사실과 다른 내용의 폐기물분석결과서를 발급한 폐기물분석전문기관
11. 제18조제1항을 위반하여 사업장폐기물을 처리한 자
12. 삭제 [2017.04.18.]
13. 삭제 [2017.04.18.]
14. 제25조제11항에 따른 변경허가를 받지 아니하고 폐기물처리업의 허가사항을 변경한 자
15. 제25조의2제6항을 위반하여 검사를 받지 아니한 자
16. 제27조에 따른 영업정지 기간에 영업을 한 자
17. 제27조의2제2항에 따른 영업정지 기간에 영업을 한 자
18. 제29조제2항을 위반하여 승인을 받지 아니하고 폐기물처리시설을 설치한 자
19. 제30조제1항부터 제3항까지의 규정을 위반하여 검사를 받지 아니하거나 적합 판정을 받지 아니하고 폐기물처리시설을 사용한 자
20. 제31조제4항에 따른 개선명령을 이행하지 아니하거나 사용중지 명령을 위반한 자
21. 제39조의2, 제39조의3 또는 제40조제2항 · 제3항 · 제4항제1호에 따른 명령을 이행하지 아니한 자
22. 제47조제4항에 따른 조치명령을 이행하지 아니한 자

22의2. 제47조의2제1항에 따른 반입정지명령을 이행하지 아니한 자

23. 제48조에 따른 조치명령을 이행하지 아니한 자
24. 제50조제1항 후단을 위반하여 검사를 받지 아니하거나 적합 판정을 받지 아니하고 폐기물을 매립하는 시설의 사용을 끝내거나 시설을 폐쇄한 자
25. 제50조제4항에 따른 개선명령을 이행하지 아니한 자
26. 제50조제6항을 위반하여 정기검사를 받지 아니한 자

27. 제50조제7항에 따른 시정명령을 이행하지 아니한 자

실전문제 변경허가를 받지 아니하고 폐기물처리업의 허가사항을 변경한 자에게 주어지는 벌칙은?

① 2년 이하의 징역 또는 2,000만원 이하의 벌금
❷ 2년 이하의 징역 또는 2,000만원 이하의 벌금
③ 2년 이하의 징역 또는 2,000만원 이하의 벌금
④ 2년 이하의 징역 또는 2,000만원 이하의 벌금

제66조(벌칙) 다음 각 호의 어느 하나에 해당하는 자는 2년 이하의 징역이나 2천만원 이하의 벌금에 처한다. [개정 2015.7.20.]

1. 제13조 또는 제13조의2을 위반하여 폐기물을 처리하여 주변 환경을 오염시킨 자(제65조제1호의 경우는 제외한다)

1의2. 제13조의3제5항에 따른 승인 조건을 위반하여 폐기물을 재활용한 자

1의3. 제13조의5제5항에 따른 조치명령을 이행하지 아니한 자

2. 제46조제1항을 위반하여 신고를 하지 아니하거나 허위로 신고를 한 자

3. 삭제 [2007.08.03]

3의2. 제14조의5제2항을 위반하여 안전기준을 준수하지 아니한 자

3의3. 제15조의2제3항, 제5항 또는 제17조제1항제3호에 따른 기준 및 절차를 준수하지 아니하고 위탁 또는 확인하는 등 필요한 조치를 취하지 아니한 자

4. 제17조제5항에 따른 확인 또는 같은 조 제6항(제1호에 따른 상호의 변경은 제외한다)에 따른 변경확인을 받지 아니하거나 확인 · 변경확인을 받은 내용과 다르게 지정폐기물을 배출 · 운반 또는 처리한 자

4의2. 제17조의3제1항을 위반하여 다른 자에게 자기의 성명이나 상호를 사용하여 폐기물의 시험 · 분석 업무를 하게 하거나 지정서를 다른 자에게 빌려 준 폐기물분석전문기관

4의3. 중대한 과실로 사실과 다른 내용의 폐기물분석결과서를 발급한 폐기물분석전문기관

4의4. 제18조제3항을 위반하여 폐기물의 인계 · 인수에 관한 사항과 폐기물처리현장정보를 입력하지 아니하거나 거짓으로 입력한 자

5. 삭제 [2015.01.20]

6. 제25조제5항에 따른 업종 구분과 영업 내용의 범위를 벗어나는 영업을 한 자

7. 제25조제7항의 조건을 위반한 자

8. 제25조제8항을 위반하여 다른 사람에게 자기의 성명이나 상호를 사용하여 폐기물을 처리하게 하거나 그 허가증을 다른 사람에게 빌려준 자

9. 제25조제9항에 따른 준수사항을 지키지 아니한 자. 다만, 제25조제9항제4호에 해당하는

경우에는 고의 또는 중과실인 경우에 한정한다.

9의2. 제25조의2제1항에 따른 변경등록을 하지 아니하거나 거짓으로 변경등록하고 등록한 사항을 변경한 자

9의3. 제25조의2제7항을 위반하여 다른 사람에게 자기의 성명이나 상호를 사용하여 전용용기를 제조하게 하거나 등록증을 다른 사람에게 빌려준 자

9의4. 제25조의2제8항을 위반하여 제25조의2제5항에 따른 기준에 적합하지 아니한 전용용기를 유통시킨 자

10. 제29조제1항을 위반하여 설치가 금지되는 폐기물 소각시설을 설치 · 운영한 자

11. 제29조제2항을 위반하여 신고를 하지 아니하고 폐기물처리시설을 설치한 자

12. 제29조제3항에 따른 변경승인을 받지 아니하고 승인받은 사항을 변경한 자

12의2. 제30조의2제2항을 위반하여 변경지정을 받지 아니하고 중요사항을 변경한 자

12의3. 제30조의2제3항을 위반하여 거짓이나 그 밖의 부정한 방법으로 폐기물처리시설 검사결과서를 발급한 자

12의4. 제30조의2제4항을 위반하여 다른 자에게 자기의 명의나 상호를 사용하여 폐기물처리시설 검사를 하게 하거나 폐기물처리시설 검사기관 지정서를 빌려준 자

12의5. 다른 자의 명의나 상호를 사용하여 폐기물처리시설 검사를 하거나 폐기물처리시설 검사기관 지정서를 빌린 자

13. 제31조제1항에 따른 관리기준에 적합하지 아니하게 폐기물처리시설을 유지 · 관리하여 주변환경을 오염시킨 자

14. 제31조제7항에 따른 측정이나 조사명령을 이행하지 아니한 자

17. 제36조제3항을 위반하여 장부기록사항을 전자정보프로그램에 입력하지 아니하거나 거짓으로 입력한 자

18. 제39조제1항에 따른 보고를 하지 아니하거나 거짓 보고를 한 자

19. 제39조제1항에 따른 출입 · 검사를 거부 · 방해 또는 기피한 자

제67조(양벌규정) 법인의 대표자나 법인 또는 개인의 대리인, 사용인, 그 밖의 종업원이 그 법인 또는 개인의 업무에 관하여 제63조부터 제66조까지의 어느 하나에 해당하는 위반행위를 하면 그 행위자를 벌하는 외에 그 법인 또는 개인에게도 해당 조문의 벌금형을 과(科)한다. 다만, 법인 또는 개인이 그 위반행위를 방지하기 위하여 해당 업무에 관하여 상당한 주의와 감독을 게을리 하지 아니한 경우에는 그러하지 아니하다.

제68조(과태료) ① 다음 각 호의 어느 하나에 해당하는 자에게는 1천만원 이하의 과태료를 부과한다. [개정 2015.7.20.]

1. 삭제 [2019.11.26]

1의2. 제15조의2제3항을 위반하여 생활폐기물 중 음식물류 폐기물을 수집・운반 또는 재활용한 자
1의3. 제17조제2항을 위반하여 신고를 하지 아니하거나 거짓으로 신고를 한 자
1의4. 제17조의3제2항 및 제3항에 따른 준수사항을 지키지 아니한 자
1의5. 삭제 [2019.11.26]
1의6. 제18조의2제1항을 위반하여 유해성 정보자료를 작성하지 아니하거나 거짓 또는 부정한 방법으로 작성한 자(유해성 정보자료의 작성을 의뢰받은 전문기관을 포함한다)
1의7. 제18조의2제3항을 위반하여 같은 조 제1항에 따라 작성한 유해성 정보자료를 수탁자에게 제공하지 아니한 자
3. 삭제 [2019.11.26]
3의2. 제25조의2제1항에 따른 변경신고를 하지 아니하거나 거짓으로 변경신고하고 등록한 사항을 변경한 자
3의3. 제25조의2제8항에 따른 준수사항을 지키지 아니한 자(제66조제9호의4의 경우는 제외한다)
4. 제31조제1항부터 제3항까지의 규정을 위반하여 관리기준에 맞지 아니하게 폐기물처리시설을 유지・관리하거나 오염물질 및 주변지역에 미치는 영향을 측정 또는 조사하지 아니한 자(제66조제14호의 경우는 제외한다)
5. 제34조제1항을 위반하여 기술관리인을 임명하지 아니하고 기술관리 대행 계약을 체결하지 아니한 자
6. 제38조제3항에 따른 제출명령을 이행하지 아니한 자(제38조제1항제3호 및 제4호의 자만 해당한다)
6의2. 제40조제1항 각 호의 조치를 하지 아니한 자
7. 제40조제8항에 따른 계약갱신명령을 이행하지 아니한 자
8. 제13조의5제2항을 위반하여 유해성기준에 적합하지 아니하게 폐기물을 재활용한 제품 또는 물질을 제조하거나 유통한 자
9. 제46조제7항에 따른 처리금지 기간 중 폐기물의 처리를 계속한 자

② 다음 각 호의 어느 하나에 해당하는 자에게는 300만원 이하의 과태료를 부과한다.
1. 제17조제1항제1호에 따른 확인을 하지 아니한 자
1의2. 삭제 [2019.11.26]
1의3. 제17조제6항제1호에 따른 상호의 변경확인을 받지 아니한 자
2. 제17조제7항에 따라 고시한 지침의 준수의무를 이행하지 아니한 자
3. 제17조제2항, 제25조제11항, 제29조제3항 또는 제46조제2항에 따른 변경신고를 하지 아니하고 신고사항을 변경한 자
4. 제19조제1항을 위반하여 관계 행정기관이나 그 소속 공무원이 요구하여도 인계번호를 알려

주지 아니한 자
5. 제19조제2항을 위반하여 통보하지 아니한 자
6. 제37조제1항을 위반하여 신고를 하지 아니하거나 같은 조 제4항을 위반하여 폐기물을 전부 처리하지 아니한 자
6의2. 제38조제1항에 따른 보고서를 기한까지 제출하지 아니하거나 거짓으로 작성하여 제출한 자(제38조제1항제3호에 따른 자만 해당한다)
6의3. 제38조제3항에 따른 제출명령을 이행하지 아니한 자(제1항제6호의 경우는 제외한다)
6의4. 제38조제5항에 따른 보고서를 기한까지 제출하지 아니하거나 거짓으로 작성하여 제출한 자
7. 제40조제7항에 따른 처리이행보증보험의 계약을 갱신하지 아니한 자
8. 제46조제6항에 따른 준수사항을 지키지 아니한 자
9. 제14조제7항에 따라 대행계약을 체결하지 아니하고 종량제 봉투등을 판매한 자
9의2. 제18조의2제2항을 위반하여 중요사항이 변경된 후에도 유해성 정보자료를 다시 작성하지 아니하거나 거짓 또는 부정한 방법으로 작성한 자(유해성 정보자료의 작성을 의뢰받은 전문기관을 포함한다)
9의3. 제18조의2제3항을 위반하여 같은 조 제2항에 따라 다시 작성한 유해성 정보자료를 수탁자에게 제공하지 아니한 자
9의4. 제18조의2제4항을 위반하여 유해성 정보자료를 게시하지 아니하거나 비치하지 아니한 자

③ 다음 각 호의 어느 하나에 해당하는 자에게는 100만원 이하의 과태료를 부과한다.
1. 제8조제1항 또는 제2항을 위반하여 생활폐기물을 버리거나 매립 또는 소각한 자
2. 제8조제3항에 따른 조치명령을 이행하지 아니한 자
3. 제15조제1항 또는 제2항을 위반한 자
4. 제15조의2제1항을 위반하여 조례로 정하는 준수사항을 지키지 아니한 자
4의2. 제15조의2제2항을 위반하여 음식물류 폐기물의 발생 억제 및 처리 계획을 신고하지 아니한 자
4의3. 제18조제3항을 위반하여 폐기물의 인계 · 인수에 관한 내용을 기간 내에 전자정보처리프로그램에 입력하지 아니하거나 부실하게 입력한 자
5. 제29조제4항에 따른 신고를 하지 아니하고 해당 시설의 사용을 시작한 자
6. 제35조제1항 또는 제2항을 위반하여 교육을 받지 아니한 자 또는 교육을 받게 하지 아니한 자
7. 제36조제1항에 따른 장부를 기록 또는 보존하지 아니하거나 거짓으로 기록한 자
7의2. 제36조제3항을 위반하여 장부기록사항을 기간 내에 전자정보처리프로그램에 입력하지 아니하거나 거짓으로 또는 부실하게 입력한 자
8. 제38조제1항 또는 제2항에 따른 보고서를 기한까지 제출하지 아니하거나 거짓으로 작성하여 제출한 자(제2항제9호의2의 경우는 제외한다)
9. 제38조제4항에 따른 보고서 작성에 필요한 자료를 기한까지 제출하지 아니하거나 거짓으로

작성하여 제출한 자
10. 삭제 [2019.11.26]
11. 삭제 [2019.11.26]
12. 제40조제9항에 따른 보험증서 원본을 제출하지 아니한 자
13. 제40조제10항에 따른 변경사실을 알리지 아니한 자
14. 제50조제1항에 따른 신고를 하지 아니한 자

④ 제1항부터 제3항까지의 규정에 따른 과태료는 대통령령으로 정하는 바에 따라 소관별로 환경부장관, 시ㆍ도지사 또는 시장ㆍ군수ㆍ구청장이 부과ㆍ징수한다. [개정 2012.6.1.]

영 **제38조의4(과태료의 부과기준)** 법 제68조에 따른 과태료의 부과기준은 별표 8과 같다. (별표8은 법제처 참조)

영 **제38조의3(규제의 재검토)** 환경부장관은 제35조에 따른 토지 이용 제한 등에 대하여 2014년 1월 1일을 기준으로 3년마다(매 3년이 되는 해의 1월 1일 전까지를 말한다) 그 타당성을 검토하여 개선 등의 조치를 하여야 한다.

영 **제39조** 삭제

저 / 자 / 소 / 개

• 서 경 수

공학박사
(전)세명대학교 바이오 환경공학과 겸임교수

[제4판]

❙ 환경관계법규 ❙

4판 1쇄 발행 2020년 8월 17일

저　　자 | 서경수
발 행 인 | 서철종
발 행 처 | 도서출판 지우북스
주　　소 | 경기도 파주시 문발로 115 세종출판벤처타운 209호
전　　화 | 031-915-6670(代)
팩　　스 | 031-915-6671
이 메 일 | jwbooks@nate.com
홈페이지 | www.jwbooks.co.kr
출판등록 | 2017년 2월 16일 제 410-2017-000032 호

ISBN 979-11-88673-61-2

정가 28,000원